DIE WISSENSCHAFTLICHE UND ANGEWANDTE PHOTOGRAPHIE

ERNEUERUNG UND FORTFÜHRUNG
DES HAY - v. ROHRSCHEN HANDBUCHS DER
WISSENSCHAFTLICHEN UND ANGEWANDTEN PHOTOGRAPHIE

HERAUSGEGEBEN VON

KURT MICHEL
AALEN / WÜRTTEMBERG

DRITTER BAND
DIE KINEMATOGRAPHISCHE KAMERA

WIEN
SPRINGER-VERLAG
1955

DIE KINEMATOGRAPHISCHE KAMERA

VON

HARALD WEISE
KÖLN

MIT 521 TEXTABBILDUNGEN

WIEN
SPRINGER-VERLAG
1955

ISBN-13: 978-3-7091-8028-0   e-ISBN-13: 978-3-7091-8027-3
DOI: 10.1007/978-3-7091-8027-3

Vorwort des Herausgebers

Das von A. HAY begründete, später von M. von ROHR weitergeführte und zum Abschluß gebrachte „Handbuch der wissenschaftlichen und angewandten Photographie" erfreute sich in interessierten Kreisen größter Beliebtheit. Um es auf dem neuesten Stand der Wissenschaft zu halten, bestand zunächst die Absicht, es durch je nach dem auftretenden Bedürfnis herauszugebende Ergänzungsbände zu erweitern. Diese Aufgabe hatte seinerzeit der Unterzeichnete als Herausgeber übernommen. Der erste dieser Ergänzungsbände erschien im Frühjahr 1943. Er war rasch vergriffen. Da inzwischen nun auch die Bestände des ursprünglichen Handbuches restlos ausgegangen sind, trat an Verlag und Herausgeber die Frage heran, ob eine Neuauflage durchführbar sei oder nicht, bzw. in welcher Form sich das Werk weiterführen oder erneuern ließe.

Dabei war zu berücksichtigen, daß ein Handbuch in der seinerzeit aufgebauten Form verschiedene Nachteile hat: Der Hauptnachteil ist der, daß im allgemeinen mindestens ein Teil der Beiträge bereits veraltet ist, wenn ein solches Handbuch abgeschlossen vorliegt. Eine Erneuerung kann nur in der Form einer Ergänzung gebracht werden, da sie wohl meist durch eine Neuauflage des betreffenden Bandes nicht oder erst nach längerer Zeit ermöglicht werden kann.

Der Herausgeber hat deshalb vorgeschlagen, das Handbuch in der alten Form nicht wieder aufleben zu lassen, sondern eine neue Form zu finden, welche die erwähnten Nachteile vermeidet. Es wurde dabei daran gedacht, statt eines aus mehreren Bänden bestehenden Handbuches eine Reihe von in sich abgeschlossenen, selbständigen Einzeldarstellungen herauszugeben. Diese Form hat den Vorteil, daß jedes Thema unabhängig von den anderen bearbeitet und verlegt werden kann, daß der Käufer nur das ihn besonders Interessierende zu kaufen braucht und daß ein noch im Fluß befindliches Gebiet schneller und leichter durch eine Neuauflage auf den neuesten Stand gebracht werden kann.

Dieser Vorschlag wurde vom Verlag begrüßt und es wurde demgemäß beschlossen, an Stelle des „Handbuches der wissenschaftlichen und angewandten Photographie" eine Reihe von Einzeldarstellungen unter dem zusammenfassenden Titel „Die wissenschaftliche und angewandte Photographie" herauszubringen.

Die ersten Bände dieser Reihe gelangen nunmehr zur Ausgabe. Mögen sie sich die gleiche Beliebtheit erwerben wie das HAY-von ROHRsche Handbuch.

Aalen/Württemberg
im Mai 1955

Dr. KURT MICHEL

Vorwort des Verfassers

Im Rahmen des von HAY und von ROHR und später von MICHEL herausgegebenen „Handbuches der wissenschaftlichen und angewandten Photographie" erschienen die Bände, die sich mit der Gerätetechnik der photographischen Standbildkameras befassen, in den Jahren 1931 und 1943. Mit dem vorliegenden Band wird im Rahmen der Fortsetzung des Handbuches erstmalig auch die Technik der *kinematographischen* Kameras behandelt.

Die Unterlagen für diesen Band entstammen der beruflichen Tätigkeit des Verfassers, seiner langjährigen Veröffentlichungs- und Lehrtätigkeit in mehreren Sparten der feinmechanischen Technik sowie noch unveröffentlichte Arbeiten. Aus der vorliegenden sehr großen Fülle von Unterlagen wurde durch sorgfältige Auswahl, Eingehen auf die grundsätzlichen Möglichkeiten und Darstellung zahlreicher praktisch ausgeführter Bauformen von kinematographischen Kameras versucht, einen alles Wesentliche und Interessante darstellenden Querschnitt zu geben. Der Verfasser bemühte sich ferner, unter Einhaltung der gebotenen wissenschaftlichen Strenge (Angabe der Vereinfachungen und Vernachlässigungen) eine möglichst große *Anschaulichkeit* zu erreichen. Aus dem gleichen Grunde wurde bei den zeichnerischen Darstellungen auf didaktische Grundsätze besonders Bedacht genommen. Bei vielen Zeichnungen wurde in Form der *technischen Trickdarstellung* nur das Wesentliche und für den jeweiligen Betrachtungsgrund Wichtige dargestellt.

In diesem Buche werden nicht nur die zur Zeit bei den einzelnen Herstellerwerken in der Fabrikation laufenden Kameras beschrieben, sondern auch ältere Apparate genannt, sofern sie interessante Konstruktionseinzelheiten aufweisen. Dabei wurden besonders die Geräte berücksichtigt, die heute noch benutzt werden. Eine historische Darstellung der Geräteentwicklung wurde aber nicht angestrebt, sondern eine systematische Darlegung der technischen Möglichkeiten. Dabei wurde über alle kinematographischen Kameras berichtet, über die Unterlagen beschafft werden konnten.

Ein Werk wie das vorliegende enthält naturgemäß auch die Zusammenstellung von Entwicklungs-, Konstruktions- und Fertigungsarbeiten und Erfahrungen vieler Menschen und Firmen. Der Verfasser ist in besonderem Maße für Anregungen, Vorschläge sowie für die Bereitstellung von Unterlagen und Geräten durch zahlreiche Firmen sehr dankbar. Dieser Dank gilt Wissenschaftlern und Ingenieuren, darunter auch seinen früheren Mitarbeitern.

Der Sinn dieses Buches ist, den Leser durch Vermittlung der theoretischen Grundlagen und der bisher bekannten Bauformen feinmechanischer Geräte instand zu setzen, sich eine Übersicht über den heutigen Stand der Technik und die Arbeitsmöglichkeiten und Grenzen dieser Geräte zu verschaffen und damit einen Weg zu einer dem jeweiligen Verwendungszweck angepaßten *optimalen Konstruktion* zu finden.

Die Ordnung sowie die Anerkennung der Tätigkeit vieler Konstrukteure würde es gebieten, auch die Gestalter der Geräte in den Firmen namentlich anzuführen. In den meisten Fällen sind aber die Schöpfer der Geräte infolge der Gemeinschaftsarbeit nur schwer zu ermitteln oder gar nicht bekannt, so daß von der Nennung einzelner Namen meist abgesehen werden mußte.

Der Verfasser hat sich bemüht, bei den technischen Beschreibungen eine eindeutige Definition zu bringen, ist dabei aber oft auf Schwierigkeiten gestoßen, da eine ganze Reihe von Disziplinen in dem Buch bearbeitet werden mußte. Er bittet auch zu berücksichtigen, daß in einigen Fällen ein Unterschied zwischen der exakten technischen Ausdrucksweise und einer mehr allgemeinen besteht.

Nach der Aufgabenstellung des vorliegenden Werkes ist es uninteressant, welche Rechtsform die Firmen haben oder an welchem Ort sie sich befinden. Durch die Kriegsereignisse sind bei einigen Firmen Veränderungen eingetreten. Es werden teilweise Firmen genannt, die heute nicht mehr bestehen oder deren Nachfolger andere Namen angenommen haben. Dabei sieht sich der Verfasser in einer Schwierigkeit: Es gibt deutsche Firmen, die sich trotz des gleichen oder eines ähnlichen Namens und eines gemeinsamen Ursprungs *gegenseitig* nicht anerkennen, da sie in verschiedenen Teilen des geteilten Deutschlands liegen. In diesen Teilen haben sich leider auch unterschiedliche juristische Anschauungen gebildet, so daß die Frage der Firmenbezeichnungen nur von der einen *oder* der anderen Seite betrachtet werden kann, nicht aber von der vom Verfasser angestrebten *allgemeingültigen.* In dem Firmenverzeichnis wurden deshalb die Firmen so genannt, wie sie sich *selbst* am Ort ihrer *Laboratorien* und *Werkstätten* nennen. Im Text des Buches wurden nur die Abkürzungen angeführt, und zwar aus Raum- und Vereinfachungsgründen. Einzelne Firmen haben sich auch mehrfach umbenannt oder tragen Doppelnamen in dem einen oder anderen Teil Deutschlands. Eine ähnliche Schwierigkeit gibt es sinngemäß auch bei den Typennamen.

Der Verfasser lehnt mit der Nennung von Firmen- und Typennamen aber ausdrücklich jede *juristische* Stellungnahme zu Anerkennungs- und Ablehnungsfragen ab, zumal das vorliegende Werk ausschließlich ein *technisches* Ziel verfolgt.

Zur Weiterführung dieser und auch ähnlicher Arbeiten ist auch künftig die wohlwollende Unterstützung der Herstellerwerke von feinmechanischen Geräten, besonders auch der noch *abseits* stehenden, wünschenswert. Sonst würde die Arbeit unvollständig bleiben, was nicht im Sinne der Aufgabenstellung noch — wie der Verfasser meint — im Sinne der Herstellerfirmen liegen kann.

Der Dank des Verfassers gilt nicht zuletzt dem Verlag, der sehr große Mühe und Sorgfalt für die Herstellung dieses Werkes aufgewendet hat.

Köln 1, Viktoriastraße 30
im Juli 1955

          Dr.-Ing. HARALD WEISE

Inhaltsverzeichnis

Verzeichnis der Abbildungen

(s. auch Verzeichnis der dargestellten Kameras, S. XIII)

In diesem Verzeichnis sind die Urheber der einzelnen Abbildungen des vorliegenden Werkes angeführt. Bei bildmäßigen Darstellungen wurden die Herstellerwerke der Geräte genannt. Bei Abbildungen meßtechnischen oder konstruktiven Inhalts sind die geistigen Urheber angeführt, d. h. soweit bekannt die Autoren, Firmen oder die Literaturstellen. Entstanden die Abbildungsunterlagen durch Abnahme von Geräten oder Geräteteilen selbst, wurden die Autoren dieser Zeichnungen genannt.

Verzeichnis der dargestellten Kameras

(Alphabetisch nach den Herstellerfirmen geordnet. Die Zahl hinter der Typenbezeichnung gibt das Bildformat bzw. die verwendete Filmbandbreite an.)

Dieses Verzeichnis enthält die in diesem Buche angeführten Kameras und Herstellerfirmen. Sind die Kameras oder Teile von ihnen in Abbildungen dargestellt, so wurden in dem folgenden Verzeichnis nur die Abbildungsnummern angeführt. Sonst wurden die Seiten angegeben, auf denen die Geräte genannt sind. Aus dem Umstand, daß eine Firma genannt oder nicht genannt ist, kann selbstverständlich kein Werturteil abgeleitet werden, da es unmöglich ist, sämtliche Erzeugnisse ohne Ausnahme zu berücksichtigen.

I. Sinn und Zweck der kinematographischen Kamera

Ein photographisches Aufnahmegerät hat die Aufgabe, aus der uns umgebenden Umwelt mit Hilfe des Lichtes eine Aufzeichnung zu machen. Diese ermöglicht es uns, eine Abbildung dieser Umwelt an einem anderen Ort, zu einer anderen Zeit, in einer anderen Abbildungsgröße und gegebenenfalls in einer notwendigen oder gewollten Verzerrung oder *Zerrung* zu betrachten. Dieser nur ganz rohe Versuch der Definition einer photographischen Standbildkamera sagt zunächst nichts über die *Umwelt* aus. Es ist für das Gerät gleichgültig, ob es sich um künstlich geschaffene oder natürliche Dinge in unserer Umwelt handelt, sofern man von der Behandlung des Aufnahmegegenstandes, des *Dinges* selbst absieht. Das Hilfsmittel *Licht* soll hier nicht nur als der dem menschlichen Gesichtssinn infolge naturgegebener Gesetze als Licht bewußt werdende Frequenzbereich elektromagnetischer Schwingungen (Abb. 1) angesehen werden. Auch die angrenzen-

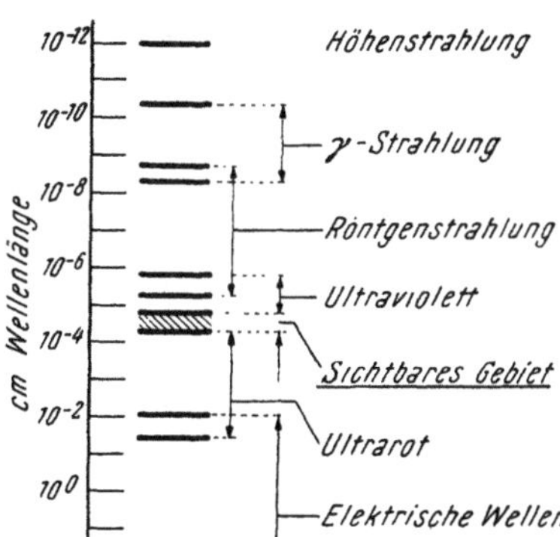

Berichtigungen

S. 48 25. Zeile von oben lies: HELWICH (218 a) statt HELWICH (218)

S. 69 26. Zeile von oben lies: HELWICH (218 a) statt HELWICH (214)

S. 99 7. Zeile von unten lies: Abb. 506, 507, 508 statt Abb. 503, 504, 505

S. 100 9. Zeile von oben lies: Abb. 499 statt Abb. 496

S. 110 7. Zeile von unten lies: „*Bolex B 8*" statt „*Bolex B 2*"

S. 112 29. Zeile von oben lies: „*B 8*", statt „*B 2*"

S. 277 24. Zeile von oben lies: 100/sec (100 je sec) statt 100 sec

S. 380 in Abbildungsunterschrift Abb. 473 lies: *72* Drehspulzeiger statt Drehspulanzeiger

S. 383 in Abbildungsunterschrift Abb. 477 lies: *6* Auslöseknopf, *7* Aufnahmeobjektiv statt *6* Auslöseknopf, Aufnahmeobjektiv

Ist zusätzlich zu den beschriebenen Aufgaben noch die Wiedergabe von *Bewegungsabläufen* erwünscht oder erforderlich, so müssen kinematographische Geräte eingesetzt werden, die nach dem üblichen Sprachgebrauch auch als *Kinogeräte* bezeichnet werden.

Als Zwischenlösung gibt es photographische Standbildkameras, die mehrere oder eine größere Anzahl einzelner Aufnahmen in kurzen Zeitabständen machen und damit gewisse kleinere Aufgaben einer Kinokamera übernehmen können.

Eine kinematographische Kamera hat grundsätzlich die gleichen Eigenschaften und die gleichen wesentlichen Bauteile sowie Arbeitsmöglichkeiten wie eine photographische Standbildkamera. Zusätzlich wird der Bewegungsvorgang des Dinges mit Hilfe der Kinokamera durch technische Mittel gespeichert und durch einen Kinoprojektor vermittelt, sofern nicht die Auswertung einzelner Bilder beispielsweise für wissenschaftliche Zwecke erwünscht ist. Dagegen kann die kinematographische Kamera keine *Zeitaufnahmen* machen. Es ist nicht die Aufgabe des vorliegenden Bandes des Handbuches, auch die Kinoprojektoren oder die Auswertegeräte zu beschreiben, wohl aber die grundsätzlichen Möglichkeiten und notwendigen Maßnahmen auf der Aufnahmeseite zu nennen, die zu einer brauchbaren oder guten Wiedergabe führen.

Die Kinogeräte machen eine Veränderung der Darstellung von bewegten Dingen in ihrem Zeitablauf durch besondere Aufnahmeverfahren möglich. Durch kinematographische Mittel wird erreicht, einen sich schnell bewegenden Gegenstand in einer wesentlichen zeitlichen Verlangsamung in *Zeitdehnung* darzubieten und damit dem menschlichen Gesichtssinn die einzelnen sich in der Bewegung abspielenden Vorgänge überhaupt erst erfaßbar und deutlich zu machen. Die Kinematographie hat einmal vor etwa 80 Jahren angefangen, als es galt, die Gangart von Pferden näher zu untersuchen. Damals kannte man allerdings die Kinokamera in unserem heutigen Sinne noch nicht, es wurde vielmehr eine ganze Anzahl von einzelnen photographischen Standbildkameras aufgeboten, die dicht nebeneinander aufgestellt in kurzen Zeitabständen nacheinander ausgelöst wurden. Damit erhielt man eine Folge von Einzelaufnahmen, *Phasenbildern*, deren Zahl durch die betätigten Kameras gegeben war. Der zeitliche Abstand der Einzelaufnahmen war klein und zumindest in Näherung gleich. Das gleiche Prinzip wird auch heute noch, wenn auch mit anderen und vereinfachten gerätetechnischen Lösungen für die Kinokameras verwendet. Gelegentlich wird auch das Mehrkamerasystem noch eingesetzt.

Umgekehrt können langsam sich abspielende Vorgänge, wir denken vielleicht dabei an das Wachstum von Pflanzen, deren Zeitablauf sich über Wochen oder Monate erstreckt, durch das Mittel der *Zeitraffung* in erträglich kurzer Zeit und damit ebenfalls erst deutlich mit kinematischen Mitteln dargestellt werden.

Das Ziel der Kinematographie ist vielfach, aber nicht immer, eine möglichst naturgemäße Wiedergabe des von der Kamera aufgenommenen Dinges. Wie überall in der Technik ist es zunächst nur möglich, gewisse Teilaufgaben des gesamten Programms zu erfüllen und schrittweise zu einer Verbesserung und einer Verfeinerung vorzudringen. Wie es sich im Laufe der Entwicklung von technischen Geräten vielfach zeigt, werden diese außerordentlich verwickelt und kompliziert und erfordern in der Herstellung und Instandsetzung einen verhältnismäßig großen Aufwand.

Eine Erhöhung dieses Aufwandes steht bei guten oder annähernd aus-entwickelten Geräten in keinem Verhältnis mehr zu dem noch erzielbaren Nutzen. In der Abb. 2 ist ganz schematisch der zu einer Gütesteigerung erforderliche Aufwand dargestellt, wobei auch auf *überzüchtete* Apparate hingewiesen wird, bei denen auch bei einer Vergrößerung des Aufwandes keine Steigerung, sondern bereits ein Abfall der Güte eintritt (Kurve *2*).

Diese Betrachtungen führen dann gelegentlich zu dem ebenfalls durchaus vernünftigen entgegengesetzten Weg, es bei den Geräten mit einer Entfeinerung, bewußten Verringerung des Aufwandes und vernünftigen Beschränkung der eingesetzten Mittel zu versuchen und damit robuste und verhältnismäßig preiswerte Geräte zu schaffen.

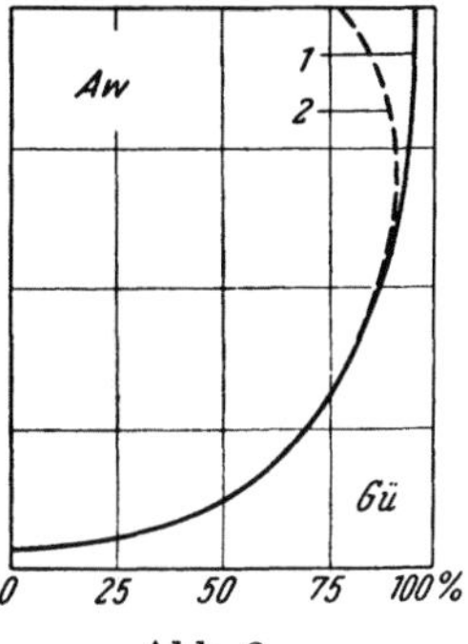

Abb. 2.

Aufwand *Aw* für ein Gerät in Abhängigkeit von seiner Güte *Gü*, Schema.

1 übliches Gerät,
2 überzüchtetes Gerät.

Die räumliche Wiedergabe des Dinges ist ein vielfach erstrebtes Ziel, das sich mit einem entsprechenden Aufwand an technischen Mitteln durchführen läßt. Eben dieser Mehraufwand kann aber schon aus wirtschaftlichen Gründen zu dem Ergebnis führen, in vielen Fällen dem flachen Bild den Vorrang zu geben. Damit läßt sich die mögliche Herstellungsstückzahl der Geräte steigern. Ein gewisser Ausgleich für die nicht räumliche Wiedergabe kann auch durch geschickte Regie oder geeignete Auswahl des aufgenommenen Bildausschnittes erreicht werden, wobei Teile des Vorder- und Hintergrundes gleichzeitig gezeigt werden. Bewegt sich dann die Kinokamera gegenüber dem Ding, so kann ein starker räumlicher Eindruck hervorgerufen werden, der mit einfacherem Aufwand gegenüber den stereo-photographischen Geräten auskommt.

Die Wiedergabe von Sprache und Musik synchron zu der kinematographischen Projektion gehört zu den heute erfüllbaren und vielfach selbstverständlichen Wünschen. Allerdings kann man sich behelfsmäßig mit gutem Erfolg durch Umschreibung mit Titeln und gewissen Filmtricks, beispielsweise der Ab- und Überblendung und musikalischen Untermalung helfen, wenn man nur einen begrenzten Aufwand durch den ausschließlichen Einsatz von Bildprojektoren treiben kann.

In dem vorliegenden Band wird nach dem Sprachgebrauch und der Tradition des früheren Handbuches der wissenschaftlichen und angewandten Photographie unter der *kinematographischen Kamera* vorzugsweise die *Bildkamera* verstanden. Aber auch die konstruktiv für Bild- und Tonaufnahmen kombinierten Kameras werden behandelt. Dagegen wird die von der Bildkamera getrennte Tonkamera der heutigen Ateliertechnik hier nicht bearbeitet, da sie sich vielleicht besser in die Sparte der Fernmeldegeräte eingruppieren läßt.

Nachdem über den Sinn und die Möglichkeiten einer Kinokamera bereits gesprochen wurde, soll noch der Einsatz der einzelnen Formate behandelt werden. Am leichtesten lassen sich diese Angaben für die extremen Filmformate machen, für das 8 mm-Schmalfilm- und das 35 mm-Normalfilmformat. Das kleinste Schmalfilmformat gehört ausschließlich in den amateurmäßigen Einsatz, der es gestattet, kleine, leichte und auch entsprechend ihrem mehr oder weniger großen technischen Aufwand verhältnismäßig preisgünstige Geräte herzustellen. Allerdings ist vielfach ein Angleichen der technischen Einrichtungen in einem gewissen Maße an die vielseitigen Geräte der größeren Formate zu beobachten. Den Schmalfilmformaten sind Grenzen gezogen, die sich aus ihren kleinen Bildflächen ergeben (s. die späteren Ausführungen im Abschnitt IV). Diese Bildfläche läßt nur eine bestimmte optische Vergrößerung in der Wiedergabe zu und macht damit das 8 mm-Format nur einer begrenzten Zuschauerzahl zugängig. Dafür ist das 8 mm-Format im Betrieb billiger als jedes andere und kommt damit dem verständlichen Wunsch vieler Amateure nach kleinen Betriebskosten entgegen.

Im Gegensatz dazu ist das 35 mm-Format ein ausgesprochen und heute ausschließlich berufsmäßig eingesetztes Format, das bis vor kurzer Zeit den gewerbsmäßigen Kinotheaterbetrieb vollkommen beherrschte. Dies ist auch jetzt noch bei Theatern mit mehr als 250 Zuschauern der Fall. Auch in der Zukunft wird es weiter so bleiben, daß das mittlere und größere Kinotheater allein auf Grund der optischen Vergrößerungsmöglichkeiten des verhältnismäßig großen Ausgangsbildes das 35 mm-Filmband verwendet. Es sind sogar gewisse Bestrebungen im Gange, für besondere in ihrer Größe ausgesuchte oder Massen-Veranstaltungen mit einem noch größeren Filmformat zu arbeiten. In demselben Maße, wie der Normalfilm die Kinotheatertechnik beherrscht, ist er in sehr vielen Fällen auch in der Aufnahmetechnik, d. h. im Atelier anzutreffen. Die Genauigkeit in der Aufzeichnung auf Originalfilm, die für alle von ihm gezogenen Kopien bestimmend ist, zwingt in vielen Fällen zur Anwendung des Normalfilms in der Aufnahmetechnik.

Zwischen diesen beiden extremen Formaten sitzen zwei Schmalfilmformate, die Zwischenaufgaben erfüllen können. Der 16 mm-Filmstreifen, in seinen Anfängen wegen seiner Kleinheit nicht für voll genommen und zunächst schon infolge der damals nicht ausreichenden Güte der photochemischen Emulsionen ausschließlich für den Einsatz gewisser leichter Amateuraufgaben verwendet, hat sich in erstaunlichem Maße weitere Arbeitsgebiete erobert. Die Ursachen liegen einmal in der wesentlichen Verbesserung des Filmmaterials hinsichtlich seiner Feinkörnigkeit und in einer kommerziellen Geräteentwicklung, die sich durchaus an die Konstruktionsmerkmale der Berufsgeräte anschließt. Bei einem Vergleich sehr hochwertiger 16 mm- und 35 mm-Kinokameras oder Projektoren kann man keine grundsätzlichen Unterschiede mehr entdecken. Dabei sprechen aber als wesentliche und für manche Fälle ausschlaggebende Momente zugunsten des 16 mm-Schmalfilms die kleineren Gerätgewichte und Abmessungen auf Grund der kleineren Filmbandabmessungen. Diese Tatsache ist von entscheidender Bedeutung für den beweglichen Einsatz von Kinokameras beispielsweise in der Untersuchung von Arbeitsvorgängen in Betrieben, bei Expeditionen oder Aufnahmen außerhalb des Ateliers. Sie muß aber mit einer Leistungseinbuße hinsichtlich der Vergrößerungsfähigkeit des Bildes gegenüber dem Normalfilmformat erkauft werden. Die 16 mm-Kamera hat bei einer vergleichbaren Konstruktions- und Herstellungsgüte auf den genannten Arbeitsgebieten Aussicht, den Normalfilmgeräten eine erhebliche Konkurrenz zu machen und tut es teilweise auch.

So ist die 16 mm-Kamera auch in Aufgabengebiete vorgedrungen, die in die Ateliertechnik hineinragen. Es gibt 16 mm-Kameras in Atelierausführungen, die man, abgesehen von ihrer Größe, nicht von einer berufsmäßigen 35 mm-Kamera unterscheiden kann.

Eine andere Entwicklungsreihe der 16 mm-Kamera behält sich für ihren Abnehmerkreis den ernsthaften Amateur oder den nicht berufsmäßig in der Kinematographie arbeitenden Wissenschaftler vor. Dieser benutzt die Kamera nur gelegentlich und dann als Handwerkszeug und möchte deshalb weder allzu viel bedienungstechnische Feinheiten haben noch große technische Mittel in die nicht ständig ausgenutzten Geräte hineingesteckt sehen. Gerade bei den 16 mm-Kameras findet sich eine sehr große Vielzahl von Gerätebauarten, die sich über weite Sparten des Einsatzes erstrecken können. Allgemein ist bei den 16 mm-Geräten eine Tendenz zu erkennen, die weg vom Amateureinsatz hin zur Berufstechnik führt.

Das 9,5 mm-Format kann als Zwischenformat zwischen dem 8 mm- und 16 mm-Filmband angesehen werden, wobei es infolge seiner verhältnismäßig großen Bildfläche leistungsmäßig eher mit dem 16 mm-Format verglichen werden könnte. Es hat merkwürdigerweise in einigen Ländern eine sehr starke und in anderen Ländern praktisch keine Bedeutung und Verbreitung erlangt, so daß auch die Möglichkeiten seines Einsatzes recht unterschiedlich beurteilt werden. Das 9,5 mm-Format ist von der Seite des Filmbandes her gesehen verhältnismäßig billig, auf der anderen Seite befassen sich keineswegs alle Film- und Kinogeräte herstellenden Firmen mit diesem Format, so daß hier nicht die Geräte-Auswahl zur Verfügung steht, die wir bei anderen Formaten finden.

Veröffentlichungen über allgemeine Fragen von Kinogeräten und ihren Einsatz sind von zahlreichen Autoren erschienen. In dem Abschn. XX findet sich ein Literaturverzeichnis, aus begreiflichen Gründen vorzugsweise des deutschen Sprachbereiches. In den einzelnen Abschnitten wird auf die entsprechenden Autoren und Arbeiten zusätzlich hingewiesen.

II. Grundsätzlicher Aufbau der kinematographischen Kamera

Es gibt zwei grundsätzlich verschiedene Methoden, um Bewegungsvorgänge eines bewegten Dinges kinematographisch aufzunehmen und damit eine kinematographische Wiedergabe steuern zu können.

A. Mechanisches Verfahren

Das *mechanische Verfahren* lehnt sich eng an die photographische Standbildtechnik an und benutzt wie diese ein photographisches Objektiv, einen Verschluß für dieses Objektiv und eine photochemisch wirksame Schicht, wobei diese drei Bauteile durch mechanische Mittel, beispielsweise ein Gehäuse, miteinander verbunden, im richtigen Abstand angeordnet sein müssen und von der Außenwelt einen lichtdichten Abschluß verlangen.

Das bisher beschriebene photographische Gerät wird zur Kinokamera durch den zusätzlichen Einbau einer Einrichtung, die einen oftmaligen Wechsel der photochemischen Schicht ermöglicht. Zweckmäßig wird als Träger für diese Schicht ein bandförmiger Körper gewählt, der durch eine Schalteinrichtung betrieben wird und damit einen einfachen und ständigen

Wechsel von einem Teil der Schicht zum nächsten zuläßt. Zwischen jedem Wechsel wird eine photographische Aufzeichnung eines Bildes auf dem Band hergestellt.

Der bandförmige Körper liegt uns seit langer Zeit in dem Filmband vor, das überhaupt erst eine technisch befriedigende Lösung für Kinogeräte zuließ. Dieses Filmband ist der mechanische Träger für die photochemische Schicht und enthält periodisch wiederkehrende loch- oder schlitzähnliche Aussparungen, die *Perforationslöcher* oder *Schaltlöcher*, die theoretisch nicht unbedingt erforderlich, aber außerordentlich praktisch für den Schaltvorgang sind. Nach der photochemischen Entwicklung der Schicht zu den einzelnen Standbildern, die meist als die *Phasenbilder* bezeichnet werden, ist der kinematographische Aufnahmeprozeß beendet. Diese Bilder werden heute fast ausschließlich als Durchsichtsbilder auf dem glasklaren Filmband verwendet, da bei der Aufnahme zunächst meist ein photographisches Negativ entsteht. Die Durchsichtigkeit ist für eine leichte Kopiermöglichkeit der Bilder und eine Durchleuchtung für Wiedergabezwecke praktisch, theoretisch aber nicht unbedingt notwendig. Die Bezeichnung *Filmband* erstreckt sich auf den Träger mit seiner photochemisch noch nicht oder schon entwickelten Schicht. Für manche Zwecke, insbesondere in der Amateurkinematographie ist die Verwendung von *Umkehrfilm* zweckmäßig, bei dem durch eine entsprechende chemische und lichttechnische Behandlung ein durchsichtiges Positiv entsteht.

Die schematische Darstellung der Hauptteile einer nach dem mechanischen Verfahren arbeitenden Kinokamera zeigt die Abb. 3. Der Aufbau besteht zunächst aus einem mechanischen, photochemischen und optischen Teil als unbedingt notwendigen Aggregaten zur Durchführung einer Bildaufnahme. Der optische Teil braucht nicht notwendig einen Entfernungsmesser zu enthalten. Zusätzlich können die Baugruppen des Entfernungsmessers und der lichttechnische Teil in Form einer Blendenmeßeinrichtung vorhanden sein. Für kombinierte Bild-Tonaufnahmen ist der tontechnische Teil erforderlich.

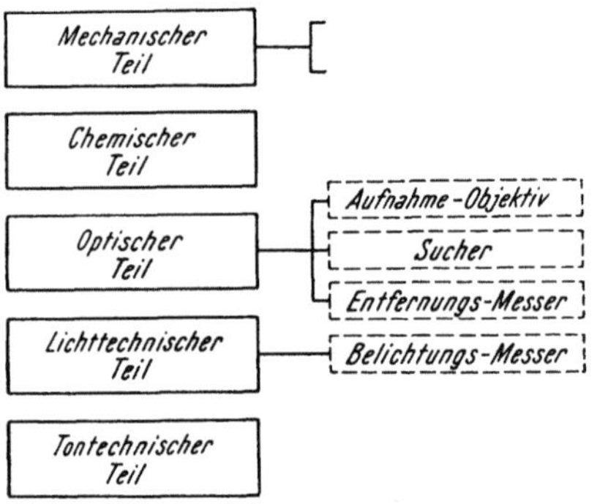

Abb. 3.
Schema des Aufbaues einer kinematographischen Kamera.

Die Einzelheiten der hier genannten Hauptteile einer Kinokamera, für die hier nur eine ganz rohe Gliederung und Definition gegeben wurde, werden in den folgenden Abschnitten dargestellt. Die Behandlung der photochemischen Eigenschaften der Schicht ist dagegen nicht die Aufgabe des vorliegenden Buches. Es werden vielmehr nur die für die optischen und mechanischen Daten der Kameras maßgebenden mechanischen Abmessungen der Filmbänder gebracht.

Das in der Abb. 3 gezeigte Schema entspricht der üblichen und im allgemeinen Sprachgebrauch auch als *Kinokamera* bezeichneten Bauart. Wenn zuvor von dem mechanischen Verfahren gesprochen wurde, wobei dieser Bezeichnung vielleicht keine allzu große Bedeutung beigemessen werden sollte, so sei damit auf die mechanische Halterung, Aufreihung und den mechanischen Wechsel der einzelnen Phasenbilder hingewiesen, die im Gegensatz zu dem später beschriebenen elektrischen Verfahren steht.

Eine Betrachtung der grundsätzlich möglichen speziellen Bauformen von Kinokameras, die nach dem mechanischen Verfahren arbeiten, führt zu drei bisher bekannt gewordenen Ausführungen, die in der Abb. 4 schematisch dargestellt sind.

Der *mechanische Ausgleich*, eine sprachliche Analogiebildung zu dem später genannten *optischen Ausgleich*, besteht darin, das Filmband eine Zeitlang im Bildfenster der Kamera stillzusetzen, es während dieser Zeit

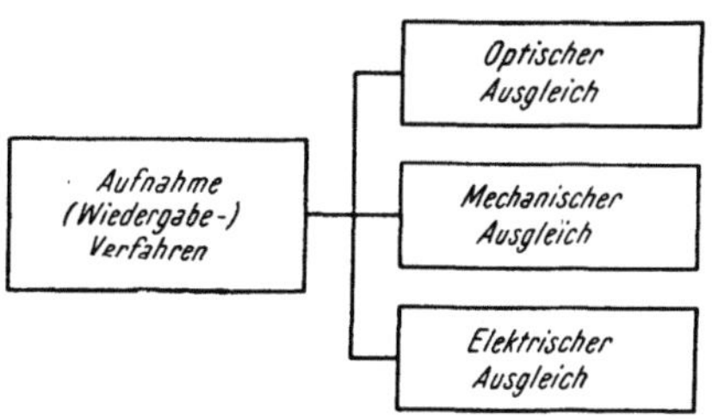

Abb. 4.

Schema der Aufnahme- bzw. Wiedergabeverfahren von Laufbildgeräten.

zu belichten und dann durch ein mechanisch wirkendes Schaltgetriebe, das *Filmschaltwerk*, um eine Bildteilung weiterzuschalten. Das Filmband wird also im Bildfenster diskontinuierlich bewegt. Dieser Wechsel zwischen Belichten und Schalten wiederholt sich periodisch mit einer Frequenz, die *Bildfrequenz* oder *Schaltfrequenz* genannt wird. Ein synchron und in der richtigen Phasenlage mit dem Schaltvorgang bewegter Verschluß sorgt für eine Öffnung des Bildfensters zu dieser Belichtung nur während der Belichtungszeit, während es sonst geschlossen ist (s. Abschn. IX und XI).

Der *optische Ausgleich* sieht einen kontinuierlichen Lauf des Filmbandes durch das Bildfenster vor, während durch optische Mittel die Bewegung des Filmbandes während jeder Bildperiode ausgeglichen wird. Dazu werden schwingend und rotierend bewegte optische Mittel in Form von Prismen, Linsen oder Spiegeln im richtigen periodischen Takt so gesteuert, daß auf dem Filmband eine scharfe optische Abbildung trotz seiner ständigen Bewegung entsteht (s. Abschn. X).

Als *elektrischen Ausgleich* könnte man ein Aufnahmeverfahren bezeichnen, bei dem auf dem kontinuierlich durch das Bildfenster laufenden Filmband durch sehr kurzzeitige blitzartige Belichtungen scharfe Abbildungen erreicht werden. Von dem Ding werden auf Grund der im Rhythmus der Bildfrequenz gesteuerten Lichtblitze nur ganz kurze Bewegungsausschnitte aufgenommen, die so klein sind, daß noch ausreichend scharfe Bilder entstehen. Dazu ist eine sehr intensive Belichtung erforderlich. Die zum elektrischen Ausgleich erforderlichen Apparaturen sind meist noch Laboratoriumsgeräte und wenigen Spezialaufgaben vorbehalten, sie sollen in dem vorliegenden Werk nicht ausführlich erörtert werden. Es ist aber damit zu rechnen, daß diese Geräte an Bedeutung gewinnen, da die Technik der Lichtblitzgeräte und Lichtblitzstroboskope erhebliche Fortschritte gemacht hat (635, 636). Die erforderlichen Schärfenbedingungen werden im Abschn. III E ... G behandelt. Die mit dem Flimmern zusammenhängenden Probleme werden im Abschn. III D angeführt.

Es ist auch möglich, Kinogeräte *ohne* jeden Ausgleich herzustellen. Dieses Verfahren besteht in einem kontinuierlichen Durchlauf des Filmbandes im Bildfenster und einer sehr kurzen Belichtung während dieser Bewegung. Damit können bei entsprechender Bemessung ebenfalls scharfe Abbildungen erreicht werden (s. Abschn. X und XI).

B. Elektrisches Verfahren

Eine nach dem *elektrischen Verfahren* aufgebaute Kinokamera geht aus dem Schema Abb. 5 hervor. Diese Anordnung ist als *Fernsehkamera* bekannt. Hier wird durch ein Objektiv *3* das Bild des Dinges auf der Photokathode *2* eines „*Bildwandler*-Ikonoskopes" *11* abgebildet. Durch die Elektronenlinse *1* wird das Ladungsbild auf den „*Mosaikschirm*" *8* übertragen. Diesen tastet ein Elektronenstrahl nach der in der Fernsehtechnik üblichen Art periodisch ab, indem er Zeile für Zeile abfährt und nach dem Abtasten der letzten Zeile und damit der ganzen Mosaikplatte wieder von vorn anfängt. Dieser Abtastvorgang wird durch elektrische Impulse gesteuert. Für die neue europäische Fernsehnorm mit einer Abtastung von 625 Zeilen je Bild und seinem Seitenverhältnis von 3 : 4 ergibt sich eine Bandbreite für die übertragenden Frequenzen von $7{,}35 \cdot 10^6$ Hz entsprechend einer zu übertragenden Bildpunktzahl von $14{,}7 \cdot 10^6$ je sec (69).

Der Elektronenstrahl überträgt den der optischen Abbildung des Dinges entsprechenden elektrischen Ladungszustand der Photokathode auf einen elektrischen Verstärker. Durch die nur angedeutete Wirkungsweise wird das räumliche Bild in eine sehr große Anzahl einzelner elektrischer Impulse aufgelöst, die einander zeitlich folgen und über eine einzige Drahtleitung oder drahtlos an andere Orte übertragen werden können. Bei einer synchronen Steuerung eines Empfängers, dem die Synchronisierungssignale gleichzeitig mit den Bildinhaltssignalen zugeführt werden, können die Impulse in der gleichen Weise ihrer Auflösung wieder zusammengesetzt und auf dem Bildschirm einer Kathodenstrahlröhre als Bild betrachtet werden.

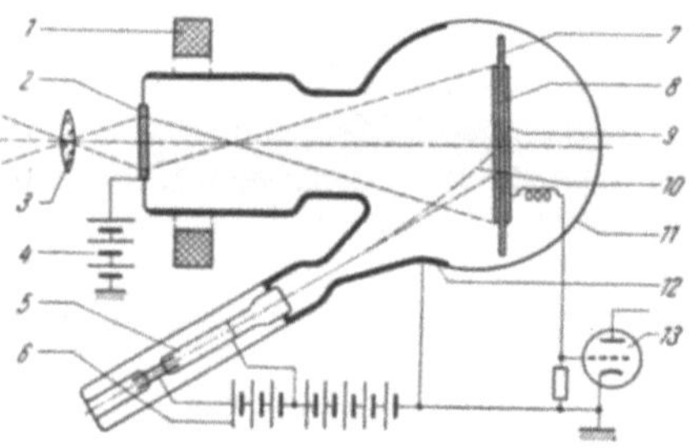

Die für die Aufzeichnung und gute Wiedergabe von Tönen so erfolgreiche magnetische Aufzeichnung auf Magnetbändern wird zu ihrer Zeit auch für die elektrische Kamera an Bedeutung gewinnen.

Der Vorteil der allerdings mit erheblichem Aufwand arbeitenden elektrischen Kamera liegt in der Übertragungsmöglichkeit des Bildes an einen anderen Ort und der direkten optischen Betrachtung von Ereignissen durch räumlich entfernte Zuschauer. Da im Aufnahmebetrieb des Ateliers eine Sicht des Sucherbildes durch mehrere Personen erwünscht ist, die sich in der Nähe der Szene, aber keineswegs an genau dem Ort der Bildkamera befinden, könnte auch hier das fernsehmäßig aufgebaute und an mehrere Stellen übertragene Bild Bedeutung erlangen. Die Fernsehkamera kann als Weiterentwicklung der Kinokamera betrachtet werden. Da ihre Arbeitsweise aber vorzugsweise elektrischer Art ist und sie als *Nachrichtengerät* anzusehen ist, wird sie in dem vorliegenden Band nur in ihren Grundzügen behandelt (s. Abschn. XVIII).

Abb. 5.

Fernseh-Kamera

(„*Bildwandler-Ikonoskop*"), Schema.

1 Magnetische Elektronenlinse, *2* Photokathode, *3* Aufnahmeobjektiv, *4* Stromquelle, *5* Strahlsystem, *6* Stromquelle, *7* Glimmerplatte, *8* Cäsium-Mosaikschirm, *9* Signalplatte, *10* Elektronen-Abtaststrahl (Ablenksystem nicht gezeichnet), *11* Bildwandler-Ikonoskop, *12* Wandbelag, *13* Verstärker nach KAROLUS.

III. Physiologische und psychologische Grundlagen

A. Allgemeines

An allen optischen Wahrnehmungen ist das menschliche Auge oder richtiger der menschliche Gesichtssinn maßgebend beteiligt. Das Auge selbst ist das äußere Empfangsorgan, das mit physikalischen Mitteln eine optische Abbildung zustande bringt.

Die von dem Ding kommenden Lichtstrahlen treten in den Augapfel *1* (Abb. 6) durch den durchsichtigen Teil der Hornhaut *4*, die vordere Augenkammer *6* und die Linse *5* in das Auge ein und werden durch Brechung auf der Netzhaut *9* zu einem kopfstehenden Bilde vereinigt. Der Linse ist eine ringförmige verstellbare Blende *7*, die Iris, vorgelagert, die das einfallende Licht im Verhältnis etwa 1 : 25 dosieren kann. Das auf der Netzhaut entstehende Bild wird unter Beibehaltung der räumlichen Zuordnung der einzelnen *Bildpunkte* über den Sehnerv *14* dem menschlichen Gehirn zugeleitet. Dieser Mechanismus hat grundsätzlich die folgende Wirkungsweise: Die Netzhaut hat eine photochemisch wirksame Schicht, die eine sehr unterschiedliche Empfindlichkeit durch automatische Steuerung von der Helligkeit des Dinges her aufweist. Durch chemische Vorgänge werden bei Lichteinfall

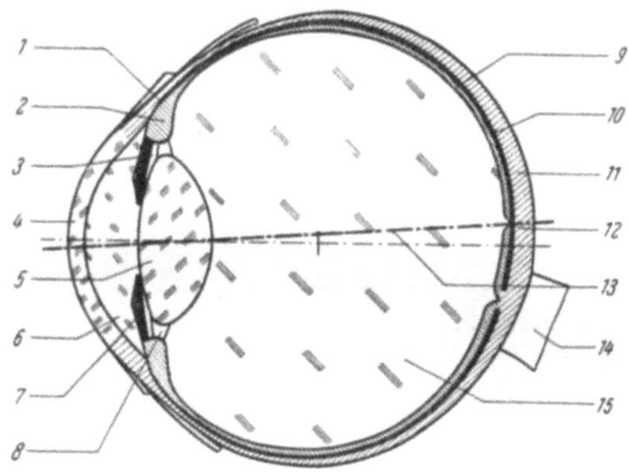

Abb. 6.
Waagrechter Schnitt durch das rechte menschliche Auge. Schema, Maßstab etwa 2 : 1.

1 Augapfel, *2* Ziliarmuskel, *3* Hintere Augenkammer, *4* Hornhaut, cornea, *5* Linse, *6* Vordere Augenkammer, *7* Regenbogenhaut, iris, *8* Linsenbändchen, zonula ciliaris, *9* Netzhaut, retina, *10* Aderhaut, choroidea, *11* Sehnenhaut, Lederhaut, sclera, *12* Netzhautgrube, gelber Fleck, fovea centralis, *13* Visierlinie des Auges, *14* Sehnerv, nervus opticus, *15* Glaskörper nach SALZMANN.

im Auge zwischen der Vorder- und Hinterwand elektrische Spannungen erzeugt, die auf den als Leitungen wirkenden Sehnervensträngen dem menschlichen Gehirn zugeleitet werden. Hier wird durch eine Zuordnung im Bewußtsein des Menschen die Wahrnehmung des Dinges möglich. Nach dem Schema der Abb. 7 haben wir es auf dem Wege von dem Vorgang zur Wahrnehmung mit Erscheinungen zu tun, die auf physikalischer, physiologischer und psychologischer Arbeitsweise beruhen. Die Aufgabe des vorliegenden Bandes liegt in Betrachtungen der Gerätetechnik, also auf der physikalischen Seite. Soweit aber physiologische oder psychologische Gesetze zu beachten sind, müssen ihre den Gerätebau beeinflussenden Ergebnisse ermittelt und bei den Konstruktionen berücksichtigt werden [WEISE (609, 610)].

Diesen grundsätzlichen Aufbau des Auges haben wir für die Konstruktion unserer photographischen Kameras von der Natur abgesehen, wobei wir aber ehrfurchtsvoll zugeben wollen, daß uns das Auge noch einiges vormacht, was wir mit unseren technischen Mitteln nicht erreichen und voraussichtlich auch nie erreichen werden.

Dazu gehört einmal die automatische Scharfstellung des Auges auf die Entfernung des anvisierten Dinges und die selbsttätige Anpassung des Auges an unterschiedliche Helligkeiten der Umwelt durch die Iris und die veränderliche Empfindlichkeit der photochemisch wirksamen Teile der Netzhaut in dem Tages- und Dämmerungssehen.

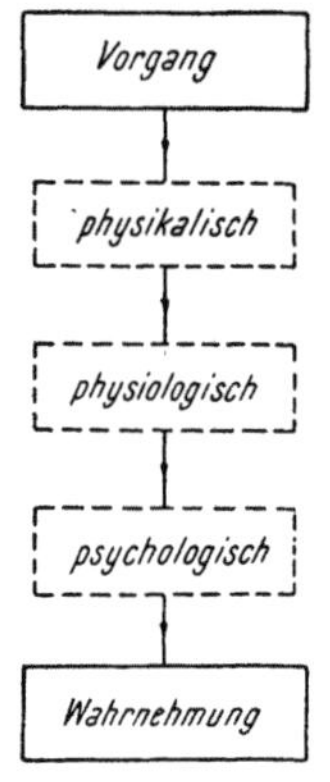

Abb. 7.
Übertragungskette zwischen Vorgang und Wahrnehmung.

Beim Scharfstellen des Auges auf das anvisierte Ding stellt sich die Augachse *13* (*Visierlinie*, Abb. 6) so ein, daß die Abbildung in der Netzhautgrube (fovea centralis) *12* erfolgt. Denn hier allein ist eine scharfe Abbildung überhaupt möglich (Abb. 8). Das Auge verfügt weder über eine einwandfreie chromatische noch sphärische Korrektion. Der Abfall der Sehschärfe *Sch* in Abhängigkeit vom Winkel α des Einfallsstrahles gegenüber der Visierline *13* (Abb. 6) ist nach der Darstellung der Abb. 8 schon nach wenigen Graden recht beträchtlich. Diese Abbildung zeigt auch die Kurven der Erkennbarkeit von Bewegungen im Hellen *(E_H)* und im Dunkeln *(E_D)*. An der Eintrittsstelle des Sehnervs *14* (Abb. 6) ist praktisch keine Lichtempfindlichkeit im Auge vorhanden (Blinder Fleck *BF*, Abb. 8).

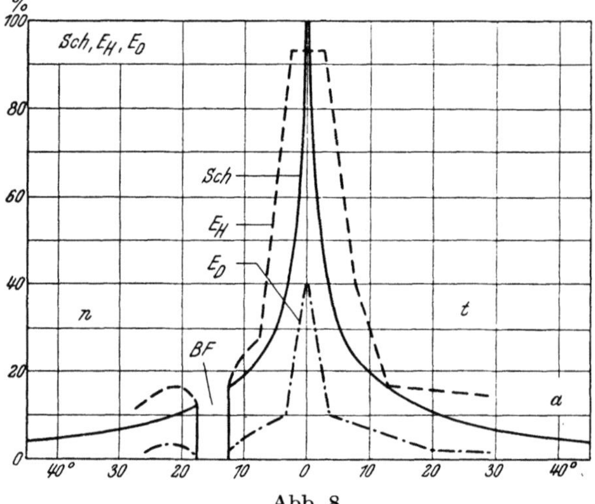

Abb. 8.

Sehschärfe *Sch* und Erkennungsvermögen für Bewegungen im Hellen (*E_H*) und Dunklen (*E_D*) des menschlichen Auges in Abhängigkeit von dem Ort der Abbildung auf der Netzhaut, gegeben durch den Winkel α gegenüber der durch die Netzhautgrube gehenden Achse des Auges (Visierlinie). *BF* Blinder Fleck, *n* nasal, *t* temporal nach KÖNIG.

Der Schärfenabfall wird dem Menschen nicht direkt bewußt, da er die betrachteten Gegenstände mit dem Auge durch Umherblicken abtastet und damit ein scheinbar sehr großes Gesichtsfeld hat (Abb. 9).

Eine Kamera hat dagegen ein fest begrenztes Bildfeld, über dessen ganze Fläche auch bei großen Bildwinkeln von 50° oder mehr eine angenähert gleich große Abbildungsschärfe herrscht.

Das Umherblicken und die Notwendigkeit, die Blickrichtung des Auges auf die Kamera zu übertragen, machen eine *Sucheinrichtung* erforderlich, über die noch eingehend gesprochen wird (Abschn. XIII).

Die dem Menschen unbewußte Ausrichtung der Augenachsen (Visierlinien) auf das Ding macht ein echtes räumliches Sehen möglich, das durch technische, mit Doppelobjektiven versehene Geräte nachgeahmt wird, deren Achsen einen dem menschlichen Augenabstand entsprechenden *Parallaxabstand* haben.

Der Vergleich einer photographischen Kamera mit dem Auge ist naheliegend und wird auch noch mehrfach angewandt. Noch besser aber ist, das Auge mit den daran anschließenden Teilen des Gehirns als Fernsehkamera zu betrachten, bei der, wie beim Gesichtssinn, die Lichteindrücke der Umwelt in elektrische Ströme bei einem Erhalt der gegenseitigen räumlichen Zuordnung umgesetzt werden (vgl. Abschn. XVIII).

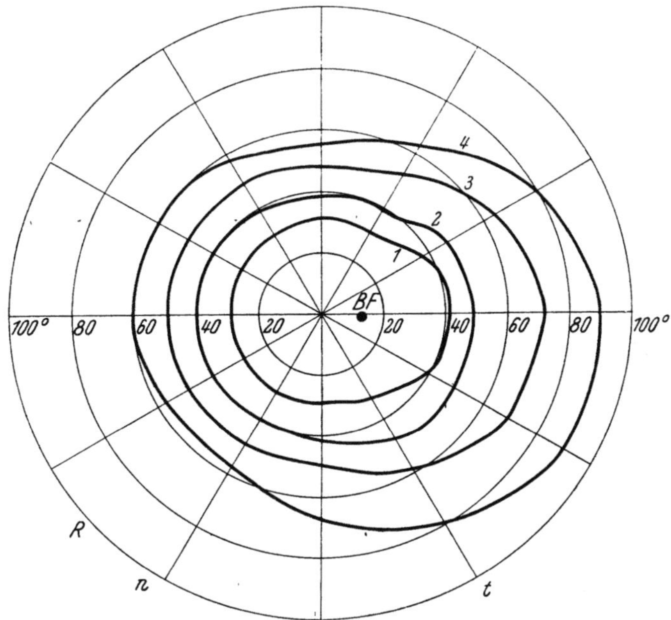

Abb. 9. Bildwinkel des rechten menschlichen Auges für verschiedene Bereiche der Erkennbarkeit von Farben. *BF* Blinder Fleck.

Innerhalb *1* volle Farbsichtigkeit, zwischen *3* und *4* totale Farbenblindheit, dazwischen Übergangsbereiche mit rot-grün-blinder, aber gelb-blau-empfindlicher Zone, *n* nasal, *t* temporal nach AXENFELD, SERR.

Es wurde schon davon gesprochen, daß es zunächst mit mechanischen oder elektrischen, unter Vermittlung von optischen und chemischen Einrichtungen möglich ist, von einem bewegten Ding eine Anzahl von Phasenbildern aufzunehmen und auf einem durchsichtigen Filmband zeitrichtig aneinanderzureihen. Gelegentlich handelt es sich darum, diese Phasenbilder auf die Bewegung des Dinges hin auszuwerten, also beispielsweise festzustellen, wann in der Zielphotographie ein Ding eine bestimmte Marke überschreitet oder wie groß für eine Bewegungsanalyse die Wege und ihre Änderungen mit der Zeit sind, die durch die jeweilige Belichtung der einzelnen Phasenbilder bestimmbar ist.

In der Mehrzahl der Fälle sollen aber die Bewegungsvorgänge selbst mit kinematographischen Mitteln wieder sichtbar gemacht und in möglichst großer Naturtreue oder mit den schon genannten Zerrungen wiedergegeben werden. An dieser kinematographischen Wiedergabe ist der menschliche Gesichtssinn wesentlich beteiligt. Er bestimmt damit auch durch die für ihn gültigen physiologischen Gesetze die technische Konstruktion der Aufnahme- und Wiedergabegeräte. Der Eindruck einer kontinuierlichen Wiedergabe der Bewegungen kommt durch einen Verschmelzungsvorgang in unserem Gehirn zustande, das unter bestimmten Voraussetzungen die dem Gesichtssinn dargebotenen Teilausschnitte der Phasenbilder zu einem einzigen Bewegungsvorgang zu vereinen gestattet.

Die hier und in den folgenden Abschnitten genannten Eigenschaften des menschlichen Auges passen für das *Normalauge* bzw. einen statistisch erfaßten Mittelwert von vielen durchgemessenen Augen. Unberücksichtigt müssen die vielen individuellen Abweichungen bleiben und mit zunehmendem Lebensalter eintretende Veränderungen und Sehschäden (26).

B. Helligkeits- und Farbeindruck im Gesichtssinn

Von dem Wunsch nach einer naturgetreuen Wiedergabe des Dinges in der kinematischen Projektion wurde schon gesprochen. Dabei sind auch die Helligkeits- und Farbeindrücke zu verstehen, die sich von Natur aus unserem Gesichtssinn darbieten. Der Bereich der Wahrnehmung des Menschen liegt in einem Frequenzbereich elektromagnetischer Schwingungen von etwa $3{,}8 \ldots 7{,}8 . 10^{-5}$ cm Wellenlänge. Die Grenzen werden noch etwas überschritten, wenn dort die Empfindlichkeit auch sehr klein ist. Der eben als *sichtbares Gebiet* definierte Ansprechbereich des menschlichen Gesichtssinnes wird nach der Art einer Resonanzkurve (Abb. 10) vom Auge aufgenommen, deren Maximum bei $5{,}55 \cdot 10^{-5}$ cm Wellenlänge beim Tagessehen liegt. (λ Wellenlänge, V_λ Empfindlichkeitskurve für Tagessehen.) Beim Dämmerungssehen verschiebt sich die Empfindlichkeitskurve nach kürzeren Wellen zu, das Maximum liegt dann bei $5{,}1 \cdot 10^{-5}$ cm Wellenlänge. (V'_λ Empfindlichkeitskurve für Dämmerungssehen.) Die angegebenen Kurven für die Augenempfindlichkeit sind aus einer großen Anzahl von Messungen statistisch ermittelt und international festgelegt (s. Normblatt DIN 5031). Den Streubereich der Messungen für das Tagessehen zeigen die Querstriche der Tageskurve an.

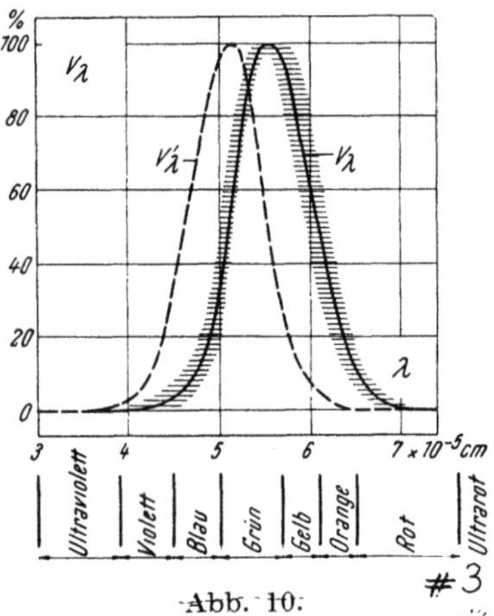

Abb. 10.

Empfindlichkeit des menschlichen Auges in Abhängigkeit von der Wellenlänge λ.

V_λ = Tagessehen (Zapfenkurve), international festgelegt.
V'_λ = Dämmerungssehen (Stäbchenkurve) nach BENDER.

Das unterschiedliche Arbeiten des Hell- und Dunkelsehapparates des Auges ist auf den Aufbau der Netzhaut (s. Abb. 6) zurückzuführen. Selbsttätig wird mit einer gewissen Übergangzeit bei großen Helligkeiten der Umwelt auf das Zapfensehen umgeschaltet. Dabei ist der Gesichtssinn verhältnismäßig unempfindlich, aber farbtüchtig. Bei

dem Dämmerungssehen treten die Stäbchen automatisch in Tätigkeit, die
eine sehr große Empfindlichkeit für geringe Helligkeiten haben, aber kein
Farbsehen ermöglichen. Der Eindruck einer Farbe wird durch die
Strahlung einer bestimmten Wellenlänge bedingt; in der Abb. 10 sind
die einzelnen Farbbereiche in ihrer Zuordnung zu den Wellenlängen
angegeben.

Auf die Einzelheiten des Baues des menschlichen Auges kann an dieser
Stelle ebensowenig eingegangen werden wie auf die Erfordernisse der
Anpassung der photochemischen Schicht an die Augenempfindlichkeit.
Nur für die später im Ab-
schn. XV dargestellten Blendenmesser ist die Verarbeitung von Helligkeitseindrücken
durch den menschlichen Gesichtssinn von Interesse. Infolge
der naturgewollten Anpassung
an einen sehr großen Bereich
von Helligkeiten, der in der
Abb. 11 zahlenmäßig dargestellt
ist, bildet das Auge eine sehr
schlechte Einrichtung zum
Messen von Helligkeiten. Denn
der Sinn der automatischen
Anpassung über die großen
Bereiche scheint gerade in dem
damit gegebenen Ausgleich zu
liegen, so daß dem Menschen

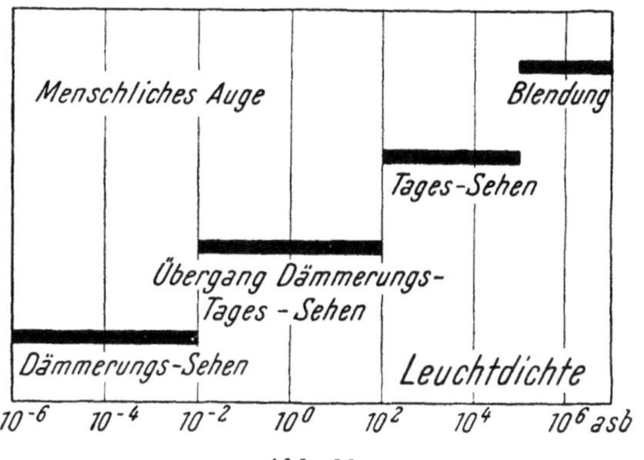

Abb. 11.
Arbeitsbereich des menschlichen Gesichtssinnes
bei verschiedenen Leuchtdichten der Umwelt.

die Helligkeitsunterschiede nur recht klein im Verhältnis zu ihrer
tatsächlichen Größe erscheinen. Damit ist dem Gesichtssinn eine eigentliche Helligkeits-*Messung* nicht möglich, da er außerdem stark
täuschungsfähig ist [z. B. *Simultan-Kontrast* (534)]. Die Arbeitsweise des
Gesichtssinnes ist aber — in vielen Fällen offensichtlich erkennbar — von
einer großen biologischen Zweckmäßigkeit in der Anpassung an die Umwelt.
Als das Wort *Helligkeit* des normalen Sprachgebrauchs wurde die nach dem
Normblatt DIN 5031 lichttechnisch definierte Größe der *Leuchtdichte* angegeben. Nach der Abb. 11 beginnt bei einer Leuchtdichte $B = 1 \cdot 10^{-6}$ asb die
unterste Grenze der Orientierung mit dem Gesichtssinn. Unter einem Leucht-
dichtenwert von 0,01 asb arbeitet das Auge im reinen Dämmerungssehen ohne Farbempfindung. Bei einer Leuchtdichte $B \approx 0,01 \ldots 100$ asb
erstreckt sich der Übergangsbereich vom Dämmerungs- zum Tagessehen,
auch das Farbsehen beginnt für die mittleren Bezirke der Netzhaut.
Über $B = 100$ asb arbeitet das Auge im Bereich des reinen Tagessehens
und der Farbkonstanz. Bei Leuchtdichten über 100 000 asb wird auch
das hell adaptierte Auge geblendet.

Die Wirkungsweise des Gesichtssinnes ist aber weit verwickelter, als
hier dargelegt werden kann. So ist beispielsweise das Gesichtsfeld für das
Auge nach Abb. 9 sehr unterschiedlich groß für das Sehen von Farben.
Für das auf die Visierlinie (*0*-Punkt) eingestellte Auge werden alle Farben
nur innerhalb des Feldes *1* gesehen. In dem Feld zwischen *3* und *4* herrscht
völlige Farbenblindheit, d. h. hier kann nur Hell und Dunkel erkannt
werden. In den dazwischen liegenden Bereichen findet ein Übergang statt,

wo eine Rot-Grün-Blindheit und eine Gelb-Blau-Empfindlichkeit herrscht. Die Netzhautgrube ermöglicht allein ein scharfes Sehen, aber keine Raumorientierung. Umgekehrt ergeben die peripheren Netzhautpartien ein großes Bildfeld und damit ein räumliches Zurechtfinden, aber keine deutliche Erkennbarkeit von Dingen.

Die Anpassung des Gesichtssinnes von Hell auf Dunkel erfordert eine recht erhebliche Zeit (Abb. 12) bis etwa 30 min und geht in einer sprunghaften Kurve vor sich (534). Die Empfindlichkeit ist stark von dem Ort der Abbildung im Auge (zentral in der fovea centralis *1* oder peripher *2)* abhängig, am besten ist die Dunkel-Adaptation im Bereich von 10 ... 20° auf der Netzhaut (s. Abb. 9).

Die Anpassung von Dunkel auf Hell geht wesentlich schneller in einigen Minuten vonstatten. Unabhängig davon folgt die Erregung auf den Reiz hin mit einer Verzögerung von 150 ... 1000 m sec und ist abhängig von der Größe der Reizes. Auch das Abklingen der Empfindung nach Beendigung des Reizes benötigt eine gewisse Zeit *(Nachbilder)*.

Als *Blendung* wird eine größere örtliche oder zeitliche Störung des Adaptationszustandes des Gesichtssinnes bezeichnet. Im wesentlichen werden Adaptations-, Relativ- und Absolutblendung unterschieden. Dazu tritt die direkte, indirekte, Um- und Infeldblendung sowie die Blendung ausgedehnter Flächen und Simultan- und Sukzessivblendung. Für den Gerätebau sind die Fragen der Blendung von Interesse, die mit der richtigen Belichtung bei photo-

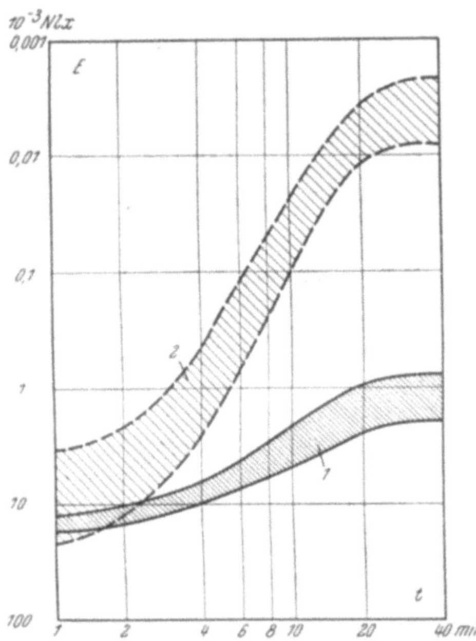

Abb. 12.

Adaptation des menschlichen Gesichtssinnes, dargestellt durch das Ansteigen der Empfindlichkeit (Beleuchtungsstärke *E* des Dinges) in Abhängigkeit von der Zeit *t* bei Anpassung von Hell auf Dunkel. Bereich *1* gilt für Netzhautgrube (fovea centralis), *2* für Außenbezirke der Netzhaut (vgl. Abb. 6), Ergebnis von 10 Versuchspersonen nach HERTEL.

graphischen Aufnahmen zusammenhängen. Bei der Beurteilung von Dinghelligkeiten ist das Auge sehr täuschungsfähig. Praktisch werden Belichtungs- bzw. Blendenmesser eingesetzt (siehe Abschn. XV). Die genannten Täuschungen werden auch durch Blenderscheinungen beeinflußt, so daß der Zusammenhang zwischen Blend- und Gesichtsfeld-Leuchtdichte interessant ist. Diese Verhältnisse gibt die Abb. 13 wieder, für die ARNDT die folgende Formel angibt:

$$B_{\text{Blend}} = 0{,}26 \ \sqrt[3]{B_{\text{Gesicht}}} \tag{1}$$
$$\text{(sb)} \qquad\qquad \text{(asb)}$$

Arbeiten über diese Fragen sind von den im folgenden genannten Autoren erschienen: ARNDT, BLANCHARD (42, 43), KÜHL (288), NUTTING, LOSSAGK (323), SCHOBER (509).

Ein wesentliches Merkmal für die Erkennbarkeit von Dingen gegenüber

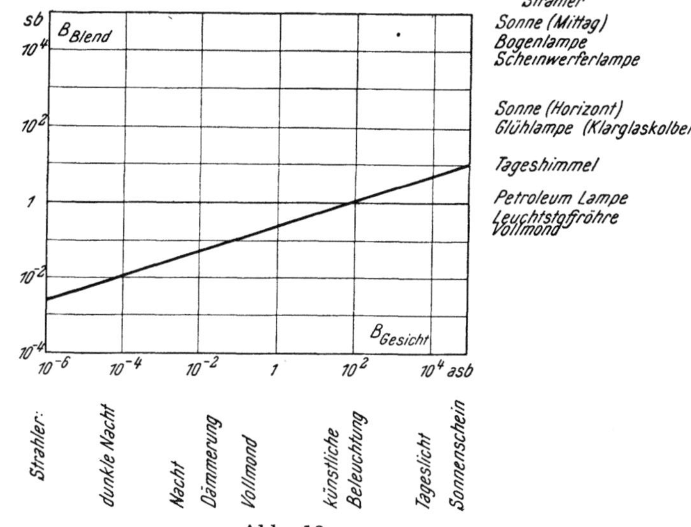

Abb. 13.

Blend-Leuchtdichte B_{Blend} des menschlichen Gesichtssinnes in Abhängigkeit von der Gesichtsfeldleuchtdichte $B_{Gesicht}$ und Kennzeichnung der Bereiche der Leuchtdichten einiger natürlicher und künstlicher Strahler nach SCHOBER.

ihrem Hintergrund ist die *Unterschiedsempfindlichkeit* des menschlichen Gesichtssinnes. Diese ist stark von der herrschenden Helligkeit abhängig. Eine graphische Darstellung der Unterschiedsempfindlichkeit $B/\Delta B$ in Abhängigkeit von der Leuchtdichte B, bzw. der Beleuchtungsstärke E einer Bildwand zeigt die Abb. 14 für Untersuchungen verschiedener Autoren und für unterschiedliche Helligkeitsverhältnisse im Umfeld der Bildwand. Diese Kurven gelten zugleich auch für andere praktische Fälle und lassen deutlich den großen Einfluß erkennen, den die Helligkeit oder die Beleuchtung von Gegenständen auf ihre Erkennbarkeit hat. Das genannte Merkmal ist

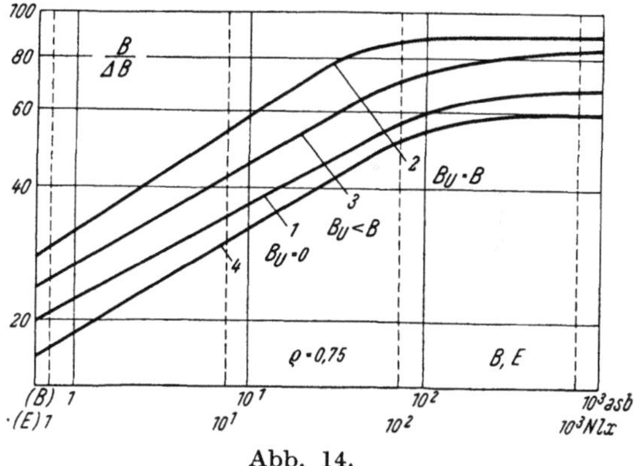

Abb. 14.

Unterschiedsempfindlichkeit $\dfrac{B}{\Delta B}$ in Abhängigkeit von der Leuchtdichte B und der Beleuchtungsstärke E der Bildwand bei einer Reflexionszahl ϱ diffuser Reflexion = 0,75 und verschiedenen Umfeldleuchtdichten. B_U Leuchtdichte des Umfeldes. *1..3* Messungen nach RIECK, *4* nach KOENIG-BRODHUHN.

nicht das einzige, so ist beispielsweise auch die *Formenerkennbarkeit* und *Erkennungsgeschwindigkeit* von Bedeutung. Je größer der *Kon-*

trast zwischen den zu erkennenden Dingen und ihrem Hintergrund ist, um so besser sind sie zu erkennen. Damit ergeben sich unter sonst gleichen Verhältnissen für den größten Kontrast [s. (5)] auch die schärfsten Bedingungen (s. Abschn. III E), sofern die Blendung vermieden wird.

Wenn man alle hier genannten und in ihren Wirkungen nur kurz angedeuteten physiologischen und psychologischen Fragen und die damit zusammenhängenden, recht verwickelten Probleme ansieht, so wird klar, daß erhebliche Schwierigkeiten bestehen, die kinematographischen Geräte richtig an den Menschen anzupassen.

C. Bildfrequenz

Ein wesentlicher Faktor der physiologischen Gesetze ist die Größe der Bildfrequenz, d. h. die Zahl der einzelnen Phasenbilder, die je Sekunde aufgenommen, bzw. wiedergegeben werden müssen, um einen brauchbaren oder guten Eindruck von dem bewegten Ding zu geben. Diese Frage nach der Bildwirkung wurde von THUN (557, 562, 563, 564), HUTH (234), ENGSTROM (82) und WIEDEMANN (640) untersucht, und zwar mit statistischen Mitteln. Den Ausgangspunkt der Arbeiten von THUN bilden Erfahrungen und Versuche aus den Fernsehgebiet. Unter *Bildwirkung* wird der subjektive Gesamteindruck verstanden, den eine kino- oder fernsehmäßig aufgebaute Wiedergabe von Bildern mit bewegten Vorgängen auf die Zuschauer ausübt. Diese Bildwirkung hängt offensichtlich von einer Reihe von Faktoren, den sogenannten *Teilwerten* ab. Unter diesen Teilwerten wird beispielsweise die Bildfrequenz, der Helligkeitsumfang des Bildes, seine Helligkeit, die Zeilenzahl eines Fernsehbildes, d. h. seine Auflösung in einzelne *Bildpunkte* und die dem entsprechende Bildschärfe eines ruhenden oder kinematographisch dargebotenen Bildes verstanden.

Da eine zusammenfassende Darstellung über den gesamten Einfluß aller Teilwerte noch nicht vorliegt, hat THUN zunächst nur jeweils einen Teilwert variiert, wobei die anderen eine ausreichende Güte aufwiesen. Wie sich dabei zunächst zeigt, ist für belehrende und berichtende Inhalte die Bildwirkung nicht so kritisch, sofern nur eine genügende Zahl von Einzelheiten bei der Wiedergabe erkennbar ist. Für künstlerische Darbietungen muß dagegen insbesondere zum Erzielen bestimmter Stimmungen häufig alles an Bildwirkung verlangt werden, was die technischen Mittel überhaupt zu liefern imstande sind. Entgegen allgemeinen sprachlichen Urteilen, wie *ausreichend* oder *gut*, gibt THUN die Bildwirkung in Prozentzahlen an. In der Abb. 15 sind die Ergebnisse dieser Messungen dargestellt. Die mit f_B bezeichnete Kurve zeigt den Verlauf der Bildwirkung BW als Funktion der Bildfrequenz. Nicht bewegte Bilder können noch mit der Bildfrequenz 0, d. h. mit einem einzigen Bild mit voller Bildwirkung wiedergegeben werden. Bei langsamen Dingbewegungen reichen Bildfrequenzen von 5 ... 8 Hz, bei der Mehrzahl 16 ... 24 Hz aus und für die schnellsten in der Natur vorkommenden und mit dem menschlichen Gesichtssinn noch wahrnehmbaren Bewegungen werden Bildfrequenzen von 50 ... 80 Hz zur naturgetreuen Wiedergabe benötigt. Sind die Bewegungen des Dinges so schnell, daß sie mit dem Auge nicht mehr einwandfrei wahrgenommen werden können, ist von einer *naturgetreuen* Wiedergabe eines Gerätes auch kein besseres Ergebnis zu erwarten. Dann hilft nur eine *Zeitdehnung* mit den noch beschriebenen Verfahren.

Auf Grund praktischer Erfahrungen wurde die Bildfrequenz bei den Schmalfilmgeräten, bei denen auch wirtschaftliche Fragen des Filmverbrauchs eine Rolle spielen, der linear mit der Bildfrequenz anwächst, auf 16 Hz festgesetzt. Diese Zahl ist nach der Abb. 15 für viele Fälle vollkommen ausreichend. Im Bereich der Berufskinematographie wurde als Bildfrequenz 24 Hz festgesetzt, mit der schon die Mehrzahl aller Bewegungsvorgänge gut dargestellt werden kann. Diese Festsetzung wurde wesentlich auch von der elektroakustischen Seite mitbestimmt, da für die Aufnahme und Wiedergabe von Tönen eine gewisse Mindestgeschwindigkeit des Filmbandes gefordert werden muß (s. Abschn. XVI).

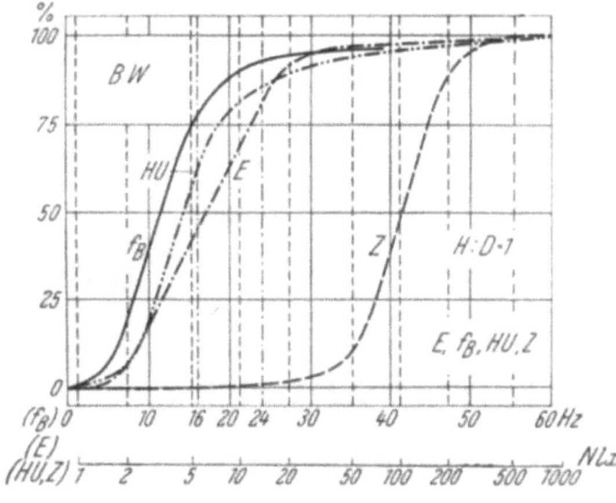

Abb. 15.

Bildwirkung BW eines film- oder fernsehmäßig aufgebauten Bildes in Abhängigkeit von der Bildfrequenz f_B, der Beleuchtungsstärke E des Bildes, seinem Helligkeitsumfang HU und der Zeilenzahl Z des Bildes bei einem Öffnungsverhältnis des Verschlusses $H:D = 1$ nach THUN.

Auf den geringfügigen Einfluß der Öffnung des Verschlusses bei der Bildwirkung wird hier nur hingewiesen. Für die Kurven der Abb. 15 gilt die *Öffnung* als Verhältnis des Hellteiles H des Verschlusses zum Dunkelteil D (s. Abschn. XI B und 2, Abb. 16). Der genannte Filmverbrauch wird als die Filmlänge in Millimetern definiert, die je sec durch die Kamera läuft. Bei f_B-Bildern entsprechend der Schaltfrequenz f_B ist die Filmlänge l

$$l = f_B \cdot s_F \text{ (mm/sec)} \tag{2}$$

wenn s_F den Schaltschritt des Filmbandes bedeutet (vgl. Abschn. IV).

Die soeben genannte und normenmäßig eingeführte Festsetzung der Bildfrequenz galt nur für die naturgetreue Wiedergabe des Zeitablaufes. Sollen aber Zeitdehnungen oder Zeitraffungen vorgenommen werden, so kommen diese gerade durch eine Änderung der Aufnahme-Bildfrequenz zustande. Werden also beispielsweise Zf_B einzelne Phasenbilder je Sekunde aufgenommen und mit der Normalfrequenz f_B wiedergegeben, so dauert die Vorführung Z-fach länger und die einzelnen Vorgänge spielen sich in der Z-fachen Zeitdehnung

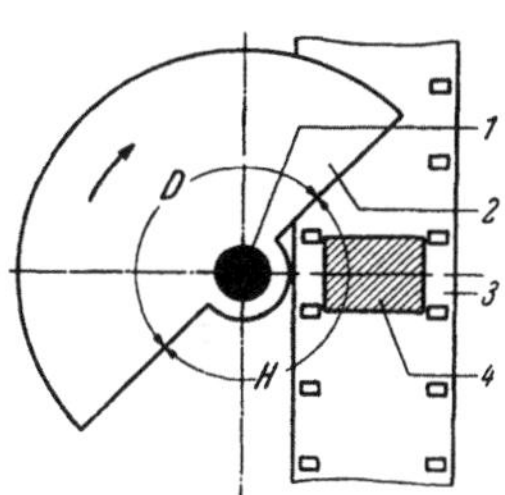

Abb. 16.

Umlauf-Verschluß zum Abdecken des Bildfensters während der Filmbandbewegung. Schema.

1 Antriebsachse, *2* Verschlußflügel (Dunkelteil), *3* Filmband, *4* Bildfenster, *H* Hellteil, *D* Dunkelteil des Verschlusses.

ab. Entsprechend ergibt sich eine Z-fache Zeitraffung durch die Aufnahme von Zf_B Bildern und einer Wiedergabe mit der Bildfrequenz f_B. Der Zeitdehnungsfaktor Z ist also

$$Z = \frac{f_B \text{ Aufn.}}{f_B \text{ Wiederg.}} \tag{3}$$

Bei $Z > 1$ tritt Zeitdehnung, bei $Z < 1$ Zeitraffung ein. $Z = 1$ entspricht der normalen und üblichen zeitnatürlichen Wiedergabe.

D. Flimmererscheinungen

Der nächste Faktor der physiologischen Gesetze ist das Flimmern. Dazu muß zunächst über die kinematische Wiedergabe von Filmbändern gesprochen werden. Die Technik dieser Einrichtung ist: Von der Aufnahme her stehen Filmstreifen zur Verfügung. Diese tragen in zeitlich richtiger Reihenfolge eine große Anzahl einzelner in jeweils gleichen Zeitintervallen aufgenommener Phasenbilder. Bei den Kinoprojektoren mit mechanischem Schaltwerk, die bei weitem die Mehrzahl bilden und den später beschriebenen Kinokameras mit *mechanischem Ausgleich* (Abschn. IX) prinzipiell entsprechen, wird das Filmband absatzweise durch das Bildfenster gezogen. Jedes einzelne Phasenbild wird hier während einer bestimmten Zeit stillgesetzt und auf eine Bildwand projiziert. Dann wird das Filmband um einen Schaltschritt weitergezogen, bis das nächste Phasenbild an die Stelle des vorangegangenen tritt. Stillstands- und Schaltzeit ergeben eine Schaltperiode, die sich also beispielsweise 24 mal in jeder Sekunde wiederholt. Die Zeit des Filmzuges, die aus kinematischen und Festigkeitsgründen von Getriebe und Filmband etwa $\frac{1}{4}$ bis $\frac{1}{8}$ der Bildperiode betragen kann, ist nicht so kurz, daß das *bewegte* Filmband dem betrachtenden menschlichen Auge entgeht. Damit würde der eigentlichen, allerdings jeweils nur kurze Zeit dauernden Stillstandsprojektion jedes einzelnen Phasenbildes eine Bewegung überlagert, die erheblich stört.

Abhilfe schafft ein Verschluß, der schematisch in der Abb. 16 dargestellt ist. Um die Welle *1* läuft eine Verschlußscheibe *2* aus lichtundurchlässigem Material phasenrichtig mit dem Schaltwerk und mit einer Drehzahl, die gleich der Bildfrequenz ist. Damit wird das schraffiert dargestellte Bildfenster *4* periodisch während der Zeit des Filmzuges abgedeckt und in den jeweils dazwischen liegenden Zeiten zur Projektion der einzelnen auf dem Filmband *3* angeordneten, aber nicht dargestellten Phasenbilder, aufgedeckt. Dem menschlichen Gesichtssinn wird der periodische Wechsel zwischen dem hellen Projektionsbild und der durch die Wirksamkeit des Verschlußabdeckflügels nicht beleuchteten Bildwand, die nur geringes Streulicht erhält, merklich und unangenehm, wenn dieser Wechsel nicht schnell genug erfolgt. Den noch erkennbaren Hell-Dunkelwechsel nennt man *Flimmern*. Die unangenehme Wirkung des Flimmerns ist wahrscheinlich eine Abwehrreaktion des menschlichen Organismus gegen ihm ungewohnte oder schädliche Einflüsse (625).

Über Flimmerfragen liegen Arbeiten von MARBE (343), HATSCHEK (203), ARNDT (15), MAY (350), LIESEGANG (314), LEHMANN (299), NAUMANN (375), THUN (557, 562, 563, 564), HUTH (234), CRICKS (65), MÖLLER (359), REICHEL (434), PORTER vor.

Ein Auszug aus der MARBEschen Arbeit (343) findet sich in (203). Insbesondere die unter praktischen und heute gültigen kinotechnischen Bedingungen und Voraussetzungen durchgeführten Versuche von ARNDT zeigen eine wesentliche Abhängigkeit des Flimmerns von der Hell-Dunkelfrequenz, der Helligkeit des auf der Bildwand kinematographisch dargebotenen Bildes und der Konstruktion und Bemessung des Verschlusses. Einige nicht so kritische Abhängigkeiten kommen von der Helligkeit des Bildwandumfeldes, dem Betrachtungswinkel, unter dem die Wand gesehen wird, der Farbigkeit des Bildes sowie der individuellen Flimmerempfindlichkeit des Beobachters und der Lage des Bildes im menschlichen Auge, ob also mit zentralen oder peripheren Teilen der Netzhaut gesehen wird. Die einzelnen Erscheinungen, von denen das Flimmern abhängt, sind sehr viel verwickelter, als es nach den genannten Ausführungen den Anschein hat.

Das Gesamtergebnis dieser Untersuchungen zeigt für die heutigen üblichen Geräte und kinotechnischen Bedingungen, daß eine Hell-Dunkelfrequenz von etwa 48 Hz gerade einen brauchbaren flimmerfreien Bildwurf durch Verschmelzung des Hell- und Dunkelwechsels ergibt. Die Zahl von 48 Hz ist deswegen günstig, weil sie ein ganzes Vielfaches der üblichen Bildfrequenzen 16 Hz und 24 Hz ist und deshalb gerätetechnisch leicht darstellbar ist. Größere Hell-Dunkelfrequenzen als 48 Hz sind unter den gegebenen Voraussetzungen auf jeden Fall flimmerfrei, kleinere dagegen nicht mehr. Die Abb. 17 zeigt ein Schaubild einiger Ergebnisse der Flimmermessungen von ARNDT (15). Es wird der Zahlenwert der Verschmelzungsfrequenz f_v in Abhängigkeit von der Beleuchtungsstärke E, Leuchtdichte B und dem Öffnungsverhältnis $H : D$ des Verschlusses für eine übliche Vorführung auf einer Kinobildwand dargestellt.

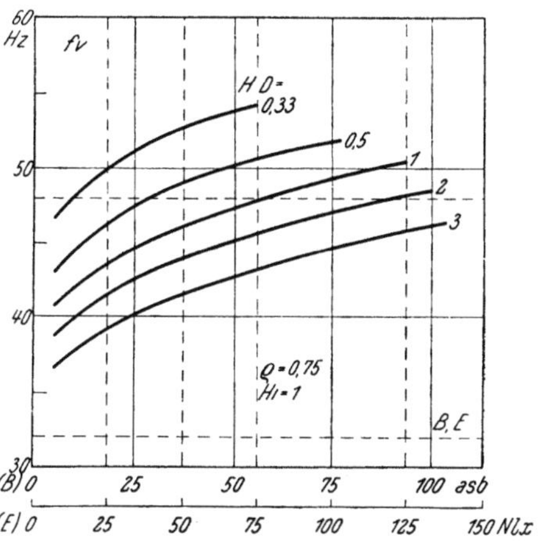

Abb. 17.

Verschmelzungsfrequenz f_v eines symmetrischen Kinoverschlusses in Abhängigkeit von der Beleuchtungsstärke E, Leuchtdichte B und Verschlußöffnung $H : D$, Hi Hinkverhältnis, ϱ Reflexionsfaktor der Bildwand nach ARNDT.

Die als Flimmergrenze angegebene Größe von 48 Hz bezog sich — und das soll ausdrücklich betont werden — zunächst auf die Hell- und Dunkelfrequenz und nicht die Schaltfrequenz. Hat der Verschluß, wie in der Abb. 16 angegeben, einen einzigen Abdeckflügel und läuft dieser einmal in jeder Schaltperiode um, so ist seine Verschlußfrequenz gleich der Hell-Dunkelfrequenz und gleich der Schaltfrequenz des Filmbandes. Da diese nach den früheren Ausführungen mit 16 und 24 Hz festliegt, kann die Verschluß- und damit auch Hell-Dunkelfrequenz nur durch Anbringen von zwei oder drei Flügeln am Verschluß oder seinen zwei- oder dreifach schnelleren Umlauf auf den zwei- oder dreifachen Wert gebracht werden. Damit wird in jedem Falle die erforderliche Hell-Dunkelfrequenz von 48 Hz bei den genormten Bildfrequenzen erreicht.

Bisher wurde bei der Behebung der Flimmererscheinungen nur von der Hell-Dunkelfrequenz gesprochen. Es geht aber auch noch der Aufbau des Verschlusses ein. So ist es beispielsweise von erheblicher Bedeutung, ob ein Zweiflügelverschluß zwei gleich große Abdeckflügel hat oder nicht. Die angegebene Flimmergrenze gilt nur für einen *symmetrischen* Verschluß, bei dem beide Flügel die gleiche Größe haben; sonst liegt die Verschmelzungsfrequenz höher als 48 Hz und steigt mit größer werdender Unsymmetrie an (15, 375). Danach ist es nicht sehr zweckmäßig, Verschlüsse mit einer größeren Unsymmetrie (*Hinkverhältnis*) zu verwenden, da dann die Verschmelzungsfrequenz merklich ansteigen würde.

Die bisherigen Betrachtungen galten vorzugsweise den Wiedergabeverschlüssen, die hier auf Grund der Aufgabenstellung des Buches von keinem großen Interesse sind. Für die Aufnahmeverschlüsse ist die Frage des Flimmerns meist ohne Bedeutung, da sie erst bei der Wiedergabe akut wird.

Gelegentlich treten auch bei der Gestaltung der Kameras die Flimmerfragen auf. Bei den Spiegelumlaufverschlüssen wird ein Sucherbild ausgespiegelt und betrachtet. Durch die Eigenart dieser im Abschn. XIII dargestellten Konstruktionen wird das Sucherbild periodisch mit der Schaltfrequenz dem Auge dargeboten. Die damit gegebene Flimmermöglichkeit muß beachtet oder durch besondere Maßnahmen vermieden werden. (Vergrößerung der Hell-Dunkel-Frequenz.)

E. Bildstand

Ein weiterer wesentlicher Faktor der physiologischen Bedingungen ist die Genauigkeit des Bildstandes. Unter dem *zulässigen Bildstandsfehler* wird das Maß verstanden, um das die einzelnen Phasenbilder in ihrer Lage höchstens voneinander abweichen dürfen. Über diese Frage und die erstrebten oder tatsächlich erreichten Bildstandsgenauigkeiten ist nur ganz selten in Andeutungen veröffentlicht worden. Deshalb wurde versucht, diese Frage zunächst von der theoretischen Seite her einer Lösung näher zu bringen [WEISE (609, 610)].

Zur Ermittlung dieser Bildstandsfehler sind alle Stellen zu untersuchen, an denen Fehleranteile auftreten können. Dazu gehört auch die Kamera, für die mechanische Vorschriften gegeben werden müssen, die sich aus physiologischen Bedingungen ergeben, wenn sich auch die praktische Auswirkung erst bei der Wiedergabe bemerkbar macht.

Als *Bildstandsfehler* wird die Differenz a (Abb. 18) im Abstand a_1, a_2 definiert, den die Unterkanten der einzelnen Phasenbilder $1, 2 \ldots$ usw. von den jeweils zum Schalten des Filmbandes benötigten Unterkanten der zugehörigen Schaltlöcher $3, 4$ usw. haben. Diese Differenz wird zwischen je zwei aufeinanderfolgenden Phasenbildern gebildet:

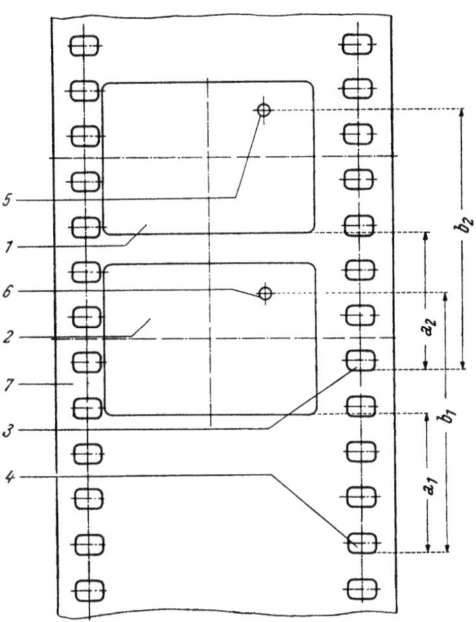

Abb. 18. Definition des Bildstandsfehlers a.

1, 2 Bildfelder. *3, 4* zugehörige Schaltlöcher, *5, 6* Testmarken, *7* Filmband, a_1, a_2 Abstand der Unterkante des Bildfeldes zum zugehörigen Schaltloch, b_1 b_2 Abstand einer Testmarke auf dem Bildfeld zum zugehörigen Schaltloch.

$$a = |\,a_1 - a_2\,| = |\,a_2 - a_3\,| \tag{4}$$

Wie aus der Abb. 18 ersichtlich ist, bleibt die Definition auch erhalten, wenn statt der Unterkanten des Phasenbildes in ihm liegende Testpunkte *5, 6* ... verwendet werden, die den jeweiligen Abstand $\cdot b_1$, b_2 usw. von den zugehörigen Schaltlöchern haben. Bei Schaltwerken mit einem Justiersystem (s. Abschn. IX C) werden die Abstände zur Angriffsstelle des Justierstiftes gemessen.

Die Schaltlochkante wurde deshalb gewählt, weil sie die einzige körperlich vorhandene Meßstelle ist, von der ausgegangen werden kann. Das Schaltloch ist außerdem auch ursächlich für den Bildstand mit verantwortlich und bei dieser Definition fallen die Fehler im Abstand der Schaltlöcher untereinander weg. Damit ist zugleich ein Hinweis gegeben, wie bei der kinematographischen Wiedergabe ein guter Bildstand erreicht werden kann. Wird im Projektor in den gleichen Schaltlöchern geschaltet, die auch zur Aufnahme verwendet wurden, ist also der Abstand zwischen Bildfenster und Schaltwerkseingriff in das Filmband bei Kamera und Projektor gleich, so haben auch größere Teilungsfehler der Filmbandperforation keinen Einfluß auf den Bildstand. Die bei Filmbändern auftretenden Fehler in der Teilung der Schaltlöcher bei dem Stanzen mit Mehrfachschnitten wurden an anderer Stelle erörtert [WEISE (609)].

Die folgenden Überlegungen führen zu einer Festlegung der zulässigen Fehler in Zahlenwerten, die aber noch nichts über die Wirkung aussagen die ein zahlenmäßig ausgemessenes Filmband auf den menschlichen Gesichtssinn bei der kinematischen Projektion ausübt, die doch in den meisten Fällen das Ziel der Kinoaufnahme ist. Die Messung der Bildstandsfehler wird also sinnvoll auch dort vorgenommen, wo die kinematische Projektion betrachtet wird, auf der Bildwand selbst. Denn für die Gesamtwirkung einer kinematographischen Wiedergabe sind auch die auftretenden Gesamtfehler von Bedeutung. Hier schwanken die Konturen der Bilder, bzw. die Umrisse von Testzeichen um einen meßbaren Betrag und ergeben damit einen erkennbaren *Gesamt*fehler im Bildstand. Dagegen sind die Teilwerte dieses Fehlers nicht so einfach zu ermitteln; sie werden teilweise gegeneinander laufen, sich teilweise zu einem gewissen Grade ausgleichen und zwischen diesen beiden Möglichkeiten periodisch oder nicht periodisch wechseln. Die Messung wird erleichtert, wenn ein besonders sorgfältig hergestellter Testfilmstreifen verwendet wird, der beispielsweise ein schwarzes Testkreuz auf weißem Grunde trägt. Aus Vorsichtsgründen wird jeder Teststreifen nur einmal zu einer Messung benutzt. Die Vorschrift nach der sorgfältigen Herstellung des Testfilmes ist deswegen von Bedeutung, da keineswegs immer mit der angegebenen Anordnung des gleichen Abstandes von Kamera- und Projektorschaltwerk vom Bildfenster gerechnet werden kann und dann durch das Testfilmband keine unnötigen Fehler in die Messung hereingetragen werden dürfen.

Die Bildstandsschwankungen machen sich in der durch das Projektionsgerät gegebenen optischen Vergrößerung in einer Schwankung der Konturen des Testzeichens als Verbreiterung dieser Striche bemerkbar. Da kleinere Schwankungen häufiger vorkommen als die extremen, sind die verbreiterten Striche in den mittleren Partien schwärzer und verlieren zum Rande zu an Kontrast gegenüber dem hellen Hintergrund. Die Messung ist also deshalb mit einer gewissen Unsicherheit behaftet, zumal da vereinzelte mit einer größeren Ungenauigkeit geschaltete Bilder vom Gesichtssinn übersehen werden oder sich als durchhuschende leichte Schatten bemerkbar machen. Ob solche vereinzelt auftretenden größeren Fehler dem Schaltwerk zugeschrieben werden können oder vielleicht nur besonderen gelegentlich wiederkehrenden Eigentümlichkeiten des sehr elastischen und plastischen Filmbandes, kann hier nicht entschieden werden.

Eine schematische Darstellung der Konturenverbreiterung zeigt Abb. 19. wobei die Schwankungen um eine gedachte Mittellinie *1* stattfinden und den verbreiterten Strich von der *physiologisch* wirksamen meßbaren Breite Δh_{phys} ergeben. Die maximale Breite wäre Δh_{max}, deren genaue Feststellung aber etwas kritisch ist, wie schon angedeutet wurde. Die Frequenz dieser Schwankung ist durch die Frequenz des Filmschaltwerkes gegeben, da jedes Phasenbild eine etwas andere Lage aufweisen kann.

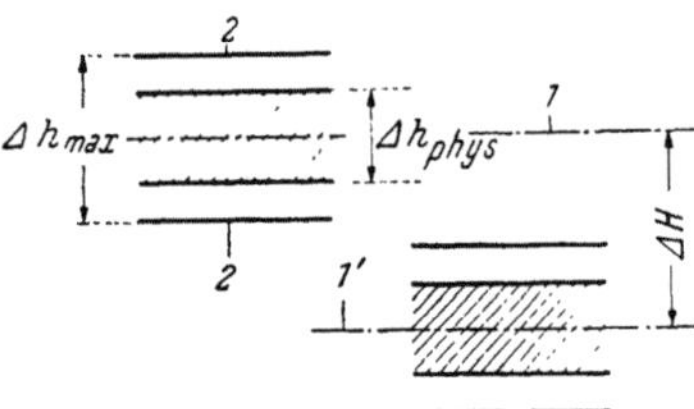

Abb. 19. Definition der Bildstandsschwankung.

Δh_{max} „Mechanischer Höchstwert" der Bildstandsschwankung, Δh_{phys} „physiologischer Höchstwert" der Bildstandsschwankung der schnellen Periode. ΔH Mittellinienschwankung der langsamen Periode. *1* Mittelachse, *2* Grenze der schnellen Schwankung.

Zusätzlich zu der Konturenverbreiterung zeigt auch die Mittellinie *1* (Abb. 19) ein Schwanken in einer allerdings mindestens hundertfach langsameren Zeit. Dadurch wandert das gesamte Bild mit seinen verbreiterten Konturen noch in irgendeiner periodischen Form um einen Betrag, der mit ΔH bezeichnet ist. Die Bildverschiebung kann auch an den Bildrändern oder der Begrenzung der Bildwand erkannt werden. Die Bildstandsfehler sind besonders in der Rückprojektionstechnik kritisch, da hier eine Handlung vor einem durch kinematographische Projektion erzeugten Hintergrund spielt, wo Bildstandschwankungen im Verhältnis zu den *feststehenden* Personen und Dingen besonders deutlich erkannt werden können.

Die genannten Bildstandsfehler können in eine senkrechte und waagrechte Komponente zerlegt als *Höhen-* und *Seitenfehler* bezeichnet werden. Für die Höhenfehler sind hauptsächlich die Schaltwerks-Ungenauigkeiten des Aufnahme- und Wiedergabegerätes sowie die Teilungsfehler der Schaltlöcher des Filmbandes verantwortlich, sofern zur Aufnahme und Wiedergabe nicht die jeweils gleichen Schaltlöcher für die einzelnen Phasenbilder benutzt werden.

Die Seitenfehler haben ihre Ursachen in den Ungenauigkeiten der Breiten von Filmband und Filmkanal sowie in ihren gegenseitigen Passungen. Beide Fehler entstehen in ganz geringem Maße auch durch das Schiefstehen *(Verkanten)* des Filmbandes im Filmkanal.

Der dem menschlichen Auge schwellenmäßig gerade noch *merkliche* Bildstandsfehler ergibt sich aus Betrachtungen der Schwelle der Sehschärfe. wobei die *Bedingungen eines Kinos* eingehalten werden müssen. Darunter werden die dort herrschenden Verhältnisse verstanden, d. h. ein fast vollständig verdunkelter Raum, eine mit einer Leuchtdichte B = 50 ... 150 asb beleuchtete Bildwand und ein Betrachtungswinkel der Bildwand, der sich aus der geometrischen Anordnung eines Kinos ergibt.

Nach Messungen von SIEDENTOPF (535) nimmt der Sehwinkel ε für den größtmöglichen Kontrast K zwischen einem Testzeichen und seinem Hintergrund bei einer Bildwandleuchtdichte B = etwa 100 asb einen Wert von etwas weniger als 0,01° (Bogengrad) an. Damit ist die Schwelle des Auflösungsvermögens des menschlichen Gesichtssinnes für die genannten Bedingungen gegeben. Die Zahlenwerte der Abhängigkeit des Sehwinkels ε von der Beleuchtungsstärke E bzw. Leuchtdichte B und dem Kontrast K

zeigt die Abb. 20. Der größte mögliche Kontrast ist beispielsweise dann gegeben, wenn sich auf einer ganz weißen matten Oberfläche tiefschwarze, nicht reflektierende Testzeichen befinden. Im Grenzfalle ist dann der Kontrast nach der hier vorliegenden Definition $K_{max} = O$. Die Definition des Kontrastes ist durch das Verhältnis der Leuchtdichten von Testzeichen und Hintergrund gegeben:

$$K = \frac{B_{Zei}}{B_{Hi}} \qquad (5)$$

Auf einer Bildwand _1_ (Abb. 21) von der Breite B, die von einem im Abstand $2\,B$, der kleinsten vernünftigen _Betrachtungsweite_, befindlichen Auge _2_ gesehen wird, ist die kleinste noch erkennbare Strecke a. Damit wird der Höchstwert eines gerade merklichen Bildstandsfehlers für eine kinematische Projektion:

$$a = 4\,B\,tg\,\frac{\varepsilon}{2} \qquad (6)$$

oder bei den hier vorliegenden kleinen Werten des Winkels ε:

$$a = 2\,B\,\varepsilon \quad (\text{für } \varepsilon \approx tg\,\varepsilon) \qquad (7)$$

Als Zahlenwerte ergeben sich unter den schwersten Bedingungen des Kinobetriebes bei $\varepsilon = 0,01°$

$$a = 2\,B\,0,01°\,\frac{\pi}{180°} \qquad (8)$$

$$a = 0,000\,35\,B \qquad (9)$$

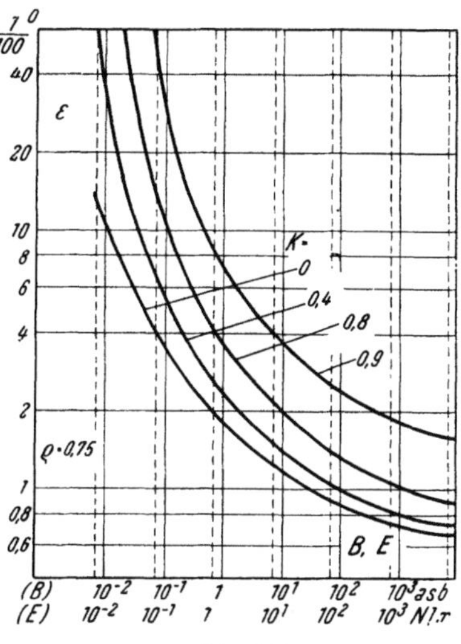

Abb. 20.

Sehschärfe des menschlichen Auges, dargestellt durch den Sehwinkel ε (in hundertstel Bogengraden), in Abhängigkeit von der Leuchtdichte B und der Beleuchtungsstärke E einer Bildwand mit der Reflexionszahl ϱ diffuser Reflexion $= 0,75$ und dem Kontrast K nach SIEDENTOPF.

Die erforderliche Bildstandgenauigkeit im Bildfenster des Projektors oder an einer anderen Stelle des optischen Vergrößerungsvorganges, beispielsweise auf der Bildwand, läßt sich damit ermitteln. Auf die Bildfenster der Wiedergabegeräte bezogen, wird:

Tabelle 1

Filmformat	Projektorfensterbreite	Zulässiger Bildstandsfehler im Projektorfenster (strenge Forderung)
mm	mm	mm
8	4,4	$1,54 \cdot 10^{-3}$
9,5	8,5	2,98
16	9,6	3,36
35	20,9	7,35

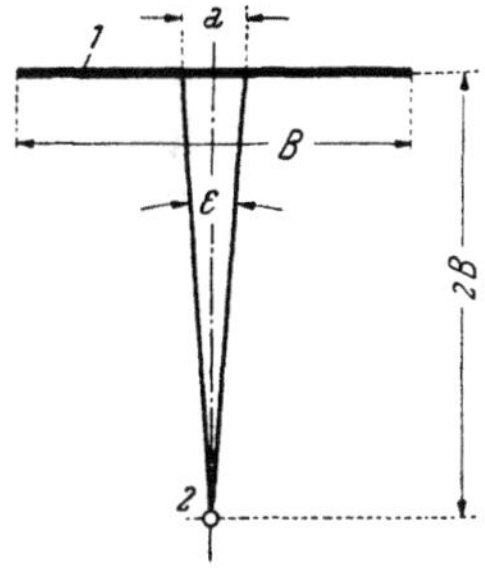

Abb. 21.

Kleinste sichtbare Bildstandsschwankung a entsprechend dem Sehwinkel ε auf einer Bildwand. _1_ Bildwand, _2_ Auge, B Bildwandbreite, $2\,B$ Betrachtungsabstand.

Diese in ihren Zahlenwerten genannten, dem menschlichen Gesichtssinn gerade noch unter kinotechnischen Bedingungen merklichen und physiologisch bedingten Fehler sind offensichtlich sehr streng und lassen sich insbesondere für die Schmalfilmgeräte nicht einhalten. Man rechnet deswegen gelegentlich nicht mit den schon *merklichen*, sondern noch *zulässigen* und *erträglichen* Fehlern, für die man etwa den neunfachen Wert der angegebenen Zahlen annehmen kann. Auch von LUMMERZHEIM (335) angegebene Werte zeigen die gleiche Größe:

$$a' = 0{,}003\ B \qquad (10)$$

oder für die einzelnen Formate:

Tabelle 2

Filmformat	Zulässiger Bild-standsfehler im Projektorfenster (weniger strenge Forderung)
mm	mm
8	$13{,}2 \cdot 10^{-3}$
9,5	25,5
16	28,8
35	62,7

Die genannten Bildstandsschwankungen geben den zulässigen *Gesamt*fehler an, der im Bildfenster eines Kinoprojektors auftreten darf. Dieser Gesamtfehler setzt sich im wesentlichen aus den drei Einzelfehlern zusammen, die durch das Aufnahme-, Wiedergabeschaltwerk und Filmband bedingt sind. Es können auch noch Kopierfehler auftreten.

Die für die Kino-*Kamera* zulässigen Bildstandsfehler müssen also beträchtlich kleiner sein und dürfen nur etwa den dritten bis vierten Teil der Gesamtfehler betragen, da man im allgemeinen nicht mit einer Gegenläufigkeit der einzelnen Fehler und damit einem vollständigen Ausgleich rechnen kann. Andererseits ist zu beachten, daß kein technisches Gerät gut funktioniert und einigermaßen wirtschaftlich hergestellt werden kann, wenn alle Toleranzen nur in einer Richtung von den Nennwerten abweichen.

Bei einer Abstimmung von Projektor und Kamera aufeinander, die aber leider nicht immer gewährleistet werden kann, also bei einem Schalten im gleichen Schaltloch bei der Aufnahme und Wiedergabe, gehen die Teilungsfehler des Filmbandes nicht ein. Dann ergeben sich als Zahlenwerte für die genannte strenge und weniger strenge Forderung unter der Annahme, daß ein Drittel der gesamten Bildstandsfehler auf die Kamera entfallen dürfen, die folgenden Werte:

Tabelle 3

Filmformat	Zulässiger Bildstandsfehler im Kamerafenster	
	strenge Forderung	weniger strenge Forderung
mm	mm	mm
8	$0{,}51 \cdot 10^{-3}$	$4{,}4 \cdot 10^{-3}$
9,5	0,99	8,5
16	1,13	9,6
35	2,45	20,9

In ähnlicher Form lassen sich auch Angaben über die zulässigen Seitenfehler machen, diese dürfen etwa die 1,5fachen Werte der Höhenfehler annehmen [WEISE (609, 610)].

Sollen die Bildstandsfehler nur der Kamera selbst festgestellt werden, so lassen sich Testpunkte auf den einzelnen Phasenbildern nach Art der Zeichen *5* und *6* usw. (Abb. 18) aufphotographieren und ihre Abstände b_1 und b_2 usw. gegen die zugehörige Schaltlochkante beispielsweise mit einem Mikroskop ausmessen. Die beleuchtete Testpunkteinrichtung wird zweckmäßig starr mit der Kamera verbunden (461, 462).

Die Feststellung der Bildstandsfehler, die durch das Aufnahmeschaltwerk bestimmt sind, lassen sich nach einer anderen Methode dadurch ermitteln, daß eine Mehrfachbelichtung auf dem gleichen Filmband vorgenommen wird. Sind die Fehler klein, so werden die aufgenommenen Teststriche schmal sein und in ihrer Breite durch die Breite der Vorlagen und die optische Verkleinerung gegeben sein. Bildstandsfehler lassen sich aus der Verbreiterung dieser Strichaufnahmen erkennen, wobei die Verbreiterung in Laufrichtung des Filmbandes oder quer dazu auf Höhen- oder Seitenfehler schließen läßt. Diese verhältnismäßig einfache Methode, die im wesentlichen nur eine unveränderliche Lage zwischen Kamera und Testvorlage für jeden Durchlauf erfordert, kann aber auch zu Trugschlüssen führen. Die auf einem Phasenbild photographierten zwei oder mehr Testlagen entstehen aus *verschiedenen* Filmdurchläufen, geben aber nicht Differenzen zu den Nachbar-Phasenbildern des *gleichen* Durchlaufes, die naturgemäß besonders kritisch für die Erkennbarkeit des Bildstandes sind.

Weitere Prüfmethoden (s. Abschn. XIX) des Bildstandes sind die gleichzeitige Projektion eines Filmes und der Schaltlochkante, so daß die Schwankungen des Bildinhaltes gegen die Kante erkennbar sind (322). Das Verfahren ist aber problematisch, wenn nicht die *richtige* zugehörige Aufnahme-Schaltlochkante genommen wird.

Nach einer anderen Methode werden die einzelnen projizierten Bilder auf einem Prüffilm registriert und dann ausgewertet (DRP 713102) (146).

Die bisherigen Betrachtungen galten der theoretischen Errechnung der erkennbaren und zulässigen Bildstandsfehler und ihrer Ermittlung. Weitere Überlegungen und Messungen über die Merkbarkeit von Bildstandsfehlern, über die im Abschn. XIX Prüfung noch berichtet wird, ergaben nach FRIELINGHAUS (146, 154):

Der Einfluß des Filmmaterials, das leider infolge seiner mechanischen Labilität und der nicht kontrollierbaren Einflüsse der Schrumpfung und Behandlung einen erheblichen Anteil an Bildstandsfehlern in Projektoren hat, wurde gemessen. Dabei ergaben sich einige auch für den Kamerabau interessante Ergebnisse: Dazu gehört zunächst die Feststellung, daß die theoretisch errechenbare mittlere Bildstandsschwankung in erster Näherung mit dem *physiologischen* Bildstandsfehler (Δh_{phys} nach Abb. 19) übereinstimmt. Dann wird als wesentlicher Teilwert der Bildstandsfehler die für den Bildstand wichtige Höhenkomponente ermittelt. Die Gesamtbildstandsschwankung wird in erster Linie durch das Filmband verursacht, wobei mechanische Ungenauigkeiten, die unterschiedliche Schrumpfung und nicht eindeutig festliegenden Gleiteigenschaften des Filmbandes in dem Filmkanal wesentlich sind. Auf Grund des zuletzt genannten Einflusses ergeben sich ungleichmäßige Reibungs- und Dehnungsverhältnisse des Filmbandes. Der Projektor hat bei sachgemäßer Herstellung und Pflege einen kleineren Anteil an den Bildstandsfehlern. Der hier untersuchte 35 mm-Projektor erzeugt mit seinem vierteiligen Malteserkreuz als Schaltwerk (146) hauptsächlich eine Störfrequenz $f_{St} = \dfrac{24}{4} = 6$ Hz bei der Schaltfrequenz $f_B = 24$ Hz. Das Filmband ergibt keine ausgesprochene Störfrequenz. Die Ergebnisse dieser Arbeit ergeben Vorschriften für eine günstige Bauart des Projektors. beispielsweise einen möglichst kleinen Abstand zwischen Bildfenster und Schaltwerk wegen der unklaren Schrumpfungsverhältnisse, ferner Daten für die Anpreßkräfte und den Werkstoff des Filmkanals (149).

Die zulässige mittlere Bildstandsschwankung kann nach (154) bis zu etwa 0,002 B [gegenüber Formel (9)] betragen. Die ermittelten, mit den Prädikaten „unmerklich" bis „störend" versehenen Kurven des Eindruckes von künstlich erzeugten Bildschwankungen eines Projektionsbildes als Funktion der maximalen bzw. mittleren Bildschwankung, Störfrequenz

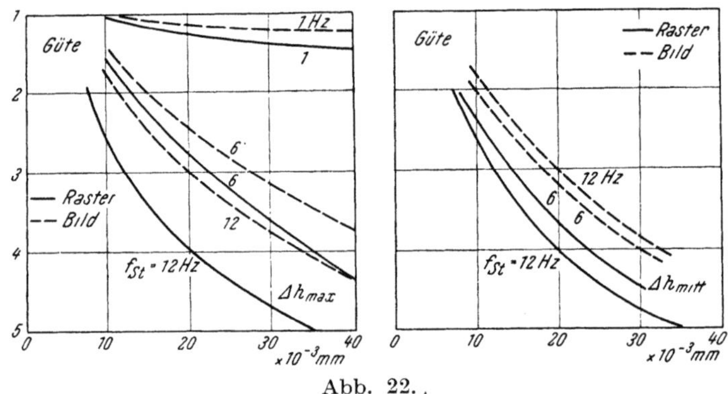

Abb. 22.

Subjektive Wirkung von künstlich erzeugten Bildstandsfehlern verschiedener Störfrequenz f_{St} in Abhängigkeit von dem maximalen, bzw. mittleren Höhenfehler Δh_{max} bzw. Δh_{mitt} (gemessen im Bildfenster eines 35 mm-Bildwerfers) und der Art des Testes (Raster, bzw. Bildtest) nach FRIELINGHAUS.

und Art des Bildes sind in der Abb. 22 als Reziprokkurven abgebildet, die dann die Güte darstellen.

Die Arbeit enthält auch die recht schwierig zu ermittelnden Meßwerte für die Reibungszahl μ, von der die Untersuchungen ursprünglich ausgingen. Die Daten werden im Abschn. XIX angeführt.

F. Bildschärfe

Die Erkennbarkeit von Einzelheiten auf einem ruhenden Bild oder einem durch kinematographische oder fernsehtechnische Mittel erzeugten Bewegungsvorgang wird nach dem allgemeinen Sprachgebrauch als *Bildschärfe* bezeichnet. Die Bildschärfe ist eine ebenfalls durch den menschlichen Gesichtssinn gesteuerte Wahrnehmung in unserem Bewußtsein. Zur technischen Definition wird als *Bildschärfe* die Erkennbarkeit von feinsten Details auf dem Bild festgesetzt, also beispielsweise der kleinste Abstand zweier Linien, die bei gegebenen Kontrast- und Beleuchtungsverhältnissen gerade noch auseinandergehalten und getrennt gesehen werden können und deren Breite gleich dem Zwischenraum zwischen ihnen ist. Als Zahlenwert für die Bildschärfe kann also der Abstand zweier Linien angesetzt werden, für den gerade noch eine *Auflösung* erfolgt. Mit diesem oder ähnlichen Testen durchzuführende Messungen der Bildschärfe lassen sich, wie leicht einzusehen ist, auf die gleichen Überlegungen zurückführen, die für die Bildstandsgenauigkeit im Abschn. III E angegeben wurden. Auch dabei handelt es sich darum, eine kleinste Strecke noch zu erkennen, wobei die sonstigen Bedingungen eindeutig festliegen. Damit gelten auch die gleichen schon genannten Zahlenwerte von

$$a = 0,000\ 35\ B \tag{9}$$

unter strengsten Bedingungen als Wahrnehmungsschwelle.

Zu anderen Werten kommt GRABNER (168) und SAUER (486). GRABNER rechnet mit einer *Betrachtungsweite* W des Bildes, die er gleich der doppelten Diagonale des Quadrates festsetzt, das dem Bildformat flächengleich ist. Diese Werte gelten aber für die größeren Bildformate und wurden extrapoliert. Nach einer einfachen Berechnung ergibt sich für diese Betrachtungsweite $W = 2,42\ B$, wenn B die Bildbreite des 35 mm Formates ist, also ein 21% größerer Zahlenwert gegenüber dem nach der Abb. 21 angenommenen Betrachtungsabstand 2 B. Für die anderen Filmformate ergeben sich fast die gleichen Werte. Weiter setzt GRABNER für den *mittleren Auflösungswinkel* des Auges $\varepsilon = 1,5' = 0,025°$ an, gegenüber dem nach der Abb. 21 angenommenen Wert von $0,01°$. Mit den genannten Voraussetzungen wird bei GRABNER $a = 0,001\ 16\ B$. SAUER rechnet mit $\varepsilon = 1' = 0,017°$, womit $a = 0,000\ 58\ B$ wird.

Für die einzelnen Filmformate wird dann die zulässige Bildunschärfe a:

Tabelle 4

| Filmformat | Zulässige Unschärfe a | | |
	(nach GRABNER) mm	(nach SAUER) mm	(nach WEISE) mm
8	$5,1 \cdot 10^{-3}$	$2,56 \cdot 10^{-3}$	$1,54 \cdot 10^{-3}$
9,5	9,85	4,96	2,98
16	11,1	5,6	3,36
35	24,2	12,2	7,35

Meist wird die zulässige Unschärfe a als ein Bruchteil z der Brennweite f des Normalobjektivs

$$a = z\ f \tag{11}$$

angegeben, wie die ausführlichen Betrachtungen über die Unschärfe im Abschn. V E ergeben. Die Zahlenwerte für z werden dann etwas abgerundet:

Tabelle 5

| Filmformat | *Normal-*Brennweite mm | Zulässiger Unschärfenfaktor z | | |
		(nach GRABNER) mm	(nach SAUER) mm	(nach WEISE) mm
8	12,5	$0,41 \cdot 10^{-3}$	$0,2 \cdot 10^{-3}$	$0,12 \cdot 10^{-3}$
9,5	20	0,49	0,25	0,15
16	25	0,44	0,217	0,13
35	35	0,69	0,35	0,21

Bei der Aufstellung von Schärfentiefentabellen wird meist mit einem Unschärfenwert von a = 0,001 f gerechnet, wobei wohl außer der einfachen Rechnung auch gewisse werbetechnische Gründe mitspielen, die den Schärfentiefenbereich möglichst groß erscheinen lassen wollen. Aus den vorangegangenen Rechnungen ist zu ersehen, daß dieser genannte Wert z = 0,001 nicht sehr kritisch und deshalb für die Justiergenauigkeit des Objektivs nicht ausreichend ist. Andererseits wurde bereits darauf hingewiesen, daß die nach a = 0,000 35 B errechneten Bedingungen sehr streng sind und die Schwellenwerte unter ungünstigsten Bedingungen darstellen.

Die Schärfe wird vielfach auch durch die Zahl der Linien angegeben, die auf eine Länge von 1 mm entfallen und noch aufgelöst werden. Voraussetzung für diese Messung ist eine gleiche Breite der Striche und Strichabstände. Den Zusammenhang mit der oben angegebenen Schärfenfestsetzung zeigt die Abb. 23. Hier ist die Strichbreite d bzw. der Strichabstand in Abhängigkeit von der Zahl z der Linien je Millimeter aufgezeichnet.

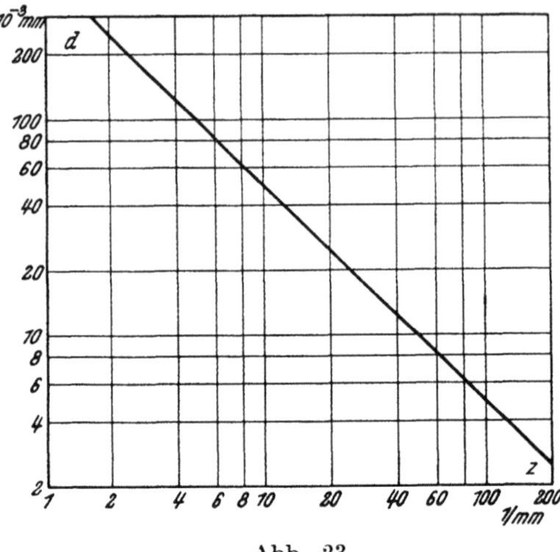

Abb. 23.

Umrechnung von Schärfenangaben, Strichbreite d eines Rasters (gleich Lückenbreite) in Abhängigkeit von der Zahl der Linien z, die auf 1 mm Länge entfallen.

Die Feststellung bzw. Messung des Auflösungsvermögens mit einem Raster gleich welcher Art ist in kritischen Fällen immer mit einer gewissen Unsicherheit behaftet, da die Übergänge zwischen Strich und Hintergrund nicht mehr mit großen Kontrast erscheinen, sondern sehr ineinander verschwimmen.

G. Bewegungsunschärfe

Der Wunsch, in der Wiedergabe eine möglichst *glatte* und *fließende* Bewegung zu erhalten, ist ebenfalls physiologisch und psychologisch bedingt und gibt eine Anweisung für die Konstruktion der Kamera. Von dem abwechselnden Schalten und Belichten des Filmbandes wurde schon gesprochen, noch nicht aber von der Zeitdauer dieser beiden Abschnitte, deren Summe in Annäherung die Dauer einer Schaltperiode ergibt. Setzt man, wie es in vielen Kameras der Fall ist, für jeden Zeitabschnitt etwa die halbe Periodendauer an (s. Abb. 201), so wird der Kamera und damit bei der Wiedergabe auch dem Gesichtssinn nur jeweils die Hälfte von dem sich kontinuierlich abspielenden Bewegungsvorgang des Dinges dargeboten. Während der anderen Hälfte ist die optische Einrichtung durch den Abdeckflügel des Aufnahmeverschlusses außer Betrieb. In dieser Zeitspanne läuft die Bewegung des Dinges weiter.

Die Kamera sieht also nur Bewegungs-*Ausschnitte* von beispielsweise der halben Zeitdauer mit einer ebenso großen Pause. Dadurch entsteht also eine Lücke, ein *Phasensprung* im gesehenen Bewegungsablauf. In vielen Fällen kann doch noch eine fließende Bewegung für den Gesichtssinn zustande kommen, dann natürlich besonders leicht, wenn die Wege des Dinges auf dem Bild während einer Phasenaufnahme nicht sehr groß sind. Im Grenzfalle findet die Verschmelzung bei der Kinoprojektion nicht mehr statt und es gibt dann die bekannten springenden Erscheinungen. Nach diesen Überlegungen ist es erwünscht, die Zeitdauer der photographischen Aufnahme möglichst lang und damit zwangsläufig die Schaltzeit entsprechend kurz zu bemessen.

Bei den Wiedergabegeräten tritt eine ähnliche Forderung auf Grund der lichttechnischen Verhältnisse auf, die ebenfalls ein möglichst kurzes Schalten und langes Stehenlassen des Filmbandes zur Projektion wünschenswert machen. Die Grenzen für ein sehr schnelles Schalten des Filmbandes liegen in den Beschleunigungen und den dadurch gegebenen Massenkräften (s. Abschn. IX D) [WEISE (609, 610)].

Die bei den üblichen Konstruktionen von Kinokameras sich ergebenden Belichtungszeiten betragen für den eben genannten Fall etwa 0,03 sec und 0,02 sec für die Bildfrequenzen 16 Hz und 24 Hz. Damit sind durchaus Bewegungsunschärfen möglich, die aber im Gegensatz zu vielen Fällen der Standbildtechnik für die kinematographische Wiedergabe erwünscht sind. Denn Bewegungsunschärfen in Richtung der Dingbewegung erleichtern dem Gesichtssinn das Zustandekommen der Verschmelzung der einzelnen Phasenbilder. Ein typisches Beispiel dafür ist ein Vergleich eines Zeichenfilmes mit Aufnahmen aus einem natürlichen Bewegungsvorgang, der gegenüber den in dem Zeichenfilm dargestellten Bewegungen viel glatter und fließender wirkt. Den Trickzeichnern ist dies wohlbekannt, sie verwischen deshalb auch die Konturen ihrer Zeichnungen in Bewegungsrichtung oder bewegen die Modelle während der Aufnahmen [HUTH (234)].

Die Bewegungsunschärfe Δs wird als Weg der optischen Abbildung des Dinges während der Belichtungszeit t_3 eines Phasenbildes definiert. Aus der Bewegungskomponente s_D des Dinges senkrecht zur optischen Achse des Aufnahmeobjektivs und der optischen Verkleinerung V_{opt} (s. Abschn. V A) kann die Bewegungsunschärfe ermittelt werden:

$$\Delta s = s_D \, V_{opt} \tag{12}$$

Aus der Geschwindigkeitskomponente v_D des Dinges senkrecht zur optischen Achse und der im Abschn. V A gebrachten Berechnung der optischen Verkleinerung wird

$$\Delta s = \cdot \frac{v_D \, t_3 \, f}{u} \tag{13}$$

wobei f die Brennweite des Objektives und u die Entfernung des Dinges von der Kamera bedeuten. Ein Zahlenbeispiel: Für $v_D = 10$ km/st $= 278$ cm/sec, $t_3 = 0,03$ sec, f $= 35$ mm und u $= 100$ cm wird $\Delta s = \dfrac{278 \cdot 0,03 \cdot 3,5}{100} = 2,92$ mm. Über die Größe der Unschärfe, die gerade noch merklich ist, wurde an Hand der Bildgenauigkeits-Betrachtungen im Abschn. III F berichtet, Kurven der Zahlenwerte bringt die Abb. 24.

Es kann auch ein *Anschlußmaß* definiert werden, das eine Zahlenangabe über die Größe des Aneinanderschlusses der einzelnen Phasenbilder gibt

$$Ph = \frac{s_{Bild} - \Delta s}{s_{Bild}} \tag{14}$$

[WEISE (618)]. In Nutzanwendung der angeführten Überlegungen sollten die Kinokameras mit schneller arbeitenden Filmschaltwerken ausgerüstet werden, die eine längere Belichtung zulassen. Wird andererseits besonders in der wissenschaftlichen Kinematographie eine Auswertung der einzelnen Phasenbilder beispielsweise für meßtechnische Untersuchungen verlangt, so sind möglichst scharfe Abbildungen erwünscht. Die Gerätekonstruktion muß also auf die jeweiligen Forderungen Rücksicht nehmen, da sie teilweise gegensätzlicher Natur sind (609).

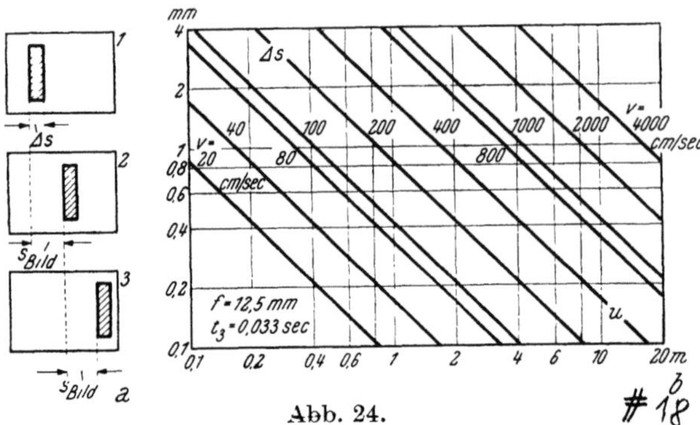

Abb. 24.

Weg Δs der optischen Abbildung des Dinges während der Belichtungszeit t_3 („Bewegungsunschärfe") in Abhängigkeit von der Dingentfernung u und Geschwindigkeit v des Dinges (senkrecht zur optischen Achse). s_{Bild} Weg der optischen Abbildung während einer Bildperiode T, f Brennweite.

H. Bewegungstäuschungen

Physiologisch bedingt sind auch gewisse Bewegungstäuschungen, die auch stroboskopische Effekte genannt werden. Vollzieht beispielsweise das in der Abb. 25 dargestellte Speichenrad Drehungen in dem angegebenen Drehsinn, so können bei der kinematographischen Wiedergabe unter bestimmten, hier nicht im einzelnen erörterten Bedingungen Täuschungen eintreten. Das Rad scheint sich dann in einer langsameren Drehzahl oder der anderen Drehrichtung zu bewegen. Unter Umständen steht es auch scheinbar still oder führt undefinierte Bewegungen bald in der

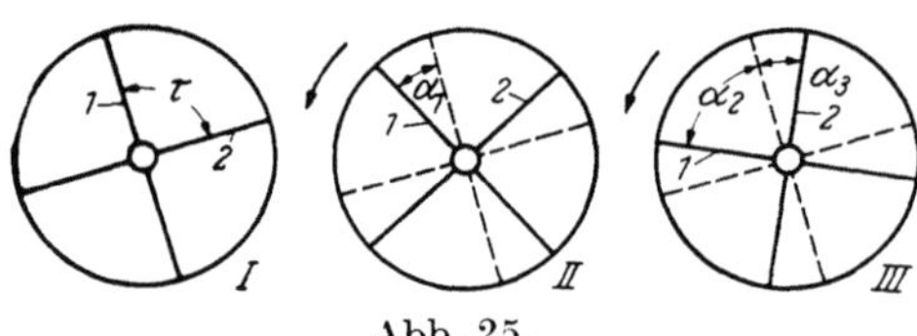

Abb. 25.

Speichenrad zur Darstellung des stroboskopischen Effektes. Schema.

_1, 2_ Speichen, Drehwinkel des Rades, τ Teilungswinkel der Speichen.

einen und bald in der anderen Richtung aus oder erscheint in anderen Speichenzahlen.

Die Ursache dieser Täuschungen liegt in der Tatsache, daß der menschliche Gesichtssinn bei einer periodischen Beleuchtung, kinematographischen Darbietung oder sonstigen Betonung einzelner Phasenlagen eines Bewegungsvorganges den kürzeren von zwei möglichen Wegen zwischen diesen Phasenlagen im Bewußtsein aufnimmt, auch wenn sich der Gegenstand tatsächlich auf dem längeren Weg bewegt hat. Der Täuschungseffekt hängt von der Drehzahl des Rades in einer bestimmten Zeit, der Zahl der Speichen und der Bildfrequenz der Kamera ab. Da in fast allen Fällen diese drei genannten Faktoren festliegen und keiner Änderung zugänglich sind, lassen sich die Täuschungen meist nicht abstellen. Denn die Drehzahl der Räder läßt sich bei der kinematographischen Aufnahme beispielsweise von Fahrzeugen ebenso wenig ändern wie die Zahl der Speichen. Auch die

Schaltfrequenz der Kamera liegt fest. Die Täuschungen sind auch deswegen unangenehm, weil sich im Laufe des Anfahrens oder Abbremsens eines Fahrzeuges in der Kinoprojektion die Verhältnisse ändern und damit bald vorwärts und bald rückwärts rollende Räder in unserem Bewußtsein erscheinen.

Die *technische* Erklärung für den einfachsten Fall ergibt sich aus der Abb. 25. Das dargestellte Rad dreht sich in der angegebenen Richtung. Erfolgen die Phasenaufnahmen in der Stellung *I* und *III*, so ist der Drehwinkel α_2 zwischen beiden Aufnahmestellungen. Die Lage *III* kann aus der Lage *I* (gestrichelt dargestellt) aber auch durch eine Drehung um den Winkel α_3 in der Gegenrichtung entstanden sein. Da dieser Winkel kleiner als α_2 ist und das Auge den kürzeren möglichen Weg zu erkennen glaubt, erscheint unter den gegebenen Verhältnissen ein Rückwärtsdrehen stattzufinden. Die Drehgeschwindigkeit des Rades und die Bildfrequenz gehen in die Größe des Drehwinkels ein.

Einzelheiten über diese stroboskopischen Effekte finden sich bei THUN (557), ein Auszug in (618) und bei MOLNAR (360).

J. Akustische Forderungen

Neben den bisher dargestellten optisch-physiologischen Forderungen, die bei einer *Bild*-Kamera naturgemäß besonders wichtig sind, müssen für die Tonaufzeichnung und -wiedergabe auch die akustisch-physiologischen Bedingungen beachtet werden. Da aber auf Grund der Aufgabenstellung diese Fragen in dem vorliegenden Band nicht so wesentlich sind, kann an dieser Stelle nur ganz kurz darauf eingegangen werden. Entsprechend der Frequenzempfindlichkeit des menschlichen Gesichtssinnes (Abb. 10) gibt es eine Empfindlichkeitskurve für den Gehörsinn, die in der Abb. 26 aufgezeichnet ist. Danach ist das menschliche Ohr für Schallschwingungen im Bereich von etwa 16 Hz... ...16000 Hz empfindlich. Dabei ergeben sich große Unterschiede, insbesondere bei der oberen Grenze für die einzelnen Menschen; mit zunehmendem Alter vermindert sich die Aufnahmefähigkeit für hohe Töne erheblich. Entsprechend wachsen die Sehfehler bei höherem Lebensalter an.

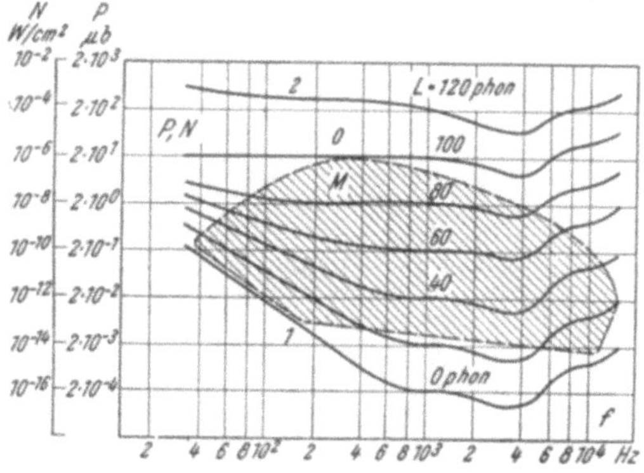

Abb. 26.

Empfindlichkeit des menschlichen Ohres (Hörfläche) und Musikbereich. Zusammenhang zwischen Schalldruck P, Schalleistung N, Lautstärke L und Schallfrequenz f.

1 Reizschwelle, *2* Schmerzgrenze, *M* Musikbereich (schraffiert), *0* Arbeitsbereich des menschlichen Ohres nach FLETCHER und MUNSON.

Wenn hier und im Abschn. XVI bei der Besprechung der Tonteile der Kinokameras von *Tönen* gesprochen wird, so sollen damit im Gegensatz zu der korrekten Definition der Akustik im vorliegenden Falle alle akustischen Erscheinungen verstanden werden ohne Rücksicht darauf, ob es sich um periodische oder nichtperiodische und harmonische oder nicht-harmonische Vorgänge handelt. Selbstverständlich sind die Erscheinungen wesentlich verwickelter, als es sich hier auch nur andeuten läßt. Als wesentlich kann aus der Abb. 26 entnommen werden, daß es eine Reiz-schwelle *1* gibt, die überschritten werden muß, ehe der Gehörsinn überhaupt ansprechen kann und eine Schmerzgrenze *2*, bei deren Überschreitung nicht mehr Töne, sondern Schmerz empfunden wird. Diese Grenzen sind stark von der akustischen Frequenz abhängig, dazwischen liegt der normale Arbeitsbereich des menschlichen Gehörsinnes und darin der schraffiert dargestellte Musikbereich, der für elektroakustische Übertragungen maß-gebend ist.

Ebenso wie die Bildwirkung (Abb. 15) kann auch eine *Hörwirkung* definiert werden, die angibt, wie weit eine aus technischen oder wirtschaft-lichen Gründen notwendige Beschneidung des elektroakustisch übertragenen Frequenzbandes bei den tiefen Frequenzen (Abb. 27, Kurve *I*) oder hohen Frequenzen (Abb. 27, Kur-ve *II*) zu einer merklichen oder noch erträglichen Beeinträchtigung der Wiedergabequalität führt. Diese Hörwirkung ist nur ein *Teilwert* in einer Anzahl Faktoren, die bei der Tonaufnahme und Wiedergabe zu beachten sind. Ein anderer ist ein Maß für Verzerrungen, das meist mit etwas unterschiedlichen Defi-nitionen als *Klirrfaktor* oder *Klirr-grad* bezeichnet wird.

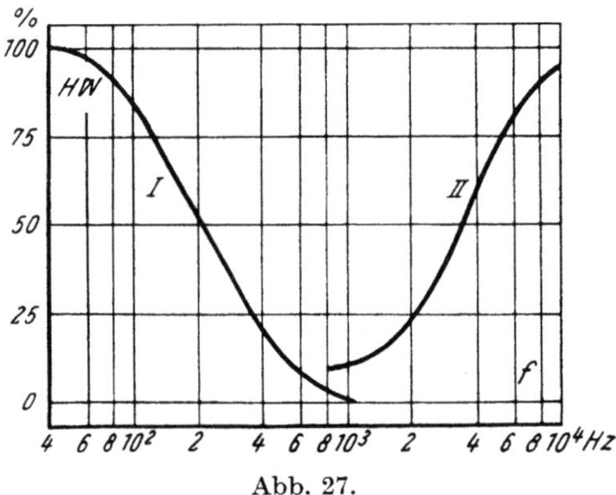

Abb. 27.

Hörwirkung *HW* eines mit technischen Mitteln übertragenen Schallvorganges in Abhängigkeit von dem übertragenen Bereich der Frequenzen *f*. *I*, *II* obere bzw. untere Grenzfrequenz nach Snow.

Die raummäßige Tonwiedergabe gewinnt besonders in Zusammen-hang mit den Raumbild-Wieder-gabegeräten an Bedeutung. Soweit sich daraus konstruktive Fragen hinsichtlich der Aufnahme-Ton-spuren ergeben, wird im Abschn. IV berichtet.

Weitere Fragen der Elektroakustik werden an dieser Stelle nicht angeführt, es wird auf das spezielle Schrifttum verwiesen. Arbeiten über das Tonfilmgebiet sind besonders von den folgenden Autoren erschienen: Lichte, Narath (308), Bürck, Kotowsky, Lichte (52), Braunmühl, Weber (49), Heyda (220), Etzold (88), Berger (30), Fletcher (123), Heinisch (212), Jensen (241 a), Krones (287), Küster (291), Linke (319), Lippert (320), Pistor (403), Rowan (469 a). Die in die Bildkameras fest eingebauten Tonteile werden im Abschn. XVI behandelt.

IV. Filmband und Filmformat

Der mechanische Träger für die photochemische Schicht ist ein elastisches durchsichtiges Filmband von 0,13 ... 0,18 mm Stärke, das an seinen Rändern oder in der Mitte Reihen von sehr genau gestanzten *Perforations-* oder *Schaltlöchern* trägt. Durch die Lochreihen wird ein synchroner Lauf zwischen dem antreibenden Schaltwerk und dem Filmband erzwungen, sofern man von elastischen Längenänderungen des Filmbandes unter der Einwirkung der auftretenden Kräfte absieht. Im mittleren Teil des Filmbandes befindet sich der Raum zur photographischen Aufnahme der einzelnen Phasenbilder. Die mechanischen Abmessungen der Filmbänder und ihrer Schaltlöcher beeinflussen in sehr entscheidender Weise die Kon-

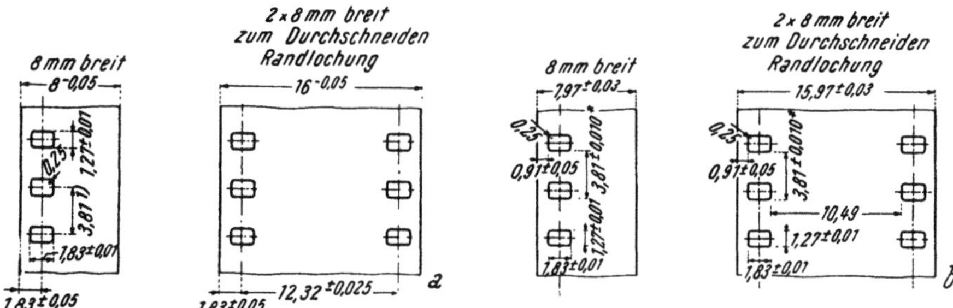

Abb. 28. Abmessungen des Einfach- und Doppelt-8 mm-Rohfilmbandes.
Maßstab 1,5 : 1. *a* nach DIN 15 851, Länge von 100 Lochteilungen mit höchstzulässigem Abmaß: 381 ± 0,5 mm
b neuer Normvorschlag *) Länge von 100 Lochteilungen: 381 ± 0,5 mm.

struktion der Kinogeräte. Die älteste Filmbandabmessung, heute als *Normalfilm* bezeichnet, ist in dem 35 mm breiten von EDISON geschaffenen Filmstreifen entstanden. Dieser Normalfilm hat sich infolge seiner glücklichen Abmessungen eindeutig für den kommerziellen Kinotheaterbetrieb in größeren Räumen durchgesetzt.

Zur Verbilligung der Kosten des Filmens wurden nach einer ganzen Reihe von Versuchen mit Filmbändern kleinerer Breiten und Abstände der Schaltlöcher drei weitere Schmalfilmformate geschaffen, die sich heute international durchgesetzt haben und mit 16 mm-, 9,5 mm- und 8 mm-Filmstreifen arbeiten. Darüber wurde von WEINBERGER (584a) berichtet.

Der durch die Verkleinerung des Abstandes der Schaltlöcher erreichbare wirtschaftliche Nutzen geht aus der Formel (2) hervor, nach der sich die je Zeiteinheit verbrauchte Filmbandlänge linear mit dem Schaltschritt und der Schaltfrequenz verringert. Allerdings tritt dieser Nutzen für den Käufer des Filmbandes nur zum Teil in Erscheinung, da die Preise wesentlich auch von der Konfektionierung der einzelnen Packungen abhängen. Eine weitere Verbilligung bringt der Übergang von der Bildfrequenz 24 auf 16 Hz.

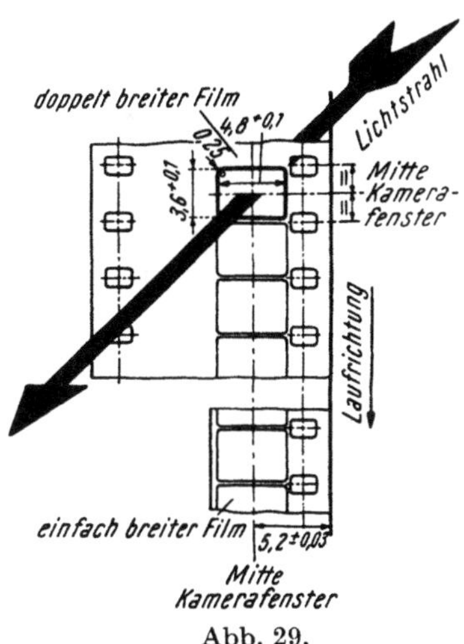

Abb. 29.
Abmessungen des Kamerafensters für das 8 mm-Format nach DIN 15 852, Maßstab 1,5 : 1.

Die Abmessungen der einzelnen, meist durch Normblätter festgelegten
Maße der Filmbänder sind in den Abb. 28 … 37 angegeben. Da sich
bei einigen Normblättern Abweichungen der Vermaßung in Auswertung
von gesammelten Erfahrungen und in Angleichung an die USA (ASA)-
Normen später ergeben können, werden zu den einzelnen derzeitig gültigen
Normblattauszügen die neuen Normblattentwürfe hinzugefügt. Maßgebend
sind in allen Fällen die jeweils gültigen Ausgaben der Normblätter des
Deutschen Normenausschusses.

Die zur Zeit gültigen Normblätter, soweit sie die mechanischen Abmessungen betreffen, sind:

Tabelle 6

DIN Blatt	Filmformat	Inhalt	Abbildung
DIN 15 850	8 mm	Übersicht	
15 851*	„	Rohfilm	28
15 852*	„	Kamerafenster	29
15 854*	„	Projektorfenster	
15 600/15 650	16 mm	Übersicht	
DIN 15 601*	„	Rohfilm	31
15 602*	„	Kamerafenster	32
15 603	„	Tonaufnahme	33
15 604*	„	Projektorfenster	
15 605*	„	Tonwiedergabe	
15 651*	„	Rohfilm	31
15 652*	„	Kamerafenster	32
15 654*	„	Projektorfenster	
DIN 15 500*	35 mm	Übersicht	
15 501*	„	Rohfilm...	35
15 502*	„	Kamerafenster	36
15 503	„	Tonaufzeichnung ..	37
15 504*	„	Projektorfenster	
15 505	„	Tonwiedergabe	

*) In Änderung begriffen, s. Abb. 28 b, 31 b, 35 b, teilweise Annahme beschlossen.

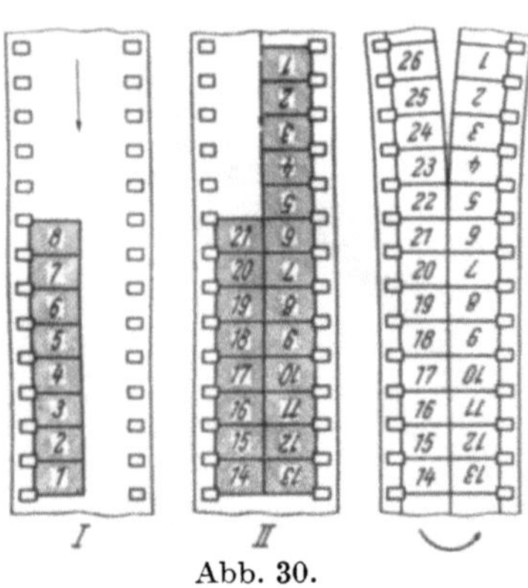

Abb. 30.
Aufnahme-Verfahren des Doppelt-
8 mm-Filmbandes mit Belichten
der einen Längshälfte (*I* Durchlauf), der zweiten Längshälfte
(*II* Durchlauf) und Längstrennen,
Maßstab 1,1 : 1.

Der schmalste Filmstreifen ist 8 mm
breit und wird in zwei Verfahren in den
Kinokameras eingesetzt. Entweder ist er,
wie später bei der Wiedergabe, bereits von
Anfang an 8 mm breit und wird so direkt
oder in einer Kassette in die Kamera eingesetzt. Oder es wird der *doppelt 8 mm*-Film-
streifen verwendet, der 16 mm breit ist und
erst in der einen Längshälfte bei seinem
ersten Durchlauf durch die Kamera belichtet
wird und dann beim zweiten Durchlauf auf
der anderen Hälfte (Abb. 29 und 30). Nach
der Entwicklung bzw. Umkehrung wird
der Filmstreifen dann längs durchgeteilt
und zeitrichtig aneinander geklebt, so daß
ein doppelt so langer Streifen eines 8 mm
breiten Filmbandes entsteht.

Das 16 mm-Format bedient sich eines
16 mm breiten Filmbandes, das sonst den
Abmessungen des doppelt 8 mm-Filmbandes
entspricht, aber nur die halbe Anzahl von Schaltlöchern enthält (Abb. 31).
Beide Formate haben die gleiche Größe der in der Nähe des Randes angeord-

neten Schaltlöcher, wobei der 8 mm-Streifen in der Wiedergabeform nur eine Reihe von Schaltlöchern aufweist. Die Abmessungen des Kamerafensters sind in der Abb. 32 angegeben. Wird auf dem 16 mm-Filmband auch eine Lichtton- oder später Magnetton-Aufzeichnung vorgesehen, so entfällt hier die eine Reihe der Schaltlöcher, an deren Stelle die Tonschrift angebracht wird (Abb. 33).

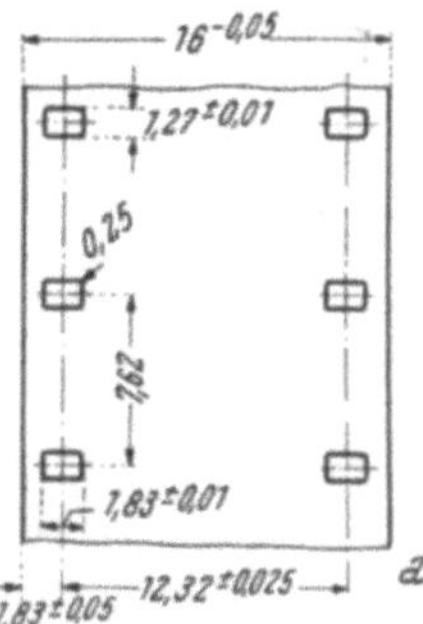

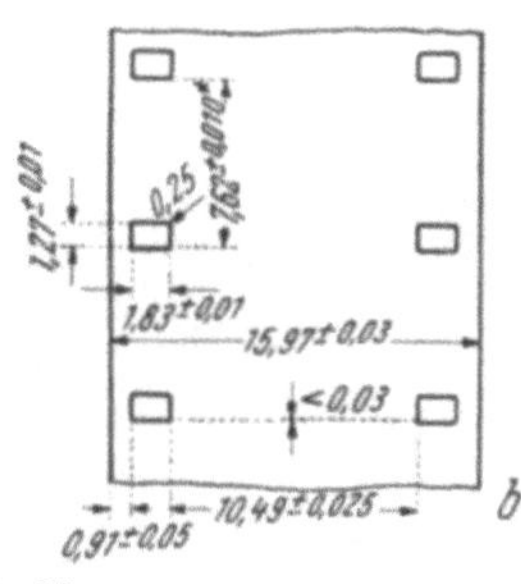

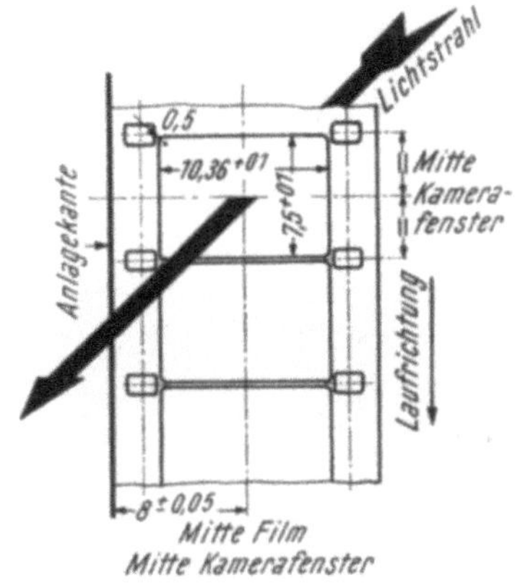

Abb. 31.
Abmessungen des 16 mm-Rohfilmbandes mit beiderseitiger Lochung
Maßstab 1,5 : 1, *a* nach DIN 15 651 (16 mm-Rohfilm mit einseitiger Lochung entsprechend nach Din 15 601).

Höchstzulässige Versetzung der Lochung in Längsrichtung des Filmbandes (Verschiebung der beiden Lochreihen gegeneinander): 0.03 mm. Länge von 100 Lochteilungen mit höchst zulässigem Abmaß: 762 ± 1 mm

b neuer Normvorschlag.

*) Länge von 100 Lochteilungen 762 ± 0,5 mm.

Abb. 32.
Abmessungen des Kamerafensters für das 16 mm-Format nach DIN 15 602, Maßstab 1,5 : 1.

Bei dem 8 mm- und 16 mm-Format ist jeweils ein Schaltloch, bzw. je zwei in gleicher Höhe liegende Schaltlöcher einem Phasenbild zugeordnet. Durch den Abstand von 3,81 mm, bzw. 7,62 mm ist eindeutig der Schaltschritt von einem Phasenbild zum nächsten definiert, womit zugleich auch die in einer bestimmten Zeit durch die Kamera oder den Projektor laufende Länge des Filmbandes bei Festsetzung einer Bildfrequenz gegeben ist.

Die verhältnismäßig breiten Ränder der Filmstreifen, die für die Schaltlöcher benötigt werden, machen keine sehr gute Ausnutzung der Filmfläche für das Bild möglich, lassen aber andererseits eine sehr gute Führung des Filmbandes an den Schaltlochrändern zu. Dies wirkt sich günstig auf die Führung des Filmbandes in dem Filmkanal von Kamera und Projektor aus. Hier etwa entstehende Zerkratzungen kommen dann nicht auf die von den Bildern besetzten Flächen und werden deshalb nicht sichtbar.

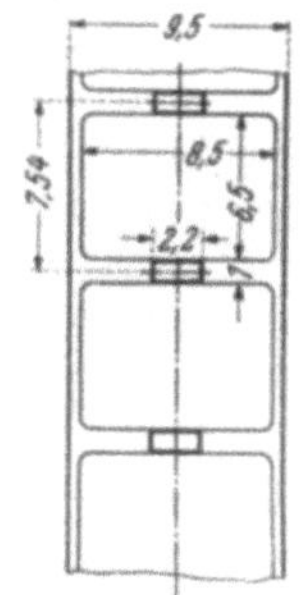

Abb. 34.
Abmessungen des 9,5 mm-Filmbandes (nicht genormt), Maßstab 1,5 : 1.

Abb. 33.
Abmessungen der Tonaufnahmeschrift (Zacken- und Sprossenschrift) für das 16 mm-Format, DIN 15 603, Maßstab 1,5 : 1.
Lage der Schicht in der Kamera bei Schwarzweißfilm dem Tongerät zugekehrt.

Die in den Abb. 28b und 31b gezeigten neuen, aber noch nicht endgültig angenommenen Deutschen Normblatt-Entwürfe bringen gegenüber der bisherigen Angabe einer Toleranz der Perforationslochabstände als *Summenwert* über 100 Lochabstände eine zulässige Abweichung für jeden *einzelnen* Lochabstand. Dies gilt sinngemäß auch für die Abb. 35b.

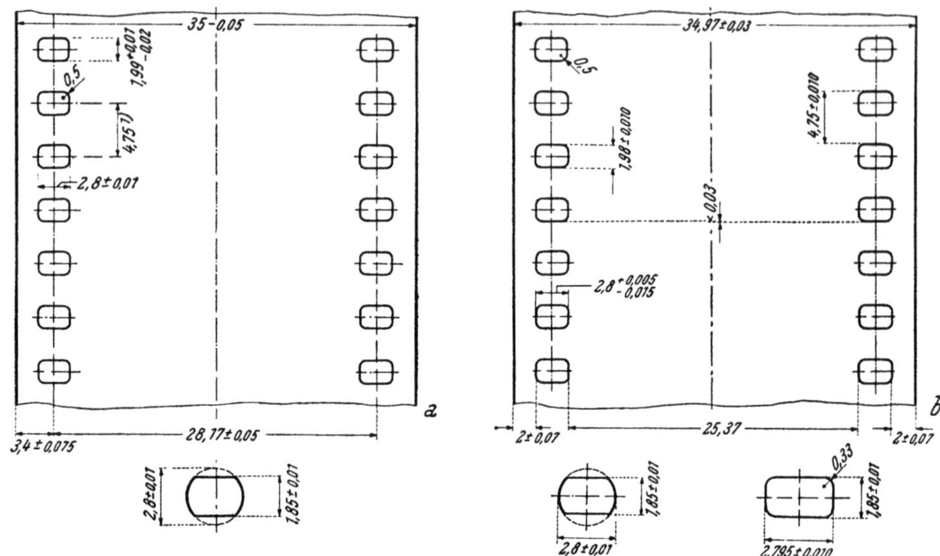

Abb. 35. Abmessungen des 35 mm-Rohfilmbandes, Maßstab 1,5 : 1.

a nach DIN 15 501.

Länge von 100 Lochteilungen mit höchstzulässigem Abmaß: 475 + 1 mm. Höchstzulässige Versetzung der Lochung in Längsrichtung des Filmbandes (Verschiebung der beiden Lochreihen gegeneinander): 0,01 mm.

b neuer Normvorschlag.

Länge von 100 Lochteilungen: 475 ± 0,5 mm.

Eine grundsätzlich andere Anordnung hat der 9,5 mm breite Filmstreifen (Abb. 34), der die Bildfläche fast bis zum Rand ausdehnt, mit einem Schaltschritt von 7,54 mm die Schaltlöcher in der Mitte zwischen den einzelnen Bildern anordnet und ebenfalls jedem Phasenbild ein Schaltloch zuordnet. Hier finden wir eine wesentlich günstigere Flächenausnutzung hinsichtlich der Bildfläche, womit der 9,5 mm breite Streifen näher an die Bildfläche des 16 mm breiten Streifens heranreicht. Dagegen lassen sich die später im Abschn. IX beschriebenen Filmschaltwerke mit Filmsteuerung nicht verwenden. Es könnten Bedenken hinsichtlich einer größeren Neigung zum Verkratzen auftreten. Die Begründung dafür liegt darin, daß beim Aufwickeln des Filmbandes an vielen Stellen die Schaltlöcher auf den Bildern liegen und damit dann zu einem Verkratzen der im Wiedergabevorgang sichtbaren Bildpartien neigen, wenn sich die verhältnismäßig langen Kanten der Schaltlöcher etwas aufbiegen, womit bei der eigenartigen Struktur eines Filmbandes gerechnet werden muß. Diese aufgebogenen Kanten können bei einem Filmwickel auch auf Bildpartien liegen, was bei den seitlich angeordneten Schaltlöchern nicht möglich ist. Eine vorsichtige Behandlung ist aber bei allen Filmbändern notwendig, da ein Zerkratzen auch bei zu festen oder zu losen Filmwickeln eintreten kann. Über das *Wickelproblem* wird noch im Abschn. VIII E gesprochen.

Die Abmessungen des Normalfilmbandes zeigen die Abb. 35 ... 37. Das Bildfenster gilt für Tonfilmstreifen, das Bildfenster des Stummfilmes ist 18 · 24 mm. Bei dem Tonfilmband ist das eigentliche Bildfeld etwas unsymmetrisch zu den beiden Reihen der Schaltlöcher angeordnet, um zwischen ihm und der einen Reihe der Löcher noch den Raum für den Tonstreifen zu schaffen, dessen Abmessungen die Abb. 37 bringt. Wesentlich ist die Zuordnung von vier Schaltlöchern zu einem Schaltschritt, woraus sich aus dem Lochmittenabstand von 4,75 mm ein Schaltschritt von 19 mm ergibt. Die Vierzahl der Schaltlöcher hat für die Kameras im allgemeinen wenig Bedeutung, bedingt aber in der Wiedergabetechnik infolge der Möglichkeit, das Filmband außer in der richtigen Lage noch in seiner Phase um 25, 50 oder 75% falsch

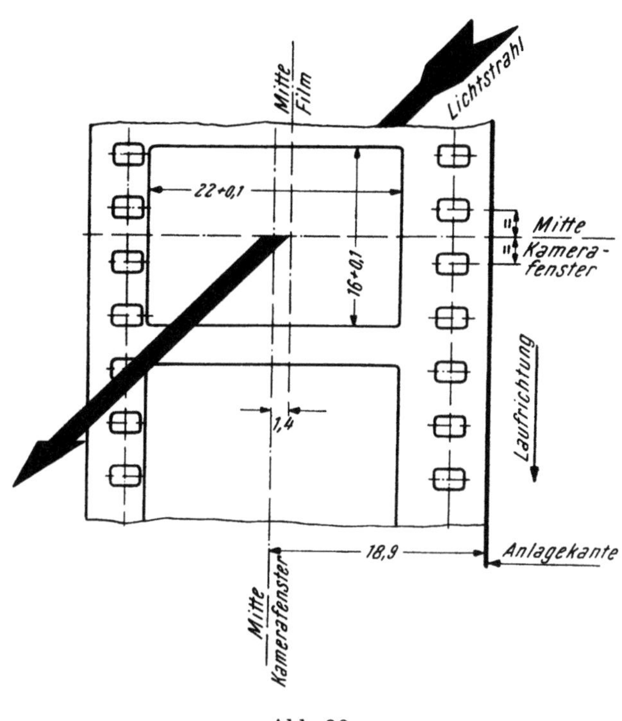

Abb. 36.
Abmessungen des Kamerafensters für das 35 mm-Format nach DIN KIN 1502, Maßstab 1,5 : 1.

einzulegen, einen erheblichen Aufwand für die dafür nötigen Ausgleichsgetriebe der *Bildstrichverstellung*.

Einen Überblick über die Dicken der photochemisch wirksamen Schicht und des Schichtträgers zeigt die Abb. 38. Dabei ist der Schichtträger für alle Formate etwa gleich stark, wenn man von den Herstellungstoleranzen absieht.

Einen Vergleich der einzelnen Daten der Filmformate für einige wesentliche Merkmale ergibt:

Tabelle 7

Filmformat	Schaltschritt	Bildfläche	Durchlaufende Filmlänge je min für Bildfrequenz	
mm	mm	mm²	m	Hz
8	3,81	17,3	3,66	16
9,5	7,54	55,2	7,24	16
16	7,62	77,7	7,30	16
35	19,0	352	27,4	24

Diese Zahlen, die durch die Darstellung der Abb. 39 ergänzt werden, zeigen bereits die wesentlichen Merkmale der einzelnen Filmformate. Werden diese Zahlen auf das 16 mm-Format bezogen, das Aussicht auf einen besonders universellen Einsatz beruflicher und amateurmäßiger Art hat, so ist:

Tabelle 8

Filmformat mm	Relativer Schaltschritt	Relative Bildfläche (Aufnahme)	Relative durchlaufende Filmlänge je min für Bildfrequenz	Hz
8	0,5	0,22	0,5	16
9,5	0,99	0,71	0,99	16
16	1	1	1	16
35	2,5	4,52	3,77	24

Ein Sondergerät für Zwischenfilmaufnahmen von Fernsehsendungen verwendet nach der Abb. 40 ein 35 mm breites Filmband, das aber mit einem kleinen Hub von 9,5 mm geschaltet wird und ein Bildfeld von 9,3 · 11,5 mm Größe ergibt, aber einen dem 35 mm-Format entsprechenden (Abb. 37) Tonstreifen enthält. Beschreibungen finden sich in den Arbeiten von SCHUBERT, DILLENBERGER, ZSCHAU (513) und (514).

Bei den Filmformaten ist man auf Grund der Notwendigkeit der Austauschbarkeit von Filmbändern in alle Länder und alle Geräte zu einer internationalen Normung gekommen. Weiterarbeiten an dieser Normung wurden schon genannt.

Nicht restlos einig ist man sich über die beste Form der 35 mm-Schaltlöcher, die auf Grund von Erfahrungen in der Aufnahme-, Kopier- und Wiedergabetechnik teilweise in anderen Formen und Abmessungen verwendet werden. Die am meisten benutzte Form ist in der Abb. 35 als Rechteck mit den Abmessungen 2,8 · 1,99 mm und den Abrundungen von 0,5 mm dargestellt. Andere Schaltlöcher werden als „DUBRAY-HOWELL"- (Rechteck mit Abrundungen) und „BELL- und HOWELL"-Perforation (rund, mit Abflachungen) bezeichnet (Abb. 35).

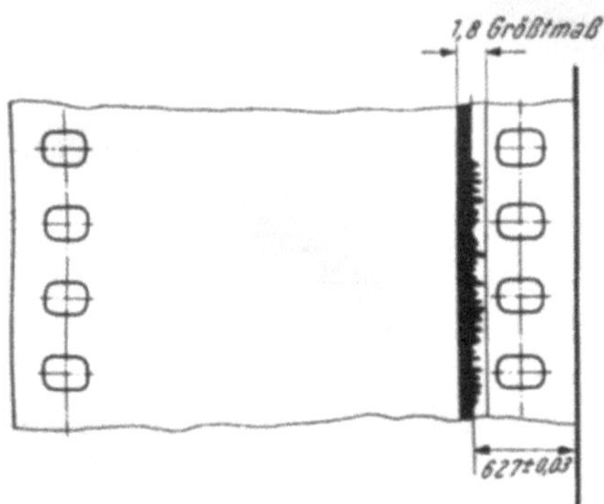

Abb. 37.
Abmessungen der Tonaufnahmeschrift (Sprossen- oder Mehrzackenschrift) für das 35 mm-Format nach DIN 15503, Maßstab 1,5 : 1. Die Schichtseite des Films ist vom Beschauer abgewandt.

Eine Abart des normalen Schaltloches wird für ein „*Panorama*"-Verfahren („*Cinemascope*", s. Abschn. V C) verwendet. Hier muß zum Anbringen von vier Tonspuren für stereophonische Wiedergabe auf dem Filmband Platz geschaffen werden, was zu den schmaleren Schaltlöchern führt.

Es ist schwer oder unmöglich, *ohne* Änderung der Bildgröße und -lage oder der Schaltlochabstände und -abmessungen auf dem Filmband *mehrere* Tonspuren noch unterzubringen, da die Abmessun-

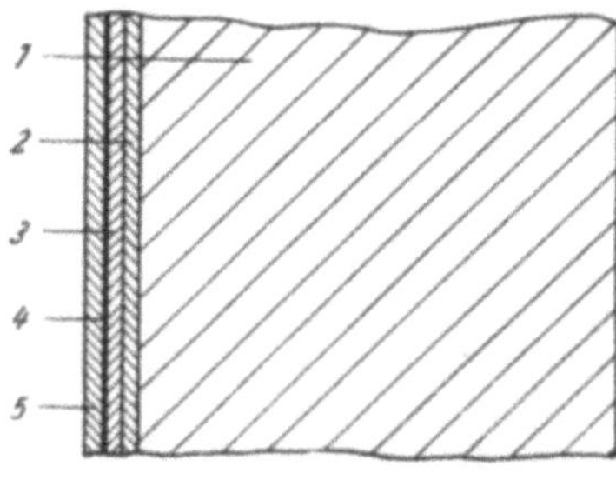

Abb. 38.

Schnitt durch ein Farbfilmband (*„Agfacolor"*), Maßstab 500 : 1.

1 Schichtträger, *2* rotempfindliche Schicht, *3* grünempfindliche Schicht, *4* Gelbfilter, *5* blauempfindliche Schicht.

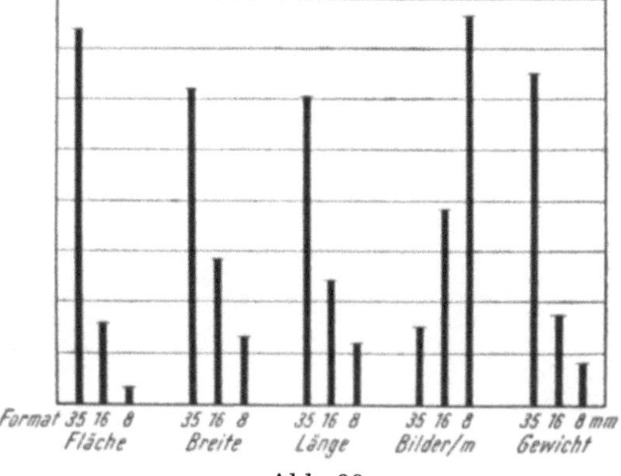

Abb. 39.

Vergleich von Bildfläche, Projektionsbreite, Filmlänge, Zahl der Bilder je m und Gewicht für das 35-, 16- und 8 mm-Format bei gleicher Bildfrequenz.

Für das 9,5 mm-Format gelten angenähert die für den 16 mm-Film angegebenen Daten.

gen der vielen im Gebrauch befindlichen Geräte festliegen und eine internationale Austauschbarkeit der Filmbänder gewährleistet werden soll. Die *Magnetton*-Technik und die Mehrkanalwiedergabe nimmt aber einen immer größeren Raum ein, so daß auch Forderungen nach einer wechselseitigen Wiedergabe von Lichtton- und Magnettonbändern auf der gleichen Apparatur vernünftigerweise auftreten und auch hierbei die vorhandenen Bauarten möglichst wenig geändert, vielmehr durch Zusatzgeräte ergänzt werden sollen. Die noch völlig im Fluß befind-

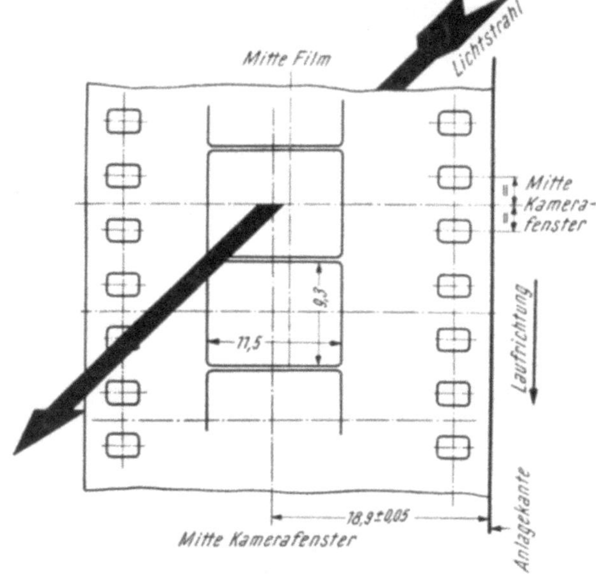

Abb. 40.

Abmessungen des „Halbformates" auf 35 mm-Film, Maßstab 1,5 : 1. Rohfilmabmessungen nach DIN 15 501.

liche Entwicklung der genannten Verfahren macht verbindliche Angaben über Mehrfachtonspuren auf Filmbändern nicht möglich. Die Abb. 41 ist deshalb nur als ein Beispiel für vier Magnettonspuren zu betrachten.

Für die echten „*Raumbild*"-Verfahren (s. Abschn. V C) wird bei dem
Einbandsystem eine Doppelaufnahme auf einem einzigen Filmband hergestellt. Dazu werden die beiden einander zugeordneten Teilbilder jeweils
nebeneinander auf das Filmband photographiert. Eine schon ältere, von
Zeiss Ikon[1] ausgeführte Stereo-Kamera benutzte eine Anordnung der
Teilbilder nach der Abb. 42. Bei diesem
System der Stereokinematographie
wird das Bildfeld in zwei gleiche
Flächen von der halben Größe
(Abb. 42) und dem gleichen Seitenverhältnis des ursprünglichen Formates aufgeteilt. Ähnliche Anordnungen sind auch für das 16 mm-Format
möglich. Über die Anordnung der
Teilbilder wird noch bei der Beschreibung der Kameras im Abschn.
V C und XVII gesprochen. Es wird
ein erheblicher optischer Aufwand für
die im Bilde 42 gezeigte Bilddrehung
um 90° benötigt. Deshalb werden nach
einem anderen System auch zwei
Stereobilder nebeneinander in Hochformat in das übliche 16 mm-Bildfeld
gesetzt und teilweise in der Höhe verkleinert. So verwendet beispielsweise
die Paillard „*Bolex-Stereo* 16 mm"
Kamera (vgl. die später folgenden

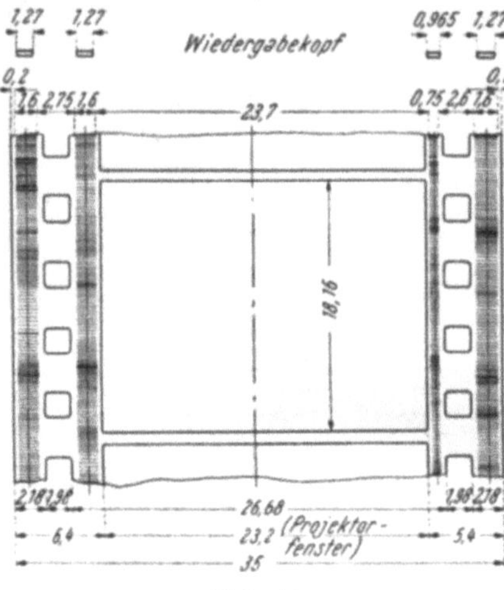

Abb. 41.

Anordnung von 4 Magnettonspuren auf
einem 35 mm-Filmband für stereophone
Wiedergabe *(„Cinemaskope-Verfahren")*
(nicht genormt) (Siemens)

Abb. 61 und 62) zwei Teilbilder in der Höhe 6 mm und Breite 5 mm,
die nebeneinandergesetzt zusammen die übliche Bildgröße des 16 mm-
Formates in der Breite ganz und in der Höhe teilweise ausfüllen.

Die aufgezeichneten Anordnungen
der beiden zugeordneten Teilbilder gelten grundsätzlich für alle echten Raumbildverfahren (s. Abschn. V C), unabhängig davon, ob die „*Sehhilfen*" für
die Zuordnung des richtigen Teilbildes
zum richtigen Auge beispielsweise
durch Licht-Polarisationseinrichtungen
oder Schwingblenden beim Zuschauer
oder durch Rasteranordnungen und
dergl. an der Bildwand (sogenannte
„*Freisicht*"-Verfahren, z. B. nach
Iwanow) gebildet werden (530, 531).
Die hier auf 35 mm-Filmband aufgezeichneten Teilbilder wurden zunächst im Hochformat 11·16 mm

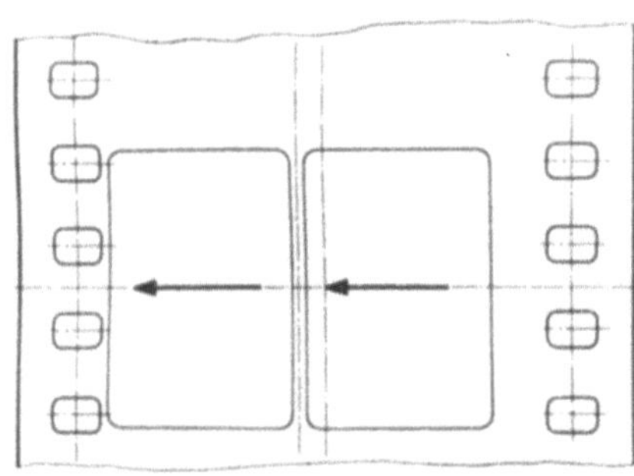

Abb. 42.

Anordnung der auf einem 35 mm-Filmband aufgebrachten Stereo-Teilbilder,
Maßstab 1,5 : 1 (System Zeiss Ikon).

verwendet, wobei der Tonstreifen in der Mitte des Bandes zwischen beiden
Teilbildern lag. Später wurden die beiden Teilbilder des Filmes auf
16 × 16 mm vergrößert bei ebenfalls in der Mitte liegendem Tonstreifen.
Die Verbreiterung der Teilbilder war dadurch möglich, daß die Bildfelder

---

[1] S. Vorwort und Firmenverzeichnis.

fast bis zum Rand des Filmbandes ausgedehnt wurden, wobei nur je ein Schaltlochpaar (statt vier) für jedes Bildpaar verwendet wurde. Die Schaltlöcher lagen zwischen den Bildern.

Neuere Vorschläge (41) sehen ebenso wie früher einige Spezialkameras für Stereokinematographie wieder den waagrechten Lauf des 35 mm-Filmbandes in der Kamera vor. Dabei wird hier für Panoramaverfahren ein doppelt so breites· Bild von 25,32 · 37,39 mm verwendet (,,*Vista Vision*"), das dann je nach der benutzten Bildwand kein oder nur ein nicht sehr verzerrendes anamorphotisches Objektiv benötigt (s. Abschn. V C) (128, 241 a, 270).

An dieser Stelle soll nur angedeutet werden, daß von der Größe des Schaltschrittes die Beschleunigung des Filmbandes während seiner Schaltung und damit auch die auf Triebwerk und Filmband ausgeübten Beschleunigungskräfte (s. Abschn. IX D) abhängen. Die Größe der Bildfläche beeinflußt maßgebend die Zahl der in dem Wiedergabeprozeß noch erkennbaren Bilddetails oder, anders ausgedrückt, die Größe der Bildwand, die man ausspielen will. Diese ergibt wieder einen Anhaltspunkt über die Zahl der Zuschauer, die man mit ausreichend guter Sicht vor dieser Bildwand placieren kann. Unter Beachtung der Unterschiede in der Beurteilung von guten und ausreichend guten Plätzen für die optische Sicht der Bildwand und einer ausreichenden Fläche für die Zuschauer-Sitzplätze ergibt sich als maximale Zahl Z_{max} der Zuschauer unter üblichen Bedingungen eines Kinos

$$Z_{max} = 37 \, B^2 \ldots 67 \, B^2 \tag{15}$$

bei der Breite B der Bildwand (23, 183, 339). Die Filmlänge gibt gewisse konstruktive Bedingungen für die Größe und das Gewicht der einzusetzenden Kameras.

Die Betrachtungen befaßten sich nur mit den mechanischen Abmessungen der Filmbänder, soweit sie die Gestaltung der Kinokameras beeinflussen. Photochemische Fragen werden entsprechend der Aufgabenstellung in anderen Bänden dieser Buchreihe behandelt. Es soll nur darauf hingewiesen werden, daß heute praktisch fast ausschließlich die nicht brennbaren ,,*Sicherheits*"-Filmbänder (398) verwendet werden. Darüber ist in Kürze eine gesetzliche Regelung zu erwarten, die früher schon bestand, aber infolge der Kriegsereignisse nicht durchgeführt werden konnte.

V. Aufnahmeobjektive

Die wesentlichen Eigenschaften der optischen Systeme werden eingehend in dem von FLÜGGE (128) bearbeiteten I. Band dieser Buchreihe beschrieben und in ihren Eigenschaften und Korrektionsgrundsätzen dargelegt. Es erübrigt sich daher, an dieser Stelle näher auf die einzelnen Objektivsysteme einzugehen. Die Objektive werden in dem vorliegenden Band als fertige Bauelemente behandelt, die bestimmte optische und mechanische Eigenschaften haben. Es wird im wesentlichen das Zusammenwirken der Objektive mit den übrigen Teilen der Kameras dargelegt.

A. Brennweite

Unter der *Brennweite* eines Objektivs wird der Abstand f verstanden, um den bei einer Einstellung auf ein unendlich fern gelegenes Ding die

Ebene, in der das schärfste Bild des Dinges entsteht, von der *Hauptebene* des Objektivs entfernt ist. Diese Hauptebene, bzw. die in Wirklichkeit vorhandenen zwei Hauptebenen sind durch die Konstruktion des Objektivs gegeben und lassen ihre Lage von außen nicht erkennen. Die eben gegebene Beschreibung der Brennweite ist nur roh und für den üblichen Sprachgebrauch bestimmt. Eine exakte Definition muß noch Angaben über den Ort des entstehenden Bildes und die Wellenlänge des verwendeten Lichtes machen. Nach dem Normblatt DIN 4521 gilt:

„Die Brennweite f ist das Verhältnis der linearen Größe l' des auf der optischen Achse stehenden Bildes eines unendlich fernen Objekts zu dessen scheinbarer Größe w, und zwar der Grenzwert, dem sich dieses Verhältnis mit abnehmender scheinbarer Größe des Objektes nähert. Es ist also:

$$f = \lim_{w=0} \frac{l'}{w} \tag{16}$$

oder

$$f = \lim_{w=0} \frac{l'}{\text{tg } w} \tag{17}$$

Bei Objektiven, die mit Verzeichnung behaftet sind, empfiehlt sich im allgemeinen, auf Grund einer Reihe gemessener Wertepaare l' und w den Ausdruck $\frac{l'}{\text{tg } w}$ graphisch oder numerisch als Funktion von tg w darzustellen und aus dieser Darstellung den Grenzwert f zu entnehmen. Die Schärfeneinstellung wird bei voller Öffnung des Objektivs vorgenommen. Die Angabe der Brennweite bezieht sich auf eine mittlere Wellenlänge des sichtbaren Spektrums von $\lambda = 5{,}5 \cdot 10^{-5}$ cm, sofern nicht etwas anderes bemerkt ist." Soweit die Normblatt-Definition.

Bei den Standbildkameras hat das zur Normalausrüstung gehörende Objektiv eine Brennweite, die abgesehen von einer Abrundung gleich der Diagonale des photographisch ausgezeichneten Bildformates ist. Im Gegensatz dazu hat sich besonders bei den Kinokameras der Schmalfilmformate für das *normale* Objektiv eine Brennweite f durchgesetzt, die etwa gleich der doppelten Diagonale des Bildformates ist. Als übliche Brennweiten sind f = 12,5 mm, 20 mm und 25 mm für das 8 mm-, 9,5 mm- und 16 mm-Format anzusehen, die der 2,1-, 1,9- und 2fachen Diagonale des Aufnahmeformates entsprechen.

Diese Tatsache ist wohl ursprünglich darauf zurückzuführen, daß bei den im Verhältnis zu vielen Standbildgeräten kleinen Bildformaten die Objektive eine kurze absolute Brennweite haben. Damit entstanden bei ihrer Fertigung und ihrem Zusammenbau erhebliche Schwierigkeiten oder ein Aufwand wurde benötigt, der ungern getragen wird. Zu diesen schwierigen Montagearbeiten gehört insbesondere auch der Bau der einstellbaren Irisblenden, die man deshalb mehrfach auch durch Lochblenden oder vereinfachte Konstruktionen von Schiebeblenden ersetzt. Objektive mit kürzerer Brennweite würden bei dem 8 mm-Schmalfilmformat auch Schwierigkeiten in der Unterbringung des Verschlusses zwischen dem letzten Glied des Objektivs, bzw. seiner Fassung und dem Bildfenster geben, zumal da hier gelegentlich auch noch Teile des Filmschaltwerkes eingebaut werden.

Die 35 mm-Kameras haben infolge ihrer berufsmäßigen Verwendung eine Einsatzmöglichkeit von sehr vielen Objektiven unterschiedlicher Brennweiten und Bauarten. Meist wird ein ganzer Objektivsatz zusammengestellt und geliefert, der in vielen Fällen von dem Herstellerwerk des optischen Systems an die Kamera gesondert angepaßt wird, wobei auch der Spezialfassung der einzelnen Kameras Rechnung getragen wird. Als normale Brennweite für das 35 mm-Format kann eine solche von f = 35 mm oder 40 mm angesehen werden, die der 1,3- und 1,5fachen Diagonale des Aufnahmeformates des Tonfilmbandes entspricht.

Bei üblichen Objektiven, wie sie als Normalobjektive in die Kameras eingesetzt werden, ist die mechanische Baulänge des Objektivs etwas größer als die Brennweite. In Annäherung kann man den Abstand der Blendenebene von der Filmebene als die Größe der Brennweite ansetzen, sofern es sich nicht um optische Rechnungen handelt, sondern um ein Abschätzen der Größe. Das Objektiv baut dann nach vorn noch etwas für die vor der Blende liegenden Linsen, die Objektivhalterung und die Einstellgetriebe aus.

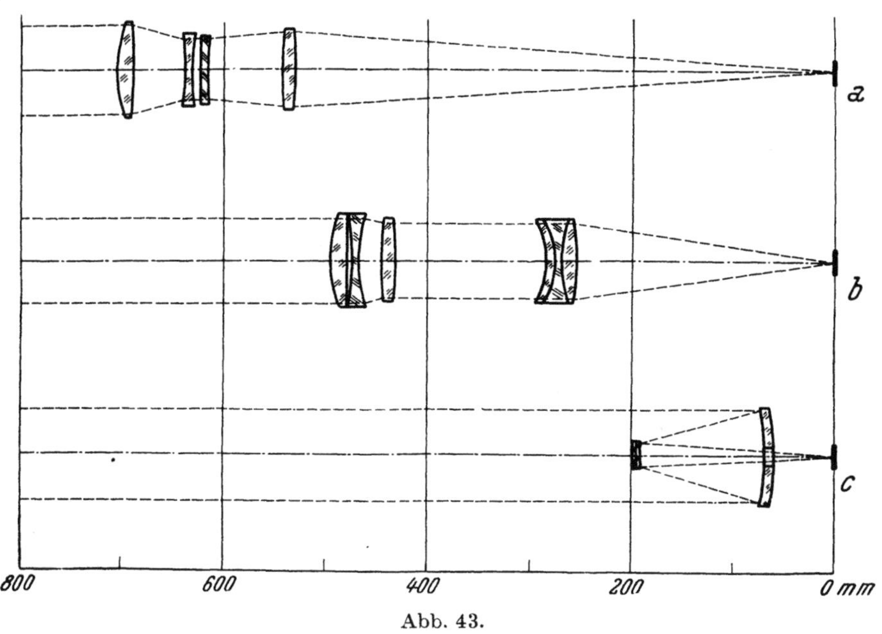

Abb. 43.
Vergleich der mechanischen Abmessungen und der Baulängen von verschiedenen Objektivsystemen der gleichen Brennweite f = 600 mm, Maßstab 1 : 7,5 (ASKANIA).
a Anastigmat üblicher Bauart, b Teleobjektiv, c Spiegellinsenobjektiv.

In manchen Fällen ist es aber erwünscht, an einem Objektiv eine möglichst lange *Schnittweite* zu haben, die als auf der optischen Achse gemessener Abstand der letzten filmseitig angebrachten Linse von der Scharfstellebene bei der Dingeinstellung auf Unendlich definiert wird. Gelegentlich ist durch den Fassungsrand der letzten Linse die Schnittweite praktisch noch etwas kleiner. Die relativ lange Schnittweite ist bei allen absolut genommen kleinen Brennweiten erwünscht, also bei den Objektiven für das kleinste Filmformat, um noch den zwischen Objektiv und Filmbandebene angebrachten Verschluß (s. Abschn. XI) gut unterbringen zu können. Bei den größeren Filmformaten muß für die speziellen Spiegelverschlüsse zum Ausblenden eines Sucherbildes Raum gewonnen werden (s. Abschn. XIII C).

Bei den absolut gesehen großen Brennweiten der großen Filmformate
ist dagegen eine möglichst kleine Baulänge des gesamten optischen Aufbaues
erwünscht, um die mechanischen Abmessungen der ganzen Kamera in
erträglichen Grenzen zu halten. Es werden deshalb bei Objektiven, die über

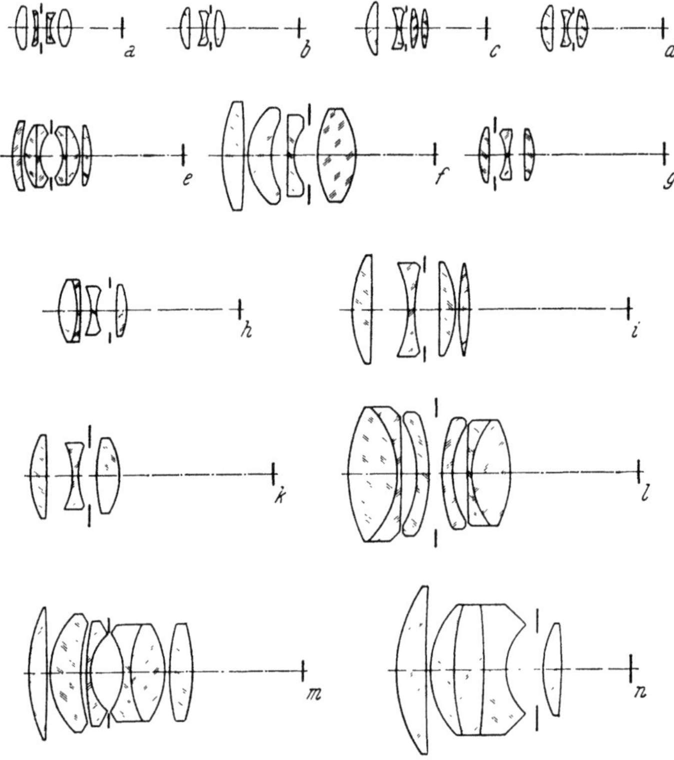

Abb. 44.

Linsenschnitte durch Aufnahmeobjektive mit „kurzen" und „normalen" Brennweiten
für Schmalfilmkameras, Maßstab 1 : 1; 1. für 8 mm-Format: a RODENSTOCK „Sironar"
2,2/10 mm (erster Wert: Blendenzahl, zweiter Wert: Brennweite), b REICHERT „Solar"
2,7/12,5 mm, c REICHERT „Solar" 1,9/12,5 mm, d SCHNEIDER „Kinoplan" 2,7/12,5 mm;
2. für 16 mm-Format: e SCHNEIDER „Xenon" 1,9/16 mm, f MEYER „Optimat" 1,5/20 mm,
g STEINHEIL „Cassar" 2,9/20 mm, h ZEISS „Tessar" 2,7/20 mm, i ASTRO „Pantachar"
1,5/25 mm, k MEYER „Trioplan" 2,7/25 mm, l MEYER „Plasmat" 1,5/25 mm, m SCHNEIDER
„Xenon" 1,5/25 mm, n ZEISS „Sonnar" 1,4/25 mm.

die Normalbrennweite erheblich hinausgehen, nicht nur vergrößerte normale
Objektive mit entsprechend kleinerem Bildwinkel eingesetzt, die meist
als *Fernobjektive* bezeichnet werden, sondern auch Sonderkonstruktionen.
Diese benutzen eine sehr weite Vorverlegung der Hauptebenen des Objektivs nach der Dingseite hin und ergeben eine mechanische Baulänge,
die erheblich kleiner als die Brennweite ist. Derartige Systeme werden
als *Teleobjektive* bezeichnet. Eine andere Möglichkeit der Verkürzung
der mechanischen Baulänge bei langen Brennweiten besteht in dem Einsatz
von *Spiegellinsenobjektiven*, die durch eine zweifache Abknickung des

Strahlenganges nur etwa ein Drittel Baulänge der Brennweite ergeben. Einen maßstäblichen Vergleich eines normalen Objektivs mit einem Tele- und einem Spiegellinsensystem zeigt die Abb. 43, aus der deutlich die

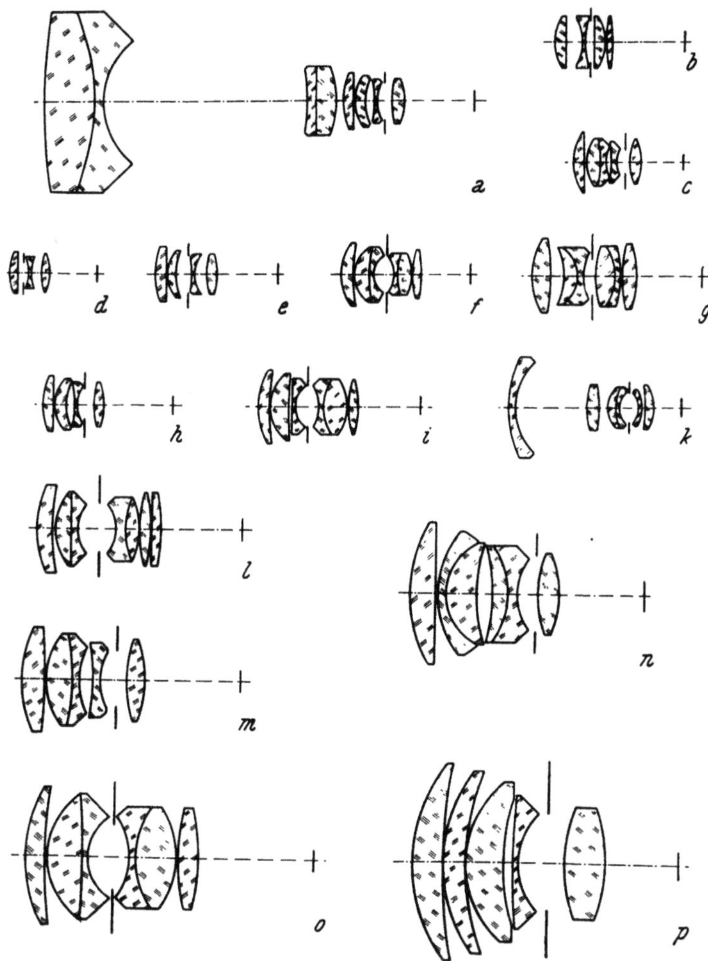

Abb. 45.

Linsenschnitte durch Aufnahmeobjektive mit „kurzen" und „normalen" Brennweiten für Schmalfilmkameras, Maßstab 1 : 1; 1. für 8 mm-Format: *a* SCHNEIDER „*Cinegon*" 1,9/6,5 mm, *b* ASTRO „*Tacharon*" 1,8/12,5 mm, *c* KERN „*Genevar*" 1,9/12,5 mm, *d* MINOX „*Astar*" 2,5/12,5 mm, *e* RODENSTOCK „*Ronar*" 1,9/12,5 mm, *f* RODENSTOCK „*Heligon*" 1,5/ 12,5 mm, *g* KERN „*Switar*" 1,5/12,67 mm, *h* SCHNEIDER „*Xenoplan*" 1,9/13 mm, *i* SCHNEI-DER „*Xenon*" 1,5/13 mm; 2. für 9,5- und 16 mm-Format: *k* OPTIK „*Flektogon*" 2,8/12,5 mm, *l* SOM BERTHIOT „*Cinor*" 1,5/17 mm, *m* KERN „*Genevar*" („*Pizar*") 1,9/25 mm, *n* KERN „*Switar*" 1,4/25 mm, *o* ZEISS „*Biotar*" 1,4/25 mm, *p* ASTRO „*Tachonar*" 1/25 mm.

erhebliche mechanische Verkürzung des Objektivaufbaues der Sonder-konstruktionen für längere Brennweiten hervorgeht.

Als Beispiele für die in Kinokameras eingesetzten Linsenfolgen dienen die folgenden Abbildungen, die Linsenschnitte mit der Lage der Blenden- und Scharfstellebene angeben. Die Maßstäbe der einzelnen Darstellungen sind jeweils in einer Abbildung gleich groß und in den Bildunterschriften im Zahlenwert angegeben. So bringt die Abb. 44 die bis etwa zum Jahre 1945 verwendeten Objektive und die Abb. 45 die nach dieser Zeit eingesetzten Systeme für die Normalobjektive der Schmalfilmkameras in einer Auswahl. Dabei soll die angegebene Jahreszahl nicht als wesentliches Kennzeichen für die Konstruktionen dienen, sondern nur einen groben Anhalt geben.

Auf die einzelnen bekannten und in den die Optik behandelnden Büchern angeführten Linsenfehler und ihre Behebung wird nach den oben gebrachten Erwägungen nicht eingegangen. Diese Fragen sind von einer Reihe von Autoren behandelt worden, deren Arbeiten im Schrifttumsverzeichnis angeführt sind.

Gelegentlich werden von den Objektiven auch die ausgenutzten Bildwinkel angegeben. Diese sind durch die Brennweite f und das ausgezeichnete Bildformat festgelegt, wobei als Bezugsmaß die kurze, die lange Seite oder die Diagonale des Bildfeldes benutzt werden kann. Für die meist verwendete Diagonale D wird der Bildwinkel α (Aufnahmebildfeld):

$$\alpha = 2 \text{ arc tg} \frac{D}{2f} \tag{18}$$

Daraus ergibt sich für einige Brennweiten in etwas abgerundeten Werten:

Tabelle 9

Filmformat mm	Diagonale d mm	Brennweite f mm	Bildwinkel α Grad
8	6,0	6,5	49,7
		10	33,3
		12,5	27,0
		25	13,7
		36	9,6
9,5	10,7	15	39,3
		20	30,0
		25	24,0
		50	12,3
		75	8,0
16	12,8	11,5	58,1
		20	35,6
		25	28,7
		50	14,7
		75	9,6
35	27,2	20	68,3
		25	57,0
		35	43,0
		50	30,3
		100	15,6
		200	7,6
		500	3,0
		1000	1,6

Eine weitere vergleichende Darstellung für Schmalfilm-Objektive längerer Brennweiten bringt die Abb. 46 und 47. Dabei sind in dem Teilbild 46a ein Fernobjektiv, in den Bildern 46b und c Telesysteme nach den schon gegebenen Definitionen und in der Abb. 46d ein Spiegellinsenobjektiv dargestellt, bei dem die Spiegel und Linsen zur optischen Korrektion herangezogen werden.

Es kann vorzugsweise bei Amateurgeräten der Wunsch auftreten, zu dem fest eingebauten Normalobjektiv, dessen Fassung dadurch besonders preiswert sein kann, Vorsatzlinsen zur Erweiterung des Dingbereiches nach kleinen Entfernungen hin auf die Objektivfassung aufzustecken. Ebenso werden zur größeren Darstellung weiter entfernter Gegenstände Vorsatzobjektive hergestellt, die im Zusammenwirken mit dem eigentlichen Kameraobjektiv eine verlängerte Brennweite bringen. Infolge des afokalen Charakters des Vorsatzobjektivs ist eine mathematisch genaue Anpassung der optischen Achsen nicht erforderlich, so daß mit einer Aufsteckfassung gearbeitet werden kann. Es tritt keine Veränderung der Öffnung des Gesamtsystems ein. Diese Vorsatzobjektive vergrößern die Brennweite des Gesamtsystems auf das 2- bis 2,5fache, wobei die Entfernungsskalen eine andere Bezifferung haben müssen.

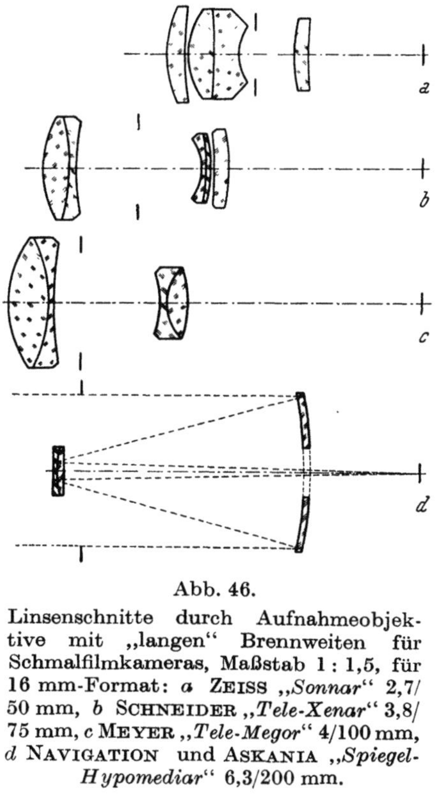

In einer anderen Anwendung dieses Prinzipes lassen sich durch ähnliche Konstruktionen von Vorsatzobjektiven auch Objektive mit einer größeren Schnittweite herstellen. Damit kann bei Objektiven mit verhältnismäßig kurzer Brennweite ein größerer mechanischer Abstand der Fassung von der Filmebene erreicht werden, womit sich beispielsweise für Spiegelverschlüsse bessere Bedingungen ergeben.

In Weiterentwicklung des Konstruktionsgedankens der Vorsatzsysteme sind für eine Reihe von Aufgaben, bei denen der Ausschnitt des von der Kamera aufgenommenen Dinges ohne Veränderung des Kamerastandortes eingestellt wird, wo sich der Ausschnitt während der Aufnahme verändern soll oder wo Fahraufnahmen vorgetäuscht werden sollen, Objektive mit

Abb. 46.

Linsenschnitte durch Aufnahmeobjektive mit „langen" Brennweiten für Schmalfilmkameras, Maßstab 1 : 1,5, für 16 mm-Format: *a* ZEISS „*Sonnar*" 2,7/50 mm, *b* SCHNEIDER „*Tele-Xenar*" 3,8/75 mm, *c* MEYER „*Tele-Megor*" 4/100 mm, *d* NAVIGATION und ASKANIA „*Spiegel-Hypomediar*" 6,3/200 mm.

einer stetig veränderlichen Brennweite entwickelt worden. Diese werden vielfach unsinnig als „*Gummilinsen*" bezeichnet. Das Kennzeichen derartiger Systeme veränderlicher Brennweite ist der Zusammenbau eines normalen Aufnahmeobjektives, das die Korrektion und die Öffnung des Gesamtsystems bestimmt, mit einem Vorsatzobjektiv, das afokal ist, allein keine bestimmte Lichtstärke besitzt und im Zusammenwirken mit dem Kameraobjektiv eine veränderliche Brennweite, also einen veränderlichen Abbildungsmaßstab ergibt. Dazu ist das mechanische Verschieben von einer oder zwei Linsengruppen innerhalb des Vorsatzobjektivs erforderlich. Die Veränderung der Brennweite wird im Verhältnis 1 : 2 bis 1 : 3 durchgeführt, wobei sich als wesentliches Merkmal für den praktischen Einsatz die Scharf-

stellung auf die Dingebene und die Öffnung des Gesamtsystems nicht
verändern. Als Beispiele für derartige Systeme sollen die Abb. 49 bis 51
gelten, auch für Sucher gibt es ähnlichen Anordnungen.

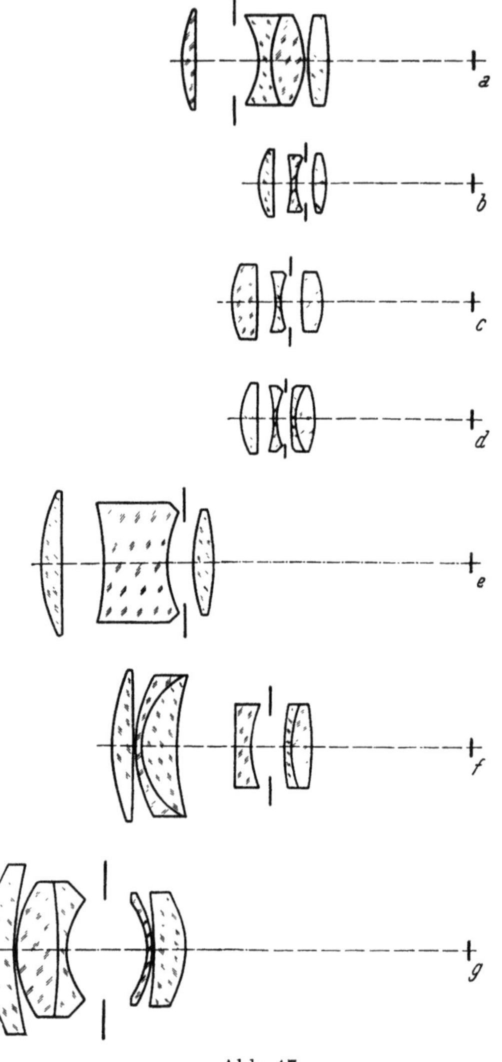

Abb. 47.

Linsenschnitte durch Aufnahmeobjektive mit
„langen“ Brennweiten für Schmalfilmkameras,
Maßstab 1 : 1,5; 1. für 8 mm-Format: *a* SOM
BERTHIOT „*Cinor*“ 1,9/35 mm, *b* KERN „*Yvar*“
2,8/36 mm, *c* RODENSTOCK „*Euron*“ 2,8/37,5 mm/
d SCHNEIDER „*Xenar*“ 2,8/38 mm; 2. für 9,5,
und 16 mm-Format: *e* KERN „*Yvar*“ 2,8-
75 mm, *f* SOM BERTHIOT „*Tele Cinor*“ 2,5/
75 mm, *g* OPTIK „*Biometar*“ 2,8/80 mm.

gelten, auch für Sucher gibt es
ähnliche Anordnungen.

Wie schon gesagt, hängt die
Brennweite eines Objektivs auch
von der Frequenz des verwendeten
Lichtes ab, da die Brechungszahl
von optischen Gläsern frequenz-
abhängig ist. Den Verlauf der
Brennweitenänderung Δf in $^0/_0$ in
Abhängigkeit von der Lichtwellen-
länge λ für eine einfache Linse, ein
auf zwei Farben korrigiertes photographisches Objektiv und einen
auf drei Farben korrigierten Apo-
chromaten zeigt die Abb. 48. Praktisch merkbare Brennweitenänder-
ungen ergeben sich in der Infrarot-
Photographie bei Wellenlängen
größer als etwa $8 \cdot 10^{-6}$ cm, wo sie
zu berücksichtigen sind. Arbeiten
über die Infrarot-Photographie
sind beispielsweise von CLARK (62).
HELWICH (218), NAUMANN (382 b,
382 c) und RIECK (454) sowie
anderen erschienen.

Für die in 35 mm-Kameras
eingesetzten Linsenfolgen finden
sich Zusammenstellungen in der
Abb. 52 für die Normalobjektive
und in der Abb. 53 für die längeren Brennweiten. Die optischen
Systeme selbst werden noch im
Abschn. V C besprochen.

B. Objektivöffnung

Der dem allgemeinen Sprachgebrauch entnommene Begriff
der *Lichtstärke* eines Objektivs
wird durch seine *relative Öffnung*
definiert. Dieser rein geometrische Begriff gibt das Verhältnis des wirksamen Durchmessers d
(Abb. 64) eines Objektivs zu seiner
Brennweite f an. Diese relative
Öffnung ist noch kein ganz ein-
deutiger Wert für das tatsächlich durch die Objektivanordnung kommende Licht, da an den optischen und mechanischen Gliedern des

Systems Lichtverluste auftreten. Dies war insbesondere bei nicht vergüteten Objektiven der Fall, bei denen, je nach den verwendeten Glassorten etwas unterschiedlich, ein Reflexionsverlust von etwa 4 bis 5% an jedem Übergang zwischen einer Glas-Luftfläche auftrat. Diese Reflexionsverluste

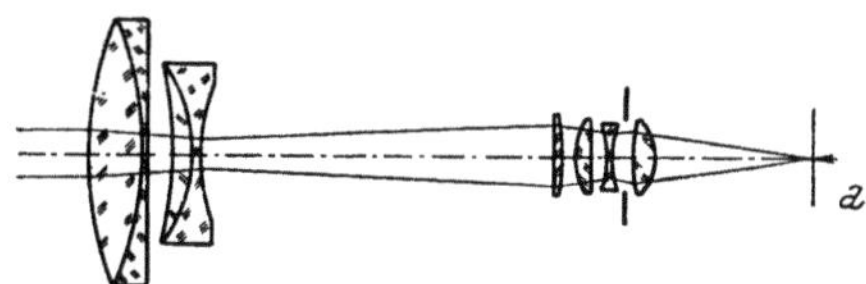

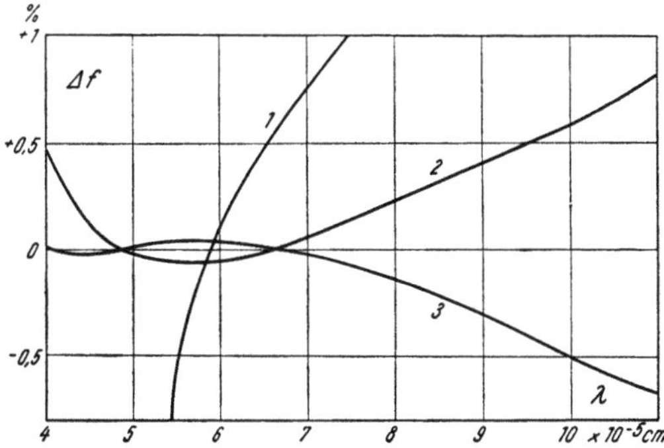

Abb. 48.

Änderung Δf der Brennweite von optischen Systemen in Abhängigkeit von der Wellenlänge λ und dem System.

1 Linse, *2* photographisches Objektiv, *3* Apochromat nach NAUMANN.

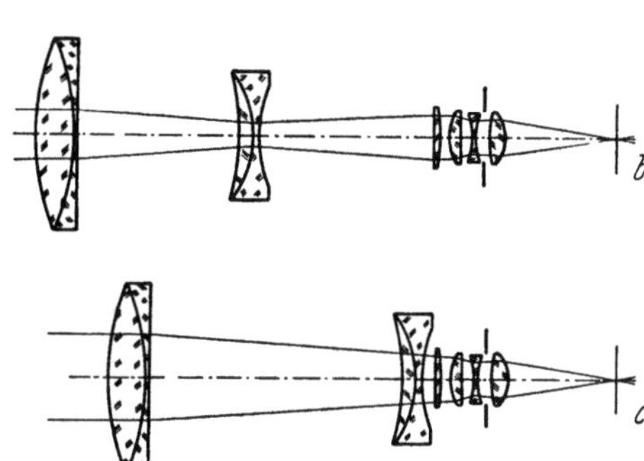

Abb. 49.

BUSCH „*Vario-Glaukar*" 2,8/f = 25 … … 80 mm, Aufnahmeobjektiv mit stetig veränderlicher Brennweite, *a* Einstellung f = 25 mm, *b* 45 mm, *c* 80 mm, Maßstab etwa 1 : 2.

erreichten bei mehrgliedrigen optischen Systemen, also besonders bei Objektiven mit hohen Lichtstärken, recht beachtliche Werte, über deren Messungen KLUGHARDT (263) berichtet. Diese Lichtverluste können für ein Objektiv mit der Zahl z der freistehenden Glieder mit den folgenden angenäherten Prozentzahlen der Verluste V angegeben werden:

z …	1	2	3	4	5
V % .	8	22	31	39	46

Da heute aber ausschließlich vergütete Linsenfolgen verwendet werden, ist die Frage dieser Reflexionslichtverluste wenig kritisch.

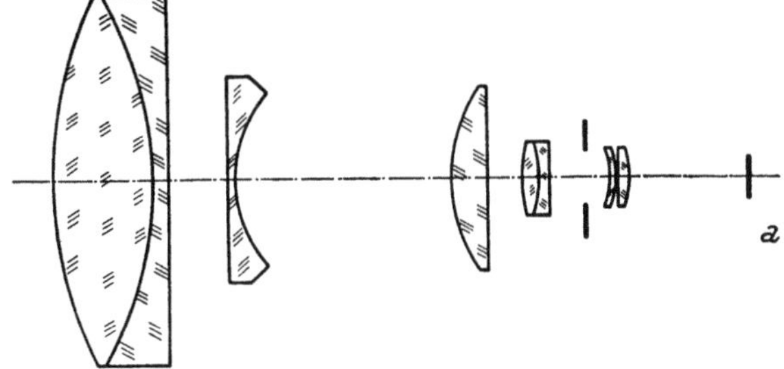

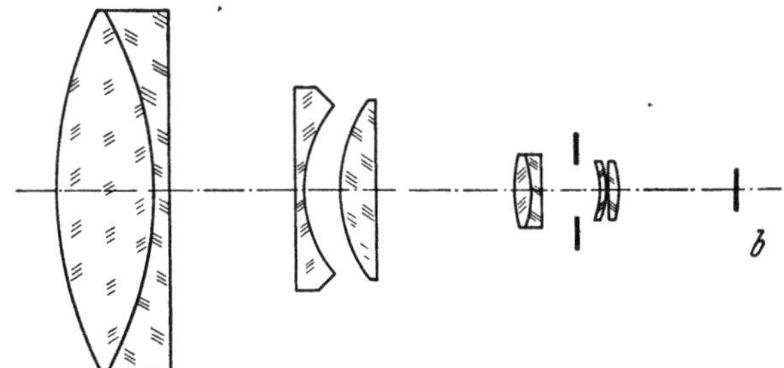

Abb. 50.

SOM BERTHIOT „*Pan Cinor*", 2,8/f = 20 … 60 mm, Aufnahmeobjektiv mit stetig veränderlicher Brennweite, Maßstab 1 : 1,5 (s. Abb. 51, 373, 435).

Es kann hier nur angedeutet werden, daß Objektive verschiedener Bauart eine unterschiedliche spektrale Durchlässigkeit für Licht besitzen.

Aus Vereinfachungsgründen wird vielfach statt der relativen Öffnung auch der Kehrwert verwendet, der als *Blendenzahl* k bezeichnet wird. Es wird aber auch die *Blendennummer* für den Kehrwert der Blendenzahl gelegentlich gebraucht.

$$k = f/d \tag{19}$$

In den Normblättern DIN 4521 und 4522 sind die Begriffsbestimmungen angegeben. Die exakte Definition lautet: „Die relative Öffnung ist das Verhältnis des für die Bildmitte wirksamen Durchmessers der Eintrittspupille zur Brennweite des Objektivs. Ist die Eintrittspupille nicht rund, so gilt als Durchmesser der Eintrittspupille der Durchmesser einer Kreisfläche von gleichem Flächeninhalt.

Zur Messung des wirksamen Durchmessers der Eintrittspupille dient ein senkrecht zur optischen Achse verschiebbares Meßmikroskop, das auf der Objektseite des zu untersuchenden Objektivs angebracht und auf das am kleinsten erscheinende Bild aller Strahlenbegrenzungen im Objektiv eingestellt wird."

Abb. 51.

PAILLARD „*Bolex H 16-Kamera*" mit SOM BERTHIOT „*Pan Cinor*", Maßstab etwa 1 : 4,4 (s. Abb. 50).

Nach DIN 4522 ist die Zahlenreihe der relativen Öffnungen, aus denen die Beschriftungen der Objektive ausgewählt werden sollen,

1 : | 0,7   1   1,4   2   2,8   4   5,6   8   11   16   22   32   45

Die angegebenen Zahlen sind den Durchmessern der Objektive proportional. Für die durch die Blendenfläche des Objektivs eintretende Lichtmenge ist das Quadrat des Durchmessers maßgebend. Die eben angegebene Stufung der Blendenzahlen wurde deshalb so gewählt, weil sich die Quadrate dieser Zahlen jeweils wie 1 : 2 verhalten, die Abblendung oder Aufblendung um je einen *Strich* also den halben bzw. doppelten Lichteinfall bewirkt.

Da bei sehr weit geschlossenen Blenden und kleinen Brennweiten die Gefahr des Auftretens von Lichtbeugung besteht, die die optische Abbildung verschlechtert, können Kinoobjektive der kleinen Formate meist nur bis etwa 1 : 11 oder 1 : 16 abgeblendet werden, da sie, absolut genommen, kleine Brennweiten und damit auch Blendendurchmesser haben.

Bei den photographischen Standbildkameras ist die Anwendung sehr hoch geöffneter Objektive mit Blendenzahlen kleiner als 3,5 fast zur Mode-

frage geworden. Sofern es sich nicht um photographische Spezialaufgaben
beruflicher Art handelt, werden diese großen Lichtstärken von den Benutzern

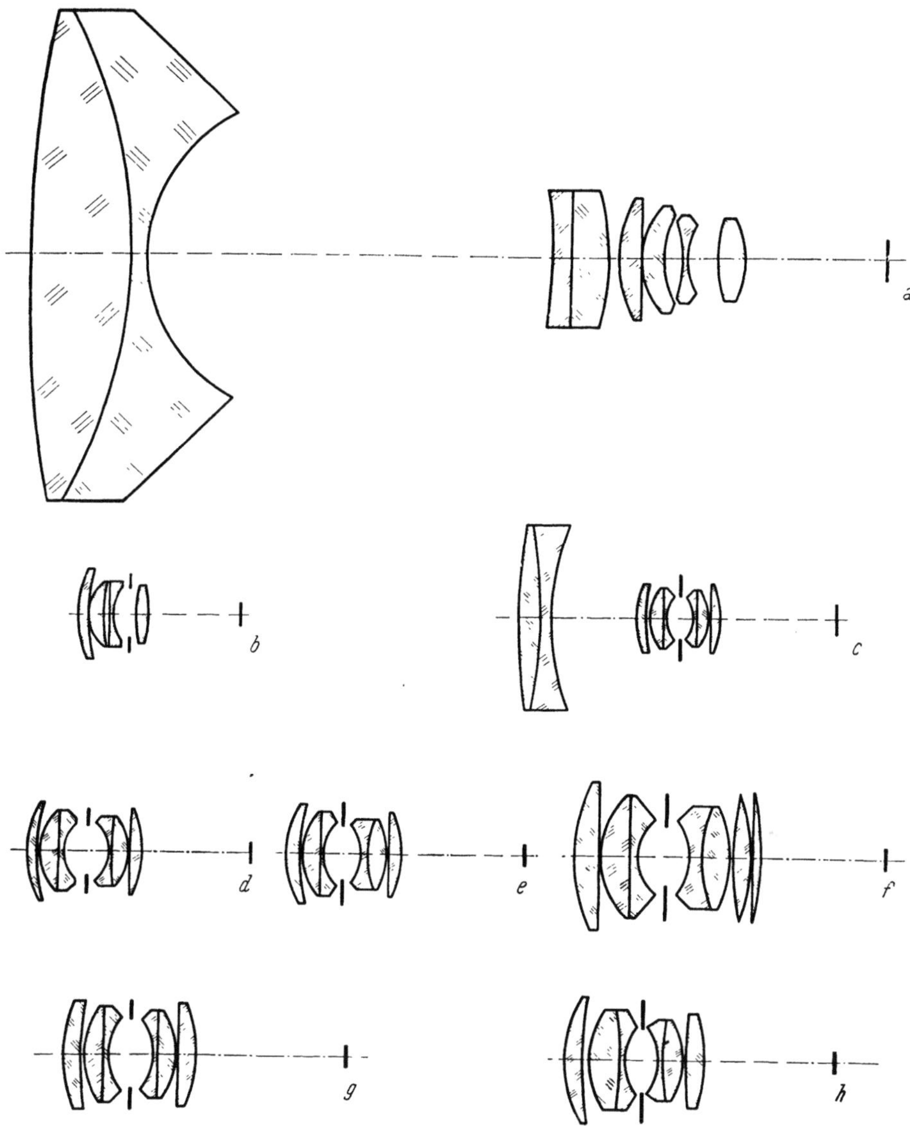

Abb. 52.

Linsenschnitte durch Aufnahmeobjektive der „kurzen" und „normalen" Brennweiten für
35 mm-Filmkameras, Maßstab 1 : 1,5; *a* SCHNEIDER „*Cinegon*" 2/20 mm, *b* ASKANIA
„*Kino-Anastigmat*" 1,8/25 mm, *c* ASTRO „*VS Gauß-Tachar*" 2/25 mm, *d* ZEISS[1] „*Planar*"
2/32 mm, *e* SCHNEIDER „*Xenon*" 2/35 mm, *f* SOM BERTHIOT „*Cinor*" 2/38 mm, *g* ASTRO
„*Gauß-Tachar*" 2/40 mm, *h* OPTIK[1] „*Biotar*" 2/40 mm.

nicht immer, meist überhaupt nicht, zu einem sinnvollen Einsatz gebracht
oder überhaupt angewendet. Dies kann an Hand der Daten von veröffent-

---

[1] S. Vorwort und Firmenverzeichnis.

lichten Bildern und insbesondere auch an Wettbewerbsbildern eindeutig nachgewiesen werden, bei denen fast ausschließlich mit Abblendungen der Objektive bis zu etwa 6,3 gearbeitet wird. Bei den kinematographischen Kameras ist der Einsatz von Objektiven höherer Lichtstärke sachlich besser vertretbar, weil auf Grund der ständigen Folge der einzelnen Phasenaufnahmen keine Möglichkeit besteht, übliche Zeitaufnahmen zu machen oder längere Belichtungszeiten als etwa 0,03 sec zu

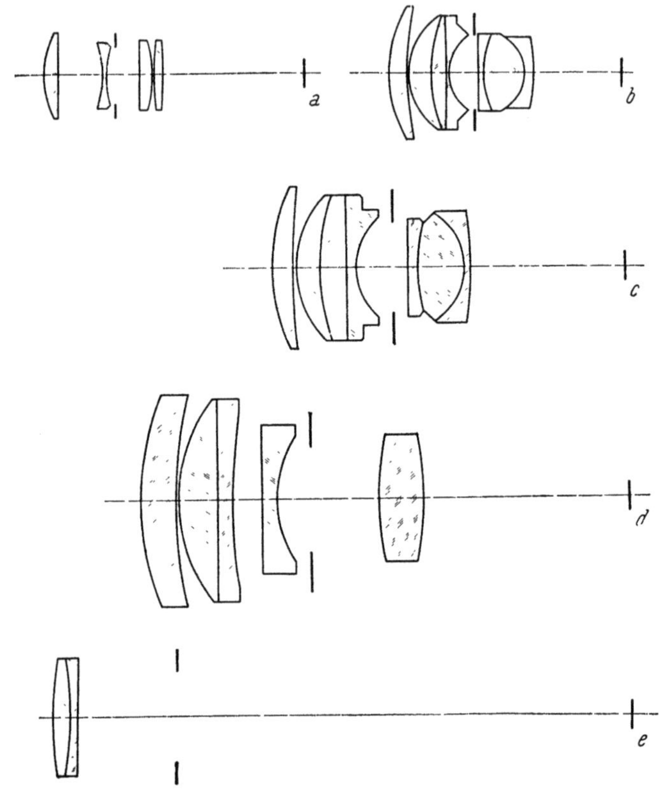

Abb. 53.

Linsenschnitte durch Aufnahmeobjektive mit „langen" Brennweiten für 35 mm-Filmkameras, Maßstab 1 : 2; *a* ASTRO „*Pantachar*" 2,3/50 mm, *b* OPTIK „*Sonnar*" 1,5/50 mm, *c* ZEISS „*Sonnar*" 2/85 mm, *d* ASKANIA „*Kino Anastigmat*" 1,8/100 mm, *e* ASTRO „*Fernbildlinse*" 5/150 mm.

erreichen. Schlechte Licht- und Beleuchtungsverhältnisse können dann also nur durch weiteres Öffnen der Objektivblende ausgeglichen werden, sofern man nicht größere beleuchtungstechnische Mittel einsetzen kann.

Bei den Kinokameras finden sich relative Öffnungen von etwa 1 : 2,8 in jedem Falle. Die leistungsfähigeren Geräte haben Objektive mit den relativen Öffnungen 1 : 2 bis 1 : 0,85. Derartige hohe Lichtstärken müssen naturgemäß mit einem erheblichen Aufwand an optischen Rechnungen und Linsen erkauft werden.

C. Optische Systeme

Der Sinn der optischen Korrektion einer Linsenfolge ist eine möglichst weitgehende, gleichmäßige und ausgewogene Behebung aller Linsenfehler mit einem geringen oder vernünftigen und erträglichen Aufwand an optischen und mechanischen Mitteln. Nach der Anzahl der eingesetzten Linsen gerechnet, ist heute dieser Aufwand nicht mehr ganz so kritisch, da durch die seit längerer Zeit allgemein eingeführte *Vergütung* oder *Entspiegelung* der Objektivlinsen die Reflexionsverluste an den Glas-Luftübergängen weitgehend wegfallen. Damit kann notfalls der Einsatz von mehr *freistehenden* Gliedern vertreten werden. Darunter wird eine Linse oder eine Gruppe von verkitteten Linsen verstanden, die beidseitig an Luft angrenzen. An den Kittflächen treten im Gegensatz zu den Glas-Luftflächen nur unbedeutende Reflexionsverluste auf. Die Vergütung beruht auf Licht-Interferenzerscheinungen und gilt deshalb streng genommen nur für eine einzige Wellenlänge, in der Praxis aber für einen ausreichend großen Wellenbereich im optischen Gebiet des sichtbaren Lichtes. Dabei kann beispielsweise durch Dreifachschichten aus TiO_2 und SiO_2 mit unterschiedlichen Brechungsindizes (Glas und die folgenden Schichten 1,515, 1,79, 2,472, 1,453 bei Schichtdicken von 0,25 λ, 0,5 λ und 0,25 λ) erreicht werden, daß im Bereich von $4,5 \cdot 10^{-5}$ cm bis $6,2 \cdot 10^{-5}$ cm Wellenlänge (s. Abb. 10) die mittlere Reflexion nur 0,06% je Fläche beträgt. In der praktischen Herstellung der Linsen reicht ein Reflexionsgrad von etwa 0,15% aus. Dieser Wert wird naturgemäß stark von dem Einfallswinkel des Lichtes beeinflußt, was sich besonders bei den außerhalb liegenden Bereichen der genannten Wellen bemerkbar macht. Eine Zusammenstellung von Arbeiten zur Vergütung findet sich bei GEFFCKEN (159), weitere Veröffentlichungen bei: RICHTER (445), FLÜGGE (128), LEISTNER (303), SMAKULA (540), ANGERER, JOOS (11), ROSENTHAL (468), (469), GEFFCKEN (159a, 159b), GOLDSCHMIDT (167a), HIESINGER (220a), MAYER (351a), SCHRÖDER (512a).

Die neuzeitlichen hoch geöffneten Kinoobjektive gehen im wesentlichen auf zwei Bauformen zurück, die in einer symmetrisch zur Blende liegenden Anordnung oder einem unsymmetrischen Triplet bestehen. Aus diesen Grundanordnungen sind durch Veränderung der Symmetrie, Aufspaltung und Hinzufügen von Linsen eine große Anzahl von Varianten entstanden.

Für den optischen Rechner bringt die genannte Verlängerung der Brennweite auf die Größe der doppelten Bilddiagonale den nicht unerheblichen Vorteil, das Objektiv auf einen wesentlich kleineren Bildwinkel berechnen zu können. Es ist deshalb möglich, die Schmalfilmobjektive, die eine relative Öffnung von etwa 1 : 2,8 haben, aus drei einzelnen Linsen aufzubauen und dabei brauchbare Ergebnisse zu erzielen, wie es für die Standbildtechnik mit ihren größeren Bildwinkeln praktisch nur bei Verzicht auf die höchste Bildgüte möglich ist. Neuere Entwicklungen mit neuen optischen Gläsern machen auch bei Dreilinsern bzw. verkitteten Dreilinsern bessere Korrektionen bei der Blendenzahl 2,8 möglich (59).

Für die im folgenden genannten Objektivkonstruktionen werden aus Vereinfachungsgründen nicht die relativen Öffnungen, sondern die Kehrwerte, die *Blendenzahlen*, genannt.

Zunächst werden Objektive mit der *Normalbrennweite* und kürzeren Brennweiten genannt. Sind sie in Abbildungen dargestellt, so ist auch die Nummer des Bildes angegeben.

Tabelle 10

8 mm-Filmformat

Hersteller	Typenbezeichnung	Blenden-zahl	Brennweite mm	Abb.
AGFA	„Kine-Anastigmat"	2,8	12	
ASTRO	„Tacharon"	1,8	12,5	45 b
BAUSCH und LOMB	„Animar"	2,5	7,5	
		1,9	14	
		1,5	15	
BELL und HOWELL	„B & H"	1,9	6,5	
	„Super Comat"	1,9	12,7	
	„Ivotal"	1,4	12,7	
	„Comat"	2,5	12,7	
BUSCH	„Glaukar"	2,5	13	
EUMIG	„Eugon"	2,8	12,5	
KERN	„Genevar"	1,9	12,5	45 e
	„Switar"	1,5	12,7	45 g
	„Switar"	1,8	5,5	
KODAK	„Ektanon"	2,7	9	
	„Anastigmat"	2,7	12,5	
		1,9	12,5	
MEYER	„Trioplan"	2,5	12,5	
	„Plasmat"	1,5	12,5	
	„Megoplan"	1,9	13	
MINOX	„Astar"	2,5	12,5	45 d
REICHERT	„Solar"	2,7/1,9	12,5	44 b/44 c
RODENSTOCK	„Sironar"	2,2	10	44 a
	„Ronar"	1,9	12,5	45 e
	„Heligon"	1,5	12,5	45 f/69
	„Ronar" mit „Ronagon R"	1,9	6,25	54 c
	„Heligon" mit „Ronagon H"	1,9	6,25	
SCHNEIDER	„Cinegon"	1,9	6,5	45 a
	„Kinoplan"	2,7	12,5	44 d
	„Xenoplan"	1,9	13	45 h
	„Xenon"	1,5	13	45 i
SOM BERTHIOT	„Cinor"	1,5/1,8	12,5	
		2,5	12,5	
STEINHEIL	„Cassar"	2,8	12,5	
TAYLOR HOBSON		2,5	12,5	
VOIGTLÄNDER	„Skopar"	2,7	12,5	
WOLLENSAK	„Ciné Raptar"	2,5/1,9	6,5	
		1,9/2,5	13	
ZEISS[1]	„Novar"	2,8	10	
	„Sonnar"	2	10	
	„Biotar"	1,5	12,5	
ZEISS IKON[1]	„Movitar"	1,9	10	
	„Movitar" mit „Movigonar"	1,9	5	

[1] S. Vorwort und Firmenverzeichnis.

Tabelle 11

9,5- und 16 mm-Filmformat

Hersteller	Typenbezeichnung	Blenden-zahl	Brennweite mm	Abb.
AGFA	„Symmetar"	1,5	20	
ASTRO............	„Pantachar"	1,5	25	44 i
		1,8	25	
	„Tachonar"	1	25	45 p
BAUSCH und LOMB ..	„Animar"	1,9	26	
		1,5	25	
BELL und HOWELL ..	„Super Comat"	2,5	17,8	
	„TTH Ivotal"	1,4/1,6	25,4	
	„Super Comat"	1,9/2,1	25,4	
	„Comat"	2,5	25,4	
	„Ansix"	2,7	17	
BUSCH	„Glaukar"	2,8	20	
KERN	„Genevar, Pizar"	1,9	25	45 m
	„Switar"	1,4	25	45n, 70
KODAK	„Anastigmat"	1,9	25	
	„Ektar"	2,5	15	
		1,9/1,4	25	
MEYER	„Siemax"	1,5	20	
	„Optimat"	1,5	20	44 f
	„Trioplan"	2,7	25	44 k
	„Plasmat"	1,5	25	441, 68
RODENSTOCK	„Heligon"	2	16	
		1,5	20	
		1,5	25	
SCHNEIDER	„Cinegon"	1,9	11,5	
	„Xenon"	1,9	16	44 e
		1,5	25	44m, 67
SOM BERTHIOT	„Cinor"	1,5	17	441
		2,8	20	
		1,8	25	
STEINHEIL	„Cassar"	2,9	20	44 g
TAYLOR und HOBSON	„Kinic"	1,5	25	
WOLLENSAK	„Ciné Raptar"	1,5	12,7	
		2,7	17	
		1,9/1,5	25	
ZEISS	„Tessar"	2,8	16	
	„Flektogon"	2,8	12,5	45 k
	„Tessar"	2,7	20	44 h
		2,8	28	
	„Sonnar"	2	18	
	„Biotar"	1,4	25	44 o
	„Sonnar"	1,4	25	44 n

Als Objektive mit Brennweiten, die länger als die „normale" sind, werden eingesetzt:

Tabelle 12

8 mm-Filmformat

Hersteller	Typenbezeichnung	Blenden-zahl	Brennweite mm	Abb.
BAUSCH und LOMB ..	„Animar"	2,7	25	
		3,5	37,5	
BELL und HOWELL ..	„Super Comat"	1,9	25,4	
		1,9	38,2	

Fortsetzung der Tabelle 12

Hersteller	Typenbezeichnung	Blenden-zahl	Brennweite mm	Abb.
BELL und HOWELL ..	„Telate"	3,5	38,2	
KERN	„Yvar"	2,8	36	47 b
KODAK	„Ektar"	1,9/1,4	25	
	„Ektanon"	2,5/2,8	38	
	„Ektar"	1,6	40	
		2	63	
MEYER	„Trioplan"	2,8	25, 36	
RODENSTOCK	„Heligon"	1,5	25	
	„Euron"	2,8	37,5	47 c
	„Ronar" mit „Eutelon"	1,9	25	54 b
SCHNEIDER	„Xenar"	2,8	38, 45	47 d
	„Xenon"	1,5	25	
		2,8	38, 45	
	„Xenoplan" mit „Telelongar"	1,9	26	54 a
SOM BERTHIOT	„Cinor"	1,9	35	47 a
STEINHEIL	„Cassar"	2,8	38, 45	
TAYLOR u. HOBSON ..		1,9	25	
		1,9	37	
VOIGTLÄNDER	„Skopar"	2,8	50	
WOLLENSAK	„Raptar"	2,5	25	
		3,5	38	
ZEISS	„Tessar"	2,7	20	
ZEISS IKON	„Movitar" mit „Telelongar"	1,9	20	

Tabelle 13

9,5- und 16 mm-Filmformat

Hersteller	Typenbezeichnung	Blenden-zahl	Brennweite mm	Abb.
ASTRO..............	„Tachonar"	1	50, 75	
	„Fernbildlinse"	5	75, 100	
			150, 200	
BAUSCH und LOMB ..	„Animar"	3,5	50, 75, 100	
BELL und HOWELL ..	„TTH Ivotal"	1,4/1,6	50,8	
	„TTH Kinic"	3,5	50,8	
	„Telate"	3,5	50,8	
	„Telephoto"	3,5	76,2	
	„Telate"	4,5/4,8	101,6	
		4,5	152,4	
KERN	„Yvar"	2,8	75	47 e
		3,3	100	
		4	150	
KODAK	„Ektar"	1,6	40	
		2	63	
		2,7	102	
		4	152	
MEYER	„Tele-Megor"	4	100	46 c
NAVIGATION	„Spiegel-Hypo-mediar"	6,3	200	46 d

Fortsetzung der Tabelle 13

Hersteller	Typenbezeichnung	Blenden-zahl	Brennweite mm	Abb.
SCHNEIDER	„Xenon"	2,3	50	
	„Tele Xenar"	3,8	75, 100, 150	46 b
		4,5	150	
SOM BERTHIOT	„Cinor"	1,9	35	
	„Tele-Cinor"	2,5	75	47 f
TAYLOR u. HOBSON ..	„Tele Kinic"	3,5	50	
		4	75	
WOLLENSAK	„Ciné Raptar"	1,5	40	
		3,5/2,5	50	
		1,9	50	
		2,5	63	
		4/2,5	76	
		4,5	101, 152	
ZEISS	„Sonnar"	2,7/1,5	50	46 a
	„Biotar"	1,4	50	
	„Biometar"	2,8	80	47 g
	„Triotar"	4	135	
	„Biotar"	2	35	
	„Sonnar"	2	85	
	„R Biotar"	0,85	45	

Die entsprechenden Aufstellungen für die „normalen" und „kleinen" Brennweiten sind:

Tabelle 14

35 mm-Filmformat

Hersteller	Typenbezeichnung	Blenden-zahl	Brennweite mm	Abb.
ASKANIA	„Kino-Anastigmat"	1,8	25	52 b
			35	
			40	
ASTRO	„Pantachar"	1,8	25	
		2,3	25	
	„Gauß-Tachar"	2	40	52 g
	„VS Gauß Tachar"	2	25	52 c
SCHNEIDER..........	„Cinegon"	2	20	52 a
	„Xenon"	2	28	
		2	35, 40	52 e
		2	50, 75	
SOM BERTHIOT	„Cinor"	2	38	52 f
TAYLOR-HOBSON-COOKE	„Speed-Panchro"	2	25	
		2	35	
		2	40	
ZEISS	„Biotar"	2	25	
		2	35	
		2	40	52 h
	„Biotar"	2	35	
	„Planar"	2	32	52 d

Für die „langen" Brennweiten können genannt werden:

Tabelle 15

35 mm-Format

Hersteller	Typenbezeichnung	Blenden-zahl	Brennweite mm	Abb.
ASKANIA	„Kino-Anastigmat"	1,8	50, 75, 100	53 d, 72
	„Simplet"	4,5	600	
	„Spiegellinsenobjektiv"	4,5	600	
ASTRO.............	„Pantachar"	1,8	50 bis 150	
		2,3	50 bis 250	53 a
	„Fernbildlinse"	5	150	53 e
		6,3	200, 300, 400	
			500, 640, 800	
			1000	55
	„Telestan"	3,5	300	
KILFITT	„Kilar"	3,5	90, 150	
		3,8	135	
		5,6	300	
		5,5	400	
KODAK	„Fluro Ektar"	0,75	110	
SCHNEIDER	„Xenon"	2	50, 75	
			100, 125	
TAYLOR-HOBSON-				
COOKE	„Speed-Panchro"	2	50, 75	
		2,5	100	
TEWE.............	„Telagon"	3,5	300	
		4,5	400	
		5	500, 600	
		6,3	800	
ZEISS	„Sonnar"	1,5	50	53 b
		2	50	
		2	85	53 c
		4	135, 300	
		2,8	180	
	„Biotar"	1,4	50	
		2	58	
	„R-Biotar"	0,85	55, 120	

Diese Aufstellungen berücksichtigen neben älteren Objektiven, die vor 1945 geliefert wurden, vorzugsweise neuere Systeme. Infolge der sehr großen Anzahl der einzelnen Typen kann eine derartige Aufstellung nicht vollständig sein. Das Ziel dieser Aufstellung war auch, nur eine Übersicht zu geben. Eine Zuordnung der einzelnen Objektivtypen zu einzelnen Kameramodellen zu geben, ist nicht möglich, da oft an vielseitige Kameras jedes in Brennweite und Auszeichnung des Bildformates geeignete Objektiv nach Anpassung eingesetzt werden kann.

Die große Anzahl der von den Objektivherstellern gelieferten Systeme, von denen nur ein Teil hier aufgeführt und genannt werden kann, erschwert die Übersicht. Mit der Angabe der Brennweite und Öffnung und selbst mit dem Zeigen des Linsenschnittes ist zunächst noch nicht allzu viel über die Korrektion und die Leistung eines Objektivs zu sagen, zumal diese auch erheblich von den verwendeten Glassorten abhängt. Es kann deshalb an dieser Stelle nur summarisch über die Korrektionsmöglichkeiten gesprochen werden, die den einzelnen Systemen nach den derzeitigen Kenntnissen innewohnt, ohne damit ein Urteil über die völlige Ausschöpfung dieser Möglichkeiten zu geben.

Als günstig wurde schon der kleine ausgenutzte Bildwinkel genannt, den selbst die normalen Brennweiten der Kinoobjektive haben. Ungünstig ist die erforderliche große Lichtstärke. Aus diesen Forderungen sind eine Reihe Spezialkonstruktionen entstanden, die sich aber an die Bauarten anderer photographischer Objektive anlehnen.

Als Ausgangspunkt für die eine Baureihe wurde schon das „*Triplet*" genannt, das vielfach in seiner ursprünglichen Form mit drei einzelnen freistehenden Linsen eingesetzt wird. Als Beispiele werden die Objektive AGFA „*Kine-Anastigmat*", „*Glaukar*", „*Trioplan*", „*Astar*", „*Solar 2,7*" „*Kinoplan*", *Cassar*", „*Novar*", „*Yvar 2,8*", „*Euron*", „*Triotar*", „*Ciné Raptar*" 2,5, 2,7, 3,5 und andere genannt, sofern nicht die größeren Öffnungen eingesetzt werden.

Eine wesentliche Verbesserung dieses Triplets brachte die von RUDOLPH eingeführte „*Tessar*"-Konstruktion, bei der durch Aufspalten und Verkitten meist der hinteren Linse, gelegentlich auch der vorderen, eine erhebliche Verbesserung der Gesamteigenschaften und der Ausgeglichenheit erreicht werden konnte. Für Laufbildkameras werden nur gelegentlich das „*Tessar*", „*Skopar*", „*Xenar*" eingesetzt, da der Lichtstärkegewinn für Kinozwecke meist nicht ausreicht. In der Standbildtechnik haben dagegen diese genannten Systeme, die in ähnlicher Form von allen Firmen hergestellt werden, eine sehr beachtliche Leistungsfähigkeit und Verbreitung erlangt.

Kinoaufnahmeobjektive höchster Lichtstärken sind aus einer weiteren Aufspaltung der Linsen entstanden, wofür das „*Sonnar*" als Beispiel genannt werden kann, bei dem das Mittelglied aus drei verkitteten Linsen besteht. Es gibt aber auch andere „*Sonnar*"-Bauformen und Objektive, die das Vorderglied oder Hinterglied mehrfach aufspalten. Als Beispiele dafür können das „*Genevar*", „*Switar*", „*Megoplan*", „*Solar*", „*Ronar*", „*Xenoplan*", „*Siemax*", „*Optimat*", „*Cinor*", „*Biometar*", ASKANIA „*Kino-Anastigmat*", „*Pantachar*", „*Tachonar*", „*Tacharon*", „*Ciné Raptar*" 2,5, 1,5 und andere genannt werden.

Als die andere erfolgreichere Ausgangsform für Kinoobjektive hat sich der symmetrische Aufbau erwiesen, bei dem zwei gut korrigierte Objektivhälften symmetrisch zur Blende liegen. Diese Bauart hat sich aus dem „GAUSS-*Typ*" entwickelt, allerdings ergeben sich auch Zwischenstufen und die Bezeichnungen sind nicht immer eindeutig. Die vollständige Symmetrie wird bei den meisten Objektiven neuerer Bauart nicht mehr beibehalten, immerhin kann man deutlich die angenähert symmetrische Anordnung zur Blendenebene erkennen. Als Beispiele dafür können der KODAK „*Anastigmat*", „*Heligon*", „*Xenon*", „*Cinor*", „*Biotar*", „*Gauß-Tachar*", „*Symmetar*", „*Plasmat*", „*Ciné Raptar*" 1,5, „*Sironar*" und andere angeführt werden.

Einzelne Objektive werden unter dem gleichen Typennamen teils in dieser und teils in jener Bauart hergestellt.

Die neuesten Entwicklungen von Kinoaufnahmeobjektiven schließen sich an die Bauformen mit Vorsatzobjektiven an, um damit die für Spiegelverschlußkameras wichtige Verlängerung der Schnittweite zu erhalten. Als Beispiele dafür können die Objektive „*Cinegon*" als unsymmetrisches Objektiv mit Vorsatz in einer gemeinsamen Fassung, „*Flektogon*", „*V S Gauß-Tachar*" als symmetrische Bauform mit Vorsatz genannt werden.

In ähnlicher Form sind beispielsweise auch die Weitwinkelsysteme der „Ciné Raptar" 1,9/6,5 mm Objektive aufgebaut, die ein sechslinsiges Hauptobjektiv mit einer Kittfläche und ein verkittetes zweilinsiges Vorsatzobjektiv tragen. Bei anderen „Ciné Raptaren" hat das Hauptobjektiv auch 5 Linsen (2,5/9 mm) oder 9 Linsen, davon je 3 verkittet (1,5/12,7 mm für das 16 mm-Format).

Als Sonderobjektive für Röntgen-Schirmbildaufnahmen stehen die „R-Biotare" und „R-Sonnare" zur Verfügung, von denen das „R-Biotar" für die ASKANIA „Röntgen-Kamera" bestimmt ist und aus sechs Linsengruppen besteht, von denen zwei aus je zwei Linsen verkittet sind. Das „R-Biotar" mit den Daten k = 0,85 und f = 45 mm steht auch für das 16 mm-Format zur Verfügung. Ein System mit sieben Linsen, von denen zwei verkittet sind, ist das KODAK „Fluro-Ektar" 0,75/f=110 mm für das 35 mm-Format (584) bzw. ein ähnliches Objektiv 0,81/f = 43 mm.

Neben den schon genannten Fernobjekten werden gelegentlich auch Teleobjektive eingesetzt, für die das „Tele-Megor", „Tele-Xenar" und „Tele-Cinor" zu nennen sind, ferner einige Typen der „Ciné Raptare" mit längeren Brennweiten.

Als Beispiel für ein Vorsatzobjektiv mit dem festen Vergrößerungsfaktor 2 für die Brennweite wird in der Abb. 54a das SCHNEIDER „Tele-Longar" gezeigt, das für die AGFA „Movex 8", EUMIG „C 3", die SIEMENS-Kameras „8 R" und „C 8" sowie andere vorgesehen ist und

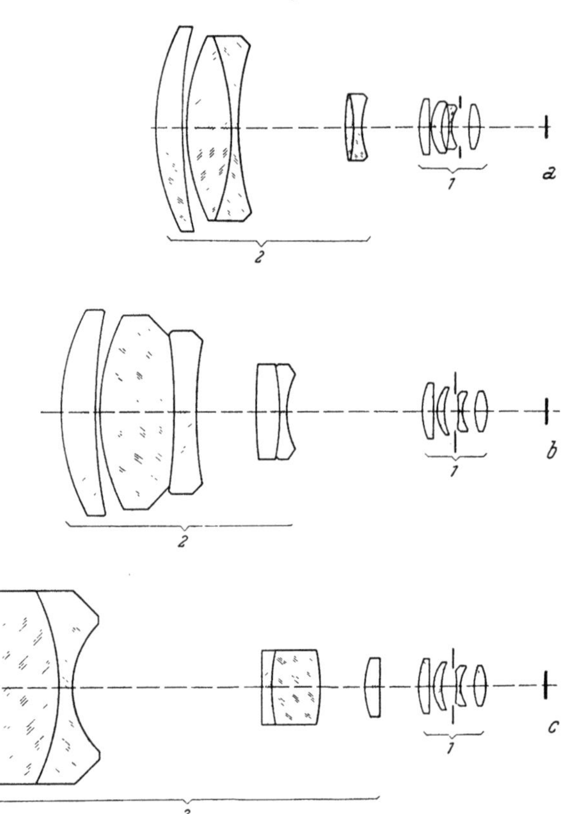

Abb. 54.

Linsenschnitte durch Aufnahmeobjektive für 8 mm-Filmkameras mit Vorsatzobjektiven, Maßstab 1 : 1. a SCHNEIDER „Xenoplan" 1,9/13 mm, 1 mit „Tele-longar" 2fach, 2 gesamt 1,9/26 mm; b RODENSTOCK „Ronar" 1,9/12,5 mm, 1 mit „Eutelon R" 2fach, 2 gesamt 1,9/25mm; c RODENSTOCK „Ronar" 1,9/12,5 mm, 1 mit „Ronagon" 0,5fach, 2 gesamt 1,9/6,25 mm.

in einer Aufsteckfassung geliefert wird. Ein ähnliches System liegt in dem „Mutar" vor, das für die ZEISS IKON „Movikon K 8"-Kamera bestimmt ist und einen Vergrößerungsfaktor von 2,5 aufweist. Für einige SOM BERTHIOT-Objektive ist als Vorsatzobjektiv das „Hyper-Cinor" bestimmt. Auch die neue „Movikon 8"-Kamera erhält zu dem fest eingebauten und nicht wechselbarem „*Movitar*" Vorsatzobjektive. Diese werden als „*Movigonar*" Weitwinkelvorsatz mit einer Brennweitenverkürzung des gesamten Objektivsystems auf f = 5 mm und „*Movitelar*" Televorsatz mit einer Gesamtverlängerung auf f = 20 mm bezeichnet (s. Abb. 382). Die Lichtstärke des „*Movitars*" von k = 1,9 bleibt in beiden Fällen erhalten. Ähnliche Systeme „*Ronagon H*" für das „*Heligon*" und „*Ronagon R*" für das „*Ronar*" verkürzen die Gesamtbrennweite auf den halben Wert, während das „*Eutelon*" die doppelte Gesamtbrennweite ergibt. Dabei ist k = 1,9 die größte Blendenöffnung (Abb. 54b und c). Weitwinkelvorsätze von SCHNEIDER werden als „*Curtare*" bezeichnet. (Drei Glieder, davon zwei verkittet.)

Der Einbau eines nicht wechselbaren Objektivs speziell in Amateurkameras hat den Vorzug der billigeren Herstellung gegenüber einer Wechselfassung auch bei Verwendung von Vorsatzobjektiven.

Ein Objektivsystem mit einer veränderlichen Brennweite, worüber schon im Abschn. V A gesprochen wurde, ist der ASTRO-„*Transfokator*". Er ist ein Vorsatz für das Normalobjektiv der SIEMENS „*B*"-Kamera, wobei sich bei der Blendenzahl 2,8 und der Brennweite f = 20 mm des fest eingebauten Kameraobjektivs BUSCH-„*Glaukar*" eine Verstellung der Brennweite von 15 bis 30 mm für das Gesamtsystem ergibt. Das Vorsatzsystem besteht aus drei Einzellinsen. Für Normalfilmkameras ist ein „*Transfokator*" im Zusammenwirken mit einem ASTRO „*Pantachar*" 2,3, f = 50 mm bestimmt. Dabei beträgt die Brennweitenänderung 1 : 2.

Ein neueres von der MECHANIK[1] entwickeltes Objektiv veränderlicher Brennweite (48) für das Normalfilmformat „*Transfokator*" 2/f = 30 … … 120 mm besteht aus einem Spezial-Objektiv f = 60 mm mit vorgeschaltetem afokalem System.

Das früher von BUSCH hergestellte „*Vario-Glaukar*" (Abb. 49) ist ein vollständiges optisches System unter Einschluß des eigentlichen Kameraobjektivs in Wechselfassung und kann gegen übliche Systeme beispielweise in die SIEMENS „*F II*"-Kamera eingeschraubt werden. Die Verstellmöglichkeit der Brennweiten beträgt hier 1 : 3. Zwei Glieder des Vorsatzsystems müssen mathematisch genau auf Kurven geführt werden, von denen die eine einen Umkehrpunkt hat, wenn das Objektiv in seiner Brennweite verstellt wird. Die optische Korrektion ist als anastigmatisch anzusehen.

Ein neueres Objektiv mit veränderlicher Brennweite liegt in dem SOM BERTHIOT „*Pan Cinor*" 2,8 vor, das in der Abb. 50 in seinem Linsenschnitt für die beiden extremen Stellungen mit f = 20 mm und 60 mm abgebildet ist und das beispielsweise in die PAILLARD „*Bolex H 16*"-Kamera (Abb. 51) und die NIEZOLDI und KRÄMER 16 mm Kamera „*Pan Cinoro*" eingesetzt wird (Abb. 435). Für die „*Arriflex 16*" Kamera ist ein „*Pan Cinor*" 2,8/f = 25 … 62,5 mm bestimmt. Das „*Pan Cinor*" wird auch für Normalfilmkameras und 8 mm-Kameras 2,8/f = 12,5 … 36 mm geliefert (s. Abb. 373). Der zugehörige Sucher ist fest mit dem Objektiv verbunden. Eine entsprechende Bauart liegt in dem ZOOMAR „*Varifocal Lens 16*" vor, dessen Brennweite von f = 25 … 75 mm reicht.

Die Objektive mit veränderlicher Brennweite bedingen einen sehr erheblichen Aufwand an optischen und mechanischen Mitteln und machen damit diese Objektive teuer. Ihr Vorteil, während der Aufnahme den Bildausschnitt und die Größendarstellung des Dinges ändern zu können,

---

[1] S. Vorwort und Firmenverzeichnis.

bedingt auch eine automatische mechanische Steuerung des Suchers zur richtigen Anzeige des jeweils geltenden Bildausschnittes des Dinges. Veröffentlichungen über Objektive veränderlicher Brennweite finden sich bei FLÜGGE (126, 128), LEISTNER (302, 303), GRAMMATZKI (169, 171), PRITSCHOW (420), FISCHER (121), NAUMANN (376) und anderen.

Für besondere Zwecke, beispielsweise technische Aufnahmen in sehr großen Entfernungen oder die Tierphotographie in freier Wildbahn, müssen Objektive mit sehr großen Brennweiten eingesetzt werden, um eine noch aus-reichend große Darstellung zu erreichen. Welche Dimensionen derartige Fernobjektive annehmen können, zeigt die Abb. 55 für eine 35 mm-*„Arriflex"*-Kamera mit einem vorgesetzten ASTRO-Objektiv, das als *„Fernbildlinse"* bezeichnet wird. Dieses hat eine Öffnung von 1 : 6,3 und eine Brennweite von f = 1000 mm und wiegt einschließlich der Einstellfassung, des Filtergehäuses, der Filter und ihrer Fassung sowie der Sonnenblende 10 kg. Die Gesamtlänge des

Abb. 55.
ARNOLD und RICHTER *„Arriflex 35 Kamera"* mit ASTRO *„Fernbildlinse"* 6,3/f = 1000 mm, Maßstab etwa 1 : 27.

Objektivs beträgt 1440 mm, wobei auf die abschraubbare Sonnenblende eine Länge von 420 mm entfällt. Da diese und ähnliche Objektive eine sehr gute mechanische Halterung ihrer Fassung erfordern, werden sie auf einer Stützbrücke aufgebaut, die hier eine Länge von 960 mm hat. Der Blendeneinstellring des Objektivs hat 210 mm Durchmesser. Diese *„Fernbildlinsen"* sind auch in den kleineren Brennweiten f = 200, 300 bis 800 mm erhältlich und bestehen aus zwei verkitteten Linsen (Abb. 53e). Der Aufbau ist dem eines astronomischen Objektivs ähnlich. Die optische Korrektion läßt sich ab f = 200 mm für das

Abb. 56.
ASKANIA 35 mm *„Z Kamera"* mit Spiegellinsenobjektiv 4,5/f = 600 mm. Maßstab etwa 1 : 13,5.
1 Stützbrücke, *2* Spiegellinsenobjektiv, *3* Halterung für Filter usw. *4* Kompendium, *5* Verschlußsektor-Einstellknopf, *6* Kamera, *7* Zählwerke, *8* Tachometer, *9* Antriebsmotor, *10* Sucher.

35 mm-Filmformat und ab f = 75 mm für die Schmalfilmformate bei voller Auszeichnung der ganzen Bildgröße durchführen, wobei die kleinen ausgenutzten Bildwinkel eine Rolle spielen. Bei den Fernaufnahmen sind allgemein noch atmosphärische Einflüsse zu beachten, s. GRAMATZKI (170).

Eine neuere Entwicklung in Fernobjektiven langer Brennweiten liegt in dem TEWE-,,*Telagon*" vor, das in den Brennweiten f =300 mm bzw. 400 mm mit den Blendenzahlen 3,5 bzw. 4,5 als vierlinsiges Objektiv hergestellt wird.

Für die Ausnutzung noch kleinerer Bildwinkel bis zu 3° hinunter sind die TEWE-,,*Telone*" gedacht, deren Brennweiten 500, 600 und 800 mm betragen. Als optisches System wird ein unverkitteter Achromat verwendet.

Ein Fernobjektiv mit der Brennweite f = 600 mm und der Blendenzahl 4,5 liegt in dem ASKANIA-,,*Simplet*" für den Einsatz in die ,,*Z-Kamera*" vor.

Ein Spiegellinsenobjektiv der Blendenzahl 4,5 mit einer Brennweite von f = 600 mm für die ASKANIA ,,*Z-Kamera*" zeigt die Abb. 56. Auch hier ist das Objektiv und die Kamera auf einem gemeinsamen Unterbau angeordnet, wobei die für die Brennweite des Objektivs verhältnismäßig kurze mechanische Baulänge auf Grund der zweifachen Abknickung der Lichtstrahlen auffällt. Der Objektivaufbau wurde in der Abb. 43c dargestellt.

An weiteren speziellen Objektiven können die mehrfach abbildenden Objektive genannt werden, die für Zeitdehnerkameras angewendet werden. Für den später im Abschn. X und XI beschriebenen AEG-,,*Zeitdehner*" ist die gleichzeitige Erzeugung von fünf oder acht Bildern des Dinges erforderlich, die in ganz kurzen Zeitabständen durch ein Sondersystem nebeneinander auf dem Filmband abgebildet werden (s. Abb. 340). Das dazu verwendete ASTRO-,,*Pantachar*" f = 75 mm wird mit einer der Bildteilung entsprechenden Anzahl von Prismen versehen, die die Mehrfachabbildung erzeugen.

Die Weiterentwicklung der Technik bleibt auf die Dauer nicht bei der flachen Wiedergabe der räumlichen Dinge stehen. Schon seit langer Zeit sind Ansätze gemacht und Verfahren erdacht worden, um zu brauchbaren Stereo-Kameras zu kommen. Veröffentlichungen über dieses Spezialgebiet sind von den folgenden Autoren erschienen:

FLÜGGE (128), VIERLING (267, 573, 574, 575), KÖBER (267, 268), LÜSCHER (326, 327, 328, 329), KOEHLER (271), SELLE (271, 530, 531, 532, 532a).

Es wurde schon auf die ,,*Panorama*"-Verfahren hingewiesen, die eine photographische Aufnahme mit einem größeren horizontalen Bildwinkel machen, während der vertikale Winkel erhalten bleibt (,,*Cinemascope*"). An optischen Mitteln werden zu diesem Zweck spezielle unsymmetrische Objektive benutzt, die in waagrechter Richtung einen größeren Bildwinkel erfassen und auf das übliche Bildformat zusammendrängen und bei der Projektion diesen Vorgang umkehren. Von der optischen Seite gesehen, ist also nur ein entsprechendes, in einer Richtung verzerrendes Objektiv erforderlich (,,*Anamorphotische*" Systeme).

Eine entsprechende Panoramawirkung versuchte ZEISS IKON früher durch einen ,,*Breitfilm*" von 65 mm zu erreichen, der eine 18 m breite Bildwand bespielte.

Die schon vor langer Zeit vorgeschlagenen, aber jetzt erst praktische Bedeutung erlangenden ,,*anamorphotischen*" Systeme (270) tragen in sich im Gegensatz zu allen anderen um ihre Achse rotationssymmetrischen Objektiven auch zylindrische oder torische Linsen, die die gewünschte Zerrung in der Horizontalen um den gewünschten ,,*anamorphotischen Faktor*" bewirken, der beispielsweise zur Zeit bei dem ,,*Cinemascope*"-Verfahren 2,5 beträgt. Bei anderen Panoramaverfahren wird ein kleinerer anamorphotischer Faktor von 1,67 (PARAMOUNT), 1,75 (MGM) oder 1,85 (UNIVERSAL) eingesetzt, gegenüber 1,33 der normalen Bildwand (Verhältnis Bildwandbreite zu Höhe = 1,33) verwendet. Dies hat wohl zunächst vorzugsweise den Grund, daß damit leichter eine Bildwand in vorhandenen Kinotheatern umgebaut werden kann und in einzelnen Fällen normale Filme unter Verzicht auf etwas Bildfeld in Höhenrichtung als Panoramafilm gespielt werden können.

Bei der Projektion muß naturgemäß eine Zerrung rückgängig gemacht werden. Anamorphotische Objektive werden von vielen Herstellern geliefert, beispielsweise von BAUSCH und LOMB, MÖLLER, ISCO, ZEISS u. a.

Das grundsätzlich ähnliche Panoramaverfahren „*Cinerama*" verwendet in der Wiedergabetechnik einen 15 m breiten Bildschirm, in dessen starker Wölbung die Zuschauer gewissermaßen in der Szene selbst sitzen. Damit wird dem Auge entsprechend seinen großem Bildwinkel (Abb. 9) ein Horizontalbildwinkel von 146° und vertikal von 55° dargeboten. Es wird eine Apparatur mit drei synchron laufenden Kameras benötigt, deren Objektive in einem bestimmten Winkel zueinander stehen. Bei der Wiedergabe wird entsprechend mit drei synchron laufenden Projektoren gearbeitet.

Ein zur Zeit betriebenes Raumbildverfahren besteht in der Anwendung von polarisiertem Licht. Von zwei getrennten Kameras oder zumindest getrennten Aufnahmeobjektiven werden nach üblichen kinematographischen Verfahren Phasenaufnahmen hergestellt, die je zwei Teilbilder enthalten. Die jeweils einander zugeordneten Teilbilder unterscheiden sich merklich, aber wenig voneinander. Der Unterschied in der photographischen Aufzeichnung ist nur durch die geringere Differenz in der Lage der Aufnahmeobjektive gegeben, die meist entsprechend dem Augenabstand etwa 65 mm parallel versetzte Achsen haben.

Die so aufgenommenen Teilbilder werden getrennt auf eine Spezialbildwand so projiziert, daß sie übereinander liegen. Durch ein an jedem Objektiv wirksam werdendes Polarisationsfilter, deren Schwingrichtungen senkrecht zueinander stehen, kann bei dem Vorsetzen von entsprechenden Polarisationsfiltern vor die betrachtenden menschlichen Augen bei entsprechender Stellung dieser Filter eine Zuordnung des richtigen Projektionsbildes zu dem richtigen Auge erreicht werden. Dem einen Auge wird damit also nur das eine und dem anderen nur das andere Teilbild sichtbar, während für jedes Auge das nicht zugeordnete Bild durch die Polarisationsfilter nicht wirksam wird. Damit ist die räumliche Wirkung nach der durch den Abstand der Kameraobjektive gegebenen Raumsicht möglich. Die gerätemäßige Weiterentwicklung führt bei photographischen Kameras zu einem Zusammenbau beider Kameras zu einem einzigen Gerät, bei dem Verschluß- und Blendeneinstellungen sowie die Auslösung gekuppelt sind. Eine ähnliche Form ist bei Laufbildkameras für die Zielphotographie benutzt worden (Zusammenarbeit P T R und ZEISS IKON), wo zwei getrennte 16 mm-Kameras in einem gemeinsamen Aufbau verwendet und synchron angetrieben wurden. Die Wiedergabe der so gewonnenen Bilder erfolgte durch zwei gekuppelte Projektoren, deren Objektive die genannten Polarisationsfilter trugen.

Der Aufbau eines Stereosystems mit zwei getrennten Kameras hat den grundsätzlichen Vorzug, daß für jedes Teilbild das volle Bildformat zur Verfügung steht. Dafür müssen Synchronisierungseinrichtungen zwischen den Kamera- bzw. Projektorpaaren angewandt werden. Der Wegfall dieser Einrichtungen muß mit einer Verkleinerung des Bildfeldes auf die Hälfte beim Einbandverfahren erkauft werden.

Die Weiterentwicklung der Kameras befaßt sich damit, die getrennten Geräte weiter zusammenzufassen und ihre photographischen Aufnahmen auf einem einzigen Filmband zu machen. Denn damit fallen alle Synchronisierungsmaßnahmen bei der Wiedergabe und der Einsatz von zwei Projektoren weg. Die zuletzt genannten Forderungen sind unabdingbar, da der Einsatz von üblichen Projektoren mit möglichst geringen Änderungen oder Anbauten als Ziel gegeben ist. Für die Kameras können infolge ihrer wesentlich kleineren Herstellungs-Stückzahl schon eher Konzessionen an eine Sonderausführung gemacht werden.

Der Zusammenbau der beiden Kinokameras zu einer bringt ein gemeinsames Laufwerk. Nur die optischen Einrichtungen zur Herstellung der beiden Teilbilder werden doppelt eingesetzt. Die eingehenden Untersuchungen der Verfahren zur sinnvollen Ausnutzung des normalen Filmbandes zur Aufnahme der beiden getrennt nebeneinander liegenden Stereoteilbilder brachten zunächst eine Teilung des 35 mm-Bildfeldes in zwei gleiche nebeneinander liegende Teilbilder im Hochformat von der halben Bildgröße des Tonfilmformates (s. Abschn. IV). Diese Hochformatbilder sind praktisch schwer zu verwerten, da die meisten kinomäßig dargestellten Bewegungen horizontal verlaufen und deshalb auch die Bildausschnitte im Querformat gewählt wurden. Eine Drehung um 90° ist durch Prismen möglich, so daß das Bild im Querformat aufgenommen und wiedergegeben werden kann. Die gegenläufige Drehung bringt besonders in der Wiedergabetechnik unerwünschte Ergebnisse bei der Bildstrichverstellung, so daß nach der Abb. 42 die gleichsinnige Drehung der beiden Teilbilder besser ist (267).

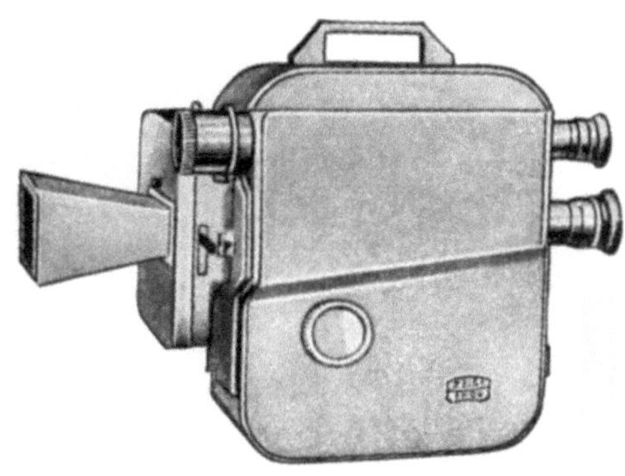

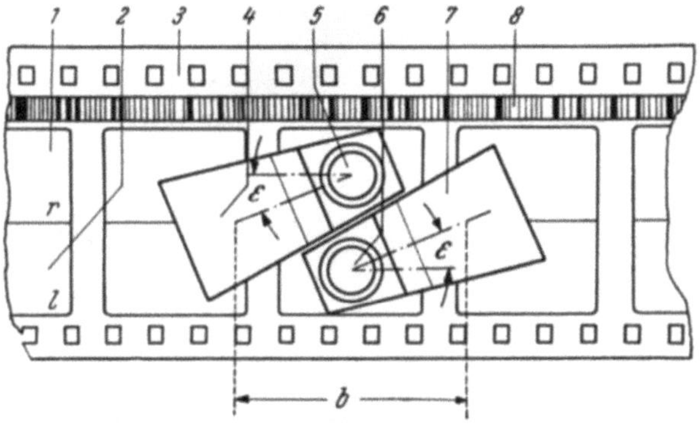

Abb. 57.
Zeiss Ikon 35 mm-Stereo-Kamera für Einbandaufnahmen. mit senkrecht laufendem Filmband.

Es ergeben sich für die Herstellung von Stereofilmen zwei Anordnungen für den grundsätzlichen Aufbau der Kamera. Die gleichsinnige Aufzeichnung der beiden Teilbilder kann durch ein Gerät mit horizontalem Durchlauf des

Abb. 58.
Zeiss Ikon 35 mm-Stereo-Kamera mit waagrecht laufendem Filmband, Schema.
1, 2 rechtes und linkes Teilbild, *3* Filmband, *4* Prisma, *5, 6* Aufnahmeobjektive, *7* Prisma, *8* Tonspur, *b* stereoskopische Basis.

Filmbandes erreicht werden, wobei nur geringe optische Mittel einzusetzen sind. Oder es wird der übliche senkrechte Lauf des Filmbandes

beibehalten, dann sind zur Erzeugung des hochkant stehenden Bildes bei
waagrechtem Ausschnitt die um 90° drehenden optischen Systeme erforderlich, also ein größerer optischer Aufwand. Da bei der Wiedergabe

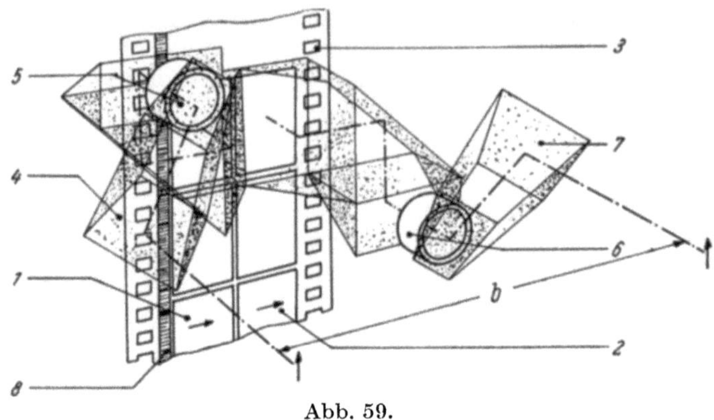

Abb. 59.

Zeiss Ikon 35 mm-Stereo-Kamera mit senkrecht laufendem Filmband und Bilddrehung um 90°, Schema.

1, 2 Teilbilder, *3* Filmband, *4* Prisma, *5, 6* Aufnahmeobjektive, *7* Prisma, *8* Tonspur, *b* stereoskopische Basis.

eine optische Drehung auf jeden Fall erforderlich ist, um die normalen
Projektoren mit senkrechtem Filmbandlauf zu verwenden, ist auch für
die Aufnahme ein gleiches Verfahren zweckmäßig, da sich bei dem horizontal
geführten Film eine Seitenvertauschung der Bilder ergibt,
die erst durch ein seitenverkehrtes Kopieren ausgeglichen
werden kann. Ein Stereosystem mit senkrechtem Filmlauf
wurde von Zeiss Ikon mit
der „*Movikon 16*"-Kamera
aufgebaut und auch in 35 mm-
Kameras (Abb. 57) benutzt.

Das hier interessierende optische System besteht nach dem
Schema Abb. 59 aus einem das
rechte Bild *1* erzeugenden
Objektiv *5*, das den optischen
Strahlengang über das um 90°
drehende Prisma *4* auf das
Filmband *3* leitet. Hier entsteht das zugeordnete Teilbild *1*
(s. Abb. 42). Entsprechend
wird das andere Teilbild *2*
über *6* und *7* erzeugt. Durch
Verstellung oder Austausch
der Prismen *4* und *7* kann die
Aufnahmebasis verändert wer

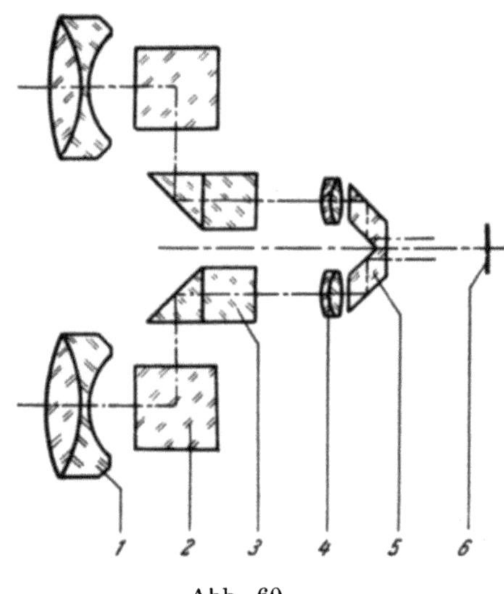

Abb. 60.

Som Berthiot „*Stéréo Cinor*" 3,5/f = 17,5 mm
für 16 mm-Kameras, Schnitt durch das optische
System, Maßstab 1 : 1,9.

1, 4 Aufnahmeobjektive, *2, 3, 5* Prismen, *6* Filmebene. Bildgröße für jedes Teilbild 5 × 7 mm.

den. Der optische Aufwand der 90°-Bilddrehung kann durch waagrechten Lauf
des Filmbandes (Abb. 58) oder Hochformatteilbilder umgangen werden.

Eine ähnliche Anordnung mit einer Aufteilung des Bildfeldes nach der Abb. 42, allerdings für das 16 mm-Format hat das Som „*Stéréo-Cinor*" 3,5/f = 17,5 mm (Abb. 60). Das Doppelobjektiv besteht aus den optischen Teilen *1* und *4*, die über die Prismen *2, 3, 5* die um 90° gleichsinnig gedrehte Abbildung des Dinges auf dem Filmband *6* in der Größe 5 × 7 mm hervorrufen. Dieses System ist beispielsweise für die „*Webo M*"-Kamera bestimmt. Ein anderes Stereosystem liegt von der Fa. ELGEET als „*Cine Stereo*" 2,8/f = 13 mm vor.

Das neuerdings von der Firma KERN an der PAILLARD „*Bolex H 16*"-Kamera eingesetzte Stereosystem ist in der Abb. 61 dargestellt. Dieses besteht aus zwei üblichen Aufnahmeobjektiven *1* und *2* mit einer Blendenzahl 2,8 und Brennweite f = 12,5 mm vom „*Yvar*"-Typ, die keine Scharfstelleinrichtung haben und für kurze Nahentfernungen bis Unendlich scharf zeichnen (s. Abschn. V E). Vor diesen Objektiven befinden sich die zwei Prismen *3* und *4*, deren Basis b = 64 mm beträgt und etwa dem Augenabstand entspricht. Eine Photographie der Stereokamera ist in der Abb. 62 zu sehen. Die in dem Stereovorsatz *2* angebrachten Objektive *3* und *4* sind vergütet und lassen ihre Blendenzahl durch den Knopf *6* von 2,8 bis 22 einstellen. Die beiden Teilbilder liegen nebeneinander und wurden im Abschn. IV schon besprochen. (Bildgröße 5 × 6 mm.) Ein entsprechender Sucher *8* mit einer Bildzentrierung ist vorgesehen.

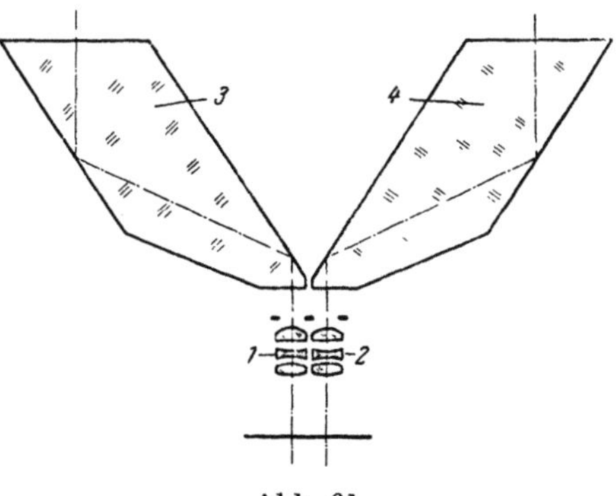

Abb. 61.

KERN „*Stereo-Yvar*" 2,8/f = 12,5 mm für 16 mm-Kameras, Maßstab 1 : 1,5.

1, 2 Aufnahmeobjektive, *3, 4* Prismen (s. Abb. 62).

In einigen Fällen wird von einer optischen *Zwischenabbildung* Gebrauch gemacht. Dies ist dann zweckmäßig, wenn das übliche optische Abbildungssystem beispielsweise bei einem optischen Ausgleich (s. Abschn. X) keine Verstellung für die Scharfstellung auf das Ding aus Korrektionsgründen des gesamten optischen Systems zuläßt, in dem auch der optische Ausgleich enthalten ist. Dann wird durch ein Vorsatzobjektiv mit Scharfstellmechanismus ein Mattscheiben- oder Luftbild erzeugt. Dieses wird durch das darauf scharf und fest eingestellte eigentliche Kameraobjektiv über den optischen Ausgleich auf dem Filmband abgebildet (beispielsweise „*Rotax*", Abb. 344, und „*ZL 1*", Abb. 330 und 331). Die damit verbundene Bildumkehr auf Grund der optischen Gesetze ist hier erwünscht (s. Abschn. X), ebenso auch für Suchersysteme, um zu aufrecht stehenden Bildern zu kommen (beispielsweise Abb. 411, 419, 422, 424, 443, 445).

Bei der „*ZL 1*"-Kamera (Abb. 331) hat das Kameraobjektiv die Daten k = 2 und f = 45 mm. Die Vorsatzobjektive haben f = 45 mm oder 360 mm mit den Einstellentfernungen u = 1 m bzw. 5 m bis unendlich. Vorsatzlinsen lassen Abbildungsmaßstäbe von 1 : 1, 1 : 2 und 2 : 1 auf dem Filmband zu.

Das optische System einer Spezialkamera, die für das Farbfilm-Wandermasken-Verfahren die *gleichzeitige* Aufnahme eines „*Agfacolor*"-Filmes und eines Infrarot-Umkehrfilms erreicht, ist in der Abb. 63 aufgezeichnet. Durch ein Vorsatzsystem *1* wird die Brennweite des Aufnahmeobjektivs *2* von 80 mm auf 50 mm bei der relativ großen Schnittweite von etwa 62 mm verkürzt. Das nachgeschaltete Strahlenteilungssystem *3* spaltet die eindringende Strahlung an der Kittfläche *3a* in zwei gleiche Teile auf, die über die Reflexionsflächen *3b* und *3c* das Filmband *4* und über die Flächen *3d* und *3e* das Filmband *5* gleichzeitig belichten. Die Strahlenteilungsfläche *3a* besteht aus einem voll reflektierenden Spiegel mit einem Spiralraster von 1,5 mm Breite und Abstand. Die Vergütung des Objektivs hat ihre volle Wirksamkeit im ultraroten Bereich (166).

Es kann hier nicht untersucht werden, wieweit sich die theoretische Errechnung eines Objektives in die serienmäßige Fertigung überführen läßt und mit welcher Gleichmäßigkeit die einzelnen Objektive praktisch vorliegen. Nach allen Erfahrungen mit dem

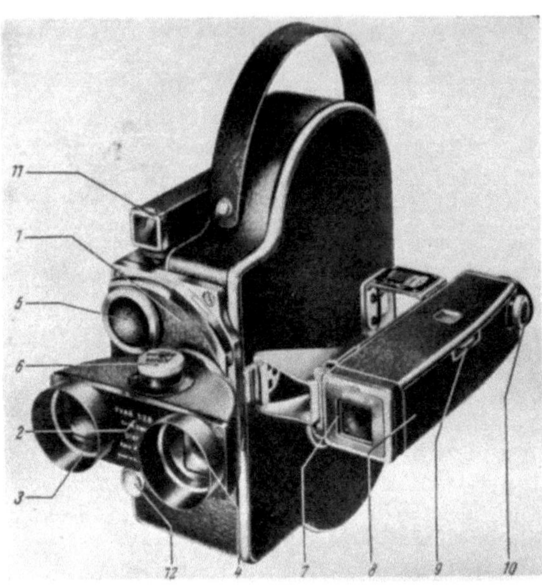

Abb. 62.

PAILLARD 16 mm-„*Bolex-Stereo*"-*Kamera*, Maßstab etwa 1 : 4.

1 Objektivrevolver, *2* „*Stereo-Yvar*", *3*, *4* Prismen, *5* Objektivfassung (blind), *6* Blendenknopf, *7* Suchermaske, *8* Sucher, *9* Einstellknopf auf Bildausschnitt des Aufnahmeobjektivs (für Normalaufnahmen), *10* Knopf für Parallaxenausgleich (s. Abb. 61).

Einsatz von Objektiven ergibt sich, daß die gelegentlich auch veröffentlichten Fehlerkurven einen schlanken Verlauf und möglichst kleine Ab-

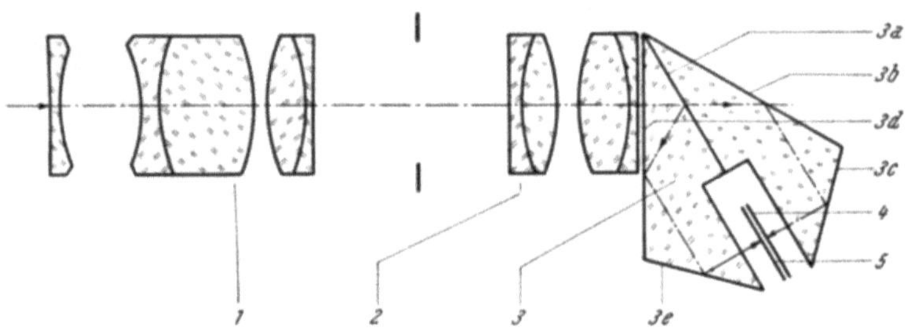

Abb. 63.

Aufnahmeobjektiv und Prismensystem einer Kamera für das Wandermasken-Verfahren, Maßstab 1 : 4.

1, 2 Aufnahmeobjektiv, *3* Prismensystem, *4, 5* Filmbänder, nach GOHR (166).

weichungen von den Nullwerten haben sollen. Diese Bedingung der günstigen Fehlerkurven ist eine notwendige, aber noch keine hinreichende

Bedingung für die Güte eines Objektivs in seiner Gesamtheit. Es müssen vielmehr auf jeden Fall noch photographische Aufnahmen von kritischen Objekten gemacht werden, die dann zur Beurteilung des Objektivs mit heranzuziehen sind. Vorher kann kein objektives *und* subjektives *Gesamt-Güterurteil* abgegeben werden. Trotz dieser Erkenntnisse ist es auch heute noch schwer, einen Vergleich zwischen Objektiven verschiedener Systeme und Herstellerfirmen durchzuführen. Zur Zeit arbeiten in Deutschland die maßgebenden Stellen an der Ausarbeitung von Meßverfahren für die objektive und von allen anerkannte Prüfung von photographischen Objektiven. Die Ergebnisse liegen aber zur Zeit noch nicht vor. Deswegen geben die Herstellerfirmen von Objektiven meist auch noch keine Gütewerte an. [Korrektionskurven (128, 352, 353, 376).]

Auch die Objektiventwicklung ist in der letzten Zeit wieder etwas in Fluß gekommen, die teilweise durch neue Glassorten bedingt ist und dadurch, daß durch die neuzeitlichen Relais- oder elektronischen Rechenmaschinen ein wesentlich schnelleres und genaueres Durchrechnen von optischen Systemen möglich ist.

Arbeiten über optische Systeme und die damit zusammenhängenden Fragen sind unter anderen erschienen von ALBRECHT (2), V. ANGERER (11), ATORF (25), BEREK (29), BEACHELL (27a), BÖHME (44), BURY (54), BUSCH (59, 61), CLARK (62), COOK (62a, 62b), CZAPSKY, EPPENSTEIN (66), FAASCH (99), FALTA (100), FINK (102), FISCHER (121), FLÜGGE (125 ... 128), FORCH, LEHMANN (129, 130), FRANZ, GELIUS, KIRCHHOFF, LAAK, RÖSCHLEIN (134), GEFFKEN (159), GOHR (166), GRABNER (168), GRAMMATZKY (169 ... ... 172, 207), HANSEN (194, 195), HARDY (196), HARTING (197, 198), HATSCHEK (205, 207), HELLGREBE (213, 213a), HELWICH (214), HODAM (225 ... 228), JENSEN (241a, 241b, 241c), JENTZSCH (242), KELLNER (258), KIRCHHOFF, SCHÄFTER (261), KLUGHARDT (263), KOCHS (266), KÖBER, VIERLING (267, 268), KOEHLER (270), KÖNIG (275), KORFF (278, 279), KREDAR (286), KÜHL (289), KÜPPENBENDER (290), LEHMANN (300, 301), LEISTNER (302, 303), LÜSCHER (326 ... 330), MAASS, ZÖLLNER (341), MARMET (344), MEYER (351), MERTE, RICHTER, ROHR (352, 353), MICHEL (356, 357), MIKUT (358), NAUMANN (374, 376, 378 ... 382, 382a, 382b, 382c), OCHS (391), ORT (394), PIETSCH (401), PRITSCHOW (410, 413 ... 416, 418 ... 421), QUURKE (422), RAMSAY, RÄNTSCH (423), RAYTON (426, 427), REINER (436, 437), RICHTER (445), ROHR (466), ROSENTHAL (468, 469), RUDOLPH (470), STÜPER (552, 553), TRONNIER (568), WEISE (595, 598, 605, 613, 618), ZÖLLNER (655 ... 657).

D. Einstellgetriebe

Die Einstellgetriebe für die Objektive dienen der Erzeugung eines möglichst klaren und „scharfen" Bildes. Die theoretischen Voraussetzungen sind durch die Abbildungsgleichung gegeben, die

$$1/a + 1/b = 1/f \qquad (20)$$

lautet. Entsprechend den Bezeichnungen der Abb. 64 ist die Dingweite mit a, die Bildweite mit b sowie die Objektivbrennweite mit f bezeichnet. Die Entfernungen a und b rechnen bis zu der Hauptebene H, in die die beiden tatsächlich vorhandenen, bei den üblichen Systemen aber nicht weit voneinander entfernten Hauptebenen des Objektivs hier aus Vereinfachungsgründen zusammengelegt gedacht sind. Werden die Ding- und Bildentfernungen nur bis zu dem jeweils am nächsten liegenden Brennpunkt F (Abb. 64) gerechnet, so wird

$$a = u + f \tag{21}$$

$$b = v + f \tag{22}$$

und es ergibt sich nach (20) eine Formel, mit der sehr einfach zu rechnen ist:

$$u\,v = f^2 \tag{23}$$

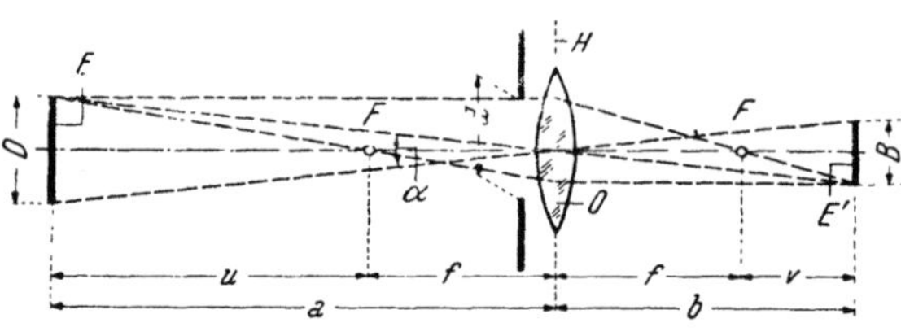

Abb. 64.

Definition der Bezeichnungen für die optische Abbildung, D Dingebene, B Bildebene, H Hauptebene, O Objektiv, F Brennpunkt, d wirksamer Blendendurchmesser, f Brennweite, u Dingweite, gemessen von dem Brennpunkt F, a Dingweite, gemessen von der Hauptebene H, v Bildweite, gemessen von dem Brennpunkt F' (Objektivauszug), b Bildweite von der Hauptebene H.

Da die Brennweite f durch das eingesetzte Objektiv festliegt und die Dingweite u die wählbare Entfernung ist, auf die die Kamera scharf eingestellt werden soll, läßt sich leicht der zugehörende gerätetechnisch darzustellende Objektivauszug v ermitteln, um den das Objektiv gegenüber der Stellung für ein unendlich entferntes Ding verstellt werden muß. Zahlenwerte bringt die Abb. 65. Als Beispiel sei angeführt: Für die Scharfstellung auf eine u = 1,5 m entfernte Dingebene ist bei einer 8 mm- und einer 35 mm-Kamera mit den Brennweiten f = 12,5 mm und 35 mm eine Verstellung

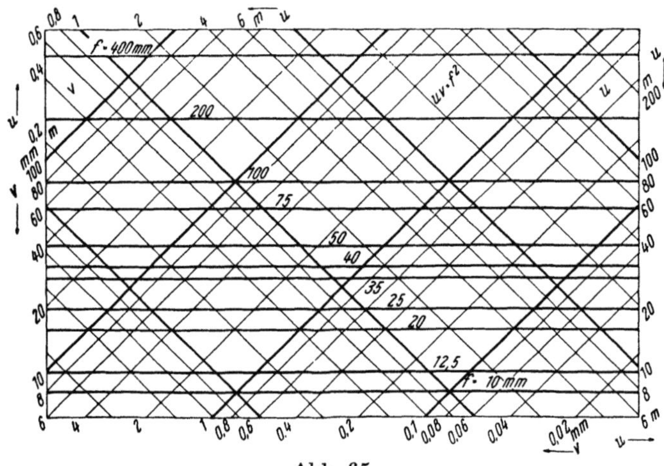

Abb. 65.

Kurvenmäßige Darstellung des optischen Abbildungsgesetzes $u\,v = f^2$, u Dingweite, gemessen vom Brennpunkt F (s. Abb. 64), v Bildweite, gemessen vom Brennpunkt F, f Brennweite des Objektivs.

der Objektive um $v = \dfrac{f^2}{u} = \dfrac{12{,}5^2}{1500} = 0{,}104$ mm bzw. $v = \dfrac{35^2}{1500} = 0{,}82$ mm vorzunehmen.

Aus dem *optischen Hebelgesetz* ist das Verhältnis zwischen der Bildgröße B und Dinggröße D zu

$$B : D = b : a \qquad (24)$$

nach der Abb. 64 zu ermitteln, woraus sich mathematisch streng:

$$B : D = f : u = V_{opt} \qquad (25)$$

ergibt.

Damit liegt die optische Verkleinerung V_{opt} fest, mit der ein Ding bei der gegebenen Dingweite u und Brennweite f dargestellt wird. Zahlenwerte bringt die Abb. 66. Als Zahlenbeispiel: Ein Ding in einer Entfernung u = 2,5 m wird von einer 8 mm- und 35 mm-Kinokamera aufgenommen und mit einer Verkleinerung V_{opt} = 12,5 : 2500 = 1 : 200 bzw. 35 : 2500 = 1 : 71,5 wiedergegeben. Die größte bei der gegebenen Entfernung darstellbare Strecke am Ding ist, wenn sie in Richtung der langen Seite des Bildformates liegt, D = B : V_{opt} = = 4,8 mm : 1/200 = 960 mm bzw. 22 mm : 1/71,5 = 1570 mm.

Die absolut gesehen kleinen Objektivauszüge bei den Schmalfilmobjektiven geben die Möglichkeit, mit der Einstellung bis auf Dingentfernungen von 50 cm oder 25 cm herunterzugehen, ohne zu große mechanische Fassungen zu erhalten. Der Objektivauszug v beträgt bei u = 25 cm für ein Objektiv mit der Brennweite f = 12,5 mm nach (23): $v = f^2 : u$ = = $12,5^2$: 250 = 0,62 mm. Für ein Objektiv mit f = 35 mm ergibt sich $v = 35^2$: 250 = 4,9 mm.

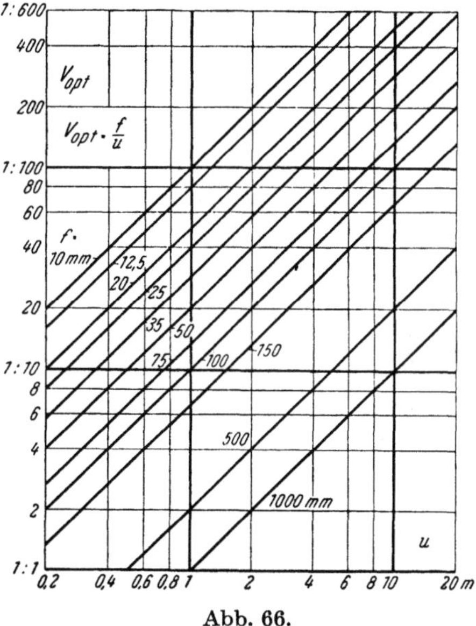

Abb. 66.
Kurvenmäßige Darstellung der optischen Verkleinerung V_{opt} in Abhängigkeit von der Dingentfernung u und Brennweite f eines Objektivs.

Die Einstellgetriebe werden vielfach in die Auswechselfassungen der Objektive eingebaut, so daß also jedes System seinen eigenen, mit ihm mechanisch verbundenen Einstelltrieb und seine Entfernungsskala besitzt. Als Beispiele für die konstruktiven Lösungen sollen die Abb. 67 ... 72 dienen.

Die in der Abb. 67 dargestellte Auswechselfassung für das „*Xenon*" 1,5 von SCHNEIDER ist im Maßstab 1,25 : 1 gezeichnet. Die Wirkungsweise ist folgende: Der Fassungskörper *1* wird mit seinem Gewinde *1a* in einen entsprechenden nicht dargestellten Fassungsring der Kamera eingeschraubt und mit seiner planen Fläche gegen diesen Ring festgezogen. In dem Fassungskörper *1* befindet sich der Gewindekörper *2*, der einmalig das Justieren des Objektivabstandes von der Filmebene im Herstellerwerk zuläßt. Die Schraube *4* legt dann die so gewonnene Einstellung endgültig fest. In dem Innengewinde *2b* des Ringes *2* ist der Einstellring *5* drehbar gelagert. Dieser ist durch die Schraube *26* mit Skalenring *6* verbunden, der die Entfernungsskala trägt. Durch die Gewinde *2b* und *5b* wird eine einwandfreie Führung des im Verhältnis zu seinem Durchmesser schmalen Ringes *5* erreicht, eine nur in der Feinwerktechnik übliche Anordnung. Mit dem Verdrehen des Ringes *6* wird durch das steilgängige Gewinde *5a, 7a* der Gewindekörper *7* entsprechend der Summe der Gewindesteigungen *2b*, *5b* und *5a, 7a* achsial verschoben. Der Körper *7* kann sich infolge der Führung des Stiftes *8* in dem Schlitz *2a* nicht verdrehen, sondern nur gradlinig verschieben. In dem Gewindekörper *7* ist der Fassungsring *10* und in diesem der Ring *11* für das Hinterglied *12 ... 14* des Objektivs eingeschraubt.

An dem Flansch *7b* befindet sich die Lagerung der nicht dargestellten Blendenlamellen für die zwischen Vorder- und Hinterglied *15 ... 17* und *12 ... 14* des Objektivs angebrachte Irisblende. In dem Körper *7* ist die Fassung *18* für das Vorderglied eingeschraubt. Diese trägt innen zur Vermeidung von Lichtspiegelungen und Reflexen eine Anzahl nicht gezeichneter Rillen, die ebenso wie die Blendenbogen und alle inneren Fassungsteile mit schwarzem optischem Lack überzogen sind. In die Fassung *18* ist die Linse *17* direkt eingedrückt und mit einer Umbördelung gehalten, während die Linsen *16* und *18* in Fassungsringen *19* und *20* befestigt sind. Bei dem Einstellen des Objektivs wird also das gesamte optische System als Einheit in Geradeführung in der Fassung verschoben.

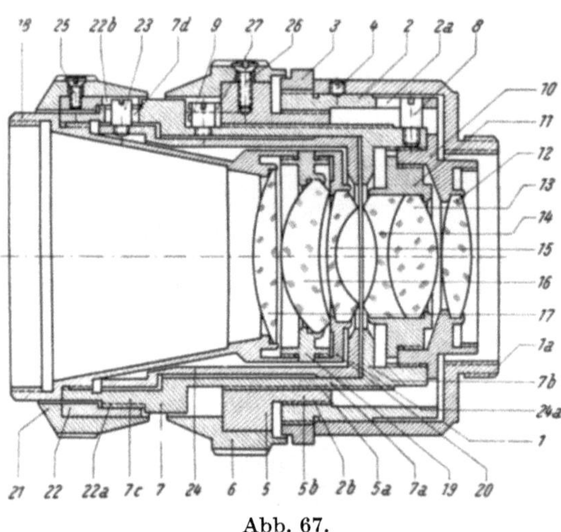

Abb. 67.

Wechselfassung mit SCHNEIDER „*Xenon*" 1,5
f = 25 mm, Maßstab 1,25 : 1.

1 Fassungskörper, *2* Gewindekörper, *3* Gewindering, *4* Schraube, *5* Einstellring, *6* Skalenring, *7* Gewindekörper, *8* Paßschraube, *9* Anschlagschraube, *10*, *11* Fassungsringe, *12 ... 17* Linsen, *18* Halterung, *19*, *20* Fassungsringe, *21* Blendenring, *22* Zwischenring, *23* Paßschraube, *24* Blendeneinstellring, *25*, *26* Schrauben, *27* Anschlagstift.

Eine Begrenzung des Scharfstelltriebes findet durch Stifte *27* (Abb. 67) statt, die in ihren Endlagen an die Schrauben *9* anschlagen. Die Irisblende wird durch Drehen des Blendenringes *21* verstellt, der auf dem Ring *22* befestigt ist. Die Führung wird wieder durch das Gewinde *7c, 22a* vorgenommen. Bei einer Drehung der Ringe *21* und *22* wird durch den Schlitz *22b* der Stift *23* mitgenommen. Dieser überträgt seine Drehung auf dem Blendeneinstellring *24*. Der Schlitz *22b* läßt also einen Ausgleich für die kleine Achsialbewegung des Ringes *22* infolge seiner Gewindehalterung zu. Der Gewindekörper *7* hat dagegen eine dem Drehwinkel des Blendenringes entsprechende Einfräsung *7d*, womit sich eine Begrenzung nach beiden Seiten ergibt. So findet eine Relativbewegung zwischen den Flanschen *24a* und *7b* statt, mit deren Hilfe die hier nicht gezeichnete Irisblende verstellt wird.

Eine ähnliche Konstruktion der Auswechselfassung für das MEYER „*Plasmat*" 1,5 wird in der Abb. 68 ebenfalls im Maßstab 1,25 : 1 gezeigt. Der in die Kamerafassung passende Fassungskörper *1* ist mit dem Zwischenring *2* fest verbunden, der eine Rändelung zum Festschrauben des Objektivs in der Kamera trägt. Der Einstellring *3*, der die Entfernungsskala trägt, wird durch den Anschlagstift *4* und die am Zwischenring *2* sitzenden Anschläge in den beiden Endstellungen in seinem Drehwinkel begrenzt. Der Skalenring *3* ist durch einige Schrauben an dem Schneckenmutterteil *5* befestigt. Die Trennung der Teile *3* und *5* ist nur aus Fertigungsgründen

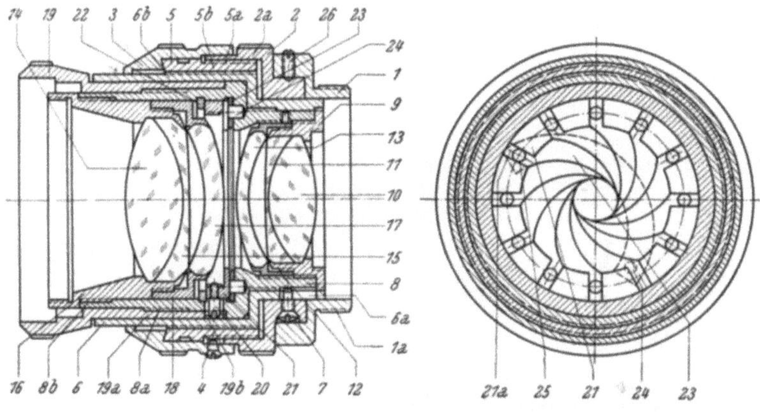

Abb. 68.

Wechselfassung mit MEYER „*Plasmat*" 1,5/f = 25 mm, Maßstab 1,25 : 1.

1 Fassungskörper, *2* Zwischenring, *3* Entfernungsskala, *4* Anschlagschraube, *5* Schneckenmutterteil, *6* Gewindering, *7* Schraube, *8* Gewindering, *9* Fassungsring, *10*, *11* Linsen, *12* Fassungsring, *13 ... 15* Linsen, *16* Fassungsring, *17* Linse, *18* Fassungsring, *19* Blendenring, *20* Paßschraube, *21* Blendendeckel, *22* Ring, *23* Blendenbogen, *24*, *25* Blendenniete.

bedingt, um den Skalenring vor dem Einsetzen des Objektivs gravieren zu können.

Das Schneckenmutterteil *5* wird durch sein Außengewinde *5a* in dem Innengewinde *2a* des Ringes *2* gehalten. Die achsiale Bewegung des optischen Teiles wird durch das gegenüber *5a* sehr viel steilere Gewinde *5b*, *6b* des Schneckenmutterteiles *6* mit dem Längsschlitz *6a* erzwungen, der durch den Ansatz der Schraube *7* am Drehen gehindert wird. In dem Gewindering *6* ist das Teil *8* eingeschraubt, das die Fassung *9* für die verkitteten Linsen *10* und *11* trägt. Im Teil *9* befindet sich weiter die Fassung *12* für die Linse *13*. Das Vorderglied des Objektivs mit den Linsen *14* und *15* ist im Ring *16* und die Linse *17* in *18* gehalten. Die Fassung *16* ist in das Gewinde *8b* des durch das Teil *6* gerade geführten Körpers eingeführt. Damit wird das gesamte optische System als Einheit für die Entfernungseinstellung achsial verschoben. Die hierfür notwendige Größe ergibt sich aus

Abb. 69.

Wechselfassung mit RODENSTOCK „*Heligon*" 1,5/f = 25 mm, Maßstab 1,25 : 1.

der Summe der Gewindesteigungen von *5b*, *6b* und *2a*, *5a*. Bei dem Justieren wird das Objektiv durch Drehen des Ringes *3* auf

Unendlich gestellt und der Ring in dieser Stellung auf den Ring *5* festgeklemmt.

Die Blende wird durch Verdrehen des in dem Gewinde *19a* geführten Ringes *19* eingestellt. Dieser nimmt durch seinen Schlitz *19b*, der den Ausgleich für die geringen Achsialbewegungen infolge der Gewindeführung *19a* zuläßt, den Stift *20* und damit den Blendendeckel *21* mit. Damit werden die Blendenbogen *23* um die Stifte *24* verdreht und ergeben je nach der Drehrichtung ein Öffnen oder Schließen der Blende. Die ineinandergeschichteten Blendenbogen *23* läßt der rechte Teil der Abb. 68 erkennen.

Abb. 70.

Wechselfassung des KERN „*Switar*" 1,4/ f = 25 mm, Maßstab etwa 1,4 : 1.

Als weiteres Beispiel wird in der Abb. 69 der Linsenschnitt und die Einstellgetriebe für Scharfstellung und Blende für das RODENSTOCK „*Heligon*" gezeigt.

Eine photographische Darstellung des für „*Bolex*"-Kameras eingesetzten Getriebes der KERN „*Switar*" findet sich in der Abb. 70.

Das Einstellgetriebe eines „*Sonnar*" in Spezialfassung für die „*Arriflex*" 35 mm-Kamera ist in der Abb. 71 dargestellt. Der Schneckengang für den Objektivauszug liegt in der Wechselfassung des Objektivs. Die Geradeführung des optischen Systems wird mit einem entsprechend angeordneten Führungsteil auf dem Objektivrevolver der Kamera bewerkstelligt. Das Objektiv wird durch den Griff *1* (Abb. 71) scharfgestellt, der das Gewindeteil *2* verdreht, das in einer zugehörigen nicht gezeichneten zylindrischen Führung im Revolverkopf gehalten wird und sich so auf Grund einer in die Nut *2a* eingreifenden Rastvorrichtung verdrehen kann. Beim Lösen der Rast läßt sich das Objektiv aus der Fassung herausnehmen. Bei dem Verdrehen des Hebels *1* mit dem Gewindeteil *2* wird das in ihm gelagerte Gewindeteil *3* achsial verschoben, da es sich durch die Führung des Schlitzes *3a* in einem entsprechenden nicht dargestellten Führungsschlitz im Objektivrevolver nicht verdrehen, sondern nur gerade verstellen kann.

Die Blenden werden über den Skalenring *6* eingestellt, der fest mit dem Ring *7* verbunden ist und über die Schraube *4* den Blendendeckel *11* gegen den Flansch *10a* des Ringes *10* verdreht. Zwischen diesen beiden Ringen in dem Raum *12* befindet sich die hier nicht dargestellte Irisblende. Auf dem rechten Teil der Abb. 71 ist ein Schnitt durch das Blendengetriebe dargestellt. Die Blendenbogen *15* sind mit den Stiften *16* im Blendendeckel *11* gelagert und werden auf der anderen Seite mit ihren Stiften *17* in Schlitzen des Ringes *10a* geführt. Beim Verdrehen des Ringes *11* gegen *10a* bewegen sich die Blendenbogen und lassen eine entsprechend große Öffnung *14* frei, die angenähert eine kreisförmige Gestalt hat. Berechnungen über Irisblenden finden sich bei MIKUT (358).

Die Objektivfassungen für 35 mm-Kameras enthalten in vielen Fällen

nur die Blendeneinstellgetriebe, während die Scharfstellgetriebe in den
Kameras selbst enthalten sind. Als weiteres Beispiel für eine derartige
Fassung wird in der Abb. 72 das in der ASKANIA „Z Kamera" eingesetzte
Objektiv „Kino-Anastigmat" 1,8/f = 50 mm dargestellt. Das aus vier freistehenden Linsen mit einer verkitteten bestehende optische System wird
für die vor der Blende liegenden Linsen *1 ... 4* durch die Ringe *6* und *7*
gehalten. Dabei werden zur Erhaltung der richtigen Abstände zwischen
den einzelnen Linsen die Zwischenringe *8* und *9* eingesetzt. Die hintere
Linse *5* wird von dem Ring *10* getragen, der mit dem Ring *6* über die

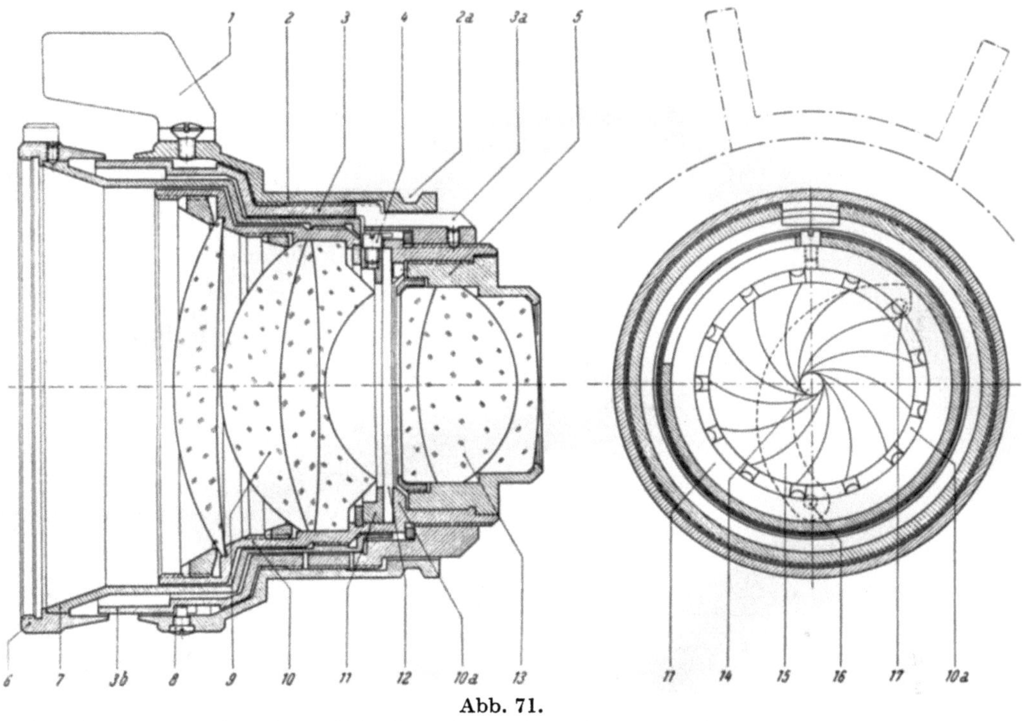

Abb. 71.

Wechselfassung mit „*Sonnar*" 1,5/f = 50 mm   für „*Arriflex 35 Kamera*", Maßstab 1,25:1.

1 Einstellhebel, *2* Fassungsring, *3* Gewindeteil, *4* Schraube, *5* Fassungsteil, *6* Blendenring, *7* Einstellring, *8* Schraube,
9 Vorderglieder des optischen Systems, *10* Haltering für optisches System, *11* Blendendeckel, *12* Blendensystem,
13 Hinterglied des optischen Systems, *14* verstellbare Blendenöffnung, *15* Blendenbogen, *16*, *17* Niete.

Gewinde *6a, 10a* verschraubt ist. Der Ring *10* enthält außerdem ein
Außengewinde *10b*, in dem sich der Ring *11* mit seinem Gewinde *11a* drehen
kann. Daran ist durch die Schraube *12* der Blendeneinstellhebel *13* befestigt, der weit nach außen ragt und damit eine leichte Bedienung der
Blende an der Kamera zuläßt. Der Ring *11* trägt einen Schlitz *11b*, in
den der Ansatz der Schraube *14* hineinragt, die fest mit dem einen Blendendeckel *15* verbunden ist und ihn gegenüber dem feststehenden Deckel *16*
verdrehen kann. Zwischen diesen beiden Blendendeckeln *15* und *16* befinden
sich die nicht gezeichneten Blendenbogen, die durch den beschriebenen
Mechanismus bei Verstellung des Hebels *13* eingestellt werden. Der Ring *10*
ist über die Ringe *17* und *18* mit der Fassung *19* verschraubt, die in die
Kamera eingesetzt wird.

Werden nicht allzu hohe Ansprüche an die Wiedergabe von Einzelheiten gestellt oder soll aus Ersparnisgründen ein möglichst einfacher Aufbau der Kamera erreicht werden oder wird eine einfache, narrensichere Bedienung verlangt, so schrumpfen die Einstellgetriebe für die Scharfstellung auf eine *Zweipunkt*-Einstellung zusammen, die nur noch die Stufen *Nah* und *Fern* hat. Dabei wird bei 16 mm-Kameras etwa ein Dingbereich von 1 ... 3 m und 2,5 m ... ∞ scharf ausgezeichnet, wenn nicht abgeblendet wird. Bei Abblendung werden die Verhältnisse bald sehr viel günstiger. Eine derartige Einstellung hat beispielsweise die AGFA ,,*Movex 12*''-Kamera.

In der 8 mm - Technik finden sich häufiger Objektive, die auf eine Scharfeinstellung ganz verzichten und ein vom Herstellerwerk fest eingestelltes ,,*fix focus*''-Objektiv haben, bei dem dann nur noch die Blende einstellbar ist. Diese Einstellung ist dann die einzige bei einfachen Kameras notwendige Bedienung, wenn man von der Auslösung zum Filmen und den Vorbereitungen zum Werkaufzug und Filmeinlegen absieht. Als optimale Dingeinstellung für ein ,,*fix focus*''-Objektiv ergibt sich nach der später gebrachten Formel (40) bei der Brennweite f = 10 mm

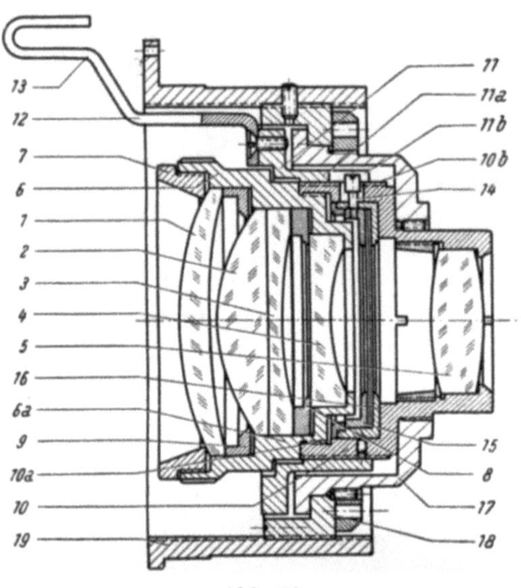

Abb. 72.
Wechselfassung des ASKANIA ,,*Kino-Anastigmat*'' 1,8/f = 50 mm für 35 mm ASKANIA ,,*Z-Kamera*'', Maßstab 1 : 1.

1 ... 5 Objektivlinsen, *6 ... 10* Fassungsringe, *11* Blendenring, *12* Schraube, *13* Blendengriff, *14* Schraube, *15, 16* Blendendeckel, *17, 18* Fassungsringe, *19* Fassung.

eine Einstellentfernung u = 5 m zum Auszeichnen eines scharfen Dingraumes von Unendlich bis möglichst weit nach vorn bei der Blendenstellung des Objektivs k = 2. Einzelheiten finden sich im Abschn. V E.

Als Objektive für Kameras ohne Entfernungseinstellung kommen meist die nicht ganz lichtstarken Systeme aus preislichen und noch erörterten Gründen der Schärfentiefe in Frage, also für die 16 mm-Kameras das STEINHEIL ,,*Cassar*'' 2,9 und ZEISS ,,*Tessar*'' 2,7 und für die 8 mm-Kameras der AGFA ,,*Kine-Anastigmat*'' 2,8, MEYER ,,*Trioplan*'' 2,5, STEINHEIL ,,*Cassar*'' 2,8, SCHNEIDER ,,*Kinoplan*'' 2,7, REICHERT ,,*Solar*'' 2,8, KODAK ,,*Anastigmat*'' 2,7, VOIGTLÄNDER ,,*Skopar*'' 2,7, RODENSTOCK ,,*Sironar*'' 2,2, ,,*Ronar*'' 1,9, MINOX ,,*Astar*'' 2,5, KERN ,,*Genevar*'' 1,9, SOM ,,*Cinor*'' 2,5, ZEISS ,,*Novar*'' 2,8, einige Objektive mit den Brennweiten 6,5 mm, 9 mm, 13 mm und 38 mm der REVERE ,,*C 40*'', ,,*C 44*'' (Abb. 86). Auch das ,,*Stereo-Yvar*'' (Abb. 62), die Objektive der EUMIG ,,*C 3*'', ,,*C 4*'', ,,*C 8*'' und vieler anderer Geräte haben keine Entfernungseinstellung. Vielfach gibt es das gleiche Objektiv auch in ,,*fix focus*'' oder einer Einstellfassung.

In Kameras mit Auswechselfassungen werden vielfach für die vielseitiger ausgestatteten Geräte Objektive mit Einstellfassungen vorgesehen, während die preiswerteren Modelle „*fix focus*“-Objektive einsetzen.

Die Festeinstellung des Objektivs ist als eine konstruktive Lösung zu betrachten, die außer einem geringeren Preise eine Vereinfachung der Bedienung aufweist: Der Benutzer kann die Entfernung nicht falsch einstellen und damit keine unbeabsichtigte Unschärfe erzeugen. Im Abschnitt V E werden noch Zahlenwerte für die Schärfenbereiche genannt.

Die Entfernungsskalen sind merkwürdigerweise bei manchen Schmalfilmkameras nur von der Frontseite her abzulesen, so daß die Kamera zum Ablesen erst herumgedreht werden muß. In einzelnen Fällen sind die Skalen der Kameras in der Gebrauchsstellung zu erkennen. Ein Beispiel für eine Ablesung im Sucher ist in der Abb. 431 dargestellt; hier wird bei der ZEISS IKON „*Movikon K 8*“-Kamera automatisch von dem Entfernungseinstellhebel des Objektivs der Zeiger *4* verstellt, der mit der Skala *3* der Dingentfernungen gemeinsam im Sucherausschnitt zu sehen ist. Diese Lösung kann besonders einfach bei Kameras mit fest eingebauten Objektiven sein, da dann die Anpassung an die unterschiedlichen Skalen der verschieden langen Objektivauszüge wegfällt.

Die Ablesung der Skalen für Entfernung und Blende wird dadurch vereinfacht, daß die meisten Wechselobjektive bei Amateurgeräten die Skalen von oben abzulesen gestatten, d. h. die Eichstriche stehen oben, während die drehbaren Skalen (z. B. *6* und *21*, Abb. 67, und *5b* und *19a*, Abb. 68, sowie Abb. 69…71) an diesem Strich vorbeilaufen und von der Oberseite des Gerätes sichtbar sind.

Die Ablesung der Entfernungsskala wird bei der ASKANIA „*Z-Kamera*“ (Abb. 420) an einem prismatischen Stab vorgenommen; dieser sitzt auf dem Kameragehäuse, trägt mehrere Entfernungsskalen für die unterschiedlichen Brennweiten der Wechselobjektive und kann so gedreht werden, daß die jeweils gültige Skala in der Gebrauchsstellung der Kamera von der Rückseite aus abgelesen werden kann. Als Index wird der Einstellhebel für das Objektiv verwendet. Der Schneckengang zur Objektivscharfstellung ist für alle Brennweiten der gleiche und fest in die Kamera eingebaut. Damit ergeben sich verschieden große Drehwinkel und Einstellbereiche, je nach dem eingesetzten Objektiv.

Es kann in gewissen Fällen zweckmäßig sein, auf eine Auswechselbarkeit

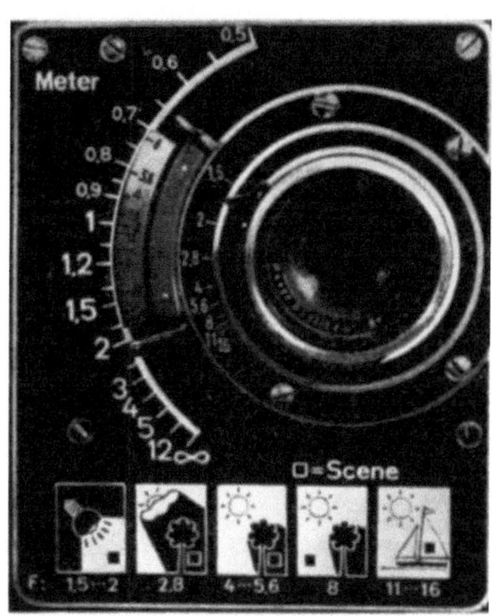

Abb. 73.
SIEMENS „*C 8 Kamera*“, Entfernungsskala und Schärfentiefenring, Maßstab 1 : 1,2.

und die damit verbundenen engen Passungen zwischen Kamera und Objektiv zu verzichten und dieses in dem Herstellerwerk einmal zu justieren. Dann ist auch die Anbringung der Entfernungs- und Blendenskala an der größeren zur Verfügung stehenden Fläche des Kameragehäuses möglich und zweckmäßig. Ein Beispiel dafür zeigt die Abb. 73. Hier ist die übersichtliche

Skalenanordnung dargestellt, die an mehreren SIEMENS-Kameras verwendet wird. Dabei wird weiter auf die international leicht erkennbaren Symbole für die Einstellung der Objektivblenden an Stelle der Beschriftung hingewiesen, die auch bei anderen Geräten verwendet werden, z. B. BELL und HOWELL „Two Twenty" (Abb. 444), wo der Blendenhebel gleichzeitig die eingestellte Blende und das Symbol des Dinges anzeigt.

Eine Änderung der Brennweite kann insbesondere bei fest eingebauten Objektiven auch durch aufsteckbare „Telesysteme" erreicht werden, über die schon gesprochen wurde (Abschn. V C).

Auch bei den neuzeitlichen Objektiven ist das Bildfeld nicht ganz geebnet, so daß die Lage der Filmebene nicht eindeutig definiert ist und ihre optimale Lage nicht sogleich feststeht. Durch eine große Anzahl von Versuchen wird die optimale Einstellung des Objektivs zum Filmkanal ermittelt, zumal da das Filmband von sich aus eine Neigung hat, sich im Bildfenster etwas zum Objektiv hin vorzuwölben, wenn es durch eine Andruckplatte gegen die Umrahmung des Bildfensters gedrückt wird. Diese Wölbung ist aber bei den Kinofilmformaten relativ klein.

Über die erforderliche Genauigkeit, mit der die Justierung eines Objektivs zu der Filmebene vorgenommen werden muß, wird an anderei Stelle im Zusammenhang mit den Schärfentiefenfragen berichtet (Abschn. V E).

E. Schärfentiefe

Im praktischen Gebrauch der Kameras spielt ebenso wie in wissenschaftlichen Abhandlungen die Schärfentiefe, gelegentlich auch Tiefenschärfe genannt, eine Rolle. Nach den Bezeichnungen der Abb. 74 hat ein Punkt P der Dingebene E seine schärfste Abbildung in dem Punkt P' der Bildebene E'. Diese Abbildung soll in erster Annäherung als punktförmig angenommen werden, ohne Rücksicht darauf, daß dies tatsächlich nicht ganz der Fall ist. Eine andere Dingebene E_1 wird in der zugehörigen Bildebene E_1' abgebildet. Diese Abbildung würde in der Bildebene E' mit einer gewissen Unschärfe behaftet sein, die nach den geometrischen Gesetzen durch die Strecke U ermittelt werden kann. Läßt man für diese Unschärfe U einen gewissen endlichen Betrag zu, dessen Größe noch

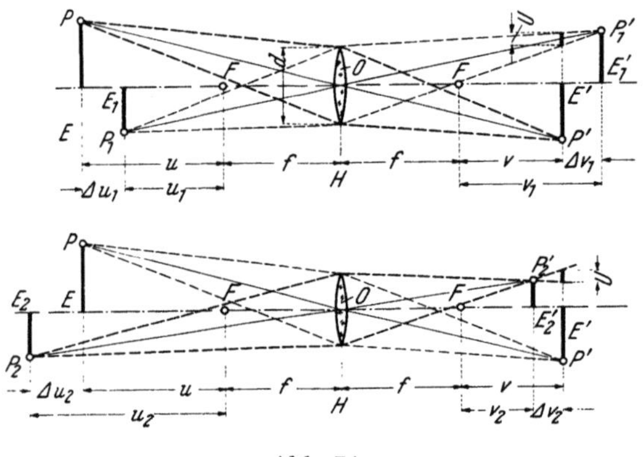

Abb. 74.

Definition und Bezeichnungen der Schärfentiefe.
E Dingebene, E' Bildebene, P Dingpunkt,
P' Bildpunkt, F Brennpunkt, H Hauptebene,
U Durchmesser des Unschärfenkreises, d Blendendurchmesser, f Brennweite, u, u_1 Dingweiten,
v, v_1 Bildweiten, Δu_1, Δu_2 vorderer, hinterer
Schärfentiefenbereich (s. Abb. 64, 75, 76).

diskutiert wird, so kann die Dingebene E bis zur Ebene E_1 um den Betrag Δu_1 verschoben werden, ohne daß sich für die photographische Abbildung nachteilige oder überhaupt merkbare Folgen ergeben.

Nach der Abb. 74 wird für die Ebene E_1, für die gerade noch eine *scharfe* Abbildung in dem eben genannten Sinne erzielt werden kann und die dem Objektiv O zugewandt ist, der Abstand vom zugehörigen Brennpunkt F mit u_1 und von der Scharfstellebene E mit Δu_1 bezeichnet. Entsprechend ergeben sich für die letzte, dem Objektiv abgewandte Ebene E_2, die gerade noch scharf ausgezeichnet wird, die Abstände u_2 und Δu_2. Als Bezeichnungen haben sich auch vorderer und hinterer *Schärfentiefenbereich* eingeführt, worunter meist die Abstände u_1 und u_2 von dem Brennpunkt F, gelegentlich aber auch die um f größeren Abstände von der Hauptebene H verstanden werden bzw. von den zugeordneten Hauptebenen.

Die Größe der Schärfentiefe ist zunächst durch die geometrischen Verhältnisse der optischen Abbildung gegeben und hängt vom wirksamen Durchmesser d des Objektivs (Abb. 64), der Brennweite f, dem Dingabstand u und der zulässigen Unschärfe U ab. Setzt man als Blendenzahl k das schon genannte Verhältnis der Brennweite f zum wirksamen Durchmesser d des Objektivs an, so erhält man:

$$k = f/d \qquad (19)$$

Wird die Unschärfe U aus rechnerischen Gründen als ein bestimmter Bruchteil z der Brennweite f festgelegt, so ist

$$U = z\,f \qquad (26)$$

Aus diesen beiden Formeln und den geometrischen Verhältnissen der Abb. 74 ergibt sich für den Bereich der vorderen Schärfentiefe:

$$\frac{d}{U} = \frac{f + v + \Delta v_1}{\Delta v_1} \qquad (27)$$

oder nach Umrechnung über die Formel (23):

$$u_1 = \frac{u\,f\,(1 - k\,z)}{f + k\,z\,u} \qquad (28)$$

Entsprechend ergibt sich für den hinteren Schärfentiefenbereich:

$$u_2 = \frac{u\,f\,(1 + k\,z)}{f - k\,z\,u} \qquad (29)$$

Wenn man als Vereinfachung

$$1 \pm k\,z \approx 1 \qquad (30)$$

setzt, so kann man für die Entfernungen der nächsten und am weitesten entfernten gerade noch scharf abgebildeten Ebene im Dingraum die folgenden Formeln erhalten:

$$u_1 = \frac{u\,f}{f + k\,z\,u} \qquad (31)$$

$$u_2 = \frac{u\,f}{f - k\,z\,u} \qquad (32)$$

Man kann leicht nachweisen, daß die Vereinfachung ohne wesentlichen Fehler zulässig ist.

Die zahlenmäßige Festlegung von z kann aus den Betrachtungen im Abschn. III F entnommen werden, die die strengsten Gesetze feststellen. Dabei ist aber zu beachten, daß die Angabe der zulässigen Unschärfe als ein Bruchteil der Brennweite nur rechnerische und formelle Gründe hat. Denn die Unschärfe ist tatsächlich eine Funktion der Bildgröße, unabhängig davon, mit welcher Objektivbrennweite das Bild aufgenommen wird.

Denn bei der erforderlichen Vergrößerung des Bildes zum Betrachten während des Projektionsvorganges wird auch die Unschärfe mitvergrößert. Die Abhängigkeit der noch erkennbaren Unschärfe von der Bildgröße wurde bereits im Abschn. III E an Hand der Abb. 21 dargelegt. Deshalb ist bei der Angabe der Unschärfe als Bruchteil der Brennweite die dem betreffenden Format zugeordnete *Normalbrennweite* gemeint.

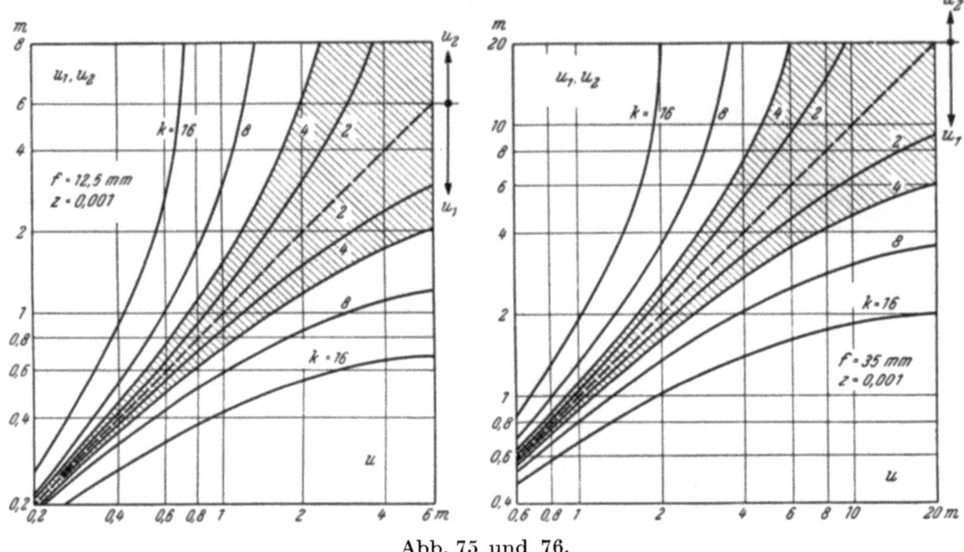

Abb. 75 und 76.

Schärfentiefenkurven, Abstand u_1 und u_2 der noch scharf gezeichneten Dingebenen in Abhängigkeit von der eingestellten Dingentfernung u und der Blendenzahl k, f = 12 5 mm (Abb. 75) und f = 35 mm (Abb. 76), z Zerstreuungsfaktor.

Entsprechend den allgemeinen Gepflogenheiten wird aber für eine Errechnung der Schärfentiefenbereiche auf der Dingseite der nicht sehr kritische Wert z = 0,001 genommen (s. Abschn. III E).

Aus der Schärfentiefe lassen sich nun Vorschriften über den praktischen Einsatz der Kameras und andererseits über die erforderlichen Genauigkeiten des Einbaues und der Justierung der Objektive ableiten.

Bei dem Einsatz interessiert für eine gewählte Dingentfernung u der gegebene Schärfentiefenbereich. Dieser läßt sich aus den genannten Formeln (31) und (32) errechnen und wird in der Abb. 75 und 76 für das kleinste und größte Filmformat angegeben. Als Beispiel sei für eine 8 mm-Kamera mit der eingestellten Blendenzahl 2 und der Brennweite f = 10 mm für eine Einstellentfernung u = 4 m und z = 0,001 genannt: u_1 = 2,22 m und u_2 = 20 m und aus Δu_1 = u — u_1 nach Abb. 74 und Δu_2 = u_2 — u wird: Δu_1 = 1,78 m und Δu_2 = 16 m. Wird dieses Objektiv auf eine Blendenzahl k = 16 abgeblendet, so wird unter sonst gleichen Verhältnissen u_1 = 0,54 cm, u_2 = ∞, Δu_1 = 3,46 und Δu_2 = ∞. Zum Vergleich werden für ein Objektiv von f = 35 mm einer Normalfilmkamera die entsprechenden Schärfentiefenbereiche für u = 4 m, z = 0,001 angeführt: bei k = 2 ist u_1 = 3,26 m und u_2 = 5,18 m; Δu_1 = 0,74 m und Δu_2 = 1,18 m und bei k = 16 ist u_1 = 1,42 m und u_2 = ∞; Δu_1 = 2,58 m und Δu_2 = ∞.

Der gesamte Tiefenbereich wird nach (31) und (32) und nach der Abb. 74 formelmäßig:

$$\Delta u_1 = \frac{k\,z\,u^2}{f + k\,z\,u} \tag{33}$$

$$\Delta u_2 = \frac{k\,z\,u^2}{f - k\,z\,u} \tag{34}$$

und

$$\Delta u = \Delta u_1 + \Delta u_2 = \frac{2\,f\,k\,z\,u^2}{f^2 - k^2\,z^2\,u^2} \tag{35}$$

unter der Voraussetzung, daß

$$f^2 \gg k^2\,z^2\,u^2 \tag{36}$$

ist, was gegebenenfalls nachzuprüfen ist, wird

$$\Delta u = \frac{2\,k\,z\,u^2}{f} \tag{37}$$

Ist aus Bedingungen der Aufnahme der Beginn und das Ende des Schärfentiefenbereiches gegeben, so läßt sich daraus die notwendige Einstellentfernung u des Objektivs und seine Abblendung ermitteln:

$$u = \frac{2\,u_1\,u_2}{u_1 + u_2} \tag{38}$$

und

$$k = \frac{f\,(u_2 - u_1)}{2u_1\,u_2\,z} \tag{39}$$

Als Zahlenbeispiel: Wenn der Raum von $u_1 = 1$ m bis $u_2 = 25$ m bei $f = 10$ mm scharf abgebildet werden soll, so ist $u = \dfrac{2 \cdot 1 \cdot 25}{1 + 25} = 1{,}93$ m und $k = \dfrac{0{,}01\,(25 - 1)}{2 \cdot 1 \cdot 25 \cdot 0{,}001} = 4{,}8$. Soll der gleiche Raum mit einem Objektiv von $f = 35$ mm ausgezeichnet werden, muß auf $k = \dfrac{3{,}5}{1}\,4{,}8 = 16{,}8$ abgeblendet werden.

Auf diese Tatsachen der optimalen Einstellung und die Zahlenbeispiele sollte hingewiesen werden, um die sehr günstigen Verhältnisse der absolut genommen sehr kleinen Brennweiten aufzuzeigen. Bei den größeren Filmformaten werden die Schärfentiefenbereiche naturgemäß geringer, wie aus den Kurven der Abb. 76 hervorgeht. Eine Kenntnis dieser Verhältnisse ist für den praktischen Gebrauch der Kameras sehr nützlich, da sonst unter Umständen zu weit abgeblendet wird und damit Aufnahmen aus Helligkeitsgründen nicht mehr möglich sind.

Werden Überlegungen angestellt, wie man einen sich möglichst weit nach vorn erstreckenden Schärfentiefenbereich erhalten kann, wenn der hintere Bereich gerade bis Unendlich reicht, so ergeben sich Formeln, deren Ergebnisse nach dem Nullsetzen des Nenners der Formel (34) sind:

$$u_\infty = \frac{f}{k\,z} \tag{40}$$

und nach (31)

$$u_1 = 0{,}5\,u_\infty \tag{41}$$

Ein Zahlenbeispiel: Für $f = 10$ mm, $k = 2$ und $z = 0{,}001$ wird $u_\infty = \dfrac{0{,}01}{2 \cdot 0{,}001} = 5$ m. Dabei ist aber zu beachten, daß der z-Wert nicht sehr kritisch ist.

Diese Werte sind besonders auch für die *fix focus* Einstellungen wichtig. Für die üblichen Objektive der Schmalfilmgeräte werden in der Abb. 77 die notwendigen Einstellungen genannt, die für nicht in ihrer Scharfstellung veränderliche Systeme gelten.

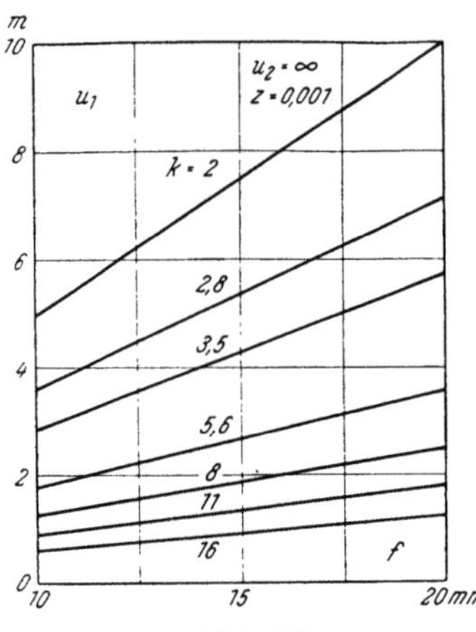

Abb. 77.

Einstellentfernung u_1 einer „*fix focus*" Einstellung in Abhängigkeit von der Brennweite f des Aufnahmeobjektivs und Blendenzahl k bei einer zulässigen Größe z des Zerstreuungskreises für optimale Einstellung ($u_2 = \infty$). Dann ist $u_1 = 0,5\,u$.

und 6-linsigen Objektivs folgende Werte:

Auf die Abhängigkeit des u_∞-Wertes von der Blendenzahl k nach (40) wird hingewiesen. Es scheint, daß die *fix focus* Einstellung hinsichtlich der Schärfendarstellung doch recht bedenklich ist. Der eben errechnete Wert von $u = 5\,\mathrm{m}$ entspricht nicht immer den praktischen Notwendigkeiten, da mit einer 8 mm-Kamera vielfach Aufnahmen in $1 \ldots 3\,\mathrm{m}$ Dingentfernung gemacht werden, allerdings vielfach mit Abblendungen von etwa $1:8$. Dabei wäre $u_\infty = \dfrac{0,01}{8 \cdot 0,001} = 1,25\,\mathrm{m}$. In den üblichen Schärfentiefentabellen sind allerdings wohl aus Werbegründen die Tiefenbereiche meist sehr viel großzügiger angegeben, d. h. mit viel kleineren u_∞-Werten und ohne Angabe des z-Wertes.

Noch kritischer werden die Verhältnisse, wenn Einstelldifferenzen fertigungstechnischer Art gegenüber dem theoretischen u_∞-Wert der *fix focus* Einstellung vorhanden sind.

Eine praktische Messung des Auflösungsvermögens in Linien je mm (Abb. 23) bei großem Kontrast des Objektes von etwa $1:1000$ zeigt bei einer Einstellung eines 3- auf die *fix focus* Einstellung $u_\infty = 5\,\mathrm{m}$ folgende Werte:

Tabelle 16

System	f mm	k	Auflösungsvermögen Dingentfernung u in m			
			5	3	2	1
3-linsig	12,5	2,8	570	530	530	260
6-linsig	12,5	1,5	1000	435	280	94

Hieraus wird erkennbar, wie schnell insbesondere bei viellinsigen Objektiven die Schärfe bei *fix focus* Einstellungen zurückgeht. Eine Verschiebung der Filmebene um $\pm\,0,02\,\mathrm{mm}$ (unter den gleichen Bedingungen) gegenüber dem theoretischen Wert bringt schon eine völlige Zerstörung des Bildes mit sich, wie sich aus den folgenden Rechnungen für die Justiertoleranz leicht mathematisch beweisen läßt.

Die bisherigen Betrachtungen über die Schärfentiefe gingen von geometrischen Verhältnissen der optischen Abbildung und der physiologischen Voraussetzung des Sehens mit dem menschlichen Gesichtssinn aus. Ob die Schärfentiefe weiterhin noch von der Konstruktion des optischen

Systems an sich und seinem Korrektionszustand wesentlich beeinflußt werden kann, läßt sich nicht ohne weiteres entscheiden. Es können zweifellos nach RUDOLPH (470, 471) und MERTÉ (352) durch besondere Korrektionen Linsensysteme geschaffen werden, die statt einer Höchstschärfe für die Einstelldingebene und einem gegebenen und berechenbaren Schärfenabfall eine geringere Höchstschärfe und damit auch einen geringeren Schärfenabfall ergeben. Diese optischen Verhältnisse können durch Bildbeispiele photographisch belegt werden (352) und lassen dem Gesichtssinn eine größere Schärfentiefe zum Bewußtsein kommen. Die optischen Mittel und Methoden der Korrektion auf diese Sondereigenschaften hin können hier nicht erörtert werden, da sie in den Bereich der rechnerischen Optik fallen.

Die bisherigen Betrachtungen galten dem Tiefenbereich auf der Dingseite und sind damit für den Benutzer der Kamera wichtig. Den Konstrukteur interessieren die erforderlichen Genauigkeiten des Einbaues der Bildebene, bzw. ihres Abstandes zu den Hauptebenen des Objektivs. Errechnet man die nach den Schärfentiefengesetzen mögliche und noch nicht merkbare Verschiebung der Bildebene um den Betrag Δv_1, bzw. Δv_2 (Abb. 74), so ergeben sich nach (23) und (27):

$$\Delta v_1 = \frac{f\,k\,z\,(u+f)}{u\,(1-k\,z)} \tag{42}$$

$$\Delta v_2 = \frac{f\,k\,z\,(u+f)}{u\,(1+k\,z)} \tag{43}$$

oder vereinfacht für die schon genannte Abrundung

$$1 \pm k\,z \approx 1 \tag{30}$$

$$\Delta v_1 = \Delta v_2 = \frac{f\,k\,z\,(u+f)}{u} \tag{44}$$

In vielen Fällen, wo die Einstellentfernung groß gegenüber der Brennweite ist, also für

$$u + f \approx u \tag{45}$$

läßt sich die Formel (44) weiter vereinfachen:

$$\Delta v_1 = \Delta v_2 = f\,k\,z \tag{46}$$

Als Zahlenbeispiel sei genannt: Für $f = 10$ mm, $k = 2$ und $z = 0,001$ ist $\Delta v_1 = \Delta v_2 = 0,02$ mm und für $f = 35$ mm, $k = 2$ und $z = 0,001$ ist $\Delta v_1 = \Delta v_2 = 0,07$ mm. Damit wäre die mindestens erforderliche Genauigkeit der Justierung des Abstandes der Filmebene von dem Objektiv gegeben, wenn man den ganzen Schärfentiefenbereich in Anspruch nehmen könnte. Dies ist bei den Kameras aber nicht der Fall, da ein großer Teil dieses Bereiches naturgemäß dem Benutzer zur Verfügung gestellt werden muß. Rechnet man mit einem Bruchteil, einem Faktor M zwischen 0 und 1 des vorderen und hinteren Tiefenbereiches der Dingseite, den man für die Justiertoleranz des Objektivs zur Verfügung stellen will und um den man also den Schärfentiefenbereich des Dinges vermindern muß, so ergibt sich aus dem bereits genannten Formeln und Vereinfachungen:

$$\Delta v_1 = \Delta v_2 = M\,f\,k\,z \tag{47}$$

und

$$\Delta v = 2\,M\,f\,k\,z \tag{48}$$

Damit wird in Annäherung die Justiertoleranz proportional der Verkleinerung (Faktor M) des Schärfentiefenbereiches der Dingseite. Bei der

Festsetzung des Zahlenwertes von z wird für die Justiertoleranz der Objektive der strengere Wert z = 0,0005 eingesetzt, die Voraussetzungen wurden im Abschn. III F besprochen. Als Zahlenbeispiel wird genannt: Bei f = 10 mm, k = 2 und M = 0,25, womit also 75% des Tiefenbereiches dem Benutzer und 25% der Filmebenenjustierung zur Verfügung stehen, ergibt sich $\Delta v_1 = \Delta v_2 = 0,002\,5$, also $\Delta v = 0,005$ mm. Die Zahlenwerte dieser Größenordnung werden auch tatsächlich eingehalten, wie beispielsweise für die SIEMENS „8 R Kamera" mit $\Delta v = 0,005$ mm der gleiche Wert angegeben wird (644). Entsprechend ergibt sich für das Normalfilmformat bei f = 35 mm: $\Delta v_1 = \Delta v_2 = 0,008\,7$ mm und $\Delta v = 0,017\,5$ mm. Kurven für die verschiedenen Filmformate werden in der Abb. 78 dargestellt.

Diese Frage der Genauigkeit der Filmebenenjustierung wird bei Auswechselobjektiven und Umschaltfassungen sowie bei Filmkassetten mit eigener Filmführung besonders kritisch, da dann hier noch die gegenseitigen Passungen der genannten Bauteile eingehen. Denn bei einem fest in die Kamera eingebauten Objektiv ist die einzige Toleranzstelle durch die Lage des Objektivs zum Bildfenster gegeben, für die die ganze Toleranz aufgebraucht werden kann. Bei einem Auswechselobjektiv hat schon die Kamerafassung und Objektivfassung je eine Herstellungstoleranz, so daß grob gerechnet auf jede Stelle die halbe Toleranz fällt.

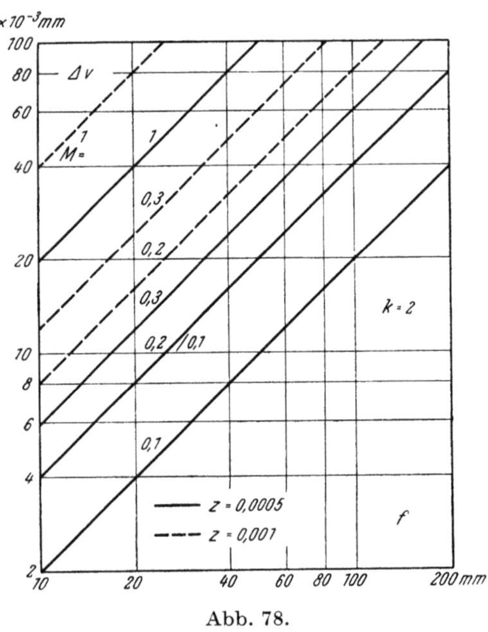

Abb. 78.
Justiergenauigkeit eines Aufnahmeobjektivs, dargestellt durch die zulässige Verschiebung Δv des optischen Systems gegen die richtige Einstellung in Abhängigkeit von der Brennweite f, dem Faktor M (s. Text) und Größe z des Zerstreuungskreises, k Blendenzahl.

Die Schärfentiefe wird mehrfach durch mechanische Einrichtungen selbsttätig angezeigt. Als Beispiel wurde die Abb. 73 gezeigt. Eine andere Anordnung haben KERN Objektive, bei denen die Fassung kleine Löcher an ihrem Umfange enthält. Ein Teil von ihnen wird je nach der Abblendstellung des Objektivs durch einen innen angebrachten hellen Ring sichtbar, während die anderen durch den schwarzen Hintergrund nicht sichtbar sind. Diese hellen Punkte zeigen an Hand der Entfernungsskala den scharfen Bereich an. Ein entsprechendes Kurvensystem wird bei anderen Objektiven eingesetzt, das ebenso wie das Punktsystem als „Visifocus" bezeichnet wird.

F. Objektivfassungen

Die einfachste und damit auch billigste Halterung eines Objektivs ist die Einbaufassung. Sie wird überall da angewendet, wo ein Objektivwechsel nach den Gestaltungsgrundsätzen der Kamera nicht vorgesehen ist. Dann werden die optischen Teile meist in einer Klemm- oder Schraubfassung an den Kamerakörper angebaut und nach dem Justieren zur Filmebene mechanisch festgelegt. Mit derartigen festen Objektiven lassen sich naturgemäß leichter Anzeigevorrichtungen verbinden, für die schon Beispiele gegeben wurden (s. Abb. 73, ferner Abb. 305, 384, 409, 444).

Auswechselfassungen für Objektive werden als Schraub- oder Renkfassungen (Bajonettfassungen) hergestellt, sowie in gewissen Zwischenstufen davon, wo ein mehrgängiges Gewinde teilweise ausgespart ist und nach Art einer Renkfassung durch eine kleine Drehung eingesetzt wird. Die Schraubfassungen in der Schmalfilmtechnik haben Durchmesser von $^5/_8{}''$ bzw. $1''$ für die 8 mm, bzw. 16 mm Kameras. Es sind Feingewinde mit einer Steigung von 32 Gang auf $1''$ („BELL und HOWELL Gewinde"). Es werden aber auch andere Gewinde verwendet. Die Auswechselobjektive haben in den meisten Fällen den Scharfstell- und Blendenmechanismus eingebaut, wofür in der Abb. 67 ... 72 Konstruktionsbeispiele gebracht wurden.

Bei den Renkfassungen wird ein zylindrisches Fassungsteil des Objektivs in das vorgesehene Gegenstück der Kamera eingesetzt und mit mehreren quer zur Achse stehenden Bajonettstiften oder Lappen in den entsprechend ausgesparten Teilen durch Verdrehen um einen kleinen Winkel verriegelt. Da die Paßflächen der zylindrischen Verbindung zwischen Objektiv und Halterung im Verhältnis zum Fassungsdurchmesser meist schmal sind und damit zum Verkanten neigen, wird der Festsitz durch Festziehen gegen einen planen Bund in ähnlicher Form vorgenommen, wie es auch bei den Schraubfassungen der Fall ist. Die beschriebenen Objektivfassungen können von den Herstellerwerken leicht auch mit entsprechenden Renk- oder sonstigen Spezialanschlüssen geliefert werden, da das Objektiv meist mechanisch von seinem Fassungsteil getrennt hergestellt wird. Als Beispiele von Kameras mit einer Renkfassung können genannt werden: BAUER mit gewindeähnlicher Renkfassung, die KODAK-Modelle, die alte ZEISS IKON „Movikon 8" Kamera, die die Bajonettfassung der „Contax" Objektive führte, die AGFA „Movex 30 B", die Klangfilm „Minicord V 16", die ZEISS IKON Geräte „Kinamo KS 10", „Movikon 16", „Movikon K 16", ASKANIA „Z-Kamera" und andere. Bei einigen der Kameras besteht die Fassung aus einem Gewinde mit Ausfräsungen, so daß das Objektiv eingesteckt und nur um etwa 90° verriegelt wird. Andere Renkfassungen sehen eine von Hand ausrückbare Arretierung der Sperrnasen für die Objektive vor.

Für Schraubfassungen sind anzuführen: BELL und HOWELL Modelle, NIEZOLDI und KRÄMER Modelle, PAILLARD „Bolex H 8", „H 9,5," „H 16", „B 8", „L 8", SIEMENS „D" und „F II", ferner die REVERE und andere.

Ein besonderer konstruktiver Vorteil kann der einen oder anderen Fassungsart zunächst nicht eingeräumt werden. Wenn auch mit einer Renkfassung ein etwas schnellerer Objektivwechsel bewerkstelligt werden kann, so fällt dies doch nicht so sehr ins Gewicht, da mit einem Objektivwechsel zumindest auch ein Wechsel oder eine Umschaltung des zugehörigen Suchers verbunden ist. Außerdem haben die vielseitiger ausgestalteten und berufsmäßig eingesetzten Kameras für einen schnellen Objektivwechsel eine Umschaltfassung in Form eines Objektivrevolvers oder eines Wechselschlittens, mit denen ein schnelleres Umschalten von einem Objektiv zum anderen als mit einer Wechselfassung möglich ist. Für Kupplungszwecke des Objektivs mit Entfernungs- und Belichtungsmessern kann die eindeutige Winkellage einer Renkfassung, bezogen auf die optische Achse, Vorteile haben.

Die beruflich oder für einen hochwertigen amateurmäßigen Einsatz bestimmten Kameras haben zum Durchführen eines schnellen Objektivwechsels vielfach die schon genannten Umschaltfassungen. Diese lösen zugleich die Unterbringung der jeweils nicht benutzten Objektive, da diese nicht in getrennten Behältern oder sonstwie mitgeführt werden müssen und damit gegebenenfalls nicht schnell zur Hand sind. Da sich Drehkörper besonders leicht herstellen lassen, werden die Umschaltfassungen in den meisten Fällen als drehbare Scheiben hergestellt, die die Objektive aufnehmen und als „Revolverköpfe" bezeichnet werden. Die Objektive sind auf diesen Revolverköpfen entweder fest angebracht oder in Wechselfassungen, die dann die gleichen Kennzeichen haben, die bei den Wechselfassungen besprochen wurden. Die Umschaltvorrichtungen tragen je nach der Größe der Kamera und ihrem Einsatz zwei, drei oder vier Objektive.

Um mit einem nicht zu breiten Kamerakörper auskommen zu können, werden von den runden Scheiben gelegentlich auch Teile abgeschnitten, womit sie in einer bestimmten Stellung nicht über den Kamerakörper hinausragen. Als Beispiel hierfür soll die PAILLARD „Bolex H 16", „H 9,5" und „H 8" Kamera (Abb. 51 und 62) angeführt werden, wo der Revolverkopf die beschriebene Anschneidung hat. Für das normalerweise benutzte Objektiv ergibt sich so keine Verbreiterung des Gerätes. Wird dagegen ein anderes Objektiv durch Verdrehen des Revolverkopfes in Betrieb genommen, so steht dieser seitlich von dem Kameragehäuse ab.

Die Anwendung von Objektiv-Umschaltfassungen bringt eine Reihe interessanter konstruktiver Notwendigkeiten und Möglichkeiten mit sich: Zum schnellen Objektivwechsel gehört auch eine Einstellung aller Objektive der Wechselfassung auf die gleiche gewünschte Dingentfernung und Blende. Dazu werden bei einigen Konstruktionen alle Objektive gleichzeitig auf dieselbe Dingentfernung eingestellt, wobei durch entsprechende Zwischengetriebe oder Kurvenführungen dafür gesorgt wird, daß bei Objektiven unterschiedlicher Brennweiten die dadurch bedingten verschieden großen Objektivverstellungen richtig durchgeführt werden.

Als Beispiel dafür soll die in der Abb. 79 gezeigte Einstellvorrichtung der KLANGFILM „Minicord V 16" Kamera beschrieben werden: Die Verschwenkung des Objektivrevolvers 1 wird durch den Knopf 12 vorgenommen, der über die Welle 13, die Zahnräder 14 und 15 und die Hohlwelle 11 die Revolverscheibe 1 mit den darauf angeordneten drei Objektiven 2, 3 und 5 verdreht. Dabei bewegt sich gleichzeitig die Scheibe 10 mit der Entfernungsskala 10a und der ganze Scharfstellmechanismus mit, so daß die relative Lage zwischen dem Zeiger 9 und der Skala 10a in allen Stellungen des Revolverkopfes erhalten bleibt. Die Scharfstellung der Objektive wird durch Verdrehen des Knopfes 8 bewirkt, der über die Welle 7 und das Zahnrad 6 die verzahnten Randteile der Hülsen 4 der Objektivfassungen dreht. Diese Hülsen tragen Schlitze 4a mit einer dem Objektivauszug angepaßten Steigung. Durch diese Schlitze werden die Stifte verschoben, die an den geradegeführten Fassungen der Objektive sitzen. Durch die unterschiedlichen Steigungen der Schlitze 4a kann jedes einzelne Objektiv trotz der unterschiedlichen Auszüge an der einzigen vorhandenen Entfernungsskala *10a* scharfgestellt werden. Diese und damit die Verdrehung des Knopfes *8* geht über einen Winkelbereich von 320°.

Zum Beschleunigen des Revolverkopf-Schaltens, das bei Tonkameras bei einer durchlaufenden Aufnahme zum Vermeiden eines Filmschnittes der Tonaufzeichnung notwendig ist, wird vor dem restlosen Ausheben der Revolverkopf-Verriegelung und damit also vor Beginn der Drehung die Achse unter Federspannung gesetzt. So kann sich nach Freigabe der Verklinkung der Revolverkopf schnell in die neue Lage einstellen, inzwischen gehen nur drei oder vier Einzelbilder verloren. Eine photographische Darstellung der Rückseite der „*Minicord V 16*" Kamera wird in der Abb. 80 gezeigt. Hier ist der Knebel *1* für die Verdrehung des Revolverkopfes an der rechten Seite angebracht. Die Entfernung wird mit Hilfe des Knopfes *2* über der Entfernungsskala *3* eingestellt.

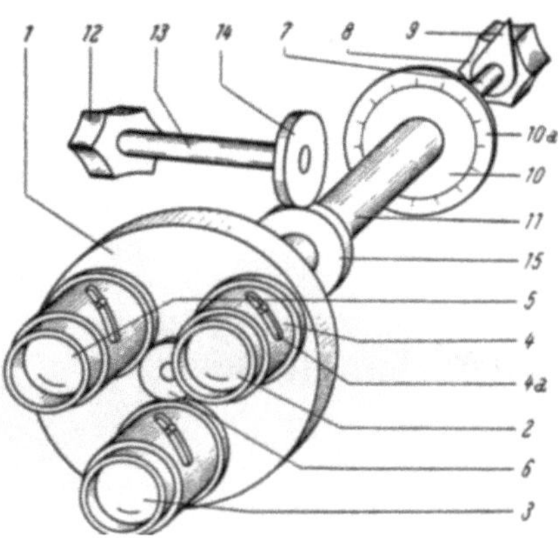

Abb. 79.

Klangfilm 16 mm Bild-Ton-Kamera „*Minicord V 16*", Schema des Revolverkopfes.

1 Revolverkopf, *2, 3* Objektive, *4* Objektivfassung, *5* Objektiv, *6* Zahnrad, *7* Achse, *8* Einstellknopf für Entfernung, *9* Zeiger, *10* Skalenscheibe, *11* Achse, *12* Griff für Revolverkopf-Schwenken, *13* Achse, *14, 15* Schraubenräder (s. Abb. 80).

Da die gemeinsame Einstellung von mehreren Objektiven aber einen größeren Kraftbedarf benötigt, sind auch andere Konstruktionen entstanden, die nur das jeweils im Betrieb befindliche Objektiv scharf einstellen. Durch eine besondere Vorwahleinrichtung wird aber dafür gesorgt, daß sich ein anderes Objektiv beim Umschalten in die Gebrauchslage selbsttätig auf die eingestellte Entfernung umstellt. Erwünscht ist die Einstellung der auf der Umschalteinrichtung angebrachten Objektive von einer feststehenden Stelle des Kameragehäuses aus. Die dafür vorgesehenen Getriebe müssen also ein Verschwenken der Umschalteinrichtung vertragen, ohne sich dabei in ihrer Anzeige zu verstellen. Die konstruktive Aufgabe liegt also darin, bei dem Verstellen der Umschalteinrichtung die gegenseitige Lage zwischen der Entfernungsskala und dem Zeiger nicht zu verändern. Eine Ausführung dafür wurde soeben beschrieben.

Abb. 80.

Klangfilm 16 mm Bild-Ton-Kamera „*Minicord V 16*", Rückseite, Maßstab etwa 1 : 9,5 (s. Abb. 79, 143, 481).

Eine ähnliche Einrichtung hat die neue Mechanik „*Reporter Kamera AK 16*" (Abb. 141), die mit dreiteiligem Revolverkopf erscheint. Hier wird die Scharfstellung von drei Objektiven und die Einstellung der Blenden von der Seite der Kamera aus bewerkstelligt.

Abb. 81.

Fernseh-„*Zwischenfilm*“-Bild-Ton-Kamera, Maßstab etwa 1 : 20.

1 Objektivrevolver, *2, 3* Kassetten, *4* Sucher. *5* Suchcreinblick. *6* Blendenknopf, *7* Entfernungseinstcllknopf (s. Abb. 110).

Eine gemeinsame Verstellung kann auch für die Objektivblenden vorgesehen werden. Es ist dabei nur zu beachten, daß sowohl bei den Entfernungs- wie Blendeneinstellungen vielfach nicht die gleichen Endwerte infolge der unterschiedlichen Daten der verwendeten Objektive erreicht werden und deshalb die Getriebe noch Auskuppelvorrichtungen haben müssen.

Eine gemeinsame Einstellung der Objektiv-Scharfstellungen und -Blenden hat die Fernseh Zwischenfilmkamera (Abb. 81). Dabei werden die Blendeneinstellungen nur in den Bereichen der Blendenzahlen k = 4,5 ... 12 gemeinsam gesteuert, da dies die allen Objektiven gemeinsamen Werte sind. Die Objektive mit den kürzeren

Abb. 82.

Bell u. Howell 16 mm Kamera „*Filmo Magazin 200*“, Maßstab etwa 1 : 2,5.

1, 6 Aufnahmeobjektive, *2, 5* Sucherobjektive, *3* Drehachse des Objektivrevolvers, *4* Objektivrevolver, *7* Kameragehäuse.

Brennweiten des vierteiligen Revolvers sind höher geöffnet, die Objektive mit den langen Brennweiten lassen ihre Blenden weiter schließen. Hier setzt also die schon genannte Auskuppelvorrichtung ein, die bei der vollen Blendenöffnung der Objektive mit den kleinen Brennweiten oder Schließung für diejenigen Objektive automatisch abschaltet, welche nicht mehr realisierbare Werte haben. Ähnliche Auskuppelungsvorrichtungen sind auch bei mehreren

anderen Kameras enthalten, bei denen auf Revolverköpfen angebrachte Objektive gemeinsam gesteuert werden.

Eine besonders schmale Bauart läßt sich bei Kameras mit einem zweiteiligen Revolverkopf erreichen, da dieser als beidseitig angeschnittene Scheibe ausgebildet werden kann (Bell und Howell „*200 Kamera*“,

Abb. 82, und „*Filmo Auto 8*", Abb. 83) und somit in jeder der beiden Aufnahmestellungen keine Verbreiterung des Kameragehäuses ergibt. Nur während des Umschaltens ragt der Revolverkopf über die Seitenwände des Kameragehäuses hinaus.

Drei- und mehrteilige Revolverköpfe erfordern größere Durchmesser der Revolverscheiben (Abb. 84).

Andere Kameras schmaler Bauart, z. B. die BELL und HOWELL „*Auto Master Kameras*" (Abb. 85), werden in verschiedenen Ausführungen geliefert. Wird nur ein einziges Objektiv vorgesehen, so kann die Kamera ihre schmale Form beibehalten. Wird dagegen die „*Auto Master Kamera*" mit einem dreiteiligen Objektivrevolver versehen, so behält dieser seine runde scheibenförmige Form bei, deren Durchmesser etwa der doppelten Breite des Kamerakörpers entspricht. Ähnlich ist der Revolverkopf der „*Filmo Sportster Tri Lens 8 Kamera*" und der „*Viceroy*" aufgebaut (Abb. 439).

Weitere Revolverkopf-Kameras werden in den Abb. 86 ... 89 gezeigt.

Eine andere Bauform zum Erreichen einer verhältnismäßig flachen Kamera ist die Gestaltung der Wechseleinrichtung als gerade geführter Wechselschlitten. Diese Bauart wird noch besprochen (Abb. 98).

Der dreiteilige Revolverkopf einer halbberufsmäßigen 9,5 mm oder 16 mm PATHEX „*Webo M Kamera*" wird

Abb. 83.
BELL u. HOWELL 2×8 mm Kamera „*Filmo Auto 8*", Maßstab etwa 1 : 1,8.

1 Kameragehäuse, *2* Kameratür, *3, 9* Sucherobjektive, *4* Belichtungstabelle, *5, 8* Aufnahmeobjektive, *6* Objektivrevolver, *7* Drehachse des Objektivrevolvers.

Abb. 84.
DE JUR 2×8 mm Kamera „*Fadematic Turret*" mit dreifachem Objektivrevolver und auf die Brennweite des Aufnahmeobjektivs einstellbarem Sucher.

in der Abb. 90 dargestellt. Auch hier konnten durch Abflachen der Revolverscheibe günstige Baumaße für die Kamera erreicht werden,

Abb. 85.

BELL u. HOWELL 16 mm Kamera „*Filmo Auto Master*", Maßstab etwa 1 : 3.

1, 3, 7 Aufnahmeobjektive, *2, 5, 6* Sucherobjektive, *4* Achse des Objektivrevolvers, *8* Objektivrevolver, *9* Kameragehäuse, *10* Deckel zum Laden der Kamera mit dem *Kodak „Magazin"* (vgl. Abb. 119).

Abb. 86.

REVERE 2 × 8 mm Magazin-Kamera „*C 44*", Maßstab etwa 1 : 2,7.

1 Einstellknopf für Sucherbrennweite, *2* Bildfrequenzeinstellung, *3* Sucherobjektiv, *4* Filmmeterzähler, *5* Objektivrevolver, *6* Aufnahmeobjektiv, *7* Auslöseknopf, *8* Aufnahmeobjektiv, *9* Verschlußknopf, *10* Aufzugsschlüssel.

Abb. 87.

DIMAPHOT 16 mm Kamera „*A 54*" mit dreifachem Objektivrevolver „*Polyfocal Sucher*" für Brennweiten des Aufnahmeobjektivs von f = 15 ... 180 mm und Vor- und Rückwärtslauf.

Abb. 88.

FOPEX 16 mm Kamera „*ETM P 16*", Maßstab etwa 1 : 4,7. Objektivrevolver für drei Aufnahmeobjektive, 30 m Spulen, Sucheranpassung an Brennweiten des Aufnahmeobjektivs von f = 15 ... 150 mm.

womit die Revolverscheibe im Betriebszustand nicht über das Gehäuse hinausragt.

Revolverköpfe mit divergierenden Achsen der einzelnen Objektive ergeben in vielen Fällen günstigere Bauformen der Kameras besonders dann, wenn es sich um kleinere und mittlere Geräte handelt. Der Vorzug liegt in kleineren Abmessungen des Revolverkopfes, da die gegenseitige Abschattung der Objektivfassungen erheblich geringer wird. Allerdings muß sich das Auge an den Anblick der schiefstehenden Objektive erst gewöhnen. Als Beispiel wird die Kodak „Special II Kamera" für 16 mm-Filmband in der Abb. 91 dargestellt, die sich aus einer ähnlichen Vorgängertype

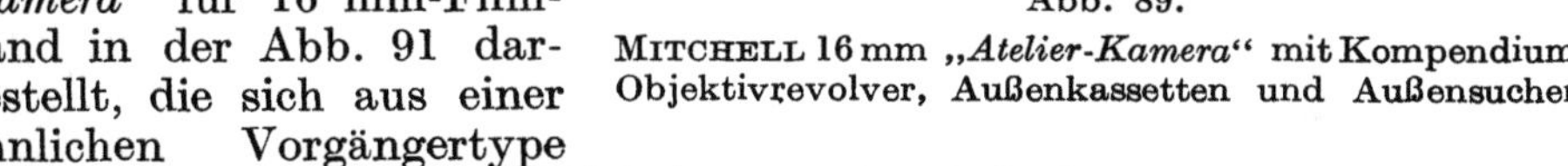

Abb. 89.
Mitchell 16 mm „Atelier-Kamera" mit Kompendium, Objektivrevolver, Außenkassetten und Außensucher.

mit parallel stehenden Objektiven wesentliche Konstruktionsmerkmale entwickelt hat, mit der sie noch gemeinsam hat. Neu für das Modell II ist insbesondere die aus der Abb. 91 deutlich zu erkennende Abschrägung des viereckigen Revolverkopfes 1 und das damit gegebene Divergieren der Achsen der Objektive 2 und 3. Eine ähnliche Objektivanordnung ist in der „Caméflex-Kamera" (Abb. 92) vorgesehen.

Eine Anordnung mit divergierenden Objektiven hat auch die Arnold und Richter „Arriflex 16" Kamera mit ihrem dreiteiligen Objektivrevolver (Abb. 445). Die Objektive sind mit Spezialfassungen einzeln auswechselbar, die Fassung wurde bereits in der Abb. 71 dargestellt. Das „Arriflex 35" mm Modell hat dagegen parallel stehende Objektivachsen (Abb. 93). Weitere Beispiele für Revolverköpfe sind in der Abb. 94 für die 16 mm

Abb. 90.
Pathex 16 mm Kamera „Webo M 16", Maßstab etwa 1 : 3,7.
1 Aufzugskurbel, 2 Einzelbildschaltung, 3 Auslöseknopf, 4 Rückwickelkurbel, 5 Bildfrequenzeinstellung, 6 Verschlußeinstellung, 7 Objektivrevolver, 8 Objektiv (s. Abb. 117).

Bild- und Tonkamera Berndt Bach „Auricon Pro", in der Abb. 95 für die Maurer 16 mm „Atelierkamera" und in der Abb. 96 für die 35 mm Bell und Howell Handkamera „Eyemo" dargestellt.

Ein dreifacher Revolverkopf ist in der FABAG „*Dilk Fa*" 16 mm Kamera eingesetzt, der Objektive mit den Brennweiten 15 . . . 300 mm tragen kann.

Die Naheinstellung ist bei der Brennweite f = 25 mm bis u = 45 cm möglich. An der NORD 16 mm Kamera ist ein Vierfachrevolver für Objektive in Standardfassung vorgesehen.

In der VINTEN „*HS 300*" 35 mm Hochfrequenzkamera (Abb. 97) ist eine Objektivfassung in Form eines Schlittens vorgesehen, der zwei jeweils gleiche Objektive in den Brennweiten f = 37,5 mm; 50; 75; 150 und 300 mm faßt, von denen das eine der Aufnahme dient und das andere für die Erzeugung des Sucherbildes benutzt wird.

Die VINTEN „*Windsor*" hat einen dreiteiligen Objektivrevolver mit den Brennweiten f=35...100 mm

Abb. 91. KODAK 16 mm Kamera „*Special II*", Maßstab etwa 1 : 4.

1 Objektivrevolver, *2, 3* Aufnahmeobjektive, *4* Bildfensterverschluß, *5* Halterung für auswechselbare Suchermasken, *6* Einblick für Scharfstelleinrichtung, *7* Sucherobjektiv, *8* „*Filmkammer*", *9* Einstellknopf für Bildfrequenz, *10* Sucherokular, *11* Kassettenverriegelung, *12* Kameragehäuse, *13* Aufzugskurbel, *14* Trickkurbel, *15* Knopf für Einzelbildschaltung, *16* Welle, *17* Verstellhebel für die Verschlußöffnung, *18* Auslöseknopf.

der Objektive; für besondere Fälle sind auch Brennweiten f = 28 mm und lange Brennweiten vorgesehen (s. Abb. 450).

Eine schmale Form der Schmalfilmkamera kann auch durch einen Wechselschlitten für die Objektive erreicht werden. Dieser ist als Objektivrevolver anzusehen, der einen unendlich großen Radius hat. Einen derartigen Schlitten für drei durch Schraubfassung wechselbare Objektive 1 . . . 3 (Abb. 98) hat die SIEMENS „*D Kamera*". Die NIEZOLDI und KRÄMER-Modelle „*8 S 2 T*" und „*Heliomatic Kameras*" (Abb. 477) sowie die Modelle „*Nizo 16 I*" und „*Combi - Matic*" bedienen sich ebenfalls eines zwei- oder dreiteiligen Objektivwechselschlittens (Abb. 476).

Abb. 92. ÉCLAIR 35 mm Kamera „*Caméflex*", Maßstab etwa 1 : 4,8.

1 Kameragehäuse, *2* Kassette, *3* Objektivrevolver, *4, 5, 6* Aufnahmeobjektive, *7* Sucher, *8* Antriebsmotor (s. Abb. 145).

Eine automatische Ausklinkung des Wechselschlittens ist bei der

SIEMENS „*D-Kamera*" (Abb. 98) vorgesehen. Hier ist an der Einkerbung des Wechselschlittens, die zu seinem Verstellen angefaßt wird, der Ausklinkhebel so befestigt, daß er automatisch gedrückt wird. Bei anderen Systemen wird der Schlitten durch einen Hebel verriegelt.

Bei Normalfilmkameras bestehen auf Grund einer anderen Aufgabenstellung keine Forderungen nach einem möglichst schmalen Gehäuse. Hier kann trotzdem ein Objektivwechselschlitten sinnvoll sein. Bei der ASKANIA „*Trio-Kamera*", die in ihrem Aufbau sonst weitgehend dem Grundmodell der „*Z-Kamera*" (s. Abb. 56 und 112) entspricht, ist an dem Vorderkasten statt der Renkfassung für die Einzelobjektive ein Objektivschlitten angebracht. Dieser läßt sich waagerecht verschieben und enthält drei Objektive, die ab

Abb. 93.
ARNOLD und RICHTER 35 mm Kamera „*Arriflex 35*", Maßstab etwa 1 : 3,7.
Mit dreifachem Objektivrevolver und Spiegelreflex-Sucher (s. Abb. 148).

40 mm Brennweite haben können. Nach Lösen einer Verklemmung läßt sich der Schlitten leicht verstellen oder ausklinken. In den richtigen Stellungen rasten die Objektive ein.

Der Revolverkopf der halbberufsmäßigen 16 mm Kamera BELL und HOWELL „*Filmo 70 J Specialist*" ist vierteilig und mit seinem Standardgewinde für 12 listenmäßig lieferbare Objektive vorgesehen sowie für andere Systeme, die die gleiche Fassung haben. (Für 16 mm-Kameras Durchmesser 25,4 mm = 1″, 32 Gang auf 1″.) Hier ist wie bei vielen anderen

Abb. 94.
BERNDT BACH 16 mm Bild-Ton-Kamera „*Auricon Pro*".
1 Aufnahmeobjektiv, *2* Objektivrevolver, *3* Kameragehäuse, *4* Sucherobjektiv, *5* Masken für Sucher.

Abb. 95.

MAURER 16 mm „*Professional Kamera*" mit Revolver für drei Aufnahmeobjektive, Außenkassetten, Außensucher und wechselbarem Antriebsmotor.

Objektiven eine leichte Rastung des Blendenringes vorgesehen, um ein unbeabsichtigtes Verstellen zu verhindern.

Für Reporterkameras ist ein schneller Wechsel von einem Objektiv zum anderen wünschenswert. Dazu wird bei der 35 mm ASKANIA „*Schulter-Kamera*" nach der Abb. 99 der Revolverkopf *1* gegen die Wirkung einer Feder im Gegenuhrzeigersinne aufgezogen und selbsttätig gesperrt. Es können maximal zwei volle Umdrehungen der Revolverscheibe durchgeführt werden. Soll dann während des Filmens ein Objektivwechsel stattfinden, so wird durch Drücken der Auslösetaste *2* der Revolverkopf zur Drehung freigegeben und springt um eine Drittelumdrehung weiter und bringt so das nächste Objektiv in Bereitschaft. Dabei gehen

nur etwa 2 … 3 Einzelbilder verloren, wenn während der Aufnahme umgeschaltet wird. Einen ähnlichen *springenden* Revolverkopf hat beispielsweise die CINEPHON „*Handkamera*" (Abb. 410).

Die Konstruktion der ÉCLAIR „*Caméflex*" Kamera ist für eine Verwendung des 35 mm-Formates oder den wahlweisen Einsatz von 16 mm- und 35 mm-Filmband ausgelegt. Diese Bauart ist insofern interessant, als die eigentliche Kamera im wesentlichen aus dem *Frontblock 1* (Abb. 92) und einer Ansatzkassette *2* für das jeweils gewünschte Filmformat besteht. Der

Abb. 96.

BELL u. HOWELL 35 mm Handkamera „*Eyemo*". Revolver für drei Aufnahmeobjektive, Mehrfachsucher und Federwerk.

Frontblock enthält unter anderem auch den Objektivrevolver *3* mit Wechselfassungen für drei divergent stehende Objektive *4 ... 6* mit den Brennweiten 18,5.. ..100 mm. Der Aufbau geht auch aus der Abb. 145 hervor.

Die Wechselfassungen auf Objektivrevolvern entsprechen in ihren Gestaltungsgrundsätzen den schon früher gebrachten Darstellungen. Erschwerend tritt bei allen Wechselfassungen hinzu, daß sich die Ungenauigkeiten in der Passung zwischen dem Abstand des Objektivs zur Filmbandebene auf eine Passung zwischen Objektiv und Revolver und eine Passung zwischen Revolver und Bildfenster aufteilen und damit größere Genauigkeiten erfordern.

Trotz der heute allgemein vergüteten Objektive ist ein seitlicher Einfall von Licht auf die Objektivlinsen

Abb. 97.

Vinten 35 mm „*HS 300 Hochfrequenz-Kamera*", Schaltwerk mit mechanischem Ausgleich, Bildfrequenz bis 275 Hz.

Abb. 98.

Siemens 16 mm Kamera „*D*", Maßstab etwa 1 : 3,8. Mit Schlitten für drei Aufnahmeobjektive und automatischer Sucheranpassung (s. Abb. 410). *1 ... 3* Aufnahmeobjektive, *4* Sucherobjektiv, *5* Auslöser, *6* Bildfrequenzeinstellknopf, *7* Filmzählwerk, *8* Aufzugskurbel.

zu vermeiden, da dann Bilder mit einer größeren Brillanz erreicht werden. Dies gilt naturgemäß besonders bei Gegenlichtaufnahmen und für den Atelierbetrieb, wo an sich schon eine sehr große Lichtfülle herrscht und bei einer ungünstigen räumlichen Verteilung der Leuchtquellen Unzuträglichkeiten auftreten können. Deswegen werden alle Atelierkameras mit einem *Kompendium* (Abb. 89) ausgerüstet, das mannigfache Bauformen annehmen kann und vielfach in einer ausziehbaren Balgenausführung zur Anpassung an verschiedene Objektivbrennweiten geliefert wird. Die innen geschwärzte Ausführung ergibt in Zusammenhang mit der Faltung den auf die Innenseite des Kompendiums auftreffenden Lichtstrahlen keine Möglichkeit, in das Objektiv zu gelangen, da sie größtenteils bereits geschluckt werden und der gespiegelte Rest erst nach mehrfachen Reflexionen in das Objektiv fallen könnte. Von der Außenseite kann infolge der Lichtundurchlässigkeit des Balgens ebenfalls kein Licht eindringen. Die Kompendien dienen gleichzeitig zur Fassung und Halterung von Filtern, Softscheiben, Masken und ähnlichen Einrichtungen und lassen eine vielseitige Verstellungsmöglichkeit an ihren eigenen Führungssäulen zu.

Eine andere Ausführung eines Kompendiums ist aus der Abb. 100 für die MITCHELL „BNC Kamera" zu ersehen. In allen Fällen dürfen diese Einrichtungen die Bedienung der Kamera nicht erschweren, also insbesondere die Einstellung und Auswechselung der Objektive nicht behindern. Durch leichtes Abnehmen oder Wegschwenken des Kompendiums wird das erreicht. Weitere Ausführungen von Kompendien sind in den Abb. 89, 153, 243, 328, 420, 441, 448, 449, 491, 501 dargestellt.

Eine vereinfachte Ausführung liegt in den *Sonnenblenden* vor, die in kleinerer Ausführung als Verlängerung des Vorderteiles der Objektivfassung an jedem Objektiv enthalten sind. Vielfach sind auch gesonderte aufsteckbare oder auf-

Abb. 99.
ASKANIA 35 mm „*Schulter-Kamera*", Maßstab etwa 1 : 5,8.
1 Objektivrevolver, *2* Verriegelung des Objektivrevolvers, *3, 4, 5* Aufnahmeobjektive, *6* Auslöseknopf, *7* Antriebsmotor, *8* Einzelbildkurbel, *9* Einzelbildwelle, *10* 8er Welle, *11* 12er Welle.

Abb. 100. MITCHELL 35 mm „*Atelier Kamera BNC*".
1 Außenkassette, *2* Kameragehäuse, *3* Bildfenstermasken-Einstellung, *4* Aufnahmeobjektiv, *5* Kompendium, *6* Entfernungseinstellknopf, *7* Innengehäuse, *8* Kameratür (geöffnet), *9* Außensucher, *10* Antriebsmotor, *11* Okular für Scharfstelleinrichtung, *12* Knebel für Sucherumschaltung, *13* Entfernungseinstellknopf, *14* Schwenkkopf des Stativs.

schraubbare Sonnenblenden vorhanden, die aber gewisse räumliche Abmessungen haben und gelegentlich in zusammenklappbarer Form hergestellt werden. Eine Darstellung von Sonnenblenden findet sich beispielsweise bei den Objektiven in den Abb. 51, 55, 56, 62, 67 ... 71, 73, 81 ... 88, 90 ... 99, 105, 139, 141, 143, 145, 152, 305, 353, 382, 384, 406, 409, 410, 414 und anderen.

Aufnahmefilter sind in die meisten Objektive mit Hilfe von Gewinden einsetzbar, gelegentlich werden auch Aufsteckfassungen verwendet.

In dem KERN Objektiv *Yvar* „*Filtin*" $2{,}8/f = 12{,}5$ mm sind vier Filter durch einen Ring bedienbar angeordnet, die wahlweise eingeschaltet werden können. Dabei wird automatisch der durch die Blende zu berücksichtigende Filterfaktor angezeigt. Seine Größe kann hier nicht erörtert werden, da sie von dem Frequenzgang des Filters, der Farbtemperatur des Dinges und ähnlichen außerhalb der Kamera liegenden Einflüssen abhängt (257a).

VI. Filmbandführung

A. Vor- und Nachwickelung

Die *klassische* Führung des Filmbandes in einer Kinokamera ist in der Abb. 101 schematisch dargestellt. Danach wird das Filmband *1* von der Spule *2* durch die Zahntrommel *3* abgezogen, läuft durch den Filmkanal *4* zu der Zahntrommel *5* und wird dann von der Aufwickelspule *6* wieder aufgewickelt. Als *Zahntrommel* wird eine zahnradähnliche Einrichtung bezeichnet, die mit ihren Zähnen die Schaltlöcher des Filmbandes zwangsläufig antreibt.

Zwischen den Zahntrommeln und dem Filmkanal *4* befinden sich die *Filmschleifen 1a* und *1b* (Abb. 101), die für einen Ausgleich des kontinuierlich zu- und ablaufenden Filmbandes gegenüber den absatzweisen, durch ein mechanisches Schaltwerk hervorgerufenen Bewegungen im Filmkanal sorgen. Die Filmschleifen werden in jeder Schaltperiode gleichmäßig mit einem Stück Filmband ge- bzw. entladen, dessen Länge gleich dem Schaltschritt des Filmformates ist. Im Laufe jeder Bildperiode wird andererseits absatzweise, also nur während eines Teiles der Periodendauer des Schaltens (s. Abschn. IX), der Filmschleife *1a* ein Filmstück entzogen und der Schleife *1b* zugeführt,

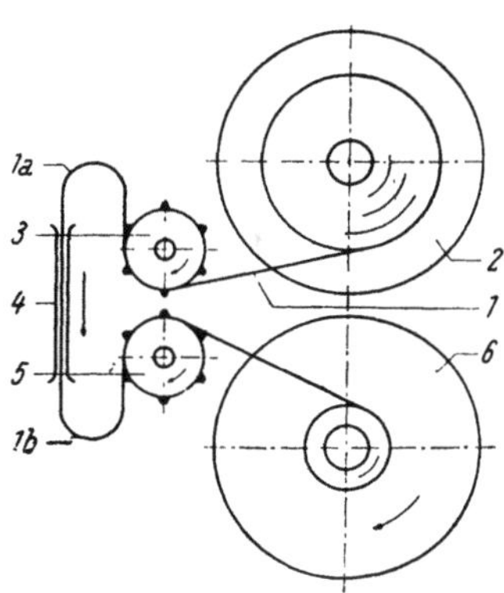

Abb. 101. Kinematographische Kamera. Zahntrommel Vor- und Nachwickelung, Schema.

1 Filmband, *2* Abwickelspule, *3* Vorwickel-Zahntrommel, *4* Filmkanal, *5* Nachwickel-Zahntrommel, *6* Aufwickelspule.

das ebenfalls die Größe des Schaltschrittes hat. An allen Stellen der Filmführung läuft also die gleiche Länge Filmband durch, nur an einigen Stellen kontinuierlich und im Filmkanal diskontinuierlich. Der Übergang zwischen beiden Bewegungsarten erfolgt in den Filmschleifen. Diese ändern also ihre Größe periodisch mit der Schaltfrequenz um den erforderlichen Betrag von etwa einem Schaltschritt.

Die Getriebe zu diesem absatzweisen Schalten werden später im Abschn. IX behandelt.

Für die Bemessung von Schalt- und Filmtransportrollen für das 35 mm-Filmband liegen die folgenden Normblätter vor:

Tabelle 17

DIN	Zähnezahl	Verwendung	Teilung
15 533	32	Transport Rohfilm	4,752 mm
15 534	24	,, ,,	,,
15 532	16	,, ,,	,,
15 523	32	Transport Vorführung	4,752 mm — 0,4%
15 524	24	,, ,,	,,
15 522	16	,, ,,	,,
15 525	16	Schaltung Vorführung	,,
15 520		Übersichtsblatt	4,75 mm

Die Konstruktion und Herstellung der Zahntrommeln (Abb. 102) macht spezielle Erfahrungen in der Verzahnungs- und Entgratungstechnik erforderlich. Da mit einer Ausnahme (s. Abb. 284 ... 287) bei den Kino-*Aufnahme*geräten keine für den guten Bildstand lebenswichtigen *Schaltrollen* eingesetzt werden wie in der Wiedergabetechnik, sondern nur Transporttrommeln, sollen an dieser Stelle die Probleme nicht erörtert werden. Es wird nur darauf hingewiesen, daß eine geringfügige Verkleinerung des Schaltschrittes nach Erfahrungen der Praxis zu einer längeren Lebensdauer der Vorführkopien führen kann. Die Textangabe zu dem Normblatt DIN 15 534 (Abb. 102) lautet:

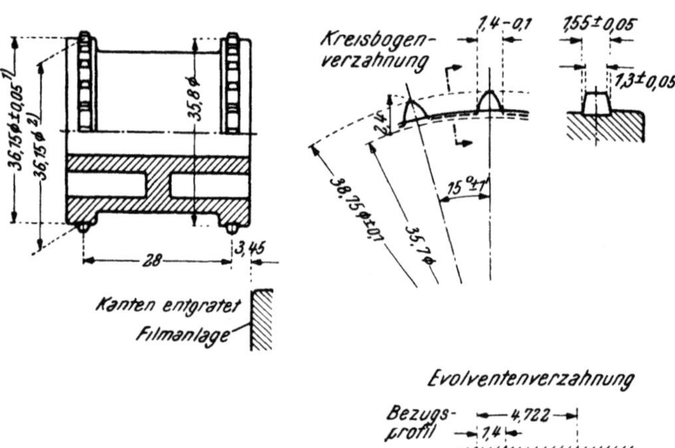

Abb. 102. Abmessungen der 35 mm-Filmtransportrollen für Rohfilm verarbeitende Geräte mit 24 Zähnen nach DIN 15 534.

„Für die Filmauflage (*1*) ist ein Rundlauffehler < 0,02 mm bezogen auf die Bohrung anzustreben. Es wird empfohlen, den Durchmesser des Fußkreises kleiner als den Durchmesser des Außenkranzes zu halten. Für die Vorwickelrolle (*V*) ist zweckmäßig die Plustoleranz, für die Nachwickelrolle (*N*) die Minustoleranz in Anspruch zu nehmen. Die Rollen sind entsprechend zu kennzeichnen. Die beiden Zahnkränze dürfen gegeneinander keine Versetzung aufweisen. Das Bundmaß (Länge der Rollennabe) und die Bohrung der Rolle sind nicht festgelegt, es wird jedoch empfohlen, an dem üblichen Bundmaß von 35—0,05 festzuhalten. Das Maß (2) wird für die Fertigung als Größtmaß empfohlen."

Für die 8 mm-Zahntrommeln liegt eine USA-Empfehlung vor, die in der Abb. 103 abgebildet ist.

Die bisher nur ganz roh dargestellten Bedingungen der Filmbandführung werden noch ergänzt: Zunächst können die Zahntrommeln *3* und *5* (Abb. 101) durch eine einzige ersetzt werden. An der einen Seite der Zahntrommel wird dann das eine und an der anderen Seite das andere Stück des Filmbandes angetrieben (s. Abb. 114, 115, 117 ... 120, 134, 143, 153 u. a.).

Zwischen der Umlaufzahl n_T, Zähnezahl z der Zahntrommel und der Drehzahl n_S des Schaltwerkes besteht eine festliegende Beziehung, die auch eine starre Übersetzung zwischen diesen Wellen durch. Zahnräder erforderlich macht. Es ist

$$n_S = z\, n_T \qquad (49)$$

bei Filmbändern, bei denen ein einziges Schaltloch in der Höhe einem Schaltschritt zugeordnet ist, da sich beispiels-

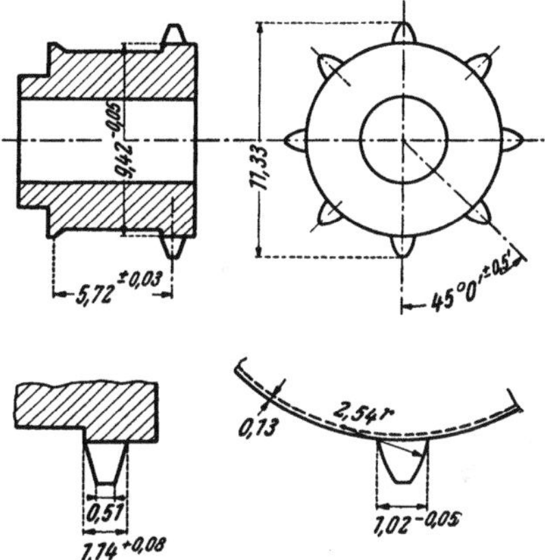

Abb. 103. Zahntrommel für 8 mm-Film, Empfehlung der USA (ASA, Z. 22. 6.), Maßstab 2 : 1 und 4 : 1.

weise bei einer Trommel mit acht Zähnen die Schaltwerkswelle achtmal schneller drehen muß, um die gleiche Länge Filmband zu fördern wie die Zahntrommel bei einem Umlauf. Für das Normalfilmband wird auf Grund der Zuordnung von vier Schaltlöchern zu einem Schaltschritt:

$$n_S = 0{,}25\, z\, n_T \qquad (50)$$

Da das Filmband *1* durch die Zahntrommel *3* (Abb. 101) von der Spule *2* heruntergezogen wird, benötigt diese keinen Antrieb. Meist ist eine leichte Bremsung zweckmäßig.

Bei einigen Kameras ist für besondere Überblendungs- oder Trickaufnahmen ein Rückwickeln eines Teiles oder des ganzen Filmbandes möglich. Dann ist für die Abwickelspule ein einschaltbarer Antrieb vorgesehen, da sich dann die Funktionen von Auf- und Abwickelspule umkehren. Derartige Einrichtungen des Rückwärtslaufes haben naturgemäß alle Trickkameras für Trick- oder Mehrfachaufnahmen, z. B. ASKANIA nach der Abb. 119, 503 und 504 sowie die CRASS „*Trick-Kamera*", Abb. 505. Bei den Halbberufsgeräten ist beispielsweise bei den „*Bolex*" 16 mm-Modellen ein Vor- und Rücklauf vorgesehen (s. Getriebeansicht, Abb. 181), wo über das Schnurrad *24* und eine Peese auch die Abwickelachse angetrieben werden kann. Vereinfachte Rückwickeleinrichtungen sehen nur einen Rücklauf des Greifers (s. Abschn. IX) vor, während das rückgewickelte Filmband von Hand auf die Abwickelspule zurückgeholt wird.

Dazu haben einige „*Nizo*"-Modelle, z. B. die „*Heliomatic*" (Abb. 477) u. a.,
die Kupplungsmöglichkeit eines Hebels von außen durch den Kameradeckel hindurch auf die vom Laufwerk nicht angetriebene Abwickelspule.
Eine weiter vereinfachte Form der Rückwicklung besteht bei der „*8 R
Kamera*" (Abb. 305), bei der durch Drücken des Knopfes *10* das Filmband
vom Greifer entkoppelt wird und dann durch Drehen des Knebels *11* auf
die Abwickelspule zurückgeholt wird. Dieser Knebel koppelt sich beim
Hochklappen automatisch mit der Spule. Ein Rückspulen von Hand ist
auch bei der ERCSAM „*Camex GS*" vorgesehen (Abb. 496).

Die Aufwickelspule *6* (Abb. 101) muß bei dem normalen Betrieb der
Kamera von dem Getriebe her gedreht werden, um das von der Zahntrommel *5* geförderte Filmband wieder aufzuwickeln. Die Länge der Aufwicklung hängt linear von dem jeweiligen Wickeldurchmesser ab. Bei
einer starren Verbindung zum Getriebe würde die Aufwickelspule bei
einer bestimmten Zahl von Umdrehungen unterschiedlich lange Filmband-
stücke aufwickeln, je nach ihrem derzeitigen Füllzustand. Da dies aber nicht
zulässig ist, muß ein Ausgleichsgetriebe zwischen Kamerawerk und Aufwickelachse vorgesehen werden, das nur ein bestimmtes Drehmoment
überträgt und dann automatisch abschaltet. Diese Ausgleichsglieder
werden nach ihrer in der Kinotechnik üblichen Bauform als *Rutschkupplungen* bezeichnet und in ihrer Konstruktion im Abschn. VIII betrachtet.

Die beschriebene Führung des Filmbandes mit einer Zahntrommelvor-
und -nachwickelung wird in allen 35 mm- und vielen 16 mm-Kameras sowie
gelegentlich in 8 mm-Geräten angewendet. Damit das Filmband nicht
von den Zahntrommeln abspringen kann, wird es durch Rollen gehalten,
die an Andruckhebeln oder -schuhen sitzen und ein Öffnen zum Filmeinlegen
zulassen. Vielfach lassen sich die Kameradeckel nicht schließen, wenn die
Andruckhebel nicht richtig stehen. Damit ist ein Warnzeichen und eine
automatische Sicherung gegen ein falsches Filmeinlegen gegeben.

Es ist aber nicht erforderlich, daß das Filmband in einer einzigen Ebene
von der Ab- zur Aufwickelspule laufen muß. Günstige Anordnungen der
Kameras ergeben sich beispielsweise auch dann, wenn die beiden Spulen
nebeneinander in einer Achsrichtung in das Kameragehäuse eingesetzt
werden oder von der linken und rechten Seite gegen das im mittleren Teil
angeordnete Getriebe eingelegt werden. Das Filmband muß dann von
der einen Ebene in die andere übergehen, wozu es in ausreichend langen
Schleifen und dem dann notwendigen bogenförmigen Lauf veranlaßt wird.

Die grundsätzliche Anordnung der Filmspulen in einer Kamera kann
an Hand der Abb. 104 in sehr unterschiedlicher Art vorgenommen werden.
Nach der Zeichnung 104a ist der Raum *1* für das Getriebe neben dem Spulen-
raum *2* untergebracht, wobei die beiden Spulen *4* und *5* parallele Achsen
haben und das Filmband in der gleichen Ebene läuft. Die Anordnung 104b
ergibt den gleichen Filmlauf, es wird aber eine schmalere Form des Gehäuses,
dafür aber etwas größere Höhenabmessungen durch Anbringen des wesentlichen Teiles des Getriebes *1* unter dem Filmraum *2* erreicht. Eine ähnliche Anordnung ist in 104c gegeben, wo die flache Bauart mit einer größeren Länge
des Gehäuses erreicht wird und Spulen- und Getrieberaum ineinandergeschachtelt sind.

Bei Kameras mit größeren Filmspulen wird die Anordnung nach Abb.104d
möglich, bei der die beiden Filmspulen *4* und *5* von beiden Seiten an das
in der Mitte des Kamerakörpers eingebaute Getriebe *1* eingelegt werden.

Hier kann das Filmband nicht mehr in der gleichen Ebene laufen, sondern
wird von der Ebene der Spule *4* zunächst hinter dem Objektiv *3* vorbei-

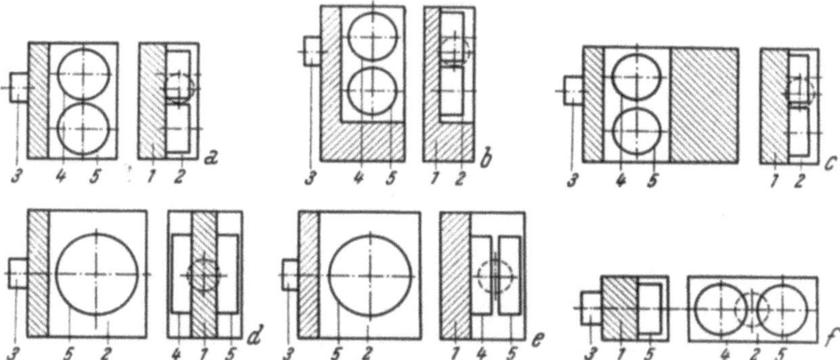

Abb. 104. Schema des Aufbaues einiger kinematographischer Kameras.
1 Raum für Getriebe, *2* Raum für Filmspulen oder Kassetten, *3* Objektiv, *4* Abwickelspule oder -kassette,
5 Aufwickelspule oder -kassette.

geführt und dann in die Ebene der Spule *5* gebracht. Eine andere Anordnung ähnlicher Art besteht nach der Abb. 104e darin, das Triebwerk *1* auf

Abb. 105. ZEISS IKON 16 mm-Kamera „*Movikon 16*", mit Auswechselobjektiven, gekuppeltem
Entfernungsmesser, 30 m-Spulen, Maßstab etwa 1 : 4.

6 Führungsbolzen, *11* Vorwickeltrommel, *14* Filmschleife, *15* Filmkanal, *16* Greifergehäuse, *18* Filmschleife,
21 Nachwickeltrommel, *24* Spiegel zur direkten Filmbetrachtung, *31* Abwickelspule, *32* Aufwickelspule, *33*,
34 Betätigungsknöpfe für Rollenböcke, *35* Aufnahmeobjektiv, *36* gekuppelter Entfernungsmesser, *37* Drehkeilsystem für Entfernungsmesser, *38* Sucher, *39* Zeichen für Vorlaufwerk, *40* Sucherschuh, *41* Einblicköffnung
für direkte Filmbetrachtung, *42* Aufzugskurbel, *43* Auslöseknopf, *44* Schaltknopf für Laufbild — Einzelbild,
45 Bildfrequenz-Einstellung, *46* Schaltknopf zum Öffnen des Verschlusses, *47* Aufzug für Vorlaufwerk, *48* Welle
für Rückwickeln, *49* Klappe, *50* Entfernungseinstellung, *51* Zahnkranz, *52* Diopter, *53* Winkelsuchereinblick,
54 Schaltknopf für Winkelsucher, *55*, *56* Vorwähler für Zeitauslöser, *57*, *58* Filmzählwerk (s. Abb. 106).

der einen Seite der Kamera anzuordnen und die beiden Spulen *4* und *5*
nebeneinander auf einer gemeinsamen Achse einzusetzen. Eine grundsätzliche andere Anordnung ist nach 104f dadurch gegeben, daß die Kamera

im Querformat ähnlich wie die meisten photographischen Standbildkameras verwendet wird und die Spulen *4* und *5* damit in Richtung der Achse des Objektivs *3* gesehen nebeneinander angeordnet sind. Damit liegt die Ebene des Filmbandes im Bildfenster um 90° gegenüber der Anordnung nach Abb. 104a gedreht, wobei die Führung des Filmbandes zwei Schleifen in der Art nach Abb. 122 erfordert. Beispiele für alle diese in der Abb. 104 nur schematisch angedeuteten Anordnungen werden im folgenden gebracht:

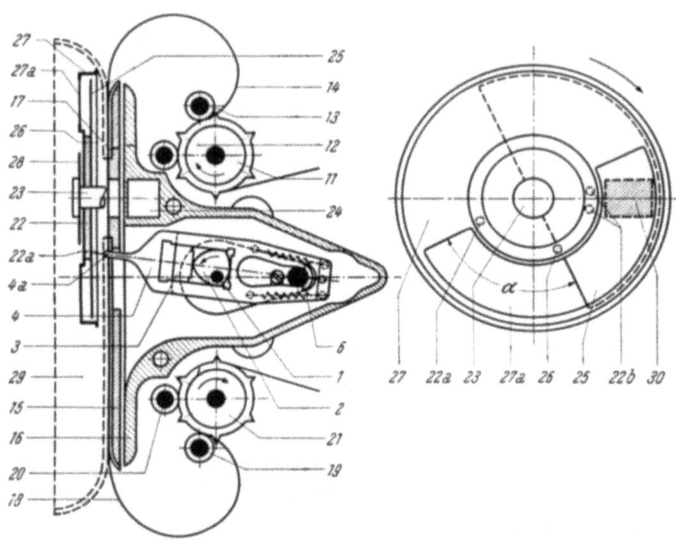

Abb. 106.

Zeiss Ikon 16 mm Kamera „*Movikon 16*", Maßstab 1 : 1,5.

1 Antriebswelle, *2* Exzenter, *3, 4* Greiferrahmen, *6* Führungsbolzen, *11* Vorwickel-trommel, *12, 13* Filmandruckrollen, *14* Filmschleife, *15* Filmkanal, *16* Greifer-gehäuse, *17* Film-Andruckplatte, *18* Filmschleife, *19, 20* Filmandruckrollen, *21* Nachwickeltrommel, *22* Rastscheibe, *23* Verschlußwelle, *24* Spiegel zur direkten Filmbetrachtung, *25* Verschlußflügel, *26* Rasteinrichtung, *27* Verschlußflügel, *28* Scheibe, *29* Objektivträger, *30* Bildfenster (s. Abb. 105).

Als Bauform für eine Filmführung mit zwei Zahntrommeln und einer Anordnung nach Abb. 104a wird die in den Abb. 105 und 106 dargestellte Zeiss Ikon „*Movikon 16 Kamera*" gezeigt. Hier zieht die Vorwickeltrommel *11* das Filmband von der Abwickelspule *31* ab und führt es unter Bilden der Filmschleife *14* dem Filmkanal *15*, *17*, *29* zu. Nachdem das Filmband diesen wieder verlassen hat, bildet es die Schleife *18* und wird von der Nachwickeltrommel *21* transportiert und auf der Spule *32* wieder aufgewickelt. Bei dieser Kamera sind die Andruckrollen *12, 13, 19, 20*, die das Filmband an die Zahntrommeln andrücken, auf Rollenböcken gelagert. Diese schließen und öffnen sich automatisch bei den entsprechenden Bewegungen der Andruckplatte im Filmkanal und erleichtern damit das Laden der Kamera. Hier kann der Deckel der Kamera nicht ordnungsmäßig verschlossen werden, wenn die Rollenböcke und Andruckplatte nicht in der geschlossenen, also für den Betrieb der Kamera richtigen Lage stehen.

Zwei Vorwickel-Zahntrommeln hat die Zeiss Ikon „*Ikophon Kamera*", deren Filmlauf in der Abb. 107 zu sehen ist. Das Filmband wird über die Umlenkrolle *2* zur Vorwickelzahntrommel *3* geführt, geht über die große Filmschleife *4* von der hinteren Ebene der Kassette *1* in den davorliegenden Filmkanal *5* und über die Schleife *6* zur Nachwickelzahntrommel *7*. Der anschließende Teil des Filmlaufes gehört zum tontechnischen Teil (Abschn. XVI, Abb. 489).

Als weitere Kameras mit Filmführungen über zwei Zahntrommeln können die Paillard „*Bolex H 8*", „*H 9,5*" und „*H 16 Kameras*" genannt werden, die eine automatische Bildung der Filmschleifen zulassen. Werden die

Führungsbleche *2* und *5* (Abb. 108) entgegen der Darstellung durch Betätigen des Hebels *10* umgeklappt, so läuft das Filmband im Innern dieses Bleches *2* in den Filmkanal *9* hinein und von hier durch das Blech *5* zurück zur Zahntrommel *7*, sofern man das Filmband mit seinem Anfang in die Vorwickeltrommel *1* einfädelt. Werden die beiden Führungsbleche durch den Hebel *10* in die dargestellte Lage gebracht, so bleiben die Filmschleifen in der erforderlichen Größe stehen. Die Bleche haben während des Filmbanddurchlaufes keine Berührung mit ihm.

Werden für die Zahntrommeln größere Umschlingungswinkel aus Sicherheitsgründen der Filmführung gewählt, so ist der Einsatz von je einer Zahntrommel zum Vor- und Nachwickeln notwendig. Dabei können die Zahntrommeln dann selbst kleiner werden und ergeben damit im Getriebe günstigere Übersetzungsverhältnisse zur Achse des Filmschaltwerkes. Als weiteres Beispiel wird in der Abb. 109 für die ARNOLD und RICHTER „*Arriflex 16 Kamera*"

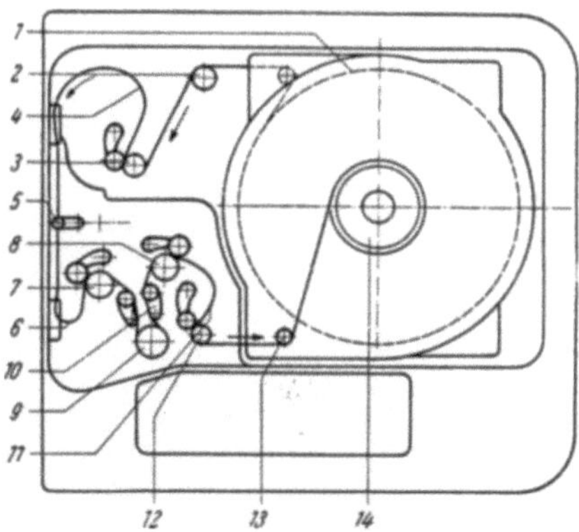

Abb. 107. ZEISS IKON 16 mm Bild-Ton-Kamera „*Ikophon*", Schema, Maßstab etwa 1 : 7.

1 Abwickelspule, *2* Führungsrolle, *3* Vorwickeltrommel, *4* Filmschleife, *5* Filmkanal, *6* Filmschleife, *7* Nachwickeltrommel, *8* Zahntrommel, *9* Tonaufzeichnungstrommel, *10* Andruckhebel, *11* Filmschleife, *12* Zahntrommel, *13* Führungsrolle, *14* Aufwickelspule (s. Abb. 488 u. 489).

gezeigt. Das Filmband *1* läuft von der Abwickelspule *2* über die Zahntrommel *3* in den Filmkanal *6* und über die Zahntrommel *4* zur Aufwickelspule *5*. Die vor und hinter dem Filmkanal liegenden Schleifen sind mit *1a* und *1b* bezeichnet.

Für die schon genannte „*Zwischenfilmkamera*" der FERNSEH GES. mit einem kleineren als dem normmäßig vorgeschriebenen Bildformat auf 35 mm-Filmband (Abb. 40) ist die Filmführung in der Abb. 110 dargestellt. Das Filmband *6* kommt aus der Abwickelkassette und läuft über die Vorwickeltrommel *2* in den Filmkanal *7* und von dort unter Bilden einer

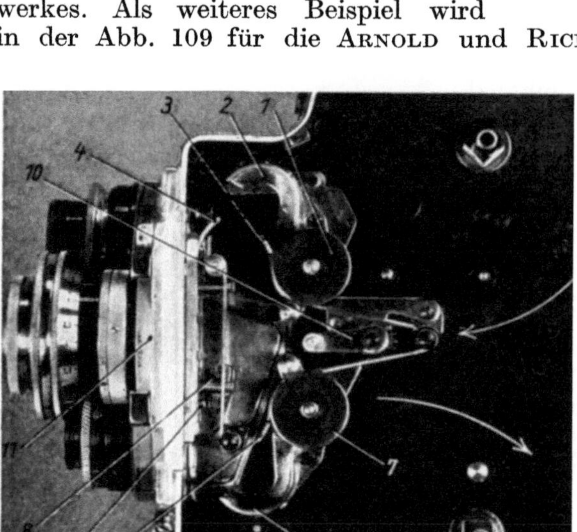

Abb. 108.
PAILLARD 16 mm Kamera „*Bolex H 16*". Filmführung und Einfädelvorrichtung, Maßstab etwa 1 : 2,8.

1 Vorwickeltrommel, *2 ... 6* Führungsbleche für Filmband, *7* Nachwickeltrommel, *8* Exzenter, *9* Greifer, *10* Bedienungshebel für Filmeinfädeln, *11* Objektivrevolver. Ähnlich auch „*Bolex-H-8*" und „*H-9,5-Kamera*" (s. Abb. 181, 182).

Schleife *6b* und Passieren einiger als Schleifenfänger dienender Führungsrollen *8* und *9* zur Nachwickeltrommel *3*. Von hier läuft das Filmband über den später noch besprochenen Tonteil mit der Tonaufzeichnungstrommel *4* und einige weitere Rollen zur Aufwickelkassette.

Abb. 109. ARNOLD und RICHTER 16 mm Kamera „*Arriflex 16*", Maßstab etwa 1 : 4,8.

1 Filmband, *2* Abwickelspule, *3*, *4* Vor- und Nachwickelzahntrommel, *5* Aufwickelspule, *6* Filmkanal, *7* Teil des Suchers, *8* Kameragehäuse, *9* Antriebsmotor (s. Abb. 424).

Der Aufbau einer Kamera nach dem Schema der Abb. 104 d benötigt eine gesonderte Zahntrommel für das Vor- und Nachwickeln. Die Filmführung in der DEBRIE „*Super Parvo V Reflex Kamera*" wird in der Abb. 111 dargestellt. Dieses Gerät enthält ein aufklappbares Vorderteil und aufklappbare Seitentüren, sowie einen wegklappbaren Träger für die Objektivfassung und den Spiegelumlaufverschluß. Die Kassetten werden zu beiden Seiten des in der Mitte befindlichen Triebwerkes angesetzt, womit das Filmband die gezeigte S-förmige Bahn durchlaufen muß. Die Abwickelkassette befindet sich auf der linken Seite und ist nicht sichtbar. Das Filmband bewegt sich dann über die Vorwickeltrommel und unter Bildung der Schleife in den Filmkanal und von dort unter Bildung einer Schleife zur Nachwickeltrommel und dann in die Aufwickelkassette.

Eine ähnliche Bauform besitzt die ASKANIA „*Z-Kamera*" nach der Abb. 112. Auch hier wird der Vorderkasten *1* mit Objektivhalterung und Umlaufverschluß zum Filmladen nach oben geklappt und arretiert. Die seitlich an dem Triebwerk sitzenden Kassetten *2* und *3* werden durch die aufklappbaren Seitentüren *4* und *5* von der linken und rechten Seite eingesetzt. Die Filmbandführung ist wiederum S-förmig. Das Filmband *6* läuft aus der Abwickelkassette über die Vorwickeltrommel *2* in

Abb. 110. FERNSEH „*Zwischenfilm Bild-Tonkamera*", Maßstab etwa 1 : 10.

1 Greifer, *2*, *3* Vor- und Nachwickelzahntrommel, *4* Tonaufzeichnungstrommel, *5* Suchereinblick, *6* Filmband, *7* Filmkanal, *8*, *9* Zwischenrollen (s. Abb. 81).

einer Schleife zum Filmkanal *7* und von dort über die Schleife *6 b* und die Zahntrommel *9* zur Aufwickelkassette *3*.

Den Lauf des Filmbandes durch die ASKANIA „*Atelier-Kamera*" zeigt die

Abb. 113. Bei diesem Gerät sitzen die Ab- und Aufwickelkassetten *1* und *9* auf einer gemeinsamen Achse und werden von einer Seite bedient. Der Aufbau entspricht dem Schema der Abb. 104e. Das Filmband *2* wird aus der hinten liegenden Kassette *1* durch die schematisch angedeutete Vorwickeltrommel *3* herausgezogen und unter Bildung der Filmschleife *2a* in den Filmkanal des Greifergehäuses *10* geführt. Von hier läuft das Filmband unter Bilden einer Schleife *2b* auf ein System von zwei in achsialer Richtung hintereinander liegenden Zahntrommeln *6*, und zwar zunächst auf die hinten gelegene und dann unter Bildung der Schleife *2c* auf die davor liegende. Dann läuft das Filmband über die Umlenkrolle *7* auf die Aufwickelachse *8*. Die Überführung des Filmbandes von der einen in die andere Ebene wird also bei den zwei

Abb. 111. DEBRIE 35 mm Atelierkamera „*Super Parvo-Reflex*", Maßstab etwa 1 : 5. Vorderkasten geöffnet, Objektiv- u. Verschlußträger abgeklappt.

Zahntrommeln *6* vorgenommen. Die Abb. 150 zeigt eine Photographie der „*Atelier-Kamera*" mit der Stellung des Schaltwerksblockes *10*, bei der er zur Sucherbeobachtung des Bildes mitsamt dem Filmband *2* ausgeschwenkt ist. Damit ist automatisch ein Einschwenken der Mattscheibe *11* verbunden.

Eine Zusammenlegung der Vor- und Nachwickelung auf eine einzige Zahntrommel, der dann gern zur besseren Führung durch mehrere Zähne und Verringerung der Filmbandkrümmung an der Trommeloberfläche ein größerer Durchmesser gegeben wird, haben viele Kameras. Dafür sollen als Bei-

Abb. 112. ASKANIA 35 mm „*Z Kamera*" mit geöffnetem Vorderkasten und Seitentüren, Maßstab etwa 1 : 6,3. *1* Vorderkasten, *2, 3* Ab- und Aufwickelkassette, *4, 5* Seitentüren, *6* Filmband, *7* Vorwickelzahntrommel, *8* Filmkanal, *9* Nachwickelzahntrommel, *10* Kupplung für Verschlußantrieb (s. Abb. 56, 189).

spiele die KLANGFILM *„Minicord V 16"* (Abb. 143), die KODAK *„Special"* und die EMEL *„Cine 8"* (Abb. 169) dienen.

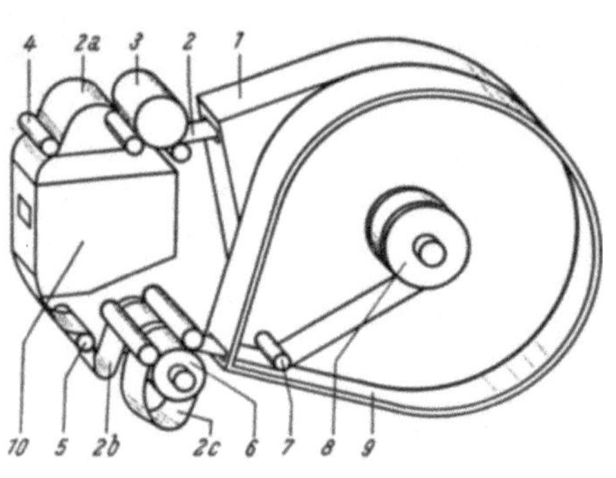

Abb. 113.

ASKANIA *„Atelier-Kamera"*. Schema des Filmbandlaufes, Maßstab etwa 1 : 10.

1 Abwickelkassette, *2* Filmband, *3* Vorwickelzahntrommel, *4, 5* Führungsrollen, *6* Nachwickelzahntrommel, *7* Führungsrolle, *8* Aufwickelachse, *9* Aufwickelkassette, *10* Filmschaltwerk (s. Abb. 126, 150, 234, 244).

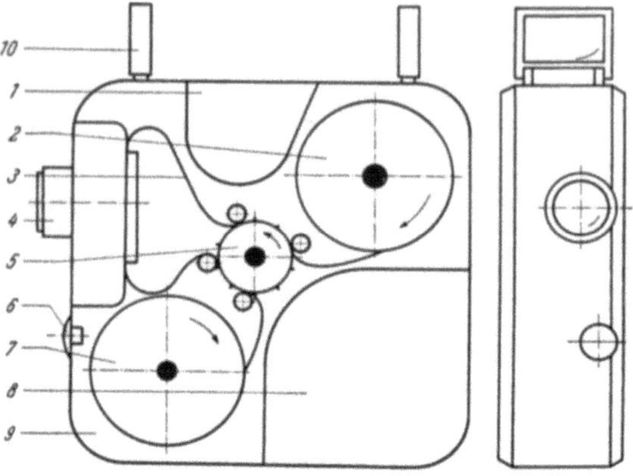

Abb. 114.

SUCHANEK und MEOPTA 2 × 8 mm Kamera *„Admira 8"*, Maßstab 1 : 3.

1 Regler, *2* Abwickelspule, *3* Filmband, *4* Objektiv, *5* Vor- und Nachwickeltrommel, *6* Auslöseknopf, *7* Aufwickelspule, *8* Federhaus, *9* Kameragehäuse, *10* Sucher.

Abb. 115.

KODAK 8 mm Kamera *„Modell 60"*, Maßstab etwa 1 : 3. Kameradeckel geöffnet.

1 Aufnahmeobjektiv, *2* Traggriff, *3* Sucherobjektiv, *4* Sucherokular, *5* Abwickelspule, *6* Vor- und Nachwickeltrommel mit eingebautem Federwerk, *7* Filmschleife, *8* Filmkanal, *9* Filmschleife, *10* Aufwickelspule, *11* Fühlhebel für Filmzählwerk (vgl. Abb. 174).

Abb. 116.

KODAK 2 × 8 mm *„Reliant Kamera"*, Maßstab etwa 1 : 3. Kameradeckel geöffnet, zahntrommellose Filmführung.

Die SUCHANEK *„Admira 8 Kamera"*, die neuerdings von der MEOPTA hergestellt wird, hat nach der Abb. 114 eine gemeinsame Zahntrommel *5* für das Vor- und Nachwickeln des Filmbandes *3*. Die geringe Breite des Gehäuses von etwa 40 mm wurde durch einen Aufbau nach der Abb. 104c erreicht, indem das breite Federwerk *8* (Abb. 114) und der Regler *1* in den Raum eingebaut wurden, der für die Filmspulen und das Filmband vorgesehen ist.

Eine interessante Anordnung hat die KODAK 8 mm Kamera „*Modell 25*" und „*60*" (Abb. 115), bei der die Zahntrommel *6* mit dem Federhaus vereinigt ist. Diese Bauart ist nicht deshalb entstanden, um eine möglichst große Zähnezahl der Trommel zu erreichen, die sich aus der relativ langsamen Umlaufzahl des Federwerkes ergibt, sondern aus dem Wunsch, eine recht flache Kamera zu schaffen. Dazu ist das Federhaus in den Filmraum mit eingebaut und bringt für die Kamera die gezeigte flache Bauart. Das Filmband wird von der Abwickelspule *5* abgezogen, läuft über die große Zahntrommel *6* mit 52 Zähnen und die Schleife *7* in den Filmkanal *8* und von dort nach Bildung der unteren Schleife *9* über die Unterseite der Zahntrommel zur Aufwickelspule *10*. Die nicht bezeichneten Andruckhebel sind aus der Abb. 115 zu erkennen. Die Einschachtelung des Federwerkes in die Zahntrommel ist aus der Abb. 174 zu sehen.

Diese Anordnung wird bei der neueren KODAK „*Reliant Kamera*" verlassen, die als Nachfolgetype der genannten Modelle anzusprechen ist. Die Filmführung dieser Kamera geht aus der Abb. 116 hervor. Hier wird eine zahntrommellose Filmführung verwendet, über die später noch gesprochen wird. Sonst ist die lange schmale für die KODAK Geräte charakteristische Form beibehalten worden, wozu das Federwerk entsprechend schmaler gestaltet wurde.

Die in den PATHEX-Geräten „*Webo 9,5*" und „*16*" verwendete Anordnung einer gemeinsamen Zahntrommel für das Vor- und Nachwickeln geht aus der Abb. 117 hervor.

Die Filmführung einer großen 35 mm Atelierkamera, der ÉCLAIR „*Camé*" *300 Reflex*", ist in der Abb. 118 dargestellt. Das von der Kassette auslaufende Filmband *1* wird über einige Führungsrollen

Abb. 117. PATHEX 16 mm Kamera „*Webo M 16*", Maßstab etwa 1 : 3. Kameradeckel abgenommen, Revolver für drei Aufnahmeobjektive, Dauerreflexsucher, Vor- und Nachwickelzahntrommel (s. Abb. 90).

zur Vor- und Nachwickelzahntrommel *2* geleitet, an die es mit den Andruckschuhen angedrückt wird. Dann läuft das Filmband über weitere Führungsrollen unter Bildung der oberen Schleife in den Filmkanal, wird hier von dem später (in Abb. 258) beschriebenen Schaltwerk absatzweise geschaltet und läuft durch die untere Filmschleife über weitere Führungsrollen wieder zu der Zahntrommel *2* und von dort zur Aufwickelkassette. Das notwendige Fassungsvermögen der Kassetten von 300 m Filmband wurde hier durch Außenkassetten erreicht.

Der Aufbau und Filmlauf eines Sondergerätes geht aus der Abb. 119 hervor. Hier ist die ASKANIA „Trick-Kamera" im geöffneten Zustand dargestellt, die im Zusammenwirken mit einem Tricktisch speziell auf Titel- und Trickaufnahmen eingerichtet ist. Das Filmband kommt aus der Innenkassette 2 und läuft über die gemeinsame Vor- und Nachwickeltrommel 4 in einer Schleife zum Filmkanal und von dort zurück zur Aufwickelkassette 3.

Die Führung des Filmbandes in der MITCHELL „Atelier-Kamera BNC" wird in der Abb. 120 dargestellt. Hier werden in einer Ebene liegende Außenkassetten verwendet, so daß auch das Filmband in ·einer einzigen Ebene durch die Kamera läuft. Es ist eine gemeinsame Zahntrommel für das Vor- und Nachwickeln vorgesehen.

Abb. 118. ÉCLAIR 35 mm „Atelier-Kamera", Filmführung u. Filmschaltwerk, Kameratür geöffnet, Maßstab etwa 1 : 4.
1 Filmband, 2 Vor- und Nachwickel-Zahntrommel, 3 Filmkanal, 4 Filmschaltwerk (s. Abb. 258).

Die Zahntrommeln sichern eine exakte Führung des Filmbandes in der Kamera, insbesondere bei größeren Längen. Für die Berufsgeräte ist die zum Filmeinfädeln notwendige Zeit und Arbeit nicht von allzu großer Bedeutung. Durch die Zahntrommelführung sind auch im Filmkanal eindeutige Verhältnisse geschaffen, da vom Filmschaltwerk nur das Filmbandstück beschleunigt und verzögert werden muß, das zwischen den beiden Zahntrommeln, bzw. den beiden benutzten Stellen der einzigen Zahntrommel liegt. Die Länge dieses Filmbandstückes kann durch konstruktive Maßnahmen klein gehalten werden, was sehr erwünscht ist, da die zu beschleunigende Masse dieses Filmbandstückes linear in die auf das Filmband vom Schaltwerk her ausgeübten Beschleunigungskräfte eingeht (s. Abschn. IX).

Nachteilig für die Zahntrommelführung ist der Aufwand an Mitteln. Außerdem ist das Filmeinlegen umständlich.

Damit das Filmband mit seinen Schaltlöchern nicht von den Zähnen der Trommel abrutschen kann, werden Andruckhebel oder -schuhe angewendet, die mit leicht laufenden Rollen versehen werden und die Seitenränder des Filmbandes an die Trommel andrücken. Vielfach werden Andruckhebel auch so eingestellt, daß zwischen ihnen und der Trommel ein Zwischenraum von der Dicke des Filmbandes entsteht (s. Abb. 188).

Die Andruckhebel werden verschieden gestaltet: Entweder rasten sie in geöffneter oder geschlossener Stellung ein. Dazu werden sie gegen die Kraft einer Feder bewegt, die bestrebt ist, die Hebel zu schließen oder zu öffnen. Beispiele für die Andruckhebel oder -rollen wurden in den Abb. 105 ... 107, 109, 110 ... 112, 115, 117 ... 120 gezeigt und sind weiter in den Abb. 128, 129, 134, 143, 150, 153, 154, 188, 189 sowie anderen dargestellt.

Gelegentlich wird die Eigenelastizität des Filmbandes zur Anlage an die Zahntrommeln ausgenutzt. Das Filmband wird dann in nicht bewegliche Führungshebel mit einer Biegung eingelegt, so daß es von sich aus gegen die Trommeln drückt. Gelegentlich werden federnd angetriebene Zahntrommeln eingesetzt (REVERE).

Überlegungen zur Vereinfachung der Geräte führen zu einem Verlassen der Zahntrommelführung bei den kleineren Filmformaten. Als Zwischenstufe sei das Getriebe der EUMIG „C 3 Kamera" (Abb. 121) angeführt, bei der das Filmband *21* über die vom Triebwerk gedrehte zahnlose Trommel *24* aus Gummi geführt wird. Die außen aufgerauhte und geriffelte Trommel hat gegenüber dem Filmband eine erhebliche Reibung, die durch den feststehenden Führungsstift *25* erhöht wird. Mit dieser Anordnung wird eine Art Vorwickelung erreicht, da beim Verkleinern der oberen Filmschleife durch den Zug des Schaltwerkes die Reibung zwischen Filmband und Gummiwalze vergrößert und damit mehr Filmband gefördert wird. Ist dagegen die Filmschleife zu groß geworden, so ist die Reibung geringer oder läßt ganz nach. Dann wird auch weniger oder gar kein Filmband mehr gefördert. In dieser einfachen Einrichtung bildet sich also automatisch eine Filmschleife

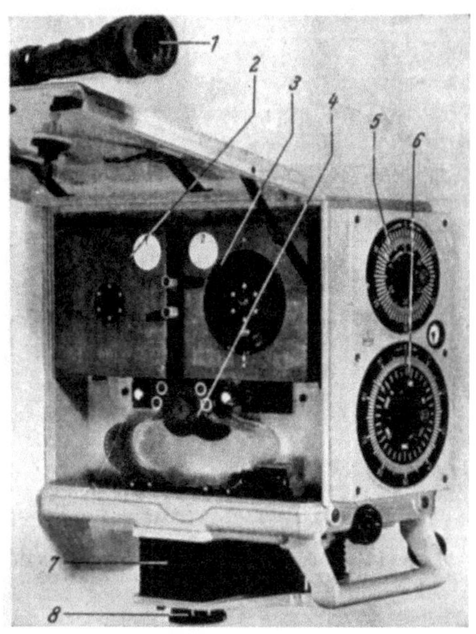

Abb. 119. ASKANIA 35 mm „*Trick Kamera*", Maßstab etwa 1 : 10. Kameratür geöffnet.

1 Sucher, *2, 3* Auf- und Abwickelkassette, *4* Vor- und Nachwickelzahntrommel, *5* Filmmeter-Zählwerk, *6* Einzelbildzählwerk.

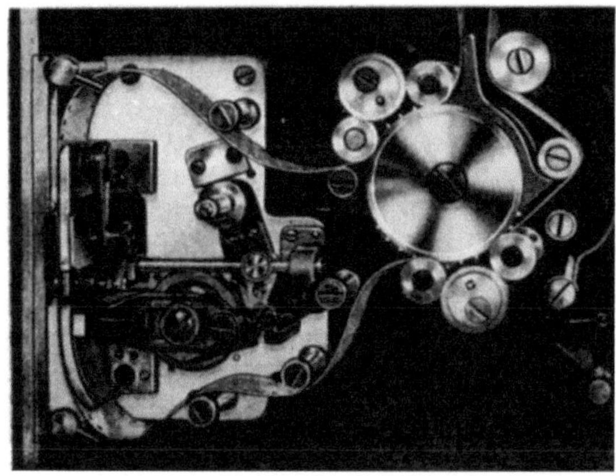

Abb. 120. MITCHELL 35 mm „*Atelier Kamera BNC*". Filmführung und Filmschaltwerk, Maßstab etwa 1 : 2,7 (s. Abb. 246 ... 248).

von einer bestimmten mittleren Größe. Diese Filmführung benötigt
kein Einfädeln des Filmbandes im üblichen Sinne. Eine ähnlich aufgebaute Kamera von EUMIG liegt in dem Modell „C 58" vor, bei dem
lediglich der elektrische und gekuppelte Blendenmesser fehlt, über den noch im Abschn. XV berichtet wird.

Einfachere Geräte können besonders dann, wenn sie nur für eine Ladung von kurzen Filmbandlängen eingerichtet sind, auf eine Vor- und Nachwickelung ganz verzichten. Es ergibt sich unter den eben genannten Voraussetzungen ebenfalls ein ordnungsmäßiger Durchlauf des Filmbandes und ein befriedigender Bildstand. Die Ursache liegt darin, daß das Filmband auf der Abwickelseite etwas auffedert und deshalb beim Anlaufen des Kamerawerkes nicht sofort der ganze Filmwickel mit der Abwickelspule beschleunigt werden muß. Es ziehen sich vielmehr bei den ersten geschalteten Bildern nach dem Anlauf die Filmwindungen etwas enger

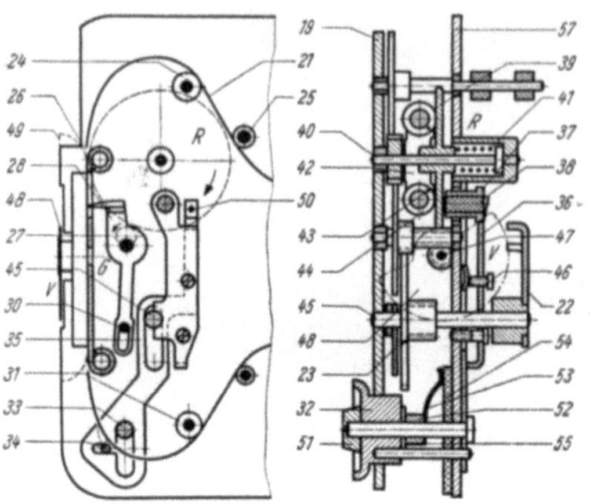

Abb. 121. EUMIG 2×8 mm Kamera „C 3",
Greifer und Regler, Maßstab 1 : 2.

19 Platine, *21* Filmband, *22* Greifer-Auslösehebel, *23* Hebel,
24 Gummi-Vorwickeltrommel, *25* Führungsstift, *26* Filmkanal, *27* Greiferkurbel, *28* Greifer, *30* Greifer-Führungsstift, *31* Führungsstift, *32* Einstellknopf für Bildfrequenz.
33 Achse, *34* Stift, *35* Hebel, *36* Bremshebel, *37* Buchse,
38 Bremsbelag, *39* Bremsteller, *40* Reglerwelle, *41* Reglerfeder, *42* Hebel, *43* Stift, *44* Fliehgewicht, *45* Auslöseachse, *46* Justierschraube, *47* Verschlußwelle, *48* Umlaufverschluß, *49* Filmandruckplatte, *50* Justierschraube,
51 Einstellknopf für Filmempfindlichkeit, *52* Buchse,
53 Schleiffeder, *54* Belichtungsmesserwiderstand, *55* Federscheibe, *57* Platine (s. Abb. 172, 226, 472, 473).

zusammen. Damit erhält das Filmband eine größere Spannung und
setzt mit einer gewissen Zeitverzögerung allmählich die Abwickelspule in Gang. Diese dreht sich dann entsprechend dem Mittelwert
des abgezogenen Filmbandes, wie man leicht feststellen kann. Ist das
Filmband und die Filmspulen erst einmal in Gang gekommen, so ist auf
Grund des Beharrungsvermögens der Durchlauf leichter. Damit wird
auch der Ausgleich zwischen den absatzweisen Bewegungen und den
kontinuierlichen besser, da die Filmwickel in sich etwas im Rhythmus
der Schaltfrequenz federn. Das Filmband wird meist in einer Art Schleife
zwischen Abwickelspule und Filmkanal bzw. Filmkanal und Aufwickelspule verlegt, so daß es auch hier infolge dieser Verlegung in sich
genügend federn und ausgleichen kann. Dieser Lauf wird gelegentlich
dadurch unterstützt, daß man das Filmband direkt über eine als Feder
ausgebildete Filmführung laufen läßt, wie bei der Beschreibung der
SIEMENS 16 mm Kassette an Hand der Abb. 135 und 136 noch gezeigt
wird. In den „Bolex B 2" und „B 8" Geräten ist eine federnd gelagerte
Rolle an der Einlaufseite des Filmbandes in den Filmkanal angeordnet,
die Stöße auffängt und im Rhythmus der Schaltfrequenz kleine Bewegungen ausführt.

Zur Erleichterung des Abwickelns wird das Filmband um glatte, sehr
leicht drehbare Rollen geführt. An der Aufwickelseite sieht die Führung
etwas anders aus. Hier muß das aus dem Filmkanal herauskommende

und sich hier zunächst noch absatzweise bewegende Filmband wieder aufgewickelt werden. Das Ausgleichsglied, die Rutschkupplung, wurde schon erwähnt, die nur ein begrenztes Drehmoment übertragen darf. Ist dieses Moment zu groß, besteht Gefahr, daß von der Aufwickelspule her das Filmband aus dem Filmkanal herausgezogen und damit der Bildstand schlecht wird. Dieses Herausziehen wird, abgesehen von der richtigen Bemessung des Ausgleichsgliedes, durch eine feststehende, sich nicht drehende Walze oder eine runde Kante mit nicht zu glatter Oberfläche oder kleinem Krümmungsradius verhindert. Um diese Stelle wird das Filmband um einen großen Winkel umgelenkt. Damit entsteht soviel Reibung, daß vor einem Herausziehen des Filmbandes aus dem Filmkanal das Ausgleichsglied bereits ein Aussetzen des Antriebes bewirkt. Durch diese genannten Maßnahmen ist ein sicherer Lauf des Filmbandes hinter dem Filmkanal auch ohne Zahnradnachwickelung gesichert.

Beispiele für eine zahntrommellose Filmführung werden bei der Beschreibung der Kassetten noch mehrfach gebracht, da es an sich nicht sehr wesentlich ist, ob das Filmband in der Kassette oder der Kamera selbst läuft, soweit es sich um die allgemeinen Betrachtungen der Filmführung handelt, nicht aber um Fragen der Bedienung der Geräte.

Die genannten Führungsglieder für das Filmband sind beispielsweise in den Abb. 116, 122, 131 ... 133, 135 ... 137 zu sehen.

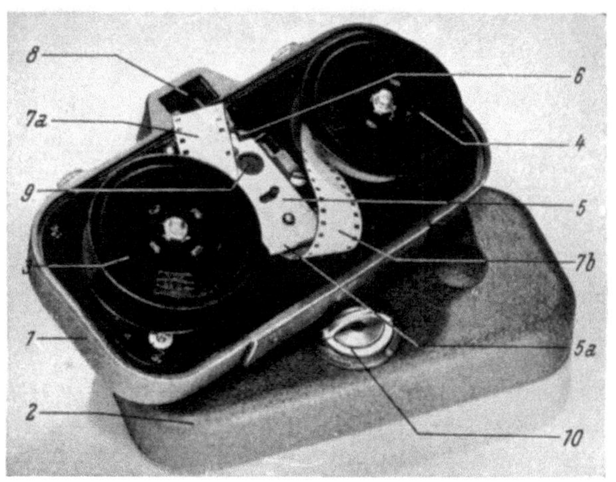

Abb. 122. ZEISS IKON 2 × 8 mm Kamera „Movikon 8 quer", Filmführung, Maßstab etwa 1 : 2,5.
1 Gehäuse, 2 Deckel, 3, 4 Ab- und Aufwickelspule, 5 Filmandruckplatte, 6 Führungsrolle, 7 Filmband, 8 Sucher, 9 Verschlußschieber für direkte Bildfensterbetrachtung, 10 Deckelverschluß (s. Abb. 217 und 382).

Es wurde schon mehrfach gezeigt, daß aus Gründen der Gesamtanordnung ein zweckmäßiger Kameraaufbau auch bei einer Führung des Filmbandes in verschiedenen Ebenen gegeben sein kann. Dieser verschränkte Lauf des Filmbandes ist auch ohne Zahntrommelführung möglich, wie aus der Abb. 122 zu erkennen ist. Die hier dargestellte neue „Movikon 8 mm Kamera" ist gegenüber dem älteren unter der gleichen Bezeichnung laufenden Modell eine Neukonstruktion mit gänzlich anderem Aufbau. Die neue „Movikon 8" hat eine Queranordnung des Gehäuses nach dem Schema der Abb. 104f. Damit liegt die optische Achse des Aufnahmeobjektivs parallel zu den Achsen der Filmspulen 3 und 4 und die Filmbandebene im Filmkanal hat eine um 90° gedrehte Lage gegenüber den üblichen Anordnungen. Der Lauf des Filmbandes wird durch die Abschrägungen an beiden Seiten der Filmandruckplatte 5 erleichtert. Dabei sind an der Eintrittsstelle des Filmbandes zwei kleine, leicht drehbare Rollen 6 von etwa 4 mm Durchmesser angebracht, von denen die eine zu sehen ist. Sie sind nur an den Schaltlochrändern angeordnet. An der Auslaufstelle *5a* muß eine größere Reibung erzeugt werden. Dazu ist die Filmandruckplatte *5* mit einem kleinen Radius von etwa 2 mm abgerundet, um den sich das Filmband schlingen muß. Sein S-förmiger

Abb. 123. Eumig 9,5 mm Kamera „*C 39*", mit Kassettenladung, Maßstab etwa 1 : 2,5.

1 Filmband, *2* Kassette, *3* Filmkanal, *4* Abdeckgehäuse für Greifer, *5* Aufnahmeobjektiv, *6* Photozelle für gekuppelten Belichtungsmesser, (ähnliches 2×8 mm Modell „*C 3*" s. Abb. 472).

Lauf mit den Filmschleifen *7a* und *7b* ist aus der Abb. 122 deutlich zu erkennen.

Eine zahntrommellose Filmführung in den Eumig 9,5 mm Kameras mit den Bezeichnungen „*C 39*" und „*C 59*" zeigt die Abb. 123. Hier läuft das Filmband *1* aus dem oberen Teil der Kassette *2* in den Filmkanal *3* und von hier zurück in die Kassette.

Bei 8 mm Kameras wird die zahntrommellose Führung oft angewandt, es können dafür alle Kassettenkameras genannt werden, ferner die Geräte mit Spulenladung: „*Movex 8*" und „*8 L*", „*Bauer 8*" und „*88*", „*Companion*", „*Sportster 8*", „*De Jur 8*", Blaupunkt „*E 8*", Eumig „*C 4*" und „*C 8*", „*Bolex 8 L*", „*B 2*", „*C 8*", Siemens „*8 R*", „*Movikon 8*" (neu). Dazu gehören weitere Modelle von Revere, Bell und Howell und andere, insbesondere auch die Geräte, die eine Kassette oder ein „*Magazin*" verwenden. Bei den 16 mm Geräten sind die Siemens Modelle „*B*", „*C II*", „*D*", „*F II*" als zahntrommellos anzuführen.

B. Filmkanal

Der *Filmkanal* ist die Stelle in der Kamera, wo die einzelnen Phasenbilder belichtet werden. Zu diesem Zweck wird das Filmband an der Belichtungsstelle senkrecht zur optischen Achse in einer möglichst guten Planlage gehalten. Die Höhen- und Seitenlage muß ebenfalls richtig sein.

Über die Fragen der Genauigkeit der Justierung des Abstandes der Filmebene zum Objektiv wurde schon im Abschn. V E gesprochen, desgleichen über die Genauigkeit der Höhen- und Seitenlage des Filmbandes zum Bildfenster im Abschn. III E. Der Filmkanal erlaubt dem Schaltglied des Schaltwerkes einen Zugang zu den Schaltlöchern des Filmbandes, um den Filmzug zu bewerkstelligen. Das Filmband muß in dem Filmkanal leicht gleiten können, damit wenig Möglichkeit zu Abnutzungserscheinungen an den Berührungsflächen zwischen Filmband und Kufen eintritt. Die Führungsstellen werden deshalb vielfach geschliffen oder verchromt.

Andererseits besteht insbesondere bei frischen Filmbändern die

Neigung, kleine Partikelchen an den Führungsflächen abzusetzen, die dann sehr hart werden und zu größeren Stellen anwachsen. Damit wird augenblicklich die Bremsung des Filmbandes im Filmkanal um ein Vielfaches größer. Der Filmabsatz wird teils durch die konstruktive Ausbildung des Filmkanals und teils durch den Einsatz besonderer Materialien zu verhindern gesucht, doch sind die Einflüsse wohl nicht recht klar.

Eine Reihe von Schaltwerken verlangen eine derartige Reibung des Filmbandes im Filmkanal, daß es mit absoluter Genauigkeit an der Stelle stehenbleibt, bis zu der es von dem Schaltwerk gezogen wurde. Darüber wird noch im Abschn. IX gesprochen.

Ein leichtes Einlegen des Filmbandes in den Filmkanal ist erwünscht, damit der Wechsel von Spulen oder Kassetten, insbesondere bei den Geräten mit kleinen Filmlängen, schnell vonstatten gehen kann.

Grundsätzlich kann bei einem Filmkanal und dem damit fest verbundenen Bildfenster, das als Teil des Filmkanals anzusehen ist, das Filmband mit einer gewissen Kraft gebremst werden. Zu deren Überwindung muß beim ganz langsamem Herausziehen eine *statische Kraft* aufgebracht werden, die beispielsweise bei Schmalfilmkameras 20 ... 50 g beträgt. Diese Kraft wird durch zwei Faktoren bestimmt. Einmal ist die Planlage des Filmbandes im Bildfenster maßgebend, um eine möglichst gute und scharfe optische Abbildung zu erhalten. Zum Andrücken des Teiles vom Filmband mit Hilfe der Filmandruckplatte, das sich gerade im Bildfenster zur Aufnahme befindet, ist eine gewisse Kraft erforderlich, die sich unter Beachtung der Reibungszahl μ zwischen Filmband und Führung aus dem statischen Zug errechnen läßt. Die Reibungszahl schwankt aber zwischen $\mu = 0{,}1 ... 0{,}75$ für die verschiedenen Materialien, Filmbandgeschwindigkeiten, Verölung, Verschmutzung, elektrostatische Aufladungen und Luftfeuchtigkeit sehr erheblich und teilweise durch den genannten Absatz von Filmpartikelchen auch stoßweise, so daß die Angabe von Zahlenwerten ohne genaue Beschreibung der sonstigen Bedingungen schlecht möglich ist (146) (s. Abschnitt XIX).

Praktisch sieht ein Filmkanal dann so aus, daß das Filmband auf einer Länge von 2 ... 6 Bildteilungen gegen eine feststehende Führung gedrückt wird. Diese ist aber nur an den Schaltlochrändern wirksam, während an den mittleren Partien durch ein geringes Einlassen der Oberflächen der Führungsbahnen das Filmband frei *schwebt*. An den Bildpartien kann hier also keine Beschädigung oder Verkratzung eintreten. In dem Bildfenster reicht diese Führung infolge der undefinierten Lage gerade der Bildpartien des Filmbandes nicht aus. Das Bildfenster besteht aus einem Rahmen mit der genauen Innengröße des Bildformates, also für das 35 mm-Format 16×22 mm mit der vorgeschriebenen Abrundung von 0,8 mm. Dieser Rahmen hat auf seiner nicht ausgesparten planen Rückseite, d. h. der dem Objektiv abgekehrten Seite, die Führungsfläche für das Filmband, das durch eine Andruckplatte von der Rückseite her gegen das Bildfenster gedrückt wird. Diese Andruckplatte ist allerdings vielfach ebenfalls als Rahmen ausgebildet, wenn durch sie hindurch das Bild auf dem durchsichtigen Filmband als Sucherbild betrachtet werden soll. An Stelle des Filmbandes mit seiner nicht mehr sehr gut durchsichtigen Lichtschutzschicht kann auch mattierter Film oder eine einschwenkbare Mattscheibe zur Betrachtung des Aufnahmebildes herangezogen werden.

Eine Verringerung der Reibung während des Schaltens des Filmbandes wird durch ein *Pendelfenster* erreicht, das durch eine mechanische Steuerung immer gerade dann abgehoben oder *gelüftet* wird, wenn das Filmband zu einem Schaltschritt transportiert wird (z. B. DEBRIE, Abb. 204) und einige andere.

Die andere Bedingung für die Größe der statische Kraft ergibt sich aus Überlegungen über die Massenkräfte (Abschn. IX D) und hat damit theoretisch eine bestimmte Größe, die von der Art des benutzten Schaltwerkes, seiner Schaltgeschwindigkeit und dem Filmformat abhängen [WEISE (609)].

Die andere Art des Aufbaues des Filmkanals besteht darin, das Filmband nicht zwischen den Führungsflächen an den Schaltlochrändern zu spannen, sondern diesen Führungen einen Abstand zu geben, der gerade der Filmbanddicke von etwa 0,17 mm entspricht. Damit liegt das Filmband lose im Filmkanal und bedarf zur genauen Justierung seiner Höhenlage im Bildfenster besonderer Einrichtungen, der Justiersysteme (Abschn. IX C). Das Bildfenster selbst ist dann nach der beschriebenen Art ausgeführt.

Bisher wurde die Lage der Ebene des Filmbandes im Abstand von dem Objektiv betrachtet. Die Höhenlage bei einem senkrechten Durchlauf des Filmbandes ist durch das Filmschaltwerk bzw. Justiersystem bedingt und wird an anderen Stellen erörtert (Abschn. III E, IX C, IX E). Die Seitenlage wird bei Schaltwerken ohne seitlich wirkende Justiersysteme durch den Filmkanal bestimmt. Dieser hat entweder zwei feste seitliche Führungen, an denen die Kanten des Filmbandes entlang laufen und deren Abstand so bemessen ist, daß das Filmband unter Beachtung seiner Breitentoleranz möglichst ohne größeres Spiel dazwischen paßt.

Eine andere Bauart sieht ein etwas größeres Spiel zwischen diesen feststehenden Führungen vor und übernimmt die genaue Ausrichtung in der Seitenlage durch ein seitlich wirkendes Justiersystem.

Eine davon abweichende Anordnung sieht eine feststehende Seitenführung vor, gegen die eine Seitenkante des Filmbandes mit leichter Kraft angedrückt wird. In den Normblättern über die Filmbandabmessungen ist die Anlagekante eindeutig angegeben. Auf der anderen Seite des Filmkanals befindet sich entweder eine bewegliche Schiene, die unter der Einwirkung von ganz leichten Federn gegen die Seitenkante des Filmbandes drückt, oder eine oder mehrere Federn drücken direkt gegen das Filmband, so daß sich seine Anlegekante an die feste Führungsschiene anlegt. Über die Aussichten des Erreichens einer bestimmten Genauigkeit wird im Abschn. IX E noch gesprochen.

Eine Ausführungsform des Filmkanals für eine 8 mm Kamera (*„Bauer 8"*) wird in der Abb. 124 gezeigt. An der starr an der Kamera befestigten Halterung *66* befindet sich der Bildfensterausschnitt *61*, gegen den das Filmband *59* durch die Filmandruckplatte *63* angedrückt wird. Bei diesem Filmfenster befindet sich noch der unter Einwirkung der Feder *65* stehende Andruckhebel *64*, der das Filmband während des Schließvorganges des Filmkanals und bevor dieser ganz geschlossen ist, von der Seite her in seine Führung drückt und damit die richtige Seitenlage des Filmbandes auch dann erreicht, wenn das Filmband nicht ganz richtig eingelegt wurde. Die Andruckplatte wird von der Feder *62* angedrückt, die durch eine gewisse allseitige Beweglichkeit ein planes Anliegen der Platte *63* an dem Gegenstück ergibt. Die Greiferspitze *13a* greift bei dieser Kamera von vorn her in das Filmband ein und erleichtert damit sein Einlegen, da keine besonderen konstruktiven Maßnahmen zum Ausheben der Greiferspitze erforderlich sind.

Die schon genannte ÉCLAIR Zweiformatkamera „*Caméflex 16/35*" benötigt an dem Frontblock zwei Filmführungen, um wunschgemäß mit dem einen oder anderen Filmformat durch Ansetzen der entsprechenden Kassette arbeiten zu können. Eine Darstellung der Rückseite des Frontblockes mit der Filmführung findet sich in der Abb. 125. Für den Zug des 35 mm Filmbandes wird ein doppelseitig wirkender Greifer mit den Greiferspitzen *1a* und *1b* eingesetzt. Die Spitzen ragen durch die Schlitze *2a* und *2b* der Führung *2* hindurch. Das schmalere 16 mm Filmband wird zwischen beiden Greiferspitzen des

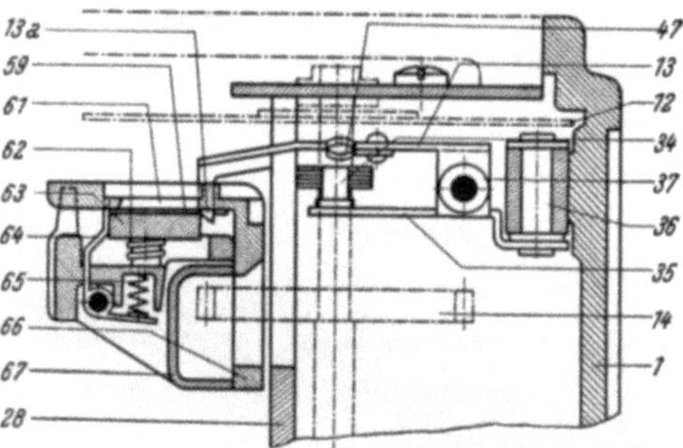

Abb. 124. BAUER „*8-Kamera*". Filmkanal und Greifer. Maßstab 1,25 : 1.

1 Gehäuse, *12* Umlaufverschluß, *13* Greifer, *13a* Greiferspitze, *14* Zahnrad, *28* Platine, *34* Bolzen, *35* Hebel, *36*, *37* Bolzen, *47* Hebel, *59* Filmband, *61* Bildfenster, *62* Feder, *63* Filmandruckplatte, *64* Einlegehebel, *65* Feder, *66*, *67* Halterung (s. Abb. 158).

35 mm Antriebes geführt, wobei lediglich das Bildfenster *3* auszutauschen ist, das von der Seite her durch einen Schieber *4* verriegelt wird. Unterhalb des Filmfensters ist der Filmkanal *2* für das 16 mm Filmband etwas nach hinten gewölbt (in der Photographie). Damit ragt der einseitig wirkende 16 mm Greifer *5* auch in seiner am weitesten nach außen führenden Lage nicht über die Ebene des 35 mm Filmbandes heraus. Damit ist ohne ein Auswechseln des Filmkanals der Antrieb beider Filmformate ohne Veränderung oder Umschaltung des Filmschaltwerkes möglich. Beide Schaltwerke arbeiten gleichzeitig, wobei jeweils das eine leerläuft. Die Filmandruckplatte ist an der ansetzbaren Kassette angebracht (s. Abb. 145) und drückt das Filmband an die eben beschriebene Filmführung an.

Abb. 125. ÉCLAIR 16- und 35 mm Kamera „*Caméflex 16/35*", Maßstab etwa 1 : 3,5. Frontblock von der Rückseite gesehen.

1a, *1b* Greiferspitzen für 35 mm Filmband, *2* Filmkanal, *3* Bildfenster, *4* Bildfensterverriegelung, *5* Greiferspitze für 16 mm Film, *6* Zahnrad für Kassettenantrieb, *7* Tachometer, *8* Suchereinblick, *9* Antriebsmotor.

Die Filmkanäle der Kameras werden mehrfach auch gekrümmt ausgeführt, um damit einmal der später im Abschn. IX eingehend be-

sprochenen Bewegung der Greiferspitzen entgegenzukommen und dann dem
Filmband eine größere Stabilität in der Querrichtung zu geben. Diese Krümmung beginnt dann erst hinter dem Bildfenster, das noch an dem geraden Teil
der Filmführung liegt. Als Beispiele werden die Kameras in den Abb. 113,
118, 120, 126, 150, 153, 237, 241, 242, 245, 246, 248, 249, 251, 252, 257, 258,
298 genannt, wo die geraden und gekrümmten Teile des Filmkanals dargestellt sind. Es kann eine Bauform günstig sein, bei der der Filmkanal zum Einlegen des Filmbandes nicht nach hinten, also vom Objektiv weg, aufgeklappt wird, sondern nach vorn. Dann ist die feststehende Seite des Filmkanals die hintere und das Filmband wird durch eine federnde Andruckplatte in der richtigen Ebene gehalten, die zwischen Objektiv und feststehender Wand des Kanals angeordnet ist. Als Beispiel können die 8 mm und 9,5 mm Kameras der Eumig genannt werden. In der

Abb. 126. Askania 35 mm „*Atelier Kamera*",
auswechselbarer Getriebeblock des Filmschaltwerkes, Maßstab etwa 1 : 3,3.

1 Bildfenster, *2, 3* Filmkanal, *4* Spitzen des Zuggreifers, *5* Be-
trachtungsrahmen für Bild, *6* Drehachse der Filmtür, *7* Drehachse des Getriebeblocks für Bildscharfstellung.

Abb. 123 ist das Schaltwerk unter der Kappe *4* angeordnet. Die
beiden nicht bezeichneten Federn der Andruckplatte *3* stützen sich
gegen die Innenseite der Vorderwand der Kamera ab. In der Abb. 126
ist ein gekrümmter Filmkanal in geöffneter Stellung abgebildet,
der zu dem ausklappbaren Block des Schaltwerkes der Askania
„*Atelier Kamera*" gehört. Dieser Filmkanal *2, 3* führt, abgesehen von dem
Bildfenster *1* selbst, das Filmband nur an den Schaltlochrändern, um eine
Verkratzung möglichst vollkommen auszuschalten. An den Bildpartien
ist die Aussparung *2a* des Filmkanals deutlich zu erkennen. Die Andruckplatte ist hier als *Pendelfenster* ausgebildet, das während des Zuges des
Transportgreifers keine Anpreßkraft an das Filmband mehr abgibt. Damit
wird ein leichteres Schalten erreicht, da der statische Filmzug wegfällt
(Abschn. IX D). Die in den Filmkanal hineinragenden Greiferspitzen *4*
sind zu erkennen, ebenso die dafür vorgesehenen Aussparungen *2b*. Die
Andruckplatte *5* ist rahmenförmig ausgebildet, um die Durchsicht für den
Sucher zu ergeben. Die Achse, um die die Filmtür zum Öffnen geschwenkt
werden kann, ist mit *6* bezeichnet. Zu einer Mattscheibenbetrachtung kann
der ganze Greiferblock um die Achse *7* mit eingelegtem Filmband verschwenkt werden. Dabei schwenkt gleichzeitig eine Mattscheibe an die
Stelle des Bildfensters. Die Lage ist in optischer Hinsicht genau justiert,
so daß auf dieser Mattscheibe der Bildausschnitt und die Bildschärfe über
eine Sucheinrichtung („*Lupe*") genau bestimmt werden können. Die Um-
stellung auf Suchen wird mit Hilfe des Knebels *4* (Abb. 412) von der
Rückseite der Kamera bewerkstelligt.

Ein Ausschwenken der Filmführung und automatisches Einschwenken
einer Mattscheibe zu Einstellzwecken sieht auch die Debrie „*Super Parvo*"-

Kamera nach der Abb. 111 vor. Dabei sind die Filmschleifen so groß, daß diese Umschaltbewegung bei eingelegtem Filmband möglich ist. Das Bild zeigt die eingeschwenkte Stellung des Filmbandes, also das Bildfenster in Aufnahmestellung, und neben dem Bildfenster auf der linken Seite die Einstellmattscheibe.

Bei einigen Kameras ist der Filmkanal im Bildfenster gekrümmt; das hat seine Ursache in konstruktiven Gründen und weniger optischen, die eigentlich eine Wölbung in anderer Richtung fordern, d. h. die hohle Seite des Filmbandes sollte dem Objektiv zugekehrt liegen [vgl. Krümmung der Netzhaut *9* (Abb. 6) im Auge]. Als Beispiele sind die GEVAERT „*Carena*" (Abb. 429) und ein KODAK-Modell nach den Abb. 115 und 174 zu nehmen. Damit können etwaige Schwankungen in der Dicke des Schichtträgers des Filmbandes Bedeutung gewinnen für die Bildschärfe.

Abb. 127. REVERE 2×8 mm Kamera „*C 55*", Maßstab etwa 1 : 2,8. Filmführung, eingebautes Kompendium, Bildfrequenz-Verstellung.

Während fast alle Kameras der Bauform nach Abb. 104a...c den Filmkanal und das Bildfenster auf der linken Seite (in der Zeichnung) zwischen Objektiv *3* und den Spulen *4* und *5* haben, hat ein Modell der REVERE-Kameras das Objektiv zwischen die Spulen gelegt, die damit einen größeren Höhenabstand erfordern. Damit liegt der Filmkanal an der Rückseite der Kamera und läßt an der Vorderseite (an der Stelle, wo sonst das Objektiv sitzt) den Einbau eines kleinen Kompendiums und einer ganz schließenden Irisblende zu. In der Abb. 127 ist diese Bauform der „*C 55*" dargestellt. Bei dieser Anordnung ist der Filmkanal beispielsweise zu Reinigungszwecken leicht erreichbar. Das Objektiv liegt geschützt im Inneren und ragt nicht aus dem Kamerakörper hinaus, läßt sich aber auch nicht auswechseln. Die Filmandruckplatte ist an dem Kameradeckel befestigt und das Bildfenster leicht zugängig.

Abb. 128. WOLLENSAK 16 mm Zeitdehner-Kamera „*Fastax WF 3*", Maßstab etwa 1 : 4,2. Filmführung, optischer Ausgleich durch rotierendes Prisma.

Bei einigen Kameras besteht die Filmführung nur darin, daß das Filmband bei seinem Lauf über eine Zahntrommel belichtet wird. Als Beispiel wird die WOLLENSAK „*Fastax-Kamera*" (Abb. 128 und 344) gegeben, eine Zeitdehner-Kamera, die in verschiedenen Ausführungen und für verschiedene Filmformate geliefert wird (s. Abschn. X).

Abb. 129. ASKANIA 35 mm Zeitdehner-Kamera „*Rotax*", Maßstab etwa 1 : 3,8. Filmführung, optischer Ausgleich durch rotierendes Prisma.

Eine ähnliche Filmführung besitzt die ASKANIA „*Rotax*"-Zeitdehner-Kamera nach Abb. 129. Hier wird das Filmband auf der Trommel geführt und belichtet (s. auch Abb. 345).

Der Vorteil dieser Führung besteht zweifellos darin, daß keine Reibung und damit Verkratzungsgefahr für das Filmband gegeben und trotzdem eine eindeutige Lage definiert ist, da das Filmband auf die Zahntrommel gespannt wird. Allerdings liegt das Filmband infolge des endlichen und nicht sehr großen Durchmessers der Führungszahntrommeln nicht plan, so daß sich daraus Konsequenzen für die optische Abbildung ergeben.

VII. Spulen und Kassetten

Da in einer Kamera das Filmband in der noch lichtempfindlichen Form verwendet wird, ist dafür Sorge zu tragen, daß es auch bei Tageslicht in die Kamera eingelegt und wieder herausgenommen werden kann. Es ist also die Hauptaufgabe der in die Kamera einsetzbaren Spulen oder Kassetten, eine eindeutige Lichtsicherung für das hochempfindliche Filmmaterial zu übernehmen. Bei den in den Kinokameras verwendeten Filmbandlängen, die etwa 7,5 m im geringsten und 300 m im Höchstfalle betragen, ist es notwendig, sicher arbeitende Wickeleinrichtungen zu schaffen.

Bei den Schmalfilmformaten werden zur Kameraladung vielfach Spulen eingesetzt, deren Abmessungen in der Abb. 196 angegeben sind. Diese Spulen haben lichtsichernde volle Seitenwände, deren Abstand von dem Filmband klein ist. Die Lichtsicherung nach außen wird durch einen Vorspann erreicht, der zusätzlich zur Nutzlänge des Filmbandes am Anfang und Ende vorgesehen ist und meist aus dem gleichen Filmmaterial besteht. Dieser Vorspann liegt mit einer größeren Anzahl von Windungen außen und innen auf dem Filmwickel und verhindert damit den Lichtzutritt auf den Teil des Filmes, der der eigentlichen Aufnahme dient. Nach der photochemischen Entwicklung wird der Vorspann abgeschnitten. Durch den Raum zwischen den Flanschen und dem Filmwickel oder die Schaltlöcher dringt ebenfalls kein Licht zu den inneren Windungen vor. Die Normalfilmbänder werden meist nur auf Wickelkernen geliefert, die als

Bobby bezeichnet werden und keine Seitenflanschen tragen. Ein derartiger Wickelkern ist in der Abb. 148 als Teil *11* und *14* dargestellt. Diese Filmstreifen müssen dann in der Dunkelkammer in die Kassetten eingelegt werden, die zu jedem Gerät gehören. Unter dem Begriff „*Kassette*" werden sehr unterschiedliche Anordnungen verstanden.

Die Kassetten haben als primäre Aufgabe die schon genannte vollständige Lichtsicherung des in ihnen enthaltenen Filmbandes. Da aber das Filmband bei einer Einspulenkassette einmal und bei einer Zweispulenkassette zweimal von dem Kassettenraum nach außen gelangen muß, um durch die Kamera zu laufen, ergeben sich daraus schon eine Reihe weitere konstruktive Forderungen. Außerdem ist der Antrieb zumindest der Aufwickelspule vom Kameralaufwerk aus erforderlich.

Werden Kassetten in den Schmalfilmkameras für Amateurgeräte eingesetzt, so können ihnen weitere Funktionen zugeteilt werden, die sich aus dem Wunsch nach einem möglichst schnellen und narrensicheren Filmwechsel ergeben. Dieser Wunsch ist deshalb von Bedeutung, weil bei Amateurgeräten aus Gründen der Raumersparnis verhältnismäßig kleine Längen von Filmbändern in den Kameras verwendet werden, die eine kurze Laufzeit ergeben und damit zu einem häufigeren Filmwechsel zwingen. Die Gestaltung der Kassettenkameras gibt auch verkaufs- und werbetechnische Argumente. Je nach den Aufgaben, die der Konstrukteur den Kassetten zugeteilt hat, haben sich eine Anzahl unterschiedlicher und teilweise sehr interessanter Bauformen herausgebildet, die im Grenzfalle sogar mehrere kritische und eigentlich zur Kamera gehörende Elemente in sich aufnehmen [WEISE (614, 618)].

Nach diesen allgemeinen Ausführungen werden für die Kassettensysteme eine größere Anzahl von Beispielen gebracht. Haben die Kassetten die genannte ausschließliche Aufgabe der Lichtsicherung des Filmbandes, so lassen sie sich so ausführen wie die Modelle „*Kinamo*" und „*Movex 12*" (Abb. 130) als Zweispulenkassetten. Diese und einige später beschriebenen Kassettentypen lassen durch ihre lichtabsperrenden Kassettenmäuler einen Filmaustritt und -eintritt vom und zum Kassettengehäuse zu. Die Lichtsicherung wird hier durch Auslegen der Kassettenmäuler mit Plüsch erreicht. Das außerhalb der Kassette laufende, etwa 10 cm lange Stück des Filmbandes wird in die Filmführung und den Filmkanal der zugehörigen Kamera eingefädelt. Beide Kassetten werden mit Filmband geladen geliefert, wobei sich

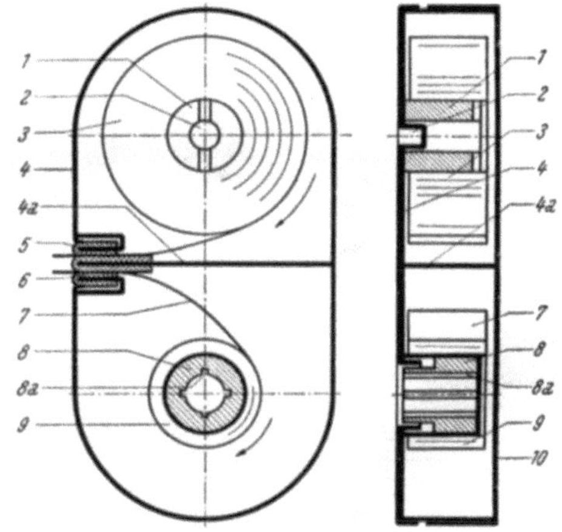

Abb. 130. AGFA „*Movex 12 Kassette*" für 16 mm Film, Maßstab 1 : 2.

1 Abwickelkern, *2* Abwickeldorn, *3* Abspulfilmwickel, *4* Kassettengehäuse, *5*, *6* Kassettenmäuler, *7* Filmband, *8* Aufwickelkern, *9* Aufspulfilmwickel, *10* Kassettendeckel.

die Abwickelspule oben in der Kassette befindet und auf der unteren Aufwickelachse der Anfang des Filmbandes so festgeklemmt ist, daß der Benutzer an dieser Stelle nicht einfädeln und die Kassette dazu öffnen muß.

Die Aufwickelachsen der Kassetten sind von der Kameraseite aus gesehen hohl ausgebildet und passen in entsprechende Aufwickeldorne. Diese tragen Drehsicherungen, beispielsweise als Federn ausgebildet, die in entsprechende Mitnehmernuten der hohlen Aufwickelachsen der Kassetten eingreifen. Die Aufwickeldorne haben eine gewisse Beweglichkeit im Kassettengehäuse quer zu ihrer Achse, besitzen trotzdem aber eine Lichtdichtung an dieser Bewegungsstelle. Durch diese Beweglichkeit und die von der Kassette unabhängige Führung des Filmbandes im Filmkanal der Kamera ist keine genaue Passung zwischen dem Kassettengehäuse und der Kamera erforderlich. Dies ist als großer Vorzug dieser Kassettenbauarten anzusehen.

Die Nutzlänge des Filmbandes in der „Kinamo-Kassette" beträgt 10 m. Ein unbeabsichtigtes Auffedern des Filmwickels wird durch eine im Inneren des Abwickeldornes federnd gelagerte Kugel verhindert, die den Wickel normalerweise bremst. Nach dem Einsetzen der Kassette greift in den Abwickeldorn ein federnder Arretierungsstift der Kamera ein und löst diese Bremsung. Die „Kinamo-Kassette" hat keine Zwischenwand zwischen beiden Filmwickeln. Deshalb ist eine verhältnismäßig kleine Bauhöhe möglich, da der jeweils volle Filmwickel etwas in den benachbarten Raum hineinragen kann. Das Gewicht des leeren Kassettengehäuses beträgt 75 g.

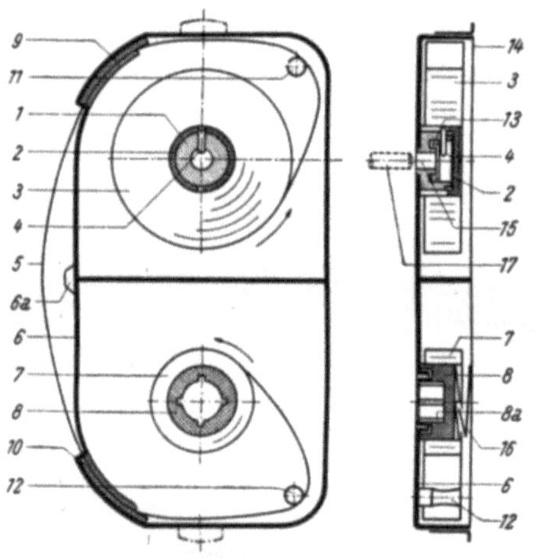

Abb. 131. AGFA „Movex-8-Kassette" für einfach 8 mm-Film, Maßstab 1 : 2.

1 Abwickelkern, 2 Kappe, 3 Abspul-Filmwickel, 4 Sperrhebel, 5 Filmband, 6 Kassettengehäuse, 7 Aufspul-Filmwickel, 8 Aufwickelkern, 9, 10 Kassettenmaul, 11, 12 Führungsstift, 13 Feder, 14 Kassettendeckel, 15 Abwickeldorn, 16 Sperrfeder, 17 Stift der Kamera (s. Abb. 157).

Das Fassungsvermögen der „Movex 12 Kassette" beträgt 12,3 m Filmband bei einer Nutzlänge von 12 m. Das Gewicht der Kassette beträgt ohne Filmband 95 g und betriebsfertig 135 g, die Stärke des Blechgehäuses 0,4 mm (Abb. 130).

Die Lichtdichtung an den Kassettenmäulern kann in anderer Art auch durch die Formgebung des Auslaufes der Kassettenmäuler gegeben werden. Diese Kassetten haben lange, gekrümmte Führungskanäle für den Auslauf und Einlauf des Filmbandes. Infolge der Form der Führungen dringt kein Licht ins Innere ein. Damit wird die eine größere Reibung verursachende Plüschauslegung der Kassettenmäuler erspart.

Wird als Aufnahmeformat der einfach 8 mm Filmstreifen benutzt, so wird dieser handelsmäßig in der AGFA „Movex 8 Kassette" geliefert, deren Aufbau aus der Abb. 131 hervorgeht. Die Ab- und Aufwickelkerne 1 und 8 bewegen sich in dem Kassettengehäuse 6, in dem die Filmwinkel selbst auf Spulenkernen ohne seitliche Flansche an Sicken geführt werden, die in den Kassettenboden und -deckel eingedrückt sind. Die Kassette wird mit Film geladen in mehreren Filmsorten geliefert. Ein kleines Filmstück 5 ragt bei Anlieferung aus den lichtdichten Kassettenmäulern 9 und 10 nach außen, wird etwas herausgezogen und in den Filmkanal eingelegt. Bei allen für diese Kassette verwendbaren Kameras ist keine Filmführung durch Zahntrommeln vorgesehen. Diese „*Movex 8 Kassette*" wird für Kameras mehrerer Hersteller, beispielsweise für die AGFA „*Movex 8*" und „*8 L*", BAUER 8 mm, „*Nizo 8 AK*", BLAUPUNKT „*E 8*" vorgesehen.

Das Auffedern der Abwickelspule wird durch eine Bremsvorrichtung verhindert, die beim Einsetzen der „*Movex 8 Kassette*" in die Kamera durch den mit *17* bezeichneten Stift der Kamera entriegelt wird. Die Aufwickelachse der Kamera greift in den hohlen Aufwickeldorn ein, der durch eine tellerförmige Sperrfeder *16* gegen ein Rückdrehen gesichert ist. Die Stärke des Kassettenblechgehäuses beträgt etwa 0,3 mm. An dem Kassettengehäuse ist eine Ausdrückung *6 a* angebracht, die beim Einlegen der Kassette in die „*Movex 8 Kamera*" den Filmkanal automatisch schließt. Dieser steht normalerweise unter Wirkung einer Feder so weit offen, daß das Filmband leicht von der Seite her hineingeschoben werden kann.

Einen Schnitt durch die „*Movex 8 Kassette*" zeigt die Abb. 157, aus der das Hineinragen der Aufwickelachse der Kamera in das Kassettengehäuse, die Versteifungssicken des Kassettendeckels und der an den Bildstellen des Filmbandes ausgearbeitete Führungsstift zu erkennen ist.

Für doppelt 8 mm Kameras werden mehrere Systeme von Kassetten geliefert, die im Gegensatz zu den bisher beschriebenen Anordnungen gekauft werden und ein Selbstladen durch den Benutzer der Kamera zulassen. Da bei den doppelt 8 mm Kameras nach den früheren Ausführungen im Abschn. IV zuerst nur die eine Längshälfte belichtet und dann in dem zweiten Filmdurchlauf die andere Längshälfte des Filmbandes an dem Bildfenster vorbeigeführt wird, müssen die doppelt 8 mm Kassetten dieser Methode Rechnung tragen. Sie sind daher symmetrisch ausgebildet und lassen sich von beiden Seiten in die Kamera einsetzen.

Als Konstruktionsbeispiel wird in der Abb. 132 die zur

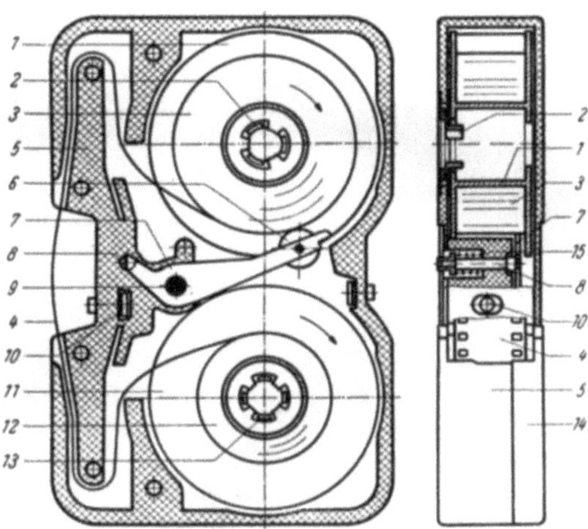

Abb. 132. SIEMENS „*C-8- Kassette*" für 2 × 8 mm Film, Maßstab 1 : 2.

1 Abwickelspule, *2* Antriebs-Muffe, *3* Abspul-Filmwickel, *4* Filmband, *5* Kassettengehäuse. *6* Fühlrolle, *7* Fühlhebel, *8* Sperrstift, *9* Achse, *10* Kassettendeckel-Verschluß, *11* Aufwickelspule, *12* Aufspul-Filmwickel, *13* Antriebs-Muffe, *14* Kassettendeckel, *15* Feder.

SIEMENS „*C 8 Kamera*" gehörende Kassette beschrieben. Das Filmband *4* läuft von der Abwickelspule *1* in der durch das Gehäuse *5* aus Kunstharzpreßstoff Typ S von etwa 3,5 mm Stärke gegebenen Schleifenbildung zur Aufwickelspule *11*. Die Filmandruckplatte ist an der Kamera angebracht und wird automatisch von dem Verschlußknopf des Kameradeckels gesteuert. Ist dieser Verschluß des Kameradeckels geöffnet, so ist auch der Filmkanal offen und läßt ein einfaches Einlegen des Filmbandes zu. Beim Schließen des Kameradeckels drückt eine leichte, an dem Klappdeckel angebrachte Blattfeder gegen die Seitenkante des Filmbandstückes, das im Mittelteil der Kassette aus dem Kassettenausschnitt herausragt und schiebt das Filmband in die erforderliche Lage im Filmkanal hinein, wenn es noch nicht richtig liegen sollte. Beim Schließen des Deckelknopfes wird die Filmandruckplatte wieder angedrückt und hält damit das aus der Kassette herausragende Filmstück in der richtigen Ebene zum Aufnahmeobjektiv.

Auch bei dieser Kassette ist also keine genaue Passung zur Kamera erforderlich, da die Kassette die richtige Lage des Filmbandes in der Einstellebene zuläßt. Ob die Kassette zum ersten oder zweiten Durchlauf eingelegt ist, kann aus der eindeutigen Kennzeichnung der beiden Seiten geschlossen und durch eine besondere Sperrung des Kameralaufwerkes gesichert werden. Diese Sperrung tritt auch dann in Tätigkeit, wenn kurz vor dem Ende des ersten Filmdurchlaufes das restlose Lösen des Einfädelendes vom Abwickelkern verhindert werden soll. Denn es ist notwendig, dieses Ende an dem Abwickelkern zu belassen, um ein neues Einfädeln dieses Endes für den zweiten Durchlauf unnötig zu machen. Denn dabei müßte die Kassette geöffnet werden, womit die ganze Kassettenkonstruktion für das doppelt 8 mm Format illusorisch würde. Beim zweiten Durchlauf wird der Abwickelkern als Aufwickelkern verwendet und spult das Filmband wieder auf sich auf.

Die genannte Sperrung des Laufwerkes wird durch den Fühlhebel *7* (Abb. 132) gesteuert, der mit seiner Rolle *6* den Umfang des Filmwickels *3* abtastet. Ist nach dem Durchlauf der Nutzlänge beim ersten Durchlauf der Durchmesser dieses Filmwickels entsprechend klein geworden, gibt der Hebel *7* mit seiner Schneide den Stift *8* frei, der das Kameralaufwerk automatisch stillsetzt. Da sich nach dem zweiten Durchlauf der Film aber vollständig von der Abwickelspule herunterwickeln soll, wird diese Sperrung in der anderen Lage der Kassette in der Kamera infolge der Ausbildung einer Warze am Kassettengehäuse an Stelle des verschiebbaren Sperrstiftes nicht wirksam.

In der *„Movikon K 8 Kamera"* findet sich ebenfalls eine Umlegekassette (Abb. 133) mit Selbstladung durch die üblichen genormten 8 mm Filmspulen. Das Filmband *2* läuft von der Abwickelspule *1* ab und wird von der Spule *3* wieder aufgewickelt. Das Filmband hat die dargestellte Schleifenführung in dem Kassettengehäuse, an dem sich auch die Filmandruckplatte *8* befindet. Diese drückt das Filmband auf Grund der Wirkung nicht sichtbarer Federn gegen das in der Kamera angeordnete Bildfenster an. Auch hier ist also keine genaue Passung in der Lage zwischen Kamera und Kassette erforderlich. Das Gehäuse selbst besteht aus Preßstoff, der eine

Abb. 133.
ZEISS IKON *„Movikon K 8-Kassette"* für 2×8 mm Film, Maßstab etwa 1 : 2,5.
1 Abwickelspule, *2* Filmband, *3* Aufwickelspule, *4* Kassettengehäuse, *5* Kassettendeckel, *6*, *7* Kassettenmaul, *8* Filmandruckplatte (s. Abb. 430).

günstige spanlose Formung der verwickelten Formen der Filmführung
zuläßt. Der Kassettendeckel ist aus Blech gedrückt. Die zugehörige Kamera
ist in der Abb. 430 dargestellt.

Die Kassette „*Rapid-Wechsler*" für die
neue 16 mm „*Nizo Kamera*" (Abb. 476)
zeigt die Abb. 134. Auch hier wird eine
Selbstladekassette für 30 m Spulen verwendet, die noch die Vor- und Nachwickelzahntrommel enthält. Da diese starr
mit dem Laufwerk der Kamera verbunden
sein muß, kann die Rutschkupplung erst
hinter der Zahntrommelwelle, also zwischen
ihr und der Aufwickelachse, angeordnet sein.

Für die 16 mm SIEMENS Kameras ist
eine Kassette aus Blech vorgesehen, die
in den Abb. 135 und 136 dargestellt ist.
Die Kassette ist insofern interessant, als
die Reibung zwischen den Oberflächen der
Filmwickel *1* und *2* zu einem glatten Filmdurchlauf beiträgt und eine Art von Vorwickelung durch diese Reibungswirkung
ergibt. Der Abwickelkern *11* ist drehbar

Abb. 134.
NIEZOLDI und KRÄMER 16 mm
Kassette „*Rapid-Wechsler*" mit
30 m Spulen für „*Nizo*" 16 mm
Kameras, Maßstab etwa 1 : 3,2.

auf dem um den Stift *16*
schwenkbaren Hebel *7* gelagert. Damit liegt bei senkrechter Lage der Kassette
der Wickel *1* durch sein Eigen-
gewicht auf dem Wickel *2*
auf, der durch die Aufwickelachse der Kamera über den
hohlen Aufwickelkern *10* der
Kassette angetrieben wird.
Die Filmführung hat die gezeigte Gestalt und ist an
ihren Enden federnd ausgebildet, so daß ein einwandfreier Filmtransport ohne Vor-
und Nachwickelung möglich
ist. Der Aufwickelkern ist
durch eine Sperrfeder *15* gegen Rückdrehen gesichert.

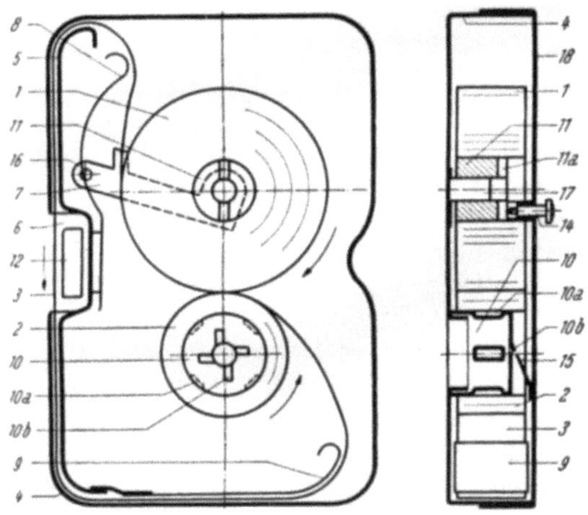

Abb. 135. SIEMENS 16 mm Kassette, Maßstab 1 : 2.

1 Abspul-Filmwickel, *2* Aufspul-Filmwickel, *3* Filmband,
4 Kassettengehäuse, *5* Filmführungskanal, *6* Kassettenausschnitt, *7* Hebel für Abwickeldorn, *8, 9* Federn, *10* Aufwickelkern, *11* Abwickelkern, *12* Filmandruckplatte der Kamera,
14 Sicherungsstift, *15* Sperrfeder, *16* Stift, *17* Abwickeldorn,
18 Kassettendeckel (s. Abb. 136).

Die Abwickelspule ist mit Hilfe des Sicherungsstiftes *14* und der im
Abwickelkern *11* angebrachten Einfräsung *11 a* gegen Verdrehen gesichert, wenn der Knopf *14* durch einen über die Kassette überschieb-
baren Sicherungsbügel *13* (Abb. 136) eingedrückt wird.

Mit der 16 mm SIEMENS Kassette ist ein Filmeinlegen ohne Einfädeln

möglich. Die in den Kassettenausschnitt hineinragende Filmandruckplatte *12*
der Kamera wird wieder vom Verschluß des Kameradeckels gesteuert und
steht bei geöffneter Kamera etwa 1,5 mm vom Bildfenster weg. Damit
läßt sich das Filmband beim Laden mit der Kassette leicht einsetzen
und beim Schließen des Deckelverschlusses automatisch im Filmkanal
spannen. Durch den Fortfall der Kassettenzwischenwand ist eine etwas
kleinere Bauhöhe der Kassette möglich gegenüber einer Anordnung mit Zwischenwand. Das Gehäuse besteht aus Eisenblech von 0,4 mm Stärke. Beim Tageslichtwechsel der Kassette wird nur ein kleines Stückchen Filmband unbrauchbar, das nicht wesentlich größer als der Kassettenausschnitt ist.

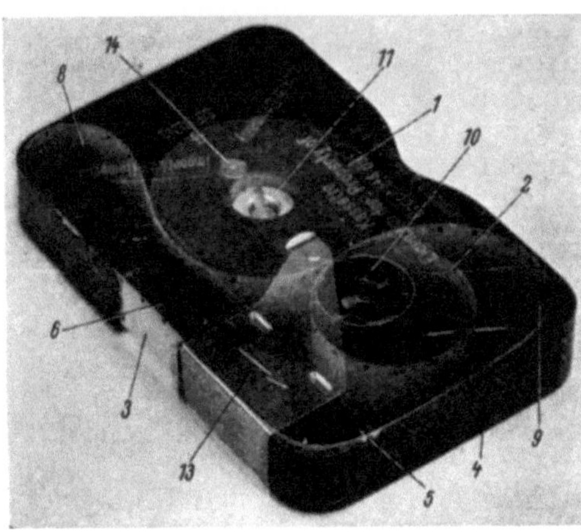

Abb. 136. SIEMENS 16 mm Kassette, Maßstab
etwa 1 : 2,5.

1 Abspul-Filmwickel, *2* Aufspul-Filmwickel, *3* Filmband,
4 Kassettengehäuse, *5* Filmführungskanal, *6* Kassettenausschnitt, *8*, *9* Federn, *10* Aufwickelkern, *11* Abwickelkern, *13* Sicherungsbügel, *14* Sicherungsstift (s. Abb. 135).

Eine konstruktive Weiterentwicklung zeigt die 16 mm Kassette der SIEMENS „*Registrier-Kamera*" (s. Abb. 509, 510). Das Filmband läuft ähnlich wie in den Abb. 135 und 136. Gegensätzlich ist nur an der Einlaufseite des Filmkanals eine Rolle von 8 mm Durchmesser und an der Auslaufseite ein starres Blech mit einer bremsenden Gummiverkleidung. Die Kassette besteht aus Gußmaterial mit angegossenen

Scharnieren für den Deckel. Dieser ist doppelwandig und enthält
den abklappbaren Fühlhebel als Meterzähler und einen daran befestigten
Knopf zum Öffnen der Kassette mit Verriegelung in der Offenstellung
und Freigabe nach Schließen des Deckels. Das Fassungsvermögen beträgt 12 m Filmband. Diese Kassette ist dem kommerziellen Charakter der
„*Registrier-Kamera*" entsprechend zum Selbstladen durch den Benutzer
eingerichtet. Die Andruckplatte ist federnd mit der Kassette verbunden.

Die konstruktive Weiterentwicklung der Kassetten führte dazu, in
ihnen auch das Bildfenster unterzubringen. Damit ist ein leichter und
filmverlustfreier Kassettenwechsel auch bei Tageslicht und auch bei dem
doppelt 8 mm Film möglich, wenn durch einen besonderen Bildfensterverschluß dafür gesorgt wird, daß vor dem Öffnen des Kameradeckels
dieser Verschluß geschlossen ist, bzw. durch eine automatische Steuerung
die Öffnungsbewegung des Deckelverschlußknopfes mit der Schließbewegung des Bildfensters gekuppelt wird. Eine Bauform dafür zeigt
das doppelt 8 mm KODAK „*Magazin*" nach der Abb. 137. Dieses „*Magazin*"
enthält die Auf- und Abwickelkerne *1* und *2* und den dazwischenliegenden
Filmkanal *3*. Vor dem Bildfensterausschnitt *4* ist ein nicht sichtbarer
drehbarer Verschluß mit zwei Flügeln angebracht, der beide Bildfenster
verschließt. Eine derartige Kassette benötigt eine sehr genaue Einhaltung
ihrer Lage zu der Kamera, da die Ebene des Filmbandes im Bildfenster
in dem genau definierten optisch bedingten Abstand zum Objektiv stehen

muß. Aber auch die Höhen- und Seitenlage des Bildfensters muß genau stimmen, da sich sonst Unzuträglichkeiten in dem Bildstrich oder der seitlichen Aufzeichnung der einzelnen Phasenbilder herausstellen.

Das 2 × 8 mm „*Magazin*" ist für eine Reihe von Kameras bestimmt, es sind zu nennen: „*Filmo Auto 8*" (Abb. 83), KODAK „*Magazin 8*" und „*8 A*", REVERE, „*C 77*", „*C 67*", „*C 70*",„*C 60*", „*C 40*", „*C 44*" (Abbildung 86), „*B 61*", „*B 63*", DE JUR *8* „*Fadematic Turret*" (Abb. 84), „*Californian*", „*Embassy*".

Eine andere Kassettenbauart des gleichen Systems liegt in dem KODAK „*16 mm Magazin*" vor, das in einer vereinfachten technischen Zeichnung in der Abb. 138 dargestellt ist.

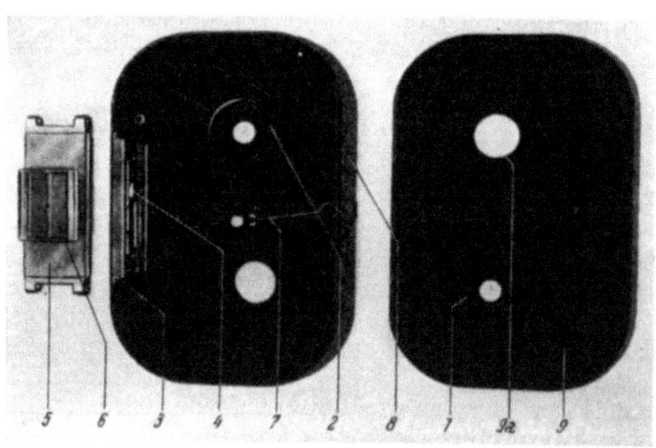

Abb. 137. KODAK 2 × 8 mm „*Magazin*", Maßstab etwa 1 : 2.
1 Aufwickelkern, *2* Abwickelkern, *3* Filmkanal, *4* Bildfenster (teilweise verschlossen), *5* Führungsblech des Filmkanals (aus Kassette herausgenommen, *6* Filmandruckplatte, *7* Zwischenblech, *8* Kassettengehäuse, *9* Kassettendeckel, *9a* Öffnung für Abwickelkern.

Das Gehäuse *1* aus 0,6 mm starkem Blech enthält außer den Filmwickeln und dem Filmkanal noch die Zahntrommel *7* zur Vor- und Nachwickelung des Filmbandes, die Rutschkuppelung *14* und ein nicht dargestelltes Filmzählwerk mit Fühlhebelsteuerung. Mit dieser interessanten Anordnung läßt sich ein leichter Wechsel des „*Magazins*" gegen ein anderes ohne jeden Filmverlust durchführen. Durch das eingebaute eigene Zählwerk läßt sich die in jedem „*Magazin*" noch zur Verfügung stehende Filmlänge eindeutig ablesen.

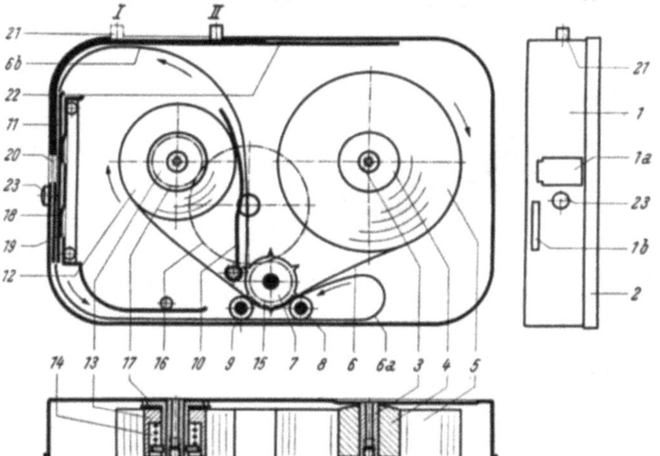

Abb. 138. KODAK 16 mm „*Magazin*", Maßstab 1 : 2.
1 Kassettengehäuse, *2* Kassettendeckel, *3* Abwickeldorn, *4* Abwickelkern, *5* Abspul-Filmwickel, *6* Filmband, *7* Vor- und Nachwickel-Zahntrommel, *8, 9* Führungsrollen, *10* Führungsblech, *11* Filmkanal, *12* Aufspul-Filmwickel, *13* Aufspulkern, *14* Rutschkupplung, *15 ... 17* Zahnräder, *18* Filmandruckplatte, *19* Blech mit Federn, *20* Bildfenster-Verschluß, *21* Steuerknopf für Verschlußschieber, *22* Führung für Verschluß, *23* Justierstift.

An der Filmführung im „*Magazin*" fällt auf, daß die Zahntrommel *7* gleichzeitig ein Vor- und Nachwickeln des Filmbandes *6* vornimmt, wobei beide Filmenden über die gleiche Seite der Zahntrommel *7* geführt werden. Diese wird von der Rückseite der Kassette her über einen nicht gezeichneten Achsstumpf der Kamera angetrieben, der nach Art einer Sternkeilwelle ausgebildet ist. In diese greift das entsprechende Gegenstück des „*Magazins*" beim Einlegen in die Kamera ein und überträgt so das erforderliche Drehmoment auf die Kassette. Hier wird über die Zahnräder *15 ... 17* der Aufwickelkern *13* unter Zwischenschaltung der Rutschkupplung *14* gedreht. Das größte von der Kupplung übertragbare Drehmoment beträgt etwa 70 cm g. Die Anordnung der Rutschkupplung innerhalb der Kassette ist erforderlich, da die Zahntrommel noch starr mit dem Kameralaufwerk verbunden sein muß. Die Rutschkupplung kann also erst hinter der Zahntrommelwelle angeordnet sein, sofern man nicht zwei Antriebswellen zur Kassette führen will.

Der Filmkanal in dem „*Magazin*" wird durch die Innenseite des Gehäuses und die Filmandruckplatte *18* (Abb. 138) gebildet, die von dem Blech *19* mit zwei ausgedrückten federnden Lappen mit einer solchen Kraft angedrückt wird, daß zum Herausziehen des Filmbandes ein statischer Zug von etwa 40 g erforderlich ist. Bildfenster *1a* und Schlitz *1b* zum Durchführen des Greiferzahnes durch das Kassettengehäuse können gemeinsam mit einem dünnen Federblech *20* lichtdicht verschlossen werden. Die dazu notwendige Einrichtung läuft zwischen der Kassetteninnenwand und dem Blech *22* und besteht aus einem Federblech von etwa 0,07 mm Stärke, das sich in der gekrümmten Bahn bewegen kann. Das Verschlußblech *20* wird durch den Knopf *21* betätigt, dessen Stellung *I* den geschlossenen und *II* den geöffneten Zustand der Kassette anzeigt. Dieser Knopf wird bei KODAK „*Magazin 16 Kameras*" (Abb. 432, 433) von der Außenseite des Kameragehäuses durch einen Zwischenhebel betätigt, der als Sperre gegen das Öffnen des Kameradeckels dient. Damit wird erreicht, daß die Kamera nur mit geschlossenem „*Magazin*" geöffnet werden kann.

Die genaue Justierung des „*Magazins*" für die Lage in Richtung der optischen Achse wird durch den Justierstift *23* (Abb. 138) erreicht, der in das Kassettengehäuse eingenietet ist und auf eine genaue Länge abgeschliffen wird. In ähnlicher Form wird das „*Magazin*" in den anderen Richtungen in seiner Lage zum Kamerakörper justiert.

Mit dieser Ausführung des KODAK 16 mm „*Magazin*" können, abgesehen von der KODAK „*Magazin 16 Kamera*", noch Geräte anderer Firmen bestückt werden, die sich an diese Bauform angepaßt haben. Darunter sollen beispielsweise die ZEISS IKON „*Movikon K 16*" (Abb. 428), die BELL und HOWELL-„*Filmo Auto-Master*" (Abb. 85) und die „*Auto-Load*" 16 mm Kameras genannt werden, ferner die Kamera „*200*" (Abb. 82) und die REVERE Modelle „*C 19*" und „*C 29*" (Abb. 437).

Die Bauart des 16 mm „*Magazins*" läßt bei entsprechender Ausbildung der Kamera auch ein Laden nicht nur von der flachen Seite des Gehäuses her zu, also in Richtung der Filmwickelachsen, sondern auch von der Kamerarückseite (Abb. 82, 85). Dabei muß aber durch eine automatische Steuerung von der Schließbewegung des Kameradeckels her die Antriebsachse für das „*Magazin*" in sich so verschoben werden, daß sie nach dem Einsetzen des „*Magazins*" in das entsprechende Gegenstück eingreift.

Eine Weiterführung des „*Magazin*"-Prinzips findet sich bei der Kassette zur KODAK „*Special Kamera*", die als „*Filmkammer*" bezeichnet wird (Abb. 91).

Die „*Filmkammer*" trägt neben den Kernen für die Film-Spulen mit einem Fassungsvermögen von 30 m Filmlänge die Vorwickelzahntrommel, den Filmkanal und die Rutschkupplung in sich. Weiterhin ist das Filmschaltwerk in Form eines Greifers (s. Abb. 230) für den absatzweisen Filmzug in die „*Filmkammer*" eingebaut. Das Bildfenster besitzt einen automatischen Verschluß, der vor dem Entkuppeln der „*Filmkammer*" von dem eigentlichen Apparat betätigt werden muß. Die „*Filmkammer*" ist nicht mehr ein Einsatzglied in das vorhandene Kameragehäuse, sondern ein Anbauteil, das in der gleichen Art als Gußgehäuse ausgeführt ist. Die eigentliche Kamera besteht aus zwei getrennten Baugruppen (Abb. 139), die miteinander verriegelt und entkoppelt werden können, wobei die schon genannten Sicherungen eingebaut sind.

Der eigentliche Körper der „*Special Kamera*" trägt als wesentliche Bauteile nur noch das Feder- und Laufwerk, den

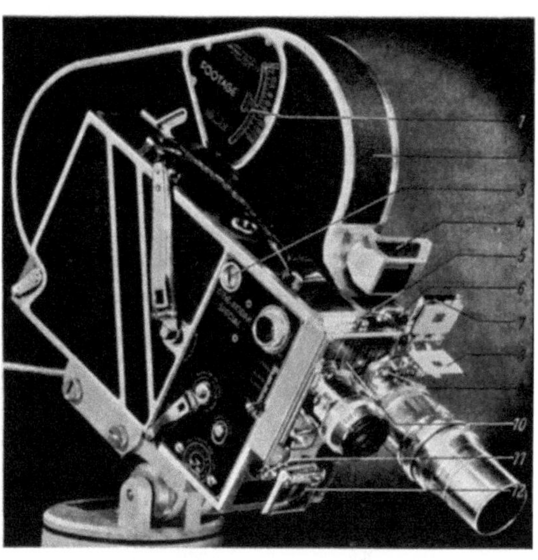

Abb. 139. KODAK 16 mm „*Special Kamera*", Maßstab etwa 1 : 4,6.

1 Filmmeterzählwerk in der „*Filmkammer*", *2* „*Filmkammer*", *3* Filmmeterzählwerk im Kameragehäuse, *4* Umlenkteil des Suchers, *5* Knopf für Einschalten der Scharfstelleinrichtung, *6* Scharfstelleinrichtung, *7* Sucherobjektiv, *8* Sucherblende, *9* Renkeinrichtung für Aufnahmeobjektive, *10* Objektivrevolver, *11* Auslöseknopf, *12* Sucherobjektiv.

Verschluß, die Objektivhalterung und den Sucher. Die Verbindung des Laufwerkes mit der Antriebswelle der „*Filmkammer*" erfolgt selbsttätig beim Verriegeln beider Gehäuseteile durch eine Stiftkuppelung, deren Stifte achsial federnd ausgebildet sind und spätestens nach einer halben Umdrehung mit ihren Stiften in entsprechende Aussparungen des Gegenstückes der Kupplung eingreifen.

Die „*Filmkammer*" wird ebenfalls vom Benutzer des Gerätes mit handelsüblichen Spulen beschickt und ergibt damit die gleichen Vor- und Nachteile eines Gerätes mit Spulenladung, da infolge des Preises der „*Filmkammer*" ein Benutzer kaum mehrere Stücke vorrätig haben wird, wie es bei üblichen Kassetten leicht möglich ist.

Eine vergrößerte Ausführung der „*Filmkammer*" nach der Abb. 139

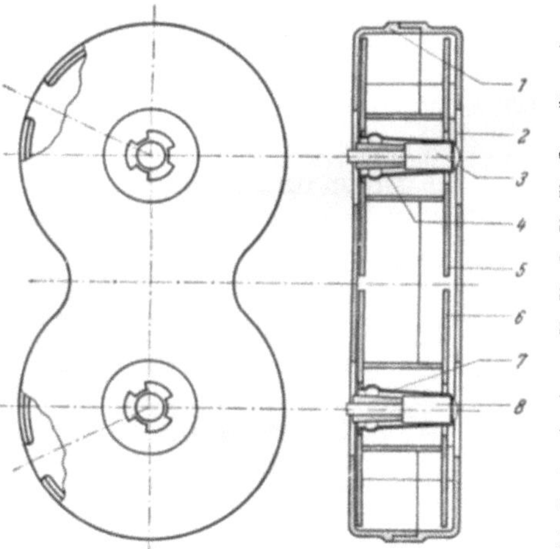

Abb. 140. STEATIT MAGNESIA 2 × 8 mm „*Wechselrahmen*" für „*Dralowid Reporter Kamera*", Maßstab 1 : 2.

1 Gehäuseteil, *2* Deckel, *3* Abwickelachse der Kamera, *4* Feder, *5* Abwickelspule, *6* Aufwickelspule, *7* Feder, *8* Aufwickelachse der Kamera.

ist mit 60 m Spulen zu laden. Auf die Notwendigkeit der Umlenkung des Sucherstrahlenganges bei der größeren 60 m „Filmkammer" gegenüber dem 30 m Modell wird im späteren Abschnitt XIII eingegangen.

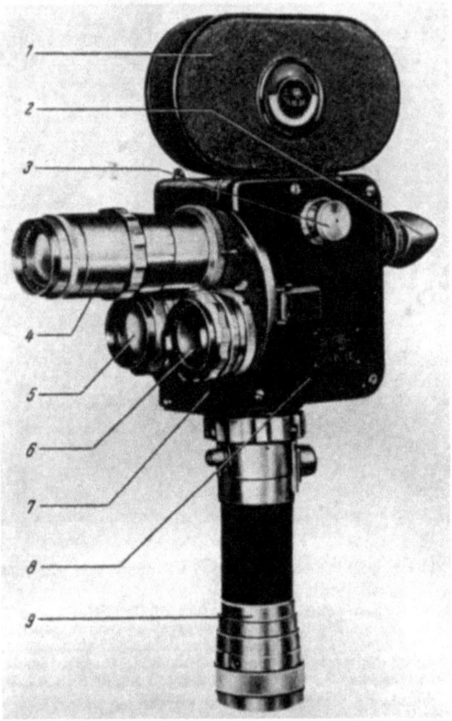

Die 60 m „Filmkammer" löst die Aufgabe der Unterbringung einer größeren Länge Filmband durch Vergrößern des Apparateteiles, der es aufnimmt. Damit erhält die „Special Kamera" in ihrer Gesamtheit eine ähnliche abgesetzte Form, wie es bei mehreren anderen Geräten mit eingebautem Filmraum auch der Fall ist. Es wird dabei als Beispiel auf die Bauformen der „Bolex" H 16 (Abb. 51), „Webo" (Abb. 90), „Eyemo" (Abb. 96), „Arriflex 16" (Abb. 109), „Emel" (Abb. 169), „Dimaphot C 54" (Abb. 87) -Kameras und andere hingewiesen.

Eine andere Kassettenbauart liegt in dem „Wechselrahmen" der „Reporter-Kamera" vor (Abb. 140). Hier ist keine Lichtsicherung vorgesehen, sondern nur die gemeinsame Halterung der beiden 2 × 8 mm Spulen für ein schnelles Einlegen und Umlegen. Die Kamera kann aber auch mit den Spulen direkt, ohne den „Wechselrahmen", der aus Kunstpreßstoff besteht, beschickt werden.

Die Kassette 1 der MECHANIK „A K 16" Kamera ist in der

Abb. 141. MECHANIK 16 mm „Reporter" Kamera „A K 16", Maßstab etwa 1 : 8,6.
1 Kassette, 2 Suchereinblick, 3 Einstellknöpfe für Dingentfernung und Objektivblende, 4...6 Aufnahmeobjektive, 7 Objektivrevolver, 8 Kameragehäuse, 9 Antriebsmotor (s. Abb. 451 und 452).

Abb. 141 photographisch dargestellt, ihr Innenaufbau und ihre Wirkungsweise geht aus der Abb. 451 hervor. Es sind drei Typen von Kassetten für 30, 60 und 120 m Fassungsvermögen vorgesehen.

Die in der ZEISS IKON „Ikophon Tonkamera" eingesetzten Einraumkassetten sind in der Abb. 142 abgebildet. Die Spulen können ein 120 m langes 16 mm Filmband aufnehmen und sind nach Abheben des Deckels aus der Kassette zu entnehmen. Der Ladevorgang der Kassette muß hier wie auch bei anderen Bauarten

Abb. 142. ZEISS IKON 16 mm Kassette für 16 mm „Ikophon Bild-Ton-Kamera", Maßstab etwa 1 : 7.

in der Dunkelkammer erfolgen, was aber für den kommerziellen Einsatz dieser Kamera nicht von wesentlicher Bedeutung ist. Die Kassette wird durch Verschieben eines an der Seite befindlichen Riegels und Verdrehen des Deckels geöffnet. Das Filmband wird auf den einen Teil der Steckspule gelegt, der eine Führungsnase trägt, die in den Schlitz des Filmkerns eingreift. Liegt der Film allseitig auf, wird der andere Spulenteil aufgesetzt, wobei eine Markierung der Nase gegenüberliegen muß. Dann werden die beiden Spulenteile gegeneinander durch eine leichte Drehung verriegelt. Das Ende des Filmbandes wird in das Kassettenmaul eingedrückt und der Deckel durch Drehung in seinem Verschluß festgeklemmt. Die Kassette ist lichtdicht und läßt so eine Tageslichtladung der Kamera zu. Die Kassette enthält außerdem noch einen Sicherungshebel, wenn man sie längere Zeit mit lichtempfindlichem Filmband geladen liegenlassen will. Beim Einsetzen in die Kamera muß dieser Sicherungshebel zur Seite geschoben werden, da sonst die Aufwickelung nicht einwandfrei funktioniert.

Abb. 143. KLANGFILM 16 mm „Minicord V 16 Bild-Tonkamera", Maßstab etwa 1 : 9 5.

1 Filmband, 2 Kassette, 3 Kassettenhalterung, 4 Filmvorratskontrollhebel, 5 Vor- und Nachwickeltrommel, 6 Filmseitenführung, 7 Filmkanal, 8 Tonaufzeichnungstrommel, 9 Filmführungsrolle, 12 Luftdämpfung, 13 Führungsrolle, 14 Anlaufanzeige, 15 Tonaufzeichnungsgerät, 16 Sucher- und Entfernungsmesser-Ausblick, 17 Kassette (s. Abb. 79, 80, 482).

Die Kassetten 2 und 17 zu der KLANGFILM „Minicord V 16 Bild-Tonkamera" sind aus der Abb. 143 zu erkennen. Es wird auch hier für jede 120 m Spule ein eigenes Kassettengehäuse verwendet, das als Außenkassette in einer Schwalbenschwanzführung 3 an das Kameragehäuse angesetzt wird. Durch einen von außen bedienbaren Fühlhebel 4 kann man während des Andrückens einer Tastrolle an den Wickel des Filmbandes den in der Kassette noch vorhandenen Vorrat bestimmen und an einer Skala ablesen.

Abb. 144. ZEISS IKON 16 mm „Schmalfilmzeitlupen-Kamera", Filmführung, Maßstab etwa 1 : 3,5.

1 Bildfenster, 3 Abwickelspule, 4 Kassette mit Aufwickelspule, 5 ... 7 Filmführungsrollen, 8 Nachwickeltrommel, 12 Einsteckrahmen für Vorsatzlinsen zur Objektiv-Entfernungseinstellung, 13 Einstellknopf für Schlitzverschluß, 14 Filmbetrachtungslupe (s. Abb. 326).

Die ZEISS IKON „Schmalfilmzeitlupe" hat entsprechend der Abb. 144 eine Einlaufkassette 4, in die das durch diese Kamera kontinuierlich von der Abwickelspule *3* laufende Filmband aufgewickelt wird. Der Kassettendeckel ist an einem Scharnier angelenkt und läßt den Zugang zum Kasetteninneren nach dem Aufklappen des Deckels zu. Das aufzuwickelnde Filmband hat mit einem Einlaufvorspann eine Länge von 20 oder 30 m, der dazu dient, beim Hochlaufen des Getriebes der Zeitdehnerkamera nicht zuviel wirksames Filmband unnütz zu verbrauchen. Für dieses Gerät wird ein Spezialfilm verwendet, dessen Oberfläche die starken mechanischen Beanspruchungen verträgt, die bei dem schnellen Durchlauf durch die Kamera entstehen, und der an den Schaltlochrändern gewachst

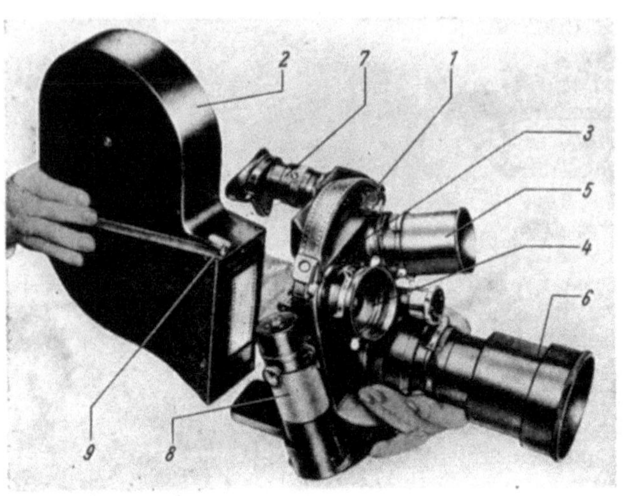

Abb. 145. Éclair „*Caméflex Kamera*" mit 35 mm Kassette, Maßstab etwa 1 : 9,3.

1 Kameragehäuse, *2* Kassette, *3* Objektivrevolver, *4 ... 6* Aufnahmeobjektive, *7* Sucher, *8* Antriebsmotor, *9* Verriegelung für Kassette am Gehäuse.

werden kann. Das Prinzip der Kamera wird in Abschn. X beschrieben.

Für die Éclair „*Caméflex 16/35 Kamera*" mit dem Aufbau ohne eigentliches Gehäuse sind Kassetten für 16 mm und 35 mm Film vorgesehen. Hier wird für jedes der beiden Formate eine eigene Kassette verwendet, die wahlweise an den „*Frontblock*" (Abb. 145) der Kamera angesetzt werden kann. Diese Kassetten zeigt die Abb. 146, sie können 30 m oder 120 m Filmband fassen. Nach dem Ansetzen wird die Kassette mit dem Frontblock verriegelt, wobei automatisch zwischen dem Kameratriebwerk und Kassette eine mechanische Verbindung durch Zahnräder zum Antrieb der gemeinsamen Wickeltrommel und

Abb. 146.
Éclair „*Caméflex 16 / 35*" Kassetten für 16 mm (links) und 35 mm Filmband (rechts), Maßstab etwa 1 : 7.

der Aufwickelachse hergestellt wird. Das Filmband selbst wird mit seinen erforderlichen Schleifen in der Kassette verlegt, die in der Dunkelkammer beschickt wird. Das Filmband wird beim Verriegeln der Kassette an der Kamera selbsttätig in die Bildebene eingedrückt. Die Kassetten bestehen aus Leichtmetallguß, der Filmkanal aus Metall, die Andruckplatten und Kufen aus einem besonderen metallfreien Material.

Die zu der „Caméflex" gehörende 16 mm Kassette kann sehr schnell an Stelle der 35 mm Kassette angesetzt werden, sie hat die gleichen Außenabmessungen, aber eine etwas andere Inneneinrichtung. Diese 16 mm Kassetten fassen ebenfalls bis zu 120 mm Filmband. Eine Außenansicht des 35 mm Modelles der „Caméflex Kassette" ist in der Abb. 145 zu sehen, worin der Augenblick des Ansetzens der Kassette an den Frontblock dargestellt ist. Der Verriegelungshebel ist das Teil 9.

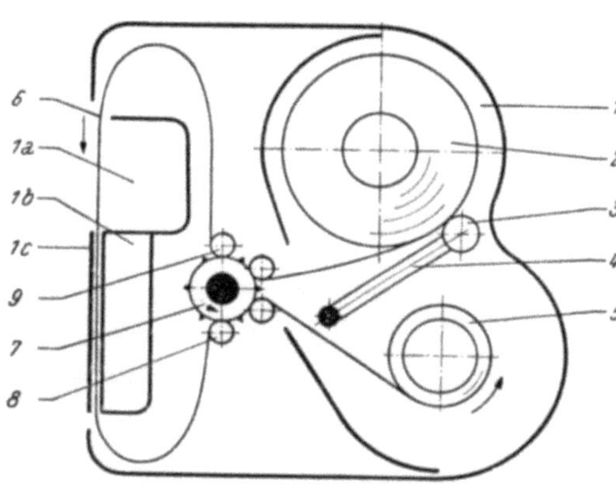
Abb. 147. ASKANIA „Schulter Kamera", Kassette, Maßstab 1 : 4,3.

1 Kassettengehäuse, 2 Abwickelspule, 3 Fühlhebelrolle, 4 Hebel, 5 Aufwickelspule, 6 Filmband, 7 Vor- und Nachwickelzahntrommel, 8, 9 Führungsrollen.

Als Bauart für eine Normalfilmkassette wird in der Abb. 147 die Zweispulen-Schnellwechselkassette der ASKANIA „Schulter Kamera" dargestellt. Diese Kassette ist für 60 m Normalfilmband berechnet und trägt in ihrem Gehäuse 1 die Abwickelspule 2, von der das Filmband 6 unter Führung an der Vor- und Nachwickelzahntrommel 7 herabgezogen wird. In dem Kanal 1c wird das Filmband nur lose gehalten und behindert somit nicht seine genaue Einspannung im Filmkanal, der fest in die Kamera eingebaut ist. Nach Verlassen der Führung läuft das Filmband 6 wieder zur Zahntrommel 7 und von dort zur Aufwickelspule 5. Ein Fühlhebel 4 drückt mit seiner Rolle 3 gegen den Filmwickel 2 und mißt den jeweils noch vorhandenen Filmvorrat. Das Kassettengehäuse besteht aus Blech und trägt seitlich eingedrückte Sicken zur Verkleinerung der Reibung der Filmwickel. Die Achse der Zahntrommel ist hohl ausgebildet und trägt sechs Nuten. Sie wird mit einem gewissen Spiel, aber drehsicher von der entsprechend ausgebildeten Sternkeilwelle der „Schulter Kamera" angetrieben.

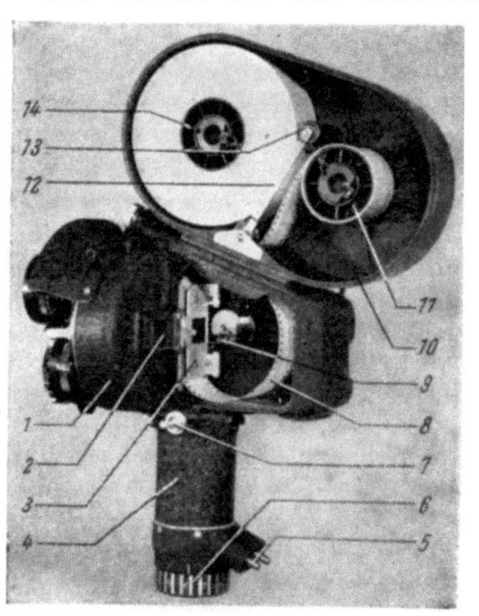
Abb. 148. ARNOLD und RICHTER 35 mm Kamera „Arriflex", Maßstab etwa 1 : 6,5.

1 Kameragehäuse, 2 Teil des Suchers, 3 Filmkanal, 4 Antriebsmotor, 5 elektrischer Anschluß an Motor, 6 Griff für Einstellring für Bildfrequenz, 7 Schalter für Lauf der Kamera, 8 Filmband, 9 Greifer, 10 Kassette, 11 Aufwickelkern, 12 Fühlhebel, 13 Rolle, 14 Abwickelkern.

Die zur ARNOLD und RICHTER „Arriflex 35 mm Kamera" gehörende und aus Preßstoff hergestellte Zweispulenkassette ist in der Abb. 148 dargestellt. Diese Kassette wird in einer Schwalbenschwanzführung auf die etwas schräg liegende Oberseite der Kamera aufgesetzt und in der Dunkelkammer so geladen, daß eine kleine Filmschleife aus der Kassette herausragt. Diese Schleife wird bei dem Einsetzen der Kassette durch einen Ausschnitt in das Kameragehäuse hineingezogen und hier in den Filmkanal *3* (Abb. 148) eingelegt. Gleichzeitig mit dem Ansetzen an das Kameragehäuse kuppelt sich durch ein etwas überstehendes Zahnrad das Triebwerk der Kamera mit dem der Kassette. Diese enthält die Vorwickel- und Nachwickelzahntrommeln *6* und *7* (Abb. 149). Über einen Peesentrieb *11* wird die Aufwickelachse *8* der Kassette von der Welle der Zahntrommel *7* angetrieben. Ein Fühlhebel *4* tastet mit seiner Rolle *3* die Abwickelspule ab und gibt damit den noch verfügbaren Filmvorrat an. Auch hier tragen Rippen im Kassettengehäuse zur Verringerung der Reibung zwischen Filmwickel und Wand bei. Neuerdings werden Metallkassetten verwendet.

In der ASKANIA „Z Kamera" werden nach der Abb. 112 zwei Einspulenkassetten *2* und *3* eingesetzt, die an beiden Seiten des Getriebes liegen. Das Fassungsvermögen beträgt 120 m Normalfilmband.

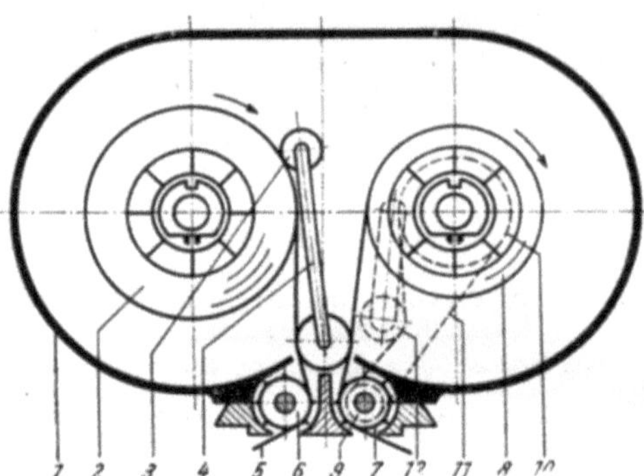

Abb. 149. ARNOLD u. RICHTER 35 mm Kamera „*Arriflex*", Kassette, Maßstab 1 : 4.

1 Kassettengehäuse, *2* Abwickelspule, *3* Fühlhebelrolle, *4* Fühlhebel, *5* Filmband, *6* Vorwickelzahntrommel, *7* Nachwickelzahntrommel, *8* Aufwickelspule, *9, 10* Peesenscheiben, *11* Peese, *12* Andruckrolle.

Sonderausführungen der ASKANIA „*Z Kamera*" liegen in der „*Vierkassetten Kamera*" vor, die je zwei Abwickel- und Aufwickelkassetten trägt und für Trickaufnahmen und Farbfilmaufnahmen nach dem Bipackverfahren bestimmt ist. Diese Kamera entspricht in ihrem grundsätzlichen Aufbau der „*Z Kamera*" und enthält das gleiche Getriebe, Schaltwerk und den gleichen Verschluß (Abb. 112). Nur das ganze Kameragehäuse ist um eine Breite der Kassetten verlängert, so daß sich an jeder Seite zwei Kassetten befinden. Die jeweils auf einer Seite liegenden Kassetten sind untereinander getrieblich verbunden. Beide Filmbänder werden von der gleichen Vorwickelzahntrommel dem Filmkanal zugeführt und hinter der Nahwickeltrommel wieder getrennt aufgewickelt. Bei Farbfilmaufnahmen liegt das mit der Filterrückseite versehene Filmband in der hinteren Kassette, während die vordere das panchromatische Filmband aufnimmt. Das Gewicht der „*Vierkassetten Kamera*" erhöht sich auf 18,8 kg gegenüber der normalen „*Z Kamera*" von 11 kg ohne Objektiv und Filmband, aber mit Kassetten.

In der ASKANIA „*Atelier-Kamera*" werden ebenfalls Einraumkassetten verwendet, die aber in einer gemeinsamen Flucht sitzen, entsprechend dem Schema des Aufbaues nach Abb. 104e. Der Lauf des Filmbandes in der „*Atelier-Kamera*" wurde schon in der Abb. 113 gezeigt, eine Photographie des Triebwerkes und eine Innenansicht der Kassette ist in der Abb. 150 dargestellt. Hier ist der Block *10* des Filmschaltwerkes in einer ausgeschwenkten Stellung dargestellt, die der Scharfstellung auf der damit eingeschwenkten Mattscheibe *11* dient. Damit liegen die Filmschleifen *2a* und *2b* etwas anders als beim Lauf des Filmbandes.

Der Filmdurchlaßschlitz der Kassette *9* ist normalerweise geschlossen, indem das Filmband in eine bogenförmige Führung *9a* (Abb. 150) des Kassettengehäuses eingedrückt wird, die kein Licht durchläßt. Sind die Kassetten aber in die Kamera eingesetzt, so werden beim Schließen der Kameratür automatisch die Mäuler beider Kassetten um mehr als 10 mm geöffnet und lassen so einen glatten und verkratzungsfreien Durchlauf des Filmbandes zu.

Die von ZEISS - WINKEL hergestellte Zeitrafferkamera für mikrokinematographische Aufnahmen (s. auch Abb. 501) sieht einen wahlweisen Einsatz

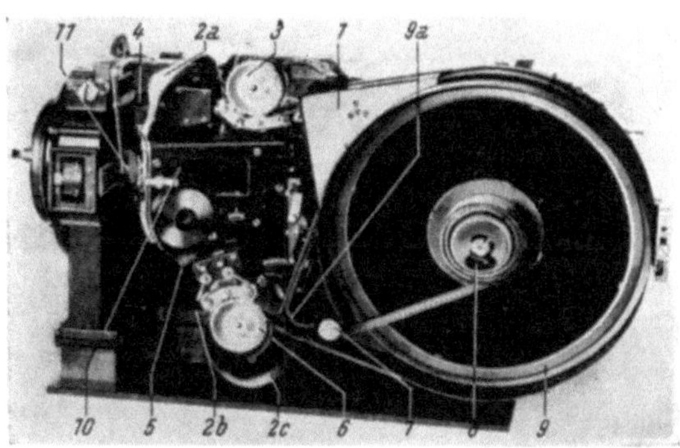

Abb. 150. ASKANIA 35 mm „*Atelier Kamera*", Getriebe mit ausgeschwenktem Filmschaltwerk für Mattscheibenscharfstellung, Maßstab etwa 1 : 10. *1* Abwickelkassette, *2* Filmband, *3* Vorwickelzahntrommel, *4*, *5* Führungsrolle, *6* Nachwickelzahntrommel, *7* Führungsrolle, *8* Aufwickelfriktion, *9* Aufwickelkassette, *10* Getriebeblock des Filmschaltwerkes, *11* Mattscheibe für Scharfstellung (eingeschwenkt).

von 16 mm oder 35 mm Filmband in Kassetten vor. Diese sind gegeneinander austauschbar. Die 35 mm Kassette (Abb. 151) ist in zwei Räume

Abb. 151. ZEISS-WINKEL 16 mm (rechts) und 35 mm Kassetten (links) der „*Mikrokinokamera*", Maßstab etwa 1 : 8,2.

aufgeteilt, von denen der größere die beiden Filmwickel aufnimmt. Ein Fühlhebel läßt die Menge des unbelichteten Filmbandes erkennen. Ein daran angeschlossener elektrischer Kontakt setzt bei Ablauf des gesamten Filmbandes die Kamera still und betätigt außerdem eine Signallampe. Der kleinere Kassettenraum enthält die Filmschleifen und die Filmandruckplatte, dazwischen befindet sich die Zahntrommel für die Vor- und Nachwickelung. Die Kassette faßt 60 m Normalfilmband.

Die 16 mm Kassette der ZEISS - WINKEL Kamera ist entsprechend aufgebaut, nur wird hier das Filmband auf Spulen eingesetzt. Außerdem enthält diese Kassette das Schaltwerk zum absatzweisen Transport des Filmbandes, während das 35 mm Schaltwerk in der Kamera selbst angebracht ist (Abb. 151).

Die bisher genannten Kassetten sind nur eine Anzahl der vielen Möglichkeiten und der auch tatsächlich ausgeführten Systeme. Gelegentlich wird eine größere Vielseitigkeit der in die Kamera einsetzbaren Filmbandlängen dadurch erreicht, daß zu dem mit der Kamera fest verbundenen Raum für die Filmwickel noch ein größerer in Form einer Ansatzkassette zugeschaltet wird. Als Beispiel dient die BELL und HOWELL 16 mm Kamera „*Filmo 70 J Specialist*". Während das Kameragehäuse selbst Spulen bis 30 m Filmband aufnehmen kann, sind in die Ansatzkassette 60 oder 120 m Spulen einsetzbar. Der Filmraum in der Kamera wird dann nicht benutzt und das Filmband läuft dann von der Ansatzkassette zu den Vor- und

Abb. 152. BELL und HOWELL 35 mm „*Eyemo P, Q*" Kamera, Maßstab etwa 1 : 6,4.

1 Objektivrevolver, *2* Objektiv in Betriebslage, *3*, *4* Objektive, *5* Kameragehäuse, *6* Zusatzkassette, *7* Revolversucher, *8* Schlittenführung zum Ausgleich der Raumparallaxe.

Nachwickelzahntrommeln direkt durch. Die Ansatzkassette (Abb. 152) besteht aus einer Leichtmetallgußlegierung, wobei durch eine Zwangssteuerung die Kassettenmäuler bei dem Schließen des Kameradeckels geöffnet werden. Eine ähnliche Ausführung für Ansatzkassetten liegt in der BELL und HOWELL „*Eymo P*" bzw. „*Q*" 35 mm Handkamera vor (Abb. 152).

Eine Ansatzkassette ist zusätzlich auch bei der „*Arriflex 16*" vorgesehen.

Die Möglichkeit des zusätzlichen Anbaues von Außenkassetten für je einen Filmwickel hat auch die FABAG „*Dilk Fa*" 16 mm Kamera, wobei das Fassungsvermögen von 30 m auf 120 m Spulen erhöht wird.

Die eine Länge von

Abb. 153. GEAUMONT KALEE 35 mm „*Newall Atelier-Kamera*", Maßstab etwa 1 : 10,5.

1 Kompendium (abgeklappt), *2* Außensucher (abgeklappt), *3* Objektiv, *4* Kameratür, *5* Filmschaltwerk, *6* Einstellsucher, *7* Sucher-einblick für Einstellsucher, *8* Knebel für Verschiebung des Innengehäuses zur Sucheinstellung, *9* Entfernungseinstellung, *10* Einstellung für Verschlußöffnung, *11* Antriebsmotor.

300 m Normalfilmband fassenden Außenkassetten der GEAUMONT KALEE „*Newall Atelier Kamera*" sind in der Abb. 153 dargestellt.

Bei Zeitdehnergeräten ist ein sehr schneller Durchlauf des Filmbandes bei den höchsten Bildfrequenzen erforderlich. Der möglichst glatte Durchlauf wird hier, an dem Beispiel des ASKANIA „*Zeitdehners*" (Abb. 154) gezeigt, durch große Zahntrommeln *7* und *8* erreicht. Aus der Abbildung ist der Aufbau der außen ansetzbaren Kassetten *3* und *4* zu ersehen, die 300 m Normalfilmband fassen.

Schrifttum über Kassetten findet sich bei WEINBERGER (586, 587), und WEISE (597, 614, 618).

Abb. 154. ASKANIA 35 mm „*Zeitdehner*", Maßstab etwa 1 : 12,7.
1 Aufnahmeobjektiv, *2* Kameratür, *3* Abspul-Filmwickel, *4* Aufspul-Filmwickel, *5* Antriebsmotor, *6* Kameragehäuse, *7* ... *9* Führungsrollen, *10* Sucherokular, *11* Filmband, *12* Tachometer, *13* Filmmeterzähler.

VIII. Antriebe und Getriebe

A. Grundsätzlicher Aufbau

Das Schema für den Gesamtaufbau einer Kinokamera wurde bereits in der Abb. 3 gegeben. Als unerläßlich für die Funktion werden der mechanische, der chemische und optische Teil benötigt. Über die grundsätzlichen Lösungen der Geräte wurde schon im Abschn. II gesprochen. Der chemische Teil fällt nicht in den Aufgabenbereich dieses Bandes. Über den optischen Teil wurde im Abschn. V berichtet, soweit es sich um die gerätetechnischen Probleme der Aufnahmeobjektive handelt.

Eine weitere Aufgliederung der wesentlichen Bauelemente des mechanischen Teiles zeigt die Abb. 155. Danach besteht eine Kinokamera aus einer Kraftquelle, einem Getriebe, dem später im Abschn. IX besprochenen Filmschaltwerk oder

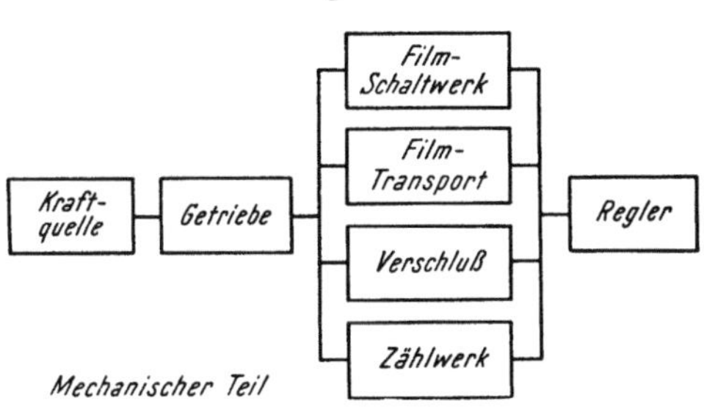

Abb. 155. Schema des Aufbaues des mechanischen Teiles der kinematographischen Kamera.

dem an dessen Stelle eingesetzten optischen Ausgleich (Abschn. X), den sonstigen Filmtransportmitteln, dem Verschluß, Zählwerk und Regler. Dabei ist es grundsätzlich gleichgültig, an welcher Stelle des Gerätes der Regler angeordnet ist.

Die Kraftquelle besteht entweder aus einem Federwerk oder Elektromotor, der durch Batterien, Akkumulatoren oder ein Netz gespeist wird. Da eine Feder eine erhebliche Energie auf verhältnismäßig kleinem Raum speichern kann, ist der Einbau eines Federwerkes für viele Kameras, insbesondere die kleinen, sinnvoll. Die Feder wird als Bandfeder in einem runden Federhaus eingesetzt, das bei den üblichen und vielfach auf kleine räumliche Abmessungen konstruierten Kameras der kleinen Formate nur wenige Umläufe für einen vollen Aufzug machen kann.

Deshalb muß zwischen dem Federhaus und die mit einer wesentlich größeren Drehzahl umlaufenden Wellen für die Filmtransport- und Schaltmittel ein Getriebe eingesetzt werden, das über Zahnräder ins Schnelle treibt. Ein Gesamtübersetzungsverhältnis vom Federhaus bis zur Welle des Schaltwerkes von etwa 40 ... 120 ist je nach der vorliegenden Konstruktion erforderlich.

Gleichzeitig und synchron mit dem Schaltwerk wird der Verschluß angetrieben. Als notwendiger Bestandteil der Kinokamera ist noch der Regler zu nennen, der die Drehzahl des Kamerawerkes konstant hält. Denn das Antriebsmoment des Federwerkes ist in dem voll aufgezogenen Zustand wesentlich größer als im abgelaufenen. Ein Regler weist dann gute Regeleigenschaften auf, wenn er schnell läuft. Deshalb dreht er sich mindestens mit der gleichen Drehzahl,

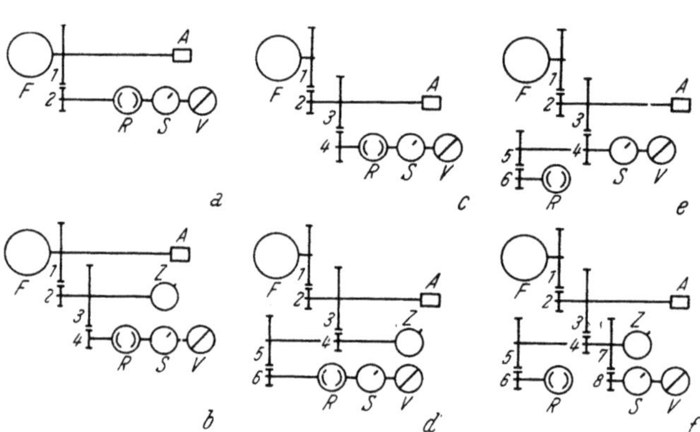

Abb. 156. Getriebeschema von kinematographischen Kameras.

A Aufwickelachse mit Rutschkupplung, *F* Federwerk, *R* Regler, *S* Schaltwerk, *V* Verschluß, *Z* Zahntrommel zum Vor- und Nachwickeln des Filmbandes, *1 ... 8* Zahnräder.

mehrfach aber einer bis zu 3,5fach schnelleren gegenüber der Schaltwerkswelle.

Schrifttum über die Getriebeprobleme findet sich außer in den im Abschn. IX genannten Literaturstellen über die Kinematik speziell für die Kameras bei FRIELINGHAUS (142), GOHR (166), HAIN (192), HEINISCH (212), JOTZOFF (251, 252), KIPPING (260), LUMMERZHEIM (334 ... 336), MÜLLER (362), RICHTER, V. VOSS (441), ROHLOFF (460, 461, 464, 465), SEEBER (525), SIEKER (537, 538), SUCHOKI (555), VOIGT (579), WEINBERGER (585 ... 588), WEISE (594, 606, 607, 611, 613, 618, 626 ... 628), WÖGERBAUER (644).

Den schematischen Aufbau von möglichen Bauformen von Kameragetrieben zeigt die Abb. 156. Die oberen Bilder a, c, e bringen Anordnungen, bei denen eine zahntrommellose Filmführung verwendet wird. Die entsprechenden darunter angeordneten Bilder b, d, f zeigen die sonst gleichartigen Aufbauten mit Zahntrommeln.

Nach der Abb. 156a ist der einfachste Aufbau einer Kinokamera dargestellt, bei der das Federwerk *F* die Aufwickelachse *A* und die darin enthaltene Rutschkuppelung und über die Zahnräder *1* und *2* die auf gleicher Welle sitzenden Bauteile Filmschaltwerk *S*, Regler *R* und Verschluß *V* dreht. Da diese Anordnung einen verhältnismäßig kleinen Filmdurchzug ergeben würde, ist eine Ausführung nach diesem Schema nicht bekannt geworden. Nach der Abb. 156c wird zwischen dem Federhaus *F* und der Aufwickelachse *A* eine Übersetzung durch Zahnräder *1* und *2* eingeschaltet, während von dieser Welle über die Zahnräder *3* und *4* wieder Schaltwerk *S*, Regler *R* und Verschluß *V* angetrieben werden.

Soll zur Verbesserung der Reglereigenschaften eine schnellere Drehzahl erreicht werden, so wird der Regler *R* über die Zahnräder *5* und *6* ins Schnelle übersetzt (Abb. 156e).

Die in der Abbildung gezeigten Darstellungen geben nur die Getriebe mit einem minimalen Aufwand an Wellen und Zahnrädern wieder. Es ist vielfach erforderlich, beispielsweise zum Erreichen einer bestimmten Lage der Wellen im Gerät, noch Zwischengetriebe oder Zwischenräder einzusetzen. So bedingt der Verschluß, wenn er umlaufen soll, in den meisten Fällen den Antrieb einer Welle, die um 90° gegenüber den anderen Getriebewellen gelagert ist.

Die den in der Abb. 156a, c, e entsprechenden Bauformen der Kameras mit Vor- und Nachwickelung des Filmbandes durch Zahntrommeln oder Gummitrommeln (s. Abb. 121) sind in den Teilbildern Abb. 156b, d, f dargestellt, wobei jedes einzelne der Teilbilder sonst dem darüber stehenden entspricht. Das Übersetzungsverhältnis zwischen der Achse des Schaltwerkes *S* und der Aufwickelachse *A* wurde bereits in (49) und (50) angegeben und hängt von der Zähnezahl der Zahntrommel und der Anordnung der Schaltlöcher auf dem Filmband ab (s. Abschn. VI).

B. Federwerke

Ein Federwerk kann eine günstige Lösung für das Antriebsproblem, besonders bei kleinen und mittleren Kameras ergeben, da es auf einem verhältnismäßig kleinen Raum eine ausreichend große Leistung für den Durchzug einer vernünftigen Länge Filmband bei einem einmaligen Aufzug gestattet. Aber schon bei diesen Geräten nimmt das Federwerk raum- und gewichtsmäßig einen großen Teil des gesamten Kameraraumes und -gewichtes in Anspruch. Forderungen nach besonders großen, mit einem einmaligen Aufzug durchzuziehenden Filmlängen sind deshalb wirtschaftlich und technisch gesehen nicht vertretbar.

Die Federwerke werden bei kleineren Abmessungen und leichteren Federn meist direkt mit einem von außen zugänglichen umklappbaren *Schlüssel* aufgezogen, wobei dieser direkt den Federkern oder das Federhaus dreht. Damit ist ein verhältnismäßig großes Aufzugsdrehmoment erforderlich. Deshalb werden die Schlüssel auch symmetrisch ausgebildet, damit darüber nur ein Drehmoment zu übertragen ist. Das bei Schlüsseln vielfach notwendige Umgreifen der Hand kann durch ein Freilaufgetriebe vermieden werden; dann macht man bei dem Aufziehen nur Pendelbewegungen des Schlüssels. Einen Aufzugsschlüssel haben die in den Abb. 86, 96, 157, 361, 373, 382, 417, 426, 429, 436, 437, 472, 477, 479 dargestellten Kameras.

In anderen Fällen und besonders bei größeren Federwerken wird zwischen Aufzugsgriff und Federwerk ein Untersetzungsgetriebe in der Größenordnung von etwa 1:3 bis 1:6 zwischengeschaltet, womit eine kleinere Kraft, dafür aber eine größere Zahl von Umdrehungen zum Aufziehen erforderlich ist. Hier werden dann meist Kurbeln zum Aufziehen verwendet, da sich eine Kurbel bei den etwa 25 … 65 Umdrehungen

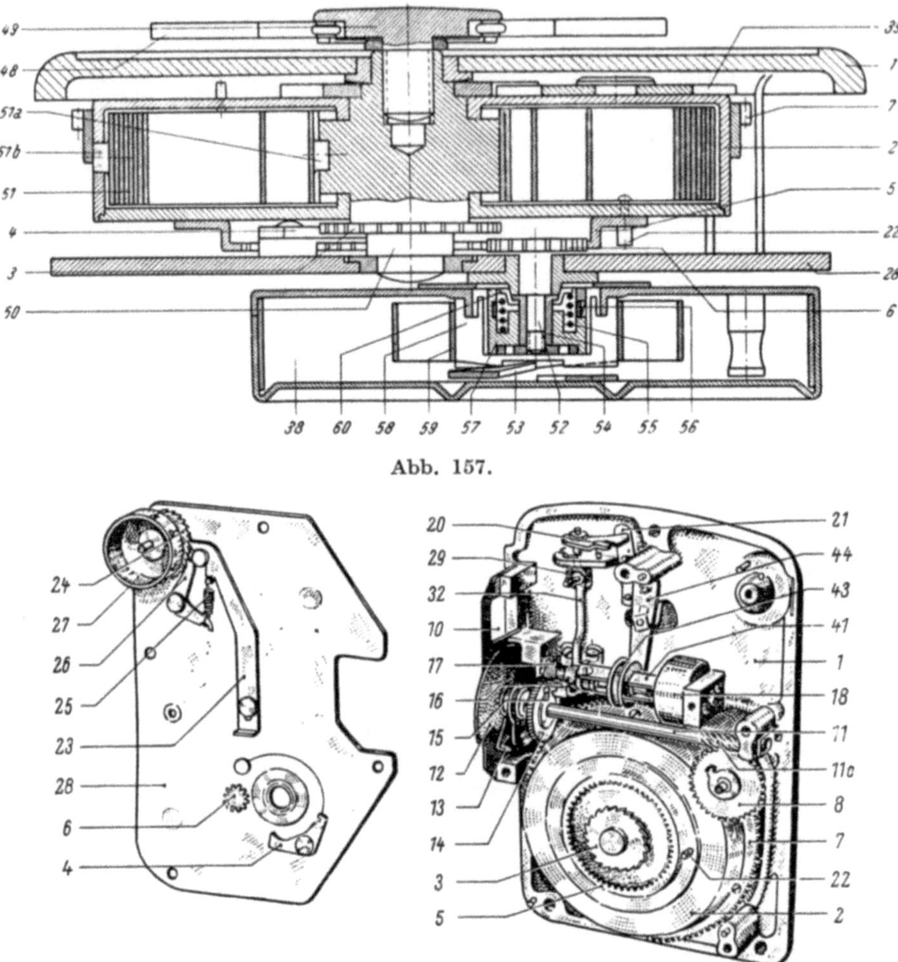

Abb. 157.

Abb. 158.

Werk der BAUER „8-Kamera“. Maßstab 1 : 1 (Abb. 157) und Maßstab etwa 1 : 2,2 (Abb. 158).

1 Platine, 2 Federhaus, 3 Sperrad, 4 Sperrklinke, 5, 6 Zahnräder, 7 Zahnkranz, 8 Zahnrad, 10 Ausschnitt für Sucher, 11 Verschluß- und Greiferwelle, 12 Umlaufverschluß, 13 Greifer, 14 Zahnrad, 15 Sperrhebel, 16 Auslösehebel, 17 Zahnrad, 18 Bremstopf, 20 Hebel, 21 Feder, 22 Stift, 23 Schalthebel, 24 Schlitzrad, 25 Feder, 26 Sperrklinke, 27 Zählwerkstrommel, 28 Platine, 29 Feder, 32 Auslösegestänge, 38 Kassettengehäuse, 39 Aufzugsperre, 41 Bremsfeder, 43 Einstellring, 44 Einstellhebel, 48 Aufzugshebel, 49 Schraube, 50 Federkern, 51 Aufzugsfeder, 52 Aufwickelachse, 53 Kassettenfeder, 54 Buchse, 55 Feder, 56 Mitnehmer, 57, 58 Buchsen, 59 Filmband, 60 Scheibe (s. Abb. 124).

zum Vollaufzug leichter handhaben läßt und kein Umgreifen der Hand erforderlich ist. Die Kurbeln werden von dem Triebwerk entkuppelt, da die Aufzugsachse meist auch noch als Antriebswelle für die Weiterführung des Drehmomentes zum Schaltwerk und zu den übrigen Getriebegliedern verwendet wird und deshalb bei Betätigung der Kamera umläuft. Die Aufzugskurbel muß aber feststehen, um eine ruhige Halterung des Gerätes zu erreichen. Die Aufzugskurbeln lassen sich meist flach an das

Kameragehäuse anlegen, wobei der Kurbelgriff in einer Vertiefung des Gehäuses verklinkt wird oder neben der Gehäusekante anliegt (s. Abb. 87, 88, 90, 91, 98, 139, 406, 409, 428, 432, 433, 444, 468, 469, 496).

Gelegentlich werden die Federwerke auch durch Bandzüge gespannt, ein derartiges System ist an Hand der Abb. 167 beschrieben.

Neben den Aufzugskurbeln für die Federwerke haben einige Kameras noch Kurbeln zum Bedienen des Einerganges, Rückwickelns oder Betriebes der Kamera von Hand. Diese Kurbeln lassen sich entweder aufstecken oder sind fest am Gerät angebracht, aber beim normalen Betrieb ausgekuppelt. Als Beispiel kann die Kurbel *4* (Abb. 90) für die „*Webo M-Kamera*" oder die Kurbel *14* (Abb. 91) für die „*Special Kamera*" genannt werden. Bei der ASKANIA „*Schulter-Kamera*" sind mehrere Getriebewellen *9 ... 11* (Abb. 99) nach außen geführt, die eine 1-, 8- und 12 fache Umlaufzahl gegenüber der Greiferwelle machen und durch eine ansetzbare Handkurbel *8* betätigt werden können. Die Achse für den Ansatz der Rückwickelkurbel bei der „*Movikon 16 Kamera*" ist in der Abb. 105 als Teil *48* dargestellt.

Die Aufzugsachsen der Federwerke werden entweder über Sperräder verriegelt, die infolge der verhältnismäßig großen auftretenden Kräfte grobe Zähne haben und deswegen beim jeweiligen Einfallen der Sperrklinken in die nächste Lücke ein deutliches Knackgeräusch machen, sofern man nicht durch besondere Mittel die Klinken zusätzlich steuert. Eine Zahnradsperrung des Federwerkes ist beispielsweise für die „*Bauer 8 mm Kamera*" in der Abb. 158 als Sperrad *3* zu sehen, das mit der Sperrklinke *4* zusammenarbeitet. Eine andere Zahnradsperrung des Federhauses der „*Bolex H Kamera*" ist in der Abb. 182 dargestellt. Hier wird die Federwerksachse durch das Sperrad *7* und die vier Sperrklinken *8* am Rückdrehen gehindert. Ein Sperrad verwenden auch verschiedene „*Nizo Modelle*" und die „*Bauer 88*" nach Abb. 176.

Andere Federwerke werden durch geräuschlos arbeitende Klemmeinrichtungen gesperrt, die beispielsweise in der Art der Fahrradfreilaufgetriebe mit kleinen Walzen arbeiten. Diese klemmen sich unter Druck leichter Federn in schrägen Führungen ein und verriegeln das Federwerk gegen die Federspannung. In der Aufzugsrichtung setzt dagegen der Freilauf ein, womit sich ein geräuschloser Aufzug ergibt. Mit einer derartigen Einrichtung wird das Federhaus der EUMIG „*C 3 Kamera*" gesperrt, ähnlich arbeiten die „*Bolex L 8*", „*B 8*", „*C 8*", „*Movikon 8*" und andere.

Die Verriegelung wird auch über Schlingfedern vorgenommen, die aus einigen auf einer Achse aufgebrachten Federwindungen bestehen. Die eine Seite der Feder hängt über ein Zahnrad mit dem zu sperrenden Federhaus zusammen. Beim Drehen in der einen Richtung wird die mit leichter Reibung auf der feststehenden Welle aufliegende Feder etwas auseinander gebogen und dreht sich damit leicht über diese Welle. Bei entgegengesetzter Drehrichtung ziehen sich die Federwindungen etwas zusammen und geben damit bei richtiger Bemessung eine eindeutige Klemmung. Als Beispiele für diese Einrichtung können die SIEMENS Kameras oder BELL und HOWELL „*Sportster 8 Kamera*" genannt werden.

Als Beispiel einer kleinen Federwerkskamera wird in den Abb. 157 und 158 der Innenaufbau der BAUER 8 mm Kamera gezeigt. Der umleg-

bare Knebel *48* dient zum direkten Aufzug des Federwerkes ohne Übersetzung, das über die Schraube *49* und den Federkern *50* gegen die Wirkung
der gewundenen Blattfeder *51* gespannt wird. Ein Rückdrehen verhindert
das Sperrad *3* und die Sperrklinke *4*. Beim Auslösen der Verriegelung
der Greiferwelle *11* dreht das Federhaus *2* über den daran angebrachten
innen verzahnten Ring *5* das Zahnrad *6*, an dem sich die Aufwickelachse *52*
befindet. Die Rutschkuppelung ist als Teil *55* und *56* in diese Aufwickelachse eingebaut. Der am Federhaus befestigte Zahnkranz *7* treibt über
ein nicht sichtbares Zahnrad und das Rad *8* die auf die Welle *11* ge-
schnittene steilgängige Schnecke *11a* an, die sechs Gänge hat. Auf der
Welle *11* sitzt der Verschluß *12* und die Steuerkurve für das Filmschaltwerk, das noch im Abschn. IX beschrieben wird. Durch schräg verzahnte Räder *14* und *17* wird der Geschwindigkeitsregler *18*, *41*, *43* angetrieben, der in der Abb. 375 beschrieben ist.

Über die Bemessung von Federwerken und der damit eng zusammenhängenden Getriebe läßt sich folgendes angeben: Das Antriebsmoment,
das eine gewundene Blattfeder abzugeben imstande ist, hängt linear mit
dem Steifigkeitsmodul (vielfach sachlich falsch als *Elastizitätsmodul*
bezeichnet), der Federbreite und einem Faktor zusammen, der sich aus
den Windungszahlen der Feder und den Federhausabmessungen ableiten
läßt. Weiterhin geht die dritte Potenz der Federhöhe in die Formel ein,
während die Federlänge das abgebbare Drehmoment umgekehrt proportional beeinflußt.

Wenn alle Bemessungsfaktoren eines Federwerkes in einer vernünftigen,
miteinander ausgeglichenen Form berücksichtigt werden, so erhält man
für Handkameras Federhäuser, deren Durchmesser 55...100 mm beträgt
und deren Federbreiten bis etwa 20 mm anwachsen. Diese Federwerke
können auf Grund ihres Durchmessers und ihrer Federhöhe bis zu 12 Umläufe für einen vollen Aufzug machen. Es hat sich praktisch heraus-
gestellt, daß die Federhöhen am günstigsten bei etwa 0,5 ... 0,6 mm
liegen. Kleinere Federdicken ergeben infolge des Eingehens der Federhöhe mit der dritten Potenz zu kleine Antriebsmomente, während dickere
Federn zu steif und sperrig werden und außerdem leichter zum Bruch
neigen. Die Zugfedern müssen aus besonders hochwertigem Federband-
stahl bestehen. Von der richtigen Härtung hängt die Leistungsfähigkeit
eines Federhauses ganz wesentlich ab. Auch die Schmierung der einzelnen Federwindungen mit nicht klebenden graphithaltigen Fetten
bedarf einer besonderen Beachtung.

Die Rechnungen für das nutzbare Drehmoment eines Federwerkes
ergeben sich aus Festigkeitsbetrachtungen und führen zu der folgenden
Formel:

$$M_F = P\,r = \frac{2\,E\,b\,h^3\,(i - i_o)}{12\,l} \tag{51}$$

In dieser Formel bedeutet M_F den Augenblickswert des jeweiligen Drehmomentes, P die am Radius r wirkende Umfangskraft, E den Steifigkeitsmodul (Dehnsteife nach DIN 1304) des Federmaterials, b die Breite,
h die Höhe (Stärke), l die Länge der Feder und $(i - i_o)$ den Unterschied
der Federwindungszahlen in dem jeweils betrachteten gespannten Zustand
gegenüber dem spannungslosen Zustand der Feder ohne Gehäuse. Nach
einigen Umrechnungen und Beschränkung auf die praktisch in Kino-

getrieben vorkommenden Fälle ergibt sich als größtes zur Verfügung stehendes Drehmoment nach WEISE (618)

$$M_{F\,max} \approx \frac{300\,b\,h^3}{d_1} \quad (cm\ kg) \tag{52}$$

wobei d_1 den wirksamen Durchmesser des Federgehäuses bezeichnet. Das kleinste Drehmoment wird

$$M_{F\,min} \approx 0,5\,M_{F\,max} \tag{53}$$

beim Einsetzen der Längen in mm. Nach (52), (53) wird als Zahlenbeispiel bei $b = 9,5$ mm, $h = 0,6$ mm und $d_1 = 60$ mm das Drehmoment $M_{F\,max} =$
$$= \frac{300 \cdot 9,5 \cdot 0,6^3}{60} = 10,3\ \text{cm kg und } M_{F\,min} = 5,15\ \text{cm kg.}$$

Die Größe der verwertbaren Drehung n_F des Federwerkes kann in Annäherung in Abhängigkeit von der Federhöhe h und dem Federhausdurchmesser d_1 zu

$$n_F = 0,085\,\frac{d_1}{h} - 2 \tag{54}$$

ermittelt werden. Für die genannten Zahlen ist also $n_F = 0,085\ \frac{60}{0,6}$ $- 2 = 6,5$.

In der Abb. 159 ist schematisch der Verlauf des Drehmomentes M_F in Abhängigkeit von der Zahl der Federwindungen i dargestellt. Die beiden Krümmungen der Federcharakteristik am Anfang und Ende des Diagramms sind durch die gegenseitige Reibung der Federlagen aneinander bedingt. Diese Reibung tritt besonders dann in Erscheinung, wenn die Feder weit aufgezogen oder weit entspannt ist. In dem dazwischen liegenden Bereich arbeitet die Feder im wesentlichen ohne größere Reibung ihrer Windungen. Für diesen Bereich ist das angegebene lineare Gesetz für das Drehmoment zumindest angenähert gültig.

Die sich an diese Grundüberlegungen anschließenden Betrachtungen sind einfacher rechnerischer Art und wurden deshalb hier nur in ihren Ergebnissen dargestellt. Da aber in alle Rechnungen die dritte Potenz der Federhöhe h eingeht, sind Formeln nicht sehr übersichtlich. Deshalb werden die Diagramme Abb. 160 und 161 gebracht. Diese gelten für 8 mm und 16 mm Kameras, da diese oft nur mit Federwerken ausgerüstet werden, während die Berufsgeräte meist von Elektromotoren angetrieben werden und nur kleinere 35 mm Handkameras Federwerke haben, z. B. die BELL und HOWELL „*Eyemo*" (Abb. 152) und CINEPHON Handkamera (Abb. 366). Ein ansetzbares Federwerk ist für die ÉCLAIR „*Caméflex Kamera*" vorgesehen, das an den Frontblock *1* (Abb. 145) an Stelle des Motors *8* angesetzt werden kann.

Den Ausgang einer Federwerksbestimmung bildet die mit einem Vollaufzug durchziehbare Filmbandlänge L bzw. die Zeit t, in der diese Länge durchlaufen soll. Die rechte Seite des Diagramms Abb. 160 gibt für eine wählbare Zeit t, beispielsweise 30 sec und ein Gesamtübersetzungsverhältnis $ü_S$ zwischen Federwerk und Schaltwerksachse von 60, eine

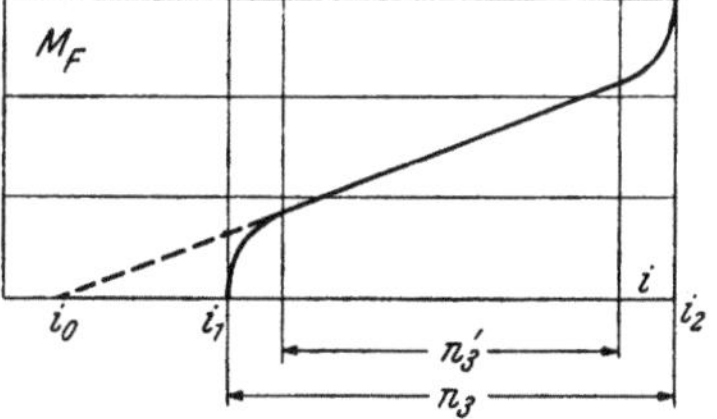

Abb. 159. Drehmoment M_F einer gespannten Zugfeder in Abhängigkeit von ihrem Spannungszustand, gegeben durch die Windungszahl i der Zugfeder, Schema. n_F Drehung des Federwerkes.

Zahl der notwendigen Umläufe des Federwerkes $n_F = 8$. Beim Übergang auf die linke Seite des Diagramms kann man zu dieser Umlaufzahl für

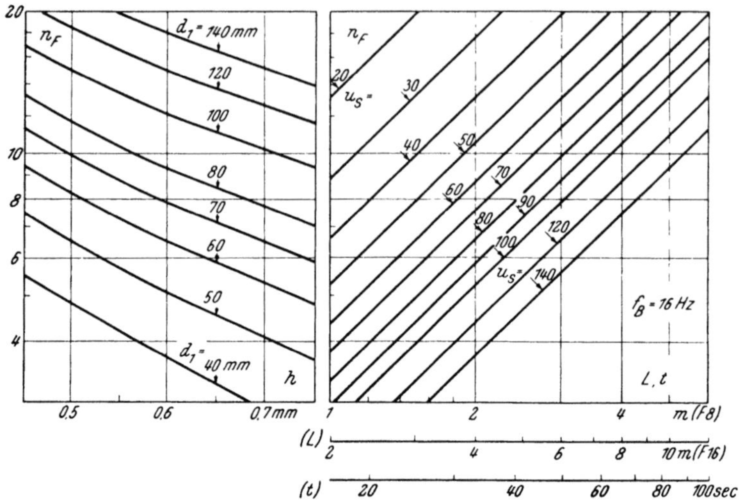

Abb. 160. Diagramm zur Federwerksberechnung.
Gegenseitige Abhängigkeit von Drehung n_F des Federhauses, Übersetzungsverhältnis $\ddot{u}_s$ zwischen Federhaus und Filmschaltwerk, durchziehbarer Filmlänge L, Laufzeit t für einen Aufzug, Filmformat F, Federhausdurchmesser d_1 und Federhöhe h. f_B Bildfrequenz.

den wirksamen Durchmesser d_1 des Federhauses von 70 mm eine Federhöhe von $h =$ etwa 0,6 mm ermitteln. Ein so bemessenes Federwerk

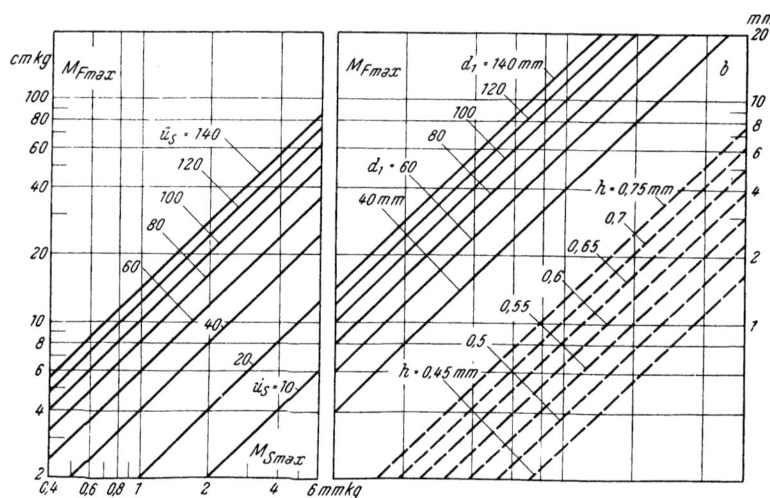

Abb. 161. Diagramm zur Federwerksberechnung.
Gegenseitige Abhängigkeit von maximalem Federhausdrehmoment M_{Fmax}, maximalem, am Filmschaltwerk wirksamem Moment M_{Smax}, Übersetzungsverhältnis $\ddot{u}_S$ zwischen Federhaus und Filmschaltwerk, Federhausdurchmesser d_1, Federhöhe h und Breite b. Etwas vereinfachte Rechnung. Für das abgelaufene Werk gelten etwa die halben M_{Fmax}- und M_{Smax}-Werte.

könnte eine Länge L von etwa 3,7 m Filmband vom 16 mm oder 1,83 m vom 8 mm Format für einen Aufzug transportieren (s. rechte Seite der Abb. 160), wobei eine Bildfrequenz $f_B = 16$ Hz zugrunde gelegt ist.

Mit Hilfe des Diagramms der Abb. 161 kann weitergerechnet werden. Aus der linken Seite wird für ein an der Schaltwerksachse benötigtes maximales Drehmoment von beispielsweise $M_{s\,max} = 1$ mmkg bei dem gewählten Übersetzungsverhältnis $ü_s = 60$ ein maximales Drehmoment am Federhaus $M_{Fmax} = 6$ cmkg ermittelt. Überträgt man diesen Wert auf die rechte Diagrammseite, so erhält man für eine Federhöhe $h = 0,6$ mm und einen Federhausdurchmesser $d_1 = 70$ mm eine Federbreite b von etwa 6,5 mm. Mit diesen Diagrammen kann man in der dargestellten Art die Federwerksabmessungen leicht und schnell ohne Rechnung bestimmen.

Die einzeln frei wählbaren und die sich daraus zwangsläufig ergebenden Daten der für das Federwerk wesentlichen Faktoren müssen, wie bei jeder anderen Konstruktion, aufeinander abgestimmt werden. Es kann durchaus möglich sein, daß beim Festhalten einer bestimmten Forderung an ein Bestimmungsstück sich für die anderen schwierig einzuhaltende Bedingungen ergeben. Es müssen also alle Maße gegeneinander abgewogen werden. So dürfen beispielsweise nicht zu viele Drehungen des Federhauses für einen einmaligen Aufzug angesetzt werden, da sonst der verhältnismäßig große Durchmesser des Federhauses bei kleineren Kameras Schwierigkeiten im Zusammenbau mit dem Sucher ergibt. Oder die Federhöhe wird zu klein und erreicht damit nicht das erforderliche Drehmoment. Eine zu große Dicke ist auch nicht erwünscht, da die Federn dann unnötig sperrig werden und die Raumausnutzung im Federhaus nicht so günstig wird. Außerdem ist dann die Bruchgefahr größer. Veröffentlichungen über Federwerke in der Feinwerktechnik finden sich bei RICHTER und v. Voss (441), FRIELINGHAUS (147), SUCHOKI (555), WEISE (618) und anderen.

Als Beispiele können gelten: Die Federabmessungen der *„Movikon K 8 Kamera"* sind $l = 4$ m, $b = 18$ mm und $h = 0,56$ mm, die für die neue *„Movikon 8 Kamera"*: $l = 1,9$ m, $b = 12$ mm und $h = 0,55$ mm. Bei der *„Bauer 8 Kamera"* ist $l = 2,85$ m, $b = 10$ mm und $h = 0,45$ mm, bei der *„Bauer 88 Kamera"* $l = 2,5$ m, $b = 10$ mm und $h = 0,5$ mm. In der SIEMENS *„8 R Kamera"* ist $l = 2,1$ m, $b = 10$ mm und $h = 0,5$ mm. Die Daten für die SIEMENS *„C 8"* und 16 mm Kameras sind: $l = 3,0$ m, $b = 15$ mm und $h = 0,5$ mm bzw. 0,6 mm. Weitere Einzelheiten finden sich in (618), wobei zu beachten ist, daß die Federdaten nicht immer zur Verfügung standen, sondern teilweise nach den angegebenen Formeln berechnet werden mußten. Damit können sich einige Abweichungen gegenüber den tatsächlichen Werten ergeben.

Das Federwerk der EUMIG *„C 3 Kamera"* hat folgende Daten: Federbreite $b = 15$ mm, Höhe $h = 0,5$ mm, Federhausinnendurchmesser $d_1 = 55$ mm, bei Vollaufzug muß das Federhaus 7,75mal gedreht werden.

Für die *„Movikon K 16 Kamera"* sind als Innendurchmesser des Federhauses $d_1 = 94$ mm, die Federbreite $b = 20$ mm und die Federhöhe $h = 0,55$ mm bei einer Länge $l = 6,55$ m zu nennen. Aus diesen Daten ergibt sich für einen vollen Aufzug der Kamera eine Umlaufzahl $n_F = 12,5$ für das Federwerk.

Werden eine Reihe von Federwerken ausgeführter 8 mm Kameras

zusammengestellt, so ergeben sich als Mittelwerte für 10 Kameras: Laufzeit t = 39 sec für einen Aufzug und durchziehbare Filmlänge L = 2,4 m; Federhausdurchmesser d_1 = 60 mm, Federhöhe h = 0,52 mm, Breite b = 11,4 mm und Gesamtübersetzungsverhältnis $ü_s$ = 80. Die dazu gehörigen Minimal- und Maximalwerte werden: t = 28 sec und 72 sec; L = 1,7 m und 4,4 m; d_1 = 51 mm und 66 mm Durchmesser; h = 0,42 mm und 0,65 mm; b = 8 mm und 16 mm; $ü_s$ = 51 und 128.

Bei größeren 16 mm Kameras mit einem starken Federwerk macht die Unterbringung schon Schwierigkeiten, da die Kameras verhältnismäßig dick werden. Eine Abhilfe kann durch Teilen des Federwerkes erreicht werden. In der später gezeigten Anordnung nach der Abb. 184 für die ZEISS IKON „*Movikon 16 Kamera*" treiben zwei Federwerke F_1 und F_2 gemeinsam das Rädergetriebe. Die Federabmessungen sind l = 4,5 m und h = 0,7 mm, die Breiten sind 10 mm und 8 mm und ergeben sich aus konstruktiven Notwendigkeiten der Gesamtanordnung der Kamera. Diese beiden Zugfedern sind also als eine geteilte Feder von der Gesamtbreite 18 mm anzusehen.

Auch in der „*Admira 8 Kamera*" ist ein Doppelfederwerk vorgesehen, das mit einem Aufzug 2,5 m Filmband durchzieht. Ein Doppelfederwerk setzt der „*Robot Royal*" nach Abb. 287 ein.

C. Elektro- und Luftmotore

Der Antrieb der Kameras durch Elektromotore ist überall da sinnvoll oder nötig, wo größere Filmlängen in einem Zuge durchgezogen werden sollen oder müssen. Sind die Elektromotoren klein genug und sollen nicht an verschiedene Speisenetze angepaßt werden, so lassen sie sich

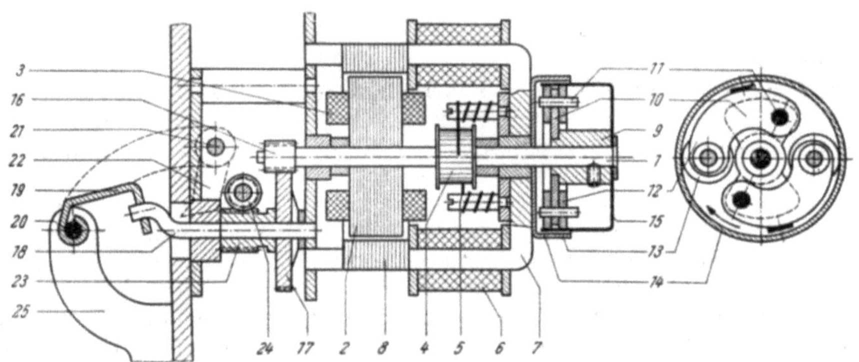

Abb. 162. EUMIG 2×8 mm „*C-4-Kamera*", Elektromotor, Greifer und Regler, Maßstab 1:1.

1 Motorwelle, *2* Dreifach-T-Anker, *3* Ankerwicklung, *4* Kollektor, *5* Kollektorbürsten, *6* Statorwickelung, *7* Statorbügel, *8* Polschuhe, *9* Buchse, *10* Hebel, *11* Bolzen, *12* Bremshebel, *13* Bremsklötze, *14* Bremsgehäuse, *15* Bremsfedern, *16, 17* Zahnräder, *18* Kurbelwelle, *19* Schwinghebel, *20, 21* Bolzen, *22* Greifer, *23* Schnecke, *24* Schneckenrad, *25* Bügel (s. Abb. 216, 353, 354).

fest in die Kameras einbauen. Als Beispiel dafür kann die EUMIG „*C 4 Kamera*" für 8 mm Film genannt werden, bei der nach der Abb. 162 ein kleiner Elektromotor in der Kamera eingebaut ist. Dadurch erhält diese Kamera, wenn die ebenfalls eingebaute Trockenbatterie von 4,5 V Nennspannung in Ordnung ist, eine große Aufnahmebereitschaft, da mit einer Batterie mindestens 10 Filmbänder transportiert werden können.

Die Leistungsfähigkeit der Kamera hängt also wesentlich von der Lagerfähigkeit der Trockenbatterie ab, da bei einer derartig kleinen und preiswerten Kamera der Motor keine wesentliche Reserve haben kann.

Den konstruktiven Aufbau des Elektromotors zeigt die Abb. 162. Die Motorwelle *1* wird von dem Dreifach T-Anker *2* gedreht, der für seine Wickelungen *3* eine elektrische Spannung über den Kollektor *4* und die Bürsten *5* zugeführt erhält. Der Stator besteht aus dem Eisenbügel *7*, der die Wickelungen *6* trägt und mit lamellierten Polschuhen *8* versehen ist. Die Motorwelle macht etwa 4000 Umläufe je min bei der eingestellten Bildfrequenz von 16 Hz. Die Drehzahl wird durch einen mechanisch wirkenden Fliehkraftregler konstant gehalten (s. Abschn. XII).

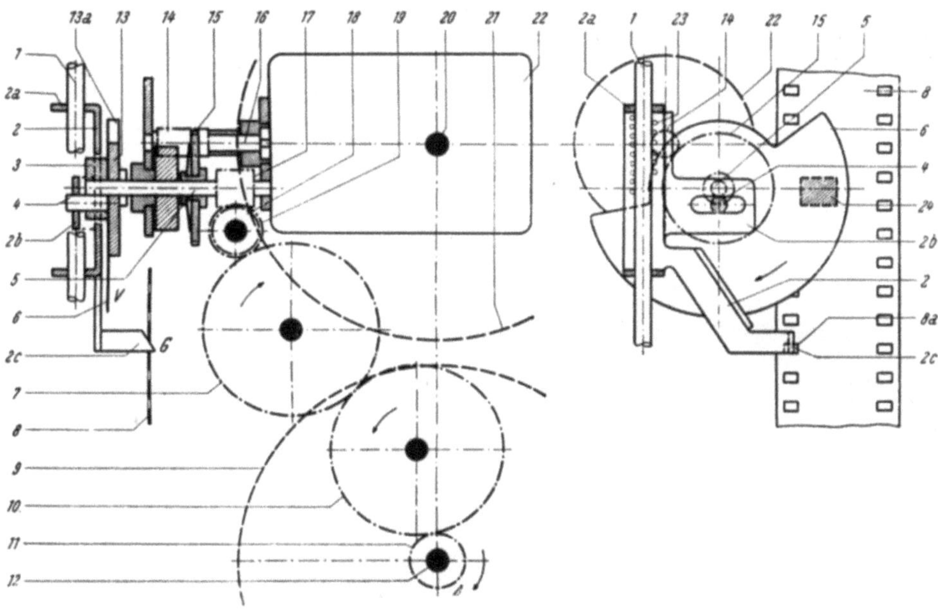

Abb. 163. EUMIG 2 × 8 mm Kamera „*C 8*“, Elektromotor und Getriebe, Maßstab 1 : 1.

1 Greiferführungsstift, *2* Greifer, *3* Scheibe, *4* Kurbelzapfen, *5* Verschlußwelle, *6* Umlaufverschluß, *7* Zahnrad, *8* Filmband, *9* Aufwickelspule, *10, 11* Zahnräder, *12* Aufwickelachse, *13* Schlitzscheibe, *14, 15* Zahnräder, *16* Welle, *17* Schnecke, *18* Schneckenrad, *19* Zahnrad, *20* Abwickelachse, *21* Abwickelspule, *22* Elektromotor, *23* Feder, *24* Bildfenster, *A* Aufwickelachse, *G* Greifer, *V* Verschluß. Regler wurde in der Abb. 383 dargestellt (s. Abb. 384).

Die aus der „*C 4*“ Kamera weiterentwickelte „*C 8*“ *Kamera* (Abb. 163) hat auch einen ebenfalls von einer 4,5 V Trockenbatterie gespeisten leistungsfähigeren Motor, der als Stator einen Permanentmagneten trägt. Dieser Motor wird über einen durch Fliehkraft bestätigten elektrischen Schalter im Stromkreis des Motors auf der Drehzahl von 4000/min gehalten. Auch bei diesem Motor wird ein Dreifach-T-Anker verwendet. Das Gewicht des Motors beträgt 57 g. Die Stromaufnahme beträgt etwa 175 mA bei Leerlauf und 235 mA bei Filmtransport.

Ein Elektroantrieb ist auch in der BELL und HOWELL „*Filmo-Elektro*“ vorgesehen.

Eine Austauschbarkeit ist deswegen von besonderem Interesse, weil damit ein leichtes Anpassen der Kamera an die Gleich- und Wechselspannungsnetze sowie an Batterien und an die verschiedenen Spannungen möglich ist.

Als Ausführungsbeispiel wird der Motor der ARNOLD und RICHTER
„*Arriflex 35 Kamera*" dargestellt. Dieser Motor in Abb. 93 befindet sich
im Handgriff der Kamera und steht senkrecht unter dem Schwerpunkt
des Gerätes, womit noch eine stabilisierende Wirkung erreicht wird. Der
Motor ist für eine Gleichspannung von 12 V vorgesehen, wobei die Dreh-
zahl durch einen feinstufig regulierbaren, vor den Motor geschalteten
Widerstand auf 8 ... 30 Bildwechsel je sec eingestellt werden kann.
Dieser Motor hält aber auch über etwa 1 min eine Überlastung durch die
doppelte Speisespannung von 24 V aus, womit dann eine größere Anzahl
Bilder zur Erzielung eines Zeitdehnereffektes hergestellt werden kann.
Als Meßwerte wurden bei einer Bildfrequenz 24 Hz für die aufgenommene
Leistung des Motors bei 12 V Spannung $N = 27,6$ W beim Antrieb des
Filmbandes und $N = 20,4$ W ohne Filmband ermittelt. Die Ein- und
Ausschaltung des Motors wird entweder durch einen Druck- oder einen
Kippschalter vorgenommen, die sich beide am Kameragriff befinden.

Die nach dem gleichen Prinzip aufgebaute „*Arriflex 16*" trägt einen
waagerecht liegenden Elektromotor *9* (Abb. 109), der mit seinem elektrischen
Regulierwiderstand von der Rückseite des Kameragehäuses *8* her aus-
gewechselt werden kann. Der für 8 V Gleichspannung bestimmte Motor
ist auf Vor- und Rücklauf zu schalten, die Leistungsaufnahme beträgt
etwa 20 W bei der Bildfrequenz 24 Hz. Der elektrische Widerstand läßt
eine Verstellung der Bildfrequenz von 8 ... 48 Hz zu. An der Motorachse
befindet sich ein Knopf zum Durchdrehen der Kamera von Hand. Für
synchrone Aufnahmen mit einer Tonaufnahme kann auch ein Synchronmotor eingesetzt werden. Den Schnitt durch den Gleichspannungsmotor
zeigt die Abb. 445, auf der auch die Regel- und Umschalteinrichtungen erkannt werden können, die den größeren Regelbereich ergeben.

Der in die ZEISS IKON „*Ikophon Tonkamera*" eingebaute Elektromotor benötigt zum Erreichen der Bildfrequenz von 24 Hz eine Zeit von
etwa 3 sec und läuft mit 3000 Umdrehungen je min. Die von einer
Sammlerbatterie entnommene Spannung soll zwischen 8 und 11 V liegen.

Der Elektromotor der in der Abb. 141 gezeigten MECHANIK
„*A K 16 Kamera*" kann mit einer Renkfassung entweder an der Unterseite
des Kameragehäuses angebracht werden und gleichzeitig als Handgriff
dienen oder an der Seite. Damit läßt sich die Kamera auf einem normalen
Stativ befestigen. Die Motoren sind für 6 V Gleichspannung oder 220 V
ausgelegt und gestatten die Einschaltung von Bildfrequenzen von
8 ... 64 Hz. Eine Einzelbildschaltung wird durch eine Handkurbel
betätigt.

Der nach Lösen von zwei Schrauben leicht wechselbare Motor der
„*Newall-Kamera*" wurde in der Abb. 95 dargestellt. Auch hier sind Spezial-
motoren für die Netz- oder Batterieanschlüsse vorgesehen.

Ein wahlweiser Antrieb durch Elektromotoren oder Federwerke ist
bei mehreren Kameras vorgesehen. Die Notwendigkeit ergibt sich vielfach
dadurch, daß die Kameras ursprünglich als Handkameras mit einem
Federwerk versehen wurden. Dann traten aber für die vielseitigeren Geräte
größere Aufgaben ein, die nur mit dem Durchzug einer größeren Länge
vom Filmband zu lösen sind. Es ist dann von dem Triebwerk eine meist
ziemlich schnell laufende Welle aus dem Kameragehäuse herausgeführt
oder über einen abschraubbaren Deckel zu erreichen. An diese Welle kann
dann ein Ansatzmotor angeschlossen werden, wobei noch eine Entkupplung

zwischen Federwerk und Triebwerk oder Schaltwerkswelle und Triebwerk erforderlich ist. Ein Ansatzmotor ist beispielsweise für die „*Movikon 16*" und „*Bolex H*" sowie die „*Filmo 70 Specialist Kameras*" vorgesehen. Die für die BELL und HOWELL Kameras bestimmten Elektromotoren sind entsprechend den in den *USA* herrschenden Netzen sowie den Exportbedürfnissen in folgenden Ausführungen erhältlich: Anschluß an Gleichspannung 12 V oder 24 V, an Gleich- oder Wechselspannung 115 V. Ferner ist ein Synchronmotor für 115 V mit 50 oder 60 Hz oder ein Synchronmotor für 220 V 50 Hz lieferbar. Die Anordnung des Motors an der „*Specialist Kamera*" zeigt beispielsweise die Abb. 441. Der zu der „*Caméflex*" passende Elektromotor *9* (Abb. 125) ist gegen ein Federwerk austauschbar (s. auch *8*, Abb. 145).

Die ASKANIA „*Schulter-Kamera*" wird durch einen regulierbaren 12 V Motor angetrieben (Abb. 99), der etwa 35 W aufnimmt und Bildfrequenzen von 8 ... 35 Hz einzustellen gestattet. Diese werden wie bei vielen anderen größeren Kameras an einem Tachometer abgelesen (s. *3*, Abb. 421), beispielsweise bei „*Arriflex*", „*Minicord V 16*" (*8*, Abb. 80), ASKANIA „*Atelier-Kamera*" (*5*, Abb. 412) und anderen.

Die ASKANIA „*Z Kamera*" für 35 mm Filmband kann entsprechend ihrem vielseitigen Einsatz und ihren Sonderbauformen einen ansetzbaren Motor (s. *9*, Abb. 56) für 12 ... 16 V Gleichspannung erhalten, der Aufnahmefrequenzen von 35 Hz bzw. 60 Hz noch zuläßt. Das Gewicht des Motors beträgt etwa 2,8 kg. Für größere Bildfrequenzen wird ein für 24 V berechneter Motor mit 100 W Leistung angesetzt, der bis zu 80 Hz arbeitet. Diese Motoren sind mit Leerlaufkupplungen versehen. Für Tonaufnahmen ist ein 80 W Synchronmotor bestimmt, der bei 50 Hz Netzen die Kamera mit 24 Hz antreibt.

Aus Gründen eines möglichst kleinen Geräusches, besonders bei Tonaufnahmen, sind die Elektromotore mehrfach in das Kameragehäuse eingebaut, beispielsweise bei der ASKANIA „*Atelier-Kamera*" nach Abb. 244, VINTEN (Abb. 449) und DEBRIE „*Super Parvo Color*" (Abb. 504). Der Raum für den von der Rückseite der „*Super Parvo*" einsetzbaren Elektromotor ist aus der später folgenden Abb. 193 zu ersehen.

Zeitdehnergeräte benötigen gegenüber den üblichen Kameras sehr viel größere Antriebsmomente, da das Filmband mit großer Geschwindigkeit durch die Geräte läuft und damit einen großen Kraftbedarf hat. So ist beispielsweise der außen an die 16 mm ZEISS IKON „*Schmalfilmzeitlupe*" (Abb. 326) ansetzbare Motor für eine Leistungsaufnahme von 1,1 kVA während der Aufnahme ausgelegt, als Spannung sind 220/380 V Drehspannung vorgesehen. Um andererseits dieses Gerät unabhängig von Netzen oder auch Stromquellen zu machen, ist auch ein größeres Federwerk eingebaut, das eine Bildfrequenz von 250, 500 oder 1 000 Hz durchzieht, während die größeren Bildfrequenzen bis 3 000 Hz dem Motorantrieb vorbehalten sind. Zum Hochlaufen des Getriebes auf die eingestellte Frequenz wird eine gewisse Zeit benötigt, die bis zu 1,5 sec betragen kann.

Die weitgehende Reguliernotwendigkeit für den Antriebsmotor des ASKANIA „*Zeitdehners*" (Abb. 334) wird durch ein LEONARD-Aggregat erreicht, das von einem Dreiphasenmotor angetrieben wird. Die Aufnahmeleistung aus dem Netz beträgt bei dem Anfahren etwa 7,7 kVA bei 220 V und im eingelaufenen Zustand 5,5 kVA. Dieser Motor treibt einen Gleichspannungsgenerator mit Feldregelung. Die hier entstehende gut regulierbare Spannung wird zum Treiben des Kameramotors verwendet. Das Filmband wird durch einen getrennten Wickelmotor aufgewickelt.

Die Neuentwicklung des ASKANIA „Zeitdehners" sieht statt des LEONARD-Antriebes für den Kameramotor eine elektronische Steuerung für seine unterschiedlichen Drehgeschwindigkeiten vor.

Der gelegentlich erwünschte weiche Antrieb des Kamerawerkes wird durch Riementriebe erreicht (Abb. 326), wobei leicht durch unterschiedliche Durchmesser der Riemenscheiben verschiedene Übersetzungsverhältnisse erreicht werden (Abb. 331).

In der SIEMENS 16 mm „Registrier-Kamera" wird ein sonst in der Wählertechnik eingesetztes Antriebsystem eingesetzt. Es besteht aus zwei im Winkel von 90° angeordneten Elektromagneten, die auf einen unsymmetrischen Z-förmigen drehbaren Anker wirken. Durch einen auf der Ankerwelle befestigten Schalter werden die Magnete abwechselnd eingeschaltet und damit die Drehung erreicht (Abb. 509, 510).

Für Zeitdehner Kameras mit ihren schnellen Umläufen können nach COATES (62a) auch luftangetriebene Motoren verwendet werden, die mit Drehzahlen von n = 40 000 ... 275 000/min ebene Stahlspiegel antreiben, die aus rostfreiem Stahl bestehen. Besondere konstruktive Maßnahmen sind für die Bremsung und Kontrolle nötig, damit die Sicherheitsgrenze nicht überschritten wird, da sonst die Gefahr der Explosion der Motore besteht.

D. Getriebe

Die Getriebe für die einzelnen Aggregate der Kameras hängen eng mit den Antriebsmitteln zusammen und wurden deshalb teilweise schon auf den vorangegangenen Seiten vorweggenommen. Wesentlich ist bei Federwerksantrieben, daß sich das Federwerk selbst am langsamsten von allen Kamerawellen dreht, sofern man von dem Zählwerk absieht. Deshalb muß das Federwerk ins Schnelle treiben. Bei den Elektromotoren ist es meist umgekehrt, hier läuft der Motor sehr schnell und erfordert in allen Fällen, wo er eine Kamera mit üblichen Bildfrequenzen antreibt, Untersetzungen. Dies kann nur bei Zeitdehnerkameras anders sein.

Als Beispiel für die Getriebe von Kameras dienen die folgenden Abbildungen. Dabei zeigt die Abb. 164 den einfachen Getriebeaufbau der SIEMENS „8 R Kamera". Hier dreht das Federwerk F über die Zahnräder 2 und 3 die Aufwickelachse A mit der eingebauten nicht dargestellten Rutschkuppelung. Diese liegt in der Aufwickelhülse und wird durch zwei ineinandergerollte Blattfedern mit einer mehrfachen Breitenunterteilung gebildet. Das maximal übertragbare Drehmoment beträgt 35 cm g.

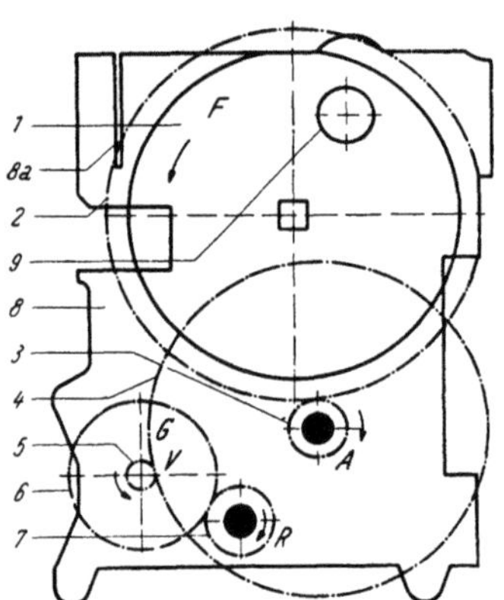

Abb. 164. SIEMENS 2×8 mm Kamera „8 R", Getriebeschema, Maßstab 1:2.

1 Federhaus, *2 ... 7* Zahnräder, *8* Platine, *9* Abwickelachse, *A* Aufwickelachse, *F* Federhaus, *G* Greiferachse, *R* Reglerachse, *V* Verschlußantriebsachse (s. Abb. 165 und 166).

Über die Zahnräder 4 und 5 wird von der Aufwickelachse eine Welle in Umlauf gesetzt, auf der sich die Kurvenscheiben für das Greiferschaltwerk G und den Verschluß V befinden. Das Gesamtübersetzungsverhältnis vom Federwerk, das für jeden vollen

Aufzug etwa 7,7 Drehungen machen kann, bis zur Greiferwelle beträgt $ü_S = 78$. Der Regler R ist von dieser Welle nochmals über die Zahnräder 6 und 7 mit $ü_R = 2{,}2$ fach übersetzt.

Über die Werkstoffe des in der Abb. 165 als Photographie abgebildeten Triebwerkes ist zu sagen: Die Platine 8 besteht aus Duraluminium, das Apparat- und Bremsgehäuse 10 aus Aluminium-Spritzguß, Greifer, Verschluß und Zahnräder aus Stahlblech.

Der konstruktive Aufbau von Greifer und Verschluß geht aus der perspektivischen Darstellung (Abb. 166) hervor. Die gewählte Anordnung läßt einen flachen Aufbau des Kameragehäuses zu, da keine um 90° gedrehte Verschlußwelle benötigt wird. Die aus eloxiertem Aluminium bestehenden Exzenter 2 und 3 setzen den Greifer 4 und Verschluß 7 in Bewegung.

An Einzelheiten für die „8 R Kamera" können angegeben werden: Das vollständige rohe Gehäuse wiegt 330 g, davon der Deckel 50 g, der Klappdeckel 95 g, der Gehäuserahmen 185 g, das Federhaus mit Feder wiegt 150 g, die Feder ist 0,7 mm stark.

Das Getriebe der STEATIT MAGNESIA *„Dralowid Reporter 8 mm Kamera"* ist in der

Abb. 165. SIEMENS 2×8 mm Kamera „8 R", Getriebe, Maßstab etwa 1 : 2.

1 Federhaus, *2 ... 4* Zahnräder, *6* Zahnrad, *8* Platine, *9* Fliehkraftregler (s. Abb. 369), *10* Reglergehäuse (s. Abb. 164, 166).

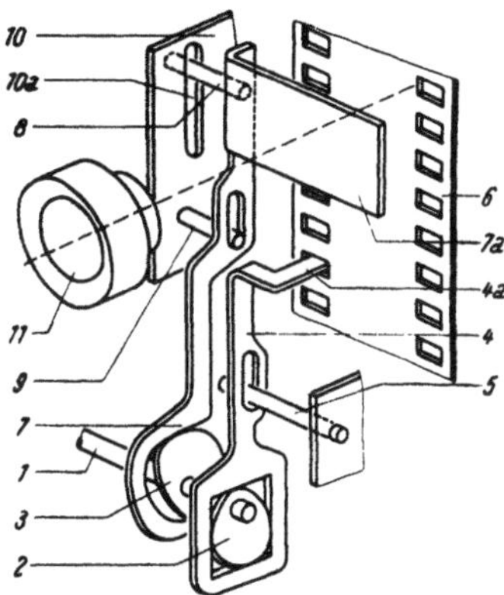

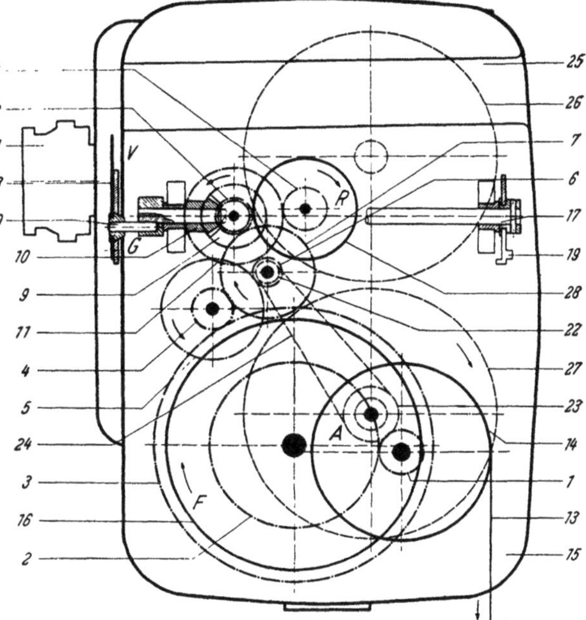

Abb. 166. SIEMENS 2×8 mm Kamera „8 R", Greifer u. Verschluß.

1 Antriebswelle, *2* Greifer-Exzenter, *3* Verschluß-Exzenter, *4* Greifer, *5* Führungsstift, *6* Filmband, *7* Schwingverschluß, *8, 9* Führungsstifte, *10* Platine, *11* Aufnahmeobjektiv (s. Abb. 164, 165).

Abb. 167. STEATIT MAGNESIA 2×8 mm Kamera *„Dralowid Reporter"*, Getriebe, Maßstab 1 : 1,5.

1 ... 8 Zahnräder, *9, 10* Kegelräder, *11, 12* Zahnräder, *13* Zugband, *14* Zugtrommel, *15* Gehäuse, *16* Federhaus, *17* Verschlußwelle, *18* Verschluß, *19* Arretiernasen, *20* Kurbel für Greiferantrieb, *21* Aufnahmeobjektiv, *22, 23* Peesenräder, *24* Peese, *25* Sucherschacht, *26* Abwickelspule, *27* Aufwickelspule, *28* Regler (s. Abb. 207).

Abb. 167 dargestellt. Das Federwerk F wird hier von einem Spannband _13_
aus Kunststoff aufgezogen, das um die Trommel _14_ geschlungen ist und
an der Unterseite des Kameragehäuses _15_ herausragt. Das Spannband läßt
sich um etwa 82 cm aus der Kamera herausziehen und bewirkt damit
über die Zahnräder _1_ und _2_ den Aufzug des Federwerkes _16_. Wird der
Zug auf das Spannband verringert, so wird es von einer in der Trommel _14_
befindlichen Feder wieder aufgewickelt und ist zum nächsten Zuge bereit.
Dies ist etwa viermal für einen Vollaufzug zu wiederholen und geht
schneller als ein Aufziehen mit einem „Schlüssel". Das Spannband hat
die Abmessungen 4 · 0,15 mm und benötigt einen Zug von 2 ... 3,5 kg.
Die Zugfeder hat die Breite von 8 mm, die Stärke von 0,5 mm und
entwickelt bei dem Federhausdurchmesser von 70 mm ein Drehmoment
von etwa 8000 cm g. Die Kamera wiegt 800 g.

Das Federhaus _16_ treibt über die Zahnräder _3...10_ die Greiferantriebs-
und Verschlußwelle _17_ mit dem Übersetzungsverhältnis $ü_S = 7 · 3,67 ·$
$· 2,5 · 1,35 = 68,8$ an, während der Regler R mit $ü = 1,73$ gegenüber
der Verschlußwelle ins Schnelle gedreht wird. Die Zähnezahlen und Daten
der Zahnräder der „_Reporter Kamera_" sind:

Tabelle 18

Rad Nr.	Zähnezahl z	Modul m	Werkstoff
1	20	0,5	Stahl
2	70	0,5	Stahl
3	98	0,6	Stahl
4	14	0,6	Stahl
5	44	0,5	Hartgewebe
6	12	0,5	Stahl
7	40	0,5	Stahl
8	16	0,5	Hartgewebe
9	27	0,4	Messing
10	20	0,4	Stahl
11	42	0,5	Hartgewebe
12	18	0,5	Stahl

Auf der Verschlußwelle _17_ befindet sich neben dem Verschluß _18_, der
nach der Abb. 207 noch näher beschrieben wird, der Nocken _19_ zum
Anhalten des Kameralaufwerkes. An der Verschlußwelle ist ferner die
Kurbel _20_ angebracht, die das Greiferschaltwerk betätigt.

Die unmittelbare Arretierung der Verschlußwelle ist eine besonders
günstige Bauform, da der Verschluß in einer bestimmten Phasenlage
stehenbleiben muß, um während des Stillstandes des Laufwerkes auch das
Bildfenster sicher zu verschließen. Bei einer Zwischenschaltung von Zahn-

rädern zwischen Verschluß- und Arretierwelle besteht die Gefahr der nicht richtigen Stillstandslage durch das Zahnspiel. Die Arretierung der Verschlußwelle ist bei vielen Kameramodellen vorgesehen, beispielsweise nach den Abb. 158, 167, 168, 176, 178, 179, 217, 218, 352 und anderen.

Das Getriebeschema der NIEZOLDI und KRÄMER „Heliomatic 8 mm Kamera" bringt die Abb. 168. Das Federwerk F treibt über die Zahnräder 1 und 2, 3 und 5, 6 und 7 die Greiferwelle G, auf der auch der Steuerexzenter für den Verschluß V sitzt. Die Drehung des Reglers R wird vom Zahnrad 6 abgeleitet und durch die Räder 8 ... 10 übertragen. Die von dem Zahnrad 2 gedrehte Welle trägt noch die Zahntrommel mit 16 Zähnen für die Filmbandvorwickelung und die Schnecke 11, die über das Schneckenrad 12, das Zahnrad 13 und das Kronenrad 14 das Zählwerk mit der Ablaufsperre betätigt.

Die Zähnezahlen und Moduln sind:

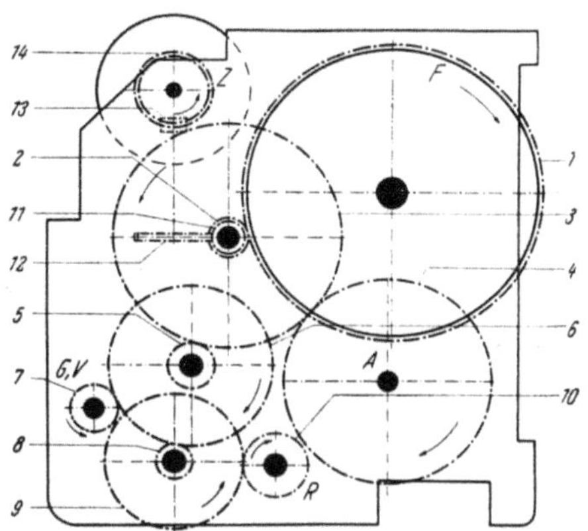

Abb. 168. NIEZOLDI u. KRÄMER 2×8 mm Kamera „Heliomatic", Getriebe, Maßstab 1 : 1,5.

1... 10 Zahnräder, 11 Schnecke, 12 Schneckenrad, 13 Zahnrad, 14 Kronenrad, A Aufwickelachse, F Federwerk, G Greiferwelle, R Reglerwelle, V Verschlußwelle, Z Zählwerk (s. Abb. 477).

Tabelle 19

Rad Nr.	1	2	3	4	5	6	7	8
Zähnezahl z	120	15	60	55	12	64	20	14
Modul m	0,5	0,5	0,75	0,75	0,75	0,5	0,5	0,5

Rad Nr.	9	10	11	12	13	14
Zähnezahl z	60	30	1 Gang	56	12	36
Modul m	0,45	0,45	0,25	0,25	0,4	0,4

Das Gesamtübersetzungsverhältnis zwischen Federwerk und Schaltwerkswelle beträgt $ü_s = 8 \cdot 5 \cdot 3{,}2 = 128$. Zwischen Zahnwickeltrommel und Schaltwerkswelle muß entsprechend der Zähnezahl $z = 16$ auch das Übersetzungsverhältnis 16 eingehalten werden.

Die Ablaufsperre ist mit dem Zählwerk verbunden, das für 7,5 m durchgelaufenes Filmband einschließlich Vor- und Nachspann nicht ganz eine Umdrehung macht und damit nach Durchlauf der Nutzlänge des Filmbandes und eines ausreichenden Nachlaufes das Laufwerk sperrt. Dazu liegt ein Sperrhebel unter Federspannung an einer ringförmigen Kurvenscheibe an, die mit der Zählwerksscheibe fest verbunden ist und einen schmalen Schlitz trägt. In diesen kann der Sperrhebel einfallen. Sein anderer Arm greift dann in ein einzähniges Sperrad ein, das die Greiferwelle in der notwendigen Stellung anhält.

Die Rutschkupplung wird hier dadurch gebildet, daß sich das Antriebszahnrad für die Aufwickelachse lose auf dieser drehen kann. Durch eine um diese Achse gelegte Feder wird das Rad durch Reibung mit einem Stellring verbunden, der fest auf der Achse sitzt.

Eine andere Sperrung, wo ein Fühlhebel *7* (Abb. 132) die Auslösung der Sperrung vornimmt, wurde schon besprochen. Eine Getriebesperrung nach Durchlauf des Filmbandes ist auch bei anderen Geräten, beispielsweise der *„Nizo 8 AK"* Kamera, den *„Bolex 8"* den *„Movikon K 8"* und *„Movex 8 L"* Kameras (Abb. 175), vorgesehen.

Der grundsätzliche Aufbau des Getriebes und Federhauses in dem Gehäuse der EMEL *„Ciné 8"* Kamera ist aus der Abb. 169 zu ersehen. Da diese Kamera eine Zahntrommelvorwickelung mit einer achtteiligen Zahntrommel hat, ist für die Übersetzung zwischen ihrer Achse und der Greifer-

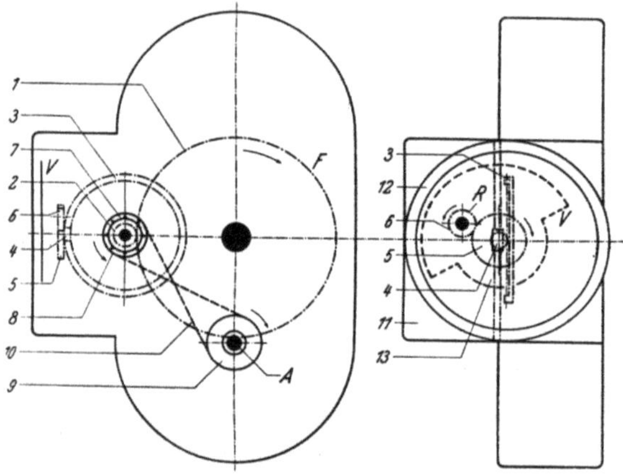
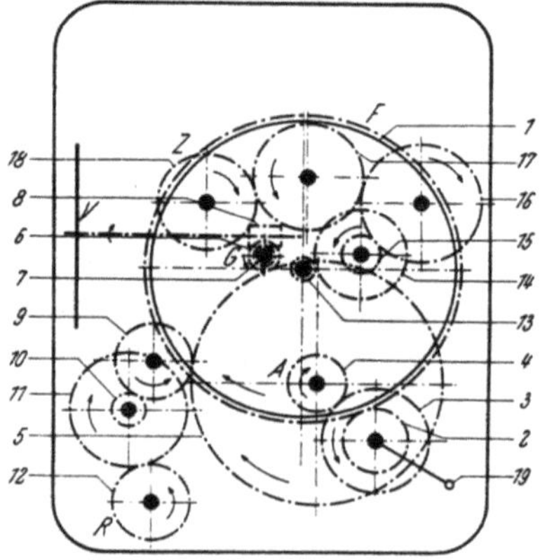

Abb. 169.
EMEL *„Ciné 8"* Kamera, Getriebe, Maßstab 1 : 2,5.
1, 2 Zahnräder, *3* Kronenrad, *4 … 6* Zahnräder, *7* Zahntrommel, *8, 9* Peesenscheiben, *10* Peese, *11* Gehäuse, *12* Revolverkopf, *A* Aufwickelachse, *R* Regler.

Abb. 170. ZEISS IKON 2 × 8 mm Kamera *„Movikon K 8"*, Getriebe, Maßstab etwa 1 : 3.
1 Federhaus, *2 … 6* Zahnräder, *7, 8* Schraubenräder, *9 … 18* Zahnräder, *19* Aufzugskurbel, *A* Aufwickelachse, *R* Regler, *F* Federwerk, *V* Verschluß, *G* Greifer, *Z* Zählwerk.

welle ein Übersetzungsverhältnis $ü_Z = 80 : 10 = 8$ notwendig. Die Zahntrommelachse wird über die Zahnräder *1* und *2* vom Federhaus mit dem Übersetzungsverhältnis der Zähnezahlen der Räder mit dem Modul 0,5 mm von $ü_1 = 120 : 14 = 8,56$ gedreht. Die Aufwickelachse wird über einen gekreuzten Peesentrieb angetrieben, wobei dieser gleichzeitig als Rutschkupplung dient und mit seinen Drahtwindungen über die Schnurscheiben dieser Übersetzung rutscht, sofern das zu übertragende Drehmoment überschritten wird. Das Übersetzungsverhältnis vom Federwerk ist $ü_A = 6,45$. Die Kreuzung der Peese ist deshalb erforderlich, weil die Drehrichtungen der Aufwickelachse und der Zahntrommel eindeutig festliegen und gegenläufig sind. Die um 90° gegenüber den bisher genannten Getriebewellen gedreht liegende Verschluß- und Schaltwerkswelle wird über das Kronenrad *3* bewegt, das auf das Stirnrad *4* arbeitet. Von der Greiferwelle wird die Reglerwelle nochmals mit $ü_R = 32 : 15 = 2,13$ fach ins Schnelle übersetzt.

Das Getriebe der ZEISS IKON *„Movikon K 8"* Kamera besteht nach der Abb. 170 aus dem Federwerk F mit den schon genannten Abmessungen, das über die Zahnräder *1 ... 4* die Aufwickelachse *A* treibt und über die weiter folgenden Zahnräder *5* und *6* die Greiferwelle G. Das Übersetzungsverhältnis ist $ü_S = 144{,}3$. Von der Greiferwelle wird über die Schraubenräder *7* und *8* der Umlaufverschluß V gedreht. Der Reglerantrieb R wird von dem Rad *5* über das Zwischenrad *9* und die Räder *10 ... 12* vorgenommen. Der Regler hat von dem Greifer ein Übersetzungsverhältnis $ü_R = 2{,}5$, wenn berücksichtigt wird, daß für diesen Antrieb die Räder *5* und *9* Zwischenräder sind, die das Übersetzungsverhältnis nicht beeinflussen. Der Federaufzug wird von einer Kurbel bewirkt, die $ü_K = 1 : 4{,}7$ untersetzt ist und auf die Achse des Rades *2* wirkt.

Von der Stelle des Zahnrades *16* wird das Zählwerk angetrieben. Von der Achse des Zahnrades *18* wird die Steuerung der Anzeige für das Filmende angenommen.

Für die Zahnräder gilt folgendes:

Tabelle 20

Rad Nr.	Zähnezahl z	Modul m
1	164	0,5
2	35	0,5
3	77	0,4
4	30	0,4
5	156	0,4
6	13	0,4
7	9	0,4 ⎫ Schrauben-
8	9	0,4 ⎭ rad
9	38	0,4
10	13	0,4
11	60	0,4
12	24	0,4
13	8	0,4
14	80	0,4
15	24	0,4
16	72	0,4
17	64	0,4
18	55	0,4

Die Abb. 171 bringt das Getriebeschema der neuen ZEISS IKON *„Movikon 8 Kamera"* die im Gegensatz zu allen anderen Kameras ein Querformat-Gehäuse hat. Damit ergeben sich auch bei einem Umlaufverschluß an allen Stellen parallele Wellen im Getriebe. Auf die notwendige Umlenkung des Filmbandes wurde an Hand der Abb. 122 schon hingewiesen. Das Federwerk F treibt über die Zahnräder *1 ... 7* die Greiferwelle G an, auf der gleichzeitig auch der Verschluß *13* sitzt. Das Übersetzungsverhältnis ist $ü_S = 80{,}8$. Der Regler R wird über die weiteren Zahnräder *8 ...10* mit dem Übersetzungsverhältnis $ü_R = 1{,}67$ gedreht. Der Antrieb zur Aufwickelachse A wird von dem innenverzahnten Rad *11* abgenommen, das über das Zahnrad *12* und die Reibräder *14* und *15* ein Drehmoment von etwa 100 cm g überträgt. Der Aufzug des Federwerkes wird von dem „Schlüssel" vorgenommen, der über ein in der Abb. 171 aus Übersichtlichkeitsgründen nicht dargestelltes Planetengetriebe mit den Zähnezahlen 56, 16, 88 (innenverzahnt) das Federhaus aufzieht, das sein in der Feder aufgespeichertes Drehmoment auf das Zahnrad *1* weitergibt.

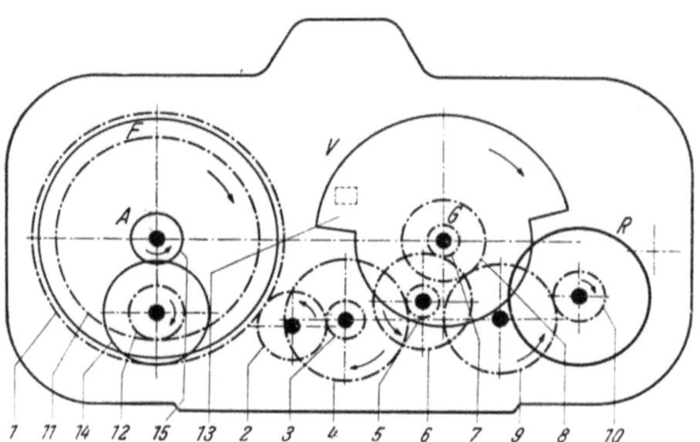

Abb. 171. ZEISS IKON 2×8 mm Kamera „*Movikon 8 quer*", Getriebeschema, Maßstab 1 : 2.

1 ... 12 Zahnräder, *13* Verschluß, *14, 15* Reibräder, *A* Aufwickelachse, *F* Federhaus, *G* Greifer, *R* Regler *V* Verschluß.

Die Daten der einzelnen Zahnräder der neuen „*Movikon 8*" sind:

Tabelle 21

Rad Nr.	Zähnezahl z	Modul m	Werkstoff
1	110	0,5	Stahl
2	30	0,5	Stahl
3	17	0,5	Stahl
4	68	0,4	Messing
5	17	0,4	Stahl
6	53	0,4	Hartgewebe
7	17	0,4	Stahl
8	45	0,4	Messing
9	60	0,4	Hartgewebe
10	27	0,4	Messing
11	90	0,5	Messing
12	24	0,5	Messing

Das Getriebe der EUMIG „*C 3 Kamera*" zeigt die Abb. 172. Das mit Klemmrollen geräuschfrei gesperrte Federhaus F treibt über die Zahnräder *2 ... 8* die Greiferwelle G, von dort über die Schraubenräder *9* und *10* die Verschlußwelle V und über die Räder *11 ... 13* die Welle W der Gummiwickeltrommel. Die Aufwickelachse A wird von F über die Zahnräder *2, 3, 14, 16* gedreht. Die Übersetzungsverhältnisse sind: $ü_S = 72$ mit den einzelnen Stufen $ü_1 = 5{,}6$; $ü_2 = 3{,}6$ und $ü_3 = 3{,}6$. Der Regler R sitzt auf der Welle des Zahnrades *12* und hat ein Übersetzungsverhältnis $ü_R = 2{,}3$ gegenüber der Greiferwelle. Das Gehäuse der „*C 3 Kamera*" wiegt 280 g, das vollständige Chassis 350 g, das Federhaus mit Feder 230 g und der Deckel 130 g.

Der Innenaufbau der EUMIG „C 8 Kamera“ wurde schon in der Abb. 163 dargestellt. Der Elektromotor *22* treibt über eine elastische Kupplung aus Kunststoff (die kein Fluchten beider Wellen erfordert) die Welle *16* mit dem Zahnrad *14*, das mit dem Übersetzungsverhältnis 12 : 50 = 1 : 4,16 (Modul 0,3 mm) die Greifer- und Verschlußwelle *5* dreht. Diese trägt den Umlaufverschluß *6* und die Antriebskurbel *4* für den mit Hilfe des Stiftes *1* geradegeführten Greiferrahmen *2*. Über die Schnecke *17* und das Schneckenrad *18* sowie eine Zahnräderkette *19, 7, 10, 11* (Modul 0,6 mm) wird die Auf-

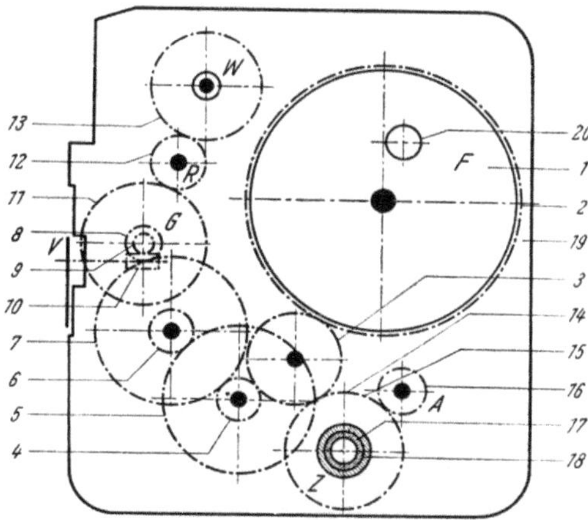

Abb. 172. EUMIG 2×8 mm „C 3 Kamera“, Getriebe, Maßstab 1 : 2.

1 Federhaus, *2 … 8* Zahnräder, *9, 10* Schraubenräder, *11 … 16* Zahnräder, *17, 18* Zählwerk, *19* Platine, *20* Abwickeldorn (s. Abb. 121, 226, 472, 473).

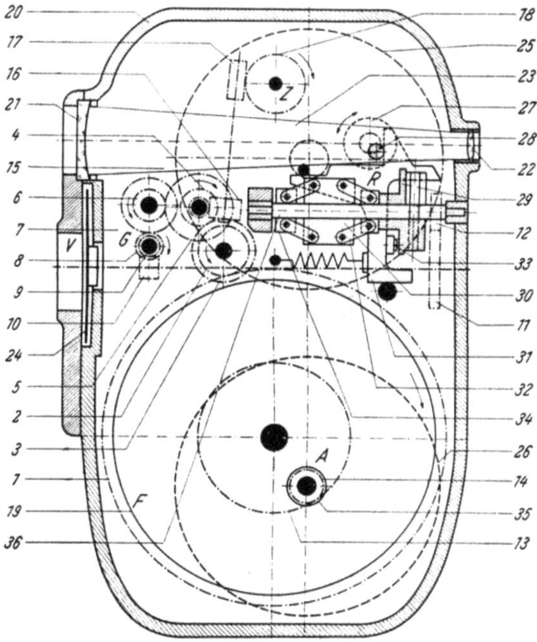

Abb. 173. PAILLARD 2×8 mm „Bolex L 8 Kamera“, Getriebe, Maßstab 1 : 1,5.

1 … 8 Zahnräder, *9, 10* Schraubenräder, *11 … 14* Zahnräder, *15* Schnecke, *16* Schneckenrad, *17* Schnecke, *18* Schneckenrad, *19* Federhaus, *20* Gehäuse, *21* Sucherobjektiv, *22* Sucherokular, *23* Sucherschacht, *24* Verschluß, *25* Abwickelspule, *26* Aufwickelspule, *27* Hebel für Bildfrequenzeinstellung, *28* Kurbel, *29* Reglermuffe, *30* Fliehgewichte, *31, 32* Hebel, *33* Bremsbelag, *34* Ring, *35* Aufwickelachse, *36* Reglerwelle, *A* Aufwickelachse, *G* Greiferwelle, *R* Regler, *V* Verschluß, *Z* Zählwerkswelle (s. Abb. 224, 426).

wickelachse *12* gedreht, wobei die Rutschkupplung zwischen dem Rad *11* und Achsenhülse *A* untergebracht ist. Diese Zahnradkette läßt eine besonders flache Bauweise zu, da das zu übertragende Drehmoment bei allen Reibungskupplungen der kleinen Formate recht klein ist (s. Abschnitt VIII E).

Da der Verschluß *6* zum Verschließen des Bildfensters während des Stillstandes in einer bestimmten Stellung arretiert werden muß, wird er von einem mechanisch und elektrisch wirkenden Schalter an der Scheibe *13* mit Hilfe des Schlitzes *13a* angehalten, der etwas gedreht gezeichnet ist. Durch eine Reibungskupplung, die zwischen Zahnrad *15* und Welle *5* durch eine Feder wirksam ist, wird ein weicher Antrieb für den Anlauf und das Anhalten erreicht. Im eingelaufenen Zustand muß diese Kupplung dagegen starr sein, da der Regler (s. Abb. 383) auf der Welle des Motors *22* sitzt (an der rechten Seite, in der Abb. 163 nicht gezeichnet, s. Abb. 383).

Das Getriebeschema der PAILLARD *„Bolex 8 L Kamera"* geht aus der Abb. 173 hervor. Diese Kamera setzt verhältnismäßig viele Zahnräder ein, um die einzelnen Wellen an bestimmte Stellen der Kamera zu legen und um weiter von der durch getriebliche Mittel betätigten Zählwerkswelle das automatisch auf Null zurückspringende Zählwerk steuern zu können. Der Gang der Kraftübertragung durch das Getriebe ist folgender: Vom Federwerk *19* und Zahnrad *1* über die Räder *2 ... 8* zur Greiferwelle G, die über die Schraubenräder *9* und *10* die Verschlußwelle V antreibt. Von dieser Welle wird über die Räder *11* und *12* die Achse für den Regler R gedreht. Die Aufwickelachse A wird über das Zahnrad *14* von dem innen verzahnten Zahnkranz *13* gedreht, der am Federhaus befestigt ist. Auf der Achse der Räder *4* und *5* ist noch die eingängige Schnecke *15* befestigt, die das Schneckenrad *16* und über die Schnecke *17* das Schneckenrad *18* antreibt, das das Zählwerk Z betätigt.

Die Zähnezahlen und Moduln der einzelnen Räder sind:

Tabelle 22

Rad Nr.	1	2	3	4	5	6
Zähnezahl z	113	17	21	12	23	10
Modul m	0,6	0,6	0,6	0,6	0,6	0,6

Rad Nr.	7	8	9	10	11	12
Zähnezahl z	19	10	12	12	51	20
Modul m	0,6	0,6	0,6	0,6	0,35	0,35
			Schraubenrad			

Rad Nr.	13	14	15	16	17	18
Zähnezahl z	55	12	1 Gang	13	1 Gang	52
Modul m	0,5	0,5	0,35	0,35	0,35	0,35

Das Gesamtübersetzungsverhältnis vom Federwerk zur Schaltwerkswelle beträgt $ü_S = 6{,}65 \cdot 1{,}75 \cdot 2{,}3 \cdot 1{,}9 = 51$ und das von der Greifer- zur Reglerwelle $ü_R = 2{,}55$. Die neueren Kameras *„B 8"* und *„C 8"* aus dieser Entwicklungsreihe haben einige Verfeinerungen, aber im wesentlichen das gleiche Getriebe.

Das Triebwerk der in der Abb. 115 schon in einer Photographie dargestellten KODAK 8 mm Kamera zeigt die Abb. 174. Bei dieser Kamera ist zum Erreichen eines möglichst flachen Gehäuses das Federhaus in den Teil der Kamera eingebaut, in dem sich die Spulen befinden. Damit ist eine größere Länge des Gehäuses notwendig. Das Federhaus *1* macht bei jedem Vollaufzug etwa 8,5 Drehungen und wird durch Ausbildung als Zahntrommel mit 52 Zähnen gleichzeitig zum Vor- und Nachwickeln verwendet. Durch diese Zähnezahl ist das Übersetzungsverhältnis zwischen Federhaus und Schaltwerkswelle mit 52 zwangsläufig gegeben, da für ein

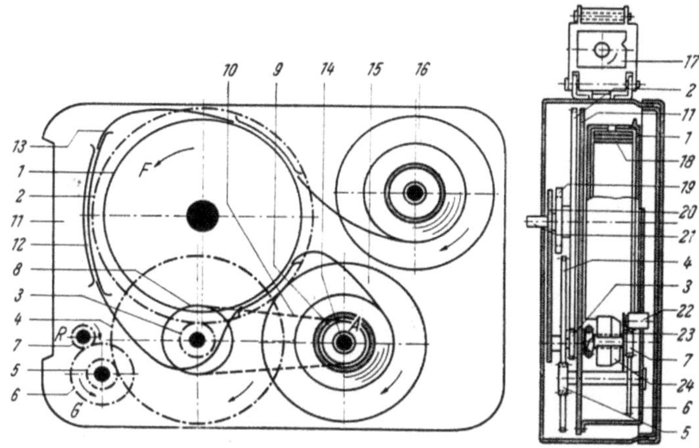

Abb. 174. KODAK 2 × 8 mm Kamera „*Modell 60*", Getriebe und Filmlauf, Maßstab 1 : 2,5.
1 Federhaus, *2 … 7* Zahnräder, *8 … 9* Peesenscheiben, *10* Peese, *11* Platine, *12* Filmkanal, *13* Filmband, *14* Aufwickelachse, *15* Aufwickelspule, *16* Abwickelspule, *17* Sucher, *18* Zugfeder, *19* Sperrad, *20* Platine, *21* Aufzugsachse, *22* Bremsklotz, *23* Bremsteller, *24* Fliehgewicht (s. Abb. 115).

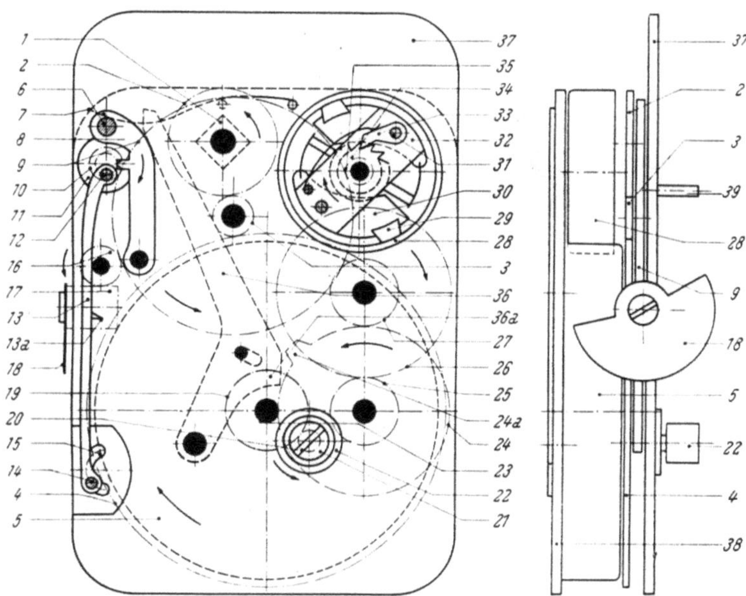

Abb. 175. AGFA „*Movex 8*" und „*Movex 8 L*" Kamera, Getriebe, Maßstab 1 : 1,5.
1 Vierkant für Aufzugskurbel, *2 … 4* Zahnräder, *5* Federhaus, *6* Auslöseknopf, *7* Feder, *8* Auslösehebel, *9, 10* Zahnräder, *11* Greiferwelle mit Schwungmasse, *12* Greiferkurbel, *13* Greifer, *14* Greiferführungsstift, *15* Führungskurve, *16, 17* Schraubenräder, *18* Umlauf-Verschluß, *19, 20* Zahnräder, *21* Aufwickelachse, *22* Aufwickeldorn, *23 … 27* Zahnräder, *28* Bremsgehäuse, *29* Bremsklotz, *30* Fliehgewichte, *31* Bolzen, *32* Hebel, *33* Sperrklinke, *34* Sperrad, *35* Zahnrad, *36* Hebel, *37, 38* Platine, *39* Stift (s. Abb. 222, 468, 469).

Weiterdrehen der Zahntrommel um einen Zahn das Filmband um eine Teilung weiterbewegt wird und die Schaltwerkswelle eine Umdrehung

machen muß. Diese Übersetzung wird durch die Zahnräder *2 ... 5* in
zwei Stufen von 88 : 11 = 8 und 104 : 16 = 6,5 bewirkt. Die Reglerwelle *R*
wird nochmals durch die Zahnräder *6* und *7* mit 2,5 ins Schnelle übersetzt.
Die Aufwickelachse *14* wird über die Zahnräder *8* und *9* und die Drahtpeese *10* von etwa 1,5 mm Durchmesser mit einem Übersetzungsverhältnis
von 1,65 gedreht. Durch die Peese ist gleichzeitig die Rutschkupplung
gegeben.

Der Getriebeaufbau der AGFA „*Movex 8*" und „*8 L Kameras*", die sich
nur durch den eingebauten Blendenmesser bei dem neueren „*8 L Modell*"
unterscheiden, wird an Hand der Abb. 175 beschrieben. Das Federhaus *5*
treibt über das Zahnrad *4* und *3* das Zahnrad *9* an, das eine Schrägver-
zahnung besitzt. Von diesem Rad *9*
wird einmal über die Räder *16*
und *17* die um 90° versetzte Welle
mit dem Verschluß *18* bewegt,
dann über das Zahnrad *10* die
Antriebswelle zu dem Greifer *13*
und über das Zahnrad *35* der Regler *28 ... 33*. Der Aufzug des
Federwerkes, das bei dieser Kamera nicht direkt gedreht wird,
erfolgt über den Vierkant *1* und
das damit gekuppelte Zahnrad *2*,
das unter Vermittlung des Rades *3*
in das Zahnrad *4* eingreift. An den
Vierkant greift eine auskuppelbare
nicht gezeichnete Kurbel an, die
im Gehäuse verklinkbar ist und
damit die Bedienung der Kamera
nicht stört, andererseits in diesem
Zustand ein freies Drehen des Vier-
kantes *1* zuläßt. Zum Vollaufzug
sind 18 Umdrehungen erforderlich
(Durchlauf von 2 m Film).

Abb. 176. BAUER 2×8 mm Kamera
„*Bauer 88*", Getriebe, Maßstab etwa 1 : 1,7.

1 Federhaus, *2* Zahnrad, *3* Schneckenrad, *4* Welle mit
Schnecke, *5* Umlaufverschluß, *6* Greiferhebel, *7* Schaltklinke des Greifers, *8, 9* Zahnräder, *10* Freilauf für
Regler, *11* Reglerachse, *12* Reglereinstellring, *13* Reglerfeder, *14* Bremstopf, *15* Filmmeterzählwerk, *16* Auslöseknopf, *17* Sperrad für Federwerk.

Die automatische Verriegelung
des Kameralaufwerkes nach Durchlauf einer Ladung des einfach 8 mm
breiten Filmbandes wird durch den
Hebel *36* (Abb. 175) vorgenommen,
der von dem Federwerk über die
Räder *19* und *24* durch die Nase *24a* nach links gedreht wird. Das obere
Ende des Hebels *36* stößt dann an den Stift *6* auf dem Hebel *8* an, dreht
ihn nach links (etwas vereinfacht dargestellt) und bringt damit die Nase
in den Schlitz der Scheibe *11*. Dies ist die gleiche Art, in der die Kamera
auch durch den Auslösehebel angehalten wird.

Für die BELL und HOWELL „*Sportster 8 Kamera*" können folgende
Getriebeangaben gemacht werden: Das Gesamtübersetzungsverhältnis
zwischen Federhaus und Greiferwelle beträgt $ü_S = 42$, der Regler ist mit
etwa $ü_R = 2,5$ ins Schnelle übersetzt, das Federhaus wird durch einen Zahn-
trieb mit Schlingfeder gesperrt und macht $n_F = 9,5$ Umläufe für jeden
vollen Aufzug. Der Übergang auf die 90° gedreht liegende Verschluß-

welle erfolgt über ein Kronenrad. Die Kamera ist in der Abb. 427 abgebildet (s. auch Abb. 512).

Die schon in der Abb. 157 und 158 dargestellte „*Bauer 8 Kamera*" hat einen Federhaus-Innendurchmesser von $d_1 = 62$ mm. Ein voller Aufzug des Federhauses ergibt acht Umläufe, da durch ein umlaufräderartiges Getriebe *39* (Abb. 157) das Federhaus nach acht Drehungen gesperrt wird. Die Übersetzungsverhältnisse sind $ü_S = 11,2 \cdot 5,8 = 65,6$; $ü_R = 4,2$. Die Laufzeit beträgt $t = 33$ sec für einen Aufzug.

Die aus dieser Kamera weiterentwickelte doppelt 8 mm „*Bauer 88 Kamera*" (Abb. 176) hat folgende Getriebedaten: $d_1 = 56$ mm; $n_F = 9$; $ü_S = 11,3 \cdot 5,8 = 66$; $ü_R = 2,9$ und eine Laufzeit von $t = 37$ sec je Aufzug. Auf der Photographie sind folgende Einzelheiten zu erkennen: Das Federhaus *1* ist mit dem ersten Antriebsrad *2* zusammengebaut, das über ein nicht sichtbares das schrägverzahnte Rad *3* antreibt, das mit der steilen sechsgängigen Schnecke *4a* auf der Verschlußwelle *4* zusammenwirkt. Diese Welle trägt den Verschluß *5* und bewegt durch einen Exzenter den Hebel *6*, der den Greifer mit der Greiferspitze *7* zum Schwingen bringt. Außerdem wird über das Zahnrad *8* das Rad *9* gedreht, das über eine Schlingfeder *10* die Welle *11* des Reglers *12 … 14* antreibt. Die Zählwerksscheibe *15* wird durch eine Schaltklinke um je einen Zahn weitergeschaltet. Die Sperrung des Federhauses wird über das Sperrrad *17* vorgenommen. Die dazugehörende Sperrklinke sitzt an der in der Darstellung Abb. 176 abgenommenen Platine. Der Knopf *16* kann ebenso wie eine ähnliche Einrichtung bei der „*Bauer 8 Kamera*" so gestellt werden, daß Laufbild- oder Einzelbildaufnahmen entstehen. Bei der Einzelbildschaltung wird für jeden Druck des Auslösers ein einzelnes Bild belichtet und durch das Federwerk weitergeschaltet. Auch eine Aufzugsperre ist vorhanden.

Das Getriebe der AUSTRIA „*Ditmar 9,5 mm Kamera*" zeigt die Abb. 177, aus der ein größerer getrieb-

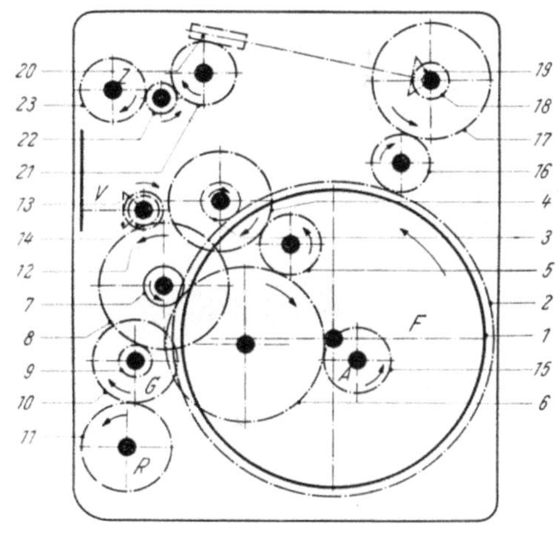

Abb. 177. AUSTRIA 9,5 mm „*Ditmar-Kamera*", Getriebe, Maßstab 1 : 2.

1 Federhaus, *2 … 12* Zahnräder, *13, 14* Kegelräder, *15 … 17* Zahnräder, *18, 19* Kegelräder, *20* Schnecke, *21 … 23* Zahnräder, *A* Aufwickelachse, *F* Federhaus, *G* Greiferachse, *R* Reglerachse, *V* Verschluß, *Z* Zählwerk.

licher Aufwand hervorgeht. Der Antrieb erfolgt von dem Federwerk *1* aus über die Zahnräder *2 … 4*. Mit den Zwischenrädern *5* und *6* und den Zahnrädern *7 … 9* wird das Drehmoment zum Greiferschaltwerk *G* übertragen und von dort über die Zahnräder *11* und *12* zum Regler *R* weitergeleitet. Von dem Zahnrad *8* wird weiter über das Rad *12* und die Kegelräder *13* und *14* die um 90° gegenüber den anderen Getriebewellen liegende Welle für den Verschluß *V* in Umlauf gesetzt. Über die Zahnräder *16, 17*, die Kegelräder *18, 19*, die Schnecke *20*, das Schneckenrad *21* und die Zahnräder *22* und *23* wird das Zählwerk *Z* angetrieben.

Als Beispiele für die 16 mm Kameras wird zunächst das Laufwerk der SIEMENS 16 mm Geräte genannt, die in verschiedener optischer und sonstiger Ausstattung geliefert werden und auf das gleiche Grundgetriebe

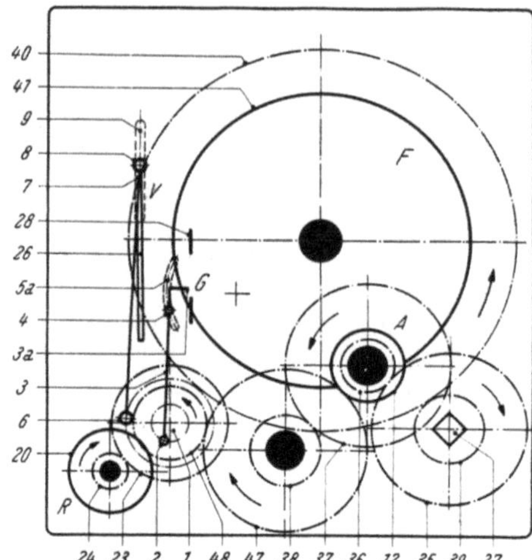

Abb. 178. SIEMENS 16 mm „B-, C-, D- und F-Kameras", Getriebe, Maßstab 1 : 2.

1 Antriebsscheibe, *2* Greiferkurbel, *3* Greifer, *4* Greiferführungsstift, *5a* Führungsschlitz, *6* Verschlußkurbel, *7* Hebel, *8* Führungsstift, *9* Führungsschlitz, *10* Auslösehebel für Laufbilder, *11* Auslösehebel für Einzelbilder, *12* Aufwickelachse, *20* Fliehkraftregler, *21* Auslöseknopf, *23*, *24* Zahnräder, *25* Nocken, *26* Schwingverschluß, *27* Vierkant der Aufzugskurbel, *28* Filmkanal (schematisch), *29* Sperrhebel, *30* Hebel, *31*, *32* Federn, *33* Stift, *34* Feder, *35* ... *40* Zahnräder, *41* Federhaus, *42* Platine, *47*, *48* Zahnräder, *51* Achse, *A* Aufwickelachse, *F* Federwerk, *G* Greifer, *R* Regler, *V* Verschluß (s. Abb. 179).

Abb. 179. SIEMENS 16 mm Kamera „F II", Getriebe, Maßstab etwa 1 : 2,2.

1 Federhaus, *2* Fliehkraftregler (vgl. Abb. 379), *3* Bremsteller, *4* Einstellknopf für Bildfrequenz, *5* Hebel, *6*, *7* Auslösehebel für Einzel- und Laufbildschaltung, *8* Kurvenscheibe, *9* Aufwickelkern, *10* Objektivhalterung, *11* Fassungsgewinde für Aufnahmeobjektiv.

zurückgehen. Nach der Abb. 178 wird die Übersetzung zwischen Federwerk *41* und Greiferwelle *1* mit Zahnrädern der folgenden Zähnezahlen vorgenommen: $ü_1 = 114 : 19 = 6$; $ü_2 = 44 : 14 = 3{,}14$; $ü_3 = 72 : 30 = 2{,}4$ und $ü_4 = 72 : 30 = 2{,}4$, womit sich ein gesamtes Übersetzungsverhältnis von $ü_S = 107$ ergibt. Der Regler *20* wird nochmals $ü_R = 2{,}78$ fach schneller als die Greiferwelle *1* gedreht. Die Aufwickelachse *A*, die auch die Rutschkuppelung trägt, wird in zwei Stufen über die Zahnräder *40*, *39* und *35*, *36* mit einem Übersetzungsverhältnis von 18,8 : 1 angetrieben. Das größte über-

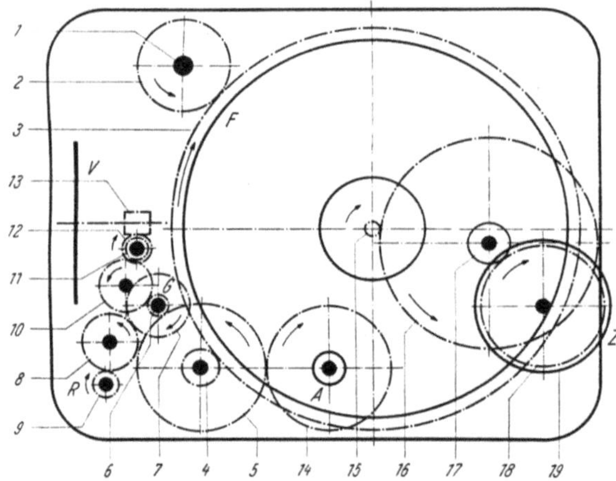

Abb. 180. ZEISS IKON 16 mm „Movikon K 16 Kamera", Getriebe, Maßstab 1 : 2.

1 Aufzugsachse, *2* ... *11* Zahnräder, *12*, *13* Schraubenräder, *14* ... *18* Zahnräder, *19* Zählwerkstrommel, *A* Aufwickelachse, *F* Federwerk, *G* Greiferwelle, *R* Reglerwelle, *V* Verschluß.

tragbare Drehmoment der Rutschkupplung wurde an einer SIEMENS „D Kamera" mit 160 cm g gemessen, das ähnliche Modell der 8 mm Kamera „C 8" hat ein maximales Aufwickeldrehmoment von 65 cm g. Eine Photographie des Triebwerkes der SIEMENS „F II Kamera", das abgesehen von der Objektivfassung und der Zahl der Einstellstufen für den Regler für alle 16 mm Modelle und in ähnlicher Form auch für die „C 8 Kamera" gilt, zeigt die Abb. 179. Darin ist das Federhaus *1* mit dem daran befestigten ersten Zahnrad zu sehen, die Reglerfliehgewichte *2* und der Bremsteller *3*. Die Verstellung der Bildfrequenz wird von dem nach außen durchgeführten Knopf *4* vorgenommen, der sich in senkrechter Richtung verschieben läßt und damit den Stufenhebel *5* verschwenkt, der mit dem Bremsteller *3* zusammenarbeitet. Die Auslösehebel *6* und *7* für Einzelbild- und Laufbildschaltung werden von der Welle betätigt, auf der der Nocken *8* sitzt. Die zur SIEMENS Kassette gehörende Aufwickelachse trägt die Bezeichnung *9*. In dem Objektivträger *10* befindet sich die Schraubfassung *11* für die auswechselbaren Objektive. Dieses Kameralaufwerk ist typisch für einen Aufbau zwischen zwei Platinen und eine Anordnung des Triebwerkes neben dem Raum für das Filmband nach der Abb. 104a. Das Gehäuse der 16 mm Kameras ist aus Aluminium gezogen und wiegt mit Belederung 325 g einschließlich der Armaturen und ist 1,3 mm stark.

Für die SIEMENS „C 8 Kamera" sind zum Vollaufzug des Federwerkes 81 Kurbelumdrehungen notwendig, das maximale Aufzugsmoment bei voll angespannter Feder beträgt an der Kurbel etwa 3,9 cm kg.

Das Getriebe der ZEISS IKON „Movikon K 16" Kassettenkamera zeigt die Abb. 180. Das Federwerk F wird von der Innenseite der Feder her über die Zahnräder *2* und *3* gespannt, die durch eine von einem Vierkant lösbare nicht dargestellte Antriebskurbel gedreht werden kann. Beim Auslösen des Laufwerkes treibt das Federhaus über die Zahnräder $3 \ldots 6$ mit dem Übersetzungsverhältnis $\ddot{u}_S = 66$ die Greiferwelle G und mit dem weiteren Übersetzungsverhältnis $\ddot{u}_R = 2,5$ über die Zahnräder $7 \ldots 9$ die Reglerwelle R. Der Umlaufverschluß V wird über die Stirnräder *6, 10, 11* und die Schraubenräder *12* und *13* mit der gleichen Drehzahl gedreht, mit der auch die Greiferwelle G läuft. Die Antriebsachse für das schon früher in der Abb. 138 beschriebene KODAK „Magazin" wird über die Zahnräder $3 \ldots 5$ und *14* und über die Achse A gedreht. Diese ist sternkeilförmig ausgebildet und ragt in die entsprechend gestaltete hohle Antriebsachse des „Magazins" hinein.

Die Zähnezahlen der wesentlichen Räder sind:

Tabelle 23

Rad Nr.	2	3	4	5	6	7	8
Zähnezahl z	46	198	18	78	13	40	35
Modul m (mm)	0,5	0,5	0,5	0,4	0,4	0,4	0,4

Rad Nr.	9	10	11	12	13	14
Zähnezahl z	16	32	13	12	12	78
Modul m (mm)	0,4	0,4	0,4	0,4	0,4	0,4
				Schraubenrad		

Das Zählwerk der „*Movikon K 16 Kamera*" wird von dem Rad *15* (Abb. 180) abgenommen, das sich genau so schnell wie das Federwerk dreht und über die Zahnräder *16 … 18* auf die Zählscheibe *19* wirkt, die für eine

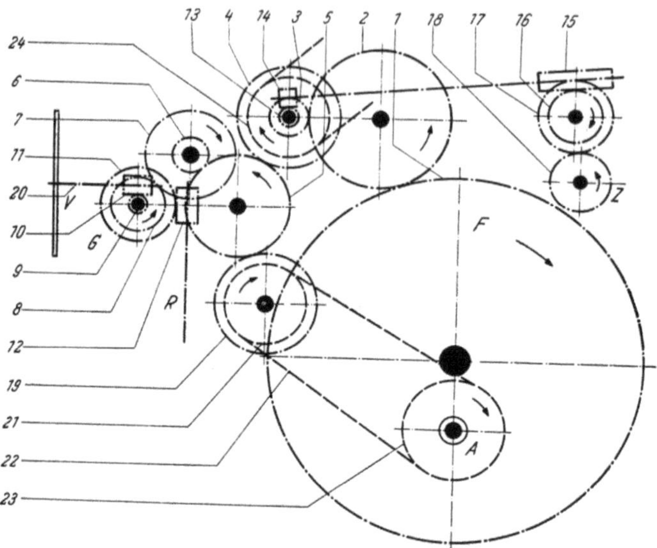

Abb. 181. PAILLARD 16 mm Kamera „*Bolex H 16*", Getriebe, Maßstab 1:2.
1 … 8 Zahnräder, *9 … 14* Schraubenräder, *15* Schnecke, *16* Schneckenrad, *17 … 19* Zahnräder, *20* Verschlußwelle, *F* Federwerk, *G* Greiferwelle, *R* Reglerwelle, *Z* Zählwerkswelle.

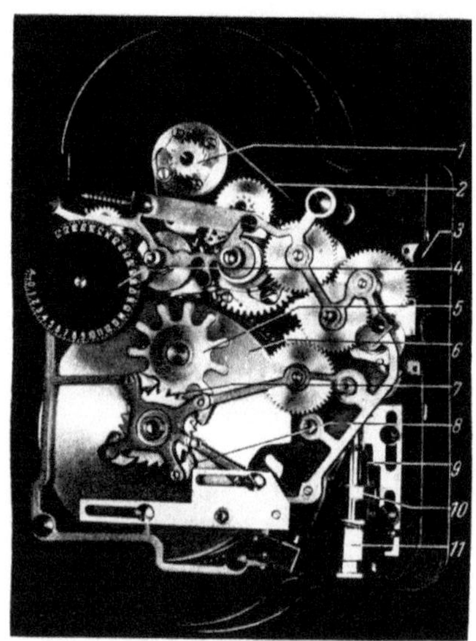

Abb. 182. PAILLARD 16mm Kamera „*Bolex H 16*", Getriebe, Maßstab etwa 1 : 3,1.
1 Sperrgetriebe, *2* Drahtpeese, *3* Umlaufverschluß, *4* Filmmeterzählscheibe, *5* Aufzugssperre für Federwerk, *6* Federhaus, *7* Sperrad für Federwerk, *8* Sperrklinke, *9* Reglerfeder, *10* einstellbarer Reglerring, *11* Bremstopf.

volle Filmladung nicht ganz einen vollen Umlauf macht.

Das Getriebeschema der PAILLARD „*Bolex H 16 Kamera*" ist in der Abb. 181 dargestellt. Sehr ähnlich sind die entsprechenden Modelle „*H 9,5*" und „*H 8*". Danach treibt das Federwerk *F* über die Zahnräder *1 … 8* die Greiferwelle *G* mit einem Übersetzungsverhältnis $ü_S = 96{,}2$ in den einzelnen Stufen $ü_1 = 2{,}68$; $ü_2 = 4{,}5$; $ü_3 = 1$; $ü_4 = 3{,}8$ und $ü_5 = 2{,}1$. Der Regler *R* wird weiter über die Schraubenräder *11* und *12* ins Schnelle übersetzt ($ü_R = 2{,}57$). Der Verschluß *V* dreht sich über die Schraubenräder *9* und *10* mit der gleichen Drehzahl wie die Greiferwelle. Über die Räder *13* und *14*, die Schnecke *15*, das Schneckenrad *16* und das Zahnrad *17* wird mit einem Übersetzungsverhältnis von $ü_Z = 1 : 4\,850$ das Zählwerk betätigt, wenn man auf einen Umlauf der Greiferwelle *G* Bezug nimmt. Für eine ganze Filmladung von 30 m macht das Gesamtzählwerk, das mit dem Zahnrad *18* fest verbunden ist, einen 0,81fachen Umlauf. Ein Einzelbildzählwerk wird von dem Zahnrad *16* gesteuert. Der Peesenantrieb für die Aufwickelachse *A* und die nicht dargestellte Abwickelachse (Rückwickeln) wird von den Rädern *21* und *24* abgeleitet.

Eine photographische Darstellung des „*Bolex H 16 Getriebes*" findet sich in der Abb. 182. Daraus ist neben der allgemeinen Anordnung folgendes an Einzelheiten zu erkennen. Die nicht dargestellte Abwickelspule kann über das Freilaufgetriebe *1* und die Drahtpeese *2* zum Rückwickeln des Filmbandes für besondere Trickaufnahmen angetrieben werden, da sie dann als Aufwickelspule wirkt. Die Zählscheibe *4* des Gesamt-Zählwerkes läßt die einzelne Meterzahlen des verbrauchten Filmbandes erkennen. Beim Öffnen des Kameradeckels springt das Zählwerk automatisch auf Null zurück. Damit kann die Einstellung nicht vergessen werden.

Die „*H-Kameras*" haben einen Durchzug von 6 m bzw. 4 m Filmband für einen vollen Federwerksaufzug. Es ist eine Federwerksausschaltung für Elektromotorantrieb oder Handkurbel für Vor- oder Rücklauf vorgesehen. Auch das Zählwerk zählt vor- und rückwärts, nach je 25 cm Filmdurchlauf gibt es ein akustisches Zeichen. Die Kamera wiegt etwa 4,5 kg. Ein Einzelbild- und Meterzählwerk sowie akustische Anzeige haben beispielsweise auch die „*Camex VU*" (Abb. 499) und andere Kameras.

Ein ähnliches Zählwerk hat die „*Bolex L 8 Kamera*", bei der durch einen von dem Kameradeckel gegen Federdruck betätigten Stift die Zählwerksanzeige mit ihrem Antriebsrad *18* (Abb. 173) gekuppelt wird. Die Anzeigescheibe steht ebenfalls unter Federspannung und möchte sich auf Null zurückstellen, wird daran aber bei geschlossener Kameratür durch die genannte Kupplung gehindert. Das gleiche gilt für die neueren Modelle „*B 8*" und „*C 8*", bei denen das Filmende akustisch angezeigt wird.

Aus der Abb. 182 ist weiter die Sperre *5* für das Federwerk *6* zu erkennen. Diese Sperre soll den Aufzug bei gespannter Feder begrenzen und beim Ablauf das Werk dann stillsetzen, wenn die Feder soweit entspannt ist, daß ein einwandfreier Filmdurchzug nicht mehr gewährleistet ist. Die Sperre *5* besteht aus einem Rad mit 10 Schlitzen, das nach Art eines Maltesertriebes durch einen an dem Federhaus befestigten, nicht sichtbaren Stift so geschaltet wird, daß es bei jedem vollen Umlauf das Rad *10* um einen Schlitz weiterdreht. An einer Stelle haben zwei benachbarte Schlitze einen größeren Abstand und ergeben damit einen Anschlag für den Stift und damit auch das Federhaus. Ähnlich wirkende Sperren haben mehrere Kameras.

Die Aufzugssperre gegen den Rücklauf des Federhauses beim Aufziehen und zur Speicherung der Federspannung wird durch das Sperrad *7* und die vier Sperrklinken *8* gebildet. Bei 10 Umläufen des Federhauses beträgt bei dem Übersetzungsverhältnis $ü_s = 96{,}2$ die Gesamtlänge des durchgezogenen Filmbandes 7,3 m.

Einen Einblick in das Triebwerk der ZEISS IKON „*Movikon 16 Kamera*" gibt die Abb. 183, aus der die Aufzugskurbel *3* und ihre Kupplungseinrichtung zur Aufzugsachse *4*, das Vorlaufwerk *9* mit seinem Aufzugsgriff *10* und eine Reihe von Getriebeeinzelheiten zu erkennen ist. Das Schema des Triebwerkes geht aus der Abb. 184 hervor. Hier treiben die schon genannten zwei parallel geschalteten Federwerke F_1 und F_2 über die Zahnräder *1* und *2* gemeinsam das Rad *3*. Die Kraftübertragung geht dann weiter über das Rad *4* auf die Räder *5* und *6*, auf denen die Vorwickelzahntrommeln sitzen (s. Abb. 105 und 106). Mit dem Rad *5* (Abb. 184) ist das Rad *7* starr verbunden, das über das Zahnrad *8* die Antriebachse für das Schaltwerk *G* treibt (s. *1*, Abb. 106 und 275). Das Übersetzungsverhältnis zwischen Federwerk *F* und Greiferwelle *G* ist $ü_S = 105$ und wird in den Stufen $ü_1 = 10,1$; $ü_2 = 1,74$ und $ü_3 = 6$ erreicht.

Abb. 183. ZEISS IKON 16 mm Kamera „*Movikon 16*", Getriebe, Maßstab etwa 1 : 2,6.

1 Einstellring des Umlaufverschlusses, *2* Einstellknopf für Lauf- und Einzelbild, *3* Aufzugskurbel, *4* Aufzugsachse, *5* Auslöseknopf, *6* Regler, *7* Einstellkurve für Bildfrequenz, *8* Hebel, *9* Vorlaufwerk, *10* Aufzug des Vorlaufwerkes, *11, 12* Anzeigescheiben für verbrauchte bzw. vorgewählte Länge des Filmbandes, *13* Federhaus (s. Abb. 105, 106, 184).

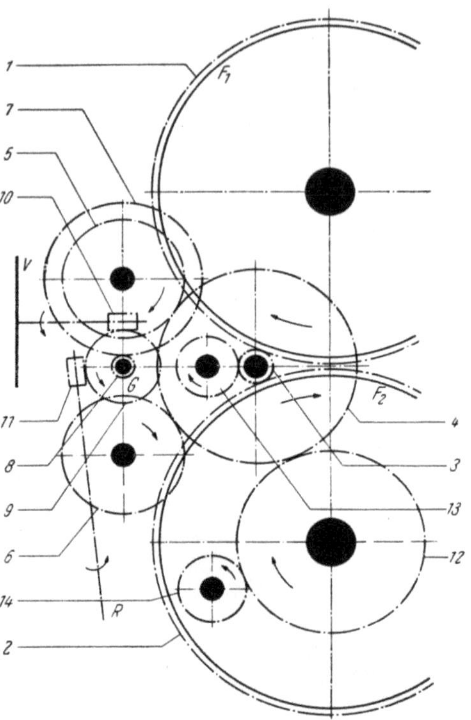

Abb. 184. ZEISS IKON 16 mm Kamera „*Movikon 16*", Getriebe, Maßstab 1 : 2.

1 … 8 Zahnräder, *9 … 11* Schraubenräder, *12 … 14* Zahnräder, *A* Aufwickelachse, F_1, F_2 Federhäuser, *G* Greiferwelle, *R* Reglerwelle, *V* Verschluß (s. Abb. 105, 106, 183).

Der Verschluß *V* wird über die Schraubenräder *9* und *10* mit der gleichen Drehzahl angetrieben, mit der das Schaltwerk läuft. Der Regler *R* wird über die Schraubenräder *9* und *11* mit dem Übersetzungsverhältnis $ü_R = 1,73$ gedreht. Zu einem Vollaufzug sind 65,6 Umdrehungen der Aufzugskurbel nötig, die über das Zahnrad *13* und *3* auf die mit den beiden Federhäusern verbundenen Zahnräder *1* und *2* wirkt. Das Untersetzungsverhältnis ist $ü_A = 1 : 6,1$. Die Laufzeit beträgt etwa $t = 55$ sec, wobei bei der Bildfrequenz $f_B = 16$ Hz etwa 6,7 m Filmband gefördert werden. Die Zähnezahlen der einzelnen aus Stahl gefertigten Getrieberäder sind:

Tabelle 24

Rad Nr.	1	2	3	4	5	6	7
Zähnez.	182	182	18	104	60	60	102
Rad Nr.	8	9	10	11	12	13	
Zähnez.	17	19	19	11	96	30	

Als Modul wurde bei allen Rädern m = 0,5 mm gewählt.

Das Getriebe der „*Movikon 16 Kamera*" enthält eine Einzelbildschaltung durch das Federwerk, bei der je ein Bild belichtet und weitergeschaltet wird, wenn der Knopf *44* (Abb. 105) auf *Einzelbild* gestellt und der Auslöseknopf *43* betätigt wird. Weiter ist eine Einrichtung vorhanden, an der eine bestimmte Länge Filmband eingestellt wird, die nach Auslösen der Kamera automatisch abläuft und dann das Kameralaufwerk stillsetzt. Die Einstellung wird durch den Knopf *56* vorgenommen, die Anzeige erfolgt in dem Fenster *55*. Ein durch den Knopf *47* aufziehbares Vorlaufwerk zögert den Beginn des Filmens um etwa 10 sec hinaus, so daß sich beispielsweise der Operateur selbst

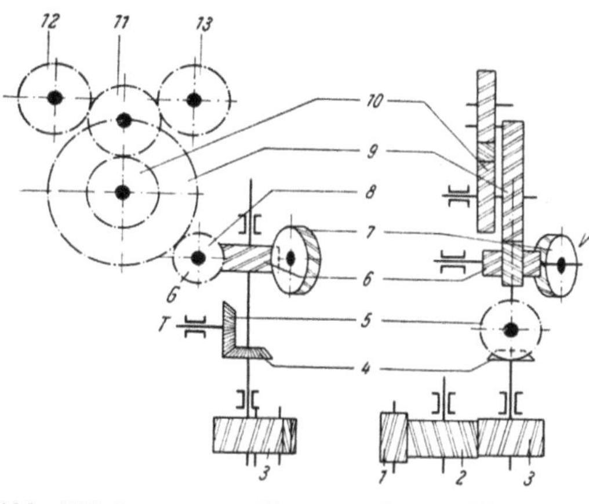

Abb. 185. Arnold u. Richter 35 mm Kamera „*Arriflex 35*", Getriebe, Maßstab 1 : 2,5.

1 ... 3 Zahnräder, *4, 5* Kegelräder, *6 ... 12* Zahnräder, *G* Greiferwelle, *V* Welle des Spiegel-Umlaufverschlusses (s. Abb. 186, 443).

noch in die Szene begeben kann. Der Beginn der eigentlichen Aufnahme wird durch die Merkzeichen *39* sichtbar, in das ein Stück Papier eingeklemmt werden kann. Dieses fällt dann herunter und zeigt den aufzunehmenden Personen auch in größerer Entfernung den Beginn des Kameraarbeitens an. Ein Rückwickeln des Filmbandes oder der Ansatz eines Elektromotors ist an den Achsstumpf *48* möglich.

Gelegentlich werden Zusatzfederwerke eingesetzt (z. B. Revere „*C 88*").

Für das Getriebe der Arnold und Richter „*Arriflex 35 mm Kamera*" kann das in der Abb. 185 angegebene Schema gezeigt werden. Danach

Abb. 186. Arnold u. Richter 35 mm Kamera „*Arriflex 35*", Getriebe, Maßstab etwa 1 : 2,5.

3 Zahnrad, *4, 5* Kegelräder, *6, 7* Schraubenräder, *11* Zahnrad, *14* Tachometer, *15* Spiegel-Umlaufverschluß, *16* Befestigungsarm für Kompendium, *17* Aufnahmeobjektiv, *18* Kameragehäuse, *19* Lagerung für Verschluß (s. Abb. 185, 443).

dreht der Elektromotor über die Zahnräder *1 ... 3* eine senkrechte Welle, von der zunächst über die Kegelräder *4* und *5* der Antrieb für das Tachometer abgenommen wird. Von der senkrechten Welle wird weiter über die Schraubenräder *6* und *7* die unter 45° Schräglage laufende Welle für den Spiegel-Umlaufverschluß *15* angetrieben (s. Abb. 186 und 443). Von dem

Rad *6* wird über das Rad *8* das Filmschaltwerk betätigt (s. Abb. 239). Das Übersetzungsverhältnis zwischen den Rädern *8* und *7* (Abb. 185) ist 1 : 2, da der Verschluß zwei Flügel hat und deshalb mit der halben Drehzahl gegenüber der Greiferwelle laufen muß. Von dem Rad *8* werden weiter über die Zahnräder *9 ... 11* die Räder *12* und *13* bewegt, auf deren Achsen die Vor- und Nachwickelzahntrommeln für das Filmband sitzen, die räumlich in der Kassette angeordnet sind (s. Abb. 149). Die Zähnezahlen der einzelnen Räder und die Schräglagen ihrer Flanken, die Moduln sowie die Werkstoffe sind:

Tabelle 25

Rad_Nr.	Zähnezahl z	Winkel .	Modul m (mm)	Werkstoff
1	15	15°	0,5	St
2	38	15°	0,5	Hartgew
3	35	15°	0,5	Mss
4	24	0°	0,5	,,
5	32	0°	0,5	Hartgew
6	9	60°	0,75	St
7	24	30°	0,75	Hartgew
8	12	30°	0,75	,,
9	48	30°	0,75	Hartgew
10	13	30°	1,2	,,
11	13	30°	1,2	Alum
12	13	30°	1,2	Hartgew
13	13	30°	1,2	Hartgew

Eine Innenansicht der *„Arriflex 36 Kamera"* zeigt die Abb. 186. Aus dieser Abbildung geht der verhältnismäßig einfache Aufbau der gewichtsmäßig leichten Kamera hervor, die etwa 4,3 kg mit drei Objektiven der üblichen Ausstattung, Sonnenschutz und der 60 m Kassette wiegt. Die Numerierung ist für die einzelnen Teile in den beiden Abb. 185 und 186 gleich. Aus der Photographie ist der unter 45° gegen die optische Achse geneigte Spiegelverschluß *15* mit seinen zwei Flügeln zu erkennen und seine Lagerung in dem Lagerblock *19*. Die Führung *16* dient zum Aufsatz eines Kompendiums.

Das Getriebe des ASKANIA *„Z Kamera"* ist in der Abb. 187 schematisch aufgezeichnet. Der nicht dargestellte Elektromotor treibt die Welle *1* an, auf der die Zahnräder *2 ... 5* sowie die Schwungmasse *22* angeordnet sind. Über die Kegelräder *5* und *6* wird die senkrechte Welle *7* mit der gleichen Umlaufzahl gedreht. Diese Welle *7* trägt außerdem die Schneckenräder *8* und *9* sowie das schräg verzahnte Rad *10*. Davon wird über das schräg verzahnte Rad *11* und die Kupplung *12* die Drehung auf den Vorderkasten der Kamera übertragen, der zum Laden mit Filmband hochgeklappt werden kann (s. Abb. 112). Von den fünfgängigen Schnecken *8* und *9* (Abb. 187) werden über die Schneckenräder *13* und *14* die Vor- und Nachwickel-Zahntrommeln *15* und *16* gedreht, die je 16 Zähne haben und damit bei einem Umlauf das Filmband um eine Länge von vier Schaltschritten weiterziehen. Das Übersetzungsverhältnis zur Welle *1*, die gleichzeitig über die Kurbel *17* den Zuggreifer antreibt (s. Abb. 205), beträgt ü = 5 :•20 = = 1 : 4. Der Antrieb der Aufwickelachse *21* (Abb. 187) wird von dem schräg

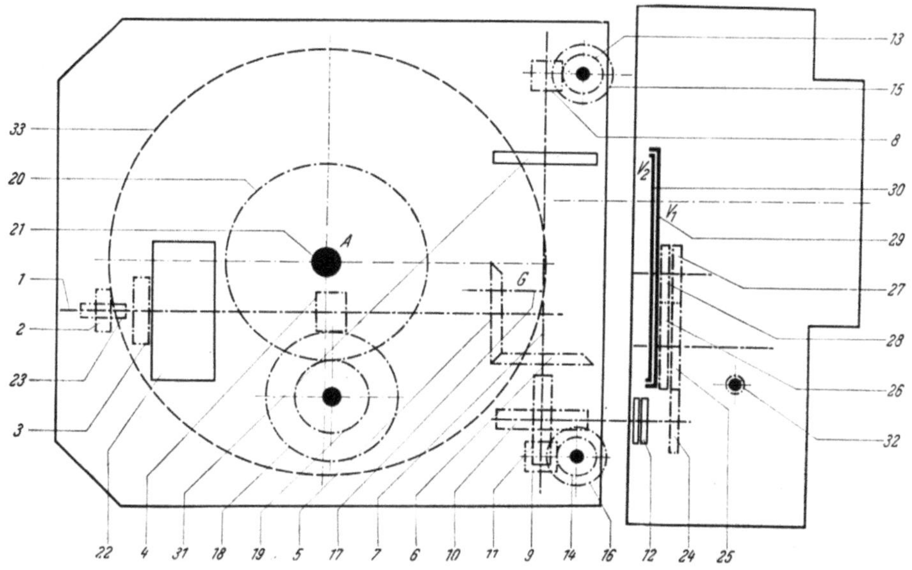

Abb. 187. ASKANIA 35 mm „*Z Kamera*", Getriebe, Maßstab 1 : 3.

1 Antriebswelle, *2* Schraubenrad, *3* Zahnrad, *4* Schraubenrad, *5, 6* Kegelräder, *7* Welle, *8* ... *11* Schraubenräder, *12* Kupplung, *13, 14* Schraubenräder, *15, 16* Zahntrommeln, *17* Antriebskurbel für Greiferwerk, *18* Schraubenrad, *19, 20* Zahnräder, *21* Aufwickelachse, *22* Schwungmasse, *23* Schraubenrad, *24* ... *28* Zahnräder, *29, 30* Verschlußflügel, *31* Antriebskurve für Justiersystem, *32* Zahnrad für Verstellung der Verschlußöffnung, *33* Filmspule, *A* Aufwickelachse, *G* Greiferantriebskurbel, V_1, V_2 Verschlußflügel (s. die Abb. 188, 189).

verzahnten Rad *4* abgenommen und über die Räder *18* ... *20* mit einem Übersetzungsverhältnis $ü_A = \dfrac{15}{48} \cdot \dfrac{38}{95} = \dfrac{1}{8}$ untersetzt. Diese Welle *21* ist außerdem aus dem Kameragehäuse herausgeführt und kann durch eine Handkurbel gedreht werden. Auf dieser Welle sitzen die Rutschkupplungen für die Aufwickeldorne *A*. Ein Schnitt durch das Laufwerk mit der Aufwickelfriktion ist in der Abb. 188 dargestellt.

Die Zähnezahlen der einzelnen Räder sind:

Tabelle 26

Rad Nr.	2	3	4	5	6	8	9	10	11	13	14
Zähnez.	16	23	15	51	51	5-Gang	5-Gang	33	33	20	20
Modul m (mm)	1	1	1	0,7	0,7 Kegelrad	1	1	1	1	1	1

Rad Nr.	15	16	18	19	20	23	24	25	26	27	28
Zähnez.	16	16	48	38	95	16	50	74	74	50	50
Modul m (mm)	1	1	1	1	1	1	0,5	0,5	0,5	0,5	0,5

Von dem Rad *2* wird über das Rad *23* das Zählwerk angetrieben, von
dem Rad *3* das Tachometer. Eine Photographie des ASKANIA „*Z Getriebes*"
zeigt die Abb. 189 mit teilweise aufgeschnittenen Teilen.

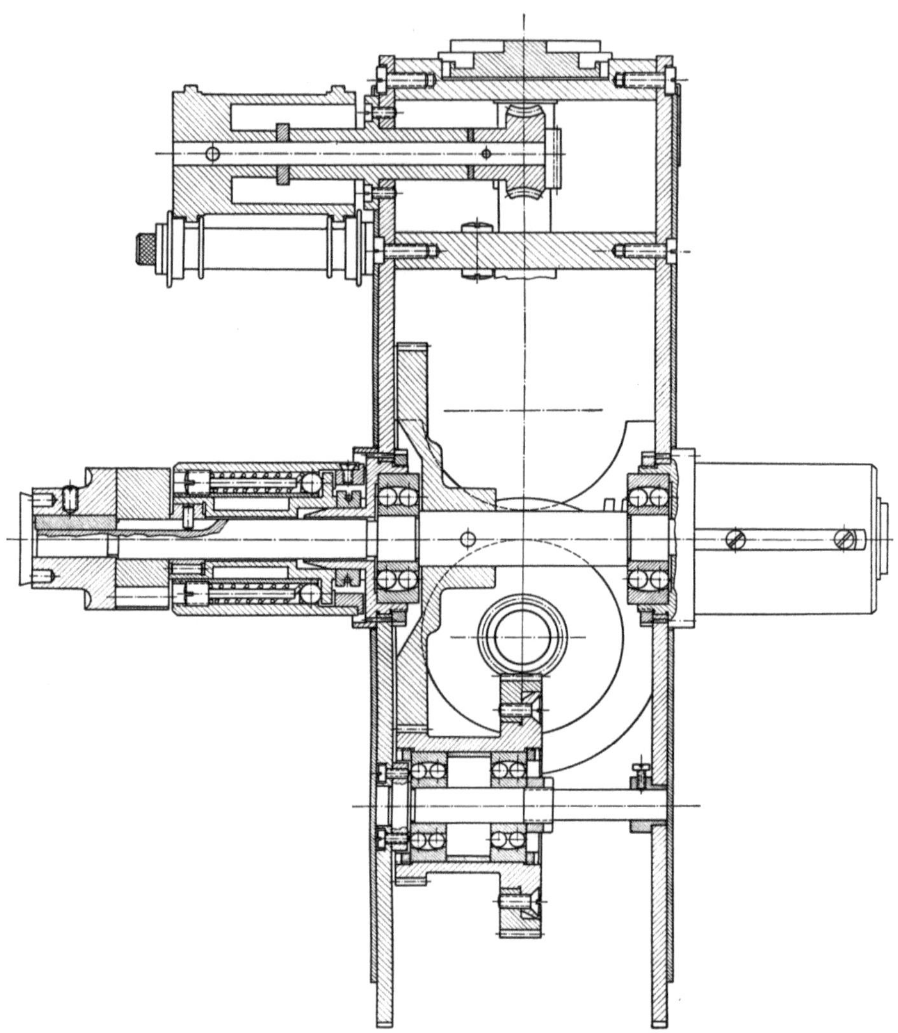

Abb. 188. ASKANIA 35 mm „*Z Kamera*", Teil des Getriebes mit Aufwickelachsen, Rutschkupplung und Zahntrommeln, Maßstab 1 : 1,5.

Die ASKANIA „*Röntgen Kamera*" ist eine Sonderausführung der
„*Z Kamera*". Der wesentliche Unterschied ist ein schnell schaltendes
Greiferwerk und die dadurch bedingten Änderungen gegenüber dem
normalen Getriebe. Nach dem Schema der Abb. 190 wird die Welle *1* mit
der doppelten Drehzahl angetrieben, die Filmaufwicklung über die Räder *4*,
18 ... *20* ist normal. Der Greifer *G* wird wieder von dem Stift *17* angetrieben, macht in jeder Schaltperiode zwei Hübe, von denen aber nur je
einer für den Filmzug wirksam ist. Im Gegensatz zur „*Z Kamera*" wird

über ein Zwischengetriebe *52* und *53* die Welle *54* mit der gleichen Drehzahl wie die Welle *1* bewegt und die Welle *57* über die Zahnräder *55* und *56* mit der halben Geschwindigkeit. Mit der gleichen Drehzahl läuft über die Räder *58* und *10* auch die Welle *7* und damit die Filmwickeltrommeln *15* und *16*. Der Verschlußantrieb wird wieder über das Rad *11* und die Kupplung *24* weitergeleitet. Das Schaltwerk wird später im Abschn. IX, der Verschluß im Abschn. X besprochen. Die Daten der Getrieberäder sind:

Tabelle 27

Rad Nr.	2	3	4	8	9	10	11	13
Zähnez.	10	23	15	5-Gang	5-Gang	33	33	20
Rad Nr.	14	15	16	18	19	20	23	24
Zähnez.	20	16	16	48	38	95	16	50
Rad Nr.	25	27	52	53	55	56	58	
Zähnez.	74	50	15	15	24	48	33	

Einen Einblick in das Getriebe der Askania „*Atelier Kamera*" zeigt die Abb. 244. Wesentlich daran ist im Gegensatz zu vielen anderen Kameras die geschlossene Gehäuseform, die alle Antriebsaggregate einschließlich des Antriebsmotors und der Kassetten in sich aufnimmt. Eine Gesamtansicht dieser Kamera von der Bedienungsseite her findet sich in der Abb. 243.

Bei einem Teil der hier gezeigten Getriebe-*Schaltbilder* besteht eine *Serien*-Schaltung der durch Zahnräder verbundenen Getriebewellen, d. h. ausgehend von der am langsamsten laufenden Welle des Federhauses wird das Drehmoment über eine Reihe von Wellen bis zu der am schnellsten drehenden Reglerwelle weitergeleitet. Die Drehzahlen der dazwischen liegenden Wellen

Abb. 189. Askania 35 mm „*Z Kamera*", Innenansicht mit geöffnetem Vorderkasten und Seitenwand, Maßstab etwa 1 : 4,4.

ist jeweils so bemessen, daß sie für den Verschluß, Greifer und gegebenenfalls die Vorwickeltrommel die richtige Drehzahl ergibt; gelegentlich werden auch Zwischenwellen verwendet (s. Abb. 171 und 172). Im Gegensatz dazu ist in der Abb. 191 ein typisches Beispiel einer *Parallel*-Schaltung von Getriebegliedern angeführt. Das für die REVERE 16 mm Kameras „*16*“ und „*26*“ gültige Schaltbild, das nur angenähert die Lage der einzelnen Wellen angibt, zeigt von dem Federwerk *1* und dem davon gedrehten Zahnrad *2* die erste Verzweigung (Parallelschaltung) für das Zahnrad *3* mit der Aufwickelachse *4* und das Zahnrad *5* für die Weiterleitung des Drehmomentes. Die Übersetzungsverhältnisse sind 150 : 10 = 15 und 150 : 30 = = 5, wobei die mit *4* bezeichnete Welle zu der in dem „*Magazin*“ (Abb. 138) befindlichen Aufwickelachse führt. Infolge der Ladung der

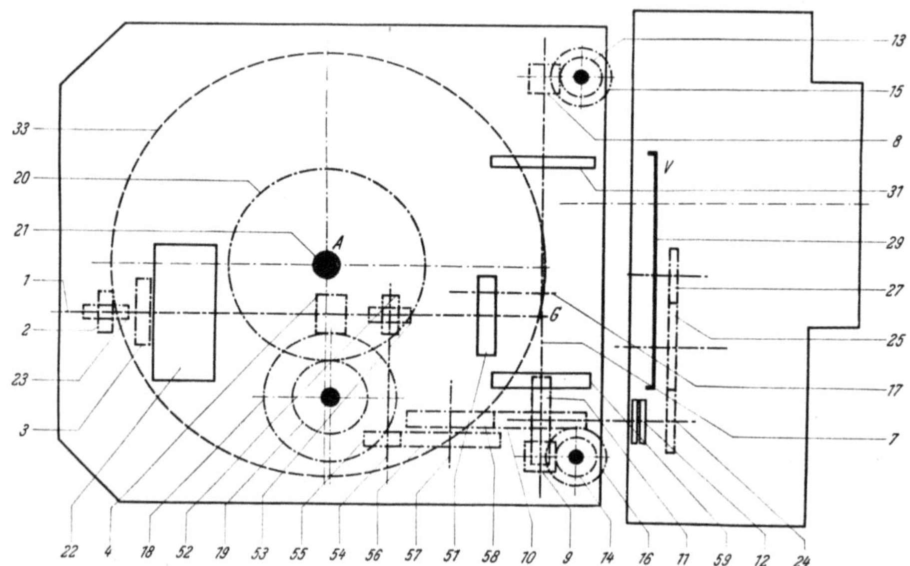

Abb. 190. ASKANIA 35 mm „*Röntgen Kamera*“, Getriebe, Maßstab 1 : 3.

1 Antriebswelle, *2* Schraubenrad, *3* Zahnrad, *4* Schraubenrad, *7* Welle, *8* ... *11* Schraubenräder, *12* Kupplung, *13, 14* Schraubenräder, *15, 16* Zahntrommeln, *17* Antriebskurbel für Greiferwerk, *18* Schraubenrad, *19, 20* Zahnräder, *21* Aufwickelachse, *22* Schwungmasse, *23* Schraubenrad, *24, 25, 27* Zahnräder, *29* Verschluß. *31* Antriebskurve für Justiersystem, *33* Filmspule, *51* Antriebsscheibe für Greiferkurbel, *52, 53* Schraubenräder, *54* Welle, *55, 56* Zahnräder, *57* Welle, *58* Zahnrad, *59* Steuerkurve für Greifereintauchbewegung, *A* Aufwickelachse, *G* Greiferantriebskurbel, *V* Verschluß (s. Getriebe der „*Z Kamera*“ nach Abb. 187).

Kamera von der Rückseite aus *(„Schubkastenladung“)* federt die Achse *4* wieder achsial bei seitlichem Druck weg, bis sie das Drehmoment auf das „*Magazin*“ übertragen kann.

Eine weitere Parallelschaltung, diesmal von drei Getriebewellen, zeigt die Abb. 191. Von dem Zahnrad *6* werden die Räder *7* für den Regler *8*, das Rad *9* und *13* gedreht. Die Übersetzungsverhältnisse sind 180 : 8 = 22,5, 180 : 18 = 10 und 180 : 18 = 10. Von dem Rad *7* wird der Regler *R* mit dem Übersetzungsverhältnis $ü_R = 18 : 8 = 2,25$ gegenüber der Greiferwelle *G* angetrieben. Das Zahnrad *13* treibt die starr mit ihm verbundene Antriebskurbel *14* für den Greifer und das Rad *9* über das Kronenrad *10* und das Stirnrad *11* den Umlaufverschluß *12* mit der gleichen Drehzahl wie die Greiferwelle *G*. Das Übersetzungsverhältnis der Schaltwerkswelle ist

$$ü_S = \frac{150}{30} \cdot \frac{180}{18} = 5 \cdot 10 = 50.$$ Das direkt mit einem Schlüssel aufgezogene Federwerk F macht für einen Vollaufzug zehn Umläufe.

Neben den schon beschriebenen Kameras für die Aufnahmen mit normalen Bildfrequenzen sind für Sonderzwecke Zeitdehner- und Zeitrafferkameras notwendig, die oft besondere Triebwerke erfordern. Als Zeitdehnung Z soll das Verhältnis der Aufnahmebildfrequenz $f_{B\,Aufn.}$ zur Wiedergabe-Bildfrequenz

$$Z = \frac{f_{B\,Aufn.}}{f_{B\,Wiederg.}} \qquad (3)$$

definiert werden. Ist dieser Zahlenwert Z kleiner als 1, so liegt eine Zeitraffung vor. Ist Z = 1, so handelt es sich um normale Aufnahmen. Über die Wirkung auf den menschlichen Gesichtssinn wurde schon gesprochen. Die Geräte mit kleineren Zeitdehnungen bis etwa Z = 6 lassen sich besonders bei kleineren Kameras ohne wesentliche Schwierigkeiten verwirklichen, indem das Triebwerk entsprechend schneller läuft. Darüber hinaus wäre eine wesentliche Vergrößerung des Aufwandes notwendig, der den universellen Einsatz der Kameras in Frage stellt. Es werden dann Spezialgeräte hergestellt, die im Abschn. X beschrieben werden.

Die Zeitraffung ist dagegen von der Seite einer normalen Kamera aus leichter zu verwirklichen. Viele kleinere Federwerkkameras sind mit einem Einergang versehen, der beim Drücken des Auslöseknopfes jeweils ein Bild zu schalten gestattet. Der dazu erforderliche Aufwand ist ein-

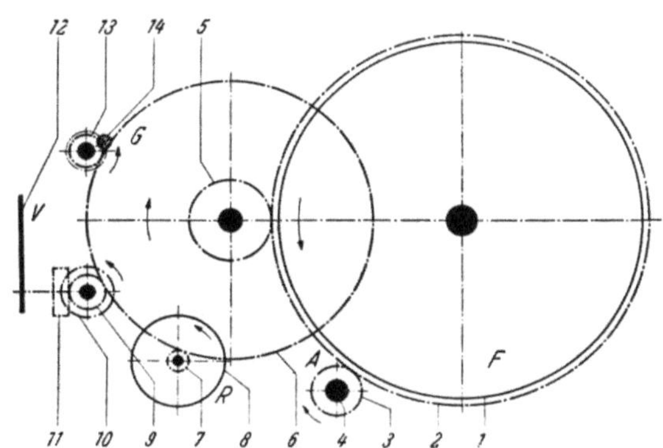

Abb. 191. REVERE 16 mm Kameras „C 19", „C 26", „C 29", Maßstab 1 : 2.

1 Federhaus, *2, 3* Zahnräder, *4* Aufwickelachse für Kassette, *5 … 7* Zahnräder, *8* Regler, *9* Zahnrad, *10* Kronenrad, *11* Zahnrad, *12* Verschluß, *13* Zahnrad, *14* Kurbel für Greiferantrieb, *A* Aufwickelachse, *F* Federwerk, *G* Greiferwelle, *R* Regler, *V* Verschluß.

fach, er besteht beispielsweise nach der später gebrachten Abb. 226 aus dem Hebel *22* mit den beiden Nasen *22 a* und *22 b*. Für die Laufbildauslösung wird der Hebel *22* nach rechts um seine Achse *45* gedreht und gibt damit den Stift *56* und damit die Greiferwelle *27* zum dauernden Umlauf frei, solange der Auslöseknopf den Hebel *22* in der geschwenkten Stellung festhält. Bei der Einzelbildschaltung wird der Hebel *22* nach links gedreht und hält nach etwas weniger als einem Umlauf mit seiner Nase *22 b* den Stift *56* an. Beim Rückkehren des Hebels *22* in die gezeichnete Ruhelage fängt sich der Stift dann an der Nase *22 a*. Eine ähnliche Anordnung haben die SIEMENS Kameras nach der Abb. 228. Die Nase *1 a* wird bei Laufbildschaltung von dem Ende *10 a* eines Hebels abgefangen. Bei der Einzelbildschaltung gibt das Ende *10 a* die in Ruhestellung zwischen *10 a* und *11 a* stehende Nase *1 a* frei, gleichzeitig hat sich aber das Hebelende *11 a* nach rechts in die Sperrstellung bewegt und fängt damit die Greiferwelle ebenfalls nach etwas weniger als einem Umlauf wieder auf. Nach einem ähnlichen Prinzip arbeiten die BAUER (s. Abb. 158), BLAUPUNKT, BELL und HOWELL, REVERE (Abb. 361) und viele andere Kameras.

Zum Betätigen von Zeitraffergeräten sind neben den genannten Einrichtungen an den Kameras selbst noch Schaltgeräte erforderlich, die in weiten Grenzen regulierbar die jeweilige Einschaltung des Einerganges in gewünschten und gleichen Zeitabständen wiederholen und noch andere Schaltungen vornehmen. Dazu gehört beispielsweise die Einschaltung der Beleuchtungsanlage. Die für die ASKANIA „Z Kamera" vorgesehene Zeitraffereinrichtung sieht die automatische Schaltung von Einzel- oder Doppelaufnahmen in Zeitabständen von 15 sec bis 10 Stunden vor.

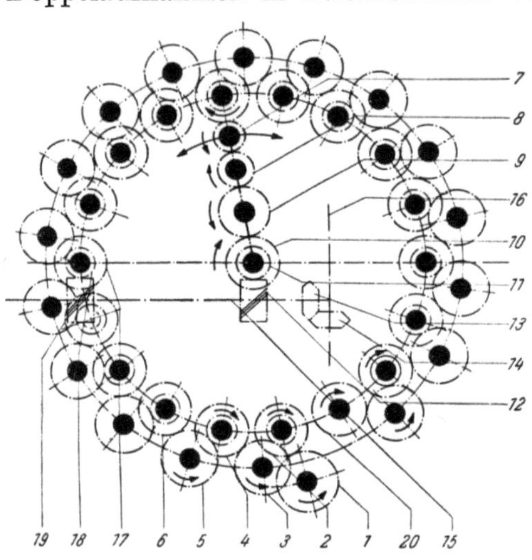

Abb. 192.

ZEISS-WINKEL „Mikrokino Kamera" für Normal- und Zeitrafferaufnahmen mit dem Mikroskop für 16 mm oder 35 mm Film, Maßstab 1 : 2.

1 ... 10 Zahnräder bzw. Doppelzahnräder, 11, 12 Schraubenräder, 13, 14 Kegelräder, 15, 16 Wellen, 17 Zahnrad, 18, 19 Schraubenräder, 20 Zahnrad (s. Abb. 501).

Zeitraffer - Schaltgeräte, die gleichzeitig auch andere Schaltungen, beispielsweise für die Beleuchtung, vornehmen, gibt es auch für die „Caméflex" und „Webo M Kameras" (Abb. 365) sowie für andere.

Eine speziell für Kinoaufnahmen durch das Mikroskop konstruierte Kamera wird von ZEISS-WINKEL hergestellt. Diese in der Abb. 501 dargestellte Kamera ist für Aufnahmen mit den üblichen Bildfrequenzen 24 Hz oder 16 Hz vorgesehen, ferner für Bildwechselzahlen von 8, 4, 2, 1 Hz sowie Aufnahmen von 30, 15, 8 ... 1 Bildern je Minute und je Stunde, so daß sich Zeitraffungen nach (3) von $Z = 1 ... 6 \cdot 10^{-4}$ in der angedeuteten Stufung ergeben. Das Umschaltgetriebe besteht aus einer Kette von 36 Zahnrädern, die kreisbogenförmig angeordnet sind und den Abgriff an 18 Stellen für die verschiedenen Laufgeschwindigkeiten der Kamera gestatten. Dieses Umschaltgetriebe ist in den oberen Teil der Kamera eingebaut und läßt sich durch Betätigen eines einzigen gerasteten Handgriffes verstellen. Die Belichtungszeit ist durch die starre Kopplung zwischen Filmschaltwerk und Verschluß bei großen Zeitraffungen infolge des langsamen Laufes des Verschlusses zu lang. Deshalb ist bei Zeitraffungen ab 1 : 250 noch eine Einrichtung vorgesehen, bei der Schaltwerk und Verschluß im Gegensatz zu der oben beschriebenen Einrichtung zwischen den Bildaufnahmen stillstehen und zu jeder Aufnahme durch eine Magneteinrichtung für einen einzigen Umlauf mit der Antriebsachse gekuppelt werden. Bei vollgeöffneten Verschluß ergibt sich dann für alle Zeitrafferstufen eine konstante Belichtungszeit von etwa 0,5 sec.

Der Gang der Übertragung des Drehmomentes der „Mikrokino-Kamera" ist nach der Abb. 192 wie folgt: Von der Antriebsachse wird das Zahnrad 1 gedreht, das ständig im Eingriff mit dem Zahnradsatz 2 ist. Von diesem wird über das Zwischenrad 3 der Zahnradsatz 4 gedreht und so fort bis zum letzten Rad *20*. Von einem der Räder *2, 4, 6, 17, 20* oder den dazwischen liegenden kann über die an einem drehbaren Hebel befestigten Zwischenräder *7 ... 9* das Rad *10* gedreht werden. Das mit ihm fest ver-

bundene Schraubenrad *11* dreht das Rad *12* und über das Kegelradpaar *13* und *14* die Welle *16*, die Filmschaltwerk, Vorwickeltrommel und Verschluß der Kamera antreibt. Dieser Getriebelauf gilt für die kleineren Zeitdehnungen und hat zur Voraussetzung, daß die nicht dargestellte Kupplung das Rad *12* mit der Welle *15* starr verbindet. Für längere Zeitdehnungen wird diese Kupplung gelöst und die Welle *15* wird mit dem Schraubenrad *19* gekuppelt. Diese Kupplung ist als Magnetsystem ausgebildet und zieht nur über

Abb. 193. DEBRIE 35 mm Atelierkamera „*Super Parvo*", Getriebe, Maßstab etwa 1 : 7,5.

je einen Umlauf der Welle *15* an, womit also nur je ein Bild belichtet und das Filmband um eine Bildteilung weitergeschaltet wird. Die Steuerung der Magnetkupplung wird von der Welle der Zahnräder *10* und *11* über elektrische Kontakte gesteuert und ergibt damit infolge der Einstellbarkeit ihrer Umlaufzahl den zeitlichen Abstand der einzelnen Aufnahmen.

Der Aufbau des Getriebes einer 35 mm Atelierkamera (DEBRIE) ist aus der Abb. 193 zu ersehen. Der Aufbau entspricht dem Schemabild 104 d; es befinden sich die wesentlichen Triebwerksteile zwischen den Filmspulen. Zum Laden ist die Kamera von beiden Seiten zugänglich.

Das Getriebe der „*AK 16 Kamera*" ist zusammen mit dem optischen Aufbau in den Abb. 451 und 452 dargestellt. Der Motor treibt über die Zahnräder *1 ... 10* die Greiferwelle *G*, über die Räder *11 ... 16* die Verschlußwelle mit den verstellbaren Verschlußflügeln *V*. Weiter wird über die Zahnräder *17 ... 23* die Aufwickelachse *A* und über die Räder *8, 24 ... 26* der Okularverschluß *27* gedreht.

E. Aufwickelungen.

Mehrfach wurde auf die Notwendigkeit hingewiesen, die Aufwickelspule über ein elastisches Getriebe anzutreiben, das den Ausgleich für den wachsenden Durchmesser des Filmwickels ergibt. Eine derartige Kupplung, die ein begrenztes Drehmoment zu übertragen gestattet und beim Auftreten größerer Drehmomente unwirksam wird, d. h. rutscht, wird beispielsweise in der Abb. 194 gezeigt. Von dem Laufwerk der „*Reporter-Kamera*" wird die Welle *1* gedreht, die über die Schnurrolle *2* und die Gummipeese *3* die lose auf der Aufwickelachse *8* drehbare Rolle *6* antreibt. Diese ist teilweise als Hohlkörper ausgebildet, in ihm schleift eine fest mit der Achse *8* verbundene Feder und überträgt so ein begrenztes

Drehmoment. Die Aufwickelachse übermittelt über die angenietete Feder *9*
die Drehung auf die nicht gezeichnete Aufwickelspule.

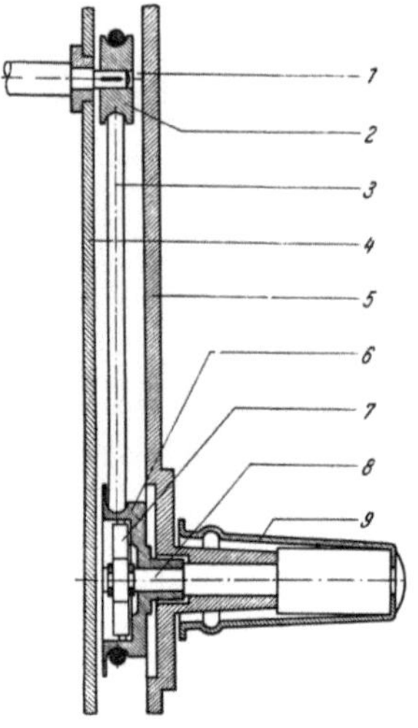

Abb. 194. STEATIT MA-
GNESIA 2×8 mm „*Dra-
lowid-Reporter Kamera*“,
Aufwickelgetriebe, Maß-
stab 1 : 1.

1 Welle, *2* Schnurrolle, *3* Gummipeese, *4*, *5* Platinen, *6* Schnurrolle, *7* Hebel mit Feder, *8* Achse,
9 Federteil.

Die in den Kameras „*Bauer 88*“ und „*88 C*“
eingebaute Aufwickelfriktionskupplung wird nach
Abb. 195 von der Federhauswand *9* angetrieben,
mit der über das Zahnrad *11* der verzahnte Teil *3a*
der Welle *3* mit der Aufwickelspule *1* gedreht wird.
Diese ist durch die sternkeilförmige Ausbildung der
Buchse *2* drehsicher mit der Spule *1* verbunden. Das
Zahnrad *1* wird von der Mutter *8* über die Feder *10*
angedrückt und überträgt so ein begrenztes Rei-
bungsmoment von etwa 88 cm g. Bei größeren
Momenten rutscht diese Kupplung.

Die in die „*Bauer 8 Kamera*“ eingebaute Rutschkupplung wurde in der Abb. 157 als Teil *52, 54, 55,
56, 57* gezeigt, die Kupplung sitzt in dem Aufwickeldorn. Andere Kupplungen wurden bereits im Abschnitt VIII bei den einzelnen Triebwerken behandelt.

Die Antriebe für die Aufwickelachse der ASKANIA
„*Z-Kameras*“ wurden bereits an Hand der Abb. 187
und 190 beschrieben. Die Photographie der Aufwickelachse zeigte die Abb. 189, eine zeichnerische
Darstellung brachte die Abb. 188.

Die federnden Glieder der Rutschkupplungen
können auch, worauf schon hingewiesen wurde,
durch Drahtpeesen gebildet werden. Derartige
Peesen haben beispielsweise „*Special*“ (Abb. 91),
EMEL (*10*, Abb. 169), KODAK (*10*, Abb. 174), „*Bo-
lex H 16*“ (*22*, Abb. 181, *2*, Abb. 182), „*Specialist*“ (*16*, Abb. 421),
„*Carèna*“ (*12*, Abb. 429), MITCHELL und andere.

Eine andere Methode besteht darin, zwischen zwei federnden Scheiben
eine Reibscheibe einzuklemmen und damit die Rutschkupplung darzustellen. Eine derartige Einrichtung haben die „*E 8*“ (Abb. 493) und
„*Movikon 8 Kameras*“ (*14, 15*, Abb. 171), „*Brownie*“ (Abb. 512).

Eine einwandfreie Übertragung des Drehmoments von der Aufwickelachse auf die Aufwickelspule ist wesentlich. Dazu wird gelegentlich eine
Federeinrichtung benutzt: Nach der Abb. 194 ist rund um die Aufwickelachse *8* ein Federteil angeordnet, das mit seinem federnden Lappen *9*
die Bohrung der Spule *6* (vgl. auch Abb. 140) aufnimmt und damit eine
sichere kraftschlüssige Verbindung herstellt. Andere Kameraachsen tragen
Mitnehmer für die mit entsprechenden Aussparungen versehenen Spulen.
Die 16 mm Spulen haben eine vierkantige Form der Achsen (Abb. 196 a
und b) und sichern damit den formschlüssigen Zwangslauf zwischen Achse
und Spule.

Bei den 8 mm Aufnahmespulen hat sich noch keine Norm für die Mit-
nahmeeinrichtung herausgebildet. Nach einem älteren Patent 617 981
wird durch unterschiedliche Ausbildung der Ausschntie an den Spulen-
flanschen und entsprechende Gegenstücke der Kameraachsen ein falsches
Einlegen der Filmspule für den ersten Durchlauf verhindert. Das ist für
die 2 × 8 mm Spulen wegen des Amateureinsatzes und auch wegen des
zweimaligen Durchlaufes durch die Kamera zweifellos von einer gewissen

Bedeutung. Praktisch sind eine Reihe unterschiedlich ausgebildeter
2 × 8 mm Spulen und Kameraachsen entstanden, für die in den Abb. 196 c
und 132 Beispiele gezeigt werden. Es sind beispielsweise auf der einen
Spulenseite dreiteilige (*2*, Abb. 132) und auf der anderen vierteilige Ausschnitte (*13*, Abb. 132) angebracht, die für den ersten Durchlauf ein falsches Einlegen der vollen Spule unmöglich machen.

Bei vielen Kameras wird aber kein Wert darauf gelegt, durch eine
besondere konstruktive Maßnahme ein falsches Spuleneinlegen zu verhindern. Dann ist eine Kennzeichnung des Filmbandlaufes vorgesehen
(s. Abb. 116, 117). Die genannten Rutschkupplungen übertragen ein Drehmoment bis zu einem bestimmten konstruktiv gegebenen Maximalwert.
Abgesehen von gewissen Schwankungen, die sich aus dem Reibmechanismus
selbst und aus der Änderung der Reibungszahl μ (s. Abschnitt XIX) sowie
beispielsweise bei Peesenantrieben aus der zusätzlichen Spannung und Ent-

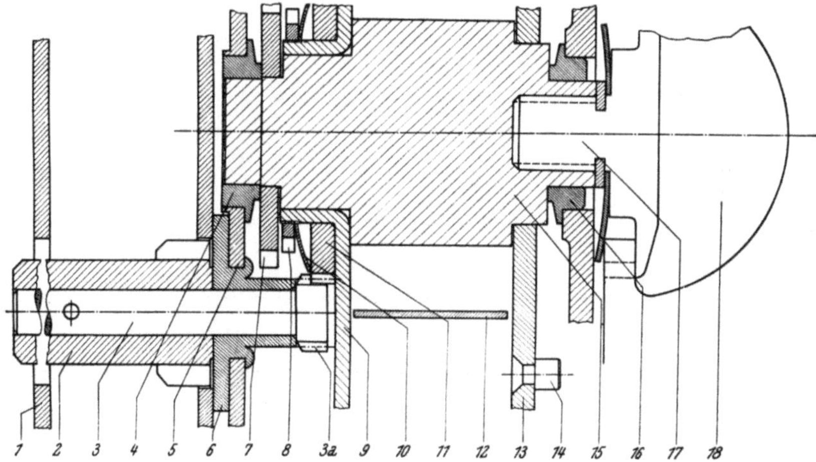

Abb. 195. BAUER 2× 8 mm Kamera „*Bauer 88*", Aufwickelgetriebe, Maßstab 2 : 1.
1 Spulenflansch, *2*, *3* Aufwickelachse mit Buchse, *4* Lagerbuchse, *5* Platine, *6* Lagerbuchse, *7* Sperrad,
8 Mutter, *9* Wand des Federhauses, *10* Feder, *11* Zahnrad, *12* Zugfeder, *13* Federhaus, *14* Stift, *15* Federkern,
16 Lagerbuchse, *17* Schraube, *18* Aufzugsknebel.

spannung der federnden Peese ergeben, ist das von der Rutschkupplung
übertragene maximale Drehmoment konstant. Es wird vielfach bei diesem
„*Wickelproblem*", das auch in anderen Techniken auftritt, die Ansicht vertreten, daß ein konstanter Zug des Filmbandes zweckmäßig sei.

Als Forderung für das Filmwickeln ergibt sich, daß der Zug nicht zu
groß sein darf, um keine mechanische Überbeanspruchung des Filmbandes
zu bringen und keine zu große Reibung der Oberflächen des Filmbandes
aufeinander. Andererseits darf nicht zu lose gewickelt werden, da dann die
Gefahr des Auseinanderfallens des Filmwickels besteht und die Möglichkeit
des „*Nachziehens*". Als Nachziehen wird ein gegenseitiges Gleiten der
Oberflächen des Filmbandes aufeinander bezeichnet, wobei eine Verkratz-
gefahr und die Möglichkeit der Beschädigung des Filmbandes bei Einschluß
von Fremdkörpern besteht, die ebenfalls Schrammen und ähnliches bilden
können. Das Nachziehen muß deshalb auf jeden Fall ausgeschaltet werden,
wozu eine gewisse Festigkeit des Filmwickels notwendig ist.

Die Dimensionierung der Aufwickelfriktion ist auch von einer anderen Seite gesehen von Bedeutung. Bei vielen Kameras wird keine Vorwickelzahntrommel eingesetzt. Es könnte dann Gefahr bestehen, daß das Filmband bei einer zu großen Zugkraft der Friktion direkt aus dem Film-

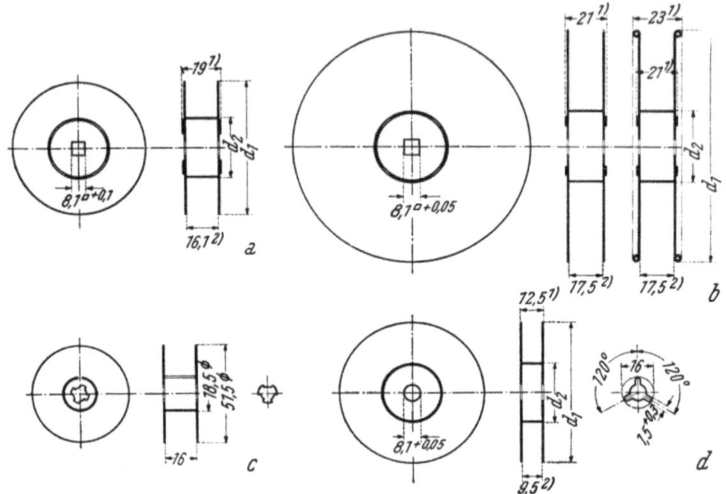

Abb. 196. Schmalfilm-Aufnahme- und Wiedergabespulen, Maßstab 1 : 4.

a) 16 mm Aufnahmespule nach DIN 15 632.

Bezeichnung	Fassungsvermögen m	d_1 mm	d_2 Größtmaß mm
15 DIN 15 632	15	71 + 0,5	32
30 DIN 15 632	30	91,5 + 0,5	32

b) 16 mm Wiedergabespule nach DIN 15 621.

Bezeichnung	Fassungsvermögen m	d_2 mm	d_1 mm
60 DIN 15 621	60	123 + 1	38 Kleinstmaß
120 DIN 15 621	120	178 + 1	38
240 DIN 15 621	240	250 + 1	70 ± 0,5
480 DIN 15 621	480	330 + 1	90 ± 1

c) Doppelt 8 mm Aufnahmespule, nicht genormt, für 2 × 7,5 m-Film.

d) 8 mm Wiedergabespule nach DIN KIN 821.

Bezeichnung	Fassungsvermögen m	d_1 mm	d_2 Kleinstmaß mm
15 KIN 821	15	75 + 1	32
60 KIN 821	60	127 + 1	38

kanal herausgezogen wird. Damit ist der einwandfreie Bildstand gefährdet, der durch das Schaltwerk (s. Abschnitt IX) erreicht werden muß. Abhilfe schafft bei vielen Kameras ein nicht drehbarer Stift, meist mit einer Verkleidung aus einem gummiähnlichen Material, das eine große Reibung hat.

Dieser Stift hat einen kleinen Durchmesser von etwa 5 ... 6 mm. Um das Filmband mit einem größeren Umschlingungswinkel um den Stift herumzubringen, wird eine gewisse Kraft benötigt. Die Reibung zwischen Filmband und Stift ist so groß, daß die Friktion das Filmband nicht aus dem Filmkanal herausziehen kann. Somit wird also nur das hinter dem Führungsstift befindendliche Stück Filmband aufgewickelt. Die genannte Stiftführung kann auch durch die letzte abgerundete Kante des Filmkanals oder der Andruckplatte gebildet werden, wie beispielsweise in den Abb. 117 und 121 gezeigt wird oder in Abb. 122 als letzte Kante *5a* des Filmkanals *5*, ferner in der Abb. 131 als Stift *12* und in der Kassette Abb. 132 durch Ausbildung der unteren Kante des Preßstoffgehäuses *5*, ähnlich in den Abb. 133 und 136 als Führungsblech *5*. Es gibt aber auch Kameras, die derartige Einrichtungen nicht besitzen.

Bei den Messungen von Drehmomenten der Aufwickelachsen ergeben sich recht große Unterschiede zwischen den einzelnen Kameramodellen und auch zwischen Geräten der gleichen Type. Neben einigen schon angeführten Werten können die Bereiche von $M = 40 ... 65$ cm g für die „*Bolex B 8*" und „*8 L*", „*Reporter*" und SIEMENS „*C 8*" genannt werden, $M = 65 ... 90$ cm g für die BAUER „*88*", EUMIG „*C 3*" und AGFA „*Movex 8 L*". In dem Bereich $M = 90 ... 120$ cm g liegen die „*Movikon 8 quer*" und „*Heliomatic*" und bei $M = 120 ... 150$ cm g die „*Movikon K 8*", KODAK „*Modell 25*" und „*Carèna*".

Eine eingehende Untersuchung über die Möglichkeiten des Filmwickelns von ROHLOFF (464) hat ergeben, daß für die praktisch vorkommenden Fälle das Wickeln mit *konstantem Moment* eindeutig dem Wickeln mit konstantem Filmzug überlegen ist. Es wird dabei gezeigt, daß das gefürchtete Nachziehen beim Wickeln mit konstantem Moment nicht entstehen kann. Ein ausreichend fester Wickel ist beim 35 mm Filmband — subjektiv beurteilt — mit einem konstanten Moment von $M = 6000$ cm g oder einem konstanten Zug von $P = 800$ g zu erreichen. Dieser Wert P ergibt sich aus Vergleichen mit den größten Kräften, die ein Wiedergabeschaltwerk (vierteiliges Malteserkreuz) erreicht, ist aber schon recht groß. Denn der Bereich, in dem sich ein Filmband noch elastisch dehnt, reicht bis zu einem Zug von $P = 200$ g bzw. einem spezifischen Druck von $\sigma = 100$ g/mm² auf die Kante eines Schaltloches, die sich dann beim 35 mm Band etwa um 57 μ ausbeult. Praktisch wickeln alle Kameras mit konstantem Moment. Kurven über die richtige Größe bringt die genannte Arbeit (464).

F. Zählwerke

Mehrfach wurden schon die Antriebe für die Zählwerke genannt. Bei einfachen Kameras genügt eine verhältnismäßig grobstufige Anzeige, die beispielsweise in Stufen von etwa je 0,25 m Filmband anzeigt. Für Berufsgeräte sind dagegen die Zählwerke vielfach auch mit Einzelbildzählern ausgestattet, um beim Rückwickeln und Überblenden bzw. Trickaufnahmen eine eindeutige Zuordnung zu erhalten. Die Zählwerke müssen dann vor- oder rückwärts zählen, um jede Lage des Filmbandes richtig anzuzeigen.

Grundsätzlich kann man die Zählwerke nach zwei Systemen aufbauen, es sind dies die *Fühlhebelzählwerke* und die *Antriebszählwerke*. Die *Fühlhebel*zählwerke sind die einfacheren und billigeren Systeme und bestehen darin, daß der Filmwickel von der auf einem Hebel sitzenden Rolle abgetastet wird. Durch eine Feder wird ein Kraftschluß mit dem Filmwickel hergestellt, ein Zeiger läßt eine Anzeige zu. Die direkte Eichung in Metern Filmbandlänge kann erreicht werden, wobei die Abstände der einzelnen Teilstriche unter sich ungleich sind. Unter der Annahme, daß die einzelnen Lagen des Filmbandes von der Dicke d eng aneinander liegen, läßt sich die Länge L eines auf einen Kern vom Durchmesser d_1 in n Lagen aufgewickelten Filmbandes in sehr großer Annäherung zu

$$L = \pi \, n \, (d_1 + n \, d) \qquad (55)$$

errechnen. Wenn für d der etwa 20% höhere Wert 0,18 mm zum Ausgleich der nicht ganz eng aneinanderliegenden Windungen des Filmbandes eingesetzt wird, so ergeben sich die praktischen Verhältnisse.

Die Genauigkeit derartiger Meßwerke hängt von der Dicke des Filmbandes und der Festigkeit des Aneinanderschlusses der einzelnen Lagen ab. Die Genauigkeit steigt also, wenn nur noch wenige Windungen gemessen werden sollen, d. h. die Endanzeige ist genau. Dies ist auch zweckmäßig, denn bei einem noch vorhandenen größeren Vorrat ist die Messung noch nicht so kritisch. Ein weiterer wesentlicher Vorteil besteht darin, daß ein Fühlhebel nie gänzlich falsch stehen kann, sondern immer eine grundsätzlich richtige Anzeige macht. Auf die Ausführungen der Fühlhebel wurde schon bei den Abb. 115 (Hebel *11*), 117, 132 (Hebel *7* und Abtastrolle *6*, hier als Steuermittel für die Endanzeige wirksam), 139 (Anzeige *1*) und 143 (Anzeige *4*) hingewiesen.

Weitere Fühlhebel sind als Teile *4* in der Abb. 147, *12* in der Abb. 148, *4* in der Abb. 149 dargestellt. Weitere Kameras haben Fühlhebel, wie beispielsweise die EUMIG „*C 4*", das „*Magazin 16*" (Abb. 138, nicht eingezeichnet), die SIEMENS „*8 R*" mit einer Geradeführung des Andruckhebels, die „*C 4*" nach Abb. 353, „*Carena 8*" (Hebel *5*, Abb. 429) u. a.

Die *Antriebs*zählwerke werden von dem Kamerageтriebe gesteuert und zählen deshalb, von ihrer Ausgangsstellung an gerechnet, richtig die Zahl der Umläufe von Wellen oder die Zahl der durchlaufenen Bilder oder Meter des Filmbandes. Es ist nur eine Frage der Konstruktion, wie genau eine Ablesung erwünscht ist. Für viele Fälle reicht es, den Durchlauf der gesamten Ladung auf einer einzigen Umdrehung der Anzeigescheibe unterzubringen. Beispiele wurden in den Abb. 56 (Anzeige *7*), 80 (Zeiger *7*), 91, 98 (Skala *7*), 105 (Anzeige *55* und *58*), 119 (Skalen *5* und *6*), 154 (Anzeige *13*), 176 (Trommel *15*) gezeigt. Weitere Antriebszählwerke haben beispielsweise die Kameras nach Abb. 172 (Anzeige *18*), 177 (Trommelskala *23*), 180 (Zählscheibe *19*), 181 (Zählscheibe *18*), 182 (Scheibe *4*), 183 (Teil *12* Vorwähl- und *11* Gesamt-Anzeige), Abb. 406 (Skala *4*), 409, 412, 417 (Zahlenfeld *1*), 442 (Nummernfeld *8*), 468 (Zählwerk *16*), 472 (Zählwerk *74*, s. auch Abb. 172), 477 (Skala *2* mit Sperrvorrichtung nach dem Durchlauf des Filmbandes), 479 (Anzeigevorrichtung *2*), 506 u. a.

Für besondere Zwecke sind noch Einzelbildzählwerke vorgesehen, wobei bei Rückwickeleinrichtungen zweckmäßig auch ein Addieren beim Vorwärtslauf und ein Subtrahieren beim Rückwärtslauf stattfindet. Denn es sind auch Zählwerke in Anwendung, die unabhängig von der Drehrichtung nur addieren.

Der Nachteil der Antriebszählwerke ist die Möglichkeit, daß ihre Nullstellung beim Einlegen einer neuen Filmpackung vergessen wird. Damit können sie trotz richtiger *relativer* Zählung grundsätzlich falsch stehen. Dies kann durch eine Automatik verhindert werden, die bei Öffnen des Kameradeckels ein selbsttätiges Zurückspringen des Zählers auf Null steuert („*Bolex*" u. a.).

Mehrfach werden an den Kameras auch zwei Zählwerke angebracht. So ist bei der Kodak „*Special-Kamera*" das eine als Fühlhebel ausgebildete (*1*, Abb. 139) in der Kassette angebracht, während in dem Kameragehäuse noch ein Antriebszählwerk *3* mitläuft. Eine Doppelanzeige ist besonders dann sinnvoll, wenn nicht übliche Filmbandlängen eingesetzt oder Kassetten wechselseitig benutzt werden.

Das Zählwerk der Askania „*Z Kamera*" sieht ein Vierfachzählwerk *7* (Abb. 56) vor, das den Filmvorrat, den Filmverbrauch, die Zahl der gedrehten Einzelbilder und die Umläufe der Welle anzeigt, die sich mit der achtfachen Geschwindigkeit gegenüber der Schaltwerkswelle dreht. Alle Zählwerke zählen hier vor- und rückwärts, lassen sich auf Null stellen und haben gegebenenfalls eine Einstellmöglichkeit auf eine bestimmte Zahl. Alle Zählwerke haben springende Ziffern.

Von besonderer Bedeutung sind die Zählwerke bei Trick-Kameras, wo es unter Umständen sehr auf die genaue Zählung jedes einzelnen Bildes ankommt, wenn beispielsweise Doppel- oder Mehrfachaufnahmen gemacht werden sollen. Das Meterzählwerk *5* und das Einzelbildzählwerk *6* der Askania „*Trick Kamera*" ist in der Abb. 119 dargestellt.

So einfach das „*Zählproblem*" auch aussieht, in einer Erweiterung des Begriffes müssen darunter auch die Sicherungen oder zumindest die Anzeigeeinrichtungen für den glatten Durchlauf des Filmbandes durch die Kamera verstanden werden. Dieses Problem tritt gerade bei den einfachen Kameras auf, da hier dem Amateur eine eindeutige Sicherheit geschaffen werden sollte, eine Störung des Filmdurchlaufes, die meistens den bekannten „*Filmsalat*" ergibt, rechtzeitig zu erkennen. Ein erheblicher Aufwand an technischen Mitteln ist aber nicht tragbar. Hier scheiden die Getriebezählwerke aus, da sie Getriebeumläufe anzeigen und nicht den Durchgang des Filmbandes, wenn dieses aus irgendeinem Grunde bei laufendem Getriebe stillstehen bleiben sollte. Abhilfe kann nach älteren Vorschlägen (569) ein Zählwerk schaffen, das beispielsweise über eine Zahntrommel von dem Filmband selbst angetrieben wird, oder natürlich das Fühlhebelzählwerk. Eine andere Anzeigemöglichkeit besteht darin, die Drehung der Abwickeltrommel auszunutzen und davon eine Anzeige abzuleiten. Eine Ausführung in Form des Tauchzeigers ist in der Abb. 416 beschrieben, wesentlich ist also der Antrieb vom Filmband her.

Bei kommerziellen Kameras kann für die „*Salat-Sicherung*" mehr Aufwand getrieben werden. Hier werden die Filmbänder beispielsweise an ihren Filmschleifen mit leicht beweglichen Fühlhebeln abgetastet. Diese treten dann in Aktion, wenn sich die Filmschleifen erheblich vergrößern oder verkleinern und damit anzeigen, daß an dem Filmbanddurchlauf etwas nicht in Ordnung ist. Derartige Anzeigevorrichtungen können über Getriebeteile und elektrische Schalter das Laufwerk der Kamera automatisch stillsetzen. In besonderen Fällen besteht noch eine Sperre zwischen dem Motorschalter und der Fühlhebeleinrichtung, die erst nach Öffnen der Kameratür wieder aufgehoben werden kann, um bei einer Störung erst nach Beseitigung der Ursache die Kamera wieder einschalten zu können. Die Salatsicherung ist von größerer Bedeutung, da ein nicht richtig durchlaufendes Filmband durch den entstehenden „Salat" erhebliche Beschädigungen in der Kamera, beispielsweise durch verbogene Wellen, anrichten kann. Mehrfach werden auch Endanzeigen zum Hinweis auf den vollständigen Durchlauf des Filmbandes vorgenommen (z. B. Zeichen 7, Abb. 425).

IX. Filmschaltwerke

Im Abschnitt II wurden bereits die grundsätzlichen Möglichkeiten für den Aufbau einer Kinokamera dargestellt. Als *mechanischer Ausgleich* wurde dort ein System bezeichnet, das mit Hilfe eines mechanischen Triebwerkes das Filmband absatzweise um je einen Schaltschritt weiterschaltet. Zwischen den jeweiligen Schaltzeiten liegen die Stillstandszeiten des Filmbandes, die der photographischen Aufnahme der einzelnen Phasenbilder dienen. Das dazu erforderliche Getriebe wird als *Filmschaltwerk* bezeichnet. Hierüber war verhältnismäßig wenig in Einzeldarstellungen veröffentlicht worden, so daß es sinnvoll erschien, die Filmschaltwerke zunächst einmal systematisch zu betrachten und aus den Ergebnissen dieser Arbeiten und der Untersuchung der vorhandenen Bauformen später den Versuch zu unternehmen, zu einer oder mehreren *optimalen* Lösungen für bestimmte gegebene Fälle zu kommen [Weise (608, 609, 610, 618, 624, 629)].

An Veröffentlichungen über kinematische Fragen oder Schaltwerke liegen Arbeiten von den folgenden Autoren vor:

Alt (3 ... 10), Beyer (32 ... 36), Burmester (53), Dahlgreen (67), Finkelnburg (101), Flocke (124), Forch (129 ... 132), Franke (133), Frielinghaus (150, 151, 153 ... 155), Gohr (166), Grodzinski (172 ... 174), Hain (186 ... 193), Hock (224), Jahr (235 ... 239), Klughardt (262), Knechtel (235 ... 238, 264a), Kraus (281 ... 285), Lehmann (130), Lewenson (307), Lichtenheldt (309, 310), Lichtwitz (311), Loeffler (322), May (349), Mechau (53), Newmann (383), Rauh (425, 425a), Richter (441), Robertson (456a), Rohloff (460 ... 463), Ruhnau (478, 479, 483), Schnarbach (502, 503), Schrott (511), Seeber (528), Sieker (536 ... ... 539), Tolle (565, 566), Weise (594, 601, 603, 606, 608, 609 ... ... 611, 613, 615 ... 618, 620, 622 ... 624, 629, 631, 634), v. Voss (441) und andere, ferner (666).

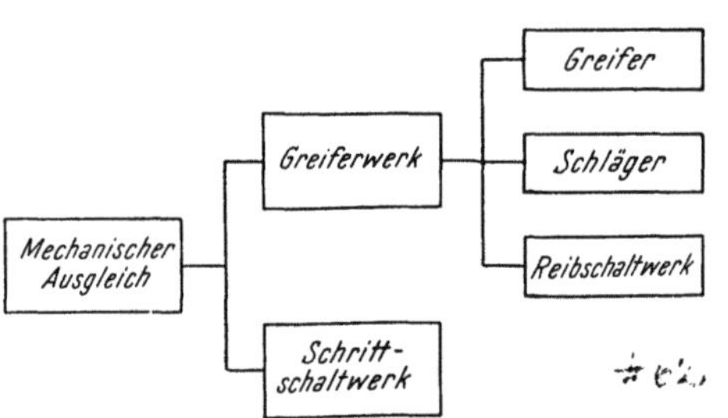

Abb. 197. Schema der Aufteilung der Filmschaltwerke mit mechanischem Ausgleich.

Zwei grundsätzliche Getriebebauformen zum Schalten des Filmbandes sind bekannt, sie werden als *Greiferwerke* und *Schrittschaltwerke* bezeichnet. Die Definitionen sind: Ein *Greiferwerk* ist ein Getriebe, das mit seinem letzten das Filmband treibenden Getriebeglied, dem

Greifer, dauernd in Bewegung ist und durch die Form und Lage der Bahn seiner Greiferspitze zeitweise mit den Schaltlöchern des Filmbandes gekoppelt wird und dadurch den Filmzug bewirkt. Dagegen ist ein *Schrittschaltwerk* ein Getriebe, bei dem das letzte auf das Filmband einwirkende Glied, die Filmschalttrommel, ständig mit dem Filmband gekoppelt ist, sich aber nur zeitweise um einen definierten Winkel schrittweise dreht und damit das Filmband um einen Schaltschritt weiterzieht. In den Kinokameras werden fast ausschließlich Greiferwerke eingesetzt (Abb. 197).

A. Greiferwerke (Transportsysteme)

Eine Unterteilung der Greiferwerke läßt sich in drei Gruppen vornehmen, die als *Greifer, Schläger* und *Reibschaltwerke* bezeichnet werden können. Die Greifer werden in ihren einzelnen Bauformen noch eingehend betrachtet. Die Schläger können sehr einfache Bauformen ergeben, haben aber meist keinen sehr genauen Bildstand und werden ganz selten eingesetzt. Das gilt auch für die Reibschaltwerke, die infolge des fehlenden Zwangslaufes noch ein Justiersystem bedingen.

Nach der gegebenen Definition eines Greifers ist es also erforderlich, ein Getriebe herzustellen, dessen letztes Triebswerksglied, der Greifer, mit seiner Spitze eine bestimmte *Bahn* beschreibt. Die schematische Form dieser Bahn ist in

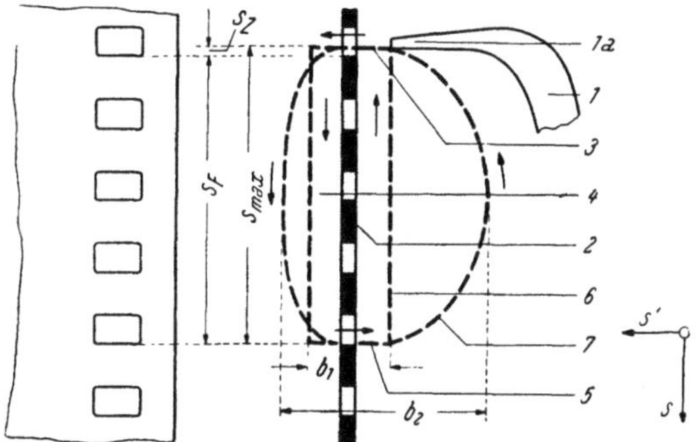

Abb. 198.   Greiferspitzenbahn eines Greiferschaltwerkes, Schema.

1 Greifer, *1a* Greiferspitze, *2* Filmband, *3* Eintauchweg, *4* Filmtransportweg, *5* Austauchweg, *6, 7* Rücklaufweg, s_F Filmteilung (Schaltweg), s_{max} Hub des Greifers, s_Z Zusatzweg des Greifers, *b* Breite der Greiferbahn, *s* Wege in Zugrichtung des Filmbandes, *s'* Querwege senkrecht zu *s*.

der Abb. 198 dargestellt, wo die Spitze *1a* des nur angedeuteten Greifers *1* auf ihren gestrichelt gezeichneten Weg *3, 4, 5, 6* in ein Schaltloch des Filmbandes *2* eintaucht und dieses um einen Schaltschritt von der Größe des Weges *4* weiterzieht. Dann taucht die Greiferspitze *1a* auf dem Wege *5* wieder aus dem Schaltloch aus und läuft auf dem Wege *6* in die Ausgangsstellung zurück. Dieser Vorgang wiederholt sich periodisch mit der Schaltfrequenz.

Die in der Abb. 198 dargestellte eckige Form der Greiferbahn ist zunächst schematisch und theoretisch, läßt sich aber auch praktisch verwirklichen. In der Praxis werden aber vielfach auch abgerundete Greiferbahnen verwendet (Abb. 198), da sich diese mit einfachen kinematischen Mitteln als *Koppelkurven* einer Koppel erzeugen lassen. So ist beispielsweise in der Abb. 198 die Bahn des Rücklaufes verhältnismäßig uninteressant und kann deshalb auch den als *7* bezeichneten bogenförmigen oder sonstigen Verlauf nehmen (vgl. später gezeigte Bilder).

Die Wegkomponente der Greiferspitze parallel zum Filmband wird mit *s* bezeichnet, sie dient dem Filmzug (Längsweg). Die senkrecht dazu liegende Komponente *s'* ist der Querweg, der die Ein- und Austauchbewegung der Greiferspitze in das Filmband, also senkrecht zu seiner Ebene bewirkt. Längs- und Querwege werden teilweise einzeln gesteuert oder gemeinsam erzeugt.

Ein Schlägerwerk ist in der Abb. 199 dargestellt. Danach wird das Filmband *1* mit seinen Schaltlöchern von der ständig und gleichförmig umlaufenden Zahntrommel *2* weiterbewegt. Über ein nicht dargestelltes Getriebe wird die Kurbel *4* gedreht, die um die Welle *3* mit einer ganzen vielfachen Drehzahl gegenüber der Zahntrommel *2* umläuft. In dem vorliegenden Beispiel ist auf Grund der acht Zähne der Zahntrommel *2* die Drehzahl der Kurbel achtmal so schnell. Während jedes Umlaufes der Kurbel drückt diese während einer gewissen Zeit der Schaltperiode in das Filmband *1* eine Schleife. Dadurch wird das Filmband um einen Schaltschritt weitergezogen, da es auf der Seite der Zahntrommel infolge der Aufhängung an ihren Zähnen nicht nachgeben kann. Kommt die

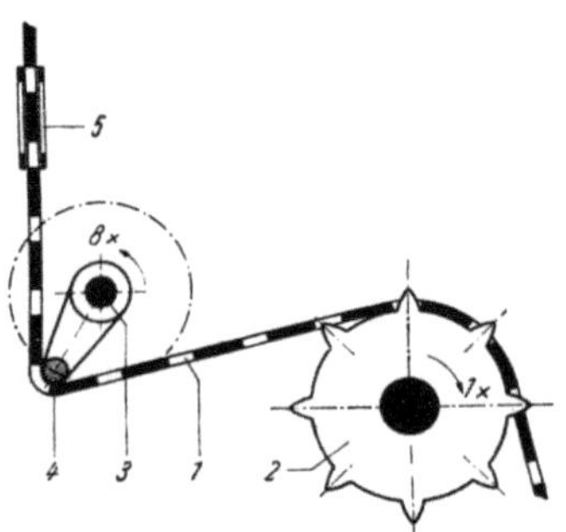

Abb. 199.
Schlägerwerk, Schema.

1 Filmband, *2* Nachwickelzahntrommel, *3* Schlägerwelle, *4* Schlägerstift, *5* Filmkanal.

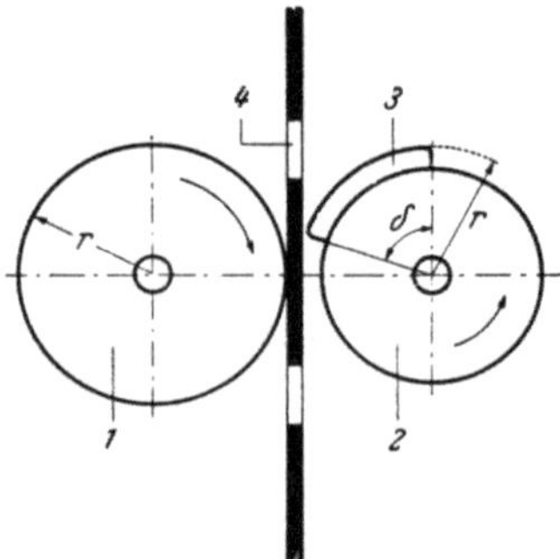

Abb. 200.
Reibschaltwerk, Schema.

1, 2 Antriebswalzen, *3* federnd gelagerter Reibbelag, *4* Filmband, *r* wirksamer Radius der Antriebswalzen.

Kurbel *4* bei ihrem Umlauf in die oberen Lagen, so hat sie keine Berührung mit dem Filmband. Dieses hängt dann in einer undefinierbaren Form lose zwischen Filmkanal *5* und Zahntrommel *2*, bis es beim nächsten Angreifen der Kurbel *4* wieder gestrafft und um einen Schaltschritt aus dem Filmkanal gezogen wird.

Als Schema für ein Reibschaltwerk dient die Abb. 200. Hier drehen sich zwei Walzen *1* und *2* gegenläufig mit der gleichen Drehzahl und klemmen während eines Teiles dieses Umlaufes zwischen der Oberfläche der Walze *1* und dem federnd gelagerten Segment *3* der Walze *2* das Filmband *4* ein. Damit wird dieses um einen Schaltschritt weitergezogen. Durch die beschriebene Klemmung braucht nicht unbedingt ein Zwangslauf zwischen den Walzen und dem Filmband zu bestehen. Es muß also gegebenenfalls noch eine besondere auf die Schaltlöcher wirkende Justiereinrichtung benutzt werden, um einen ausreichend guten Bildstand zu erzielen (634). Doch werden die Reibschaltwerke hier nicht weiter betrachtet, da sie keine praktische Bedeutung erlangt haben.

Nach dieser zunächst noch nicht sehr ins einzelne gehenden Unterscheidung der Bauarten von Greiferwerken werden die kinematischen Mittel dargestellt, die zu praktisch brauchbaren und in Industriegeräten eingesetzten Schaltwerken geführt haben. Dies wird — wie schon gesagt — vorzugsweise für die Greifer durchgeführt, da diese in der Aufnahmetechnik fast ausschließlich angewendet werden.

In einer Reihe von Fällen werden zum Erzielen eines guten Bildstandes neben den auf jeden Fall erforderlichen *Transport-* oder *Zugsystemen* noch besondere *Justiersysteme* eingesetzt. Diese werden zweckmäßig von den Getrieben zum Weiterschalten des Filmbandes getrennt im Abschn. IX C behandelt.

Die Aufgabe eines Zugsystemes ist, wie schon angegeben, der Transport des Filmbandes um möglichst genau einen Schaltschritt während einer Schaltperiode. Dabei ist für die Konstruktion des Gerätes noch der Beginn und das Ende des Filmtransportes und sein zeitlicher Bewegungsablauf vorgeschrieben. Über die Frequenz des Schaltvorganges wurden bereits eingehende Betrachtungen in dem Abschn. III C gebracht.

Die Größe der Schaltschritte wurde bei der Besprechung der einzelnen Bildformate im Abschn. IV zu

Tabelle 28

Filmformat	8	9,5	16	35 mm
Schaltschritt s_F	3,81	7,54	7,62	19,0 mm

angegeben. Die Greiferspitze muß also diese Größe des Schaltschrittes sicher und mit möglichst großer Genauigkeit durchführen. Aus Sicherheitsgründen wird dem Schaltschritt s_F des Filmbandes noch ein geringer *Zusatzweg* s_Z (Abb. 198) zugefügt:

$$s = s_F + s_Z \tag{56}$$

um den notwendigen Gesamtweg s für die Greiferspitze zu erhalten. Diese Vergrößerung ist erforderlich, damit die Greiferspitze *1a* auch sicher in jedes Schaltloch des Filmbandes *2* eintreten kann, ohne Gefahr zu laufen, gerade noch die für den Bildstand wichtige untere Kante des Schaltloches zu treffen, längere Zeit daran entlang zu schleifen oder diese gar zu beschädigen. Der Zusatzweg s_Z macht nur wenig, etwa 2...4% von dem Schaltweg des Filmbandes aus und wird nicht unnötig groß gemacht, da die Greiferspitze mit einer endlichen Geschwindigkeit auf die Filmbandkante auftrifft und damit ungünstige Beschleunigungsverhältnisse eintreten. Von dieser Seite aus gesehen soll der Zusatzweg möglichst klein sein.

Nach dem Schema Abb. 201 wird die gesamte für das Schalten

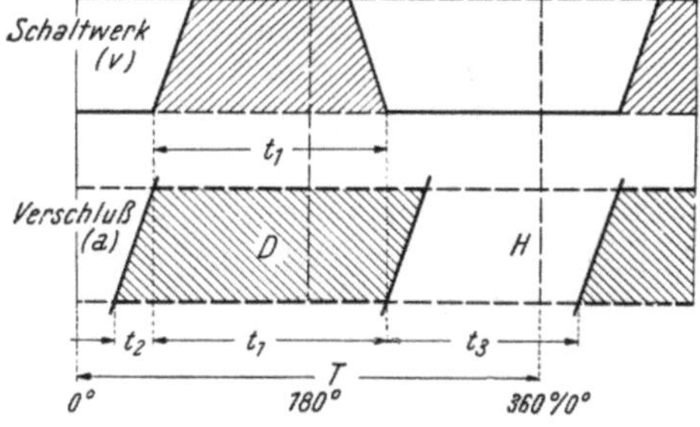

Abb. 201. Zeitvergleich des Arbeitens des Zugsystems eines Aufnahme-Filmschaltwerkes (Geschwindigkeit *v*) und Verschlusses (Weg *a* der Abdeckkanten über das Bildfeld), Schema.

t_1 Zeit des Filmzuges, t_2 Laufzeit der Abdeckkante des Verschlusses über das Bildfeld, t_3 Zeit des voll geöffneten Verschlusses, *S* Schaltverhältnis = 1 : 2, *T* Bild- und Schaltperiode.

und Belichten eines Phasenbildes zur Verfügung stehende Zeit einer Schaltperiode mit *T* bezeichnet. Diese Zeit läuft bei einer Bildfrequenz f_B auch

f_B-mal in jeder sec ab. Ein Bruchteil t_1 dieser Zeit T wird für den Schaltvorgang selbst verbraucht. Diese Zeit t_1 gibt also an, wie lange das Filmband im Bildfenster einer Kamera tatsächlich in Bewegung ist. Als *Schaltverhältnis S* wird das Verhältnis der Zeit t_1 zur Gesamtzeit T einer Schaltperiode definiert:

$$S = t_1 : T \tag{57}$$

Die Schaltzeit oder auch die Filmzugszeit wird vielfach im Winkelmaß als Zahlenwert im Bogenrad angegeben. wobei an den Umlauf der Schaltwerkswelle gedacht wird, für die $T = 360°$ ist und die in jeder Schaltperiode einen Umlauf macht.

Als übliche Schaltverhältnisse werden bei Kinokameras $S = 1:2$ bis $1:4$ gewählt, wobei sich der Wert $1:2$ aus kinematischen Bedingungen üblicher einfacher Kurbeltriebe ergibt. Diese Getriebe können vielfach ohne nennenswerten Mehraufwand auf ein etwas schnelleres Schalten, also ein Schaltverhältnis bis etwa $S = 1:2,5$ eingerichtet werden. Die Werte $S = 1:3$ bis $1:4$ entsprechen Schaltwerken mit Antrieben durch besondere, später genannte Exzentergetriebe, die nicht langsamer als $1:3$ schalten können, oder zusammengesetzten Triebwerken.

In der Abb. 201 ist noch die Zeit t_3 für den voll geöffneten Bildfensterverschluß dargestellt und die Zeit t_2, die angibt, wie lange der Verschluß benötigt, um von einem voll geöffneten zu einem voll geschlossenen Zustand des Bildfensters überzugehen. Es wurde früher im Abschn. III G schon gesagt, daß eine Vergrößerung der zum Belichten zur Verfügung stehenden Zeit t_2 erwünscht ist, um zeitlich möglichst eng aneinander liegende Phasenaufnahmen zu erhalten. Damit muß aber wegen

$$S = \frac{t_1}{t_1 + t_2 + t_3} \tag{58}$$

die Schaltzeit t_1 verkürzt, d. h. schneller geschaltet werden. In der kinematographischen Wiedergabetechnik ist ein schnelleres Schalten mit einem Schaltverhältnis $S = 1:4$ bis $1:8$ durch lichttechnische Gründe bedingt und üblich. Bei der Kinoaufnahme geht man aber nur bis zu $S = 1:4$, in den meisten Fällen liegen die Schaltverhältnisse zwischen $S = 1:2$ und $1:3$.

Die mit dem Schaltverhältnis und der Bildfrequenz festgelegten Belichtungszeiten betragen beispielsweise bei $S = 1:2$ und der Bildfrequenz $f_B = 16$, bzw. 24 Hz etwa 0,031 sec, bzw. 0,021 sec, hängen aber noch geringfügig von den Abmessungen des Verschlusses ab (s. Abschn. XI).

1. Kurbelantrieb

a) Geradeführung

Die einfachsten Schaltwerke werden von Kurbeln angetrieben, die über die schon im Abschn. VIII beschriebenen Kameralaufwerke gleichförmig gedreht werden. Wird nach der Abb. 202 ein kinematisch als *Kreuzschleifenkurbel* bezeichnetes Getriebe verwendet, bei dem die um die Welle *1* umlaufende Kurbel *2* den Rahmen *3* bewegt, der in der Führung *4* und *5* geradegeführt ist, so macht der Rahmen sinusförmige Bewegungen. Damit ergibt sich nach der Abb. 203 ein sinusförmiges Gesetz für die Längskomponenten der Wege s, Geschwindigkeiten v und Beschleunigungen b in Abhängigkeit von der Zeit t für den Rahmen 3 und das damit geschaltete Filmband 7, sofern es sich schlupffrei mit dem Greifer bewegt. Unter dieser Voraussetzung gelten die weiteren Betrachtungen.

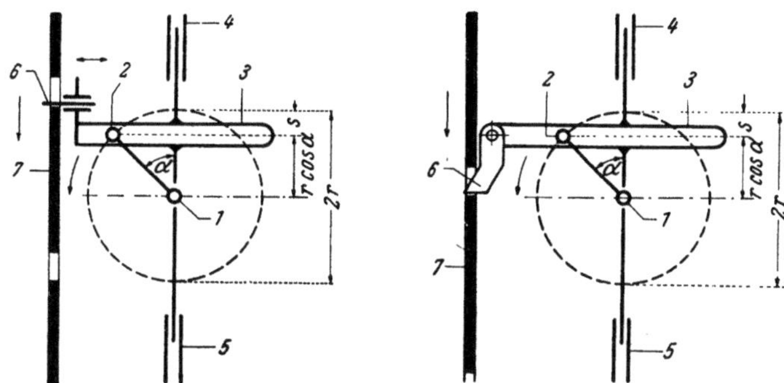

Abb. 202. Kurbelgreifer mit geradegeführtem Rahmen (Kreuzschleifenkurbel) und getriebegesteuertem Greifer (links) und mit filmgesteuertem Greifer (Schaltklinke) (rechts), Schema.
1 Kurbelachse, *2* Kurbel, *3* Greiferrahmen, *4, 5* Führung, *6* Greifer, *7* Filmband, *r* Kurbelradius, *s* Weg des Greiferrahmens, *α* Verdrehung der Kurbel.

Die gezeigten Kurven gelten allgemein für alle mit dem Schaltverhältnis $S = 1 : 2$ geschalteten Getriebe. Die Maßstäbe für die s-, v- und b-Skalen tragen die Zahlenwerte für die Daten des 16 mm Filmbandes bei der Bildfrequenz $f_B = 16$ Hz. Eine Umrechnung der Skalen für andere Filmformate ergibt nach der folgenden Tabelle Faktoren, mit denen die Zahlenwerte der Abb. 203 multipliziert werden müssen:

Tabelle 29

Von		auf		Weg	Geschwindigkeit	Beschleunigung
Film-Format	Bild-frequenz	Film-Format	Bild-frequenz	s	v	b
16 mm	16 Hz	8 mm	16 Hz	0,5	0,5	0,5
			24	0,5	0,75	1,13
16	16	9,5	16	0,975	0,975	0,975
			24	0,975	1,46	2,17
16	16	16	16	1	1	1
			24	1	1,5	2,25
16	16	35	24	2,5	3,75	5,63

Die Massenkräfte sind proportional den Beschleunigungen und den Massen. Die Massen der zu beschleunigenden Filmbandlängen sind bei verschiedenen Filmformaten und den dadurch bedingten unterschiedlichen Bauformen schlecht vergleichbar (nähere Betrachtungen folgen in diesem Abschnitt).

Wird an dem von der umlaufenden Kurbel *2* (Abb. 202) auf- und abwärtsbewegten Rahmen *3* eine Vorrichtung angebracht, die während des Abwärtsganges des Rahmens in das Filmband *7* eingreift und während des Aufwärtsganges nicht mit dem Filmband verbunden ist, so haben wir ein Filmschaltwerk mit einer exakten Geradeführung des Greiferrahmens vor uns. Die Vorrichtung zum Ein- und Austauchen in das Filmband wurde in der Abb. 202 schematisch durch den Greiferstift *6* angedeutet, der eine Bewegung senkrecht zum Filmband *7* ausführt. Auf den Bewegungsmechanismus für diese Querbewegung wird bei den einzelnen Filmschaltwerken noch ausführlich eingegangen. Diese Art der Querbewegungssteuerung durch einen Mechanismus wird als *Getriebesteuerung* bezeichnet.

Eine grundsätzlich andere Einrichtung zum Ein- und Auskoppeln eines Greifergliedes an das Filmband wird in dem rechten Teil der Abb. 202 dargestellt. Hier liegt der gleiche Mechanismus des kurbelangetriebenen Rahmens wie in der linken Seite der Abb. 202 vor. Die Verbindung zwischen diesem Rahmen *3* (rechts) und dem Filmband *7* wird dagegen durch die Schaltklinke *6* dargestellt, die durch die Wirkung einer nicht gezeichneten Feder leicht gegen das Filmband *7* drückt und in ein Schaltloch eintreten kann, wenn das durch die Stellung des Filmbandes möglich ist. Dieser Schaltklinkenantrieb, der in der Form des Filmschaltwerkes auch als *Schleppgreifer* bezeichnet wird, wirkt also so, daß vor dem Abwärtsgang des Rahmens *3* die Schaltklinke *6* in ein Schaltloch eingefallen ist und dadurch das ganze Filmband durch den Antrieb vom Rahmen *3* her abwärts bewegt wird. Der Hub ist durch den doppelten Kurbelradius *2 r* bestimmt. Beim Aufwärtsgehen des Rahmens *3* hebt sich dagegen die Schaltklinke *6* infolge der unsymmetrischen Ausbildung ihrer Spitze aus dem Schaltloch heraus, da das Filmband *7* in seiner nicht gezeichneten Halterung gebremst wird und stehenbleibt. Bei diesem Rücklauf rutscht die Klinke mit ihrer Spitze auf dem Filmband so lange entlang, bis die Klinke *6* in das nächste Schaltloch wieder einfallen kann. Dieser Vorgang wiederholt sich periodisch mit der Bildfrequenz. Beide Arten der Steuerung der Querwege zum Ein- und Auskoppeln einer Greiferspitze mit und von dem Filmband, also die *Getriebesteuerung* und die *Filmbandsteuerung*, werden mit Erfolg eingesetzt. Der wesentliche Unterschied zwischen ihnen ist: Bei einer Getriebesteuerung der Querwege beschreibt die Greiferspitze immer die Greiferbahn unabhängig davon, ob ein Filmband angetrieben wird oder nicht. Bei einer Filmsteuerung wird dagegen ohne ein angetriebenes Filmband von der Greiferspitze nur ein gerader oder bei Schwinghebelantrieben ein kreisbogenförmiger Weg hin und zurück durchlaufen, der nicht als Greiferbahn anzusprechen ist.

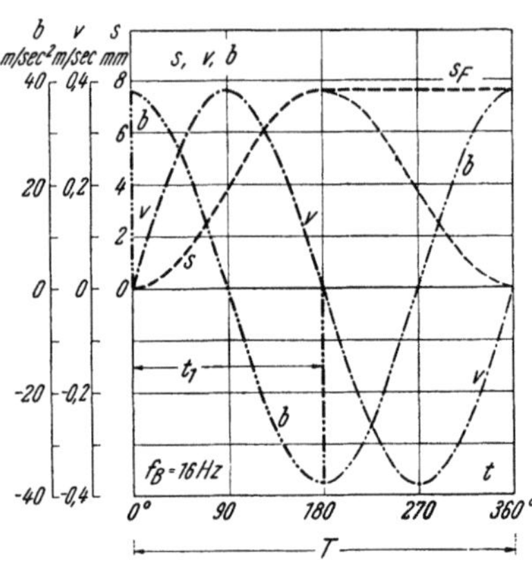

Abb. 203. Kurbelgreifer mit geradegeführtem Rahmen (Kreuzschleifenkurbel).

Diagramm der Wege *s*, Geschwindigkeiten *v*, Beschleunigungen *b* des Rahmens (Greiferspitze) parallel zum Filmband in Abhängigkeit von der Zeit *t*; *T* Schaltperiode, *f*ᵦ Bildfrequenz 16 mm Format. Für das 8- bzw. 35 mm Format gelten die 0,5- bzw. 2,5fachen *s*-, *v*- und *b*-Zahlenwerte (s. Tabelle 29).

Einen geradegeführten Greiferrahmen mit Getriebesteuerung der Querwege hat beispielsweise eine DEBRIE Kamera. Nach der Abb. 204 wird die Kurbel *3* über die Welle *1* angetrieben; damit wird sinusförmig der Greiferrahmen *4* auf- und abbewegt. Während dieser Bewegung rutscht der Stift *6* in der Nut *4b* des Rahmens *4* hin und her und bewirkt damit das Ein- und Austauchens der Greiferspitzen *4a* in die Schaltlöcher des Filmbandes *5*. Das Pendelfenster *16* wird über den Justierstiftantrieb gesteuert. Eine ganz ähnliche Anordnung wird in der ASKANIA „*Z-Kamera*" verwendet und in der Abb. 205 beschrieben. Die Antriebswelle *1* dreht das Kegelrad *2*, das in einer Bohrung den Bolzen *5* führt, der sich in dem Kegelrad drehen kann. Damit wird der Auf- und Abwärtsgang des in einer Führung geradegeführten Greiferrahmens *7* bewirkt, der als Blechformstück ausgebildet und in dem der Greifer *9* verschiebbar gelagert ist. Diese Verschiebung ergibt den Querweg der Greiferspitze *9a* und wird dadurch erzwungen, daß der Stift *6* in zwei verschiedene Schlitze eingreift, die teilweise gegeneinander versetzt in den Rahmen *7* und den Greifer *9* eingearbeitet sind. Die erzeugte Greiferbahn ist aus der Abb. 318a zu erkennen. Das Schaltverhältnis beträgt S = 1:2. Auch die eben beschriebene Anordnung entspricht kinematisch gesehen einer Kreuzschleifenkurbel und hat sinusförmige Bewegungsgesetze für die Längswege, Geschwindigkeiten und Beschleunigungen —

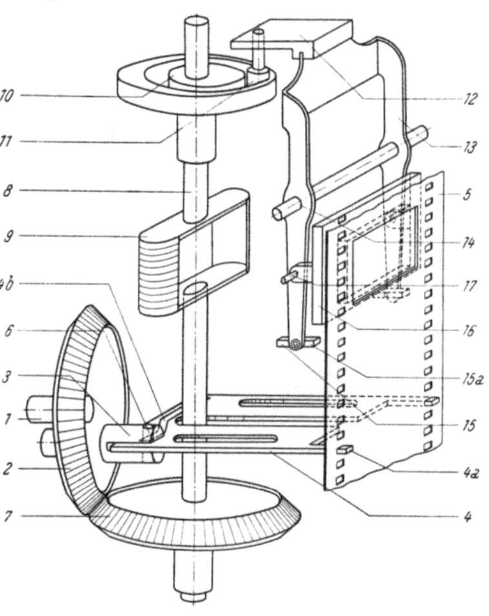

Abb. 204.

DEBRIE 35 mm Atelier Kamera „*Super Parvo*", Greiferschaltwerk und Justiersystem, Schema.

1 Antriebswelle, *2* Kegelrad, *3* Kurbel, *4* Greifer, *5* Filmband, *6* Stift, *7* Kegelrad, *8* Achse, *9* Rahmen, *10* Steuerkurve für Justiersystem, *11* Führungsrolle, *12* Hebel, *13* Rahmen, *14* Achse, *15* Justierstift, *16* Pendelfenster, *17* Stift (s. Abb. 111, 193).

nach der Abb. 203, aber mit den nach Tab. 29 umgerechneten Zahlenwerten für das 35 mm Format. Die Querwege s', Geschwindigkeiten v' und Beschleunigungen b' zeigt das Diagramm Abb. 256. Über das Justiersystem und die auftretenden Kräfte wird später gesprochen. Das Triebwerk der „*Z-Kamera*" wurde schon in der Abb. 187 gezeigt. Danach wird die Bewegung der Kurbel *17* von der Welle *1* abgeleitet, die Drehung der Welle *7* ebenfalls von der Welle *1* über die Kegelräder *5* und *6*.

Als Beispiel für einen geradegeführten Greiferrahmen mit Filmsteuerung dient das in der Abb. 206 dargestellte Filmschaltwerk der BLAUPUNKT „*E 8 Kamera*". Hier bewegt die gleichzeitig den Verschluß tragende Welle über ihre Kurbel *1* den aus einem 0,5 mm starken Messingblech hergestellten Greiferrahmen *5* auf und ab. An diesem Greiferrahmen ist mit einem Bolzen *6* die Schaltklinke *7* befestigt, die das Filmband beim Abwärtsgang antreibt und beim Aufwärtsgang wegfedert. Um diesen Bolzen kann sich die Schaltklinke drehen, sie wird durch die Kraft der

Feder *8* gegen das Filmband *9* gedrückt. Das Gewicht des Greiferrahmens *5* beträgt 1,6 g.

In der Abb. 207a ist das Schaltwerk der STEATIT MAGNESIA „*Dralowid Reporter Kamera*" dargestellt. Der Greiferrahmen *9* wird durch die Schrauben *3* und *11* geführt und durch die Kurbel *8* auf der Antriebswelle auf- und abwärts bewegt. Der Greifer *6* ist über die Blattfeder *12* federnd mit dem Rahmen *9* verbunden (Kraftschluß) und so eingestellt, daß er federnd in die angedeuteten Schaltlöcher *4* hineingedrückt wird. Damit treibt beim Abwärtsgang der Greifer das nicht dargestellte Filmband an. Beim Rücklauf tritt das ebenfalls von der Kurbel *8* bewegte Formstück *7* zwischen Rahmen *9* und Greifer *6*, der an der Angriffsstelle des Formstückes ein aufgebogenes Ende besitzt. Die linke Seite der Abb. 207a zeigt die Greiferspitze *6a* während des Rücklaufes, also im ausgehobenen Zustand. Der Greiferrahmen wiegt 4,5 g.

Eine Betrachtung der Abb. 205 in konstruktiver Hinsicht zeigt den Aufbau einer kommerziell eingesetzten Berufskamera. Die Wellen sind in pendelnden Doppelkugellagern geführt. Der *getrennte* Antrieb des Zuggreifers von der Welle *1* und des später noch beschriebenen Justiersystems von der Welle *4* ist belanglos, da die Kegelräder *2* und *3* bei diesem Gerät kein Spiel haben und deswegen eine Verdrehung zwischen den beiden genannten Antrieben nicht eintritt. Bei einer schlechten Herstellung dieses Triebes treten bei der Steuerung Bedenken auf, da eine Phasenverschiebung zwischen beiden Systemen das richtige Justieren in Frage stellen kann. Die Aufteilung der Welle *4* in zwei (natürlich starr verbundene) Teile hat ebenso wie die gleiche in der Abb. 204 gezeigte Konstruktion den Sinn, mit dem in die Fassung *13* einsetzbaren Sucher (s. Abb. 419) *durch* die Welle *4* durchsehen zu können und mit dem Rahmen eine größere Hell-Dunkel-Wechselzahl zu erreichen. als der Bildfrequenz von 24 Hz entspricht (s. Abschn. III D und eine andere Bauform, z. B. in der Abb. 443).

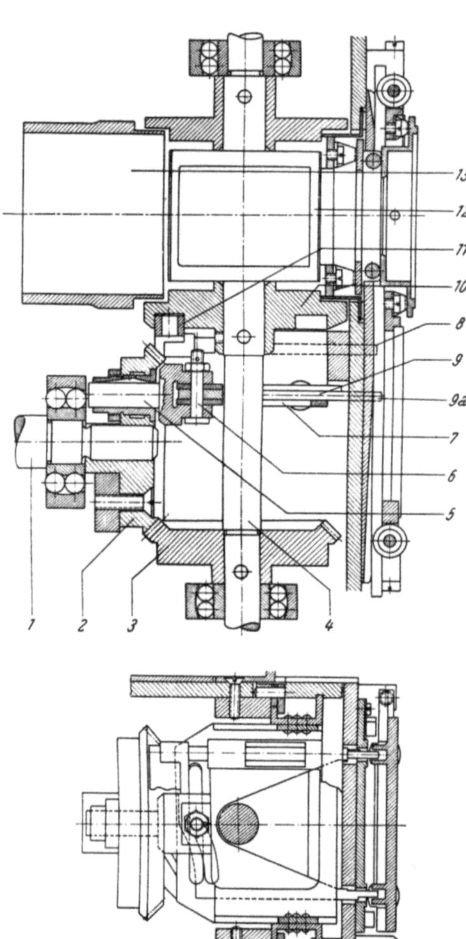

Abb. 205. ASKANIA 35 mm „*Z-Kamera*", Greiferschaltwerk und Justiersystem, Maßstab 1 : 1,33.

1 Antriebswelle, *2*, *3* Kegelräder, *4* Welle, *5* Kurbel, *6* Stift, *7* Führungsrahmen für Greifer, *8* Justierstift, *9* Zuggreifer, *10* Kurvenscheibe, *11* Rolle, *12* Rahmen für Bildfensterbetrachtung, *13* Halterung für Sucherlupe (s. Abb. 112, 189).

Neben der beschriebenen Bauform des getriebegesteuerten Greifers gibt es bei dem „*Reporter*" auch eine andere des filmgesteuerten Greifers. Nach der Abb. 207 b ist an dem geradegeführten Greiferrahmen *9* die um den Stift *14* drehbare Schaltklinke *15* gelagert, die durch die Feder *17* gegen das nicht dargestellte Filmband drückt.

Eine ähnliche Einrichtung von sehr hoher Präzision befindet sich als auswechselbares Schaltwerk in einer BELL und HOWELL 35 mm Kamera. Nach der Abb. 208 treibt die um die Welle *1* umlaufende Kurbel *2* über den Gleitstein *3* den dünnen und leichten, trotzdem aber sehr stabilen Greiferrahmen *4*. In diesem Rahmen können sich senkrecht zu seiner Ebene zwei kleine Schaltklinken *5* und *6* bewegen, die unter der Wirkung von längeren dünnen Federdrähten *7* in die Schaltlöcher des Filmbandes *8* eindringen.

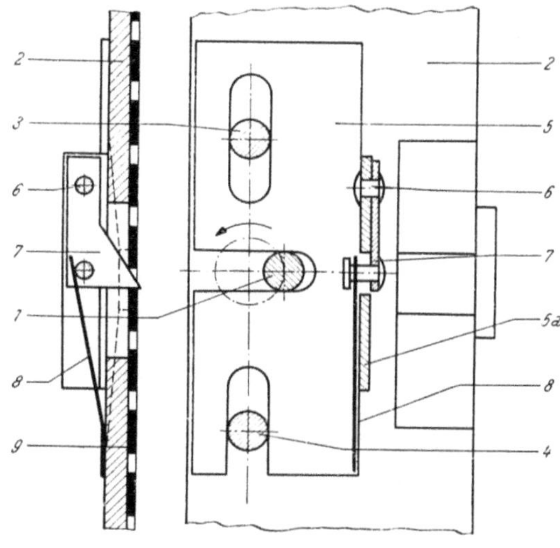

Abb. 206. BLAUPUNKT 8 mm „*E 8 Kamera*", Greiferschaltwerk, Maßstab 2 : 1.

1 Antriebskurbel, *2* Grundplatte, *3*, *4* Führungsstifte, *5* Greiferrahmen, *6* Stift, *7* Greifer (Schaltklinke), *8* Feder, *9* Filmband. Das Filmband wurde aus Übersichtlichkeitsgründen stärker gezeichnet.

Diese Schaltklinken machen die exakt geradegeführte Bewegung des Greiferrahmens mit und treiben das Filmband beim Abwärtsgang, während

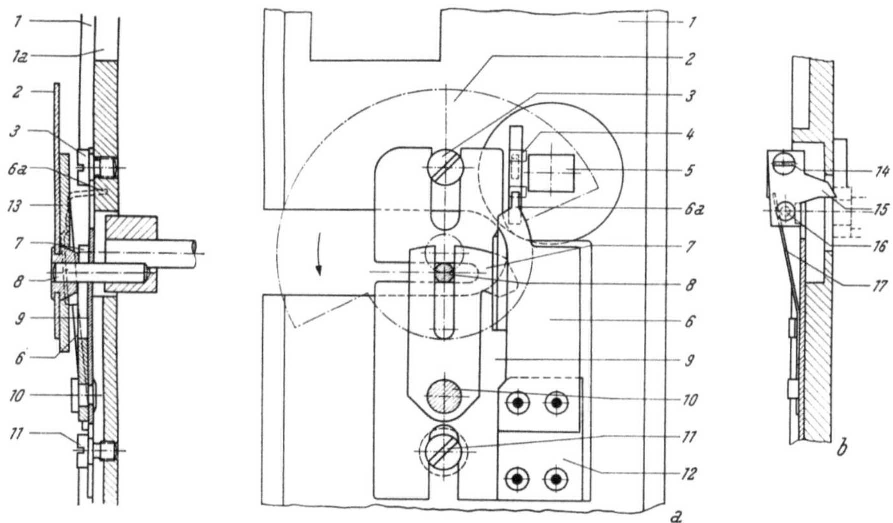

Abb. 207. STEATIT MAGNESIA 2 × 8 mm Kamera „*Dralowid Reporter*", Greiferschaltwerk und Verschluß, Maßstab 1,25 : 1.

a 1 Grundplatte, *2* Umlaufverschluß, *3* Führungsstift, *4* Schaltloch des Filmbandes, *5* Bildfenster der Kamera, *6* Greifer, *7* Hebel, *8* Antriebskurbel, *9* Greiferrahmen, *10* Stift, *11* Führungsstift, *12* Blattfeder, *13* Verschlußwelle.
b 14 Stift, *15* Greifer (Schaltklinke), *16* Stift, *17* Feder (s. Abb. 167).

sie durch die unsymmetrische Ausbildung ihrer Spitzen beim Aufwärtsgang durch die Schaltlöcher ausgehoben werden.

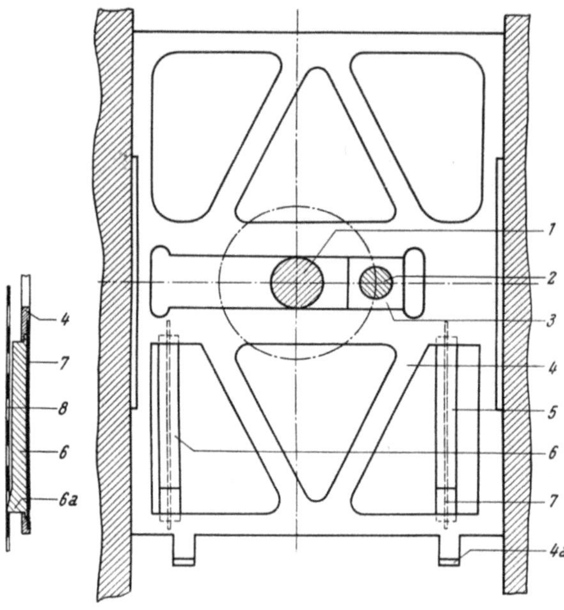

Abb. 208. BELL und HOWELL 35 mm Greiferschaltwerk, Maßstab 1,33 : 1.

1 Antriebswelle, 2 Kurbel, 3 Gleitstein, 4 Greiferrahmen, 5, 6 Greifer (Schaltklinken), 7 Federdraht, 8 Filmband.

Ein anderer geradegeführter filmbandgesteuerter Greifer der EUMIG „C 8 Kamera" wurde schon in der Abb. 163 zeichnerisch dargestellt. Hier wird der ganze an dem Stift 1 durch die umgebogenen Lappen 2a geradegeführte Greiferrahmen 2, an dem die Greiferspitze 2c fest angebracht ist, als Schaltklinke eingesetzt. Der Antrieb kommt von dem Kurbelzapfen 4, der um die Welle 5 umläuft. Beim Rückgang des Rahmens (Aufwärtsbewegung auf der Zeichnung) kann er sich soweit um den Führungsstift 1 drehen, bis die Greiferspitze 2c aus dem Schaltloch 8a des Filmbandes 8 ausgetaucht ist. Diese Bewegung erfolgt gegen die Kraft der Feder 23, die die Greiferspitze leicht gegen das Filmband 8 zu drücken bestrebt ist. Dieses Greifersystem hat eine Gelenkstelle weniger, da das sonst verwendete Drehgelenk für die Schaltklinke an dem Greiferrahmen wegfällt, das übrigens auch durch ein Federgelenk ersetzt werden kann. Das „C 8" Schaltwerk ist insofern bemerkenswert, als bei dem knappen Raum zwischen Verschluß 6 und Filmband 8 bei dem 8 mm Format der Greiferantrieb vor dem Verschluß und nicht zwischen Verschluß und Filmband angeordnet ist. Das Herumgreifen der Greiferspitze 2c um den Verschluß 6 bedingt aber einen größeren Abstand zwischen Bildfenster 24 und Eingriffsstelle der Greiferspitze 2c.

Für die Bemessung der Kurbel eines geradegeführten Greiferrahmens kann angegeben werden, daß der Kurbelradius r die Größe

$$r = 0,5 \, (s_F + s_Z) \tag{59}$$

haben, also etwas größer als der halbe Schaltschritt s_F des Filmbandes sein muß. Dabei bedeutet s_Z den in (56) schon genannten Zusatzweg.

Wie schon angegeben, ist das Bewegungsgesetz für alle exakt geradegeführten Greiferrahmen und Greifer bei dem Antrieb durch eine gleichförmig umlaufende Kurbel sinusförmig. Der mathematische Ausdruck für den Weg s des Rahmens (Wegkomponente in Richtung des Filmbandes) und damit auch der Greiferspitze und des Filmbandes selbst ist:

$$s = r\,(1 - \cos \alpha) \tag{60}$$

oder nach (59)

$$s = 0{,}5\,(s_F + s_Z)\,(1 - \cos \alpha) \tag{61}$$

wenn α der Drehwinkel der Antriebskurbel ist.

Der Zeitverlauf wurde schon in der Abb. 203 angegeben.

Die Geschwindigkeit v wird als erste Ableitung des Weges nach der Zeit

$$v = \frac{d\,s}{d\,t} = r \sin \alpha \, \frac{d\,\alpha}{d\,t} = r\,\omega \sin \alpha \tag{62}$$

wobei ω die Winkelgeschwindigkeit der Antriebskurbel oder der je sec ausgeführte Weg des Kurbelzapfens mit dem Radius $r = 1$ ist:

$$\omega = \frac{d\,\alpha}{d\,t} = \frac{v_u}{r} = 2\,\pi\,f_B \tag{63}$$

Dabei bedeutet v_u die Umfangsgeschwindigkeit des Kurbelzapfens.

Die Beschleunigung b des Rahmens und Filmbandes ist die zweite zeitliche Ableitung des Weges nach der Zeit

$$b = \frac{d^2\,s}{d\,t^2} = r\,\omega \cos \alpha \, \frac{d\,\alpha}{d\,t} = r\,\omega^2 \cos \alpha \tag{64}$$

Für diese genannten Bewegungskomponenten sind die Maximalwerte

$$s_{max} = 2\,r \qquad \text{für} \quad \alpha = 180° \tag{65}$$

$$v_{max} = r\,\omega = v_u \qquad \text{für} \quad \alpha = 90° \text{ und } 270° \tag{66}$$

$$b_{max} = r\,\omega^2 = \frac{v_u^2}{r} \qquad \text{für} \quad \alpha = 0° \text{ und } 180° \tag{67}$$

Die Zahlenwerte werden für dieses genannte *Sinusgetriebe* bei $\omega = 100/\text{sec}$ (statt $\omega = 100{,}5/\text{sec}$) für $f_B = 16$ Hz bzw. $\omega = 150/\text{sec}$ für $f_B = 24$ Hz und $s_Z = 0$:

Tabelle 30

	Bild-frequenz Hz	Filmformat (mm)			
		8	9,5	16	35
s_{max} (mm)	16 24	3,81	7,54	7,62	19,0
$v_u = v_{max}$ (m/sec)	16 24	0,191 0,286	0,377 0,565	0,381 0,572	0,95 1,425
b_{max} (m/sec²)	16 24	19,1 43,0	37,7 84,9	38,1 85,7	95,0 214

b) Schwinghebelführung

Da in manchen Fällen ein Schwinghebel leichter aufzubauen ist als eine Geradeführung, werden vielfach die Greiferrahmen als Schwinghebel ausgebildet. Wenn die wirksame Länge dieser Schwinghebel verhältnismäßig groß gegenüber dem Kurbelradius ist, so ergeben sich Bewegungsgesetze, die nicht wesentlich von den genannten sinusförmigen der Geradeführung abweichen.

Als grundsätzliche kinematische Lösung für einen Schwinghebelgreifer dient zunächst die Abb. 209. Die *schwingende Kurbelschleife 4* wird durch die um die Antriebsachse *1* sich drehende Kurbel *2* bewegt, die mit dem Schwinghebel *4* durch ein Drehgelenk verbunden ist. Die Schleife *4b* des Schwinghebels ist in dem ortsfesten Punkt *3* dreh- und verschiebbar geführt.

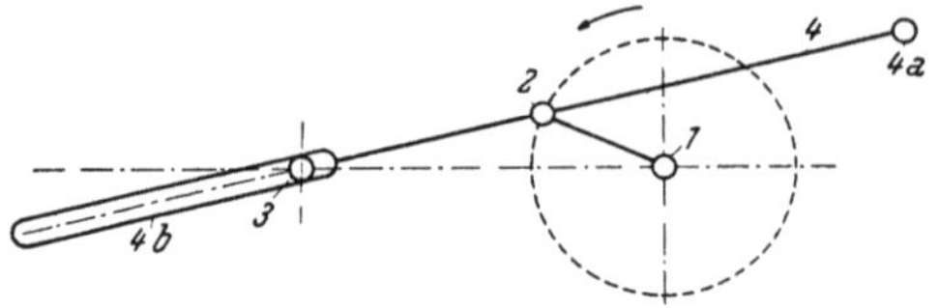

Abb. 209. Kurbelgreifer mit schwingender Kurbelschleife, Schema.

1 Antriebsachse, *2* Kurbelzapfen, *3* Führungsstift, *4* Kurbelschleife. Greiferbahnen s. Abb. 210.

Punkte der Schleife, auch *Koppel* genannt, beschreiben Koppelkurven, die zum Filmzug ausgenutzt werden können. Die Art und Größe der Koppelkurven ist durch die kinematischen Verhältnisse des Getriebes, also z. B. durch die Abmessungen der Kurbel, des Angriffspunktes der Kurbel und die Lage des Führungspunktes für den Schwinghebel bestimmt, ferner durch die Lage des zum Filmbandzug verwendeten Punktes *4a* auf der Kurbelschleife. In der Abb. 210 sind für eine schwingende Kurbelschleife der eben angegebenen Art drei Koppelbahnen dargestellt, die von den Punkten *4a'*, *4a''*, *4a'''* erzeugt werden.

In der Abb. 210 und vielen folgenden sind als Greiferbahnen dienende Koppelkurven dargestellt. Die dafür geltenden Gesetze sind in den im Anfang des Abschnittes IX genannten Schrifttumsstellen angeführt, ferner bei der Beschreibung der einzelnen Schaltwerkssysteme dieses Werkes. Es wird auch auf die Beschreibung zur Abb. 319 verwiesen.

Die durch die Kurbel *2* erzeugte kreisförmige Ausgangsbahn wird entsprechend der Abb. 210 infolge der

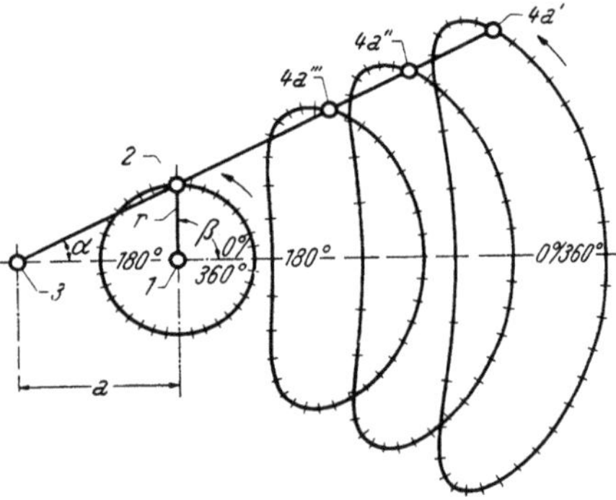

Abb. 210. Kurbelgreifer mit schwingender Kurbelschleife nach Abb. 209. Greiferbahnen in Abhängigkeit von den Getriebeabmessungen.

kinematischen Verhältnisse zu ei- oder brotförmigen Koppelkurven umgebildet. Wird das Ende *4a'* der schwingenden Kurbelschleife als Greiferspitze ausgenutzt und das zu schaltende Filmband so zu der Koppelbahn gelegt, daß die Greiferspitze während eines Teiles ihrer Bahn in ein Schaltloch eingreift und damit das Filmband transportiert und während des Restes ihres Laufes aus dem Filmband ausgetaucht ist, so ist damit ein Filmschaltwerk gegeben. Beispiele dafür werden sogleich genannt.

Die Höhe der Koppelbahnen ist für die Größe des Schaltschrittes maßgebend, der durch die Normblätter festgelegt ist. Man kann also davon sprechen, mit welchem Hebel-Übersetzungsverhältnis der Kurbelkreis zu der Koppelbahn umgeformt wird. Die in der Abb. 209 gezeigte Anordnung soll als *Quergreifer* bezeichnet werden, da der Greifer im wesentlichen quer zur Richtung des Filmbandweges angeordnet ist und deshalb zweckmäßig, aber nicht unbedingt notwendig mit einem Übersetzungsverhältnis arbeitet, das größer als 1 ist. In dem Beispiel der

Abb. 210 beträgt es etwa 2; 2,6 und 3,2 für die drei dargestellten Koppelbahnen.

Die Querstriche an den Koppelbahnen geben hier wie auch in anderen Darstellungen von Greiferbahnen einen Anhalt über die Geschwindigkeit des Durchlaufes der Bahn, da die Striche jeweils einer Verdrehung der Antriebsachse von 10° oder 15°, also gleichen Zeiten entsprechen. Ist der Strichabstand klein, so ist der Durchlauf an dieser Stelle langsam, bei großen Abständen schnell.

Ein anderes sehr ähnliches Getriebe, das kinematisch betrachtet als *Schubkurbel* bezeichnet wird, ist in der Abb. 211 dargestellt. Hier findet sich wieder eine umlaufende Kurbel *2* und ein Schwinghebel *4*, der in diesem Falle mit seinem Punkt *4b* in

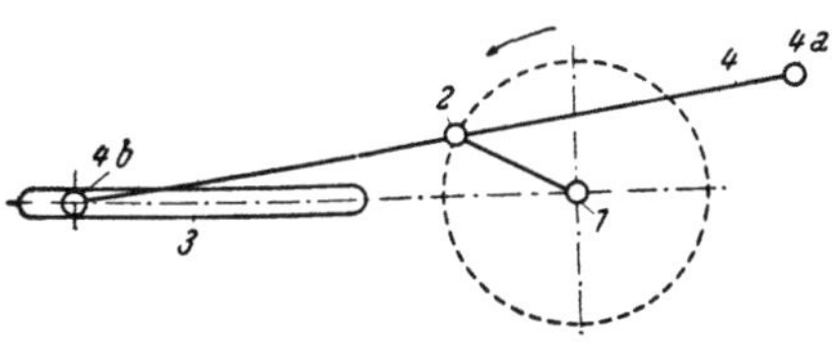

Abb. 211.
Kurbelgreifer mit Schubkurbel, Schema.
1 Antriebsachse, *2* Kurbelzapfen, *3* Führung,
4 Schubkurbel. Greiferbahnen s. Abb. 212.

einer Führung *3* gehalten wird. Mit einer derartigen Anordnung lassen sich ebenfalls Koppelbahnen durchlaufen, deren Form und Abmessungen wieder von den kinematischen Maßen des Getriebes abhängen und für die drei Beispiele in der Abb. 212 aufgezeichnet sind.

Eine andere Art der schwingenden Kurbelschleife, schematisch in der Abb. 213 dargestellt, besteht aus der von der Kurbel *2* in ihrem Schlitz angetriebenen und um den Punkt *3* gedrehten Schwinge *4*. Bei diesem Getriebe beschreibt jeder Punkt der

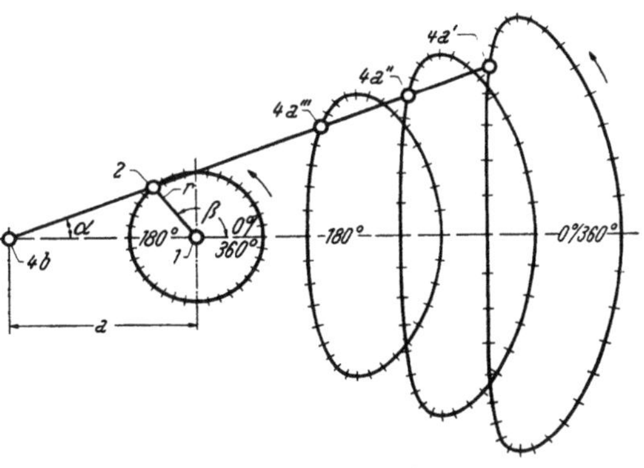

Abb. 212. Kurbelgreifer mit Schubkurbel nach 211, Greiferbahnen in Abhängigkeit von den Getriebeabmessungen.

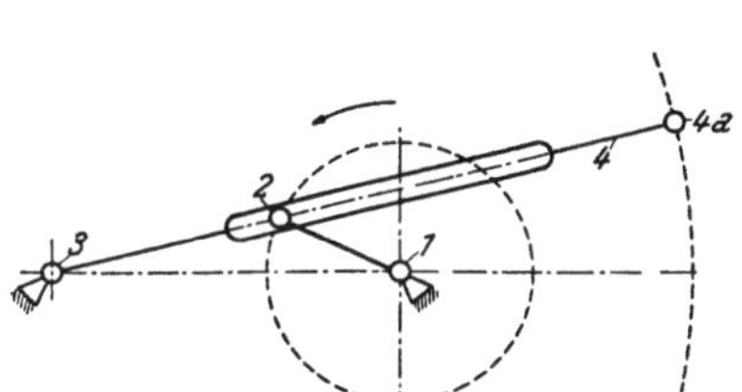

Abb. 213. Kurbelgreifer mit schwingender Kurbelschleife, Schema.
1 Antriebsachse, *2* Kurbelzapfen, *3* Drehpunkt des Greifers, *4* Kurbelschleife.

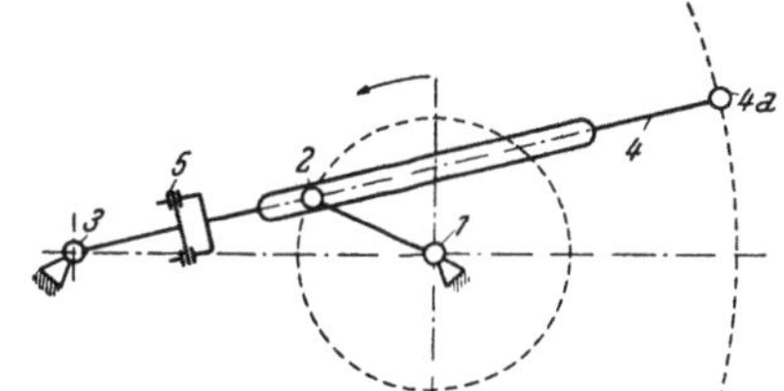

Abb. 214. Kurbelgreifer mit schwingender Kurbelschleife, Schema.
1 Antriebsachse, *2* Kurbelzapfen, *3* Drehpunkt des Greifers, *4* Kurbelschleife, *5* Gelenk.

Schwinge nur Teile eines Kreisbogens und ergibt zunächst noch keine Greiferkurve. Man kann diesen Schwinghebel aber ebenfalls als Greifer ansetzen, wenn man beispielsweise an dem Punkt *4a* der Schwinge eine Schaltklinke anlenkt. Der Schwinghebel *4* kann aber auch senkrecht zur Zeichenebene durch eine weitere Getriebesteuerung ausgelenkt werden und damit eine Koppelbahn beschreiben, deren Ebene angenähert senkrecht zur Zeichenebene liegt, sofern man die Störungen durch die nur endlich langen Schwinghebel nicht beachtet. Diese Auslenkung senkrecht zur Zeichenebene kann auch nach Art einer Schaltklinke, entsprechend

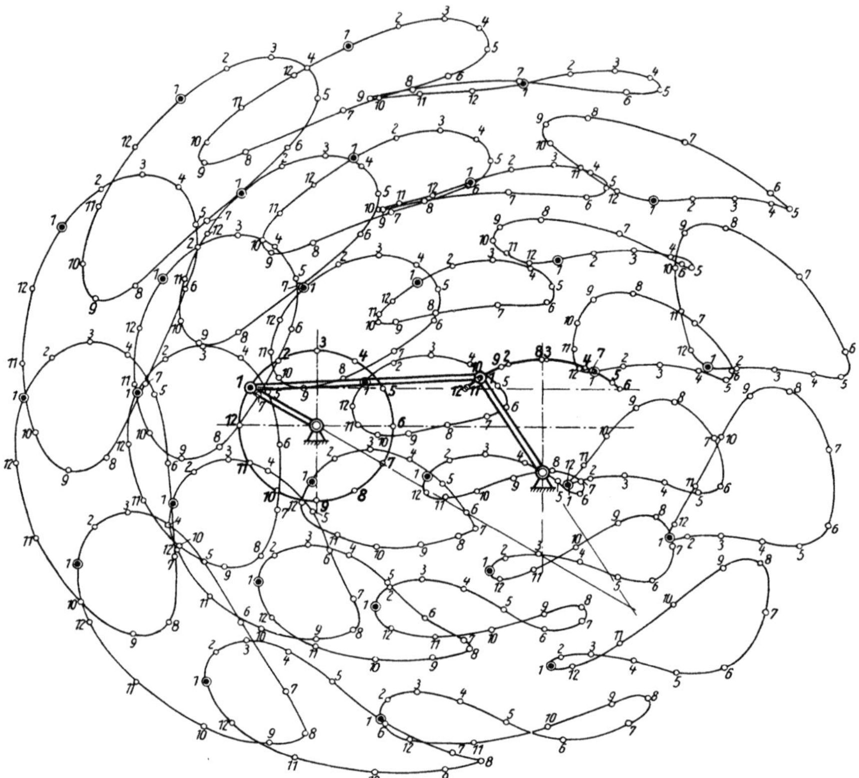

Abb. 215. Koppelbahnen der Koppel einer Viergelenkkette nach SIEKER.

der Abb. 214, durch das Filmband selbst vorgenommen werden, womit beispielsweise der ganze Schwinghebel *4* selbst oder ein Teil von ihm gleichzeitig die Schaltklinke darstellt. Beispiele für alle Anordnungen werden noch gezeigt.

Nach diesen theoretischen Erörterungen des Einsatzes von Schwinghebeln als Filmschaltwerke wird zunächst noch in der Abb. 215 gezeigt, welchen Einfluß die Lage eines Punktes des Schwinghebels auf die Form der durchfahrenen Koppelbahn hat. Die mathematische Bestimmung der Koppelbahn ist besonders dann recht unübersichtlich, wenn die später dargestellten zusammengesetzten Getriebe angewendet werden. Deshalb werden die Schaltwerke zunächst meist nur graphisch bei starken Vergrößerungsmaßstäben untersucht. Ergebnisse von Zahlenrechnungen werden später gebracht.

Die Abb. 215 zeigt die Vielgestalt von Koppelbahnen, die bei dem gleichen Getriebe, bestehend aus umlaufender Kurbel, Koppel und Schwinge, nur durch die unterschiedliche Lage der erzeugenden Punkte auf der Koppel entstehen. Die Koppel macht auf der einen Seite die Kreisbewegung (Umlauf) der Kurbel und auf der anderen die schwingende kreisbogenförmige Bewegung der Schwinge. Alle anderen Punkte der Koppel beschreiben die teilweise dargestellten Koppelkurven, von denen eine Reihe für Greiferbahnen brauchbar sind.

In den folgenden Abbildungen werden eine Anzahl praktisch ausgeführter Filmschaltwerke mit Schwinghebeln dargestellt und besprochen, die eine außerordentliche Mannigfaltigkeit in ihrem Aufbau zeigen. Um eine möglichst große Übersichtlichkeit der einzelnen Getriebekonstruktionen zu erhalten, besonders über die ortsfesten und sich verschiebenden Wellen, sind an allen Stellen, wo es zeichnerisch möglich und zweckmäßig war, die ortsfesten Wellen im Schnitt *schwarz* dargestellt und die beweglichen Wellen *schraffiert*. Aus zeichnerischen Gründen mußten aber gelegentlich auch andere Querschnitte geschwärzt werden. Das Filmband ist meist in einer größeren Stärke aus Gründen der Übersichtlichkeit dargestellt.

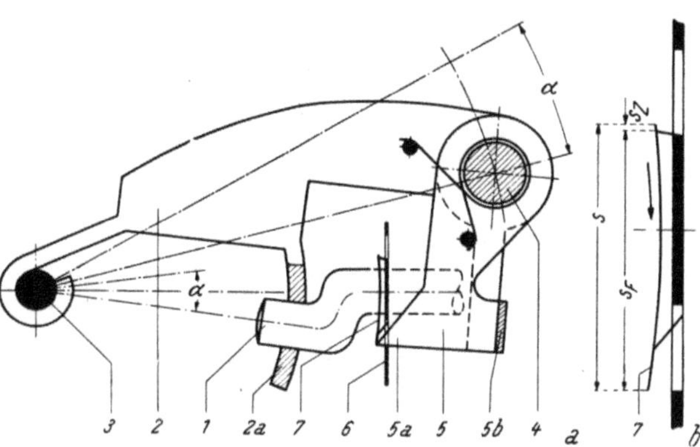

Abb. 216. 2 × 8 mm Kamera Eumig „*C 4*“, Greiferschaltwerk, a Maßstab 2,5 : 1; b Maßstab 7,5 : 1.

1 Antriebswelle mit Kurbel, *2* Schwinghebel, *3* Schwinghebelachse, *4* Stift, *5* Greifer (Schaltklinke), *6* Filmband, *7* Bahn der Greiferspitze, *8* Schaltweg der Greiferspitze, s_F Filmbandteilung, s_Z Zusatzweg (s. Abb. 162).

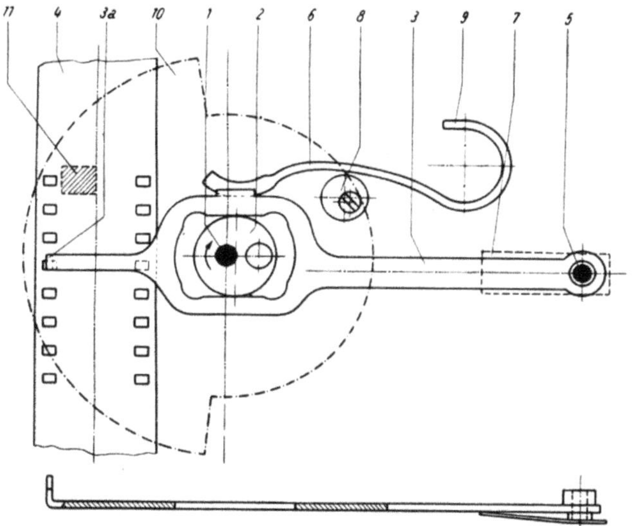

Abb. 217. Zeiss Ikon 2 × 8 mm Kamera „*Movikon 8-quer*“, Greiferschaltwerk, Maßstab 1 : 1.

1 Greiferwelle, *2* Kreisexzenter, *3* Greifer (Schaltklinke), *4* Filmband, *5* Stift, *6* Feder, *7* Blattfeder, *8* Begrenzung für Feder *6*, *9* Halterung der Feder *6*, *10* Umlaufverschluß, *11* Bildfenster (s. Abb. 171).

Nach der Abb. 216a bewegt sich das in der Eumig „*C 4-Kamera*“ eingesetzte Schaltwerk mit einem um die Welle 3 schwingenden Hebel 2. Daran ist in dem Stift *4* eine Schaltklinke *5* gelagert, die mit ihrer Spitze *5a* das

Filmband *6* beim Abwärtsgang treibt und beim Aufwärtsgang ausklinkt (Filmsteuerung), um in das nächste Schaltloch wieder einzufallen. Der Antrieb des Schwinghebels *2* wird von dem kurbelförmig angekröpften

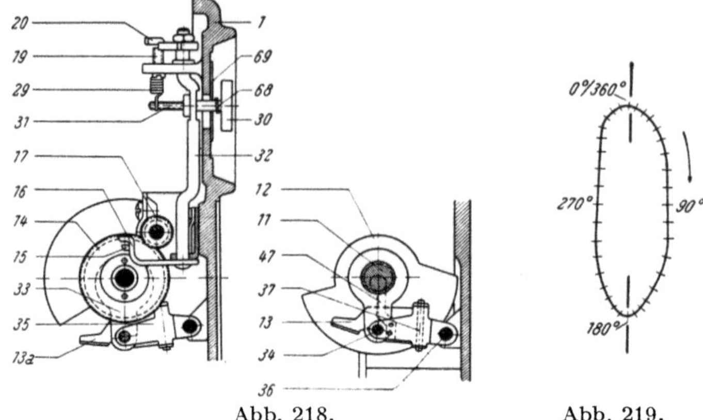

Abb. 218.   Abb. 219.

Abb. 218 und 219. BAUER „*8 mm-Kamera*“. Greiferschaltwerk und Verschluß, Maßstab 1 : 1,5 (Abb. 218) und Greiferbahn, Maßstab 6,6 : 1 (Abb. 219).

1 Gehäuse, *11* Greiferwelle, *12* Umlaufverschluß, *13* Greifer, *14* Zahnrad, *15* Sperrhebel, *16* Auslösehebel,
17 Zahnrad, *19* Stift, *20* Hebel, *29* Feder, *30* Auslöseknopf, *31* Stift, *32* Auslösegestänge, *33* Antriebshebel
für Greifer, *34* Bolzen, *35* Hebel, *36*, *37* Bolzen, *40* Reglerwelle, *47* Hebel, *68* Feder, *69* Dichtungsscheibe
(s. Abb. 158).

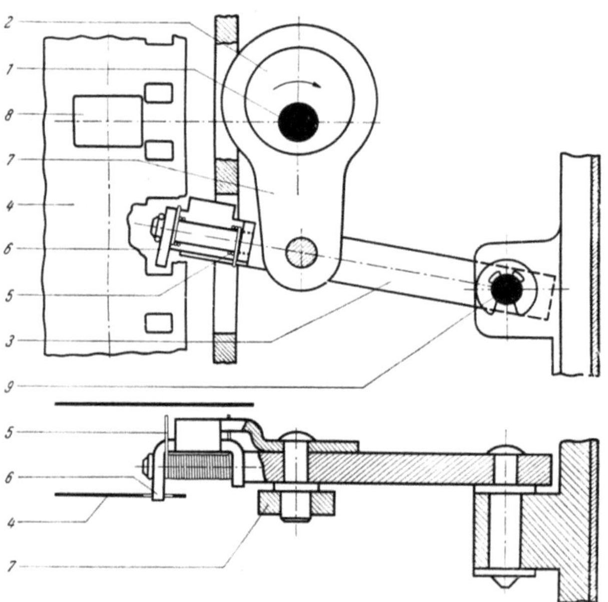

Abb. 220. BAUER 2 × 8 mm Kamera „*88*“, Greiferschaltwerk, Maßstab 2 : 1.

1 Antriebswelle, *2* Kreisexzenter, *3* Hebel, *4* Filmband, *5* Feder, *6* Greifer,
(Schaltklinke), *7* Hebel, *8* Bildfenster, *9* Stift (s. Abb. 176).

Ende *1* der Antriebswelle abgenommen, das in den schlitzförmig ausgesparten Lappen *2a* des Schwinghebels *2* eingreift. Die durchlaufene Bahn der Greiferspitze ist im dreifachen Maßstab in der Abb. 216b dargestellt. Der Antrieb dieses Greifers durch den Elektromotor wurde in der Abb. 162 gezeigt.

Der in der neuen „*Movikon 8-Kamera quer*“ der ZEISS IKON verwendete Greifer besteht nach der Abb. 217 aus einem Schwinghebel *3*, der von dem um die Antriebswelle *1* umlaufenden Kreisexzenter *2* (kinematisch gesehen eine Kurbel mit Zapfenerweiterung) angetrieben wird. Von

dem Schwinghebel ist die Greiferspitze *3a* abgewinkelt, die das Filmband *4* schaltet. Auf den Greifer drückt in der Nähe seines Drehpunktes *5*

die Feder *7*, die ein Ausweichen der Greiferspitze *3a* durch Filmbandsteuerung zuläßt. Der Greifer ist also in seiner Gesamtheit auch als Schaltklinke anzusehen und ein typisches Beispiel für einen Quergreifer. Während des Rücklaufes wird die Feder *6* gespannt, die Energie aufspeichert und damit eine ausgeglichenere Bewegung ermöglicht. Im letzten für den Bildstand maßgebenden Teil des Filmzuges ist diese Feder nicht mehr wirksam, um keine Gefahr der Verschlechterung des Bildstandes zu bringen. Das Triebwerk dieser Kamera wurde schon in der Abb. 171 dargestellt, wo der Greiferantrieb mit der Welle des Zahnrades *7* gekoppelt ist.

Ein Schwinghebelgreifer mit Triebwerksteuerung ist in der Abb. 218 für die BAUER 8 mm-Kamera aufgezeichnet. Durch den Exzenter *11* (Kurbel) wird unter Vermittlung des Hebels *33* der um den Punkt *36* schwingende Hebel *35* auf- und abwärts bewegt, an dem die Greiferspitze *13a* angelenkt ist. Die Greiferspitze wird durch eine ebenfalls auf der Welle *11* sitzende Raumkurve senkrecht zur Zeichenebene um einen geringen Betrag hin- und hergesteuert, was durch das Gelenk *37* möglich ist. Die entstandene Greiferbahn ist ebenfalls (in der Abb. 219) in sechsfacher Vergrößerung um 90° gegenüber der Zeichnung gedreht dargestellt. Eine perspektivische Ansicht des BAUER-Getriebes brachte die Abb. 158.

Eine Weiterentwicklung dieser einfach 8 mm-Kamera liegt in der BAUER „*88*" für doppelt 8 mm-Spulen vor, bei der nach der Abb. 220 ein ähnlicher Schwinghebel *3* verwendet wird, der aber starr ist und zum Schalten des

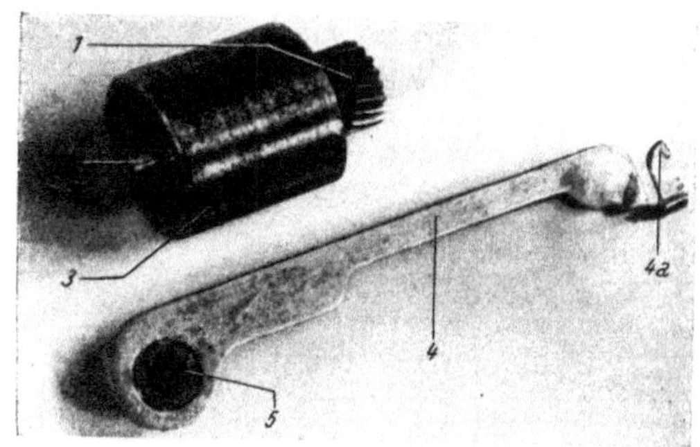

Abb.221. REVERE 16mm-Kamera,„*C 19*", „*C 26*", „*C 29*", Greiferschaltwerk, Maßstab etwa 1,2 : 1.

1 Zahnrad, *2* Kurbelzapfen, *3* Schwungmasse, *4* Greifer, *5* Buchse.

Filmbandes *4* eine unter Druck der Feder *5* stehende Schaltklinke *6* trägt. Es liegt also wieder eine Filmbandsteuerung der Querwege vor. Die Andruckkraft der Schaltklinke an ihrer Spitze beträgt etwa 10 g. Die Kamera selbst ist in den Abb. 417 und 475 dargestellt.

Der Greifer einiger 16 mm REVERE-Kameras, beispielsweise „*Magazin C 19*", „*C 26*", „*C 29*", wird in der Abb. 221 gezeigt. Man erkennt die Schwungmasse *3*, das schräg verzahnte Antriebsrad *1*, die Antriebskurbel *2* für den Greifer und den Greifer *4* selbst mit der abgekröpften Greiferspitze *4a* sowie die Buchse *5*, die mit dem Kurbelzapfen *2* zusammenarbeitet. Die Führung des Greifers erfolgt an einer nicht dargestellten Feder, so daß eine Filmbandsteuerung vorliegt, die bei dem „*Magazin*"-Einsatz auch erforderlich ist. Der ganze Greifer *4* wirkt als Schaltklinke, sein Gewicht beträgt 1,88 g.

Der in der AGFA „*Movex 8*" und „*8 L-Kamera*" verwendete Schwinghebelgreifer wird von dem in der Abb. 175 beschriebenen Getriebe über die scheibenförmig erweiterte Antriebswelle *1* (Abb. 222) mit der Kurbel *2* angetrieben. Diese bewegt den Schwinghebel *3*, der in dem bogenförmigen Schlitz *5* durch seinen Stift *4* geführt wird. Die etwa in der Mitte des Schwinghebels angebrachte Greiferspitze *3a* hat zur Filmebene *6* die gezeichnete Lage und durchläuft eine brotförmige Bahn, die in der Abb. 223b in sechsfacher Vergrößerung dargestellt ist. Hier ist zugleich der Einfluß der Größe des Krümmungsradius der in der Abb. 222 dargestellten Führung 5 zu erkennen. Wäre diese Führung gerade, also der Radius unendlich, so ergäbe sich die in der Abb. 223a dargestellte Greiferbahn, die zugunsten eines etwas weniger gekrümmten Teiles der Greiferspitzenbahn, der während des Filmzuges in der *„Movex Kamera"* wirksam ist, in die Form *b* umgestaltet wurde.

Eine ähnliche Bauart eines Greifers mit oben liegendem Kurbelantrieb und Kurvenführung in einem Schlitz hat die *„Webo M-Kamera"*. In der Abb. 117 ist die Antriebsseite des Greifers noch zu erkennen.

Der in der Abb. 222 gezeigte Greifer ist ein Beispiel für einen *Längsgreifer,* dessen Aufbau vorzugsweise längs zur Bewegungsrichtung des Filmbandes liegt und der deshalb mit einem Übersetzungsverhältnis *1* für den Filmbandzug arbeitet. Es ist also der Durchmesser des Kurbelkreises der Antriebskurbel 2 etwa gleich der Größe des Schaltschrittes, wenn man von dem Zusatzhub absieht. Für die Querwege tritt dagegen bei einem Längsgreifer meist eine Untersetzung des Kurbelkreisdurchmessers ein, die hier etwa 0,5 beträgt.

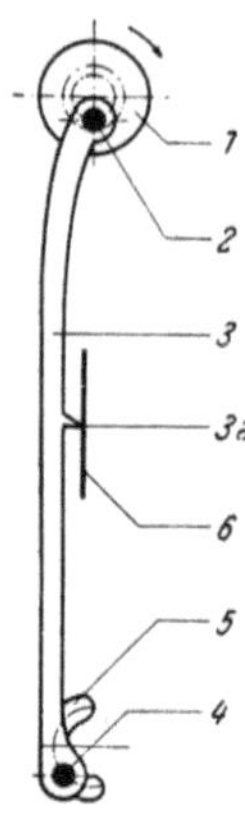

Abb. 222.
AGFA 8 mm-
Kamera „*Mo-
vex 8*" bzw.
„8L", Greifer-
schaltwerk,
Maßstab 1 : 1.

1 Antriebs-
scheibe, *2* Kur-
bel, *3* Greifer,
4 Führungsstift,
5 Führungs-
kurve, *6* Film-
band. Greifer-
bahn s. Abb. 223b
(s. Abb. 175).

Der in der PAILLARD *„Bolex L 8 Kamera"* eingesetzte Greifer ist in der Abb. 224 dargestellt. Hier wird von der Kurbel *2* der Greifer *3* angetrieben, der im Betriebszustand mit seinem Stift *4* unter dem Druck einer Feder und der vom Filmband her wirksamen Kraft an der schrägen geschliffenen Fläche *5* an-

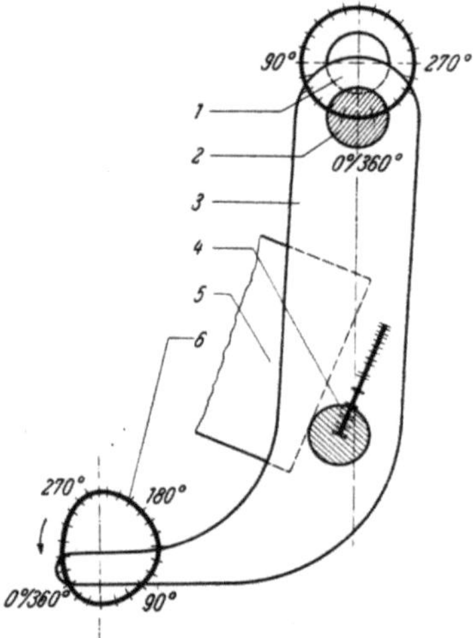

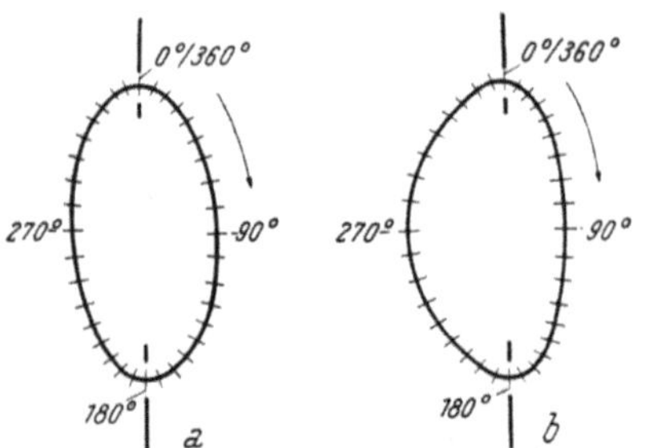

Abb. 223. Greiferspitzen-Bahnen eines
Kurbelgreifers für 8 mm Filmband,
Maßstab 6 : 1.

a Symmetrische Kurve, *b* Unsymmetrische
Kurve (AGFA *„Movex 8"* und *„8 L"-Kamera*).
(s. Abb. 222).

Abb. 224. PAILLARD 2 × 8 mm
„Bolex 8 L-Kamera", Greiferschaltwerk, Maßstab 2,75 : 1.

1 Antriebsachse, *2* Kurbelzapfen, *3* Greifer,
4 Führungsstift, *5* Führung, *6* Greiferbahn
(s. Abb. 173).

liegt und die gezeichnete Greiferbahn *6* beschreibt. Die einseitige Anlage des Stiftes gestattet es, den Greifer bei geöffneter Filmbahn auszulenken und damit ein leichtes Einlegen des Filmbandes in jeder Stellung des

Greifers zu erreichen. Der Greifer wird nach der Abb. 173 von der Welle *G* aus angetrieben.

Der Koppelkurvengreifer der NIEZOLDI und KRÄMER „*Heliomatic Kamera*" wird durch eine Kurbel angetrieben. Das zu dieser Kamera gehörende Triebwerk ist in der Abb. 168 dargestellt und wird noch für andere Modelle („*8 S 2 T*") eingesetzt.

In den neueren PAILLARD Kameras „*Bolex B 8*" und „*C 8*" ist ein Greifer nach der Abb. 225 (Pat. 861195) verwendet. Die Antriebswelle *3* treibt über den Kurbelzapfen *4* den Greifer *5*, der an seinem anderen Ende durch die Kraft der Feder *9* mit dem Stift *8* gegen den ortsfesten Bolzen *7* anliegt und sich um diesen herum bewegt. Der Greifer macht also eine vollständige Drehbewegung um den Mittelpunkt der Achse *3* und eine Schwingbewegung mit konstantem Radius um den Mittelpunkt des Bolzens *7*. Dadurch ist die Koppelkurve der Greiferspitze *5a* gegeben.

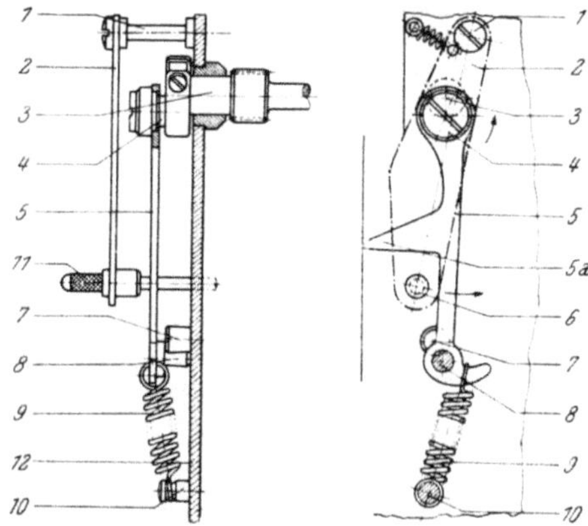

Abb. 225. PAILLARD 2 × 8 mm „*Bolex „B 8*"- und „*C 8*"-Kamera*, Greiferschaltwerk, Maßstab 1 : 1.

1 Bolzen, *2* Hebel, *3* Greiferantriebswelle, *4* Kurbel, *5* Greifer, *6* Stift, *7* Bolzen, *8* Stift, *9* Feder, *10* Stift, *11* Hebel, *12* Platine.

Auch bei diesem System kann durch Verdrehen des Hebels *2* mit Hilfe des Knopfes *11* über den Stift *6* der Greifer *5* aus dem Filmkanal ausgehoben werden. Dies erfolgt gegen die Kraft der Feder *9*. Mit diesem Ausheben ist automatisch die Nullstellung des Zählwerkes gekoppelt. Steht der Hebel *2* nicht in der Lage für den geschlossenen Filmkanal, kann der Kameradeckel nicht ordnungsgemäß geschlossen werden.

Der in der EUMIG „*C 3 Kamera*" verwendete Koppelkurvengreifer ist in der Abb. 226 gezeichnet. Der Antrieb wird von der Kurbel *27* abgeleitet, die den von dem ortsfesten Stift *30* geführten Greifer *28* bewegt. Der Greifer durchläuft mit seiner Spitze *28a* die mit *29* bezeichnete Greiferbahn, die in vierfacher Vergrößerung in der Abb. 227 nochmals zu sehen ist. Die Auslösung des Greifers wurde schon besprochen (Abschn. VIII D). Die Ableitung des Greiferantriebes wird von der mit *G* bezeichneten Welle des Laufwerkes (Abb. 172) vorgenommen.

Der in allen SIEMENS „*16 mm Kameras*" eingesetzte Transportgreifer wird von dem in der Abb. 178 gezeigten Getriebe gedreht und ist in der Abb. 228 dargestellt. Von der Scheibe *1* wird über die Kurbel *2* der Greiferhebel *3* bewegt, der sich mit seinem Stift *4* in dem Schlitz *5a* führt. Durch diese bogenförmige Führung und die Anordnung der Greiferspitze *3a* dicht an den Führungspunkt *4* ergibt sich eine sehr schmale und zur Zeit des Filmzuges fast gradlinige Greiferbahn, die herausgezeichnet in der Abb. 229 in dreifacher Vergrößerung nochmals zu sehen ist. Die Arretierung des Getriebes übernimmt die Nase *10a* eines sonst nur angedeuteten Hebels, der den Nocken *1a* der Antriebsscheibe festhält (Pat. 730 899).

Einen ähnlichen Koppelkurvengreifer, bei dem die kreisbogenförmige Führung kinematisch gleichwertig durch einen Lenker ersetzt ist, zeigt die Abb. 230 für den in der KODAK „*Special-Kamera*" angeordneten Greifer.

Zur Justierung des Bildstriches läßt sich der Drehpunkt *3* der Antriebskurbel *4* um den Mittelpunkt des Zahnrades *1* geringfügig verstellen. Der Greiferhebel besteht aus zwei kraftschlüssig miteinander verbundenen Teilen, womit ein leichtes Filmeinlegen möglich ist, wenn das eine

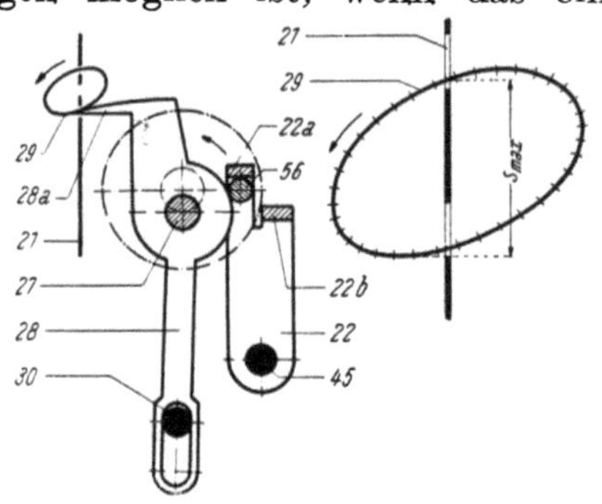

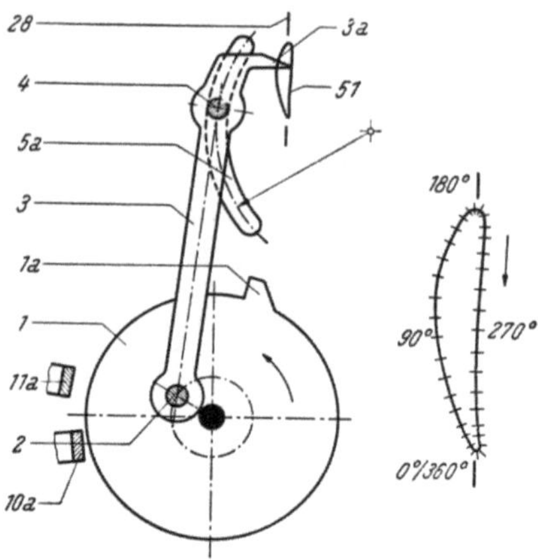

Abb. 226.　　　　　　Abb. 227.

Abb. 226 und 227. 2 × 8 mm Kamera EUMIG „C-3", Greiferschaltwerk und Greiferbahn, Maßstab 1 : 1 (Abb. 226) und Maßstab 4 : 1 (Abb. 227).

21 Filmband, *22* Auslösehebel, *27* Greiferkurbel, *28* Greifer, *29* Greiferbahn, *30* Greifer-Führungsstift, *45* Auslöseachse, *56* Arretierstift (s. Abb 172).

Abb. 228.　　　　　　Abb. 229.

Abb. 228 und 229. SIEMENS 16 mm Kameras „B", „C II", „D", „F II", Greiferschaltwerk (Zuggreifer) und Greiferbahn, Maßstab 1 : 1 (Abb. 228) und Maßstab 3 : 1 (Abb. 229).

1 Antriebsscheibe, *2* Greiferkurbel, *3* Greifer, *4* Greiferführungsstift, *5 a* Führungskurve, *28* Filmband, *51* Greiferbahn (s. Abb. 178).

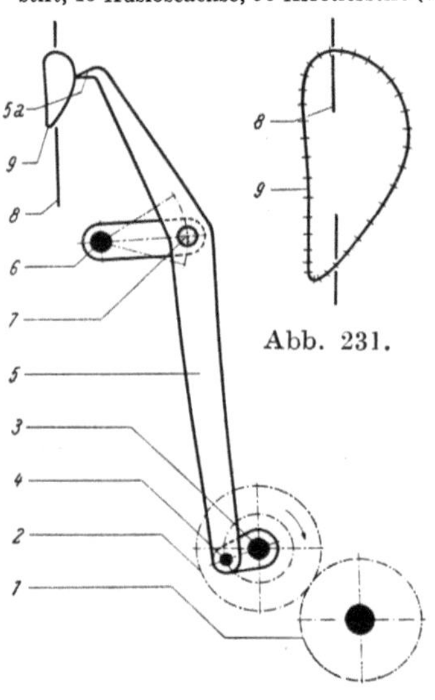

Abb. 231.

Abb. 230.

Abb. 230 und 231. 16 mm KODAK-„*Spezial-Kamera*", Greiferschaltwerk, Maßstab 1 : 1 (Abb. 230) und Maßstab 2,4 : 1 (Abb. 231).

1, 2 Zahnräder, *3* Welle, *4* Kurbelzapfen, *5* Greifer, *6, 7* Stifte, *8* Filmband, *9* Greiferbahn.

Teil abgeklappt wird. Der Greifer sitzt in der „*Filmkammer*". Die dreifach vergrößerte Greiferbahn zeigt Abb. 231.

In der „*Mikrokinokamera*" von ZEISS-WINKEL ist ein 16 mm- und ein 35 mm-Filmschaltwerk enthalten. Die Abb. 232 bringt die 16 mm-Einrichtung, die aus einem um die Achse *1* drehbaren Hebel *2* besteht, der von der Kurbel *3* in Schwingungen versetzt wird. An dem Stift *4* ist eine Schaltklinke *5* angelenkt, die federnd gegen das Filmband *6* drückt und dieses um den Schaltschritt des 16 mm-Formates weiterzieht. Dieser Greifer ist räumlich in der Kassette angeordnet.

Im Gegensatz zu Greiferwerken, die schon genannt wurden oder deren Beschreibung noch folgt, liegt in der GEVAERT-„*Carèna*"-Konstruktion eine abweichende Bauart vor. Hier ist ein Zwangslauf für die Querwege der Greiferspitze nicht durch eine Getriebesteuerung vorgesehen, es liegt aber auch keine Filmsteuerung vor. Es ist ein zusätzlicher Hebel eingebaut, der durch eine Reibungsanordnung eine besondere Funktion übernehmen kann. Die Wirkungsweise des Systems, das die Patentschrift 842 889 als Grundlage hat, ist in der Abb. 233 erläutert. Dieses Bild zeigt die drei Hebel untereinander gezeichnet, die in Wirklichkeit nebeneinander liegen.

Von der Antriebswelle *1* wird über den Kurbelzapfen *2* der um den ortsfesten Zapfen *3* sich drehende Schwinghebel *4* bewegt. In dem Zapfen *5* ist der Greifer *6* angelenkt und macht damit an dieser Stelle die Schwingbewegungen des Hebels *4* mit. Die Eintauchbewegung der Greiferspitze *6a* in das Filmband *10* wird beim normalen Funktionieren des Systems dadurch erreicht, daß der Hebel *7* in dem Punkt *3* mit einer gewissen Reibung gelagert ist. Auf Grund des Spiels

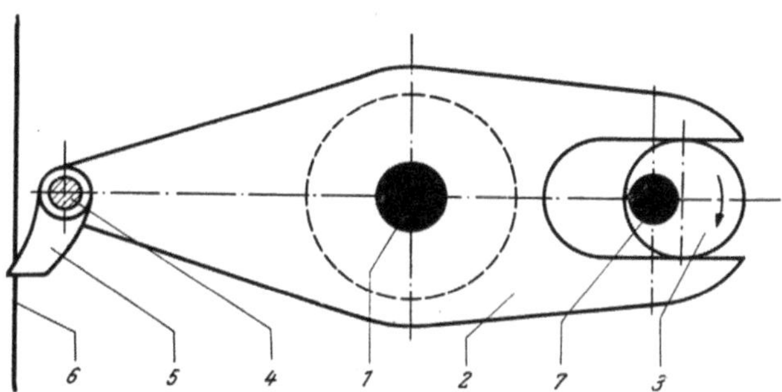

Abb. 232. ZEISS-WINKEL „*Mikrokinokamera*", 16 mm, Greiferschaltwerk, Maßstab 1,1 : 1.

1 Achse, *2* Schwinghebel, *3* Kreisexzenter, *4* Stift, *5* Greifer (Schaltklinke), *6* Filmband, *7* Antriebsachse.

zwischen dem Stift *5* und dem Ausschnitt *7b* (Abb. 233) folgt der Hebel *7* dem Hebel *4* mit einer gewissen zeitlichen Verzögerung, die durch die Größe dieses Spiels bestimmt ist. Durch Lagerung der Nase *6b* des Greifers *6* in der Aussparung *7a* des Hebels *7* wird bei der Bewegung der Hebel *4* und *7* gegeneinander eine kleine Drehbewegung des Greifers *6* erreicht, die die Querbewegung ergibt.

Sollte die Greiferspitze *6a* auf einen größeren Widerstand stoßen, der sich beispielsweise dann ergibt, wenn sie nicht auf ein Schaltloch trifft, sondern auf das Filmband selbst, so reicht die dann von der Greiferspitze her wirkende Kraft aus, um den

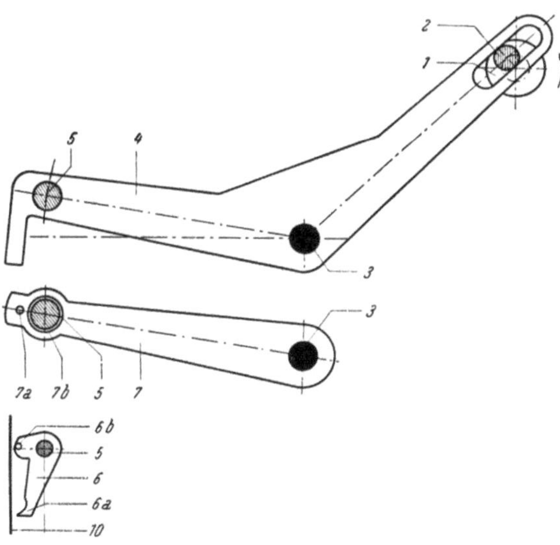

Abb. 233. GEVAERT 2 × 8 mm „*Carèna-Kamera*", Greiferschaltwerk, Maßstab 1 : 1,33.

1 Antriebswelle, *2* Kurbelzapfen, *3* Stift, *4* Schwinghebel, *5* Stift, *6* Greifer, *7* Bremshebel, *10* Filmband (s. Abb. 429).

Hebel *7* gegen das in *3* wirksame Reibmoment zu verdrehen. Damit würde ein Eintauchen der Greiferspitze *6a* in das Filmband *10* beispielsweise durch gewaltsames Eindringen und „Aufspießen" des Filmbandes nicht möglich sein.

Während des normalen Filmbandzuges arbeiten Schwinghebel *7* und Greifer *6* als kraftschlüssige Einheit. Eine stroboskopische Betrachtung zeigt, daß die Greiferspitze bei Leerlauf ohne Filmband wie ein getriebegesteuertes System läuft. Das Gesamtgewicht der in Abb. 233 dargestellten Teile beträgt 11 g.

Der Einbau des Greifers in die „*Carèna*"-Kamera ist aus der Abb. 429 ersichtlich. Der lange Schwinghebel ist notwendig, um den Raum zwischen

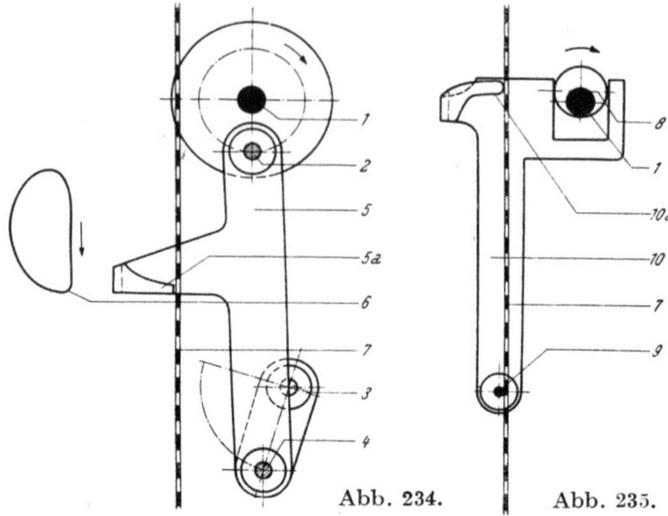

Abb. 234.   Abb. 235.

Abb. 234 und 235. ZEISS-WINKEL „*Mikrokino-Kamera*", 35 mm, Zuggreifer-Schaltwerk (Abb. 234) und Justiersystem (Abb. 235), Maßstab etwa 1 : 1,2.
1 Antriebswelle, *2* Greiferkurbel, *3, 4* Stifte, *5* Greifer, *6* Greiferbahn, *7* Filmband, *8* Kreisexzenter, *9* Stift, *10* Justierhebel (s. Abb. 192).

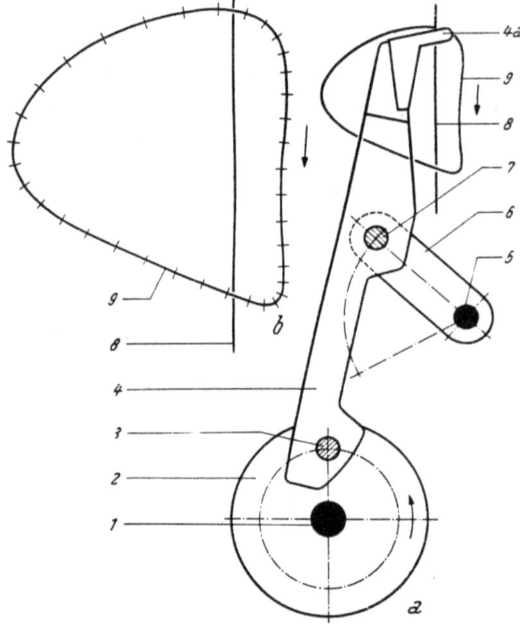

Abb. 236.
ASKANIA 35 mm „*Schulter-Kamera*", Greiferschaltwerk (Zugsystem), Maßstab a 1 : 1 und b 2 : 1.
1 Antriebswelle, *2* Scheibe, *3* Kurbelzapfen, *4* Greifer, *5* Stift, *6* Hebel, *7* Stift, *8* Filmband, *9* Greiferbahn (Justiersystem s. Abb. 299, Greiferbahn s. Abb. 318 h).

Getriebe und Filmspulen zu überbrücken.

Die Bauformen der Greifer für die Normalfilmkameras haben mehrfach einen ähnlichen kinematischen Aufbau wie die bisher beschriebenen Systeme. Nur ist die Bemessung anders, da bei dem 35 mm Filmband der größere Schalthub von 19 mm erforderlich ist. Teilweise sind die 35 mm Schaltwerke auch recht kompliziert und gleichen in ihrem Aufbau und ihren Abmessungen mehr einem Getriebe des Maschinenbaues als der Feinwerktechnik. Sinn der stabilen Ausführungen ist bei großer Geräuschfreiheit für Tonaufnahmen ein möglichst genaues Schalten des Filmbandes für den Berufseinsatz der Kamera.

Als Beispiel wird zunächst das 35 mm Getriebe der schon genannten ZEISS-WINKEL „*Mikro-*

kino-Kamera" in der Abb. 234 gezeigt. Der von der Kurbel *2* und dem kreisförmig um den Punkt *3* geführten Stift *4* gemeinsam gesteuerte Greiferhebel *5* beschreibt mit seiner Spitze *5a* die gezeichnete Koppelbahn *6* zum Transport des Filmbandes *7*. Der Greiferhebel *5* ist ab-

gekröpft und greift damit von der Innenseite des Filmkanals in das Filmband ein und erleichtert so das Anlegen der Kassette. Das zugeordnete Justiersystem der Abb. 235 wird im Abschn. IX C beschrieben.

Ein weiterer Koppelkurvengreifer ist in die ASKANIA *„Schulter-Kamera"* nach der Abb. 236 eingebaut. Hier treibt die umlaufende Scheibe *2* mit ihrem Kurbelstift *3* den Greifer *4* an, dessen Bolzen *7* über den Hebel *6* kreisbogenförmig um den ortsfesten Punkt *5* geführt wird. Die von der Greiferspitze *4a* durchlaufene Greiferbahn *9* ist in ihrer Lage zur Filmbandebene *8* ebenfalls dargestellt.

Der Hang zu einer sehr stabilen Ausführung der Greiferhebel geht beispielsweise auch aus der Abb. 237 für das

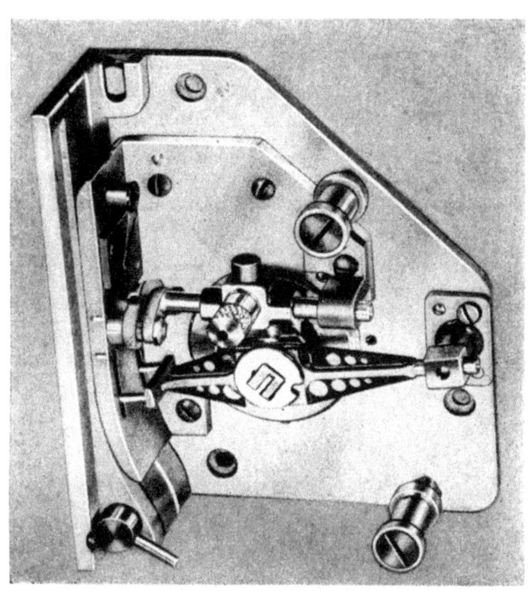

Abb. 237. MITCHELL 16 mm *Atelier Kamera*, Greiferschaltwerk mit schwingender Kurbelschleife nach Abb. 209.

MITCHELL 16 mm-Schaltwerk hervor, dessen Greifer mit einer starren Verrippung nach den Grundsätzen der Festigkeitslehre ausgebildet ist, bei der zur Verringerung des Gewichtes Aussparungen vorgenommen wurden. Kinematisch gesehen ist dieser Zuggreifer eine schwingende Kurbelschleife in der Bauform nach der Abb. 209, also ein Quergreifer. Ähnliche Konstruktionstendenzen zeigen auch andere Triebwerke, wie beispielsweise ein anderer MITCHELL-Greifer nach der Abb. 298, der dem gleichen kinematischen Aufbau entspricht. Dieser Greifer läßt auch größere Bildfrequenzen, sog. *Hochfrequenzaufnahmen* bis etwa 128, im Grenzfalle bis 160 Hz zu.

Aus einem Greifer in Schwinghebelausführung, der aber infolge seines verhältnismäßig langen Schwinghebels im Verhältnis zum Radius der antreibenden Kurbel fast als gerade geführt anzusprechen ist, besteht das Schaltwerk der ARNOLD und RICHTER *„Arriflex 35 Kamera"*. Die kinematische Anordnung geht aus der Abb. 238 hervor. Hier wird von der Antriebswelle *1* die Kurbel *2* gedreht, die den Schwinghebel *3, 4* in einem Schlitz antreibt. Dieser Schwinghebel ist in dem Punkt *3* drehbar gelagert und macht mit diesem Punkt infolge der Kurvensteuerung kleine Querwege zum Filmband. Die Steuerkurve hat den veränderlichen wirksamen Radius r_1. Der konstruktive Aufbau dieses Greifers wird in der Abb. 239 gezeigt. Die Kurve zur Quersteuerung des Greiferhebels ist als Einfräsung *2a* in die Antriebsscheibe *2* eingearbeitet. Darin läuft auf dem Stift *9* die Führungsrolle *10*, die die Querwege des Hebels *8* erzwingt. Die Wege werden über dem Stift *6* auf den Greifer *3* übertragen. Mit dem vorliegenden Baumaßen läßt sich eine verhältnismäßig schmale Greiferbahn (s. Abb. 318b)

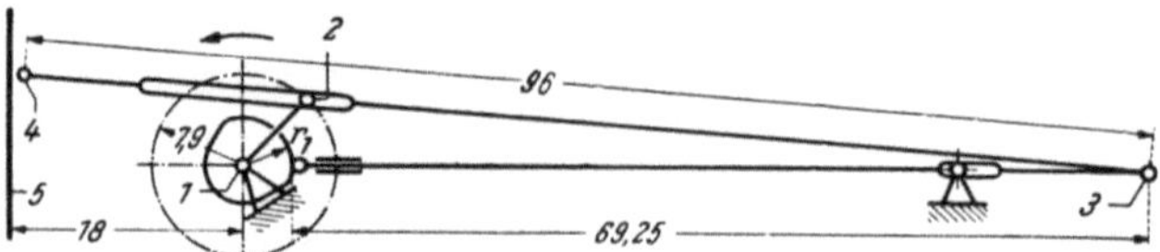

Abb. 238. ARNOLD u. RICHTER 35 mm „*Arriflex 35 Kamera*", Greiferschaltwerk, Schema.
1 Antriebswelle, *2* Kurbelzapfen, *3* Stift, *4* Greiferspitze, *5* Filmband, r_1 Radius der Kurvenscheibe (s. Abb. 239).

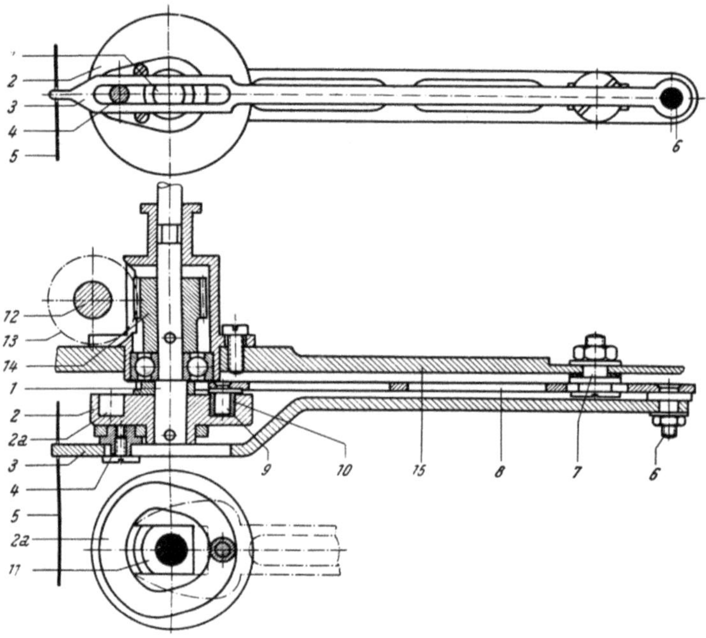

Abb. 239.
ARNOLD u. RICHTER 35 mm „*Arriflex 35 Kamera*", Greiferschaltwerk, Maßstab etwa 1 : 1,2.
1 Antriebswelle, *2* Scheibe, *3* Greifer, *4* Kurbelzapfen, *5* Filmband, *6, 7* Stifte, *8* Hebel, *9* Zapfen, *10* Führungsrolle, *11* Führung, *12* Welle, *13, 14* Schraubenräder (s. Abb. 148 und 238, Greiferbahn s. Abb. 318 b).

mit dem Schaltverhältnis S = 1 : 2 erzielen. Der Greifer ist auch in der Abb. 148 als Teil *9* in seinem Einbau in die Kamera zu erkennen.

Eine ähnliche Anordnung wurde für einen kleineren Hub in einer Zwischenfilmkamera für Fernsehzwecke von der FERNSEH GES. verwendet (Abb. 110) (514).

Der in den Abb. 238 und 239 dargestellte Greifer ist ein Beispiel für die getrennte Erzeugung von Längs- und Querweg. Dabei ist allerdings zu beachten, daß bei einer Änderung des Querweges noch ein geringfügiger Einfluß auch auf den Längsweg besteht, was durch die Schwinghebelanordnung bedingt ist. Auch das umgekehrte Verhalten ist der Fall, der Längsweg des Greifers beeinflußt etwas die Querwege.

Das in der Slechta „*Cinephon 35 mm Handkamera*" eingesetzte Greiferschaltwerk ist in der Abb. 240 schematisch dargestellt. Der in dem Punkt *5*
drehbar, aber nicht ortsfest
gelagerte Greiferhebel *5, 7*
macht durch Vermittlung
des Hebels *2, 3* bei dem
Umlauf der Kurbel · *2*
Schwingungen mit geringer
Weite und erzeugt damit im
wesentlichen den Längsweg
für den Zug des Filmban-
des. Durch die Anlenkung
des Punktes *4* an den Hebel *2, 3* und seine nur mögliche Kreisbewegung um
den ortsfesten Punkt *9*

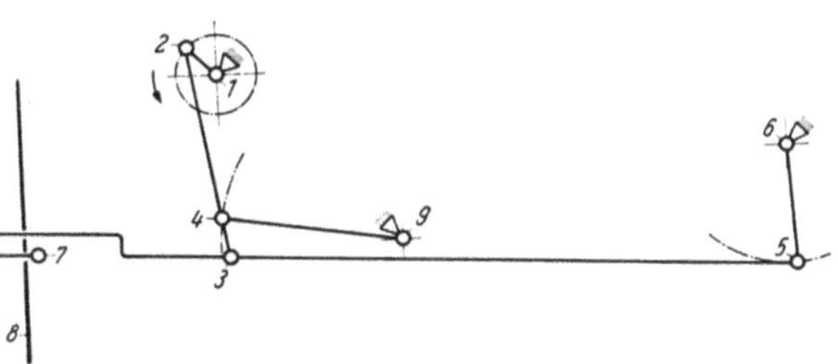

Abb. 240. Cinephon 35 mm „*Handkamera*", Greiferschaltwerk, Schema, Maßstab 1 : 2.
1 Antriebswelle, *2* Kurbelzapfen, *3 ... 6* Stifte, *7* Greiferspitze,
8 Filmband, *9* Stift. Greiferbahn (s. Abb. 318 c).

macht die Greiferspitze *7* zusätzlich geringe Querwege zur Filmbandebene *8*.
Diese werden in ihrer Größe durch das Hebelübersetzungsverhältnis *2, 4*

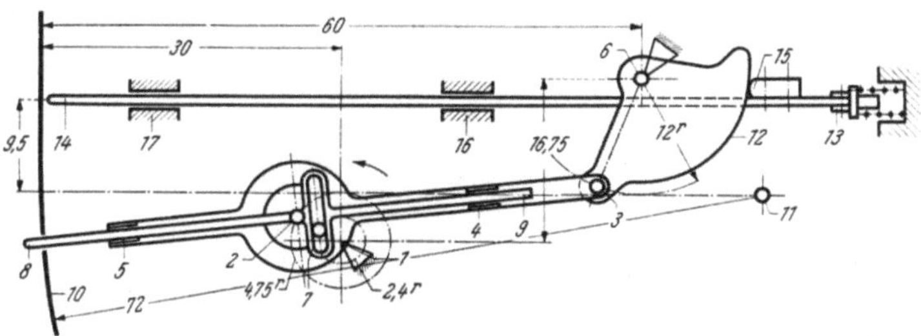

Abb. 241. Askania 35 mm „*Atelier-Kamera*", Zuggreiferschaltwerk und Justiersystem
(Schaltwerk I), Schema, Maßstab 1 : 1.
1 Antriebswelle, *2* Kurbelzapfen, *3* Stift, *4, 5* Führung, *6* Stift, *7* Kurbelzapfen, *8, 9* Greifer, *10* Filmband,
11 Mittelpunkt des gekrümmten Teiles des Filmkanals, *12* Kurvenscheibe, *13, 14* Justierstift, *15* Taststift,
16, 17 Führung (s. Abb. 126, 150, 242. Greiferbahn s. Abb. 318 f).

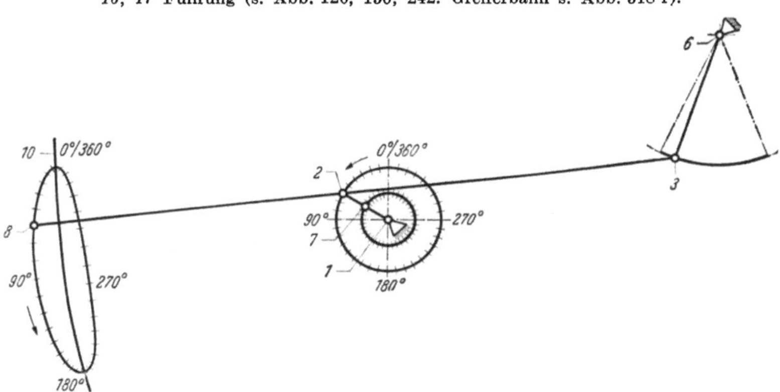

Abb. 242. Askania 35 mm „*Atelier-Kamera*", Zuggreiferschaltwerk, Schema, Maßstab 1,5 : 1.
Bezeichnungen s. Abb. 241, Greiferbahn s. Abb. 318 f (s. Abb. 126, 150, 243, 244).

zu *3, 4* maßgebend bestimmt sowie geringfügig durch die sonstigen kinematischen Abmessungen des Getriebes. Die Querwege des Greifers *5, 7*
werden von dem beweglichen Lager des Greiferdrehpunktes *5* zugelassen,

da sich der Lenker *5, 6* um den ortsfesten Drehpunkt *6* drehen kann. Die
Greiferbahn ist bei diesem Getriebe verhältnismäßig schmal. Dazu trägt
noch die schematisch angedeutete Kröpfung des Greiferhebels und der

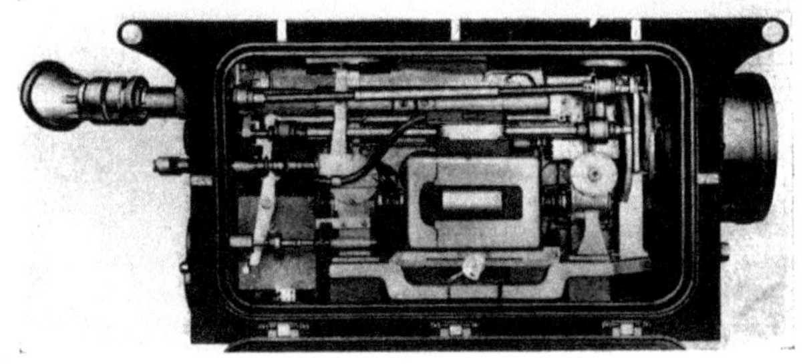

Abb. 243 und 244. ASKANIA 35 mm „*Atelier-Kamera*", Außenansicht und Getriebe.
Maßstab etwa 1 : 14 bzw. 1 : 12.

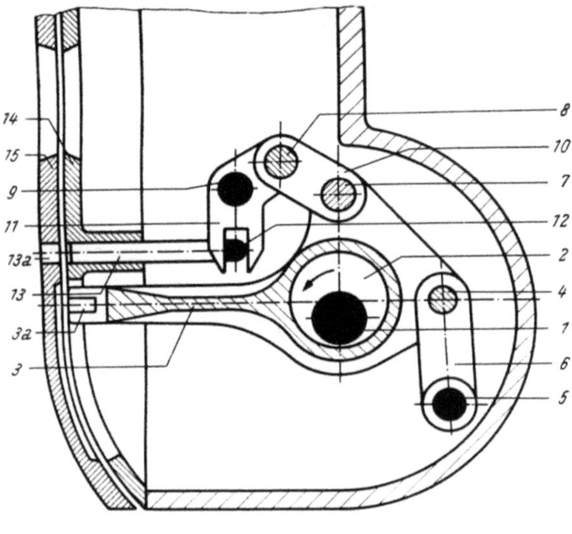

Abb. 245.
ASKANIA 35 mm „*Atelier-Kamera*", Zuggreiferschaltwerk und Justiersystem (Schaltwerk II), Maßstab 1 : 1.

1 Antriebswelle, *2* Kreisexzenter, *3* Greifer, *4, 5* Stifte, *6* Hebel,
7 ... 9 Stifte, *10* Hebel, *11* Winkelhebel, *12* Stift, *13* Justierstift, *14, 15* Filmkanal (Greiferbahn s. Abb. 318 g).

Eintritt der Greiferspitze *7*
von der linken Seite in das
Filmband (auf der Zeich-
nung) bei, wobei der weniger
gekrümmte Teil der Koppelbahn zum Filmzug ausge-
nutzt wird. Die Greiferbahn
ist in der Abb. 318c dargestellt. Eine Nachrechnung
der Koordinaten der einzelnen Punkte ist möglich und
wurde auch durchgeführt,
ergibt aber recht unüber-
sichtliche Ausdrücke. Diese
werden an dieser Stelle
nicht gebracht [s. (608)],
da ein Rechnungsbeispiel
für ein anderes System an
Hand der Abb. 250 ange-
geben wird, das die Rechen-
methode aufzeigt. Die Pa-
tentschrift   ist   562 569.
Ähnliche Systeme sind in
der Patentschrift 634 792

und 821 597 angeführt. Zur Kennzeichnung der ortsfesten Achsen wurden diese in den schematischen Abbildungen (z. B. 240 und anderen) durch die aus kinematischen Darstellungen bekannten „Dreiecke" bezeichnet.

Für die ASKANIA „Atelier-Kamera" sind zwei Filmschaltwerke bekannt geworden. Das eine, in der Abb. 241 dargestellte, besteht im wesentlichen aus einem um den Bolzen 3 drehbaren Führungshebel 3, 5. Dabei ist der Punkt 3 selbst nicht ortsfest, sondern an einer um den ortsfesten Punkt 6 drehbaren Schwinge gelagert. Der Schwinghebel wird von der Antriebsachse 1 über den Kreisexzenter 2 mit Zapfenerweiterung und dem wirksamen Radius $r_1 = 4{,}75$ mm in Bewegung gesetzt und erzeugt damit im wesentlichen den Antrieb zum Längsweg der Greiferspitze 8. In dem Führungshebel 3, 5 ist in den Führungen 4 und 5 der eigentliche Greifer 8, 9 verschiebbar gelagert. Dieser

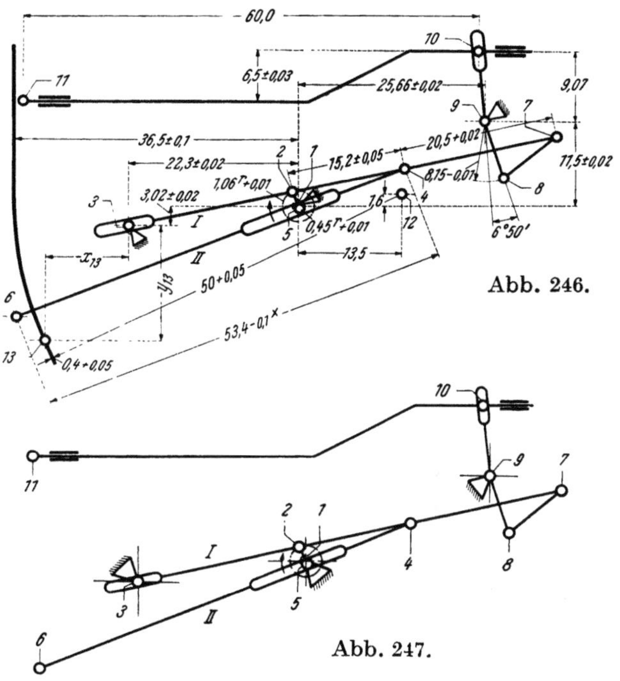

Abb. 246.

Abb. 247.

Abb. 246 und 247.
MITCHELL 35 mm „Atelier-Kamera BNC", Zuggreiferschaltwerk und Justiersystem, Schema, Maßstab 1:1.
1 Antriebswelle, 2 Kurbelzapfen, 3, 4 Stifte, 5 Kurbelzapfen, 6 Greiferspitze, 7 ... 10 Stifte, 11 Justierstiftspitze, I, II schwingende Kurbelschleifen (s. Abb. 120, 153, 248, 249. Greiferbahn 318 e).

trägt in der Nähe der Antriebsachse eine Schleife und wird von der Kurbel 7 mit dem wirksamen Radius $r_2 = 2{,}4$ mm der Antriebswelle zur Querbewegung senkrecht zum Filmband hin- und hergeschoben. Der Filmkanal ist an der Stelle, wo die Greiferspitze eintaucht, gekrümmt und ergibt damit kleine Querwege der Greiferspitze 8 gegenüber dem Filmband 10. Die erzielte Greiferbahn ist in der Abb. 242 dargestellt. Das Schaltverhältnis ist S = 1:1,95. Die Kamera selbst bringen die Abb. 243 und 244.

Das andere Schaltwerk der ASKANIA „Atelier Kamera" ist ein Koppelkurvengreifer als Quergreifer mit einem größeren Übersetzungsverhältnis für die Wege an der Greiferspitze und wird in der Abb. 245 gezeigt. Die Antriebswelle 1 bewegt über den Exzenter 2, der aus einer Kurbel durch Zapfenerweiterung entstanden ist, den Greiferhebel 3. Dieser ist über den Stift 4 an dem um den ortsfesten Punkt 5 drehbaren Hebel 6 angelenkt. Damit beschreibt die Greiferspitze 3a eine Koppelbahn, die durch die Getriebeabmessungen bestimmt ist. Ihre Höhe ergibt sich angenähert durch den Durchmesser des Kurbelkreises und das Hebelübersetzungsverhältnis der Strecken 3a, 4 zu 1, 4, das angenähert 3,6 ist und sich während des Um-

laufes etwas ändert. Die Breite der Greiferspitzenbahn ist gleich dem Kurbelkreis. Die gegenüber der gekrümmten Filmbahn *14, 15* erzielte Greiferbahn

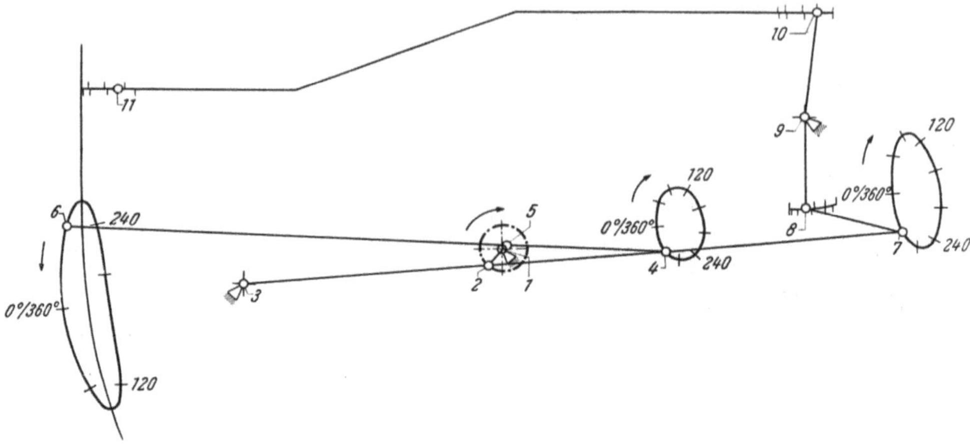

Abb. 248. MITCHELL 35 mm „*Atelier-Kamera BNC*", Zuggreiferschaltwerk, Bahnen einzelner
Getriebepunkte, Maßstab 1,5 : 1. Bezeichnungen nach Abb. 246 und 247 (s. Abb. 318 e).

wird in der Abb. 318g in gestreckter Form gezeigt, d. h. bezogen auf einen
Filmkanal, der geradlinig ist, um einen Vergleich mit anderen Bahnen zu
erhalten.

Abb. 249. NEWALL 35 mm „*Atelier-Kamera*",
Zuggreiferschaltwerk und Justiersystem
(siehe Abb. 246 ... 248).

Ein weiteres hochwertiges für
Tonkameras bestimmtes Greiferschaltwerk liegt in der MITCHELL-
Konstruktion vor, die auch in der
„*Newall-Kamera*" eingesetzt wird.
Das Schema dieses Schaltwerkes
mit Eintragung seiner kinematischen
Abmessungen ist in der Abb. 246
dargestellt. Für die Beschreibung
wird zur besseren Übersicht die
Abb. 247 benutzt. Das Transportsystem besteht aus zwei sich gegenseitig steuernden schwingenden Kurbelschleifen. Die Schleife *I* wird
von der Antriebswelle *1* über die
Kurbel *2* in Bewegung gesetzt und
von dem ortsfesten Punkt *3* in den
schleifenförmig ausgebildeten Teil
geführt. Damit beschreiben alle
Punkte der Schleife mit Ausnahme
der Punkte *2* und *3* selbst brotförmige Bahnen, so auch der
Punkt *4*. Dieser Punkt dient als

Drehpunkt der Kurbelschleife *II*, der aber infolge der genannten Steuerung
nicht ortsfest bleibt. Die Kurbelschleife *II* hat ihre Schleife im mittleren
Teil des Schwinghebels. Dieser schleifenförmige Teil wird von einem

ebenfalls um die Welle *1* umlaufenden Kurbelzapfen *5* angetrieben, der einen kleineren Radius als die Kurbel *2* hat und gegenüber dieser um 180° versetzt ist. Die Kurbelschleife *II* bildet den Greifer, der mit seiner Spitze *6* in die gekrümmte Bahn des Filmbandes ein- und austaucht.

Die Bahnen der einzelnen charakteristischen Punkte sind in der Abb. 248 aufgezeichnet. Die Greiferspitze macht für einen Koppelkurvengreifer mit kleinem Hebelübersetzungsverhältnis kleine Querwege gegenüber dem Filmband. Der Vorteil dieses sehr stabil ausgeführten und in der Abb. 249 photographisch dargestellten Greifers liegt in den geringen Längen der Kurbelradien und kleinen Bewegungen des Greiferschwerpunktes sowie einer großen Geräuschfreiheit.

Eine mathematische Nachrechnung der an sich leicht konstruierbaren Koppelbahnen führt zu sehr verwickelten mathematischen Ausdrücken, die allerdings nur einfache trigonometrische Funktionen in einer starken Verschachtelung aufweisen. Die zahlmäßige Rechnung mit achtstelligen Logarithmen war deshalb erforderlich, weil das Weg-Zeitgesetz zur Bestimmung der Beschleunigungen nicht differenzierbar ist. Es konnten also nur durch Differenzbildungen in sehr kleinen Stufen die Geschwindigkeits- und Beschleunigungskurven ermittelt werden. Der Gang der Rechnung soll an Hand der Abb. 250 in Ergebnissen dargestellt

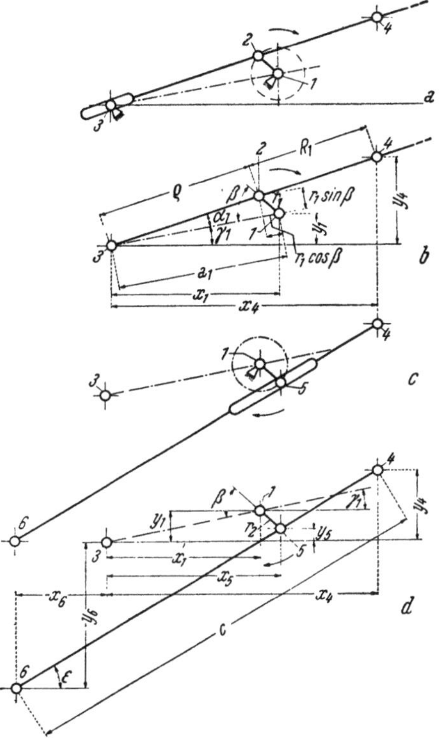

Abb. 250. MITCHELL 35 mm „*Atelier-Kamera BNC*" Filmschaltwerk, Kinematik (s. Abb. 246 … 248).

werden, um die Methode der Berechnung und die Ergebnisse zu zeigen.

Das Koordinatensystem wird in seinem Nullpunkt in dem Punkt *3* liegend angenommen, die x-Achse liegt waagerecht und die y-Achse senkrecht. Gegeben sind alle konstruktiven Maße, wobei die Koordinaten der einzelnen Getriebepunkte als Indizes die Ziffern dieser Punkte tragen. Die unabhängige Veränderliche ist der Winkel β der Kurbelverdrehung. In Abhängigkeit von diesem Winkel werden die Koordinaten der einzelnen Punkte der Greiferspitzenbahn ermittelt. Es ist

$$a_1 = \sqrt{x_1{}^2 + y_1{}^2} \tag{68}$$

$$\gamma_1 = \text{arc tg } \frac{y_1}{x_1} \tag{69}$$

$$\alpha_1 = \text{arc tg } \frac{\sin \beta}{\dfrac{a_1}{r_1} - \cos \beta} \tag{70}$$

$$\varrho_1 = \frac{r_1 \sin \beta}{\sin \alpha_1} \tag{71}$$

Die Koordinaten des Punktes 4 sind:

$$y_4 = (\varrho_1 + R_1) \sin (\gamma_1 \pm \alpha_1) \tag{72}$$

$$x_4 = (\varrho_1 + R_1) \cos (\gamma_1 \pm \alpha_1) \tag{73}$$

Entsprechend wird für den Punkt 5:

$$y_5 = y_1 - r_2 \sin \left(\beta - \text{arc tg } \frac{y_1}{x_1} \right) \tag{74}$$

$$x_5 = x_1 + r_2 \cos \left(\beta - \text{arc tg } \frac{y_1}{x_1} \right) \tag{75}$$

Dann wird für den Winkel ε, der die Schräglage der Kurbelschleife *II* (Greifer) bestimmt:

$$\varepsilon = \text{arc tg } \frac{y_4 - y_5}{x_4 - x_5} \tag{76}$$

Die Koordinaten für die Greiferspitze *6* werden:

$$y_6 = y_4 - c \sin \varepsilon \tag{77}$$

$$x_6 = x_4 - c \cos \varepsilon \tag{78}$$

Um die Unübersichtlichkeit dieser Formeln zu demonstrieren, soll für die Greiferspitze nur der y_6-Wert in der ausführlichen Form, also durch Baumaße des Getriebes und die unabhängige Veränderliche β ausgedrückt werden:

$$y_6 = \left[\frac{r_1 \sin \beta}{\sin \text{arc tg } \dfrac{\sin \beta}{\dfrac{1}{r_1} \sqrt{x_1{}^2 + y_1{}^2} - \cos \beta}} + R_1 \right]$$

$$\sin \left(\text{arc tg } \frac{y_1}{x_1} \pm \text{arc tg } \frac{\sin \beta}{\dfrac{1}{r_1} \sqrt{x_1{}^2 + y_1{}^2} - \cos \beta} \right)$$

$$- c \sin \text{arc tg } \frac{\left(\dfrac{r_1 \sin \beta}{\sin \text{arc tg } \dfrac{\sin \beta}{\dfrac{1}{r_1} \sqrt{x_1{}^2 + y_1{}^2} - \cos \beta}} + R_1 \right)}{\left(\dfrac{r_1 \sin \beta}{\sin \text{arc tg } \dfrac{\sin \beta}{\dfrac{1}{r_1} \sqrt{x_1{}^2 + y_1{}^2} - \cos \beta}} + R_1 \right)} \cdots$$

$$\cdots \frac{\sin \left(\text{arc tg } \dfrac{y_1}{x_1} \pm \text{arc tg } \dfrac{\sin \beta}{\dfrac{1}{r_1} \sqrt{x_1{}^2 + y_1{}^2} - \cos \beta} \right)}{\cos \left(\text{arc tg } \dfrac{y_1}{x_1} \pm \text{arc tg } \dfrac{\sin \beta}{\dfrac{1}{r_1} \sqrt{x_1{}^2 + y_1{}^2} - \cos \beta} \right)} \cdots$$

$$\cdots \frac{- \left[y_1 - r_2 \sin \left(\beta - \text{arc tg } \dfrac{y_1}{x_1} \right) \right]}{- \left[x_1 + r_2 \cos \left(\beta - \text{arc tg } \dfrac{y_1}{x_1} \right) \right]} \tag{79}$$

Die nach diesen Formeln errechenbaren Bahnpunkte der Greiferspitze werden zweckmäßig nicht nach der Endformel ermittelt, sondern stufenweise nach der dargestellten Reihenfolge der Formeln. Denn so lassen sich leichter Irrtümer vermeiden und die Übersicht bleibt erhalten. Da es hoffnungslos ist, in allgemeiner Form die erste und zweite zeitliche Ableitung dieser in (79) genannten Ausdrücke für die Geschwindigkeit und Beschleunigung zu bilden, bleibt nur die Differenzbildung der Zahlenwerte in ausreichend kleinen Stufen übrig. Die erzielte Greiferbahn ist in den Abb. 248 und 318e dargestellt.

Der Aufbau des ganzen MITCHELL-Greifers zeugt von sehr großer Stabilität, die sich beispielsweise in der Verrippung der einzelnen Hebel ausdrückt. Die Toleranzen des Zusammenbaues an den einzelnen Gelenkstellen liegen hier bei $3 \ldots 5 \cdot 10^{-3}$ mm. Das Schaltverhältnis beträgt $S = 1 : 2,4$.

Das für eine 35 mm Ton-Atelierkamera bestimmte Schaltwerk der 20th CENTURY FOX ist in der Abb. 251 mit seinen kinematischen Abmessungen dargestellt. Aus Übersichtsgründen wird die Arbeitsweise des Schaltwerkes an Hand der Abb. 252 besprochen. Die Antriebswelle *1* dreht die Kurbel *2*, die eine um den ortsfesten Punkt *3* schwingende Kurbelschleife *3/8* zum Schwingen bringt. Mit dieser

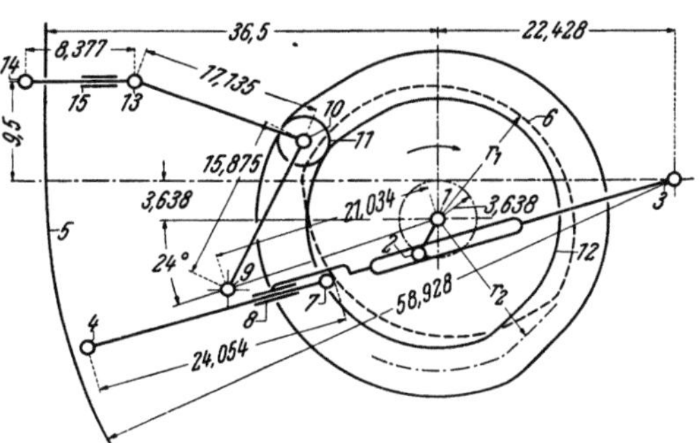

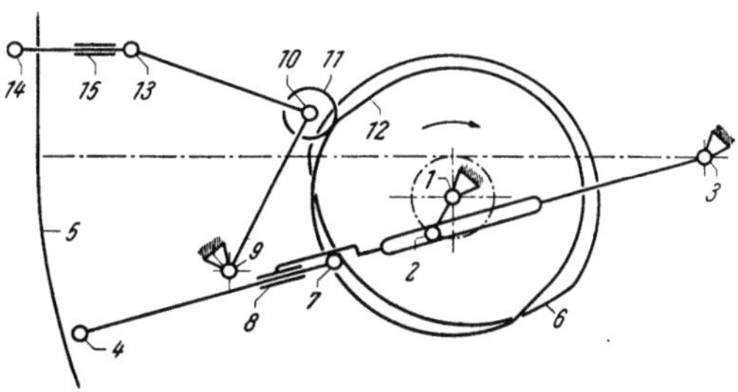

Abb. 251 und 252. 20th CENTURY FOX 35 mm „*Atelier-Kamera*", Greiferschaltwerk, Zug- und Justiersystem, Abmessungen und Schema, Maßstab 1 : 1.

1 Antriebswelle, *2* Kurbelzapfen, *3* Stift, *4* Greiferspitze, *5* Filmband, *6* Steuerkurve für Querwege, *7* Taststift, *8* Führung, *9*, *10* Stift, *11* Führungsrolle, *12* Steuerkurve für Justierstift, *13* Stift, *14* Spitze des Justierstiftes, *15* Führung (s. Abb. 253, 254, Greiferbahn s. Abb. 318d).

Bewegung wird der Filmzug in dem gekrümmten Filmkanal *5* bewirkt. Die Eintauchbewegung der Greiferspitze wird durch die Kurvenscheibe *6* erzwungen, die den eigentlichen in seiner Achse verschiebbaren Greifer *4/7* in der Führung *8* des Schwinghebels *3/8* über den Punkt *7* steuert und zum Ein- und Austauchen in das Filmband veranlaßt. Durch geeignete Bemessung der Kurvenscheibe *6* kann die Greiferbahn so gestaltet werden, daß die Greiferspitze kleine Querwege während des Filmzuges ausführt (s. Abb. 318d). Das Schaltverhältnis dieses Getriebes wird durch das Ausnutzen des kleineren Drehwinkels der Kurbel zum Filmzug $S = 1 : 2,4$.

Da das vorliegende 20th CENTURY FOX Getriebe kinematisch gesehen eine einfache schwingende Kurbelschleife mit veränderlicher Länge der Schleife ist, kann auch leicht eine Berechnung der Greiferbahn durchgeführt werden. Nach der Abb. 254 wird für den Schwingwinkel α der Schleife

$$\alpha = \text{arc tg} \frac{\sin \beta}{k - \cos \beta} \qquad (80)$$

wobei

$$k = \frac{a}{r} \qquad (81)$$

ist.

Der Weg s der Greiferspitze *4* längs des gekrümmten Filmkanals *5* beträgt:

$$s = \frac{\pi R\,\alpha^\circ}{180^\circ} \qquad (82)$$

Dabei wird die Strecke s von der Symmetrielinie der Kurbelschleife

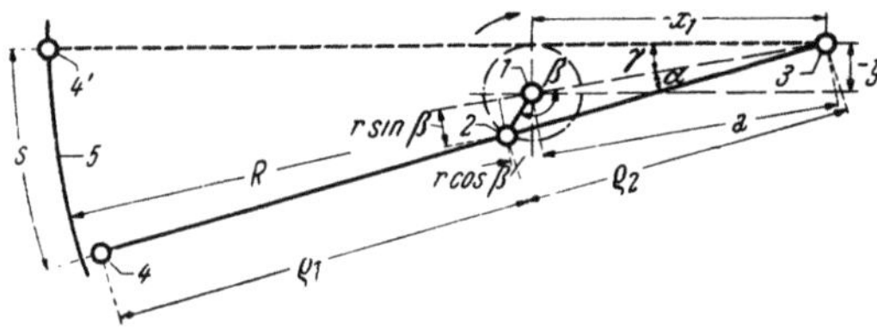

Abb. 253 und 254.
20th CENTURY FOX 35 mm „*Atelier-Kamera*",
Greiferschaltwerk, Zugsystem, Maßstab 1 : 1.

1 Antriebsachse, *2* Kurbelzapfen, *3* Stift, *4* Greiferspitze,
5 Filmkanal, *6* Kurvenscheibe, *7* Abtastspitze, *8* Führung,
r Kurbelradius, r_1 Radius der Kurvenscheibe, *s* Weg der
Greiferspitze (s. Abb. 251).

gerechnet. Auch dieser Greifer ist sehr *schwer* und stabil aufgebaut.

Ein Diagramm der Querkomponenten der Greiferspitzenwege s', Geschwindigkeiten v' und Beschleunigungen b' zeigt die Abb. 255.

Ein entsprechendes Schaubild der Querkomponenten für den Greifer der ASKANIA „*Z Kamera*" nach Abb. 205 zeigt die Abb. 256.

Ein für Aufnahmezwecke, gelegentlich auch in der Rückprojektionstechnik eingesetzter Greifer stammt von MASSOLLE. Nach der Abb. 257 wird der Greifer *4/5* von der um die Welle *1* umlaufenden Kurbel *2* mit dem Radius r_1 über den Zwischenhebel *2/3* zum Schwingen gebracht. Damit wird im

wesentlichen der Längsweg erzeugt. Für den Querweg wird der Drehpunkt *5* des Greifers von der um die Welle *6* umlaufenden Kurbel *5* mit dem Radius r_2 kreisbogenförmig geführt. Beide Kurbelachsen laufen mit der gleichen Drehzahl durch Kopplung über die Zahnräder *8* und *9*. Bei einer geschickten Dimensionierung der Radien r_1 und r_2, ihrer gegenseitigen Winkelstellungen und der sonstigen kinematischen Abmessungen des Getriebes kann erreicht werden, daß die Greiferspitze *4* während des Filmzuges praktisch keine Querwege gegenüber der gekrümmten Filmbahn *7* macht (Pat. 747 292).

Dieses Schaltwerk hat noch die Möglichkeit, bei entsprechender Bemessung ein wesentlich schnelleres Schalten als mit $S = 1 : 2$ zu ermöglichen. Dies wird durch die in der Abb. 257 gezeichnete Schräg-

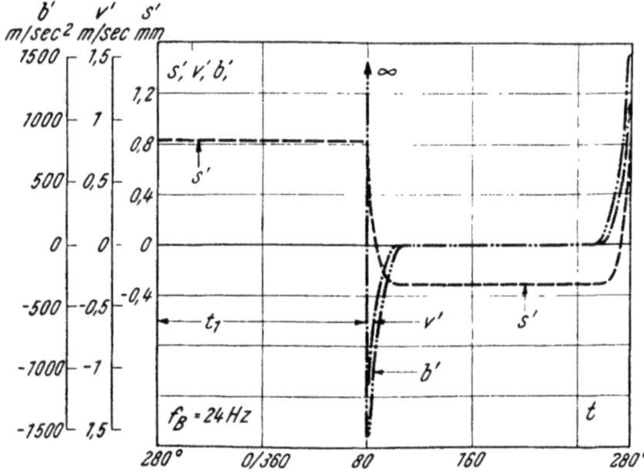

Abb. 255. 20th CENTURY FOX 35 mm Greiferschaltwerk.

Querwege s', Quergeschwindigkeiten v' und Querbeschleunigungen b' in Abhängigkeit von der Zeit t; f_B Bildfrequenz, t_1 Zeit des Filmzuges.

lage des Hebels *2/3* erreicht, womit sich allerdings ungünstige Übertragungswinkel ergeben. Für die gezeichnete Bauform wird ein Schaltverhältnis $S \approx 1 : 5$ erreicht.

Der Greifer der ÉCLAIR Atelierkamera *„Camé 300 Reflex"* geht in seinem kinematischen Aufbau aus der Abb. 258 hervor. Der um den ortsfesten Punkt *4* dreh- und verschiebbare Schwinghebel *2/3* entspricht einer schwingenden Kurbelschleife, die von der Kurbel *2* angetrieben wird. Die kinematische Umformung des Kurbelausgangskreises zur Greiferbahn *5* zeigt ebenfalls die Abb. 258. Der Filmkanal *6* ist gekrümmt und gibt damit günstige Ein- und Austauchverhältnisse für die Greiferspitze *3*. Außerdem ergeben sich verhältnismäßig kleine Querwege trotz der nicht sehr schmalen Greiferbahn. Die gestreckte Greiferbahn ist auch in der Abb. 318 i dargestellt.

Ein anderer Schwinghebelgreifer der FEARLESS Kamera, von dem in der Abb. 259 ein Schema gezeigt wird, besteht aus der umlaufenden Kurbel *1/2*, die über den Hebel *2/4* den Schwinghebel *5/6* bewegt. Dieser übersetzt damit den Durchmesser *2 r* des Kurbelkreises etwa im Verhältnis der Strecken *5/6* zu *4/6* und ergibt damit den hauptsächlichen Anteil des

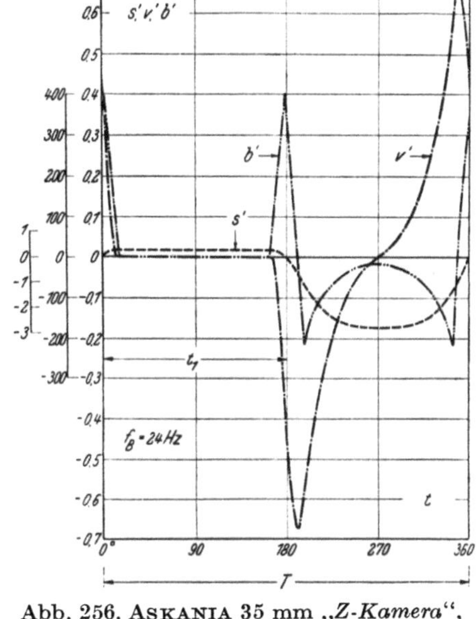

Abb. 256. ASKANIA 35 mm „Z-Kamera", Greiferschaltwerk.

Querwege *s'*, Quergeschwindigkeiten *v'* und Querbeschleunigungen *b'* in Abhängigkeit von der Zeit *t*; f_B Bildfrequenz, t_1 Zeit des Filmzuges (s. Abb. 205).

Filmbandzuges. Die Querwege werden durch die schlitzförmige Ausbildung des Hebels *2/4* und den Schwinghebel *5/6* erzeugt, wobei der durch den ortsfesten Punkt *3* geführte Hebel *2/4* die Größe des Kurbelkreises im Verhältnis der Strecken *3/4* und *2/3* übersetzt. Infolge der endlichen Hebellängen gehen naturgemäß die Steuerungen für Längs- und Querwege etwas ineinander über.

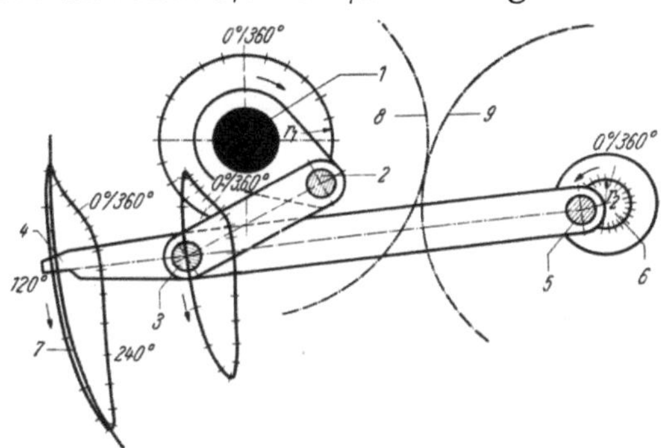

Abb. 257. MASSOLLE 35 mm *„Bild-Tonkamera"*, Greiferschaltwerk, Maßstab 1,5 : 1.

1 Antriebswelle, *2* Kurbelzapfen, *3* Stift, *4* Greifer, *5* Kurbelzapfen, *6* Welle, *7* Greiferbahn, r_1, r_2 Kurbelradien.

Ein weiterer Koppelkurvengreifer ist in der Abb. 351 als Abb. 452 als Teil *42* dargestellt. Ein

Teil *3* mit der Greiferbahn *6* und in Abb. 452 als Teil *42* dargestellt. Ein filmgesteuerter Schwinghebelgreifer ist in der Abb. 360 zu sehen.

Die hier gebrachten Beispiele von Schwinghebelgreifern mit Kurbelantrieb konnten nur eine Auswahl von sehr vielen möglichen vorgeschlagenen und ausgeführten Lösungen sein. Bei den meisten Bauformen ist das Bestreben erkennbar, die Greiferbahn schmal zu halten, um nur geringe Querwege der Greiferspitze während des Filmzuges zu erhalten, die Schwingweiten der Hebel nicht zu groß zu machen, und ein angenähert

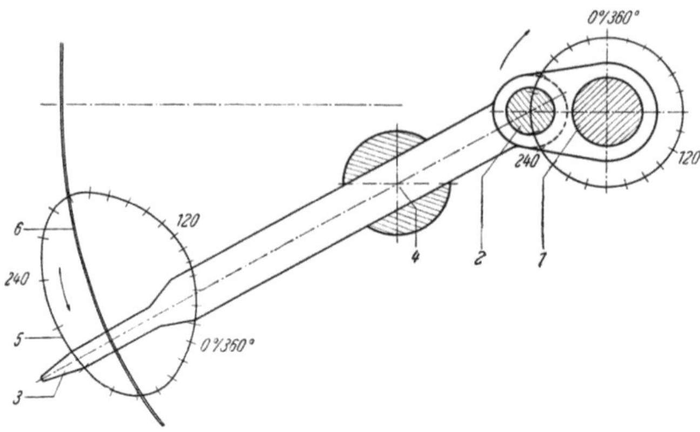

Abb. 258. ÉCLAIR 35 mm „Atelier-Kamera", Greiferschaltwerk, Maßstab 1,5 : 1.
1 Antriebswelle, *2* Kurbelzapfen, *3* Greifer, *4* Gelenk, *5* Greiferbahn *6* Filmband (s. Abb. 118).

senkrechtes Ein- und Austauchen der Greiferspitzen in und aus den Schaltlöchern zu bewirken. Die Antriebe werden von Kurbeln abgenommen, die ohne Änderung ihrer kinematischen Gesetze durch Zapfenerweiterung auch als *Kreisexzenter* verwendet werden können. Der Vorteil dieser *Kreisexzenter* liegt in dem Formenschluß zwischen Kurbelzapfen und angetriebenem Glied und in der möglichen Ausgestaltung einer Flächenberührung zwischen den bewegten Teilen und der damit gegebenen geringen Abnutzungsgefahr bei dem Einsatz von „Gleitsteinen" (z. B. *3*, Abb. *208*).

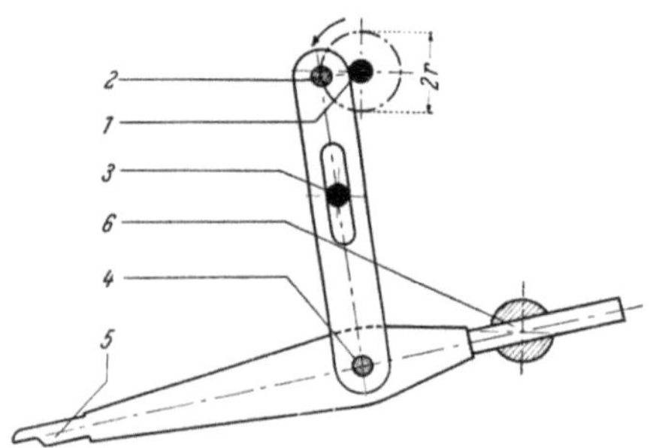

Abb. 259. FEARLESS-Greiferschaltwerk, Schema ohne Maßstab.
1 Antriebswelle. *2* Kurbelzapfen, *3*, *4* Stifte, *5* Greifer, *6* Führung, *r* Kurbelradius.

2. Kurventriebe

Die bisher in diesem Abschnitt gebrachten allgemeinen Hinweise für die Filmschaltwerke gelten, naturgemäß in sinnvoller Auslegung auch für die Kurventriebe. Das wesentliche Kennzeichen eines *Kurventriebes* ist die Möglichkeit, der Steuerkurve eine beliebige Gestalt und damit ein gewünschtes oder vorgeschriebenes Weg-Zeitgesetz zu geben. Unter einem Kurventrieb sollen nicht die schon beschriebenen *Kreisexzenter* verstanden werden, die kinematisch dem Kurbeltrieb entsprechen, aus dem sie durch Zapfenerweiterung hervorgegangen sind und die deshalb unter den Kurbeln behandelt wurden.

a) Geradeführung

Als Schema eines Kurventriebes mit Geradeführung wird in der Abb. 260 eine Kurvenscheibe *1* gezeigt, die bei einer Drehung infolge ihres unterschiedlich großen Radius r einen in der Führung *3* gerade geführten Rahmen *2* auf und ab bewegt. Der hier dargestellte Kraftschluß, nach dem eine nicht dargestellte Kraftquelle die Spitze des Rahmens *2* ständig mit einer so großen Kraft gegen die Steuerkurve *1* drückt, daß in jedem Falle, also auch beim Auftreten von Beschleunigungskräften, der Rahmen *2* an der Kurvenscheibe anliegt, ist nicht notwendig erforderlich. Ein gleichwertiges kinematisches Getriebe kann auch angegeben werden, bei dem ein Formschluß herrscht, bei dem also die zwangsläufige Steuerung der beiden bewegten Teile durch die Form der Kurvenscheibe gegeben ist.

Ein Ausführungsbeispiel für einen von einer Kurvenscheibe formschlüssig gerade geführten Hebel wurde schon in der Abb. 239 gebracht, wo zur Erzeugung der Greiferspitzenquerwege die Steuerkurve *2a* über die Rolle *10* und den Zapfen *9* den geradegeführten Hebel *8* bewegt. Auch sonst lassen sich noch Beispiele anführen, in der Wiedergabetechnik werden mehrfach Kurvenführungen verwendet.

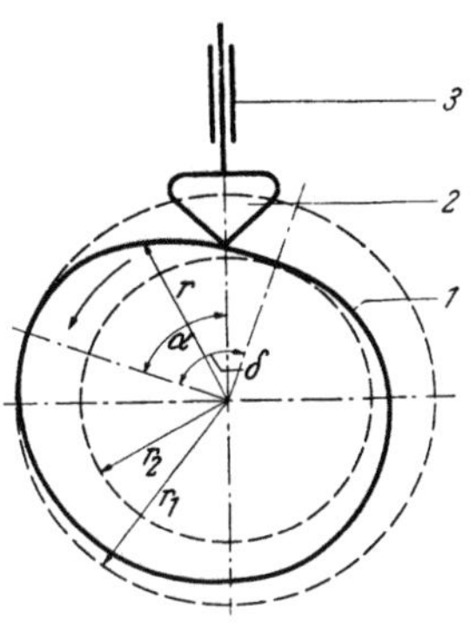

Abb. 260. Gerade geführter Greifer mit Kurvenscheibenantrieb, Schema.

1 Kurvenscheibe, *2* Greiferrahmen, *3* Geradeführung, *r* wirksamer Nockendurchmesser, r_1, r_2 Nockenradien, $h = r_1 - r_2$ Nockenhub, *a* Verdrehung der Kurvenscheibe, δ Schaltwinkel.

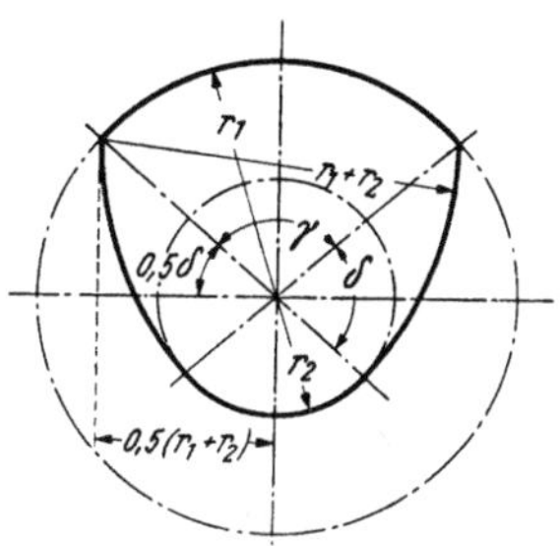

Abb. 261. Konstruktion eines „*Exzenters*" gleicher Breite.

r_1, r_2 ($r_1 + r_2$) Exzenterradien, $h = r_1 - r_2$ Exzenterhub, $d = = r_1 + r_2$ Exzenterdurchmesser, γ Stillstandswinkel, δ Schaltwinkel.

Eine Sonderform der Kurvenscheibe, im folgenden als „*Exzenter*" bezeichnet, hat bei den Filmschaltgetrieben eine häufige und eine geradezu klassische Anwendung gefunden. Der Exzenter besteht nach der Abb. 261 aus Kreisbogenteilen, von denen zwei koachsial zum Drehpunkt des Exzenters liegen und durch die Radien r_1 und r_2 definiert sind. Diese beiden Kreisbogen werden durch zwei andere unter sich gleich große verbunden, die den Radius $r_1 + r_2$ haben und in den kleineren Kreis mit dem Radius r_2 tangential einmünden und in den größeren mit dem Radius r_1 mit einer Ecke verbunden sind. Diese Ecke ist jeweils der Mittelpunkt des gegenüberliegenden, größten Kreises mit dem Radius $r_1 + r_2$.

Der so beschriebene Exzenter hat als wesentliche Eigenschaft eine in jeder Richtung gemessen gleich große Breite $r_1 + r_2$, und zwar mathematisch genau, wie sich leicht aus der Abb. 261 erkennen läßt. Ein solcher Exzenter kann also, zwischen zwei parallele Führungen vom Abstand $r_1 + r_2$ gelegt, jede beliebige Drehung gegenüber diesen Führungen ausführen, ohne dabei zu klemmen oder Spiel zu haben. Das gleiche gilt für einen quadratischen Ausschnitt einer Führung von der Seitenlänge $r_1 + r_2$, in die der Exzenter in jeder Lage formschlüssig hineinpaßt.

Dieser Exzenter wird in der Kinotechnik vielfach fälschlich als *Herzexzenter* bezeichnet. Die zu einem richtigen Herzexzenter gehörende Kurve ist aus zwei symmetrischen Spiralen zusammengesetzt, die sich in einer stumpfen und einer spitzen Ecke treffen.

Der vorstehend beschriebene Exzenter nach Abb. 261 ist die allgemeine

Form des bekannten REAULEUxschen Bogendreiecks (Abb. 262, Kurve *1*), wenn der Radius r_2 unendlich klein wird und damit der Exzenter aus einem gleichseitigen Bogendreieck mit den gleichen Radien r_1 besteht.

Es läßt sich leicht nachweisen, daß die von einem derartigen Exzenter gerade geführten Rahmen sinusförmige Bewegungen ausführen. Denn kinematisch gesehen ist ein Exzenter mit einer Kreuzschleifenkurbel identisch, allerdings gelten diese Gesetze nur über einen bestimmten Bereich der Verdrehung des Exzenters.

Nach diesen Bewegungsgesetzen schaltet das Bogendreieck (Abb. 262, Kurve *1*) am langsamsten, mit einem Schaltverhältnis $S = 1:3$. Alle anderen Exzenterbauformen, für die in der Abb. 262 noch die Kurven *3 ... 5* gezeigt werden, schalten schneller mit den Schaltverhältnissen $S = 1:4$, $1:6$ und $1:8$. Mit trigonometrischen Mitteln ist die Berechnung der dargestellten Exzenter möglich. Alle in der Abb. 262 dargestellten Exzenter haben den gleichen Schalthub h, der allgemein:

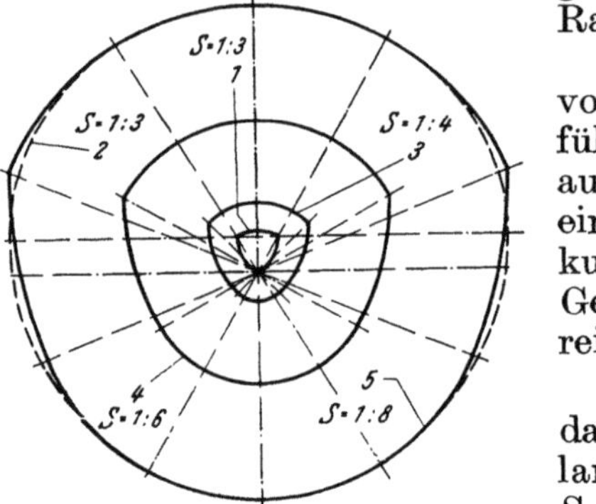

Abb. 262. Fünf Exzenterkurven mit gleicher Größe des Hubes mit den Schaltverhältnissen $S = 1:3$ (*1*, Bogendreieck); $S = 1:3$ (*2*, Bogendreieck mit Abrundung); $S = 1:4$ (*3*); $S = 1:6$ (*4*); $S = 1:8$ (*5*) (s. Abb. 261).

$$h = r_1 - r_2 \qquad (83)$$

beträgt. Der Durchmesser d der Exzenter ist:

$$d = r_1 + r_2 \qquad (84)$$

Zwischen der Exzenterscheibe und dem Rahmen findet ein Abwälz- und Gleitvorgang statt, wie aus den einzelnen aufgezeichneten Bewegungsphasen der Abb. 263 zu erkennen ist. Hier wurde im Teilbild *II a* und *IV a* auch das *kinematische Ersatzschaltbild* angegeben, das eine Kreuzschleifenkurbel ist und an dem die folgenden Formeln für die Bewegung des Exzenterrahmens berechnet wurden. Bei einem Drehwinkel α des Exzenters gilt für den Weg s des Greiferrahmens und für die Bezeichnungen nach den Abb. 261 und 263:

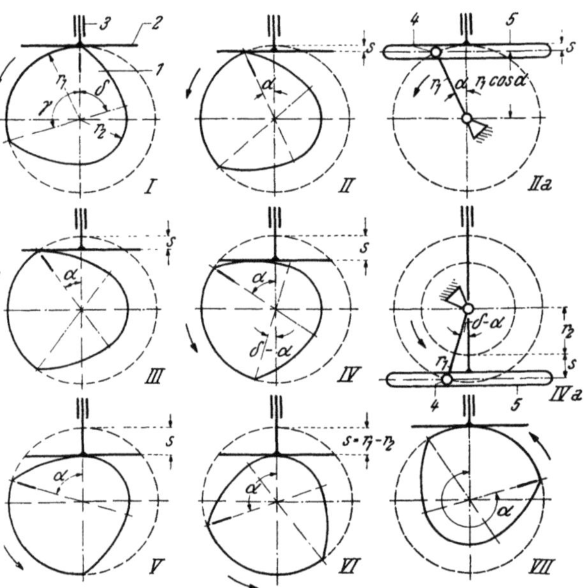

Abb. 263. Exzenter mit geradegeführtem Rahmen, Schema.

1 Exzenter, *2* Exzenterrahmen, *3* Geradeführung, *4* Kurbel (Ersatzschema), *5* Kreuzschleife, r_1, r_2 Exzenterradien, *s* Weg des Rahmens, α Verdrehung des Exzenters, γ Stillstandswinkel, δ Schaltwinkel, $S = 1:5$ (s. Abb. 261).

$$s = r_1 (1 - \cos \alpha) \qquad\qquad \text{für } 0° \leq \alpha \leq 0,5\, \delta \qquad (85)$$

$$s = r_1 \cos (\delta - \alpha) - r_2 \qquad\qquad \text{für } 0,5\, \delta \leq \alpha \leq \delta \qquad (86)$$

Entsprechend werden die Geschwindigkeiten v und Beschleunigungen b, die nur für die erste Hälfte der Bewegung angegeben werden:

$$v = r_1\, \omega\, \sin \alpha \qquad\qquad \text{für } 0° \leq \alpha \leq 0,5\, \delta \qquad (87)$$

$$b = r_1\, \omega^2 \cos \alpha \qquad\qquad \text{für } 0° \leq \alpha \leq 0,5\, \delta \qquad (88)$$

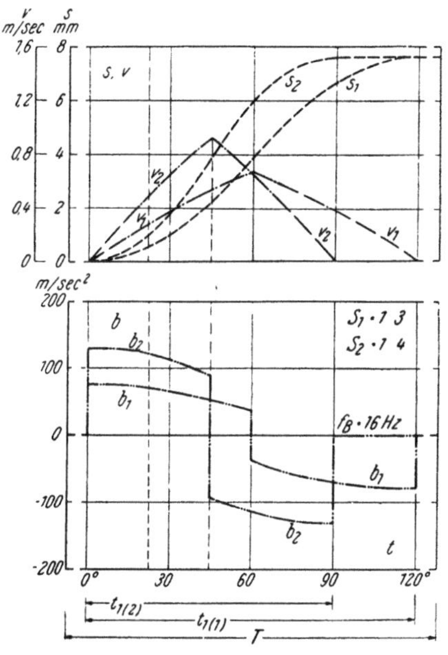

Abb. 264.
Exzentergreifer mit Geradeführung.

Wege s, Geschwindigkeiten v und Beschleunigungen b der Greiferspitze parallel zum Filmband in Abhängigkeit von der Zeit t und dem Schaltverhältnis S, t₁ Zeit des Filmzug T Schaltperiode, f_B Bildfrequenz, 16 mm-Format. Für das 8- bzw. 35 mm-Format gelten die 0,5- bzw. 2,5-fachen s-, v- und b-Werte.

Die graphische Aufzeichnung der nach diesen Formeln berechenbaren Wege s, Geschwindigkeiten v und Beschleunigungen b findet sich in der Abb. 264 in ihrer zeitlichen Abhängigkeit. Diese Kurven gelten für einen gerade geführten Greiferrahmen und die Komponenten in Richtung des Filmbandes, sind damit also auch für die Wege des Filmbandes gültig.

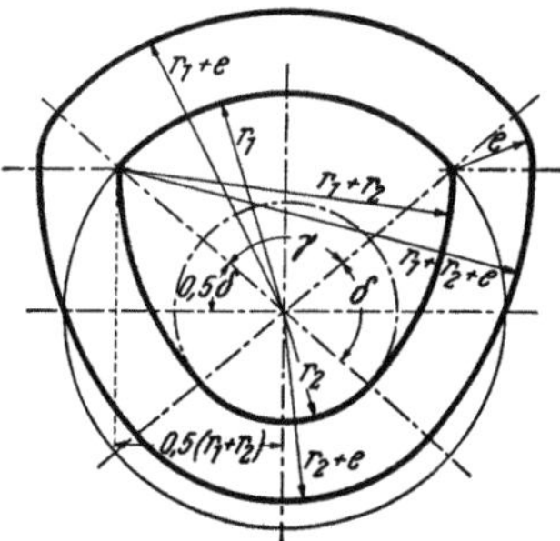

Abb. 265.
Exzenter gleicher Breite mit „Abrundung" (äquidistante Linie um Exzenter).

r_1, r_2 $r_1 + r_2$) Exzenterradien, e Abstand der äquidistanten Linie, γ Stillstandswinkel, δ Schaltwinkel.

Wie man leicht nachweisen kann, beeinflußt eine äquidistante Linie im Abstande e um einen Exzenter (Abb. 265) die Bewegungsgesetze in keiner Weise. Diese Abrundung hat aber den Vorteil, daß auch die Exzenterecken wegfallen, die einer größeren Abnutzungsgefahr unterworfen sind. Ein Bogendreieck mit einer äquidistanten Linie ist auch in der gestrichelt dargestellten Linie der Kurve 2 in der Abb. 262 abgebildet und hat auch in dieser Form ein Schaltverhältnis S = 1 : 3 und einen Hub, der gleich dem des ursprünglichen Bogendreiecks der Kurve 1 ist.

Die Abmessungen der einzelnen Exzenter in Abhängigkeit von dem Schaltverhältnis S und dem Hub h sind in der Abb. 266 angegeben.

Ein in zwei senkrecht zueinander liegenden Richtungen gerade geführtes Getriebe könnte nach dem Schema Abb. 267 aufgebaut werden. Danach bewegt der Exzenter 1 den abwärts gehenden Rahmen 2 in der

Führung *3a* und *3b* des Rahmens *3* und zieht dabei mit seiner Greiferspitze *2a* das Filmband *5*. Die Ein- und Austauchbewegung wird dadurch bewirkt, daß an gewissen Stellen der Drehung
des Exzenters der Rahmen *3* in seiner ortsfesten

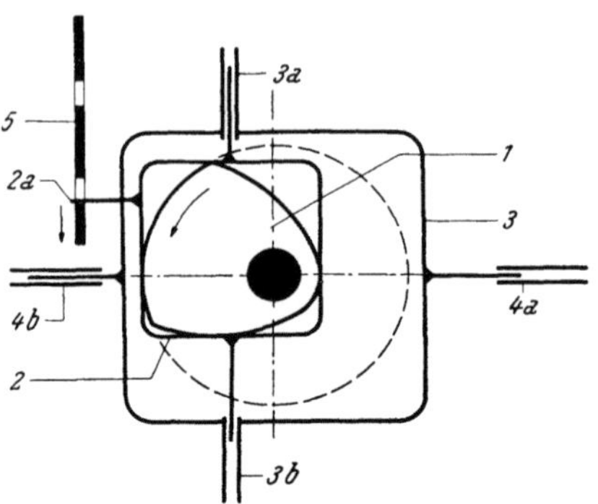

Abb. 267.
Exzentergreifer mit Geradeführung in
zwei Ebenen, die parallel und senkrecht
zum Filmband liegen. Schema.

1 Exzenter, *2* Greiferrahmen, *2a* Greiferspitze,
3 Führungsrahmen, *3a, 3b* Schlitze am Führungsrahmen, *4a,b* ortsfeste Schlitzführung, *5* Filmband.

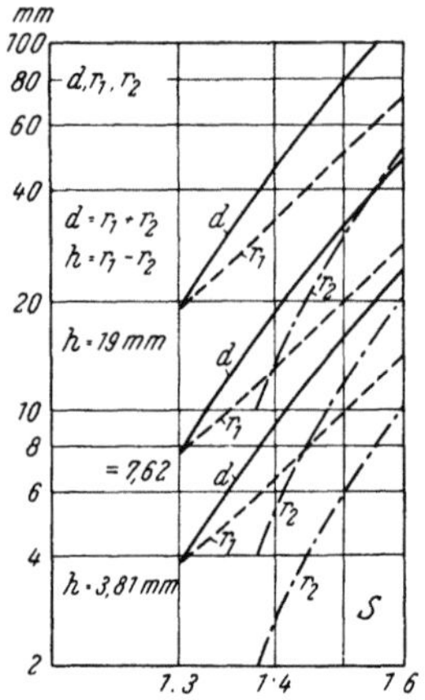

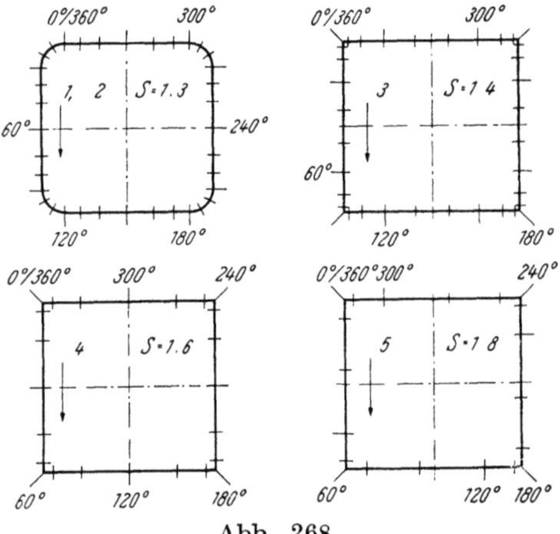

Abb. 266.
Bemessung der Radien
r_1, r_2 und des Durchmessers *d* von Exzen-
tern gleicher Breite in
Abhängigkeit vom
Schaltverhältnis *S* und
dem Exzenterhub
$h = r_1 - r_2$ (s. Abb. 261).

Führung *4a* und *4b* senkrecht zum Filmband bewegt wird. Bei Exzentern, die ein Schaltverhältnis $S = 1 : 4$ haben, gehen die Längs-
und Querwege gerade ineinander über. Es ergibt sich damit für
jeden Punkt des Rahmens *2* und damit auch für die Greiferspitze *2a*
ein genau quadratischer Weg, der durch die Bahn *3* in der Abb. 268
angedeutet ist. Die Querstriche geben wieder die Wegpunkte für je
10° Exzenterverdrehung an.

Schaltet das Getriebe langsamer, also beispielsweise mit einem Schaltverhältnis $S = 1 : 3$, so ergibt sich die Bahn *1* und *2* mit einem abgerundeten Übergang von den Längs- zu den Querbewegungen und
so fort. Die Bahnen *1* und *2* (Abb. 268) sind gleich und gelten für die Exzenter
1 und *2* der Abb. 262, die das gleiche Bewegungsgesetz des Bogendreiecks
befolgen. Ist der Exzenter für eine schnellere Schaltung als $1 : 4$ be-

Abb. 268.
Bahnen eines Exzentergreifers mit Geradeführung in zwei Ebenen, die parallel und
senkrecht zum Filmband liegen (nach
Abb. 267).

Die Steuerung erfolgt durch die fünf in der
Abb. 262 dargestellten Exzenter gleicher Breite. Die
Greiferbahnen sind im Maßstab 5 : 1 dargestellt.

messen, so werden nach den Bahnen *4* und *5* der Abb. 268 ebenfalls
quadratische Bahnen durchlaufen, wobei aber in den Ecken Stillstände

auftreten, bei denen also weder ein Längs- noch ein Querweg eintritt. Die Stillstände in den Ecken dauern um so länger, je schneller geschaltet wird. Außerdem wird der Zeitdurchlauf durch die Bahnen mit kleinerem Schaltverhältnis immer ungleichmäßiger, wie aus der Lage der Querstriche in der Abb. 268 zu erkennen ist.

Das in der Abb. 267 dargestellte Getriebe ist nicht sehr zweckmäßig und wird deshalb praktisch auch nicht eingesetzt, weil die Querwege genau so groß wie die Längswege sind. Mehrfach wird aber von Exzentersteuerungen Gebrauch gemacht, wobei nur der Längs- oder der Querweg durch den Exzenter bewirkt wird und die andere Bewegung durch einen Exzenter mit kleinerem Hub oder eine andere Steuerung erzielt wird.

Als Beispiel soll das in der Abb. 269 dargestellte 16 mm-Schaltwerk der MAURER „Atelier-Kamera" dienen. Hier wird der senkrecht geführte Rahmen *4* von dem Exzenter *2* auf- und abwärts bewegt. Dieser Exzenter ist aus einem Bogendreieck mit Abrundung entstanden und hat damit ein Schaltverhältnis S = 1 : 3. Diese Abrundungen sind bei einem Bogendreieck auch deswegen zweckmäßig, da eine Spitze dieses Dreiecks durch den Mittelpunkt der Antriebsachse geht und damit ungünstige Fertigungsverfahren bringen würde. Die Abmessungen des Exzenters sind $r_1 = 7{,}62$ mm, $r_2 = 0$. Die Abrundung beträgt e = 2,9 mm.

Während bei dem MAURER-Getriebe der Längsweg durch den Exzenter *2* erzeugt wird, steuert die Querbewegung des Greifers *5* der Kreisexzenter *3* von der Exzentrizität e = 1,4 mm. Der Rahmen *5* ist in dem Schlitten *4* senkrecht zur Filmbandebene verschiebbar und trägt die Greiferspitze *5a*, die die Greiferbahn *6* beschreibt. Durch diesen Mechanismus ist ein genau senkrechtes Ein- und Austauchen der Greiferspitze in und aus den Schaltlöchern gegeben.

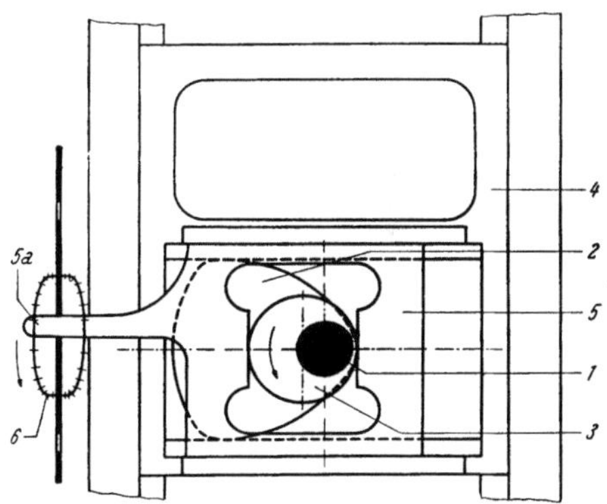

Abb. 269. MAURER 16 mm „*Professional-Kamera*", Greifer, Maßstab 1,5 : 1.

1 Antriebswelle, *2* Exzenter, *3* Kreisnocken, *4* Schlitten, *5* Greiferrahmen, *6* Greiferbahn. Die Zeichnung wurde an einigen Stellen aus Deutlichkeitsgründen etwas verzerrt dargestellt.

Ein ebenfalls in Filmzugsrichtung durch einen Exzenter gesteuertes Schaltwerk verwenden BELL und HOWELL in einer 35 mm-Kamera. Hier wird durch den Exzenter ein Greiferrahmen auf- und abwärts bewegt, an dem sich eine fest angebrachte, also nicht quer gesteuerte Greiferspitze befindet. Die Kopplungsbewegung zwischen Greiferspitze und Filmband wird hier von dem Filmband ausgeführt, das sich in dem beweglichen Filmkanal befindet und im richtigen Moment mit einem Schaltloch auf die genannte Greiferspitze aufgefädelt bzw. nach Durchführung des Filmzuges wieder von ihm abgekoppelt wird. Eine ähnliche Einrichtung hat die NEWMANN-Kamera. Nähere Angaben lagen leider nicht vor.

Das in der Abb. 270 dargestellte EMEL-Getriebe der 8 mm-Kamera besitzt ebenfalls eine exakte Geradeführung des Greiferrahmens *5* für den Filmzug. Die Steuerung dazu wird von dem Exzenter *4* bewirkt, der ein Schaltverhältnis von S = 1 : 3 hat und eine Abrundung besitzt. Die Querwege für die Greiferspitze *5a* werden dadurch gewonnen, daß der Greiferrahmen *5* mit zwei umgebogenen Lappen dreh- und verschiebbar auf den runden fluchtenden Bolzen *6* und *7* geführt wird und damit auch Drehbewegungen um die Achse der Bolzen *6* und *7* machen kann. Damit wird ein Ein- oder Austauchen der Greiferspitze *5a* in das nicht dargestellte Filmband erzwungen. Der Antrieb wird von einer räumlichen Steuerkurve *8* übernommen, die sich gleichachsig mit dem Exzenter und dem Verschluß *9* dreht. Auf dieser Steuerkurve *8* schleifen zwei durchgedrückte Nasen *5b* des Greiferrahmens *5* und erzwingen damit die Schwenkbewegung des Greiferrahmens. Gleichzeitig rutschen diese Nasen infolge des Greiferhubes auf dieser Steuerkurve hin und her. Hier liegt ebenfalls ein Getriebe

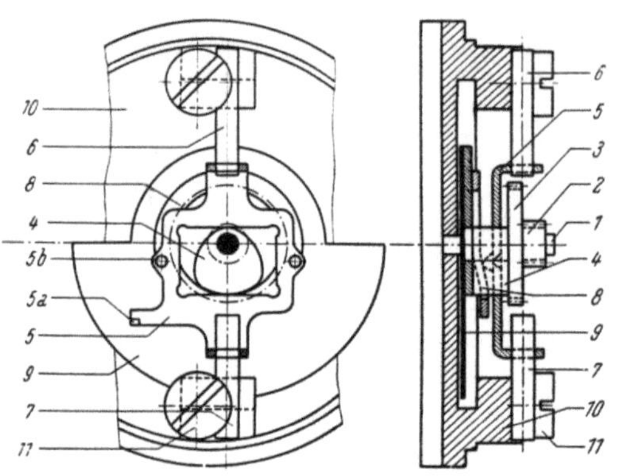

Abb. 270. EMEL 2 × 8 mm „*Ciné 8*", Greifer und Verschluß, Maßstab 1 : 1,25 (entspricht der BELL und HOWELL-Konstruktion).

1 Achse, *2*, *3* Zahnräder, *4* Exzenter mit Abrundung, *5* Greifer, *6*, *7* Führungsstifte, *8* Kurvenscheibe, *9* Umlaufverschluß, *10* Gehäuse, *11* Schraube.

mit getrennter Erzeugung der Längs- und Querwege vor. Da infolge der genauen Geradeführung die Schwenkbewegung des Greiferrahmens keinen Einfluß auf die Wege in Filmbandrichtung hat, braucht die Steuerkurve *8* keine besondere Genauigkeit aufzuweisen. Einen Schnitt durch die EMEL-Kamera zeigte die Abb. 169.

Der Greifer der Abb. 270 ist hinsichtlich seiner Greiferrahmenführung ähnlich der in der Abb. 163 dargestellten Konstruktion, wenn man von der Kurbelsteuerung des Vorschubes und der Filmbandsteuerung der Querbewegung absieht.

Die in der Abb. 270 dargestellte Konstruktion stammt von BELL und HOWELL und ist auch in einigen Typen dieser Kameras eingesetzt; leider lagen keine Angaben darüber vor.

Eine getrennte Erzeugung der Längs- und Querwege des Greifers durch je einen Exzenter wird in der „*Super Parvo Kamera*" (Abb. 271) durchgeführt. Der Antrieb der Längsbewegung wird von der Welle *1* über den Exzenter *2* bewirkt, der aus einem Bogendreieck mit einer kleinen Abrundung von r ≈ 1 mm besteht. Damit wird S = 1 : 3. Die Querwege erzeugt der Exzenter *9* mit dem Schaltverhältnis S ≈ 1 : 4,8 mit einem Gesamtweg s' ≈ 3,2 mm der Greiferspitzen *6a*. Die Greiferbahn ist in der Abb. 318k dargestellt. Der Greiferrahmen *4* wird in den Führungssäulen *5* zum Längsweg gerade geführt, während die Querwege des Greifers *6* in dem Rahmen *4* stattfinden (Abb. 271).

b) Schwinghebelführung

Auch für die Schwinghebelführung von kurvengesteuerten Greifern können einige Beispiele genannt werden. So wurde für den in der Abb. 218

gezeigten Greifer die Steuerung der Querwege durch eine auf der Welle *11* sitzende Raumkurve vorgenommen.

Als Kurvensteuerung können auch andere schon gebrachte Bauformen angesehen werden, beispielsweise die Führung *5* in der Abb. 222, *5a* in Abb. 228 und andere.

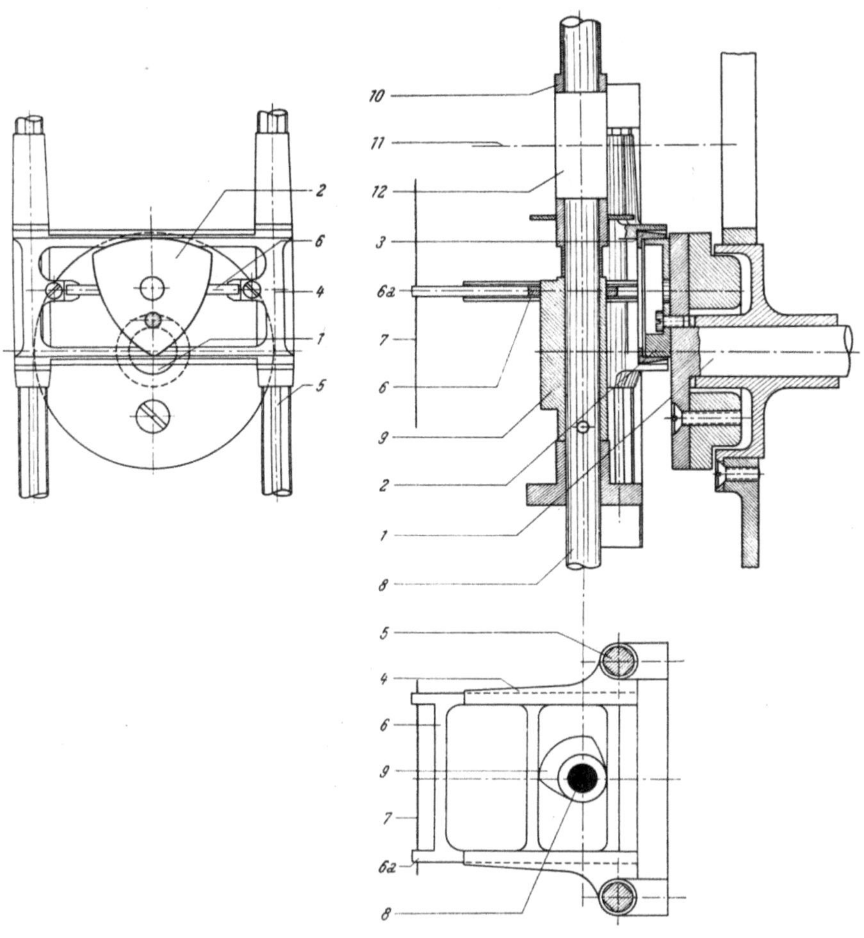

Abb. 271. DEBRIE 35 mm Atelier-Kamera „*Super Parvo*", Greiferschaltwerk, Maßstab 1 : 1,3.
1 Antriebswelle, *2* Exzenter (mit Abrundung) für Filmzug, *3* Exzenterführung, *4* Greiferrahmen, *5* Führung, *6* Greifer, *7* Filmband, *8* Steuerwelle, *9* Exzenter für Querbewegung, *10* Befestigung des Rahmens für Durchblick bei Bildeinstellung, *11* Achse des Aufnahmeobjektivs, *12* Rahmen.

Während die bisher besprochenen Getriebe die Führung eines Rahmens von einer Steuerkurve nur in einer einzigen Richtung ausnutzen — die Gründe für den Exzenter wurden bereits im Zusammenhang mit der Abb. 267 besprochen —, kann bei Schwinghebeln ein Ausnutzen des Exzenterantriebes für Längs- und Querwege zweckmäßig sein. Als Beispiel wird in der Abb. 272 ein Exzenter mit Schwinghebelführung als

Quergreifer in verschiedenen Stellungen gezeigt, aus denen erkennbar
ist, wie der Exzenter *2* den in dem ortsfesten Punkt *3* geführten Schwing-

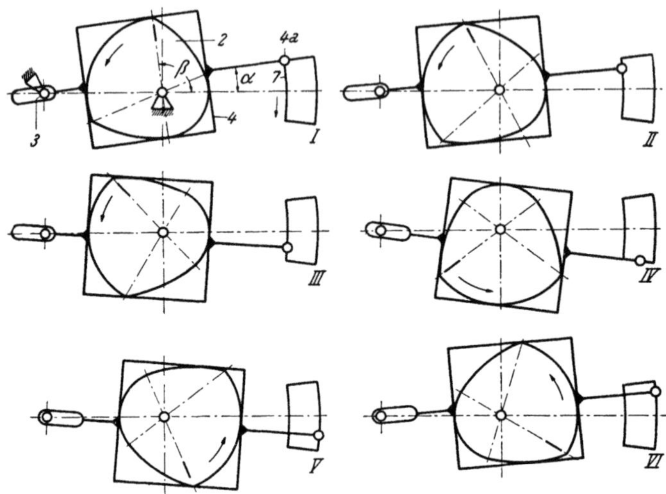

Abb. 272. Schwinghebelgreifer mit Exzenterantrieb, Schema.

2 Exzenter, *3* Rahmenführungspunkt, *4* Greiferrahmen, *7* Greiferbahn (s. Abb. 273).

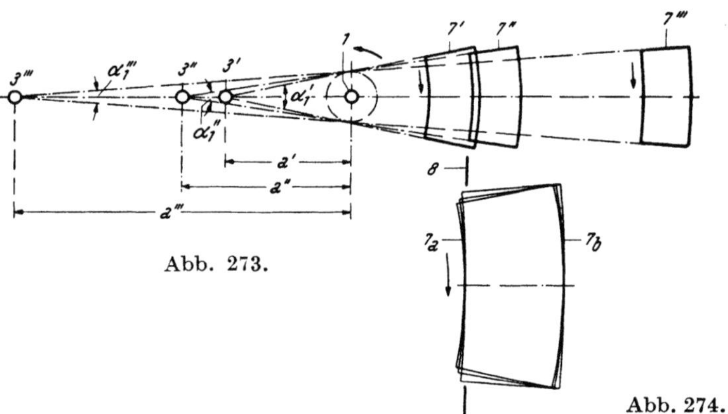

Abb. 273.

Abb. 274.

Abb. 273 und 274. Greiferbahnen von Schwinghebelexzentern mit gleichem Schalthub
s_{max}, aber verschiedener Größe des relativen Achsabstandes $k = a/r_1$ und verschiedener
wirksamer Schwinghebellänge.

1 Antriebswelle, *3* Rahmenführungspunkt, *7* Greiferbahn, *8* Filmebene (vgl. Abb. 272).

Vergleich dieser Greiferbahnen im doppelten Maßstab (Abb. 274).

hebel *4* bewegt. Dieser durchläuft mit seinem Punkt *4a* die Greiferbahn *7*.
Diese Bahn kann unter Beachtung des Hebelübersetzungsverhältnisses
des Greiferrahmens als eine Umformung der in der Abb. 268 gezeigten

quadratischen Bahnen betrachtet werden. Die Breite der Bahnen der
Abb. 273 ist gleich dem Exzenterhub, während die Höhe der Bahnen
gleich dem Exzenterhub multipliziert mit dem Übersetzungsverhältnis
des Greiferrahmens ist. Die
leichte Durchkrümmung der
Bahn ergibt sich aus den
endlichen Abmessungen des
Exzenterrahmens *4*. In der
Abb. 273 sind aus Vergleichs-
gründen schematisch verschiedene Bahnen *7' ... 7'''* aufgezeichnet und in der Abb. 274
vergrößert übereinander gezeichnet, um den Einfluß der
Abmessungen des Exzenter-
rahmens zu demonstrieren. Es
können zum Filmzug die klei-

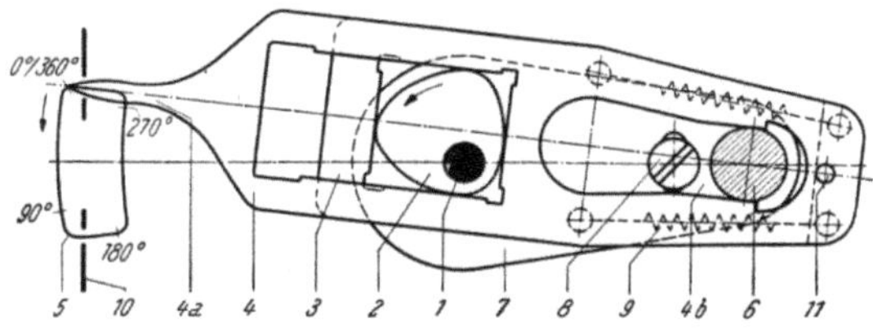

Abb. 275.
Zeiss Ikon 16 mm „*Movikon 16*" und „*Ikophon
Bild-Tonkamera*", Greiferschaltwerk, Maßstab 1,5 : 1.
1 Antriebswelle, *2* Exzenter mit Abrundung, *3*, *4* Greiferrahmen, *5* Greiferbahn, *6* Greifer-Führungsstift, *7* Justierhebel,
8 Schraube, *9* Feder, *10* Filmebene, *11* Anschlagstift
(s. Abb. 106).

neren Bögen *7a* sowie auch die größeren *7b* der Bahnen *7* verwendet
werden.

Als Beispiel für einen exzentergesteuerten Schwinghebelgreifer wird
in der Abb. 275 das Schaltwerk der Zeiss Ikon „*Movikon 16*" und
„*Ikophon-Bild-Tonkamera*" dargestellt. Der Exzenter *2* treibt bei seinem
Umlauf um die Welle *1* die Rahmen *3* und *4* an, die durch Federn *9* zu
einer kraftschlüssigen Einheit verbunden sind. Der Rahmen *3* enthält
einen quadratischen Ausschnitt und läßt damit die formschlüssige
Führung durch den Exzenter *2* zu. Die von der Greiferspitze *4a* durchlaufene Bahn *5* ist ebenfalls aufgezeichnet. Die Rahmen sind in dem
Führungsstift *6* dreh- und verschiebbar gelagert, der an dem Hebel *7*
befestigt die fabrikmäßige Justierung des Greifers zuläßt. Die Teilung
des Greiferrahmens in die zwei Schichten *3* und *4* wurde deshalb vorgenommen, um in der Kamera die Greiferspitze *4a* nach rechts (in der
Zeichnung) zu ziehen und damit den Filmkanal zum Einlegen des Filmbandes von der Seite her freizulegen. Dieses Zurückziehen des Greifers
wird automatisch beim Öffnen des Filmkanals gesteuert. Der Hub des
Exzenters beträgt etwa 3,5 mm, das mittlere Übersetzungsverhältnis des
Greifers ü = 2,25. Das Schaltverhältnis des Greifers beträgt infolge
der Schwinghebelanordnung S = 1 : 2,7. Das Getriebe dieser Kamera
ist in der Abb. 184 dargestellt.

Einen durch einen Exzenter angetriebenen Schwinghebelgreifer als
Längsgreifer besitzen auch die „*Bolex-Kameras H*". In der Abb. 108 ist
der Exzenter als Teil *8* und der Greifer als *9* zu erkennen.

Ein Schwinghebelgreifer mit Exzentersteuerung in Form eines Längs-
greifers wird in der Siemens „*8 R-Kamera*" eingesetzt (Abb. 276). Hier
dreht die Welle *1* den durch Löcher ausgewuchteten Exzenter *2*, der
formschlüssig den Greiferrahmen *4* bewegt. Dieser ist mit seinem Schlitz *4b*
dreh- und verschiebbar durch den Bolzen *5* geführt und beschreibt mit
seiner Greiferspitze *4a* die auf der rechten Seite der Abb. 277 im 6,67-
fachen Maßstab gezeigte Greiferbahn. Die links gezeichnete Bahn würde
sich dann ergeben, wenn der Führungsstift *5* genau über der Drehachse *1*
liegen würde. Dieser Greiferrahmen ist aus Blech gepreßt und an
den Funktionsstellen geschliffen, seine Gestalt geht aus der Abb. 278

hervor, die gleichzeitig auch den Schwinghebelverschluß dieser Kamera darstellt. Der Exzenter der „*8 R-Kamera*" hat folgende Abmessung: $r_1 = 4$ mm; $r_2 = 0$; e $= 4{,}5$ mm und S $= 1 : 3$.

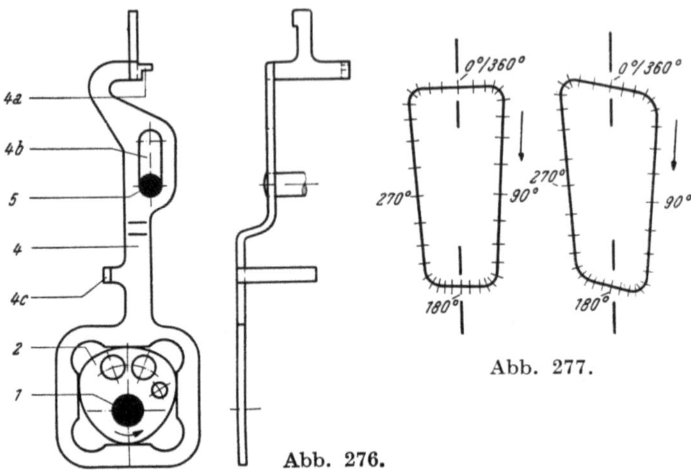

Abb. 277.

Abb. 276.

Abb. 276 und 277. Siemens 2×8 mm „*8 R-Kamera*", Greiferschaltwerk, Maßstab $1 : 1$, und Bahn eines Exzentergreifers, Maßstab $6{,}7 : 1$. Schaltverhältnis S $= 1 : 3$.

1 Antriebswelle, *2* Exzenter mit Abrundung, *4* Greifer, *5* Führungsstift.

Abb. 277. Links: Bahn, bei der der Führungsstift *5* senkrecht über der Antriebswelle *1* liegt; rechts: Bahn der Siemens „*8 R-Kamera*" (s. Abb. 278).

Bei einigen Systemen wird von einem *federnden* Greifer gesprochen. Damit ist nicht gemeint, daß der Greiferhebel in sich während des Filmzuges federn kann, denn zu einem sicheren Filmtransport und guten Bildstand ist gerade ein starrer Aufbau notwendig, der jedes Federn und Vibrieren ausschließt. Unter dem federnden Greifer wird eine Anordnung verstanden, bei der die Greiferspitze nach Art einer Schaltklinke zum leichteren Einlegen des Filmbandes ausgebildet ist. Trotzdem arbeitet der Greifer mit der kraftschlüssig anliegenden Klinke als üblicher Greifer und beschreibt auch ohne Filmband eine richtige Greiferbahn, besitzt also keine Filmsteuerung. Wird das Filmband gezogen, so wirkt der Greifer als Einheit, indem die unter Federspannung liegende Klinke gegen einen festen Anschlag des Greiferrahmens anliegt.

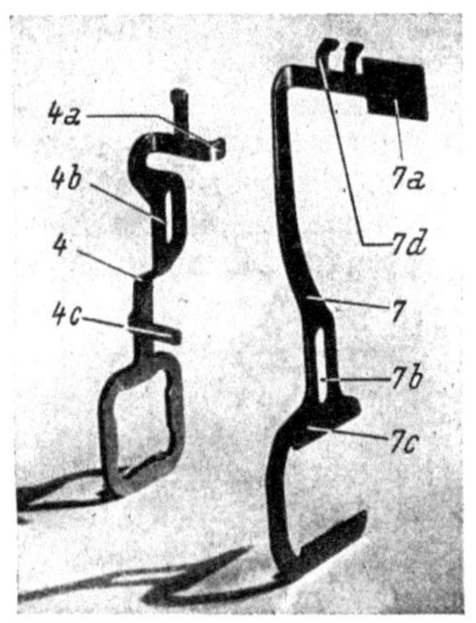

Abb. 278. Siemens 2×8 mm Kamera „*8 R*", Greifer und Schwingverschluß, Maßstab etwa $1 : 1{,}3$.

4 Greifer, *7* Schwingverschluß (s. Abb. 276).

Die Federeinrichtung ist notwendig zunächst bei den Kameras, die das Kodak 8- oder 16-*Magazin* (Abb. 137, 138) verwenden, bei denen bei dem Verschließen des Bildfensters *1a* und der Greiferschlitze *1b* auch die in die Kassette eingreifende Greiferspitze *herausgedrängt* werden muß (Abb. 138).

Einen federnden Greifer in dem eben beschriebenen Sinne haben zweckmäßig, wenn auch nicht notwendig, die Kameras, bei denen das Schaltwerk von der Rückseite des Filmkanals angreift. Denn im eingetauchten Zustand der Greiferspitze könnte bei einigen Bauformen das Filmband nicht von der Seite des Filmkanals heraus- oder hereingelegt werden. Mehrfach wird deshalb die Stellung des Greifers an seiner Antriebsachse gekennzeichnet. Dann kann die Welle so gedreht werden, daß die Greiferspitze ein Einlegen des Filmbandes von der Seite her zuläßt. Eine federnde Greiferspitze kann auch dort sinnvoll sein, wo keine be-

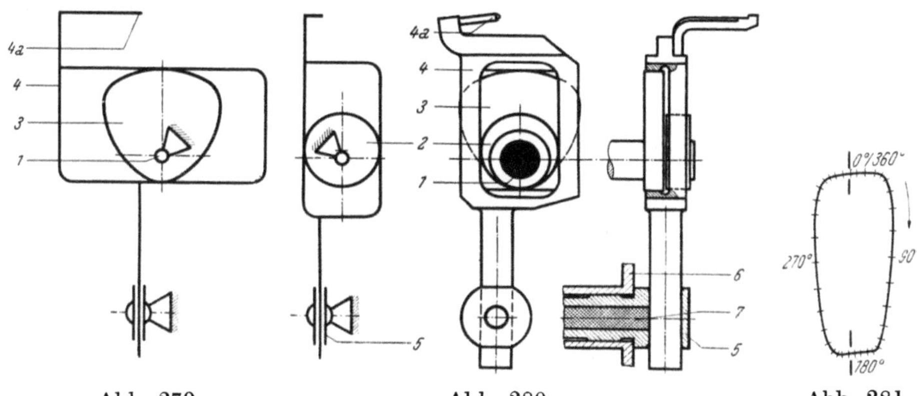

Abb. 279, 280 und 281. KLANGFILM 16 mm „*Minicord-V 16 Bild-Tonkamera*", Greiferschaltwerk, Schema und konstruktive Ausführung, Maßstab 1 : 1 (Abb. 279, 280), und Greiferbahn, Maßstab 3 : 1 (Abb. 281).

1 Antriebswelle, *2* Kreisnockenscheibe, *3* Exzenter (Bogendreieck mit Abrundung), *4* Greiferrahmen, *5* Führungsbuchse, *6* Gehäuse, *7* Schmierdocht.

sonderen Maßnahmen beim Einlegen des Filmbandes beachtet werden sollen. Liegt das Schaltloch dann nicht richtig, so federt die Greiferspitze solange weg, bis während des ersten Durchlaufes die Spitze einfallen und von dieser Zeit an richtig arbeiten kann. Als federnde Greifer in diesem Sinne können auch die Schaltklinken angesprochen werden, die beim Einlegen des Filmbandes wegfedern können, bis die Greiferspitzen ordnungsgemäß in ein Schaltloch einfallen können.

In den Abb. 279 und 280 ist der in der KLANGFILM-„*Minicord V 16*" verwendete Greifer schematisch und konstruktiv dargestellt. Danach treibt der Exzenter *3* den Greiferrahmen *4* zum Filmzug an, während die Querbewegung durch den Kreisnocken *2* bewirkt wird. Die Ausbildung der Führungen für den Exzenter und Kreisnocken läßt beide Bewegungen gleichzeitig zu, während der Stiel des Greiferrahmens *4* in der Führung *5* dreh- und verschiebbar gelagert ist. Der Exzenter schaltet mit einem Schaltverhältnis S = 1 : 3, er besteht aus einem Bogendreieck, das mit einer Abrundung versehen ist. Die Greiferbahn ist in der Abb. 281 in einem größeren Maßstab dargestellt.

Der in der ARNOLD und RICHTER „*Arriflex 16-Kamera*" eingesetzte Greifer besteht aus einem Schwinghebel, der zum Filmzug durch eine Raumkurve und zum Querweg durch einen Exzenter gesteuert wird (s. Abb. 282 und 283).

Im einzelnen arbeitet das System wie folgt: Die von dem Kegelrad *2* angetriebene Steuerwelle *3* trägt in dem Kurvenkörper *4* eine Raumkurve *4a*, die über die Rolle *18* den Schwinghebel *5* auf- und abbewegt.

Die Spitze *5a* ist als Greiferspitze ausgebildet. Der Hebel schwingt um den Bolzen *6*, hat aber noch ein senkrecht dazu stehendes Gelenk *9*. Damit

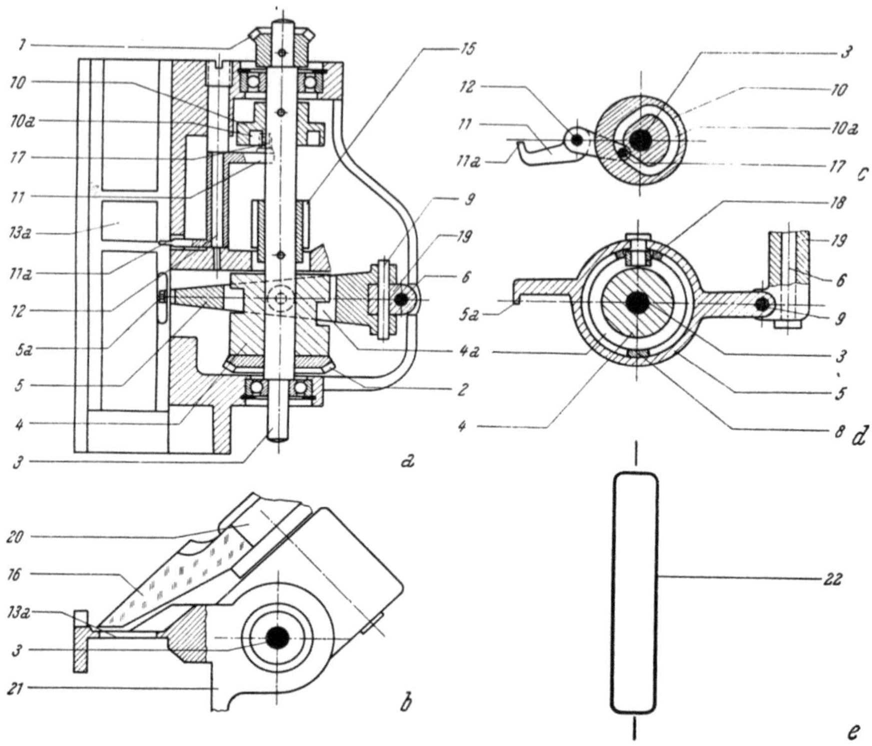

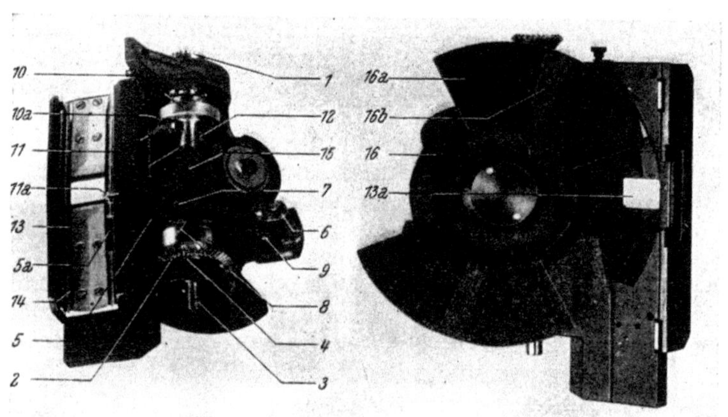

Abb. 282 und 283.

ARNOLD u. RICHTER 16 mm „*Arriflex 16 Kamera*", Greiferschaltwerk, Justiersystem und Spiegelumlaufverschluß, Maßstab 1:1,5 (Abb. 282a—d) und 4:1 (Abb. 282 e) (etwas vereinfacht dargestellt) und etwa 1:1,8 (Abb. 283).

1, 2 Kegelräder, *3* Steuerwelle, *4* Kurvenscheibe für Steuerung der Querwege des Greifers, *5* Greifer, *6* Achse, *7* Stift, *8* Führungsstück, *9* Achse, *10* Kurvenscheibe für Justierhebel, *11* Justierhebel, *12* Achse, *13* Filmkanal, *14* Andruckschiene, *15* Schraubenrad, *16* Spiegel-Umlaufverschluß, *17, 18* Rollen, *19* Formstück, *20* Achse des Verschlußes, *21* Gehäuse, *22* Greiferbahn (s. Abb. 445).

ist die Querbewegung möglich, die von der etwas exzentrischen Kurventrommel *4* gesteuert wird. Diese ist als Körper gleicher Breite ausgebildet und bewegt den Greiferhebel *5* über die Gleitstücke *8* um die Drehachse *9*. Das Schaltverhältnis beträgt S = 1 : 4. Die Greiferbahn ist in Vergrößerung (4:1) in der Abb. 282 e aufgezeichnet.

Die Abb. 282 ist etwas vereinfacht dargestellt. So wurde der Antrieb des Spiegel-Umlaufverschlusses *16*, der von dem Schraubenrad *15* abgeleitet wird, weggelassen. Interessant ist die Zusammenfassung der Getriebeaggregate für Zuggreifer, Justierhebel und Verschluß in einem gemeinsamen Block mit sehr stabilem Aufbau. Die Form der Steuerkurve *10a* für den Justierhebel *11* geht aus dem Teilbild 282c hervor. Darüber wird später noch gesprochen. Das Teilbild 282d zeigt den Kurvenkörper *4*, der mit seiner eingearbeiteten Raumkurve *4a* die Schwingung des Greifers *5* um den Stift *6* erzwingt. Durch ihre nicht rotationssymmetrisch um die Achse *3* ausgebildete Form wird die Eintauchbewegung der Greiferspitze *5a* erreicht, da der Hebel *5* um einen geringen Betrag um den Stift *9* geschwenkt wird. Die wirksame Exzentrizität des Kurvenkörpers *4* beträgt etwa 0,65 mm und wird im Verhältnis von etwa 2 : 1 an die Stelle *5a* übersetzt.

3. Leerlaufgreifer

Die Erzeugung eines kleineren Schaltverhältnisses als etwa 1 : 2 kann, abgesehen von den genannten beliebig formbaren Steuerkurven, beispielsweise in Form der beschriebenen Exzenter auch mit grundsätzlich anderen kinematischen Mitteln erreicht werden: Beispiele dafür wurden an anderen Stellen angegeben [WEISE (608, 609, 617, 618, 620, 623, 629, 631)] und gelten meist nur für die Wiedergabegeräte. Aber auch in Kameras werden die *Leerlaufgreifer* eingesetzt. Ihr wesentliches Kennzeichen ist ein mehrfach schnellerer Umlauf der eigentlichen Greiferwelle gegenüber der durch die Schaltfrequenz bestimmten Umlaufzahl. Durch ein zusätzliches Getriebe, dessen Drehzahl mit der Schaltfrequenz übereinstimmt und damit gegenüber der Greiferwelle eine n-fache Untersetzung aufweist, wird dafür gesorgt, daß der Greifer in jeder Schaltperiode nur einmal wirksam ist und das Filmband transportiert. Die übrigen Hübe des Greifers sind Leerhübe. Als Übersetzungsverhältnis (*Leerlauffaktor*) wird in der Aufnahmetechnik n = 2 und bei den Wiedergabegeräten gelegentlich auch n = 3 gewählt.

Als Beispiel wird das Schaltwerk der ASKANIA-„*Röntgen-Kamera*" gewählt, bei der es darauf ankommt, eine möglichst lange Belichtungszeit zu erzielen. Das Greiferwerk entspricht im wesentlichen dem in der normalen „*Z-Kamera*" eingesetzten, soweit es sich um die Längsbewegung handelt. Ähnlich wie in der Abb. 205 dargestellt, wird der gerade geführte Greiferrahmen durch eine Kreuzschleifenkurbel angetrieben. Die Querwege der Greiferspitzen werden bei der „*Röntgen-Kamera*" durch eine besondere Kurvenscheibe *59* (Abb. 190) gesteuert, die auf der Welle *7* sitzt und sich damit je Schalthub einmal dreht. Bei dieser Bauart macht der Greifer nach jedem Filmzug einen Leerhub, so daß der oben genannte Leerlauffaktor n = 2 ist und ein Übersetzungsverhältnis zwischen der Welle *1* des Greiferantriebes und der Welle *7* mit der Steuerung der Querwege über die Zahnräder *52* und *53*, *55* und *56*, *58* und *10* von 1 : 2 notwendig ist. Damit erreicht der Greifer ein Schaltverhältnis von 1 : 4, d. h. die halbe Zahl des entsprechenden Systems der „*Z Kamera*".

B. Schrittschaltwerke

Die Definition eines Schrittschaltwerkes in kinematischer Hinsicht
wurde schon am Anfang des Abschn. IX gegeben. In den Anfängen der
Kinotechnik setzte MESSTER ein Schrittschaltwerk in Form eines Malteser-
kreuzes ein, aber seit langer Zeit sind keine Bauarten von Schrittschaltwerken für Kinoaufnahmenzwecke bekannt geworden. Der Grund liegt
in den möglichen Teilungsfehlern, die bei den Schrittschaltwerken auftreten können. Das davon geschaltete Filmband kann dann unter Umständen periodische Bildstandsfehler aufweisen, die es gerade als Original

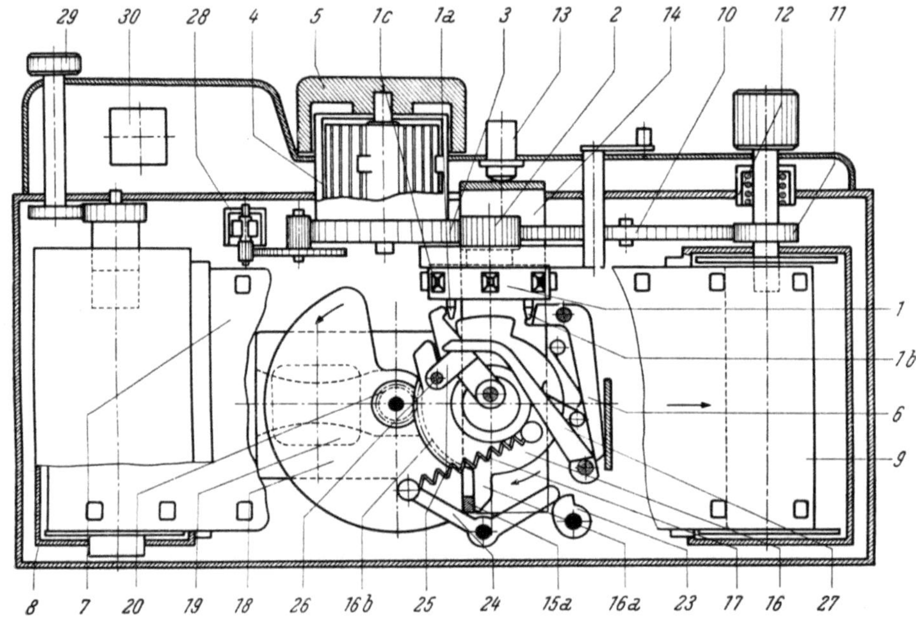

Abb. 284. BERNING 35 mm „*Robot Star-Kamera*", Erklärung s. Abb. 285.

für sämtliche Kopien nicht sehr geeignet machen. Außerdem ist mit einem
Schrittschaltwerk und seinen größeren bewegten Massen ein ruhiger Lauf
bei leichten Kameras schwer zu erreichen und der Fertigungsaufwand
gegenüber üblichen Greifern erheblich größer. Da ein Schrittschaltwerk
infolge des dauernden Anliegens mehrerer Zähne an den Kanten der Schaltlöcher aber eine große Schonung des Filmbandes bei einem oftmaligen
Durchlauf ergeben kann, hat das Schrittschaltwerk in Form von Malteser-
kreuzen und Sonderkonstruktionen in der Wiedergabetechnik erhebliche
Verbreitung gefunden. Einzelheiten über die kinematischen Verhältnisse
finden sich in den schon genannten Schrifttumsstellen.

Eine Sonderkonstruktion eines Aufnahmegerätes mit einem Schrittschaltwerk als Antrieb liegt in der BERNING-„*Robot-Kamera*" vor, deren Außenansicht in der Abb 288 abgebildet ist. Diese Kamera wird meist unter die
Standbildkameras eingereiht, da sie ursprünglich für Aufgaben einer üblichen
photographischen Kamera vorgesehen war und auch einen entsprechenden
Aufbau hat. Der Vorläufer dieser Kamera ist der „*Robot II a*" bzw. der

„Robart Star", der zunächst beschrieben wird. Durch Spannen eines Federwerkes für den Verschluß- und Filmbandantrieb können aber bis zu 24 Aufnahmen hintereinander nur durch Auslösen eines Druckknopfes, also ohne Verschlußspannen und Filmtransport von außen, gemacht werden. Bei dem Einsatz eines serienmäßig vorgesehenen größeren Federwerkes steigt diese Bildzahl auf etwa 48 Aufnahmen. Bei Druck des Auslösers wird ein

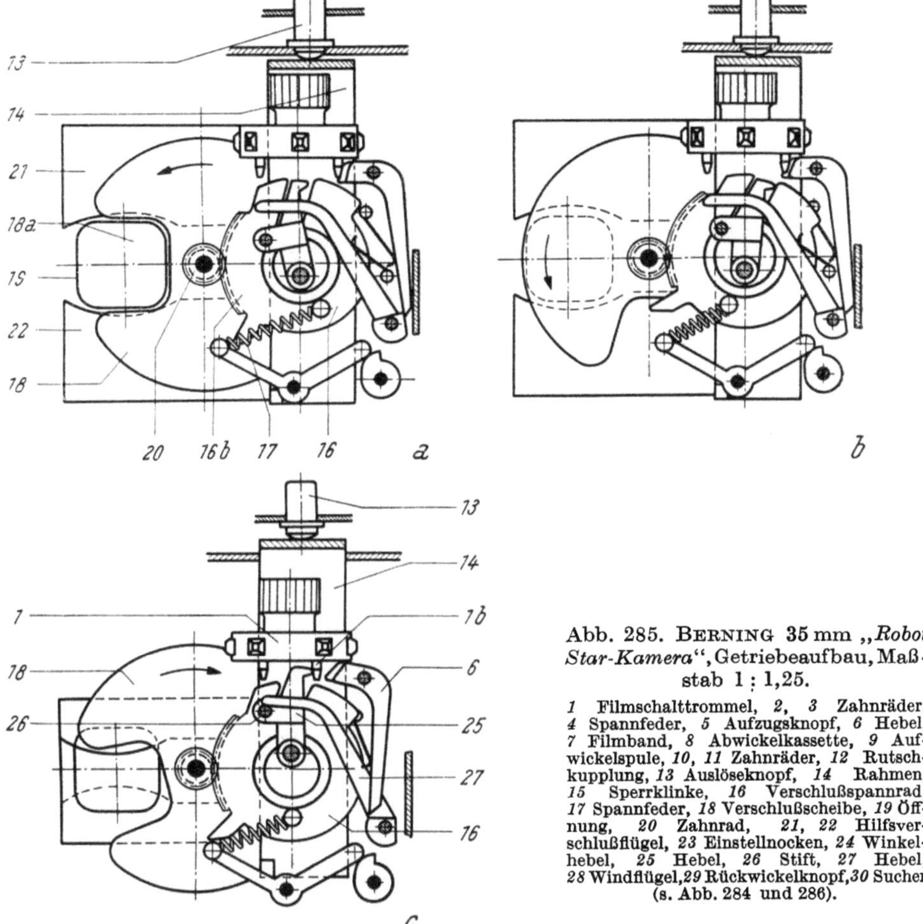

Abb. 285. BERNING 35 mm *„Robot Star-Kamera"*, Getriebeaufbau, Maßstab 1 : 1,25.

1 Filmschalttrommel, *2, 3* Zahnräder, *4* Spannfeder, *5* Aufzugsknopf, *6* Hebel, *7* Filmband, *8* Abwickelkassette, *9* Aufwickelspule, *10, 11* Zahnräder, *12* Rutschkupplung, *13* Auslöseknopf, *14* Rahmen, *15* Sperrklinke, *16* Verschlußspannrad, *17* Spannfeder, *18* Verschlußscheibe, *19* Öffnung, *20* Zahnrad, *21, 22* Hilfsverschlußflügel, *23* Einstellnocken, *24* Winkelhebel, *25* Hebel, *26* Stift, *27* Hebel, *28* Windflügel, *29* Rückwickelknopf, *30* Sucher (s. Abb. 284 und 286).

Bild belichtet. Die Kamera ist also mit einer Laufbildkamera zu vergleichen, die eine Einzelbildschaltung hat. Eine Serienauslösung wird durch ein besonderes Schaltgerät erreicht, ebenso eine Fernauslösung. Die mit der *„Robot-Kamera"* aufgenommenen Bilder sind an sich nicht für eine Laufbildwiedergabe geeignet, da einmal das Bildformat von 24 × 24 mm nicht in den üblichen Laufbild-Projektoren verwendet werden kann. Dann wird infolge der anderen Aufgabenstellung auch kein Wert auf einen besonders guten *Bildstand* gelegt, da für Bewegungsanalysen oder die automatische Photographie die genannten Bedingungen eines üblichen Bildstandes nicht von ausschlaggebender Bedeutung sind. Aber beispielsweise für die Darstellung von einigen Aufnahmen aus Bewegungsabläufen ist die *„Robot-Kamera"* geeignet, vielleicht sieht man sie als Zwischenlösung zwischen einer echten Filmkamera und einer normalen photographischen Standbildkamera an.

Das Schrittschaltwerk der „*Robot II a-Kamera*" besteht im wesentlichen aus der Filmschalttrommel *1* (Abb. 284), die über die Zahnräder *2* und *3*

mit dem Federwerk *4* in Verbindung steht. Das Federwerk *4* kann von außen bedienungsmäßig durch den Knopf *5* aufgezogen und durch ein unter diesem Knopf sitzendes aber nicht dargestelltes Sperrad in der gespannten Lage gehalten werden. An der Filmschalttrommel *1* befinden sich die Nasen *1a* und *1b*, die um 180° versetzt liegen und bei Freigabe durch den Hebel *6*

Abb. 286. BERNING „*Robot II a-Kamera*", Federwerk, Verschluß und Getriebe, Maßstab etwa 1 : 1,5 (s. Abb. 284 u. 285).

jeweils einen halben Umlauf der Schalttrommel *1* zulassen. Diese ragt etwas in den Filmkanal hinein und treibt mit ihren Zähnen *1c* das Film-

band *7* an, das aus der Kassette *8* herausgezogen und von der Spule *9* wieder aufgewickelt wird. Das Aufwickelmoment wird von dem Zahnrad *2* abgeleitet und über die Räder *10, 11* und über die schematisch angedeutete Reibungskupplung *12* auf die Spule *9* übertragen.

Dieses hier dargestellte Schrittschaltwerk fällt zwar in die dafür gegebene Definition, unterscheidet sich sonst aber infolge seiner Einfachheit gegenüber den Schrittschaltwerken in der Kino - Wiedergabetechnik. Denn beim „*Robot*" fällt die Bedingung des guten

Abb. 287. BERNING 35 mm Kamera „*Robot Royal*", Federwerk, Filmschaltwerk, Verschluß und Getriebe, Maßstab etwa 1 : 1,4 (s. Abb. 288).

Bildstandes weg. Das Verschlußsystem ist in den Abb. 284 bis 286 dargestellt und wird im Abschn. XI B noch eingehend beschrieben.

Die bisherigen Betrachtungen galten dem Modell „*Star*", der neuerdings gelieferte „*Robot Royal*" hat die bisherige Konstruktion im wesentlichen beibehalten, aber in das Triebwerk noch eine Selbststeuerung eingebaut (Abb. 287). Bei Druck des Auslöseknopfes *13* (Abb. 288) erhält

man bei entsprechender Stellung des Hebels *10* eine Reihe von Aufnahmen
die für einen Aufzug (*7*) des Federwerkes bis 24 beträgt, und zwar
etwa 6 je sec. Damit liegt die gleiche Arbeitsweise wie bei einer echten
Kinokamera vor. Die Ansicht des Verschluß- und Filmband-Antriebs-
systems zeigt die Abb. 287. Der Verschluß wird im Abschn. XI B behandelt.

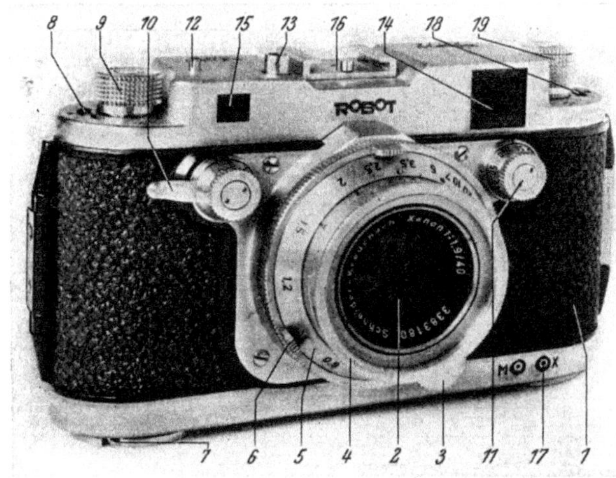

Abb. 288. BERNING 35 mm „*Robot Royal-Kamera*", Maßstab etwa 1 : 1,7.

1 Kameragehäuse, *2* Aufnahmeobjektiv, *3* Objektivverriegelung, *4* Blendenring, *5* Entfernungsskala, *6* Hebel
für Entfernungseinstellung, *7* Aufzugsschlüssel, *8* Merkscheibe, *9* Aufspulknopf, *10* Hebel für Einzel-Lauf-
bildeinstellung, *11* Einstellknopf für Verschlußzeit, *12* Arretierung, *13* Auslöseknopf, *14* Sucherobjektiv,
15 Entfernungmesserausblick, *16* Sucherschuh, *17* Synchronisationskontakt, *18* Filmzählwerk, *19* Rückwickelknopf.
(s. Abb. 287).

In eine ähnliche Richtung, mehrere Einzelaufnahmen nach einem einzigen Aufzug machen zu können, entwickeln sich neuerdings mehrere
photographische Standbildkameras (z. B. „*Finetta*", *Gami 16*",, u. a.). (636 c)

C. Justiersysteme

Die bisherigen Betrachtungen galten ausschließlich den Transport- oder
Zugsystemen der Filmschaltwerke. Dabei wurden allerdings gelegentlich,
besonders dann, wenn die Justiersysteme mit den Zugsystemen eine
konstruktive Einheit bilden oder sich gegenseitig bedingen, in den Abbildungen beide Systeme gemeinsam gezeigt.

Ein *Justiersystem* ist nach seiner Definition in der Lage, das um einen
Schaltschritt oder angenähert einen Schaltschritt vorgerückte Filmband
in geringem Maße zu bewegen und in die gewünschte und erforderliche
Lage möglichst genau einzujustieren. Ein Justiersystem ist aber nicht befähigt, den Schaltschritt des Filmbandes selbst durchzuführen. Es soll
deshalb auch nicht der Ausdruck *Justiergreifer* benutzt werden. Ein
Justiersystem ist bei allen hier besprochenen Zugsystemen grundsätzlich
nicht unbedingt erforderlich, da — wie schon gesagt — der Transporthub
von dem eigentlichen Filmschaltwerk bewerkstelligt wird und bei einer
guten konstruktiven Durchbildung und einer genauen Fertigung eine
brauchbare Bildstandsgenauigkeit erreicht wird. Einen unbedingt notwendigen Einsatz von Justiersystemen könnte man sich nur für solche

hier aber nicht beschriebene Schaltwerke denken, die ohne Benutzung
der Schaltlöcher des Filmbandes arbeiten (beispielsweise Reibschaltwerke),
die deswegen keinen eindeutigen Zwangslauf haben müssen, sondern einen
Schlupf zwischen Schaltwerk und Filmband haben können.

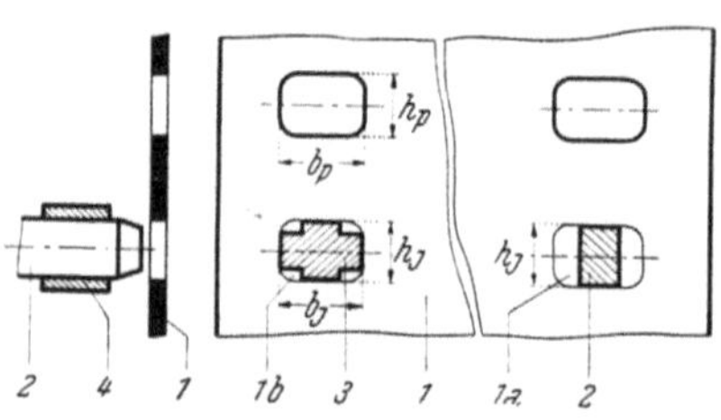

Abb. 289. Filmschaltwerk, Justiersystem. Schema.

1 Filmband, *2, 3* Justierstifte, *4* Führung,
b_P, h_P Breite bzw. Höhe des Perforationsloches, b_J, h_J Breite bzw. Höhe des Justierstiftes.

Bevor weitere Betrachtungen über
theoretische Fragen der Justiersysteme
folgen, werden zunächst die Methoden
behandelt, die zur Justierung der Filmbänder führen, und an Beispielen erläutert. In der Abb. 289 ist ein Teil des
Filmbandes *1* dargestellt, in das die in
Führungen *4* gelagerten Justierstifte *2*
eintreten können. Über den Mechanismus
der Steuerung und die Bewegungsverhältnisse wird noch gesprochen. Diese
Justierstifte haben angespitzte Enden,
um bei nicht ganz genauer Lage der zu
justierenden Schaltlöcher auf jeden Fall
in diese hineingelangen zu können. Der
Querschnitt der Justierstifte hat zwei Formen, nämlich die Form *2*
(Abb. 289), die nur die Höhe des Schaltloches voll ausfüllt, dagegen in
der Seite genügend Spielraum hat, um weder an die schmalen Seiten der
Schaltlochkanten noch an seine Abrundungen anzugreifen. Da sowohl
Justierstifte wie Schaltlöcher Toleranzen haben, wird man die Höhe h_J des
Justierstiftes *2* etwas größer wählen, als der Höhe h_P des Schaltloches entspricht, und in Kauf nehmen, daß sich das Schaltloch nach der Abb. 290
etwas aufbiegt und damit einen sicheren Formschluß zwischen Justierstift
und Schaltloch ergibt. Bei dem plastischen Material des Filmbandes
ist dies ohne weiteres zulässig und führt nicht zu einer bleibenden Verformung.

Die andere Form des Querschnittes des Justierstiftes ist als *3* in der
Abb. 289 gezeigt und sieht sternförmig aus, wobei der Justierstift sowohl
die Höhe h_J des Schaltloches voll ausfüllt als auch die Breite b_J. Auch
dabei greift der Justierstift aber mit Sicherheit nur die geraden Teile
der Schaltlochkanten an und hat seine sternförmigen Querschnitte deshalb,
um nicht mit den Rundungen des Schaltloches in Berührung zu kommen.

Wird in einem Justiersystem ein Satz von zwei Justierstiften gleichzeitig gesteuert, wobei der eine die Form *2* und der andere die Form *3*
nach der Abb. 289 hat, so wird damit folgendes erreicht: In der Höhenlage
wird das Filmband durch die beiden Kanten der Justierstifte in eine
eindeutige Lage gebracht. In der Seitenlage ist nur der eine Justierstift *3*
wirksam und läßt damit eventuelle Toleranzen in dem seitlichen Abstand
der beiden Schaltlochreihen zu. Diese Justierung hat zur Voraussetzung,
daß die beiden jeweils zueinander gehörenden, in einer Höhe liegenden
Schaltlöcher keine Lagendifferenzen haben, da sich anderenfalls das Filmband in seiner Gesamtheit schräg stellen würde. Diese Justierung durch
zwei in gleicher Höhe liegende Justierstifte bedingt also, daß das Filmband an seinen seitlichen Rändern nicht geführt wird.

Selbstverständlich kann ein Filmband und gerade ein Filmband nicht
ohne Toleranzen in den Abmessungen der Schaltlöcher hergestellt werden,
da es aus einem sehr plastischen und feuchtigkeitsempfindlichen Material
besteht und damit zum Strecken oder Schrumpfen neigt. Zahlenangaben

über die einzelnen Abweichungen können nicht gegeben werden, da die
Normblätter DIN 15851, 15651, 15501 nur einen Mittelwert der Abweichungen über 100 Schaltlöcher angeben, und es zweifelhaft ist, ob man
der Abstandsdifferenz zweier benachbarter Schaltlöcher den hundertsten
Teil des normblattmäßig gegebenen Wertes zuordnen kann. Die neuen
Normblatt-Entwürfe geben schon Toleranzen von Schaltloch zu Schaltloch an (s. Abb. 28b, 31b und 35b).

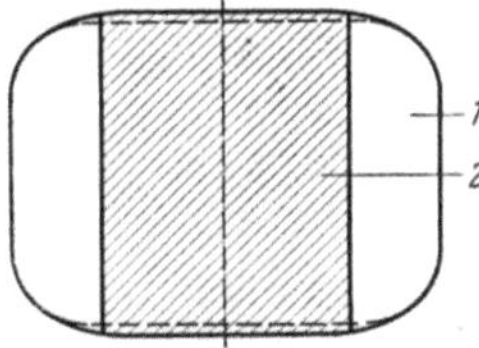

Abb. 290.
Aufweitung eines 35 mm
Schaltloches des Film-
bandes durch Justier-
stift mit zu großer
Höhe, Maßstab 10 : 1.
1 Schaltloch, *2* Justierstift.

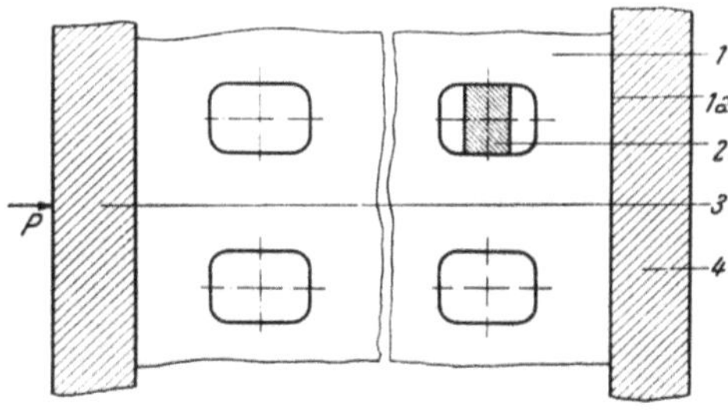

Abb. 291. Justiersystem, Schema.
1 Filmband, *2* Justierstift, *3* Andruckschiene, *4* Anlagekante.

Eine andere Methode des Justierens sieht nach der Abb. 291 nur einen
einzigen Justierstift *2* vor, der das Filmband in der Höhenlage ausrichtet,
während die richtige Seitenlage durch Andrücken des Filmbandes von der
Seite her an seine auch im Normblatt festgelegte Anlagekante vorgenommen
wird. Dazu ist in dem Filmkanal die seitliche Führungsschiene *4* fest
gelagert, während die bewegliche Andruckschiene *3* mit einer kleinen
Kraft P gegen die Seitenkante des Filmbandes *1* drückt. Dieses liegt
damit mit der genormten Anlagekante *1a* an der festen seitlichen Führungsschiene *4* an. Auch mit dieser Methode ist eine eindeutige Filmband-
justierung in Höhe und Seite möglich. Dabei spielen Höhendifferenzen
zwischen den zugeordneten, in gleicher Höhe liegenden Schaltlöchern keine
Rolle. Dagegen gehen Differenzen in der Breite des Filmbandes in die
Justiergenauigkeit ein, und es ist durchaus fraglich, ob die seitliche Führungsschiene *4* sehr lang sein soll oder nicht, um einen günstigen Ausgleich der
Breitenschwankungen des Filmbandes zu ergeben. Auch hier wäre eine
Anpassung dieser Länge von Aufnahme- und Wiedergabegerät zueinander
sinnvoll, da sich damit unbedingt die kleinsten Bildfehler auf die Wieder-
gabe übertragen würden.

Nach der Betrachtung der Grundsätze der Justiereinrichtungen tritt
zunächst die etwas heikle Frage auf, ob man mit dem Zugsystem möglichst
genau den Schaltschritt einhalten und mit dem Justiersystem nur nach-
helfen soll, wenn der Schaltschritt aus irgend welchen Gründen nicht seine
geforderte Genauigkeit erreicht hat. Es ist nicht ganz klar, ob das zumindest mit einer gewissen Reibung im Filmkanal gehaltene Filmband
durch das Einwirken eines Justierstiftes in der Lage ist, sich noch in ganz
geringen Wegen verstellen zu lassen.

Außerdem ist der Antrieb des Filmbandes durch einen Justierstift
anderer Art, als bei einem Greifer. Ein Greifer tritt mit einem gewissen
früher genannten Zusatzweg s_z mit seiner Spitze in ein Schaltloch ein und
beginnt dann eine Bahn, die im wesentlichen in Richtung des Filmbandes

verläuft, auch wenn die Greiferspitze dabei gewisse Querwege zum Filmband macht. Im Gegensatz dazu bewegt ein nach der Abb. 289 dargestellter Justierstift *2* mit seinem schrägen Ende das Filmband anders,
da während des Hineingehens die schräge Kante des Stiftes an die Schaltlochkante anläuft, an dem Filmband entlang rutscht und es damit rückt.

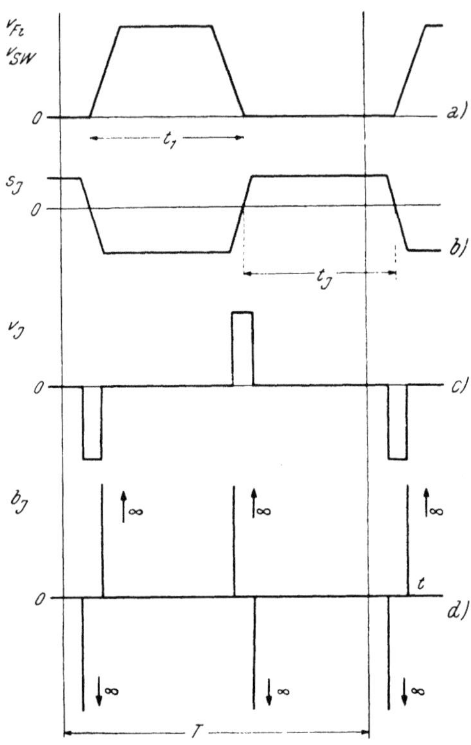

Die Schräge der Spitze des Justierstiftes kann nicht beliebig flach gemacht werden, da dann eine verhältnismäßig lange Zeit zu seinem Eintritt in das Schaltloch erforderlich wäre. Für das Bewegungsgesetz des Justierstiftes wird gefordert, daß er nach Beendigung des Filmzuges möglichst schnell in das Schaltloch eintritt und im eingetauchten Zustand möglichst stehenbleibt, da während der dann folgenden Belichtung des Filmbandes jede Bewegung eines Justierstiftes unschön ist. Nach der Beendigung der Belichtung müßte der Stift möglichst schnell wieder austreten, um den inzwischen beginnenden neuen Zug des Transportsystems zu ermöglichen. Da bei einem Schaltwerk, das mit dem Schaltverhältnis S = 1 : 2 arbeitet, Filmzug und Belichtung unmittelbar aneinander anschließen, bleiben für die Zeit des Ein- und Austrittes des Justierstiftes praktisch nur ganz kurze Zeiten. Diese erfordern ein Bewegungsgesetz, das nicht zu erfüllen ist und nur in gewisser Annäherung eine praktische Durchführung zuläßt, wobei meist auch auf den gänzlichen Stillstand des Justierstiftes im eingetauchten Zustand verzichtet werden muß. Die theoretische Bahn der Justierspitze ist in der Abb. 292 dargestellt, und

Abb. 292. Kurvenmäßige Darstellung der Bewegungsverhältnisse des Justiersystems eines Filmschaltwerkes, Schema.

v_{Fi}, v_{SW} Geschwindigkeit des Filmbandes und der Greiferspitze des Schaltwerkes (Zugsystem), s_J Weg, des Justiersystems, v_J Geschwindigkeit des Justiersystems, b_J Beschleunigung des Justiersystems (jeweils Spitze des Justierstiftes), t_1 Schaltzeit des Zugsystems, t_J Justierzeit (Zeit des Eintauchens des Justierstiftes in das Filmband), T Schaltperiode.

zwar ganz schematisch. Während der Arbeitszeit t_1 des Schaltwerkes (Filmzug, Abb. 292a) ist die Justierspitze aus dem Schaltloch ausgetaucht
(negativer Weg s_J, Abb. 292b). Während des Stillstandes des Filmbandes, also außerhalb der Zeit t_1, soll die Justierspitze schnell in das
Filmband eintauchen (positiver Weg s_J). Die zugehörigen ebenso
schematischen Geschwindigkeits- (v_J) und Beschleunigungs-Zeitkurven
(b_J, Abb. 292c und d) zeigen die großen Schwierigkeiten der Erfüllung
der theoretischen Forderungen auf. Eine Milderung könnte für alle auf
der negativen Seite der Abb. 292b liegenden Wege erreicht werden, da hier
die Bewegungsgesetze nicht kritisch sind. Die Beschleunigungskurven

zeigen Unendlichkeitsstellen, eine Befolgung dieses Weg-Zeit-Gesetzes ist also unzweckmäßig. Bei den praktisch ausgeführten Getrieben wird man nach den allgemeinen und bekannten Erkenntnissen der Kinematik auf Knicke in den Weg-Zeit-Kurven verzichten, damit Sprünge in den Geschwindigkeits-Zeit-Kurven vermeiden und damit die Unendlichkeitsstellen in der Beschleunigung. Die dann verwendeten „verwaschenen" Kurven ergeben dann aber nicht mehr die gewünschten Stillstände während der Bildbelichtung und schnellen Bewegungen beim Ein- und Austauchen der Justierstifte.

Die Antriebe für den Ein- und Austritt des oder der Justierstifte werden von Kurvensteuerungen abgenommen oder von Koppelbahnen abgeleitet, wobei die Koppelsteuerungen infolge der etwas mehr abgerundeten Bahnen auch etwas mehr verwaschene Bewegungen für die Justierwege ergeben. Für die Triebwerkssteuerung der Justiersysteme werden nun zunächst einige Bauformen angegeben:

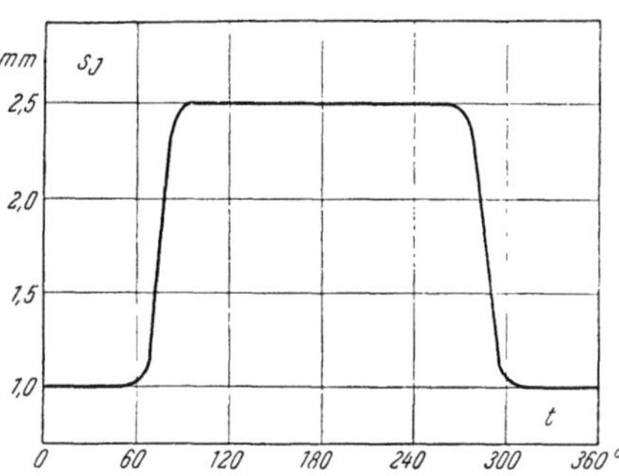

Abb. 293. ARNOLD und RICHER 16 mm Kamera „Arriflex 16" Maßstab 16.6: 1. Wirksamer Weg s_J der Justierstiftspitze in Abhängigkeit von der Zeit t, (s. Abb. 282, 283).

Das Justiersystem der „Arriflex 16 Kamera" wurde schon in den Abb. 282 und 283 gezeigt. Danach bewegt die Steuerkurve 10a in der Scheibe 10 den um eine parallel zum Filmkanal 13 liegende Achse 12 schwenkbaren Hebel 11 und läßt ihn nach dem Diagramm Abb. 293 mit seiner Spitze 11a in das Filmband ein- und austauchen. Die Wege s_J im eingetauchten Zustand sind positiv gerechnet. Für die Justierung in der Höhe ist die Bewegung als Geradeführung anzusehen, die Seitenjustierung des Filmbandes wird durch die federnde Andruckschiene 14 (Abb. 283) vorgenommen.

Der Antrieb des Justiersystems der DEBRIE-„Parvo L" Kamera wird nach der Abb. 204 von dem Kegelrad 2 abgeleitet, das über das Rad 7 die Welle 8 treibt. Diese ist zur Möglichkeit der Betrachtung des Bildfensters zu Suchzwecken von der Rückseite der Kamera mit dem Rahmen 9 versehen und trägt die Kurvenscheibe 10. Diese treibt über die Rolle 11, den Zwischenhebel 12, den Schwingrahmen 13 um seine Achse 14 an. Damit werden die Justierstifte mit den Spitzen 15a in die Schaltlöcher des Filmbandes 5 bewegt und gleichzeitig das Pendelfenster 16 während des Filmzuges gelüftet.

Das Zugsystem der ASKANIA-„Z-Kamera" wurde bereits in der Abb. 205 beschrieben. Die Bewegung des Justiersystems wird von dem Kegelrad 2 abgenommen, das über das Rad 3 die senkrechte Welle 4 antreibt. Auf dieser befindet sich die Kurvenscheibe 10, von der über die Rolle 11 die waagerechten Wege des Justiersystems gesteuert werden, das aus zwei in gleicher Höhe wirkenden Justierstiften 12 gebildet wird. Außer dem Einsatz von zwei Justierstiften wird bei der „Z-Kamera" das Filmband an seine Anlagekante angedrückt. Die Herstellungstoleranz für die Höhen der Justierstiftspitzen beträgt 2,00—0,005 mm, die Paßgenauigkeit an den Führungsstellen 13 der Stifte 0,01 mm, so daß sich theoretisch die größte, aber nicht

sehr wahrscheinliche Abweichung der Justierstiftenden infolge der Hebelübersetzungsverhältnisse auf 0,026 mm stellen könnte. Die Bahn der
Justierspitzen ist in der Abb. 294 aufgezeichnet.

Das in der Abb. 241 gezeigte Schaltwerk der ASKANIA-„*Atelier-Kamera*"
besitzt in den Hebeln *14* seine Justierstifte. Diese sind in den Führungen *16*
und *17* so gelagert, daß sie senkrecht zur Filmbandebene eintreten können.

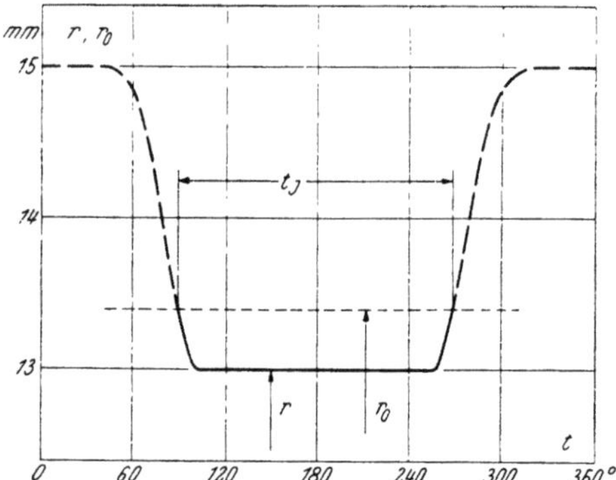

Abb. 294. ASKANIA 35 mm „*Z-Kamera*",
Größe des wirksamen Radius *r* der
Justierkurve (gleich Weg der Justierstifte) in Abhängigkeit von der Zeit *t*,
Maßstab 15 : 1; Eintauchtiefe der Justierspitzen $r_0 - r$ t_J Justierzeit (s. Abb. 205).

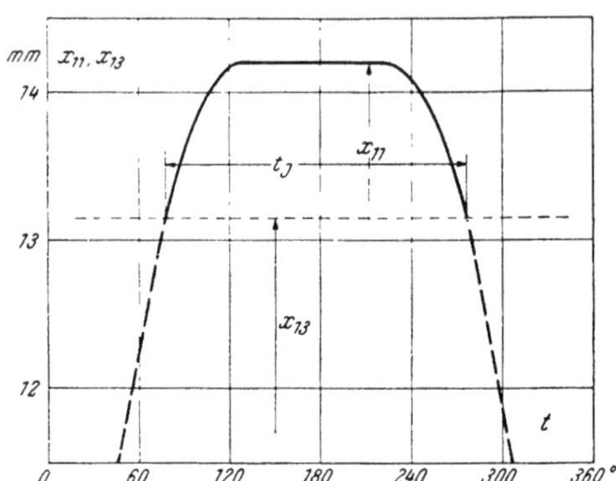

Abb. 295. MITCHELL 35 mm „*Atelier-
Kamera*", Weg x_{11} der Justierstifte in
Abhängigkeit von der Zeit *t*, Maßstab 15 : 1, Eintauchtiefe der Justierstiftspitzen in das Filmband $x_{11} - x_{13}$.
t_J Justierzeit (s. Abb. 246 … 248)

Die Justierstifte stehen unter dem Druck einer Feder *13*. Damit wird das
Justiersystem mit einer Nase *15* an die Kurve *12* kraftschlüssig angedrückt,
die einen Teil des Zugsystems bildet und beim Filmtransport um einen
bestimmten Weg hin und herschwingt.

Das Justiersystem des in der Abb. 245 gezeigten anderen Schaltwerkes
der ASKANIA „*Atelier-Kamera*" wird an den Greiferhebel *3* in dem Punkt *7*
angelenkt. Von diesem Punkt wird über den Hebel *10* und den Stift *8*
der um den ortsfesten Bolzen *9* drehbare Winkelhebel *11* zu kleinen
Schwenkungen veranlaßt, die den Justierhebel *13* in das Filmband ein- und
austauchen lassen. Die von dem Punkt *7* durchlaufene Bahn hat ebenso
wie die Greiferspitzenbahn eine brotförmige Gestalt, deren Krümmung
wechselt. Im wesentlichen besteht eine derartige Bahn aus zwei stärker
gekrümmten Bogenteilen und zwei flachen Bogenteilen, die abwechselnd
folgen und ineinander übergehen. Jedem dieser Bogenteile mit seiner
gegebenen Krümmung kann ein Krümmungsradius zugeordnet werden.
Dieser bestimmt einen Kreisbogen, der sich besonders gut dem jeweiligen
Kurvenstück anschmiegt. Nur wechselt eben die Größe der Krümmung
und damit auch die Länge des Krümmungsradius ständig, wenn man
auf der brotförmigen Bahn fortschreitet.

Ein kinematisches Mittel zur Erzielung von Stillständen im Ablauf
von Getrieben besteht nun darin, an einem Getriebepunkt, der eine brot-
oder eiförmige Bahn ohne Stillstand durchläuft, einen Hebel anzulenken,
dessen Länge gleich dem Krümmungsradius der Bahn und dessen anderer
Endpunkt in dem Mittelpunkt des Krümmungsbogens gelagert ist. Dann
wird in der Zeit, wo sich Krümmung und Radius entsprechen oder zumindest
angenähert entsprechen, der angelenkte Hebel nur eine Drehung um den

Krümmungsmittelpunkt machen. Ein weiterer in einem Drehgelenk im Krümmungsmittelpunkt angesetzter Hebel wird dann so lange stillstehen oder nur sehr kleine Bewegungen machen, als sich Bahnteil und Kreisbogen noch nicht wesentlich unterscheiden.

Nach dieser Methode wird bei dem Justiersystem der ASKANIA „Atelier-Kamera" zeitweise ein Stillstand des Justierstiftes *13* (Abb. 245) erreicht.

Denn die Länge des Hebels *10* ist so bemessen, daß sie dem Krümmungsradius eines Teiles der vom Punkt *7* durchlaufenen Bahn gleich ist. Der Krümmungsmittelpunkt dieses betrachteten Teiles der Bahn befindet sich etwa dort, wo der Punkt *8* liegt. Damit macht der Hebel *10* in einem bestimmten Zeitabschnitt nur eine Drehbewegung um den Punkt *8*, der also eine Zeitlang auf der gleichen Stelle stehen bleibt und damit auch den Hebel *11* und den Justierstift *13* nicht bewegt. Da aber die Bahn des Punktes *7* keine gleichmäßige Krümmung hat, gelten die Stillstände naturgemäß auch nur angenähert. Diese treten dann ein, wenn der Zuggreifer zurückläuft, da in dieser Zeit der photographischen Aufnahme möglichst keine Bewegung des eingetauchten Justierstiftes stattfinden soll.

Das zu dem MITCHELL-Greifer, Abb. 246 und 247, gehörende Justier-

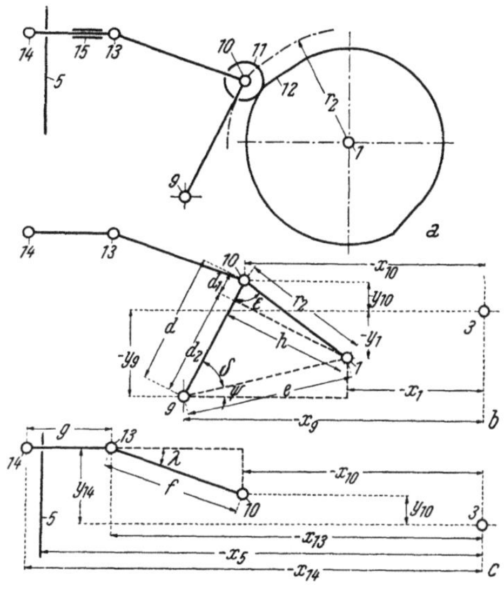

Abb. 296. 20th CENTURY FOX 35 mm „Atelier-Kamera", Greiferschaltwerk, Justiersystem, Maßstab 1:1.

1 Antriebswelle, *5* Filmband, *9*, *10* Stifte, *11* Rolle, *12* Kurvenscheibe, *13* Stift, *14* Spitze des Justierstiftes, *15* Führung, r_2 wirksamer Radius der Kurvenscheibe (s. Abb. 251 ... 255, 297).

system wird ebenfalls von dem Transportsystem gesteuert. Der auf der Kurbelschleife *1* liegende Punkt *7* beschreibt nach der Abb. 248 eine brotförmige Bahn und bewegt über den Zwischenhebel *7/8* den Hebel *8/10*, der um den ortsfesten Drehpunkt *9* geringe Drehbewegungen ausführen kann. Auch hier ergeben sich für den Punkt *8* längere Stillstände, da die Länge des Hebels *7/8* so bemessen ist, daß sie dem Krümmungsradius der vom Punkt *7* beschriebenen Bahn über einen Teil des Umlaufes gleichkommt. Über den Punkt *10* wird der Justierstift *10/11* in das Filmband senkrecht eingeschoben.

Die Wege für die Spitze des Justierstiftes mit den Koordinaten y_{11} und x_{11} lassen sich in ähnlicher Weise ermitteln, wie es die früher gebrachte Rechnung für die Koordinaten der Greiferspitze y_6, x_6 ergab. Doch wurde hier aus Übersichtlichkeitsgründen darauf verzichtet und nur die Ergebnisse in kurvenmäßiger Darstellung in der Abb. 295 angeführt (608), (629).

Das in der 20th CENTURY Fox-Kamera eingesetzte Justiersystem ist aus der Abb. 296a zu ersehen. Danach läuft die Rolle *11* formschlüssig von der Steuerkurve *12* geführt und bringt damit den um den ortsfesten Punkt *9* (Abb. 296a) drehbaren Hebel *9/10* in schwingende Bewegungen.

Diese werden über den Zwischenhebel *10/13* auf die gerade geführten Justierstifte *13/14* übertragen. Die Querwege der Spitze der Justierstifte zum Filmband lassen sich wie folgt errechnen: Nach der Abb. 296b wird:

$$e^2 = (x_9 - x_1)^2 + (y_9 - y_1)^2 \tag{89}$$

$$\operatorname{tg} \psi = \frac{y_9 - y_1}{x_9 - x_1} \tag{90}$$

Weiter wird aus dem Dreieck *1, 10, 9* nach der Abb. 296b:

$$\cos \varepsilon = \frac{d^2 + r_2{}^2 - e^2}{2\,d\,r_2} \tag{91}$$

$$\operatorname{tg} \delta = \frac{r_2 \sin \varepsilon}{d - r_2 \cos \varepsilon} \tag{92}$$

Für die Koordinaten des Punktes *10* ergibt sich

$$y_{10} = y_9 - d \sin (\delta + \psi) \tag{93}$$

$$x_{10} = x_9 - d \cos (\delta + \psi) \tag{94}$$

Nach dem Teilbild Abb. 296c wird

$$\sin \lambda = \frac{y_{14} - y_{10}}{f} \tag{95}$$

$$\cos \lambda = \frac{x_{13} - x_{10}}{f} \tag{96}$$

Damit wird

$$x_{13} = x_{10} - f \cos \lambda \tag{97}$$

$$y_{14} = g + x_{13} \tag{98}$$

Der Weg des Justierstiftes senkrecht zum Filmband, der mit s'_{Ju} bezeichnet wird, ergibt sich aus der Differenz der Strecken x_{14} und x_5:

$$s'_{Ju} = x_{14} - x_5 \tag{99}$$

Ist diese Differenz positiv, so ist die Justierstiftspitze in das Filmband eingetaucht, andernfalls ist sie zurückgezogen. Bei dem Nullsetzen der Formel (99) kann man den Wert x_{14} ermitteln, für den gerade das Eintreten des Justierstiftes in das Filmband beginnt. Auch hier ergeben sich bereits recht verwickelte Ausdrücke:

$$s'_{Ju} = g - x_5 + x_9 - d \cos (\delta + \psi)$$
$$- f \cos \arcsin \frac{y_{14} - y_9 - d \sin (\delta + \Psi)}{f} \tag{100}$$

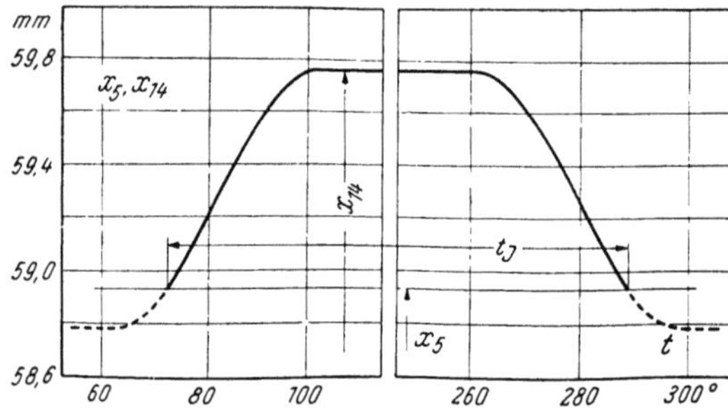

Abb. 297. 20th CENTURY FOX 35 mm „*Atelier-Kamera*", Justiersystem Weg, x_{14} der Spitze des Justierstiftes in Abhängigkeit von der Zeit *t*, *tJ* Justierzeit, Eintauchtiefe der Justierspitze $x_{14} - x_5$, Maßstab 25:1 (s. Abb. 251 ... 255, 296).

Dabei sind noch nicht alle Baumaße eingesetzt. Auf weitere Rechnungen wird hier verzichtet. Das Ergebnis ist als Justierkurve in der Abb. 297 dargestellt, woraus der Zahlenwert des größten Eintauchens der Justierstiftspitze mit $x_{14} - x_5 = 0,82$ mm zu entnehmen ist. Der Beginn des Eintauchens des Justierstiftes liegt bei der Stellung 72° der Antriebskurbel. Das Austauchen beginnt bei 286°.

Das durch eine getrennte Getriebesteuerung bewegte Justiersystem einer MITCHELL-Kamera ist in der Abb. 298 abgebildet. Der Antrieb des auswechselbaren Schaltwerkes wird von einer Welle vorgenommen, die zunächst die Welle des Justiersystems mit einem Exzenter dreht, der einen gerade geführten Stift durch die rahmenartige Ausbildung in waagrechter Richtung hin und herführt. Der Zuggreifer wird über die Zahnräder und über eine Kurve bewegt.

Eine ganz andere Art der Justierung liegt bei Schaltwerken vor, bei denen das vordere Ende des Zuggreifers die ganze Höhe des Schaltloches

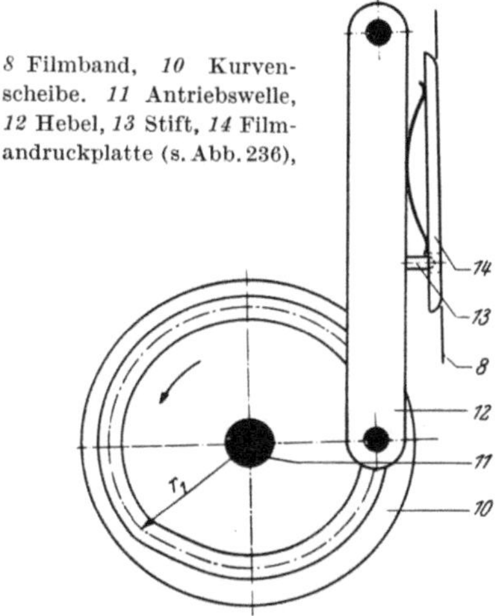

Abb. 298. MITCHELL 35 mm Hochfrequenz-Greiferschaltwerk u. Justiersystem, Schaltfrequenz bis etwa 160 Hz.

Abb. 299. ASKANIA 35 mm „Schulter-Kamera", Greiferschaltwerk, Justiersystem, Maßstab 1 : 1,25.

ausfüllt. Wird dieses Ende gleichzeitig genau senkrecht aus dem Schaltloch des Filmbandes herausgezogen, so kann das so gestaltete Zuggreiferende auch als Justierstift angesehen werden. Als Beispiel wird der in der Abb. 269 gezeigte MAURER-Greifer genannt, aber auch das Schaltwerk der NORD „16 mm Kamera" arbeitet nach diesem Justiersystem. Diese Art der Justierung benötigt eine exakte Geradeführung der Greiferspitzen und senkrechten Ein- und Austritt in die Schaltlöcher. Außerdem muß der Zusatzhub $s_z = 0$ sein, da andernfalls das System nicht ordnungsgemäß arbeiten kann.

Die bisher beschriebenen Justiersysteme hatten eine Geradeführung der Führung der Justierstifte und diese traten senkrecht zur Ebene des Filmbandes in die Schaltlöcher ein und aus. Es läßt sich zeigen, daß ein Anbringen des Justierstiftes auf einem Schwinghebel bei einer genügenden Hebellänge und nur kleiner Schwingweiten ebenfalls zu einem brauchbaren Justiervorgang führt, aber konstruktiv und fertigmäßig eine Vereinfachung darstellt. Als Beispiel für ein derartiges Justiersystem wird in der Abb. 299 die Anordnung der ASKANIA „Schulter-Kamera" gezeigt. Danach wird von der Kurvenscheibe 10 unter Vermittlung eines in ihr laufenden Stiftes der Schwinghebel *12* um gewisse Beträge in dem erforderlichen Rhythmus hin und herbewegt und läßt damit den Justierstift *13* in das Filmband *8* ein- und austreten. Gleichzeitig wird von diesem Schwinghebel das Pendelandruckfenster *14* des Filmkanals gesteuert.

Eine weitere Bauform eines Schwinghebeljustiersystems liegt für das 35 mm Schaltwerk der WINKEL-ZEISS „*Mikrokino-Kamera*" vor. Neben dem schon gezeigten Zugsystem arbeitet von der Welle *1* (Abb. 235) angetrieben eine Kurbel *8* in Zapfenerweiterung und bringt den um den Stift *9* drehbaren Hebel *10* zum Schwingen, der eine abgekröpfte Justierspitze *10a* hat. Das Weg-Zeitgesetz ist damit in erster Annäherung sinusförmig, wenn die durch die Schwinghebelführung des Justierstiftes gebrachte kleine Änderung nicht beachtet wird.

Eine von dem Zuggreifer unmittelbar gesteuerte Justiereinrichtung besitzt das in der Abb. 208 gezeigte BELL und HOWELL-Getriebe. Hier hat der Greiferrahmen *4* zwei angespitzte Enden *4a*, die im letzten Moment des Filmzuges mit ihren schrägen Kanten gegen die beiden Enden der federartig aufgebauten Justierzähne anlaufen und diese in die Schaltlöcher des Filmbandes eindrücken. Die Justierzähne sind nicht dargestellt.

Eine andere Form eines Justiersystems wird in der SIEMENS „*8 R-Kamera*" verwendet (Abb. 300 und 301). Danach ist an dem feststehenden Teil *1* der Filmführung die Blattfeder *2* angebracht, die mit der hakenartigen Sperrnase *3* und dem Hebel *4* durch Punktschweißung fest verbunden ist. Die Sperrnase ragt im Ruhestand etwas in den Filmkanal hinein, der durch die feste Andruckfläche *1* und die unter der Feder *6* stehende bewegliche Andruckplatte *5* gebildet wird. Das lange Ende *4a* der Feder *4* (Abb. 301) ist winklig abgebogen und ragt in die Bahn einer Nase des Transportgreifers hinein. Der in der Abb. 276 und 278

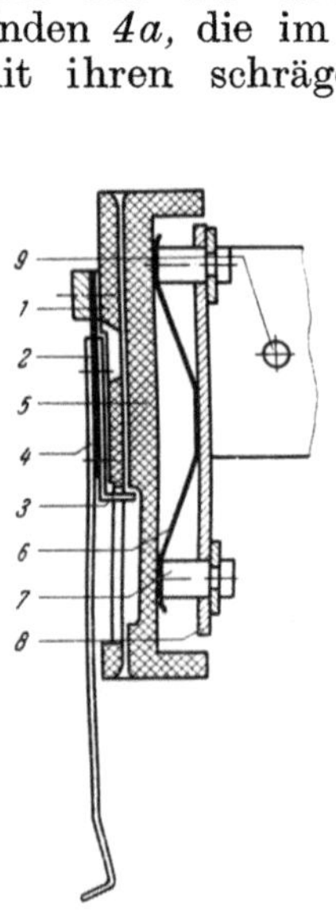

Abb. 300. SIEMENS 2 × 8 mm „*8 R-Kamera*", Justiersystem und Filmkanal, Maßstab 1:1.

1 Filmkanal, *2* Blattfeder, *3* Sperrhebel, *4* Hebel, *5* Filmandruckplatte, *6* Feder, *7* Bolzen, *8* Winkel, *9* Stift (s. Abb. 301).

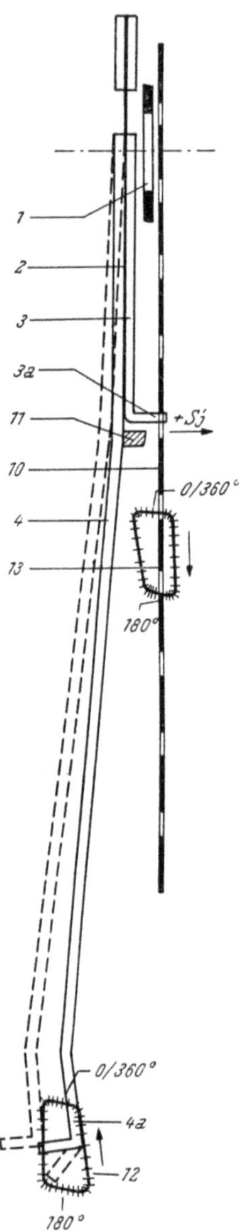

Abb. 301
SIEMENS 2 × 8 mm „*8 R-Kamera*", Maßstab 2,5:1.

1 Bildfenster, *2* Blattfeder, *3* Sperrhebel, *4* Hebel, *10* Filmband (übertrieben stark gezeichnet), *11* Anschlag (schematisch), *12* Steuerkurve für Sperrhebel, *13* Greiferspitzenbahn (s. Abb. 300).

gezeigte Greifer beschreibt mit seiner Nase *4c* die in der Abb. 301 mit *12* bezeichnete Bahn und erzwingt auf einem Teil ihres Durchlaufes eine Aus- lenkung der Feder *4*. Damit wird auf einem durch die Hebelüber- setzungsverhältnisse gegebenen kleineren Weg die Nase *3a* des Sperrhebels zeitweise aus dem Filmband herausgehoben und dieses zum Filmtransport frei- gegeben.

Die Reihenfolge des Arbei- tens von Transportgreifer und Sperrhebel ist so eingestellt, daß kurz vor dem Ende des Trans- porthubes der Sperrhebel wieder einfallen und mit seiner Spitze gegen das Filmband anlaufen kann. Die Justierwirkung wird durch die Aufwickeleinrichtung unterstützt, die das Filmband gegen die Sperrhebelspitze zu ziehen bestrebt ist. Die vor- liegende Anordnung kann natur- gemäß nur zum Justieren der Höhenlage in einer Richtung benutzt werden. Ein etwa auf- tretender zu kleiner Hub kann mit dieser Anordnung nicht ausgeglichen werden.

Eine graphische Unter- suchung des „*8 R*" Justiersystems ergibt: Nach der Abb. 301, in der das Filmband aus Über- sichtlichkeitsgründen in etwas

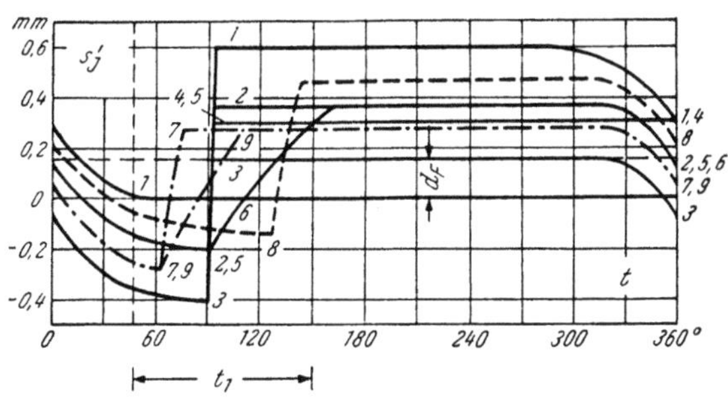

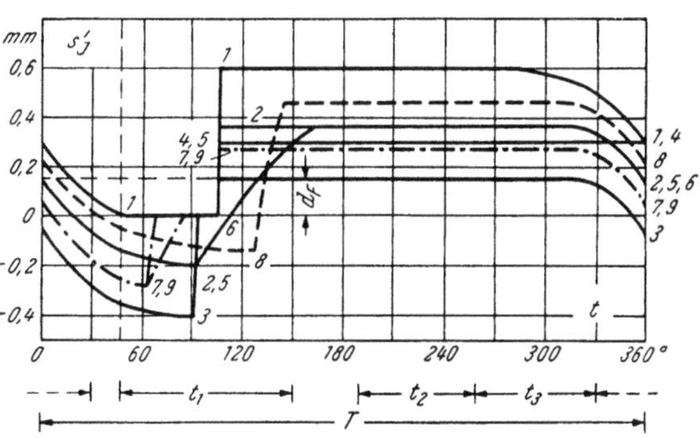

Abb. 302 u. 303. SIEMENS 2 × 8 mm „*8R-Kamera*", Weg-Zeit-Kurven der Sperrhebelspitze ohne Filmband (Abb. 302) und mit eingelegtem Film- band (Abb. 303), Maßstab 2,5 : 1.

s_J Weg der Sperrhebelspitze, d_F Dicke des Filmban- des, t Zeit, t_1 Zeit des Filmzuges, t_2 Laufzeit des Ver- schlusses über das Bildfeld, t_3 Zeit des vollgeöffneten Verschlusses, T Schaltperiode, $1 \ldots 9$ Kurven für ver- schiedene Justierung (s. Abb. 304).

größerer Dicke dargestellt ist, wird die Bewegung von dem Hebel *4* über- tragen, der mit seinem unteren Ende *4a* zeitweise von einer Nase des Greifers aus seiner Ruhelage ver- drängt wird. Diese Lage ist durch federndes Andrücken gegen den schematisch an- gedeuteten Anschlag *11* be- stimmt. Die Bahn *12* der Greifernase an der Verdrän- gungsstelle *4a* der Feder *4* ähnelt einer Greiferbahn. Bei der Stellung 330° des Exzenters beginnt die Ver- drängung und damit auch

Abb. 304. SIEMENS 2 × 8 mm „*8 R-Kamera*", Verschlußdiagramm, Maßstab 2,5 : 1.

a Weg der Verschlußflügelkante über das Bildfeld, *SF* Schließ- faktor (s. Abb. 302, 303).

das Ausheben des Sperrhebels. Ist der Sperrhebel *3* vollständig aus

dem Schaltloch ausgehoben, so wird das Filmband *10* um einen Schaltschritt weitergezogen. Vor Beendigung des Schaltschrittes hat zu einem
Zeitpunkt, der der 90°-Stellung entspricht, die Steuerung des Hebels *4* wieder
aufgehört. Dadurch kann der Sperrhebel wieder in das Filmband einfallen,
wenn das nächste Schaltloch dies bereits zuläßt. Sonst läuft die Spitze *3a*
des Sperrhebels gegen das Filmband *10* an und fällt dann ein, wenn das
nächste Schaltloch mit seiner Kante den Sperrhebel passiert hat.

Die Maße dieses Justiersystems lagen nicht zeichnerisch vor, sondern
wurden von einer Kamera abgenommen. Die Untersuchung der Einflüsse
der Justierung der Hebel *3* und *4* nach der Abb. 301 ergibt: Das erste
Diagramm (Abb. 302) für die Weg-Zeit-Gesetze der Spitze *3a* des Sperrhebels gilt, wenn die Kamera ohne Filmband läuft, der Hebel also sofort
nach Aufhören der Verdrängung wieder in seine Ruhelage zurückkehren
kann. Das zweite Diagramm (Abb. 303) gilt für eine mit Filmband
geladene Kamera, bei der also das Zurückkehren der Spitze *3a* des Sperrhebels nur zu bestimmten Zeiten möglich ist.

Die Wege des Hebels *4* an der Verdrängungsstelle *4a* werden im Verhältnis 1 : 3,2 untersetzt an der Spitze des Sperrhebels *3a* wirksam. Die
Kurve *1* zeigt eine Einstellung, bei der die Spitze *3a* möglichst weit, nämlich
0,6 mm, in das Schaltloch eingetaucht ist. Dabei bedeutet s'_J den Weg
der Sperrhebelspitze senkrecht zum Filmband, wobei die Wege im ein-
getauchtem Zustand positiv gerechnet werden. Der Beginn des Aushebens
der Sperrhebelspitze liegt bei etwa 280° und ist bei etwa 50° beendet.
Die Sperrhebelspitze wird gerade noch aus dem Schaltloch ausgehoben,
womit der eine Grenzfall vorliegt. Der andere wird durch die Kurve *3*
(Abb. 303) gegeben. Hier taucht der Sperrhebel gerade um 0,15 mm in das
Schaltloch ein, dieser Weg ist gleich der Dicke des Filmbandes.

Die praktisch ausgenutzten Kurven liegen zwischen diesen beiden
Grenzen. Beispielsweise wird eine Einstellung des Hebels *4* betrachtet,
die der Kurve *2* entspricht. Die Eintauchwege für die Greiferspitze
liegen zwischen + 0,35 mm ... — 0,20 mm. Die Kurven *7* und *8* gelten
für eine um etwa 1,5% größere, bzw. kleinere wirksame Länge des Hebels *4*,
womit die Justiermöglichkeit und eine Ungenauigkeit in der Kenntnis
seiner genauen Länge berücksichtigt wurden.

Der Beginn des Aushebens kann hinausgezögert werden, um als wichtiges
Merkmal während der Belichtungszeit t_3 (Abb. 304) keine oder nur geringe
Sperrhebelbewegungen zu erhalten, wenn durch einen Anschlag der positive
Teil des Weges s'_J begrenzt wird. Die Wirkung zeigen die Kurven *4* und *5*
(Abb. 303), die sonst den Einstellungen nach *1* und *2* entsprechen.

Der Sperrhebel fällt für die bisher genannten Kurven nach Aufhören
der Verdrängung praktisch sofort wieder in seine Ruhestellung zurück,
wenn die Trägheit des Systems nicht beachtet wird. Durch entsprechende
Ausbildung des abgebogenen Endes des Hebels *4* kann die Zeit des Ein-
fallens aber auch verlängert werden. Dies ist dann der Fall, wenn das
Ende *4a* des Hebels *4* nicht rechtwinklig abgebogen wird, sondern flacher
verläuft. Dann wird durch Anliegen des Hebelendpunktes an der ver-
drängenden Nase des Greifers das Einfallen langsamer vonstatten gehen.

Eine Durchsicht aller Kurven der Abb. 303 zeigt, daß ein Sperrhebel
nach der Einstellung *1* etwas zu spät vollkommen aus dem Filmband
ausgehoben ist und nach der Einstellung *6* und *8* zu spät einfällt. Die
Einstellungen *1*, *2*, *6* und *8* beginnen zu früh mit dem Ausheben. Eine

richtige Kombination der dargestellten Kurven ergibt eine optimale Weg-Zeit-Kurve für den Sperrhebel. Diese Erkenntnis war der Sinn der vorgenannten Überlegungen. Diese galten zunächst für ein Arbeiten der „8 R-Kamera“ ohne Filmband. Wird das Schaltwerk mit einem Filmband betrieben,

Abb. 305. SIEMENS 2 × 8 mm „8 R-Kamera“, Maßstab etwa 1: 2,7.

1 Aufnahmeobjektiv, 2 Blendenhebel, 3 Blendenanschlag, 4 verstellbarer Anschlag, 5 Sucherobjektiv, 6, 7 Hebel für Sucherumstellung, 8 Auslöseknopf, 9 Drahtauslöserbuchse, 10 Hebel für Rückspulen des Filmbandes, 11 Rückwickelknebel, 12 Tabelle für Rückwickeln.

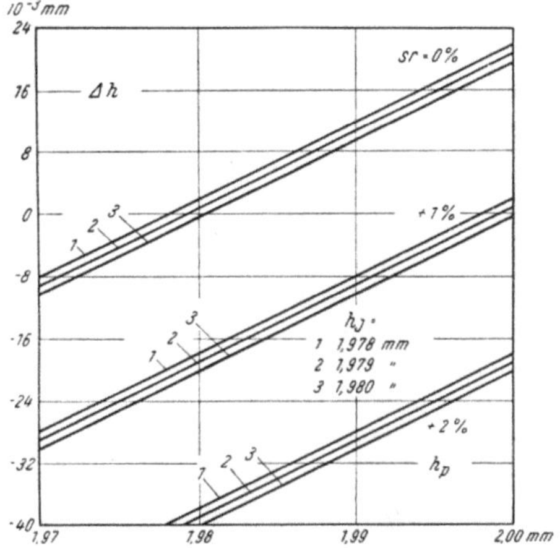

Abb. 306. Justierfehler (Höhenfehler) Δ h im Zusammenwirken zwischen Justierstift und Schaltloch.

h_P Höhe des Perforationsloches, h_J Höhe des Justierstiftes, sr Schrumpfung des Filmbandes, 35 mm-Filmband.

so kann der Sperrhebel erst dann einfallen, wenn er einem Schaltloch gegenübersteht.

Der Beginn des Aushebens der Sperrhebelspitze sollte möglichst nicht in der Zeit liegen, wo der Verschluß das Bildfenster noch offenhält, damit sich keinerlei Schwankungen während der Aufnahme ergeben. Die optimale Weg-Zeit-Kurve wird sich damit der Kurve 1 nähern, wobei aber eine Wegbegrenzung die positiv gerechneten Wege s'_J nach Art der Kurve 3 bei etwa 0,2 mm beendet. Damit könnte der Beginn des Aushebens der Spitze 3a auf den Zeitpunkt festgelegt werden, der der 10°-Stellung entspricht, bei der der Verschluß schon halb geschlossen ist. Die zugehörige Kamera zeigt die Abb. 305.

Ein ähnliches Sperrsystem haben die anderen SIEMENS Kameras („B, C, D, F“), die mit Kurbeltrieben arbeiten und deshalb abgerundetere Bahnen für die Filmschaltung und Sperrhebelsteuerung ergeben (634).

Bei den bisher betrachteten Justiersystemen wurde teilweise mit einer formschlüssigen Anlage der Justierstifte an den Kanten der Schaltlöcher gearbeitet, wobei eine Justierung in der gegebenen Richtung nach beiden Seiten möglich ist. Oder es wurden Justiersysteme besprochen, bei denen die Stifte nur an einer Seite einer Kante des Schaltloches anliegen und damit auch nur in einer Richtung justieren können. Es liegt hier dann ein kraftschlüssiger Justiermechanismus vor, der die dazu erforderliche

Kraft von irgend einer Stelle hernehmen muß. Dazu läuft das Filmband entweder mit einer gewissen Geschwindigkeit an die Justierspitze an, oder von der Aufwickelseite her ist eine so große Kraft noch an der Justierstelle wirksam, um das Filmband an den Justierhebel anzudrücken.

Bei dem formschlüssigen Justierstift sind die Herstellungstoleranzen seiner Abmessungen und der des Schaltloches sowie die Filmbandschrumpfung zu beachten. Bei einer Differenz zwischen beiden Abmessungen kann ein Spiel auftreten, das die Justierung illusorisch macht. Die Zahlenverhältnisse der Paßfragen zwischen Justierstift und Schaltloch gehen aus der Abb. 306 hervor. Nach dem Normblatt DIN 15501 betragen für das 35 mm-Format die Höhen- und Seitenabmessungen eines Schaltloches mit ihren zulässigen Toleranzen $h_p = 1{,}99 + 0{,}01 \ldots$ $\ldots 1{,}99 - 0{,}02$ mm und $b_p = 2{,}80 + 0{,}01$ mm. Wenn für die fertigungsmäßigen Abmessungen der Justierstifte vorgeschrieben wird: $h_J = 1{,}98 - 0{,}002$ mm und $b_J = 2{,}80 - 0{,}002$ mm, so ist die Differenz zwischen den Höhen- und Seitenabmessungen von Schaltloch und Justierstift maßgebend für die Justiergenauigkeit. Ist $\varDelta h$ bzw. $\varDelta b$ positiv, d. h. die Abmessung des Schaltloches größer als die des Justierstiftes, so kann zwischen beiden ein Lagefehler zusätzlich zu den durch das Getriebe bedingten Ungenauigkeiten auftreten. Die Abb. 306 bringt Zahlenwerte, die auch den Einfluß der Schrumpfung des Filmbandes erkennen lassen. Als Zahlenbeispiel sei genannt: Bei einer Schrumpfung $sr = 0$, einer Höhe des Schaltloches $h_p = 2{,}00$ mm und des Justierstiftes $h_J = 1{,}979$ mm wird $\varDelta h = 0{,}021$ mm. Wenn auch hier mit der ungünstigsten Toleranz des Schaltloches und einer mittleren des Stiftes gerechnet wurde, so zeigt es sich, daß allein durch das nicht richtige Zusammenwirken zwischen Schaltloch und Justierstift erhebliche Justierungenauigkeiten eintreten können, die wesentlich größer sind, als nach den vorangegangenen physiologisch bedingten Gesetzen zugelassen werden kann. Ist dagegen der Wert $\varDelta h$ bzw. $\varDelta b$ negativ, d. h. der Justierstift in der betrachteten Richtung größer als das Schaltloch, so wird dieses um diesen Betrag aufgedrückt (Abb. 290) und ergibt einen eindeutigen Formschluß. Dann ist mit einem einwandfreien Justieren zu rechnen, soweit es sich auf das Zusammenwirken von Filmband und Justierstift bezieht.

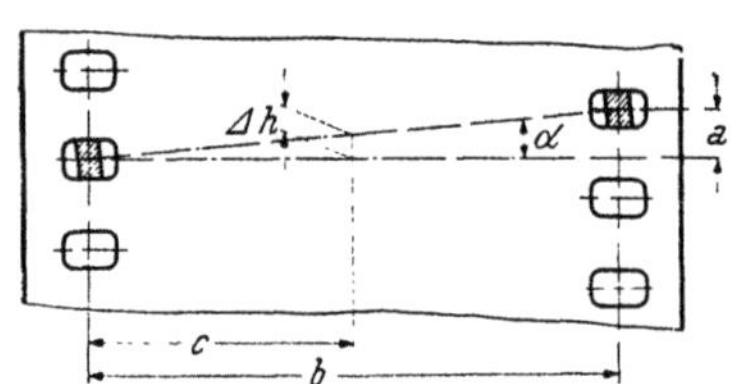

Abb. 307. Darstellung des Bildstands-Höhenfehlers $\varDelta h$, bedingt durch Versetzung der beiden Reihen von Schaltlöchern, Schema (s. Abb. 35).

Eine Betrachtung der Fehler, die durch Toleranzen der Filmbandabmessungen auftreten können, zeigt folgendes: Eine Justieranordnung nach der Anordnung der Abb. 307 kann ein Verkanten (Drehen) des einzelnen justierten Filmbildes bringen, wenn die beiden zueinander gehörenden, theoretisch in einer Höhe liegenden Schaltlöcher um einen Betrag a versetzt sind. Dann wird nach der Abb. 307 die Schräglage des Filmbandes durch den Winkel α bestimmt, wenn keine Begrenzung des Schiefstehens durch seitliche Führungen des Filmbandes eintritt. Die Höhenversetzung $\varDelta h$ des Mittelpunktes des einzelnen Phasenbildes ist:

$$\varDelta h = \frac{a\,c}{b} \tag{101}$$

Werden nach den Angaben des Normblattes DIN 15501 (Abb. 35) die Zahlenwerte eingesetzt: b = 28,17 mm; c = 0,5 mm; b = 14,085 mm als Mittelwerte unter Nichtbeachten der etwas seitlich versetzten Lage des Phasenbildes zum Filmband. Die Größe von a kann nach dem Normblatt den Größtwert a_{max} = 0,03 mm erreichen, so daß $\Delta\,h_{max}$ = 0,03 · 0,5 = = 0,015 mm wird.

Entsprechend wird der größte Verkantungswinkel

$$\alpha_{max} = \text{arc tg } \frac{a}{b} \tag{102}$$

oder in Zahlen: $\alpha_{max} = \text{arc tg } \dfrac{0,03}{28,17} = 0,061°$.

Es ist nicht zu erwarten, daß dieser berechnete größte Fehler von einem Phasenbild zum nächsten auftritt. Er wäre aber im ungünstigsten Falle möglich.

In ähnlicher Form kann für eine Justieranordnung nach der Abb. 308 und die normblattmäßig zugelassenen Toleranzen eine Seitenversetzung Δ s errechnet werden, die

$$\Delta\,s = c\,(1 - \cos\alpha) \tag{103}$$

beträgt und den Größtwert $\Delta\,s_{max}$ = 0,028 · 10^{-3} mm annehmen kann.

Es wurde schon vorher darauf hingewiesen, daß die Einwirkung eines Justierstiftes auf das Filmband anders vor sich
geht als bei einem Zuggreifer. Es ist deshalb damit zu rechnen, daß sich das Filmband infolge seiner geringen Steifigkeit quer
zu seiner Ebene erst einmal ausbeult und
wegzufedern versucht, bevor es sich in
Bewegung setzt. Erst von einer gewissen
Größe des Justierhubes an wird eine Bewegung des Filmbandes eintreten. Das Aus-
beulen des Filmbandes ist um so stärker, je
größer die Differenz der tatsächlichen gegenüber der gewünschten Lage ist. In allen

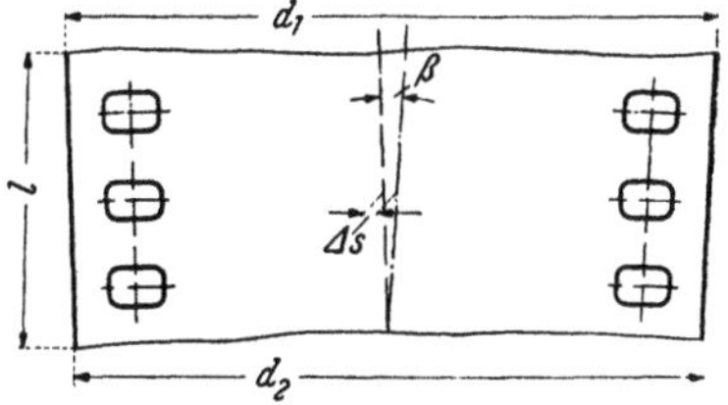

Abb. 308.
Darstellung des Bildstands-Seiten-
fehlers Δs, bedingt durch die ungleichmäßige Breite d_1 des Filmbandes, Schema (s. Abb. 35).

Fällen aber soll die Zeit zum Eindringen des Justierstiftes in das Schaltloch möglichst kurz sein, da zwischen der Belichtungs- und Schaltzeit nur wenig Zeit zur Verfügung steht.

Für eine Justieranordnung mit einer seitlichen Führung des Filmbandes können auch einige grundsätzliche Überlegungen über mögliche Justier-
fehler angestellt werden. Ist die Breite des Filmbandes nicht gleich groß, so kann eine Differenz $d_1 - d_2$ (Abb. 308) bestehen, die auf eine Länge l verteilt sein soll. Dann liegt die Symmetrielinie des Filmbandes um einen Winkel β schräg, der den Wert

$$\beta = \text{arc tg } \frac{d_1 - d_2}{l} \tag{104}$$

annimmt. Als Zahlenwert ergibt sich für die durch das Normblatt gegebene zulässige Toleranz der Filmbandbreite von $d_1 - d_2$ = 0,05 mm bei einer angenommenen Länge des Filmkanals von fünf Schaltschritten:

$\beta = \text{arc tg } \dfrac{0,05}{90} = 0,032°$. Die dadurch bedingte größte Seitenabweichung

Δ s wird nach der Abb. 308 für die Mitte des Bildfeldes

$$\Delta s = 0{,}5 \, (d_1 - d_2) \tag{105}$$

Der mögliche, aber nicht wahrscheinliche Größtwert wird $\Delta s = 0{,}025$ mm.

Die ungünstige Übertragung der Bewegung des Justierstiftes auf das Filmband läßt die Frage auftauchen, ob ein Transportsystem mit einer möglichst genauen Ausführung seiner mechanischen Glieder einen ebenso guten Bildstand ergibt. Dazu müßte ein eindeutiger Form- oder Kraftschluß zwischen Justierstift und Filmband vorhanden sein, worüber schon gesprochen wurde. Andererseits kann gerade durch die *Arbeitsteilung* zwischen Zug- und Justiersystem trotz des Mehraufwandes durch das Justiersystem der Gesamtaufwand verringert werden, da in diesem Falle an der Herstellungsgüte des Zugsystems etwas gespart werden kann [s. (644)]. Aber diese Fragen sind nicht allgemein zu entscheiden, da sie vielfach auch von wirtschaftlichen Fragen wie der Herstellungsstückzahl und den Fabrikationsmitteln der Herstellerwerke abhängen.

Über die erforderlichen Genauigkeiten in der Lage der einzelnen Phasenbilder wurden schon früher im Abschn. III E eingehende theoretische Betrachtungen angestellt und Zahlenwerte angegeben. Diese Werte sind so kritisch, daß es nur mit Aufbietung aller Mittel gelingen kann, sie einzuhalten. Da das Transport- und Justiersystem auf ein oder mehrere zueinander gehörige Schaltlöcher einwirken kann, ist der Bildstand maßgebend durch den Abstand des Phasenbildes, beispielsweise also seines Mittelpunktes, von der geschalteten Kante des Perforationsloches abhängig. Erwünscht ist ein möglichst dichtes Zusammenliegen der Schaltlöcher und zugehörigen Phasenbilder, da bei einem längeren Abstand durch die Dehnung des Filmbandes und Schrumpfung Fehler entstehen können. Die Aufbringung der einzelnen Phasenbilder auf das Filmband ist in den meisten Fällen nicht der alleinige Zweck der kinematographischen Aufnahme. Es handelt sich vielmehr meist darum, diese Bilder mit kinotechnischen Mitteln wieder vorzuführen. Wird also beim Wiedergabegerät an *derselben* Schaltlochkante geschaltet, die für die Aufnahme benutzt wurde, d. h. ist der Abstand zwischen Phasenbild und zugehöriger Schaltlochkante im Aufnahme- und Wiedergabegerät gleich groß, so besteht die Tatsache, daß Teilungsfelder des Filmbandes keinen Einfluß auf den Bildstand haben (s. auch Abschn. III E und Abb. 18). Von dieser Tatsache wird oder kann in den meisten Fällen kein Gebrauch gemacht werden, trotzdem ist ein entsprechender Hinweis in den Normblättern nicht enthalten.

D. Kräfte

Für die in den einzelnen Kameras eingesetzten Filmschaltwerke wurden bei Greiferwerken die Bahnen graphisch oder analytisch ermittelt, um daraus die Weg-Zeitgesetze zu erhalten. Diese geben an, welche Wege die Greiferspitze in bestimmten Zeitabschnitten zurücklegt. Da für die Vorschubbewegung des Filmbandes nur die Komponente des Weges in der Bewegungsrichtung wirksam ist, werden die Längs- und Querwege nach der schon früher gegebenen Definition und Handhabung getrennt behandelt. Als Beispiel für ein einfaches sinusförmiges Weg-Zeitgesetz wurde in der Abb. 203 die s-Kurve in Abhängigkeit von der Zeit t gezeigt, die in Winkelgraden der Umdrehungen der Antriebskurbel ausgedrückt ist. Für diese Wege eines gerade geführten Greifers wurde auch das Bewegungsgesetz für die Längskomponente formelmäßig in (60) angegeben. Bei

Schwinghebelgreifern sind die Gesetze sehr viel verwickelter und wurden deshalb im Rahmen dieses Werkes nicht ausführlich dargestellt, sie finden sich an anderen Stellen [WEISE (608, 609, 610)].

Die sich für gerade geführte Exzentergreifer ergebenden Weg-Zeit-Kurven wurden in der Abb. 264 dargestellt, wobei die Unterschiede für verschiedene Schaltverhältnisse S zu erkennen sind. Beispiele für die Querwege geben die Abb. 255 u. 256, die mit s' den Verlauf der Eintauchbewegung in die Schaltlöcher des Filmbandes zeigen. Die wirksamen Wege der Justierspitzen s'_J quer zum Filmband wurden in den Abb. 293, 294, 295, 297, 302, 303 gezeigt.

Einen Vergleich der Weg-Zeit-Kurven der Zugsysteme, und zwar einiger grundsätzlicher Typen mit Geradeführung der Greifer zeigt die Abb. 309. Die Bezeichnungen „Sin“ und „Exz“ gelten hier wie auch in den folgenden Abbildungen für die beschriebenen Sinusgetriebe (Kreuzschleifenkurbeln) bzw. Exzentergetriebe in der gegebenen speziellen Definition. Mit „Par“ ist eine Kurvensteuerung gemeint, die ein parabelförmiges Weg-Zeitgesetz hat. Die Malteserkreuze sind mit „Ma“ gekennzeichnet, wobei die römische Ziffer die Zahl der Schlitze angibt. Mit „KS“ sind Kurbelschleifengetriebe gemeint. Um bei diesem Diagramm unabhängig von dem Schaltverhältnis und dem Schalthub (Filmformat) zu werden, wurde der auf den Gesamtweg s_{max} bezogene Weg s (relativer Weg $s:s_{max}$) in Abhängigkeit von der auf die Schaltzeit t_1

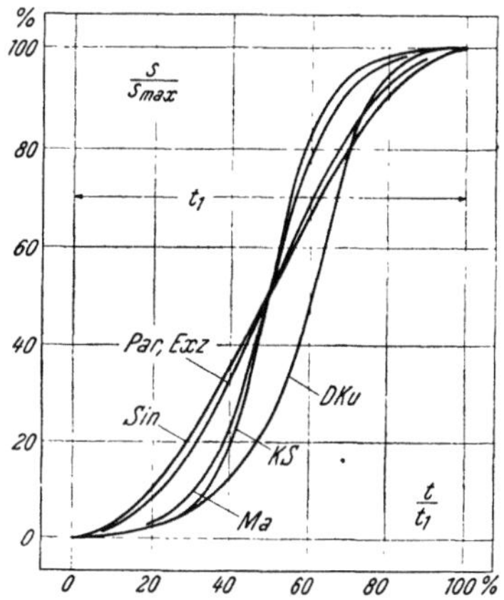

Abb. 309. Filmschaltwerke mit Geradeführung, relativer Weg $s:s_{max}$ in Abhängigkeit von der relativen Zeit $t:t_1$ und dem System des Schaltwerkes.

s Weg, s_{max} Schalthub, ($s_Z = 0$ gesetzt), t Zeit, t_1 Zeit des Filmbandzuges. *Exz* Exzentertrieb (nach Abb. 261 ... 265), *KS* Kurbelschleifengetriebe, *Ma* Malteserkreuzgetriebe (mit Angabe der Schlitzzahl III ... VIII), *Par* Getriebe mit parabelförmigem Bewegungsgesetz (s. Abb. 260), *Sin* Getriebe mit sinusförmigem Bewegungsgesetz, *DKu* Doppelkurbelgetriebe (609, 618).

(s. Abb. 201) bezogenen Zeit t (relative Zeit t/t_1) in der Abb. 309 aufgetragen. Die Kurven sind die *Wegkomponenten* in Bewegungsrichtung des Filmbandes im Filmkanal. Hier zeigen sich bereits Unterschiede im Kurvenverlauf, die sich später in den weiteren Diagrammen noch wesentlich deutlicher herausstellen.

Das Diagramm Abb. 309 zeigt zum Vergleich auch noch die Weg-Zeit-Kurve eines Doppelkurbel-(DKu-)Triebes als Zusatzbeschleunigungsgetriebe, das eine unsymmetrische Kurve zeigt, jedoch vorzugsweise in der Wiedergabetechnik Bedeutung hat (609, 618) und deshalb hier nicht weiter behandelt wird.

Aus allen diesen Komponentendarstellungen lassen sich nach den Ausführungen im Abschn. IX A (62) die Geschwindigkeiten als die erste zeitliche Ableitung des Weges nach der Zeit ermitteln.

Einen Vergleich der maximal auftretenden Geschwindigkeiten v_{max} für den Bereich der Kamera-Schaltverhältnisse von $S = 1:2$ bis $1:6$ und für verschiedene Schaltsysteme zeigt die Abb. 310. Die Zahlenwerte gelten für das 35 mm-Filmband und lassen sich nach den früher in der Tab. 29 gebrachten Faktoren auch für die anderen Filmformate umrechnen.

Werden aus der Differenzierung der Geschwindigkeiten nach der Zeit die Beschleunigungen b gewonnen [s. (64)] und die jeweils auftretenden Maximalwerte b_{max} in der Abhängigkeit vom Schaltverhältnis S und System des Schaltwerkes aufgetragen, so ergibt sich die Abb. 311, die schon beachtliche Unterschiede der Zahlenwerte

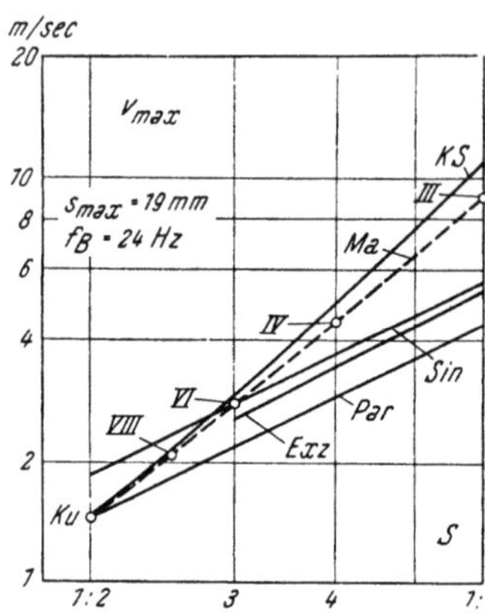

Abb. 310.
Filmschaltwerke, größte Geschwindigkeit v_{max} am Filmbandeingriff in Abhängigkeit von dem Schaltverhältnis S und dem System des Schaltwerkes.

f_B Bildfrequenz, Ku Kurbel ($S = 1:2$), s_{max} Schalthub, Schaltwerke s. Abb. 309.

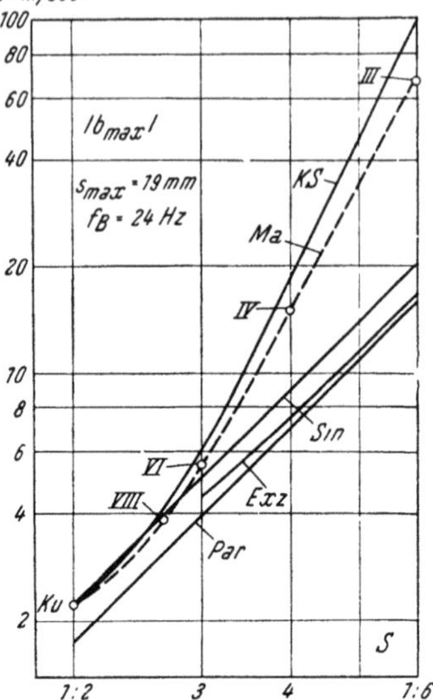

Abb. 311.
Filmschaltwerke, größte auf ein Filmband ausgeübte Beschleunigung b_{max} (Betrag) in Abhängigkeit von dem Schaltverhältnis S und dem System des Schaltwerkes.

f_B Bildfrequenz, s_{max} Schalthub. Schaltwerke s. Abb. 309.

bei schneller schaltenden Triebwerken zeigt. Aus den Beschleunigungen können die Massenkräfte errechnet werden, die bei Beschleunigung und Verzögerung während jeder Schaltperiode auftreten und auf das Filmband übertragen werden. Dieses läßt nur eine begrenzte Belastung durch mechanische Kräfte zu, wenn die Schaltlöcher aus Gründen eines möglichst genauen Bildstandes unbeschädigt bleiben sollen.

Angaben über diese Kräfte finden sich bei LUMMERZHEIM (331, 335), NAGEL (365) und VILBRANDT (577). Die üblicherweise angegebene Kraft von P = 1000 ... 1500 g, mit der das Schaltloch eines Filmbandes zum Einreißen gebracht werden kann, ist sehr roh, weil die Dauer der Krafteinwirkung fehlt. Eingehende Messungen von ROHLOFF (460) zeigen folgende Ergebnisse:

Tabelle 31

P	Verformung Zeit t (sec)		
g	1	60	300
200	keine	keine	keine
300	keine	keine	Spuren
400	keine	Spuren	stärker
500	leicht	stärker	stark
600	stärker	stark	Riß
700	stark	Riß	Riß

Die sehr beachtliche Zeitabhängigkeit ließ günstigere Verhältnisse erwarten, d. h. größere Kräfte P zu, wenn die Krafteinwirkung nur kurze Zeit erfolgt, wie es bei den Filmschaltwerken der Fall ist. Eine Vorrichtung, die nur in etwa 0,02 sec mit einer meßbaren Kraft auf ein Schaltloch einwirkt, wobei diese Zeit angenähert einem Schaltverhältnis $S = 1 : 2$ und einer Bildfrequenz $f_B = 24$ Hz entspricht, brachte für verschiedene 35 mm Filmsorten, darunter auch Sicherheitsfilm, folgende Ergebnisse (460):

Tabelle 32

$\dfrac{P}{g}$	Verformung
500	keine
600	Spuren
700	leicht
800	stärker
900	stark
1000	Riß

$t = 0,021$ sec

Bei der Einrechnung eines ausreichendes Sicherheitsfaktors wird man praktisch mit Kräften von etwa $P = 300 \ldots 400$ g rechnen können. Bei Schmalfilm liegen die Verhältnisse günstiger, da einerseits die Schaltlöcher kleiner sind und deshalb größere Kräfte aufnehmen können und dann die auftretenden Kräfte allgemein kleiner sind.

Aus den Beschleunigungen ergeben sich bei Kenntnis der Masse des beschleunigten Filmbandstückes die Massenkräfte, die mit den eben genannten Meßwerten der zulässigen Filmbelastung verglichen werden können. Nach dem NEWTONschen Grundgesetz der Mechanik ist

$$P = m\,b \tag{106}$$

wobei P die Kraft ist, die auf eine Masse m ausgeübt werden muß, um die Beschleunigung b zu erreichen. Die Zahlenwerte für die Masse von je 1 m Länge der einzelnen Filmbänder sind:

Tabelle 33

Filmformat	Einfach 8	Doppelt 8	9,5	16	35	mm
Masse je 1 m Länge ...	0,135	0,27	0,17	0,285	0,714	$\dfrac{\text{g sec}^2}{\text{m}}$

Ein Diagramm zur Feststellung der Massenkräfte $m\,b$ aus der durch das Schaltwerkssystem und Schaltverhältnis gegebenen Beschleunigung b und der Länge l des zu beschleunigenden Filmbandes findet sich in der Abb. 312 und wurde hier für den schwierigsten Fall des 35 mm Filmbandes abgestimmt. Für die einzelnen Getriebe und Schaltverhältnisse ergeben sich dann Zahlenwerte für die maximalen Beschleunigungskräfte $m\,b_{max}$, die in der Abb. 313 aufgezeichnet sind. Es wird beispielsweise für ein 35 mm Schaltwerk mit einem Kurbelantrieb und Geradeführung des Greifers bei der nach Tab. 30 errechneten Höchstbeschleunigung $b_{max} = 214$ m/sec², der Bildfrequenz $f_B = 24$ Hz und einer Länge

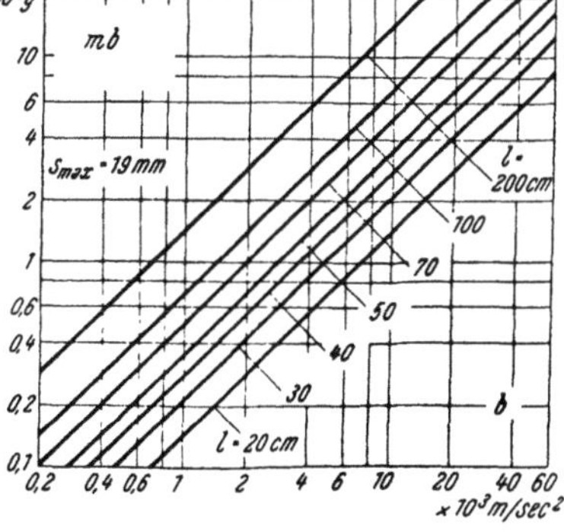

Abb. 312. Filmschaltwerke, Beschleunigungskraft $m\,b$ in Abhängigkeit von der Beschleunigung b und Länge l des Filmbandes. s_{max} Schalthub.

$l = 30$ cm des an der Beschleunigung beteiligten Filmbandes die größte Beschleunigungskraft $P_{max} = m\, b_{max} = 0,714 \cdot 0,3 \cdot 214 = 45,8$ g, also ein verhältnismäßig kleiner Wert. Entsprechend wird für einen Exzenterantrieb mit dem Schaltverhältnis $S = 1:4$ unter sonst gleichen Verhältnissen $P_{max} = 0,714 \cdot 0,3 \cdot 429 = 92$ g.

Als Beispiel für die Massenkräfte in ihrem Zeitverlauf bringt die Abb. 314 das Diagramm für das 20th CENTURY FOX Schaltwerk, dessen Kinematik an Hand der Abb. 251 … 254 beschrieben wurde. Einen ähnlichen Verlauf hat die Kräfte-Zeit-Kurve in der Abb. 315 für das Schaltwerk der ASKANIA „Z-Kamera", das schon in der Abb. 205 dargestellt wurde.

Bei den Schmalfilmgeräten werden die Massenkräfte sehr klein, beispielsweise ist für eine einfach 8 mm-Kamera mit Kurbelantrieb und einer zu beschleunigenden Länge des Filmbandes $l = 10$ cm die größte Kraft $P_{max} = 0,135 \cdot 0,1 \cdot 19,1 = 0,26$ g.

Neben den Beschleunigungskräften müssen vom Filmschaltwerk noch die *statischen* Kräfte beachtet werden, die durch die Einspannung des Filmbandes im Filmkanal bedingt und bei dem Weiterziehen des Filmbandes ebenfalls zu überwinden sind. Für die Bemessung der statischen Kraft sind zwei Vorschriften gegeben, die im Abschn. VIB schon genannt wurden. Für die Größe der statischen Kraft auf Grund der Massenkräfte sind folgende Überlegungen maßgebend: Im zweiten Abschnitt des Schaltvorganges wird das Filmband von dem Schaltwerk aus seiner größten Geschwindigkeit wieder bis zum Stillstand verzögert. Das Filmband ist aber bestrebt, auf Grund seines Beharrungsvermögens noch in Bewegung zu bleiben. Die Kante des Schaltloches wird sich also von der Greiferspitze oder dem Transportzahn abzuheben versuchen und etwas

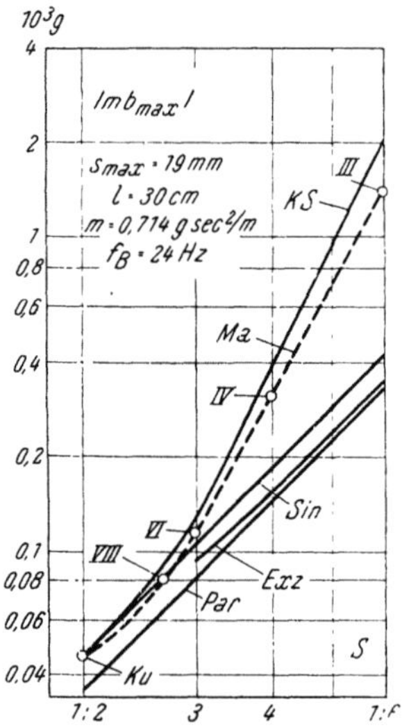

Abb. 313. Filmschaltwerke, größte zum Schalten des Filmbandes notwendige Massenkraft mb_{max} in Abhängigkeit von dem Schaltverhältnis S und dem System des Schaltwerkes.

B Bildfrequenz, s_{max} Schalthub, l Länge des beschleunigten Filmbandes, m Masse des Filmbandes, Schaltwerke s. Abb. 309.

weiter *schleudern*. Damit tritt eine Vergrößerung des Schaltschrittes und eine Verschlechterung des Bildstandes ein. Wird nun eine gegen dieses Weiterschleudern gerichtete Kraft P_R aufgebracht, die mindestens die gleiche Größe wie die am Schluß der Verzögerung auftretende Massenkraft $m\,b$ hat, so ist damit die statische Kraft bestimmt. Diese wird durch Reibung erzeugt und hat, wenn man aus Sicherheitsgründen die maximale und nicht die am Schluß des Schaltvorganges auftretende Verzögerungsmassenkraft $m\,b_{max}$ einsetzt, die Größe

$$P_R = |\,m\,b_{max}\,| \tag{107}$$

Dabei wurde der Betrag der Massenkraft ohne Rücksicht auf ihr Vorzeichen gewählt, da die Verzögerungskraft negativ ist. Bei allen symmetrisch aufgebauten Schaltwerken sind die Beträge der Verzögerung gleich denen der Beschleunigung. Die gesamte, auf das Filmband im Filmkanal wirkende Kraft P_F ist dann

$$P_F = P_R + mb \tag{108}$$

oder der Maximalwert bei symmetrischen Schaltwerken

$$P_{Fmax} = 2\,mb_{max} \tag{109}$$

Eine weitere notwendige Kraft, die das Filmband zu den im Gerät notwendigen Krümmungen veranlaßt, ist sehr klein und in ihrer Messung etwas schwierig und wird deshalb hier nicht berücksichtigt. Diese Krümmungen werden durch Führung des Filmbandes in der Kamera bedingt, sie sind beispielsweise durch die Filmschleifen *1a* und *1b* nach Abb. 101 gegeben.

Die genannten Zahlenbeispiele ergeben dann für einen Kurbeltrieb mit S = 1 : 2 und ein 35 mm-Filmband: $P_{Fmax} = 2\,mb_{max} = 2 \cdot 45,8 = = 91,6$ g und bei S = 1 : 3 des Exzenters: $P_{Fmax} = 2 \cdot 92 = 184$ g. Bei der kleinen 8 mm Kamera ergibt sich $P_{Fmax} = 2 \cdot 0,26 = 0,52$ g, also ein sehr kleiner Zahlenwert, der durch die statische Kraft P_R von 20 … 50 g bei weitem übertroffen wird. Dieses Beispiel zeigt zugleich, daß in diesem Falle — und das gilt für alle 8 mm- und auch einige 16 mm-Kameras — nicht mit der Formel (107) gerechnet werden darf. Denn zum Plandrücken des Filmbandes, das ja die andere Bestimmung für die statische Kraft P_R gibt, sind wesentlich größere Kräfte nötig, als an Beschleunigungskräften auftreten.

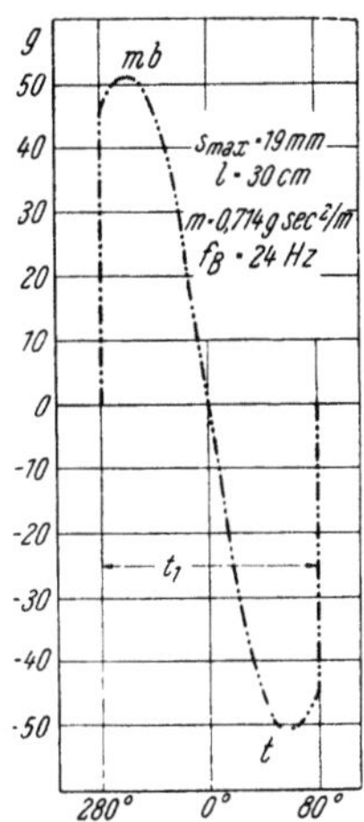

Abb. 314. 20th CENTURY FOX 35 mm Kamera, von dem Greiferschaltwerk auf das Filmband ausgeübte Massenkräfte *mb* in Abhängigkeit von der Zeit *t*.

f_B Bildfrequenz, l Länge des beschleunigten Filmbandes (geschätzt), m Masse des Filmbandes, s_{max} Schalthub, t_1 Zeit des Filmbandzuges.

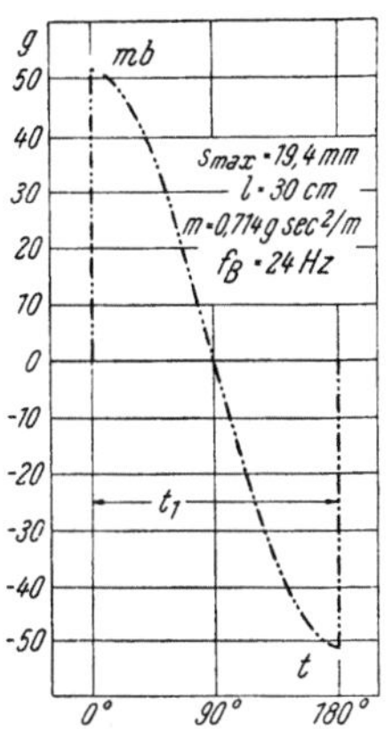

Abb. 315. ASKANIA 35 mm „Z-Kamera", von dem Greiferschaltwerk auf das Filmband ausgeübte Massenkräfte *mb* in Abhängigkeit von der Zeit *t*.

f_B Bildfrequenz, l Länge des beschleunigten Filmbandes (geschätzt), m Masse des Filmbandes, s_{max} Schalthub, t_1 Zeit des Filmbandzuges.

Für die Bemessung der statischen Kraft nach der anderen Vorschrift gibt die Filmplanlage im Bildfenster einen Anhalt. Die Filmandruckplatte muß mit einer gewissen Kraft P_A das Filmband gegen das Bildfenster andrücken, damit es ausreichend plan liegt. Diese Kraft ist über die Reibungszahl μ mit der statischen Kraft P_R verbunden (s. Abschn. VI B und XIX) und bestimmt damit die Größe von P_R.

Die Kraft P_F in ihrem Zeitverlauf wird in der Abb. 316 für einen Exzentertrieb dargestellt. Darin bedeutet die strich-zweipunktierte Kurve den Zeitverlauf der Massenkräfte mb mit dem Maximalwert mb_{max} und P_R die statische Kraft nach der in (107) gegebenen Größe. Die ausgezogene Summenkurve P_F ist die gesamte auf das Filmband wirkende Kraft in ihrem Augenblickswert zu einer bestimmten Zeit t. Diese Kraft P_F ist zu jeder Zeit positiv, so daß in jedem Falle das Filmband gezogen werden muß und deshalb nicht weiterschleudern kann. Der Zeitverlauf der Größtwerte der Kräfte P_F geht für verschiedene Schaltverhältnisse S und die einzelnen Systeme von Schaltwerken aus der Abb. 317 hervor.

Die schon genannten Pendelfenster lassen durch ihre Bewegung bei dem Zug des Filmbandes eine Verringerung der statischen Kraft P_R zu. Im Grenzfalle kann diese dann Null werden, womit die maximal auf das Filmband wirkenden Kraft $P_{max} = mb_{max}$ wird, also nur die halbe Größe der sonst auf das Filmband wirksam werdenden Kraft entsteht.

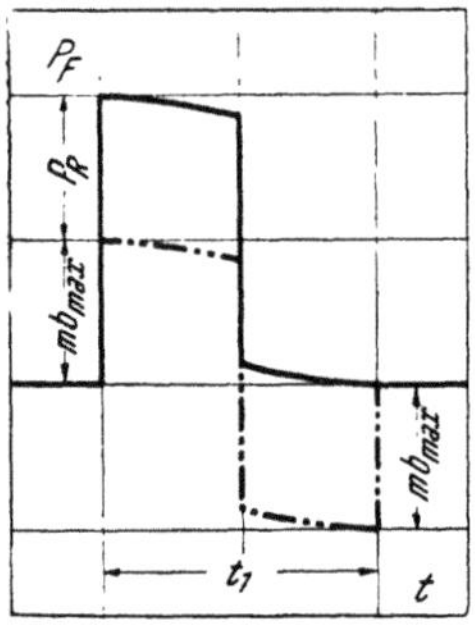

Dagegen ist bei einem Pendelfenster folgendes zu beachten: Durch die im Rhythmus der Schaltfrequenz vom Pendelfenster abwechselnd ausgeübten Kraft wird das Filmband im gleichen Rhythmus entlastet und wieder im Bildfenster gespannt, macht also jeweils eine Bewegung in Richtung der optischen Achse. Es kann nicht übersehen werden, ob dadurch die Wölbung des Filmbandes während der tatsächlichen Aufnahme ausreichend klein wird oder ob das Filmband noch während der Aufnahme etwas in Bewegung ist, da auch zum Eindrücken der Filmbandwölbung eine gewisse Zeit erforderlich ist. Hinsichtlich dieser ständigen Vergrößerung und Verkleinerung der Filmbandwölbung im Bildfenster scheint ein starrer Filmkanal günstiger zu sein.

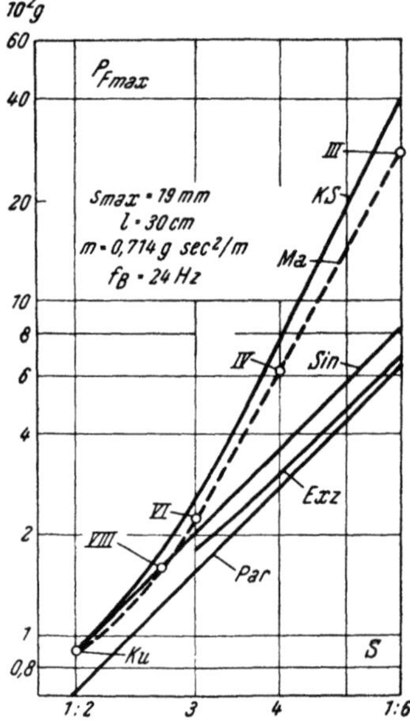

Abb. 316.
Filmschaltwerke, auf das Filmband ausgeübte Gesamtkraft P_F in Abhängigkeit von der Zeit t. mb_{max} maximale Beschleunigungskraft, P_R Reibungskraft, t_1 Zeit des Filmbandzuges.

Bei der Festsetzung einer höchst zulässigen Belastung des Filmbandes lassen sich für verschiedene Systeme von Schaltwerken die kleinsten noch zulässigen Schaltverhältnisse errechnen. Diese Ergebnisse werden aber erst in der Wiedergabetechnik kritisch, da hier schneller geschaltet wird als bei den Kameras [WEISE (609)].

Die bisherigen Betrachtungen gingen von den Einflüssen des Filmbandes und seinem Zusammenwirken mit dem Schaltwerk aus. Selbstverständlich können sich Bildstandsfehler auch dann ergeben, wenn das Schaltwerk in sich federt, was bei den kleinen Kräften aber praktisch nicht merklich wird, oder Spiel an Gelenkstellen auftritt. Es kann an Hand geometrischer Untersuchungen nachgewiesen werden, welchen Einfluß das Spiel, angegeben z. B. in μ, an einer Gelenkstelle

Abb. 317.
Filmschaltwerke, größte auf ein Filmband vom Filmschaltwerk her ausgeübte Massenkraft P_{Fmax} in Abhängigkeit von dem Schaltverhältnis S und dem System des Schaltwerkes. f_B Bildfrequenz, l Länge des beschleunigten Filmbandes, m Masse des Filmbandes, s_{max} Schalthub, Schaltwerke s. Abb. 309.

eines Filmschaltwerkes auf eine mögliche Lageänderung der Greiferspitze hat [WEISE (608, 609)]. Aus diesen Erkenntnissen läßt sich umgekehrt aus der geforderten Genauigkeit der Filmbandschaltung, d. h. der Wegdifferenz der Greiferspitze, auf die zulässige Ungenauigkeit an den Gelenkstellen schließen. Die Zusammenbautoleranz kann zahlenmäßig angegeben werden. Weiter lassen sich besonders günstige Gesamtanordnungen von Greiferschaltwerken hinsichtlich eines möglichst kleinen Bildstandsfehlers angeben, die dann in der Praxis entweder zu einem kleineren Bildstandsfehler bei gleicher Herstellungsgüte führen oder eine weniger feine Herstellungsgenauigkeit der Schaltwerksteile erfordern (s. Abschn. XIX).

Allgemein ist bei der Betrachtung der sehr vielfältigen Schaltwerkssysteme zu sagen: Sie sind mehr auf *konstruktive* Gesichtspunkte der Einordnung in die Laufwerke mit den vielfach kleinen zur Verfügung stehenden Räumen ausgerichtet als auf optimale *kinematische* Gesichtspunkte hin bemessen. Manche Systeme sind, kinematisch gesehen, keineswegs gut und ließen sich merklich verbessern oder vereinfachen. Diese Betrachtungen, vorzugsweise auf Greiferwerke bezogen, lassen sich sinngemäß auf Schrittschaltwerke ausdehnen, deren kinematische Anordnungen vielfach aber weit mehr festliegen und nicht frei wählbar sind und außerdem in der Wiedergabetechnik Bedeutung haben.

Die Kräftebetrachtungen lassen die Frage entstehen, wie weit bei einem mechanischen Schaltwerk die Schaltfrequenz gesteigert werden kann. Die Beschleunigung eines Schaltwerkes wächst auf Grund der zweimaligen Differenzierung des Weges nach der Zeit quadratisch mit der Bildfrequenz an. Es ergeben sich also für Zeitdehnungen Z nach (3) die zugehörigen Faktoren F, mit denen die errechneten b-Werte zu multiplizieren sind.

Tabelle 34

Z	1	1,5	2	3	4	5	6	10	20
f_B (Hz)	16	24	32	48	64	80	96	160	320
F	1	2,25	4	9	16	25	36	100	400

Wird nach dem Zahlenbeispiel die 8 mm-Kamera mit einem Schaltverhältnis S = 1 : 2 und einer Schaltung von 64 Bildern je sec benutzt, sind die Beschleunigungskräfte $m\,b_{max} = 16 \cdot 0{,}26 = 4{,}16$ g. Bei dem durch eine Kurbel angetriebenen 35 mm Schaltwerk mit S = 1 : 2 und $mb_{max} = 45{,}8$ g (für $f_B = 24$ Hz) wird bei einer Bildfrequenz $f_B = 80$ Hz die maximale Massenkraft $m\,b_{max}$ auf $45{,}8 \cdot \dfrac{25}{2{,}25} = 510$ g ansteigen, so daß bei Anwendung einer nicht pendelnden Andruckplatte die Gesamtkräfte P_{Fmax} bereits über 1000 g werden.

Angaben über die höchste, in üblichen, nicht speziellen Zeitdehnergeräten vorgesehene Bildfrequenz finden sich in Abschn. XII A bei der Beschreibung der Regelwerke.

In der Schmalfilmtechnik können Bildfrequenzen bis 96 Hz mit den größeren Geräten gelegentlich eingestellt werden. Darüber hinaus zu gehen hat wenig Sinn, da der Anwendungsbereich für Amateuraufnahmen beschränkt ist. Außerdem ist der technische Aufwand dann in dem Getriebe, Federwerk und der Auswuchtung erheblich und steigt mit der Vergrößerung der Bildfrequenz sehr stark an. In der Kinotechnik bezeichnet man als *Hochfrequenz*-Aufnahmen die Bildfrequenzen mit mehr als etwa 60 Hz. Für die ASKANIA „*Z-Kamera*" werden Bildfrequenzen bis etwa 80 Hz angegeben, kurzzeitig können vielleicht noch etwas mehr gemacht werden.

Ein Filmschaltwerk für Hochfrequenzaufnahmen bis etwa 160 Hz als Höchstwert liegt in dem in der Abb. 298 dargestellten Kurbelschleifengetriebe für den Filmzug von MITCHELL vor. Für besondere Hochfrequenzaufnahmen steht eine VINTEN-*Kamera 35 mm „HS 300"* zur Verfügung, die bis zu 275 Bilder je sec aufnehmen kann (Abb. 97).

Bei dem Einsatz mehrerer gleichzeitig arbeitender Greiferspitzen können die an jeder einzelnen Stelle auftretenden Kräfte reduziert werden. Es ist aber nicht klar, wie weit sich diese Kräfte gleichmäßig verteilen, wenn das Filmband in der Höhenlage oder der Teilung der Schaltlöcher Differenzen aufweist oder die mehrfach wirkenden Greiferspitzen in ihrer Höhenlage gegeneinander versetzt sind. Man kann leicht nachweisen, daß zur Dehnung eines Filmbandes um einige Prozent, die der Schrumpfung durch Alterungseinflüsse entsprechen, wesentlich größere Kräfte erforderlich sind, als durch die Massenkräfte üblicher Schaltwerke ausgelöst werden, danach ist nicht mit einem gleichmäßigen Zug durch mehrere Greiferspitzen zu rechnen. Denn durch die vom Schaltwerk ausgeübten Kräfte kann das Filmband nicht so gedehnt werden, daß mit einer gleichmäßigen Verteilung der Kräfte zu rechnen ist, wenn die normblattmäßig zugelassenen Toleranzen eingehalten werden.

Bei einer Reihe von 35 mm Schaltwerken wurde schon auf die Abb. 318 verwiesen. Hier wurden für die Kameras: ASKANIA „Z" *(a)*, *„Arriflex 35" (b)*, CINEPHON *„Handkamera" (c)*, 20th CENTURY FOX *(d)*, MITCHELL *„BNC" (e)*, ASKANIA *„Atelier I"* und *„Atelier II" (f, g)*, ASKANIA *„Schulterkamera" (h)*, ÉCLAIR *(i)* und DEBRIE *„Super Parvo" (k)* die Greiferbahnen dargestellt. Zu Vergleichszwecken wurden alle Bahnen auf einen geraden Filmkanal umgezeichnet und — wenn notwendig — an ihm gespiegelt, damit die für den Filmzug bestimmten Bahnseiten immer auf der linken Seite der Zeichnung liegen. Geringfügige Unterschiede können sich ergeben, da die Getriebe nur teilweise zeichnerisch vorlagen, teilweise aus Modellen oder Geräten zeichnerisch rekonstruiert werden mußten. Bei diesem Vergleich nach der Abb. 318 handelt es sich auch nicht darum, die Größe der Differenz zwischen den Bahnen verschiedener kinematischer Systeme in ihrem Zahlenwert aufzuzeigen, sondern den prinzipiell verschiedenen Charakter der Systeme und Kurven aufzuzeigen. Bei Schmalfilmgeräten, insbesondere der Wiedergabetechnik, sind die Formen der Greiferbahnen teilweise noch sehr viel verwickelter. Das deutet darauf hin, daß optimale kinematische Lösungen doch noch nicht vorliegen.

Wenn hier von *„Greiferbahnen"* gesprochen wurde, so ist damit die Bahn eines bestimmten Punktes auf dem Greifer, der Greiferspitze, bei ihrem Umlauf gemeint. Wird ein anderer Punkt betrachtet, so beschreibt er nur bei einem exakt geradegeführten Greifer eine Bahn von genau der gleichen Form, wobei nur eine räumliche Versetzung entsprechend der Entfernung der betrachteten Punkte auf dem Greifer gegeben ist. Bei allen Schwinghebelsystemen entstehen unterschiedliche Greiferbahnen in Form und Größe (s. beispielsweise Abb. 319), je nachdem, welcher Punkt des Greifers für den Filmbandzug wirksam ist. Damit kann einerseits mit der bisherigen Angabe der Greiferbahn für die beschriebenen Greifer nur eine angenäherte Aussage gemacht werden. Für die Bewegungsgesetze des vom Greifer getriebenen Filmbandes (s. Abschn. IX A) ist dagegen das zu den einzelnen Zeitpunkten wirkende Bewegungsgesetz des *jeweils tatsäch-*

lich wirksamen Punktes auf dem Greifer maßgebend. Die für den Filmbandzug maßgebende Bahn enthält also Punkte von allen Bahnen aller Punkte des Greifers, die mit dem Filmband in Berührung kommen.

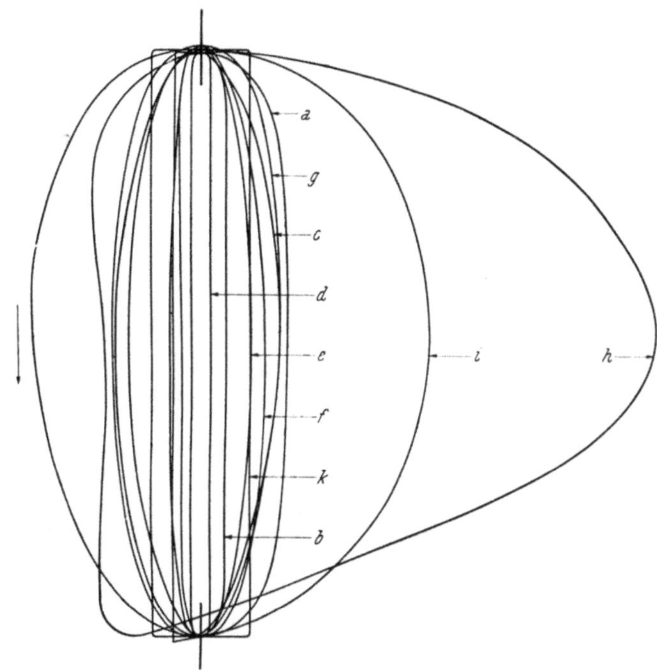

Abb. 318. Vergleich von 10 Greiferbahnen von 35 mm Greiferschaltwerken. Bahnen, wenn notwendig, gestreckt (gerader Filmkanal) und gespiegelt. Maßstab 4 : 1.
a ASKANIA „*Z-Kamera*" (Abb. 205), *b* ARNOLD u. RICHTER „*Arriflex 35 Kamera*" (Abb. 239), *c* CINEPHON „*Handkamera*" (Abb. 240), *d* 20th CENTURY FOX „*Atelier Kamera*" (Abb. 251, 252), *e* MITCHELL „*Atelierkamera B N C*" (Abb. 246 … 248), *f* ASKANIA „*Atelierkamera I*" (Abb. 241, 242), *g* ASKANIA „*Atelierkamera II*" (Abb. 245), *h* ASKANIA „*Schulter Kamera*" (Abb. 236), *i* ÉCLAIR „*Atelier Kamera*" (Abb. 258), *k* DEBRIE Atelierkamera „*Super-Parvo*" (Abb. 271).

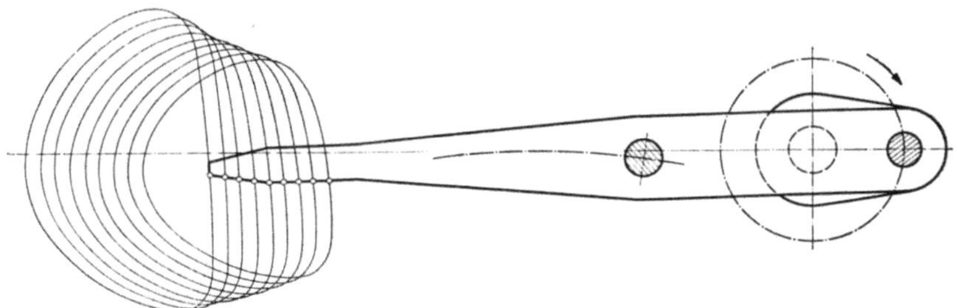

Abb. 319. Greiferschaltwerk mit Schwinghebel. Lage und Größe von 9 Greiferbahnen in Abhängigkeit von der Lage des erzeugenden Punktes auf dem Greifer.

Über Aufnahme-Filmschaltwerke liegen zahlreiche Patentschriften vor, die vielfach keine wesentlichen kinematischen Unterschiede zeigen, sondern *konstruktive und bauliche*. Sofern die Patentnummern noch nicht genannt

wurden, werden sie hier aufgeführt, wobei eine Auswahl nur die neueren
Patentschriften berücksichtigt:
487 220, 511 069, 513 503, 514 923, 517 795, 521 086, 523 654, 526 920,
531 048, 537 661, 572 495, 574 119, 575 663, 585 385, 596 923, 605 662,
611 526, 611 770, 616 816, 627 362, 638 732, 695 417, 659 418, 663 814,
666 366, 666 618, 669 109, 669 938. 674 683, 676 601, 680 015, 682 095,
682 635, 683 460, 685 066, 685 067, 685 578, 698 670, 699 105, 700 328,
702 311, 702 312, 707 623, 709 351, 712 657, 721 638, 733 269, 736 009,
767 672, 753 098, 809 371, 821 598, 832 541, 842 750, 867 051, 886 842,
886 843, 886 844, 890 752.

Dabei wurden außer den mechanischen Systemen auch elektromagnetische, pneumatische und hydraulische angeführt sowie Schaltwerke, die
mehrere Filmformate schalten können. Von einem praktischen serienmäßigen Einsatz ist zur Zeit aber noch nichts bekannt.

X. Optische Ausgleiche und Sondergeräte.

Im Abschn. II wurden drei Methoden genannt, nach denen ein Kino-
gerät arbeiten kann. Davon besteht eine in dem *optischen Ausgleich*. Danach
wird das Filmband durch den Filmkanal an der Belichtungsstelle *kontinuierlich* vorbeigezogen und durch bewegte optische Mittel jeder Dingpunkt so abgebildet, daß keine Relativbewegung zwischen Filmband und
Bildpunkt entsteht. Die Bildpunkte werden also durch die Bewegung der
optischen Einrichtungen dem kontinuierlich laufenden Filmband so nach-
geführt, daß der genannte Erfolg eintritt. Läßt sich diese Bedingung streng
oder mit ausreichender Annäherung erfüllen, so können mit einem optischen
Ausgleich ausreichend scharfe Phasenbilder hergestellt werden.

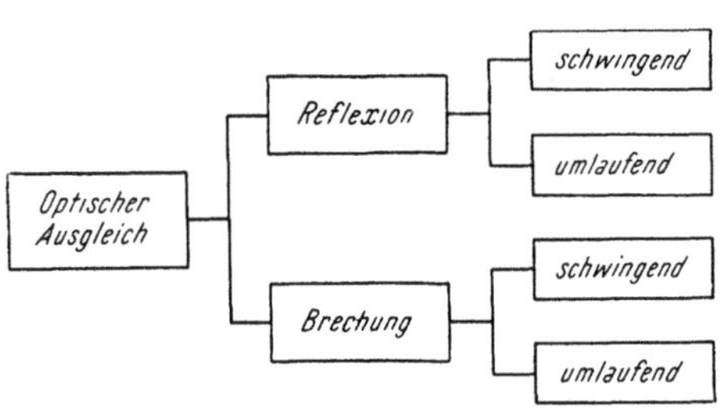

Abb. 320. Optischer Ausgleich, Schema des
Aufbaues.

Das wesentliche Kennzeichen
eines optischen Ausgleiches ist also
die mechanische Bewegung optischer
Mittel im Rhythmus der Bildaufnahme. Dem damit erreichbaren
Vorteil des kontinuierlichen Durchlaufes des Filmbandes durch den
Filmkanal steht der Nachteil dieser Bewegung der optischen Mittel
entgegen. Diese Bewegung kann
mit schwingenden oder umlaufenden
Gliedern erreicht werden (Abb. 320).

Die optischen Mittel selbst können
brechender oder spiegelnder Art sein, also aus Prismen und Linsen
oder Spiegeln bestehen. Auch bei einem kontinuierlichen Lauf ist die
maximale Geschwindigkeit des Filmbandes auf etwa 40 m/sec begrenzt,
die sich aus Fertigkeitsgründen ergibt. Praktisch werden Filmbandgeschwindigkeiten von 20 ... 30 m/sec benutzt.

Das Schema für einen schwingenden optischen Ausgleich mit einem
Spiegel ist in der Abb. 321 dargestellt. Danach werden die von einem
Punkt P des Dinges kommenden Lichtstrahlen durch das Objektiv *1*
abgebildet und durch den Spiegel *2* so abgelenkt, daß das in dem Bild-

punkt P' theoretisch entstehende Bild auf dem Filmband *3* als P'' abgebildet wird. Läuft das Filmband *3* durch Antrieb der kontinuierlich umlaufenden Zahntrommel *4* gleichförmig durch den Filmkanal *5*, so muß der Punkt P' während dieses Laufes seine Lage auf dem Filmband *3* beibehalten, um eine scharfe optische Abbildung zu ergeben. Dazu ist der Spiegel *2* an dem sich um die Achse *6* drehenden Hebel *7* angebracht und macht damit die Schwingungen mit, die durch das kraftschlüssige Anliegen der Spitze des Hebels *7* an der Kurvenscheibe *8* entstehen. Diese Kurvenscheibe ist durch das erforderliche Bewegungsgesetz bei Beachtung der Reflexionseigenschaften des Planspiegels *2* und der geometrischen Verhältnisse der Anordnung gegeben.

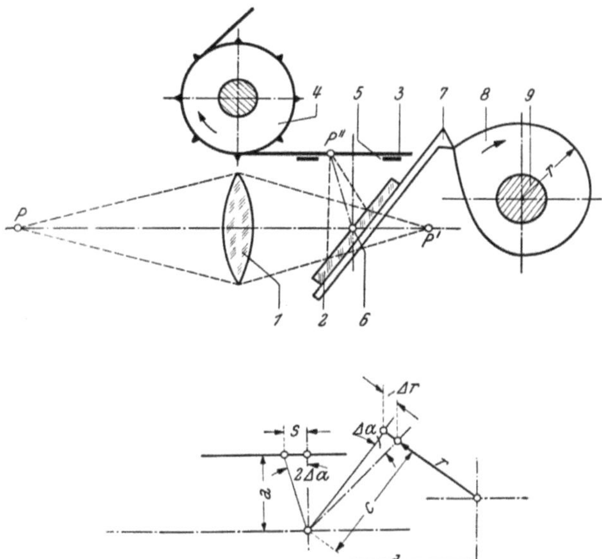

Abb. 321 u. 322. Optischer Ausgleich mit Schwingspiegel, Schema.

1 Objektiv, *2* Schwingspiegel, *3* Filmband, *4* Zahntrommel, *5* Bildfenster, *6* Drehachse des Schwingspiegels, *7* Hebel, *8* Kurvenscheibe, *9* Achse, *P* Dingpunkt, *P'*, *P''* Bildpunkte.

Nach den in der Abb. 322 gegebenen geometrischen Daten wird vereinfachend angenommen, daß der Drehpunkt *6* des Schwinghebels *2* an der Stelle liegt, wo sich das Mittellot mit der optischen Achse auf der Spiegeloberfläche trifft und die Achse *9* der Kurvenscheibe *8* an der angegebenen Stelle liegt. Dann wird die notwendige Änderung Δr der Länge des Radius r der Kurvenscheibe *8* für einen durch die Geschwindigkeit des Filmbandes *3* gegebenen Weg s:

$$\Delta r = 0{,}5 \frac{c\,s}{a} \tag{110}$$

Dabei ist zu beachten, daß sich bei einer Verdrehung eines Spiegels um einen Winkel α nach dem optischen Reflexionsgesetz die Verdrehung des abgelenkten Lichtstrahles $2\,\alpha$ ist. Nach der eben genannten Formel läßt sich also aus den geometrischen Abmessungen des Getriebes die Randkurve der Nockenscheibe *8* errechnen. Wenn das Abtasten durch eine Rolle erfolgt, wird von der Mittelpunktskurve dieser Rolle aus der Äquidistanten, gegeben durch den Rollenradius, die Kurvenscheibe nach bekannten kinematischen Methoden [z. B. (124)] konstruiert.

Nach dem Aufzeichnen eines Phasenbildes müssen die Lichtstrahlen mit dem Abbildungspunkt P'' möglichst schnell in ihre Ausgangslage zurückkehren, um mit der Aufzeichnung des nächsten Bildes zu beginnen. Der schnelle Rücklauf ist deswegen erforderlich, weil sonst ein größerer Abstand (Bildstrich) zwischen je zwei Phasenbildern entstehen würde, der an der Bildhöhe jedes einzelnen Bildes verlorengeht und das Verfahren unwirtschaftlich machen würde. Das Bewegungsgesetz, d. h. die Größe des Weges s des Punktes P'' im Bezug auf das feststehende Bildfenster als Funktion der Zeit t ist schematisch in der Abb. 323 aufgezeichnet.

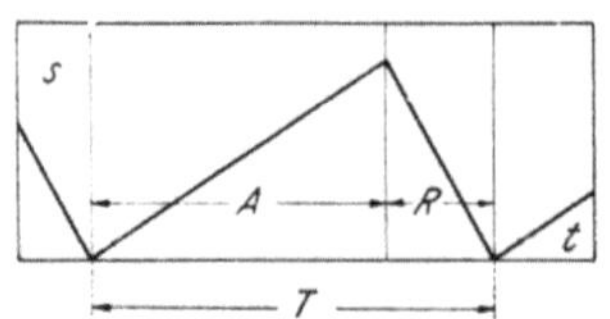

Abb. 323. Optischer Ausgleich mit Schwingspiegel.

Weg - Zeit - Diagramm, Schema, s Weg eines Bildpunktes, t Zeit, T Schaltperiode (Bildperiode), A Arbeitsgang, R Rücklauf.

Dabei müssen Spiegel und Zahntrommel synchron und phasenrichtig miteinander laufen. In jeder Bildperiode T findet sich ein Arbeitsweg A und ein Rücklauf R, der im Verhältnis zu der Bildperiode möglichst klein sein sollte und damit eine große Geschwindigkeit und Beschleunigung der bewegten optischen Teile verlangt.

Für die Genauigkeit der Nachführung des Bildpunktes P'' (Abb. 321) auf dem gleichförmig bewegten Filmband 3 gelten die gleichen Gesetze, die schon im Abschn. III F für die Bildschärfe angegeben wurden. Damit läßt sich auch für die Form der Steuerkurve 8 die zulässige Abweichung errechnen.

Ein derartiges mechanisches Getriebe mit sehr kurzen Rückläufen ist nicht sehr schön und wird in dieser grundsätzlichen Form auch selten verwendet. Eine Verbesserung kann mit einer gleichförmig umlaufenden Trommel erreicht werden, die eine Anzahl Einzelspiegel in gleichen Abständen trägt. Damit wird der Rücklauf der einzelnen Spiegel erspart, da nach dem Wirken des ersten Spiegels der nächste in Tätigkeit tritt und so fort. Die Ausführung eines derartigen Mehrspiegelsystems nimmt die Form eines Spiegelkranzes nach der Abb. 324 an. Auch hier wird eine optische Abbildung des Dingpunktes P unter Reflexion an einem der sich folgenden Spiegel 2 in dem Bildpunkt P'

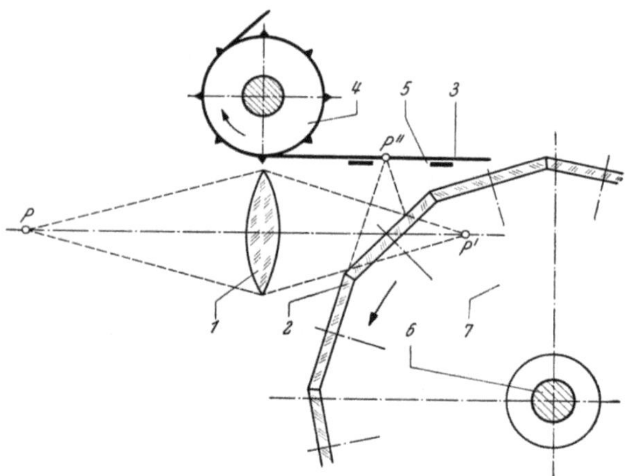

Abb. 324. Optischer Ausgleich mit umlaufendem Außenspiegelkranz, Schema.

1 Objektiv, 2 Spiegel, 3 Filmband, 4 Zahntrommel, 5 Bildfenster, 6 Antriebsachse des Spiegelkranzes, 7 Kranzkörper, P Dingpunkt, P', P'' Bildpunkte.

auf dem gleichförmig laufenden Filmband 3 erreicht. Diese Spiegel 2 machen beim Umlauf der Welle 6 des Spiegelkranzes 7 Kippbewegungen und ergeben damit ähnliche Verhältnisse wie ein einzelner schwingender Spiegel, wobei aber durch die Folge der aneinander anschließenden Spiegel der Rücklauf erspart wird. Ein rotierendes System läßt sich statisch und dynamisch vollkommen auswuchten, deshalb kann eine größere Bildfrequenz erreicht werden als mit schwingenden Spiegelsystemen. Ein Spiegelkranz mit n Umläufen je sec und mit m Einzelspiegeln ergibt eine Bildfrequenz f_B von

$$f_B = n \, m \; (\text{Hz}) \qquad\qquad (111)$$

Da beide Glieder dieses Ausdruckes groß gemacht werden können, eignet
sich der optische Ausgleich in dieser Form besonders für Zeitdehnerkameras mit den Bildfrequenzen über 100 bis zu einigen 1000 Hz. Die
Grenze liegt in der mechanischen Beanspruchung des Filmbandes, die
die Durchlaufgeschwindigkeit, nicht aber die Bildfrequenz bei den noch
betrachteten Bildteilungen be-
grenzt, und weiterhin in den
Fliehkräften der mechanisch
bewegten Teile des optischen
Ausgleiches.

Die Ausführung eines der-
artigen Systems zeigt die
Abb. 325 für die ZEISS IKON
„Schmalfilmzeitlupe" für das
16 mm-Filmband. Die von dem
Ding kommenden Strahlen
fallen auf den Umfang eines
30teiligen Spiegelkranzes *9*,
werden hier abgelenkt und über
das Aufnahmeobjektiv *10* dem
gekrümmten Filmkanal *1* zugeführt. Diese Krümmung ergibt einfachere Bedingungen
für den optischen Ausgleich, da
eine Bildfeldebnung den Einsatz
von größeren optischen Mitteln
erfordert. Das Filmband *2*
wird von der Zahntrommel *8*
durch das Bildfenster *1* gezogen,
nachdem es über die Führungsrollen *7, 6, 5* von der Abwickelspule kontinuierlich abgezogen
wurde. Die Aufwickelspule *4*

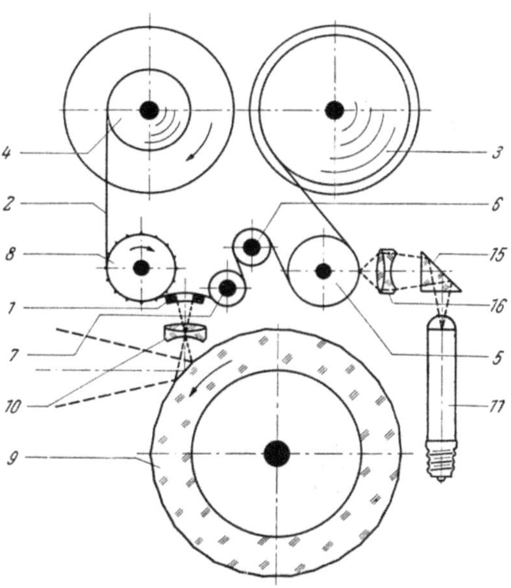

Abb. 325. ZEISS IKON 16 mm „*Schmalfilm-
Zeitlupenkamera*" mit optischem Ausgleich durch
Außenspiegelkranz, Schema, Maßstab etwa 1 : 6.
1 Bildfenster, *2* Filmband, *3* Abwickelspule, *4* Aufwickelspule, *5 ... 7* Führungsrollen, *8* Zahntrommel, *9* Spiegelkranz, *10* Aufnahmeobjektiv, *11* Glimmlampe, *15* Prisma,
16 Objektiv für Zeitmarkenschreiber (s. Abb. 144, 326, 327).

wickelt es wieder auf. In geringem Abstand vor dem Bildfenster ist noch
ein verstellbarer, nicht dargestellter Verschluß wirksam. Das Übersetzungsverhältnis ü zwischen Spiegelkranz *9* und Zahntrommel *8* ist
eindeutig festgelegt; es ergibt sich aus der Zähnezahl der Trommel *8*
und der Spiegelzahl des Kranzes *9*, da bei einem Umlauf der Zahntrommel bei z Zähnen das Filmband um z Teilungen weiterbewegt wird und
bei einem Umlauf des Spiegelkranzes bei m Spiegeln m Bilder belichtet
werden. Es ist also:

$$\ddot{u} = \frac{z}{m} \tag{112}$$

Die Gesamtansicht der 16 mm „*Zeitlupenkamera*" wird in der Abb. 326
gezeigt, eine Innenansicht der Kamera mit der Filmführung in der Abb. 144.
Die erreichbare Bildfrequenz liegt bei dem 30teiligen, aus einem Stück geschliffenen und damit nicht dejustierbaren Spiegelkranz bei 250 ... 3000 Hz
und voller Ausnutzung der Bildgröße des 16 mm-Filmformates. Wird
ein 60teiliger Spiegelkranz eingesetzt, so ergeben sich Bildfrequenzen bis
zu 6000 Hz, wobei die halbe Höhe des 16 mm-Formates für jede Phasenaufnahme ausgenutzt wird. Für die kleineren Bildfrequenzen von 250,

500 und 1000 Hz ist das Gerät auch mit dem eingebauten Federwerk zu betreiben, das 20 m Filmband durchzieht und die Kamera unabhängig von Spannungsquellen macht. Mit der Handkurbel lassen sich bis zu 120 Bilder je sec aufnehmen. Die größeren Bildfrequenzen werden mit Motorantrieb getätigt. Die neueren Ausführungen des Zeitdehnergerätes hatten einen doppelten Spiegelkranz, der wahlweise die eine oder andere Seite zum Einsatz zuläßt (Abb. 327).

Abb. 326. ZEISS IKON 16 mm „Schmalfilm - Zeitlupen - Kamera" mit optischem Ausgleich durch Außenspiegelkranz, Maßstab etwa 1 : 13.

1 Antriebsmotor, *2* Stativ, *3* Handgriffe, *4* Aufzugskurbel für Federwerk, *5* Bildfrequenzeinstellung, *6* Ausschnitt für Lichteinfall, *7* Sucher (s. Abb. 144, 325, 327).

Abb. 327. ZEISS IKON 16 mm „Schmalfilm-Zeitlupen - Kamera", Doppel-Spiegelkranz für optischen Ausgleich, Maßstab etwa 1 : 6 (s. Abb. 144, 325, 326).

Da das Filmband mit der erheblichen Geschwindigkeit von 22,8 m/sec bei dem schnellsten Antrieb durch die Kamera läuft, muß alles vermieden werden, was eine zu große Reibung des Filmbandes oder ein Verschrammen ergibt. Zu diesem Zweck kann mit einer Sondervorrichtung das Filmband an seinen Schaltlochrändern eingewachst werden. Der gute Durchlauf ist deswegen wichtig, damit im Inneren der Kamera keine Brände entstehen.

Bei einem optischen Ausgleich nach der Abb. 325 sind die Spiegel *9*, das Objektiv *10* und die im Filmkanal *1* gekrümmte Filmbahn in ihrer Gesamtheit als optische Glieder des Abbildungssystems aufzufassen. Diese bedingen auch die optische Korrektion und dürfen deshalb nicht gegeneinander verstellt werden. Damit ist auch eine übliche Entfernungseinstellung des Aufnahmeobjektivs durch Verändern des Abstandes zur Filmebene nicht möglich. Die Einstellung auf die Werte u = 20 cm bis Unendlich der Dingentfernung erfolgt über Vorsatzlinsen, die in einem speziellen Rahmen *12* (Abb. 144) gefaßt in das Gerät eingesteckt werden und in einem Satz von acht Stück mit einer solchen Abstufung geliefert werden, daß alle Entfernungen unter Beachtung der Schärfentiefenbereiche eingestellt werden können [vgl. (112)].

Die Brennweite des Normalobjektivs „Sonnar" beträgt 18 mm bei einer Blendenzahl 2. Für Aufnahmen weit entfernt liegender Gegenstände ist ein Vorsatzobjektiv vorgesehen, womit das ganze optische System eine Brennweite von f = 75 mm erreicht.

Ein Zeitdehnergerät benötigt auf Grund seiner schnell bewegten Teile eine bestimmte Zeit zum Hochlaufen auf die eingestellte Bildfrequenz. Deshalb erhält das für die eigentliche Aufnahme bestimmte Filmband einen Vorspann, der während dieses Anlaufes durchläuft. Mit handelsüblichen 30m-Filmspulen wird eine Aufnahmedauer von etwa 2 sec erreicht, wenn die Bildfrequenz 3000 Hz vorgesehen ist. Da die Bildfrequenz nicht immer ganz konstant ablaufen kann, wird eine Zeiteichung durch eine Glimmlichtlampe *11* (Abbildung 325) vorgenommen. Über das Prisma *15* und das Objektiv *16* werden scharf begrenzte Zeitmarken auf den Rand des Filmbandes photographiert, die

Abb. 328. Zeiss Ikon 35 mm „*Zeitlupen-Kamera*" mit optischem Ausgleich durch Innenspiegelkranz, Maßstab etwa 1:5,5 (s. Abb. 329).

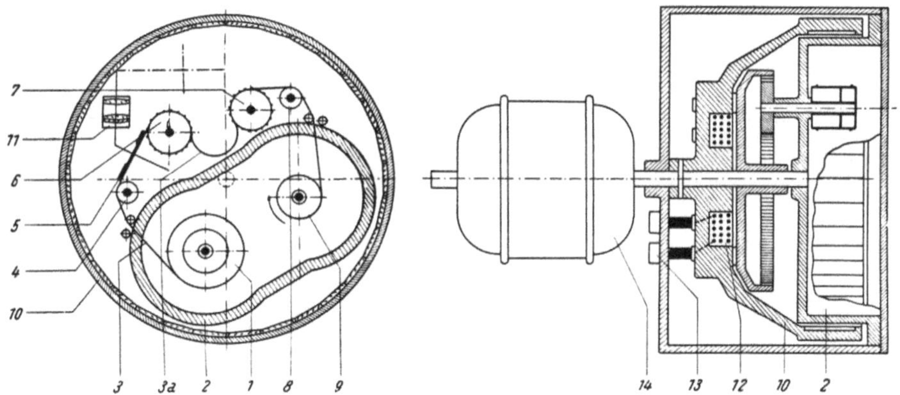

Abb. 329. Zeiss Ikon 35 mm „*Zeitlupen-Kamera*" mit optischem Ausgleich durch Innenspiegelkranz, Schema. Maßstab etwa 1:5,5.

1 Abwickelkern, *2* Kassette, *3* Filmband, *4* Führungsrolle, *5* Filmkanal mit Bildfenster, *6, 7* Zahntrommeln, *8* Führungsrolle, *9* Aufwickelkern, *10* Innenspiegelkranz, *11* Objektiv, *12* Wicklung, *13* Stromzuführung zu den Schleifringen, *14* Antriebsmotor (s. Abb. 328).

von der Frequenz 50 Hz oder 1000 Hz des stimmgabelgesteuerten Zeitmarkengebers erzeugt werden.

Die genannte 16 mm-,,*Schmalfilmzeitlupe*" ist eine Weiterentwicklung der älteren 35 mm-,,*Zeitlupe*" von ERNEMANN. Hier wird ein Innenspiegelkranz mit 30 Einzelspiegeln verwendet (Abb. 328), der um den Filmbandantrieb und die Doppelraumkassette herumgreift. Diese Kassette kann bis zu 55 m Normalfilmband fassen. Die höchste Aufnahmefrequenz bei der Bildgröße 18 × 24 mm beträgt 1500 Hz, der Filmverlust am Anfang der Aufnahme bei der höchsten Bildfrequenz etwa 5 m. Auch dieses Gerät kann bei Handkurbelantrieb mit den Bildfrequenzen von 15 ... 100 Hz arbeiten.

Die optische Ausstattung besteht aus einem Objektiv der Brennweite $f = 40$ mm und der Lichtstärke 1 : 1,9. Zehn Vorsatzlinsen zur Einstellung der verschiedenen Dingentfernungen $u = 1$ m bis Unendlich sind vorgesehen.

Abb. 330. MECHANIK, 35 mm ,,*Zeitlupen-Kamera ZL 1*" mit optischem Ausgleich durch Innenspiegelkranz, Maßstab etwa 1 : 5,9 (s. Abb. 331).

Der Filmlauf durch diese 35 mm-Zeitdehnerkamera ist in der Abb. 329 dargestellt. Von der Abwickelspule *1* in der Kassette *2* läuft das Filmband *3* über Führungsrollen *4* an dem Bildfenster *5* vorbei zur Zahntrommel *6* und unter Bildung einer Beruhigungsschleife *3a* zur Zahntrommel *7* und über die Rolle *8* zur Aufwickelspule *9*. Der Spiegelkranz *10* trägt die 30 einzelnen plangeschliffenen und in mehrwöchentlicher Arbeit auf 0,001 mm genau justierten Spiegel. Auch hier ist ein einstellbarer Schlitzverschluß vorgesehen. Die von dem Ding kommenden Lichtstrahlen gelangen über ein nicht dargestelltes Prisma auf den Spiegelkranz *10* und werden von hier zum Aufnahmeobjektiv *11* abgelenkt. Dann treten sie durch ein weiteres, nicht dargestelltes Prisma zum Bildfenster *5*.

Bei der höchsten Bildfrequenz hat der Spiegelkranz eine Umfangsgeschwindigkeit von 42 m/sec. Die Kamera besitzt eine elektromagnetische Kupplung *12*, die ein Hochlaufen des fest mit dem Motor *14* gekuppelten Spiegelkranzes ohne Filmbandantrieb gestattet. Für die Filmaufnahmen wird dann die Kupplung, die in den topfförmig ausgebildeten Kranzkörper *10* der Spiegel (Abb. 329) eingebaut ist, über Kontaktbürsten *13* betätigt. So lange die Kupplung am Beginn des Einrückens noch schleift und nicht starr verbindet, ist kein Synchronismus zwischen Spiegelkranz und Filmlauf vorhanden, womit noch keine scharfen Bilder entstehen.

Dies gilt aber nur für den Anlauf des Filmbandantriebes. Ein gewisser weicher Anlauf ist aus Festigkeitsgründen des Filmbandes erwünscht. Die einzelnen Wellen laufen auf besonders ausgesuchten Kugellagern und verlangen eine sehr gute dynamische Auswuchtung. Die Leistungsaufnahme des Elektromotors beträgt beim Anlauf bei 110 V Gleichspannung 1,65 kW und während der Filmaufnahme 0,45 kW.

Eine nach 1950 herausgekommene Weiterentwicklung der Normalfilm-„Zeitlupenkamera" liegt von der MECHANIK vor (Abb. 330). Diese mit „Z L 1" bezeichnete Kamera gestattet die Aufnahme bis zu 1500 Bildern je sec auf dem Bildformat 18 × 24 mm oder 2000 Bildern je sec bei dem Aufnahmeformat 9 × 24 mm. Der optische Ausgleich wird wieder mit einem Innenspiegelkranz vorgenommen, der auswechselbar ist und mit 30 oder 60 Spiegeln geliefert wird. Die Doppelkassette umfaßt 50 m Filmband und hat automatisch schließende Filmmäuler, die beim Schließen der Kamera geöffnet werden (Abb. 331). Durch eine Zusatzeinrichtung [Mehrfachabbildung (48, 567a)] lassen sich bis 18 000 Bilder je sec erreichen. Beim Anlauf gehen 2 ... 5 m Filmband verloren, bis das Gerät mit der vollen Tourenzahl läuft. Nach dem Hochlaufen des Spiegelkranzes, dessen Umfangsgeschwindigkeit 62 m/sec erreicht, wird wieder über eine Magnetkupplung der Antrieb für die Aufwickelachse und die Zahntrommeln eingeschaltet. Diese machen bis zu 333 Umläufe je sec.

Die optische Einrichtung besteht im Gegensatz zu der früheren Ausführung aus zwei Objektiven, da der Gegenstand über eine Zwischenabbildung auf dem Film photographiert wird. Das fest in die Kamera eingebaute Abbildungsobjektiv hat eine Brennweite von f = 45 mm und eine Blendenzahl 2. Das zweite Objektiv ist außen an das Gerät angesetzt und wird zur Entfernungseinstellung benutzt. Es ist ein Normalobjektiv mit einem Einstellbereich von u = 1 m bis Unendlich oder ein Fernrohrobjektiv mit achtfacher Vergrößerung und einem Einstellbereich von u = 5 m bis Unendlich vorgesehen. Durch die Zwischenabbildung entsteht ein aufrecht stehendes, seitenrichtiges Bild. Dies kann für Einkopierzwecke von Bedeutung sein. Ein Zeitmarkenschreiber für 50 oder 1000 Hz, ein Tachometer und eine elektrische Kupplung sind wieder vorgesehen. Für das Arbeiten bei Außentemperaturen bis − 50° C hat die „Z L 1-Kamera" eine eingebaute, durch Thermoschalter regulierte Heizung für das Apparatgehäuse, da das Filmband bei niedrigen Temperaturen leicht brüchig wird, außerdem die Schmierfette und -öle zäh werden und große Umlaufzahlen schwer zulassen.

Der technische Aufbau der „Z L 1" geht aus der Abb. 331 hervor. Die von dem Ding kommenden Strahlen gehen über das wechselbare Vorsatzobjektiv *1* und das total reflektierende Prisma *2* auf die Zwischenabbildungsebene *3*. Das dort entstehende reelle Bild wird über das Prisma *5* und optische System *4* unter Reflexion an den Spiegeln des Spiegelkranzes *12*, das System *16* und das Prisma *17* in das Bildfenster *18* auf das Filmband *24* abgebildet. Der Filmlauf geht von der Abwickelspule *21* über die Zahntrommel *20*, durch das Bildfenster *18*, die Zahntrommel *26* und die Rolle *25* zur Aufwickelachse *23*. Nach dem Hochlaufen des Spiegelkranzes wirkt über die elektromagnetische Kupplung *7* der Zahnkranz *10* mit Innenverzahnung auf die Zahnräder *11* mit den Zahntrommeln *13*.

Die besprochenen Zeitdehnergeräte benötigen ebenso wie die folgenden ein umfangreiches Zubehör, das beispielsweise den in vielen Fällen not-

wendigen fernbedienten Einsatz der Kameras möglich macht. Bei dem
Aufzeichnen von sehr kleinen Gegenständen sind besondere Naheinstell-
vorrichtungen vorgesehen, ebenso eine Anordnung zum Zusammenbau
mit einem Projektionsmikroskop.

Die Auswertung der Bilder kann durch kinematographische Projektion
oder auch durch Betrachtung und Ausmessung einzelner Phasenbilder in
Standbildprojektion oder mit dem Mikroskop vorgenommen werden.

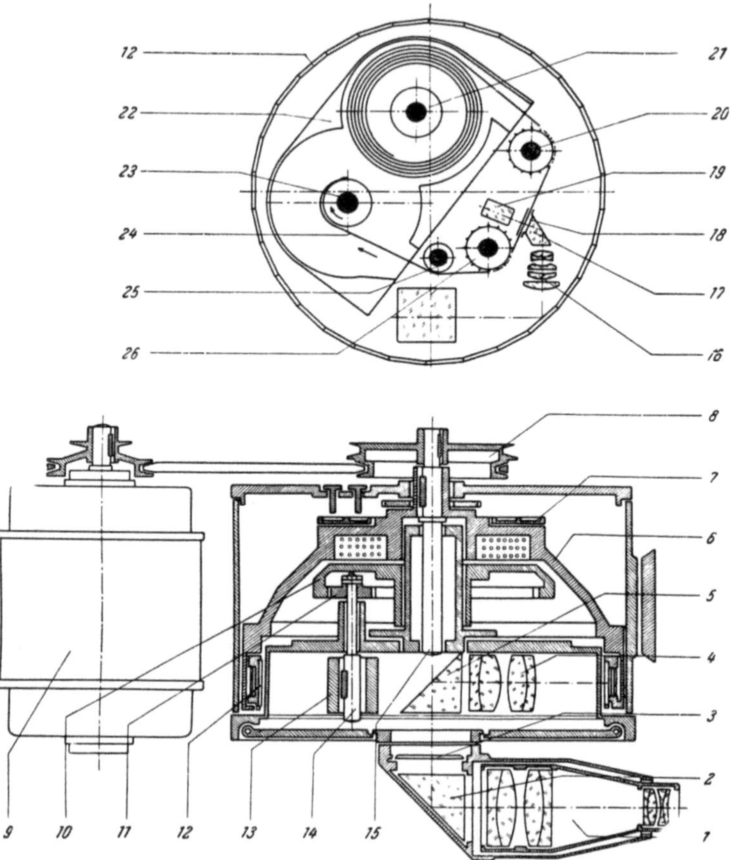

Abb. 331. MECHANIK, 35 mm *„Zeitlupen-Kamera ZL1"* mit optischem Ausgleich durch
Innenspiegelkranz, Maßstab etwa 1 : 4,5.

1 Aufnahmeobjektiv, *2* Prisma, *3* Ort der Zwischenabbildung, *4* Zwischenobjektiv, *5* Prisma, *6* Spiegelkranz,
7 Magnetkupplung, *8* Doppelriemenscheibe, *9* Antriebsmotor, *10, 11* Zahnräder, *12* Spiegel, *13* Zahntrommel,
14, 15 Wellen, *16* Objektiv, *17* Prisma, *18* Filmführung, *19* Prisma, *20* Zahntrommel, *21* Abwickelachse, *22* Kassette,
23 Aufwickelachse, *24* Filmband, *25* Führungsrolle, *26* Zahntrommel (s. Abb. 330).

Die eben genannten Aufgaben der Auswertung der einzelnen Phasenbilder widersprechen sich teilweise mit den Forderungen der kinematographischen Projektion hinsichtlich der Schärfe der optischen Abbildung.
Das gilt für alle Kinogeräte und wurde bereits im Abschn. III G angedeutet.

Die schon genannte Schwierigkeit bei der Entfernungseinstellung und
eine gewisse Ungenauigkeit in der Nachführung läßt sich an Hand der
Abb. 332 nachweisen. Für einen optischen Ausgleich mit Innenspiegel-

kranz sind zwei Spiegel *1* und *2* dargestellt, die parallel einfallende Lichtstrahlen über das Objektiv *3* auf dem Filmband *4* abbilden. Es ergeben sich dann die folgenden Zusammenhänge für die einzelnen Winkel (443):

$$\varepsilon_1 = \gamma - \delta_1, \quad \varepsilon_2 = \delta_2 - \gamma \tag{113}$$

$$\alpha = \beta_1 - \beta_2 \tag{114}$$

Die Wanderung s des Bildpunktes P′ für eine Verdrehung des Spiegelkranzes um den Winkel α beträgt:

$$s = f\,(\operatorname{tg}\varepsilon_1 + \operatorname{tg}\varepsilon_2) \tag{115}$$

oder für kleine Winkel ε, bei denen der Tangens gleich dem Winkel selbst gesetzt werden kann,

$$s = f\,(\varepsilon_1 + \varepsilon_2) = 2\,f\,(\beta_1 - \beta_2) \tag{116}$$

oder

$$s = 2\,f\,\alpha \tag{117}$$

Damit ist die Gesamtkonstruktion einer derartigen Zeitdehnerkamera gegeben. Mit der Wahl des Winkels α zwischen zwei benachbarten Spiegeln ist die Zahl Z der Spiegel zu

$$Z = \frac{2\,\pi}{\alpha} \tag{118}$$

auf dem geschlossenen Spiegelkranz gegeben. Dann ist die Brennweite f:

$$f = \frac{s\,Z}{4\,\pi} \tag{119}$$

wenn s der *Schaltschritt*, d. h. der Abstand von Bild zu Bild ist. Eine Nachrechnung der „*Zeitlupe*" ergibt $f = \dfrac{19 \cdot 30}{4\,\pi} = 45{,}4$ mm für ein 35 mm Gerät.

Eine entsprechende Rechnung kann für den Außenspiegelkranz der 16 mm „*Schmalfilm-Zeitlupe*" durchgeführt werden. Es wird dann nach (120) die Brennweite $f = 18{,}2$ mm.

Bei einem derartigen optischen Ausgleich tritt eine Differenz zwischen der Bewegung des Bildpunktes und dem Filmband, ein *Schlupf* ein, der durch die Vereinfachung in der Rechnung nachgewiesen wird. Eine vor dem Bildfenster angeordnete Zylinderlinse kann die Schlupffehler beheben.

Weitere Betrachtungen theoretischer Art sollen hier nicht folgen, da sie die rechnerische Optik betreffen. Arbeiten über optische Ausgleiche und die damit zusammenhängenden Fragen stammen von: BURMESTER, MECHAU (53), COATES (62a), CRANZ (64), ENDE (79, 80, 81), FAASCH (98, 99), GERARDIN (163, 163a), HATSCHEK (200, 201), HEHLGANS (209a), HINTZE (223), HOCK (224), JOACHIM (249, 249a),

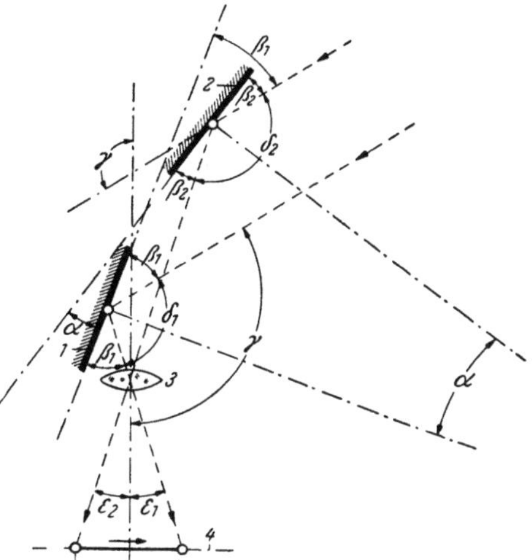

Abb. 332. Optischer Ausgleich mit Innenspiegelkranz, Schema des Strahlenganges und der Bildwanderung.
1, 2 Spiegel, *3* Objektiv, *4* Bildebene.

LEVY (306a), NAGEL (366a), PFISTER (400a), RICHTER (442, 443, 444, 444a), RUHNAU (474), SCHARDIN (493, 494), SHINGO (534a), THORNER (556), THUN (560, 561, 564a, 564b, 564c), TROMMER (567), TUTTLE (570a), WADDEL (581b), ferner wird auf die Schrifttumsstellen (705, 712, 723) hingewiesen.

Ein anderes System eines optischen Ausgleiches nach THUN läßt sich mit brechenden optischen Mitteln erreichen. Wird nach der schematischen Abb. 333 zwischen das Filmband *4* und das Aufnahmeobjektiv *1* eine umlaufende scheibenförmige Haltevorrichtung *3* für eine Anzahl von gleichen Linsen *2* geschaltet, so kann bei ihrem Umlauf ein optischer Ausgleich erreicht werden.

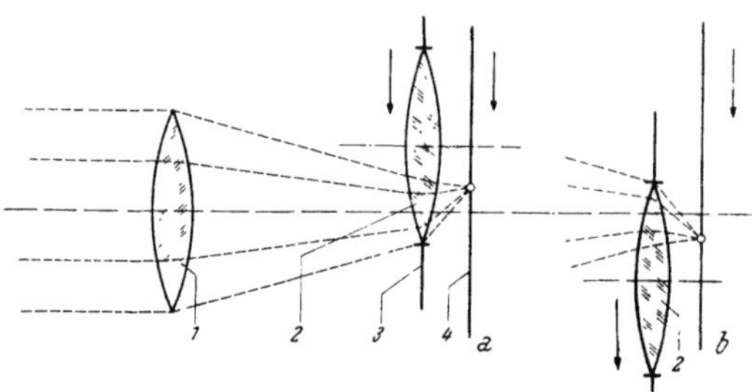

Abb. 333. Optischer Ausgleich durch umlaufende Linsenscheibe, Schema.

1 Aufnahmeobjektiv, *2* Ausgleichslinse, *3* Linsenscheibe, *4* Filmebene.

Der Einfluß der Bewegung der Linsen in einer scheibenförmigen Einrichtung *3* geht aus der Abb. 333 hervor. Die Linsenscheibe bewegt sich mit größerer Geschwindigkeit als das Filmband *4* und bewirkt damit eine Abbildung der Dingpunkte an der gleichen Stelle des jeweils zu belichteten Phasenbildes auf dem Filmband.

Nach THUN soll die Linsenscheibe an dem Durchmesser der Wirksamkeit der Ausgleichslinsen eine etwa 10 ... 20 mal so große Geschwindigkeit haben wie das Filmband. Die Brennweite der Linsen ist 10 ... 20 mal größer als ihr Abstand vom Bildfenster, der Durchmesser ist klein gegenüber ihrer Brennweite. Bei dieser Bemessung wird der Korrektionszustand des Aufnahmeobjektivs weniger beeinflußt als bei einem Ausgleich durch Prismen. Bei einem Linsenausgleich besteht keine Beschränkung in der Objektivöffnung und Brennweite wie bei dem Spiegelausgleich. Die Linsen halten eine Umfangsgeschwindigkeit $v_L = 250$ m/sec aus.

Die Belichtungszeit bei Linsenscheibenausgleichen kann klein gehalten werden gegenüber der Bildwechselzeit. Damit werden auch die Verzerrungen klein. Während bei Prismen- und Spiegelausgleichen die Geschwindigkeit von Verschlußschlitz und Filmband gleich groß sind, ist bei Linsenausgleichen die Filmbandgeschwindigkeit im Verhältnis wesentlich kleiner. THUN hat bei Linsenausgleichen bis 80.000 Hz erreicht bzw. mit 4fach-Bildgruppen bis 450.000 Hz. Die Belichtungszeiten betrugen dabei 0,002 m/sec. Das Verhältnis der Linsen — (v_L) zur Filmgeschwindigkeit v_F:

$$M = v_L : v_F \tag{120}$$

ist eine Apparatekonstante für die jeweils verwendete Kamera und sollte möglichst groß sein. Dieser Faktor M gibt ein Maß für die Güte der kinematographischen Einrichtung.

Eine Ausführungsform eines optischen Ausgleiches dieser Art liegt in dem ASKANIA-„*Zeitdehner*" vor, der bereits in der Abb. 154 gezeigt und in seinem Filmlauf beschrieben wurde. Die Gesamtansicht der Kamera ohne die Schaltgeräte ist in der Abb. 334 dargestellt. Diese Kamera läßt eine Bildfrequenz bis zu 1000 Hz bei voller Ausnutzung des auf 35 mm-Film aufgezeichneten Stummfilmformates von 18×24 mm oder 2000 Hz bei halber Höhe dieses Bildformates zu. Der optische Ausgleich wird durch eine Linsenscheibe vorgenommen. Zwischen den Linsen und dem Bildfenster läuft noch ein Verschluß, der einer Verkürzung der Belichtungszeit dient. Für Aufnahmen bis 1000 Hz wird eine Linsenscheibe mit 16 Linsen und eine Verschlußscheibe mit zwei Hellteilen (Schlitzen) verwendet. Für Aufnahmen bis 2000 Hz wird eine 32teilige Linsenscheibe und ein Verschluß mit vier Schlitzen eingesetzt. Die Größe der Belichtungszeit t_3 in Abhängigkeit von der Bildfrequenz f_B wird in der Abb. 335 in einem Diagramm gezeigt.

Abb. 334. ASKANIA 35 mm „Zeitdehner-Kamera" mit optischem Ausgleich durch umlaufende Linsenscheibe, Maßstab etwa 1 : 22 (s. Abb. 336, 337).

Für die beiden genannten Bildformate besitzt der ASKANIA „Zeitdehner" auswechselbare Bildfenster. Das Filmband wird mit Hilfe eines besonderen Wickelmotors aufgewickelt. Eine einstellbare Reibungskupplung läßt eine Einstellbarkeit der Festigkeit der Filmwickel zu.

Die hier und später genannten Belichtungszeiten von schlitzförmigen Scheiben (s. Abschn. XI B) beziehen sich auf jeweils einen Punkt des Bildfeldes. Verschiedene Punkte werden ebenso lange, aber zu verschiedenen Zeiten belichtet. Diese Zeiten ergeben sich aus der Geschwindigkeit der Kanten des Verschlusses an der betrachteten Stelle.

Den konstruktiven Aufbau des ASKANIA - „Zeitdehners" zeigen in einer etwas vereinfachten technischen Darstellung für die Hauptaggregate des

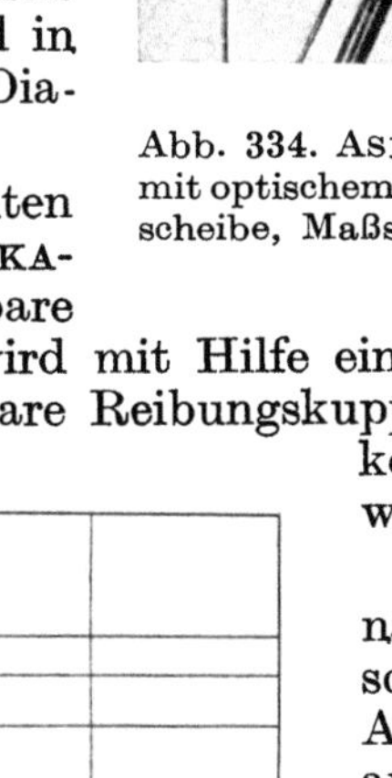

Abb. 335. ASKANIA 35 mm „Zeitdehner-Kamera" mit optischem Ausgleich, Belichtungszeit t_3 in Abhängigkeit von der Bildfrequenz f_B. Gilt für Aufnahmen mit der ganzen Bildhöhe. Bei halber Bildhöhe gilt der f_B-Maßstab mit doppelten Zahlenwerten (s. Abb. 334, 336, 337).

optischen Ausgleiches die Abb. 336 und 337. Die sich mit einer größten Umlaufzahl von 3750 je min drehende Welle *1* trägt die auswechselbare Linsenscheibe *2* mit 16 oder 32 Einzellinsen *3a* (Abb. 336). Von dem Zahnrad *4* wird über das Rad *5* die Welle *6* mit einem Übersetzungsverhältnis ü $= 176 : 22 = 8$ gedreht. Auf dieser Welle sitzt die Verschlußscheibe *7*, die damit bis zu 30.000 Umläufe je min macht. Der Aufbau der Lagerung der Verschlußwelle *6* geht aus der Abb. 337 hervor. Der Verschluß besteht aus zwei Scheiben, die so um 45° umgesetzt werden

können, daß der Linsenscheibe mit 16 Linsen die zweiflüglige und der
32er Scheibe die Vierschlitzscheibe zugeordnet werden kann. Es ist zu
beachten, daß die Abb. 336 im Maßstab 1 : 4 und die Abb. 337 im Maßstab 1 : 2 dargestellt ist.

Die Geschwindigkeit des Filmbandes nimmt bei der höchsten Bildfrequenz $f_B = 1000$ Hz die Größe $v_F = 1000 \cdot 0,019 = 19$ m/sec an. Die
Linsengeschwindigkeit ist dann $v_L = \dfrac{3750}{60} \cdot \pi \cdot 0,3 = 58,8$ m/sec, so daß
das Verhältnis der Geschwindigkeiten der Linsen und des Filmbandes
$M = 58,8 : 19 = 3,1$ wird [s. (120)].

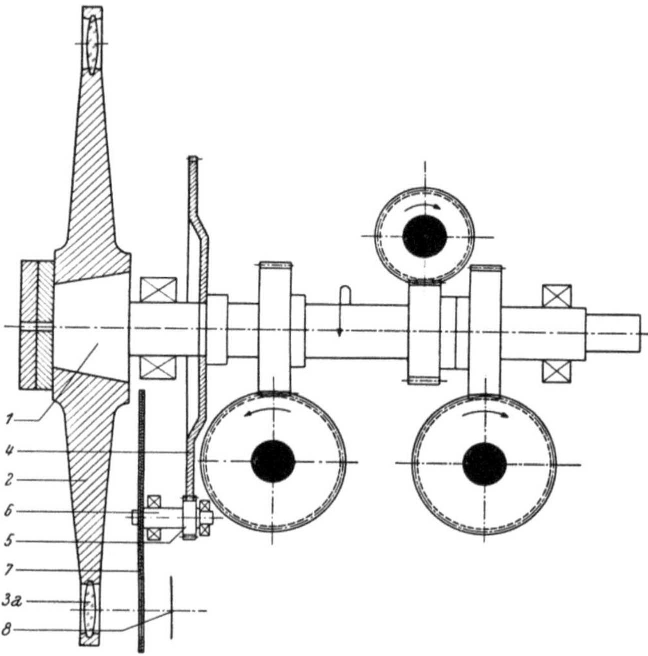

Abb. 336. ASKANIA 35 mm „*Zeitdehner-Kamera*" mit optischem Ausgleich durch umlaufende Linsenscheibe, Maßstab 1 : 4.

1 Antriebsachse, *2* Linsenscheibe, *3a* Ausgleichslinse, *4*, *5* Zahnräder, *6* Verschlußwelle, *7* Verschluß, *8* Filmband. Antriebe teilweise um 90° gedreht gezeichnet (s. Abb. 334, 337).

Nach dem Hochlaufen des Triebwerkes des „*Zeitdehners*" auf die
gewünschte Drehzahl wird durch eine Kupplung der Antrieb der Zahntrommeln eingeschaltet, die das Filmband durch die Kamera ziehen.
Die Kassetten fassen eine Länge von 300 m Normalfilmband. Nach der
Betriebsvorschrift dürfen aber nur dann volle 300 m eingelegt werden,
wenn die Bildfrequenz unter 200 Hz liegt. Als Beschickung für höhere
Bildfrequenzen wird eine maximale Filmlänge von 200 m angegeben. Das
Filmband soll ausreichend abgelagert sein. Das LEONHARD-Aggregat
für den Kameraantrieb wurde schon im Abschn. VIII C besprochen, ebenso die neueren elektronischen Steuerungen für die Bildfrequenz.

Eine andere Bauart einer Kamera mit optischem Ausgleich liegt in
dem AEG-„*Zeitdehner*" vor (Abb. 338). Mit diesem Gerät können von
einer Bildfrequenz 16 Hz angefangen bis zu 1000 Hz aufgenommen werden,

wenn das volle Stummfilmformat von 18×24 mm auf Normalfilmband ausgenutzt wird. Dazu macht der Antriebsmotor 5000 Umläufe je min

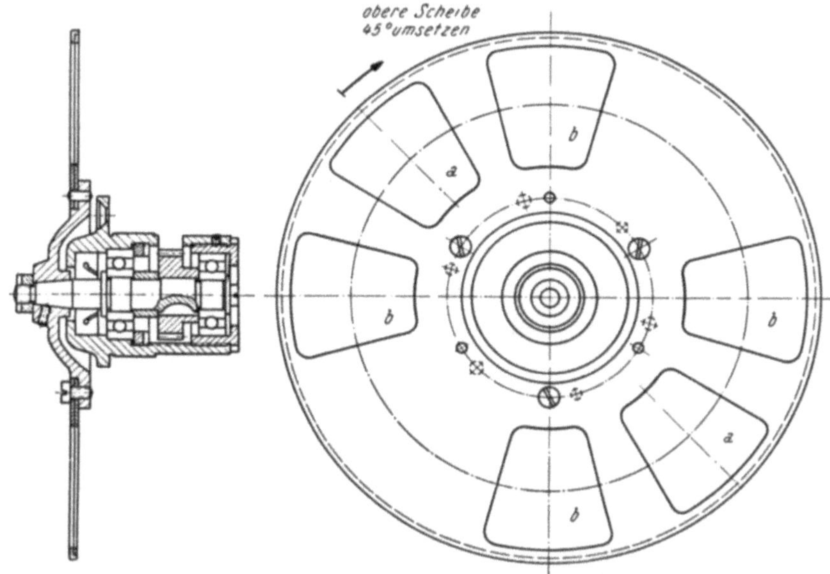

Abb. 337. ASKANIA 35 mm „*Zeitdehner-Kamera*", Umlaufverschluß mit zwei oder vier Schlitzen für 16teiligen (*a*) oder 32teiligen (*b*) Linsenkranz des optischen Ausgleiches, Maßstab 1 : 2 (s. Abb. 334, 336).

und treibt über ein Getriebe mit dem Übersetzungsverhältnis *3* die Linsenscheibe (Abb. 339) an. Dabei muß der Motor schon mit einer erheblichen Überspannung von etwa 160 V gegenüber der Nennspannung von 110 V betrieben werden. Die Grenze für die Bildfrequenz ist durch die Fliehkräfte der Linsenscheibe gegeben, deren Drehzahl bei 12 000 ... 15 000/min liegt, und durch die schon genannte Festigkeit des Filmbandes. Der optische Ausgleich wird durch eine Linsenscheibe mit acht Linsen vorgenommen, von denen aber nur jede zweite infolge der Abdeckung durch die zwischen Linsenscheibe und Bildfenster laufende Verschlußscheibe mit vier Schlitzen wirksam ist. Die Schlitzbreite beträgt 20 mm und die Belichtungszeit $t_3 = 103 \cdot 10^{-6}$ sec.

Eine wesentliche Vergrößerung der Filmgeschwindigkeit kann nicht

Abb. 338. AEG 35 mm „*Zeitdehner-Kamera*" mit optischem Ausgleich durch umlaufende Linsenscheibe, Objektiv und Deckel abgenommen, Linsenscheibe sichtbar, Maßstab etwa 1 : 10 (s. Abb. 339, 362).

mehr mit mechanischen Mitteln erreicht werden. Eine Verdoppelung der angegebenen Bildfrequenzen ohne größere mechanische Beanspruchung wird wieder durch Halbieren der Bildfeldhöhe erreicht, wozu die gleiche achtteilige Linsenscheibe und ein Schlitzverschluß mit acht Schlitzen gleicher Breite eingesetzt wird. Damit behält die Belichtungszeit die gleiche Größe.

Eine weitere Erhöhung der Bildfrequenz ist bei dem AEG-„*Zeitdehner*" dadurch möglich, daß durch Ausbau der Linsenscheibe ein optischer Ausgleich nicht mehr verwendet wird, die Kamera also ohne Ausgleich arbeitet. Für eine 4-, 8- und 10fache Höhenunterteilung des Bildfeldes nach der Abb. 340 werden entsprechende umlaufende Vielfach-Schlitzscheiben mit 16, 32 und 40 Schlitzen und einer Schlitzhöhe von 0,3 mm eingesetzt. Die Belichtungszeit von $2,2 \cdot 10^{-6}$ sec ist genügend kurzzeitig, um auf einen optischen oder sonstigen Ausgleich verzichten zu können. Die Schlitzscheiben werden in ihrem Aufbau in dem Abschn. XI B noch beschrieben (s. Abb. 362).

Eine weitere Vervielfältigung der Bildfrequenz um das Fünffache bzw. Achtfache wird durch ein von der Astro geliefertes Linsen-Prismensystem erreicht, das eine entsprechende Zahl von Bildern nebeneinander abbildet.

Da bei allen Zeitdehnern das Aufwickeln des belichteten Filmbandes gewisse Schwierigkeiten bereitet, sieht das AEG-Gerät einen aus schwarzem Stoff hergestellten und vier Lagen bestehenden lichtdichten Beutel vor, der an der Unterseite der Kamera angebracht wird und in den das belichtete Filmband ohne Aufwicklung einfach hineinläuft. Dieser Beutel ist mit einem lichtdichten Verschluß versehen, durch den man in der Dunkelkammer hineingreifen und das Filmband herausholen kann. Das

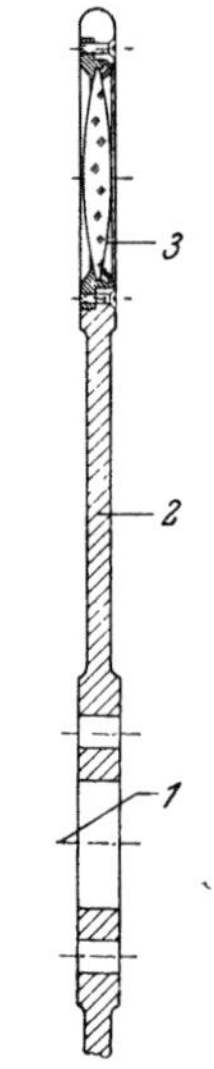

Abb. 339. AEG „*Zeitdehner-Kamera*" mit optischem Ausgleich, Linsenscheibe, Maßstab 1 : 3.

1 Bohrung für Antriebswelle, *2* Linsenscheibe, *3* Linse (s. Abb. 338, 362).

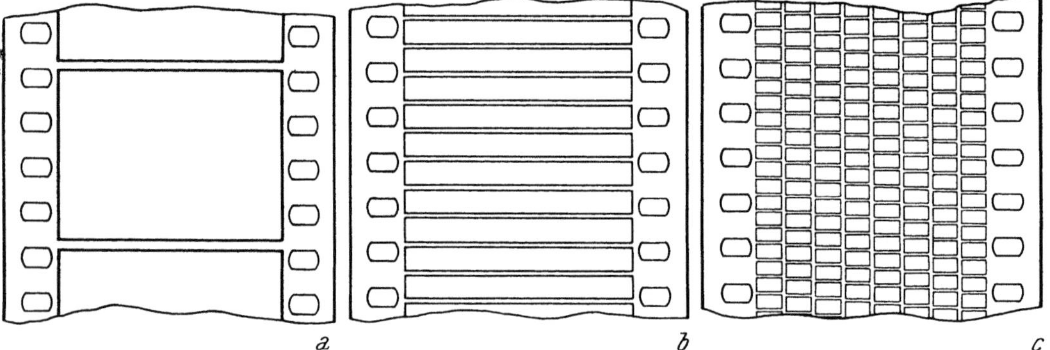

Abb. 340. AEG, 35 mm „*Zeitdehner-Kamera*" mit optischem Ausgleich, Schema der Bildunterteilung, *a* Bildgröße für Bildfrequenzen bis 1000 Hz, *b* Höhenunterteilung des Bildfeldes für Bildfrequenzen bis 10 000 Hz, *c* Höhen- und Breitenunterteilung für Bildfrequenzen bis 80 000 Hz, Maßstab 1,25 : 1 (s. Abb. 338, 339, 362).

unbelichtete Filmband befindet sich in einer Kassette, die 100 m Normalfilmband und 20 m Vorspann aufnimmt. Die Scharfeinstellung auf die Dingebene ist von der Rückseite des Bildfensters her durch eine Lupe vorzunehmen, die verschließbar ist.

Ein Tachometer für die Bildfrequenz und eine Kontakteinrichtung sind an dem Gerät angebracht. Diese gestattet die Einstellung einer bestimmten Meterzahl Filmband als Vorlauf, nach dessen Durchlauf über eine Relaisanordnung der zu messende Vorgang ausgelöst wird. Gegebenenfalls sind dabei noch die Zeitkonstanten der zwischengeschalteten Relais und die Einlaufzeit des aufzunehmenden Vorganges einzurechnen. Die Schaltaggregate sind in einer Schalttafelanordnung zusammengefaßt, die räumlich getrennt von der eigentlichen Kamera angeordnet werden kann.

Ein Zeitmarkenschreiber besteht aus einer kleinen Glühlampe und einem optischen Abbildungssystem, das den Glühfaden auf dem Rand des 35 mm-Filmbandes abbildet. Ein besonderer, in die Kamera eingebauter Synchronmotor besitzt einen zweiflügligen trommelartigen Verschluß, der das Licht der Glühlampe periodisch abdeckt und damit auf dem bewegten Filmband Zeitmarken aufphotographiert, deren Abstand 0,01 sec beträgt.

Der beschriebene „*Zeitdehner*" verlangt keine Bindungen hinsichtlich der Entfernungseinstellung des Aufnahmeobjektivs, sofern eine Mindestschnittweite eingehalten wird, die durch die Linsenscheibe bedingt ist. Der „*Zeitdehner*" enthält eine Objektivfassung mit einem Innen- und Außenfeingewinde. In das innere werden übliche Objektive eingeschraubt, während das äußere der Halterung optischer Systeme mit langen Brennweiten dient. Die normale optische Ausrüstung besteht in einem ASTRO „*Pantachar*" 1,8, f = 75 mm mit einer Scharfeinstellung von 1,2 m bis Unendlich durch Schneckengangfassung. Bei Verwendung von Zwischenstücken sind Nahaufnahmen unter 1 m möglich. Da durch das Zwischenschalten der Linsen des optischen Ausgleiches Änderungen in dem Abstand zwischen Objektiv und Filmebene eintreten, je nachdem ob die Linsenscheibe verwendet wird oder nicht, ist auf dem Objektiv keine Entfernungsskala angegeben.

Von einer Hochfrequenz-Kamera für 8 mm-Filmband berichtet GERARDIN (163, 163 a). Diese Kamera mit optischem Ausgleich gestattet eine Bildfrequenz bis zu 6000 Hz anzuwenden. Diese Kamera ist mit einem Objektiv von f = 25 mm Brennweite ausgerüstet und trägt auf der Linsenscheibe 60 Einzellinsen von f = 20 mm und einen Durchmesser von 8 mm. Der Abstand der Linsen voneinander beträgt 9,5 mm, woraus sich ein Teilkreisdurchmesser d = 181 mm für die Linsenmitten errechnen läßt. Das Filmband läuft von der leicht gebremsten Abwickelrolle in den kurzen Filmkanal, wo durch die rückwärtige als Glasscheibe ausgebildete Andruckplatte die Scharfeinstellung beobachtet werden kann. Dann läuft das Filmband, das eine maximale Geschwindigkeit von v = 24 m/sec annimmt, über eine Zahntrommel in einen unter der Kamera angebrachten lichtdichten Filmsack. Bei einer Bildfrequenz f_B werden die Phasenbilder mit der gleichen Lichtmenge belichtet, die sich bei einer Belichtungszeit von l/f_B (sec) bei der Blendenzahl 3,5 ergeben würde. Es wird also bei f_B = 6000 Hz die Belichtungszeit t = 0,166 m/sec. Ist der Fehler einer Ausgleichslinse 0,25 mm, d. h. 1,25% der Brennweite, so verschiebt sich das mit dieser Linse ausgeglichene Bild um 0,01 seiner Höhe.

Auch die optischen Ausgleiche mit umlaufenden Linsen haben Schlupffehler, die aber sehr klein gehalten werden können. Ein weiterer Fehler

tritt dadurch ein, daß die Linsen sich in einem Kreisbogen vor dem Bildfeld bewegen. Einzelheiten der daran anknüpfenden Betrachtungen
finden sich in den genannten Schrifttumsstellen.

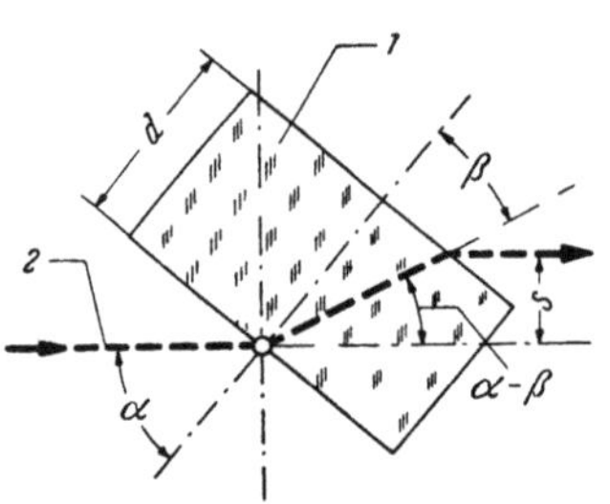

Abb. 341. Optischer Aus-
gleich durch rotierende
planparallele Platte *1*.

Ein optischer Ausgleich kann auch mit
einer sich drehenden, planparallelen Platte erreicht
werden. Ist nach der Abb. 341 die Glasplatte *1*
um einen Winkel α gedreht worden, so wird
ein durchtretender Lichtstrahl *2* in der gezeichneten Art parallel um den Betrag *s* versetzt. In
der Ausgangsstellung der Drehung der Platte,
also bei $\alpha = 0$, ist auch die Versetzung gleich
Null. Aus einfachen geometrischen Überlegungen
ergibt sich nach (443) für die Versetzung *s* in
Abhängigkeit von der Verdrehung der planparallelen Platte

$$s = d \,(\sin\alpha - \cos\alpha\,\operatorname{tg}\beta) \qquad (121)$$

wobei *d* die Dicke der Platte *1* bedeutet. Wird zur Vereinfachung, besonders
für kleine Verdrehungen, der $\sin\alpha$ gleich dem $\operatorname{tg}\alpha$ gesetzt und nach dem
optischen Brechungsgesetz
der Brechungsindex n

$$n = \frac{\sin\alpha}{\sin\beta} \qquad (122)$$

eingeführt, so ist für $\sin\beta =$
$= \operatorname{tg}\beta$, also kleine Winkel β:

$$s \approx d \sin\alpha \left(1 - \frac{\cos\alpha}{n}\right) \qquad (123)$$

Es tritt also zwischen den
Wegen s des nachgeführten
Lichtstrahles und dem in der
gleichen Zeit zurückgelegten
Weg des Filmbandes ein
Schlupf auf. Denn die Be-
wegung des Filmbandes ist
durch die notwendige starre
Kupplung zwischen Filman-
triebstrommel und der Drehachse des Prismas propor-
tional der Zeit und seinem

Abb. 342. KODAK 16 mm „*High Speed Kamera*" mit
optischem Ausgleich durch rotierendes Prisma
(s. Abb. 343).

Drehwinkel α. Die Versetzung s des Lichtstrahles ist dagegen angenähert proportional dem Sinus des Verdrehungswinkels α. Eine Verringerung der Fehler läßt sich durch ein gekrümmtes Bildfenster erreichen.
Bei einer planparallelen Platte werden bei einem Umlauf zwei Ver-
setzungen erreicht, d. h. zwei Bilder aufgenommen.

Als „*High Speed Kamera*" fertigt die KODAK (Abb. 342) für das 16 mm
Format eine Zeitdehner-Kamera für 1000 ... 3200 Bilder je sec mit
optischem Ausgleich durch ein rotierendes Prisma. Die Belichtungszeit
beträgt bei der größten Bildfrequenz 0,067 m sec, das Fassungsvermögen
beträgt 30 m. Eine vorgewählte Filmbandlänge wird belichtet und dann
die Kamera automatisch abgeschaltet. Die Betriebsspannung ist 115 V,

der Anlaufstrom 30 A, der Dauerstrom 18 A. Die Abmessungen sind 43 cm Länge, 30 cm Breite, 24 cm Höhe. Das Gerät wiegt 14,5 kg.

Die Arbeitsweise der in Abb. 342 dargestellten Kamera geht aus der Abb. 343 hervor. Das Aufnahmeobjektiv *1* bildet über das sich drehende Glasprisma *3*, das konstruktiv mit dem Verschluß *4* zusammengebaut ist, das Ding in der Filmebene *5* ab. Die optische Nachführung des Mittelstrahles *2* wird in den Teilbildern 343 a ... 343 d schematisch angedeutet, wobei sich das Filmband kontinuierlich bewegt. Dieses Schema und das Zusammenwirken des Drehprismas mit einem Umlaufverschluß gilt auch für andere optische Ausgleichssysteme.

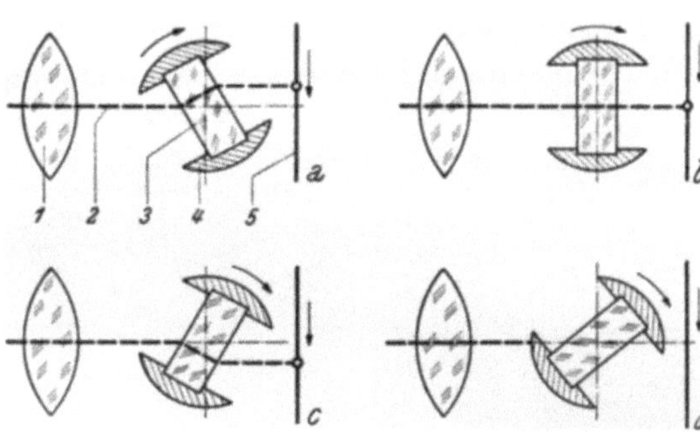

Abb. 343. Kodak 16 mm „*High Speed Kamera*“, Schema des optischen Ausgleiches..

1 Aufnahmeobjektiv, *2* Mittelstrahl, *3* Glasprisma, *4* Umlaufverschluß, *5* Filmband (s. Abb. 342).

Ein weiteres Zeitdehnergerät mit umlaufendem Vielkantprisma wurde schon in der Abb. 128 als „*Fastax Kamera*“ (Abb. 344) von Wollensak gezeigt. Mit diesen, für das 8- 16- und 35 mm Filmband hergestellten verschiedenen Modellen lassen sich Bildfrequenzen von 300 ... 16.000 Hz (8 mm), 150 ... 8.000 Hz (16 mm) und 500 ... 5.000 Hz (35 mm) erreichen. Zum optischen Ausgleich werden Achtkantprismen für das 8 mm- Format und Vierkantprismen für die beiden anderen Filmformate verwendet. Die Prismen sitzen in einem besonderen Gehäuse (Abb. 128) zwischen Objektiv und dem Filmband, das direkt auf der Filmzahntrommel belichtet wird. Die Prismen haben einen hohen

Abb. 344. Wollensak „*Fastax W F 3 Hochfrequenz Kamera*“ mit optischem Ausgleich durch rotierendes Prisma mit Spiegelobjektiv f = 2000 mm (s. Abb. 128).

Brechungsindex und kleine Streuung, was zu einer Verbesserung des Auflösungsvermögens der Bilder führt. Die Belichtungszeiten betragen etwa 0,0133 m sec, 0,033 und 0,071 m sec bei den höchsten Bildfrequenzen für die einzelnen Filmformate. Die „*Fastax-Kameras*“ besitzen je einen Universalmotor für Gleich- und Wechselspannungsanschluß von 120 V bis etwa 180 W. Der eine Motor treibt die Zahntrommel (Abb. 128) und das rotierende Prisma, der andere dient als Wickelmotor für die Aufwickelachse. Die Bildfrequenz wird durch die dem Zahntrommelmotor zugeführte regulierbare Spannung eingestellt. Für die „*Fastax-Kameras*“ sind eine Anzahl auswechselbarer Objektive,

„*Cine Raptar*" 2/f = 35 mm bis 4,5/f = 254 mm vorgesehen, aber es sind auch Spiegelobjektive mit den Brennweiten f = 1000 und 2000 mm verwendbar. Das Gewicht der Kamera beträgt 11,3 kg, die Abmessungen etwa 29 × 29 × 29 cm. Es wird ein besonders hergestelltes, ungeschrumpftes und kühl gelagertes Filmband vorgeschrieben. Die Kamera ist ebenfalls mit einem Zeitmarkenschreiber ausgerüstet, der eine Glimmlampe mit 50, 100 oder 1000 Hz, hier quarzgesteuert betreibt.

Für die genannten „*Fastax Kameras*" wird bei den Modellen „*W F 1*" und „*W F 2*" auf dem 2 × 8 mm Filmband (30 bzw. 120 m Länge) entweder ein übliches 8 mm Bildfeld belichtet oder ein doppelt breites von der Höhe

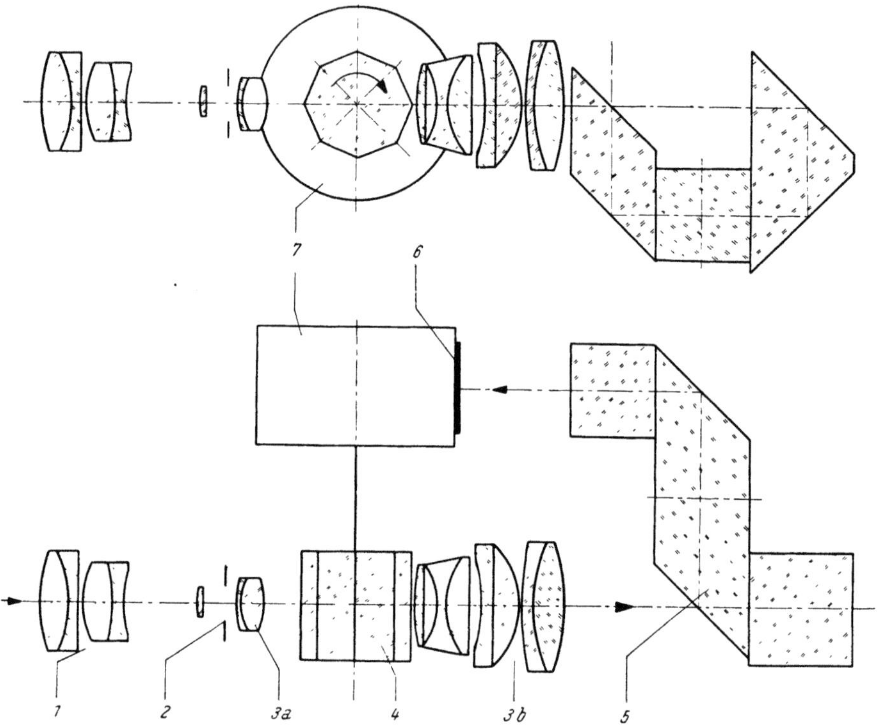

Abb. 345. ASKANIA 35 mm „*Handzeitdehner Rotax*", optisches System, Maßstab 1 : 2.
1 Aufnahmeobjektiv, *2* Ort des reellen Bildes, *3* Zwischenabbildungsobjektiv, *4* Achtkantprisma, *5* Umlenkprisma, *6* Filmband, *7* Zahntrommel (s. Abb. 129, 346, 453).

des üblichen 8 mm Feldes durch das Einsetzen eines entsprechenden Bildfensters. Denn die erreichbare Bildfrequenz hängt von der Höhe des Bildfensters ab. Die Kameras „*W F 3*" und „*W F 4*" haben das normale Bildfenster des 16 mm Formates mit 30 bzw. 120 m Filmlänge. Die 35 mm Kamera „*W F 5*" ist eine „*Halbbild Kamera*", bei der zwei Bilder übereinander liegen und die halbe Höhe und gleiche Breite des 35 mm Bildfeldes haben. Ein zugehöriger Spezial-Projektor schaltet mit dem halben Schaltschritt von 0,5 · 19 = 9,5 mm. Die Filmladung hat 30 m Länge. Die schnellste Drehzahl des Umlaufprismas des optischen Ausgleiches beträgt 2000/sec.

Äußerlich ähnliche, als „*Strich-Kameras*" „*W F 6*" und „*W F 7*" bezeichnete „*Fastax*"-Geräte verzichten auf einen optischen Ausgleich und können bei Filmbandgeschwindigkeiten $v_F = 0,9 \ldots 60$ m/sec Ausbreitungserscheinungen oder Oszillogramme direkt aufzeichnen. Eine kombinierte Kamera „*Fastax W F 9*" kann das 35 mm Halbbild zur Hälfte mit einem Oszillogramm oder Strichbild und mit einem durch den optischen Ausgleich erzeugten photographischen Eindruck belichten, also gleichzeitig optische und elektrische Vorgänge aufzeichnen. Die Kameras werden mit entsprechenden Schaltgeräten betrieben.

Optische Ausgleiche der genannten Art werden in ihren Fehlern, die neben dem Schlupf auch im Astigmatismus und Farbfehlern bestehen, besser bei einer Vergrößerung der Zahl der Flächen durch Anwendung von Vielkantprismen. Derartige Ausgleiche werden mehrfach in Filmbearbeitungs- und Umrolltischen eingesetzt.

Eine neuere Entwicklung einer Kamera mit optischem Ausgleich liegt in dem ASKANIA-„*Handzeitdehner Rotax*"

Abb. 346. ASKANIA 35 mm „*Handzeitdehner Rotax*" mit optischem Ausgleich durch rotierendes Prisma, Maßstab etwa 1 : 11 (s. Abb. 129, 345, 453).

vor, der mit dem Vielkantprisma arbeitet. Als sehr beachtenswerte Konstruktionseigenheiten dieses Zeitdehner-Gerätes (Abb. 345) sind zu nennen: Das Ding wird zunächst zwischenabgebildet und dann durch den optischen Ausgleich in vierfacher Vergrößerung als eigentliches Aufnahmebild auf dem Filmband entworfen. Der Strahlengang der Zwischenabbildung wird dabei durch Prismensysteme soweit umgelenkt, daß sich die Aufnahmetrommel für das Filmband auf der gleichen Achse befindet, auf der das Achtkantprisma läuft, so daß sie starr mit ihm verbunden ist. Damit enthält die Kamera auch kein übliches Bildfenster und einen Filmkanal; das Filmband läuft vielmehr während der Belichtung über eine Zahntrommel mit 32 Zähnen mit der Schicht nach außen und wird auf dieser Trommel auch belichtet. (Abb. 129).

Die Einzelheiten des optischen Aufnahmesystems der „*Rotax-Kamera*" gehen aus der Abb. 345 hervor. Durch das Aufnahmeobjektiv *1* wird die optische Abbildung des Dinges als Luftbild in der Ebene *2* erzeugt und über ein Umkehrsystem *3* und das Prisma *4* auf dem auf der Trommel *7* liegenden Filmband *6* abgebildet, wobei die Strahlen um 2 · 90° durch das Prismensystem *5* umgelenkt werden. Das Achtkantprisma *4* nimmt den optischen Ausgleich vor und ist starr auf der Welle befestigt, die die Zahntrommel *7* trägt. Die Kamera ist mit einem Tachometer ausgerüstet und besitzt einen angebauten Antriebsmotor, der durch zwei tragbare kleine Akkumulatoren gespeist wird und damit den Bedienenden unabhängig von einem elektrischen Netz macht. Die höchst erreichbare Bildfrequenz beträgt etwa 500 Hz. Durch die Zwischenabbildung ist dieses Zeitdehnergerät frei von jeder Bindung in der Entfernungseinstellung des eigentlichen Aufnahmeobjektivs. Dieses hat eine Brennweite f = 15 cm und ist mit einem gleichartigen Sucherobjektiv auf einer gemeinsamen auswechselbaren Frontplatte angeordnet. Die Gesamtansicht der Kamera zeigt die Abb. 346. Der einfache Aufbau des „*Rotax*"-Gerätes, bestehend aus der starren Kupplung zwischen dem Rotationsprisma *4* und Zahntrommel *7*, hat als wesentlichen Vorteil die Ausschaltung jeden Spieles und Schlupfes zwischen dem optischen Strahlengang vom Prisma zur Bildaufzeichnungsstelle auf dem Filmband *6*. Es wird aber großer optischer Aufwand für die mehrfache Umlenkung durch

Abb. 347. MERLIN u. GERIN 16 mm *Zeitdehner-Kamera „L'Ultracinema"* mit optischem Ausgleich durch umlaufende Linsen.

das Prismensystem *5* benötigt. Bei anderen Systemen (beispielsweise nach der Abb. 128) ist der optische Aufbau denkbar einfach, es besteht aber bei einer mechanischen Ungenauigkeit des Getriebes zwischen Rotationsprisma und Filmtrommel die Gefahr des Entstehens von Ungenauigkeiten in der photographischen Aufzeichnung hinsichtlich ihrer Zeitlinearität.

Die MERLIN u. GERIN „*L'Ultracinema*" - Kamera Abb. 347 hat 80 Ausgleichslinsen, die auf einer Trommel befestigt sind, und macht 3.000 Bilder je sec bzw. in Sonderausführung 20.000 und 100.000. Es werden 30 m 16 mm Filmband eingesetzt.

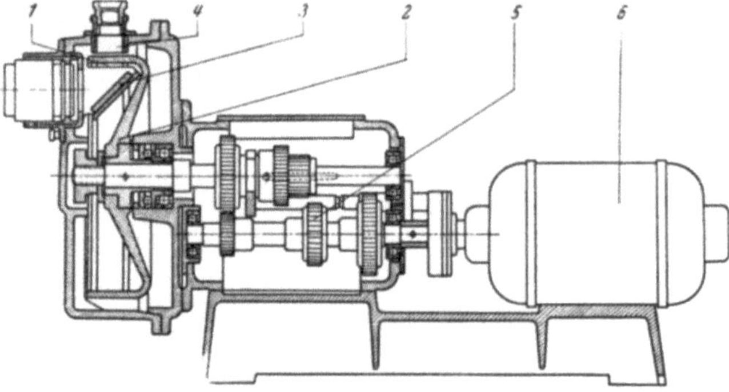

Abb. 348. ASKANIA 35 mm „*Trommel-Kamera*", Maßstab etwa 1 : 10.

1 Filmband, *2* Trommel, *3* Spiegel, *4* Scharfstelleinrichtung, *5* Getriebe, *6* Antriebsmotor.

Die gleichzeitige Aufzeichnung von Oszillogrammen im Zusammenhang mit Zeitdehneraufnahmen ist auch bei der in der Abb. 342 gezeigten KODAK Kamera möglich. Hier wird von der Rückseite des Filmbandes aus, von wo die Sucheinrichtung wirksam ist, über einen unter 45° stehenden teildurchlässigen Spiegel unter Verwendung eines zusätzlichen Objektivs das Oszillogramm beispielsweise einer BRAUNschen Röhre aufphotographiert. Das Sucherbild wird von der Rückseite der Kamera aus betrachtet, von wo durch den Spiegel hindurch gesehen wird. Das Zusatzobjektiv befindet sich an der Deckelseite der Kamera (in der Abb. 342 nicht zu sehen) und bildet das Oszillogramm nach der Spiegelung durch die Rückseite des Filmbandes ab.

Als Sondergeräte zur Aufzeichnung schneller Vorgänge dienen „Trommel-Kameras" (Abb. 348), bei denen ein begrenztes, etwa 85 cm langes Filmband *1* in einer Trommel *2* schnell rotieren kann. Während des Umlaufes wird ohne Wirksamkeit eines Verschlusses die photographische Aufzeichnung hergestellt. Einzelne Phasenaufnahmen erreicht man durch blitzartige Beleuchtung des Dinges oder selbstleuchtende, periodisch strahlende Körper. Die Umlaufzahl der Trommel kann bis auf 100 je sec gesteigert werden. Die Belichtungszeit eines Einzelbildes kann nur 0,227 m sec betragen.

In Anlehnung an das Prinzip der mehrfach eingesetzten Kameras werden in der ASKANIA „*Mehrfach Kamera*" (Abb. 349) 12 photographische Kameras in einem Gerät verwendet, die mit ihren Achsen auf das Ding ausgerichtet sind. Die Objektive sind rotationssymmetrisch um den Mittelpunkt einer Schlitzscheibe *1* angeordnet. Diese belichtet mit ihren 13 Schlitzen *1a, 1b* ... in einer Drehung von 30° in jeder Kamera die Schicht nacheinander. Bei einer Umlaufzahl $n_S = 100\,\mathrm{sec}$ wird jedes Einzelbild in $t = 0,0715$ m sec belichtet, bei einer Gesamtaufnahme zeit von $t_{ges} = 0,834$ m sec.

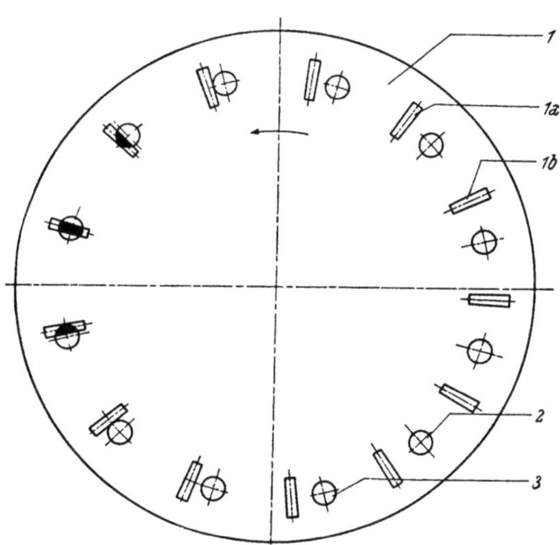

Abb. 349. ASKANIA 35 mm „*Mehrfach-Kamera*",
Schema.
1 Schlitzscheibe, *1a, 1b* Schlitze, *2, 3* Objektive.

Im Jahre 1954 fand in Paris ein Kongreß für *Kurzzeitphotographie und Hochfrequenz-Kinematographie* statt. Dabei wurde hingewiesen, daß die qualitative Bildauswertung bei 20facher Vergrößerung durch die Ungenauigkeiten der Bildnachführung der optischen Ausgleiche und Filmbewegungen sekundärer Art an der Aufzeichnungsstelle erschwert wird (306a).

Die möglichst hohe Bildfrequenz führt zu einer Beeinträchtigung der Bildqualität (534a). Eine neue Kamera hat folgende Daten: Bilddurchmesser 6 mm, Blendenzahl 5,7, Bildfrequenz $f_B = 150.000$ Hz, Belichtungszeit $t = 0,00133$ m sec, geometrische Verzerrung $= 0$, longitudinale und transversale Unschärfe am Bildrand $U = 0,029$ mm. Dabei war eine schwierig zu erfüllende Bedingung, daß das Verhältnis der Belichtungszeit zur reziproken Bildfrequenz einige Zehntel nicht überschreiten soll.

Ein Zeitschreiber mit Marken senkrecht zur Filmlaufrichtung wurde beschrieben (400a). Die Belichtungszeit der 1000 Hz Marken ist kürzer als 10^{-6} sec. Es werden hier Spannungsimpulse differenziert, auf hohe Spannungen transformiert und in der Kamera an einer Entladungsstrecke Funken ausgelöst.

XI. Verschlüsse

Die Verschlüsse in den kinematographischen Aufnahmegeräten mit absatzweiser Schaltung des Filmbandes dienen dem Abdecken des Bildfensters und müssen während der Zeit wirksam sein, in der sich das Filmband im Bildfenster in Bewegung befindet. Der grundsätzliche Aufbau eines Verschlusses für eine Kinokamera wurde bereits in der Abb. 16 gezeigt, wo eine umlaufende Verschlußscheibe *2* zeitweise das Phasenbild auf dem Filmband abdeckt, das sich hinter dem Bildfenster *4* befindet. Für die Verschlüsse sind zwei grundsätzliche Anordnungen möglich, die eine besteht aus dem soeben ganz roh beschriebenen Umlaufverschluß, die andere aus einem Schwingverschluß. Betrachtungen über Verschlüsse und die sich daraus ergebenden Probleme wurden von den folgenden Autoren veröffentlicht: FLINKER (123), JOTZOFF (250), KÜPPENBENDER (290), LINDT (316), PANDER (397), PRITSCHOW (405, 413, 417, 418, 421), THUN (559), WEISE (603) u. a.

A. Schwingverschlüsse

Für den Schwingverschluß ist seine hin- und rückläufige Bewegung charakteristisch. Diese ähnelt den bei Standbildkameras verwendeten Sektorenverschlüssen, die infolge der endlichen Laufzeit der Verschlußflügel vor dem Bildfeld eine ungleichmäßige Belichtung ergeben. Bei den heutigen Kameraverschlüssen sind aber die Bewegungen so schnell, daß diese Ungleichmäßigkeit praktisch keine Rolle spielt. Auch bei Kinokameras können durch geschickte Dimensionierung und Vergrößerung der Geschwindigkeit die Abweichungen von der gleichmäßigen Belichtung klein gehalten werden.

In der Abb. 350 ist ein durch einen üblichen Schubkurbelantrieb bewegter Schwingverschluß zu sehen, wie er in dem SIEMENS „*B*“, „*C*“, „*D*“, „*F*“ und in ähnlicher Form auch in den „*C 8*“-Modellen verwendet wird. Der Antrieb wird von der gleichen Scheibe *1* abgeleitet, die auch den Greifer antreibt (s. Abb. 228), womit automatisch der Synchronismus zum Schaltwerk und durch die gegenseitige Lage der Kurbeln auch die Phasenlage bestimmt ist. Von der Kurbel *6* (Abb. 350) wird über den Hebel *7* ein in dem Schlitz *9* laufender Stift *8* bewegt, der das Abdeckblech *26* mit dem Belichtungsschlitz *26a* trägt. Dieses bewegt sich vor dem Bildfenster *28*. Die praktische Ausführung dieses Verschluß- und Greifer-

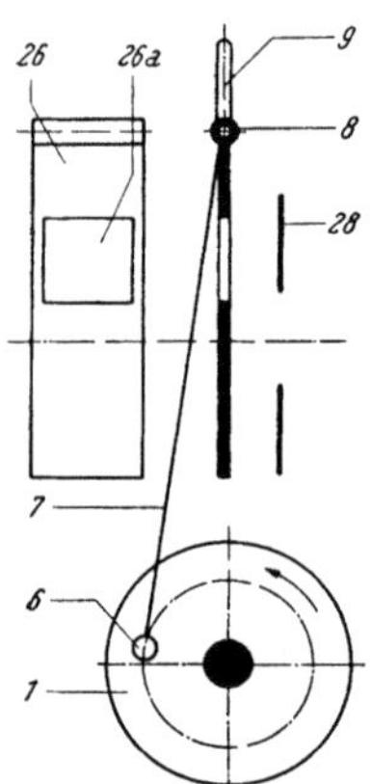

Abb. 350. SIEMENS „*B*“, „*C*“, „*D*“ und „*F*“-*Kameras*, Schwingverschluß, Maßstab 1 : 1,5; ähnlich auch für „*C 8*-Kamera*“.

1 Antriebsscheibe, *6* Verschlußkurbel, *7* Hebel, *8* Führungsstift, *9* Führung, *26* Verschluß, *28* Filmebene (s. Abb. 178).

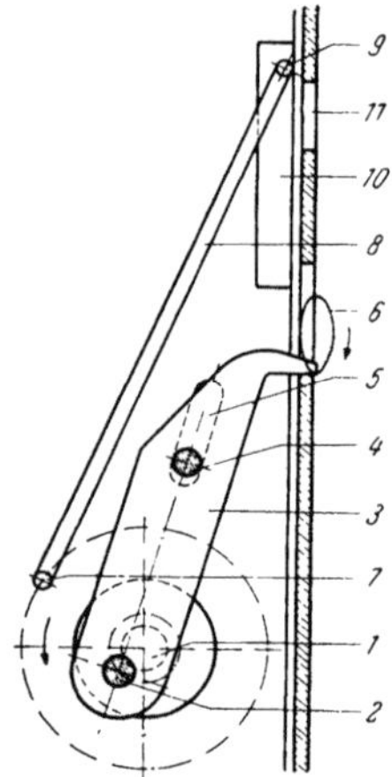

Abb. 351. MECHANIK 2 × 8 mm Kamera „*A K 8*“, Greifer u. Schwingverschluß, Maßstab 1,5 : 1.

1 Antriebswelle, *2* Greiferkurbel, *3* Greifer, *4* Führungsstift, *5* Führungspunkt, *6* Greiferbahn, *7* Verschlußkurbel, *8* Hebel, *9* Stift, *10* Schwingverschluß, *11* Bildfenster.

antriebes wird durch eine zusammengesetzte Kurbelwelle ermöglicht. Eine Verdrehung des Abdeckbleches *26* wird durch den Stift *8* verhindert, der in dem Schlitz *9* verschiebbar, aber nicht drehbar gelagert ist.

Auch bei der „*AK 8 Kamera*" wird der Verschlußschieber *10* (Abb. 351) durch eine Kurbel *7* angetrieben, die synchron und phasenverschoben mit der Greiferantriebskurbel *2* zusammenarbeitet.

Ein derartiger Antrieb ergibt ein angenähert sinusförmiges Bewegungsgesetz für den Verschluß (Abb. 350), wenn man von den geringen Störungen durch die endliche Länge der Schubstangen *7* absieht. Dieses Gesetz läßt sich durch das Ausnutzen eines Teiles der Schwingbewegung und ein Überschwingen des Schlitzes verbessern, wenn man eine gleichmäßigere Belichtung wünscht. Dieses Überschwingen ist aus der Abb. 355 auch zu erkennen, da der gesamte Weg des Verschlußschiebers *26* gleich dem doppelten Kurbelradius der Antriebskurbel *6* wesentlich größer als die Höhe des abzudeckenden Bildfensters *28* ist. Die kürzeren Belichtungszeiten liegen auf den oberen Partien des Bildes, wo bei vielen Aufnahmen der helle Himmel abgebildet wird.

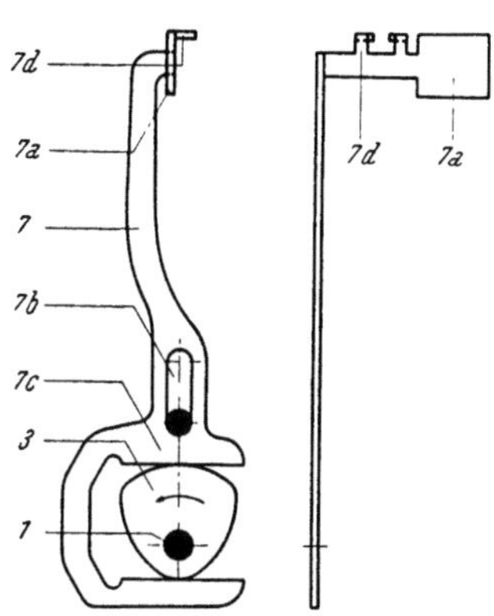

Abb. 352. Siemens 2 × 8 mm „*8 R Kamera*", Schwingverschluß, Maßstab 1 : 1,5.
1 Antriebswelle, *3* Exzenter, *7* Verschluß, *8, 9* Führungsstifte, *10a* Führungsschlitz (s. Abb. 278).

Der Schwingverschluß der Siemens-„*8 R-Kamera*" ist in der Abb. 278 photographisch dargestellt. Der Exzenter *3* (Abb. 352) treibt zum Erreichen einer schnelleren Bewegung gegenüber einem Kurbeltrieb den Verschlußschieber *7* an, der durch den Stift *9* und in einem Gehäuseschlitz geradegeführt wird. Das Bildfenster wird durch den Lappen *7a* des Schiebers abgedeckt. Dieser ist aus Stahlblech durch Stanzen und Drücken hergestellt und wird an den Funktionsstellen geschliffen (s. auch Abb. 278). Der Exzenter ist eine im Abschn. IX genannte Steuerkurve gleicher Breite. Sein Hub beträgt 6 mm, das Schaltverhältnis S = 1 : 3,5. Die Exzenterabmessungen $r_1 = 8$ mm; $r_2 = 2$ mm; a = 2,5 mm. Das Verschlußdiagramm wird in der Abb. 356 gezeigt, es ergibt infolge der schnelleren Bewegungen und längeren Stillstände durch den Exzenterantrieb eine größere Gleichmäßigkeit in der Belichtung. Auch hier wurde ein gleich großes Überschwingen nach beiden Seiten angenommen. Ein ebenfalls durch einen Exzenter gesteuerter Schwingverschluß ist in den Niezoldi u. Krämer-„*8 S 2 T*"- und „*Heliomatic-Kameras*" eingebaut.

Ein Schwingverschluß ist in der Kodak 8 mm-Kamera „*Modell 25*" und „*60*" eingebaut, ferner in die alte Zeiss-Ikon „*Movikon 8 Kamera*" in Form eines trommelförmigen Schwinghebels.

Ein weiteres Beispiel eines Schwingverschlusses, der in der Eumig „*C 4-Kamera*" (Abb. 353) eingebaut ist (Koppelkurvenverschluß), wird in der Abb. 354a gezeigt. Hier treibt die gleiche für den Antrieb des Greifers (s. Abb. 162) zu einer Kurbel abgekröpfte Antriebwelle *18* auch den Verschlußflügel *2* (Abb. 354a), der infolge seiner Anlenkung über den Hebel *4* mit seinem Bolzen *3* kreisförmig um den ortsfesten Bolzen *5* geführt wird. Dadurch beschreibt der Abdeckflügel *2* vor dem schraffiert dar-

gestellten Bildfenster *6* die Abdeckbewegung, für die der Hin- und Rückgang ausgenutzt wird, womit sich ein Schwingverschluß ergibt.

Es ist theoretisch durchaus denkbar, das Abdeckblatt *2* auf einer
solchen Koppelbahn laufen zu lassen, daß sich nach Art eines Umlaufverschlusses nur ein einseitiger Durchlauf und nicht ein hin- und rück-
gehender ergibt. Die Form des Verschlußflügels ist dadurch gegeben,
daß der Antrieb über das Bildfenster gesetzt wurde, um waagerecht neben
ihm den Raum für den Sucher freizumachen (Abb. 353).

Die einzelnen Stellungen des Verschlußflügels sind in der Abb. 354a
für je 40° Kurbeldrehung mit Angabe der jeweiligen Bewegungsrichtung
aufgezeichnet und lassen damit auch ein Abschätzen der Geschwindigkeit

Abb. 353.
Eumig 2×8 mm „C 4
Kamera", Maßstab etwa
1 : 3,2.

1 Auslöseknopf, *2* Verriegelung für Auslöseknopf,
3 Blendenhebel.

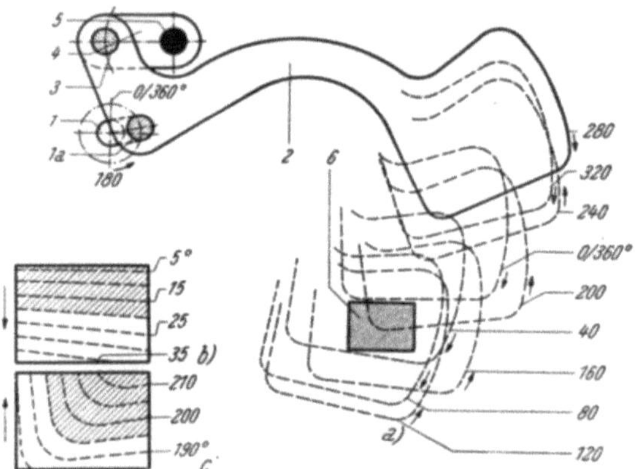

Abb. 354. Eumig 2×8 mm „C 4 Kamera", Koppel-
kurven-Schwingverschluß, *a)* Maßstab 1,5 : 1.

1 Antriebsachse, *2* Verschlußflügel, *3* Stift, *4* Hebel, *5* Stift,
6 Bildfenster.

b, c) Maßstab 4 : 1, Weg des Verschlußflügels über
das Bildfenster in Abhängigkeit von dem Winkel
der Kurbelverdrehung.
(S. Abb. 353.)

zu. Der später genannte (125) Gleichförmigkeitsgrad beträgt G = 83%.
Angenähert kann er aus den im doppelten Maßstab in den Abb. 354b
und 354c dargestellten Kurven abgeschätzt werden, wo die Begrenzungslinien des Verschlußflügels *2* in verschiedenen Stellungen im Bereich des
Bildfensters dargestellt sind. Auch hier wurde aus Vereinfachungsgründen
eine Bewegung des Verschlußflügels in der Ebene des Bildfensters angenommen. In Wirklichkeit sitzt er etwa 2 mm davor und ergibt infolge
des Verlaufes des optischen Strahlenganges zwischen Objektiv und Bildfenster eine etwas kleinere Ungleichförmigkeit in der Belichtung, als der
theoretische Wert erwarten läßt.

Das Diagramm eines Schwingverschlusses ist in der Abb. 355 dargestellt. Hier ist wie in Abb. 356 der Weg *a* der Verschlußflügelkante über
das Bildfenster in Abhängigkeit von der Zeit *t* aufgetragen, wobei
als Vereinfachung angenommen wurde, daß sich das Abdeckblech in der
Filmebene selbst bewegt und die Gesamtanordnung der Abb. 350 entspricht. Wie schon gesagt, ist der Weg *a* größer, als zum vollständigen
Abdecken des Bildfensters erforderlich wäre. Denn das Bildfenster ist

bei einem Weg von 7,62 mm geschlossen. Als Maß für den Öffnungs- bzw. Schließzustand des Bildfensters wird der „*Schließfaktor*" S F definiert, der angibt, wie weit das Bildfenster jeweils geöffnet ist: In Annäherung ist

$$S\ F = \frac{a}{s_F}\ 100\ (\%) \qquad\qquad (124)$$

Bei $S\ F = 0$ ist das Bildfenster voll geöffnet und bei $S\ F = 100\%$ voll geschlossen. *SF* bedeutet die Bildhöhe einschließlich des Bildstriches, die gleich dem Schaltschritt des Filmbandes ist. Der Weg a ist von der einen Kante des Bildfensters an zu rechnen. Für das Diagramm der Abb. 355 wurde angenommen, daß der Abdeckschieber nach beiden Seiten in gleicher Größe überschwingt. Hier bedeuten die Zeiten t_2 die Laufzeit der Verschlußflügelkante über das Bildfeld, d. h. also die Zeit, die benötigt wird, um das Bildfenster gerade voll zu schließen bzw. zu öffnen, und t_3 die Zeit, in der das Bildfenster voll geöffnet ist.

Den *Gleichförmigkeitsgrad* G könnte man in Anlehnung an ähnliche Betrachtungen bei den Verschlüssen photographischer Standbildgeräte als das Verhältnis der Fläche F_v unter der Verschlußkurve zur Fläche F_i eines idealen Verschlusses definieren:

$$G = \frac{F_v}{F_i} \qquad\qquad (125)$$

Dabei wäre als idealer Verschluß der zu betrachten, der in unendlich kleiner Zeit von dem geschlossenen in den geöffneten Zustand des Bildfensters übergeht. Aus den in den Abb. 355, 356 gezeigten Verschlußdiagrammen

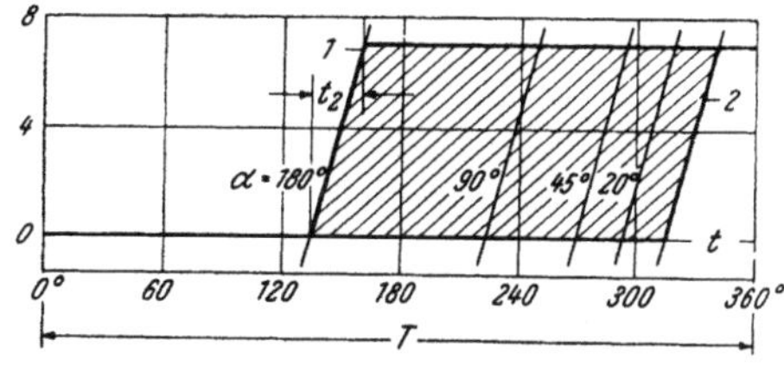

Abb. 355, 356, 357. Verschlußdiagramme. Weg a des Verschlusses über das Bildfenster und Schließfaktor *SF* in Abhängigkeit von der Zeit t. t_2 Laufzeit des Verschlusses über das Bildfeld, t_3 Zeit des voll geöffneten, t_4 des voll geschlossenen Verschlusses, T Bildperiode. Abb. 355 Kurbel-Schwingverschluß (SIEMENS 16 mm-Kamera), Abb. 356 Exzenter-Schwingverschluß (SIEMENS „*8 R-Kamera*"), Abb. 357 Umlaufverschluß (ZEISS-IKON „*Movikon 16-Kamera*"). a = Öffnungswinkel des Verschlusses.

kann bei optimaler Justierung beider Systeme eine Gleichförmigkeit von etwa 65 ... 83% herausgerechnet werden.

Einen Schwingverschluß hat beispielsweise auch die KODAK „*Reliant 8 Kamera*" (Abb. 116).

Der wesentliche Vorteil der Schwingverschlüsse liegt darin, nicht unbedingt eine um 90° gedreht liegende Verschlußantriebswelle gegenüber den anderen Getriebeachsen zu bedingen. Damit kann ein sehr schmaler Bau des Kameragehäuses erreicht werden. Mit Umlaufverschlüssen ist dies infolge der geometrischen Verhältnisse nicht ganz so einfach möglich. Die für viele Fälle zweckmäßige oder notwendige Verstellung des Verschlußflügels innerhalb größerer Grenzen für Belichtungszeitänderungen oder zum Abblenden ist bei Schwingverschlüssen nicht mit einfachen Mitteln durchzuführen und wird deshalb auch nicht praktisch ausgeführt.

Die ungleichmäßige Belichtung des Bildfeldes durch die hin- und hergehende Bewegung des Schwingverschlusses läßt die Frage auftauchen, ob man einen Schwingverschluß bauen sollte, der ein Bild nur bei dem Hingang belichtet, das folgende bei dem Rückgang des Verschlusses usw. Es kommt durch eine derartige Anordnung eine Periode von der halben Bildfrequenz in die Aufnahme. Die Auswirkung kann zunächst nicht übersehen werden.

An die Verschlüsse der Kameras werden im Gegensatz zu den Wiedergabeverschlüssen keine sehr hohen Anforderungen gestellt, so daß auch die Bemessung der Aufnahmeverschlüsse nicht sehr kritisch ist.

B. Umlaufverschlüsse

Eine verhältnismäßig einfache Anordnung ergeben Umlaufverschlüsse, die sich auch leicht statisch und dynamisch auswuchten lassen und damit keine Erschütterungen bei den Aufnahmen bringen. Allerdings verlangen sie für die meisten der in Abb. 104 angegebenen schematischen Aufbauformen der Kinokameras eine um 90° gedrehte Lage der Verschlußantriebswelle. Diese 90° Antriebe werden je nach der Bauart der Kamera und ihren Platzverhältnissen, die insbesondere bei den Amateurkameras der kleinen Filmformate kritisch sind, durch Kegelräder, Schraubenräder oder Schneckentriebe ins Schnelle bewerkstelligt. Nur die in der Abb. 104f gezeigte Darstellung des quer verwendeten Kameragehäuses hat auch bei einem Umlaufverschluß eine parallel liegende Achse zu den übrigen Getriebewellen. Das Schema für eine so aufgebaute Kinokamera wurde bereits in der Abb. 171 für die neue ZEISS-IKON „*Movikon 8-Kamera*" dargestellt, wo der Verschlußflügel *13* starr mit der Achse des Greifers *G* verbunden ist.

Als Beispiele für Umlaufverschlüsse mit nicht verstellbarer Größe des Abdeckflügels wurde außer der schematischen Abb. 16 die Abb. 158 gezeigt, wo der BAUER-„*8*" Verschluß als Teil *12* von der Greiferwelle *11* angetrieben rotiert. Seine Abmessungen können aus der Abb. 218 entnommen werden. Die ähnliche Konstruktion des BAUER-„*88 Verschlusses*" ist aus der Abb. 176 zu ersehen, wo der Verschluß als Teil 5 abgebildet ist.

Der Antrieb des Verschlusses der EUMIG-„*C 3-Kamera*" wird nach der Abb. 172 durch die Schraubenräder *9* und *10* von der Schaltwelle *G* abgenommen, die den Greifer antreibt. Die Größe des Verschlußflügels kann aus der Abb. 121 ersehen werden, wo er als Teil *48* dargestellt ist. Der Schraubenantrieb des „*Movikon K 8-Verschlusses*" über die Räder *7* und *8* wurde an Hand der Abb. 170 beschrieben.

Einen Schraubenantrieb haben auch die „*Bolex L 8-Kameras*" (Abb. 173) und die AGFA „*Movex 8 L*" (Abb. 175), wo von dem schräg verzahnten Rad *9* das Rad *10* für den Greiferantrieb und das Rad *16* gedreht wird, mit dem das um 90° anderer Achslage angebrachte Rad *17* des Verschlusses *18* direkt kämmt.

Bei der AUSTRIA „*Ditmar 9,5 mm-Kamera*" wird der Verschluß *V* nach der Abb. 177 über die Kegelräder *13* und *14* gedreht, die von der

Greiferwelle *G* über die Zahnräder *9, 8, 12* in Verbindung stehen. Die
ZEISS-IKON „*Movikon K 16-Kamera*" treibt von der Greiferwelle *G*
(Abb. 180) über die Stirnräder *6, 10, 11* und die Schraubenräder *12* und *13*
die Welle des Verschlusses *V*. Bei den PAILLARD „*Bolex H-Kameras*"
wird ebenfalls über schräg verzahnte Räder *9* und *10* (Abb. 181) der 1 : 1-
Antrieb zwischen Greiferwelle *G* und Verschlußwelle *V* hergestellt. Ein
ähnlicher Antrieb findet sich bei der ZEISS-IKON „*Movikon 16-Kamera*"
(Abb. 184), wo Greifer *G* und Verschluß *V* über die Räder *9* und *10* verbunden sind.

Ein Umlaufverschluß ist auch in zahlreiche andere Kameras eingebaut,
wofür als Beispiele noch die „*Bolex B 8*", „*C 8*", EMEL (*13*, Abb. 169),
„*Movikon 8*" (*13*, Abb. 171), „*Bauer 88*" (*5*, Abb. 176) und „*88 C*", „*Movikon
K 16*" (Abb. 180, 428), *Bolex H 16*
(Abb. 181 und *3*, Abb. 182), ASKANIA
„*Röntgen-Kamera*" (*29*, Abb. 190),
BLAUPUNKT „*E 8*" (Abb. 496), „*Reporter*" (*2*, Abb. 207), EUMIG „*C 8*"
(*6*, Abb. 163), „*Robot*" (*18*, Abb. 284),
KODAK „*Magazin 8*" und „*8 A*" sowie „*Magazin 16*" genannt werden
sollen und andere später noch angeführte verstellbare Modelle.

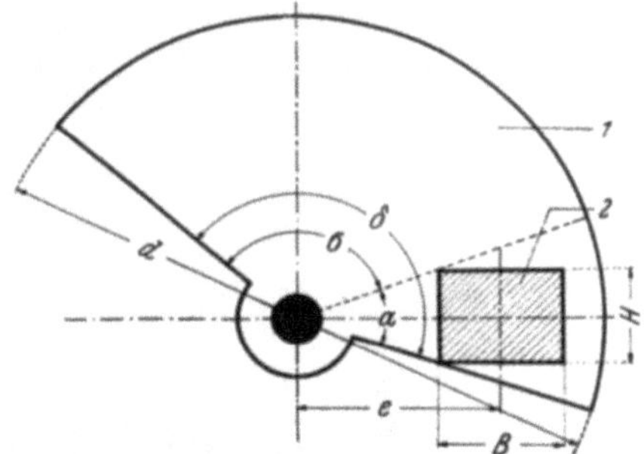

Abb. 358. Schema eines Umlaufverschlusses.

B, H Breite und Höhe des abzudeckenden Bildfeldes, *a* Abdeckwinkel für Bildfeld, *δ* durch das
Filmschaltwerk bedingter Abdeckwinkel, *e* Abstand Verschlußachse — Mitte Bildfeld, *r* Ver-
schlußradius.

Die bisher genannten Verschluß-
wellenantriebe verlangen ein Übersetzungsverhältnis von 1 zwischen
Greifer und Verschluß, da bei den
eingesetzten Einflügelverschlüssen in
jeder Schaltperiode auch ein Umlauf
des Flügels notwendig ist.

Die Größe des Flügels eines Aufnahme-Verschlusses richtet sich nach
dem Schaltverhältnis S. Wird beispielsweise S = 1 : 2 eingesetzt, so
muß bei exakter Bemessung des Abdeckflügels ein Abdeckwinkel $\sigma = 180°$
angesetzt werden, der die Filmbandbewegung abdeckt, und ein Winkel α
zusätzlich, der durch die Laufzeit einer Verschlußflügelkante über das
gesamte Bildfeld gegeben ist. Dieser Winkel α beträgt etwa 15 ... 30°
und ergibt sich aus den geometrischen Abmessungen der Kamera, hauptsächlich aus dem Abstand der Verschlußachse vom Bildfenster, wie folgt
(Abb. 358)

$$\alpha = 2 \text{ arc tg} \frac{H}{2e - B} \qquad (126)$$

wobei *H* und *B* die Höhe und Breite des Bildfensters und *e* sein Mitten-
abstand von der Verschlußachse ist. Als Voraussetzung für diese Rechnung
gilt noch, daß die Verschlußachse in der gezeichneten Stellung symmetrisch zum Bildfenster liegt. Als Vereinfachung wurde wieder angenommen, daß sich der Verschlußflügel in der Filmebene bewegt. Als
Zahlenbeispiel sei für eine 16 mm-Kamera mit e = 19 mm angeführt:

$$\alpha = 2 \text{ arc tg} \frac{7,5}{38 - 10,4} = 30,4°.$$

Der Winkel σ errechnet sich aus dem Schaltverhältnis S zu

$$\sigma = S \cdot 360° \qquad (127)$$

so daß die Gesamtgröße δ des Abdeckflügels (Dunkelteil) bei exakter Bemessung nach der Abb. 358 zu:

$$\delta = 2 \text{ arc tg } \frac{H}{2\,e - B} + S\,360° \qquad (128)$$

Abb. 359. Niezoldi u. Krämer 16 mm Kamera „*Nizo Combi-Matic*", Maßstab etwa 1 : 4.

1 Aufnahmeobjektiv, *2* Photoelement, *3* Sucher, *4* Gehäuseausbruch für Umlaufverschluß, *5* Objektivwechselschlitten.

wird.

Als Zahlenbeispiel ergibt sich bei S $= 1 : 3$ und $\alpha = 30°$ für den Dunkelsektor $\delta = 30° + 120° = 150°$.

In manchen Fällen kann die Größe des Dunkelteiles etwas kleiner angesetzt werden, da am Beginn und Ende der Filmbandbewegung so kleine Wege auftreten, daß das Filmband in erster Annäherung noch als stillstehend betrachtet werden kann. Dann wird bei Verschlüssen nur der Winkel σ berücksichtigt und α sehr klein oder gleich Null angesetzt. Von der konstruktiven Seite her den Winkel α des Verschlußflügels (Abb. 358) möglichst klein zu machen, ergibt einen großen Abstand e, also einen großen Durchmesser des Verschlusses. Dies widerspricht sich vielfach mit einem schmalen Kameragehäuse, wo der Einbau des Umlaufverschlusses eben wegen der geringen Gehäusebreite schon Schwierigkeiten bereitet und gelegentlich dazu führt, im Gehäuse einen lichtdichten Ausbruch für den Verschluß vorzusehen (*4*, Abb. 359). Es kann aber auch ein Durchbruch für den Antrieb der Verschlußachse nach der Innenseite des Gehäuses notwendig sein, die bei ge-

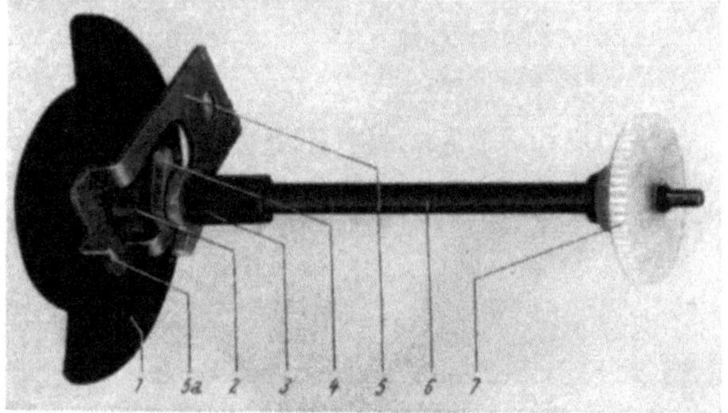

Abb. 360. Revere Greifer- und Verschlußwelle der „*C 84*", „*C 44*" *Kameras*, Maßstab etwa 1 : 1.

1 Umlaufverschluß, *2* Kreisexzenter, *3* Zahnrad, *4* Arretierungshebel, *5* Schwinghebelgreifer, *6* Welle, *7* Zahnrad.

schickter Anordnung nicht auffällt (Abb. 124, Abdeckkappe *67* für das Zahnrad *14* oder „*Bolex L 8*"-Kamera). Die Verschlüsse der 8 mm Geräte müssen vielfach flach sein, um noch Platz zwischen dem Objektiv und dem Bildfenster zu haben. Sie werden deshalb oft aus Federblech hergestellt, um eine große Standfestigkeit der Verschlußscheiben und kleine rotierende Massen zu erhalten.

Für die Durchmesser der Umlaufverschlüsse ergeben sich beispielsweise für die „*E 8*", die sehr schmal ist, d = 28 mm, für die EUMIG „*C 8*" (Abb. 163) d = 34 mm, für die „*Reporter-Kamera*" (Abb. 167) d = 35 mm, für die REVERE *8 mm Kameras* d = 38 mm (s. Abb. 360) Durchmesser. Der Queraufbau der „*Movikon 8*" (Abb. 171) läßt einen wesentlich größeren Verschlußdurchmesser zu, der hier d = 56 mm beträgt. Die Stärken der Verschlußscheiben betragen 0,2 ... ... 0,55 mm bei kleineren und mittleren Geräten. Teilweise sind die Ränder der Verschlußscheiben zur Stabilisierung der Verschlußflügel umgebördelt, beispielsweise *27*, Abb. 106, ferner *29* und *30* in der Abb. 187 sowie *29* in Abb. 190 und *1* in Abb. 360. Dieser Verschluß einer REVERE Kamera (Abb. 361) hat ein Hellteil von 165° und wiegt mit dem Greifer 7,8 g.

Die mit einem einzigen Flügel versehenen Umlaufverschlüsse bedürfen einer statischen und dynamischen Auswuchtung. Deshalb werden bei Verschlüssen, die

Abb. 361. REVERE 2×8 mm Kamera „*C 84*" mit Dreifach-Objektivrevolver und Sucher mit Anpassung auf den Bildausschnitt des Aufnahmeobjektivs, Maßstab etwa 1 : 2.

eine größere Masse infolge der Übernahme der weiteren Funktion der Ausspiegelung eines Sucherbildes haben (s. Abschn. XIII), auch Zweiflügelanordnungen vorgesehen. Diese lassen sich genau symmetrisch aufbauen und erfordern die halbe Drehzahl gegenüber der Schaltwerkswelle. Eine derartige Anordnung wurde bereits in der Abb. 186 für den „*Arriflex 35-Verschluß*" gezeigt. Auch die PATHEX „*Webo M 9,5*" und „*M 16 Kamera*" hat einen Zweiflügelverschluß (siehe die später folgende Abb. 364), der allerdings keine zusätzlichen Funktionen hat, aber in seiner Öffnung verstellbar ist.

Bei einem Verschluß mit zwei Flügeln werden die Dunkelteile infolge der langsameren Umlaufgeschwindigkeit kleiner als bei einem einzigen Flügel. Die zum vollständigen Schließen des Bildfensters benötigte Zeit wird bei Zweiflügelverschlüssen größer, doch spielen diese Fragen bei den Kameras im Gegensatz zur Wiedergabetechnik keine wesentliche Rolle. Wird nach den Formeln (126) und (127) die Größe der Verschlußflügel berechnet, so ergibt sich für σ der halbe Wert, da der Verschluß infolge seiner kleineren Geschwindigkeit länger wirksam ist, und für α der gleiche Wert. Das Zahlenbeispiel ist also $\delta = 30° + 60° = 90°$. Es zeigt sich also, daß ein Zweiflügelverschluß, der mit der halben Drehzahl umläuft, trotz seiner besseren mechanischen Eigenschaften ein relativ größeres Dunkelteil erfordert und damit lichttechnisch gesehen, ungünstiger wird, wenn ein möglichst großer Lichtdurchlaß aus den früher im Abschn. III G genannten Gründen gefordert wird.

Der in den Abb. 186 und 443 gezeigte „*Arriflex 35-Spiegelumlauf-verschluß*" mit zwei Flügeln ist ein Konstruktionsbeispiel für diese Bauform, er wird im Abschn. XIII C bei den Suchereinrichtungen noch beschrieben. Eine ähnliche Anordnung hat die „*Arriflex 16 mm-Kamera*" und die FERNSEH-Zwischenfilmkamera. Weitere Spiegelumlaufverschlüsse finden sich an neueren Hand- und Atelierkameras, wie beispielsweise

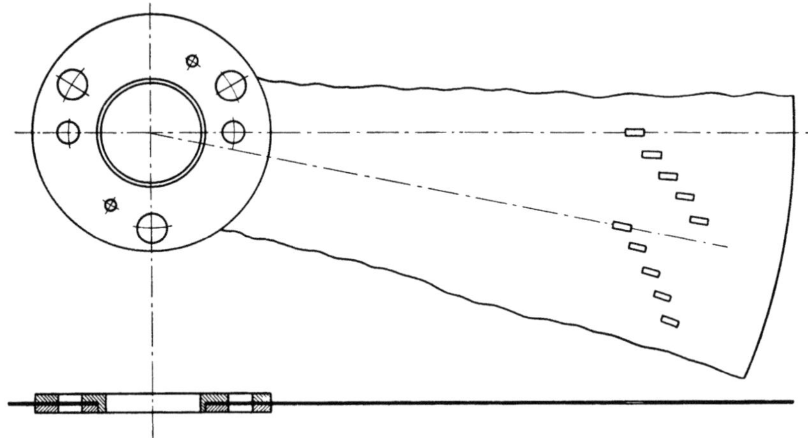

Abb. 362. A E G 35 mm „*Zeitdehner-Kamera*", Verschluß, Maßstab 1 : 2, Fünfschlitzscheibe, Größe der Schlitze 4,8 × 0,3 mm, Zahl der Schlitze 32 × 5.

in der MECHANIK „*AK 16*" (Abb. 141), ÉCLAIR „*Caméflex 16/35*" (Abb. 92), und 35 mm „*Camé 300 Reflex*" (Abb. 447), DEBRIE „*Super Parvo Color*" 35 mm (Abb. 504), VINTEN „*Everest II*" (Abb. 449) und „*Windsor*" (Abb. 450). Diese Verschlüsse werden ebenfalls im Abschn. XIII C beschrieben.

Die fest eingestellten Umlaufverschlüsse lassen nur eine bestimmte Belichtungszeit t_3 jedes Phasenbildes zu, die durch die Verschlußdrehzahl, bzw. die Bildfrequenz bestimmt ist und — wie schon angeführt — von der Bemessung des Abdeckflügels, also hauptsächlich vom Schaltverhältnis S und den Kameraabmessungen abhängt. Durch die starre Kopplung zwischen dem Filmschaltwerk und der Verschlußwelle ändert sich naturgemäß die Belichtungszeit mit der Bildfrequenz, also beim Übergang auf Zeitdehner- oder Zeitrafferaufnahmen.

Die Berechnung der Belichtungszeit t_3 ergibt nach der Abb. 358 bei einem wirksamen Abdeckflügel von der Größe δ in Bogengrad:

$$t_3 = \frac{360° - \delta°}{360°}\, T \tag{129}$$

oder bei dem Ersetzen der Zeit T, die für das Schalten, Abdecken und Belichten eines Phasenbildes erforderlich ist, durch die Bildfrequenz f_B:

$$t_3 = \left(1 - \frac{\delta°}{360°}\right) \frac{1}{f_B} \tag{130}$$

wobei in (128) schon die Abhängigkeit des Winkels δ von dem Schaltverhältnis S und dem Abdeckwinkel α angegeben wurde. Als Zahlenbeispiel:

$$\text{bei } \delta = 180° \text{ und } f_B = 24 \text{ Hz wird } t_3 = \left(1 - \frac{180°}{360°}\right)\frac{1}{24} = \frac{1}{48} = 0,021 \text{ sec.}$$

Diese Belichtungszeit t_3 gilt für einen bestimmten Punkt des Bildfensters ohne Rücksicht darauf, daß verschiedene Punkte zu etwas anderen Zeitpunkten belichtet werden.

Kameras mit optischem Ausgleichen haben vielfach zwischen bewegtem optischem System und Filmebene noch Trommel-Umlaufverschlüsse (z. B. Abb. 343) laufen, über die im Abschn. X schon gesprochen wurde.

Bei dem AEG-„*Zeitdehner*" wird für die dort genannte weitgehende Bildteilung nicht mehr mit einem optischen Ausgleich gearbeitet. Das Gerät stellt die einzelnen Phasenaufnahmen dann nur noch durch sehr kleine Belichtungszeiten auf dem kontinuierlich laufenden Filmband her. In diesem Falle des Einsatzes des „Zeitdehners" ist also überhaupt kein Ausgleich optischer, mechanischer oder elektrischer Art mehr vorhanden. Als Verschlüsse werden dann auswechselbare umlaufende Schlitzscheiben nach der Abb. 362 verwendet, die bei der fünffachen Bildteilung der Breite des Phasenbildes fünf Schlitze nebeneinander haben, die die Abmessungen von 4,8 mm Breite und 0,2 mm Höhe haben und damit das Bildfeld von 4,8 mm Breite und 2,25 mm Höhe belichten. Damit sind maximal $40 \cdot 10^3$ Bilder je sec zu erreichen. Die einzelnen Verschlußscheiben für den Einsatz ohne optischen Ausgleich sind:

Tabelle 35

Schlitze im Verschluß	Ding- abbildung	Bildfenster mm²	Maximale Bildfrequenz
16	einfach	24 × 4,5	$4 \cdot 10^3$ Hz
32	einfach	24 × 2,25	8
40	einfach	24 × 1,8	10
32 × 5	fünffach	4,8 × 2,25	40
40 × 8	achtfach	3 × 1,8	80

Alle genannten Bildfrequenzen werden bei jeder der fünf aufgeführten Verschlußscheiben bei der Höchstdrehzahl von 12.000 Umläufen je min erreicht. Die Belichtungszeiten betragen für die erste Gruppe $t_3 = 2,2 \cdot 10^{-6}$ sec und für die zweite Gruppe $0,9 \cdot 10^{-6}$ sec und lassen sich größenordnungsmäßig nachrechnen, wenn die Belichtungszeit t_3 als Quotient der Schlitzbreite b_S und der Schlitzgeschwindigkeit v_S berechnet wird, die sich bei der genannten Umlaufzahl und den geometrischen Abmessungen des Verschlusses ergibt:

$$t_3 = \frac{b_S}{v_S} \tag{131}$$

Unter Hinweis auf die in (128) angegebene Bemessungsvorschrift für Verschlüsse ergeben sich bei Schaltwerken, deren Schaltverhältnis etwa $S = 1:2$ beträgt, praktisch Dunkelteile von Einflügelverschlüssen von der Größe $D = 180 \ldots 200°$ und entsprechend Hellteile von etwa $H = 180° \ldots 160°$. Dafür können außer den schon genannten Verschlüssen noch die der UNIVEX „*8 mm*“, BELL und HOWELL „*Filmo 121*“, SIMPLEX „*Pokelt*“, KEYSTONE „*A 3*“ und „*A 7*“ und VIKTOR, sowie „*Dilk Fa*“, „*Auricon Pro*“, „*Blaupunkt E 8*“, „*Movikon K 8*“ und einige KODAK Kameras genannt werden. Größere Hellteile haben die mit Exzentern schaltenden BELL und HOWELL Kameras „*Filmo 70 A*“ und „*E*“ mit 204 bzw. 216°, die NORD Kamera mit 240° sowie die noch genannten Geräte.

Einen verstellbaren Verschluß haben alle berufs- oder halbberufsmäßig eingesetzten Kameras, um einmal für gewisse Spezialfälle eine Verkleinerung der Belichtungszeit und dann mit Hilfe des vollständig schließbaren Verschlusses einen Abblendvorgang unabhängig von Tiefenschärfenänderungen des Objektivs zu erreichen. Eine Vergrößerung der Belichtungszeit ist naturgemäß nicht möglich, da durch die ständige Folge von Belichtungen bei Kinokameras Zeitaufnahmen im Sinne der Standbildtechnik nicht gemacht werden können.

In einfachen Fällen läßt sich eine Veränderung des Abdecksektors durch zwei gegeneinander verstellbare Flügel erreichen, die durch die Wirkung einer Federklinke in ihrer eingestellten Lage zusammengehalten werden. Die Anordnung kann dann bei Stillstehen des Kameralaufwerkes eingestellt werden. Als Bauform dafür wird die ZEISS IKON „*Movikon 16 Kamera*“ (Abb. 106) genannt, bei der die Verschlußwelle *23* die Scheibe *22* dreht, an der ein Verschlußflügel *25* befestigt ist. Durch die Rasteinrichtung *26* wird beim Umlauf reibschlüssig der andere Verschlußflügel *27* mitgenommen. Dieser trägt an seiner Außenseite eine griffige Verzahnung (s. Abb. 183) und läßt sich damit durch eine Klappe im Gehäuse der Kamera (s. *49*, Abb. 105) beim Stillstand des Gerätes einstellen. Da die Arretierung der Schaltwerkswelle nur einseitig ausgebildet ist, muß bei dieser Einstellung eine angegebene Drehrichtung für den Verschlußflügel *27* beachtet werden. Die Lage der Rasten *26* (Abb. 106) läßt eine Einstellung des Hellteiles des Verschlusses von 180, 90, 45 oder 25° zu. Die entsprechenden Belichtungszeiten betragen bei einer Bildfrequenz 16 Hz etwa 0,031 … 0,0035 sec.

Für die Bemessung des Verschlusses ist es wichtig, daß ein großer Weg des Abdecksektors bis zum Belichten des ersten Filmbildes zurückgelegt wird, um dem Laufwerk Zeit zu geben, möglichst schon nach einer Umdrehung auf die volle Umfangsgeschwindigkeit zu kommen. Dies ist naturgemäß bei den normalen Bildfrequenzen besser möglich als bei Zeitdehnungen. Der schnelle Kameraanlauf ist deswegen erwünscht, weil anderenfalls die erste oder die ersten beiden Phasenaufnahmen zu lange belichtet werden und damit die als *Verblitzen* bekannte Erscheinung ergeben. Dies ist aber bei Amateurgeräten unerwünscht, da man hier nicht immer damit rechnen kann, daß diese zu lange belichteten Aufnahmen herausgeschnitten werden. Der schnelle Kameraanlauf wird auch durch die Fliehkraftregler begünstigt, worüber im Abschn. XII noch gesprochen wird. Das Verschlußdiagramm der „*Movikon 16 Kamera*“ brachte die Abb. 357, das grundsätzlich für alle Umlaufverschlüsse gilt. Dieses Diagramm zeigt zunächst die Zeit t_2, die eine Verschlußflügelkante benötigt, um den Verschluß ganz zu schließen. Mit der Kante *1* öffnet der Verschluß, mit der Kante *2* schließt er das Bildfenster. Das schraffierte Feld stellt den Arbeitsbereich des geöffneten Bildfensters dar und die durch einen Umlaufverschluß gegebene Gleichförmigkeit in der Belichtung. Das schraffierte Feld gilt für ein eingestelltes Hellteil H = 180°. Wird es verkleinert, so öffnet sich der Verschluß später und gibt damit die Möglichkeit, das Laufwerk noch etwas länger auf die eingestellte Bildfrequenz hochlaufen zu lassen. Die Zeit t_2 gibt an, welche Zeitverzögerung sich in dem Belichtungsanfang und -ende von zwei extremen, im Bildfenster liegenden Punkten ergibt. Längere Zeit wird aber das Bildfeld zugleich belichtet und am Schluß in umgekehrter Reihenfolge wieder geschlossen.

Die Verschlüsse werden gelegentlich auch als Schwungmasse mitverwendet oder tragen den Mechanismus zum Anhalten des Kameralaufwerkes. Da das Bildfenster während der Ruhestellung der Kamera geschlossen sein muß, bleibt der Verschluß in einer definierten Lage stehen. Gelegentlich können die Verschlüsse für besondere Maßnahmen, z. B. für Titelaufnahmen, zusätzlich in einer geöffneten Stellung arretiert werden.

Für Berufskameras reicht eine stufenweise Einstellung des Verschlusses und eine nur im Stand zu bedienende Verstellung nicht

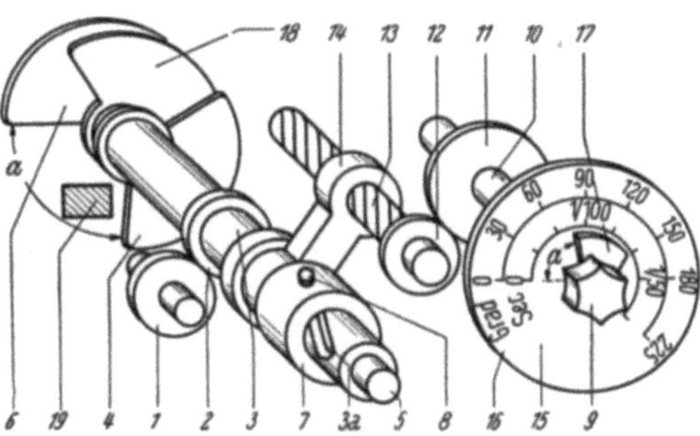

Abb. 363. KLANGFILM 16 mm „*Minicord V 16 Bild-Tonkamera*", Verstell-Einrichtung der Öffnung des Umlaufverschlusses, Schema.
1, 2 Zahnräder, *3* Welle, *4* Verschlußflügel, *5* Welle, *6* Verschlußflügel, *7* Muffe, *8* Stift, *9* Einstellknopf, *10* Welle, *11, 12* Zahnräder, *13* Gewindeachse, *14* Mutterteil, *15, 16* Skalen, *17* Zeiger, *18* Verschlußflügel, *19* Bildfenster (s. Abb. 80).

aus. Es werden deshalb hier Verschlüsse verwendet, die während des Laufes verstellt werden können und für die in der Abb. 363 der Verschluß der KLANGFILM „*Minicord V 16 Kamera*" angegeben wird. Die Wirkungsweise ist folgende: Über die Zahnräder *1* und *2* wird die als Hohlwelle ausgebildete Verschlußachse *3* synchron und phasenrichtig zur Greiferwelle gedreht. An dieser Welle ist der eine Verschlußflügel *4* fest angebracht. Der andere Flügel *6* befindet sich auf der in der Hohlwelle *3* gelagerten Welle *5* und nimmt an ihrem Umlauf durch Kupplung über den Stift *8* teil. Dieser Stift greift in beide Wellen ein. Von den Schlitzen mit entgegengesetzter Steigung ist nur der eine (*3a*, Abb. 363) sichtbar. Der Stift *8* ist außerdem in der Muffe *7* befestigt und kann damit in Achsrichtung der Wellen *3* und *5* bewegt werden. Damit drehen sich die beiden Achsen entsprechend der Steigung ihrer Schlitze gegenläufig zueinander und bewirken eine Verdrehung der Verschlußflügel *4* und *6* gegeneinander. Die Muffe *7* wird zum Verändern des Hellteiles α durch Drehen des Einstellknopfes *9* über die Achse *10*, die Zahnräder *11* und *12* und unter Vermittlung der Gewindeachse *13* und des davon angetriebenen Teiles *14* verschoben. Dieses greift in die Muffe *7* ein, die durch ihre rotationssymmetrische Ausbildung achsial zur Verschlußwelle *3* hin- und hergeschoben werden kann.

Der in der Abb. 363 schematisch dargestellte „*Minicord Verschluß*" läßt die Einstellung eines größten Hellsektors $\alpha = 225°$ zu. Damit können aber die Verschlußflügel höchstens eine Abmessung von $360° - 225° = 135°$ haben und keinen größeren Dunkelsektor als $270°$ überdecken. Da dies für ein völliges Schließen des Verschlusses nicht ausreicht, wurde zwischen die beiden Verschlußflügel *4* und *6* ein weiterer *Schleppflügel 18* angeordnet,

der beweglich zwischen den beiden anderen Flügeln liegt und einen lichtdichten Anschluß an beide Flügel ergibt. Damit ist ein Bestreichen eines

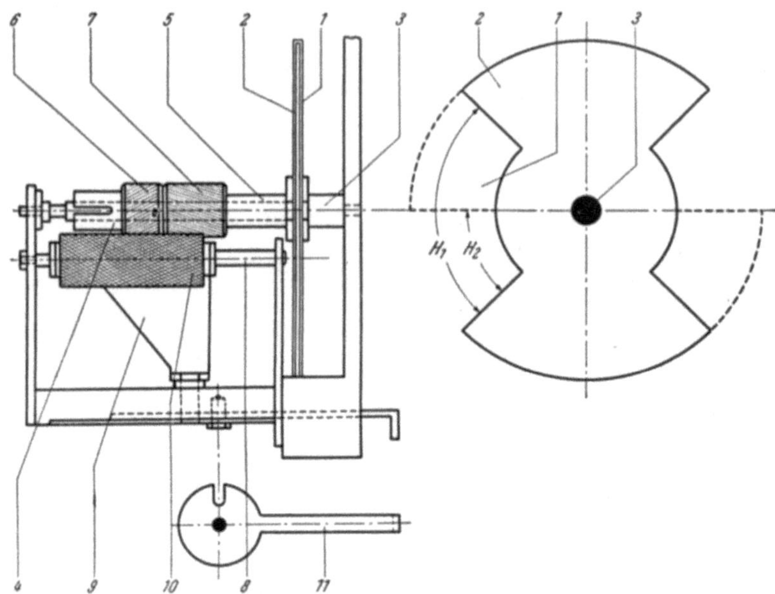

Abb. 364. PATHEX 16 mm Kamera „*Webo M 16*", Umlaufverschluß mit einstellbarem
Hellteil H, Maßstab etwa 1,6 : 1.

1, 2 Verschlußflügel, *3 . . . 5* Achsen, *6, 7* Zahnräder, *8* Achse, *9* Hebel, *10* Zahnrad, *11* Einstellhebel für Verschlußöffnung (s. Abb. 365).

Abb. 365. PATHEX 16 mm Kamera
„*Webo M 16*" mit Schaltgeräten für Zeitrafferaufnahmen. Maßstab etwa 1 : 10.

Hellsektors von 0 . . . 225° möglich.
Die Steigung der Schlitze in den
Wellen *3* und *5* und des Gewindes *13*
sowie die Zähnezahlen der Räder *11*
und *12* sind so bemessen, daß an dem
Verschlußeinstellknopf *9* ein Zeiger *17*
angebracht werden kann, der den
Öffnungswinkel α des Verschlusses in
seiner wirklichen Größe angibt. Da
diese Kamera infolge ihres Einsatzes
als Tongerät nur mit der festen
Bildfrequenz 24 Hz arbeitet, konnten
der Skala der Öffnungswinkel *16*
auch die Verschlußzeiten *15* zugeordnet werden.

Eine andere Bauart eines von
außen einstellbaren Verschlusses liegt
in der PATHEX „*Webo M 9,5*" und
„*16 Kamera*" nach Abb. 364 vor. Hier
können die beiden Verschlußflügel *1*
und *2* von je zweimal 90° Größe
gegeneinander auch während des
Laufes verdreht werden. Der Antrieb
vom Kameralaufwerk wirkt auf die Welle *4* und das mit ihr fest ver-

bundene, schräg verzahnte Rad *6* und den Verschlußflügel *1*. Das Rad *6* treibt über das Zahnrad *10* mit Kreuzverzahnung das Rad *7*, das sich zusammen mit der Hülse *5* und dem Verschlußflügel *2* lose auf der Welle *4* dreht. Infolge gleicher Zähnezahlen laufen beide Verschlußflügel in ihrer gegenseitigen Phasenlage gleich schnell um, wobei die Verschlußwelle infolge der Wirksamkeit der Doppelflügel die halbe Umlaufzahl gegenüber dem Schaltwerk macht. Die Verstellung der Verschlußöffnung wird durch den an der Frontseite der Kamera angeordneten Hebel *11* betätigt, der beim Verdrehen um seine Achse mit einem Schlitz über einen Stift den gabelförmigen Hebel *9* und damit das Zahnrad *10* axial verschiebt. Damit machen die Räder *6* und *7* und dadurch auch die Verschlußflügel Relativbewegungen gegeneinander, womit der Öffnungswinkel des Verschlusses geändert wird. Die Kamera selbst ist in Abb. 365 dargestellt.

Wie schon bei der *„Minicord Kamera"* (Abb. 80), lassen auch andere größere Ateliergeräte ein direktes Erkennen des eingestellten Verschlußsektors von der Außenseite der Kamera zu, da die Gefahr besteht, daß Aufnahmen versehentlich mit vollständig geschlossenem Verschluß gemacht werden und dann natürlich keine Belichtung des Filmbandes stattfindet. Als Bauform kann die MAURER *„16 mm Atelier-Kamera"* nach der Abb. 442 genannt werden. Hier ist auf der Rückseite des Kameragehäuses eine Anzeige *1* der Verschlußeinstellung angebracht, wobei jeder Teilstrich einer halben Blendenzahl des Objektivs entspricht. Der Verstellbereich des Hellsektors liegt zwischen 0° und 235° und ist durch das verhältnismäßig schnell schaltende Greifergetriebe nach Abb. 269 möglich.

Eine Verstellbarkeit des Verschlusses zwischen 0° und 180° hat die ÉCLAIR *„Camé 300 Reflex"* Atelierkamera und die *„Caméflex 16/35"*.

Der Umlaufverschluß der KODAK *„Special 16 mm Kamera"* hat einen größten Öffnungswinkel von 170° und läßt sich ganz schließen. Nach der Abb. 91 ist der Einstellhebel *17* für die Verschlußöffnung in den beiden Endlagen und der halben und Viertelstellung gerastet. Ähnlich hat die ZEISS IKON *„Ikophon 16 mm Bild-Tonkamera"* eine Verschlußeinstellung (Hellteil) von 0 ... 180°, desgleichen die ASKANIA *35 mm „Atelier Kamera"*.

Das Verschlußgetriebe der ASKANIA *„Z-Kamera"* wurde schon in der Abb. 187 bei der Darstellung des Gesamtantriebes dargestellt. Der Antrieb für den Verschluß wird von der senkrechten Welle *7* abgenommen, die in jeder Schaltperiode einen Umlauf macht. Über die schräg verzahnten Räder *10* und *11* wird das Drehmoment auf die Kupplung *12* übertragen, die bei Hochklappen des Vorderkastens der Kamera (s. Abb. 189) selbsttätig die Welle der Zahnräder *11* und *24* trennt. Im Betriebszustand wird das Drehmoment weiter von dem Rad *24* (Abb. 187) über *25* auf *27* übertragen, auf dessen Achse der Verschlußflügel V_2 sitzt. Fest mit dem Zahnrad *25* ist das Rad *26* verbunden, das über das Rad *28* den Verschlußflügel V_1 dreht. Zur Verstellung der Öffnung des Verschlusses von 0 ... 180° können die Zahnräder *25* und *26* gegeneinander durch einen an der Außenseite der Kamera sitzenden Knopf verdreht werden. So ist die Verstellung während des Laufes möglich (5, Abb. 56). Die Zähnezahlen für die Zahnräder wurden bei der Besprechung der Abb. 187 genannt und zeigen, daß der Verschluß mit der gleichen Drehzahl umläuft wie das Schaltwerk.

Bei dem Getriebe der ASKANIA *„Röntgen Kamera"* ist keine Verstellung des Verschlusses vorgesehen. Hier wird nach der Abb. 190 von der

ebenfalls einmal je Schaltperiode umlaufenden senkrechten Welle *7* über die
Zahnräder *10, 11*, die Kupplung *12* und die Räder *24, 25* und *27* die Welle
mit dem Verschluß *V* gedreht, sein Hellteil ist H = 270°.

Die Einstellung des Verschlusses der *35 mm* „*Newall Kamera*" reicht
von 0 ... 175° in Stufen von je 10°. Der verriegelbare Einstellhebel *10*
(Abb. 153) und die Anzeige an einem Verschlußmodell finden sich an der
Kamerarückseite. Den gleichen Einstellbereich hat die MITCHELL „*16 mm
Kamera*". Der Verschluß der VINTEN „*Hochfrequenz-Kamera*" ist von
10 ... 170° für das Hellteil einstellbar (Abb. 97).

Mehrere Verschlüsse von Atelierkameras haben einen einstellbaren
automatischen Auf- und Abblendantrieb des Verschlusses. So werden
beispielsweise bei der MAURER Kamera 40 oder 64 Bilder automatisch auf-
oder abgeblendet und durch den Antrieb der Auf- und Abwickelachse
der Spulen kann dazwischen auch rückgewickelt und eine Überblendung
hergestellt werden. Eine automatische Auf- und Abblendung über 60 Bilder
hat auch die MITCHELL „*35 mm Atelierkamera*" (Abb. 100), deren Verschluß
ebenfalls von 0 ... 175° während des Laufes eingestellt werden kann und
durch ein Schaubild seine Öffnung an der Rückseite der Kamera anzeigt.

Eine Anzeige der Öffnungsstellung des Verschlusses haben beispielsweise
auch die „*Webo M*" (*6*, Abb. 90), „*Special*" (*17*, Abb. 91), ASKANIA „*Z*"
(*5*, Abb. 56), MITCHELL „*BNC*" (Abb. 100), „*Movikon 16*" (hinter der
Klappe *49*, Abb. 105 im Stillstand zu sehen), „*AK 16*" (Abb. 141), „*Newall*"
(*10*, Abb. 153), „*Professional*" (*1*, Abb. 442) und andere.

Einen schwingenden Verschluß, der aber infolge des Einsatzes von
zusätzlichen Abdeckflügeln als Umlaufverschluß für die Belichtung des
Filmbandes wirkt, ist in die BERNING „*Robot Kamera*" eingebaut. Die
Wirkungsweise geht aus der etwas vereinfachten Abb. 284 hervor. Diese
Kamera macht bei jedem Drücken auf den Auslöseknopf *13* je eine Aufnahme und schaltet anschließend beim Loslassen dieses Knopfes das Filmband um einen Schaltschritt weiter.

Der Auslöseknopf *13* bewegt den Schieber *14* nach unten, der mit
Hilfe eines Stiftes gegen einen Hebel drückt. Dieser liegt mit seiner nur
schematisch dargestellten Auslöseklinke *15a* gegen die Nase *16a* des Verschlußspannrades *16* an und sperrt dieses damit. Am Ende der Auslöse-
bewegung wird eine Nase *16a* freigegeben, womit sich das Verschlußspannrad *16* in der angegebenen Richtung unter Wirkung der Feder *17* dreht
und damit die Verschlußscheibe *18* über den verzahnten Teil *16b* des
Verschlußspannrades *16* und das Zahnrad *20* mitnimmt. Der Verschluß *18*
(Abb. 285) hat einen Ausschnitt *18a*, der der Höhe des Bildfensters *19*
entspricht. Die Stellung, bei der es gerade voll geöffnet ist, geht aus der
Abb. 285a hervor. Das nach der Belichtung wieder geschlossene Bildfenster ist aus dem Teilbild 285b zu erkennen, das die Endstellung der
Verschlußbewegung darstellt.

Dicht vor der Verschlußscheibe *18* (Abb. 285a) sind zwei Hilfsflügel *21*
und *22* angeordnet, die ebenfalls von der Bewegung des Rahmens *14* über
Hebel gesteuert werden und hier in der geöffneten Stellung gezeichnet sind,
die einer Lage des fast ganz durchgedrückten Knopfes *13* entspricht. Erst
wenn die Hilfsflügel das Bildfenster durch Bewegungen des Flügels *21*
nach oben und *22* nach unten ganz freigegeben haben, läßt die Sperrklinke *15a* (Abb. 284) die beschriebene Bewegung der Scheibe *18* zu.

Bleibt die Taste *13* gedrückt, so bleibt auch die in der Abb. 285b gezeichnete Stellung erhalten, die eine Belichtungszeit ergab, die durch die Spannung der Feder *17* bestimmt ist. Die Verstellung der Belichtungszeit wird durch die Kurve *23* vorgenommen, die über den Winkelhebel *24* und die unterschiedlich gespannte Feder *17* ein mehr oder weniger großes Drehmoment auf das Verschlußspannrad *16* ausübt. Die Belichtungszeit ist also für die kurzen Zeiten durch die Geschwindigkeiten der Drehung der Verschlußscheibe *18* gegeben, bei den längeren Zeiten wird während der vollen Öffnung des Bildfensters noch ein Räderhemmwerk wirksam. Die Einraststellungen des Nockens *23* werden von dem nicht gezeichneten Einstellknopf beeinflußt und lassen Belichtungszeiten $t_3 = 0,5 \ldots 0,002$ sec zu.

Beim Loslassen des Auslöseknopfes schließen sich zunächst die Hilfsflügel. Der auf dem Schieber *14* (Abb. 285c) drehbar gelagerte Hebel *25* drückt den Anschlagstift *1b* der Filmtrommel *1*. Kurz vor dem Ende des Rückganges des Schiebers *14* bewegt der auf dem Hebel *25* sitzende Stift *26* den Hebel *27*, der einen Augenblick lang den Hebel *6* freigibt. Damit kann sich die Zahntrommel *1* einhalbmal drehen, bis sich die Nase *1b* wieder an dem inzwischen in seine Ruhelage zurückgekehrten Hebel *6* fängt. Über den Hebel *25* wird gleichzeitig das Verschlußspannrad *16* und damit der Verschlußflügel *18* in seine Anfangslage (Abb. 284) zurückbewegt, womit die Bereitschaft für eine neue Belichtung gegeben ist. Das Drehmoment für eine größere Anzahl nacheinander zu belichtender Aufnahmen wird einem Federwerk entnommen, das in der Abb. 286 dargestellt ist. Die Windflügeldämpfung *28* (Abb. 284) dient dem gleichmäßigen Ablauf bei dicht folgenden Serienaufnahmen.

Eine photographische Darstellung des „*Star-Verschlusses*" läßt die Abb. 286 erkennen, bei der das Federwerk aufgeschnitten und der Aufzugsknopf abgenommen ist. Die gegenseitige Lage von Objektiv, Hilfsflügeln und Verschlußflügel ist zu erkennen. Der im Prinzip ähnliche, aber konstruktiv anders aufgebaute „*Royal-Verschluß*" ist in der Abb. 287 dargestellt. Hier ist das Federwerk zum Erzielen eines Raumes für den Entfernungsmesser oben auf der Kamera auf die Unterseite verlegt und in zwei Federwerke aufgespalten. Die Kamera selbst ist in der Abb. 288 dargestellt.

Im kinotechnischen Sinne wirkt der „*Robot-Verschluß*" als eine Einzelbildschaltung, die im Gegensatz zu den sonst üblichen derartigen Einrichtungen nicht nur eine durch die Anlaufgeschwindigkeit des Kameralaufwerkes bedingte feste Geschwindigkeit hat, sondern eine in weiten Grenzen einstellbare. Von der Schwingbewegung des Verschlußflügels wird für die Filmbelichtung nur die eine Bewegungsrichtung ausgenutzt, so daß der Verschluß als Umlaufverschluß wirkt. Mit der Einstellung auf längere Zeiten ist naturgemäß eine langsamere Bildfolge verbunden, d. h. die Bildfrequenz wird kleiner. Bei üblichen Kino-Kameras können aus diesem Grunde bei der feststehenden Bildfrequenz keine Zeitaufnahmen gemacht werden.

Der Verstellmechanismus des Umlaufverschlusses an der „*Cinephon-Handkamera*" ist in der Abb. 366 in seiner prinzipiellen Wirkungsweise dargestellt. Die gegenseitige Verstellung der Verschlußflügel *21* und *22* wird durch achsiales Verschieben der Muffe *26* vorgenommen. Die Flügel sind fest an den koachsialen Wellen *27* und *5* angebracht, die sich infolge ihrer Schlitze beim Verschieben des Stiftes *29* mit der Muffe *26* gegeneinander verdrehen und damit die Verschlußöffnung je nach der Verschieberichtung vergrößern oder im Grenzfalle bis auf Null verringern. Diese Verstellung wird durch den Knebel *23* betätigt, der über die Zahnräder *24* und *10* und die Kurbel *25* sowie die Hebel *19* und *20* die Muffe *26* verschiebt.

Ein automatisches Öffnen oder Schließen dieses Verschlusses wird durch das Drücken des Knopfes *1* eingeleitet, der gegen die Kraft der Feder *2* den Schieber *3* nach rechts rückt. Damit wird über die Zahnräder *4*...*9* das Rad *10,* die Rastenscheibe *11* und die Kurbel *25* bewegt, die nach der schon gebrachten Beschreibung den Verschluß verstellt. Dabei wird der Stift *12,* der Hebel *13* um seine Achse *14* geschwenkt. Der auf dem Hebel *13* gelagerte Hebel *16* verriegelt den Hebel *3* in der gedruckten Stellung. Nach einer halben Umdrehung der Rastenscheibe *11* rastet der Hebel *12* wieder aus wobei der Sperrhebel *16* den Schieber *3* wieder freigibt.

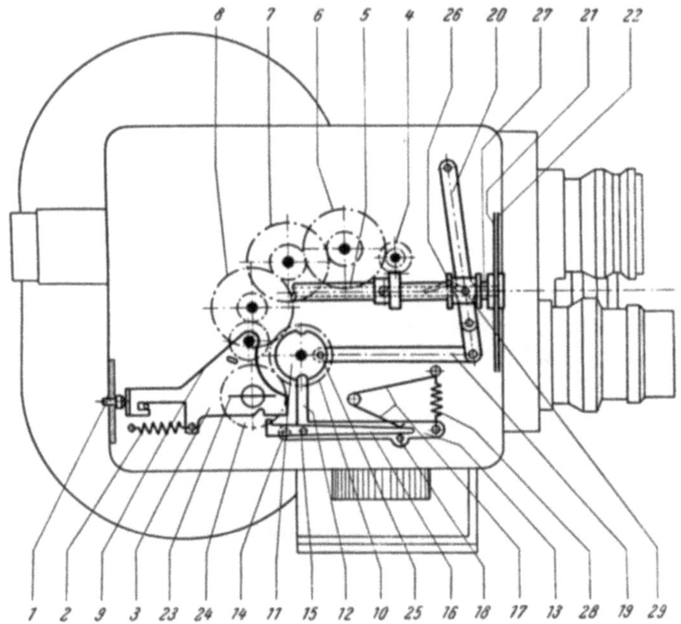

Abb. 366. CINEPHON 35 mm „*Handkamera B H*“, Verschluß- u. Abblend-Getriebe. Maßstab 1 : 2,5.
1 Druckknopf, *2* Feder, *3* Schieber, *4* Antriebswelle, *5* Hohlwelle, *6*...*10* Zahnräder, *11* Rastscheibe, *12* Raststift, *13* Rasthebel, *14, 15* Stift, *16* Hebel, *17* Feder, *18* Stift, *19, 20* Hebel, *21, 22* Verschlußflügel, *23* Knebel, *24* Zahnrad, *25* Kurbel, *26* Muffe, *27* Welle, *28* Feder, *29* Stift.

Umlaufverschlüsse ergeben im Gegensatz zu Schwingverschlüssen einen Gleichförmigkeitsgrad $G = 100\%$, nach (125), da der Belichtungsschlitz nur in einer Richtung am Bildfenster vorbeiläuft. Die Umlaufverschlüsse üblicher Kameras ähneln damit den in den photographischen Standbildgeräten eingesetzten Schlitzverschlüssen, wenn diese auf verhältnismäßig lange Belichtungszeiten eingestellt sind, also eine größere wirksame Schlitzbreite haben, als der Länge oder Breite des Bildfensters je nach ihrer Ablaufrichtung entspricht. Die bei Zeitdehnerkameras eingesetzten Verschlüsse mit sehr schmalen Schlitzen, beispielsweise nach der Abb. 362, haben noch schmalere Schlitze als Schlitzverschluß-Standbildkameras, die auf kleine Belichtungszeiten von größenordnungsmäßig 0,002 ... ... 0,001 sec eingestellt sind. Unterschiedlich gegenüber diesen Schlitzverschlüssen ist noch der radiale Verlauf der Verschlußkante der Kinogeräte und der Lauf dieser Kanten um einen Drehpunkt mit endlichem Abstand gegenüber den genau parallel laufenden Schlitzverschlüssen der Standbildkameras.

Die Oberflächengestaltung der Verschlußflügel muß möglichst weitgehend jede Lichtreflexion ausschließen, damit kein Streulicht auf Umwegen in das Bildfenster gelangt. Dazu werden die Flügel teilweise mit schwarzem Samt beklebt.

XII. Regelwerke

A. Grundlagen

Die Regelwerke der Kinokameras haben die Aufgabe, eine gewünschte Bildfrequenz mit ausreichender Genauigkeit einzustellen und konstant zu halten. Da ein großer Teil, insbesondere der kleineren und mittleren Geräte, mit einem Federwerksantrieb versehen ist und dessen Drehmoment bei den praktisch ausgeführten Systemen vom Beginn bis zum Ende des nutzbaren Ablaufes auf etwa die Hälfte absinkt, müssen Ausgleichverfahren geschaffen werden, die einen gleichmäßigen Lauf gewährleisten. Für die Kameras, die nur für die Bildaufnahme bestimmt sind, ist eine genaue Einhaltung der Bildfrequenz nicht unbedingt erforderlich. Da aber mit dem Fortschreiten der Kinotechnik in der Wiedergabe neben der Vorführung des Bildinhaltes auch der Ton oder zumindest eine sprachliche oder musikalische Untermalung vorgesehen werden muß, gewinnt auch die Drehzahlregelung der Kameras an Bedeutung. Diese Untermalung wird vielfach erst während der Wiedergabe als Sprache oder Musik zugesetzt, wenn man an die neuere Entwicklung der Magnettongeräte denkt. Werden dagegen für Berufsaufgaben die Kameras für eine getrennte Bild-Tonaufnahme verwendet, so sind genaue Synchronisierungseinrichtungen oder ein Antrieb der getrennten Bild- und Tonkameras mit Synchronmotoren erforderlich, die am gleichen Speisenetz hängen (s. Abschn. XVI).

Für die Federwerksregler ist es entsprechend den Gegebenheiten der Feinwerktechnik nicht üblich und wohl auch nicht möglich, das von einer Feder abgegebene Drehmoment so zu dosieren, daß immer die gleiche Größe auf das anschließende Triebwerk übertragen wird. Der Regler wird zweckmäßig an den Schluß des Getriebes angeschaltet, er schluckt das jeweils übrigbleibende Drehmoment. Natürlich soll dem Regler möglichst wenig Energie überlassen bleiben. Das Triebwerk ist also so zu dimensionieren, daß es kurz vor dem Ende seines Laufes nur noch ein ganz geringes Drehmoment auf den Regler überträgt.

Die Regler arbeiten nach dem Fliehkraftprinzip. Bei dem Erreichen der gewünschten Drehzahl schwingen die Fliehgewichte gegen die Kraft einer Rückstellfeder aus und legen sich mit Reibung an eine ortsfeste Reibfläche an. Die an dieser Stelle entstehende Reibung nimmt die überschüssige Energie auf und setzt sie in Wärme um.

Die bisher nur prinzipiell beschriebenen Regler haben gerade für die Kinogeräte zwei sehr günstige Eigenschaften, die auch zu einem ausschließlichen Einsatz dieser Systeme geführt haben. Der eine Vorzug ist der Beginn der Wirksamkeit des Reglers erst ganz kurz vor der gewünschten Solldrehzahl. Damit behindert er den schnellen Hochlauf des Kameratriebwerkes auf die gewünschte Drehzahl nicht, der damit nur noch von den wirksamen Trägheitsmomenten des Triebwerkes abhängt, nicht aber von den Regeleigenschaften, sofern man von dem eigenen Trägheitsmoment des Reglers absieht. Dies ist in seiner Wirkung allerdings erheblich, da bei den meisten Geräten die Regler sehr schnell laufen und die schnellste Umlaufzahl aller Triebwerksachsen haben.

Der zweite Vorteil der Fliehkraftregler liegt in der einfachen, konstruktiven Möglichkeit, sie in ihrer Regelfrequenz zu verändern und einen Regelbereich von etwa 1 : 4 bis 1 : 8 im Grenzfalle zu erreichen. Damit sind alle Voraussetzungen für den Einsatz von Fliehkraftreglern in Kinokameras gegeben, die vernünftigerweise an ein kleineres oder mittleres Amateurgerät oder auch Berufskamera gestellt werden können.

Wenn man die ausreichende Gleichmäßigkeit der Bildfrequenz nur von der bildtechnischen Seite allein betrachtet, so tritt eine Verringerung der Bildwirkung nach den Messungen von THUN (557, 563, 564) um etwa 25% erst dann ein, wenn die Bildfrequenz selbst 25% über oder unter dem Nennwert liegt. Die in den Kameras eingesetzten Regler haben tatsächlich eine wesentlich größere Genauigkeit, wie noch gezeigt wird (Abb. 391).

Die Größe der erforderlichen Bildfrequenz wurde im Abschn. III C schon besprochen. Für den praktischen Betrieb werden bei allen kleineren Schmalfilmkameras Bildfrequenzen von 16 Hz als normal angesehen und eingestellt, da dies eine vernünftige Lösung für einen nicht allzu großen Filmverbrauch bei noch erträglich guter Wiedergabe üblicher Dinggeschwindigkeiten ist. Schmalfilmkameras, die nur eine einzige Bildfrequenz haben, laufen also mit 16 Hz. Die Tongeräte arbeiten aus tontechnischen Gründen mit einer Bildfrequenz $f_B = 24$ Hz (s. Abschn. XVI).

Ist eine Frequenzänderung vorgesehen, so wird vielfach eine langsamere Bildfrequenz von 8, 10 oder 12 Hz vorgesehen, die einen gewissen Zeitraffereffekt hat und für sehr langsam sich vollziehende Bewegungen verwendet werden kann. Infolge der starren Kupplung des Verschlusses mit dem Filmschaltwerk wird so eine Vergrößerung der Belichtungszeit erreicht (s. Abschn. XI), womit bei schlechten Lichtverhältnissen noch Aufnahmen, allerdings mit dem Zeitraffereffekt, möglich sind.

An schnelleren Bildfrequenzen sind zunächst 24 Hz vorgesehen, die eine Angleichung an die Tongeräte der Schmal- und Normalfilmtechnik bringen und bei schnellen Dingbewegungen, beispielsweise Sportaufnahmen, eine bessere Wiedergabe ergeben. Der größere Filmverbrauch bei den höheren Frequenzen ist bei derartigen Aufnahmen nicht von erheblicher Bedeutung, da bei der kinematographischen Wiedergabe mit normaler Frequenz die Laufzeit des Filmbandes entsprechend länger dauert und damit auch eine längere Betrachtungszeit zuläßt.

Noch größere Zeitdehnungen lassen sich mit den vielseitiger ausgestatteten Amateur- und Halbberufskameras durch Einschalten der Bildfrequenzen 32, 48, 64 und gelegentlich auch 80, 96 oder 128 Hz erreichen. Damit werden bei einer Wiedergabe mit 16 Hz Zeitdehnungen auf das 2 ... 8fache erreicht, was für viele Vorgänge arbeitstechnischer Art oder Sportaufnahmen vollkommen ausreicht, wenn gleichzeitig die wirtschaftliche Seite der Geräteherstellung betrachtet wird. Der Aufwand eines Gerätes für die höheren Bildfrequenzen steigt sehr erheblich an und macht ihren Einsatz nicht sehr wirtschaftlich, da diese Zeitdehnungen in der Mehrzahl der Fälle nur selten angewendet werden.

Als Beispiele der oberen Grenze der Bildfrequenz können die folgenden 8 mm Kameras mit Zeitdehnergängen genannt werden:

32 Hz: *„Ditmar“*, *„Filmo Companion 8“*, Eumig *„C 3“*, *„Bolex L 8“*. Revere *„C 81“*, *„C 88“*, *„C 99“*, *„Camex G S 8“*, *„V U 8“*, *„Geva Carèna 8“*.

48 Hz: *„Bauer 8“*, Revere *„C 77“*, *„C 67“*, *„C 80“*, *„C 84“*, *„C 70“*, *„C 60“*, *„C 40“*, *„C 44“*, *„B 61“*, *„B 63“*, *„Olympic“*, *„Pathfinder“*, *„Reliant“*.

64 Hz: *„Filmo Sportster“*, *„Trilens 8“*, *„Filmo Auto 8“*, *„De Jur 8“*, *„Citation“*, *„Embassy“*, *„Fadematic“*, *„Californian“*, Emel *„Ciné C 91“*, *„C 93“* und *„C 95“*, Eumig *„C 3“*, *„C 58“*, Kodak *„Ciné Magazin 8“*, *„Nizo 8 E/B“*, *„8 AK“*, *„8 S 2 T“*, *„Heliomatic“*, *„Bolex H 8“*, *„B 2“*, *„C 8“*, Siemens *„C 8“*, *„Admira 8“*, *„Movikon 8 (alt)“*, *„Movikon K 8“*, Revere *„C 50“*, *„C 55“*, *„Bauer 88 B“*, *„88 C“*, *„Movikon 8 (alt)“*, *„Movikon K 8“*.

Für die 9,5 mm Kameras werden genannt:

32 Hz: Eumig *„C 39“*, *„C 59“*, Pathex *„HB 9,5“*.

64 Hz: *„Bolex 9,5“*.

80 Hz: *„Webo M 9,5“*.

Bei den 16 mm Kameras sind die höchsten Bildfrequenzen:

32 Hz: *„Movex 30 B“*, *„Ditmar“*.

48 Hz: Revere *„C 19“*, *„C 29“*, *„Arriflex 16“*.

64 Hz: *„Filmo 70 DA“*, *„DE“*, *„H“*, *„Auto Load“*, *„Auto Master“*, *„Elektro“*, *„70 Specialist“*, *„Dilk Fa“*, Kodak *„Ciné Magazin 16“*, *„Ciné Special“*, *„Bolex H 16“*, Siemens *„B“*, *„C II“*, *„D“*, *„F II“*, *„Movikon 16“*, *„Movikon K 16“*, *„Ciné Nizo 16 I“*, Kodak *„K 100“*.

72 Hz: Maurer *„Professional 16“*, *„ETM P 16“*, Dimaphot *„A 54“*.

80 Hz: *„Webo M 16“*.

96 Hz: *„AK 16“*, *„Ciné Nizo Combi-Matic“*, *„Pan Cinoro“*.

128 Hz: *„Filmo 70 G“*.

Diese Kameras haben fast ausschließlich einen Federwerksantrieb. Die speziellen Zeitdehnerkameras sind hier nicht aufgeführt, mit Ausnahme der *„Filmo 70 G“* (s. Abschn. X).

Die genannten Zeitdehnungen, die sich in Ausnahmefällen bei sehr hochwertigen Berufskameras (Abb. 97) bis höchstens 275 Hz mit mechanischen Filmschaltwerken herstellen lassen, reichen für ausgesprochen wissenschaftliche Arbeiten nicht annähernd aus. Es müssen dann Spezialgeräte eingesetzt werden, über die ausführlich bereits im Abschn. XI gesprochen wurde und die Bildfrequenzen bis 100 000 Hz ergeben, sofern man nicht die Funkenkinematographie mit noch wesentlich höheren Bildfrequenzen einsetzt.

Das Prinzip eines Fliehkraftreglers wird an Hand der Abb. 367 beschrieben. Danach werden ein oder mehrere Fliehgewichte *1* und *2* an den schematisch dargestellten Arm *3* verschiebbar gelagert und von der Achse *5* des Reglers gedreht. Bei ihrem Umlauf entstehen Zentrifugalkräfte, die beim Überschreiten einer gewissen Größe die Kraft der Rückstellfedern *4* überwinden. Dann schleudern die Fliehgewichte nach außen und drücken während des Umlaufes gegen die Innenseite des Bremstopfes *6* und erzeugen hier Reibungsarbeit. Die Normalkraft N, mit der die Flieh-

gewichte gegen den Bremstopf drücken und die für die Größe des Brems-
momentes maßgebend ist, ergibt sich aus der Differenz der Zentrifugalkraft C und der Federkraft F:

$$N = C - F \tag{132}$$

Die Zentrifugalkraft C ist nach den Gesetzen der Mechanik

$$C = 0{,}5 \, d_S \, m \, \omega_R^2 \tag{133}$$

wenn d_S der Abstand der Schwerpunkte S der Fliehgewichte und m die
Masse eines einzelnen Gewichtes ist. Die Winkelgeschwindigkeit ω_R der
Reglerwelle wird bei ihrer sekundlichen Drehzahl n_R

$$\omega_R = 2 \, \pi \, n_R \; (1/\text{sec}) \tag{134}$$

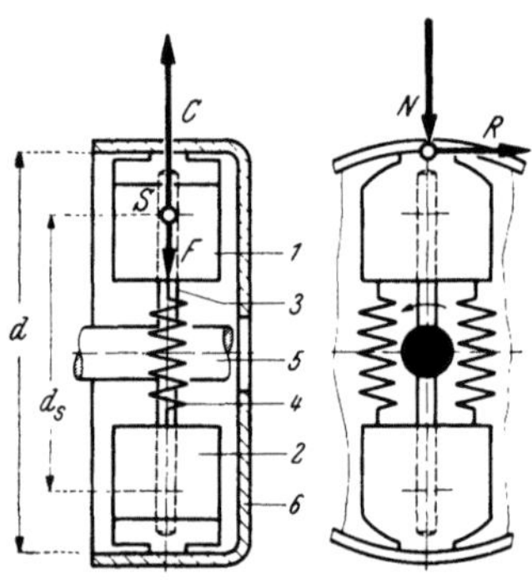

Abb. 367. Fliehkraftregler,
Schema.

1, 2 Fliehgewichte, *3* Führungsstift,
4 Federn, *5* Reglerachse, *6* Bremstopf, *C* Fliehkraft, *F* Federkraft
(Rückstellkraft), *N* Normalkraft,
R Reibungskraft, *S* Schwerpunkt der
Fliehgewichte, *d* Bremstopfdurchmesser, d_S Abstand der Schwerpunkte *S*.

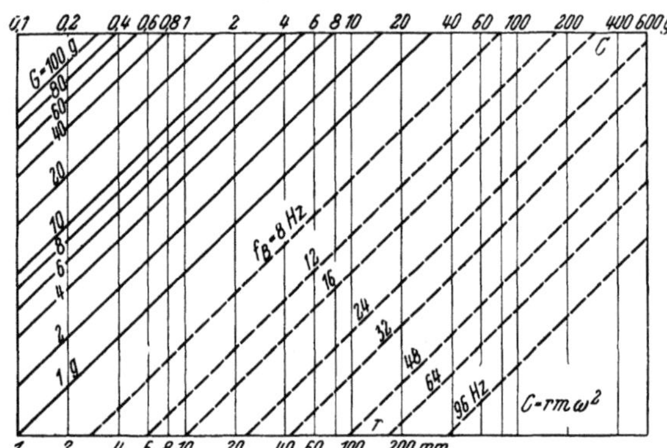

Abb. 368. Diagramm zur Ermittlung der Flieh-
kräfte C in Abhängigkeit von dem wirksamen
Radius des Schwerpunktes, dem Gewicht G der
Fliehgewichte und der Bildfrequenz f_B.

m Masse, *ω* Winkelgeschwindigkeit.

Vor der Betrachtung der Reglerbedingungen und Eigenschaften werden
zunächst einige Bauformen betrachtet.

Zahlenwerte für die Fliehkraft C in Abhängigkeit von dem Gewicht G
des Fliehgewichtes, der Winkelgeschwindigkeit des Gewichtes umgerechnet
in die Bildfrequenz f_B und dem wirksamen Radius r, an dem das Fliehgewicht wirkt, gibt das Diagramm der Abb. 368. Die Benutzung wird an
einem Zahlenbeispiel dargestellt: Für $r = 10$ mm sucht man den senkrecht
darüber liegenden Punkt auf der $G = 4$ g Linie auf, geht von dort waagrecht zur $f_B = 16$ Hz Linie und von da wieder senkrecht zur C-Skala.
Das Ergebnis ist $C = 41$ g.

B. Flachregler

In der Abb. 369 wird der Regler für die SIEMENS „*8 R Kamera*" beschrieben. Es handelt sich hier um einen „*Flachregler*" mit besonders
flacher Bauart gegenüber den Maßen des Bremstopfdurchmessers. Der
Regler ist nur für die einzige Bildfrequenz 16 Hz eingestellt. Von dem
schon genannten Getriebe wird das auf dem Stehbolzen *10* laufende Zahnrad *1* gedreht, das mit dem Armkörper *2* durch eine Freilaufkupplung
verbunden ist. Damit ist ein freier Auslauf des Reglers beim Anhalten des

Kamerawerkes möglich und die Kräfte beim Anhalten des Laufwerkes werden nicht so groß. Während das Greiferschaltwerk und der Verschluß in einer bestimmten Stellung, nämlich geschlossenem Bildfenster, stehen

bleiben müssen, ist eine definierte Ruhestellung für den Regler nicht nötig. In einer Aussparung *1a* des Rades *1* liegt der Federdrahtring *3*. Das Ende ist umgebogen und sitzt in einer zugehörigen Bohrung *1b* des Rades *1*. In Antriebsrichtung stemmt sich das andere glatte Ende des Drahtringes in das eine der beiden Löcher *2a* des Armkörpers *2* und nimmt diesen bei der Drehung mit. Beim Aufhören des Antriebes rutscht das Drahtende über die Löcher *2a* hinweg und wirkt damit als Freilauf. Der Armkörper *2* trägt zwei

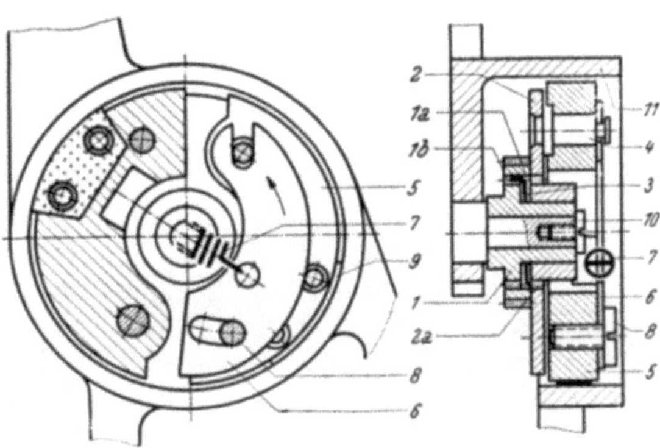

Abb. 369. Siemens „*8-R*"-Fliehkraftregler (Flachregler), Maßstab 1,33 : 1.

1 Zahnrad, *2* Scheibe, *3* Feder, *4* Stift, *5* Fliehgewicht, *6* Einstellscheibe, *7* Feder, *8* Schraube, *9* Bremsbelag, *10* Stehbolzen, *11* Bremstopf.

Bolzen *4* als Drehpunkte für die Fliehgewichte *5*. Die Bleche *6* auf ihnen greifen in Aussparungen der Bolzen *4* ein und halten damit die Gewichte

in achsialer Richtung. Die Rückstellfeder *7* ist in Löcher der Flachstücke *6* eingehängt. Langlöcher unter den Schrauben *8* lassen zu Justierzwecken eine Verstellung der Rückstellfederkraft zu. An den Fliehgewichten sind Lederstücke *9* eingenietet, die beim Ausschwingen der Fliehgewichte an der Innenseite des Bremstopfes *11* reiben. Die Fliehgewichte und das Bremsgehäuse bestehen aus Zinkspritzguß. Das Gehäuse ist mit den angedeuteten Armen zum Anschrauben des gesamten Reglers

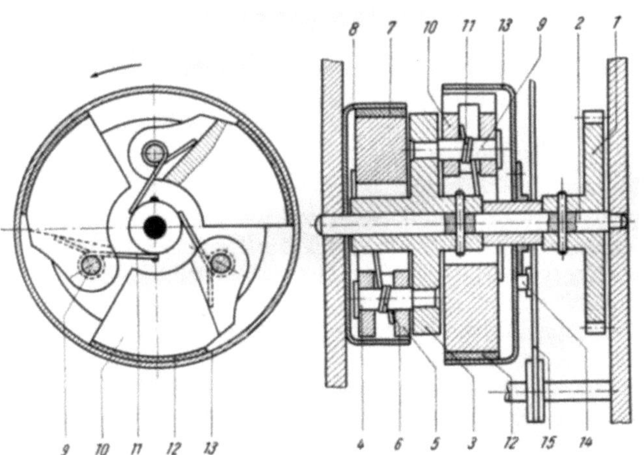

Abb. 370. Austria „*Ditmar*"-Doppel-Fliehkraftregler (Flachregler), Maßstab 1,25 : 1.

1 Zahnrad, *2* Welle, *3* Scheibe, *4* Bolzen, *5* Fliehgewicht, *6* Feder, *7* Bremsbelag, *8* Bremstopf, *9* Bolzen, *10* Fliehgewicht, *11* Feder, *12* Bremsbelag, *13* Bremstopf, *14* Nase, *15* Hebel, *I* System für die Bildfrequenz 16 Hz, *II* für die Bildfrequenz 32 Hz.

an die Platine versehen. Die Drehzahl des Reglers beträgt 35,2/sec.

Ein anderer Flachregler ähnlicher Bauart (Eumig) wurde bereits in der Abb. 162 gezeigt. Hier sitzt der Regler infolge der verhältnismäßig großen Drehzahl des antreibenden Elektromotors direkt auf der Motorwelle. Er besteht aus der Muffe *9* mit den Armen *10*, an denen in Stiften *11* die beiden Fliehgewichte *12* befestigt sind. Diese tragen außen kleine Filzstücke, die beim Ausschwingen der Fliehgewichte gegen die Innenseite des Bremstopfes *14* drücken. Infolge seiner schnellen Umlaufzahl von n = 66,6/sec sind die gesamten Abmessungen des Fliehkraftreglers entsprechend klein. Sein Gesamtgewicht beträgt 5,5 g ohne Bremstopf.

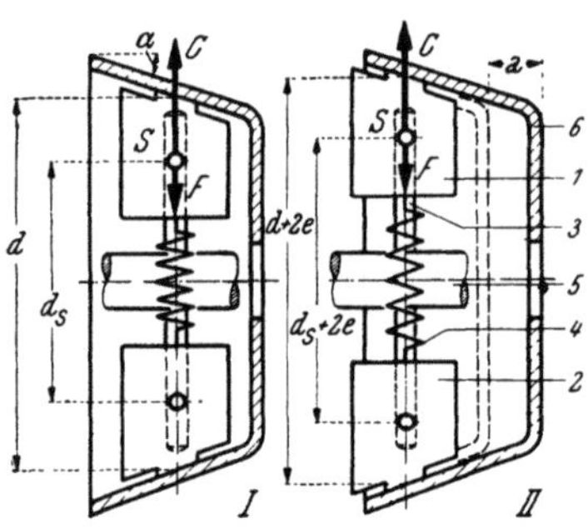

Abb. 371. Fliehkraftregler (Konus-Flachregler), Schema.

1, 2 Fliehgewichte, *3* Führungsstift, *4* Federn, *5* Reglerachse, *6* Bremstopf, *C* Fliehkraft, *F* Federkraft (Rückstellkraft), *S* Schwerpunkt der Fliehgewichte; *d* bzw. *(d + 2e)* wirksamer Bremstopfdurchmesser, d_s bzw. $(d_s + 2e)$ Abstand der Schwerpunkte *S*, *a* Verstellung des Bremstopfes, *α* Neigungswinkel des konischen Bremstopfes.

Ein weiterer Flachregler („*Movex 8*") ist in der Abb. 175 gezeigt. Er wird über die Zahnräder *9* und *35* angetrieben. Auch hier ist ein Sperrrad *34* vorgesehen, das im Zusammenwirken mit der Sperrklinke *33* einen langsameren Auslauf des Reglers zuläßt. An dem Hebel *32* sind an den Bolzen *31* zwei Fliehgewichte *30* aufgehängt, die sich mit ihren Reibbelägen *29* gegen die Innenwand des Bremsgehäuses *28* anlegen, wenn der Regler eine ausreichende Drehzahl erreicht hat. Die Rückstellkraft wird durch zwei nicht bezeichnete Blattfedern erzeugt, die in die Fliehgewichte eingenietet sind und gegen Stifte drücken, die am Hebel *32* befestigt sind. Die Reglerwelle hat eine Umlaufzahl n = 22,4/sec.

In der AUSTRIA „*Ditmar Kamera*" ist ein Übergang von der Bildfrequenz 16 Hz auf 32 Hz oder umgekehrt durch Drücken des entsprechenden Auslöseknopfes vorgesehen. Der Regler für dieses Gerät besteht aus einem Doppelflachregler, der in der Abb. 370 dargestellt ist. Über das Zahnrad *1* und die Reglerwelle *2* wird die Scheibe *3* angetrieben. An dieser sind auf den Bolzen *4* die Fliehgewichte *5* drehbar gelagert, die gegen die Kraft der Feder *6* mit ihren Reibbelägen *7* bei genügender Geschwindigkeit des Reglers gegen den Bremstopf *8* anliegen. Dieser Regler *II* ist immer im Betrieb und regelt erst bei der Umlaufzahl 32/sec, schwingt also bei der Bildfrequenz 16 Hz noch nicht aus. Für diese Frequenz ist der entsprechend größer und schwerer gebaute und deshalb schon vorher in Tätigkeit tretende Regler *I* bestimmt. Damit die Bildfrequenz 32 Hz aber ohne das vorherige Regeln des Reglers *I* erreicht wird, ist das Bremsgehäuse *13* drehbar gelagert und wird durch den Hebel *15* nur dann an der Drehung gehindert, wenn die Bildfrequenz 16 Hz eingestellt ist.

Eine Verstellmöglichkeit für einen Flachregler der bisher gegebenen Bauart ist durch eine konische Form des Bremsgehäuses und eine axiale Verschiebbarkeit möglich. Ein derartiges System ist in der Abb. 371 schematisch dargestellt. Das wesentliche an diesem konischen Bremstopf und damit die Eigenart dieses oder ähnlicher Reglersysteme sind die verschieden großen Ausschläge der Fliehgewichte beim Regeln je nach der Stellung des Bremstopfes als Gegensatz zu den bisher beschriebenen Systemen. Durch diese unterschiedlichen Ausschläge können nacheinander verschieden starke Rückstellfedern wirksam werden und damit den Regler für mehrere Bildfrequenzen brauchbar machen. Dies ist wesentlich, da die Fliehkraft quadratisch mit der Drehzahl anwächst (133).

Die praktische Ausführung eines derartigen *Konusflachreglers* ist in der Abb. 372 für den EMEL „*Ciné 8 Regler*" dargestellt. Hier wird über das Zahnrad *1* die Buchse *3* auf dem Stehbolzen *14* gedreht. Die an dieser Buchse sitzenden Arme tragen Fliehgewichte *4* mit eingearbeiteten Reibbelägen *5*. Die Fliehgewichte können um die Stifte *6* schwingen, ihre Schwingweite beim Erreichen höherer Drehzahlen ist durch die Stellung des konischen Bremstopfes *2* gegeben. Die Fliehgewichte *4* müssen über die Stifte *9* zunächst die weiche Blattfeder *7* und bei größeren Ausschlägen die wesentlich härtere Feder *8* wegbiegen. Beide Federn sind gemeinsam an den Bolzen *6* befestigt. Der Bremstopf wird an den Stiften *12* und *13* achsial geführt und eingestellt. Der Auslöseknopf der Kamera drückt auch auf das Teil *16* und damit über die Schraube *17* auf die Führungseinrichtung *10* des Bremstopfes *2*. Beide

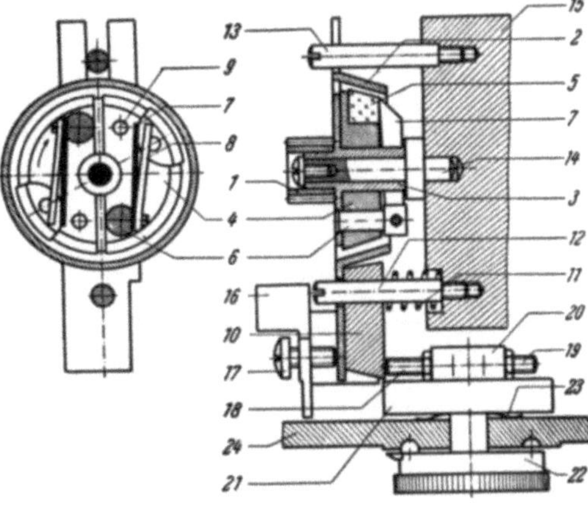

Abb. 372. EMEL „*Ciné 8 C 91*" Kamera. Konus-Flachregler, Maßstab 1 : 1.

1 Zahnrad, *2* Bremstopf, *3* Buchse, *4* Fliehgewicht, *5* Bremsbelag, *6* Bolzen, *7*, *8* Blattfedern, *9* Stift, *10* Führungskörper, *11* Feder, *12*, *13* Führungsstifte, *14* Stehbolzen, *15* Platine, *16* Hebel, *17 … 19* Justierschrauben, *20* Revolver, *21* Skalenscheibe, *22* Einstellknopf für Bildfrequenz, *23* Feder, *24* Gehäusewand (s. Abb. 373).

Teile werden gegen den Druck der Feder *11* bis zum Anschlag an die Schraube *18* verstellt. Diese Schraube und weitere, beispielsweise *19*, sitzen an einer revolverkopfähnlichen Halterung *20*, die durch den Knopf *22* von der Außenseite der Kamera auf die gewünschte Bildfrequenz eingestellt wird. Damit ist eine stufenweise Einstellung der Bildfrequenzen 8, 16, 24, 48 und 64 Hz möglich, wobei die Justierung der einzelnen Frequenzen im Herstellerwerk durch Verdrehen der Bolzen *18*, *19* usw. vorgenommen wird. Die Drehzahl dieses Reglers ist 17 … 135/sec. Die Kamera „*C 91*" selbst ist in der Abb. 373 dargestellt,

Abb. 373. EMEL 2 × 8 mm Kamera „*Cine 8 C 91*" mit Objektiv „*Pan Cinor*", Maßstab etwa 1 : 3,5 (s. Abb. 50, 169, 372).

vorn ist der Reglereinstellknopf zu sehen. Der Regler hat die Einstellstufen für f_B = 8, 16 und 64 Hz, der „*C 93*" Regler zusätzlich noch 24 und 48 Hz.

Einen Konusflachregler hat auch die „*Reporter Kamera*", hier dient die Verstellung allerdings nur zur Justierung der Bildfrequenz (Abb. 497).

C. Langregler

Eine andere Art von Reglern wird entsprechend ihrem verhältnismäßig langen Aufbau und kleinen Durchmesser als *Langregler* bezeichnet. Ein Beispiel für diesen, übrigens auch in anderen Geräten, wie beispielsweise Telephonwählscheiben, in großem Umfange eingesetzten Regler wird in der Abb. 374 gezeigt. Danach besteht ein Langregler aus Fliehgewichten *1*, die an Blattfedern *2* befestigt sind. Diese biegen sich unter dem Einfluß der Fliehkraft bei genügend schnellem Umlauf des Reglers um einen Betrag i durch und kommen so mit ihren Reibflächen *3* mit der Innenwand des Bremstopfes *4* in Berührung. Die Größe der Reibung ist, abgesehen von der Reglerdrehzahl, von der Rückstell-

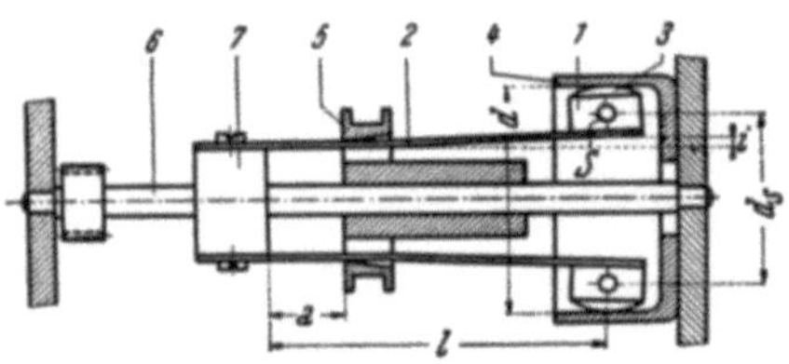

Abb. 374. Fliehkraftregler (Langregler), Schema.

1 Fliehgewicht, *2* Blattfeder, *3* Reibfläche, *4* Bremstopf, *5* Einstellring, *6* Reglerwelle, *7* Federhalterung, *d* Bremstopfdurchmesser, d_s Abstand der Schwerpunkte, *l* Gesamtfederlänge, *a* Abstand des Einstellringes von der Federeinspannung, *i* Federauslenkung, *S* Schwerpunkt.

kraft der Blattfedern *2* abhängig. Diese können durch die Muffe *5* in ihrer wirksamen Länge verändert werden, da eine Durchbiegung praktisch erst an der Muffe beginnt und diese Stelle als „starre" Einspannung der Feder zu betrachten ist. Durch die rotationssymmetrische Ausbildung der Muffe *5* in der gezeichneten Form läßt sich dieser Regler auch während des Laufes verstellen. Er wird gelegentlich auch nur für eine einzige Bildfrequenz vorgesehen, womit die Muffe dann zu Justierzwecken von der Innenseite des Gerätes her nur einmalig einge-

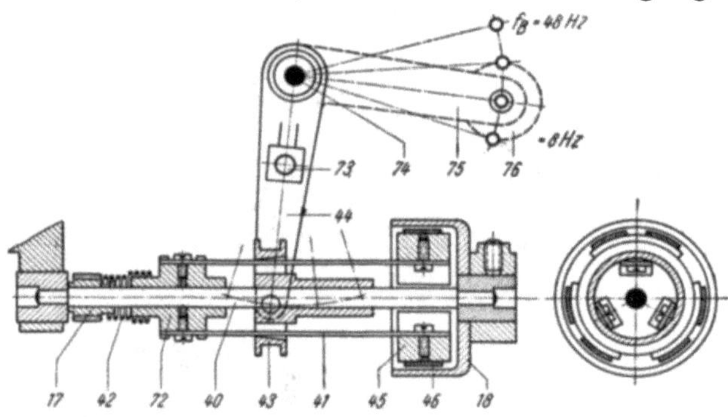

Abb. 375. BAUER „*8*"-Fliehkraftregler (Langregler), Maßstab 1:1.

17 Zahnrad, *18* Bremstopf, *40* Reglerwelle, *41* Blattfeder, *42* Schlingfeder, *43* Einstellring, *44* Hebel, *45* Fliehgewicht, *46* Bremsbelag, *72* Federhalterung, *73* Schraube, *74* Achse, *75* Hebel, *76* Einstellknopf für Bildfrequenz (s. Abb. 158).

stellt wird. Als Beispiel wurde in der Abb. 176 der BAUER „*88*" Regler gezeigt, der mit der Umlaufzahl 44/sec läuft. Die Muffe ist mit *12* bezeichnet. Dieser Regler zeigt schon die konstruktiv vorgesehene Einrichtung der Bildfrequenzverstellung für die Nachfolgemodelle „*88 B*" und „*88 C*". Die Bauform des in der BAUER „*8 mm Kamera*" eingesetzten Reglers wird in der Abb. 375 gezeigt, der theoretisch eine kontinuierliche Bildfrequenzverstellung von 8 ... 48 Hz zuläßt. Die Bildfrequenz wird durch den Knopf *76* geändert, der von der Außenseite der Kamera bedient wird und über den Hebel *75* und *44* den Einstellring *43* verstellt.

An diesem Regler sind drei Federn *41* mit je einem Fliehgewicht *45* vorgesehen, von denen jedes zwei Reibbeläge *46* trägt. Dieser Regler wird von dem Zahnrad *17* über die Schlingfeder *42* angetrieben, die eine Freilaufkupplung darstellt. Das Übersetzungsverhältnis zur Reglerwelle beträgt $ü_R = 4{,}2$, er läuft also mit $n_R = 67$ Umläufen je sec bei $f_B = 16$ Hz bzw. dem Bereich von $33{,}5 \ldots 202$/sec. Eine Ansicht des Reglers zeigt Abb. 158. Praktisch ist der Einstellknopf *76* gerastet und ergibt damit nur einige feste Einstellstufen.

Weitere Langregler sind beispielsweise in den PAILLARD „*Bolex H Kameras*" (Abb. 182) enthalten. Der Regler arbeitet mit einer senkrechten Welle und enthält den Bremstopf *11*, die Federn *9* und die verstellbare Reglermuffe *10*. Die Drehzahl beträgt $2{,}57\,n_S$ oder bei der Bildfrequenz 16 Hz : $n_R = 41{,}1$/sec. Der Antrieb der Reglerwelle wird nach der Abb. 181 von der Greiferwelle über die Schraubenräder *11* und *12* abgeleitet. Einen Langregler enthält auch die „*Movikon 16*" (Abb. 183 und 184) mit einer Verstellmöglichkeit. Auch hier läuft die Reglerwelle fast senkrecht und ergibt damit symmetrisch auf die Fliehgewichte wirkende Kräfte auch bei Beachtung ihrer Eigengewichte. Ein Langregler findet sich auch in der BLAUPUNKT „*E 8 Kamera*" (Abb. 493).

D. Muffenregler

Eine andere Bauart liegt in den *Muffenreglern* vor. Diese bestehen grundsätzlich aus den Fliehgewichten *1* (Abb. 376), die gegen die Kraft der Rückstellfeder *8* ausschlagen und über ein Gestänge *2* den eigentlichen, zur Muffe ausgebildeten Bremsteller *5* achsial auf der Antriebswelle *7* verschieben. An diesem Bremsteller greift der Bremshebel *6* mit einem Bremsbelag an und erzeugt an dieser Stelle die Reibungskraft.

Der in einige 16 mm REVERE Kameras, beispielsweise „*C 19*", „*C 26*", „*C 29*", eingebaute Muffenregler ist in der Abb. 377 dargestellt. Über das schräg verzahnte Rad *3* wird die Reglerachse *4* gedreht. Mit der darauf befestigten Halterung *5* sind über zwei nicht sichtbare Hebel die Fliehgewichte *1* gelenkig verbunden, die sich unter Fliehkraftwirkung um die Stifte *7* drehen und damit den Abstand zwischen Muffe mit Bremsteller *2* und Hebel *5* verkleinern. Dies suchen zwei hintereinander geschaltete konzentrisch zur Achse sitzende Federn *6* zu verhindern, die nacheinander bei den verschiedenen einstellbaren Bildfrequenzen wirksam werden. Das Gesamtgewicht des Reglers nach Abb. 377 beträgt 24 g.

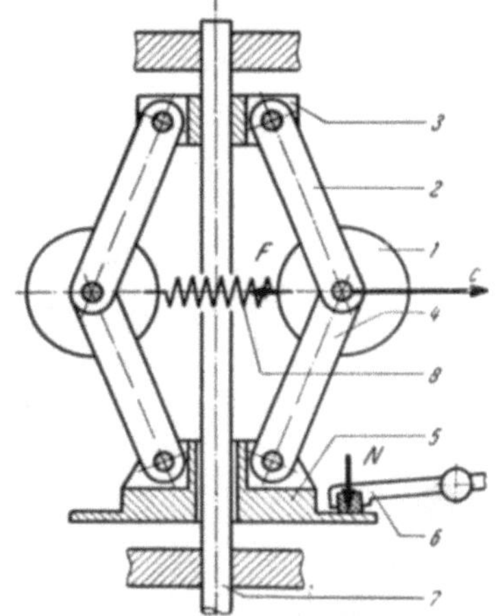

Abb. 376. Muffenregler, Schema.
1 Fliehgewicht, *2, 4* Hebel, *3* Arm, *5* Muffe mit Bremsteller, *6* Bremshebel, *7* Reglerwelle, *C* Fliehkraft, *F* Federkraft (Rückstellkraft), *N* Normalkraft.

Der in der „*Nizo Heliomatic*" (Abb. 168) verwendete Muffenregler ist in der Abb. 378 gezeigt. Die Fliehgewichte *7* sind fest mit den Hebeln verbunden und ziehen beim Ausschwingen über den Hebel *3* den Bremsteller *2* nach rechts (in der Zeichnung) gegen den nicht gezeichneten Anschlag. Auch hier werden die Federn *5* und *6* nacheinander wirksam.

Der Vorteil der Muffenregler ist, daß die quadratisch mit der Bildfrequenz ansteigenden Fliehkräfte nur zum Teil direkt am Regler wirksam werden (618).

Für Muffenregler sind eine Anzahl von sehr unterschiedlichen Bauformen bekanntgeworden, die sich vorzugsweise auf die Übertragung der von den Fliehgewichten ausgeübten Kräfte auf die Muffe beziehen. Als weiteres Beispiel wird der in Abb. 379 gezeigte SIEMENS 16 mm Regler beschrieben. Die Reglerwelle *2* wird über das Zahnrad *1* angetrieben. Die Welle *2* trägt den Führungsstift *3* für die Fliehgewichte *4* und *5*. Beim

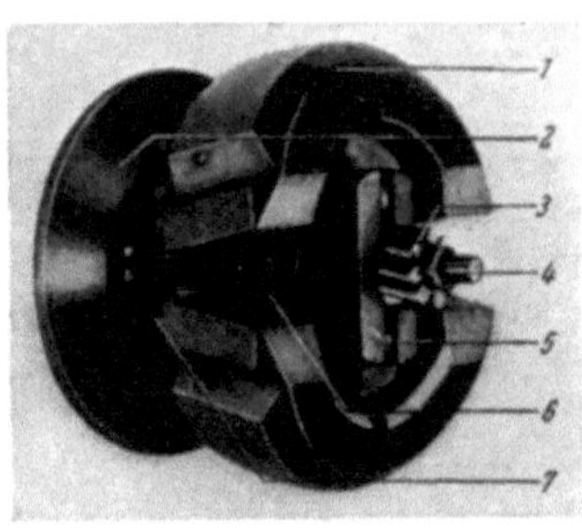

Abb. 377. REVERE Fliehkraftregler der „*C 19*", „*C 26*", „*C 29*" *Kameras*", Maßstab etwa 1,3 : 1.

1 Fliehgewicht, *2* Muffe, *3* Zahnrad, *4* Reglerachse, *5* Halterung, *6* Federn, *7* Stift.

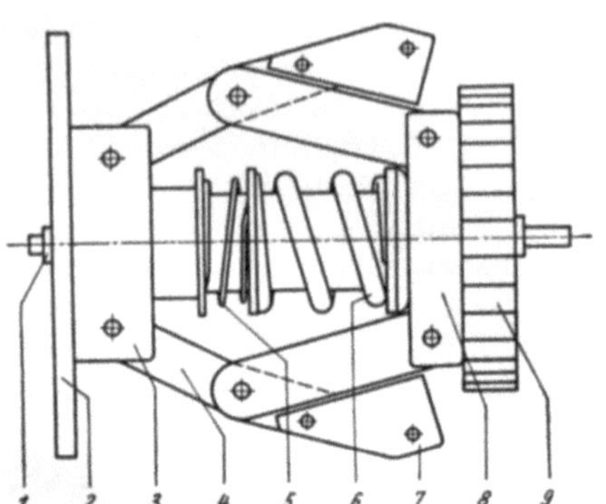

Abb. 378. NIEZOLDI u. KRÄMER 2 × 8 mm Kamera „*Heliomatic*" und „*S 2 T*". Muffenregler, Ruhestellung. Maßstab 2 : 1.

1 Reglerachse, *2* Bremsteller, *3*, *4* Hebel, *5*, *6* Federn, *7* Fliehgewicht, *8* Hebel, *9* Zahnrad.

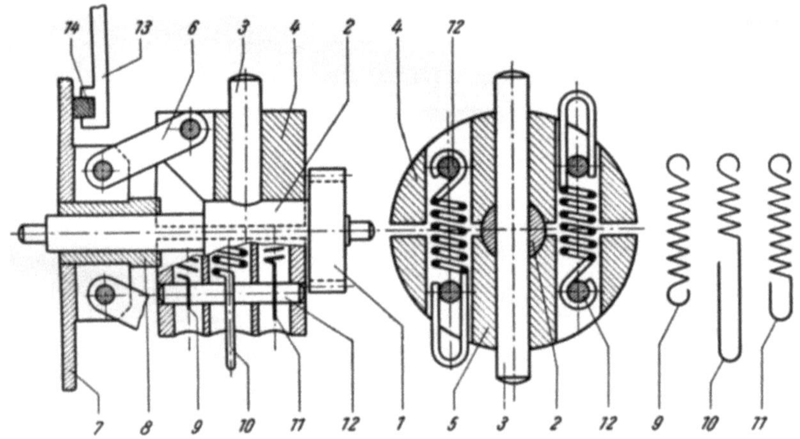

Abb. 379. SIEMENS Fliehkraft-Muffenregler für 16 mm Kameras, „*C II*", „*F II*". Ruhestellung. Maßstab 1,5 : 1 (ähnlich auch in „*C 8 Kamera*").

1 Zahnrad, *2* Reglerwelle, *3* Führungsstift, *4*, *5* Fliehgewichte, *6* Hebel, *7* Bremsteller, *8* Muffe, *9 ... 11* Rückstellfedern, *12* Stift, *13* Bremshebel, *14* Bremsbelag (s. Abb. 179, 388).

Ausschwingen der Fliehgewichte gegen die Kraft der drei Federpaare *9 ... 11* wird über die Verbindungshebel *6* der Bremsteller *7* nach rechts (auf der Zeichnung) gezogen und läuft bei Erreichen der am Bremshebel *13* eingestellten Drehzahl gegen den Bremsbelag *14* an. Dieser

Regler wird bei Bildfrequenzen $f_B = 8 \ldots 64$ Hz eingesetzt und hat deshalb die drei nacheinander in der Reihenfolge ihrer Stärken wirksam werdenden Federpaare. Die dünnste Feder wird zuerst gedehnt und ist bei der Bildfrequenz 8 Hz, die zweite Feder *11* bei der Bildfrequenz 16 und 24 Hz wirksam, wobei sie noch durch die schwächere Feder *9* unterstützt wird, während die stärkste Feder *10* erst bei der Bildfrequenz 64 Hz gedehnt wird. Die Federn schalten sich automatisch dadurch nacheinander ein, daß sie verschieden lange Ösen haben, wie aus dem rechten Teil der Abb. 379 zu erkennen ist. Die Federkräfte F, die Auslenkungen e der Fliehgewichte und die axialen Wege a der Reglermuffe sowie die Drehzahlen n_R sind bei den einzelnen Bildfrequenzen f_B (vgl. die später gezeigte Abb. 388):

Tabelle 36

| f_B | F | e | a | n_R |
Hz	g	mm	mm	1/sec
8	97	0,73	0,33	22,4
16	489	1,81	1,10	44,7
24	1155	2,06	1,33	67
64	9510	3,07	2,48	179

Eine Ansicht dieses Reglers zeigt die Abb. 179. Das Gesamtgewicht des in Abb. 379 dargestellten Reglers beträgt 30,4 g. Eine ähnliche Bauform hat der Regler der SIEMENS „C 8 Kamera".

Eine andere Bauart des Muffenreglers ist in der Abb. 380 zu sehen. Die Reglerwelle *1* wird über das Zahnrad *2* von der Greiferwelle angetrieben. Auf dem Bügel *3* sitzen in den Stiften *4* und *5* gelagert die Fliehgewichte *6* und *7*. Diese schleudern beim Umlauf der Welle *1* durch Fliehkraft nach außen und drehen sich infolge ihrer exzentrischen Lagerung solange um diese Stifte herum, bis Gleichgewicht mit der Rückstellkraft herrscht. Dieses wird durch die Feder *8* erzeugt, die gegen die auf der Welle *1* verschiebbare Muffe *9* drückt, die gleichzeitig als Bremsteller *9a* ausgebildet ist. Auf diesen wirkt das letzte Ende des angedeuteten Hebels *11* mit seinem Bremsbelag *10* ein. Dieser Regler hat in der EUMIG „C 3" und „C 39 Kamera" einen Regelbereich für Bildfrequenzen $f_B = 8 \ldots 32$ Hz oder bei einer anderen Ausführung des sonst gleichen Kameramodelles einen Bereich von $16 \ldots 64$ Hz. Die Umlaufzahl des Reglers selbst beträgt $18,5 \ldots 73,5$/sec bzw. $27 \ldots 147$/sec und läßt eine stetige Einstellung innerhalb dieser Grenzen zu.

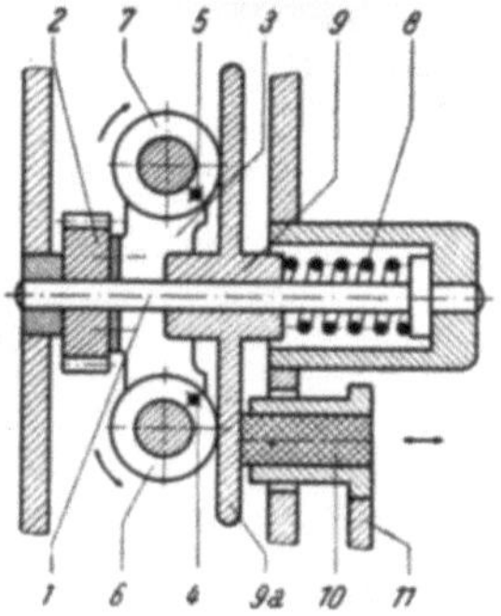

Eine ähnliche Konstruktion ist in der neuen „Movikon 8 Kamera" eingesetzt. Eine zeichnerische Darstellung findet sich in der Abb. 381. Interessant an diesem System ist die Ineinanderschachtelung der Feder *3* und Reglermuffe *5*, womit eine geringere Bauhöhe erreicht wird. Die Reglerwelle *4* wird über das Zahnrad *2* gedreht. Auf der Welle ist verschiebbar, aber drehgesichert die Muffe *5* gelagert. Gegen dieses Teil drücken beim Umlauf die Fliehgewichte *6*, die auf Stiften *7* in dem Halter *1*

Abb. 380. EUMIG „C 3" Fliehkraft-Muffenregler, Maßstab 1 : 1.

1 Reglerwelle, *2* Zahnrad, *3* Bügel, *4*, *5* Stifte, *6*, *7* Fliehgewichte, *8* Rückstellfeder, *9* Muffe mit Bremsteller (s. Abb. 121).

drehbar gelagert sind. Die Rückstellkraft wird durch die Feder *3* erzeugt; die Hubbegrenzung der Muffe nimmt die zu Justierzwecken einstellbare Schraube *8* vor, die auf der Montageplatte gelagert ist. Grundsätzlich wäre mit diesem System auch eine einfache Verstellung der Bildfrequenz möglich, wenn eine axiale Verstellung der Schraube *8* von außen vorgesehen würde. Die Reglerkennlinie ist in der später folgenden Abb. 391 als Kurve *6* dargestellt, die Kamera in Abb. 382.

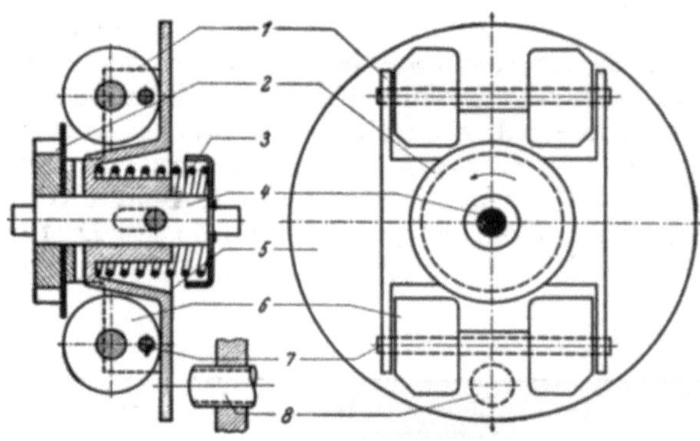

Abb. 381. ZEISS IKON Muffenregler der „*Movikon 8 quer*" Kamera, Maßstab 1,5 : 1.
1 Halterung, *2* Zahnrad, *3* Rückstellfeder, *4* Reglerwelle, *5* Muffe, *6* Fliehgewichte, *7* Stift, *8* Bremsschraube.

Muffenregler werden in vielfachen Ausführungen eingesetzt, als weitere Beispiele sollen der BELL- und HOWELL-Regler und der Muffenregler einiger „KODAK *Kameras*" genannt werden. So haben die Kameras „*Magazin Royal 16*" (Abb. 433), „*Special*" (Abb. 91, 139), „*Magazin 16*" (Abb. 432), „*Reliant*" (Abb. 116) und „*Magazin 8*" und „*8 A*" Muffenregler.

Der Muffenregler der PAILLARD „*Bolex L 8 Kamera*" wurde bereits in der Abb. 173 dargestellt. Hier wird die Reglerwelle *36* über die Zahnräder *11* und *12* von der Verschlußwelle im Übersetzungsverhältnis $\ddot{u}_R =$ $= 51 : 20 = 2,55$ gedreht. Auf der Reglerwelle kann sich die Muffe *29* axial verschieben. Dazu wird sie durch die Zwischenhebel *32* gezwungen, die beim Ausschwingen der Fliehgewichte *30* die Muffe nach links (auf der Zeichnung) ziehen, da der

Abb. 382. ZEISS IKON 2 × 8 mm Kamera „*Movikon 8 quer*" mit Teleobjektiv-Vorsatz und Aufsatzsucher, Maßstab etwa 1 : 2,5

Ring *34* fest auf der Reglerwelle *36* befestigt ist. Die Axialbewegung der Muffe *29* wird durch den einstellbaren Hebel *31* begrenzt, der mit dem Bremsbelag *33* auf die Muffe einwirkt. Die Größe der Bildfrequenz wird an dem Knopf *27* von der Außenseite der Kamera eingestellt, damit wird die Kurbel *28* gedreht und der Hebel *31* in waagrechter Richtung gegen den Zug einer nicht bezeichneten Feder verstellt. Die Bildfrequenz läßt sich zwischen 12 und 32 Hz stetig einstellen, was einem Drehzahlbereich von $n_R = 30,6 \ldots 81,5/\text{sec}$ entspricht.

Die Reglereigenschaften des „*Bolex*" Reglers sind in der später gebrachten Abb. 390 dargestellt, der Zusammenhang zwischen den Größen ergab nach orientierenden Messungen folgende Werte:

Tabelle 37

f_B	n_R	a	F
Hz	1/sec	mm	g
12	30,6	0,2	200
16	40,8	0,28	220
24	61,2	0,5	320
32	81,5	0,9	600

Die neueren aus der „*L 8*" weiterentwickelten Kameras „*B 8*" und „*C 8*" haben einen ähnlichen Regler mit einem erweiterten Einstellbereich bis $f_B = 64$ Hz.

Ein in seiner Wirkungsweise einem Muffenregler gleichkommendes System ist in die EUMIG „*C 8 Kamera*" eingebaut (Abb. 383). Die Welle *1* des antreibenden Elektromotors treibt den auf der Buchse *2* befestigten Hebel *3* mit den zwei Bolzen *4*. Um diese drehen sich durch Fliehkraftwirkung der Ge-

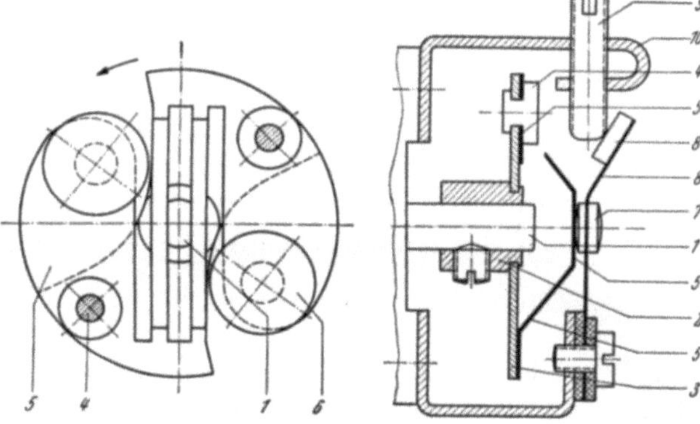

Abb. 383. EUMIG 2 × 8 mm Kamera „*C 8*", fliehkraftgesteuerter elektrischer Regler, Maßstab 2 : 1.
1 Motorwelle, *2* Muffe, *3* Scheibe, *4* Niet, *5* Formblech, *6* Fliehgewichte, *7* Isolierteil, *8* Feder, *9* Justierschraube, *10* Halterung (s. Abb. 163, 384).

wichte *6* die Teile *5 a* des Z-förmigen federnden Bleches *5* so, daß die Stelle *5 b* achsial verschoben wird (Muffenwirkung ohne räumlich ausgebildete Muffe). Damit wird über das Isolierstück *7* die fest am Motor gelagerte Feder *8* von der zu Justierzwecken einstellbaren Schraube *9* abgehoben. Über diesen elektrischen Kontakt fließt der Motorspeisestrom von etwa 235 mA. Beim Abheben der Feder *8* wird er unterbrochen, womit der ohne den Regler mit etwa 100 Umläufen je sec drehende Motor auf 66,7/sec geregelt wird. Die zugehörige Kamera zeigt Abb. 384.

E. Reglereigenschaften

Abb. 384. EUMIG 2 × 8 mm Kamera „*C 8*" mit Antrieb durch Elektromotor, Maßstab 1 : 2,7 (s. Abb. 383).

Nachdem eine Reihe von Bauformen der Regelwerke besprochen wurde, soll jetzt etwas auf die Regelergebnisse eingegangen werden. Die Reglerwirkung ist um so besser, je kleiner die Drehzahländerung des Reglers und damit auch die Bildfrequenzänderung bei dem Abfall des Antriebsmomentes ist. Eine allgemein gültige Darstellung von Reglerkennlinien findet sich in der Abb. 385. Der ausgezogene Verlauf der Kennlinie beschreibt den praktisch wirksamen Teil und soll möglichst flach verlaufen, um die eben genannten Eigenschaften aufzuweisen. Die Kennlinien selbst ergeben sich aus mathematischen Ausdrücken quadratischer Form, die durch die Gesetze der Fliehkraft bestimmt sind. Eine Übersicht über die Größen der Kräfte ergibt sich,

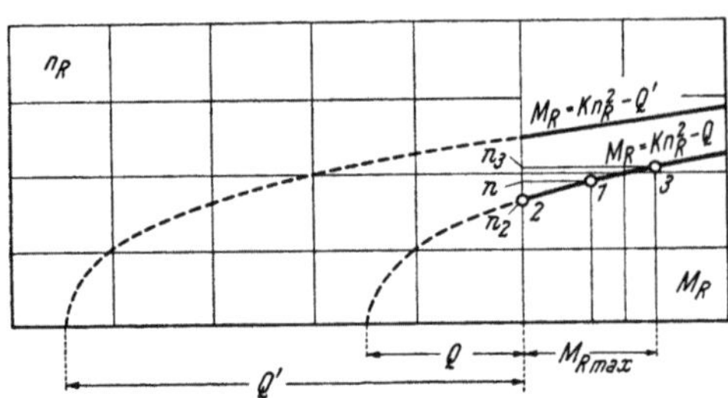

Abb. 385. Reglerdrehzahl n_R in Abhängigkeit von dem Reglermoment M_R bei verschiedenen Rückstellmomenten.

K Trägheitsfaktor, Q Rückstellmoment.

wenn nach (133) ein Zahlenbeispiel gerechnet wird: Bei einem Gewicht des Fliehgewichtes $G = 6$ g, einer Drehzahl des Reglers $n_R = 35/\mathrm{sec}$ und einem wirksamen Durchmesser des Kreises, auf dem die Schwerpunkte der Fliehgewichte laufen, $d_S = 25$ mm wird die Fliehkraft $C = 0.5 \cdot 2.5 \dfrac{6}{981} (2 \pi \cdot 35)^2 = 368\,\mathrm{g}$ (s. Abb. 368). Die Reibungskraft R wird bei z Fliehgewichten:

$$R = \mu\, z\, N \tag{135}$$

wobei μ die Reibungszahl zwischen der Reibfläche der Fliehgewichte und dem Bremstopf bedeutet und einen Zahlenwert von $\mu = 0.4 \ldots 0.6$ annimmt. Mit N ist die auf den Bremstopf ausgeübte Normalkraft (in Richtung der Normalen wirkenden Kraft) zu verstehen. Das Bremsmoment wird dann

$$M_R = 0.5\, \mathrm{d}\, R = 0.5\, \mathrm{d}\, \mu\, z\, N \tag{136}$$

wobei d der wirksame Durchmesser des Bremstopfes ist. Werden in diese Gleichung die Werte der Formeln (132) und (133) eingesetzt, so ist:

$$M_R = 0.5\, \mathrm{d}\, \mu\, z\, [2\, \pi^2\, d_S\, m\, n_R^2 - F] \tag{137}$$

oder in grundsätzlicher Schreibweise

$$M_R = K\, n_R^2 - Q \tag{138}$$

wobei die Konstanten K den *Trägheitsfaktor* und Q das *Rückstellmoment* angeben. K hat die Dimension eines Massenträgheitsmomentes und wird

$$K = \mu\, \pi^2\, \mathrm{d}\, d_S\, z\, m \tag{139}$$

und

$$Q = 0.5\, \mathrm{d}\, \mu\, z\, F \tag{140}$$

wobei F die beim Anliegen der Fliehgewichte am Bremstopf wirksame Rückstellkraft ist. Die Masse m eines Fliehgewichtes ist

$$m = \frac{G}{g} \tag{141}$$

wenn mit G sein Gewicht bezeichnet wird und g die Erdbeschleunigung ($= 981$ cm/sec²) ist. Für das Zahlenbeispiel wird bei $\mathrm{d} = 30$ mm, $F = 100$ g und $z = 2$ Fliehgewichten: $K = 0.4\, \pi^2 \cdot 3 \cdot 2.5 \cdot 2 \cdot \dfrac{6}{981} = 0.363$ cm g sec²

und $Q = 0.5 \cdot 3 \cdot 0.4 \cdot 2 \cdot 100 = 120$ cm g. Damit wird die Reglergleichung

$M_R = 0{,}363\, n_R{}^2 - 120$ cm g oder der Zahlenwert für $n_R = 35/\text{sec}$: $M_R = 0{,}363 \cdot$ $\cdot 35^2 - 120 = 445 - 120 = 325$ cm g. Reglerkennlinien nach Gleichungen dieser Form sind in der Abb. 385 aufgezeichnet, die im (ausgezogenen) Arbeitsbereich um so flacher und damit günstiger ver- laufen, je größer Q ist, je mehr also die Kurve nach links verlagert werden kann. Aus (138) kann auch die Dreh- zahl n_{Ro} ermittelt werden, bei der der Regler zu arbeiten beginnt:

$$n_{Ro} = \sqrt{\frac{Q}{K}} \qquad (142)$$

Für das Zahlenbeispiel ergibt sich:

$$n_{Ro} = \sqrt{\frac{120}{0{,}363}} = 18{,}2/\text{sec}.$$

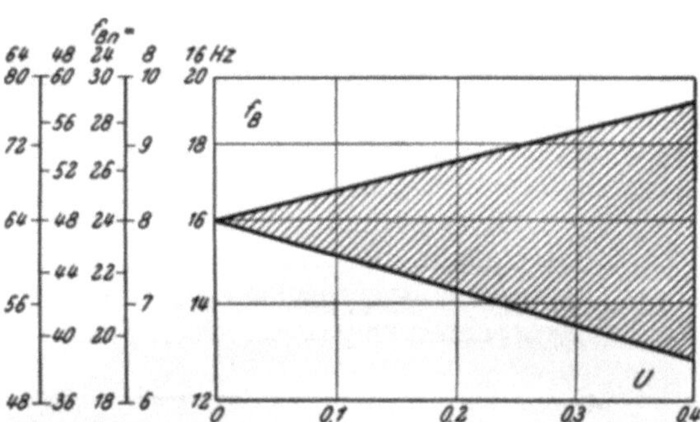

Abb. 386. Bildfrequenz f_B in Abhängigkeit von dem Ungleichförmigkeitsgrad U. f_{Bn} Nennfrequenz.

Praktisch arbeitet ein Regler zwischen den Punkten *2* und *3* der Kenn- linie der Abb. 385 mit der Nenndrehzahl n (Punkt *1*) in der Mitte des als gradlinig angenommenen Bereiches. Dann kann ein *Ungleichförmig- keitsgrad U* definiert werden, der

$$U = \frac{n_3 - n_2}{n} \qquad (143)$$

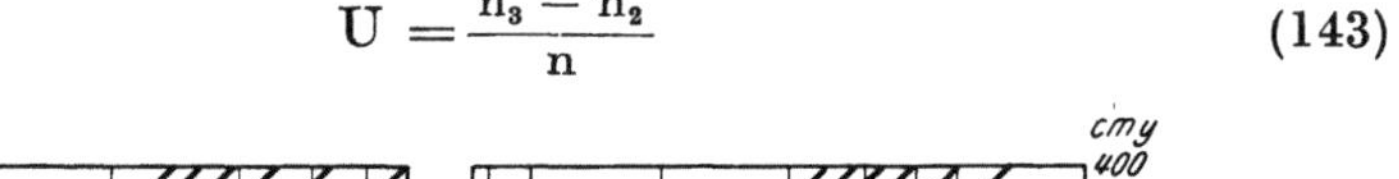
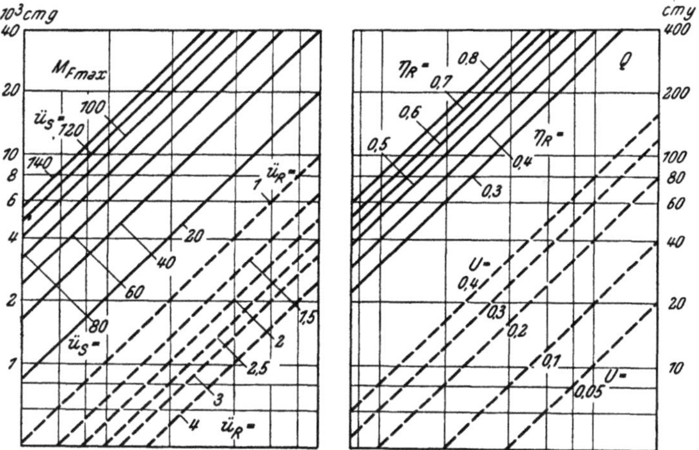

Abb. 387. Diagramm zur Reglerberechnung, Abhängigkeit zwischen maximalem Feder- hausdrehmoment $M_{F\,max}$, Übersetzungsverhältnis $\ddot{u}_S$ zwischen Federhaus und Film- schaltwerk, Reglerübersetzungsverhältnis $\ddot{u}_R$ zwischen Regler- und Schaltwerkswelle, Reglerwirkungsgrad η_R, Ungleichförmigkeitsgrad U und Rückstellmoment Q.

beträgt. Als Zahlenwerte ergeben sich Werte $U = 0{,}1 \ldots 0{,}3$. Wie groß bei gegebenem Ungleichförmigkeitsgrad die Schwankung der Bildfrequenz f_B für einige Nennfrequenzen (Sollfrequenzen) ist, ergibt die Abb. 386. Es kann gezeigt werden, daß der Trägheitsfaktor K die Form

$$K = K_1\, d^5 \qquad (144)$$

annehmen kann, da sich alle Abmessungen auf den wirksamen Durchmesser d des Bremstopfes zurückführen lassen. Die Konstante K_1 ist dann
von dem grundsätzlichen Aufbau des Reglers abhängig. Weitere Fragen
der Reglerbemessung werden hier nicht gebracht, sie wurden an anderen
Stellen von FRIELINGHAUS (147) und WEISE (618) ausführlich dargestellt.

Eine Übersicht über die gegenseitige Abhängigkeit der einzelnen
Reglergrößen bringt die Abb. 387. Dieses Verbunddiagramm kann wie
folgt benutzt werden: Von dem Wert $M_{F\,max}$ des maximalen Federwerk-
drehmomentes geht man in dem Diagramm waagerecht bis zur Linie $\ddot{u}_S$
des Übersetzungsverhältnisses zwischen Feder- und Schaltwerk, von
dort senkrecht nach unten bis zur gestrichelten $\ddot{u}_R$-Linie des Regler-
übersetzungsverhältnisses, von der Schaltwerksachse aus gerechnet, von
dort waagerecht zur gestrichelten Linie des Ungleichförmigkeitsgrades U

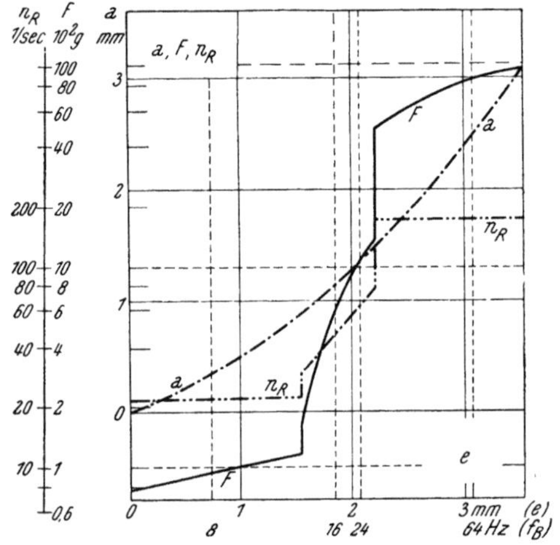

Abb. 388. SIEMENS Muffenregler für 16 mm
Kamera, Muffenverstellung a, wirksame
Gesamtkraft F der Rückstellfedern und
Reglerdrehzahl n_R in Abhängigkeit von dem
Fliehgewichtsausschlag e (s. Abb. 379).

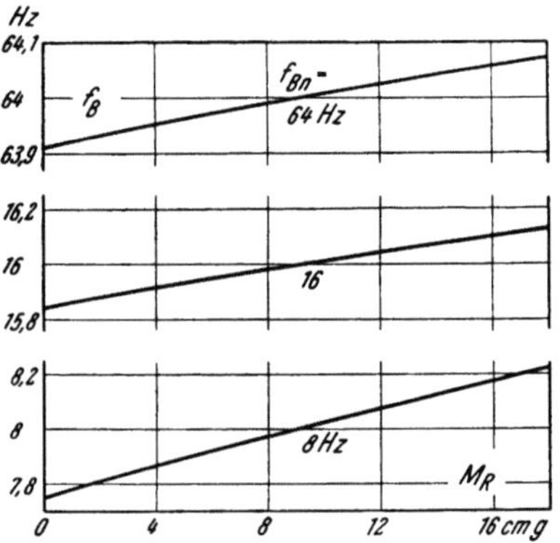

Abb. 389. SIEMENS Muffenregler der
„B" Kamera, Kennlinien, Bildfrequenz f_B in Abhängigkeit von dem
Reglermoment M_R und der Nennfrequenz f_{Bn} (s. Abb. 179, 379, 388).

im rechten Diagrammteil und von dort senkrecht nach oben bis zur Linie
η_R des Reglerwirkungsgrades. An der Q-Skala kann dann die Größe für
das Rückstellmoment abgelesen werden. Der Reglerwirkungsgrad ist der
Quotient des maximalen Reglermomentes $M_{R\,max\,(F)}$, bezogen auf die Federwerksachse und das maximale Moment $M_{F\,max}$ des Federhauses:

$$\eta_R = \frac{\ddot{u}_S\; \ddot{u}_R\; M_{R\,max}}{M_{F\,max}} = \frac{M_{R\,max\,(F)}}{M_{F\,max}} \tag{145}$$

Als Zahlenbeispiel wird angeführt: Für $M_{F\,max} = 10 \cdot 10^3$ cm g; $\ddot{u}_S = 100$;
$\ddot{u}_R = 1$; $U = 0,2$ und $\eta_R = 0,4$ wird $Q = 100$ cm g. Mit diesem Diagramm
kann aber auch in anderer Reihenfolge gerechnet werden. Die Regler-
wirkungsgrade betragen $\eta_R = 20 \ldots 50\%$.

Die für den SIEMENS 16 mm-Muffenregler (Abb. 379) gemessenen
Werte der Muffenverstellung a und der jeweils wirksamen Kraft F der
Rückstellfeder sowie der Reglerdrehzahl n_R in Abhängigkeit von dem
Ausschlag e der Fliehgewichte ist in dem Diagramm Abb. 388 zusammen-

gestellt. Die sprungweise Änderung der Federkraft F ergibt sich aus dem nacheinander wirksam werdenden drei Federpaaren $9 \ldots 11$ (Abb. 379). Das zugehörige Regeldiagramm für den entsprechenden Regler der SIEMENS „B Kamera“, die allerdings die Stufe $f_B = 24$ Hz nicht enthält, zeigt die Abb. 389.

Die weiteren Daten dieses Reglers sind: Wirksamer Reibdurchmesser $d = 22$ mm, $d_S = 9$ mm, $G = 9,8$ g, $\mu = 0,5$ geschätzt. Daraus wird das maximal aufzunehmende Reglermoment $M_{R\ max} = 18,2$ cm g. Die Reglergleichungen lauten für die Bildfrequenzen $f_B = 16$ und 64 Hz $M_{R\ 16} = 0,277\ n_R{}^2 - 547$ cm g und $M_{R\ 64} = 0,212\ n_R{}^2 - 6\ 811$ cm g. Der hinsichtlich seiner Genauigkeit sehr gute Regler, gekennzeichnet durch die relativ schweren Fliehgewichte und den schnellen Umlauf der Reglerachse, ergibt schon einen großen K-Wert. Die Regelgüte wird auch

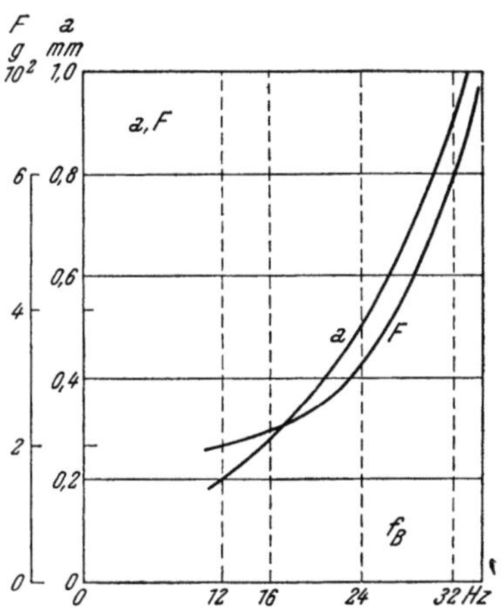

Abb. 390. PAILLARD „Bolex L 8“ Muffenregler, Muffenverstellung a und Federkraft F der Rückstellfeder in Abhängigkeit von der Bildfrequenz f_B (s. Abb. 173).

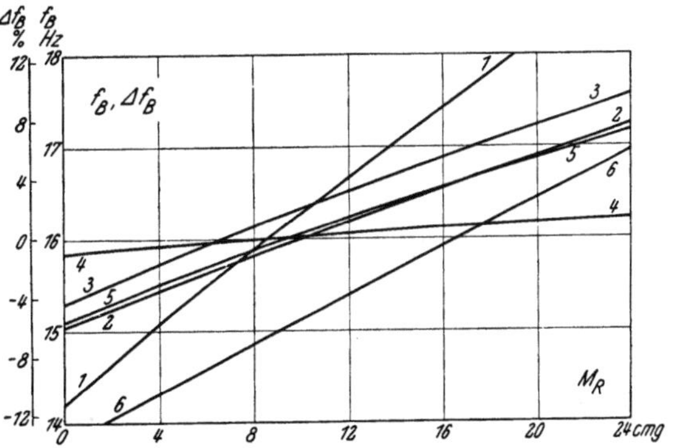

Abb. 391. Genauigkeit einiger Fliehkraftregler dargestellt durch die Differenz Δf_B der Bildfrequenz f_B in Abhängigkeit von dem Reglermoment M_R (Regler-Kennlinien), f_{Bn} Nenn-Bildfrequenz 16 Hz.

1 AUSTRIA „Ditmar“ Flachregler (Abb. 370), 2 SIEMENS „8 R“ Flachregler (Abb. 369), 3 „Bauer 8“ Langregler (Abb. 375), 4 SIEMENS Muffenregler (Abb. 379), 5 EUMIG „C 3“ Muffenregler (Abb. 380), 6 ZEISS IKON „Movikon 8 quer“ Muffenregler (Abb. 381).

durch die niedrig liegenden Ungleichförmigkeiten von $U_{16} = 0,016$ und $U_{64} = 0,0013$ dargelegt. Der Vorteil dieser und anderer Muffenreglerkonstruktionen liegt darin, daß von den quadratisch mit der Reglerdrehzahl anwachsenden Fliehkräften nicht allzu große Anteile am Bremsteller wirksam werden.

Die Reglerkennlinie für den in der Abb. 380 dargestellten Muffenregler lautet: $M_{R\ 16} = 0,056\ n_R{}^2 - 80$ cm g, wobei der Trägheitsfaktor K bei der Bildfrequenz $f_B = 32$ Hz schon auf $K_{32} = 0,034$ abnimmt und damit die eben genannte Möglichkeit praktisch demonstriert. Der Ungleichförmigkeitsgrad ist $U_{16} = 0,096$.

Als Ergebnisse werden einige Kennlinien der Regler gezeigt, die fast geradlinig verlaufende Ausschnitte aus parabelförmigen Kennlinien darstellen. Die Kennlinie für den SIEMENS „8 R Regler“ (Abb. 369) ist in der Abb. 391 als Kurve 2 gezeichnet, die die Abhängigkeit der Bildfrequenz f_B von dem auf den Regler wirkenden Drehmoment M_R angibt. An einzelnen Daten können noch angegeben werden: die Rückstellkraft beträgt

$F = 109$ g, für μ wurde 0,5 geschätzt, weiter ist $G = 3,97$ g, die Masse $m = 4,05 \cdot 10^{-3}$ g sec²/cm, $K = 0,0705$ cm g sec² und $Q = 77,35$ cm g. Der Ungleichförmigkeitsgrad ist $U = 0,11$, womit die Nennbildfrequenz $f_{Bn} = 16$ Hz zwischen 15,1 und 16,9 Hz beim Ablauf des Federwerkes eingehalten wird.

Bei allen schnell laufenden Reglern müssen die Systeme gut dynamisch ausgewuchtet werden, da anderenfalls infolge der durch die Unsymmetrie entstehenden Kräfte so große Reibungskräfte erzeugt werden, daß die gewünschten Drehzahlen nicht erreicht werden. (In einfachen Spielzeuggetrieben verwendet man Unwuchten ohne eigentliche Bremsregler zum Begrenzen der Drehzahl.)

Den Vergleich einiger Reglerkurven bringt die Abb. 391 für sechs verschiedene Reglerbauarten. Danach ist der Regler am besten, der die flachste Kennlinie aufweist, wenn man als wesentliches Kriterium des Reglers nur eine möglichst geringe Veränderung der Bildfrequenz mit Ablauf des Federwerkes ansetzen will. Da ein in dieser Hinsicht guter Regler aber verhältnismäßig groß und schwer wird und schnell läuft, ergeben diese *guten* Regler einen langsamen Anlauf des Kameralaufwerkes. Betrachtet man dagegen aus den schon genannten Gründen einen schnellen Anlauf zumindest bei Amateurkameras für besonders wünschenswert, so muß ein leichter Regler eingesetzt werden, der damit aber die Bildfrequenz nicht so genau einhalten kann. Praktisch sind Kompromißlösungen zweckmäßig, die beide Eigenschaften brauchbar miteinander vereinigen. Die gezeigten Kurven sind rechnerisch entstanden aus Abmessungen der Regler, die von Mustern ermittelt wurden. Damit können sich Unterschiede gegenüber den tatsächlichen Verhältnissen ergeben.

Neben diesen genannten mechanisch wirkenden Fliehkraftreglern werden auch elektrische eingesetzt, wenn die Kameras mit Elektromotoren angetrieben werden. Diese Regler arbeiten nach den beschriebenen Systemen, wobei nur statt der Reibungswirkung elektrische Kontakte betätigt werden, die den Motorstrom ein- und ausschalten. Derartige Einrichtungen sind beispielsweise in der *„Minicord V 16"* und FERNSEH-Kamera eingebaut, ferner in die EUMIG *„C 8"* Kamera (Abb. 383).

Die Regler wurden in ihrer Gestaltung und Wirkungsweise hinsichtlich der Regeleigenschaften besprochen, es wurde also der eingelaufene statische Zustand betrachtet und die Güte der Regler vorzugsweise nach dem Ungleichförmigkeitsgrad beurteilt. Ein guter Regler wird auch größer und schwerer und läuft damit infolge seiner größeren Masse auch langsamer an. Damit arbeiten während des Anlaufes auch Schaltwerk und Verschluß noch nicht mit der Sollbildfrequenz und ergeben eine größere Belichtungszeit des ersten oder der ersten beiden Phasenbilder einer Serie. Tritt dieser Fehler zu spürbar auf, so werden die davon betroffenen Bilder überbelichtet *(verblitzt)* und sind zweckmäßig aus dem Film auszuschneiden. Die damit verbundene Klebearbeit möchte man dem Amateur aber möglichst ersparen.

Bei einem schnellen Anlauf des Kamerawerkes muß auch der Regler schnell anlaufen. Bei den meisten Konstruktionen überwiegt das *wirksame* Massenträgheitsmoment des Reglers das der anderen Kameratriebwerksteile. Dies ist dadurch gegeben, daß die Wirkung von Massenträgheitsmomenten auf verschieden schnell umlaufenden Wellen quadratisch von dem Drehzahlverhältnis dieser Wellen abhängt.

Da der Regler immer schneller läuft als die Schaltwerkswelle und die mit größerem Trägheitsmoment behafteten anderen Triebwerksglieder, beispielsweise das Federhaus, sehr viel langsamer drehen, geht bei der genannten quadratischen Abhängigkeit für den Kameraanlauf vorzugsweise das Trägheitsmoment des Reglers ein. Denn die Massenträgheitsmomente aller umlaufenden Massen müssen zum Vergleich ihrer Massenwirkung auf eine einzige Achse umgerechnet werden. Für den verhältnismäßig schweren und gleichmäßig laufenden Regler der SIEMENS-Kamera (Abb. 379) läßt sich errechnen, daß sein wirksames Trägheitsmoment etwa den zehnfachen Wert der Trägheitsmomente der übrigen Triebwerksteile annimmt.

Zur Frage der *optimalen* Drehzahl des Reglers kann gesagt werden: Sind die Reglereigenschaften festgelegt, so ist damit die Reglergleichung gegeben. Sollen nun zwei bei der gleichen Bildfrequenz verschieden schnell laufende Regler die gleichen Eigenschaften aufweisen, so müssen die Gleichungen in beiden Fällen identisch sein. Es muß also erstens der Trägheitsfaktor $K\,n_R^2$ in beiden Fällen gleich groß sein. Dann ist nach (139):

$$d\; d_S\; m\; \ddot{u}_R^2 = d'\; d'_S\; m'\; \ddot{u}'^2_R \tag{146}$$

wenn beachtet wird, daß

$$n_R = \ddot{u}_R\; n_S \tag{147}$$

ist, wobei mit n_S die Drehzahl der Schaltwerkswelle bezeichnet wird. Damit wird bei einer entsprechenden Konstruktion, d. h. der gleichen prozentualen Abhängigkeit aller Abmessungen von Bremstopfdurchmesser d und gleichem Werkstoff

$$d^5\; \ddot{u}^2_R = d'^5\; \ddot{u}'^2_R \tag{148}$$

Es ergibt sich also ein gleiches Produkt $K\,n^2$ in beiden Reglergleichungen, wenn

$$d' = d\; \sqrt[5]{\frac{\ddot{u}_R^2}{\ddot{u}'^2_R}} \tag{149}$$

ist. Wird als Zahlenbeispiel ein Regler gewählt, der bei d = 25 mm ein $\ddot{u}_R = 2,2$ hat, so müßte der entsprechend konstruierte Regler, der direkt mit der Schaltwerkswelle umläuft, einen Bremstopfdurchmesser $d' = 25\; \sqrt[5]{2,2^2} = 34,2$ mm haben.

Zum Erreichen der gleichen Reglergleichung muß zweitens das Rückstellmoment Q für die beiden betrachteten Konstruktionen des Reglers gleich groß sein. Daraus ergibt sich nach (140) die folgende Bedingung:

$$F' = F\; \sqrt[5]{\frac{\ddot{u}'^2_R}{\ddot{u}_R^2}} \tag{150}$$

Nach dem Zahlenbeispiel wird dann $F' = \dfrac{109}{\sqrt[5]{2,2^2}} = 79,5$ g und $Q' =$

$$= \frac{0,165 \cdot 2 \cdot 3,42 \cdot 79,5}{1,16} = 77,4 \text{ cm g.}$$

Die Gleichungen wären also in beiden Fällen identisch.

Die Winkelbeschleunigung ε eines Reglers hängt nach den Gesetzen der Mechanik von dem Antriebsmoment M und dem Massenträgheitsmoment J (Trägheitswiderstand gegen Drehung) des zu beschleunigenden Körpers ab

$$\varepsilon = \frac{d\,\omega}{d\,t} = \frac{M}{J} \qquad (151)$$

Der Trägheitsfaktor K ist proportional dem Trägheitsmoment J und dem Quadrat des Übersetzungsverhältnisses

$$K = K_2\,J\,\ddot{u}^2{}_R \qquad (152)$$

Damit wird die Winkelbeschleunigung

$$\varepsilon = \frac{K_2\,M\,\ddot{u}^2{}_R}{K} \qquad (153)$$

d. h. sie steigt mit dem Quadrat des Übersetzungsverhältnisses $\ddot{u}_R$ zwischen Regler- und Schaltwerkswelle an. Da K umgekehrt proportional dem Ungleichförmigkeitsgrad U ist, wie man nachweisen kann (618), so wird

$$\varepsilon = K_3\,M\,U \qquad (154)$$

wobei K_3 eine Zusammenfassung von Konstanten ist. Je größer U ist, desto größer ist auch ε. Es ergibt sich also ein gegenläufiges Verhalten von Reglergenauigkeit und Anlaufgeschwindigkeit. Ein schnell anlaufender Regler regelt also schlecht und ein guter Regler läuft schlecht an. Meßwerte über die ersten zwei Umläufe der Schaltwerksachse bringt die Abb. 392. Die Kurven des Teilbildes a gelten für einen langsam laufenden Regler (AUSTRIA Kamera, Abb. 370) und die beiden Nennbildfrequenzen 16 Hz (I) und 32 Hz (II). Vor Erreichen des Zeitpunktes der Belichtung für das zweite Phasenbild ist die Nennfrequenz 16 Hz bereits erreicht. Selbst die Belichtungszeit für das erste Bild von 0,033 sec stimmt praktisch mit der bei der Normaldrehzahl im eingelaufenen Zustand überein. Die durch ö und s gekennzeichneten Linien geben das Öffnen und Schließen des Bildfensters durch den Verschluß an.

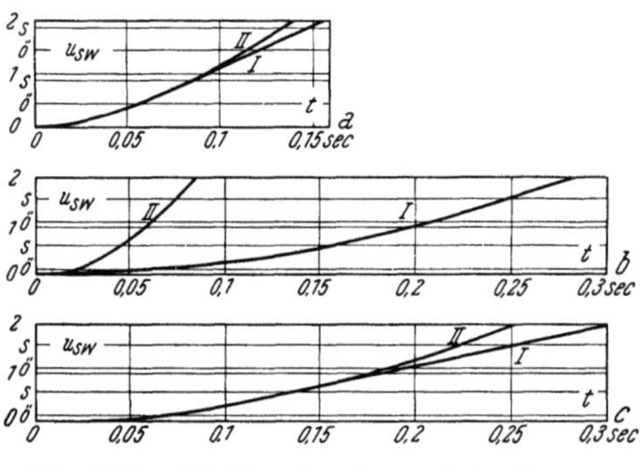

Abb. 392. Fliehkraftregler, Anlaufkurven für die beiden ersten Phasenbilder.

u_{SW} Umläufe d. Schaltwerkswelle, t Zeit, a) AUSTRIA „Ditmar" Flachregler I f_B = 16 Hz, II f_B = 32 Hz, b) SIEMENS Kamera „B", I mit Regler, II ohne Regler, c) SIEMENS Kamera „C 8", I f_B = 8 Hz, II f_B = 24 Hz nach FRIELINGHAUS.

Die Anlaufkurven einer SIEMENS „C 8 Kamera" zeigt die Abb. 392c. Hier ist der langsamere Anlauf zu erkennen, der eine Belichtungszeit t von etwa 0,067 sec für das erste Bild gegenüber der Normalbelichtung von 0,031 sec ergibt. Den Einfluß eines Reglers selbst zeigt die Abb. 392b, die für eine SIEMENS 16 mm-Kamera einmal den üblichen Anlauf in der Kurve I darstellt und dann den Anlauf bei dem gleichen Gerät, bei dem aber der Regler aus der Kamera ausgebaut worden war (Kurve II). Der sehr viel schnellere Anlauf des Werkes ist aus dem dann nicht mehr wirksamen Massenträgheitsmoment des Reglers zu erklären.

Eine praktische Grenze ergibt sich durch die für zu große $\ddot{u}_R$-Werte zu klein werdenden mechanischen Abmessungen des Reglers und die zu schnelle absolute Umlaufzahl n_R. Wenn diese 160 ... 200/sec überschreitet, erfordern so schnell umlaufende Wellen besonders sorgfältige Lagerungen und eine gute dynamische Auswuchtung, da andernfalls diese Drehzahlen nur unter großen Reibungsverlusten oder gar nicht mehr erreicht werden können. Praktisch liegt die Grenze für ausgeführte Regler-Bauformen bei $ü_R = 3 \ldots 4{,}5$ als Höchstwert.

Der Vorzug der in der Kinogerätetechnik eingesetzten Fliehkraftregler liegt in dem unbedingt sicheren Anlauf, da keine Totstellungen wie bei anderen Hemmwerken vorkommen können. Außerdem findet ein verhältnismäßig schneller Anlauf des Kamerawerkes dadurch statt, daß bis zu der dicht unter der Nennfrequenz liegenden Grenzfrequenz [s. (142)] eine Bremswirkung noch nicht eintritt, da die Fliehgewichte noch nicht weit genug ausgeschwungen sind. Bis zum Wirken der Regelung ist dann nur das wirksame Trägheitsmoment des Reglers maßgebend. Damit wird auch die Belichtungszeit beim Federwerkseinergang nur durch die Anlaufverhältnisse des Werkes und nicht durch die am Regler eingestellte Bildfrequenz bestimmt.

Ein Regler ist grundsätzlich dann in einer Kamera nicht erforderlich, wenn Synchronmotoren zum Antrieb eingesetzt werden, was insbesondere bei getrennter Bild- und Tonaufnahme zweckmäßig ist, oder die Antriebsmotoren elektrisch geregelt bzw. eingestellt werden.

XIII. Sucher

Die Sucheinrichtung dient hauptsächlich der Begrenzung des Bildfeldes, das der Mensch mit dem Auge sieht und durch Augenschwenkung zu übersehen gewohnt ist, auf den von einer Kamera aufgenommenen Ausschnitt des Dinges. Mit dem Sucher wird zugleich die Kamera auf den gewünschten Bildausschnitt gerichtet, womit sich für die räumliche Lage des Suchers eine eindeutige Abhängigkeit zu der Lage der optischen Achse des Aufnahmeobjektivs ergibt. Da während jeder Aufnahme das Ding durch den Sucher betrachtet wird, ist zusätzlich eine Anzeige wichtiger Funktionen der Kamera im Sucher zweckmäßig und wird vielfach ausgeführt. Veröffentlichungen über Sucher und Sucherparallaxe sind von FISCHER (103, 104, 105), KOCH (265), KÖNIG (276), LINDNER (315), MARTINI (345), PRITSCHOW (407, 408, 411, 412, 413), WEISE (590, 592, 596, 628, 632, 633) u. a. und an den genannten Schrifttumsstellen erschienen.

Der Sucheraufbau einer Kinokamera beeinflußt in vielen Fällen weitgehend den Gesamtaufbau des Gerätes, wie es in ähnlicher Form auch bei Standbildkameras der Fall ist und noch dargestellt wird (632).

A. Sucherfehler

Wie sich nachweisen läßt, weisen alle Sucher gewisse Fehler auf. Diese bestehen in räumlichen, zeitlichen, Blenden oder Einstell-Fehlern. Deshalb müssen die einzelnen Fehler definiert, in *Teilwerte* aufgelöst und in ihrer Größe und ihren Abhängigkeiten untersucht werden, um zu möglichst wenig störenden Erscheinungen und erträglich arbeitenden Suchereinrichtungen zu kommen. Gegebenenfalls können Hinweise und Vorschriften für besonders günstige Bauformen der Kameras und das Arbeiten mit ihnen gegeben werden. Jede Abweichung eines Suchers wird als *Parallaxe* bezeichnet, wobei zunächst die einzelnen Arten der Sucherfehler unabhängig von den eingesetzten Suchersystemen als rein geometrische Erscheinung behandelt werden.

Der erste mögliche Fehler ist der *Bildfeldschwund*. Er entsteht dann, wenn die für die Entfernungseinstellung des Aufnahmeobjektivs vor-

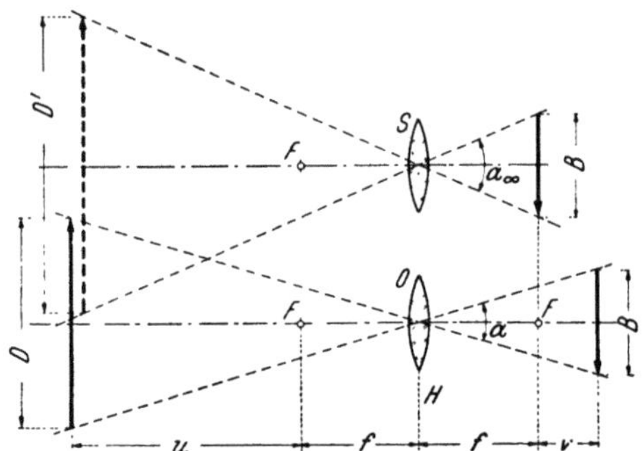

Abb. 393. Bildfeldschwund eines Suchers, Schema.

B Bildausschnitt, *D, D′* Dingausschnitt des Aufnahmeobjektivs bzw. Suchers, *F* Brennpunkt, *O* Aufnahmeobjektiv, *S* Sucherobjektiv, *f* Brennweite, *u* Dingentfernung, *v* Bildentfernung, *a* ausgenutzter Bildwinkel des Aufnahmeobjektivs, a_∞ Bildwinkel des Suchers bei Einstellung auf Unendlich (s. Abb. 394).

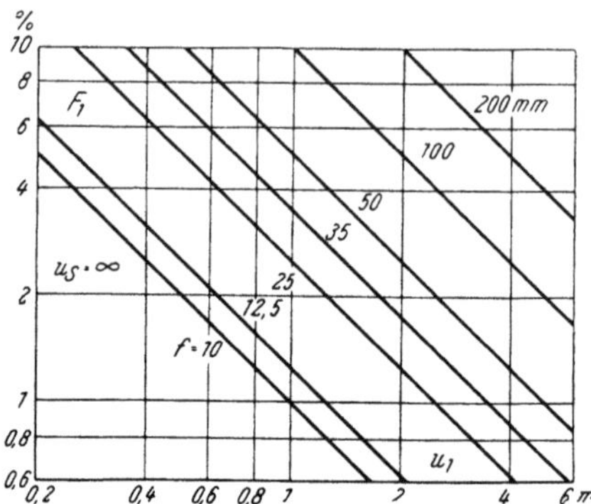

Abb. 394. Bildfeldschwund F_1 eines Suchers in Abhängigkeit von der eingestellten Dingentfernung *u* und der Objektivbrennweite *f* für eine Einstellung des Suchers auf Unendlich (s. Abb. 393).

gesehene Scharfeinstellung bei dem Sucher nicht berücksichtigt wird. In der Abb. 65 wurde angegeben, um welche Werte *v* ein Objektiv einer

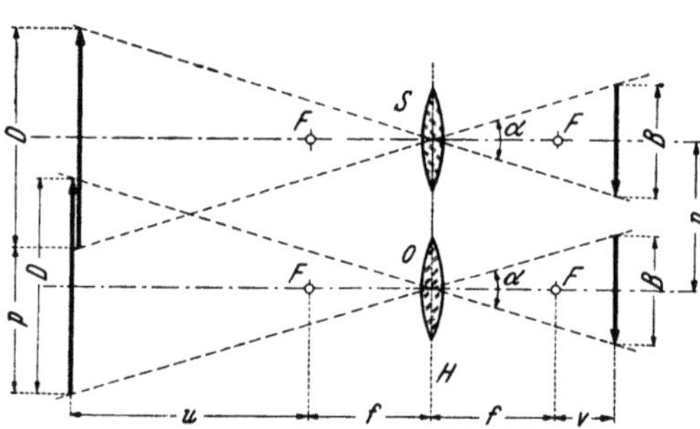

Abb. 395. Ausschnittsfehler eines Suchers, Schema.

B Bildausschnitt, *D* Dingausschnitt, *F* Brennpunkt, *O* Aufnahmeobjektiv, *S* Sucherobjektiv, *f* Brennweite, *u* Dingentfernung, *v* Bildentfernung, *p* Parallaxabstand, *a* Bildwinkel (s. Abb. 396).

bestimmten Brennweite *f* verstellt werden muß, um eine möglichst scharfe optische Abbildung der Dingebene in der Filmebene zu ergeben. Bei dieser Einstellung wird der Abstand *v* zwischen dem Objektivbrennpunkt *F* und der Filmebene *E′* (Abb. 64) geändert, wobei auf Grund der optischen Gesetze dieser Abstand dann am größten wird, wenn die Dingentfernung *u* am kleinsten ist. Diese Verstellung des Abstandes *f + v* der Hauptebene *H* von der Filmebene *E′* bei der zwangsläufig gleichbleibenden Abmessung *B* (Abb. 393) des Bildfensters

kommt einer Änderung des ausgenutzten Bildwinkels *a* des Objektivs *O* gleich, wobei man diesen Bildwinkel für die Bilddiagonale, die lange oder die schmale Seite des Bildes angeben kann [s. (18)].

Einige Sucher, insbesondere einfacher Bauart, berücksichtigen diese Abstandsänderung bei der Scharfeinstellung nicht und können damit einen anderen Bildausschnitt *D′* (Abb. 393) zeigen, als er tatsächlich aufgezeichnet wird. Als Größe des Bildfeldschwundes F_1 kann das Verhältnis der Differenz der Strecken D' und D zur Strecke D definiert werden. Dabei ist D' durch den Bildwinkel α_∞ des auf Unendlich stehenden Suchers S gegeben und D durch den wirksamen Bildwinkel α des Aufnahmeobjektivs O. Bei dieser Definition wird angenommen, daß das Sucherobjektiv den gleichen wirksamen Bildwinkel wie das Aufnahmeobjektiv hat. Diese Festsetzung gilt für die Breite oder Höhe des Bildes sowie jede andere Strecke. Der Bildfeldschwund F_1 wird also bei Beachtung des Abbildungsgesetzes (23) und optischen Hebelgesetzes (25):

$$F_1 = \frac{D' - D}{D}\ 100\ (\%) \tag{155}$$

Zahlenwerte gibt das Diagramm Abb. 394 wieder. Dabei wurde für die Suchereinstellung der Bildausschnitt in Rechnung gesetzt, der sich bei einer Einstellung $\tilde{u}_\infty$ auf eine unendlich ferne Dingebene ergibt. Im Sucher ist bei dieser Einstellung also immer etwas mehr zu sehen, als wirklich photographiert wird. Nur bei Unendlich stimmen beide Ausschnitte überein. Ein gewisser Ausgleich kann erreicht werden, wenn der Sucherausschnitt auf eine mittlere Entfernung (z. B. u = 3 m) und nicht Unendlich eingestellt wird, für die dann Sucher- und Bildausschnitt exakt übereinstimmen.

Frei von einem Bildschwund sind lediglich die Kameras, die an ihrem Sucher eine Entfernungseinstellung besitzen und damit den Bildwinkel des Suchers ändern, was durch eine automatische Kupplung zwischen dieser Einstellung und der Objektivscharfeinstellung erleichtert werden kann. Dies ist aber oft nicht der Fall und deshalb wird insbesondere bei kleineren und mittleren Geräten auf eine vollständige Behebung des Bildfeldschwundes verzichtet.

Als zweiter Sucherfehler tritt die *Ausschnittsparallaxe* auf, die durch die andere räumliche Lage der Sucherachse gegenüber der Achse des Aufnahmeobjektivs bedingt ist. Haben als Annahme (Teilwertbetrachtung) zunächst Sucher und Aufnahmeobjektiv jeweils den gleichen Bildwinkel, sind sie also frei von Bildfeldschwund und liegen die Achsen parallel, so tritt die Ausschnittsparallaxe auf. Ihre Größe F_2 ist nach der Abb. 395 durch den Parallaxabstand p zwischen Sucher- (S) und Objektivachse (O) bedingt und hängt von dem Dingausschnitt D ab. Ihre Größe wird mit

$$F_2 = \frac{p}{D}\ 100\ (\%) \tag{156}$$

angesetzt, wobei diese Formel angibt, um wieviel Prozent der gesehene und aufgenommene Bildausschnitt in der Höhe oder Breite des Bildes gegeneinander verschoben sind.

In dieser prozentuellen Angabe sind auch die durch die optische Verkleinerung oder Vergrößerung des Sucherbildes gegebenen Faktoren berücksichtigt. Ein Fehler von 10% gibt also beispielsweise an, daß in der betrachteten Richtung das gesehene und photographierte Bild linear um 10% der Gesamtlänge gegeneinander verschoben sind. Der Parallaxfehler kann in die durch das Filmformat gegebene konstante Bildhöhe oder -breite umgerechnet werden, wenn das optische Abbildungsgesetz (23) und das optische Hebelgesetz (25) beachtet wird:

$$F_2 = \frac{p\,f}{B\,u}\ 100\ (\%) \tag{157}$$

Dabei ist für B wieder die Höhe oder Seite des Bildfensters in der Kamera einzusetzen, je nachdem die Höhen- oder Seitenkomponente des

Ausschnittsfehlers berechnet werden soll. Als Zahlenbeispiel sei angeführt: Der Ausschnittsfehler wird bei p = 40 mm, f = 25 mm, der Dingentfernung u = 1 m und der Bildhöhe B = 7,5 mm des 16 mm Formates:

$$F_2 = \frac{4 \cdot 2,5}{0,75 \cdot 100} = 13,3\% \text{ (Höhenkomponente).}$$

Zahlenwerte für die Ausschnittsfehler werden in der Abb. 396 angegeben und zeigen, daß die Parallaxe bei kleineren Dingentfernungen u stark anwächst und bei großen praktisch kaum merkbar ist. Dieses Diagramm gibt die Seitenkomponente für die Filmformate 8, 16

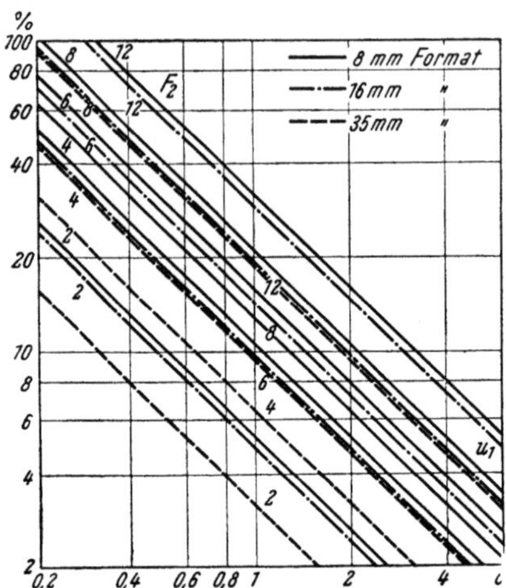

Abb. 396. Ausschnittsfehler F_2 (Seitenfehler) eines Suchers in Abhängigkeit von der eingestellten Dingentfernung u, dem Parallaxabstand p und dem verwendeten Filmformat für Objektivbrennweiten $f = 12,5$, 25 und 35 mm (s. Abb. 395).

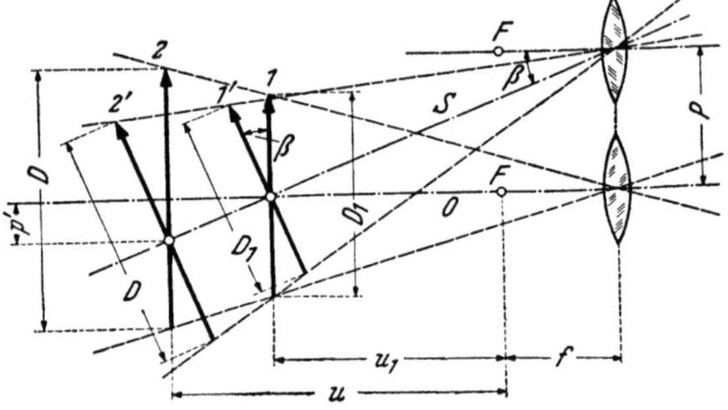

Abb. 397. Winkelfehler eines Suchers, Schema.
D_1 Dingausschnitt für die „ausgeglichene" Dingentfernung, D Dingausschnitt für eine beliebige Entfernung, F Brennpunkt, O Achse des Aufnahmeobjektivs, S Achse des Sucherobjektivs, f Brennweite, u_1 „ausgeglichene" Dingentfernung, u Dingentfernung, p Parallaxabstand zwischen Objektiv und Sucherachse, p' wirksamer Parallaxabstand gegenüber der ausgeglichenen Dingebene, β Neigungswinkel der Sucherachse (s. Abb. 398, 399).

und 35 mm bei den Brennweiten von f = 12,5, 25 und 35 mm der Aufnahmeobjektive an.

Gleichzeitig mit dem Ausschnittsfehler tritt ein *Winkelfehler* auf, der sich nach der Abb. 397 bei einem Sucher ergibt, dessen Achse S gegenüber der Objektivachse O und einem bestimmten Winkel β geneigt ist. Die Größe dieses Winkelfehlers F_3 kann aus den geometrischen Verhältnissen ermittelt werden. Der Neigungswinkel β der Sucherachse ist bei einem Parallaxabstand p:

$$\beta = \text{arc tg } \frac{p}{u_1 + f} \tag{158}$$

für die *ausgeglichene* Dingentfernung u_1. Der Neigungswinkel beträgt beispielsweise bei p = 40 mm, f = 25 mm und u_1 = 1 m:

$\beta = \text{arc tg } \dfrac{4}{100 + 2,5} = 2,25°$. Zahlenwerte für den notwendigen Neigungswinkel β der Sucherachse finden sich in der Abb. 398. Bei dieser Berechnung wurde nicht beachtet, daß die Ebene $1'$ des vom Sucher betrachteten Bildes gegenüber der Scharfstellebene 1 um den Winkel β schräg steht.

Für jede andere Dingebene (z. B. *2*, Abb. 397), treten Fehler nach Art des Ausschnittsfehlers ein, für deren Größe der jeweils gültige Parallaxabstand p' maßgebend ist. Der Winkelfehler wird dann

$$F_3 = \frac{p'}{D} = \frac{p' f}{B\,u}\,100\ (\%) \tag{159}$$

oder

$$F_3 = \frac{p\,f\,(u - u_1)}{B u\,(u_1 + f)}\,100\ (\%) \tag{160}$$

Für die genannten Zahlen u = 1,5 m und die Höhenkomponente des 16 mm Formates wird: $F_3 = \dfrac{4 \cdot 2,5 \cdot (150 - 100)}{0,75 \cdot 150\,(100 + 2,5)} = 4,35\%.$

Zahlenwerte für die Seitenfehler zeigt die Abb. 399, wobei positive Werte für F_3 für $u > u_1$ auftreten und das positive Vorzeichen die Aussage macht, daß das gesehene

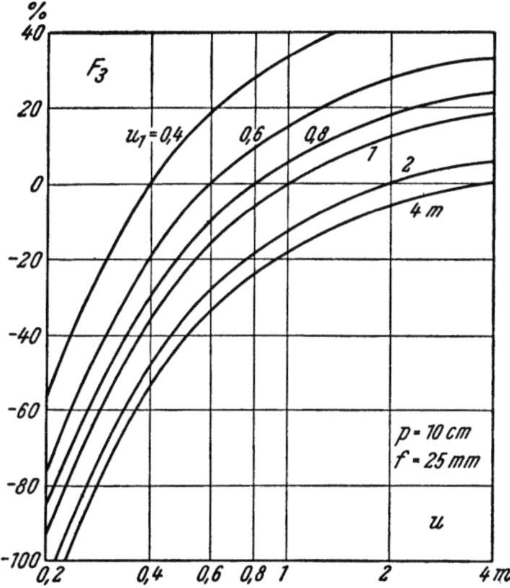

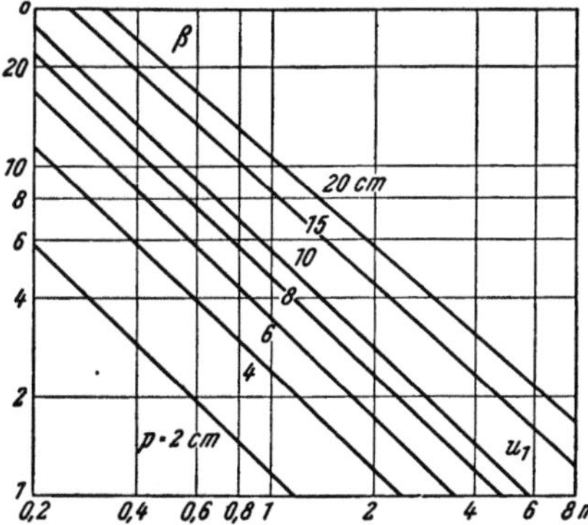

Abb. 398. Winkel β der Sucherneigung in Abhängigkeit von der eingestellten Dingentfernung u_1 und dem Parallaxabstand p (s. Abb. 397, 399).

Abb. 399. Winkelfehler F_3 (Seitenkomponente) in Abhängigkeit von der Dingentfernung u und der „ausgeglichenen" Entfernung u_1 für Parallaxabstand $p = 10$ cm und Objektivbrennweite $f = 25$ mm beim 16 mm Filmformat (s. Abb. 397, 398).

Sucherbild tiefer liegt als das aufgenommene. Für $u < u_1$ ist es umgekehrt.

Alle bisher beschriebenen Sucherfehler sind räumlicher Art und ergeben sich aus dem geometrischen Aufbau des Suchers und der unterschiedlichen räumlichen Lage zwischen Sucher- und Objektivachse. Eine grundsätzliche Abhilfe gegen jede räumliche Parallaxe kann nur dadurch geschaffen werden, daß mit dem gleichen Objektiv sowohl die Bildaufnahme als auch das Sucherbild erzeugt wird. Dies ist nach verschiedenen Methoden möglich: Hinter dem räumlich feststehenden Aufnahmeobjektiv wird eine bewegliche Kamera oder bewegliche Teile in der Kamera angeordnet, die wahlweise die Such- oder die Aufnahmeeinrichtung zusammen mit dem Objektiv zu betätigen gestatten. Eine derartige Anordnung ist frei von räumlicher Parallaxe, dafür tritt aber eine *zeitliche* Parallaxe ein. Denn zum Umstellen von der Suchaufgabe zur Bildaufnahme wird eine gewisse Zeit benötigt, während der sich ein Gegenstand bewegt haben kann. Diese Einrichtung zeigt also ihre wesentliche Leistungsfähigkeit nur bei ruhenden Dingen oder zur Festlegung eines bestimmten Dingausschnittes.

Eine Verbesserung dieser Verstelleinrichtung, die in der photographischen Standbildtechnik ihre Parallele bei Reproduktionsgeräten hat, läßt sich durch bewegte Einrichtungen erzielen, die in periodischer Folge die Such- und Bildaufnahmeeinrichtung an das gleiche Objektiv anschließen. Damit ist während der Pausen in der Bildaufnahme, die dem absatzweisen Schalten des Filmbandes dienen, eine Bildbetrachtung möglich.

Eine derartige Einrichtung kann mit der Standbild-Spiegelreflexkamera mit beweglichem Spiegel verglichen werden (632). In Abb. 400 ist der schematische Aufbau dargestellt. Von dem Ding *1* wird über das Objektiv *2* und Reflexion an dem Spiegel *3* eine optische Abbildung *4* in der Bildebene *5* erzielt. Der Spiegel *3* besteht aus einer drehbaren, unter 45° zu der optischen Achse des Objektivs geneigten Scheibe *3* und enthält den Ausschnitt *3a*. Hat die Scheibe *3* zu dem optischen Strahlengang eine bestimmte Lage erreicht, so gehen die Strahlen ungehindert durch den Ausschnitt hindurch auf das Filmband *6* und erzeugen hier die photographische

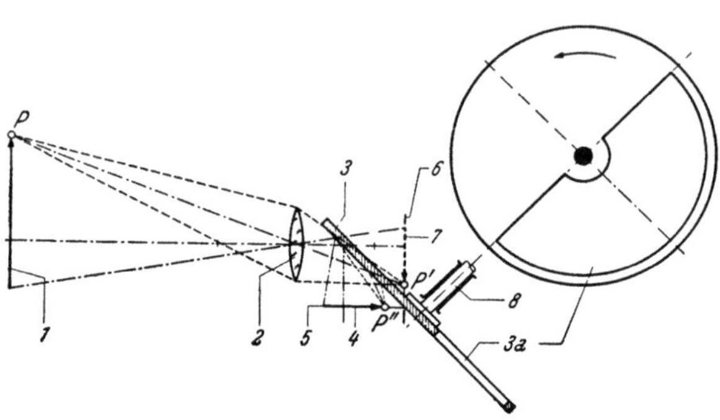

Abb. 400. Laufbildkamera mit Spiegel-Umlaufverschluß, Schema.

1 Ding, *2* Aufnahmeobjektiv, *3* Spiegel-Umlaufverschluß, *4* Sucherbild des Dinges, *5* Abbildungsebene des Sucherbildes, *6* Filmband, *7* Bildfenster, *8* Achse des Verschlusses (s. Abb. 401).

Abbildung *7*. In anderen Stellungen ist die Spiegelfläche der Scheibe *3* wirksam, die für das Filmband als Verschluß wirkt und für den Sucher die Strahlen ausspiegelt. Läuft diese Scheibe synchron und phasenrichtig mit dem Filmschaltwerk derart, daß während des Filmzuges die spiegelnde Verschlußfläche und während des Filmbandstillstandes der Ausschnitt wirksam ist, so läßt sich mit dieser Einrichtung eine raumparallaxenfreie Betrachtung des Dinges zwischen den einzelnen Aufnahmezeiten der Phasenbilder erreichen, sofern die Einrichtung geometrisch richtig justiert ist.

Aber auch hier tritt ein Fehler in Form der *Zeitparallaxe* auf, da die Belichtung zu etwas anderen Zeiten erfolgt als die Betrachtung. Die Größe dieser Zeitparallaxe hängt, abgesehen von den geometrischen Verhältnissen der optischen Abbildung, noch von der Geschwindigkeit des Dinges ab. Das Ding legt in einem Zeitabschnitt, der durch den Zeitabstand zwischen Betrachtung und Belichtung gegeben und im wesentlichen durch die Bildfrequenz und das Schaltverhältnis bestimmt ist, eine Wegstrecke zurück. Die senkrecht zur Achse des Aufnahmeobjektivs wirksame Komponente s dieses Weges ist maßgebend für die Zeitparallaxe F_4:

$$F_4 = \frac{s}{D} = \frac{f\,s}{B\,u} \tag{161}$$

Es ergibt sich also formell und sachlich der gleiche Ausdruck wie für die Ausschnittsparallaxe, wenn für den Parallaxabstand p nach (157) der Wert s eingesetzt wird. Dessen Größe läßt sich aus der Geschwindigkeitskomponente v senkrecht zur Objektivachse und der Betrachtungszeit t zu

$$s = v\,t \tag{162}$$

berechnen. Damit wird die Zeitparallaxe

$$F_4 = \frac{f\,v\,t}{B\,u} \qquad (163)$$

wenn für B wieder die Höhe oder Breite des Bildfensters je nach der Richtung der Bewegungskomponente v eingesetzt wird.

Als Zahlenbeispiel ergibt sich für $f = 50$ mm; $v = 10$ km/st; $t = 0,02$ sec; $u = 1$ m und $B = 22$ mm entsprechend der Breite des 35 mm Tonfilmformates: $v = 10\,000$ m/3600 sec $= 278$ cm/sec und $F_4 = \dfrac{5 \cdot 278 \cdot 0,02}{2,2 \cdot 100} = 12,6\%$. Zahlenwerte sind kurvenmäßig in der Abb. 401 aufgezeichnet.

Die Bewegungskomponente des Dinges in Richtung der optischen Achse ergibt einen Fehler für die Scharfeinstellung auf das Ding, der von der Geschwindigkeit des Dinges, der Objektivblende und Brennweite, dem Dingabstand und der Bildfrequenz sowie dem Verschlußaufbau abhängt.

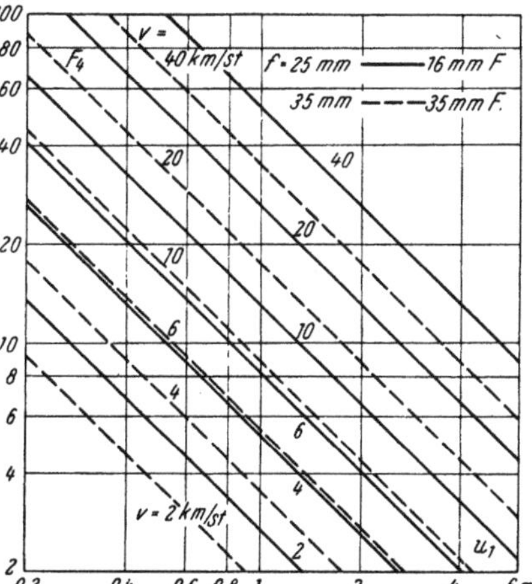

Abb. 401. Zeitfehler F_4 eines Suchers in Abhängigkeit von der eingestellten Dingentfernung u_1 und Geschwindigkeit v des Dinges senkrecht zur optischen Achse (Fehler F_4 in Richtung der großen Seite des Bildfeldes) (s. Abb. 395).

Eine Methode der Erzeugung eines raum- *und* zeitparallaxenfreien Bildes besteht darin, einen Teil der Strahlen des Sucherbildes durch einen *feststehenden* Spiegel auszuspiegeln (2, Abb. 411), der sich zwischen Objektiv und Filmband befindet. Der Spiegel läßt einen großen Teil des Lichtes durch und bringt es damit zur Wirksamkeit auf dem Filmband *3*. Ein kleiner Teil von wenigen Prozent wird zur Erzeugung des Sucherbildes ausgespiegelt.

Werden p % des gesamten, durch das Objektiv durchtretenden Lichtes für den Sucher ausgespiegelt, so ist der *Blendenfehler* F_5 für den Sucher:

$$F_{5\,S} = (1 - p)\,100\,(\%) \qquad (164)$$

und für die Aufnahmeeinrichtung:

$$F_{5\,A} = p \cdot 100\,(\%) \qquad (165)$$

oder in Zahlenwerten: Bei $p = 5\%$ wird $F_{5\,S} = (1 - 0{,}05) = 95\%$, und $F_{5\,A} = 5\%$.

B. Ausgleich der Sucherfehler

Die bisher gebrachte Darstellung über die Sucherfehler läßt zugleich die Möglichkeiten der Behebung erkennen. Bei allen räumlichen Fehlern tritt als wesentliche Größe der Parallaxabstand p zwischen den Achsen von Sucher und Objektiv auf, der also möglichst klein sein sollte. Dies ist infolge der teilweise erheblichen Abmessungen der Objektivfassungen sowie der räumlichen Anordnung anderer Teile im Kameralaufwerk nur bis zu einem gewissen Grade möglich. Bei 35 mm Atelierkameras sind die Parallaxabstände sehr erheblich.

Als einfachstes und bei vielen kleineren Kameras angewendetes Verfahren wird die Parallax-*Kennzeichnung* genannt, die im Sucherdurchblick die andere Lage des tatsächlich aufgenommenen Bildausschnittes erkennen läßt. Die mögliche Anordnung des Suchers S über oder neben dem Aufnahmeobjektiv O zeigt die Abb. 402. Atelierkameras haben vielfach den Sucher in gleicher Höhe wie das Objektiv liegen, aber auf der anderen Seite gegenüber der Abb. 402b. Dabei ist der Sucher nicht in das Kameragehäuse einbezogen. Dies ist aber für die prinzipielle Besprechung der Fehler nicht von Bedeutung. Die Parallaxfehler sind in der Abb. 403 maßstäblich für die genannten Dingentfernungen u aufgezeichnet. Dabei bedeutet das

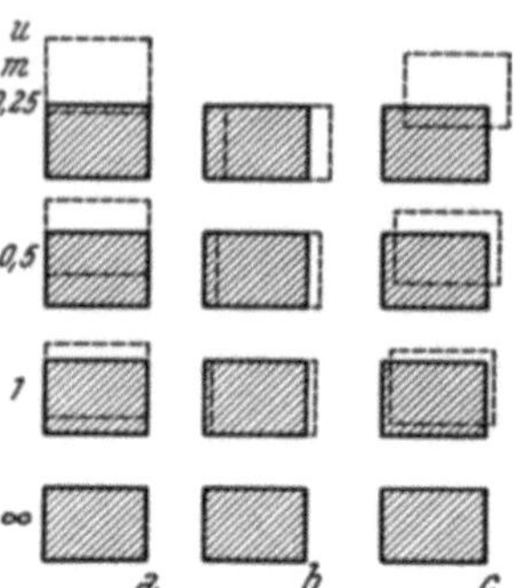

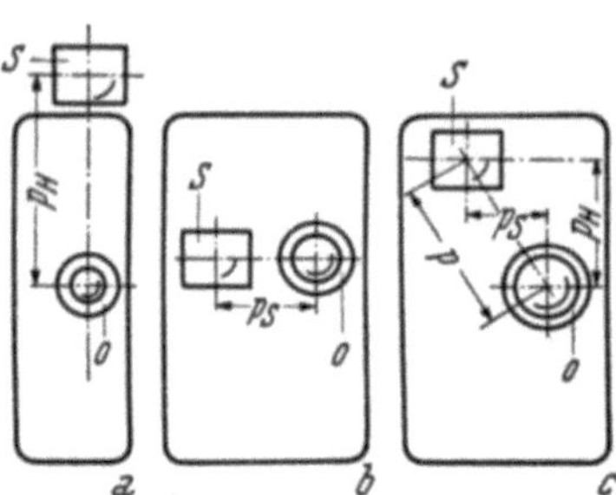

Abb. 402. Sucheranordnung an einer Kamera, Schema.

O Aufnahmeobjektiv, S Sucher, p_H, p_S Höhen- bzw. Seitenkomponente des Parallaxabstandes p (s. Abb. 403).

Abb. 403. Sucherdurchblick durch die Anordnungen der Abb. 402; helles Feld: im Sucher gesehener Dingausschnitt; schraffiertes Feld: vom Aufnahmeobjektiv aufgezeichneter Dingausschnitt, u Dingentfernung (s. Abb. 402).

schraffierte Feld den von dem Objektiv wirklich photographierten Bildausschnitt, bezogen auf den Sucher, und das glatte Feld den im Sucher gesehenen Ausschnitt des Dinges. Für die linke Reihe a der Parallaxfehler ergibt sich eine Zahlengröße von 89, 43, 21 und 0% für die Höhenkomponente von oben nach unten. Eine Seitenkomponente hat diese Reihe a nicht.

Eine Parallaxkennzeichnung besteht darin, für ein oder zwei besonders kritische Dingentfernungen, bei Amateurgeräten also beispielsweise für u = 1 und 0,5 m diese Begrenzungslinien in die Sucherlinse einzuätzen, wie aus der Abb. 404a erkenntlich ist. Eine andere Art der Kennzeichnung kann durch eine Marke vorgenommen werden, die die obere und rechte Kante des Ausschnittes angibt (Abb. 404b).

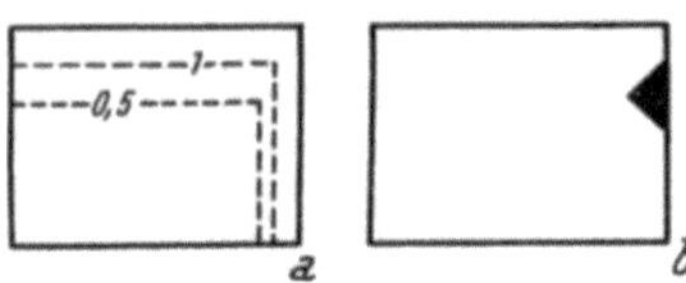

Abb. 404. Kennzeichnung des Ausschnittsfehlers durch eingeätzte Linien a) bzw. Marke b) im Sucherdurchblick mit Angabe der Entfernung, für die die Kennzeichnung gilt a) (s. Abb. 403).

Die soeben beschriebene Art der Parallaxkennzeichnung kommt einer Neigung der Sucherachse gleich, die in der Abb. 405 schematisch angedeutet ist. Eine dem Neigen der Sucherachse gleiche Wirkung kann auch durch das Verschieben des Sucherobjektivs oder -okulars allein erreicht werden. Der Sucher muß in einer derartigen Größe verstellt werden, daß sich in der scharfeingestellten Dingebene 3 die Achsen $2'$ vom Sucher und Objektiv 1 schneiden. Aber auch bei dieser Parallaxkennzeichnung oder dem Parallaxausgleich treten die schon genannten Winkelfehler F_3 auf. Der Ausgleich gilt nur für eine bestimmte, die Ausgleichsebene.

Als Nachteil der Kennzeichnung ist das für sehr kleine Dingentfernungen allmähliche Verschwinden des Aufnahmeausschnittes aus dem durch den Sucher zu sehenden Ausschnitt zu nennen, womit man nur noch verhältnismäßig wenig oder gar nichts von dem Ding durch den Sucher sehen kann. Ein Ausschnittsfehler von 100% wäre der, wo der aufgenommene Bildausschnitt gerade ganz aus dem Sucherausschnitt herausgewandert ist.

Gelegentlich werden auch statt der Bildbegrenzungen die Mittelpunkte des Bildfeldes im Sucher angegeben, da dies für die Parallaxkennzeichnung sinnvoller sein kann [in der ZEISS IKON „*Movikon K 8 Kamera*" mit den Zeichen + (*5*) und O (*6*), Abb. 431. Ähnlich waren auch schon andere Sucher gekennzeichnet (SIEMENS, ZEISS IKON, „*Carèna*").

Eine Sucherkennzeichnung der Parallaxe ist beispielsweise in den Abb. 84, 91, 115, 139, 174, 404, 414, 416, 417, 432, 468 zu sehen.

Die bessere Methode zur Behebung der Sucherfehler ist der Parallax-*Ausgleich*. Es wurde schon angedeutet, daß er durch Schrägstellen des Suchers erzielt werden kann, sofern man die dabei gleichzeitig entstehende Winkelparallaxe in Kauf nimmt. Die Sucherachse muß bei genau über dem Objektiv angeordneten Suchern um eine waagerechte Achse geneigt werden und bei waagerecht neben dem Objektiv angeordneten Suchern um eine senkrechte Achse. Für den allgemeinen Fall liegt die Schwenkachse des Suchers schräg, wie bereits in der Abb. 405 gezeigt wurde. Die Größe des Schwenkwinkels β, gemessen in der schraffiert dargestellten Ebene, die Objektiv- und Sucherachse bilden, läßt sich aus den geometrischen Verhältnissen zu:

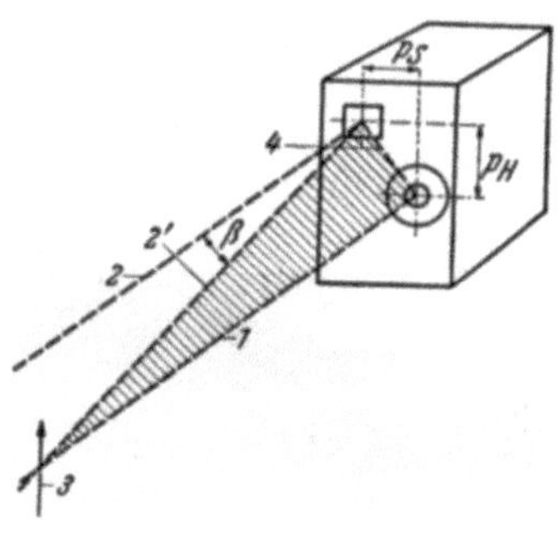

Abb. 405. Parallaxausgleich durch Neigen der Sucherachse, Schema.

1 Achse des Aufnahmeobjektives, *2* Achse des Suchers für Dingentfernung Unendlich, *3* Dingebene für die der Ausgleich gilt, *4* Parallaxabstand, p_S, p_H Seiten- bzw. Höhenkomponente des Parallaxabstandes.

$$\beta = \text{arc tg}\ \frac{\text{p}}{\text{u}_1} =$$

$$= \text{arc tg}\ \frac{\sqrt{\text{p}_\text{S}{}^2 + \text{p}_\text{H}{}^2}}{\text{u}_1} \quad (166)$$

bestimmen. Dabei sind p_H und p_S die Komponenten des Parallaxabstandes in der Höhe und Seite. Als Beispiel für $p_H = 27$ mm; $p_S = 20$ mm und

Abb. 406. SIEMENS 16 mm Kamera „*F II*" mit SCHNEIDER „*Tele Xenar*" f = 150 mm und „*Multifocal*" Sucher; Maßstab etwa 1 : 4,3.

1 Aufzugskurbel, *2* Einstellknopf für Bildfrequenz, *3* Auslöseknopf, *4* Filmmeter-Zählwerk, *5* Sucher, *6* Aufnahmeobjektiv, *7* Kameragehäuse, *8* Schwenkachse des Suchers, *9* Einstellskala des Suchers für die Objektivbrennweite.

$$\text{u}_1 = 1\ \text{m} \quad \text{wird}\ \beta = \text{arc tg}\ \frac{\sqrt{27^2 + 20^2}}{1000} = 1{,}9°. \quad \text{Eine Sucherschwenkung}$$

wird in der Abb. 406 gezeigt, bei der die schräg liegende Achse *8* zum
Neigen des Suchers *5* erkennbar ist. Die Schwenkung wird an der Rückseite der SIEMENS „*F II Kamera*" durch einen Knopf eingestellt, der
das rückwärtige Ende *5a* des Suchers entsprechend anhebt und vor einer
in Metern Dingentfernung geeichten Skala einstellt.

Weitere Beispiele für schwenkbare Sucher sind in den Abb. 62, 100,
153, 328, 407, 410, 441, 442 zu erkennen. Eine dem Schwenken gleichartige Wirkung wird durch einen im Sucherstrahlengang angeordneten
Kippspiegel (*7*, Abb. 453) erreicht.

Abb. 407. Suchereinblick des Außensuchers der PAILLARD „*Bolex H*"
Kameras.

1 Suchereinblick, *2* Suchergehäuse, *3* Mutter,
4 Gehäuse, *5* Einstellknopf für Parallaxausgleich, *6* Entfernungsskala für die ausgeglichene Dingentfernung, *7* Sucherschuh.

Eine in manchen Fällen einfachere
Lösung als das Schwenken des ganzen
Suchers wird durch Verschieben des
Okulars oder des Sucherobjektivs erreicht.
Eine Okularverschiebung wenden beispielsweise die Kameras „*Movikon K 8*",
„*K 16*", ältere Modelle der „*Bolex H*",
„*Ditmar*", KODAK „*Special*" und andere
an. Der Mechanismus ist aus der Abb. 407
zu erkennen. Der Sucher *2*, von dem hier
nur das rückwärtige Ende zu sehen ist,
wird in Schuhen *7* an dem Kameradeckel
befestigt. Das Okular *1* ist bei Betätigen
der Rändelmutter *5* in der waagerechten
Lage verschiebbar. Die Einstellung auf
verschiedene Ausgleichsentfernungen ist
an der Skala *6* abzulesen.

Eine dem Verschieben des Sucherobjektivs gleichartige Wirkung kann
durch eine Maske erreicht werden, die
vor dem Sucher mit entsprechend größerem Bildwinkel verstellbar angeordnet
ist und zum Parallaxenausgleich in der notwendigen Größe und Richtung
bewegt wird. Der Ausschnitt der Maske entspricht dem aufgenommenen Bildwinkel, berücksichtigt aber nicht den Bildschwund. Die konstruktive
Ausführung dieser für die SIEMENS „*C II Kamera*" vorliegenden Anordnung wird an Hand der Abb. 408 beschrieben. Die Kamera enthält
das Objektiv *1*, das durch den Hebel *2* scharf eingestellt wird. Dabei
bewegt sich gleichzeitig die Steuerkurve *4*, an der der Hebel *5* mit seiner
Nase *5a* kraftschlüssig anliegt und seine Bewegung über den Stift *10*
auf die schräg verstellbare Suchermaske *12* überträgt. Diese wird in der
schematisch dargestellten Führung *11* so bewegt, daß gleichzeitig Höhen-
und Seitenparallaxe ausgeglichen werden. Die Photographie dieser Kamera
ist in der Abb. 409 dargestellt, aus der die Maske *7* in dem Sucherausschnitt *6* deutlich erkennbar ist. Der Hebel *5* (Abb. 408) besteht in
Wirklichkeit aus zwei Teilen, die durch die Schraube *18* eine gegenseitige
Verstellung zu Justierzwecken zulassen.

Bei der „*Movikon 16 Kamera*", bei der eine wesentlich größere Höhen-
als Seitenparallaxe auftritt, ist ebenfalls eine verschiebbare Maske an
dem Sucherobjektiv vorgesehen, die sich aber nur senkrecht bewegt und
damit die Höhe, automatisch von der Scharfstelleinrichtung gesteuert,
ausgleicht (Abb. 460).

Bei den Suchern der „*Ikophon-*" und „*Minicord-Kameras*" sind ebenfalls richtige Ausgleiche vorgesehen. So enthält beispielsweise die „*Minicord-Kamera*" eine schräg im Raum laufende, verschiebbare Maske, wie aus der später gezeigten Abb. 423 hervorgeht.

Alle genannten, durch Schrägstellen der Sucherachse wirkenden Parallaxausgleiche haben, in irgend einer konstruktiven Form durch das Auftreten der Winkelparallaxe einen Ausgleich nur für eine einzige, die Einstellebene. Bei größeren räumlichen Abmessungen der Kameras, wie sie bei Berufsgeräten auftreten, nimmt die Sucherneigung bei kleinen Dingentfernungen erhebliche Werte an. Die Größen wurden in Abb. 398 schon genannt.

Bei den Berufsgeräten

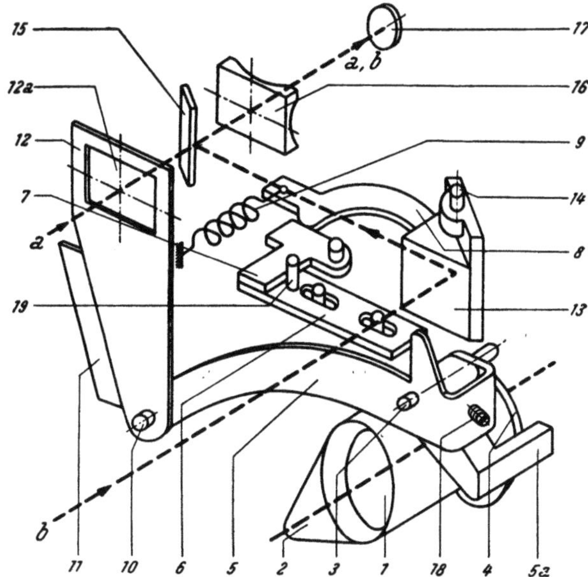

Abb. 408. SIEMENS 16 mm „*C II Kamera*", Sucher und gekuppelter Basis-Entfernungsmesser, Schema.

1 Aufnahmeobjektiv, *2* Einstellhebel, *3* Achse, *4* Kurvenscheibe, *5 … 8* Hebel, *9* Feder, *10* Stift, *11* Führung, *12* Suchermaske, *13* Prisma, *14* Achse, *15* teildurchlässiger Spiegel, *16* Sucherobjektiv, *17* Okular (s. Abb. 409).

Abb. 409. SIEMENS 16 mm „*C II Kamera*", mit gekuppeltem Basis-Entfernungsmesser, Maßstab etwa 1 : 3,2.

1 Aufnahmeobjektiv, *2* Entfernungseinstellring, *3* Schärfentiefenskala, *4* Entfernungsskala, *5* Entfernungsmesserausblick, *6* Sucherausblick, *7* Suchermaske für Parallaxausgleich, *8* Blendentabelle (s. Abb. 408).

wird der Sucher oft nicht in das Kameragehäuse eingebaut, sondern außen angesetzt. Damit ist keine Rücksicht auf den Getriebeaufbau bei dem durchgehenden Sucherschacht erforderlich oder eine besondere konstruktive Maßnahme zur Umlenkung des Sucherstrahlenganges notwendig. Ferner ist eine großzügige Gestaltungsmöglichkeit der Sucherabmessungen gegeben. Das Anbringen an der Außenseite gibt weiter eine Bauform, bei der der Sucher in gleicher Höhe wie das Aufnahmeobjektiv sitzt, womit nur die Parallaxe in der Seitenrichtung ausgeglichen werden muß. Diese wird allerdings erheblich, da die Sucher verhältnismäßig weit absitzen („*Cinephon*", Abb. 410, MAURER, Abb. 442 u. a.). Trotzdem ist das Anbringen an den Kameradeckel oft noch die günstigste Bauform auch in Hinsicht auf die Parallaxe. Der weite Abstand ist oft auch nötig, weil die Kameras mit einer Schallschutzhaube („*Blimp*") versehen werden, die dann zwischen Sucher und Kameragehäuse liegt und die Parallaxbewegung des Suchers nicht behindern darf (s. Abb. 491).

Weitere Außensucher sind für die „*Stereo Bolex*" (Abb. 62) bestimmt. Dieser Sucher *8* hat einen einstellbaren Parallaxenausgleich *10* und für die Anwendung als Normalsucher (ohne die Stereomaske *7*) eine kontinuierliche Einstellung *9* auf verschiedene Objektivbrennweiten. Ähnliche außen angebrachte Sucher haben beispielsweise die MITCHELL 16 mm Kamera (Abb. 89), „*Auricon Pro*" (Abb. 94), MAURER (Abb. 95), MITCHELL „*BCN*" (*9*, Abb. 100, abgeklappt für Filmladung), BELL und HOWELL „*Eyemo*" (Abb. 152), NEWALL (Abb. 153), „*Zeitlupe*" (Abb. 326), EMEL (Abb. 373), SIEMENIS „*F II*" (Abb. 406), „*Bolex H 16*" (Abb. 407), „*Specialist*" (Abb. 441), „*Nizo Pan Cinoro*" (Abb. 435) mit dem gekuppelten Spezialsucher zum „*Pan Cinor*" (Abb. 50) und andere.

Abb. 410. CINEPHON (SLECHTA) 35 mm „*Atelier Kamera*" mit Dreifach-Objektivrevolver und Außensucher.

Diese Beispiele zeigen auch das Außenansetzen des Suchers an Schmalfilmkameras. Eine für flache Kameras geeignete Anordnung des Suchers besteht darin, daß Sucherokular und -objektiv bei der „*Carena*" in das Gehäuse eingedrückt werden können und damit seitlich keinen Raum benötigen. Für den Betriebszustand springen auf den Druck eines Knopfes beide Sucherteile in die Gebrauchslage (*1, 8* Abb. 429).

Neben diesem *Außensucher*, der vorzugsweise während der Filmaufnahme benutzt wird, ist vielfach noch eine Such- und Scharfeinstelleinrichtung vorhanden, die mit dem Bildfenster zusammen arbeitet und oft vor der Aufnahme in Tätigkeit tritt. Denn insbesondere bei den Berufsgeräten ist eine völlige Freiheit von Raumparallaxe erwünscht. Das von dem Aufnahmeobjektiv im Bildfenster erzeugte Bild wird durch eine *Lupe* betrachtet und kann so auf die Bildschärfe und den Ausschnitt kontrolliert, bzw. eingestellt werden. Da das Bild durch das mit dunklen Schutzschichten versehene Filmband betrachtet werden muß, ist das Sucherbild nicht sehr hell. In einer anderen Anordnung kann das im Kameragehäuse eingesetzte Filmband zusammen mit dem Filmkanal aus dem Bildfenster ausgeschwenkt und dafür eine Mattscheibe in die gleiche optische Bildebene eingerückt werden. Mit diesen Einrichtungen ist ein raumparallaxenfreies Sucherbild gegeben. Das Wort *Lupe* wird in der Kinotechnik vielfach nicht in der ursprünglichen optischen Bedeutung gebraucht, sondern bezeichnet ein ganzes Suchersystem nach Art eines Mikroskopes. Dieses ist für eine Bildfensterbetrachtung bestimmt und enthält ein Umkehrobjektiv und ein Okular und bringt damit eine Aufrichtung des Mattscheibenbildes. Da dieser Begriff *Lupe* etwas verschwommen ist, wird er möglichst vermieden.

Ein ausschwenkbarer Filmkanal wird für eine DEBRIE Kamera in der Abb. 111 im eingeschwenkten Zustand, also in der Aufnahmestellung gezeigt. In der ausgeschwenkten Stellung des Filmbandes (Suchen, Abb. 150) und damit automatisch eingeschwenkter Mattscheibe *11* wird das Getriebe der ASKANIA „*Atelier Kamera*" dargestellt.

Eine andere Einrichtung zur Vermeidung der Raumparallaxe ist in der ASKANIA „*Trick-Kamera*" (Abb. 119 und 506) vorgesehen. Diese Kamera *1* ist mit einem Tricktisch *14* (Abb. 507) verbunden, an dem sie durch eine Lenkergeradeführung gesteuert mit senkrecht stehender optischer Achse arbeitet und ihren Abstand gegenüber dem Tisch ändern kann. Die Scharfeinstellung kann mit Hilfe einer optischen Einrichtung mit sechsfacher Vergrößerung im Bildfenster vorgenommen werden. Der jeweils aufgenommene Bildausschnitt wird von einem im Kameragehäuse untergebrachten Projektor auf den Tisch projiziert. Die Parallaxe zwischen Aufnahme- und Projektionsobjektiv wird dadurch ausgeglichen, daß der Tisch sich auf Knopfdruck um die Strecke des Parallaxabstandes seitlich verschiebt und damit parallaxfrei eingestellt werden kann. Dieser Ausgleich gilt für alle Abstände der Kamera vom Tricktisch. In der Projektionsstellung kann die Kamera nicht zum Filmtransport eingeschaltet werden.

Es bedarf keiner Erörterung, daß eine Wechseleinrichtung eine große Genauigkeit aufweisen muß, da sonst die damit mögliche exakte Bildschärfen- und Ausschnittseinstellung illusorisch wird. Das Ausschwenken des ganzen Filmschaltwerkes, das in jeder Stellung des Greifers möglich sein muß, bedingt auch eine sehr saubere Lagerung zur Vermeidung von Bildstandsfehlern und eine genügende Größe der Filmschleifen, um diese Schwenkung zuzulassen.

Eine andere Bauform für den Austausch der Aufnahme- und Sucheinrichtung zum Zusammenwirken mit dem gleichen Objektiv besteht darin, hinter dem räumlich feststehenden Objektiv betriebsmäßig eine Verschiebeeinrichtung vorzusehen. Damit kann wahlweise das Betrachtungsmikroskop oder das Filmband mit seinen Antriebs- und Führungsmitteln in die Gebrauchslage hinter das Objektiv geschaltet werden. Diese Anordnung erfordert einen größeren Aufwand und ist deshalb praktisch nur in Berufsgeräten zu verwirklichen. Die Bauart stammt wohl von MITCHELL, wird aber in mannigfachen Formen mehrfach eingesetzt. Mit einer derartigen Einrichtung ist ein raumparallaxenfreies Bild zu erreichen. Allerdings bleibt eine Zeitparallaxe bestehen, die infolge der großen zu bewegenden Massen eine erhebliche Größe hat. Deshalb ist bei diesen Systemen noch ein zweiter *Außensucher* erforderlich, der während der Aufnahme in Betrieb ist. Ausführungsformen werden im Abschn. XIII C besprochen.

Eine grundsätzlich andere Wechseleinrichtung für die gemeinsame Erzeugung des Aufnahme- und Sucherbildes durch das Aufnahmeobjektiv wurde schon genannt, sie besteht nach der Abb. 400 aus einem umlaufenden Spiegelverschluß und wird in ihrem Aufbau im Abschn. XIII C noch ausführlich beschrieben. Die Zeitparallaxe ist hier wesentlich kleiner und praktisch zu vernachlässigen, da hier nur gleichförmig kleine Massen bewegt werden, was schnell vonstatten gehen kann.

Eine Bauform des raum- und zeitparallaxenfreien Suchers ist in der Abb. 411 für die PATHEX „*Webo M 9,5*" und „*M 16 mm-Kamera*" aufgezeichnet. Über das hier nur schematisch angedeutete Objektiv *1* fallen die von dem Ding kommenden Lichtstrahlen auf den Spiegel *2,* der 45°

zur optischen Achse geneigt ist. Dieser spiegelt mit seiner Vorderseite
einen kleinen Teil des Lichtes aus. Damit wird in dem gleichen Abstand,
den die Filmebene *3* von der Stelle hat, wo die optische Achse die Ober-

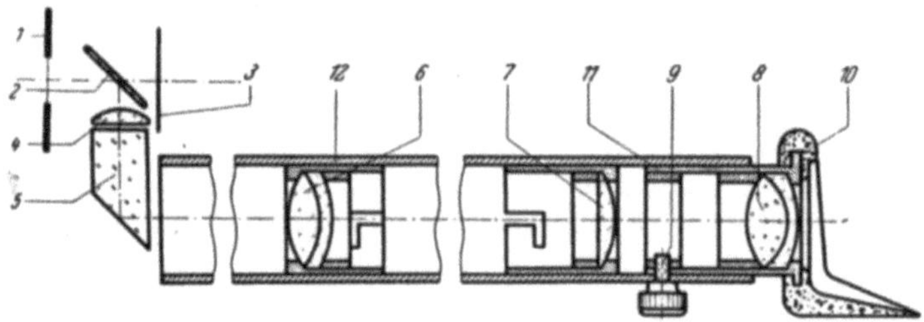

Abb. 411. PATHEX 16 mm Kamera „*Webo M 16*" „*Dauerreflex Sucher*", Maßstab etwa 1 : 2.
1 Objektiv (schematisch), *2* Spiegel, *3* Filmband, *4* Linse, *5* Prisma, *6* Umkehrobjektiv, *7* Feldlinse, *8* Okular,
9 Okulareinstellung, *10* Augenmuschel, *11* Okularhalterung, *12* Suchergehäuse.

fläche des Spiegels *2* trifft, ein reelles Bild in der gleichen Größe des Aufnahmebildes auf der mattierten Fläche der Linse *4* erzeugt, dessen Ebene
um 90° gegenüber der Filmebene gedreht ist. Die Rückseite des sehr dünnen

Abb. 412. ASKANIA „*Atelierkamera*" für
35 mm Film, Maßstab etwa 1 : 7.
1 Zählwerk, *2* Sichereinblick, *3* Objektiv-
scharfeinstellknopf, *4* Knebel zum Umschalten
der Kamera von der Mattscheibenbetrachtung
zur Filmaufnahme, *5* Tachometer, *6* Wasser-
waage, *7* Motordrehknopf, *8* Betriebsschalter,
9 Anschluß für elektrische Kabel (s. Abb. 243, 244).

Spiegels *2* von etwa 0,13 mm ist vergütet und ergibt damit keine störende
Reflexion. Der Hauptanteil der
Strahlen geht zum Filmband *3* durch
und erzeugt hier das Aufnahmebild.
Das reelle in *4* entstehende Bild
wird über ein Prisma *5* mit Totalreflexion und ein optisches Umkehrsystem *6* aufgerichtet, in der Planfläche der Linse *7* abgebildet und über
ein einstellbares Okular *8* betrachtet.
Nach der Anpassung des Systems
an das betrachtende Auge wird das Okular durch eine Schraube *9* arretiert.

Dieser „*Dauerreflex-Sucher*" ist
bei richtiger Justierung — und das
ist die Voraussetzung für alle Sucheinrichtungen — tatsächlich frei von
einer räumlichen *und* zeitlichen Parallaxe und außerdem verhältnismäßig
einfach im Aufbau, da er keine bewegten Teile hat. Trotzdem sind hier
die im Abschn. XIII A genannten
Blendenfehler vorhanden, die nicht

ausgeglichen werden können. Diese beziehen sich auf die zur Verfügung
stehende Lichtmenge. Für das Aufnahme- und Sucherbild stehen zusammen nur 100% Licht zur Verfügung, das fast ganz der Aufnahme
dient (es werden etwa 95% geschätzt). Der Rest ergibt das Sucherbild,
das infolge der großen Leistungsfähigkeit des menschlichen Auges noch
brauchbar ist. Diesem Umstand kommt vielleicht noch zur Hilfe, daß
kinematographische Aufnahmen infolge der ständigen Folge der einzelnen
Phasenbilder keine Zeitaufnahmen sind und deshalb eine ausreichende

Helligkeit oder Beleuchtung des Dinges erfordern. Damit ist auch eine gute Sucherbetrachtung gegeben. Zusätzlich besitzt die „*Webo Kamera*" einen üblichen Durchsichtssucher.

Da bei einem Teil der Sucher das Bildfeld direkt betrachtet wird, muß eine Lichtsicherung vorhanden sein, damit kein Licht von rückwärts in die Kamera eindringen kann. Es werden deshalb Augenmuscheln aus Formgummi (*2*, Abb. 412) benutzt, die das Okular erst bei dem Druck der Stirn öffnen. Diese Muscheln sind für rechts- oder linksäugige Betrachtung zu verstellen.

C. Sucheraufbau

Die bisherigen Betrachtungen über die Sucher waren im wesentlichen geometrischer Art und zeigten die möglichen Fehler auf und brachten Hinweise für ihre Behebung von der grundsätzlichen Seite her. Ein Sucher selbst kann, was bekannt ist, ohne irgend ein optisches Mittel aufgebaut werden. In dem seit frühesten Zeiten der photographischen Technik her bekannten „*Ikonometer*" liegt eine Rahmenanordnung ohne optische

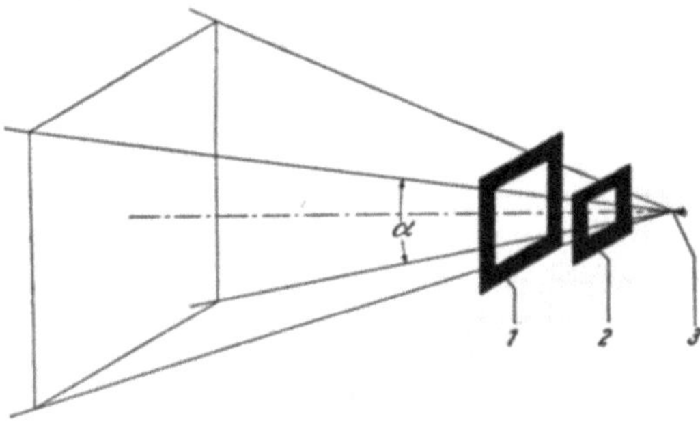

Abb. 413. Schema eines Rahmensuchers ohne optische Glieder, „*Ikonometer*".

1, 2 Rahmen, *3* Ort des betrachtenden Auges, *α* Sucherwinkel.

Abb. 414. KODAK 2 × 8 mm „*Brownie Kamera*".

1 Rahmensucher, *1a, b* Parallaxkennzeichnungen, *2* Rahmen, *3* Rahmendurchblick, *4* Blendeneinstellung, *5* Aufnahmeobjektiv, *6* Aufzugsschlüssel für Federwerk, *7* Auslöseknopf (s. Abb. 512).

Glieder vor, die man recht gut als Sucher benutzen kann. Ein Ikonometer besteht nach der Abb. 413 aus zwei in einem gewissen Abstand angebrachten und in parallelen Ebenen liegenden Rahmen *1* und *2*. Ihre Größe ist so abgestimmt, daß sie für das betrachtende Auge bei Deckung der beiden Rahmenkonturen, bzw. der Innenseite der Ausschnitte den Bildwinkel des Objektivs einschließen, der auch für den Sucher gilt. Ein derartiger Rahmensucher hat, abgesehen von seinem billigen Aufbau, den Vorzug, ein gleich großes und aufrechtstehendes Bild zu ergeben, wie es das menschliche Auge ohne jede Hilfseinrichtung sieht. Ein weiterer Vorzug besteht besonders für Kinogeräte darin, daß bei entsprechender Gestaltung des Ikonometers, d. h. nicht zu breiten Stegen der Rahmen, auch ein Teil des sich außerhalb des eigentlichen Aufnahmeausschnittes befindenden Raumes noch übersehen werden kann. Damit ist es möglich, in das aufzunehmende Bildfeld hineinlaufende Dinge rechtzeitig zu erkennen, bzw. die Kamera auf diese hinzurichten. Dies ist bei vielen Suchern nicht möglich, da sie nur den Bildausschnitt selbst wie durch ein Fenster anzeigen. Nachteilig wirkt sich die mangelnde Akkommodationsfähigkeit besonders älterer Menschen aus, wonach die Rahmen nicht genügend scharf erscheinen.

Ein Ausführungsbeispiel für einen derartigen Rahmensucher zeigt in der Abb. 414 die KODAK „*Brownie 8 mm-Kamera*". Der Sucher besteht aus dem vorderen Rahmen *1*, der übrigens in den Spitzen *1a* und *1b* die Parallaxkennzeichnung für zwei Nahentfernungen besitzt, und dem hinteren Rahmen *2* mit dem Blech *3*, das den Ausschnitt *3a* trägt. Dieser Ausschnitt ist mit der Innenkontur des Rahmens *1* in Deckung zu bringen. Bei dieser Ausführung ist allerdings das Umfeld des Aufnahmefeldes schwerer zu übersehen. Beide Rahmen können bei Nichtgebrauch zur Verringerung der Kameraabmessungen flach an das Gehäuse angelegt werden. Für ein Vorsatzobjektiv mit anderer Brennweite kann ein optisches Glied zur Sucheranpassung zwischen beide Rahmen gesteckt werden.

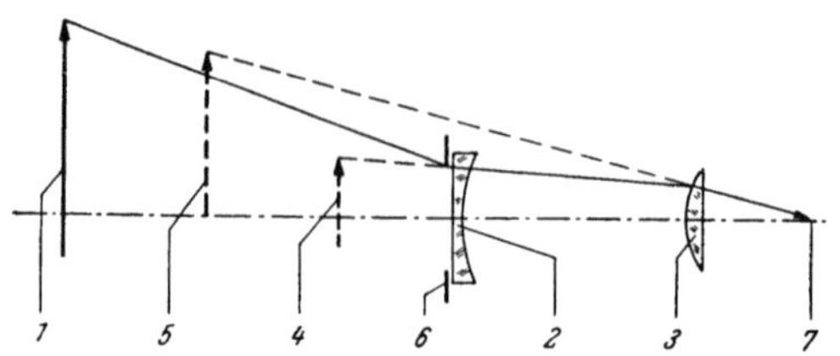

Abb. 415. GALILEI-Sucher, optischer Aufbau.
1 Ding, *2* Sucherobjektiv, *3* Okular, *4*, *5* Orte der Bilder, *6* Bildfeldmaske, *7* Ort des Auges.

Gelegentlich werden Rahmensucher ohne optische Mittel als „*Sportsucher*" auch bei anderen Kinokameras, z. B. „*Movikon 16*" oder Standbildgeräten, eingesetzt wie der Rahmensucher für zwei Brennweiten der „*Robot Kamera*". Ein weiterer Rahmensucher findet sich in der Abb. 500.

Der einfachste optische Sucher besteht nach NEWTON in einer Zerstreuungslinse, die ein verkleinertes aufrechtstehendes Bild des Dinges liefert und mit einem Diopter zusammenarbeitet. Diese Einrichtung muß in einem gewissen Abstand vom Auge gehalten werden und entspricht nicht mehr den Anforderungen, die heute zu stellen sind.

Eine Verbesserung brachte das Zusammenwirken der Zerstreuungslinse *2* (Abb. 415) als Objektiv mit einem Okular *3*, das als Lupe wirkt. Dieses gelegentlich als *Fernrohrsucher* — auch dieser Begriff ist nicht ganz eindeutig — bezeichnete System ergibt ein aufrechtstehendes seitenrichtiges Bild in einer Verkleinerung gegenüber der natürlich gesehenen Größe. Er entspricht in seinem optischen Aufbau einem GALILEIschen Fernrohr, das aber umgekehrt benutzt wird, wobei die Reihenfolge der Linsen und ihre Größen vertauscht sind.

Dieser Sucher ist verhältnismäßig einfach aufzubauen, ist robust, billig und hat einen großen Bildwinkel. Sein Nachteil liegt in der Verkleinerung des Sucherbildes. Sie beträgt bei den meisten ausgeführten Suchern einschließlich der Lupenvergrößerung etwa 0,5 und läßt sich aus optischen Gründen nicht wesentlich ändern. Der Benutzer kann sich aber an diese Verhältnisse gut gewöhnen. Die streng genommen notwendige Verstellung des Objektivs für eine Anpassung an unterschiedliche Dingentfernungen wird nicht vorgenommen, vielfach aber eine Okularanpassung an das Auge. Die Begrenzungsmaske *6* für das Bildfeld wird meist in der Nähe des Sucherobjektivs *2* angebracht und kann auf Grund der optischen Verhältnisse nicht ganz scharf gesehen werden, da das entstehende virtuelle Bild etwa im Abstand der Sucherbrennweite vor dem Objektiv, also zwischen ihm und dem Ding, liegt. Deshalb ist eine gewisse

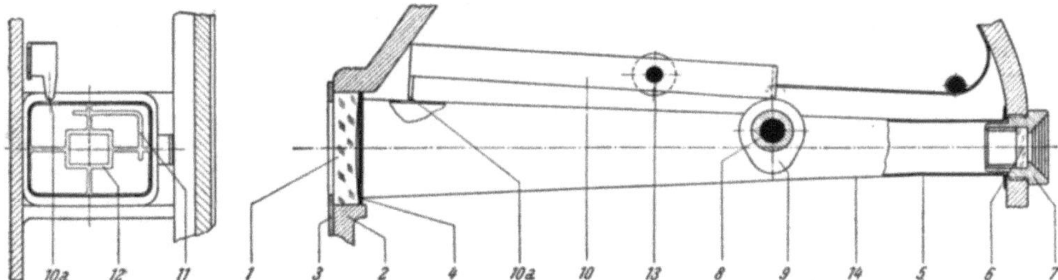

Abb. 416. BAUER-Sucher der 2 × 8 mm Kameras „*Bauer 88, 88 B*" und „*C*", Maßstab 1 : 1.
1 Sucherobjektiv, *2* Kameragehäuse, *3* Halteblech, *4* Sucherfeld-Blende, *5* Suchergehäuse, *6* Okular, *7* Augenmuschel, *8* Achse, *9* Nockenscheibe, *10* Schwinghebel, *11* Parallax-Kennzeichnung, *12* Sucherausschnitt für Fernobjektiv, *13* Achse, *14* Sucherschacht (s. Abb. 417).

Unsicherheit in der Ausschnittsbegrenzung gegeben. Auch das schiefe Hineinsehen in den Sucher kann zu einer geringfügigen Verschiebung der Bildbegrenzung und damit Parallaxfehlern führen. Ein NEWTON-Sucher wurde schon in der Abb. 173 dargestellt, wo das Sucherobjektiv mit *21* und das Okular mit *22* bezeichnet ist.

Den Sucheraufbau der BAUER „*88 Kamera*" zeigt die Abb. 416. Das Sucherobjektiv *1* (Zerstreuungslinse) wird in dem Kamerakörper *2* gehalten und durch eine Platte *3* nach außen abgedeckt. Die Bildbegrenzung wird durch die Maske *4* vorgenommen. Der Sucherschacht *5* verbindet das Objektiv mit dem Okular *6* und dem Körper *7* mit der Einblicköffnung.

Es wurde schon darauf hingewiesen, daß infolge der ständigen Durchsicht durch den Sucher während der Aufnahme diese Stelle besonders für Anzeigevorrichtungen zweckmäßig ist, die dann gleichzeitig mit dem Sucherbild zu sehen sind. Dazu gehört beispielsweise die Anzeige des Endes vom Filmband (Abb. 425), der Entfernungsskala (Abb. 431) oder der Notwendigkeit des Umdrehens der Kassette bei Doppelt-8 mm Filmband.

Abb. 417. BAUER 2 × 8 mm Kamera „*Bauer 88*" (ähnlich auch „*Bauer 88 C*") mit Wechselobjektiv und Anzeige des Filmdurchlaufes, Maßstab etwa 1 : 2 (s. Abb. 176, 416).

Bei der BAUER „*88 Kamera*" wird im Sucher ein Merkzeichen gegeben, das den wirklichen Ablauf des Filmbandes anzeigt. Denn ein Getriebezählwerk (Abschn. VIII F) zeigt auch dann den Ablauf des Getriebes an, wenn das Filmband beispielsweise infolge des Durchrisses eines Steges zwischen zwei Schaltlöchern nicht transportiert wird. Das Merkzeichen besteht nach der Abb. 416 darin, von der Achse *8* der Abwickelspule über einen fest damit verbundenen Nocken *9* einen Schwinghebel *10* zu steuern, der bei jedem Umlauf der Achse *8* einmal mit einer Nase *10a* kurz in den Sucherschacht eintaucht. Der Durchblick durch den Sucher zeigt eine Parallaxkennzeichnung *11* für den normalen Ausschnitt und eine Begrenzung *12* für ein langbrennweitiges Objektiv.

Zum Betrachten der sich in der Nähe des eigentlichen für die Filmaufnahme wirksamen Dingausschnittes abspielenden Vorgänge ist ein größerer Sucherausschnitt erwünscht, als er dem Aufnahmeausschnitt entspricht. Dazu ist entweder ein Sucher in der Lage, der seine optischen Mittel ohne oder mit einem sehr schmalen Rahmen an dem Kameragehäuse befestigt. Dann ist es möglich, an dem Sucher vorbeizusehen und das Umfeld zu betrachten, z. B. GEVAERT „*Geva 8 Carèna*" (Abb. 429), „*Brownie*" (Abb. 414), KODAK „*Magazin Kamera*"

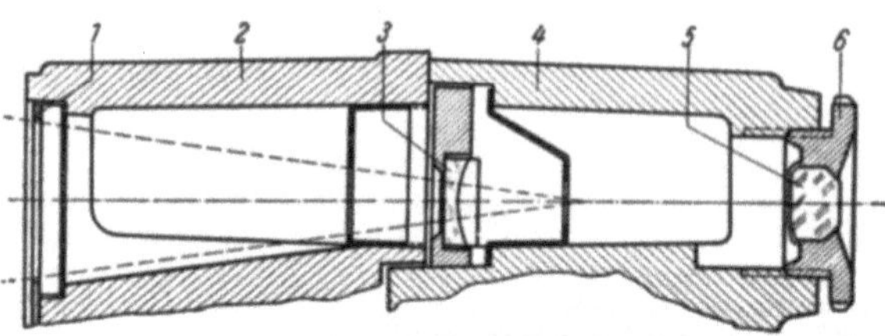

Abb. 418. ZEISS IKON 2 × 8 mm Kamera „*Movikon 8 quer*", Sucher, Maßstab 1,25 : 1.

1 Sucherfeldblende, *2* Kameragehäuse, *3* Sucherobjektiv, *4* Kameradeckel, *5* Okular, *6* Augenmuschel (s. Abb. 122, 382).

(Abb. 432), „*Unterwasserkamera*" (Abb. 500) und andere. Oder der dargestellte Ausschnitt eines Mattscheibensuchers wird entsprechend größer gehalten und der photographierte Bildausschnitt durch eine Maske gekennzeichnet, beispielsweise MAURER (Abb. 442) und VINTEN (Abb. 449) und andere.

Eine Verbesserung hat die neue ZEISS IKON „*Movikon 8 Kamera*" (Abb. 418), bei der die Sucherbildbegrenzung *1* in einem größeren Abstand vor dem Sucherobjektiv *3* auf der Seite des Dingraumes liegt und damit mehr in die Ebene rückt, in der das virtuelle Sucherbild entsteht. Dabei sitzt der vollständige optische Teil des Suchers in der zum Einlegen des Filmbandes abnehmbaren Rückwand *4* der Kamera, während die Bildbegrenzungsmaske *1* an der Vorderwand des Gehäuses *2* befestigt ist. Durch eine gute Passung der beiden Gußstücke aufeinander und eine Verriegelung an beiden Dornen der Spulenachsen ist die eindeutige Lage des Deckels zum Kameragehäuse sichergestellt.

Die Bildfenster- und Sucheranordnung nach den Abb. 122 und 418 gibt nach dem Pat. 827 003 noch die Möglichkeit, das Sucherokular wahlweise hinter den Sucher oder das Bildfenster zu schwenken und damit eine direkte Bildfensterbetrachtung zu erleichtern.

Der mögliche Einsatz des NEWTON-Suchers in umgekehrter Reihenfolge als schwach vergrößerndes Fernrohr ergibt für photographische Zwecke nicht den erforderlichen Bildwinkel. Fernrohrsucher mit vergrößernder Wirkung werden deshalb als Fernrohre mit reeller Abbildung verwirklicht.

Ein grundsätzlich anderes Suchersystem arbeitet nach dem Kollimatorprinzip (ALBADA-Sucher). Hier wird das Ding durch eine planparallele Glasplatte betrachtet und erscheint damit in gleicher Größe wie in der Natur. Die Glasplatte ist aus einer plankonvexen und einer plankonkaven Linse zusammengesetzt, die sich in ihrer Brechwirkung aufheben. Diese sind so angeordnet, daß ein in der Brennpunktebene stehender Rahmen in das Sucherfeld eingespiegelt wird und damit die Sucherbegrenzung übernimmt. Der Rahmen ist in der Nähe des betrachtenden Auges an-

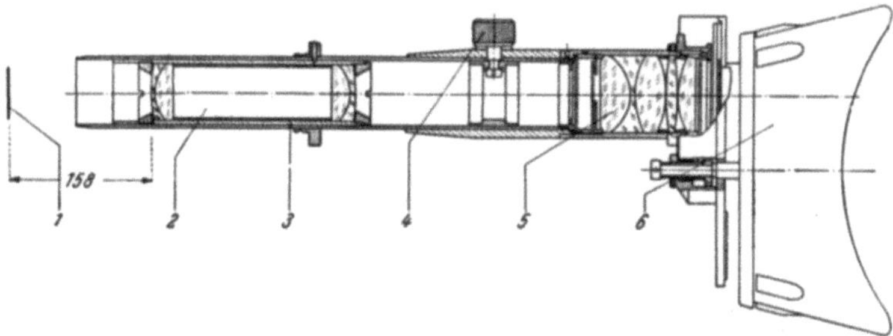

Abb. 419. ASKANIA 35 mm „*Z-Kamera*", Sucher, Maßstab 1 : 4.
1 Filmebene, *2* Umkehrobjektiv, *3* Sucherschacht, *4* Feststellschraube für Okular, *5* Okular, *6* Augenmuschel
(s. Abb. 56, 205, 420).

geordnet, das durch ihn hindurch zu dem Ding blickt. Da die konkave Linse einen Teil des Lichtes spiegeln muß, wird das Sucherbild dunkler. Der Sucher hat aber den Vorzug einer Betrachtung des Dinges in der natürlichen Größe und der Möglichkeit, mehr von dem Ding zu zeigen, als der Rahmen für den Aufnahmeausschnitt angibt (632).

Eine bekannte Verbesserung dieses Kollimatorsuchers besteht darin, statt der beschriebenen Glaslinsen einen Metallhohlspiegel zu verwenden, der

Abb. 420. ASKANIA 35 mm „*Z-Kamera*", Maßstab etwa 1 : 10. Mit Kompendium, verstellbarem Umlaufverschluß und direkter Bildfensterbetrachtung (s. Abb. 419).

einen Durchbruch im mittleren Teil hat und somit keine Lichtschwächung des Sucherbildes ergibt. Sucher nach diesen beiden Bauarten werden mehrfach bei Standbildkameras („*Contax*", „*Leica*") eingesetzt (345, 632). Die Einspiegelung eines Rahmens kann auch auf etwas andere Art erfolgen.

Für die größeren und Berufskameras kommen ausschließlich Sucher mit einem reellen Bild in Betracht, dessen räumliche Lage und Begrenzung eindeutig ist. Diese Sucher entwerfen über ein besonderes Objektiv mit sammelnder Wirkung oder das Aufnahmeobjektiv selbst eine reelle Abbildung auf einer Mattscheibe oder in der optischen Abbildungs-

Abb. 421. ASKANIA 35 mm „*Schulter-Kamera*", Maßstab etwa 1 : 7.

1 Kameragehäuse. *2* Objektiv, *3* Tachometer, *4* Suchereinblick, *5* Entfernungseinstellung, *6* Auslöseknopf, *7* Elektromotor.

ebene als Luftbild. Dieses reelle kopfstehende Bild muß infolge seiner Kleinheit bei den üblichen Filmformaten mit einer mehrfach vergrößernden

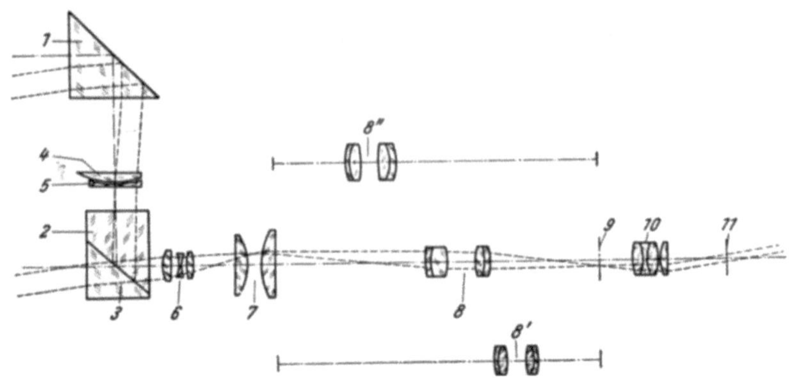

Abb. 422. KLANGFILM 16 mm Bild-Ton-Kamera „*Minicord V 16*", gekuppelter Sucher
und Basis-Entfernungsmesser.

1 Prisma, *2, 3* teildurchlässiges Prisma, *4, 5* Schwenkkeil, *6* Sucherobjektiv, *7* Feldlinsen, *8* Umkehrobjektiv,
9 Ort des reellen Bildes, *10* Sucherokular, *11* Blende.

Lupe betrachtet werden. Oder durch ein Zwischenabbildungs-Objektiv
wird dieses Bild umgekehrt und dann aufrechtstehend wahrgenommen. Das dazu benötigte System ist einem
Mikroskop ähnlich.

Als Beispiel wird
das Suchersystem der
ASKANIA „*Z Kamera*"
genannt, dessen Aufbau
in der Abb. 419 zu sehen
ist. Dieser Sucher mit
einer sechsfachen Vergrößerung gestattet es,
das Bildfenster der Kamera direkt zu betrachten. Das System
geht durch den ganzen
Kamerakörper hindurch
und ragt auch noch ein
Stück über die Rückseite hinaus, damit der
Bedienende nicht mit
dem an der Rückwand
angebrachten Antriebsmotor in Berührung
kommt (Abb. 56). Der
Durchblick durch die
senkrechte Getriebe

Abb. 423. KLANGFILM 16 mm Bild-Ton-Kamera „*Minicord
V 16*", gekuppelter Sucher und Basis-Entfernungsmesser.

1 Prisma, *2, 3* teildurchlässiges Prisma, *4, 5* Schwenkkeil, *7* Feldlinsen,
8 Umkehrobjektiv, *12, 13* Kurvenstück mit Halterung, *14* Fühlstift,
15 Hebel, *16* Druckstück, *17* Hebel, *18* Drehpunkt des Schwenkkeiles,
19 Achse des Sucherobjektiv-Revolvers, *20* Halterung für Umkehrobjektive, *21* Zahnrad, *22* Rast, *23* Rasthebel (s. Abb. 422).

achse ist durch die rahmenförmige Ausbildung (*9*, Abb. 205) dieser Achse
hinter dem Bildfenster möglich. Eine ähnliche Achse hat die DEBRIE

„*Super-Parvo*" nach der Abb. 204. Das ASKANIA-Suchersystem besteht aus einem optischen Umkehrobjektiv *2* und einem Okular *5* (Abb. 419).

In ähnlicher Form ist der Sucher der ASKANIA „*Atelier Kamera*" ausgebildet, der ebenfalls mit dem Bildfenster zusammenwirkt und das Bild auf dem Filmband oder der statt dessen eingeschwenkten Mattscheibe *11* (Abb. 150) zu betrachten gestattet. Der Sucher ist für links- oder rechtsäugige Betrachtung eingerichtet und hat eine sechsfache Vergrößerung. Der Sucherverschluß öffnet sich durch leichten Druck auf den Stirnschutz *2* (Abb. 412) mit dem Kopf. Der Hebel *4* zum Umschalten auf die Mattscheibe ist an der rückwärtigen Bedienungsplatte der Kamera angebracht.

Eine einschwenkbare Mattscheibe für die Scharfstellung des Objektivs haben auch die DEBRIE „*Super Parvo Kameras*" (Abb. 111).

Der Kamerakörper *1* der ASKANIA „*Schulter-Kamera*" (Abb. 421) ist so konstruiert, daß der Suchereinblick *4* vor dem rechten Auge sitzt. Es kann aber auch eine entsprechende Anordnung für das linke Auge geliefert werden. Ein Schnekkengang gestattet eine

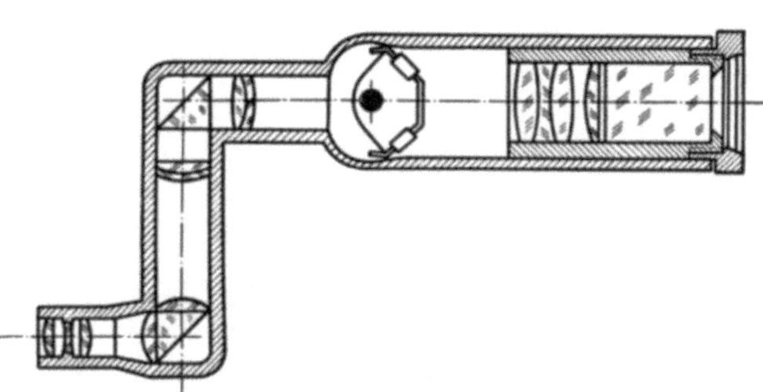

Abb. 424. SIEMENS 16 mm Kamera „*D*" mit Objektivwechselschlitten, Suchersystem mit automatischer Einschaltung der Suchermaske, Maßstab etwa 1 : 1,7 (s. Abb. 98).

individuelle Anpassung des Okulars. Das Gesichtsfeld beträgt 50° und für ein Objektiv mit der Brennweite f = 28 mm bestimmt. Die Bildausschnitte werden für die Brennweiten 50 und 75 mm durch verschiebbare Masken eingestellt. Bei Betätigen eines Hebels wird ein Prisma in dem Strahlengang eingeschaltet, womit mit dem gleichen Sucher das Filmband direkt im Bildfenster beobachtet werden kann.

Eine Betrachtung des Bildfensters ist bei der „*Movikon 16 Kamera*" (*24*, Abb. 105) „*Nizo Combi-Matic*", „*Pan Cinoro*" und anderen möglich.

Das Suchersystem der KLANGFILM „*Minicord V 16 Kamera*" wird in der Abb. 422 und 423 gezeigt. Die von dem Ding kommenden Lichtstrahlen treten durch den Glaskörper *2* und *3* hindurch und werden über das Sucherobjektiv *6* und eine Feldlinse in der Ebene *7* reell abgebildet. Von diesem Bild entwirft das auswechselbare Objektiv *8* eine weitere reelle Abbildung in der Ebene *9*, wobei die unterschiedlichen Brennweiten der Aufnahmeobjektive durch entsprechende optische Systeme *8*, *8'* und *8''* berücksichtigt werden. Damit wird jeweils die gleiche Größe des Dingausschnittes in der Bildebene *9* erreicht. Hier wird dann das Bild unter Benutzung des einstellbaren Okulars *10* durch die Blende *11* betrachtet, wobei sich durch die Zwischenabbildung ein seitenrichtiges und aufrechtstehendes Sucherbild ergibt. Die Zwischenabbildungsobjektive *8* sitzen nach der Abb. 423 auf einer revolverartigen Halterung *20* und werden automatisch bei dem Schwenken des Objektivrevolvers über das Zahnrad *21* mit verstellt, wobei nach Beendigung der Bewegung die Rasteinrichtung *22*, *23* wirksam wird, um die Sucherachse genau einzuhalten.

Das Suchersystem der SIEMENS „*D Kamera*" wird ebenfalls automatisch an das jeweils in Betrieb befindliche Objektiv 1 ... 3 (Abb. 98) des Wechselschlittens angepaßt. Hier erzeugt das Sucherobjektiv (Abb. 424) auf der mattierten Planfläche einer Feldlinse ein reelles Bild, das über ein Umkehrsystem reell abgebildet und durch ein Okular betrachtet wird. Eine drehbare Einrichtung ist ein von der Stellung des Objektivwechselschlittens automatisch gesteuerter „Revolver", der Masken trägt und den Sucherausschnitt auf den durch das Aufnahmeobjektiv gegebenen begrenzt.

Ein Teil des Aufwandes der Sucher gilt der richtigen Anpassung des Bildausschnittes und manchmal auch der Anzeige der jeweiligen Einstellung des Aufnahmeobjektivs. Über den zuletzt genannten Punkt wird noch im Abschn. XIV in Zusammenhang mit den Entfernungsmessern berichtet. Bei den Suchern, die nicht gleichzeitig das Sucherbild von dem Aufnahmeobjektiv entwerfen lassen, wird die Anpassung an den kleineren Bildausschnitt eines Objektivs mit längerer Brennweite durch eine Maske vorgenommen. Diese sitzt in einer Haltevorrichtung und

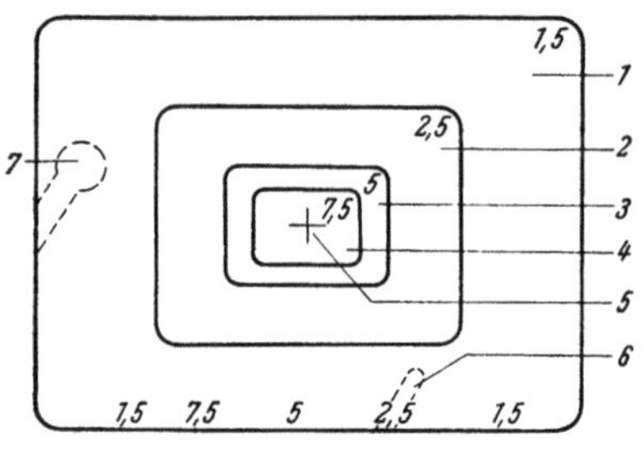

Abb. 425. ZEISS IKON 16 mm „*Ikophon*" Bild-Tonkamera, Sucherdurchblick.

1 ... 4 Sucherausschnitte für die Brennweiten der Aufnahmeobjektive f = 15, 25, 50 und 75 mm, *5* Mittelpunkt des Sucherfeldes, *6* Zeiger zur Anzeige des im Betrieb befindlichen Aufnahmeobjektivs, *7* Zeichen für Filmende (s. Abb. 487 ... 489).

läßt sich leicht für Aufnahmen mit dem Normalobjektiv entfernen. Derartige Abdeckmaßnahmen lassen sich naturgemäß nur bei den Objektiven einsetzen, die eine längere Brennweite und damit einen kleineren Aufnahmewinkel gegenüber dem Normalobjektiv haben, auf das der Sucher abgestimmt ist. Wenn in seltenen Fällen auch kürzerbrennweitige Objektive oder Objektivvorsätze verwendet werden, so muß vor den Sucher noch eine Linse geschaltet werden.

Für ein Vorsatzobjektiv, in diesem Falle das „*Mutar*", wird das Sucherfeld durch eine Einätzung des für das Objektiv mit längerer Brennweite geltenden kleineren Bildausschnittes in den Sucher (Abb. 431) oder Anbringen eines kleinen Rahmens gekennzeichnet. Hier ist eine Sicherung gegen Verwechslung der Bildbegrenzungen nicht vorhanden. Eine ähnliche Form hat beispielsweise der BAUER „*88 Sucher*" (Abb. 416). Werden mehrere Sucherausschnitte nach der Abb. 425 ineinandergezeichnet, um alle Objektivbrennweiten eines Revolvers zu erfassen, so ist die Verwechslungsgefahr noch größer. Dann wird nach der Bauart der ZEISS IKON „*Ikophon Kamera*" noch eine Verbesserung durch einen Zeiger *6* erreicht,

Abb. 426. PAILLARD 2 × 8 mm „*Bolex L 8 Kamera*", Maßstab 1 : 2,4.

1 Kameragehäuse, *2* übereinanderliegende verschiebbare Suchermasken, *3* Sucherobjektiv, *4* Aufnahmeobjektiv, *5* Auslöseknopf, *6* Aufzugsschlüssel (s. Abb. 173).

der automatisch von der Stellung des Objektivrevolvers gesteuert wird und zusammen mit einer Skala im Sucherdurchblick zu sehen ist. Diese

Abb. 427. BELL u. HOWELL 2 × 8 mm „*Sportster Kamera*" mit Wechselobjektiv und vordrehbaren Suchermasken, Maßstab etwa 1 : 2,5.

Abb. 428. ZEISS IKON 16 mm Kamera „*Movikon K 16*", Maßstab etwa 1 : 3.
1 Auswechselobjektiv, *2* Verriegelung, *3* Einstellknopf für Bildfrequenz. *4* Auslöseknopf, *5* Einstellknopf für Sucherausschnitt, *6* Aufzugskurbel, *7* Sucherobjektiv (s. Abb. 180).

gibt die verwendeten Objektivbrennweiten von f = 15, 25, 50 oder 75 mm an, über der der Zeiger das jeweils in Aufnahmestellung befindliche Objektiv kennzeichnet.

Die Masken zur Begrenzung des Sucherbildes auf einen kleineren Ausschnitt sind teilweise in Form von aufsteckbaren Rahmen aufgeführt, die auf die vordere Sucherfassung aufgesetzt werden. Mehrfach sind diese Masken aber auch in die Kamera eingebaut und lassen sich vor den Sucher schwenken (BELL und HOWELL Kamera „*Sportster 8*" nach Abb. 427) oder vor dem Sucher einschieben. Bei der PAILLARD „*Bolex L 8 Kamera*" befinden sich nach der Abb. 426 zwei hintereinander liegende Masken aus dünnem Blech für die Brennweiten 25

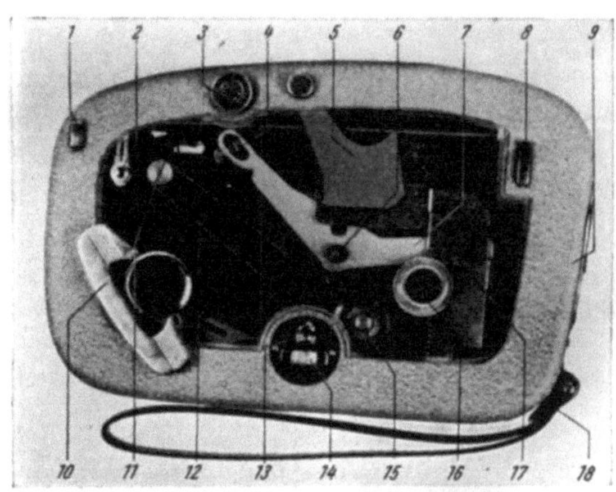

Abb. 429. GEVAERT 2 × 8 mm Kamera „*Geva Carèna*", teilweise geöffnet, Maßstab etwa 1 : 2,8.
1 Sucherokular, *2* Auslöseknopf für Sucher, *3* Knopf für Bildfrequenzeinstellung, *4* Greifer-Antriebskurbel, *5* Anzeigescheibe für Filmmeterzähler, *6* Drehpunkt für Greifer, *7* Greifer, *8* Sucherobjektiv, *9* Aufnahmeobjektiv (versenkt eingebaut), *10* Aufzugsschlüssel, *11* Peesenscheibe, *12* Peese, *13* Verriegelungsknopf, *14* Einschaltknopf, *15* Peesenscheibe, *16* Blendeneinstellknopf, *17* Blendenskala, *18* Trageriemen (s. Abb. 233).

und 36 mm in Bereitschaftstellung und können zur Begrenzung des Ausschnittes vorgeschoben werden. Einen Schnitt durch das optische System zeigte die Abb. 173. Bei den „*Nizo 8 mm Modellen*" mit Revolverkopf wird durch Schnurzüge beim Verstellen des Objektivschlittens die jeweils richtige Suchermaske automatisch eingeschwenkt. Bei der „*Movikon K 16 Kamera*" nach der Abb. 428 ist die Maske hinter dem Sucherobjektiv eingebaut und kann durch Betätigen des Rändelknopfes *5* eingeschwenkt werden. Ähnlich ist der Sucher der SIEMENS „*8 R Kamera*" aufgebaut. Hier können die Hebel *6* und *7* (Abb. 305) eine Blende für ein Objektiv mit langer Brennweite, bzw. eine Linse für eine kürzere Brennweite gegenüber dem Normalobjektiv einschwenken.

Die Anpassung des Suchers an die Brennweite des Aufnahmeobjektivs kann auch durch einen für jede einzelne Brennweite eingesetzten besonderen Sucher vorgenommen werden. Diese Sucher sitzen zweckmäßig auf einer eigenen Umschaltvorrichtung, einem „*Sucherrevolver*", wobei der jeweils benötigte Teil in die Gebrauchslage geschwenkt wird. Mit dieser Einrichtung wird ein etwas größerer Aufwand getrieben, dafür kann jeder Sucher einzeln ohne Rücksicht auf die anderen optimal bemessen werden.

Abb. 430. ZEISS IKON 2 × 8 mm Kamera „*Movikon K 8*", geöffnet, mit Kassette, Maßstab etwa 1 : 3,8.

1 Kameragehäuse, *2* Deckel, *3* Kassette, *4* Filmband, *5* Sucher, *6* Blendenskala, *7* Aufnahmeobjektiv, *8* Knopf für Einzelbildschaltung, *9* Entfernungsskala, *10* Auslöseknopf, *11* Knopf für Bildfrequenz, *12* Abwickelachse, *13* Aufwickelachse (s. Abb. 133, 170, 431).

Ein derartiger Revolversucher ist beispielsweise für die ZEISS IKON „*Movikon 16 mm Kamera*" vorgesehen, er läßt die Brennweiten f = 15, 25, 50, 75 und 180 mm zu und ähnelt dem Revolversucher zur „*Contax*". Ein Revolversucher ist beispielsweise auch für die BELL und HOWELL „*Filmo 70 Specialist Kamera*" vorgesehen und die „*Eyemo P*" und „*Q*" nach der Abb. 152. Eine andere Art eines Sucherrevolvers hat die (SLECHTA) CINEPHON 35 mm „*Handkamera BHA*", bei der ein seitlich am Gehäuse angebrachter Sucher durch Verstellen eines Knopfes auf vier verschiedene Brennweiten eingestellt werden kann. Bei der CINEPHON „*Atelier Kamera*" nach Abb. 410 sind im Sucher einschiebbare Bildbegrenzungsmasken vorgesehen.

Eine schon angeführte Bauform eines freistehenden Suchers zeigt die 2 × 8 mm Kamera „*Geva Caréna*" (Abb. 429). Auf Drücken des Knopfes *2* springt das Sucherobjektiv *8* und -okular *1* aus dem Gehäuse in Gebrauchsstellung. Die Linsenrahmen sind schmal und lassen so die Betrachtung des Umfeldes zu.

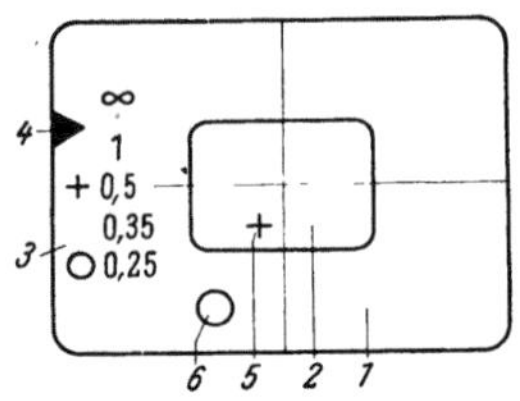

Abb. 431. ZEISS IKON 2 × 8 mm Kamera „*Movikon K 8*", Sucherdurchblick.

1 Sucherausschnitt für das Normalobjektiv mit der Brennweite f = 10 mm, *2* Sucherausschnitt beim Einsatz des Vorsatzobjektivs „*Mutar*", Gesamtbrennweite f = 25 mm, *3* Entfernungsskala, *4* Zeiger, *5*, *6* Bildfeldmittelpunkte für die Dingentfernungen u = 50 und 25 cm (s. Abb. 430).

Die Linsen rasten beim Eindrücken in das Gehäuse wieder ein. Von einem beweglichen Sucher wird man nicht die gleiche Stabilität und Genauigkeit erwarten können wie von einem starren.

Die Kennzeichnung des Ausschnittes eines langbrennweitigen Objektivs wurde für die „*Movikon K 8*" (Abb. 430) schon genannt und wird in Abb. 431 als *2* gezeigt.

Eine grundsätzlich andere Art der Sucheranpassung besteht in einer in Richtung der optischen Achse verschiebbaren Linse innerhalb des Suchers, womit der Bildwinkel des gesamten Suchers geändert wird. Diese Ausführung entspricht einer ähnlichen Bauart der früher im Abschnitt V B beschriebenen Objektive mit stetig veränderlicher Brennweite, wenn der Sucheraufbau an sich auch anderer Art sein und ein virtuelles Bild liefern kann. Ein Beispiel dafür ist die KODAK „*Magazin 16 Kamera*" in der Abb. 432. Bei dieser ist zwischen dem Sucherobjektiv *1* und dem Okular *3* eine verschiebbare Linse *2* angeordnet, die in Raststellungen für die Objektivbrennweiten f = 25, 40, 50, 63, 102 und 152 mm den richtigen Sucherausschnitt anzeigt. Wird das Weitwinkelobjektiv von f = 15 mm verwendet, so ist das Vorderglied *1* des Suchers wegzuklappen und die Linse *2* allein als Sucherobjektiv zu verwenden. Ein ähnliches Suchersystem ist in der KODAK „*Royal Magazin Kamera*" (Abb. 433) eingebaut. Hier dient der Knopf *2* zum Einstellen des Suchers an einer Skala, die die Objektivbrennweiten angibt.

Das veränderliche Suchersystem zu dem „*Pan Cinor*" wird in der Abb. 434 in den beiden Extremstellungen gezeigt. Es ist mit der Brennweiteneinstellung des Objektivs gekuppelt

Abb. 432. KODAK 16 mm „*Magazin Kamera*", Maßstab etwa 1 : 3,1.

1 Sucherobjektiv, *2* verschiebbare Sucherlinse, *3* Sucherokular, *4* Traggriff, *5* Aufnahmeobjektiv, *6* Fassung des Aufnahmeobjektivs, *7* Zeichen für Filmlänge („Puls"), *8* Auslöseknopf, *9* Aufzugskurbel, *10* Hebel für Bildfrequenzeinstellung.

Abb. 433. KODAK 16 mm „*Royal Magazin-Kamera*", Maßstab etwa 1 : 3,1.

1 Sucherokular. *2* Einstellung des Suchers auf verschiedene Brennweiten des Aufnahmeobjektivs, *3* Sucherobjektiv, *4* Aufzugskurbel, *5* Auslösehebel, *6* Einstellung der Bildfrequenz (s. Abb. 116).

(s. Abb. 51, 373 und 435). Sucher mit kontinuierlich einstellbarem Sucherausschnitt nach einem ähnlichen Prinzip haben mehrere Modelle der REVERE Kameras nach den Abb. 86 („*C 44*"), 361 („*C 84*") und 437 („*C 29*").

Die neueren „*Bolex B 8*" und „*C 8*" Modelle besitzen bereits

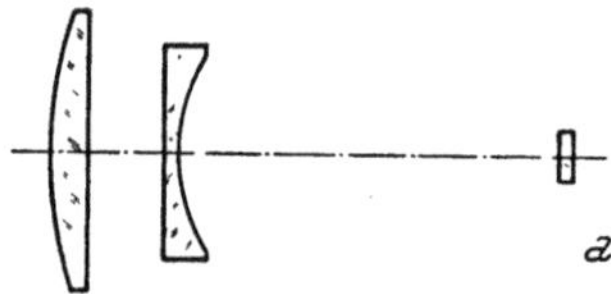

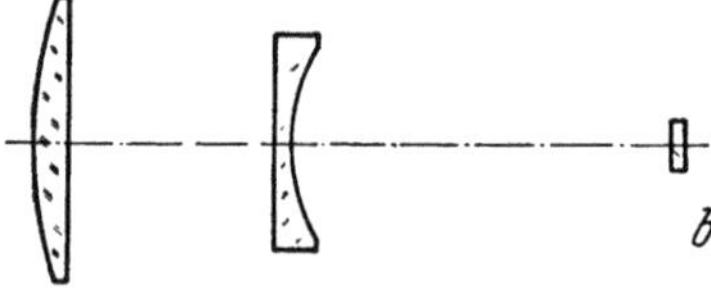

Abb. 434. SOM BERTHIOT-Sucher mit verstellbarem Bildwinkel für das Objektiv „*Pan Cinor*", optisches System, Maßstab 1,5 : 1.

Abb. 435. NIEZOLDI u. KRÄMER 16 mm „*Pan Cinoro Kamera*" mit Objektiv veränderlicher Brennweite (SOM „*Pan Cinor*"), gekuppeltem Blendenmesser und Basisentfernungsmesser, Maßstab etwa 1 : 5,5.

1 Entfernungsmesser, *2* Blendenmesser, *3* Sucher, *4* Aufnahmeobjektiv, *5* Einstellknopf für Blendenmesser (Filmempfindlichkeit und Bildfrequenz).

einen in das Kameragehäuse eingebauten Sucher mit einer stetig einstellbaren Anpassung an Objektivbrennweiten f = 12,5 ... 36 mm durch verschiebbare Linsen. Die Verschiebung wird durch Drehen des oberen nicht bezeichneten Knopfes am Kameragehäuse vorgenommen (Abb. 436).

Ein für Schmalfilmkameras bestimmtes ansteckbares Suchersystem liegt in dem TEWE „*Polyfocus 16 Sucher*" mit einer stetigen Einstellung der Brennweiten f = 15 ... ... 150 mm des Aufnahmeobjektivs einer 16 mm Kamera vor. Nach der Abb. 438 ist zwischen der Linse *1* und dem Okular *2* eine Linse *3* verschiebbar angeordnet und wird durch Drehen des Rändelknopfes *4* verstellt. Dieser Sucher hat außerdem einen Parallaxenausgleich durch Schwenken des ganzen Gehäuses um die Achse *5*. Der Ausgleich erstreckt sich auf Dingentfernungen von 0,5 m bis Unendlich mit einer

Abb. 436. PAILLARD 2 × 8 mm Kamera „*Bolex B 8*" mit Objektivrevolver und verstellbarem Sucher, Bildfrequenzverstellung, Maßstab etwa 1 : 2,5, (ähnlich „*C 8*", jedoch ohne Objektivrevolver).

Rastensicherung an sechs Stellen. Das Sucherbild bleibt bei allen Stellungen gleich groß, ist aufrecht und seitenrichtig und erscheint in etwa dreifacher Vergrößerung gegenüber dem Filmbild. Eine entsprechende Konstruktion liegt in dem „*Polyfocus 8*" vor, der aber ohne Parallaxenausgleich arbeitet. Der Einstellbereich ist hier für Objektivbrennweiten von 9 ... 50 mm vorgesehen, durch eine Vorsatzlinse ist er bis f = 6,5 mm zu erweitern.

Der ähnlich arbeitende „*Universal Sucher*" zum „*Robot*" ist an den quadratischen Ausschnitt und die längeren Brennweiten von f = 30 ... 150 m des 24 × 24 mm Formates angepaßt.

Abb. 437. REVERE 16 mm Kamera „*C 26*" und „*C 29*" mit Objektivrevolver, verstellbarem Sucher, Maßstab etwa 1 : 4.

Gelegentlich besteht die Aufgabe eines Suchers nicht darin, zu dem gegebenen Aufnahmeobjektiv den richtigen Bildausschnitt anzugeben, sondern für einen durch den Sucher betrachteten Bildausschnitt die richtige Objektivbrennweite zu ermitteln. Zu diesem Einsatz als „*Motivsucher*" eignen sich Systeme mit veränderlichem Bildausschnitt sehr gut. Sie werden unter dieser Bezeichnung auch für den Normalfilm hergestellt und lassen eine Einstellung auf Brennweiten f = 25 ... 135 mm zu.

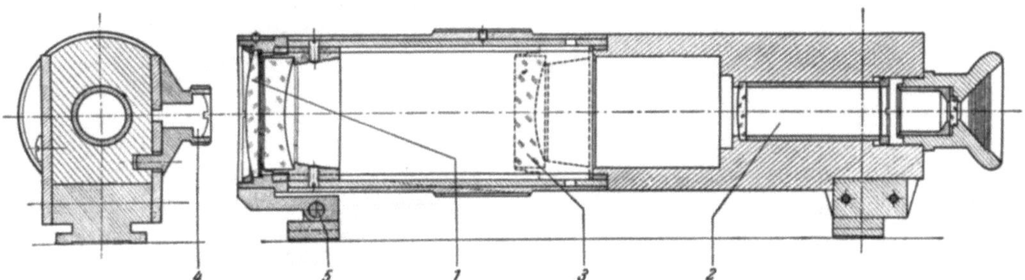

Abb. 438. TEWE „*Polyfocus Sucher*" für 16 mm Kameras, Maßstab 1 : 1,5.
1 Sucherobjektiv, *2* Okular, *3* verstellbare Linse, *4* Einstellknopf.

Einen Sucher mit stetig veränderlicher Brennweite verwenden auch die PAILLARD „*Bolex H 8*" und „*H 16 Kameras*". Dieser Sucher läßt für das 8 mm Gerät eine kontinuierliche Einstellung der Objektivbrennweite von 6,5 ... 75 mm und für die 16 mm Kameras von 15 ... 150 mm zu. Der Einstellknopf für die Brennweite (*9*, Abb. 62) zeigt den eingestellten Wert an. Ein anderer Knopf dient zum Einstellen des Parallaxausgleiches, wozu der hintere Teil des Suchers um eine senkrechte, vorn an seinem Gehäuse liegende Achse geschwenkt wird. Auch in der „*F II Kamera*" wird mit dem „*Multifocal Sucher*" ein veränderliches System benutzt (*5*, Abb. 406).

Sucher mit kontinuierlich veränderlichem Bildausschnitt müssen bei dem Zusammenwirken mit Objektiven stetig verstellbarer Brennweite

automatisch gesteuert werden. Dies ist bei der SIEMENS „*F II Kamera*"
mit „*Varioglaukar*" und „*Bolex H 16*" mit dem „*Pan Cinor*" (Abb. 51)
sowie der „*Nizo Pan Cinoro Kamera*" (Abb. 435), EMEL und anderen
durch organischen Zusammenbau von Sucher und Objektiv der Fall.

Bei den beschriebenen Methoden der nicht automatischen Sucheranpassung besteht die Gefahr, daß mit einem falschen Sucherausschnitt
gearbeitet wird. Die an sich mögliche gegenseitige Sperrung von Auswechselobjektiv und Maske oder Lage eines verstellbaren Suchers ist
wirtschaftlich für die kleineren Kameras nicht tragbar.

Abb. 439. BELL u. HOWELL 2 × 8 mm „*Viceroy
Kamera*", Maßstab etwa 1 : 1,9.

1 Sucherobjektiv, *2, 3* Aufnahmeobjektive, *4, 5* Sucherobjektive, *6* Aufnahmeobjektiv, *7* Objektivrevolver,
8 Kameragehäuse, *9* Blendentabelle.

Eine Radikallösung für die
automatische und deshalb nicht
falsch zu bedienende Anpassung
des Suchers an das Aufnahmeobjektiv besteht in einem
Zwangslauf zwischen beiden
Einrichtungen. Lösungen dafür sind der in der Abb. 424
gezeigte Maskenrevolver, bei
dem die Umschalteinrichtung
durch die Stellung des Objektiv
schlittens automatisch gesteuert
wird. Ferner wurde schon auf
den konstruktiv von dem
Objektivrevolver getrennten
Sucherrevolver mit Zwangslauf
in den Abb. 422 und 423
hingewiesen.

Eine konstruktiv einfache
Lösung besteht in einem Anbringen des Sucherobjektivs
oder eines optischen Gliedes des
Suchers auf dem Revolver der
Aufnahmeobjektive. Damit ist
die richtige Zuordnung zwischen
beiden Einrichtungen zwangs-
läufig gegeben. Außerdem kann eine nicht richtige Einrastung des
Revolvers an dem Sucherbild erkannt werden. Dieser Aufbau wird von
mehreren Firmen eingesetzt. Als Beispiele werden zunächst die BELL und
HOWELL Kameras „*Filmo Auto 8*" (Abb. 83), „*Filmo Auto Master*"
(Abb. 85), „*Filmo Sportster Trilens*", „*Viceroy*" (Abb. 439) und „*Filmo
Magazin 200*" (Abb. 82) genannt. Bei der „*Auto Master*" Kamera nach
der Abb. 85 läuft die Revolverscheibe *8* auch vor dem Sucherschacht
vorbei und nimmt in Schraubgewinden die auswechselbaren Sucherobjektive *2, 5* und *6* auf. Damit ist eine große Freiheit in der Objektiv-
auswahl gegeben, ferner eine eindeutige Ordnung zwischen den zugehörigen Aufnahme- und Sucherobjektiven. Genau so sind die anderen
genannten BELL und HOWELL Kameras gebaut.

Eine ähnliche Anordnung hat die KODAK „*Special II Kamera*" nach
der Abb. 91, bei der das Sucherobjektiv *7* ebenfalls auf dem Objektivrevolver *1* sitzt und zusammen mit dem Hinterglied *10* des Suchers, das zugleich zum Parallaxausgleich in seiner Höhe verstellbar ist, die gesamte,

automatisch an den Bildwinkel des Objektivs *2* angepaßte Sucheinrichtung bildet. Das Sucherobjektiv kann außerdem von der Halteeinrichtung *5* gelöst und ausgetauscht werden, so daß sich ebenfalls eine weitgehende Anpassung an unterschiedliche Objektivbrennweiten ergibt. Das vorangegangene Modell I der „*Special Kamera*" ist in der Abb. 139 mit der 60 m *Filmkammer* zu sehen. An dieser Abbildung ist zunächst zu erkennen, daß mit der Vergrößerung der *Filmkammer* auf ein Fassungsvermögen von 60 m und die dadurch erforderliche größere Bauhöhe der Sucherstrahlengang nicht mehr frei ist. Zwischen das Sucherobjektiv *7* und das nicht sichtbare Sucherokular ist deshalb ein Prismenglied *4* geschaltet das die Achse des Suchers so weit seitlich versetzt, daß das Okular seitlich an der *Filmkammer* in der gleichen Höhe des Sucherobjektivs angebracht werden kann. Dieses ist auch mit Begrenzungsmasken *8* für lange Objektivbrennweiten ausgerüstet, die abklappbar sind. Zur leichteren Bedienung des Auslöseknopfes *11* kann auch das unten stehende, jeweils nicht benötigte Sucherobjektiv *12* in die waagrechte Stellung geklappt werden.

Eine Veränderung des Suchers mit dem Schwenken des Objektivrevolvers hat auch die FABAG „*Dilk Fa Kamera*", bei der das Sucherobjektiv auf dem Revolver sitzt.

Die großen Atelierkameras haben vielfach, sofern sie nicht die noch zu beschreibenden Spiegelverschlüsse haben, zwei Suchersysteme. Der *innere Sucher* arbeitet mit dem Bildfenster zusammen und gestattet eine Scharfstellung direkt auf dem Filmband oder einer an seiner Stelle eingesetzten Mattscheibe. Dieser Wechsel zwischen Aufnahme und Suchen, bzw. Scharfstellen, geschieht außer nach den schon genannten Methoden nach dem MITCHELL Einstellsystem. Eine derartige Sucherkonstruktion (Abb. 100) enthält in dem äußeren Kameragehäuse *2*, mit dem die Objektivhalterung *4* fest verbunden ist, ein inneres Gehäuse *7*. In diesem befindet sich die Filmführung und das Schaltwerk als wesentliche Teile und an ihm der Innensucher *11* für die Scharfstellung. Dieses Innengehäuse *7* läßt sich auf einer sehr exakt gearbeiteten Führung gegen das Außengehäuse *2* quer zur optischen Achse verschieben. Damit wird entweder der Innensucher *11* hinter das betriebsbereite Objektiv gebracht und läßt damit die Feststellung des raumparallaxenfreien Bildausschnittes und die Scharfstellung zu oder das Filmband wird in die Betriebsstellung gerückt. Dann ist der *Außensucher 9* in Betrieb zu nehmen. Dieser Sucher ist in der Abb. 100 gerade heruntergeklappt, da er an der Tür *8* des Außengehäuses befestigt ist. Die Verstellung für die genannten beiden Einstellungen wird durch einen Knebel *12* von der Rückseite der Kamera aus gesteuert. Der Innensucher ist ein fünffach vergrößerndes Mikroskop, das das ganze Bildfeld zeigt oder bei einer zehnfachen Vergrößerung nur die Mitte zu betrachten gestattet.

Der Außensucher *9* ist als Mattscheibengerät aufgebaut, das ein seitenrichtiges, aufrechtstehendes Mattscheibenbild von der Größe 50×75 mm^2 liefert. Dieser Sucher wird in seiner Scharfstellung und seinem Parallaxausgleich automatisch von der Einstellung des Aufnahmeobjektivs gesteuert. Die Begrenzung des Sucherfeldes wird hier durch bandartige Masken vorgenommen, die den Rand des Sucherbildes abdecken und für die Höhe und Seite getrennt an Knöpfen eingestellt werden können. Dies ist deswegen von Bedeutung, weil bei dieser und einigen ähnlich aufgebauten Kameras das Bildfeld durch Masken, beispielsweise für Trickaufnahmen,

verkleinert werden kann. Ein ähnliches Einstellsystem hat auch die
MITCHELL 16 mm „Atelierkamera" (Abb. 89).

Die GAUMONT-KALEE „Newall 35 mm Kamera" (Abb. 153) besteht
ebenfalls aus zwei ineinander verschiebbaren Gehäusen aus Guß. An dem
Kameraunterbau befinden sich der vierteilige Objektivrevolver 3, ferner
eine Bildfeldmaske, ein Revolver für Filter und ein Sucher 2 für die Betrachtung während der Aufnahme. An diesen Unterbau ist in einer
Schwalbenschwanzführung verschiebbar das Kameragehäuse mit dem Filmband, Antriebsmechanismus und Schaltwerk 5 gelagert. Diese Führung
läßt wieder eine quer zur optischen Achse liegende Verschiebung zu, womit
durch Betätigen eines Knebels 8 an der Rückseite der Kamera entweder
das Filmband oder die Sucheinrichtung 6, 7 hinter das jeweils im Betriebs-

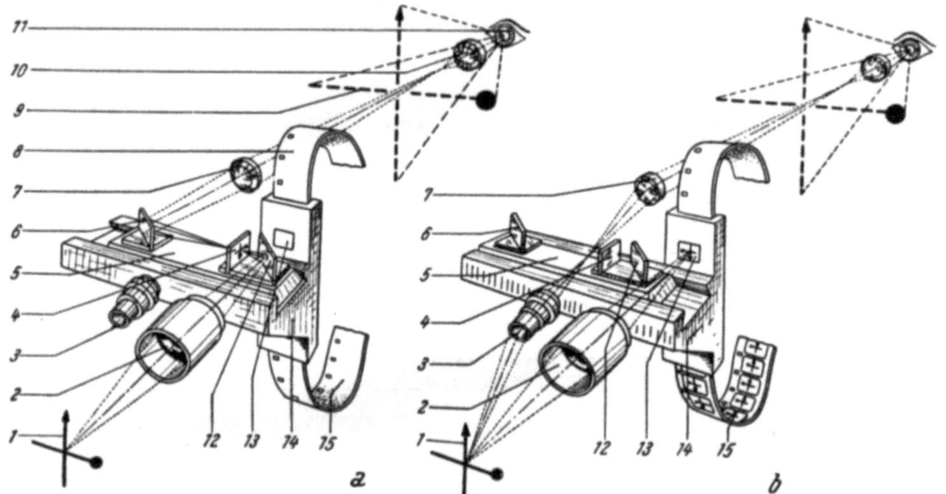

Abb. 440. BERNDT-BACH 16 mm Bild-Ton Kamera „Super 1200", Suchersystem, Schema.
1 Ding, *2* Aufnahmeobjektiv, *3* Sucherobjektiv, *4* Mattscheibe, *5* Schlitten, *6* Spiegel, *7* Umkehrsystem,
8 Filmband, *9* Sucherbild, *10* Okular, *11* Auge, *12* Spiegel, *13* Bildfenster, *14* Führung, *15* Phasenbilder.

zustand stehende Aufnahmeobjektiv geschaltet wird. Dieser Sucher ergibt
ein aufrechtstehendes Bild in fünf- oder zehnfacher Vergrößerung. Der
Sucher 2 für die Betrachtung der Aufnahmegegenstände während der
Aufnahme ist in gleicher Höhe wie die Objektivachse angebracht, auf dem
Bilde zum Laden der Kamera abgeklappt und erlaubt einen Ausgleich
der Seitenparallaxe durch Schwenken des ganzen Suchergehäuses um eine
senkrechte Achse an Hand der Meterskala.

Auch bei der NORD 16 mm Kamera ist eine direkte Einstellung auf
dem Filmband vorgesehen, die durch ein Verschieben von Sucher und
Filmführung im Innern des Gehäuses möglich ist.

Einen Mattscheibensucher setzt auch die BERNDT-BACH „Auricon Pro
Bild-Tonkamera" ein. Der in der Abb. 94 dargestellte Sucher 4 ergibt ein
aufrechtstehendes, seitenrichtiges Mattscheibenbild, dessen Parallaxe
automatisch von dem Aufnahmeobjektiv her ausgeglichen wird. Die
dazu notwendige Verschiebung findet im Innern des Suchergehäuses statt;
dieser kann also starr an dem Kameradeckel angebracht sein. In einer
Halterung 6 sind sechs Masken angebracht, die das Bildfeld entsprechend

dem von den längeren Brennweiten aufgenommenen kleineren Ausschnitt begrenzen. Der Sucher ist für Brennweiten von f = 17,5 mm für das 16 mm Format oder f = 35 ... 250 mm für das 35 mm Stumm- oder Tonfilmbildfeld vorgesehen. Das Suchermodell ist auch für einige Kameras anderer Fabrikate vorgesehen. Bei der KODAK „Special Kamera" ist der Wechsel der *Filmkammer* ohne Behinderung durch den Sucher möglich.

Das Einstellsystem der „*Auricon Super 1200 Kamera*" ist in der Abb. 440 dargestellt. Nach dem linken Teilbild Stellung „Suchen", wird das Ding *1* über das Aufnahmeobjektiv *2* und den Spiegel *12* auf der Mattscheibe *4* abgebildet. Das Auge *11* kann es dort über das Okular *10*, Objektiv *7* und Spiegel *6* raumparallaxenfrei betrachten. In der Stellung „Aufnahme" (Abb. 440b) wird das Ding über das Objektiv *2* im Bildfenster *13* auf dem Filmband *15* abgebildet. Die Sucheinrichtung ist durch Verschieben des Schlittens *5* in der Führung *14* ausgerückt und der Sucherstrahlengang geht dann über das Sucherobjektiv *3* zum Ding.

Während bei einigen Kameras die Bewegungen zum Austausch der Aufnahmen und Suchereinrichtung gegeneinander im Inneren des Gerätegehäuses stattfinden und damit allen äußeren Einflüssen entzogen sind, gibt es Kameras mit einer außen liegenden Einstellvorrichtung. Hier ist bei der BELL und HOWELL „*Filmo 70 Specialist 16 mm Kamera*" (Abb. 441) die Haltevorrichtung für die Aufnahmeobjektive *6*, *10*, in diesem Falle ein vierteiliger Revolver *5*, fest mit der Grundplatte *11* der Kamera verbunden, an der er sich zum Objektivwechsel drehen läßt. Auf dieser Grundplatte ist in einer sorgfältig gearbeiteten Führung ein Schlitten *12* gelagert, der in dem eigentlichen Kameragehäuse das Triebwerk, die Halterung der Filmspulen, bzw. Kassetten und eine Scharfstell-Sucheinrichtung *18* als Einheit trägt und quer zur optischen Achse der Objektive verschiebbar ist. Hinter das in Betriebsstellung stehende Objektiv *6* des Revolvers *5* kann nun wahlweise die Such- oder Aufnahmeeinrichtung geschoben werden, womit sich wieder eine raumparallaxenfreie Bildbetrachtung ergibt. Für die Beobachtung während der Aufnahme ist der getrennt arbeitende Mattscheiben-Außensucher *3* bestimmt, dessen Parallaxe

Abb. 441. BELL u. HOWELL 16 mm Kamera, „*Filmo 70 Specialist*" Maßstab etwa 1 : 7,5.

1 Außenkassette, *2* Kameragehäuse, *3* Außensucher, *4* Parallaxeinstellung, *5* Objektivrevolver, *6* in Bereitschaft befindliches Aufnahmeobjektiv, *7* Kompendium, *8, 9* Halterung für Kompendium, *10* Aufnahmeobjektiv, *11* Schlittenführung zum Verschieben des Kameragehäuses, *12* Kameraunterteil, *13* Antriebsmotor, *14* Kabel, *15* Handgriff für Schwenkstativ.

von Hand an dem Hebel *4* eingestellt werden kann. Es gibt auch einen Revolversucher für die Kamera.

Bei Revolverkameras ist noch eine andere Art der Ausschnittsbetrachtung und Scharfstellung des Objektivs möglich. Hier wird das zur Aufnahme bestimmte Objektiv aus der Gebrauchsstellung weggeschwenkt und vor eine Mattscheibeneinrichtung gestellt. Auf dieser entwirft das Objektiv ein Bild des Dinges mit einer gewissen, durch die räumlichen Abmessungen der Kamera gegebenen Parallaxe und kann so scharf eingestellt werden. Dann wird mit dem in die Gebrauchslage zurückgeschwenkten Objektiv die Aufnahme gemacht. Eine ähnliche Einrichtung ist bei den „*Bolex H Kameras*" eingebaut (s. Abb. 51 und 62), wo die am weitesten oben stehende Fassung vor der Scharfstellvorrichtung steht. Nur läßt sich die Einrichtung bei den hier gezeigten Spezialobjektiven (Stereo und veränderliche Brennweite) nicht betätigen, wohl aber bei den sonst üblichen. Über die auf dem Kameragehäuse angebrachte optische Einrichtung

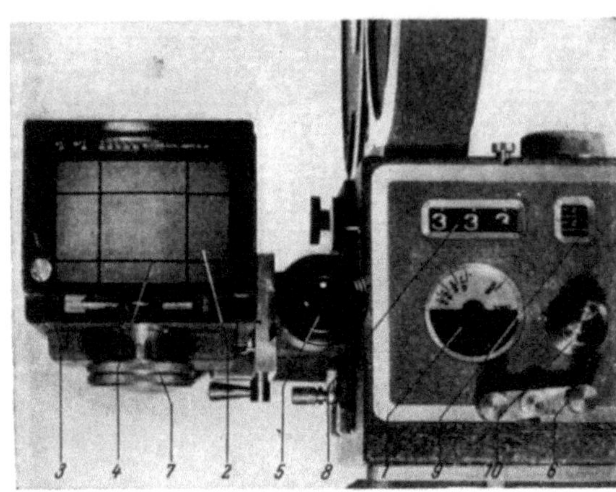

Abb. 442. MAURER 16 mm Atelierkamera „*Professional*", Ansicht von der Rückseite.

Anzeige der Verschlußöffnung, *2* Mattscheiben-Außensucher, *3* Knopf zum Verstellen der Bildbegrenzungsmasken, *4* Masken, *5* Einblick für Scharfstelleinrichtung, *6* Knebel zum Verstellen des Innengehäuses vom Suchen zum Aufnehmen, *7* Scharfstelleinrichtung des Außensuchers, *8* Filmzählwerk, *9* Tachometer, *10* Einstellung der Bildzahl für automatische Abblendung.

kann die Scharfstellung von der Rückseite der Kamera betrachtet werden. In ähnlicher Form ist eine Einstellvorrichtung an der MAURICE „*Morigraf Kamera*" und „*Filmo Eyemo P*" und „*Q Kamera*" (Abb. 152) vorgesehen, wo das linke *(3)* waagrecht neben dem in Gebrauchsstellung stehenden Objektiv *2* vor der Einstellvorrichtung steht, die von oben betrachtet wird. Da die Parallaxe wegen des größeren Abstandes der Objektivachsen bei dieser 35 mm Kamera größer ist, läßt sie sich auf einen Schlitten *8* um den Parallaxabstand seitlich verschieben, womit ein raumparallaxenfreies Sucherbild erzeugt wird.

Das Einstellsystem der MAURER „*16 mm Professional Kamera*" (Abb. 442) ist das gleiche wie das bei den MITCHELL Kameras beschriebene. Aus dieser Abbildung ist der Mattscheiben-Außensucher *2* mit seinem durch den Knopf *3* verstellbaren Bildbegrenzungsmasken *4* sichtbar, ferner das Okular des Innensuchers *5* und der Knebel *6* zum Umstellen der Kamera von dem einen auf das andere Suchersystem. Die Scharfstellung des Außensuchers wird an dem Knopf *7* eingestellt.

Sucher mit großen und hellen Bildern sind immer erwünscht, denn die Sucher werden vielfach als Anhängsel betrachtet und etwas stiefmütterlich behandelt. Ein Beispiel für einen großen, sich über die ganze Breite des Kameragehäuses erstreckenden Sucher zeigt die später folgende Abb. 444 für die BELL und HOWELL 2 × 8 mm Kamera „*Two twenty*".

Eine Spiegelreflex-Scharfeinstellung ist in die KODAK „*Special Kamera*" eingebaut. Hier wird zwischen das Aufnahmeobjektiv *2* (Abb. 91) und das Bildfenster ein optisches Ablenksystem geschaltet, das das Bild ausspiegelt und an der Oberseite der *Filmkammer 8* sichtbar macht. Dieses Ablenksystem wird automatisch aus dem Strahlengang ausgeschaltet, wenn versehentlich die Kamera mit eingeschwenkter Spiegelreflexeinrichtung in Betrieb genommen wird.

Nach einem Patentvorschlag (Pat. 827 584) ist es auch möglich, eine

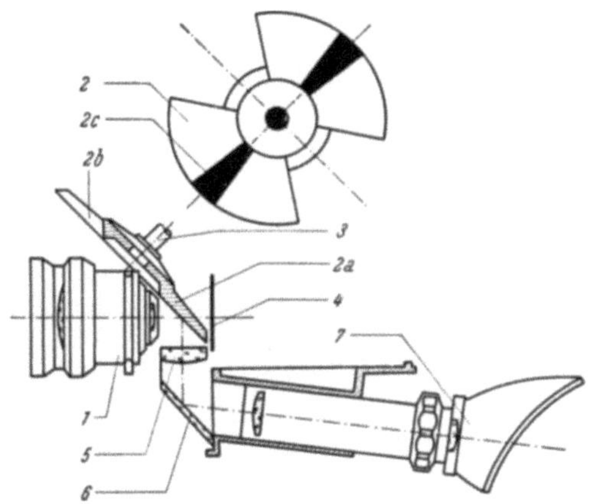

Abb. 443. ARNOLD u. RICHTER 35 mm Kamera „*Arriflex 35*", optischer Aufbau, Maßstab 1 : 4.

1 Aufnahmeobjektiv (angedeutet), *2* Spiegel-Umlaufverschluß, *3* Verschlußachse, *4* Filmebene, *5* Linse mit Mattscheibe, *6* Spiegel, *7* Augenmuschel mit Okular (s. Abb. 93, 148, 186).

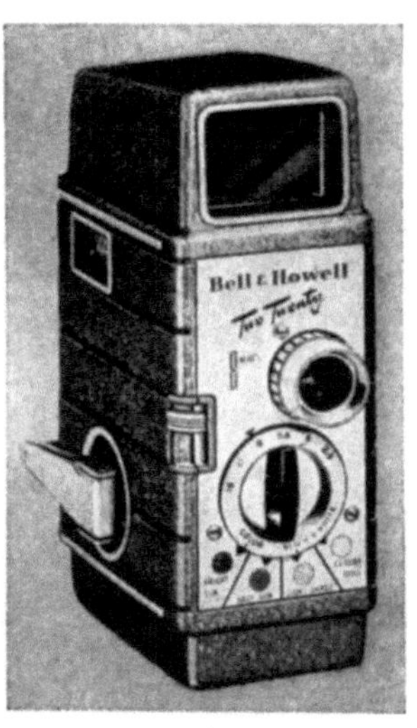

Abb. 444. BELL u. HOWELL 2 × 8 mm Kamera „*Two Twenty*" mit Spulenladung, Maßstab etwa 1 : 2,8

ähnliche Wirkung eines raum- und zeitparallaxenfreien Suchers zu erreichen, wie in der Abb. 411 dargestellt wurde, aber mit anderen Mitteln. Wird zwischen Aufnahmeobjektiv und Verschluß ein optisches Strahlenteilungssystem eingeschaltet, das einen Teil der Strahlung für Sucherzwecke ausspiegelt, so wird das genannte Ziel erreicht.

Es wurde bereits mehrfach auf die konstruktive Lösungsmöglichkeit hingewiesen, ein vollkommen raumparallaxenfreies Bild zu erhalten, wenn nach dem Schema der Abb. 400 ein unter 45° Schräglage umlaufender Spiegelverschluß eingesetzt wird, der zu gewissen Zeiten die vom Aufnahmeobjektiv kommenden Lichtstrahlen in eine Sucheinrichtung ausspiegelt. Die dabei entstehende Zeitparallaxe wurde bereits im Abschn. XIII A angegeben und ist für die meisten Fälle belanglos. Dieser genannte Spiegelreflexsucher, der in seinem Prinzip der Klappspiegeleinrichtung einer photographischen Standbildkamera entspricht, hat nach der ersten Einführung durch die „*Arriflex 35 Kamera*" von ARNOLD und RICHTER beachtliche Bauformen erlangt und konstruktive Fortschritte gemacht, so daß heute mehrere Kameras in der Ausführung als Handkameras oder Ateliergeräte mit Spiegelumlaufverschlüssen ausgerüstet sind. Es ist interessant, darauf hinzuweisen, daß man ursprünglich dieser Kamerabauform keinerlei Erfolgsaussicht zusprach (527).

Das Prinzip und der konstruktive Aufbau der „*Arriflex 35 mm Kamera*"

geht aus der Abb. 443 hervor. Danach entwirft das Objektiv *1* in der
Ebene *4* des Filmbandes eine Abbildung des Dinges, sofern die unter einem
Winkel von 45° geneigte Achse *3* der Spiegel- und Verschlußscheibe *2*
sich in einer derartigen Lage befindet, daß ein Schlitz *2b* den genannten
Strahlengang zuläßt. Zu anderen Zeiten, wenn sich die Scheibe *2* gedreht hat
und mit einem verspiegelten Teil *2* zwischen Objektiv und Filmband
steht (gezeichnete Lage), werden die Lichtstrahlen an der planen Fläche *2*
des Spiegels abgelenkt und ein Bild auf der mattierten Planseite der
Linse *5* erzeugt. Durch die Justierung der Kamera entsteht dieses reelle
Bild in genau dem gleichen Abstand von der Spiegelscheibe, in der es
auf dem Filmband liegt und kann somit zur Mattscheibeneinstellung
auf Schärfe und weiterhin zur Kontrolle des Bildausschnittes benutzt werden.

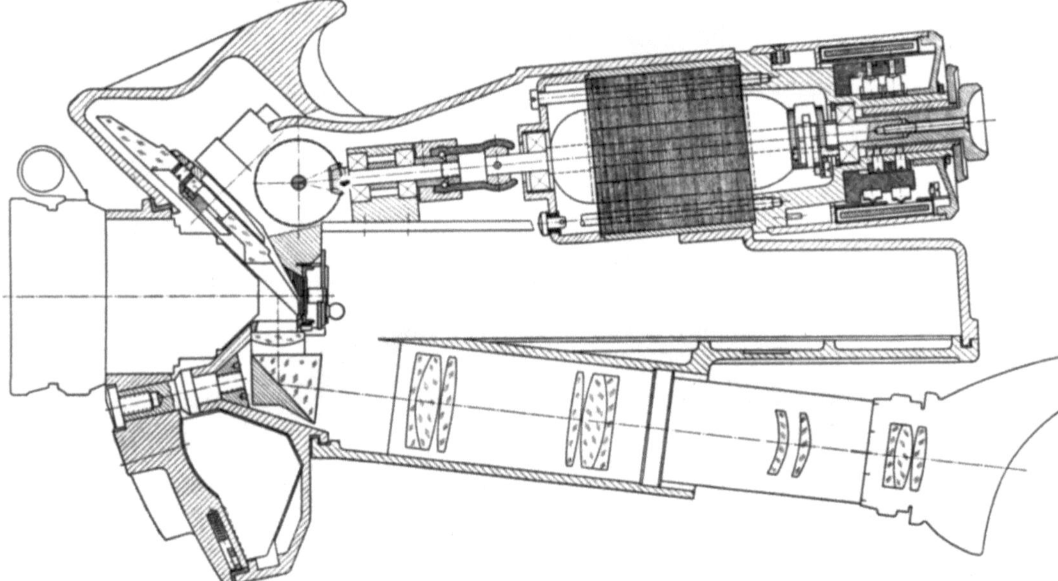

Abb. 445. ARNOLD u. RICHTER 16 mm Kamera „*Arriflex 16*", Schnitt durch das
Sucher- und Verschlußsystem und den Antriebsmotor, Maßstab 1 : 2 (s. Abb. 109, 282, 283).

Dieses in der genannten Ebene entstehende Bild wird über den Spiegel *6*
und ein optisches Umkehrsystem von einem 6,5fach vergrößernden
Okular betrachtet. Aus Gründen der Symmetrie und des besseren Aus-
wuchtens ist die Spiegelscheibe der „*Arriflex-Kamera*" mit zwei Flügeln versehen und dreht sich deshalb mit der halben Umlaufzahl gegenüber der Schaltwerkswelle. Auf die Bemessung der Größe der Verschlußflügel wurde bereits bei der Besprechung des Getriebes an Hand der
Abb. 185 und 186 und im Abschn. XI B hingewiesen. Da bei der
Bildfrequenz $f_B = 24$ Hz noch kein flimmerfreies Bild erzielt wird
(Abschn. III D), trägt die Spiegelscheibe *2* (Abb. 443) noch die schwarzen
Striche *2c*, die jeden Flügel aufteilen und damit die Hell-Dunkel-
frequenz auf den doppelten Betrag der Schaltfrequenz bringen.
($f_{HD} = 2 \cdot 24 = 48$ Hz). [Über „*Hinkverhältnis*" s. (610, 618).]

Eine ähnliche Konstruktion, die vor längerer Zeit in Zusammenarbeit mit ARNOLD und RICHTER bei der FERNSEH GES. für eine *„Zwischenfilm-*

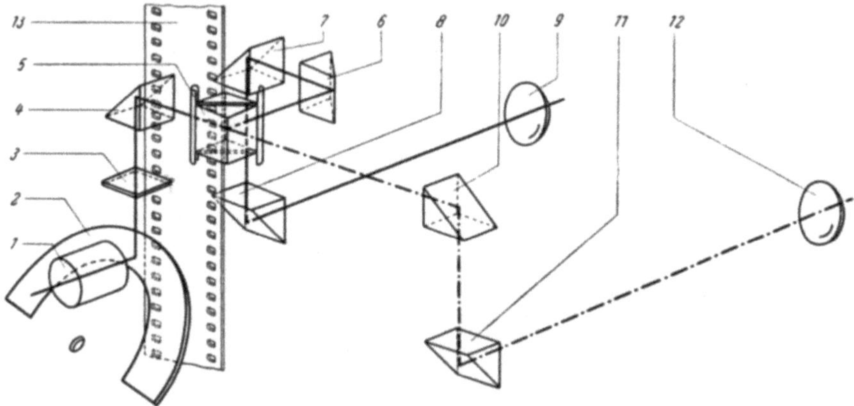

Abb. 446. DEBRIE 35 mm Atelier-Kamera *„Super Parvo Vision Reflexe"*, Sucher- und Verschlußsystem, Schema.
1 Aufnahmeobjektiv, *2* Spiegel-Umlaufverschluß, *3* Bildebene für Sucherbild, *4 ... 8* Umlenkprismen, *9* Okular, *10, 11* Umlenkprismen, *12* Okular.

Kamera" entstanden ist, ähnelt in ihrem konstruktiven Aufbau der *„Arriflex"*.

Auch hier wird ein unter 45° liegender Spiegelumlaufverschluß mit zwei symmetrischen Flügeln verwendet, wobei das Bild entweder auf dem Filmband mit einer Bildgröße von 9,3 · 11,5 mm (s. Abb. 40) entsteht oder unter Brechung an der Spiegelfläche des Verschlusses *1* auf der mattierten Planfläche eines Prismas.

Der konstruktive Aufbau der gegenüber der 35 mm-*„Arriflex-Kamera"* neueren *„Arriflex 16 mm-Kamera"* (Abb. 445) ist ähnlich der dargestellten Einrichtung. Als größere Unterschiede ergeben sich zunächst infolge des kleineren

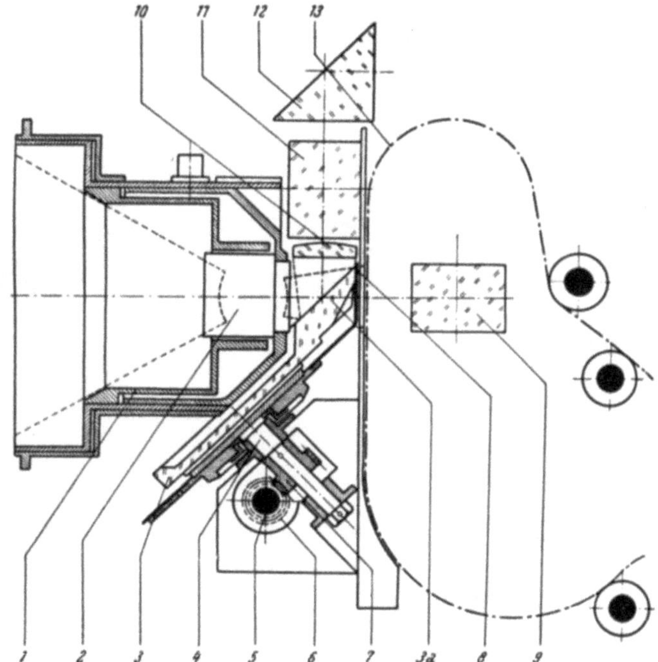

Abb. 447. ÉCLAIR 35 mm *„Camé 300 Reflex Kamera"*, Sucher- und Verschlußsystem, Filmlauf, Maßstab etwa 1 : 2.
1 Objektivfassung, *2* Aufnahmeobjektiv (angedeutet), *3* Spiegelumlauf-Verschluß, *4* Verschlußachse, *5* Antriebsachse, *6, 7* Schraubenräder, *8* Verschluß, *9* Prisma für Bildfensterbetrachtung, *10* Linse, *11, 12* Prisma, *13* Filmband (s. Abb. 448).

Filmformates Verkleinerungen und Verfeinerungen des gesamten Aufbaues. Der Antriebsmotor ist seitlich an das Gehäuse angebaut und gibt so eine freie Unterseite für die Stativbefestigung. Im Gegensatz zu dem 35 mm Modell, wo das vom Umlaufspiegel reflektierte Bild auf einer Mattscheibe aufgefangen wird, ist bei der „Arriflex 16" ein Luftbild vorgesehen, das über ein Umkehrobjektiv wieder abgebildet wird und dort über das Okular betrachtet wird.

Abb. 448. Éclair 35 mm „*Camé 300 Reflex Kamera*" mit Spiegel-Umlaufverschluß (s. Abb. 447).

Einen Spiegelumlaufverschluß haben neuerdings die Debrie „*Super Parvo V-Atelier-Kameras*", wobei ältere Modelle in das Gerät mit Spiegelumlaufverschluß nachträglich umgebaut werden können. Im Gegensatz zur „*Arriflex-Kamera*" wird hier das Sucherbild nicht über die schmale Seite des Bildformates ausgespiegelt, sondern über die breite und läßt damit den Einsatz von Objektiven mit einer etwas kürzeren Brennweite bis 18,5 mm, allerdings in einer Sonderbauart, zu. Andererseits kann diese Art der Sucherbild-Ausspiegelung nach der Abb. 446 einen verwickelteren Strahlengang für den Sucher erfordern. Bei der „*Super Parvo V*" sollte außerdem der Suchereinblick an der gleichen Stelle des Kameragehäuses sitzt wie bei den früheren Modellen, d. h. genau in Verlängerung der optischen Achse des Aufnahmeobjektivs. Nach der Abb. 446 geht die Achse für die Sucherbetrachtung über das Objektiv *1* und den unter 45° liegenden Spiegelumlaufverschluß *2* aus Elektron, der hier nur einen Flügel besitzt und eine Öffnung von 180° hat in die Abbildungsebene *3*. Das dort entstehende reelle Bild wird über die Prismen *4 . . . 8* von einem Okular *9* betrachtet. Der Einsatz dieser vielen Prismen hängt mit der

Abb. 449. Vinten 35 mm „*Everest II Atelier-Kamera*" mit Spiegel-Umlaufverschluß.

eben beschriebenen Aufgabenstellung zusammen. In dem Prisma *5* kann für eine weitere gleichzeitige Sucherbetrachtung eine Strahlung ausgespiegelt werden, die über die Prismen *10* und *11* zu dem Okular *12* führt. Die Spiegelflächen des Verschlusses bestehen aus plan geschliffenem 2,5 mm starkem Glas.

Einen Spiegelumlaufverschluß mit einem Flügel besitzt auch die ÉCLAIR „*Camé 300 Reflex Atelier-Kamera*" (Abb. 448), deren Suchereinrichtung in der Abb. 447 zeichnerisch dargestellt ist. Auch hier wird das Sucherbild über die breite Kante des Bildformates ausgespiegelt und erfordert deshalb das in der gleichen Abbildung dargestellte Prismensystem. Mit den Spiegelteilen *3* ist ein synchron und phasenrichtig mit-

laufender Verschluß *8* gekoppelt, dessen Hellsektor zwischen 0° ... 180° eingestellt werden kann, während das Spiegelsystem nicht verstellbar ist. Die Kamera selbst ist in der Abb. 448 zu sehen.

Einen ähnlichen Verschluß besitzt die ÉCLAIR „*Caméflex Standard 35 mm*" und „*16/ 35mm-Kamera*", bei der ein einstellbarer Verschluß mit einer Größe des Hellteiles von 40° ... 200° eingesetzt wird. Die Betrachtung des Bildes erfolgt über ein sechsfach vergrößerndes optisches System, das nach allen Richtungen geschwenkt werden kann und damit dem Kameramann die Arbeit erleichtert (Abb. 92, 145).

Abb. 450. VINTEN 35 mm „*Windsor-Atelier-Kamera*" mit Spiegel-Umlaufverschluß und Dreifach-Objektivrevolver.

Bei der großen VINTEN 35 mm Atelier-Kamera „*Everest II*" nach der Abb. 449 wird ebenfalls ein verstellbarer Spiegelumlaufverschluß verwendet, dessen Hellteil zwischen 30° ... 170° liegt und eine beidäugige Betrachtung des Mattscheibensucherbildes mit einer Fläche von 44 × 57 mm zuläßt. In dem Sucherstrahlengang befindet sich eine durchsichtige Bildbegrenzung, die den genauen Aufnahmeausschnitt in einem etwas größeren Ausschnitt zeigt. Damit kann wieder ein Teil des Umfeldes eingesehen werden. Betrachtungsfilter können in den Suchergang eingeschaltet werden, eine Kopfstütze mit Scherenspreize ist an der Rückseite der Kamera (Abb. 449) angebracht. Objektive in den Brennweiten f = = 28 ... 100 mm in Spezialfassung sind vorgesehen.

Die VINTEN „*Windsor 35 mm-Kamera*" (Abb. 450) hat einen symmetrischen Zweiflügel-Spiegelumlaufverschluß, die Hellteile lassen sich zwischen 10° ... 85° in 20 Stufen einstellen. Auch die „*Zwischenfilmkamera*" hat einen Spiegelumlaufverschluß. Die Außenansicht dieser Kamera zeigte die Abb. 81.

Das Getriebe und der optische Aufbau der MECHANIK „*AK 16 Reporter Kamera*" geht aus der Abb. 451 und 452 hervor. Der unten oder seitlich ansetzbare und gegen andere Typen oder ein Federwerk austauschbare Elektromotor treibt mit seiner Welle *1* über die Schraubenräder *2* und *3* und die Zahnräder *4* ... *10* die Welle des Kurbelgreifers *G* an. Gleichzeitig wird weiter über die Schraubenräder *12* und *13* der Umlaufspiegel *Sp* gedreht. Auf der Achse des Rades *8* sitzt die Nachwickelzahntrommel *30*

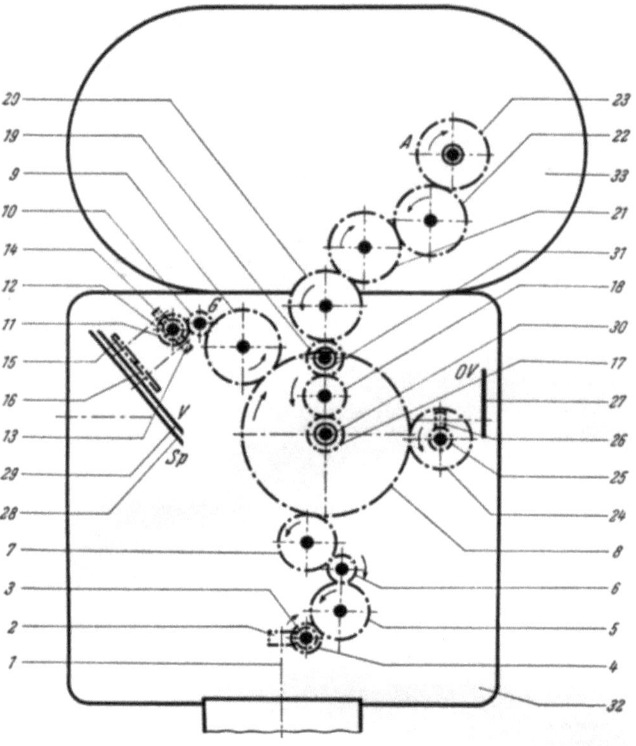

Abb. 451. MECHANIK 16 mm „*Reporter Kamera A K 16*",
Getriebe, Maßstab 1 : 4,5.

1 Welle des Antriebsmotors, *2, 3* Schraubenräder, *4 ... 11* Zahnräder,
12 ... 14 Schraubenräder, *15 ... 24* Zahnräder, *25, 26* Schraubenräder,
27 Okularverschluß, *28* Spiegel-Umlaufverschluß, *29* Verschlußflügel,
30, 31 Vorwickelzahntrommeln, *32* Kameragehäuse, *33* Kassette, *A* Aufwickelachse, *G* Greifer, *OV* Okularverschluß (s. Abb. 141, 452).

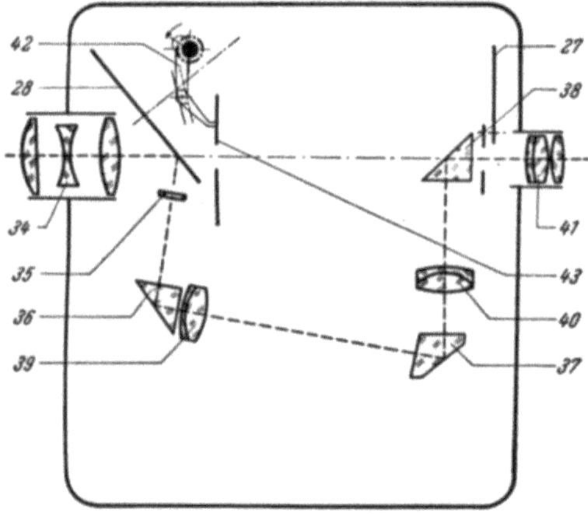

Abb. 452. MECHANIK 16 mm „*Reporter Kamera A K 16*", Greifer, Spiegel-Umlaufverschluß und Sucher, Maßstab 1 : 4,5.

27 Okularverschluß, *28* Spiegel-Umlaufverschluß, *34* Aufnahmeobjektiv, *35* Feldlinse, *36 ... 38* Prismen,
39, 40 Umkehrsystem, *41* Okular, *42* Greifer, *43* Bildfenster (s. Abb. 141, 451).

und das Zahnrad *17*,
das über die Räder
18 ... 23 die Aufwik-
kelachse *A* treibt, die
in der Kassette *33* liegt,
und die Vorwickel-
trommel *31*. Damit
kein Licht von der
Rückseite des Kamera-
gehäuses durch das
Okular *41* (Abb. 452)
und das optische Sy-
stem auf das Filmband
im Filmkanal *43* ge-
langt, wird das Okular
zeitweise durch einen
Umlauf-(Okular-)Ver-
schluß *27* abgedeckt.
Dieser läuft synchron
und phasenrichtig mit
dem Schaltwerk und
Spiegelverschluß *28*
(Abb. 451) und läßt
so die intermittierende
Betrachtung des Ob-
jektes durch das Auf-
nahmeobjektiv *34*
(Abb. 452) zu. Das
durch das Hellteil
des Umlaufspiegels *28*
(Abb. 451) freige-
lassene Sektorfeld
kann durch die im Stand
oder Lauf der Kamera verstellbaren Abdeckflügel *29* (*V*) zwischen 0° und 180° Öffnung kontinuierlich eingestellt werden. Der
Antrieb wird über die Räder
12, 14 ... 16 geleitet, das Ver-
stellgetriebe zur Änderung der
Verschlußöffnung ist nicht dargestellt.

Der Greifer selbst wird als
Teil *42* in der Abb. 452 gezeigt.
Hier ist auch das Suchersystem
zu sehen. Die vom Ding kommenden Lichtstrahlen gehen über das
Aufnahmeobjektiv *34* (hier nur
schematisch gezeichnet), den Umlaufspiegel *28*, der nicht genau
unter 45° liegt und deshalb die

optische Achse schräg ablenkt, und erzeugen eine scharfe Abbildung auf der planen, mattierten Fläche der Linse *35*. Diese ist als Feldlinse ausgebildet und gibt ein gleichmäßig hell ausgeleuchtetes Sucherbild, das über das optische System *39*, *40* unter Totalreflexion an den Prismen *36*, *37* und *38* mit Hilfe des Okulars *41* betrachtet wird. Die Gesamtvergrößerung gegenüber dem Bild auf der Linse *35* ist 10fach. Das Okular hat eine Einstellmöglichkeit für fehlsichtige Augen von $\pm$ 4 Dioptrien. Die Mattscheibenlinse ist austauschbar gegen teilmattierte oder Klarglasscheiben.

Ein Spiegelreflex-System ist auch in der neuen 35 mm Kamera DEBRIE „*Super Parvo Color*" (Abb. 504 und 505) eingebaut.

Bei einigen Kameras sind gleichzeitig mit dem Aufnahmeobjektiv auch die Sucherobjektive auswechselbar. Einige Konstruktionsbeispiele wurden für Revolverkopfkameras schon angegeben. Der Wechsel ist aber auch dadurch möglich, daß auf einem gemeinsamen auswechselbaren

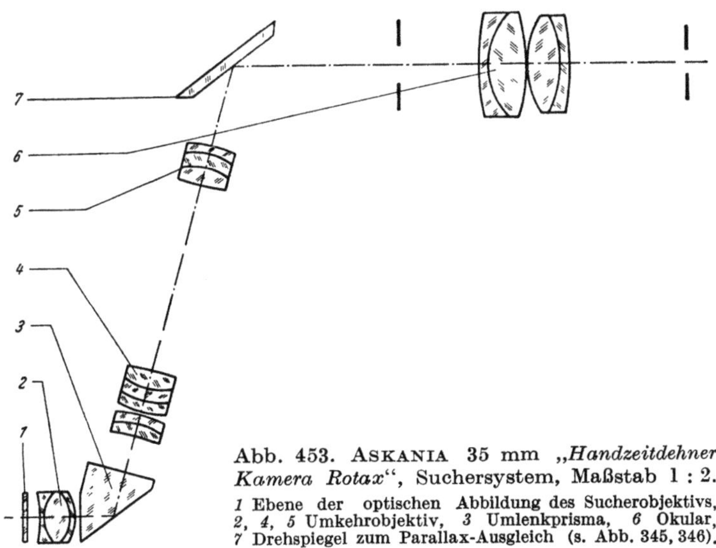

Abb. 453. ASKANIA 35 mm „*Handzeitdehner Kamera Rotax*", Suchersystem, Maßstab 1 : 2.
1 Ebene der optischen Abbildung des Sucherobjektivs, *2*, *4*, *5* Umkehrobjektiv, *3* Umlenkprisma, *6* Okular, *7* Drehspiegel zum Parallax-Ausgleich (s. Abb. 345, 346).

Schlitten die beiden aufeinander abgestimmten Objektive gemeinsam eingesetzt werden. Als Beispiel konnte in der Abb. 97 die VINTEN „*HS 300 Kamera*" genannt werden. In ähnlicher Form ist auch der „*Handzeitdehner Rotax*" nach Abb. 346 aufgebaut, einen Einblick in seinen Sucheraufbau zeigt die Abb. 453. Danach wird das von dem Sucherobjektiv auf der Mattscheibe *1* entworfene Bild über das optische System *2*, *4*, *5* und das dazwischen geschaltete, als Spiegel wirkende Prisma *3* und den Spiegel *7* wieder abgebildet und von dem Auge mit Hilfe des Okulars *6* betrachtet. Der automatisch von dem Entfernungseinstellsystem des Aufnahmeobjektivs gesteuerte Kippspiegel *7* nimmt den Parallaxausgleich vor.

In der Patentschrift 604 168 ist ein weiteres System eines Spiegelumlaufverschlusses angegeben, der das Eintreten von Fremdlicht durch den Sucher verhindert.

Viele der genannten Suchersysteme sind gleichzeitig auch als Entfernungsmesser zu benutzen, wobei vielfach noch die Einstellung des Suchers automatisch auf die Verstellung des Objektivs übertragen wird (gekuppelter Entfernungsmesser). Betrachtungen über Meß- und Kupplungseinrichtungen folgen deshalb noch im Abschn. XIV bei den Entfernungsmessern.

Aus der großen Zahl der Patentschriften über Sucheinrichtungen und Entfernungsmesser können genannt werden:

DRP.: 200 490, 202 924, 213 342, 216 936, 227 628, 229 243, 231 525, 232 508, 233 753, 274 985, 290 237, 326 517, 342 576, 364 384, 420 164, 423 372, 430 261, 523 307, 565 868, 568 058, 580 814, 585 919, 593 035, 594 592, 597 374, 597 375, 599 540, 600 741, 603 027, 603 181, 606 829, 613 537, 614 357, 616 298, 619 811, 627 460, 627 717, 635 072, 637 417, 641 853, 646 803, 650 866, 658 688, 663 184, 671 249, 674 317, 676 496, 710 265, 714 129, 718 724, 736 866, 739 786, 740 327, 743 339, 758 263, 824 133, 826 103, 826 690, 827 003, 827 584.

USP.: 983 047, 1 420 096, 1 572 236, 1 687 030.

FP.: 713 929, 821 611.

Brit. P.: 472 416, 485 629.

XIV. Entfernungsmesser

Der Zug der Kameraentwicklung zu einer weitgehenden Automatisierung von Einstellfunktionen bezieht sich auch auf die Scharfstellung des Objektivs. In diese Entwicklung fallen auch die Entfernungsmeßeinrichtungen, deren Sinn nicht so sehr in dem Feststellen des genauen Abstandes der gewünschten Scharfstellebene des Dinges von einem Bezugspunkt der Kamera liegt als vielmehr in einer Übertragung dieses Meßwertes auf die Einstellung des Aufnahmeobjektivs als letzte Stufe einer Entwicklungsreihe von Entfernungsmessern. Dabei ist also die Ablesung der Entfernung nicht wesentlich oder gar nicht mehr erforderlich; es gibt aber einfachere technische Zwischenlösungen, bei denen das Meßergebnis abgelesen und auf die Objektiveinstellung übertragen werden muß.

Infolge der absolut gesehen kleinen Objektivbrennweiten, besonders bei den kleineren Filmformaten, sind die angeführten Schärfentiefenbereiche (s. Abschn. VE) an sich recht groß und eine Fehleinstellung der Entfernung ist nicht so kritisch. Trotzdem ist es natürlich bei dem berufsmäßigen Einsatz der größeren Filmformate besonders zweckmäßig und sinnvoll, auf eine gewünschte Dingentfernung möglichst genau einzustellen und das Letzte an Schärfe herauszuholen, was erreichbar ist. Da ein Schätzen von Entfernungen nicht immer ausreichend genau erfolgt und besonders bei Nahaufnahmen doch von einer größeren Sicherheit sein muß, sieht man im Berufseinsatz der Kameras von einer Schätzung grundsätzlich ab. Die einfache Methode, mit einem Rollbandmaß den Abstand zur Dingebene auszumessen, reicht nicht in allen Fällen aus, ist aber offensichtlich genau und bedarf keines großen Aufwandes. Gelegentlich sind Haken für das Einhängen des Maßstabes an der Kamera vorgesehen.

Diese Methode kann für einzelne Einstellstufen noch etwas automatisiert werden. So hat die *„Admira 8 Kamera"* einen an der Frontplatte einsetzbaren Stab, der für eine bestimmte kurze Entfernung den Abstand des Dinges von der Kamera mechanisch festlegt. Für die neue *„Movikon 8 Kamera"* ist ein Titelgerät geschaffen worden, das automatisch Bildausschnitt und Dingebenenentfernung für einige feste Abstände festlegt und die Kamera mit ihrer optischen Achse auf den Dingausschnitt ausrichtet. Dieses Gerät kann übrigens auch als Beleuchtungseinrichtung bei der Aufnahme dienen. Durch die mechanisch gegebenen Abstände des Kameraobjektivs von den in ihrer Größe durch Masken begrenzten Dingebenen ist also eine selbsttätige *Messung* bzw. Einstellung des Dingabstandes gegeben, wenn der Benutzer das Kameraobjektiv auf diesen Abstand eingestellt hat. Gelegentlich werden für Amateurkameras auch Titellinsen verwendet, die für eine feste Dingentfernung, z. B. 19 cm, berechnet sind, oder ein Revolver mit mehreren Titellinsen. Titelgeräte, die speziell an einige Kameras angepaßt sind (z. B. AGFA, DE JUR, EUMIG, KODAK, NIEZOLDI u. KRÄMER) oder die für alle Schmalfilmgeräte universell zu verwenden sind und mit denen auch eine Reihe von Tricks, je nach der Ausstattung der Geräte und ihrer Zusätze, möglich sind, werden von HÜNE-MÖRDER, PAILLARD und VELDUNG hergestellt. Einzelheiten über diese Geräte und ihre Anwendung finden sich in (230a), (340a).

Für die Berufskinematographie gibt es ganze *Trickmaschinen*, die alle nur erdenklichen Möglichkeiten zulassen. Als Beispiel dafür wird der ASKANIA „*Tricktisch*" genannt (Abb. 507). Das Wesentliche an derartigen Einrichtungen hinsichtlich der Scharfstellung ist, daß diese nicht mit einem besonderen Gerät nach den folgenden Beschreibungen gemessen werden muß, sondern durch die Baumaße eines Tricktisches mechanisch festliegt und an einer Skala abgelesen und durch eine Steuerung automatisch auf die Objektivscharfstellung übertragen werden kann.

Eine weitere Trickeinrichtung liegt von CRASS (Abb. 508) vor. Einen hinsichtlich der Objektivscharfstellung mechanisierten Tricktisch könnte man mit den später (Abschn. XIVC) beschriebenen gekuppelten Systemen vergleichen.

In vielen Fällen, insbesondere dort, wo die Kamera nicht starr, beispielsweise durch einen Tricktisch, mit dem Ding verbunden ist, wird ein optischer Entfernungsmesser eingesetzt, der einfach zu bedienen ist und heute zur Standardausrüstung aller mittleren und höherwertigen Kinokameras gehört.

Die Anforderungen, die die photographische Technik an den Entfernungsmesser stellt, hängen neben rein technischen auch von wirtschaftlichen Fragen ab, die nur bei den hochwertigsten Atelierkameras keine entscheidende Rolle spielen. Die Entwicklung der photographischen Entfernungsmesser, besonders der kleineren Geräte, ist deshalb andere Wege gegangen, als es bei den kommerziellen und militärischen Geräten möglich und erforderlich ist. Über photographische Entfernungsmesser sind Veröffentlichungen, insbesondere von BARNACK (27), DRIESEN (74), FLÜGGE (127), GÜNTHER (177 ... 182), HODAM (225, 228a, 228b), KOENIG (276), KORFF (279), KÜPPENBENDER (290), MARTINI (345), NAUMANN (380), NÖLLER (388), PRITSCHOW (413, 418, 421), RZYMKOWSKI (178 ... ... 182), SAUER (486), WAGNER (581c) erschienen.

A. Basisentfernungsmesser

Als die eine wesentliche Bauform der Entfernungsmesser wird der *Basisentfernungsmesser* genannt.

Der grundsätzliche Aufbau eines Basisentfernungsmessers geht aus der Abb. 454 hervor. Hier wird nach den Regeln der Geometrie ein Dreieck $A\,B\,C$ gebildet, dessen Ecken A als Punkt der scharf abzubildenden Dingebene E und B und C als Eckpunkte der auf der Kamera gelegenen

Basis b des Entfernungsmessers gegeben sind. Diese Basis ist durch konstruktive Maße der Kamera bedingt und kann damit eine festgelegte Größe von einigen Zentimetern nicht wesentlich überschreiten. In dem Dreieck $A\,B\,C$, das bei C einen rechten Winkel besitzt, kann eine Änderung des Winkels α als Funktion der Entfernung $u_1 + f$ zwischen dem Punkt A der Scharfstellebene E und dem Punkt C der Kamera rechnerisch ermittelt werden. Diese Winkeländerung wird beispielsweise durch einen Drehspiegel 2 vorgenommen. Seine Drehung beträgt nur wenige Bogengrade zum Bestreichen eines Scharfstellbereiches von $u_1 + f = 1$ m oder 0,5 m Dingentfernung bis Unendlich und hängt von der Größe der Basis b ab.

Ein Basismesser wird so eingesetzt, daß die von dem Ding A (Abb. 454) kommenden Lichtstrahlen auf dem direkten Weg von A nach C und auf dem indirekten Wege von A über B und C unter Ablenkung an dem Drehspiegel 2 und dem feststehenden Spiegel 1 zum Auge gelangen. Dieser Spiegel 1 ist für Lichtstrahlen teildurchlässig und ermöglicht es, das direkte und indirekt erzeugte Bild im Gesichtsfeld 3 des Entfernungsmessers gleichzeitig zu sehen. Die beiden Teilbilder werden entweder aneinandergesetzt oder nach der Abb. 455 ineinandergeschachtelt. Ein Basisentfernungsmesser ist dann richtig eingestellt, wenn beide Teilbilder genau ineinander übergehen. Dieser Verschmelzungsvorgang ist für das Auge mit guter Genauigkeit festzustellen, da dieses Scharfstellkriterium gut beobachtet werden kann. Die für die jeweilige Scharfstellung geltende Lage des Spiegels 2 kann an einer Skala 4 abgelesen werden, die aber die Drehung nicht in Bogengrad angibt, sondern in Meterzahlen der Dingentfernung $u_1 + f$ geeicht ist. Denn bei einer gegebenen Basis b sind die geometrischen Verhältnisse eindeutig festgelegt (Abb. 454):

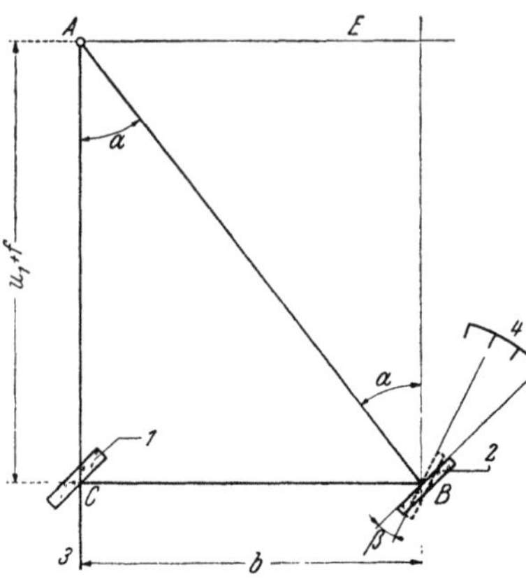

Abb. 454. Basisentfernungsmesser mit Drehspiegel, Schema.

A Dingpunkt, B, C Punkte auf der Kamera, E Scharfstellebene, b Basis, $u_1 + f$ Dingentfernung, α Winkel des Meßstrahles, β Verdrehung des Spiegels, 1 teildurchlässiger Spiegel, 2 Drehspiegel, 3 Auge, 4 Skala.

$$\alpha = \text{arc tg}\ \frac{b}{u_1 + f} \qquad (167)$$

Diese Formel ist übrigens formell und sachlich mit der in (166) gegebenen für die Sucherneigung identisch, wenn Basis b und Parallaxabstand p bei Einstellung auf die gleiche Dingentfernung $u_1 + f$ gleich sind. Für α nach (166) gelten deshalb auch die Zahlenwerte der Abb. 398, wenn $\beta = \alpha$ und $b = p$ gesetzt wird. Nach dem optischen Reflexionsgesetz ist zur Erzielung einer Drehung β des Lichtstrahles von der Größe α eine halb so große Drehung des Spiegels 2 notwendig (Abb. 454):

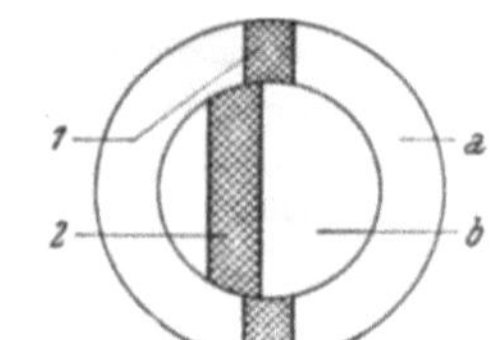

Abb. 455. Basisentfernungsmesser, Schema des gesehenen Bildes bei ungenauer Einstellung.

1, 2 versetzt gesehenes Ding, a, b Teilbilder des Entfernungsmessers.

$$\beta = 0{,}5\,\alpha \qquad (168)$$

Dabei wird α und β von den jeweiligen ¡Stellungen für $u_1 + f = \infty$ ab gerechnet, wo der von B ausgehende Lichtstrahl parallel zu $A\,C$ ist und der Spiegel 2 eine Neigung von $45°$ gegenüber der Strecke $B\,C$ hat. Für $u_1 + f = 1$ m und b $= 80$ mm wird: $\alpha = \text{arc tg}\,\dfrac{80}{1000} = 4{,}6°$ und $\beta = 2{,}3°$. Die Zahlenwerte für β gehen aus der Abb. 456 hervor, wobei die β-Skala I für F $= 0{,}5$ zu verwenden ist [s. (169)]. So wird beispielsweise für eine Basis b $= 4$ cm und eine Einstellentfernung $u_1 = 1$ m der Winkel $\beta = 1{,}15°$ und bei doppelter Basislänge b $= 8$ cm $\beta = 2{,}3°$.

Einer der ersten praktisch eingesetzten Kleinbasis-Entfernungsmesser für photographische Zwecke wird als Zusatzgerät auch für einige Kinokameras verwendet. Diese LEITZ-Konstruktion (Abb. 457) ist für die SIEMENS „D" und „F" „II-Kameras" bestimmt. In dem Gehäuse 1 befindet sich der Lichtteildurchlässige Spiegel 2, der den direkten Lichtstrahl a, abgesehen von einer geringen Parallelversetzung durch seine planparallele Platte, direkt durchläßt. Der indirekte Lichtstrahl wird über ein total reflektierendes Prisma 3 gespiegelt, das die gleiche Wirkung wie ein üblicher

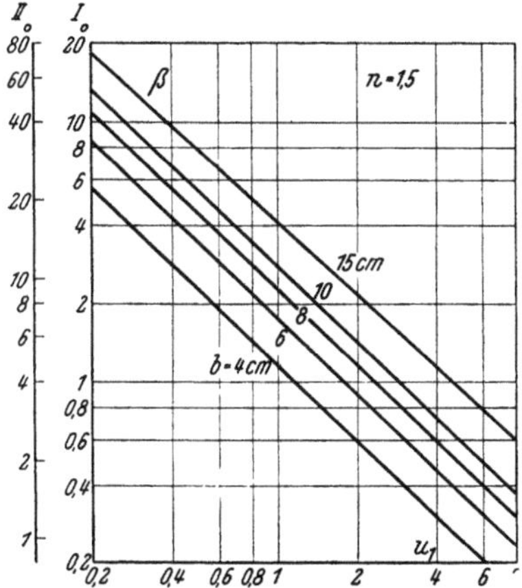

Abb. 456. Basisentfernungsmesser, Verdrehung (Winkel β) des Meßstrahles zur Einstellung auf die Dingebene (Entfernung u_1) in Abhängigkeit von der Länge der Basis b. Skala I gilt für Drehspiegel und Drehprismen, Skala II für Schwenklinsen bei dem Brechungsindex $n = 1{,}5$.

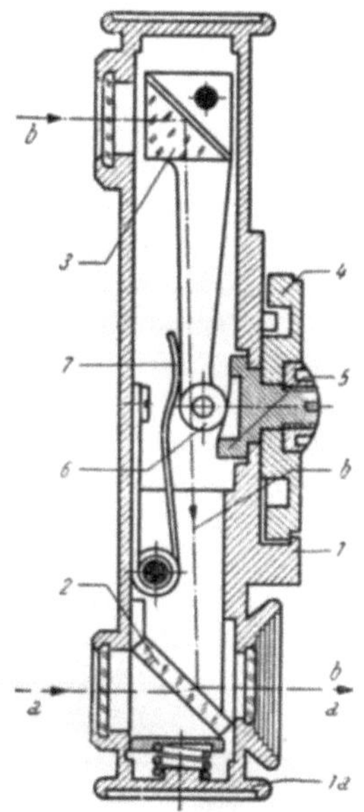

Abb. 457. LEITZ Basisentfernungsmesser, Maßstab 1 : 1,3.

1 Gehäuse, 2 teildurchlässiger Spiegel, 3 totalreflektierendes drehbares Prisma, 4 Einstellscheibe mit Entfernungsskala, 5 Steuerkurve, 6 Steuerhebel, 7 Feder, a direkter Strahl, b indirekter Strahl.

Spiegel hat, und trifft unter Reflexion an dem Spiegel 2 ebenfalls in das Auge. Die beiden Teilbilder werden durch Drehen der Einstellscheibe 4 in Übereinstimmung gebracht, die über die Steuerkurve 5 den Arm 6 schwenkt und damit das daran befestigte Prisma 3 dreht. Durch die Feder 7 liegt der Arm 6 kraftschlüssig an der Kurve 5 an. Die auf der Einstellscheibe 4 eingravierte Skala ist direkt in Metern der Dingentfernung geeicht, wobei eine Strecke von beispielsweise 12 cm eingerechnet wird, die durch die rückwärtige Versetzung des Entfernungsmessers gegenüber dem Objektiv, also die Länge der Kamera bedingt ist. Über seinen Gehäusefuß $1a$ ist der Entfernungsmesser lösbar mit einem Klapphalter verbunden, der mit einer Bajonettverbindung an das Kameragehäuse angesetzt wird. Durch Hochklappen kann der Entfernungsmesser in die Gebrauchslage gebracht werden. Eine ähnliche Bauart lag von MEYER vor. Die NIEZOLDI und KRÄMER 16 mm Kameras „Combi-Matic" und „Pan-Cinoro" können mit einem ansetzbaren Basisentfernungsmesser ausgerüstet werden (Abb. 435).

Einen eingebauten und gekuppelten Basisentfernungsmesser haben die

Siemens „*C II Kameras*". Das Schema geht aus der Abb. 408 hervor. Der direkte Lichtstrahl *a* geht durch die teilverspiegelte Glasplatte *15* und die Sucherlinse *16* zum Auge. Ein zweiter Lichtstrahl *b* wird von dem total reflektierenden Prisma *13*, das die gleiche Wirkung wie ein Drehspiegel hat, ebenfalls der Scheibe *15* zugeleitet und über eine 90° Reflexion dem Auge zugeführt. Der Winkel zwischen den Strahlen *a* und *b*, die um die Basis von etwa 48 mm versetzt sind, läßt sich ändern, wenn das Prisma *5* um die Welle *14* gedreht wird. Dies wird automatisch beim Scharfstellen des Objektivs *1* über die Kurve *4* und die Hebel *5…8* vorgenommen.

Bei diesem beschriebenen System handelt es sich um einen *Einblickentfernungsmesser*, der das gleiche Sucherfeld benutzt wie der Sucher selbst. Damit wird dem Auge ein Wechsel zwischen Sucher- und Entfernungsmessereinblick erspart. Dagegen läßt sich beim Einblicksentfernungsmesser eine Vergrößerung des Meßanzeige-Teilbildes zur Erhöhung der Meßgenauigkeit gegenüber der Sucheranzeige nicht vornehmen. Durch sehr nahes Aneinanderlegen der beiden Einblicksöffnungen („*Leica III f*") eines von dem Sucher getrennten Entfernungsmessers lassen sie sich gleichzeitig übersehen und so die Vergrößerung des Sucherbildes mit dem gleichen Einblick kombinieren.

Über die notwendige und erreichbare Genauigkeit an Basismessern wird später und in den genannten Schrifttumsstellen ausführlich berichtet. Durch schiefes Einblicken in den Entfernungsmesser kann sich die Einstellentfernung geringfügig ändern, weiter ergeben die auf verschieden langen Wegen zum Auge gelangenden Lichtstrahlen Größenunterschiede in der Abbildung und eine Betrachtung des Dinges von der Seite her, die die Einstellgenauigkeit begrenzen, aber durch einen symmetrischen Aufbau des Entfernungsmessers beseitigt werden könnten.

Die genannten Zahlenwerte für die Spiegelverdrehung bei Entfernungsmessern mit kleinen Basen, wie sie bei vielen Kinokameras allein zu gebrauchen sind, zeigen Drehungen von nur wenigen Graden. Dies ist in Hinsicht auf die Herstellungsgenauigkeit der Spiegellagerung und der Übertragungsglieder besonders in Zusammenhang mit den später beschriebenen Kupplungen zu den Objektiveinstellungen recht ungünstig.

Ein Entfernungsmesser kann grundsätzlich verbessert werden, wenn es gelingt, in ihm optische Mittel einzusetzen, die eine größere mechanische Bewegung zur gleichen Ablenkung des Meßstrahles erfordern. Wird der Faktor F als *mechanisch-optisches Übersetzungsverhältnis* nach der Formel (169) als der Quotient der mechanischen Drehung β des optischen Systems zu der optischen Drehung α des mittleren Meßstrahles definiert:

$$F = \frac{\beta}{\alpha} \tag{169}$$

so soll dieser möglichst erheblich größer als der in (168) angegebene Wert F = 0,5 sein. Damit wird einerseits die mechanische Übersetzung zwischen dem Einstellglied des Objektivs und dem des Entfernungsmessers bei gekuppelten Systemen günstiger und Differenzen in der Herstellung der Drehspiegellagerung und Justierung beeinflussen das Meßergebnis weit weniger. Diese Entwicklung weist auf Schwenk- und Drehkeile als Ablenkmittel hin, die eine sehr viel größere mechanische Verdrehung oder Verschiebung des Aufnahmeobjektivs in die erforderliche Ablenkung des Entfernungsmesser-Lichtstrahles umsetzen. Hinsichtlich der Größe des Drehwinkels ist das schon genannte total reflektierende Prisma einem Drehspiegel gleichwertig.

Wird ein Schwenkkeil als lichtablenkendes Mittel eingesetzt, so kann ein Glasprisma mit veränderlichem Keilwinkel aufgebaut werden, das nach der Abb. 458 aus den beiden Glasteilen *2* und *3* in Form von Zylinderlinsen besteht. Hinsichtlich des Entfernungsmessers gilt das gleiche schon genannte Prinzip und die gleichen geometrischen Verhältnisse, die durch die Gleichung (167) bestimmt sind. Denn die Strecke e der Abb. 458 kann ohne merklichen Fehler im Verhältnis zu $u_1 + f$ vernachlässigt oder aber auch in u_1 eingerechnet werden. Im übrigen ist diese Anordnung nicht an die angegebene Form gebunden, da das Schwenkkeilsystem auch in der Basis zwischen den Punkten D und F angeordnet sein kann. Nur das mechanisch-optische Übersetzungsverhältnis F ist ein anderer Wert, da in Annäherung

$$\alpha = (n - 1)\,\beta \qquad (170)$$

gilt. Für die optische Brechungszahl $n = 1,5$ wird $\alpha = 0,5\,\beta$ oder $F = 2$ und nimmt also die vierfache Größe gegenüber dem Drehspiegelsystem an. Die Zahlenwerte für β können aus der Abb. 456 entnommen werden, wenn die richtige β-Skala *II* für $F = 2$ genommen wird. Für $b = 6$ cm und $u_1 = 1$ m wird beispielsweise $\beta = 6,9°$.

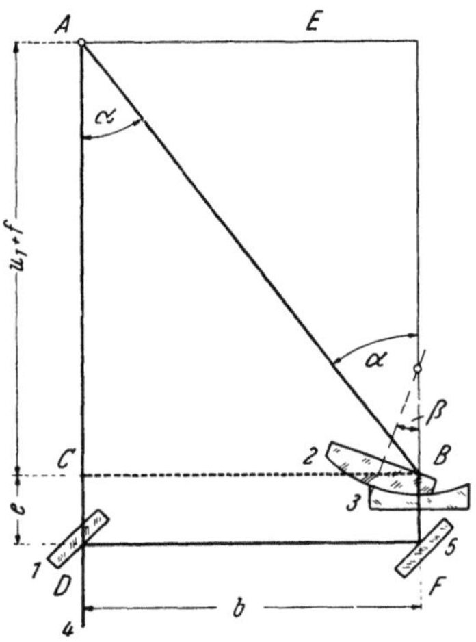

Abb. 458. Basisentfernungs-messer mit Schwenkkeil, Schema.
A Dingpunkt, *B, C, D, F* Punkte auf der Kamera, *E* Scharfstellebene, *b* Basis, *1* teildurchlässiger Spiegel, *2, 3* einstellbarer Glaskeil, *4* Auge, $u_1 + f$ Dingentfernung, α Winkel des Meßstrahles, β Verdrehung des Glaskeiles.

Ein Schwenkkeilmeßgerät wird in der „*Minicord V 16 Kamera*" nach Abb. 422 eingesetzt. Danach wird das Ding über die zwei Strahlenbündel betrachtet, von denen der eine direkt durch den Glaskörper *2, 3* geht, dessen Kittfläche teilverspiegelt ist und bei dem der andere Meßstrahl von dem total reflektierenden Prisma *1* über die Schwenkkeilanordnung *4* und *5* dieser teilverspiegelten Trennfläche der Prismen *2, 3* zugeführt wird. Durch Schwenken der Linse *4* gegenüber der Linse *5* wird der Keilwinkel des Gesamtsystems *4, 5* geändert und damit die unterschiedliche Ablenkwirkung erreicht, die über das in der Abb. 423 gezeigte System direkt von der Entfernungseinstellung der Objektive gesteuert wird. Danach wird bei dem Verstellen der Scharfstellung der Objektive, die an Hand der Abb. 423 dargestellt wurde, gleichzeitig eine senkrechte Achse gedreht, die die Haltevorrichtung *12* trägt. Daran ist eine Steuerkurve *13* befestigt, die über den Stift *14* den Hebel *15* verstellt. Dieser Hebel wirkt mit einem bestimmten Übersetzungsverhältnis über die Pfanne *16* auf den Hebel *17*, der sich um die Achse *18* dreht und damit die Schwenklinse *4* betätigt. Die sonstige Bezifferung entspricht den an der Abb. 422 dargestellten Teilen.

Die Anordnung eines Entfernungsmessers nach der Abb. 458 gibt auch die Möglichkeit, die Basis *b*, die hier nur durch ihre beiden auf den Spiegeln *D* und *F* liegenden Endpunkte definiert ist, durch ein Rhomboederprisma aus Glas zu ersetzen und damit eine starre Einheit und ein robustes Bauteil zu schaffen. Ein Beispiel ist später in der Abb. 460 gebracht, wobei allerdings das verstellbare ablenkende System aus den sogleich besprochenen Drehkeilen besteht. Das Rhomboeder wird mehrfach auch bei Standbildkameras eingesetzt (z. B. „Contax").

Eine andere Möglichkeit der optischen Ablenkung besteht in einem verschiebbaren optischen Keil oder einer Verschiebelinse. Darüber wird an anderen Stellen berichtet (632).

Eine weitere grundsätzliche Verbesserung der optischen Ablenkmittel in Hinsicht auf ein möglichst großes mechanisch-optisches Übersetzungsverhältnis kann durch Drehkeilsysteme erreicht werden. Diese bestehen aus zwei gegenläufig zueinander drehbaren Keilen, die über einen sehr viel größeren Weg die notwendigen geringen Ablenkungen des Meßstrahles hervorrufen. Ein einzelner Keil würde eine Drehung des abgelenkten Strahles auf einem Kreisbogen in einer Ebene ergeben, die senkrecht auf der Drehachse des Keiles liegt. Werden zwei gegenläufig bewegte Keile verwendet, so heben sich die Bewegungen des Meßstrahles so weit auf, daß sich die Ablenkung nur in einer Ebene vollzieht. Nach der Abb. 459 wirken beide Keile in der aus-

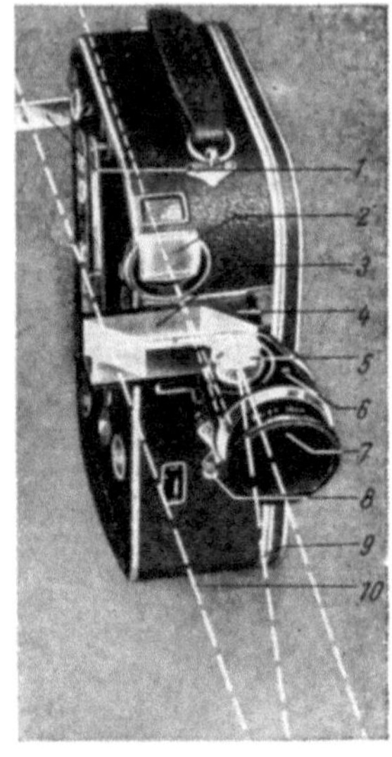

Abb. 460. ZEISS-IKON 16 mm „Movikon 16-Kamera" mit gekuppeltem Drehkeilentfernungsmesser, Maßstab etwa 1 : 5,7.

1 Diopter für Entfernungsmesser, *2* Sucherobjektiv, *3* Glasprisma, *4* Halterung für Entfernungsmesser, *5* Drehkeilablenksystem, *6* Kupplung zur Objektivscharfstellung, *7* Aufnahmeobjektiv, *8* Hebel zur Objektivscharfstellung, *9, 10* Meßstrahlen des Entfernungsmessers.

gezogenen Stellung wie ein Keil mit dem doppelten Keilwinkel 2 φ. Bei der gegenläufigen Drehung um den Winkel β ist nach $\beta = 90°$ eine Lage erreicht, bei der die beiden brechenden Kanten parallel und die Keile entgegengesetzt liegen, nach einer weiteren Drehung um 90° ist die dargestellte Lage (Abb. 459b) erreicht. Die Ablenkung α des Meßstrahles beträgt

$$\alpha = 2\,\varphi\,(n-1)\cos\beta \qquad (171)$$

wobei n der Brechungsindex des verwendeten Glases ist. Der Keilwinkel φ liegt

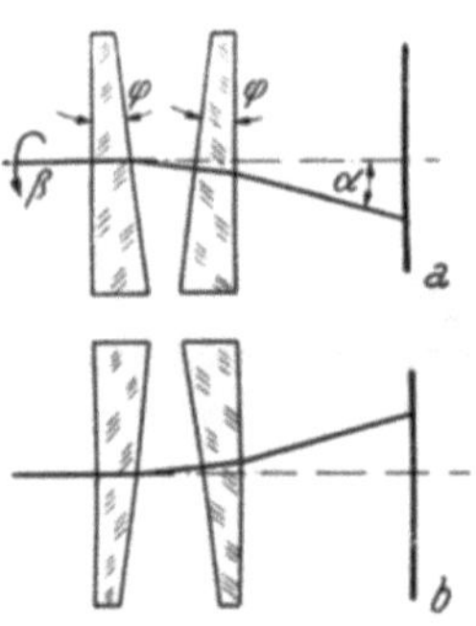

Abb. 459. Drehkeilsystem, Schema.

α Winkel des abgelenkten Lichtstrahles. β Drehwinkel der Glasprismen, φ Keilwinkel der Prismen, Extremstellungen.

in der Größenanordnung von etwas mehr als 1°. Das mechanisch-optische Übersetzungsverhältnis kann bei Drehkeilen etwa F = 20 betragen. Damit ist eine spielfreie Zahnradkupplung zwischen dem Einstellring des Objektivs und den Drehkeilen möglich. Diese verhältnisgleiche Übersetzung befriedigt noch nicht die Gleichung (171) vollständig, so daß zusätzlich ein Kurventrieb eingeschaltet werden muß.

Ein Ausführungsbeispiel für einen Drehkeilentfernungsmesser zeigt die Abb. 460 für die ZEISS IKON „Movikon 16 Kamera". An dem Kameragehäuse befindet sich ein quer zur optischen Achse verschiebbarer Schlitten *4*, der in sich das Rhomboeder *3* als Basis des Entfernungsmessers trägt. Mechanisch mit dem Auswechselobjektiv *7* über Zahnräder gekuppelt und mit ihm in einem Gehäuse *6* untergebracht, befindet sich das Drehkeilpaar *5*. Die Ablenkung des indirekten Strahles *9* gegenüber dem direkten *10* ist aus der Abb. 460 ersichtlich. Die mit dem Sucher nicht einblicksgleiche Betrachtung des Entfernungsmessers ist über den Diopter *1* an der Seitenwand der Kamera möglich, der ebenso wie der Schlitten *4* mit der Basis so in das Gehäuse, bzw. an ihm verschoben werden kann, daß beide für den Transport nicht herausragen. Ein besonderer Vorteil dieses Systems (wie auch einiger anderer) besteht in der Auswechselbarkeit der optischen Ablenkmittel, so daß jedem Objektiv ein eigenes Ablenksystem zugeordnet werden kann. Drehkeile werden auch in einigen Standbildkameras eingesetzt.

Betrachtungen über die Genauigkeit von Entfernungsmessern, d. h. welchen Einfluß ein Fehler $\Delta \alpha$ in der Verdrehung des Meßstrahles auf die Änderung Δu der eingestellten Dingentfernung u_1 hat, ergeben nach den geometrischen Betrachtungen der Abb. 461 für den schon in (167) genannten Zusammenhang zwischen dem Winkel α des Meßstrahles, der Basis b und der Dingentfernung $u_1 + f$:

$$\Delta u = \frac{\Delta \alpha (b^2 + u_1{}^2)}{b \pm u_1 \Delta \alpha} \qquad (172)$$

oder vereinfacht für den Fall, daß die Basis b klein gegenüber der eingestellten Dingentfernung ist:

$$\Delta u = \frac{u_1{}^2}{\dfrac{b}{\Delta \alpha} \pm u_1} \qquad (173)$$

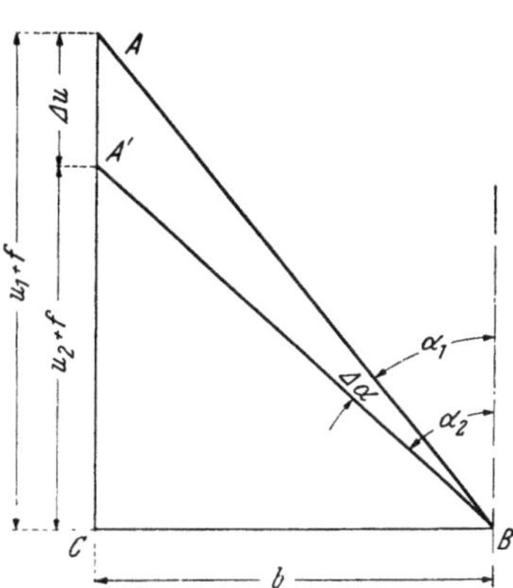

Abb. 461. Basisentfernungsmesser, Betrachtung der Ungenauigkeit.

A Dingpunkt, *B*, *C* Punkte auf der Kamera, *b* Basis, $u_1 + f$ Dingentfernung, Δu Einstelldifferenz, α Winkel des Meßstrahles, $\Delta\alpha$ Fehler des Winkels α.

Das Pluszeichen im Nenner gilt für den vorderen, der Kamera zugewandten Bereich von Δu, wobei also der Fehler $\Delta \alpha$ zu dem Sollwert α_1 addiert wird (Abb. 461). Dafür als Zahlenbeispiel: Bei b = 4 cm; $u_1 = 1$ m und

$$\Delta \alpha = 0,1° \text{ wird } \Delta u_1 = \frac{100^2}{\dfrac{4}{0,00174} + 100} = 4,17 \text{ cm.}$$

Bei der Einstellung auf $u_1 = 10$ m wird bei dem gleichen Fehler $\Delta \alpha$ der Entfernungsfehler $\Delta u_1 = 3,03$ m. Bei einer Vergrößerung der Basis auf den doppelten Wert b = 8 cm wird entsprechend $\Delta u_1 = 2,13$ cm bei $u_1 = 1$ m und $\Delta u_1 = 1,79$ m bei $u_1 = 10$ m.

Liegt dagegen der Fehler so, daß der Winkel $\Delta \alpha$ von α_1 abgezogen werden muß, treten die Minuszeichen im Nenner der Formeln (172) und (173) in Kraft. Dann werden für die Zahlen in der eben genannten Reihenfolge: $\Delta u_2 = 4,55$ cm; 7,7 m, 2,22 cm und 2,78 m. Eine Darstellung findet sich in den Diagrammen der Abb. 462. Die Handhabung dieser Diagramme ist: Für einen bestimmten $\Delta \alpha$ und b Wert wird zunächst die Hilfsgröße $K = \dfrac{b}{\Delta \alpha}$ abgelesen. Für diesen K-Wert und die Dingentfernung $u + f$ wird dann aus der Abbildung der zugehörige Fehler Δu_1 ermittelt. Als Beispiel: Für $\Delta \alpha = 0,06°$, b = 4 cm wird K = $3,8 \cdot 10^3$ und bei $u_1 + f = 6$ m ist $\Delta u_1 = 82$ cm.

Wie die Zahlenrechnung zeigt, kann in den Fällen, wo $\dfrac{b}{\Delta \alpha}$ sehr groß gegenüber u_1 ist, noch weiter vereinfacht werden zu:

$$\Delta u = \frac{u_1{}^2\, \Delta \alpha}{b} \tag{174}$$

Ist in dem Entfernungsmessersystem ein Glied enthalten, das eine optische Verkleinerung V_{opt} ergibt, so wird aus (174):

$$\Delta u = \frac{u_1{}^2\, \Delta \alpha}{b\, V_{opt}} \tag{175}$$

Bei einem Vergleich der durch die Schärfentiefenbedingungen gegebenen Bereiche mit den hier genannten können Angaben über die erforderliche, bzw. zulässige Genauigkeit des Entfernungsmessers gemacht werden.

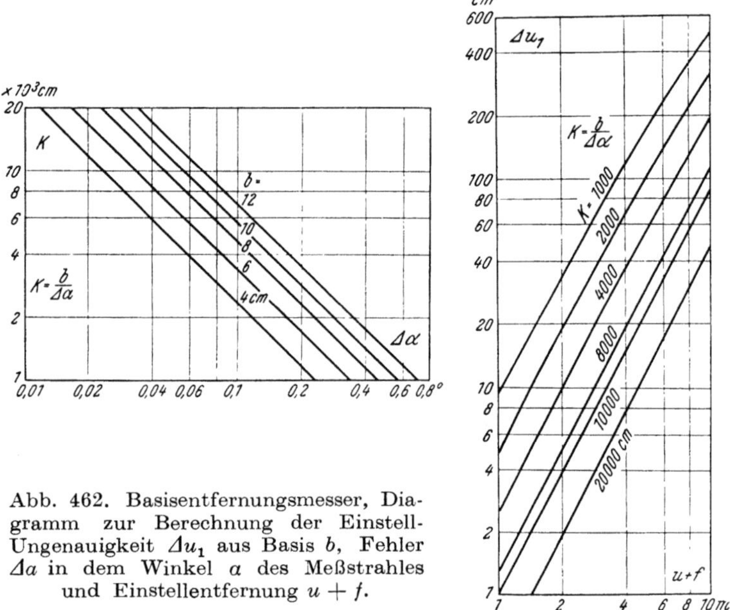

Abb. 462. Basisentfernungsmesser, Diagramm zur Berechnung der Einstell-Ungenauigkeit Δu_1 aus Basis b, Fehler Δa in dem Winkel a des Meßstrahles und Einstellentfernung $u + f$.

Daraus läßt sich die Basis b und der Winkelfehler $\Delta \alpha$ ermitteln, wobei zwischen beiden noch eine gewisse Freizügigkeit besteht. In erster Annäherung ist der Fehler Δu von dem Winkelfehler $\Delta \alpha$ linear abhängig. Dafür ein Beispiel: Bei b = 40 mm; u_1 = 1 m wird bei $\Delta \alpha$ = 0,2, 0,1, 0,05 und 0,025°, der Fehler Δu_1 = 8; 4,17; 2,13 und 1,03 cm. Von der Basis besteht eine reziproke Abhängigkeit. Eine Vergrößerung der Basis b von 40 auf 80 und 160 mm verkleinert den Fehler Δu_1 von 4,17 auf 2,13, bzw. 10,7 cm.

Mit der Einstellentfernung u_1 selbst wächst der Fehler Δu quadratisch (175) an.

Diese Betrachtungen bezogen sich auf einen Fehler in der Drehung des Meßstrahles. Wird das mechanisch-optische Übersetzungsverhältnis F nach (169) größer, so ist der prozentuale Fehler für die mechanische Verdrehung entsprechend kleiner und der Entfernungsmesser robuster.

Die Überlegungen gingen von der Voraussetzung aus, daß der Mittelstrahl durch den Entfernungsmesser betrachtet wird. Für einen Seitenstrahl entsteht ein zusätzlicher Fehler. Als Größe für $\varDelta\,\alpha$ gibt HODAM Berechnungen und Zahlen an (228a). Hier wird für den durch mechanische Einflüsse entstehenden Winkelfehler $\varDelta\,\alpha$ und den durch den Gesichtssinn bedingten physiologischen Ablesefehler in der Gesamtheit bei optimalen Bedingungen $\varDelta\,\alpha = 0,03°$ genannt. SAUER schätzt für photographische Entfernungsmesser den mechanischen und physiologischen Fehler zu je $0,0175°$ (486). Bei der Festsetzung von $\varDelta\,\alpha$ auf einen bestimmten Betrag kann auch der Grenzwert der Blendenzahl ermittelt werden, die bei einem

vollständigen Aufbrauchen des gesamten durch die Schärfentiefe gegebenen Einstellbereiches noch die Genauigkeit der trigonometrischen Entfernungsmessung gewährleistet. Nach den früheren Überlegungen ist aber nur ein *Teil* des Schärfentiefenbereiches für Justierzwecke ausnutzbar (s. Abschn. V E), was auch für die Entfernungsmesser-Betrachtungen gilt. Ein Vergleich der Formeln (33) und (175) ergibt für die Grenz-Blendenzahl k_G

$$k_G = \frac{f\,\varDelta\,\alpha}{z\,b\,V_{opt}} \qquad (176)$$

Als Beispiel: Für $f = 25$ mm, $\varDelta\,\alpha = 0,05°$, $z = 0,5\cdot10^{-3}$, $b = 5$ cm und $V_{opt} = 0,5$ wird $k_G =$

$$= \frac{2,5\cdot0,05\cdot0,0175}{0,5\cdot10^{-3}\cdot5,0\cdot0,5} = 1,75.$$

Einige Zahlenwerte bringt das Diagramm der Abb. 463.

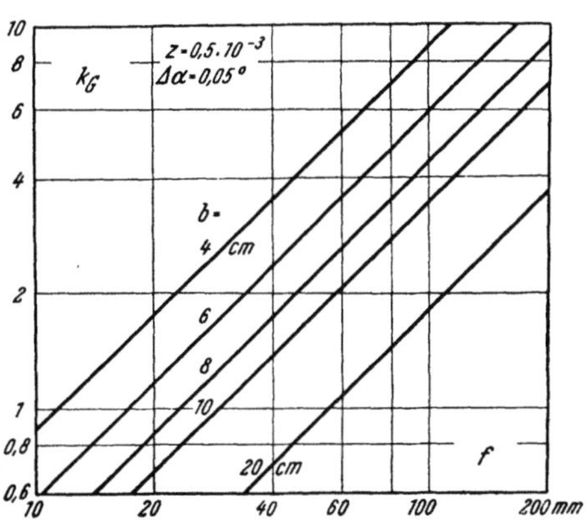

Abb. 463. Basisentfernungsmesser, Grenzblendenzahl k_G in Abhängigkeit von der Brennweite f des Aufnahmeobjektivs und Basis b.

z Zerstreuungsfaktor, $\varDelta\,\alpha$ Fehler im Winkel des Meßstrahles (gilt für „Aufbrauchen" des ganzen Schärfentiefenbereiches). Optische Vergrößerung $V_{opt} = 0,5$.

Der für Seitenstrahlen des Entfernungsmessers geltende Wert für k_G wird bei sehr kleinen Dingentfernungen gegenüber (176) merklich größer und nimmt im Grenzfalle bei Einstellung auf ∞ den in (176) angegebenen Wert an.

Das Ergebnis der Überlegungen an Basisentfernungsmessern ist: Je kleiner die Einstell-(Ding-)Entfernung und je größer die Basis ist, um so genauer arbeitet er. Zur Genauigkeitssteigerung tragen auch optisch vergrößernde Systeme (V_{opt}) und ein besserer mechanischer Aufbau (Verkleinerung von $\varDelta\,\alpha$) bei. Bei kleinen Brennweiten der Objektive kann die Genauigkeit der Basisentfernungsmesser nicht immer ausgenutzt werden, bei langen kann dagegen die Meßsicherheit, besonders bei hoch geöffneten Objektiven, nicht ausreichen. Das Meßfeld soll aus Genauigkeitsgründen möglichst klein sein; als untere Grenze gilt, daß bei extremer Verstellung des Entfernungsmessers beide Teilbilder (*1* und *2*, Abb. 455) noch im Gesichtsfeld (*a, b*) sichtbar sind. Dazu kann eine Justierung des Systems auf einen Mittelwert (228a) beitragen. Als Nachteil eines Basisentfernungsmessers könnte man ansehen, daß es sich dabei um eine mehr meßtechnische Einrichtung handelt im Gegensatz zu den eine bessere Bildbetrachtung zulassenden Mattscheibensuchern.

Die in der Formel (176) und der Abb. 463 gezeigten Verhältnisse können auch noch anders dargestellt werden: Wird die Grenz-Basislänge b_G berechnet, so ergibt sich

$$b_G = \frac{f \cdot \Delta\alpha}{k \cdot z \cdot V_{opt}} \qquad (177)$$

oder in einem Zahlenbeispiel für $V_{opt} = 0{,}5$, $\Delta\alpha = 0{,}05°$, $f = 100$ mm und $k = 6$:

$$b_G = \frac{10 \cdot 0{,}05 \cdot 0{,}0175}{6 \cdot 0{,}0005 \cdot 0{,}5} = 5{,}8 \text{ cm}.$$

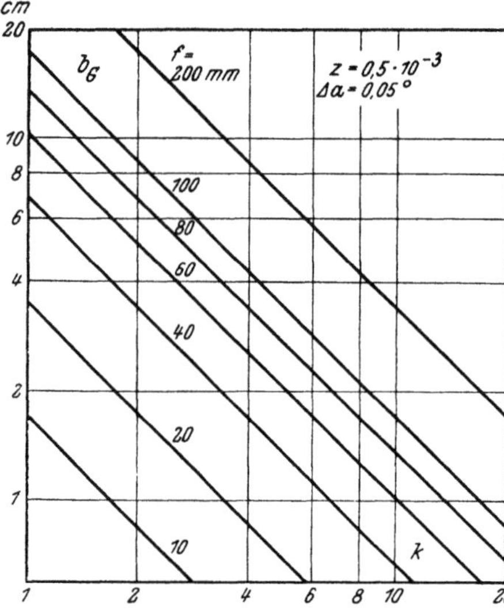

Abb. 464. Basis-Entfernungsmesser.
Grenzbasis b_G in Abhängigkeit von der Blendenzahl k und Brennweite f, z Unschärfenfaktor, $\Delta\alpha$ Fehler des Winkels α des Meßstrahles (s. Abb. 461).

Weitere Zahlenbeispiele bringt die Abb. 464. Auch hier gelten aber die genannten Voraussetzungen, nach denen der ganze Schärfentiefenbereich für Justierzwecke ausgenutzt wurde. Diese Betrachtungen gelten weiter für die Mittelstrahlen, die durch Entfernungsmesser gehen, also für die Einstellung auf eine unendlich große Dingentfernung. Genaue Berechnungen finden sich in (228a), (228b).

B. Mattscheiben-Entfernungsmesser

In der Kinogerätetechnik werden in größerem Umfange Mattscheiben-Entfernungsmesser und -Einstellgeräte vorgesehen, die eine Bauform einer Entfernungsmeßeinrichtung darstellen. Diese beruhen auf dem Prinzip, in einer Bildebene die gewünschte Dingebene scharf abzubilden. Damit sind die gleichen Gesetze und Bedingungen gegeben, die für die Objektive und den optischen Abbildungsvorgang gelten. Der große Vorzug dieser Einrichtungen besteht darin, daß auf dem Mattscheibenbild gleichzeitig der Bildausschnitt betrachtet und die Schärfe kontrolliert werden kann. Auch die Verteilung der Schärfentiefe kann in vielen Fällen beobachtet werden. Es ist also zweckmäßig, die Sucher mit der Entfernungsmeßeinrichtung zu verbinden, wobei dann die im Abschn. XIII C genannten Bauformen mit ihren Vor- und Nachteilen entstehen. Das Messen der Entfernung der Dingebene, auf die eingestellt wurde, geht dann so vonstatten: Es wird das *schärfste* Bild eingestellt und dann an der mit dem Einstellknopf gekuppelten Skala die eingestellte Entfernung in Metern abgelesen. Welche Bezugsebene der Kamera gewählt wird, bleibt einer Vereinbarung vorbehalten, da weder die Filmebene noch die Hauptebene des Objektivs von außen zugänglich oder erkennbar ist.

Wenn von den gleichen optischen Bedingungen wie bei der optischen Aufnahme gesprochen wurde, so könnte vielleicht eine Ausnahme genannt werden: Es ist bei einem Sucher erwünscht, bei möglichst geringen Verstellungen gegenüber der richtigen Stellung schon eine merkbare Unschärfendarstellung zu erhalten. Diese in der Fachsprache als „*springen-*

de Schärfe" bezeichnete Methode ist entgegengesetzt der im Abschn. V C genannten Forderung, durch besondere Objektivkorrektionen eine möglichst große Schärfentiefe zu erreichen.

Es sieht so aus, als ob die Dreilinser besonders gut die *„Sucherbedingung"* erfüllen und die viellinsigen Systeme die *„Aufnahmebedingung"* eines weicheren Überganges von Scharf zu Unscharf.

Nach den schon beschriebenen Einrichtungen können an einer Kinokamera zwei verschiedene Arten von Mattscheiben-Entfernungsmessern eingesetzt werden. Entweder sind es Einrichtungen, die in Zusammenhang mit dem Bildfenster der Kamera stehen, also das Aufnahmeobjektiv und das Filmband selbst als Auffangfläche benutzen, oder aber die an seine Stelle eingerückte Mattscheibe. Im übertragenen Sinne kann statt des Mattscheibenbildes auch das Luftbild verwendet werden, das in dem Bildfenster entsteht. Oder es wird ein getrenntes Betrachtungsgerät mit eigenem Objektiv eingesetzt, das unabhängig von dem Aufnahmesystem ist, aber mit ihm in der Scharfstellung gekuppelt werden kann.

Ein Beispiel für die in das Bildfenster einschwenkbare Mattscheibe wurde schon in der Abb. 111 angegeben, ferner in Abb. 150. Die in der *„Special-Kamera"* eingesetzte Such-Reflexeinrichtung (*6*, Abb. 139) wurde schon im Abschn. XIII C genannt.

Es gibt auch eine Zwischenstufe zwischen den genannten Systemen. Hier wird das Aufnahmeobjektiv eines Objektivrevolvers für Einstellzwecke vor eine Mattscheibeneinrichtung gesetzt. So wurde beispielsweise diese Einrichtung für die Kamera *„Bolex H 16"* (*11*, Abb. 62) genannt, ferner ist an der *„Eyemo"* (Abb. 152) und der *„Viceroy"* (Abb. 439) eine ähnliche Einrichtung vorhanden, nämlich ein Sucher, vor den das später benutzte Objektiv gesetzt wird. Dabei entsteht allerdings eine Raum- und eine Zeitparallaxe (s. Abschn. XIII A).

Bei der Bearbeitung und Beurteilung eines Mattscheibengerätes ergeben sich einige Punkte, die beachtet werden müssen: Eine Mattscheibe hat eine starke Streuwirkung für Licht, deshalb tritt an den Randpartien ein größerer Lichtabfall ein und damit werden die Bildecken dunkler als die mittleren Partien. Eine Abhilfe, die in gleicher Weise auch die Standbildkameras mit Mattscheibenbetrachtung betrifft, kann durch eine Sammellinse erreicht werden, die die sonst streuenden Strahlen in eine bestimmte Richtung zum Auge lenkt.

Ein weiterer Punkt ist das Mattscheibenkorn. Bei den in Kinokameras verwendeten Bildformaten ist eine Vergrößerung des vom Aufnahmeobjektiv erzeugten Mattscheibenbildes erforderlich. Dabei tritt das Mattscheibenbildkorn bald störend in Erscheinung. Deshalb wird mehrfach statt einer Mattscheibe eine Klarglasscheibe eingesetzt, bei der aber die Lokalisierung des Bildes durch besondere Mittel, wie Fadenkreuze, erreicht werden muß. Es läßt sich experimentell zeigen, daß mit einer stärker werdenden Vergrößerung eines Mattscheibenbildes durch eine Lupe der sichtbare Zerstreuungskreis dem Kehrwert dieser Lupenvergrößerung nicht mehr verhältnisgleich ist, da schon bei schwachen Vergrößerungen die Struktur der Mattscheibe sichtbar wird. Deshalb ist die Steigerung der Meßgenauigkeit mit der Vergrößerung der Lupe immer geringer. Es wird für einen bestimmten Fall angegeben, daß bei direkter Betrachtung eines Mattscheibenbildes und bei einer sechsfachen Vergrößerung die Zerstreuungskreise sich wie 8 : 3 verhalten (486).

Der Einstellvorgang ist nun so, daß dem Auge nacheinander bei den verschiedenen Einstellstufen unterschiedlich scharfe Bilder vorgeführt werden, unter denen es das schärfste aussuchen muß. Dies ist nicht ganz so selbstverständlich und einfach, wie es auf den ersten Blick aussieht. Denn der menschliche Gesichtssinn hat kein zuverlässiges Erinnerungsvermögen dafür, ob ein vorher betrachtetes, jetzt in einer anderen Schärfe vorliegendes Bild vorher schärfer war oder weniger scharf. Es liegt also bei der Mattscheibeneinstellung kein *gleichzeitig* zu sehendes Kriterium für Schärfe oder Unschärfe vor. In der Praxis wird man deshalb zwischen zwei merklich unscharfen Stellungen mit der Schärfenverstellung hin- und herpendeln, wobei das schärfste Bild dazwischenliegt, und auf eine Art gefühlsmäßig feststellbaren Mittelwert einstellen. Versuche haben ergeben, daß der Mensch geneigt ist, ein etwas größeres Bild als schärfer anzusehen als das im physikalischen Sinne wirklich schärfste Bild. Es gibt übrigens Menschen, denen es nur schlecht gelingt, ein Mattscheibenbild scharf einzustellen. Die Ursachen liegen wohl in physiologischen Ursachen, sind aber noch nicht restlos geklärt, da es auch anderen Menschen schwerfällt, einen Basis-Entfernungsmesser richtig zu bedienen.

Eine Mattscheibeneinstellung hat also den genannten Nachteil der nicht gleichzeitigen Sicht der Schärfe oder Unschärfe, da der angeführte Erinnerungsvorgang dazwischenliegt. Eine bekannte Verbesserung besteht darin, eine räumlich gestaffelte Mattscheibe einzusetzen. Diese besteht beispielsweise darin, abwechselnd mattierte Streifen auf der Ober- und Unterseite zu haben („*Dapei Meßraster*"), die sich ergänzen und eng aneinander anschließen. Ein auf dieser Scheibe entworfenes Bild kann dann nur auf den mattierten Stellen der Oberseite scharf sein, während zugleich die mattierten Stellen der Unterseite bei genügender Dicke der Mattscheibe merkliche Unschärfen zeigen oder umgekehrt. Es kann aber auch so eingestellt werden, daß die auf Ober- und Unterseite entstehenden Bilder gleich unscharf sind. Diese gleiche Unschärfe wird zu der gleichen Zeit gesehen, so daß jetzt ein eindeutiges Kriterium ohne Erinnerungsvermögen gegeben ist. Bisher sind keine Kinogeräte bekannt, die eine derartige gestaffelte Mattscheibe einsetzen, aber zur Justierung der Objektive von Kameras wird dieses Prinzip der gestaffelten Teste in Verbindung mit Kollimatoren eingesetzt (279, 391). Bei einer Einobjektiv-Spiegelreflex-Kamera („*Reflex-Korelle*") wurde die gestaffelte Mattscheibe früher einmal eingesetzt (632, 636a).

Ausführungsformen für Mattscheiben-Entfernungsmesser, die gleichzeitig als Sucher Verwendung finden, wurden bereits im Abschn. XIII genannt. Als Beispiel soll der „*Auricon-Pro Sucher*" (Abb. 94) dienen, der gleichzeitig eine Entfernungsmessung an dem Einstellknopf für die Bildschärfe zuläßt. Weitere Mattscheibensucher, die gleichzeitig als Entfernungsmesser benutzt werden, sind in Abb. 100, für die MITCHELL, Abb. 153 für die „*Newall*", Abb. 442 für die MAURER, Abb. 410 für die CINEPHON, Abb. 491 für die MITCHELL 16 und Abb. 441 für die „*Specialist-Kamera*" dargestellt.

Auf Grund der optischen Gesetze ergeben Mattscheibensucher in der *ersten Abbildungsstufe* Bilder, die seitenverkehrt und kopfstehend sind. Da dies vielfach als Nachteil angesehen wird, obwohl sich der Mensch erfahrungsmäßig daran gewöhnen kann und allmählich „richtig" sieht, werden bei fast allen diesen Einrichtungen Zwischenabbildungen vorgenommen. Es wird also, und das wurde bei mehreren Suchern beschrieben, das entstehende Mattscheiben- oder Luftbild durch ein weiteres Objektiv seiten- und höhenrichtig, meist auch vergrößert, abgebildet und dann durch ein Okular betrachtet. Dieses System Objektiv und Okular wird in der Sprache der Kinotechniker als *Lupe* bezeichnet.

Die mit einem Mattscheiben-Entfernungsmesser erreichbare Genauigkeit ergibt sich aus den Bedingungen, unter denen man das Bild noch als scharf ansehen kann oder will. Diese Betrachtungen wurden bei der Besprechung der Schärfentiefenfragen und der noch erkennbaren Größe des Zerstreuungskreises im Abschn. III F ausführlich gebracht. Dabei ist noch zu beachten, daß das Mattscheibenkorn bei einer Vergrößerung des Mattscheibenbildes, die bei den absolut gesehenen kleinen Filmformaten immer notwendig ist, ebenfalls mitvergrößert wird und damit die Genauigkeit begrenzt, wie bereits dargestellt wurde. Die Beseitigung der Sichtbarkeit des Mattscheibenkorns durch rotierende oder oszillierende Bewegung der Mattscheibe wird hier — soweit bekannt — nicht angewendet.

Da die Schärfentiefe dann kleiner und damit der Entfernungsmesser genauer wird, wenn die Blende des Objektivs vergrößert wird oder die Brennweite, so lassen sich beide Mittel zur Steigerung der Genauigkeit einsetzen. Dabei ist eine Vergrößerung der Brennweite wesentlich wirksamer. Die Daten von Objektivbrennweite und Öffnung, bzw. eingestellter Blende, liegen dann mit dem Aufnahmeobjektiv fest, wenn eine Spiegelreflexeinrichtung verwendet oder das Bild im Bildfenster der Kamera betrachtet wird, also in fast allen Fällen bei den Kinokameras. Nur für die Außensucher ist eine gewisse Freiheit gegeben.

Die Frage, ob ein Basis- oder ein Mattscheiben-Entfernungsmesser zweckmäßiger ist, läßt sich nicht ohne weiteres entscheiden, da der Mattscheiben-Entfernungsmesser auch noch als Sucher benutzt wird und damit weitere Funktionen erfüllen kann. Aus den Betrachtungen der Genauigkeit und Grenzwerte für Blendenzahl bzw. Basis lassen sich naturgemäß auch Vergleichswerte ableiten, die die Grenze angeben, von der ab ein Basismesser mit bestimmter Basislänge eine größere Genauigkeit hat als eine Mattscheibeneinrichtung. Für diese sind dann naturgemäß Brennweite und Öffnung des Objektivs zu berücksichtigen und gegebenenfalls die Vergrößerung der über der Mattscheibe eingesetzten Lupe.

Die in der Technik der Standbildkameras schon eingeführten Einrichtungen der Kombination einer Mattscheiben-, Such- und Scharfstelleinrichtung mit einer Basismeßeinrichtung hat bei Laufbildkameras noch wenig Beachtung gefunden. Bei dieser Anordnung wird auf einem kleinen Teil der Mattscheibe, dessen Größe sich errechnen läßt (228b), ein gegenläufiges Doppelprisma angebracht oder eine andersartige Form der Mattscheibenoberfläche gegeben. Bei richtiger Justierung und genauer Scharfstellung auf die gewünschte Dingebene erscheint dann im mittleren Feld in „geschlossenes" Bild und bei unrichtiger Einstellung ein „versetztes" Bild nach der Abb. 455 oder ein gedrehtes Bild. Diese Scharfstellanzeige hat die Vorzüge der Basismeßeinrichtung, nämlich die gleichzeitige Sichtbarkeit des Scharfstellzustandes und die Mattscheibenanzeige.

Ein grundsätzlicher und wesentlicher Punkt ist noch für alle Entfernungsmesser zu beachten: die Lage des Filmbandes im Bildfenster ist nicht eindeutig definiert, da es sich etwas zum Objektiv zu durchwölbt. Es kann also nur eine mittlere Ebene als Einstellebene angenommen werden, die als Bezug gilt. Auch bei einer Einstellung direkt auf dem Filmband, die aber wegen der dunklen Schutzschichten kaum mehr möglich ist, wird die Durchwölbung des Filmbandes etwas anders als beim Lauf sein. Die Größe der Filmwölbung läßt sich nur meßtechnisch erfassen und als statistisch ermittelter Wert berücksichtigen.

C. Entfernungsmesser-Kupplungen

Mehrfach wurden schon Beispiele gebracht für die Kupplung des Entfernungsmessers mit dem Einstellglied des Objektivs. Dabei ist es grundsätzlich gleichgültig, ob ein Mattscheiben-Entfernungsmesser oder ein Basismesser eingesetzt wird. Diese Kupplung ist das Endziel der Scharfstelleinrichtung von Standbild- und Kinokameras, bedingt unter Umständen aber einen erheblichen Aufwand und kann deshalb aus wirtschaftlichen Gründen nicht überall eingesetzt werden. Der große Aufwand entsteht besonders dann, wenn Objektive unterschiedlicher Brennweiten, also unterschiedlicher Objektivauszüge, an den gleichen Entfernungsmesser angekuppelt werden sollen.

Das für derartige Einrichtungen häufig gebrauchte Wort *automatische Einstellung* oder *automatische Messung* soll nicht benutzt werden, da sich das *automatisch* nur auf die Übertragung zwischen dem Einstellmechanismus der Objektiv- und Sucherscharfstellung beziehen kann. Eine wirkliche automatische Scharfstellung müßte in einem Mechanismus bestehen, der sich tatsächlich auf die gewünschte Dingebene selbsttätig einstellt. Es will scheinen, als ob das grundsätzlich nicht möglich ist, da man der Kamera nicht wie einem Menschen beibringen kann, welche Ebene des Dinges gemeint ist. Im übertragenen Sinne ist die Übermittlung des Hinweises auf die Dingebene durch einen Entfernungsmesser möglich, der aber des menschlichen Gesichtssinnes bedarf, um die gewünschte Ebene auszusuchen. In anderer Art könnte man durch das Anbringen von besonderen Test- oder Leuchtzeichen oder dergleichen in der Dingebene die Kamera zu einem *Hinziehen* auf diese Entfernungseinstellung bringen. Aber auch hier kann nicht von einer völligen Automatik gesprochen werden, da unter Vermittlung des Menschen erst die gewünschte Scharfstellebene gekennzeichnet werden muß.

Das wesentliche Kennzeichen der Entfernungsmesser-Kupplung besteht darin, daß die Kenntnis der Entfernung selbst weder notwendig noch in vielen Fällen erwünscht ist. Es wird lediglich durch Verändern des Einstellkriteriums, d. h. der Schärfe des Bildes bei Mattscheibengeräten oder des Ineinanderübergehens der beiden Teilbilder eines Basisentfernungsmessers, auf die Dingebene scharf eingestellt.

Die Kupplung stellt nun die wesentliche Forderung des *optischen Gleichlaufes* zwischen Such- und Aufnahmeeinrichtung. Danach müssen beide in jeder Einstellstufe auf die gleiche Dingentfernung u eingestellt sein. Dies ist automatisch der Fall, wenn bei Spiegelreflexkameras Such- und Aufnahmeeinrichtung durch das gleiche Objektiv gesteuert werden. Als selbstverständliche Voraussetzung muß dazu noch die richtige Justierung genannt werden. Auch bei den Kameras, die eine direkte Betrachtung des Filmbandes zulassen oder eine einschwenkbare Mattscheibe haben, ist der genannte optische Gleichlauf bei richtiger Justierung automatisch gegeben.

Wird eine getrennte Sucherkamera benutzt und hat sie die gleiche Brennweite ihres Objektivs und die gleiche räumliche Lage quer zur optischen Achse, liegen also beide Kameras genau nebeneinander mit dem gleichen Abstand vom Ding, so ist der optische Gleichlauf ebenfalls ohne weiteres gegeben. Damit ist eine starre Kupplung zwischen beiden Scharfeinstellungen möglich und zweckmäßig. Geringfügige Unterschiede im Abstand von der Dingebene, die sich vielleicht durch bauliche Notwendigkeiten der Kamera ergeben können, wo also die beiden Kameras in Richtung der optischen Achse etwas gestaffelt stehen, machen bei üblichen Dingeinstellungen auf den Gleichlauf wenig aus. Da die Sucherkamera zum Parallaxausgleich geschwenkt werden muß, sind bei großen Parallaxabständen und kleinen Dingentfernungen die Abstände von Aufnahme- und Sucherobjektiv nicht mehr gleich, sondern durch die Differenz zwischen Hypotenuse und Kathete eines rechtwinkligen Dreiecks gegeben. Bei dem Neigungswinkel β der Sucherachse nach der Abb. 397 wird die Differenz $\Delta\,u_1$ in der Entfernung u_1:

$$\Delta\,u_1 = u_1 \left(\frac{1}{\cos\beta} - 1 \right) \tag{178}$$

oder in Abhängigkeit von dem Parallaxabstand p:

$$\Delta\,u_1 = \sqrt{u_1{}^2 + p^2} - u \tag{179}$$

Es ergibt sich beispielsweise bei $u = 50$ cm und $p = 12$ cm: $\Delta\,u_1 = \sqrt{50^2 + 12^2} - 50 = 1{,}3$ cm. Diese rein geometrische Betrachtung gilt für alle Suchersysteme.

Haben Sucher- und Aufnahmeobjektive verschiedene Brennweiten f_S und f_A, so müssen sich die Objektivauszüge v_S und v_A wie folgt verhalten:

$$v_S : v_A = f_S{}^2 : f_A{}^2 \tag{180}$$

wenn bei einer Kupplung beide Kameras auf die gleiche Dingentfernung u eingestellt sind. Praktisch wird die Gleichung (180) noch modifiziert werden müssen, da bei einer Veränderung der Scharfeinstellung auf eine andere Dingebene die Abstände u_1 zu den jeweiligen Brennpunkten F (Abb. 64) infolge der unterschiedlichen Objektivauszüge von Sucher- und Aufnahmekamera für die gleiche Dingentfernung unterschiedlich sind.

Bei einem gekuppelten Basismesser ergibt sich für das Kupplungsgetriebe der in (167) genannte Zusammenhang zwischen Entfernung des Dinges und Drehung des Meßstrahles. Die entsprechende Funktion für den Objektivauszug in Abhängigkeit von der Entfernung ist in (23) angegeben. Wird in beiden Formeln der gleiche Wert für u_1 eingesetzt, so ist der notwendige Kupplungszusammenhang zwischen Meßstrahlverdrehung α und Objektivauszug v:

$$\alpha = \mathrm{arc\ tg}\,\frac{b\,v}{f\,(f + v)} \tag{181}$$

Es besteht also kein linearer Zusammenhang zwischen dem Winkel α und der Größe v, die auch durch den Winkel der Drehung des Objektiveinstellringes ausgedrückt werden kann. Es ist also keine starre oder verhältnisgleiche Kupplung zwischen Objektiv- und Meßstrahlverstellung möglich, auch dann nicht, wenn v klein gegenüber f ist, also aus (181)

$$\alpha = \text{arc tg} \frac{b\,v}{f^2} \qquad (182)$$

wird. Zur Herstellung einer einwandfreien Kupplung müssen also Zwischengetriebe eingeschaltet werden, die das genannte Bewegungsgesetz erfüllen.

Unter Berücksichtigung des mechanisch-optischen Übersetzungsverhältnisses F wird dann nach (169) und (181) die Drehung β des optischen Gliedes des Entfernungsmessers:

$$\beta = \text{F arc tg} \frac{b\,v}{f\,(f+v)} \qquad (183)$$

Der Winkel β läßt sich beispielsweise für einen Drehkeil-Entfernungsmesser bei b = 80 mm, u = 1 m und f = 25 mm berechnen: $v = \dfrac{f^2}{u} = \dfrac{2{,}5^2}{100} =$ = 0,062 5 cm und $\beta = 2\ \text{arc tg} \dfrac{8 \cdot 0{,}062\,5}{2{,}5\,(2{,}5 + 0{,}062\,5)} = 9°$.

Beispiele für gekuppelte Mattscheibensysteme wurden mehrfach bei der Besprechung der Sucher und Entfernungsmesser genannt, so daß es sich erübrigt, hier nochmals näher darauf einzugehen (s. Abschn. XIII, XIV B).

Für gekuppelte Basisentfernungsmesser wurden die „*Movikon 16 Kamera*" (Abb. 105 und 460) für ein Drehkeilsystem, die „*Minicord V 16*" (Abb. 422 und 423) für ein Schwenkkeilsystem und die SIEMENS „*C II*" (Abb. 408 und 409) für eine Drehspiegeleinrichtung mit total reflektierendem Prisma genannt. Auch die „*Ikophon Kamera*" hat einen gekuppelten Entfernungsmesser, dessen Anzeige im Sucherbild erscheint („*Meßsucher*"). Ein Drehkeil-Entfernungsmesser wird zusätzlich zur Spiegelreflexeinrichtung bei der VINTEN „*Everest II Kamera*" verwendet (Abb. 449).

XV. Blendenmesser

A. Systeme

Wesentlich schwieriger als das Schätzen oder Messen der Dingentfernung ist das Bestimmen der für die Blendeneinstellung der Kinokameras wichtigen *Helligkeit* des Dinges. Unter diesem, dem allgemeinen Sprachgebrauch entlehnten Wort wird in der Beleuchtungstechnik der Begriff der *Leuchtdichte* verstanden. Auf Grund seiner naturgegebenen Eigenart ist das menschliche Auge und der Gesichtssinn befähigt, sich gegebenen Leuchtdichten in sehr großem Umfange anzupassen. Als Maßstab für diese Anpassung wurde in der Abb. 11 der sehr große Bereich der Leuchtdichten angegeben, bei denen der menschliche Gesichtssinn eine gute oder zumindest noch ausreichende Arbeitsmöglichkeit hat. Aus diesem Grunde ist das menschliche Auge auch denkbar schlecht geeignet, die Dingleuchtdichten in ihrer Größe richtig zu beurteilen und abzuschätzen. Bei dem Vorliegen besonderer Verhältnisse, beispielsweise einer Blendung bei sehr intensiven Leuchtquellen, versagt die Schätzung durch das Auge vollkommen. Wenn trotzdem in vielen Fällen brauchbare Belichtungen mit photographischen oder kinematographischen Geräten noch zustande kommen, so hängt dies einmal mit dem großen Belichtungsspielraum neuzeitlicher Filmbänder und der Korrekturmöglichkeit bei den weiteren Verarbeitungsprozessen zusammen und dann mit der Tatsache, daß hier kein eigentlicher Meßvorgang durch den menschlichen Gesichtssinn vorliegt, sondern daß aus der Erinnerung und Erfahrung bei der Belichtung ähnlicher Szenen auf den vorliegenden Fall geschlossen wird. Schwieriger wird die Frage der richtigen Belichtung bei *Umkehr*filmen, da hier praktisch keine Korrektur in einem Kopierprozeß vorgenommen werden kann.

Aus den angeführten Gründen ist eine Anwendung von Meßeinrichtungen zur Ermittlung der erforderlichen Objektivblende der Kinokamera und gegebenenfalls der Einstellung des Verschlusses notwendig. An den mit der Belichtungs- oder Blendenmessung zusammenhängenden Fragen sind seit langer Zeit viele Arbeiten geleistet worden. Interessant sind dabei für das vorliegende Buch besonders die Lösungen, bei denen die Lichtmeßeinrichtungen an oder in die Kinokameras eingebaut sind und bei denen die Meßergebnisse mehr oder weniger vollkommen automatisch auf Einstellglieder der Kamera übertragen werden. Denn auch hier ist ähnlich wie bei den Entfernungsmessern nicht der Meßwert, sondern seine Übertragung auf die Einstellglieder der Kamera wichtig. Bei dem Vorliegen einer völligen Übertragungsautomatik ist sogar die Kenntnis des Meßwertes in seiner Zahlengröße unnötig, da er ja automatisch übertragen wird (336 c).

Die beschriebenen Lösungen für Anbauten und Kupplungen von Belichtungsmessern an die Kinokameras kommen aus technischen Gründen vorzugsweise für kleinere und mittlere Amateurgeräte in Frage, während die großen Berufskameras besser mit getrennten und in vielen Fällen komplizierteren und genaueren Lichtmeßeinrichtungen betrieben werden müssen, deren Einbau in kleinere Geräte nicht wirtschaftlich wäre oder den Rahmen des Kameraaufwandes sprengen würde. Bei berufsmäßigen Kinoaufnahmen wird vielfach — wenn räumlich möglich — das auf das Ding *auffallende* Licht gemessen. Dabei kann die Gleichmäßigkeit der Ausleuchtung festgestellt werden. Da aber der in der Kamera zur photographischen Wirksamkeit gelangende Anteil der gemessenen auffallenden Strahlung noch wesentlich von dem *Reflexionsfaktor* des Dinges abhängt, der hier nicht gemessen wird, kann diese Art der Lichtbestimmung auch bedenklich sein. Immerhin können die Zahlenwerte des Reflexionsfaktors nur zwischen 0 und 100% im Grenzfalle liegen und sind damit leichter zu schätzen als die Leuchtdichten (Helligkeiten), die nach der Abb. 11 eine wesentlich größere Anzahl von Dekaden betragen können. Es soll hier nicht das in Fragen der Photochemie hineinspielende Problem behandelt werden, wie weit sich ein am Ding vorhandener Helligkeitsumfang auf dem Film wirklich aufzeichnen läßt, bzw. wie weit Konzessionen in einer Zusammendrängung des Umfanges praktisch möglich sind. Dieses Problem tritt beispielsweise auch in der Elektroakustik bei der Wiedergabe hoher und tiefer Frequenzen auf (s. Abb. 27 und Abschn. III J und XVI).

Nach allgemeinen, schon früher angestellten Betrachtungen (591) soll ein photographischer Belichtungsmesser entweder zu einer gegebenen Einstellung der Blende des Aufnahmeobjektivs, die sich beispielsweise aus Bedingungen des abzubildenden Dingraumes, also aus Schärfentiefenfragen ergibt, die zugehörige Belichtungszeit feststellen. Oder zu einer gegebenen Verschlußzeit, die beispielsweise aus der gestellten Aufgabe der

Abbildung bewegter Gegenstände resultiert, soll die notwendige Abblendung des Objektivs ermittelt werden. Bei vielen Aufgaben wird eine Kombination beider genannten Grundsätze notwendig sein, da die erste Methode unter Umständen zu untragbar langen Belichtungszeiten und die andere zu einer Lichtstärke des Objektivs führen könnte, die in den Kameras nicht mehr darstellbar sind. Es ist deshalb zweckmäßig, für die vorliegende Leuchtdichte des Dinges und die sonst gegebenen Daten der Kamera und des Filmbandes in einer tabellarischen Darstellung oder Anordnung die zueinander gehörenden Paare von Blenden und Verschlußzeiten zu setzen, um daraus eine Auswahl treffen zu können. Bei Standbildkameras wird neuerdings eine Kupplung zwischen Blenden- und Verschlußzeit-Einstellung auf Grund linearisierter Skalen möglich (336 c), so daß jeweils bei einer Verstellung der richtige „*Lichtwert*" erhalten bleibt.

Da nicht alle Kinokameras der für einen eingebauten Belichtungsmesser in Betracht kommenden Gruppe eine Veränderung der Verschlußzeit zulassen, sofern man von einer Verstellung der Bildfrequenz absieht und eine Regelung der Belichtungszeit zur Anpassung an die Dinghelligkeit mit dem *Verschluß* unerwünscht ist (Bewegungsunschärfe, Abschn. III G), so ist für die Kinokameras nur die Ermittlung der Objektivblende sinnvoll. Man könnte diese Einrichtungen als *Blendenmesser* bezeichnen, die auch als Einzelgeräte im Handel sind.

Arbeiten über Photoelemente und Belichtungsmesser sowie Belichtungsmesserkupplungen sind von folgenden Autoren erschienen:

BECKER (27 a), BEHRENDT (28), BERGMANN (31 a, 31 b), DRESLER (71), DÜNCKEL (75, 76), EGGERT (77 a), ETZOLD (84), FRITSCH (158 a), GEIST (158 c), GOLDBERG (167), GOODWIN (167 a), GÖTTSCH (505), HALL (249 b), HATSCHEK (206), JONES (249 b, 249 c), KLUGHARDT (263, 263 a), KOCHS (505), KÜPPENBENDER (290), KÜSTER (77 a, 291), KUTZLEB (294), LANGE (297, 298), LUX (340 b), MILBAUER (358 a), MÖNCH (360 a), NÄHRING (364), NIDETZKI (385, 386, 387, 387 a), NORWOOD (390), OPFERMANN (392, 393), OTTO (263 a), PELZ (31 b), PETZOLD (399, 400), PRITSCHOW (418), RIECK (451), ROEDER (457 a), ROEMER (458), RÜST (472, 473), SCHMIDT (505), SEWIG (533, 533 a, 534), SMETHURST (541), WEBB (249 c), WEISE (589, 591, 596, 604), WEIZSÄCKER (638), WIRTGEN (643 a), WOLFF (648, 649), ZSCHAU (658).

Die Besprechung der Belichtungsmesser wird in dem vorliegenden Band des Handbuches ebenfalls entsprechend der Aufgabenstellung nur so weit durchgeführt, als es sich um mit der Kamera zusammenhängende und gekuppelte Instrumente handelt.

Diese Belichtungsmessungen werden heute vorzugsweise nach zwei Methoden durchgeführt:

Bei dem *optischen* Belichtungsmesser wird eine subjektive Messung durchgeführt. In einem *optischen Widerstand* in Form eines Graukeiles wird das von dem Ding kommende Licht in einer Sucheinrichtung meßbar geschwächt. Auf Grund dieser Messung und der Kenntnis der Lichtschwächung der einzelnen Graukeilstufen kann bei einer Eichung des Instrumentes und Annahme eines bestimmten Adaptationszustandes des menschlichen Auges die Belichtungszeit bzw. Blende ermittelt werden. Eine gewisse Unzuverlässigkeit dieser subjektiven Messung ergibt sich aus der großen Anpassungsfähigkeit des Auges und der Unkenntnis des jeweiligen Anpassungszustandes. Diese optischen Belichtungsmesser haben deshalb heute keine allzu große Bedeutung mehr. Ihr Vorzug liegt aber in ihrer großen Preiswürdigkeit und ihrer durch das menschliche Auge bedingten großen Empfindlichkeit gerade bei dunklen Objekten, bei denen die später beschriebenen, lichtelektrischen Elemente ohne Verstärkereinrichtungen nicht mehr ausreichend sicher ansprechen. In älteren „Ditmar" Schmalfilmkameras war ein derartiger optischer Belichtungsmesser eingebaut (s. Abb. 467).

Als zweite Gerättype hat sich der *photoelektrische Belichtungsmesser* eingeführt, der eine objektive Messung zuläßt. Bei diesem Belichtungsmesser wird die mit dem Auge wahrgenommene sichtbare Lichtstrahlung und etwas mehr von der an den sichtbaren Bereich (Abb. 1) angrenzenden Strahlung in einem elektrischen Gleichstrom umgesetzt und mit Hilfe eines geeigneten elektrischen Meßinstrumentes angezeigt. Der schematische Aufbau eines derartigen Belichtungsmessers geht aus der Abb. 465 hervor. Danach erzeugt ein dem Licht ausgesetztes Sperrschicht-Photoelement *1 ... 3* einen elektrischen Strom, der in dem Drehspulinstrument *4* angezeigt wird. Das Element besteht aus einer Selenschicht *2* in einer Dicke von etwa 0,08 mm, die auf eine Eisenplatte *3* von etwa 1 mm Stärke aufgedampft ist. Auf diesem Selen befindet sich als Abnahmeelektrode eine aufgestäubte, sehr dünne und deshalb Licht durchlassende Metallschicht *1* von etwa 0,004 μ. An ihrem Rand ist ein Metallring zum Leitungsanschluß aufgebracht. Mit einem genügend empfindlichen

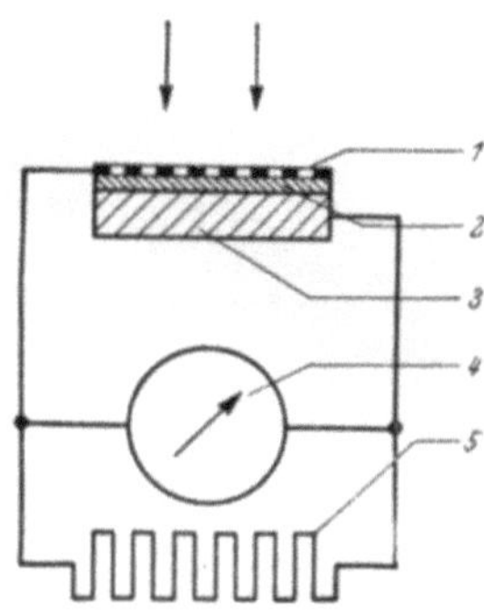

Abb. 465. Photoelektrischer Belichtungsmesser, Schema.

1 lichtdurchlässige Elektrode, *2* Selenschicht, *3* Eisenplatte, *4* Drehspulinstrument, *5* Parallelwiderstand.

elektrischen Instrument, das an die beiden Metallschichten, *1* und *3* von der wirksamen Fläche von etwa 6 cm² angeschlossen wird, kann bei einer Belichtung ein Strom in der Größenordnung von 0,3 μA/Lux gemessen werden.

Für die in dem Photoelement vor sich gehenden Erscheinungen sind vermutlich atomare Vorgänge in der Sperrschicht zwischen dem Selen und der Abnahmeelektrode maßgebend, doch gibt es eine ganze Anzahl von Theorien und auch Photoelemente ohne Sperrschichtwirkung. Die Sperrschicht ist etwa 0,2 μ stark. Bei Belichtung ändert sich der Sperrschichtwiderstand, der etwa 100 ... 400 kΩ/cm² in Sperrichtung und 600 Ω/cm² in Durchlaßrichtung beträgt. Dabei ändert sich die Dicke der Sperrschicht um etwa 0,01 μ.

Bei einer guten konstruktiven Durchbildung und einer sinngemäßen Bedienung kann ein photoelektrischer Belichtungsmesser brauchbare Angaben über die Lichtverhältnisse machen. Dabei soll zunächst der Aufnahmewinkel des Photoelementes mit dem des Objektivs übereinstimmen; dies wird durch vorgeschaltete Raster, Linsen, Gitter oder dergleichen erreicht (s. *12*, Abb. 469). Der Erfolg kann aus Polarkurven der Empfindlichkeit, den *Ausbeuteverteilungskurven*, kontrolliert werden. Als Maß für den wirksamen Bildwinkel wird die *Halbwertsbreite* eingesetzt. Viele Belichtungsmesser haben noch Dämpfungsmittel in Form von elektrischen, optischen oder mechanischen Widerständen, um die Anpassung an bestimmte Skalen ihrer Ablesetabellen zu erreichen oder eine

Übersteuerung des Instrumentes zu verhindern. Zu solchen Dämpfungen können sinngemäß auch besondere Formen des Drehspulmagneten des Anzeigeinstrumentes gehören, womit man eine Anzeigeskala auf eine gewünschte Form korrigieren kann.

Die Herstellung eines Belichtungsmessers bringt einige Schwierigkeiten, die hier angedeutet werden sollen. Auf vorzugsweise chemischen Verfahren beruht der Bau der Photoelemente, zu denen umfangreiche Betriebserfahrungen notwendig sind. Die Selenelemente werden durch eine physikalische Behandlung empfindlich gemacht, da nur die bei etwa 220° C entstehende kristallische Selenform lichtempfindlich ist. Auch der Werkstoff und die Art des Aufbringens der Abnahmeschicht ist von Bedeutung. Für eine große Lichtempfindlichkeit scheinen kleine Störstellen im Kristallaufbau verantwortlich zu sein. Einzelheiten finden sich, so weit sie überhaupt veröffentlicht sind, in den genannten Schrifttumsstellen.

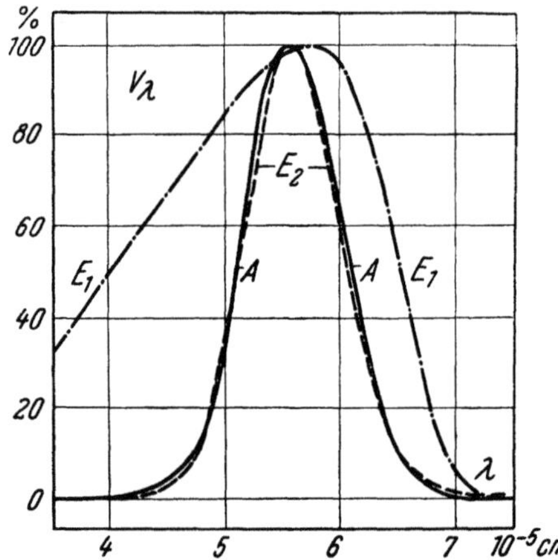

Abb. 466. Belichtungsmesser. Spektrale Empfindlichkeit V_λ eines Selenphotoelementes E_1 ohne Filter, E_2 mit Filter und des menschlichen Auges A (Tagessehen, Zapfenkurve) in Abhängigkeit von der Wellenlänge λ des einfallenden Lichtes (vgl. Abb. 8).

Die spektrale Empfindlichkeit V_λ eines Selenphotoelementes E_1 ist in der Abb. 466 im Vergleich zum menschlichen Auge A dargestellt und zeigt erhebliche Unterschiede im violetten, ultravioletten und roten Wellenbereich. Neuere Photoelemente (E_2) liegen allerdings besonders im kurzwelligen Spektrum erheblich günstiger und nähern sich der Augenkurve sehr. Diese Unterschiede in dem *Sehen* zwischen dem Meßgerät und dem Auge können in extremen Fällen erheblich stören. Die mögliche Anpassung der Elemente durch Filter an die Augenempfindlichkeit nach DRESLER und RIECK kommt nur bei Berufsgeräten infolge des durch die Filter und die Eichung größeren Aufwandes in Frage. Die zeitliche Konstanz der Photoelemente reicht für praktische Fälle bei Amateurgeräten aus, wenn allzu starke Belichtungen und zu große Wärmeeinflüsse ausgeschaltet werden. Im Dunkeln haben die Photoelemente eine starke Regenerationsfähigkeit. Die Empfindlichkeit der üblichen Elemente mit Größen von 6 … 10 cm² Oberfläche reichen nur zum Steuern eines empfindlichen Drehspulinstrumentes mit einer Anzeige, nicht aber zu einer mechanischen Schaltmöglichkeit für weitere Glieder aus. Auch diese Drehspulinstrumente sind noch stoßgefährdet. Sie müssen eine beachtliche konstruktions- und fertigungstechnische Güte aufweisen und möglichst unempfindlich gegen Stoß und Erschütterungen sein. Die Belichtungsmesser-Drehspule enthält 1000 … 2000 Windungen Kupferdraht von 0,02 … 0,03 mm Durchmesser. Das Gewicht der Spule mit Zeiger, Ausgleichgewichten, Lagerspitzen und Stromzuführungsfedern beträgt etwa 0,2 … 0,3 g und zeigt damit die Herstellungsprobleme auf. Derartige Instrumente können noch Ströme von einigen μ A anzeigen. Die Innenwiderstände sollen zum Erreichen eines guten Wirkungsgrades möglichst an die Selenphotoelemente elektrisch angepaßt sein. Dies gilt besonders für die nicht intensiv beleuchteten Elemente, die Innenwiderstände bis 100 kΩ haben.

Eine Belichtungsmessung für Negativmaterial fordert die Feststellung einer Mindestbelichtung, bei der die bildwichtigen Schatten des Dinges noch kopierbar sind. Unter der *Belichtung* Bel wird das Produkt aus der Beleuchtungsstärke E und der Belichtungszeit t_3 verstanden:

$$\text{Bel} = \text{E } t_3 \qquad (184)$$

Mit einfachen technischen Mitteln ist die Messung der Mindestbeleuchtungsstärke in der Abbildungsebene nicht möglich, da die Werte zu klein sind. Man muß auf die Leuchtdichte B_{min} der Dingschatten zurückgehen. Ihre Messung benötigt einen wirksamen Winkel des Meßgerätes von 2 ... 3°. Die damit dem Meßgerät zufließende Lichtmenge reicht bei den üblichen Bauformen nicht aus, um das Meßgerät besonders bei der Ausmessung der dunkelsten Stellen des Dinges zum Ansprechen zu bringen. Deshalb ist praktisch nur die Messung eines Mittelwertes B_m der Leuchtdichte möglich, wobei das Verhältnis M

$$M = B_m : B_{min} \qquad (185)$$

als Apparatekonstante anzusehen ist. Diese hängt nicht nur vom Helligkeitsumfang

$$U = B_{max} : B_{min} \qquad (186)$$

des Dinges ab, sondern auch von den Raumwinkeln, unter denen die hellen und dunklen Stellen auf den Belichtungsmesser einwirken. Die Mittelwertmessung wird mit einem wirksamen Winkel des Meßgerätes von 30 ... 50° vorgenommen.

Dabei können sich besonders bei starken Helligkeitskontrasten des Dinges oder einer sehr unterschiedlichen Verteilung der Leuchtdichten erhebliche Fehler einstellen. Zu welchen Trugschlüssen ein „*objektiv*" arbeitender Belichtungsmesser unter extremen Verhältnissen eines sehr großen Helligkeitskontrastes führen kann, zeigt eine Arbeit von WOLFF (648). Die Aufnahme von Glühwendeln einer Scheinwerferlampe im dunklen Raum ergibt bei einer üblichen Belichtungsmesseranzeige eine völlige Überbelichtung, da die photographisch wichtigen Glühwendeln nur einen kleinen Teil des gesamten Bildfeldes einnehmen. Erst bei einer Belichtungszeit von 0,001 des angezeigten Meßwertes ist eine richtig belichtete Abbildung gegeben. Dieser Extremfall gibt die Grenzen eines elektrischen Belichtungsmessers an. Er gilt naturgemäß für den entgegengesetzten Fall, bei dem ein kleiner dunkler Gegenstand in einem sehr großen hellen Umfeld aufgenommen werden soll.

Die Zahlenwerte für den in (185) genannten Faktor M streuen für einzelne Belichtungsmesserfabrikate bis 1 : 5 und hängen von den Ansichten des Herstellers ab. Für *Durchschnittsaufnahmen* von Dingen mit „üblichem" Helligkeitsumfang nach (186) könnte vielleicht U = 1 : 50 angesetzt werden. Dann ergeben sich für ganz einfache Fälle der theoretisch angenommenen Leuchtdichtenverteilung M = 12,5 ... 25,5 (387).

Für diese angegebenen Grenzen wird die Belichtungsmessung brauchbar. Weitere erhebliche Fehler können noch in der Kamera, bzw. in den Toleranzen ihrer die Belichtungs- bzw. Blendenmessung beeinflussenden Aggregate liegen. In einer Zusammenstellung von NIDETZKY (387) werden für diese Faktoren die Reflexverluste des Objektivs genannt, die heute infolge der Vergütung (Abschn. V C) nicht mehr kritisch sind, ferner die Randhelligkeit, Vignettierung, Blendenzahl, Verschlußzeit und Filmempfindlichkeit, die alle infolge der tatsächlich vorhandenen Toleranzen erheblich streuen können. Der daraus theoretisch errechenbare Gesamtfehler ergibt einen maximalen Streubereich von 1 : 60 für die Belichtung. Dieser Bereich wäre außergewöhnlich groß und nicht tragbar, wie auch viele andere Toleranzangaben von Geräten, die bei einem Anwachsen nur in einer Richtung kein ordnungsgemäßes Arbeiten des Gerätes ergeben würden. Praktisch kann mit wesentlich kleineren Abweichungen der Belichtungsmesser gerechnet werden. Man muß sich aber dessen bewußt bleiben, daß bei der Belichtungsmessung außergewöhnliche Fälle nicht mit eingeschlossen sind, das gilt naturgemäß auch für die Blendenmesserkupplungen.

Am einfachsten läßt sich ein Blendenmesser als getrenntes Gerät neben der Kamera einsetzen, womit sich gewisse bauliche Vorteile für die Kamera und den Blendenmesser ergeben. Denn bei der Abnahme des Blendenmessers vom Gerätegehäuse werden Erschütterungen nicht auf das Meßgerät übertragen und diese leichtere Einheit ist nicht so sehr mechanisch gefährdet. Außerdem kann bei einer etwaigen Instandsetzung jedes Gerät einzeln weggegeben werden. Für den genannten getrennten Anbau eines Blendenmessers an Kinokameras fanden sich früher Ansätze in einer Haltevorrichtung, die als *Sucherschuh* auch bei vielen neueren Standbildgeräten zu finden ist, weniger dagegen bei Kino-

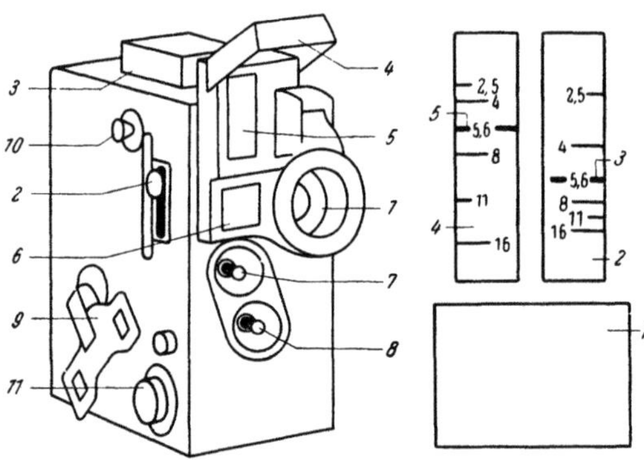

Abb. 467. AUSTRIA 9,5 mm „*Ditmar Kamera*", links, Maßstab etwa 1 : 4,6, Schema.

1 Aufnahmeobjektiv, *2* Blendeneinstellknopf, *3* Drehspulinstrument für Belichtungsmesser, *4* Schutzkappe für Photoelement, *5* Photoelement, *6* Sucherobjektiv, *7, 8* Auslöseknöpfe für Bildfrequenz 16 bzw. 32 Hz, *9* Aufzugsschlüssel, *10* Einstellknopf für Filmzählwerk, *11* Rückwickelachse.

Rechts: Sucherdurchblick.

1 Bildausschnitt, *2* Skala der Blendenwerte, *3* Blendenzeiger, *4* Belichtungsmesserskala, *5* Zeiger des Belichtungsmessers.

kameras. Zum Aufstecken werden heute mehrere sehr kleine elektrische Blendenmesser geliefert, außerdem als getrennte Geräte die bekannten Taschenausführungen. Für Kinokameras, bei denen vorzugsweise die Blenden ermittelt werden müssen, sind die Skalen entsprechend gestaltet, es sind also *Blendenmesser*.

In einen organischen Zusammenhang zur Kinokamera brachten die AUSTRIA „*Ditmar-Geräte*" einen Blendenmesser (Abb. 467) ursprünglich als optisches und später als photoelektrisches Meßgerät. Der Aufbau ist aus der Abb. 467 ersichtlich. Danach wird über dem Sucher der Blendenmesser angebracht. Die Ablesung des Instrumentes ist über dem Sucherausschnitt *1* zu erkennen.

Der Blendenmesser wird mit der Skala *4* und dem Zeiger *5* betrachtet. Neben dieser Meßanzeige wird auf der anderen Skala *2* der Zeiger *3* gesehen, der anzeigt, auf welcher Abblendstellung das Objektiv jeweils steht. Der Bedienende dieser Kamera hat also beim Durchblick durch den Sucher die Anzeige des Meßinstrumentes zu beobachten und diese auf die Einstellung des Objektivs zu übertragen. Infolge der bei diesem Gerät noch vorhandenen ungleichen Skaleneinteilungen von Meßgerät und Kamera konnten die beiden Zeiger *3* und *5* bei richtiger Einstellung nicht einfach in die gleiche Höhe gebracht werden. Eine gleiche Skalenteilung ist ein Schritt zu einem gekuppelten Blendenmesser, da dann die beiden Zeiger in eine Flucht gestellt werden können. Dabei brauchen die Einstellwerte nicht abgelesen werden. Auch die Kenntnis des Zahlenwertes ist nicht notwendig, so daß auf die Skalen ganz verzichtet werden kann.

Eine interessante Lichtmeßeinrichtung, die auch schon auf eine Kupplung (s. Abschn. XV B) hindeutet, ist in der ZEISS WINKEL „*Mikrokinokamera*" eingebaut. In den Strahlengang zwischen Mikroskop und Kamera kann ein total reflektierendes Prisma oder einer der beiden teilreflektierenden Würfel eingeschaltet werden, die einen Teil, bei der üblichen Aufnahme etwa 10% Licht, ausspiegeln. Über weitere optische Einrichtungen kann dieses zur Messung der Helligkeit mit Hilfe einer Photozelle mit Verstärker benutzt werden. Durch dieses optische System können übrigens auch Einspiegelungen, z. B. von Texten, vorgenommen oder Standbildaufnahmen durchgeführt werden.

B. Blendenmesser-Kupplungen

Eine gewisse Umständlichkeit der Übertragung zwischen den Meßwerten des Blendenmessers und einer Kamera macht den Wunsch nach einer Automatisierung verständlich und hat zu einer großen Anzahl von Lösungsvorschlägen für gekuppelte Blendenmesser geführt. Auch hier soll nicht von einem *automatischen Blendenmesser* gesprochen werden, da nach den Ausführungen im Abschn. XIV C eine automatische Blendenmessung ebensowenig wie bei der Bestimmung der Entfernung möglich ist. Das Wort *Automatik* bezieht sich wieder auf die Übertragung von Einstellfunktionen von Meßgerät und Kamera.

Da die im folgenden beschriebenen Kupplungen einen mechanischen Zusammenbau zwischen Kamera und Meßgerät bedingen, kann mit dieser Methode nur das Verfahren durchgeführt werden, bei dem das vom Ding ausgestrahlte oder reflektierte Licht gemessen wird.

In der Schmalfilmtechnik liegen die Verhältnisse besonders günstig, da bei einfachen Kameras weder die Bildfrequenz noch der Verschluß verstellbar sind. Damit ist nur ein Helligkeitsumfang durch die Objektivblende bei $k = 2 \ldots 16$ von $1 : 64$ zu berücksichtigen und ein Empfindlichkeitsunterschied in den Filmsorten von etwa $1 : 16$. Bei einer Verstellbarkeit des Verschlusses müßte man maximal ein Helligkeitsverhältnis von $1 : 10$ einrechnen. Wird noch eine Verstellung der Bildfrequenz in Betracht gezogen, so ergibt sich nochmals ein Verhältnis von etwa $1 : 4$ in der Lichtdosierung. Bei photographischen Standbildgeräten müßten Zeitänderungen von mindestens $1 : 1000$ allein für die Verschlußeinstellung berücksichtigt werden.

Für die Kinokameras haben sich aus den genannten Gründen schon brauchbare Lösungen für einen apparativen Einsatz von gekuppelten Blendenmessern ausführen lassen, wobei aber ausdrücklich darauf hingewiesen werden muß, daß sich die Lösungen nur auf einfache Fälle beschränken. Es werden diese Kupplungen nur da eingesetzt, wo die Kameras keine Verstellung des Verschlusses und höchstens eine Verstellung der Bildfrequenz vorsehen. Andernfalls würde das sehr große mögliche Verhältnis zwischen den Grenzen des Regelbereiches eine technische Lösung sehr erschweren.

Abb. 468. AGFA 8 mm Kamera „*Movex 8 L*" mit gekuppeltem Blendenmesser, Maßstab etwa 1:2.

1 Sucherobjektiv, *9* Blendenhebel, *11* Photoelement für Blendenmesser, *14* Auslöseknopf. *15* Aufzugskurbel, *16* Filmmeterzählwerk, *17* Blendenskala, *18* Aufnahmeobjektiv (s. Abb. 469).

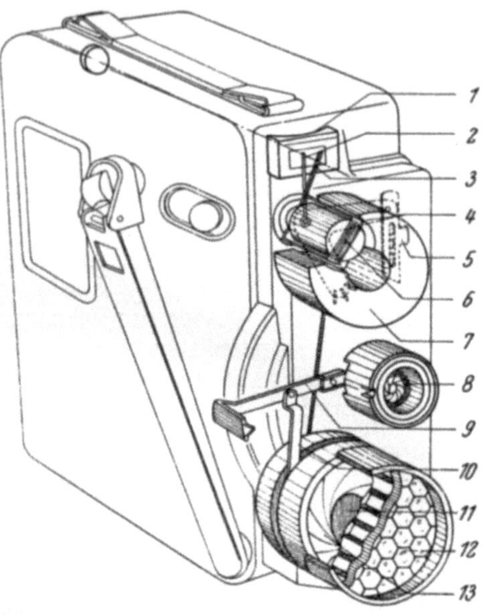

Abb. 469. AGFA 8 mm Kamera „*Movex 8 L*", gekuppelter Blendenmesser, Maßstab etwa 1:2,2.

1 Sucherobjektiv, *2* Stellzeiger, von dem Hebel der Filmempfindlichkeit gesteuert, *3* Zeiger des Drehspul-Meßinstrumentes, *4* Zwischenhebel, *5* Einstellhebel der Filmempfindlichkeit, *6* Drehspule, *7* Magnet, *8* Blende des Aufnahmeobjektivs, *9* Blendenhebel, *10* Zwischenhebel, *11* lichtempfindliches Element, *12* Wabenblende, *13* Photoelementblende.

Eine Ausführung des gekuppelten Belichtungsmessers findet sich bei der AGFA „*Movex 8 L-Kamera*", bei der keine Verstellung der Bildfrequenz vorhanden ist (Abb. 468 und 469). So ist für den Blendenmesser ein sehr einfacher Aufbau möglich. Bei dieser Kamera ist vor dem Photoelement *11* eine Irisblende *13* und eine Wabenblende *12* angeordnet, die dem Blendenmesser den gleichen Aufnahmewinkel gibt, den das Objektiv besitzt. Der in dem Photoelement erzeugte Strom wird über eine elektrische Leitung auf ein elektrisches Anzeigeinstrument übertragen, das aus dem Magneten *7* mit Kern und der Drehspule *6* mit dem Zeiger *3* an den hier interessierenden, wesentlichen Teilen besteht. Entsprechend der Stellung der Irisblende *13* vor dem lichtempfindlichen Organ wird ein Ausschlag des Zeigers *3* einer bestimmten Größe entstehen. Die Irisblende *13* wird automatisch mit dem Betätigen des Blendenhebels *9* für das Aufnahmeobjektiv *8* unter Vermittlung des Hebels *10* verstellt. Damit ist also die automatische Kupplung zwischen Kamera und Blendenmesser gegeben. Die Filmempfindlichkeit wird von Hand an dem gestrichelt gezeichneten Hebel eingestellt, der über einer Skala mit den Empfindlichkeitswerten 13/10 ... 18/10° DIN bewegt wird. Mit diesem Hebel *5* ist über den ebenfalls gestrichelt dargestellten Winkelhebel *4* eine verstellbare Marke *2* verbunden, die das Einstellzeichen für den Instrumentenzeiger *3* bildet. Deckt sich dieser Zeiger *3* mit der Marke *2*, so ist für die gegebene Blendeneinstellung und Filmempfindlichkeit die *richtige* Belichtungszeit gegeben. Darüber, was als richtige Größe der Blende anzusprechen ist, wurde schon gesprochen. Zeiger und Marke sind im Sucher *1* gleichzeitig mit dem Ding zu sehen und gestatten damit auch ein Nachregeln der Blende bei einer Änderung der Belichtungsbedingungen, beispielsweise bei Panoramaaufnahmen.

Das Schema der Blendenmeßeinrichtung einer Kinokamera, die auch eine Verstellung der Bildfrequenz hat, wird in der Abb. 470 gezeigt. Danach wird das auf das Selenphotoelement *1* auftreffende Licht in elektrischen Strom umgesetzt und in dem Instrument *2* zur Wirksamkeit gebracht. Neben dieser vorzugsweise durch die Leuchtdichte des Dinges gegebenen Anzeige müssen noch die durch die Kinokamera bedingten Faktoren der eingestellten Blende des Aufnahmeobjektivs, der Verschluß-

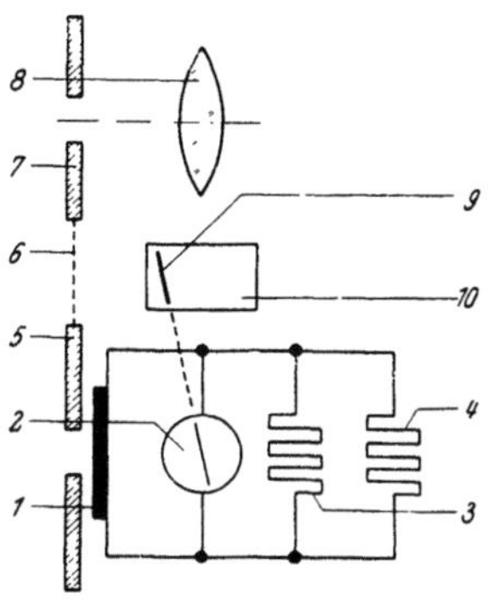

Abb. 470. Kamera mit gekuppeltem Blendenmesser, Schema.

1 Photoelement, *2* Drehspulinstrument, *3*, *4* elektrische Widerstände zum Einrechnen der Filmempfindlichkeit und eingestellten Bildfrequenz, *5* Blende für Photoelement, *6* Kupplungsglieder, *7* Blende für Aufnahmeobjektiv, *8* Aufnahmeobjektiv, *9* Zeiger des Meßinstrumentes, *10* Sucher.

Abb. 471. Sternblende zum Vorsetzen vor das Photoelement eines gekuppelten Blendenmessers entsprechend einem Filter mit dem Verlängerungsfaktor 2.

zeit und der Filmempfindlichkeit sowie etwaige Filterfaktoren bei eingesetzten Filtern für die Messung berücksichtigt werden. Die Stellung der Blende *7* des Aufnahmeobjektivs *8* wird durch eine vor das Photoelement *1* gesetzte Irisblende *5* eingerechnet, die durch mechanische, hier nur schematisch angedeutete Übertragungsglieder *6* automatisch von der Blende *7* des Aufnahmeobjektivs verstellt wird. Durch eine geeignete Bemessung der elektrischen Daten von Photoelement und Anzeigeinstrument sowie der Bewegungsgesetze der Irisblenden *5* und *7* und des Getriebes *6* wird ein gleich großer Ausschlag des Drehspulinstrumentes *2* für alle Dinghelligkeiten erreicht, wenn die Blende des Aufnahmeobjektivs richtig eingestellt ist. Der Ausschlag des Anzeigeinstrumentes *2* kann wieder an seinem Zeiger *9* erkannt werden, dessen Spitze im Sucherdurchblick *10* zu sehen ist und der auf einer feststehenden Einstellmarke bei der genannten richtigen Einstellung der Objektivblende stehen soll.

Die Verschlußzeit, die bei der vorliegenden Konstruktion eines nicht veränderlichen Verschlußflügels zwangsläufig mit der Bildfrequenz gegeben ist, findet nach der Abb. 470 ihre Berücksichtigung durch einen elektrischen Widerstand *3*, der parallel zum Instrument liegt. Die Filmempfindlichkeit wird durch einen weiteren Widerstand *4* in die Meßapparatur eingerechnet. Filter werden durch „*Sternblenden*" berücksichtigt (Abb. 471).

Nach dem eben besprochenen Schema ist der in die EUMIG „*C 3*" und „*C 39-Kamera*" eingebaute gekuppelte Blendenmesser aufgebaut. Nur sind die beiden parallel liegenden Widerstände in einem einzigen zusammengefaßt, da man nachweisen kann, daß die Apparatur bei dem Einsatz von zwei parallel liegenden Widerständen nicht ordnungsgemäß arbeitet.

Die konstruktive Ausführung des beschriebenen Blendenmessers wird in den Abb. 472 und 473 gezeigt. Beim Verstellen des Objektivblendenhebels *64* wird die vor dem Photoelement *58* liegende Irisblende *61* über die Zahnräder *67 ... 69* und *62* automatisch verstellt. Dabei ergibt sich unter der Voraussetzung einer gleichen Bildfrequenz und Filmempfindlichkeit für jede richtige Einstellung der Objektivblende ein

Abb. 472. Eumig 2 × 8 mm Kamera „*C 3*", Maßstab etwa 1 : 2,6.

32 Knopf für Bildfrequenz, *51* Einstellknopf der Filmempfindlichkeit, *55* Blendenskala, *58* Selenphotoelement für Blendenmesser, *64* Blendenhebel, *66* Aufnahmeobjektiv, *73* Sucherobjektiv, *74* Filmzählwerk, *75* Knopf für Verriegelung und Dauerlauf, *76* Aufzugsschlüssel für Federwerk (s. Abb. 121, 473).

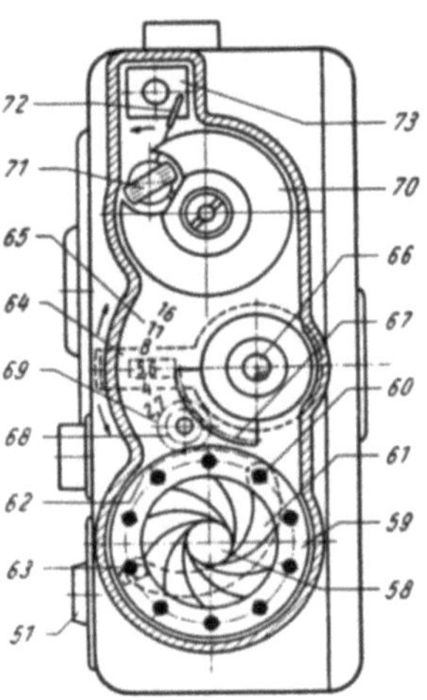

Abb. 473. Eumig 2 × 8 mm Kamera „*C 3*", gekuppelter Blendenmesser, Maßstab 1 : 2.

51 Einstellknopf für Filmempfindlichkeit, *58* Photoelement, *59* Blendendeckel, *60* Stift, *61* Blendenbogen, *62* Zahnsegment, *63* Niet, *64* Blendeneinstellhebel, *65* Blendenskala, *66* Aufnahmeobjektiv, *67* Zahnsegment, *68*, *69* Zahnräder, *70* Drehspulmagnet, *71* Drehspule, *72* Drehspulanzeiger, *73* Sucher (s. Abb. 121, 472, 474).

Ausschlag des Zeigers *72* auf die in der Suchermitte *73* befindliche Kreuzmarke. Die Belichtungszeit und Filmempfindlichkeit wurden vor der eigentlichen Aufnahme durch einen elektrischen Widerstand eingerechnet, dessen Größe aus der Abb. 474 zu ersehen ist. Auf diesen Widerstand wirken gemeinsam der Verstellknopf *32* (Abb. 472) für die Bildfrequenz und der Einstellknopf *51* der Filmempfindlichkeit ein.

Dieser Mechanismus wurde in der Abb. 121 gezeigt. Auf der Kontaktbahn des Widerstandes *54* schleift die Abnahmefeder *53* und greift ein entsprechendes Stück des Widerstandes ab. Beim Einstellen der Filmempfindlichkeit wird der Knopf *51* gedreht, der über seine Welle die Buchse *52* und damit die Schleiffeder *53* bewegt. Die Bildfrequenz wird über den Knopf *32* verändert, der durch eine Sattelfeder auf die Buchse *52* einwirkt.

Läßt sich beim Verändern der Objektivblende der Zeiger nicht auf die Kreuzmarke einstellen, so ist daraus erkenntlich, daß entweder die Dingleuchtdichte nicht ausreicht oder das Objektiv nicht weit genug für die vorliegenden Helligkeitsverhältnisse aufgeblendet werden kann. Befindet sich der Zeiger auf der anderen Seite der Kreuzmarke, so würde das Filmband überbelichtet. Denn dann läßt sich die Objektivöffnung nicht ausreichend schließen, da die Ausleuchtung des Dinges zu stark ist. Dann kann das Vorsetzen eines Graufilters vor das Objektiv und das Photoelement Abhilfe schaffen.

Für das System dieses EUMIG-Belichtungsmessers, der mit seinem Vorläufer für eine 9,5 mm-Kamera der erste gekuppelte war, wurden folgende Daten gemessen: Der Drehwinkel des Zeigers von seiner Ruhestellung bis zur Einstellmarke beträgt 14°, dazu ist ein Strom von 19 μA bei einer Spannung von 28 mV erforderlich. Das Photoelement liefert demnach eine Leistung von 0,53 μW bei einer Kameraeinstellung auf die Bildfrequenz 16 Hz, der Objektivblende k = 3 und bei einer Filmempfindlichkeit von 16/10° DIN. Bei dieser Messung herrschte eine Beleuchtungsstärke von 1300 NLux Tageslicht.

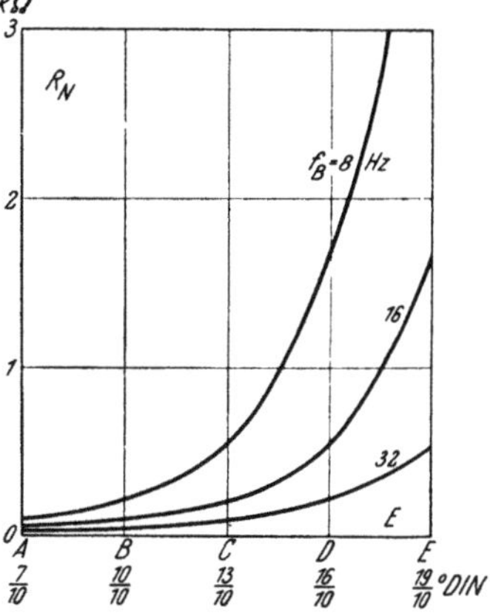

Abb. 474. EUMIG 2 × 8 mm Kamera „C 3" mit gekuppeltem Blendenmesser.

Parallelwiderstand R_N zum Drehspulmeßinstrument in Abhängigkeit von der Filmempfindlichkeit E und der Bildfrequenz f_B bei Einstellung der Kamera auf „richtige" Blende.

Die durch Filter bedingten Verlängerungen der Belichtungszeit bzw. Änderungen der Objektivblenden werden bei den Kinokameras durch eine Sternblende (Abb. 471) berücksichtigt, die vor das Photoelement gesteckt wird und unabhängig von der Stellung der Blende vor dem Lichtelement immer einen durch das Filter bestimmten Bruchteil des Lichtes (hier 0,5) durchläßt. Filter und Sternblende befinden sich in einer gemeinsamen Fassung, so daß sie nur gemeinsam benutzt werden können. Eine Sternblende ist für die „Movex 8", EUMIG „C 3" und andere Kameras vorgesehen.

Diese an sich sehr schöne mechanische Kupplung zwischen Filter für das Aufnahmeobjektiv und Sternblende für das Photoelement gibt auch nur eine angenäherte Lösung für die Filterberücksichtigung. Denn Lichtfilter haben in ihrem Verlängerungsfaktor eine große Abhängigkeit von dem Frequenzgang des verwendeten Lichtes und Filmbandes. Dies kann naturgemäß bei einem Lichtfilter nur in einem Mittelwert des Filterfaktors berücksichtigt werden.

Einen gekuppelten Blendenmesser verwendet neuerdings die „Bauer 88 B" Kamera (Abb. 475). Es hat sich hier wie auch in den anderen Geräten eine Anordnung durchgesetzt, bei der zu der üblichen Kinokamera die Meßanordnung an der Frontseite angeordnet wird. Damit ergibt sich eine günstige Bauform für die Kupplung der Irisblenden und die Sichtbarmachung des Instrumentenzeigers im Sucher 3. Die Berücksichtigung der Bildfrequenz und der Filmempfindlichkeit wird mit Hilfe des Knopfes 2 und seiner Bildfrequenzskala auf der Filmempfindlichkeitsskala 1 vorgenommen. Die Blenden vom Aufnahmeobjektiv 5 und Photoelement 9 sind gekuppelt, sie werden von dem Blendenhebel 8 bedient.

Gekuppelte Blendenmesser finden sich in einigen 16 mm „Nizo Modellen", z. B. „Combi-Matic" (Abb. 359 und 476). Das System wird an Hand der entsprechenden 8 mm Kamera beschrieben:

Eine Kupplung des Belichtungsmessers auf zwei Objektive hat die NIEZOLDI und KRÄMER 8 mm „Heliomatic-Kamera", die in der Abb. 477 gezeigt wird. Diese Kamera enthält einen Objektivwechselschlitten mit zwei Objektiven. An der Stelle des

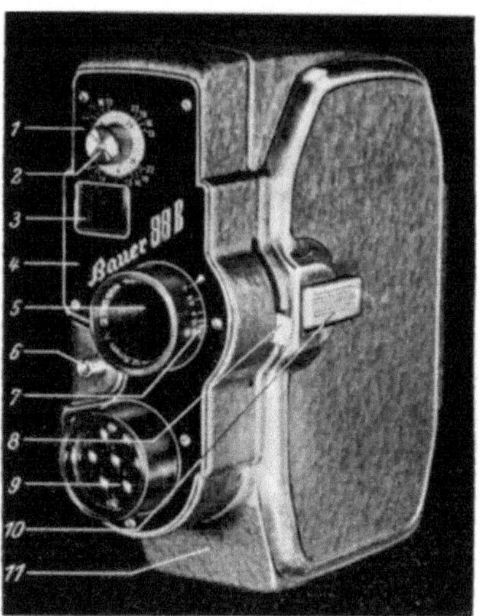

Abb. 475. BAUER 2 × 8 mm Kamera „88 B" mit gekuppeltem Blendenmesser, Maßstab etwa 1 : 2.

1 Skala für Filmempfindlichkeit, *2* Knopf für Bildfrequenzberücksichtigung am Blendenmesser. *3* Sucherobjektiv. *4* Kappe für Blendenmesser, *5* Aufnahmeobjektiv. *6* Auslöseknopf, *7* Blendenskala, *8* Blendenhebel. *9* Photoelement. *10* Verschluß für Kameradeckel, *11* Kameragehäuse.

Abb. 476. NIEZOLDI u. KRÄMER 16 mm Kamera „Cine Nizo 16, Modell I" mit Objektivwechselschlitten, gekuppeltem Blendenmesser und „Rapid Wechsler", Maßstab etwa 1 : 3,8.

dritten ist das Photoelement *8* untergebracht. Der Einstellknopf *5* trägt die Zahlen der Empfindlichkeit des verwendeten Filmbandes und ist mit der von $13/10 \ldots 24/10°$ DIN reichenden Skala bei einer Unterteilung von je $3/10°$ DIN versehen. Einzelheiten gehen aus der Abb. 478 hervor. Danach wird der Einstellknopf *2* der Filmempfindlichkeit mit seiner Skala *E* auf die Marke *3* des weiteren Knopfes *4* eingestellt. Dieser enthält die Zahlen der an der Kamera vorgesehenen Bildfrequenzen, f_B von $8 \ldots 64$ Hz. Dieser Knopf *4* wird entsprechend der gewählten Bildfrequenz auf die Marke *5* eingestellt, die sich am unteren Rand der Sucherumrandung *8* fest am Kameragehäuse befindet. Die Belichtungsmesserkupplung bezieht sich also nicht auf Bildfrequenz, sondern nur auf die Blenden beider Objektive. Mit dem Einstellknopf *2* ist der Einstellzeiger *6* fest verbunden, der im Sucher *8* sichtbar ist und auf den der Zeiger *7* des nicht gezeichneten Drehspulinstrumentes eingestellt werden kann. Dieses Instrument wird von dem Photoelement gesteuert, vor dem sich eine Irisblende befindet, die über Zahnräder *9, 10, 12* direkt mit den Irisblenden beider Aufnahmeobjektive *11* und *13* gekuppelt ist.

Die Einstellung dieser Kamera erfolgt also so, daß zunächst in der beschriebenen Art Filmempfindlichkeit und Bildfrequenz eingestellt werden, die beide infolge Anbringung der Marke *3* an den Knopf *4* einen Einfluß auf die Einstellmarke *6* haben. Dann wird an dem Blendenhebel *14* des unteren Objektivs, der gleichzeitig auch die beiden anderen Blenden betätigt, solange gedreht, bis der Zeiger *7* des Drehspulinstrumentes auf die Einstellmarke *6* einspielt. Eine Berücksichtigung der unterschiedlichen Bildwinkel der beiden Aufnahmeobjektive *11* und *13* findet nicht statt.

Das von GOSSEN hergestellte Meßwerk dieser Blendenmesser hat eine Empfindlichkeit von etwa 10 μA bei einem Zeigerausschlag von 15°. Für die Lage der Einstellmarke *6* (Abb. 478) gelten in Abhängigkeit von der Filmempfindlichkeit E und der eingestellten Bildfrequenz f_B die folgenden Werte in Winkelgraden (Tab. 38, S. 384).

Ein neues Modell eines gekuppelten Belichtungsmessers ist in der „*Exposamat Kamera*" (Abb. 479) verwirklicht. Hier ist das nicht wechselbare Objektiv *6* mit dem Blendenmesser (Photoelement *3*) gekuppelt. Der Auslöseknopf *8* der Kamera ist auf dem Blendeneinstellhebel *7* angebracht, sonst entspricht das Einstellsystem des Blendenmessers den beschriebenen Modellen der Abb. 477 und 478.

Abb. 477. NIEZOLDI u. KRÄMER 2 × 8 mm Kamera „*Heliomatic*" mit gekuppeltem Blendenmesser, Maßstab etwa 1 : 2,6.

1 Aufzugsschlüssel, *2* Filmmeterzählwerk, *3* Hebel für Bildfrequenzeinstellung. *4* Einzelbildachse, *5* Einstellknöpfe für Blendenmesser, *6* Auslöseknopf, Aufnahmeobjektiv, *8* Photoelement, *9* langbrennweitiges Aufnahmeobjektiv (s. Abb. 478).

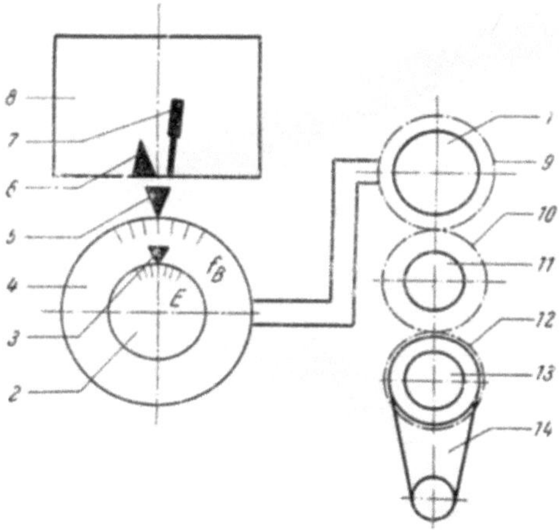

Abb. 478. NIEZOLDI u. KRÄMER 2 × 8 mm Kamera „*Heliomatic*", gekuppelter Blendenmesser, Schema.

1 Photoelement, *2* Einstellknopf für Filmempfindlichkeit, *3* Marke, *4* Einstellknopf für Bildfrequenz, *5* Marke, *6* Einstellzeiger, *7* Zeiger des Drehspulmeßinstrumentes, *8* Sucherfeld, *9*, *10* Zahnräder, *11* Objektiv (in Bereitschaft), *12* Zahnrad, *13* Objektiv, *14* Blendeneinstellhebel.

Alle oben genannten Bauformen von gekuppelten Blendenmessern sind typisch für eine derartige Konstruktion. Es findet kein Messen im üblichen Sinne mehr statt, d. h. das Ablesen eines Zahlenwertes in einer bestimmten Einheit. Es wird dieser Wert vielmehr sofort in die Einstellhebel übertragen. Dabei wird der Meßwert noch an der Blendenskala des Aufnahmeobjektivs erkennbar. Dies ist aber nicht notwendig für den Einstellvorgang, da dieser auch ohne Kenntnis des Zahlenwertes der Blende ordnungsgemäß vonstatten geht.

Bei allen größeren, insbesondere den Atelierkameras, wird

aus den früher genannten Gründen ein getrenntes Meßgerät ohne Kupplung eingesetzt.

Tabelle 38

Bildfrequenz f_B	Stellung der Einstellmarke in Grad bei Filmempfindlichkeit E				
	15/10	18/10	21/10	24/10	°DIN
8 Hz	15	9,5	5,5	—	
16 ,,	22	15	9,5	5,5	
32 ,,	29,5	22	15	9,5	
64 ,,	38	29,5	22	15	

Die angeführten Konstruktionen der gekuppelten Blendenmesser weisen auf Betrachtungen über eine weitere Mechanisierung der Licht- bzw. Blendenmessung hin. Das Resultat in Form eines „automatischen Blendenreglers" müßte danach ein Gerät sein, das nach einer selbsttätigen Messung der für die Einstellung der Objektivblende maßgebenden Faktoren, wobei man zweckmäßig die Berücksichtigung der Filmempfindlichkeit und der eingestellten Bildfrequenz herausnimmt und vorher getrennt einstellt, die Einstellung der Objektivblende automatisch vornimmt. Es wäre also eine Kamera, die sich bei ihrem Hinrichten auf das Ding die Blendeneinstellung und gegebenenfalls noch die Verschlußeinstellung selbsttätig einstellt.

Zur Übertragung der Meßwerte auf die Kamera wurden eine große Anzahl von Lösungen vorgeschlagen, von denen sich nur die wenigsten praktisch durchführen lassen. Die schon in ihrer Größe genannten geringen elektrischen Leistungen kleiner Photoelemente erfordern bei den üblichen Kinogeräten sehr feine und damit empfindliche Verstellmechanismen. Der früher einmal unternommene Versuch, an einer photographischen Standbildkamera (KODAK „Supersix") eine automatische Belichtungsregelung durchzuführen, hat eine zusätzliche Schwierigkeit aufgedeckt. Man ist ohne eine Betrachtung des Anzeigegerätes der Lichtmeßeinrichtung nicht in der Lage, festzustellen, ob die herrschenden Lichtverhältnisse des Dinges und die gewählten Einstelldaten der Kamera noch in den Bereich der Lichtmeß- und Einstellautomatik hineinfallen. Es muß also trotz des *automatischen* Arbeitens einer derartigen Einrichtung eine *visuelle* Kontrolle stattfinden, womit dann auch weniger empfindliche Einstell-

Abb. 479. NIEZOLDI u. KRÄMER 2 × 8 mm Kamera „*Exposamat*" mit gekuppeltem Blendenmesser, Maßstab etwa 1 : 2.

1 Knopf für Bildfrequenzeinstellung, *2* Filmmeterzählwerk, *3* Photoelement, *4* Sucherobjektiv, *5* Einstellknopf für Blendenmesser, *6* Aufnahmeobjektiv, *7* Blendenhebel, *8* Auslöseknopf, *9* Aufzugsschlüssel, *10* Drahtauslösernippel.

mechanismen wie bei den bisher beschriebenen Geräten von Hand bedient werden könnten und die sehr kritische mechanische Steuerung der Blende von dem Photoelement aus nicht erforderlich ist.

Der Weg, die Lamellen eines Objektivs direkt von einer oder mehreren Drehspulen automatisch zu bewegen, scheint nicht sehr hoffnungsvoll zu sein, da diese Einstellsysteme leicht zum Schwingen und Pendeln neigen und damit kaum einen praktischen Einsatz finden können. Ohne den Einsatz von Verstärkern oder die Benutzung eines elektrischen Netzes reichen die von üblichen Photoelementen gelieferten Leistungen nicht aus, um Objektivblenden mechanisch zu steuern.

Abgesehen von den rein mechanischen Schwierigkeiten einer automatischen Belichtungseinstellung muß noch darauf hingewiesen werden, daß zu jeder Belichtungsmessung auch ein Auswählen und Bestimmen der gewünschten Darstellungsart des Dinges hinsichtlich der Wiedergabe seiner Helligkeit gehört, die keineswegs eindeutig durch das Ausrichten der Kamera auf das Ding gegeben ist. Denn der Belichtungsmesser sieht eine große Anzahl hintereinander liegender Dingebenen und es kann ihm auf keine Art beigebracht werden, welche von den Dingebenen wichtig ist und als Scharfstellebene ausgewählt wird und welche Schattenpartien noch bildwichtig sind. Damit kann eine *automatische* Blendeneinstellung in dem eben angegebenen Sinne überhaupt nicht durchgeführt werden. Einen praktisch ausreichenden Ersatz bieten die genannten gekuppelten Belichtungsmesser, bei denen das Wort „Kupplung" bewußt gewählt wurde. Dabei müssen außerdem die Grenzen der Belichtungsmesser in der vorliegenden Form noch beachtet werden, die nichts mit der Kupplung zu tun haben, ja diese noch erschweren, da ein individueller Ausgleich nicht möglich ist.

Für Vorrichtungen zur Kupplung und Automatisierung von Belichtungs- und Blendenmessern liegen zahlreiche Patentvorschläge vor:

84 300, 136 898, 152 962, 299 278, 333 686, 378 853, 582 033, 598 518, 608 427, 610 294, 611 227, 614 221, 614 747, 615 177, 617 811, 625 612, 627 044, 628 299, 629 565, 629 568, 630 557, 632 466, 634 016, 634 882, 635 768, 636 497, 637 581, 640 188, 641 856, 647 432, 649 258, 649 259, 650 193, 651 144, 656 704, 658 643, 658 936, 660 437, 660 724, 662 716, 663 364, 664 627, 665 620, 666 365, 667 821, 667 873, 669 129, 673 011, 676 382, 676 963, 681 955, 683 728, 683 925, 648 551, 686 004, 686 368, 687 303, 687 703, 691 466, 693 964, 694 167, 696 442, 696 443, 697 870, 702 676, 702 924, 709 208, 711 644, 712 193, 712 737, 713 995, 714 880, 720 422, 721 230, 721 406, 722 837, 723 829 und zahlreiche weitere.

Über die Notwendigkeit der unterschiedlichen Behandlung von Negativ- und Umkehrfilmen bei der Belichtung — und das gilt für Schwarz-Weiß- und Farbfilme — wurde schon gesprochen. Die richtige Belichtung *Bel*, die als Produkt der auf der photochemischen Schicht herrschenden Beleuchtungsstärke E und der Zeit t der Einwirkung dieser Beleuchtungsstärke definiert wird,

$$Bel = E \cdot t \qquad (187)$$

geht aus der Abb. 480 hervor. Hier ist die Schwärzung S (Kehrwert der Lichtdurchlässigkeit) in Abhängigkeit von der Belichtung $E \cdot t$ dargestellt. Dabei bedeutet S_0 die Schleierschwärzung des Filmes, die sich beim Entwickeln ohne jede Belichtung ergibt; gegebenenfalls ist auch die durch eine Graufärbung oder dgl. des Schichtträgers bedingte Trübung zu beachten. Zu einer kopierbaren Schwärzung S_1 führt eine Belichtung $E_1 \cdot t$, die der dunkelsten Stelle des Dinges entspricht. Die hellste Stelle soll für einen bestimmten Aufnahmegegenstand durch $E_2 \cdot t$ bei einem kleinen Helligkeitsumfang und $E_3 \cdot t$ bei einem großen dargestellt werden. Für die Schwärzung und Belichtung werden logarithmische Maßstäbe gewählt.

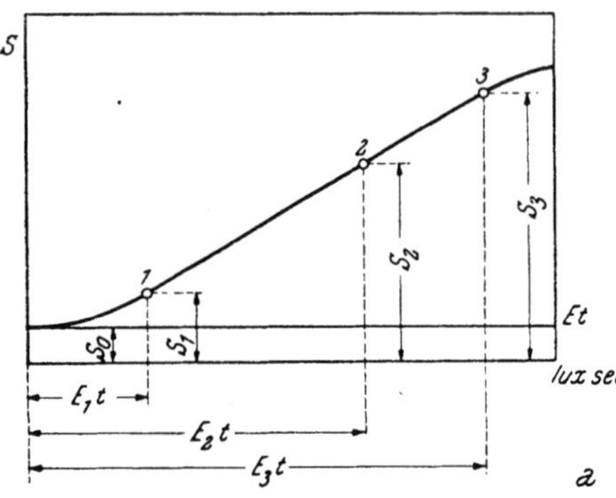

Wird die gleiche Belichtungszeit t gewählt, so gibt der Wert $E_2 : E_1$, bzw. $E_3 : E_1$ den jeweiligen Helligkeitsumfang U an. Zweckmäßig wird also beim Negativfilm auf die Schatten belichtet, d. h. die geringste Schwärzung liegt auf dem Punkt 1 der Gradationskurve der Abb. 480a.

Im Gegensatz dazu sollen bei dem Umkehrfilm nach der Gradationskurve der Abb. 480b die hellsten Stellen des Dinges möglichst glasklar auf dem Filmband kommen, um eine gute Projektion zu erreichen. Das bedingt bei einem kleinen Helligkeitsumfang des Dinges, beispielsweise bei einer Ausnutzung der Gradationskurve zwischen den Punkten 1 und 2 (Abb. 480b), eine intensivere Belichtung, da die Schwärzung des Filmbandes im endgültigen Zustand des Diapositivs sonst zu groß würde (S_1 bis S_2). Es muß also der Punkt 2 in den Punkt 3 verlegt werden. Diese intensivere Belichtung kann bei einer feststehenden Belichtungszeit t beispielsweise durch weiteres Öffnen der Objektivblende zum Vergrößern der Beleuchtungsstärke (E_2 in E_3) erreicht werden (636b).

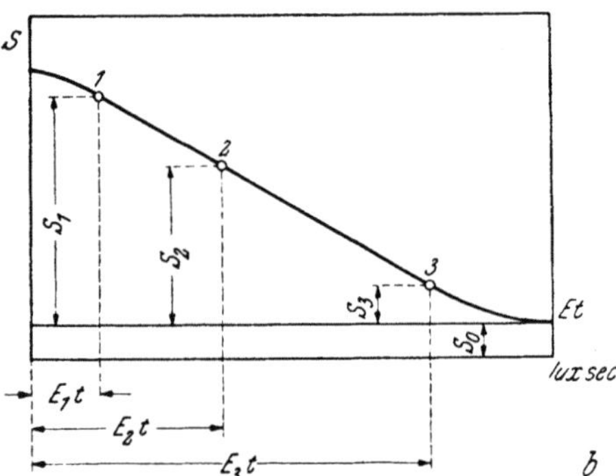

Abb. 480. Verlauf der Schwärzung S einer photochemischen Schicht in Abhängigkeit von der Belichtung $E \cdot t$, Schema, E Beleuchtungsstärke, t Belichtungszeit.
a Negativ-Film *b* Umkehr-Film.

Das war nur eine rohe Andeutung dafür, wie das Verhalten des Filmbandes auf Grund lichttechnischer und chemischer Eigenschaften in gerätetechnische Dinge eingreift. Auf nähere Einzelheiten, beispielsweise darauf, daß das angeführte Gesetz der Konstanz des Produktes aus Beleuchtungsstärke und Belichtungszeit zum Erreichen der gleichen Schwärzung nur für einen mittleren Bereich gilt, nicht aber für Extremwerte einer sehr kurzen oder sehr langen Belichtung, soll hier nicht eingegangen werden.

Immerhin zeigt sich aber schon hier, daß die „*richtige*" Belichtung auch vom Helligkeitsumfang des Dinges merklich abhängen kann und damit gekuppelte Blendenmesser in der „*Automatik*" (636c) ihrer Anzeige solange noch etwas problematisch sein können, als sie nicht zusätzlich den Helligkeitsumfang messen und berücksichtigen.

XVI. Tonteile

Für viele Aufgaben des Einsatzes von kinematographischen Wiedergabegeräten ist neben der Darstellung des Bildinhaltes auch die Tonwiedergabe erwünscht oder erforderlich. Dieser Wunsch kommt der möglichst weitgehenden Naturtreue der Gesamtwiedergabe entgegen und wurde wesentlich durch die Entwicklungen und Fortschritte der Elektronik auf den Gebieten der Rundfunk- und Fernsehgeräte sowie elektroakustischer Anlagen gefördert. Entsprechend der Aufgabenstellung dieses Bandes des Handbuches sollen unter den *Tonteilen* vorzugsweise die Apparate verstanden werden, die baulich mit den Bildkameras zu einer Einheit verbunden sind. Bei der Mehrzahl der Fälle, insbesondere im beruflichen Atelierbetrieb, werden fast ausschließlich getrennte Bild- und Tonkameras eingesetzt. Damit werden die Apparaturen einfacher und eine größere Freiheit in der getrennten Bedienung der Bildkamera mit ihren optischen Möglichkeiten und der Tonkamera mit allen Erfordernissen der Mischung, Überspielung und Einblendung von akustischen Effekten ist gegeben.

Die Forderung der Normalfilmtheater für den Spielfilmbetrieb ist ein Filmstreifen, der gemeinsam Bild- und Tonteil enthält und deren gegenseitiger Synchronismus für den praktischen Einsatz gewährleistet ist. Für die heute in den meisten Theatern stehenden Projektoren kommt zur Erfüllung dieser Forderung zunächst nur ein Lichttonverfahren in Frage, für das es kombinierte Bild-Tonmaschinen in allen gewünschten Ausführungen gibt. Da die Abnahme des Bildes und des Tones an der gleichen Stelle der Maschine zu erheblichen und auch unnötigen konstruktiven Schwierigkeiten führen würde, bzw. gar nicht möglich ist, da sich bei den meisten Projektoren das Filmband im Bildfenster absatzweise bewegt, der Tonstreifen aber mit sehr großer Gleichförmigkeit laufen muß, ist nach den Normblättern festgelegt, daß die dem jeweiligen Phasenbild zugehörende Stelle des Tones auf dem Filmband um 20 Schaltschritte vorauseilt. Für den theatermäßig eingesetzten, 16 mm Film gelten ähnliche Überlegungen und Voraussetzungen, nur beträgt hier der Tonvorlauf 26 Schaltschritte (Abb. 33, 37, 41).

Die Aufgabe der kombinierten Bild-Tonkameras ist es, diesen Vorlauf durch konstruktive Mittel einzuhalten. Bei den getrennten Bild- und Tonkameras wird während des Kopierprozesses dafür gesorgt, daß die vorgeschriebene zugeordnete Lage zwischen Bild- und Tonstreifen erzielt wird. Bei der Aufnahme bedient man sich dazu einer Klappe aus Holz, die neben einem akustischen Signal auch ein optisches gibt, so daß man später für das Zusammenfügen von Bild- und Tonstreifen einen gemeinsamen Zeitmarkierungspunkt hat.

Nach den bisherigen Ausführungen kommen die kombinierten Bild-Tongeräte gerade für die mittleren Apparaturen in Frage, da für die kleineren Kameras der Aufwand und Umfang des zusätzlich eingebauten Tonteiles und der Hilfsmittel wirtschaftlich nicht tragbar ist und bei den großen Ateliergeräten mit getrennten Apparaturen gearbeitet wird. Der richtige Einsatz für kombinierte Bild- und Tongeräte liegt also in Zwischenaufgaben, wo meist auch ein beweglicher Einsatz gewünscht oder erforderlich ist.

Eine Tonkamera besteht in ihrem grundsätzlichen Aufbau aus einem Wandler, der die akustischen Tonschwankungen der zu übertragenden Sprache, Musik oder der Geräusche in elektrische Schwingungen umsetzt.

Wenn von *Tönen* gesprochen wird, so sollen darunter im Gegensatz zu der speziellen akustischen Definition hier alle akustischen auf das Tongerät einwirkenden Erscheinungen verstanden werden. Weiter besteht die Tonkamera aus einem Wandler, der die elektrischen Schwingungen in Lichtschwingungen umsetzt, die auf die dafür vorgesehene Stelle des Filmbandes (Abb. 33, 37, 41) aufphotographiert werden. Ob diese Lichtschwankungen durch eine Steuerung einer Leuchtquelle selbst erzeugt werden oder durch Verändern des von einer Leuchtquelle ausgehenden konstanten Lichtstromes, ist für die theoretische Betrachtung ohne Belang. Zwischen beiden Wandlern sind noch Verstärker und Entzerrer notwendig, um ein technisch brauchbares Gerät zu schaffen und die Frequenzgänge der einzelnen Aggregate aneinander anzupassen.

Die Einrichtungen, die dem Schallfeld Energie entziehen und in elektrische Schwingungen umsetzen, werden *Mikrophone* genannt. Ihre Aufgabe ist eine möglichst naturgetreue, also verzerrungsfreie Umwandlung der akustischen in die elektrischen Schwingungen bei großer Empfindlichkeit, geringer Störspannung und einer vorgeschriebenen Richtwirkung. Diese ist deswegen erforderlich, weil vielfach nur die Töne aus einer gewünschten Richtung auf die Apparatur einwirken und die aus anderen kommenden möglichst unterdrückt werden sollen.

Die gerätemäßige Verwirklichung der angedeuteten Fragen kann mit elektrodynamischen Systemen der Bändchen- oder Tauchspulenmikrophone, elektrostatischen Systemen in Form des Kondensatormikrophons oder sonstigen Bauformen, beispielsweise den Kohlekörnermikrophonen, erreicht werden, doch sollen an dieser Stelle hierüber keine Einzelheiten gebracht werden. Diese finden sich in dem Spezialschrifttum, das später genannt wird, sowie in einer zusammenfassenden Darstellung für die Tonfilmgeräte bei LICHTE, NARATH (308).

Die Lichtsteuergeräte bestehen aus den elektro-optischen Systemen, wofür die KERR-Zelle, die Glimmlampe, die BRAUNsche Röhre und die Wolframbogenlampe genannt werden können. Oder es werden elektromechanische Einrichtungen eingesetzt, die zunächst an Bedeutung gewonnen haben und aus den elektromagnetischen oder -dynamischen Steuerungen der Oszillographensysteme und der *Lichtschleuse* bestehen. Die elektromechanischen Lichtsteuergeräte haben ein schwingfähiges, mechanisches System, das durch elektrische Mittel angetrieben wird und sich im Rhythmus der Tonschwingungen bewegt. Die Einwirkung auf das Lichtbündel der Leuchtquelle geschieht entweder durch eine veränderliche Blende, die einen Teil dieses Bündels im Rhythmus der aufgedrückten Tonschwankungen abdeckt, oder durch einen schwingenden Spiegel, der die gleiche Wirkung hat. Nach diesem Prinzip arbeitet der *Lichthahn* der KLANGFILM Ges. und das RCA Galvanometer. Die Antriebskräfte für diese Steuerung können von elektromagnetischen, -dynamischen oder -statischen Antrieben entnommen werden.

Eine Tonkamera besteht aus dem Mikrophon, Verstärker und einem Entzerrer, die die akustischen Signale in elektrische Schwingungen ausreichender Leistung und des erforderlichen Frequenzganges umformen, um damit die Lichtsteuereinrichtung zu betätigen. Diese bildet bei dem elektromechanischen System das Lichtbündel der gleichmäßig strahlenden Glühlampe unter Zwischenschaltung eines optischen Systems auf dem Filmband ab. Das hier entstehende *Lichtgebirge*, das zunächst bis zur photochemischen

Entwicklung als latentes Bild besteht, muß durch einen Rahmen von etwa 0,01 mm × 2 mm auf das Filmband photographiert werden.

Im folgenden werden einige Beispiele von Bild-Tonkameras gebracht. Diese arbeiten sämtlich mit dem 16 mm Filmformat auf Grund der schon gebrachten allgemeinen Betrachtungen.

Die vollständige Bild-Tonaufnahmeanlage der in der Abb. 143 gezeigten, zur KLANGFILM „*Minicord V 16*" gehörenden Bildkamera ist aus der Abb. 481 zu ersehen. Die Anlage besteht aus der eigentlichen Kamera *1*, dem Stativ *2*, auf dem ein Schwenkkopf mit dem Bedienungshebel *3* sitzt, einem batteriegespeisten Verstärker *4*, dem Akkumulator *5* für den Kameramotor, dem Transportkoffer *6* und dem Mikrophon *7* auf einem Spezialstativ.

Abb. 481. KLANGFILM 16 mm Bild-Tonkamera „*Minicord V 16*", Maßstab etwa 1 : 30.

1 Bild-Tonkamera, *2* Stativ, *3* Schwenkhebel für Kamera, *4* Aufnahmeverstärker, *5* Batterie, *6* Transportkoffer, *7* Mikrophon, *8* Kontrollkopfhörer (s. Abb. 79, 80, 143, 482 ... 484).

Der Lauf des Filmbandes durch diese Kamera wurde bereits in der Abb. 143 dargestellt. Das 16 mm Filmband *1* kommt aus der Abwickelkassette *2* und läuft unter Andruck von zwei Rollen über die Zahntrommel *5* in einer Schleife in den Filmkanal *7*, aus dem es von dem in der Abb. 280 dargestellten Greiferwerk absatzweise gezogen wird. Die folgenden Rollen gehören zu dem Tonlaufwerk. Die Rolle *6* (Abb. 143) und die Gummidruckrolle *13* wirken als Schleifenfänger des aus dem Filmkanal stoßweise herauskommenden Filmbandes und sorgen für eine genaue Seitenführung. In einem großen Umschlingungswinkel von etwa 200° läuft das Filmband um die Tontrommel *8*, die mit einer großen statisch und dynamisch genau ausgewuchteten Schwungmasse direkt gekuppelt ist und dann über die pendelnd befestigte Rolle *9* zur Zahntrommel *5* und von dort in die Auf-

Abb. 482. KLANGFILM 16 mm Bild-Tonkamera „*Minicord V 16*", Tonlaufwerk, Maßstab etwa 1 : 4.

6 Filmseitenführung, *8* Tonaufzeichnungstrommel, *9* Filmführungsrolle, *10* Schwungmasse, *11* Hebel, *12* Luftdämpfung, *13* Führungsrolle (s. Abb. 143, 481, 483, 484).

wickelkassette *17*. Die Bewegung der Pendelrolle *9* wird durch eine verstellbare Federspannung und Dämpfung durch den Luftkolben *12* so reguliert, daß ein ausreichend ruhiger Lauf des Filmbandes auf der Trommel *8*, also an der Tonaufzeichnungsstelle, entsteht.

Zur Erleichterung und Beschleunigung des Hochlaufens der Schwungmasse, die durch Reibung des Filmbandes auf der nicht gezahnten Trommel *8* mitgenommen wird und während des Anlaufes noch nicht mit der endgültigen Geschwindigkeit mitläuft, wird die Pendelrolle *9* beim Anlauf gegen die

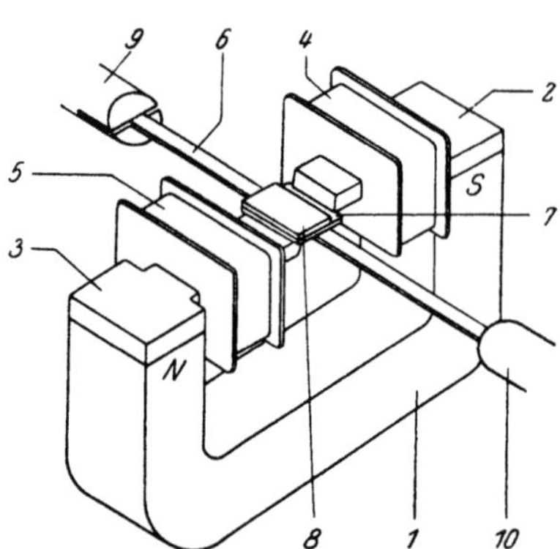

Abb. 483. Klangfilm 16 mm Bild-Tonkamera „*Minicord V 16*", Schwingspiegelsystem für Tonaufzeichnung, Schema.

1 Magnet, *2, 3* Polschuhe, *4, 5* Spulen, *6* Spannband, *7* Schwinganker, *8* Schwingspiegel, *9, 10* Halterung für Spannband (s. Abb. 481, 482, 484).

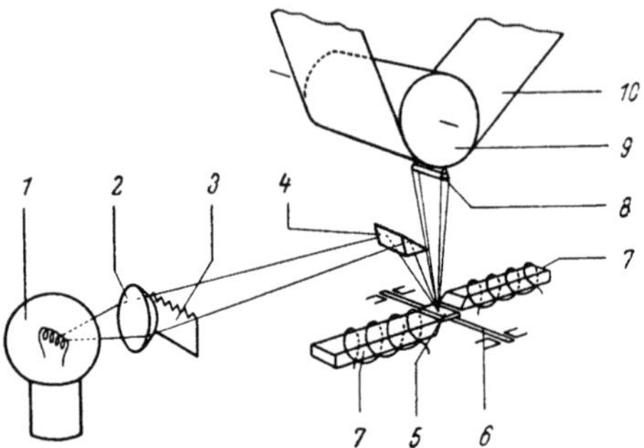

Abb. 484. Klangfilm 16 mm Bild-Tonkamera „*Minicord V 16*", Lichthahn, Schema.

1 Tonlampe, *2* Kondensor, *3* Zackenblende, *4* Prisma, *5* Spiegel, *6* Spannband, *7* Wicklung, *8* Zylinderlinse, *9* Tonaufzeichnungstrommel, *10* Filmband (s. Abb. 481 ... 483).

Tonrolle *8* gedrückt und nimmt diese durch Reibung mit. Damit kann bereits nach 2 sec ein ruhiger Filmlauf erreicht werden. Die Beruhigung ist an dem Stillstand der Schwingbewegung der Pendelrolle erkennbar, deren Anzeige über den Kupplungshebel *14* bei geschlossener und in Betrieb befindlicher Kamera nach außen übertragen wird. Das Tonlaufwerk mit Schwungmasse *10* allein ist auch in der Abb. 482 dargestellt.

Neben der Tontrommel befindet sich der abnehmbare Lichttonschreiber *15* (Abb. 143). Dieser entspricht der von der Klangfilm Ges. für transportable Zwecke entwickelten „*Minicord T 35 Tonaufnahme-Apparatur*" und enthält eine Tonlampe von 4 V und 3,5 W Leistung, einen elektromagnetischen Lichthahn (Abb. 483), optische Einrichtungen und eine Vielzackenblende (Abb. 484). Die von der Glühlampe *1* kommenden Lichtstrahlen gehen über einen Kondensor *2* zur Blende *3* mit sieben Zacken und ein Prisma *4* sowie den Hohlspiegel *5* des Lichtsteuergerätes und eine Zylinderlinse *8* zum Filmband *10*, das um die Tonrolle *9* läuft. Die aufgezeichnete 16 mm Tonspur ist 2,23 mm breit und 17% schmaler als die Tonspur auf Normalfilm. Die Geschwindigkeit des Filmbandes hat infolge der Größe der Schaltschritte der beiden Formate beim 16 mm Film den 0,4fachen Wert. Dadurch macht sich im Gegensatz zu dem 35 mm Filmband, wo der Einfluß der endlichen Spaltbreite der Tonaufzeichnung gegenüber den durch die Filmemulsion bedingten Verlusten keine große Rolle spielt, beim 16 mm Filmband die Spaltbreite bereits störend bemerkbar. Dieser Einfluß äußert sich in einer Beschneidung der hohen, noch übertragbaren Tonfrequenzen. Beträgt die Grenzfrequenz bei dem

35 mm Filmband bei einem Abfall von 20% noch 10 000 Hz, so ist unter gleichen sonstigen Bedingungen bei dem 16 mm Filmband nur mit einer Grenzfrequenz von etwa 4000 ... 5000 Hz zu rechnen. Eine wesentliche Verkleinerung der Spaltbreite unter etwa $7 \cdot 10^{-3}$ mm ist nicht zweckmäßig, da dann die Beugungserscheinungen einen merklichen Einfluß gewinnen und keine nennenswerte Verbesserung mehr ergeben. Auch mit elektrischen Entzerrungen kann man nicht wesentlich über eine Grenzfrequenz von 4000 ... 5000 Hz beim 16 mm Tonfilm hinauskommen.

Der in der Abb. 483 gezeigte Lichthahn hat geringe Abmessungen und ist besonders für den beweglichen Einsatz durch seine Unempfindlich-

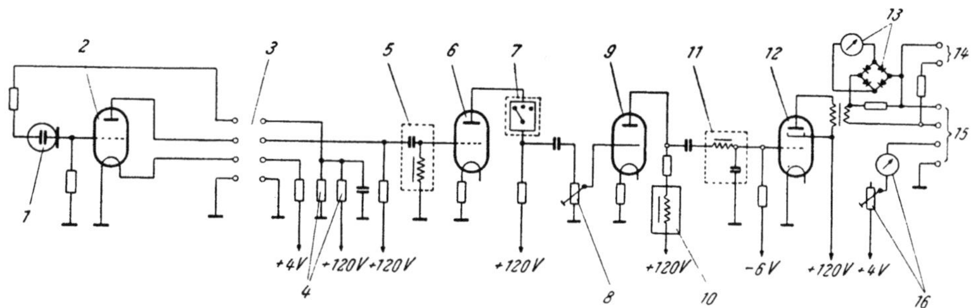

Abb. 485. Schaltbild eines Tonaufnahmeverstärkers (Tonanlagen KLANGFILM „*Minicord V 16*" und ZEISS-IKON „*Ikophon*").

1 Mikrophon, *2* Verstärkerröhre für Mikrophonvorverstärker, *3* bewegliche Leitungen für Mikrophonvorverstärker, *4* Spannungsteiler, *5* Filter, *6* Verstärkerröhre, *7* Entzerrer, *8* Aussteuerungsregler, *9* Verstärkerröhre, *10* Resonanzglied, *11* Filter, *12* Endröhre, *13* Aussteuerungsanzeiger, *14* Anschluß für Kontrollkopfhörer, *15* Anschluß an Tonkamera, *16* Regler und Strommesser für Tonlampe (s. Abb. 486).

keit gegen mechanische Beanspruchungen und elektrische Übersteuerungen geeignet. Der aus einem dünnen Eisenplättchen bestehende Anker *7* ist auf einer an beiden Seiten in den Lagern *9* und *10* eingespannten Stahlsaite *6* befestigt. Der Anker *7* trägt das auf der Rückseite verspiegelte Glasstück *8*. Der Anker wird durch ein Magnetsystem angetrieben, das aus dem Permanentmagneten *1*, den Polschuhen *2* und *3* und den Wicklungen *4* und *5* besteht. Der Anker führt bei einem Stromdurchfluß durch die Wicklungen Drehschwingungen um die Achse der Stahlsaite *6* aus, die aus Federstahl besteht. Die Saite erhält zum Erreichen einer definierten Lage des Ankers eine geringe Längsspannung. Das Richtmoment ist allein durch die freie Länge der Saite gegeben, nicht durch ihre Spannung. Das System wird durch ein kleines Stäbchen aus gummiähnlichem Material gedämpft, dessen eines Ende am Anker befestigt ist und dessen anderes frei in der Luft schwingt. Damit wird eine so große Dämpfung des Systems erreicht, daß die bei etwa 9000 Hz liegende Eigenresonanz nicht in Erscheinung tritt und ein angenähert geradliniger Frequenzgang im Übertragungsbereich erzielt wird. Der Leistungsbedarf beträgt etwa 0,05 W.

Das Schaltschema des zur „*Minicord V 16 Anlage*" gehörenden Verstärkers ist in der Abb. 485 dargestellt. Dabei ist entsprechend der üblichen Anordnung ähnlicher Verstärker die erste Verstärkerstufe *2* räumlich mit dem Kondensator-Mikrophon *1* zusammengebaut und durch ein 15 m langes Kabel mit dem eigentlichen zweistufigen Vor- und Endverstärker verbunden. In dem Schaltbild bedeutet weiter *4* den Spannungsteiler für die Mikrophonspeisung, *5* den Hochpaß zum Abschneiden der Frequenzen unter 50 Hz und *11* den Tiefpaß zum Abschneiden der hohen Frequenzen über 5 500 Hz, *10* ein Glied zum Anheben der hohen Frequenzen zum Ausgleich der optischen Verluste. Der umschaltbare Entzerrer für die Dämpfung der tiefen Frequenzen ist mit *7* bezeichnet, der Aussteuerungsregler mit *8* und ein Meßinstrument mit *13*. Dieses zeigt hauptsächlich Übersteuerungen an. Das Instrument *16* gestattet die Kontrolle des Tonlampenstromes. Der Verstärker wird von einem 4 V Heizakkumulator und einer 120 V Anodenbatterie gespeist, ein Kabel von 5 m Länge verbindet den Verstärker mit der Kamera zur Steuerung des Lichtschreibers. Der Frequenzgang mit der Wirkung der einzelnen Entzerrungsstufen-Einstellungen ist in der Abb. 486 dargestellt.

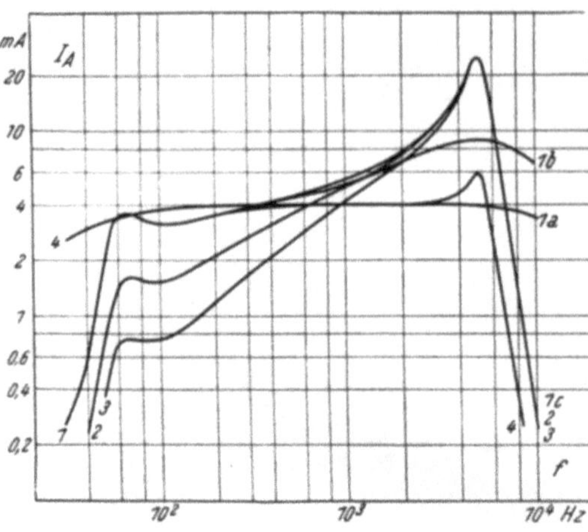

Abb. 486. Frequenzgang des Tonaufnahmeverstärkers nach Abb. 485, Ausgangsstrom I_A in Abhängigkeit von der Frequenz *f* und der Entzerrerstellung.

Eine ähnliche 16 mm Bild-Lichttonaufnahmeanlage liegt in der ZEISS IKON „*Ikophon Kamera*" und ihrem Zubehör vor. Bei der Bildkamera wurden teilweise andere konstruktive Wege beschritten. Der Filmlauf durch die Kamera wurde schon an Hand der Abb. 107 beschrieben, die gesamte Anlage ist aus der Abb. 487 zu erkennen. Die Kamera selbst ist im geöffneten Zustand in der Abb. 488 abgebildet. Von der Nachwickelzahntrommel *7* (Abb. 489) läuft das Filmband über die Tontrommel *9* mit einem Umschlingungswinkel von etwa 270°. An diese Trommel wird das Filmband durch zwei auf Andruckhebeln *10* gelagerte Rollen angedrückt. Dann wird es über die Zahntrommel *8* und die Umlenkrolle *12* in die Aufwickelkassette *14*

Abb. 487. ZEISS-IKON 16 mm Bild-Tonkamera „*Ikophon*"; Maßstab etwa 1 : 26.

1 Bild-Tonkamera, *2* Stativ, *3* Schwenkhebel für Kamera, *4* Aufnahme-Verstärker, *5* Batterie, *6* Mikrophon (s. Abb. 107, 488, 489).

geführt. Das Tonaufzeichnungswerk wird von dem Kameramotor über ein mechanisches Filter angetrieben. Sein einwandfreies Arbeiten kann daraus erkannt werden, daß nach dem Einschalten die zwischen Ton-trommel und der folgenden Nachwickeltrommel liegende Filmschleife sich verkürzt und nach 2 ... 3 sec wieder auf die normale, in dem Gerät angegebene Größe ausdehnt. Dabei ändert sich naturgemäß die andere Filmschleife im umgekehrten Sinne.

Das Tonaufzeichnungsgerät besteht aus einer Tonlampe von 5,25 W Leistung bei 3,5 V, die über eine Fünfzackenblende und den Schwingspiegel eines Oszillographensystems, über einen Spalt und optische Glieder ein Lichtbündel auf das Filmband wirft. Die Abbildung der Zackenblende auf dem Spalt läßt sich mit einer Lupe 16 (Abb. 489) betrachten. Dabei muß im Lupenbild die Zackenblende

Abb. 488. ZEISS-IKON 16 mm Bild-Tonkamera „*Ikophon*" mit Innen-Kassetten für 120 m Filmband. Maßstab etwa 1 : 6.

1 Abwickelspule, 2 Führungsrolle, 3 Vorwickeltrommel, 4 Filmschleife, 5 Filmkanal, 6 Filmschleife, 7 Nachwickeltrommel, 8 Zahntrommel, 9 Tonaufzeichnungstrommel, 10 Andruckhebel, 11 Filmschleife, 12 Zahntrommel, 13 Führungsrolle, 14 Aufwickelspule, 15 Lichtsteuergerät, 16 Lupe zur Überprüfung der Spalteinstellung, 17 Schrauben zur Einstellung des Spiegeloszillographen (s. Abb. 107, 487, 489).

den als schwarzen Strich erscheinenden Spalt in der Mitte teilen. Den Einfluß der richtigen Spaltlage, richtigen Aussteuerung und Belichtung zeigt die Abb. 490, wobei das Teilbild *d* das Aussehen einer Tonspur zeigt, deren lauteste Stellen zu geringe Breitenschwankungen aufweisen und auf eine zu geringe Aussteuerung schließen lassen. In dem Bild *e* ist eine zu große Aussteuerung des Systems zu erkennen. Die Richtigstellung der Lage zwischen Zackenblendenbild und Spalt kann durch Verstellen der Schrauben an der Stelle *17* (Abb. 488) erreicht werden.

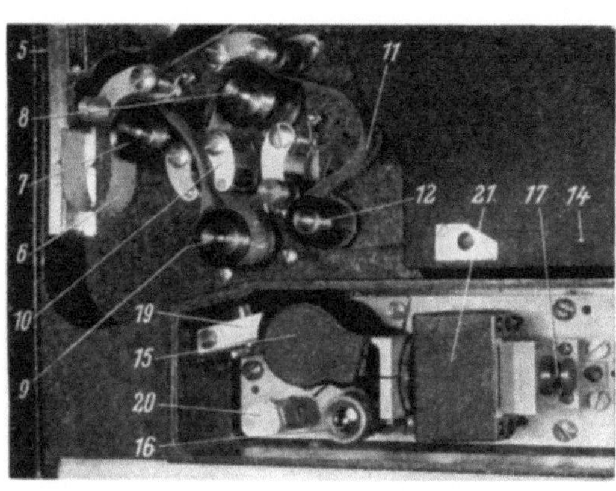

Abb. 489. ZEISS-IKON 16 mm Bild-Tonkamera „*Ikophon*", Lauf des Filmbandes im Tonteil, Maßstab etwa 1 : 2,7.

5 Filmkanal, 6 Filmschleife, 7 Nachwickelzahntrommel, 8 Zahntrommel, 9 Tonaufzeichnungstrommel, 10 Andruckschuhe, 11 Filmschleife, 12 Zahntrommel, 14 Kassette der Aufwickelspule, 15, 20 Lichtsteuergerät, 16 Lupe, 17, 21 Spiegeloszillograph, 19 Tonobjektiv (s. Abb. 107, 487, 488).

Für die Bild-Tonkameras ergeben sich ebenso wie für reine Bildkameras, die in Zusammenarbeit mit getrennten Tonkameras eingesetzt werden sollen, besondere Bedingungen an eine möglichst große Geräuschfreiheit. Sofern diese nicht bereits durch die Geräte selbst gegeben ist, wobei viele

Einzelheiten mitwirken, kann man durch Übersetzen einer schall-
schluckenden Haube („*Blimp*") über die ganze Kamera (nach Abb. 491) noch

einiges an Geräuschminderung erreichen. Trotz der vollständigen Abdeckung des Gerätes muß eine leichte
Zugänglichkeit für . die Filmladung
erreicht werden, wozu sich beispielsweise die Deckel dieser Hauben hochklappen lassen. Durch Gegengewichte
kann eine leichte Bedienung möglich
gemacht werden.

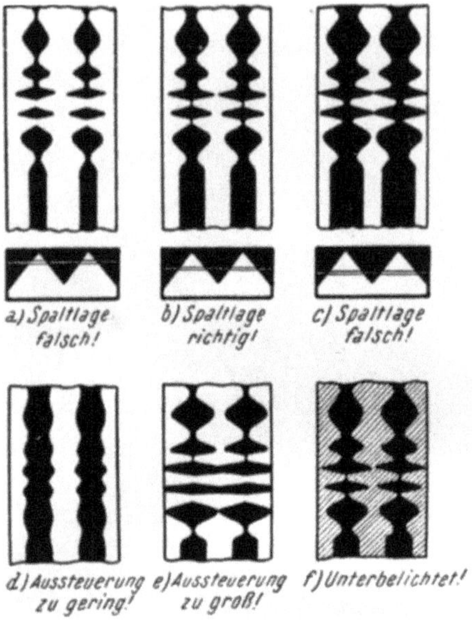

Eine kombinierte 16 mm Bild-Tonkamera liegt in der in Abb. 94 gezeigten Berndt Bach „*Auricon Pro
Kamera*" vor. Diese Kamera kann mit
60 m Spulen oder Kassetten, als Son-
dermodell auch mit 360 m Aufsatz-
kassetten geliefert werden. Das Gehäuse besteht aus Aluminium, ist
schallisolierend aufgebaut und trägt
eine Schwammgummi-Innenausklei-
dung. Teleobjektive werden mit einem
Gummiüberzug geliefert. Auch das
Getriebe ist in Gummi gelagert. Der
Kassettenraum ist an das Gehäuse
angegossen, der Spulenantrieb wurde
gekapselt, so daß das Mikrophon schon

Abb. 490. Zeiss-Ikon 16 mm Bild-Tonkamera „*Ikophon*", verschiedene Ton-
aufzeichnungen. Maßstab etwa 6,1:1.

in 15 cm Abstand besprochen werden kann. Da der Lauf der Kamera
nicht an dem Geräusch er-
kannt werden kann, ist eine
Kontrollampe vorgesehen, die
beim Lauf ein optisches Signal
gibt. Zugunsten der geringeren
Geräusche wird meist auch
auf den Objektivrevolver verzichtet und nur ein Einzelob-
jektiv eingesetzt. Bei der
„*Auricon Pro Kamera*" sind
Bild- und Tonteil eng miteinander gekoppelt, da die
gemeinsame Vor- und Nach-
wickelzahntrommel für den
Bildteil gleichzeitig auch als
Tontrommel verwendet wird.
Diese ist mehrfach gefiltert
und vom Laufwerk angetrieben.

Ein vereinfachtes Modell
dieser Kamera, für Amateur-
zwecke gedacht, liegt in der

Abb. 491. Mitchell 16 mm „*Atelier Kamera*" mit
aufgesetzter Schallschluckhaube (Blimp).

Berndt Bach 16 mm Bild-Tonkamera „*Ciné voice*" vor (Abb. 492),
die 30 m Filmband faßt. Auch hier wird die Vor- und Nach-

wickelzahntrommel gleichzeitig zur Tonaufzeichnung verwendet. Es wird
eine Zackenschrift und eine Galvanometereinrichtung für die Lichtablenkung
eingesetzt. Der Verstärker enthält einen Lautstärkenregler, ein Kontroll-
instrument, eine vierstufige Tonblende, ein weiteres Instrument zur Hellig-
keitsabstimmung der Tonlampe auf die Empfindlichkeit des Filmauf-
nahmematerials und zur Kontrolle des Ladezustandes der Batterien.

Ein dynamisches Tauchspulenmikrophon führt über ein 15 m langes Kabel zum Verstärker. Das Gesamtgewicht der Kamera beträgt 15,3 kg.

Die bisher beschriebenen Verfahren der Tonaufzeichnung, die — wie schon betont — nur für die räumlich zusammengebauten Bild- und Tonkameras kurz dargestellt wurden, beruhen auf einer Umsetzung der Tonschwingungen über einen elektrischen Verstärker in die Lichtschwankungen und einer photochemischen Aufzeichnung einer Tonspur auf dem Filmband. Der Vorteil die-

Abb. 492. Berndt Bach 16 mm Bild-Tonkamera „Ciné voice". Maßstab etwa 1:4.

1 Gehäuse, *2* Abwickelspule, *3* Aufwickelspule, *4* Filmband, *5* Vor- und Nachwickelzahntrommel kombiniert mit Tonaufzeichnungstrommel, *6* Aufnahmeobjektiv, *7* Filmkanal, *8* Tonaufzeichnungsgerät.

ses Verfahrens liegt offensichtlich darin, daß die gleiche photochemische
Schicht für die Bildaufzeichnung und für den Tonstreifen verwendet
werden kann. Als ebenso offensichtlicher Nachteil kann die notwendige
Zwischenschaltung des photochemischen Entwicklungsprozesses angesehen
werden, der eine bestimmte Zeit benötigt und damit das Ergebnis der Tonaufnahme nicht sofort erkennen läßt. Als Nachteil kann angesehen
werden, daß das gemeinsame Filmband nicht gleich optimal für Bild- und
Tonaufnahme hinsichtlich seiner photochemischen Eigenschaften sein muß.

Bei dieser Gelegenheit muß auf einige Veröffentlichungen hingewiesen
werden, die später angeführt sind und konstruktive Angaben über Einzelaggregate von Tonteilen machen. Als wesentliche Forderungen sind für
das Lichtsteuergerät ein proportionaler Gang zwischen der zugeführten
elektrischen Energie und der Tonaufzeichnung zu nennen, es müssen also
Verzerrungen und Resonanzen ausgeschaltet werden. Weiter dürfen
keine Temperatureinflüsse auftreten und ein guter Wirkungsgrad und
kleiner mechanischer Aufwand sowie Batteriebetrieb sind erwünscht. In
dem Gerlachschen Tonfilm Oszillographen liegt ein dynamisch angetriebenes Schwingspiegelsystem vor, das einen sehr gleichmäßigen Frequenzgang von 50 ... 10 000 Hz aufweist. Eine besondere Öldämpfung ist
temperaturabhängig durch Mitwirkung einer Bimetallfeder aufgebaut

s. (581 d) und erreicht damit einen sehr geringen Temperaturfehler des Gesamtsystems.

Bei dem Bau von Schmalfilm Bild-Tonkameras sind infolge des kleineren Formates größere Trägheitsmomente der Tonschwungmassen (z. B. *10*, Abb. 482) notwendig. Die geringere Filmgeschwindigkeit bringt Verluste bei den hohen Frequenzen, wobei eine Grenzfrequenz von 6 000 Hz beim 16 mm Film einer Frequenz von 15 000 Hz beim 35 mm Film entspricht. Dadurch werden besonders leistungsfähige Tonobjektive und ein gutes Auflösungsvermögen des Filmbandes erforderlich. Es kann nachgewiesen werden, daß die Umkehrentwicklung eines Filmes eine Erhöhung der oberen Grenzfrequenz gegenüber einer Kopie bringt s. (403). Die Kopplung zwischen der chemischen Verarbeitung des Bild- und Tonteiles auf dem gleichen Filmmaterial ist aber allgemein gesehen als nicht optimal anzusehen.

Deshalb sind heute andere Verfahren der Tonaufzeichnung in eine sehr ernsthafte Konkurrenz zum Lichttonverfahren getreten und haben sich so bewährt, daß in der Zukunft für viele Fälle nicht mehr mit der Lichttonaufzeichnung zu rechnen ist. Die neuen Verfahren der *Magnetton*-technik beruhen auf einer magnetischen Aufzeichnung von Tönen auf einem dünnen Stahldraht oder einem mit Magnetpulver versehenen Band. Dieses Magnetband ist sofort nach der Bespielung abhörfähig, ohne daß es besonders entwickelt oder präpariert werden muß. Damit können während der Tonaufnahme die aufgenommenen Stellen noch abgehört und gegebenenfalls die laufende Aufnahme nachkorrigiert werden. Die heute übliche Ateliertechnik verwendet deshalb und infolge der ausgezeichneten Tonqualität praktisch ausschließlich für die Bildaufnahme die getrennten und hier eingehend beschriebenen Bildkameras und für die Tonaufnahme Magnettonbänder. Diese werden als perforierte 35 mm Streifen oder schmalere Bänder in den entsprechenden Magnettonkameras bespielt. Die in der Ateliertechnik übliche Überspielung und Umspielung mit zugesetzten Geräuschen und korrigierten Frequenzgängen wird dann erst im letzten Stadium für die Aufspielung des Lichttonstreifens auf den Filmstreifen von der Magnetapparatur vorgenommen.

In der Wiedergabetechnik wird bisher noch viel mit den so hergestellten Bild-Lichttonkopien gearbeitet, sofern es sich um den üblichen Theaterspielbetrieb handelt. Für die amateurmäßige Wiedergabe scheint sich ein anderes Verfahren durchzusetzen. Es lassen sich auf die schon entwickelten Bildbänder nachträglich Magnetstreifen aufspritzen, die dann beispielsweise während der ersten Wiedergabe des Bildfilmes mit Musik oder Sprache versehen werden können. Beide genannten Verfahren der Magnettontechnik beeinflussen die Bildkameras nur wenig. Für die Mehrkanalwiedergabe, beispielsweise bei den Breitwand-Verfahren, werden Magnettonspuren verwendet (Abb. 41). Diese Entwicklung zur Magnettonwiedergabe schreitet aber auch bei den Einkanal-Wiedergabeverfahren weiter. Eine Zeit lang werden im praktischen Einsatz das Licht- und Magnetton-Verfahren nebeneinander bestehen bleiben.

Die MAIHAK-Tonaufnahme-Anlage ist eine netzunabhängige Kofferanlage, die von einem an der Bildkamera angebrachten elektrischen Generator synchronisiert wird. Dieser erzeugt eine Steuerfrequenz von 50 Hz, die auf dem Magnetband *quer* zur Tonmodulation eine magnetische Aufzeichnung vornimmt. Diese Steuerfrequenz ist auf Grund ihrer Lage nicht hörbar und stört die eigentliche Tonschrift nicht. Ein Spezialverstärker mit einer Ausgangsleistung von 200 W liefert die Spannung für den Synchronmotor des Bildprojektors. Damit wird der Synchronismus zwischen Bild und Ton erreicht. Dieses Tonaufnahmegerät „*Reportofon*" wird in zwei Ausführungen hergestellt. Als „*Aktentaschenmodell M M K 3*" mit den folgenden wesentlichen Daten: Geschwindigkeit des Magnetbandes 19 cm/sec bei einer Abspieldauer einer Spule von 10,5 min. Das Laufwerk des Federwerkes läßt eine Laufzeit mit konstanter Geschwindigkeit von 7,5 min zu und kann während des Laufes aufgezogen werden. Der Frequenzgang geht von 60 Hz ... 7 000 Hz mit einer größten Abweichung von $\pm$ 2 db bei einem Klirrfaktor von höchstens 1,5% (bei 1 000 Hz) und einer Dynamik von mindestens 50 db. Die Spannungen für den Verstärker werden einer

Abb. 493. MAIHAK Magnetton-Koffergerät „*Reportofon MMK4*" mit Federwerk für bildsynchrone Tonaufnahme, Bandgeschwindigkeit 19 cm/sec. Maßstab etwa 1 : 4,3.

Heiztrockenbatterie von 1,5 V und Anodenbatterie von 100 V Spannung entnommen. Der Heizstrom beträgt 0,15 A und der gesamte Anodenstrom 5 bzw. 3 mA bei der Aufnahme bzw. der Wiedergabe. Das Gerät enthält drei Röhren, hat Abmessungen von 240 · 320 · 115 mm und ein Gewicht von 7,5 kg.

Das leistungsfähigere Koffergerät „*Reportofon M M K 4*" (Abb. 493) hat getrennte Verstärkerkanäle für die Aufnahme und Wiedergabe, Tonmesser und Pegelregler. Die Laufzeit beträgt 12 min, der Frequenzgang geht von 60 Hz ... 10 000 Hz bei $\pm$ 2 db. Die Dynamik ist mindestens 60 db. Der Gerätkoffer hat Abmessungen von 330 · 180 · 440 mm und ein Gewicht von 17,8 kg.

Die „*Magnetton Kamera M T K 4*" von ALBRECHT (Abb. 494) wird von einem Synchronmotor angetrieben (300 W). Mit sorgfältig kugelgelagerten Wellen und Schwungmassen sowie Pendelrollenfiltern wird eine große Laufruhe erreicht. Nach etwa 30 cm Filmdurchlauf wird durch eine besondere Schwungmassen-Starteinrichtung ein Schnellstart erreicht. Verwendung findet ein Magnetband von 17,5 mm Breite.

Die Entwicklung der Bildkameras, die mit einem Magnettongerät organisch zusammengebaut sind, wird durchgeführt. Für den Einsatz dieser Kameras gilt das gleiche wie für die kombinierten Lichtton-Bildkameras, d. h. sie sind besonders da am Platze, wo es auf leichte Beweglichkeit und die gleichzeitige Aufnahme von Bild und Ton besonders bei Reportageaufnahmen ankommt.

Abb. 494. ALBRECHT „*Magnetton - Kamera MTK 4*".

Versuchsweise wurden auf Magnetton umgebaute Bild-Lichtton-
kameras beispielsweise „*Minicord V 16*" (Abb. 481), „*Ciné voice*" und
„*Auricon Super 1200*" eingesetzt (234a, 298a), die sich dann bewähren,
wenn die Geräusche der mechanischen Systeme der Kameras nicht zu groß
sind und die Tonaufnahme nicht stören. Zwei Röhrenstufen dienen der Ver-
stärkung der Mikrophonspannungen und eine weitere Stufe erzeugt die
Hochfrequenzspannungen für die Vormagnetisierung. Künftig können
derartige Verstärker mit Transistoren ausgerüstet und mitsamt ihren
Batterien in die Kameras eingebaut werden. Der Frequenzgang einer auf
Magnetton umgebauten „*Ciné voice*" wird in der Abb. 495 gezeigt. Dabei

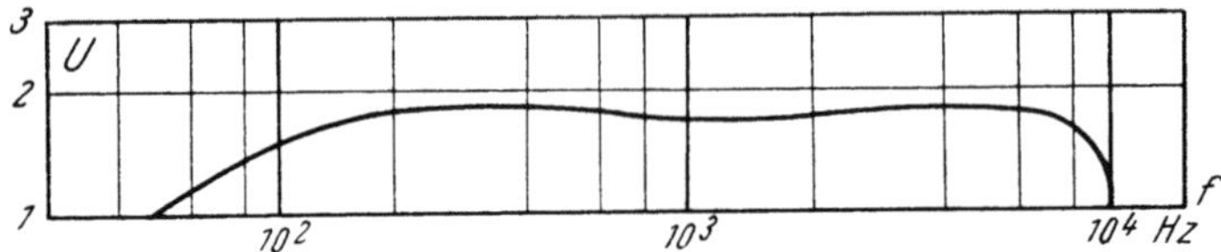

Abb. 495. Frequenzgang einer auf Magnetton-Aufnahme umgestellten BERNDT BACH
„*Ciné voice*" 16 mm Bild-Tonkamera nach LAUER, SCHULZE.

wurde bei konstanter Eingangsspannung des Verstärkers die Magnetton-
aufzeichnung in einem Abspielgerät abgenommen. Der Abfall der tiefen
Frequenzen unter 200 Hz wurde zur Anpassung an akustisch nicht günstige
Räume durch elektrische Mittel im Verstärker herbeigeführt. Zu einer
auf Magnetton umgebauten „*Auricon Super 1200*" wird ein KLANGFILM-
Zusatz und „*Reporter*"-Verstärker be-
nutzt. Der Lauf des Filmbandes ist
hier verwickelter, da nicht wie bei
der „*Ciné voice*" die Vorwickelzahntrommel *5* (Abb. 492) gleichzeitig auch
als Lichtton - Aufzeichnungstrommel
verwendet wird. Die Filmführung des
umgebauten Gerätes ist aus der Abb.
495a zu ersehen.

Abb. 495a. BERNDT BACH 16 mm Bild-
Tonkamera „*Auricon Super 1200*". Filmführung, umgebaut für Magnetton-Aufnahme.

An getrennten Tonkameras für die
Magnettonaufzeichnung sollen neben
den genannten Geräten noch die
KLANGFILM - „*Magnetocord*" - Kamera
angeführt werden und die Geräte der
A E G, IMAGO u. a. Die „*Magnetocord*"-
Kamera faßt 300 m Filmband von
35 mm oder 17,5 mm Breite, hat Dreh-
strom Synchronmotor-Antrieb, eine
reichlich bemessene Schwungmasse
und Schleifenfänger mit beweglichen
luftgedämpften Führungsrollen sowie eine Schnellaufeinrichtung. Die Ab-
lauf-Geschwindigkeit beträgt in Anpassung an das 35 mm Filmband
45,6 cm/sec bei einer Tonspurbreite von 7 mm. Der Frequenzumfang geht
von 30 Hz ... 10 000 Hz $\pm$ 1 db bei einem Klirrfaktor von 0,7%.
Die neuzeitlichen magnetischen Verfahren haben sich eindeutig an die
Spitze aller Tonaufzeichnungsverfahren gesetzt, da gute akustische
Leistungen hinsichtlich des Frequenzbereiches und der Verzerrungsfreiheit
bei schnell laufenden Bändern bei einfacher Bedienung der Geräte durch

den Benutzer erreicht werden. Nach neueren Verfahren lassen sich auch fertig entwickelte Filmbänder gut auf der Schicht- oder Rückseite partiell magnetisch beschichten. Wird für das Tonband die Durchlaufgeschwindigkeit des 35 mm Filmbandes bei der Bildfrequenz 24 Hz angesetzt, so erhält man die Geschwindigkeit 45,6 cm/sec. Damit werden Grenzfrequenzen von wenigstens 10 000 Hz erreicht. Für die kleineren Geschwindigkeiten der 16 mm und 8 mm Filmbänder ergeben sich bei 16 Bildwechseln je sec. Grenzfrequenzen von maximal 4000 Hz bzw. 1500 Hz.

Für das „Einbandverfahren", d. h. die Verwendung des gleichen Filmstreifens für das Bild und den Magnetton, ist also eine Grenze hinsichtlich der hohen Frequenzen gegeben. Für die Grenzfrequenz bei den tiefen Tönen ist im wesentlichen der Aufwand an Schaltmitteln maßgebend, den man aus wirtschaftlichen Gründen noch treiben kann. Praktisch werden etwa 30 Hz erreicht. Bei dem kleinsten Schmalfilmformat ergibt sich nur eine Sprach-, nicht aber Musikqualität in der Wiedergabe. Eine gewisse Verbesserung kann durch Vergrößern der Bildfrequenz von 16 auf 24 Hz für die beiden Schmalfilmformate erreicht werden oder durch die Trennung von Bild- und Tonstreifen. Die heutigen Synchronisierungsverfahren zwischen Laufbild-Kamera bzw. -Projektor und Tongerät lassen eine einwandfreie technische Lösung zu, wobei insbesondere der mögliche schnellere Durchlauf eines Magnetbandes gegenüber dem Filmband wesentlich ist. Allerdings wird bei diesem Zweibandverfahren die Kupplung und damit automatisch gegebene Synchronisierung zwischen Bild und Ton aufgegeben. Die Synchronisierung läßt sich durch eine starre Kupplung zwischen je einer Welle der beiden Geräte durchführen oder durch eine elektrische Synchronisiereinrichtung. Auch eine Synchronisierung nach optischer Kontrolle (Stroboskop) ist möglich, aber nicht erstrebenswert.

Die Breite der Magnetspur hat auch einen Einfluß auf die Wiedergabequalität. Die möglichen Breiten der derzeitigen Filmformate sind 2,2 mm für den 35 mm Film, 1,8 mm für den einseitig perforierten 16 mm Film, 0,8 mm für einen am Rande angebrachten Magnettonstreifen des 9,5 mm Formats und 0,7 mm für einen am Perforationsrand des 8 mm Films angebrachten Tonstreifen. Die Größen der 4 Tonspuren des „*Cinemascope*"-Verfahrens wurden bildlich dargestellt (Abb. 41). Im Vergleich dazu ist die Tonspurbreite eines normalen, nur für klangliche Darstellungen bestimmten Tonband-Gerätes 6,35 mm.

Die vom Hörkopf erzeugte Leerlaufspannung ist etwa proportional der Hörkopfhöhe, d. h. also der Breite der Magnetspur und der Geschwindigkeit des Tonbandes. Meßergebnisse über die Leerlaufspannung und das Trägerrauschen ergaben unter Meßbedingungen einen verschiedenen Verlauf der Nutzspannung und der Rauschspannung, wobei das Verhältnis von Nutz- zu Rauschspannung um so günstiger wird, je breiter die Magnetspur und ihr Abtastorgan wird. Damit wird die erzielbare Dynamik beeinflußt, die für den normalen Theaterbetrieb mit 35 mm Filmbändern ausreicht und bessere Ergebnisse als der Lichtton bringt. Durch eine Hochfrequenz-Vormagnetisierung mit Frequenzen von 40 bis 1000 kHz wird die Wiedergabe durch Verringerung des Grundgeräusches des Magnetbandes und Vergrößerung der Dynamik verbessert. Ein inniger Kontakt des am Sprechkopf vorbeilaufenden Magnetbandes ist erforderlich.

Eingebaute Entzerrer korrigieren bei Aufnahme und Wiedergabe den Frequenzgang so weit, daß eine möglichst gute Wiedergabe im Rahmen der

wirtschaftlichen Möglichkeiten des Gerätes gegeben ist. Auch die Spaltbreite des Sprechkopfes von etwa 10 ... 20 μ hat Bedeutung für die
Wiedergabe der hohen Frequenzen. Besondere Anforderungen werden an
das Magnetband selbst gestellt, da die Stärke der magnetischen Schicht
gleichmäßig, die Oberfläche glatt und das Band geschmeidig sowie reißfest
(8 ... 12 kg/mm²) sein soll. Der Tonträger besteht aus Azetatzellulose oder
Polyvinylchlorid und ist mit einer 10...15 μ dicken Magnetschicht überzogen.

Je höher die aufzuzeichnende Frequenz ist, um so höher sind die Anforderungen, die einen Tonträger mit möglichst konstanter Koerzitivkraft
und geringer Dicke erfordern. Der Aufsprechknopf soll einen kleinen
und konstanten Abstand vom Tonband haben. Die Spaltbreite ist zweckmäßig so groß wie der Abstand Kopf zum Tonträger.

Es ist auch möglich, ohne eine gegenseitige Beeinflussung Magnetton-
Halbspuren auf Lichttonspuren anzubringen. Damit kann beispielsweise
für fremdsprachige Filme eine zusätzliche Synchronisierung in einer anderen
Sprache auf dem Magnetstreifen aufgezeichnet werden, ohne die Licht-
tonwiedergabe unmöglich zu machen. Dieses Verfahren gilt für Sprossen
und Mehrzackenschrift.

An Veröffentlichungen, die sich mit der Tontechnik in Zusammenhang
mit Kinogeräten befassen, können genannt werden:
BEYER (40 a), ENDRES (81 a), ETZOLD (86, 88), FRIELINGHAUS (152),
FRIESS (158), GERNHARDT (165), GONDESEN (167 b), HAGEMANN (185),
HATSCHEK (202), HEINECKE (212), HEYDA (220), HURICH (233), JAHN
(234 a), JENSEN (241 a, 241 b), JUNGFER (254), JUNGK (255, 256),
KAMMERER (256 a, 256 b), KRONES (287), KÜHNE (289 a), KÜSTER (291),
LAUER (298 a), LICHTE (308), LIPPERT (320), MEIER (355), MÖLLER
(359 a), MÜLLER (361), NARATH (308), PISTOR (403), ROWAN (469 a),
SCHMIDT (508), SCHRÖTER (509 a), SCHUELLER (515), SCHULZE (298 a),
TREBLEGAR (165), ULNER (571, 572), WAEGELEIN (581 b), WEISE (636 g),
ferner (698, 708, 725, 730).

Die Weiterentwicklung der Magnettontechnik kann auch zur *Bildaufzeichnung* führen. Dafür sind Frequenzen in dem Bereich von etwa
25 Hz ... 4 000 000 Hz nötig. Ein im Versuchsstadium erprobtes Verfahren der R C A arbeitet mit einer Durchlaufgeschwindigkeit des Magnetbandes von 900 cm/sec gegenüber den genannten Geschwindigkeiten der
Magnettontechnik von 9 ... 45 cm/sec. Für die großen Durchlaufge-
schwindigkeiten der Bildaufzeichnung sind naturgemäß besonders konstruierte Magnetköpfe und Regeleinrichtungen für einen gleichmäßigen Band-
durchlauf erforderlich (359 a, 469 a).

Aus wirtschaftlichen Gründen ist noch längere Zeit mit dem gleichzeitigen Einsatz von Licht- und Magnettongeräten zu rechnen. Dabei profitiert
der Lichtton durch die weitgehende Verwendung der Magnettongeräte
bei der Aufnahme und Umspielung hinsichtlich der Güte der Tonwiedergabe. Denn bei dem mehrfachen Umkopieren eines Lichttonfilms entstehen Fehler, die mit jeder Kopie wachsen. Ein Vergleich zwischen beiden
Verfahren ist interessant, da nicht nur die bisher besprochenen Punkte
einen Einfluß auf die Gesamtgüte haben, sondern auch die weiteren in der
folgenden Tabelle genannten. Bei dieser Zusammenstellung wurde auf
(256 b) zurückgegriffen und eine dort als zweckmäßig angesehene Reihenfolge für die Wichtigkeit der Merkmale eingehalten. Dabei sind die wichtig-
sten Merkmale zuerst genannt.

Tabelle 39. *Vergleich zwischen Lichtton- und Magnetton-Verfahren*

Nr.	Merkmal	Lichtton		Magnetton
		Sprossen-schrift	Zacken-schrift	
1	Nichtlineare Verzer-rungen	mit der Am-plitude wachsend	Gleichrich-tereffekt m. Frequenz und Ampli-tude wach-send	sehr klein
2	Fehler durch Bearbei-tung und Kopieren	große Fehler bei nicht genauer Einhaltung der Bedingungen		geringe Bearbeitungs-fehler Kopie durch Umschrei-ben
3	Kontrolle des aufge-zeichneten Tones	erst nach dem Entwik-keln und Kopieren		sofort
4	Frequenzumfang	0 ... 8.000 Hz		40 ... 15.000 Hz
5	Dynamik	40 db	50 db	55 db
6	Grundgeräusch	klein mit der Amplitude wachsend		sehr klein von der Amplitude un-abhängig
7	Betriebstoleranz	sehr klein		mittel
8	Abtastfehler und mög-liche Bedienungsfehler-quellen bei der Wieder-gabe bedingt durch	Unschärfe Tonlampenheizung Photozelle	Spaltschief-stellung Spaltaus-leuchtung	Abnutzung des Abtast-kopfes
9	EMK am Gitter der ersten Röhre des Ver-stärkers	bei 50 Hz : 150 mV bei 8.000 Hz : 100 mV		bei 50 Hz : 1,5 mV bei 8.000 Hz : 30 mV
10	Abnutzung der Kopie	mittel bis stark	mittel	vermutlich klein
11	Löschung und neue Aufzeichnung	nicht möglich		möglich

XVII. Gesamtaufbau und Sonderheiten

In den vorangegangenen Abschnitten wurde eine große Anzahl von Einzelheiten der kinematographischen Kameras an Hand vieler Abbildungen behandelt und auf die Gesamtgestaltung der Geräte hingewiesen. Eine gewisse Zusammenfassung des Gesamtaufbaues und Nennung von Sonderheiten, die sich vorzugsweise an einzelnen Geräten befinden, werden hier gebracht. Eine Definition für die *Sonderheiten* soll nicht gegeben werden, da sie sehr von der Auslegung abhängig ist.

Der Gesamtaufwand einer Kinokamera hängt wesentlich von dem beabsichtigten Verwendungszweck ab. Dabei kann es allerdings vorkommen, wie es bei vielen 16 mm Geräten auch tatsächlich der Fall war, daß sich im Laufe der Zeit der Arbeitsbereich bei Erkenntnis der in einem Gerät vorhandenen Möglichkeiten und durch die Beschaffung von speziellen Zusatzeinrichtungen erweitert und nach der beruflichen Seite hin verlagert. Dieser Zug der Nachahmung kommerzieller Kameras scheint ein wesentliches Kennzeichen der Schmalfilmgeräte-Entwicklung zu sein. Bei den 16 mm Kameras gibt es kaum noch ein reines Amateurgerät.

Als einfachste Kameras können die bezeichnet werden, die keine Scharfeinstellung und keine Auswechselbarkeit des Objektivs und nur eine einzige Bildfrequenz haben. Diese Kameras sind ausschließlich dem Amateureinsatz vorbehalten, sie lassen einen möglichst einfachen und preiswerten Bau zu, ergeben aber trotzdem in der Hand eines geschickten Benutzers durchaus gute und künstlerische Arbeitsmöglichkeiten. Für die Bedienung braucht, abgesehen von dem Laden der Kamera mit Filmband und dem gelegentlichen Aufziehen des Federwerkes, allein die Objektivblende verstellt werden. Das Aufziehen kann bei der Elektrokamera auch noch erspart werden, so daß mit den eben genannten Kinokameras ein Vergleich zu dem Arbeiten mit der „*Box*"-Standbildkamera gegeben ist. Die auf dem deutschen Markt billigste Kinokamera war die EUMIG „*C 4 Kamera*" (Abb. 353), bei der durch den Einbau des Elektromotors (Abb. 162) die Bedienung sehr vereinfacht ist. Es ist nur der Auslöseknopf *1*, der Sperrhebel *2* für diesen Knopf und der Blendenhebel *3* vorhanden. Die Weiterentwicklung des Blechgehäuses zu einer Spritzgußausführung, des Schwingverschlusses zu einem umlaufenden und des Schwinghebelgreifers zu einem geradegeführten ist in dem Modell „*C 8*" (Abb. 163 und 384) verwirklicht.

Vermutlich aus verkaufstechnischen Gründen werden vielfach schon die einfachsten Kameras mit dieser oder jener Sonderheit ausgerüstet, um sie aus der Mehrzahl der gleichartigen Fabrikate herauszuheben. Als Beispiel dafür wird die Rückrollvorrichtung der SIEMENS „*8 R Kamera*" (Abb. 305) angegeben. Durch Hochklappen des Knebels *11* bei gleichzeitiger Entkoppelung des Filmbandes von dem Transportgreifer und Justierhebel durch Drücken des Knopfes *10* kann das Filmband um eine gewünschte Länge auf die Abwickelspule zurückgewickelt werden. Je nach dem Durchmesser des zur Zeit bestehenden Filmwickels ist eine unterschiedliche Zahl von Drehungen des Knebels *11* für die gleiche Länge des zurückzuwickelnden Filmbandes erforderlich. Die Tab. 12 (Abb. 305) gibt an, wievielmal der Knebel gedreht werden muß. Als weitere Sonderheit hat diese Kamera eine mit dem Knopf *4* einstellbare Begrenzung für den Blendenhebel *3* des Objektivs *1* für das Auf- und Zublenden.

Die in der Abb. 496 dargestellte BLAUPUNKT „*E 8 Kamera*“ ist ausstattungsmäßig von einfacher Bauart, hat aber eine Einzelbildschaltung zum automatischen Belichten und Fortschalten nur je eines Phasenbildes für Titel- oder Trickaufnahmen beim Drücken eines gesonderten Auslöseknopfes sowie einen versenkbaren Traggriff.

Abb. 496. BLAUPUNKT 8 mm Kamera „*E 8*“ mit Kassettenladung, Bildfrequenz 16 Hz und Einzelbildschaltung, Maßstab etwa 1 : 2,4 (s. Abb. 206).

Abb. 497. STEATIT MAGNESIA 2 × 8 mm „*Dralowid Reporter-Kamera*“ mit Schnellaufzug, Maßstab etwa 1 : 2,6 (s. Abb. 167, 194, 207).

Der Schnellaufzug der „*Reporter Kamera*“ (Abb. 497) wurde schon an Hand des Getriebes in Abb. 167 beschrieben.

Bei der aus der BAUER „*8 mm Kamera*“ neu entwickelten „*88 Kamera*“ mit Spulenladung (Abb. 417) wurde zunächst auf eine Verstellung der Bildfrequenz verzichtet, nur die Einzelbildschaltung bleibt erhalten. Diese Kamera ist in ihrem Äußeren mit einem kratzfesten grünen Hammerschlaglack behandelt und fügt sich damit in die Reihe neuerer Geräte ein, die auf eine Belederung verzichten und eine feste und dauerhafte Lackierung vorsehen. Als Auswechselobjektive können auch Systeme mit einer Scharfstelleinrichtung eingesetzt werden. Die weiter entwickelten „*Bauer 88*“-Modelle haben auch eine Bildfrequenzverstellung (Abb. 475).

Wenn in diesem Zusammenhang von *einfachen* Geräten gesprochen wird, so ist damit vorzugsweise die Vielseitigkeit ihrer Ausstattung gemeint, nicht aber die Güte der Konstruktion und Herstellung, also ihr Aufbau an sich. Bei Kinokameras sind ähnlich wie bei einigen photographischen Geräten bei mehreren Herstellerfirmen unterschiedliche Ausbaustufen in der Fertigung, die die gleichen Grundelemente aufweisen. In Parallelmodellen werden dann beispielsweise verstellbare Regler, wechsel- und einstellbare Objektive eingesetzt oder Zusatzvorrichtungen angebaut. Als Beispiel kann die EMEL „*Cine 8 mm Kamera*“ (Abb. 169) angeführt werden, die es in fünf Ausbaustufen gibt. Gegenüber dem einfachsten Modell „*C 96*“ hat das mit „*C 91*“ bezeichnete zusätzlich eine Bildfrequenzeinstellung auf 8 und 64 Hz und eine Arretierung des Laufwerkes bei entsprechender Stellung des Bildfrequenzknopfes auf „Null". Das Modell „*C 94*" besitzt weiterhin einen Revolverkopf zur Aufnahme von drei Objektiven und einen einstellbaren Sucher auf Objektivbrennweiten von 6,25 ... 50 mm mit Parallaxausgleich. Bei dem Modell „*C 93*" findet sich noch eine Einzelbildschaltung. ein Einzelbildzählwerk und eine weitere Einstellung auf Bildfrequenzen von 24 und 48 Hz. In der „*C 91*" ist noch das „*Pan Cinor*" mit seinem Spezialsucher einzusetzen (Abb. 373).

Auch bei den SIEMENS 16 mm Kameras („*B*", „*C II*", „*D*", „*F II*") ist eine ähnliche Typenreihe zu beobachten (Abb. 98, 178, 179, 406, 408, 409), wobei die Getriebe mit Ausnahme der Zahl der Einstellstufen für die Bildfrequenz identisch sind. Dagegen weichen die optischen Einrichtungen der fest eingebauten verschiedenen Systeme bis zum Wechselobjektiv oder Wechselschlitten sehr voneinander ab.

Eine ähnliche, mit Rücksicht auf die Fertigung vieler gleichartiger Teile abgestimmte Typenreihe findet sich auch bei den DE JUR Kameras (Abb. 84, 498), wobei dem Benutzer noch die Wahl zwischen 8 mm

Abb. 498. DE JUR 2 × 8 mm Kamera „*Citation*" mit Spulenladung, Bildfrequenzen bis 48 Hz, Maßstab etwa 1 : 2,2.

Abb. 499. ERCSAM 2 × 8 mm Kamera „*Camex VU 8*" mit Wechselobjektiv, einstellbarem Sucher, Maßstab etwa 1 : 2.8.

Kassetten- und Spulen-Kameras bleibt und zwischen Ein- und Dreiobjektivanordnungen. Verschiedene Ausbaustufen gibt es auch bei den ERCSAM „*Camex*" Kameras (Abb. 499). Hier hat das Modell „*OS*" die Bildfrequenz 16 Hz und einen Sucher für drei Objektivbrennweiten, das Modell „*GS*" zusätzlich die Wahl zwischen drei weiteren Bildfrequenzen, ferner Einzelbildauslösung und Dauerlauf sowie eine von Hand betriebene Rückwickeleinrichtung. Der Sucher hat vielseitigere Einstellmöglichkeiten und Parallaxausgleich. Das Modell „*VU*" trägt einen eingebauten Universal-Sucher und zusätzlich ein vor- und rückwärts zählendes Einzelbild- und

Meterzählwerk und gibt ein akustisches Signal. Das gleiche Konstruktionsprinzip der vielseitigen Verwendung gleicher Bauteile bei großer Anpassung des gesamten Gerätes an Kundenwünsche zeigen beispielsweise die REVERE Kameras (Abb. 86, 361). Einzelne, in verschiedenen Typen gemeinsam verwendete Einzelaggregate wurden in den Abb. 221, 360 und 377 gezeigt. Auf die Spezialkonstruktion der Unterwasserkameras (Abb. 500) wird später hingewiesen.

Jedes Anbringen einer Feinheit oder Sonderheit kann zu einer Verbesserung der Arbeits- und Betriebsbedingungen der Kameras beitragen und damit dem fortschrittlichen Benutzer eine willkommene Hilfe sein, bedingt aber eine Vergrößerung des Aufwandes und Preises. Für den technisch nicht interessierten Benutzer kann aber in der Ausgestaltung einer Kamera eine Gefahrenquelle entstehen, wenn er mit der sinnvollen und selbstverständlichen Benutzung aller Einstellhebel und -glieder nicht mehr fertig wird. Hier kann die Automatik helfen, die beispielsweise das Filmeinfädeln durch Kassetteneinsatz erleichtert oder unnötig macht, die eine Kupplung zwischen Objektivscharfstellung und Meßgerät oder

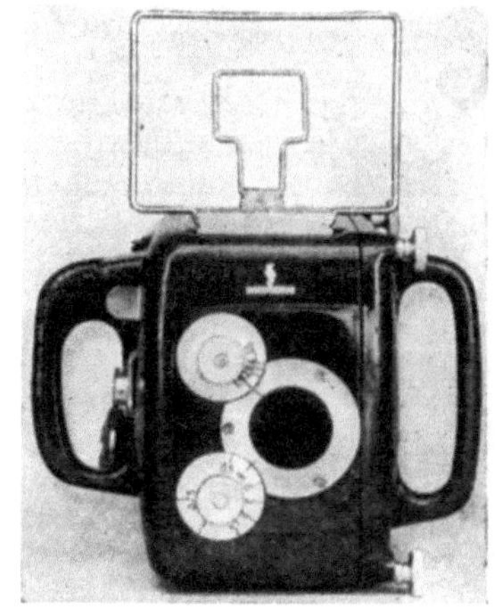

Abb. 500. SIEMENS 16 mm „Unterwasser“-Kamera mit nach außen geführten Bedienungsknöpfen und Rahmensucher, Maßstab etwa 1 : 4,2.

zwischen Blende und Belichtungsmesser besitzt und damit zu kleineren Fehleinstellungen führen kann. Dieses *kann* gilt aber nur unter gewissen Voraussetzungen, wenn nämlich die Automatik nicht zu kompliziert wird und einen zu großen Aufwand erfordert und wenn der Bedienende trotz der Automatik noch Sinn und Verständnis für ihre Arbeitsweise hat. Einen Hinweis auf Automatisierungsgetriebe bringt (636 c).

Die künstlerische Leistung von Photographien und Filmen hängt nicht nur von dem apparativen Aufwand ab und den *Schikanen* der Geräte, wie die Erfahrung eindeutig zeigt, sondern auch von dem Können des Benutzers.

Mit dem Fortschreiten der Technik sind allerdings heute Einrichtungen und Anordnungen serienmäßig herstellbar, die früher eine sehr genaue Einzelarbeit oder Einzeljustierung erforderten oder als überhaupt nicht herstellbar galten. So wurde, um nur ein Beispiel zu nennen, der praktische Einsatz des Spiegelumlaufverschlusses als nicht durchführbar angesehen. Mit der Zunahme der technischen Einrichtungen erschwert sich naturgemäß auch die Instandhaltung und etwa notwendige Reparatur eines Gerätes. Mit dem komplizierten Aufbau wächst in vielen Fällen auch die Transport- und Erschütterungsgefahr.

Die Erweiterung des Arbeitsbereiches der einfachen Kameras wird zunächst durch die Einstellbarkeit des Objektivs auf die gewünschte Dingebene ermöglicht. Diese ist manchmal in zwei Stufen (AGFA „Movex 12“, SIEMENS „B“) oder mit einem stetigen Einstellgetriebe von Unendlich bis auf 1 m, in einigen Fällen bis 0,25 m vorgesehen. Als Beispiele sollen die BAUER „88 Kamera“ (Abb. 417), die neue ZEISS IKON „Movikon 8“

(Abb. 382), KODAK „*Ciné Magazin 8*", SIEMENS „*C II*" (Abb. 409) und „*C 8*", „*Movikon K 8*" (Abb. 430) sowie viele andere genannt werden.

Als nächste Stufe des Ausbaues, die aber für manche Amateure praktisch kaum mehr in Frage kommt, da die Anschaffung weiterer Objektive wirtschaftlich nicht tragbar ist, wird der Einsatz einer Wechselfassung für die Objektive genannt. Die damit erzielbaren Wirkungen in der Änderung des Bildausschnittes und der Darstellung entfernter Gegenstände mit großen Maßstäben sind bekannt, die Wechsel- oder Umschaltfassung gehört heute zur Standardausstattung mittlerer und größerer Kameras. Beispiele wurden in den vorangegangenen Abschnitten genannt.

Eine Erweiterung der Arbeitsmöglichkeiten bringt dann die Verstellbarkeit der Bildfrequenz, wobei ein gewisser Zeitraffereffekt und eine längere Belichtungszeit bei den unter 16 Hz liegenden Bildfrequenzen von 8, 10 oder 12 Hz gegeben ist. Die über 16 Hz liegenden Bildfrequenzen bringen eine Zeitdehnung, die für Sportaufnahmen und gewisse arbeitstechnische Aufnahmen von Interesse sein kann. Da die Erhöhung der Bildfrequenz auf das mehr als 3 ... 4fache der üblichen 16 Hz schon einen erheblichen Getriebeaufwand erfordert, lohnt sich der Einsatz höherer

Abb. 501. ZEISS WINKEL 16 und 35 mm „*Mikrokinokamera*", Zeitraffer-Kamera für Aufnahmen mit einem Mikroskop, Schalt- und Beleuchtungs- sowie Lichtmeßeinrichtung, Maßstab etwa 1 : 8 (s. Abb. 192, 232, 234, 235).

Bildfrequenzen für übliche Amateurgeräte kaum mehr. Als Beispiele für eine Baureihe von 8 mm-Kameras, die bei der Wahl der entsprechenden Type mit Spulen- oder Kassettenladung, einem Objektiv oder einem dreiteiligen Objektivrevolver ausgerüstet sind und alle eine Verstellung der Bildfrequenz von 8 ... 64 Hz zulassen, werden die DE JUR AMSKO „*Citation*", „*Embassy*", „*Fadematic*" und „*Californian Modelle*" (Abb. 498) genannt. Für größere Zeitdehnungen werden kommerzielle Sondergeräte eingesetzt, deren Konstruktionen ausschließlich auf einen beruflichen Einsatz abgestimmt ist und die in einigen Ausführungen der AEG, ASKANIA, ZEISS IKON, MECHANIK, KODAK, VINTEN, WOLLENSAK Zeitdehner-Kameras eingehend behandelt wurden (s. die Abb. 97, 128, 129, 144, 154, 325 ... 331, 334, 336 ... 339, 342 ... 347.

Auch die entgegengesetzte Entwicklung, die Zeitrafferkamera, hat vorwiegend berufliches Interesse. Zeitraffungen einfacher Art können auch mit den Einzelbildschaltungen der Amateurkameras erzielt werden. Bei der praktischen Durchführung zeigt es sich aber, daß zur Kamera noch weitere technische Mittel gehören, die eine Auslösung der Schaltung der Einzelbilder im richtigen Rhythmus übernehmen und gegebenenfalls die Anschaltung der Beleuchtungsanlage. Damit rückt auch die Zeit-raffung in den Berufsbereich.

Ein spezielles Zeitraffergerät, das ebenfalls mit der Bildfrequenz 24 Hz gefahren werden kann, liegt in der ZEISS WINKEL „*Mikrokinokamera*" (Abb. 501) vor. Hier wurde ein ausgesprochenes Einzweckgerät geschaffen, das für den Einsatz hinter dem Mikroskop gedacht ist, hier aber eine einfache, schnelle und betriebssichere Arbeit ermöglicht. Die äußere Form dieser in den Abb. 192, 232, 234, 235 in einigen Einzelheiten dargestellten Kamera ist völlig in der Aufgabe aufgegangen und paßt sich zweckmäßig und harmonisch der Gesamtanlage ein, die zugleich das Mikroskop, die Beleuchtungs-, Lichtmeßanlage sowie die Schaltmittel enthält. Die vielseitige ASKANIA „*Z Kamera*" sowie andere Atelier-kameras können gut auf spezielle Zeitrafferaufnahmen eingerichtet werden.

Die Zeitraffer-Anlage mit der „*Webo*"-Kamera ist in der Abb. 365 dargestellt. Auf diesem Bilde sind die umfangreichen Schaltanlagen zu erkennen.

Die bisher beschriebenen Amateurkameras, vorzugsweise des 8 mm-Formates, werden in größeren Stückzahlen gefertigt. Für diese Zwecke ist ein flaches Gehäuse und allgemein möglichst kleine Abmessungen erwünscht und notwendig. Diese Kameras werden vielfach als sogenannte „*Kastenkameras*" gebaut, bei denen bis auf das Objektiv alle Triebwerks-teile und die Spulen oder Kassetten im Inneren des Gehäuses liegen und eine glatte kastenförmige Außenform erreicht wird. Beispiele brachten die Abb. 83, 84, 86, 88, 98, 116, 123, 127, 305, 353, 361, 384, 409, 417, 426, 427, 428, 430, 433, 436, 444, 468, 469, 472, 475, 477, 479, 496, 497, 498. Dieser kastenförmige Bau, der zu einer guten Form führen kann ist dort besonders sinnvoll, wo nur kleinere Aggregate eingeschlossen werden müssen. Eine interessante Bauform des Gehäuses hat sich bei der neuen ZEISS IKON „*Movikon 8 quer*" ergeben. Denn hier wird, ähnlich wie bei den meisten photographischen Standbildkameras, das Gehäuse quer ver-wendet (Abb. 382). Wie weit eine Form noch als „Kasten" angesehen werden kann, ist naturgemäß eine Frage des Ermessens, zumal da Abrun-dungen auch zu sehr geschwungenen Formen führen können (Abb. 429).

Der Sucher wird oft außen auf oder an die Kamera angesetzt und dann manchmal zusammenklappbar oder abnehmbar gestaltet, um eine Verkleinerung der Gesamtabmessungen zu erreichen. Beispiele zeigen die Abb. 51, 62, 81, 89, 91, 94, 95, 96, 100, 115, 119, 125, 139, 145, 152, 153, 174, 326, 328, 330, 373, 382, 406, 407, 410, 414, 429, 432, 435, 437, 441, 442, 448, 450, 460, 487, 491, 500, wobei sich auch Zusatzsucher und Ent-fernungsmesser befinden. Die Dicke der Gehäuse von Schmalfilmkameras liegt bei 37 . . . 80 mm, die Höhe und Länge bewegt sich etwa um 120 · 80 mm herum. Die Gewichte der kleinen Kameras liegen bei 600 . . . 1500 g. Es ist nicht zweckmäßig, eine Kinokamera extrem leicht zu bauen, da sie damit einer Erschütterungsgefahr durch die nicht auswuchtbaren Filmschaltwerke ausgesetzt ist.

Ein abgesetztes Gehäuse für größere Filmladungen zeigen die Kameras in den Abb. 51, 57, 62, 81, 87, 88, 90, 96, 99, 117, 139, 152, 182, 342, 346, 359, 365, 373, 421, 437, 441, 476, 499 und bringen damit den Übergang von der Kastenbauweise zu anders gestalteten Gehäusen.

Eine andere Bauform der Kinokamera ergibt sich aus dem Grund-satz, ein möglichst kleines Kameragehäuse im üblichen Sinne zu schaffen, an das die einzelnen Aggregate außen angesetzt werden. Diese Bauart beginnt damit, den Entfernungsmesser nicht mehr in das Gehäuse einzubeziehen (Abb. 105, 435, 460), den Motor außen anzusetzen (Abb. 56, 92, 95, 97, 99, 109, 112, 125, 141, 145, 148, 154, 326, 328, 330, 331, 334, 338, 342, 346, 347, 348, 421, 441, 445, 502), den Revolverkopf über die Breite des Gehäuses herausragen zu lassen (Abb. 82, 84, 85, 86) oder die Kassetten bzw. Zusatzkassetten außen an das Kameragehäuse anzusetzen, wie aus den Abb. 80, 81, 89, 91, 92, 95, 97, 100, 109 (Zusatzkassette, nicht dargestellt), 118, 139, 141, 143, 145, 148, 151 ... 154, 334, 441, 448, 450, 481, 501, 503, 508 zu erkennen ist.

Die für den berufsmäßigen Einsatz bestimmten Atelierkameras nehmen dann erheblichen Umfang und Gewicht an, wofür Beispiele genannt wurden.

Abb. 502. ÉCLAIR 16 mm Kamera „Caméflex T“ zur Aufnahme von Fernsehbildern.

Da die Tonaufnahmen geräuscharme Kameras notwendig machen, ist eine weitgehend schalldichte Kapselung von Atelierkameras mehrfach vorgesehen. Wenn diese Schalldichtung nicht durch gesonderte Schallhauben erreicht wird, die doch als eine Art Behelf anzusehen sind, muß die Kamera selbst wieder zu einer mehr geschlossenen Bauweise kommen. Es entsteht dann ebenfalls eine Kastenkamera im großen. Ein Beispiel dafür ist die ASKANIA „Atelier-Kamera“ (Abb. 243), die alle Aggregate einschließlich der Filmspulen in einem geschlossenen und glatten Gehäuse vereinigt, damit natürlich aber groß und schwer wird.

Zwischen den genannten extremen Bauformen liegen die vielfachen Übergänge. Dabei hat sich als erwähnenswert eine Bauform durchgesetzt, die bei einer Reihe von Firmen so ähnlich ist, daß sie kaum voneinander unterschieden werden können. Es handelt sich hier um die *Halbberufsgeräte,* die für alle Filmformate hergestellt werden und deren Gehäuse von außen deutlich den für die beiden Filmspulen und für das Federwerk bestimmten Raum erkennen läßt. Eine so gestaltete Bauform scheint für die Lösung eine Reihe von filmtechnischen Aufgaben ein Optimum zu sein. Als Beispiele werden die Abb. 51, 62, 87, 88, 90, 96, 117, 359, 365, 366, 373, 476 genannt.

Eine ähnliche Gestaltungstendenz, nämlich das Gehäuse möglichst eng um die Triebwerksteile herumzuziehen und damit zu einer unregelmäßigen und oft vielfach abgesetzten Form zu kommen, lassen andere Kameras, wie beispielsweise die „*Arriflex*“, erkennen (s. die Abb. 109,

148, 445). Eine Grenzform hat sich in der „Caméflex" herausgebildet, die nur noch aus einem sehr kleinen, um die Revolverkopflagerung, das Bildfenster und den Spiegelumlaufverschluß herumgreifenden Gehäuse besteht, wie aus den Abb. 92, 145 hervorgeht. Eine Sonderform einer Kinokamera für Fernsehaufnahmen liegt in der „Caméflex T" (Abb. 502) vor.

Der neuerdings mehrfach geforderte Unterwassereinsatz hat zu Sonderkonstruktionen für wasser- und drucksichere Gehäuse geführt, in dem die Kameras untergebracht werden. An diesen Gehäusen sind die Bedienungsgriffe wasserdicht nach außen geführt und lassen so eine volle

Abb. 503. MITCHELL 16 mm „Atelier-Kamera" mit Objektivrevolver, Außenkassetten und Kompendium.

Betätigung aller Einstellungen zu. Als Beispiel wird in der Abb. 500 das Unterwassergehäuse der SIEMENS-Kamera gezeigt, es sind aber auch zur „Caméflex"-Kamera in Form der „Aquaflex" oder zum „Robot" serienmäßig hergestellte wasserdichte Gehäuse zu haben.

Die typische Bauweise einer großen Atelier-Berufskamera geht aus früheren Abbildungen und der Abb. 503 hervor. Hier spielen Größe, Umfang und Aussehen zugunsten einer großen technischen Leistungsfähigkeit keine große Rolle.

Die letzte Baustufe der DEBRIE 35 mm Atelierkameras ist die „Super-Parvo-Color", deren Aufbau in den Abb. 504 und 505 zu sehen ist. Wesentliche Merkmale sind: Das Film-Schaltwerk besteht aus Leichtmetall-Bestandteilen, die Steuerkurven aus Nylon. Damit ist ein ruhiger Lauf zu erreichen. Der Spiegelreflex-Verschluß hat ein verstellbares Hellteil und eine Handüberblendung. Durchlaufstörungen werden durch eine „Salat-

Sicherung" angezeigt und vermieden. Während des Filmzuges lüftet das Pendelfenster den Filmkanal, womit kleinere Kräfte zum Transport benötigt werden. Die Objektive haben eine Standardfassung und sind auswechselbar, ihre Irisblende wird von der Rückseite der Kamera aus eingestellt. Der eingebaute Motor ist auswechselbar und hat Vor- und Rücklauf. Im Sucher ist ein Filter eingebaut, das einen gleichen Lichtfrequenzgang wie ein pan-

Abb. 504 und 505. DEBRIE 35 mm Atelier Kamera „*Super Parvo Color Reflex*" mit Innenkassetten, Spiegel-Umlaufverschluß und schalldämmendem Gehäuse.

chromatischer Film hat. Bei Verwendung eines Spezialmotors zum Antrieb des Rückprojektors läßt sich ein phasenrichtiger Lauf zwischen den Verschlüssen der „*Super-Parvo-Color*" Kamera und des Rückprojektors erreichen.

Sonderwünsche in der Erfüllung bestimmter Aufgaben erfordern auch die entsprechende Gestaltung der Kameras, die dann meistens nur einem bestimmten Zweck dienen. Als Beispiel hierfür soll die schon in der Abb. 119 dargestellte ASKANIA „*Trick-Kamera*" dienen, die nur in Zusammenarbeit mit dem Tricktisch (Abb. 507) Sonderaufgaben zu erfüllen hat. Diese Kamera besteht nach der Abb. 506 aus der Kombination einer Kinokamera zur Titel- und Trickaufnahme und einem Projektor, der die Randmarkierungen des Aufnahmefeldes durch horizontale Verschiebung des Tricktisches um den Parallaxabstand auf den Tisch projiziert (s. Abschn. XIII B).

Der ASKANIA „*Universal Tricktisch*" (Abb. 507) hat eine Bauhöhe von 2,75 m. Die Kamera wird nicht in einer Säule geführt, sondern erstmalig in einer Geradeführung durch Lenker. Alle Bewegungen der Kamera und des Tisches lassen sich von Hand oder durch Elektromotoren bedienen. Der Gußeisenunterbau *16* ist mit der Säule *12* fest verbunden, an der die Lenkerführung mit dem Kameragegengewicht *11* angebracht ist. Die Kamera *1* läßt sich durch den Motor *6* mit 14 oder 40 Kurbelumdrehungen über den Bereich der Höhenabstände verstellen. Die Kamerageschwindigkeit beträgt 25 ... 120 mm/sec. Der größte Kameraabstand beträgt 150 cm.

Abb. 506. ASKANIA 35 mm „*Trick-Kamera*" mit Projektionseinrichtung zur Festsetzung des Aufnahmebildausschnittes (s. Abb. 119, 507).

Der Tricktisch ist zur Herstellung von Trick- und Werbefilmen, von Kultur- und wissenschaftlichen Filmen bestimmt. Optische Tricks lassen sich durch eine vor die Kamera vorschaltbare optische Bank und die darauf angebrachten optischen Systeme ausführen.

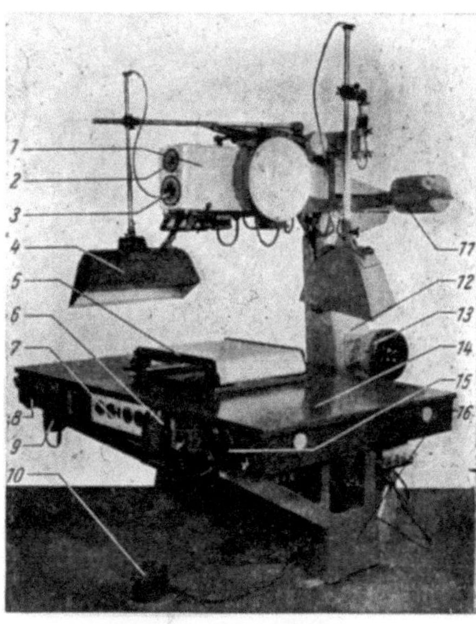

Abb. 507. ASKANIA 35 mm „*Trick-Kamera*" mit Tricktisch (s. Abb. 119, 506).

1 Trickkamera, *2* Filmmeterzähler, *3* Einzelbildzähler, *4* Beleuchtungseinrichtung, *5* Wandertiteleinrichtung, *6* Antriebsmotor für Tricktisch, *7* Schaltpult, *8* Einstellgriff, *9* Motor für Tischbewegung, *10* Fußschalter, *11* Gegengewicht, *12* Säule, *13* Skala für Kameraabstand, *14* Tischplatte, *15* Einstellgriff, *16* Fuß.

Abb. 508. CRASS 35 mm „*Trick-Kamera*" mit Außenkassette und Bildfensterprojektionseinrichtung.

Die Objektive mit den Brennweiten f = 25, 50 oder 100 mm werden bei jeder Stellung der Kamera automatisch scharfgestellt. Der Tricktisch ist auch für den Einsatz von Lauftiteln, einer Drehrahmeneinrichtung sowie eines Rückprojektors vorgesehen.

Eine weitere spezielle 35 mm Trick-Kamera mit Doppelkassette für 120 m Film liegt in dem CRASS Gerät vor, das in der Abb. 508 dargestellt ist und mit Hilfe eines Tricktisches die gleichen Aufgaben zu erfüllen hat, die schon genannt wurden. Die Kamera besitzt einen kurbelangetriebenen Zuggreifer und bewegt ein Justiersystem über Zahnräder. Es sind Bildfrequenzen von 8 ... 24 Hz vorgesehen und ein Handkurbelantrieb sowie eine Projektion des Bildfensterrahmens für Einstellzwecke.

Abb. 509. SIEMENS 16 mm „Registrier-Kamera", Innenansicht mit Schrittschaltmotor, Maßstab etwa 1 : 2,5 (s. Abb. 510).

Abb. 510. SIEMENS Kassette zur 16 mm „Registrier-Kamera", geöffnet, Maßstab etwa 1 : 3 (s. Abb. 509).

Der enge Zusammenhang zwischen feinmechanischen und elektrischen Aggregaten wurde schon mehrfach dargestellt. Ein typisches Beispiel liegt in der „Registrier-Kamera" für 16 mm Film vor (Abb. 509). Hier ist die Verbindung durch die Verwendung eines Schrittschaltmotors (vgl. Abschn. VIII C) besonders deutlich. Der kommerzielle Charakter dieses Gerätes kommt auch in der sehr stabilen Gußausführung der Kassette (Abb. 510) gegenüber der in den Abb. 135 und 136 gezeigten zum Ausdruck.

Wie bei den meisten photographischen Standbildkameras ist auch bei den Laufbildgeräten die *Nahaufnahme* unter etwa 1 m Dingentfernung kritisch, da dann die mit Raumparallaxe behafteten Sucher meist auch dann versagen, wenn sie einen Ausgleich haben. Denn dieser kann extreme Fälle nicht voll berücksichtigen (s. Abschn. XIII A). Die Ermittlung des richtigen Dingausschnittes ist dann ebenso wie die einwandfreie Scharfeinstellung etwas schwierig. Naturgemäß sind diese Probleme bei den Berufsgeräten gelöst, bei den Amateurgeräten vielfach aber nicht. Durch behelfsmäßiges Einfügen einer Lichtquelle hinter dem Bildfenster der Kamera läßt sich eine Projektion des Bildfensterausschnittes (z. B. CRASS-Kamera, Abb. 508) auf das Ding beispielsweise eine Titelvorlage erreichen. Damit kann wenigstens der Aufnahmeausschnitt eindeutig festgelegt werden. Von dieser Methode wird aber kaum Gebrauch gemacht, obwohl man beispielsweise bei Titelaufnahmen (230 a, 340 a) schon mit Behelfsmitteln viel erreichen kann. Zu einigen Kamera-Systemen gibt es auch eine optische Betrachtungseinrichtung, die an die Stelle der Filmandruckplatte eingesetzt wird und eine Bestimmung des Ausschnittes bzw. eine Scharfeinstellung zuläßt.

Dabei gibt es noch einen anderen Mangel, der mit geringen Ausnahmen (beispielsweise „*Movikon 8 quer*") merkwürdigerweise nicht erkannt und abgestellt wird: Die durch das Normblatt DIN 4503 festgelegten Stativanschlüsse für photographische Geräte enthalten keine Angaben über eine *Drehsicherung* zwischen Kamera und Stativ bzw. Tisch des Titelgerätes. Dadurch muß einerseits die Befestigungsschraube für die Kamera unnötig fest angezogen werden, um durch Reibung an der Auflagestelle der Kamera eine Sicherung gegen Verdrehen zu haben.

Dann ist — was als Fehler zu betrachten ist — die optische Achse des Gerätes nicht zu der Aufspannvorrichtung ausgerichtet und erfordert damit nach jedem Abschrauben der Kamera eine neue Justierung. Dies ist beispielsweise für Titelgeräte und Reproduktionsgeräte ein grundsätzlicher Mangel, der auch durch manche im Aufwand wesentlich größere Hilfsmittel nicht recht ausgeglichen werden kann (z. B. bei Titelgeräten). Die einfache Abhilfe, durch zwei Paßstifte oder eine ähnlich wirkende mechanische Drehsicherung die Ausrichtung zu erreichen, erfordert keinen großen Aufwand.

Eine Durchsicht der 16 mm Kameras ergibt die schon angedeutete Entwicklung nach der Berufsseite hin, so daß wenig einfache oder mittlere Ausführungen zur Verfügung stehen. Als Beispiel einer 16 mm Kamera für 30 m Spulenladung wird noch die MANSFIELD Kamera „*Modell 106*" (Abb. 511) angeführt. Es sind einstellbare Bildfrequenzen von 16, 24 und 48 Hz vorgesehen und ein Sucher für Objektivbrennweiten f = 25 und 75 mm.

Schon mehrfach wurde auf den Wunsch nach einem schmalen Kameragehäuse für Amateur- und Halbberufsgeräte hingewiesen.

Abb. 511. MANSFIELD 16 mm Kamera „*Modell 106*", mit Wechselobjektiv, Zahntrommelvorwickelung und Spulenladung. Maßstab etwa 1 : 3.

Die Schmalheit bedingt einen gewissen zusätzlichen Aufwand, der bei der Beschreibung einiger Kameras (Abb. 114, 115, 116, 414, 429) angedeutet wurde. Für den Bau der Getriebe hat sich eine Form durchgesetzt, bei der ein Teil neben dem Filmraum liegt und ein Teil an der Vorderseite neben dem Objektiv. Ein Beispiel zeigt die Abb. 512, die neben anderen Kameras (beispielsweise Abb. 163 und andere) typisch ist.

Über die Bildkameras mit Tonaufnahmeteilen wurde ausführlicher schon im Abschn. XVI berichtet. Der Übergang zur bildsynchronen Tonaufnahme mit Hilfe von Magnetbändern vollzieht sich. Beispiele von Tongeräten, die mechanisch von der Bildkamera getrennt und elektrisch synchronisiert sind, zeigten die Abb. 493 und 494. Die Bauarten wurden im Abschn. XVI beschrieben. Die auf Magnetton umgebaute 16 mm Bild-Tonkamera „*Cine voice*" (Abb. 492) wurde bereits erwähnt. Es ist zu erwarten, daß auch kombinierte Bild-Magnetton-Kameras auf dem Markt erscheinen.

Auf einen Vorschlag (Pat. 712 6750) soll hingewiesen werden, die Bauform eines *Resonanz*-Filmschaltwerkes. Praktische Ausführungen sind aber nicht bekannt geworden. Ein derartiges System ist durch Verwendung von federnden Gliedern auf die Schaltfrequenz abgestimmt und benötigt damit einen kleinen Kraftbedarf, da nur die Verluste des Schwingsystems von außen nachgeliefert werden müssen.

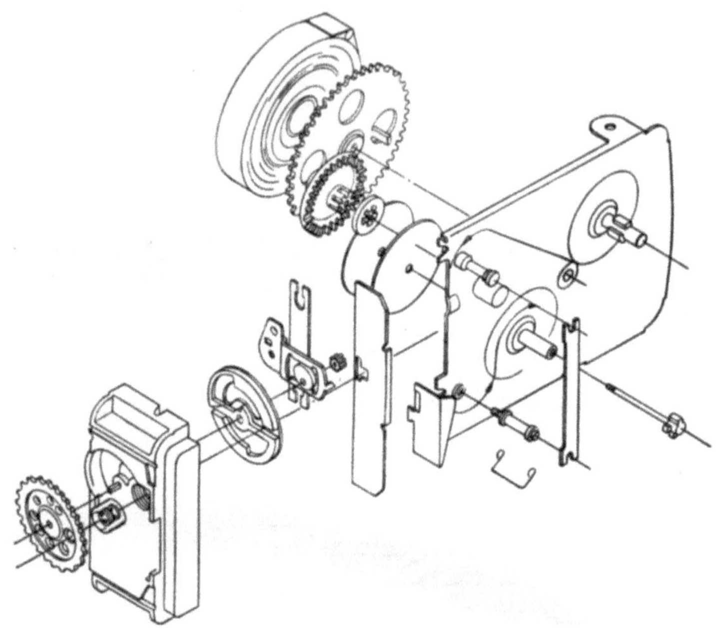

Abb. 512. KODAK 2×8 mm „*Brownie-Kamera*". Getriebe-Schema.

Es konnte eindeutig nachgewiesen werden, daß zur Vermeidung von Bildstandsfehlern, die sich aus Teilungsfehlern der Schaltlöcher des Filmbandes ergeben, eine bestimmte Anordnung des Aufnahme- *und* Wiedergabe-Schaltwerkes in ihren Abständen vom Bildfenster sehr wesentlich ist (609). Wenn im gleichen Schaltloch des Filmbandes der Aufnahme- und Wiedergabe-Greifer wirksam ist, so fallen die genannten Teilungsfehler grundsätzlich heraus. In Abhängigkeit von der Art der Stanzung der Schaltlöcher, beispielsweise Zweier- oder Vierer-Stanzung, können auch noch andere Abstände zwischen Schaltwerkseingriff am Filmband und Bildfenster gewählt werden. Eine normenmäßige Festsetzung der Abstände ist bisher noch nicht erfolgt. Erwünscht ist ein kleiner Abstand des Schaltwerkseingriffes vom Bildfenster, damit Unterschiede in der Schrumpfung des Filmbandes einen möglichst geringen Einfluß haben. Aus konstruktiven Gründen, die aber nicht durch die Schaltwerke allein bedingt sind, sondern durch andere Bauteile der Kameras und Projektoren, muß ein bestimmter Abstand des Eingriffes des Schaltwerkes vom Bildfenster eingehalten werden. Aus den genannten Überlegungen (609) können Vorschläge für die Anordnung des Schaltwerkes gegeben werden. Praktisch werden die genannten Bedingungen der Abstimmung von Kamera und zugehörigem Projektor aber vielfach nicht beachtet. Diese Aussagen geben auch Hinweise, welche Schaltwerksysteme grundsätzlich unabhängig von Herstellungsmaßnahmen einen guten Bildstand erwarten lassen bzw. welche Herstellungsgenauigkeit an einzelnen Getriebepunkten in Abhängigkeit von einer geforderten Bildstandsgenauigkeit angestrebt werden muß (WEISE [609]).

Auf die Herstellung von Filmtiteln wurde schon kurz hingewiesen. Als Vereinfachung für den Einsatz bei Amateurkameras sind neuerdings Kleintitelgeräte erhältlich, die aus einer mechanischen Fassung bestehen, die auf das Objektiv aufgesetzt wird. Die Anpassung an die kleine Entfernung der Titelvorlage wird durch eine eingebaute Vorsatzlinse erreicht. Die Titelvorlage selbst besteht aus einer Kleinbildphotographie auf Film in der Größe 24 × 36 mm, die von einer Lichtquelle durchleuchtet wird.

Die für das Normalfilmformat beschriebenen Breitwandverfahren beginnen auch auf die Schmalfilmtechnik überzugreifen. Hier werden 16 mm-Kameras mit den entsprechenden Objektiven ausgerüstet und lassen damit die Bespielung einer Bildwand mit vergrößerter Breite zu.

Über die Scharfstellmöglichkeit von Kameras mit Objektivrevolvern, bei denen das Aufnahmeobjektiv vor eine Sucheinrichtung geschwenkt und mit deren Hilfe scharf eingestellt wird, wurde schon gesprochen. Dieses Verfahren hat nach den früheren Ausführungen eine räumliche und eine zeitliche Parallaxe, da das Objektiv in der Suchstellung eine andere räumliche Lage einnimmt, als bei der Aufnahme und eine gewisse Zeit zum Umschalten des Revolverkopfes erforderlich ist. Eine Arbeitsvereinfachung und einen Ausgleich der räumlichen Parallaxe bringen Einstellvorrichtungen, auf denen die Kamera um den Betrag der Raumparallaxe für Einstellzwecke verschoben werden.

Ebenso wie die Berufsgeräte den betriebsmäßigen Einsatz von Filtern bei der Aufnahme vorsehen, werden neuerdings auch Schmalfilmgeräte mit einer Vorrichtung versehen, die Filter zwischen das Objektiv und das Filmband einzuschalten gestattet.

Die schon genannten, vom Getriebe her bewegten Zähleinrichtungen werden mehrfach auch so ausgebildet, daß nach Durchlauf einer bestimmten Länge Filmband ein akustisches Zeichen gegeben wird. Damit kann man während der Filmaufnahme die durchgelaufene Filmlänge abschätzen, ohne eine Skala betrachten zu müssen. Teilweise werden auch mechanische Signale gegeben, die dem Bedienenden zu bestimmten Zeiträumen beispielsweise durch die Bewegung eines kleinen Stiftes ein Zeichen geben. Unter die Zähleinrichtungen sind auch die Endanzeigen zu nennen, die beispielsweise bei 2 × 8 mm Kameras das Ende des Durchlaufes dadurch angeben, daß im Sucher ein Zeichen erscheint.

Für Naheinstellzwecke, d. h. beispielsweise die Aufnahme von Titeln, gibt es einige Kameras, die an Stelle der Filmandruckplatte eine optische Einrichtung einzusetzen gestatten, mit deren Hilfe man den genauen Bildausschnitt und die Schärfe feststellen kann.

Über die Gewichte einzelner Aggregate können folgende Angaben gemacht werden: Das Laufwerk der BLAUPUNKT „E 8“-Kamera wiegt 410 g, das Gehäuse der EUMIG „C 8“-Kamera ohne Deckel 170 g und mit den beiden Deckeln und dem Frontteil 255 g. Das Getriebe der EUMIG „C 8“-Kamera hat ein Gewicht von 14 g ohne den Greifer selbst. Das Gehäuse der „Reporter-Kamera“ wiegt 407 g, das Laufwerk 297 g und das Laufwerk der „Heliomatic“ 537 g.

XVIII. Die Fernseh-Kamera

Schon im Abschn. II B wurde angeführt, daß die *Fernseh-Kamera* als Weiterentwicklung der optisch-mechanisch wirkenden kinematographischen Kamera zu betrachten ist. Die Fernsehröhren arbeiten heute nach dem *Speicherprinzip*, wonach auf einer sehr großen Anzahl kleiner isolierter Silbertröpfchen von etwa 1 ... 4 μ Durchmesser, die durch Caesium photoelektrisch aktiviert sind, das optische Bild des Gegenstandes gespeichert wird (*„Ikonoskop"*). Diese Silbertröpfchen sind durch eine dünne Glimmerplatte von weniger als 0,1 mm Stärke von der elektrisch leitenden *„Signalplatte"* isoliert. Es entsteht damit eine große Anzahl mosaikartig angeordneter kleinster Kondensatoren, deren Teilkapazität gegeneinander wesentlich kleiner ist als gegen die Signalplatte. Den *„Mosaikschirm"* tastet ein stark gebündelter Strahl schneller Elektronen Zeile für Zeile ab, wobei magnetische oder elektrische Felder die Ablenkung steuern. Der Rhythmus der Abtastung wird im Takt von je 0,04 sec für die 625 Zeilen vorgenommen. Zur Vermeidung des Flimmerns (s. Abschn. III D) arbeiten die Geräte im einfachen *Zeilensprungverfahren*. Mit den Zeilen Nr. 1, 3, 5, 7 usw. wird das erste Halbbild abgetastet und dann durch die Zeilen 2, 4, 6, 8 usw. das zweite Halbbild. Beide Halbbilder sind ineinander geschachtelt. Die durch die Abtastung entstehenden Impulse werden von der Signalplatte auf den Verstärker gegeben und dann mit Hilfe einer Leitung (Kurzschlußverfahren) oder drahtlos dem Empfänger zugeleitet, der auch die Steuerimpulse erhält.

Das neuere *„Super-Ikonoskop"* arbeitet nach dem *Bildwandlerprinzip*, einer Art Zwischenabbildung, wonach das Aufnahmeobjektiv ein Bild auf der zusammenhängenden licht-halbdurchlässigen Photokathode *2* (Abb. 5) erzeugt. Die an der Rückseite dieser Photokathode entstehende elektrische Verteilung der Elektronen überträgt sich auf die Speicher-Elektrode (Mosaikschirm) *8* mit Hilfe magnetischer (*1*) oder statischer Elektronenlinsen. Mit dieser Bauart ist ein Gewinn an Empfindlichkeit gegenüber dem ursprünglichen Ikonoskop zu erreichen. Die Photokathode hat etwa die halben linearen Abmessungen wie die Speicherelektrode, deren Fläche etwa 100 cm^2 beträgt.

Auch das Super-Ikonoskop ergibt ein *„Störsignal"*, das durch den Abtastvorgang selbst erzeugt wird und auch dann vorhanden ist, wenn die Photokathode nicht oder gleichförmig belichtet wird. Die Ursache liegt in der Bildung von Sekundär-Elektronen. Das Störsignal kann durch eine gegenphasige, im Verstärker erzeugte Wechselspannung weitgehend behoben werden, wobei aber die Größe dieser Kompensationsspannung von der mittleren Helligkeit auf dem Ikonoskop und der Helligkeitsverteilung auf der Bildfläche abhängt. Eine Nachregulierung während des Betriebes unter Betrachtung der fernsehmäßig übertragenen Bilder ist notwendig. Eine brauchbare Fernseh-Übertragung ist trotz des Störsignals möglich, da sich dieses additiv den Nutzsignalen zusetzt. Gegenüber anderen Bauarten von Fernsehröhren hat das Super-Ikonoskop den Vorteil, einen Helligkeitsumfang am Ding von etwa $U = 1 : 200$ bis $1 : 300$ verarbeiten zu können und damit auch für Gegenlichtaufnahmen geeignet zu sein. Die allgemeine Empfindlichkeit ist dagegen nicht sehr groß. Im Atelier wird eine Szenenbeleuchtung von etwa 2 000 lx benötigt. Dies ergibt bei einer Objektivblendeneinstellung $k = 3{,}5$ eine Beleuchtungsstärke von etwa 25 lx auf der Photokathode. Das Verhältnis zwischen Nutzsignal und Rauschsignal, der „*Störabstand*", beträgt etwa 10.

Abb. 513. Philips „*Fernseh-Kamera*" mit „*Super-Ikonoskop*".

Eine Spezialausführung des Super-Ikonoskops ist das Ikonoskop mit „*Riesel-Kathode*", dessen Störsignal viel kleiner ist. Deshalb wird die Kompensationsschaltung nicht benötigt. Auch der bei dem Super-Ikonoskop vorhandene Nachteil, daß es keinen absoluten „Schwarzwert" abgibt, ist behoben. Fernseh-Kameras mit Ikonoskopen werden zweckmäßig mit *optischen* Suchern ausgerüstet, da das fernsehmäßig aufnehmbare Objekt eine ausreichende Helligkeit haben muß und deshalb noch einwandfrei hell im optischen Sucher zu sehen ist. Damit wird die Kamera nicht unnötig groß, es können aber auch Kontrollempfänger als Sucher eingesetzt werden. Praktische Ausführungen von Fernseh-Kameras zeigen die Abb. 513 für eine Philips-Anlage und Abb. 514 für ein Gerät der Fernseh-Ges.

Bei allen neuzeitlichen Bauformen wird infolge des verhältnismäßig großen Gewichtes der elektrischen Einrichtungen und zum Erzielen einer leichten Bedienung das Fernsehgerät räumlich in einen „*Kamerakopf*", und „*Steuergerät*" bzw. einen „*Kontrollschrank*" aufgeteilt. Der Kamerakopf enthält als wesentliche Aggregate

Abb. 514. Fernseh „*Fernseh-Kamera-Anlage*", Kamerakopf mit „*Super-Ikonoskop*, Maßstab etwa $1 : 4{,}3$.

das Abbildungsobjektiv, die Fernsehaufnahmeröhre, Ablenk- und Aus-
tastgeräte und den Vorverstärker.

Der Objektivrevolver der „*Fernseh-Kamera-Anlage*" (Abb. 514) gestattet die Aufnahme von je 2 paarig zugeordneten Objektiven. Das eine
ist für die Aufnahme bestimmt, das andere gleicher Brennweite für den
optischen Sucher, der ein aufrechtstehendes helles Mattscheibenbild liefert.
Die Diagonalwinkel der wechselbaren Objektive liegen zwischen 3° und 46°
bei Blenden bis k = 2, die Fassungen sind vereinheitlicht und benötigen
keine Justierung beim Objektivwechsel. Der Objektivrevolver wird mit
Hilfe des gleichen Hebels gedreht, der auch die Entfernungsscharfstellung
bewirkt. Das Super-Ikonoskop ist mit seinen justierten Focussier- und
Ablenkspulen in einer „Patrone" zusammengebaut, die einen schnellen
Wechsel ohne eine Neujustierung möglich macht. Das biegsame Spezial-
kabel kann bis zu 200 m lang sein und enthält noch zusätzlich einige

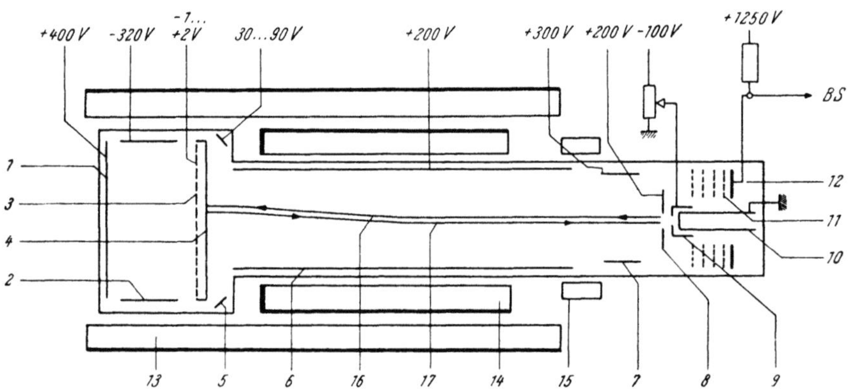

Abb. 515. Fernsehröhre „*Image Orthikon*", Schema nach DILLENBURGER.

1 Photokathode, *2* Beschleunigungselektrode, *3* Netzelektrode, *4* zweiseitige Speicherelektrode, *5* Brems-
elektrode, *6* Anodenzylinder, *7* zweite Anode, *8* erste Anode, *9* Wehneltzylinder, *10* Kathode, *11* Sekundär-
verstärkerelektrode, *12* Anode des Sekundärverstärkers, *13* Konzentrierspule, *14* Ablenkspulen, *15* Richtspulen,

elektrische Adern zur Fernsprechverständigung zwischen Kamerakopf
und -schrank für Signalisierungszwecke. Der Schrank nimmt neben einem
üblichen Fernsehempfänger und der Impulszentrale auch einen Oszillographen zur Kontrolle der Synchronisier-, Austast- und Kompensations-
signale auf. Die Bildzerlegung entspricht der europäischen Norm mit
625 Zeilen je Bild bei der Bildfrequenz 25 Hz im Einfachzeilensprung und
einem Verhältnis von 3 : 4 der Bildseiten. Die Abmessungen des Kamerakopfes (Abb. 514) betragen 350 × 200 × 350 mm bei etwa 15 kg Gewicht.
Der nicht dargestellte Kontrollschrank hat Maße von 1000 × 700 × 500 mm
bei etwa 110 kg Gewicht.

Die Weiterentwicklung der Fernsehröhren führte zu dem „*Orthikon*"
und „*Image-Orthikon*". Die zuletzt genannten Röhren verwenden langsame
senkrecht auf dem Mosaikschirm *4* (Abb. 515) auftreffende Elektronen und
beseitigen damit das Störsignal. Beim Orthikon können Photoelektronen
oder „*Wendelelektronen*" abtasten. Das Image-Orthikon ist eine Verbindung des Orthikons mit Wendelelektronen-Abtastung, einer vor der

Speicherplatte angeordneten Hilfselektrode *3* in Form eines sehr feinen Drahtnetzes mit 20 ... 40 chemisch erzeugten Maschen je Millimeter zur Verlangsamung der Elektronen und eines zweiseitigen Speichers *8* (Abb. 515). Dieser enthält als Isolierschicht eine Glasplatte von 3 ... 5 μ Stärke, mit einer gewissen elektrischen Leitfähigkeit, die durch die Temperatur von etwa 35° ... 45° C, aber nicht über 60°, eingestellt wird. Die auf der Photokathode *1* durch Licht ausgelösten Elektronen werden in ihrer Verteilung durch die Konzentrierspule *13* auf der Speicherplatte *4* abgebildet. Dieses Elektronenbild wird von der Rückseite durch einen gebündelten Elektronenstrahl abgetastet. Dadurch ist gegenüber dem Ikonoskop eine bessere Geometrie der Abtastung gegeben. Die Abtastelektronen, die über die zur Entladung des Speicherbildes notwendige Zahl hinausgehen, kehren zur ersten Kathode *8* des Sekundärverstärkers zurück, so daß der rückkehrende Strahl mit dem Bildinhalt moduliert ist. Die zurückkehrenden Elektronen werden dann vervielfacht. Einzelheiten über die Wirkungsweise des Image-Orthikons finden sich in den später angegebenen Schrifttumsstellen.

Die Empfindlichkeit des Image-Orthikons ist sehr groß und übertrifft den empfindlichsten Film um etwa eine Größenordnung unter sonst gleichen Verhältnissen. Eine vergleichende Darstellung der Empfindlichkeiten bzw. der Ausbeute N verschiedener photographischer und fernsehtechnischer Verfahren in Abhängigkeit von der Leuchtdichte B des Objektes zeigt die Abb. 516.

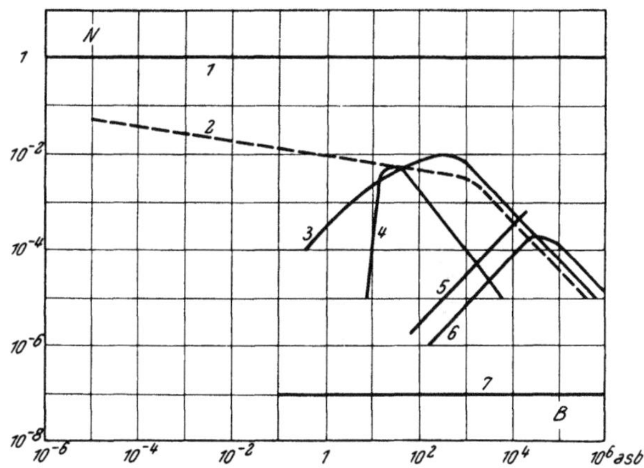

Abb. 516. Vergleich der Lichtausnutzung N verschiedener photographischer und fernsehmäßiger Aufnahmeverfahren in Abhängigkeit von der Leuchtdichte B des Dinges, nach NARATH.

1 Quantenausbeute ($N = 1$), *2* menschliches Auge, *3* „*Image-Orthikon*", *4* Film Super XX, *5* „*Orthikon*", *6* „*Ikonoskop*", *7* Bildsondenröhre.

Daraus ist die große Empfindlichkeit des menschlichen Gesichtssinnes (Kurve *2*) besonders bei kleinen Helligkeiten gegenüber allen photographischen Aufnahmen (höchstempfindlicher Film, Kurve *4*) und Fernsehverfahren zu erkennen. Unter diesen ist das Image-Orthikon (*3*) dem Orthikon (*5*) und Ikonoskop (*6*) stark überlegen, soweit es die Lichtausnutzung betrifft, deren theoretischer Wert in (*1*) dargestellt ist (370).

Die genannte höhere Empfindlichkeit der Image-Orthikon-Kamera ist besonders für schlechte Lichtverhältnisse wertvoll. Der Empfindlichkeitsunterschied zum Super-Ikonoskop bezogen auf gleiche Verhältnisse beträgt etwa 60 : 1. Dies gilt jedoch nur in Annäherung, da der Störabstand mit 6 : 1 kleiner ist als beim Super-Ikonoskop mit etwa 10 : 1 und außerdem infolge anderer frequenzmäßiger Verteilung der Störungen subjektiv noch schlechter bewertet werden muß. Dagegen läßt sich beim Image-Orthikon nur ein wesentlich kleinerer Helligkeitsumfang von etwa U = 1 : 30 bis

1 : 50 verarbeiten. Bei größeren Helligkeitsumfängen entstehen sehr unangenehme Wiedergabefehler, beispielsweise sind helle Bildstellen von schwarzen „Höfen" umgeben.

Abb. 517. FERNSEH „*Fernseh-Kamera-Anlage*" mit „*Image-Orthikon*", Kamerakopf und Schaltschrank, Maßstab etwa 1 : 20.

Das Image-Orthikon arbeitet erst bei einer Temperatur von mindestens 35° C und bedarf damit einer längeren Vorbereitungszeit zum Aufwärmen, während das Super-Ikonoskop wenige Minuten nach dem Einschalten betriebsbereit ist. Die Image-Orthikon-Kamera-Anlage ist auch wesentlich schwerer als die vergleichbare Ikonoskop-Kamera. Die Arbeitsgebiete liegen auf Grund der angedeuteten Tatsachen zur Zeit unterschiedlich, beide Systeme machen sich keine große Konkurrenz.

Als Beispiel wird eine Image-Orthikon-Kamera der FERNSEH-GES. in der Abb. 517 als ganze Anlage mit Kamerakopf und Kontrollschrank gezeigt. In der Abb. 518 ist der gleiche Kamerakopf geöffnet dargestellt,

Abb. 518. FERNSEH „*Fernseh-Kamera-Anlage*" mit „*Image-Orthikon*", Kamerakopf geöffnet mit Ablenkgeräten, Maßstab etwa 1 : 12.

wobei die Ablenkgeräte zu sehen sind. Der Objektivrevolver enthält fünf Fassungen für Objektive mit Brennweiten von 50 ... 300 mm. Die eine Fassung ist zur Aufnahme eines „*Testprojektors*" bestimmt, mit dem jederzeit die Fernsehkamera auf Bildschärfe, Empfindlichkeit sowie geometrische Verzeichnungsfreiheit kontrolliert werden kann. Damit das feststehende Bild nicht auf der Speicherplatte einbrennt, ist nur eine kurze Einschaltung des Testprojektors zweckmäßig.

Da die hohe Empfindlichkeit des Image-Orthikons noch bei Szenenbeleuchtungen von 1 ... 5 lx verwertbare Aufnahmen liefert, es also empfindlicher als der menschliche Gesichtssinn ist, muß ein Sucher in Form eines Fernsehempfängers verwendet werden. Dies ist auch deshalb zweckmäßig, weil im Gegensatz zum Super-Ikonoskop die Gradationsdarstellung merklich verändert wird und deshalb nur das Fernsehbild die richtige Darstellung bringt, die hier ein optischer Sucher nicht anzeigen kann.

Das Rohr des Fernsehsuchers zeigt ein leuchtend helles Bild von der Größe 97 × 130 mm, das auch bei einer Tageslicht-Adaptation des Auges (s. Abschn. III B) gut sichtbar ist und eine Einstellung der Grundhelligkeit und des Kontrastes zuläßt.

Abb. 519. GRUNDIG Fernseh-Anlage „Fernauge", Kamerakopf geöffnet mit „Resistron". Maßstab etwa 1:3,8.

Zur Dosierung des einfallenden Lichtes reicht die übliche Irisblendeneinstellung mit einem Einstellfaktor von etwa 1:100 nicht aus. Die FERNSEH-Kamera besitzt deshalb eine fernsteuerbare Lichtschwächungseinrichtung aus neutral grauen Filtern, mit der Unterschiede in der Helligkeit von 1:1000 eingestellt werden können.

Eine andere etwas vereinfachte Bauart einer für industrielle Zwecke eingesetzten GRUNDIG-Fernsehkamera „Fernauge", besteht aus einem Kamerakopf (Abb. 519), Steuergerät und Bedienungskasten. Die Kamera enthält als Aufnahmeröhre das „Resistron" sowie drei Röhren mit ihren Schaltmitteln, die der Vorverstärkung des Bildsignals und der Austastung des Rücklaufs dienen. Die Maße des Kamerakopfes sind 210 × 150 × 90 mm

bei einem Gewicht von nur 3 kg. Das Steuergerät enthält das Netzteil, die
Bild- und Zeilenablenkgeräte, den Frequenzteiler, Impulsgeber, Haupt-
verstärker und den Hochfrequenzmodulator. Regler für Linearität und
Bildverschiebung sind vorgesehen. Der Steuerkasten ist durch ein beliebig
langes sechsadriges Kabel mit dem Kamerakopf verbunden und gestattet
die Einstellung des Strahlstromes. der Signalplattenspannung und Bildschärfe.

Der Kamerakopf nach Abb. 519 enthält keinen optischen Sucher. Die
Scharfstellung wird vielmehr mit Hilfe eines Betrachtungsgerätes, d. h.
eines Kontrollempfängers vorgenommen. Das Prinzipschaltbild des „Fern-
auges" wird in der Abb. 520 gezeigt.

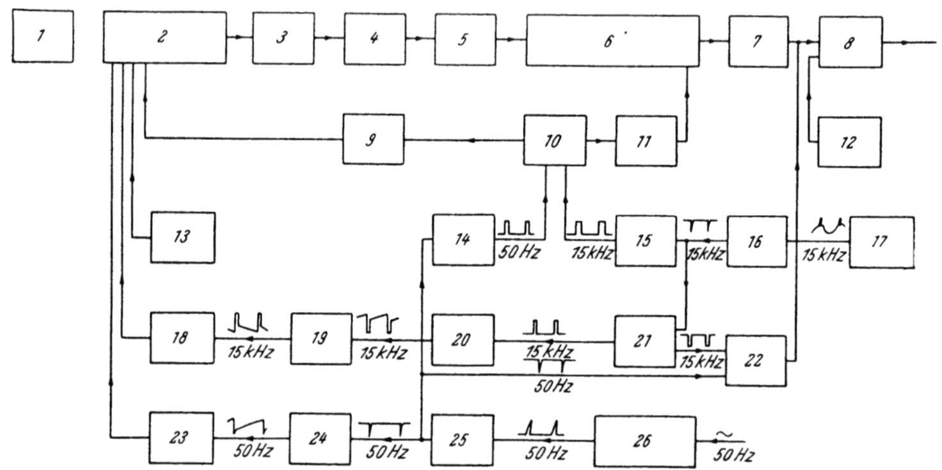

Abb. 520. Elektrisches Schaltbild eines Fernseh-Empfängers („Fernauge").

1 Aufnahmeobjektiv, *2* „Resistron", *3* Bildeingangsstufe, *4* Bildvorverstärker, *5* Bildkathodenverstärker,
6 Bildverstärker, *7,* Bildverstärker Endstufe, *8* Modulationsstufe, *9* Austastverstärker, *10* Austastmisch-
stufe, *11* Signal-Austaststufe, *12* Bildträger-Oszillator, *13* Strahlschärfeneinstellstufe, *14* Vertikal Austaststufe, *15* Horizontal Austaststufe, *16* Horizontal-Impulsstufe, *17* Horizontal-Oszillatorstufe, *18* Horizontal-
Endstufe, *19* Umkehrstufe, *20* Horizontal-Sägezahnstufe, *21* Horizontal-Synchronisierstufe, *22* Synchronisier-
Mischstufe, *23* Vertikal-Endstufe, *24* Vertikal-Sägezahnstufe, *25* Trennstufe. *26* Vertikal-Impulsstufe.
(s. Abb. 519).

Für Fernsehkameras liegen eine Reihe interessanter Einsatzgebiete vor,
wo beispielsweise eine schlechte Zugänglichkeit zum Objekt gegeben ist
oder dieses nicht ohne Gefahr betrachtet werden kann. Bei Sondergeräten
ist es möglich, den Bereich des für das menschliche Auge sichtbaren Ge-
bietes (Abb. 10) nach Ultraviolett oder Infrarot (Abb. 1) auszudehnen.
Photographisch besonders wertvoll ist die Möglichkeit, bei einer Fernseh-
anlage den Helligkeitsumfang durch elektrische Schaltmittel zu ändern
und damit die Kamera besser an die gegebenen Helligkeitsverhältnisse
anzupassen. Dies ist bei der optisch-mechanisch arbeitenden Kamera
von der Seite des Filmbandes aus gesehen nicht möglich, da dieses keine
einstellbare und veränderliche Gradation in größerem Umfange hat.

Laufbildaufnahmen können auch von Fernsehaufnahmen hergestellt
werden, wobei eine übliche optisch-mechanisch wirkende Kamera die
Bilder vom Fernsehschirm photographiert. Dazu ist aber zum Erreichen
einer ausreichenden Bildschärfe entsprechend der derzeitigen mit optisch-

mechanischen Kameras erreichbaren Qualität ein Übergang der Fernsehgeräte zu Zeilenzahlen von 625 auf etwa die doppelte Größe erforderlich. Bei dieser indirekten Filmaufnahme können auf dem Fernsehschirm bereits mehrere Szenen ineinander geblendet werden, womit schon bei der Aufnahme die endgültige Darstellung erreicht werden kann.

Einzelheiten über den Aufbau der Fernsehgeräte sind dem Spezialschrifttum zu entnehmen, von dem einige wenige Stellen hier angegeben sind, die im Zusammenhang mit dem vorliegenden Werk interessieren.

BEHRENDT (28a); DILLENBURGER (68 … 70a, 514); FRIESS (158); GONDESSEN (167c); GROLL (171a); JAHN (234a); KAROLUS (257); KERKHOF (258a); KUTSCHBACH (292a, 292b); LAUER (298a); MATUSCHE (345a); MÖLLER (359); NARATH (308, 370), RAVE (425b); ROWAN (469a); SCHRÖTER (509a); SCHUBERT (513, 514); SCHULZE (298a); SCHUNACK (520); SCHWARTZ (521a); SPIEGEL (544a); WERNER (258a); ZSCHAU (514).

Ferner wird auf die Schrifttumsstellen (714, 716, 727, 731 … 733) hingewiesen.

Die Weiterführung des Fernsehens mit dem Schwarz-Weißbild strebt entsprechend der Entwicklung bei der optisch-mechanischen Kamera zum *Farbfernsehen*. Dies kann durch mehrere Systeme verwirklicht werden (345a, 521a), beispielsweise bei dem „*Simultan-Verfahren*", wo die drei Grundfarben Blau, Grün, Rot gleichzeitig aufgenommen und wiedergegeben werden. Damit ist die dreifache Bandbreite des Übertragungssystems gegenüber dem Schwarz-Weiß-Verfahren notwendig. Durch ein optisches Filter- und Strahlungsteilungssystem wird der einen Bildaufnahmeröhre die blaue, der zweiten die grüne und der dritten die rote Strahlung zugeführt und bei der Wiedergabe entsprechend zusammengesetzt. Bei einem anderen Verfahren, dem „*Field sequential system*" wird in den Strahlengang zwischen Abbildungsobjektiv und Aufnahmeröhre eine sich gleichförmig drehende Filterscheibe mit Dreifachfilter geschaltet, die nacheinander die Auswahl treffen. Der Farbwechsel erfolgt nach jedem „*Raster*", d. h. nach jeder Halbbildabtastung beim Einfachzeilensprung-Verfahren. Zur Vermeidung des Flimmerns ist auch hier die dreifache Bandbreite des Übertragungssystems erforderlich. Weitere Vorschläge befassen sich mit einem Farbwechsel nach jeder Zeile („*Line sequential system*") oder jedem Punkt („*Dot sequential system*"), wobei andere Effekte auftreten. Die Farbfernseh-Verfahren befinden sich noch im Versuchsstadium.

XIX. Prüfung der Kinokameras

Für die ständige Weiterentwicklung und Vervollkommnung der kinematographischen Kameras und ihrer Bauteile ist eine eingehende und wirklichkeitsnahe Prüfung vorhandener und älterer Bauformen auf ihre praktische Brauchbarkeit wesentlich und sinnvoll. Die vorgetragenen Erkenntnisse sollen dazu beitragen, eine *vergleichende* Darstellung und die dazu notwendigen *meßtechnischen* Untersuchungen an vorhandenen Systemen zu bringen und damit die Grundlagen zur Weiterentwicklung in Richtung auf *optimale* Bauformen zu legen. Die Festsetzung eines Optimums ist naturgemäß auch von einer gewissen individuellen Beurteilung und erheblich von dem Verwendungszweck der Kamera abhängig. Es läßt sich also nicht umgehen, zunächst den beabsichtigten Verwendungszweck sehr eindeutig zu definieren, was schwieriger ist, als es zunächst erscheint. Damit kommt man etwa zu der schon genannten Einteilung der Geräte in drei Gruppen für den reinen Amateurbedarf, den Halbberufseinsatz und den ausschließlichen kommerziellen Verwendungszweck. Für diese drei Gruppen wird sich mindestens je eine optimale Lösung angeben lassen, meist mehrere. Dabei ist zu beachten, daß die Arbeitsgebiete, auf denen die Kameras vernünftigerweise eingesetzt werden, vielfach ineinander übergehen und damit auch die Beurteilung schwieriger wird.

Das *Prüfproblem* bei den kinematographischen Kameras als ein ganz spezielles Anwendungsbeispiel in dem vielseitigen feinmechanischen Gerätebau wurde vom Verfasser und seinen früheren Mitarbeitern in einem großen auf diesen Zweck ausgerichteten Speziallaboratorium durch theoretische Studien von Prüfmethoden, ihre praktische Erprobung und einen anschließend durchgeführten Bau von Prüfgeräten eingehend behandelt. Ein Teil der Ergebnisse wurde in dem vorliegenden Werk und Schrifttumsverzeichnis andeutungsweise genannt. Leider ist aber ein großer Teil der Arbeiten infolge der Zeitverhältnisse nicht veröffentlicht worden.

Die Untersuchungen erstreckten sich auf die optischen, mechanischen, lichttechnischen und elektrischen Aggregate von kinematographischen Kameras und Projektoren. Als Beispiel: Wie schon erwähnt, läßt sich neben der theoretischen Ermittlung des merkbaren und zulässigen Bildstandsfehlers (609) (610) (618) noch eine praktische Messung seiner Größe durchführen. Künstliche Bildstandsfehler in reproduzierbarer Form erzeugte FRIELINGHAUS, wobei die Schwingweite und Frequenz der Schwankungen von Testzeichen eingestellt werden können (146). Damit kann die physiologische Wirkung auf den menschlichen Gesichtssinn festgestellt und Rückschlüsse auf die Herstellungsgenauigkeit von Aufnahme-, Wiedergabeschaltwerk und Filmband gezogen werden. Diese Betrachtungen gingen von der Ermittlung der Reibungszahl μ zwischen dem Filmband und seiner Führung aus, die in Abhängigkeit von den Umweltbedingungen ermittelt wurden. Die Zahlenwerte sind sehr schwankend und hängen von einer Anzahl unübersichtlicher Faktoren ab, so daß man mit großen Bereichen für den numerischen Wert für die Reibungszahl μ rechnen muß. Diese Abhängigkeiten bestehen beispielsweise von der Geschwindigkeit des Filmbandes, dem Material der Gleitflächen und davon, ob die Reibung zwischen blanker oder Schichtseite des Filmbandes und seiner Führung gemessen wird und von der zeitlichen Ablagerung des Filmes. Als Zahlenwerte können etwa angegeben werden:

Tabelle 40

μ	Gleitfläche	v_{Film} (m/sec.)
0,1 ... 0,3	Stahl	0,0005 ... 10
0,3 ... 0,25 ... 0,4	Hartholz	0,0005 ... 0,01 ... 20
0,4 ... 0,75	Samt	0,0005 ... 20

Die Kenntnis der Reibungszahl μ ist wichtig, da sie einen gewissen Einfluß auf den Bildstand hat (Abschn. III E).

Als weiter interessantes Untersuchungsobjekt ist das Aufwickeln eines Filmbandes zu nennen, das besonders bei den Wiedergabegeräten mit ihren großen auf einer Spule aufgewickelten Filmlängen eine Rolle spielt, aber auch bei Berufsgeräten mit größerem Fassungsvermögen und in der Filmherstellung Beachtung finden muß. Über eine eingehende Untersuchung wurde schon berichtet (Abschnitt VIII E) (464).

Für die Prüfung der Kameras selbst wurde in einem Spezial-Laboratorium die Messung des Bildstandes durchgeführt, ferner die Messung des Drehmomentes der Reibungskupplung, des statischen Filmzuges, die Messung von Schwingungen in ihren Ursachen und ihrem Einfluß auf die optische Abbildung, die Messung des Geräusches und die Einhaltung der Bildfrequenz. Weiter wurden für die Verschlüsse die zulässigen Hellteile geprüft und in ihren Phasenlagen eingestellt. Eine Prüfung des Triebwerkes sah die Untersuchung von Elektromotor- und Federwerksantrieben vor. Die Lichtdichtigkeit des Gehäuses wurde durch Sondereinrichtungen durch Anstrahlung von außen oder Aufhellung der Kameragehäuse von innen kontrolliert. Auf die Literaturstellen (142...151), (153...155), (321, 322), (460...465) wird verwiesen.

Für die Prüfung von optischen Einrichtungen können genannt werden: Kollimatoren, optische Einstelleinrichtungen und Prüfeinrichtungen für Objektive und Entfernungsmesser.

Verfahren zur serienmäßigen Prüfung und Einstellung von Aufnahmeobjektiven wurden an anderer Stelle behandelt (548).

Nachwort

Bei der Vorbereitung und Durchführung von Vorträgen, Lehrgängen und Veröffentlichungen über kinematische Vorgänge zeigt sich immer wieder: Es ist recht unbefriedigend, Bewegungsvorgänge nur durch einzelne Phasenlagen der Getriebe darzustellen, da dann das wesentliche, die *Bewegung* selbst, fehlt. Das übliche Aufzeichnen der Bahnen einzelner wichtiger Getriebepunkte und eine Kennzeichnung der Geschwindigkeit des Durchlaufes dieser Bahnen durch Zeitmarkenangaben ist ein Fortschritt, aber doch nur ein Notbehelf. Der Verfasser hat es deshalb unternommen, die früher vorhandene Getriebesammlung des AWF (Ausschuß für wirtschaftliche Fertigung), die zur Zeit im Neuentstehen begriffen ist, und die verloren gegangene Sammlung von projizierbaren Getriebemodellen der Technischen Hochschule Berlin weiter zu führen und in einer neuen Form darzustellen. Unter dieser „*neuen Form*" wird eine Darstellungsart der Getriebe verstanden, die von einem einzigen Standort aus betrachtet eine vollständige Übersicht über das ganze Getriebe möglich macht. Wird von diesem Ort aus eine kinematographische Aufnahme des bewegten Getriebes hergestellt, ist ein wesentlich besseres Verständnis für die Bewegungsvorgänge zu erreichen. Dies gilt zunächst nur für ebene Getriebe, aber auch für räumliche wurden Darstellungsmethoden gefunden.

Es mußten also speziell für eine photographische und kinematographische Aufnahme geeignete Modelle geschaffen werden. Dabei können die schwer in einen größeren Darstellungsmaßstab übertragbaren Getriebeteile auch durch Zeichen- und Trickdarstellungen ergänzt werden. Ein nach diesen Modellen bzw. diesen Methoden hergestellter Film hat den Vorteil einer einfachen und vielfachen Vervielfältigungsmöglichkeit und benötigt deshalb nur einen *einzigen* Satz von Getriebemodellen. Diese können verhältnismäßig einfach aufgebaut werden, da sie nur für den kinematographischen Aufnahmeprozeß ausreichend gut zu laufen brauchen. Als wesentlicher Vorteil für diese Modelle kann noch angegeben werden: Man kann wunschgemäß die genaue konstruktive Form der Getriebe einhalten oder aus darstellungstechnischen und pädagogischen Gründen eine mehr oder weniger große Abwandlung der gegebenen Bauform vornehmen.

Mit dem Getriebefilm wird das vorliegende Werk in der Darstellung der Bewegungsvorgänge „*motorisiert*". Damit soll zu einem wesentlich besseren Verständnis und Einfühlungsvermögen in getriebliche Zusammenhänge beigetragen werden. Einige wenige Abbildungen aus dem Film, der auch Getriebe von kinematographischen Wiedergabegeräten und photographischen Standbildkameras enthält und das Ergebnis einer vieljährigen Arbeit ist, werden in der Abb. 521 gezeigt. Dabei wurden die in der stummen Fassung des Films vorhandenen Texthinweise und Textstellen in dieser Abbildung nicht gebracht. In einer später vorgesehenen Tonfassung werden die Erklärungen durch das gesprochene Wort dargestellt. Der Getriebefilm wird erstmalig auf der Tagung Getriebetechnik des VDI (Verein Deutscher Ingenieure) 1955 gezeigt und soll nur an einem Beispiel praktisch demonstrieren, wie man mit der Anwendung des Films in der Praxis auch verwickelte Vorgänge verständlich machen und einem größeren Zuschauerkreis zeigen kann.

Die Abbildungsbeispiele aus dem Getriebefilm in der Abb. 521 zeigen von dem oberen linken Teilbild anfangend drei Haupttitel, dann einen Schwingverschluß nach der Abb. 354, einen weiteren Titel und von dem rechten oberen Bild anfangend ein vierteiliges Malteserkreuz mit radialem Einlauf der Kurbel (609, 618), wie es in der 35 mm Wiedergabetechnik fast ausschließlich verwendet wird. Das nächste Teilbild entspricht dem in der Abb. 275 dargestellten Schwinghebelgreifer mit Exzenterantrieb. Dann folgt die Darstellung eines ähnlichen aber für Wiedergabezwecke bestimmten Greifers mit einem kleineren Schaltverhältnis und der Möglichkeit, zwei unterschiedliche Schmalfilmformate wahlweise zu schalten (Mehrformatgreifer), da der kleinere Exzenter sich bewegen oder stillstehen kann und damit eine Änderung des Hebelübersetzungsverhältnisses des Schwinghebels um den Faktor *2* ergibt. Das nächste Teilbild der Abb. 521 zeigt ein kinematisch sehr interessantes 16 mm Wiedergabeschaltwerk, das als Schläger (Abschn. IX a) zu arbeiten anfängt und als Greifer weiterarbeitet und noch ein Leerlaufgetriebe (Abschn. IX A 3) mit dem Leerlauffaktor *4* enthält (618). Das letzte Teilbild zeigt ein 35 mm Schaltwerk nach der Abb. 258.

In dem genannten Film werden nicht nur die Bewegungen der Schaltwerke selbst dargestellt, sondern vielfach auch die davon bewegten Filmbänder. In den Film werden auch die Bewegungen der mechanischen und optischen Glieder von optischen Ausgleichen (Abschn. X) einbezogen.

Abb. 521. Aus dem Modell- und Trickfilm: Titel und Modelle.

Literaturverzeichnis

Das Literaturverzeichnis enthält Literaturstellen, die die gleichen Probleme behandeln wie das vorliegende Werk. Die Autoren sind in alphabetischer Reihenfolge aufgeführt. Sind mehrere Autoren die Verfasser der Veröffentlichungen, so wird die vollständige Stelle bei dem in der Originalarbeit zuerst genannten Autor angeführt und bei den weiteren auf die laufende Nummer dieses Verzeichnisses verwiesen. Da die Vornamen der Autoren nicht immer bekannt waren, mußte leider auf eine Nennung verzichtet werden. Bei gleichlautenden Verfassernamen wurde, soweit möglich, eine Trennung durch mehrmalige Nennung des Namens vorgenommen. Sind keine Verfassernamen genannt, so folgen die Stellen am Schluß dieser Aufstellung. Ein Teil der genannten Werke enthält weitere spezielle Schrifttumshinweise. Auf die meisten Literaturstellen wurde im Text des vorliegenden Buches hingewiesen. Die Angaben sind so vollständig, wie sie ermittelt werden konnten.

1. ABDERHALDEN: Lehrbuch der Physiologie. Berlin: Urban u. Schwarzenberg. 1944
2. ALBRECHT: Betrachtungen über Schmalfilmaufnahmeobjektive verschiedener Brennweiten. Kinotechn. 7, H. 9, 254—255 (1953)
3. ALT: Über die Erzeugung gegebener ebener Kurven mit Hilfe des Gelenkvierecks. Zeitschr. angew. Math. Mech. 3, H. 10, 13—19 (1923)
4. — Ermittlung der Abmessungen des Schubkurbelgetriebes. Werkstattechn. 23, H. 24, 693—697 (1929)
5. — Koppelgetriebe als Rastgetriebe. VDI-Zeitschr. 76, H. 19, 22, 456—462, 533—537 (1932)
6. — Der Übertragswinkel und seine Bedeutung für das Konstruieren periodischer Getriebe. Werkstattechn. 26, H. 4, 61—64 (1932)
7. — Zur Geometrie d. Koppelrastgetriebe. Ingenieur-Archiv 3, H. 4, 394—411 (1932)
8. — Über die Totlagen von Getriebegliedern, Maschinenbau. Der Betrieb 8, H. 4, 173—176 (1940)
9. — Das Konstruieren von Gelenkvierecken unter Benutzung einer Kurventafel. VDI-Zeitschr. 85, H. 3, 69—72 (1941)
10. — Die Güte der Bewegungsübertragung bei periodischen Getrieben. VDI-Zeitschr. 96, H. 8, 238—244 (1954)
    ANDRÉS (s. 651a)
11. v. ANGERER, JOOS: Wissenschaftliche Photographie. Leipzig: Akademische Verlagsges. 1952
12. ARNDT: Sehen bei Natrium- und Glühlampenlicht. Licht 3, H. 11, 213—215 (1933)
13. ARNDT, DRESLER: Sehen bei monochromatischem Licht. Licht 3, H. 12, 231—233 (1933)
14. ARNDT: Über Bildwerferprüfungen und ihren praktischen Wert. Film und Bild 1, H. 1, 128—130 (1935)
15. — Die Flimmergrenze beim Kinobildwurf. Kinotechn. 17, H. 13, 219—221 (1935)
16. — Über die Grenzen der Sichtbarkeit von Lichtern. Licht 5, H. 11, 220—223 (1935)
17. — Stehbildwurf und Bildwerfer vom technischen Standpunkt. Film und Bild 1, H. 2, 163—166 (1935)
18. — Über die Unterschiedsempfindlichkeit des Auges. Licht 7, H. 6, 101—104 (1937)
19. — Praktische Lichttechnik. Stuttgart: Union. 1938
20. — in Handbuch der Lichttechnik. Berlin: Springer. 1938
21. ARNDT, RIECK: Ausländische Schmalfilmbildwerfer. Film und Bild 7, H. 10, 160—171 (1941)
22. ARNDT: Von technischen Problemen der deutschen Schmalfilmbildwerfer. Film und Bild 7, H. 7, 60—62 (1941)
23. ARNDT, LUMMERZHEIM, WERNER: Theatermäßiger Einsatz von Schmalfilmprojektoren. Kinotechn. 25, H. 4/5, 54—56 (1943)
24. ATORF: Plastischer Film im Blickfeld der Patentschriften, Kinotechnik 7, H. 5—8, 129—131, 162—163, 191—192, 218—219 (1953)
24a. — Die optischen Grundlagen des „Garutso“-Verfahrens. Kinotechnik 8, H. 6, 179—181 (1954)

24b. ATORF: Belichtungsregler für Schmalfilmaufnahmeapparate. Kinotechnik **8**, H. 9, 265—266 (1954)

24c. — AUTRUM: Die Sehvorgänge in den Augen der Insekten. Umschau **54**, H. 4, 103—105 (1954)

25. AUE: Optisches Meßverfahren nach Patenten der Dahl u. Peithmann K. G. Dapei Druckschrift **3** (1940)

26. AXENFELD: Lehrbuch und Atlas der Augenheilkunde. Jena: Fischer. 1923

27. BARNACK: Der neue *Leitz*-Nahdistanzmesser. Photographische Ind. **21**, H. 25/26, 312—313 (1923)

27a BEACHELL: A 35-mm-Stereo Ciné Camera. Journ. SMPTE **61**, H. 5, 634—641 (1953)

27b. BECKER: Lichtelektrische Wirkung im Handbuch der experimentellen Physik XXIII. Leipzig. 1928

28. BEHRENDT: Selenphotoelemente und ihre Anwendung. Zeitschr. f. technische Physik **19**, H. 4, 92—97 (1938)

28a. — Der Film als wertvoller Helfer der Fernsehtechnik. Kino-Technik **8**, H. 7, 204 (1954)

28b. BENDER: Übersicht neuer deutscher Patente zum Stereo- und Mehrfarbenbild. Kinotechnik **8**, H. 3, 78, 79 (1954)

28c. — Ein lichtelektrisches Verfahren zur Serienprüfung photographischer Objektive. Optik **11**, H. 8, 388—394 (1954)

29. BEREK: Grundlagen der praktischen Optik. Berlin: de Gruyter. 1930.

30. BERGER: Lärmminderung feinmechanischer Geräte. Feinmech. und Präz. **47**, H. 10, 12, 15, 143—146, 163—168, 205—208 (1939)

31. BERGER: „*Agfacolor*". Wuppertal: Girardet. 1950

31a. BERGMANN: Über die neue Selen-Sperrschichtphotozelle. Physikal. Zeitschr. **32**, 286—288 (1931)

31b. — PELZ: Untersuchungen an Selenphotoelementen. Zeitschr. f. Techn. Physik **18**, 177—191 (1937)

32. BEYER: Einführung in die Kinematik. Leipzig: Jänecke. 1928

33. — Technische Kinematik. Leipzig: Barth. 1931

34. — Ausbildung von Kurbeltrieben für vorgeschriebene Bedingungen. AWF-Getriebeblatt 692. Berlin: Beuth

35. — Konstruktion von Kurvenscheibengetrieben. Feinwerk-Technik **54**, H. 12, 328—331 (1950)

36. BEYER, SCHÖRNER: Raumkinematische Grundlagen München: Barth. 1953

37. BEYER: Neue 16-mm-Berufsaufnahmekameras. Photo-Kinotechnik **4**, H. 4, 114—116 (1950)

38. — Der neue „*Super Parvo*" mit Spiegelreflexblende. Kinotechnik **5**, H. 8, 155—156 (1951)

39. — „*Aquaflex*", die 35-mm-Unterwasserkamera. Kinotechnik **5**, H. 6, 116—117 (1951)

40. — Kinoatelierkamera mit Spiegelreflexeinstellung. Photo-Kinotechnik **3**, H. 12, 310—311 (1949)

40a. — Der neueste Stand der Filmtechnik in den Hollywood-Ateliers. Kinotechnik **8**, H. 8, 230—241 (1954)

40b. — ECLAIR: „*Caméflex*". Photo-Kinotechnik **3**, H. 8, 193—194 (1949)

41. BISHOP, RYDER, PARAMOUNT'S „*Lazy 8 Double-France Camera*". American Cinematographer **34**, H. 12, 588, 589, 606, 607 (1953)

42. BLANCHARD: The Brightness Sensibility of the Retina. Physic. Rev. **9**, H. 2, 81—99 (1918)

43. — Die Hellempfindlichkeit der Netzhaut. Zeitschr. Beleuchtungswesen **28**, 25—28 (1922)

44. BÖHME: Was ist Auflösungsvermögen? Film für Alle **14**, H. 4, 63—65 (1940)

45. BOYER, FAVEAU: Ciné Almanach Prisma. Paris: Les Editions Prisma. 1947

46. BRAUER: Die neue ZEISS-E-Meßlupe. Bild und Ton **6**, H. 1, 25—26 (1953)

47. — Photo- und Kinotechnik auf der Leipziger Messe 1953. Feingerätetechnik **2**, H. 11, 485—488 (1953)

48. — Photokinotechnik auf der Leipziger Messe. 1953. Feingerätetechnik **2**, H. 11, 485—488 (1953)

48a. — Kassette kontra Filmspule. Bild und Ton **7**, H. 2, 54, 55 (1954)

49. BRAUNMÜHL, WEBER: Einführung in die angewandte Akustik. Leipzig: Hirzel. 1936

50. O'Brien, Tuttle: An Experimental Investigation of Projection Screen Brightness. Journ. SMPE **26**, H. 5, 505—521 (1936)

51. — — Experimentelle Ermittlung der günstigsten Schirmhelligkeit. Kinotechnik **18**, H. 11, 182—184 (1936)

Brodhun (273)

Brückner (500)

51a. Burdich: Bedeutung und Ausführung des Tricks in der Filmtechnik. Kinotechnik **8**, H. 1, 2—5 (1954)

52. Bürck, Kotowski, Lichte: Logarithmische und lineare Lautstärkenskala. Ann. Physik 5/27, H. 7, 664—668 (1936)

53. Burmester, Mechau: Untersuchung der mechanischen und optischen Grundlagen des Mechau-Projektors. Mitteilungen der Leitz-Kinowerke, H. 4 (1928)

54. Bury, Askania „*Schulterkamera*" und Schärfentiefe. Kinotechnik **23**, H. 12, 198—201 (1941)

55. Busch: Die Entwicklung des Schmalfilms zum Berufsfilm für technische und Lehrzwecke. Kinotechn. **16**, H. 2, 3, 19—23, 35—39 (1934)

56. — Der augenblickliche Stand der Photo- und Kinonormen. Photo- und Kinotechn. **1**, H. 1, 18—20 (1947)

57. — Amerikanische, britische, deutsche und französische Kinonormen in vergleichender Darstellung. Photo-Kinotechn. **2**, H. 12, 305—310 (1948)

58. — Zur Normung der Transportrollen für den Film 35 mm. Photo-Kinotechn. **2**, H. 10, 251—253 (1948)

59. — Neuere Entwicklungen auf dem Gebiet der Photographischen Optik. Photo-Kinotechnik **3**, H. 11, 271—274 (1949)

60. — Normung der Transportrollen für Film 35 mm. Photo-Kinotechn. **3**, H, 5. 113 (1949)

61. — Ein neues „*Tessar*" f : 2,8. Photo-Kinotechn. **4**, H. 8, 234—236 (1950)

61a. Siemens-„*Projektor 2000*". Kinotechnik, H. 1, 10, 11 (1952)

— (210)

— (211)

62. Clark: Photography by Infrared. Wiley and Sais, New York (1946)

62a Coates: Luftangetriebene Motore für Kameras von höchster Bildfrequenz, Vortrag Intern. Tagung f. Kurzzeitphotographie u. Hochfrequenzkinematographie. Paris. 1954

Conrow (s. 641 u 642)

63. Cook (Referat): Die Eigenschaften von Projektor und Bildschirm und ihr Einfluß auf die Schirmhelligkeit. Kinotechn. **18**, H. 14, 227—229 (1936)

64. Cranz: Wesen und Geschichte der Funkenkinematographie. Luftwissen **11**, H. 7, 180—184 (1944)

65. Cricks (Referat): Wirksamkeit des Umlaufverschlusses und Flimmern. Kinotechn. **19**, H. 11, 267—269 (1937)

66. Czapski, Eppenstein: Grundzüge der Theorie der optischen Instrumente. Leipzig: Barth 3. Auflage. 1924

67. Dahlgreen: Malteserkreuz und Schaltgeschwindigkeit. Kinotechn. **15**, H. 23, 379—381 (1933)

67a. Diciol: Die Voraussetzungen für einwandfreie Tonwiedergabe. Kino-Technik. H 1, 4, 5 (1955)

68. Dillenburger Fernsehübertragung von Kinofilm. Schmalfilm **2**, H. 13, 40—42 (1950)

69. — Die Eigenschaften der *Orthikon*-Kamera und Gesichtspunkte für ihre Entwicklung. Fernmeldetechnische Zeitschr. **6** H. 8, 346—352 (1953)

70. — Einführung in die Deutsche Fernsehtechnik. Berlin: Schiele und Schön. 1953

— (s. 514)

71. Dresler: Die Augenzelle. Licht **3**, H. 2, 41—43 (1933).

72. — Die Tätigkeit der Fachgruppen auf der Tagung der internationalen Beleuchtungskommission. Licht **5**, H. 10, 225—232 (1935)

73. — Gegenwartsaufgaben der Lichtmessung. VDI-Zeitschr. **80**, H. 47, 1405—1408 (1936)

— (s. 13)

74. Driesen: Kleinbildkamera und Entfernungsmesser. Mitteilungen der Leitz-Werke, H. 63 (1941)

75. Dünkel: Wege zur selbsttätigen Einstellung der richtigen Belichtung. Photographische Ind. **32**, H. 18, 513—516 (1934)

76. Dünkel: Gekuppelte Belichtungsmesser. Photographische Ind. **39**, H. 51/52, 767—770 (1941)
77. Eggert, Gajewski: Einführung in die technische Röntgenphotographie. Leipzig: Hirzel. 1942
77a. — Stand und Problem der Farbenphotographie. Zeitschr. f. Elektrochemie **56**, H. 8, 712—716 (1952)
78. Eisler: Ein kurzes Handbuch der Ophtalmologie. Berlin: Springer. 1930
79. Ende: Theorie des Thunschen Zeitdehners und ihre Anwendung in dem Aufnahmeprozeß. Zeitschr. techn. Physik 11, H. 10, 394—402 (1930)
80. — Zeitdehneruntersuchungen. Kinotechn. **13**, H. 8, 139—142, 158—161 (1931)
81. — Über Kinematographie mit hoher Bildfrequenz. Zeitschr. f. techn. Physik **13**, H. 10, 483—487 (1932)
81a. Endres: Kongreß über Schallaufzeichnungsverfahren. FTZ, H. 9, 479—482 (1954)
82. Engstrom: A study of television image characteristics. Proc. Inst. Radio Eng. 21, H. 12, (1933)
Eppenstein (66)
83. Estabrook (Referat): Die geräuschlose Bell u. Howell-Kamera. Kinotechn. 15, H. 8, 139—140 (1933)
84. Etzold: Die Messung der Bildwandleuchtdichte. Kinotechn. **23**, H. 3, 33—37 (1941)
85. — Kinotechnische Meßmethoden und ihre Anwendung in der Filmtechnischen Prüfstelle der DKG. Photo-Kinotechn. 1, H. 4, 19—24 (1947)
86. — Einteilung und Aufgabenstellung der Tonfilmtechnik. Vortrag Technische Universität Berlin, 11/10. 1948
87. — Fernsehen und Kinotechnik. Photo-Kinotechnik **3**, H. 1, 13—14 (1949)
88. — Zur Frage eines naturgetreuen Klangbildes im Kino. Kinotechnik 7, H. 4, 100—101 (1953)
89. Faasch: Grenzgebiete der Kinematographie. Photo Kinotechn. 1, H. 5/6, 15, 18—20 (1947)
90. — Unterrichtsfilme auf Schmalfilm. Bild u. Ton 1, H. 3, 72—73 (1948)
91. — Das Halbberufsformat. Bild u. Ton 1, H. 3, 74—75 (1948)
92. — Dokumentation auf 16-mm-Film. Bild u. Ton 1, H. 3, 75—76 (1948)
93. — Das Schmalfilm-Archiv. Bild u. Ton 1, H. 3, 76 (1948)
94. — Das räumliche Sehen. Bild u. Ton 2, H. 9, 262—264 (1949)
95. — Die Möglichkeiten des Schmalfilmtheaters. Bild u. Ton 2, H. 1, 24—25 (1949)
96. — Warum ist der Schmalfilm anderen Formaten überlegen? Photo-Kinotechn. **3**, H. 1, 18—19 (1949)
97. — Der Schmalfilm als Hilfsmittel der Wissenschaft. Bild u. Ton 2, H. 5, 130—131 (1949)
98. — Der Film in Wissenschaft und Forschung. Askaniawarte 10, H. 41/42, 10—14, 10—19 (1952)
99. — Einführung in die wissenschaftliche Kinematographie. Halle: Knapp. 1951
100. Falta: Betrachtungen zur Prüfung des praktischen Auflösungsvermögens photographischer Objektive, Photoindustrie und Handel 1944, H. 1—4, 7—9, 34—36
Faveau: (45)
101. Finkelnburg: Der Ruck. Maschinenbau **3**, H. 9, 520—522 (1935)
102. Fink: Photographische Meßtechnik. München: Oldenbourg. 1940.
103. Fischer: Zur Frage des Suchers für photographische Apparate. Zeitschr. f. Instrumentenkunde **49**, H. 12, 607—618 (1929).
104. — Die optische und mechanische Durchbildung des Suchers für photographische Apparate. Photogr. Korresp. **67**, H. 9, 207—215 (1931)
105. — Die Bildaufrichtung am photographischen Sucher. Photogr. Korresp. **70**, H. 7/8, 98—105, 120—122 (1934)
106. Fischer: Die 16-mm-Mitchell-Kamera. Filmtechnikum 1, H. 7, 118—121 (1950)
107. — Die Pathex „*Webo M 16*" und „*M 9,5*" mm. Filmtechnikum 1, H. 9, 162—164 (1950)
108. — Neue in- und ausländische Kamerakonstruktionen. Filmtechnikum 1, H. 1, 5—7 (1950)
109. — Die 16-mm-Maurer-Kamera. Filmtechnikum 1, H. 2, 32—35 (1950)
110. — „*Caméflex-Kamera*" 35 mm. Filmtechnikum 1, H. 3/4, 53—57 (1950)
111. — Die 16-mm-„*Filmo 70 J Specialist*-Kamera". Filmtechnikum 1, H. 5, 79—82 (1950)

112. Fischer: Die „*Dilk-Fa-Kamera*" 16 mm. Filmtechnikum 2, H. 1, 7—9 (1951)
113. — „*Auricon-Pro*", eine 16-mm-Bildtonkamera. Filmtechnikum 2, H. 2, 27—31 (1951)
114. — Die 16-mm-Bildtonkamera „*Ciné Voice*". Filmtechnikum 2, H. 3, 48—50 (1951)
115. — Die „*Arriflex 16-mm-Kamera*". Filmtechnikum 2, H. 4, 66—68 (1951)
116. — Die „*Caméflex*" für 16- und 35-mm-Film. Filmtechnikum 2, H. 7, 128—129 (1951)
117. — Die Mitchell-Atelierkamera. Filmtechnikum 2, H. 5, 90—92 (1951)
118. — Die Nord-Kamera 16 mm. Filmtechnikum 2, H. 8, 143—146 (1951)
119. — Die „*Everest II*" Kamera. Filmtechnikum 2, H. 10, 188—191 (1951)
120. — Neue Vinten-Kameras. Filmtechnikum, 2, H. 11, 208—210 (1921)
121. — Betrachtungen über „Gummi-Linsen". Kino-Technik 1951, H. 15, 248—250
122. — Die Newall-Kamera. Filmtechnikum 3, H. 3, 60—63 (1952)
123. Fletcher: Stereophonic Recording and Reproducing System. Journ. SMPTE 61, H. 3, 355—363 (1953)
123a. Flinker: Die durchbrochene Blende des Projektors. Kinotechnik 2, H. 6, 214—217 (1920)
124. Flocke: Zur Konstruktion von Kurvenscheiben bei Verarbeitungsmaschinen, VDI-Forschungsheft 345
125. Flügge, Roll: Neue Projektionsobjektive von hoher Bild- und Lichtleistung. Kinotechnik 17, H. 16, 271—274 (1935)
126. — Betrachtungen über ein Aufnahmeobjektiv mit veränderlicher Brennweite. Feinm. u. Präz. 45, H. 12, 177—178 (1937)
127. — Beispiele für die Arbeitsweise eines Feinmeß-Laboratoriums. Feinmech. u. Präz. 50, H. 13/14, 207—208 (1942)
128. — Das photographische Objektiv. Die wissensch. u. angew. Photographie in Einzeldarstellungen, Band I. Wien: Springer. 1955
129. Forch: Der Kinematograph und das sich bewegende Bild. Wien: Hartleben. 1913
130. — Lehmann: Die Lichtverluste in photographischen Objektiven. Kinotechnik 10, H. 1, 3—7 (1928)
131. — Theorie des Schlägers. Kinotechnik 12, H. 10, 267—269 (1930)
132. — Theorie der Greifer. Kinotechnik 12, H. 15, 407—409 (1930)
132a. — Die mechanische Widerstandsfähigkeit von Zelluloidfilm. Kinotechnik 16, H 22, 372—374 (1935)
133. Franke: Vom Aufbau der Getriebe. Berlin: VDI-Verlag, Band I, 1948, Band II, 1951.
134. Franz, Gelius, Kirchhoff, Laak, Röschlein u. a.: Schmalfilm-Kamera-Optik. Film für Alle 13, H. 1—9 (1939)
     Franzis: (464)
135. Frede: Der umstrittene elektrische Belichtungsmesser. Photo-Kinotechnik 3, H. 9, 222—223 (1949)
136. — Regelprobleme in der Photographie. Feinwerktechnik 57, H. 3, 76—78 (1953)
137. Frentz: Eine Hochleistungskamera für „wenig Licht". Kinotechnik 25, H. 3. 29—31 (1943)
138. Frerk: Der Schmalfilmer. Berlin: Photo-Kino-Verlag, 1931
139. Freytag: Eine Schmalfilmkamera mit vielen neuen Ideen. Kinotechnik 1952, H. 5, 110—111
140. — „*Movikon 8*". Phototechnik und Wirtschaft 3, H. 5, 181 (1952)
141. —
142. Frielinghaus: Zahnrad- und Lagergeräusche. Bericht 9 TBK., 1947, nicht veröffentlicht
143. — Die Filmbahn und ihre zweckmäßige Ausführung. Bild u. Ton 3, H. 6, 172—174 (1950)
144. — Hoffmann: Wirkungsweise und Leistung der Synchronmotoren für Aufnahmekameras. Bild u. Ton 3, H. 8, 239—242 (1950)
145. — — Das Störgeräusch der Kameramotoren. Bild u. Ton 3, H. 11, 334—336 (1950)
146. Frielinghaus: Über den Einfluß des Filmmaterials auf die Bildstandsgenauigkeit bei der Laufbildprojektion. Dissertation 1951. Technische Universität Berlin
147. — Drehzahlregelung an Filmkameras. Bild u. Ton 5, H. 3, 84—86 (1952)
148. — Die Lebensdauer der Filmkopien in Abhängigkeit von den Abmessungen der Transportrollen. Bild u. Ton 5, H. 11, 347—354 (1952)

149. FRIELINGHAUS: Die Reibung des Films im Filmkanal von Kinogeräten. Bild u. Ton **6**, H. 1, 4—9 (1953)
150. — Beurteilung und Bewertung des Bildstandes. Bild u. Ton **6**, H. 4/5, 107—109 (1953)
151. — Die Größe der Bildstandsfehler von Projektoren. Bild u. Ton **6**, H. 8, 226—230 (1953)
152. — Ein Tonaufnahmegerät für 35-mm-Magnetfilm. Bild u. Ton **6**, H. 9, 264—265 (1953)
153. — Die Bildstandsmessung bei Aufnahmekameras und Kopiermaschinen. Bild u. Ton **6**, H. 6, 164—168 (1953)
154. — Das Filmband als Fehlerquelle für den Bildstand. Bild u. Ton **7**, H. 1, 4—7 (1954)
155. — Die Bildstandsfehler bei der Wiedergabe und ihre Ursachen. Bild u. Ton **7**, H. 2, 34—38 (1954)
156. FRIESER, MÜNCH: Physiologische Untersuchungen zur Kinoprojektion. Kinotechn. **20**, H. 4, 85—92 (1938)
157. — — Ursachen und Größe des Streulichtes bei Kinoprojektion. Kinotechn. **23**, H. 5, 78—83 (1941)
158. FRIESS: Wechselbeziehungen zwischen Fernsehtechnik und Filmtechnik. Kinotechnik **7**, H. 1—3, 9—10, 43—45, 74—75 (1953)
158a. FRITZSCH: Über photoelektrische Belichtungsmesser. Photographie, H. 11, 12, 316—319, 336—338 (1953)
GAJEWSKI: (77)
158b. GAVIN: Die Bildschirmkamera von Morgen. American Cinematographer, H. 4, 174—176, 202—204 (1954)
158c. GEIST: Sperrschicht Photoelemente. Archiv f. Technisches Messen. J 392 — 2. Dez. 1954
159. GEFFCKEN: Dünne Schichten auf Glas. Glastechnische Berichte **24**, H. 6, 143—151 (1951)
159a. — Reflexion elektromagnetischer Wellen an einer inhomogenen Schicht. Ann. Physik **40**, 385—392 (1941)
159b. — DRP 716 153, 736 411, 742 463, 758 767 u. a.
160. GEHLHOFF: Über Bogenlampen mit erhöhter Flächenhelligkeit. Z. techn. Physik **1**, H. 7—16, 37—47 (1920); **4**, H. 4, 138—157, 224—227 (1923)
161. GEHLHOFF: Deutsche Sprache und Technik. Feinmech. u. Präz. **52**, H. 7/12, 51—56 (1944)
162. — Die „Feinwerktechnik", Rückblick, Ausblick. Feinwerktechn. **53**, H. 1, 3—4 (1949)
GELIUS: (134)
163. GERANDIN (Referat): Hochfrequenz-Aufnahmekamera für 8-mm-Schmalfilm. Kinotechn. **17**, H. 19, 332—333 (1935)
163a. — Filmaufnahmegerät für 100.000 Bilder in der Sekunde. Merger Magazin **5** (1948)
164. GERBIS: Das Wunder des Auges. Licht **6**, H. 1, 2—7 (1936)
165. GERNHARDT, TREBLEGAR: Der Ton zum 16-mm-Schmalfilm. Filmtechnik H. 1, 5—7 (1947)
166. GOHR: Die Aufnahmekamera für ein Farbfilm-Wandermaskenverfahren, Feingerätetechnik **2**, H. 12, 562—566 (1953) und **4**, H. 1, 38—40 (1954)
167. GOLDBERG: Aufbau des photographischen Bildes. Halle: Knapp. 1925
167a. GOLDSCHMIDT: Durchgang des Lichtes durch planparallele isotrope durchsichtige Platten. Ann. Physik **82**, 947—962 (1927)
167b GONDESEN: Verfahren der bildsynchronen Tonaufzeichnung im Fernsehen. Elektronische Rundschau **1**, H. 2, 60—63 (1955)
167c. GOODWIN: The Photronic Photographic exposure meter. Journ. SMPE **20**, 95—118 (1933)
GÖTTSCH: (s. 505)
168. GRABNER: Die Schärfentiefe. Photographische Rundschau **79**, H. 2, 22—44 (1942)
169. GRAMATZKI: Der „Transfokator". Kinotechnik **18**, H. 24, 395—396 (1936)
170. — Physikalische Probleme der Fernaufnahme. Kinotechnik **21**, H. 1, 6—9 (1939)
171. — Der „Transfokator". Bild u. Ton **2**, H. 8, 230—232 (1949)
— (s 207)
171a. GROLL: Ein neues Fernsehmischpult mit Trick-Überblendeinrichtung. Funk-Technik H. 8, 232—234 (1953)

172. GRODZINSKI, POLSTER: Getriebelehre I., II. Berlin: Göschen. 1933
173. — Was bedeutet die praktische Getriebetechnik für den Maschinenbau. Anzeiger für Maschinenwesen, H. 26, 55—62 (1937)
174. — Getriebelehre I. Berlin: de Gruyter. 1953
175. GROSSKURTH: Die Photozelle im Belichtungsmesser. Photographie 1949, H. 6, 137—139
176. — Photographische Belichtungsmesser. Kinotechnik, H. 6, 155—157 (1950)
177. GÜNTHER: Entfernungsmesser und direkte Methoden der Entfernungsmessung. Orpho 25, 826 (1952); 24, 676 (1933)
178. GÜNTHER, RZYMKOWSKI: Entfernungsmesser. Gebrauchsphotographie 41, 223—228 (1934)
179. — — Die Bedeutung des Entfernungsmessers für die Kleinbildkameras. Gebrauchsphotographie und Atelier des Photographen 41, H. 12 (1934)
180. — — Welche Basis muß der Entfernungsmesser der Kleinbildkamera haben? Zeiss-Nachr. 1, 27—31 (1935)
181. — — Der Entfernungsmesser für die Kinokamera. Kinotechnik 18, H. 9, 139—142 (1936)
182. — — Entfernungsmesser in der Photographie. Zeitschr. wiss. Photogr., Photophysik, Photochem. 35, H. 9, 10 (1936)
183. GÜNTHER: Die Form des Zuschauerraumes bei der Filmprojektion. Kinotechnik 17, H. 15, 251—254 (1935)
184. HAGEMANN: Intermittierendes Projektionslicht. Bild u. Ton 3, H. 2, 35—38 (1950)
185. — Der Ton zum Bild. Bild und Ton 3, H. 5, 138—141 (1950)
186. HAIN: Untersuchungen an sechsgliedrigen Kurbelgetrieben und deren Anwendungen. Feinmech. u. Präz. 49, H. 17/18, 219—223 (1941)
187. — Punktlagenreduktion als getriebesynthetisches Hilfsmittel. Maschinenbau. Der Betrieb 11, H. 1, 29—31 (1943)
188. — Die Erzeugung gegebener Kurven mit Hilfe von Räderkurbelgetrieben. Feinwerktechn. 53, H. 3, 81—89 (1949)
189. — Zur Weiterentwicklung der Schaltwerke, VDI-Zeitschr. 91, H. 22, 589—596 (1949)
190. — Zur Weiterentwicklung der Koppelrastgetriebe. Feinwerktechnik 54, H. 1, 9—15 (1950)
191. — Angewandte Getriebelehre. Hannover: Wiss. Verlagsanst. 1952
192. — Feinwerktechnik. Fachbuchverlag Dr. Pfannenberg. 1953
193. — Drehmomente in Federgetrieben, VDI-Zeitschr. 95, H. 28, 961—966 (1953)
HALL (s. 249c)
194. HANSEN: Das photographische Auflösungsvermögen als maßgebender Faktor bei der Konstruktion optischer Instrumente, Photographische Ind. 36, H. 24, 25, 692—694, 716—720 (1938)
195. — Das Auflösungsvermögen bei der photographischen Aufnahme. Photographische Ind. 40, H. 19/22, 128—130, 139, 140 (1942)
196. HARDY: The Optics of Motion Picture Projectors. Journ. SMPE 14, H. 3, 309—317 (1930)
197. HARTING: Die Schärfe in der Tiefe. Photo-Kinotechn. 3, H. 6, 140—141 (1949)
198. — Photographische Optik. Leipzig: Akademische Verlagsges. 1952
199. HARTMANN: Die Maschinengetriebe. Stuttgart: Deutsche Verlagsanstalt. 1913
200. HATSCHEK: Optischer Ausgleich bei Aufnahme und Projektion. Kinotechn. 11, H. 14, 367—372 (1929)
201. — Die optische Korrektion des HATSCHEK-Projektors. Kinotechn. 12, H. 4, 87—92 (1930)
202. — Elektromagnetische Lichttonaufzeichnung. Kinotechn. 16, H. 3, 35—37 (1935)
203. — Die MARBEsche Flimmertheorie. Kinotechn. 17, H. 18, 310—312 (1935)
204. — Zum Problem des stetigen Filmablaufes. Kinotechn. 18, H. 7, 113—115 (1936)
205. — Die Leitgedanken der modernen photographischen Optik. Kinotechn. 18, H. 4, 58—59 (1936)
206. — Neue Vorschläge zur Belichtungsmessung. Photographische Ind. 39, H. 37, 591—592 (1941)
207. — GRAMATZKI: Optik für Praktiker. Knapp. 1948
208. HAY: Auflösungsvermögen und Bildschärfe. Die Photographie in Wissenschaft und Praxis

209. HAY: Das photographische Objektiv. Wien: Springer. 1932
209a. HEHLGANS: Grundlagen und Gestaltung des AEG „Zeitdehners“. Feinmechn. und Präzision **42**, 40 (1934)
210. HEINE, BUSCH: Abmessungen für 16-mm-Transportrollen und die 16-mm-Schaltrolle. Kinotechn. H. 8, 153—154 (1951)
211. — — Abmessungen der 16-mm-Transportrollen und der 16-mm-Schaltrolle. Bild und Ton **4**, H. 10, 318—320 (1951)
212. HEINISCH: Die geräuschlose „Atelierkamera“ der ASKANIA-Werke. Kinotechn. **21**, 235—237 (1939)
212a. HEINECKE: Kritische Betrachtungen des „Cinemaskope“-Systems. Kinotechnik **8**, H. 6, 184—185 (1954)
213. HELLGREBE: Strahlenverlauf, Vergrößerung und Lichtstärke bei Aufnahmen mit Vorsatzfernrohr. Bild und Ton **1**, H. 2, 45—48 (1948)
214. — Über die Zentrierfehler bei Objektiven, in Sonderheit Projektionsobjektiven und ihre Ermittelung. Photo-Kinotechnik **4**, H. 2/3, 46—47, 79—80 (1950)
215. HELMBRECHT: Die Reichsstelle für den Unterrichtsfilm. Kinotechn. **19**, H. 11, 254 (1937)
216. HELMHOLTZ: Populäre wissenschaftliche Vorträge. Braunschweig: Vieweg. 1871
217. — Die Störung der Wahrnehmung kleinster Helligkeitsunterschiede durch das Eigenlicht der Netzhaut, Psychol. Zeitschr. **1**, H. 5 (1890)
218. HELWIG: Systematik der Trennung und Bewertung von gerichteter und zerstreuter Reflexion und Transmission. Licht **13**, H. 10/12 142—146 (1943)
218a. HELWICH: Infrarot-Photographie, Heering Harzburg. (1937)
219. HETTLER: Schmalfilm-Projektionstechnik. Film und Bild **7**, H. 6, 109—111 (1941)
220. HEYDA: Elektroakustisches Taschenbuch. Berlin: Schneider. 1947
220a. HIESINGER: Entspiegelung von Glasoberflächen. Optik **3**, H. 5/6, 485—494 (1948)
221. HILL: Zur Entwicklung der Kinokamera. Kinotechn., **5** H. 2, 24—27 (1951)
222.
223. HINTZE: Hochfrequenzkamera für 3,500.000 Bilder je Sekunde. Kinotechn. **7**, H. 10, 287—288 (1953)
HIRSEKORN (s. 456)
224. HOCK: Der MECHAU-Projektor. Halle: Knapp
225. HODAM: Optische Grundsätze in der industriellen Meßtechnik und ihre Anwendung in der Fertigungsüberwachung. Feinmech. u. Präz. **50**, H. 13/14, 197—206 (1942)
226. — Wege zu einer einheitlichen Bewertung der Lichtstärke photographischer Objektive. Bild und Ton **2**, H. 12, 359—363 (1949)
227. — Die Helligkeit des photographischen Bildes. Bild und Ton **4**, H. 4, 112—115 (1951)
228. — Ein Rasterverfahren zur Prüfung von Objektiven. Feingerätetechnik **2**, H. 4, 182—186 (1953)
228a. — Die Genauigkeit der Entfernungsmesser für photographische Zwecke. Feingerätetechnik **3**, H. 10, 434—438 (1954)
228b. — Die Erhöhung der Einstellsicherheit bei der Mattscheibeneinstellung photographischer Kameras. Feingerätetechnik **3**, H. 11, 477—480 (1954).
229. HOFFMANN: Leuchtdichtetechnik. Lichttechn. **2**, H. 8, 201—204 (1950)
— (s. 144, 145)
230. HOTSCHEWAR: Der Schmalfilm-Amateur. Halle: Knapp. 1944
230a. HOTSCHEWAR, WEISE: Filmtricks und Trickfilme. Düsseldorf: Knapp. 1954
230b. — — Das Schmalfilmlehrbuch. Düsseldorf: Knapp. 1955.
231. HORTSCHANZKY: Die Möglichkeiten des Schmalfilms. Bild und Ton **5**, H. 6, 162—165 (1952)
232. HÜTTMANN: Die Leistungsgrenzen der Photoapparate. Bild und Ton **6**, H. 7, 195—200 (1953)
233. HURICH: Kinotechnik. Deuticke: Wien. 1951
234. HUTH: Kritische Betrachtungen zum Thema Bildwirkung. Kinotechn. **17**, H. 9, 155—156 (1935)
234a. JAHN: Probleme der Tontechnik bei 16-mm-Fernsehfilmen. Kinotechnik **8**, H. 7, 214—215 (1954)
235. JAHR, KNECHTEL: Getriebelehre. Hannover: Jänecke. 1930, 1938
236. — — Rädertrieb-Schaltwerke. AWF-Getriebeblätter **631**, **632**. Berlin: Beuth. 1931

237. Jahr, Knechtel: Entwurf und Untersuchung von Kurbeltrieben mit Hilfe der Polbahnen. AWF-Getriebeblätter **667, 668**. Berlin: Beuth
238. — — Gesperre und Sperrtriebe. AWF-Getriebeblatt **610**. Berlin: Beuth
239. Jahr: Entwicklung eines Kurvengetriebes auf neuzeitlichen Grundlagen, Werkstattstechnik u. Betrieb **83**, H. 2, 54—59 (1950)
240. Janocha: Tendenzen im 3D-Fernsehen der vereinigten Staaten. Kinotechnik **8**, H. 1, 16—17 (1954)
241. Jarczyk: Entwicklung und Stand der Magnettonband Technik. Kinotechn. **7**. H. 9, 252—253 (1953)
241a. Jensen: Das „Cinemaskope-Verfahren". ETZ (B) **6**, H. 2, 47—49 (1954)
241b. — Das „Cinemaskope-Verfahren". Philips Kinotechnik, H. 7, 3—7 (1953)
241c. — Der Weg zum guten Objektiv. Philips Kinotechnik, H. 9, 3—12. 1954
241d. Jensen: The Evolution of Modern Television Journ. SMPTE **63**, H 5, 174 ... 188 (1954)
242. Jentzsch: Das Reflexlicht in Objektiven, Kinotechn. **23**, H. 8, 138—139 (1941)
243. — Die kinematographische Projektion. Halle: Knapp. 1928
244. — Scheering: Die Kinoprojektion, ihre lichttechnischen Leistungen und Grenzen. Kinotechn. **12**, H. 2, 3, 31—36, 59—61 (1930)
245. Joachim: 40 Jahre Kinoprojektionsbeleuchtung. Kinotechn. **18**, H. 5/6, 69—73, 93—96 (1936)
246. — Bildwandhelligkeit in Filmtheatern. Richtlinien für ihre Messung und Bewertung. Kinotechn. **20**. H. 11, 285—291 (1938)
247. — Internationale Normalisierung der Bildwandausleuchtung. Kinotechn. **21**, H. 8, 196—200 (1939)
248. — Der Schmalfilm, seine Geschichte und seine derzeitigen Leistungen. Kinotechn. **25**, H. 10/11, 89—91 (1943)
249. — Über eine „Schmalfilm-Zeitlupe". Kinotechn. **26**, H. 1/2, 1—3 (1944)
249a. — Die neue „Zeitlupe" für hochfrequente Filmaufnahmen. Feinmech. und Präzision **42**, 33 (1934)
249b. Joerg: Die Spiralfeder als Antriebsmittel in Federwerken und Uhren. Feinwerktechnik **58**, H. 3, 75—80 (1954)
249c. Jones, Hall: Die Beziehung zwischen Zeit und Beleuchtungsstärke im photographischen Effekt einer Belichtung. Sci. Ind. photogr. VIII, H. 8 und Kinotechnik **10**, 566 (1928)
250. Jotzoff: Der Umlaufverschluß an Kinobildwerfern. Dissertation, Technische Hochschule. Berlin. 1938
251. — Getriebe an Kinogeräten. Feinmech. u. Präz. **49**, H. 11, 127—133 (1941)
252. — Getriebefragen beim Bau von Kinogeräten, Kinotechn., H. 1, 9, 10, 14 (1951)
252a. Isom: Fast Cycking Intermittend for 16-mm-Film. Journ. SMPTE **62**, H. 1, 55—63 (1954)
     Joos (s. 11)
253. Judin: Untersuchungen über die Geschwindigkeit der Filmbewegung in Kinoapparaten mit dem Schlägersystem Debrie. Kinotechn. **15**, H. 17, 278—281 (1933)
254. Jungfer: Film im Fernsehen. Kinotechn., H. 5, 93—95 (1951)
255. Jungk: Film-Tonaufnahmen. Photo-Kinotechn. 2, H. 3, 4, 73—75, 101—104 (1948)
256. — Lichttonschriften. Photo-Kinotechn. **3**, H. 3, 68—69 (1949)
256a. Kammerer: Die erreichbare Tonqualität beim Lichttonverfahren. Kinotechnik **8**, H. 12, 378—379 (1954)
256b. — Magnetton bringt Fortschritte in der Tonaufzeichnung. Kinotechnik **8**. H. 12, 379—381 (1954)
257. Karolus: Die Entwicklung der speichernden Fernseh-Aufnahmeröhre. Zeitschr. f. angew. Physik **4**, H. 2, 71—77 (1952)
257a. Kastl: Filter, Vorsatzlinsen, Weichzeichner. Döring u. Vockrodt
258. Kellner: Absorption and Reflexion Losses in Motion Picture Objectives. Journ. SMPE **4**, H. 11, 74 (1920)
258a. Kerkhof, Werner: Fernsehen. Philips Technische Bibliothek (1951)
259. Kesselring: Die „starke" Konstruktion. VDI-Zeitschr. **86**, H. 21/22, 49/50, 321—330, 749—752 (1942)
260. Kipping: Das Wickelproblem und seine Lösung. Siemens Zeitschr. **19**, H. 9. 10. 450 (1939)
261. Kirchhoff, Schäfter: Neuzeitliche Aufnahme und Wiedergabeobjektive. Kinotechn. **22**, H. 2, 519—520 (1940)
     Kirchhoff (s. 134)

262. KLUGHARDT: Die Wirkungsweise des Maltesergesperres im Kinoprojektor. Kinotechn. **4**, H. 24, 885—892 (1922)

263. — Die wirkliche Lichtstärke photographischer Objektive. Zentral-Ztg. Opt. und Mech. 79 (1926)

264. — Einige Untersuchungen über die Wirkungsweise der Schlitzverschlüsse. Photogr. Industr. **24**, H. 1, 7—13 (1926)

264a. KLUGHARDT, OTTO: Lichtstärkemessung hinter photographischen Objektiven. Photogr. Industrie (1926)

264b. KNECHTEL: Geschwindigkeiten und Beschleunigungen in der Bogenschubkurbel. AWF-Getriebeblatt **603**. Berlin: Beuth. 1929

— (235), (236), (237), (238)

265. KOCH: Ein Meßsucher mit selbsttätiger Tiefenschärfebestimmung. Zeitschr. f. Instrumentenkunde **60**, H. 9, 284—286 (1940)

266. KOCHS: Lichtstärke und relative Öffnung von Kinoobjektiven. Kinotechn. **22**, H. 11, 154—157 (1940)

— (505), (506)

267. KÖBER, VIERLING: Die Entwicklung des Raumfilmverfahrens, System ZEISS-IKON. Kinotechnik und Filmtechnik **26**, H. 3/4, 17—24 (1944)

268. — Die Raumfilmverfahren. Bild und Ton **6**, H. 11, 322—326 (1953)

269. KOEHLER: Die Sonderstellung der Feinwerktechnik. VDI-Zeitschr. **90**, H. 4, 115—119 (1948)

270. KOEHLER: Anamorphotische Optik, die Grundlage für „*Cinemaskope*". Kinotechnik **8**, H. 3, 69—71 (1954)

271. KÖHLER, SELLE: Über stereokinematographische Farbaufnahmen mit brennweitenveränderlichen Objektiven. Kinotechn. **25**, H. 12—13, 111—116 (1943)

272. KÖFINGER: Lichtstarke Objektive in der Kino-Aufnahmepraxis. Kinotechn. **13**, H. 10, 178—180 (1931)

273. KÖNIG, BRODHUN: S. B. Akademie d. Wiss. **2**, 917—931 (1888)

274. KÖNIG: Die Abhängigkeit der Sehschärfe von der Beleuchtungsintensität. S. B. Akad. Wiss. 559—575 (1897)

275. — Physiologische Optik in Handbuch der Experimentalphysik. 1929

276. — Die Fernrohre und Entfernungsmesser. Berlin: Springer. 1937

277. KOHLRAUSCH: Periodische Änderungen des Farbensehens in Film und Farbe. 98—102. Berlin: Hesse. 1943

278. KORFF: Methoden zur Prüfung photographischer Objektive (Referat). Kinotechn. **18**, H. 11, 187—188 (1936)

279. — Neuere Methoden der Bildschärfeneinstellung, Feinmech. u. Präz. **49**, H. 5, 49—53 (1941)

KOTOWSKI (s. 52)

280. KRÄMER: Vergleichsmessungen an lichtelektrischen und optischen Belichtungsmessern, Photographie **3**, H. 6, 156—157 (1949)

281. KRAUS: Grundlagen der Getriebelehre. Wiss. Verlagsanst. Hannover. 1949

282. — Einfache Konstruktion von Gelenkvierecken durch Lagerduktion und Zerfall der Mittelpunktskurve, Feinwerktechn. **54**, H. 3, 69—72 (1950)

283. — Angenäherte Darstellung von Funktionen durch ein Schubkurbelgetriebe, Feinwerktechn. **54**, H. 4, 99—102 (1950)

284. — Entwerfen von Geradführungen, Feinwerktechn. **56**, H. 6, 175—181 (1952); **57**, H. 1, 12—20 (1953)

285. — Einfache Darstellung und Anwendung der Mittelpunktkurve. Feinwerktechn. **57**, H. 2, 53—57 (1953)

286. KREDAR: Optische Probleme bei der Konstruktion, von Zeitdehnerkameras. Journ. SMPTE, H. 6, 487—490 (1952)

286a. KROHS: Selen Photoelemente als objektive Meßorgane. Bild u. Ton **7**, H. 5, 130—133 (1954)

287. KRONES: Die magnetische Schallaufzeichnung. Techn. Zeitschriften Verlag Erb, Wien. 1952

288. KÜHL: Bildhelligkeit und sogenannte Blendung. Opt. Rundschau f. Photooptiker **26**, 569 (1935)

289. — Die Fortschritte der photographischen Optik vor der Kritik des Auges. Feinwerktechn. **55**, H. 1, 1—7 (1951)

289a. KÜHNE: Magnetton in der Filmtechnik. Radio Magazin, H. 8, 269—271 (1954)

— (77a)

290. KÜPPENBENDER: Fortschritte im Bau photographischer Kameras. VDI-Zeitschr. **82**, H. 11, 301—308 (1938)

291. Küster: Tonaufzeichnung in Doppelzackenschrift auf 16-mm-Filme. Kino-
      techn. **21**, H. 7, 167—172 (1939)
   — (s. 77a)
292. Kunzmann: Journ. SMPE **26**, H. 11, 540 (1936)
292a. Kutschbach: Entwicklung und Konstruktion der Fernseh-Aufnahmeröhren,
      Filmtechnikum **3**, H. 6, 9, 135—137, 207—209 (1952)
292b. — Die Fernsehkamera und ihr Betriebseinsatz. Tonfilm u. Fernsehen. H. 3, (1941)
293. Kutzleb: Die geräuschlose Bildkamera „*Cinephon*". Kinotechn. **12**, H. 24,
      644—646 (1930)
294. — Der Belichtungsmesser des Kameramannes. Kinotechn. **19**, H. 11, 259—261
      (1937)
294a. — Verfahren zur Prüfung von Zentralverschlüssen. Kinotechnik **16**, H. 8,
      43—45 (1935)
      Laak: (s. 134)
295. Landois, Rosemann: Lehrbuch der Physiologie des Menschen. Berlin: Urban
      und Schwarzenberg
296. Lange: Der neue Schmalfilmer. Berlin: Elsner. 1940
297. Lange: Die Photoelemente und ihre Anwendung. Barth. 1940
298. — Kameras mit photoelektrischem Belichtungsregler. Photographische Ind. **38**,
      H. 42, 613—614 (1940)
298a. Lauer, Schulze: Schmalfilm mit Magnetton im Südwest-Fernsehbetrieb.
      Kinotechnik **8**, H. 7, 204—208 (1954)
299. Lehmann: Die Kinematographie, ihre Grundlagen und Anwendungen. Leipzig:
      Teubner. 1911
300. — Schärfenkontrolle bei Filmkameras. Bild u. Ton **2**, H. 9, 268 (1949)
301. — Die Schärfentiefe in der Filmpraxis. Bild u. Ton **3**, H. 4, 111—112 (1950)
   — (s. 130)
302. Leistner: Photographische Optik in Fortschritte der Photographie II, 27—73.
      Leipzig: Akademische Verlags-Ges. 1940
303. — Photographische Optik in Fortschritte der Photographie III, 291—302.
      Leipzig: Akademische Verlags-Ges. 1944
304. Leistner: Das Filmischeste des Filmes: Trick, Photo-Kino-Technik **2**, H. 6—8,
      147—151, 182—183, 207—209 (1948)
305. — Störschallgeber rings um das Mikrophon. Kinotechn. 1952, H. 3/4, 56—57.
      86—87 (1952)
306. Lennartz: Licht-Farbmessung und automatische Lichtfarbsteuerung. Photo-
      Kinotechn. **3**, H. 12, 305—306 (1949)
306a. Levy: Zur Kinematik des Bildes in einigen Hochfrequenzkameras bei stetigem
      Filmtransport mit optischem Ausgleich. Vortrag Intern. Tagung f. Kurzzeit-
      photographie u. Hochfrequenzkinematographie. Paris. 1954
307. Lewenson: Kinematik und Dynamik der Getriebe. Technik Berlin. 1952
308. Lichte, Narath: Physik und Technik des Tonfilms. Leizpig: Hirzel. 1941
   — (s. 52)
309. Lichtenheldt: Einfache Konstruktionsverfahren zur Ermittlung der Ab-
      messungen von Kurbelgetrieben. Berlin: VDI. 1941
310. — Tagung für Getriebetechnik. Technik **8**, H. 4, 263—267 (1953)
311. Lichtwitz: Getriebe für aussetzende Bewegung. Berlin: Springer. 1953
312. Liesegang: Die Kinematographie, Zahlen und Quellen zur Geschichte der
      Projektionskunst und Kinematographie. Berlin: Hackebeil. 1926
313. — Die Geschichte der Bildwechselzahlen. Kinotechn. **19**, H. 7/8, 153—155,
      180—189 (1937)
314. — Zur Abweichung der Marbeschen und Arndtschen Flimmergrenzzahlen.
      Kinotechn. **25**, H. 8/9, 80—81 (1943)
314a. — Wissenschaftliche Kinematographie, Liesegang. 1920
315. Lindner: Optische Sucher für Fernseh-Kameras, Feinmech. u. Präz. **51**,
      H. 1/2, 19—23 (1943)
316. Lindt: Objektivverschlüsse für photographische Apparate. VDI-Zeitschr. **77**,
      H. 27, 733—736 (1933)
317. Linke: Leistungsbedarf von Kinoaufnahmekameras. Bild u. Ton **2**, H. 5,
      139—140 (1949)
318. — Geräuscharme Motoren für die Kino-Aufnahme-Kamera. Bild u. Ton **2**,
      H. 3, 89 (1949)
319. — Das Problem des geräuscharmen Antriebsmotors für Tonfilmaufnahme-
      kameras. Feinwerktechn. **53**, H. 6, 177—179 (1949)

320. Lippert: Der Stand der modernen Hochfrequenzmagnetophontechnik und die kinotechnischen Einsatzmöglichkeiten des „Magnetophons". Photo-Kino-Technik 1, H. 2/3, 19—22, 19—21 (1947)
321. Loeffler: Methoden und Geräte zur Prüfung der Kinobildwerfer. Bericht 68 (1947), TBK., nicht veröffentlicht
322. — Über Bildstandfehler von Kinoprojektoren. Bild u. Ton 3, H. 9, 281—285 (1950)
323. Lossagk: Versuche über Adaptationszeiten. Licht 6, H. 4, 126—131 (1936)
324. Lowry: Schirmhelligkeit und Sehfunktionen. Kinotechn. 18, H. 12, 13, 191—193, 207—210 (1936)
325. Luckish, Moss: The Motion Picture Screen as a Light in Problems. Journ. SMPE 26, H. 5, 578 (1936)
326. Lüscher: Die Ermittlung der günstigsten Basislänge bei stereoskopischen Aufnahmen. Zeitschr. f. angew. Photographie in Wissensch. u. Techn. 4, H. 6, 81—84 (1942)
327. — Stereoaufnahmen mit Einlinsenkameras. Photo-Kinotechnik 3, H. 5/6, 110—112, 142—143 (1949)
328. — Aufnahmebasis bei stereoskopischen Nahaufnahmen. Photo-Kinotechnik 4, H. 6, 213—214 (1950)
329. — Ein neues Kamerasystem für Stereoaufnahmen. Kinotechn. H. 4, 74--75 (1952)
330. — Jetzt auch Stereofilm im eigenen Heim. Kinotechn., H. 7, 177 (1952)
331. Lummerzheim: Filmbeanspruchung und Filmschonung. Bildwert 9, H. 6, 257—261 (1931)
332. — Filmmechanik. Film und Bild 2, H. 8, 261—268 (1936)
333. — Agfa-Schmalfilm-Handbuch. Bad Harzburg: Heering. 1936
334. — Schmalfilmtechnik, Schmalfilmmöglichkeiten. Kinotechn. 18, H. 16, 255—261 (1936)
335. — Baugrundlagen für 16-mm-Schmalfilmgeräte. VDI-Zeitschr. 80, H. 30, 913—917 (1936)
336. — Kleinbildkinematographie. VDI-Zeitschr. 83, H. 8, 260—262 (1939)
337. — Lichtbildausbeute im Schmalfilmprojektor. Film für Alle 13, H. 1, 17—20 (1939)
338. — Schmalfilmtechnik 1941. Kinotechn. 23, H. 6, 104—109 (1941)
339. — Nutzlichtstrom und Zuschauerzahl bei Schmalfilmprojektoren. Kinotechn. 25, H. 3, 27—28 (1943)
340. — (Referat), Schulkinematographie bei uns und in USA. Kinotechn. 25, H. 10/11, 99—103 (1943)
— (s. 23)
340a. Lullack, Weise: Titeltechnik, Knapp: Düsseldorf (1955)
340b. Lux: Verwendung der Sperrschichtzelle als photographisches Aktinometer. Photogr. Industrie 32, 168—172, 274—371 (1934)
341. Maas, Zöllner: Optische Gläser und Kunststoffe in Photoobjektiven. Photo-Kinotechnik 3, H. 7, 164—166 (1949)
341a. Mac Adam Stereoskopische Wahrnehmungen von Größe, Gestalt, Abstand und Richtung, Journ. SMPTE 61, H. 4, 271—293 (1954)
342. Maidorn: Einheitsperforation für den 35-mm-Film. Bild u. Ton 5, H. 1, 20—21, (1952)
343. Marbe: Theorie der kinematischen Projektion. Leipzig: Barth. 1910
344. Marmet: Die photographische Bedeutung der Brennweite. Bild u. Ton 2, H. 2, 49—52 (1949)
345. Martini: Beitrag zur Entwicklung des Durchsichtsuchers. Photographische Ind. 37, H. 9, 280—287 (1939)
345a. Matusche: Farbfernsehen. VDI-Zeitschr. 96, H. 30, 1013—1016 (1954)
346. Maurer: Berufsmäßige Schmalfilmaufnahme mit 16-mm-Apparaten (Referat). Kinotechn. 23, H. 9, 160—161 (1941)
347. — Berufsmäßige Schmalfilmherstellung auf 16-mm-Film. Kinotechnik und Filmtechnik 20, H. 9/10, 59—61 (1944)
348. May: Ist der 16-mm-Schmalfilm für das Kinotheater geeignet. Kinotechn. 24 H. 3, 31—33 (1942)
349. — Schaltwerk und Filmverschleiß. Photo-Kinotechnik 4, H. 9, 270—271 (1950)
350. — Kritische Betrachtungen über die Flimmergrenze beim Laufbildwurf. Kinotechn. 25, H. 3, 28—29 (1943)

351. MAYER: Die optischen Laboratorien der SIEMENS u. HALSKE A. G., SIEMENS-Zeitschr. **19**, H. 11, 493—498 (1939)
351a. — Physik dünner Schichten, Wiss. Verlagsgesellsch. Stuttgart (1950)
MECHAU: (s. 53)
352. MERTÉ, RICHTER, ROHR: Handbuch der wissenschaftlichen und angewandten Photographie, I, Wien: Springer. 1932
353. — Handbuch der wissenschaftlichen und angewandten Photographie, Ergänzungsband, 1—98. Wien: Springer. 1943
354. METZ: Erfahrungen mit Sicherheitsfilm beim Normalfilm. Kinotechn. **20**, H. 1, 1—5 (1938)
355. MEYER: Der Aufzeichnungsvorgang beim Magnettonverfahren. Bild u. Ton **6**, H. 5, 134—138 (1953)
356. MICHEL: Die Grundlagen der Theorie des Mikroskops. Stuttgart: Wissensch. Verlagsges. 1950
357. — Die Mikrophotographie. Die wissenschaftl. u. angewandt. Photographie, in Einzeldarstellungen, X, Springer: Wien
357a. — Mikrophotographie in Wissenschaft und Technik. Naturwiss. Rundschau **5**, H. 4, 134—139 (1952)
358. MIKUT: Beiträge zur Theorie der Irisblende. Photographische Industr. **28**, H. 1, 4, 53—56, 77—81 (1930)
358a. MILBAUER: Über die Wahrscheinlichkeit der richtigen Expositionsbestimmungen. Photogr. Korrespondent **73**, H. 9, 125
359. MÖLLER: Mehrfach-Filmabtastung. Hausmitt. d. FERNSEH A. G. II, H. 5, 129—135 (1942)
359a. MÖLLER: Grundsätzliches zur magnetischen Bildaufzeichnung. Kinotechnik **8**, H. 7, 202—203 (1954)
360. MOLNAR: Über die Aufnahme sich drehender Räder. Kinotechn. **14**, H. 14, 255—260 (1932)
— Moss (325)
360a. MÖNCH: Über die optische Durchlässigkeit des Sehens im Zusammenhang mit der lichtelektrischen Leitung. Physik. Zeitschr. **40**, 487—488 (1939)
361. MÜLLER: Mechanische Filterung bei Tonfilmmaschinen. Kinotechn. **21**, H. 1, 9—14 (1939)
362. — Filmwickeln mit konstanter Zugkraft. Kinotechn. **24**, H. 9, 139—140 (Auszug aus Dissertation (495), (1942)
363. MÜLLER: Lichtquelle, Farbtemperatur, Farbenphotographie, Phototechnik und Wirtschaft **3**, H. 3, 96—97 (1952)
363a. — Farbtemperaturmessung und Filter bei Farbaufnahmen, Kinotechnik **8**, H 9, 267—268 (1954)
MÜNCH: (s. 156, 157)
364. NÄHRING: Lichtelektrische Belichtungsmesser, Photographische Ind. **36**, H. 49, 1358—1362 (1938)
365. NAGEL: Klebestellen und Filmzug bei Silber- und Ozaphanfilmen. Kinotechn. **18**, H. 10, 165 (1936)
366. NAGEL: Farbtemperaturen, Photoindustrie und Handel, H. 5/6, 61—64 (1944)
366a. — Restausgleichsunschärfe und nutzbares Bildfeld beim optischen Ausgleich mit ebenen Drehspiegeln, Optik **3**, H. 5/6, 541—554 (1948)
367. NARATH: Über das Auflösungsvermögen photographischer Emulsionen. Kinotechn. **17**, H. 4, 51—55 (1935)
368. — Eine neue Methode zur Bestimmung des Auflösungsvermögens photographischer Emulsionen, Kinotechn. **17**, H. 6, 7, 91—95, 107—110 (1935)
369. — Die Lichtverteilung im Filmspaltbild als Quelle nichtlinearer Verzerrungen. Kinotechn. **20**, H. 4. 93—96 (1938)
370. — Der Einsatz des Schmalfilms in der Technik, Kinotechn. 1952, H. 1, 2, 14—15, 32—33
— (s. 308)
371. NAUMANN: Über den in der Kinoprojektion erreichbaren maximalen Lichtstrom. Kinotechn. **10**, H. 20, 523—526 (1928)
372. — Über die Beeinflussung der Schirmbildkontraste durch die optischen Eigenschaften des Projektors. Kinotechn. **12**, H. 8, 9, 211—216, 245—247 (1930)
373. — Vom höchsten Lichtstrom bei der Kinoprojektion. Filmtechn. **11**, H. 25/26, 280—282 (1935)
374. — Gedanken zur Schmalfilmoptik. Filmtechn. **11**, H. 14/15, 170—173 (1935)
375. — Flimmern und Bildwandbeleuchtung. Kinotechn. **20**. H. 6. 141—143 (1938)

376. NAUMANN: Das Auge meiner Kamera. Knapp, Halle und Düsseldorf. 1954
377. — Der Schmalfilm in Amerika. Filmtechnik, H. 2, 25 (1947)
378. — Linsenzahl und Leistung optischer Systeme, Filmtechnik, H. 1, 3—4 (1947)
379. — Von Zerstreuungskreisen, Photographie, H. 5/6, 88—89 (1947)
380. — Optik für Konstrukteure. Halle: Knapp. 1949
381. — Zusammenhänge zwischen Unschärfe, Tiefenschärfe und Blendengröße, Photographie, H. 2, 38—39 (1950)
382. — Tiefenschärfe, Format und Perspektive, Photo-Technik und Wirtschaft 4, H. 3, 92—93 (1953)
382a. — Stammbaum der Photoobjektive 253—255
382b. — Über eine Methode zur Bestimmung der Schnittweite und der Brennweite photographischer Objektive für Ultrarot, Optik 10, H. 9, 413—422 (1953)
382c. — Bestimmung der Schnittweite und der Brennweite photographischer Objektive für Ultrarot, Archiv f. Techn. Messen V 44. 11. Juli 1954
382d. — Durchrechnungen optischer Systeme mit dem Rechenschieber, Optik 3, H. 5, 6, 475—482 (1946)
383. NEWMAN (Referat): Die Filmschaltung. Kinotechn. 18, H. 23, 384—385 (1936)
384. NILLESEN: Die deutschen und amerikanischen Richtlinien für die Bildwandausleuchtung. Kinotechn. 23, H. 12, 194—197 (1941)
385. NIDETZKY: Eichen elektrischer Belichtungsmesser, VDI-Zeitschr. 82, H. 15, 451—454 (1938)
386. — Eichen elektrischer Belichtungsmesser, Photographische Industrie 36, H. 35, 964—966 (1938)
387. — Elektrische Belichtungsmesser, in Handbuch der wissenschaftlichen und angewandten Photographie, Ergänzungsband 1943. Wien: Springer
388. NÖLLER: Einstellgenauigkeit verschiedener Entfernungsmessertypen, Photokinotechn. 3, H. 8, 188—190 (1949)
389. NORLING: The stereoscopic Art-A Reprint. Journ. SMPTE 60, H. 3, 268—308 (1953)
390. NORWOOD (Referat): Belichtungsmessung, Kinotechn. 23, H. 11, 184—185 (1941)
391. OCHS: Exakte Messung der Bildschärfe, Gebrauchsphotographie 47, H. 3, 48 (1940)
391a. OHNESORGE: Der Schnellkinematograph mit mechanischer Regelung der Belichtung, Kinotechnik 11, H. 23, 619—623 (1929)
392. OPFERMANN: Der elektrische Belichtungsmesser für die Berufskinematographie und seine Probleme. Kinotechn. 21, H. 1, 16—18 (1939)
393. — Warum Belichtungsmesser für Schmalfilm? Kinotechn. 21, H. 7, 181 (1939)
394. ORT: Photooptik mit Antireflexbelag. Feinwerktechn. 53, H. 2, 35—41 (1949)
395. — Gute Bilder durch ebene Filmführung. Phototechnik und Wirtschaft 3, H. 1, 24—25 (1952)
396. — Richtige Belichtung bei Nahaufnahmen. Phototechnik und Wirtschaft 3, H. 8, 322 (1952)
     OTTO (263a)
397. PANDER: Die Sache mit der Blende. Kino-Amateur 5, H. 4, 127—132 (1932)
     PELZ (31b)
398. PETERSEN: Charakteristiken der Unterlagen von Nitro- und Sicherheitsfilmen, Photo-Kinotechn. 3, H. 6, 137—139 (1949)
399. PETZOLD: Belichtungsmesser in Fortschritte der Photographie I. Akademische Verlagsges., 336—373. Leipzig (1938)
400. — Grundsätzliches über Belichtungsmesser. Kinotechn. 21, H. 6, 154—155 (1939)
400a. PFISTER: Ein einfacher Zeitschreiber für Hochfrequenzkinematographie. Vortrag Intern. Tagung f. Kurzzeitphotographie und Hochfrequenzkinematographie. Paris. 1954
401. PIETSCH: Die stereoskopische Tiefenzone. Photographie, H. 10, 285—287 (1953)
402. PIRANI, ROMPE: Über Projektion mit kontinuierlich abrollendem Filmband. Kinotechn. 15, H. 8, 131—132 (1933)
403. PISTOR: Die Möglichkeiten des Schmaltonfilmes. Kinotechn. 20, H. 11, 292—296 (1938)
404. PLAUMANN: Filmtaschenbuch für Alle. Halle: Knapp. 1938
     POLSTER (172)
405. PRITSCHOW: Die Entwicklung der photographischen Sektoren-Objektiv-Verschlüsse. VDI-Zeitschr. 66, H. 13, 316—321 (1922)

406. Pritschow: Die geistige Tätigkeit des Kamerakonstrukteurs. Photographie **30**, H. 9, 139—142 (1925)

407. — Newton-Sucher und Ikonometer. Photographische Ind. **25**, H. 2, 3, 25—27, 52—57 (1927)

408. — Der Aufsichtssucher, Photographische Ind. **26**, H. 11—14, 291—293, 193 — 321, 345—347, 372—374 (1928)

409. — Aufbau und Wirkungsweise der Vorsatzlinsen, Photographische Ind. **26**, H. 29, 731—734 (1928)

410. — Die achsiale Verschiebung der Vorderlinse als Mittel zur Einstellung des Objektives, Photographische Ind. **28**, H. 21, 577—579 (1930)

411. — Der Rahmensucher in Theorie und Praxis, Photographische Ind. **27**, H. 43, 1134—1136 (1929)

412. — Die Bildparallaxe und die Mittel zu deren Beseitigung, Photographische Ind. **29**, H. 50, 1348—1350 (1931)

413. — Die photographische Kamera und ihr Zubehör. Handbuch der wiss. und angewandten Photographie, 2. Wien: Springer. 1931

414. — Über den Einfluß der optischen und mechanischen Zentrierung einzelner Systeme beim Zusammensetzen zu lichtstarken Anastigmaten. Photographische Korrespondenz **71**, H. 12, 158—164 (1935)

415. — Zur Frage der ungleichmäßigen Lichtverteilung in der Bildebene photographischer Objektive. Photographische Ind. **36**, H. 6, 8, 126—128, 424—428 (1938)

416. — Das Petzval-Objektiv und seine Fortentwicklung als Projektionssystem. Photographische Ind. **38** H. 19—21, 24, 26, 28, 296—298, 310—312, 324—326, 369—371, 397—399, 425—426, (1940)

417. — Die Automatverschlüsse und deren Entwicklungsformen von 1930 bis 1940. Photographische Ind. **39**, H. 35/36, 555—558, 575, 576 (1941)

418. — Die Kleinbildkamera im Handbuch der wissenschaftlichen und angewandten Photographie. Ergänzungsband, 99—233. Wien: Springer, 1943

419. — Vom Petzval-Voigtländer-Objektiv zum Doppelanastigmat, Photoindustrie und Handel, H. 5/6, 7/8, 57—60, 81—82 (1944)

420. — Photographische Aufnahmelinsen mit veränderlicher Brennweite, Photo-Technik und Wirtschaft 2, H. 9, 12, 356—358, 373, 482, 483, 492, 493 (1951)

421. — Die photographische Kamera. Die wissenschaftliche und angewandte Photographie in Einzeldarstellungen II. Wien: Springer

422. Quurke: Der Aufbau des photographischen Objektivs. Bild und Ton **4**, H. 12, 362—366 (1951)
Räntsch (423)

423. Ramsay, Räntsch: Die Optik in der Feinmeßtechnik. München: Hauser. 1949
424. Ranke: Die Nachwirkung der Blendung und die Readaptionszeit. Lichttechnik **4**, H. 3, 64—66 (1952)

425. Rauh: Praktische Getriebelehre. 1, 2. Berlin: Springer. 1931, 1939 u. 1951
425a. — Aufbaulehre der Verarbeitungsmaschinen. Girardet. 1950
425b. Rave: Fernsehen. Naturwiss. Rundschau **5**, H. 2, 54—59 (1952)
426. Rayton: (Referat). Die Wirkung von Fensterlinsen. Kinotechn. **17**, H. 2, 25—27 (1935)
427. — Kurzbrennweitige Objektive für Durchprojektion. Journ. SMPE (1932)
428. Rebske, Weis: Ein Querschnitt durch die neuzeitliche Innenbeleuchtung. ETZ (B), **5**, H. 9, 285—290 (1953)
429. Reeb: Lichttechnische Grundbegriffe und ihre Bedeutung für die Kinotechnik. Kinotechn. **12**, H. 3, 4, 61—65, 92—96 (1930)

430. — Betrachtungen zur Frage der günstigsten Projektionsbeleuchtung. Kinotechn. **19**, H. 4, 67—76 (1937)

431. — Bericht zu „Internationale Normalisierung der Bildwandausleuchtung". Kinotechn. **21**, H. 8, 200—201 (1939)

432. — Zur Kinoprojektion mit periodisch überlasteten Hochdruckbogenlampen. Licht **5**, H. 7, 228 (1953)

433. Reeves (Referat): Die lautlose Fearless-Kamera, Mod. 1930. Kinotechn. **12**, H. 6, 174—175 (1930)

434. Reichel: Der Mehrfach-Zeilensprung. Hausmitt. d. Fernseh A. G. I, H. 5, 171—179 (1939)

435. Rein: Einführung in die Physiologie des Menschen. Berlin: Springer (1936)

436. REINER: Spiegelobjektive. Photokinotechn. **3**, H. 9, 218—220 (1949)
437. — Die chromatische Aberration. Bild und Ton 4, H. 5, 146—150 (1951)
438. REINERS: Die Entwicklung der Projektionstechnik in Sowjetrußland. Kinotech. 17, H. 14, 235—240 (1935)
438a. REINERT: Der Stammbaum deutscher Photoobjektive. Photo-Magazin, H. 8, 68—69 (1953)
439. REULEAUX: Theoretische Kinematik I, II. Braunschweig: Vieweg. 1875 u. 1900
440. REYNAL: Federn und ihre schnelle Berechnung. Leipzig: Spamer. 1929
RICHTER (352)
441. RICHTER, v. VOSS: Bauelemente der Feinmechanik. Berlin: VDI-Verlag. 1938
442. RICHTER: Zeitdehner mit optischem Ausgleich für 80.000 Bilder je sec., VDI-Zeitschr. **81**, H. 45, 1314—1315 (1937)
443. — Verfahren der Hochfrequenzfilmaufnahme. Archiv für technisches Messen, H. 5, V 142/4 (1939)
444. — Über die Bildaufteilung bei Hochfrequenz-Filmaufnahmen. Feinmech. und Präzision **47**, 177—178 (1939)
444a. — Geräte der Hochfrequenzfilmaufnahme. Archiv f. techn. Messen, H. 1, V 142—15 (1954)
445. — Die Bedeutung der ZEISS-„T-Optik" für die Photographie und Projektion. ZEISS-Nachrichten 1940, Sonderheft 5
446. — Grundriß der Farbenlehre der Gegenwart. Dresden: Steinkopf. 1940
447. RIECK: Beitrag zum Problem der objektiven Messung verschieden farbiger Lichtquellen. Licht **5**, H. 5, 131—132 (1935)
448. — Die Bildhelligkeit in der Bildwerftechnik. Licht **6**, H. 12, 246—249 (1936)
449. — Technische Bewertung von Schmalfilmgeräten. Kinotechn. **19**, H. 9, 200—203 (1937)
450. — Messungen an Bildschirmen. Kinotechn. **21**, H. 4, 89—92 (1939)
451. — Filterkompensierte Zellen als objektive Photometer. Zeitschr. f. techn. Physik **20**, H. 8, 184—187 (1940)
452. — Lichtstrom, Beleuchtungsstärke, Leuchtdichte. Film und Bild 8, H. 10/11, 139—140 (1942)
453. — Möglichkeiten der Forschungs- und Meßkinematographie. Photo-Kinotechn. 4, H. 2, 51—53 (1950)
454. — Infrarotfilm in der wissenschaftlichen Kinematographie. Kinotechn., H. 7, 172—174 (1952)
455. — Eine Zwischenlösung für den Stereoforschungsfilm. Kinotechn. H. 2, 36—39 (1952)
455a. — Kinematographie in der Dunkelheit. Naturwiss. Rundschau, 6. H. 7, 289—293 (1953)
455b. — Meßkinematographische Aufnahmen mit dem Kurvenauswertegerät „Meß-kineautograph". Kinotechnik 8, H. 1, 2, 8—9, 42—43
— (s. 21)
456. RHEINHEIMER, HIRSEKORN, STEINER: Untersuchung ausländischer Schmalfilm-projektoren in der Filmtechnischen Prüfstelle. Kinotechn. **23**, H. 3, 37—47 (1941)
456a. ROBERTSON: Auswertung des Bildstandes von 16-mm-Kopien. Journ. SMPTE **62**, H. 4, 265—270 (1954)
457. ROEDER: Das Auflösungsvermögen bei der photographischen Aufnahme. Photographische Ind. **39**, H. 22—28, 351—356, 371—373, 385—388, 401—403, 418—420, 432—434, 449—452 (1941)
457a. — Optischer Durchhang und ausnutzbarer Objektumfang. Photographische Industr. **37**, 727—730, 751—754 (1939)
458. ROEMER: Grundsätzliches zur Belichtungsmessung. Photographische Ind. **36**, H. 30, 842—844 (1938)
ROESCHLEIN: (134)
459. RÖWER: Vom festen Kamerastativ bis zum fahrbaren Maschinenkran. Bild u. Ton **3**, H. 8, 244—248 (1950)
460. ROHLOFF: Ausarbeitung der Methoden und Geräte zur Prüfung von Laufbild-kameras. Bericht 67 TBK., 1947, nicht veröffentlicht
461. — Kameraprüfung in der Bildtechnik. Bild u. Ton 2, H. 5, 136—138 (1949)
462. — Kamera-Bildstandsfehler und ihre Messung. Bild u. Ton 2, H. 6, 184—188 (1949)
463. — Der Einfluß der Filmschrumpfung. Photo-Kinotechnik **3**, H. 9, 216—217 (1949)

464. Rohloff: Filmwickeln mit konstantem Zug? Photo-Kinotechnik **4**, H. 10, 305—307 (1950)
465. — Tachometer in Kinogeräten. Bild u. Ton **3**, H. 4, 112—114 (1950)
466. Rohr: Theorie und Geschichte des photographischen Objektivs. Springer. 1899
Rohr: (s. 352)
Roll: (s. 125)
467. Roller: Vorführungsversuche zum stummen Film und zum Tonfilm. Sonderdruck aus der Zeitschr. „Praktische Schulphysik". Berlin: Heymann. 1936
Rompe: (s. 402)
Rosemann (s. 295)
468. Rosenthal: Die reflexmindernden Schichten auf Glas. Mitt. d. Leitz-Werke Nr. 63 (1941)
469. — Zur Frage der Priorität auf dem Gebiet der reflexmindernden Schichten. Glastechnische Berichte **24**, H. 6, 151—152 (1951)
469a. Rowan: Elektronische Bildaufzeichnung auf Magnetband, American Cinematographer **34**, H. 12, 596, 617, 618 (1953)
470. Rudolph: Die Raumwiedergabe im photographischen Bilde. Kinotechn. **8**, H. 7, 179—183 (1926)
471. — Der Raumzeichner und die zonenfreie sphärische Abbildung. Kinotechn. **11**, H. 13, 339—340 (1929)
472. Rüst: Untersuchungen über Belichtungsmesser. Dissertation. Zürich. 1939
473. — Die Anforderungen an einen zuverlässigen Belichtungsmesser. Kinotechn. **22**, H. 4, 51—54 (1940)
474. Ruhnau: Projektoren mit optischem Ausgleich. Kinotechn. **9**, H. 20, 529—538 (1927)
475. — Arbeiten an Konstruktionserneuerungen. Dralowid-Nachr. **12**, 33—34 (1938)
476. — Technische Plauderei. Dralowid-Nachr. **12**, 53—54 (1938)
477. — Dralowid-Projektor 8. Dralowid-Nachr. **12**, 70—71 (1938)
478. — Schaltelemente für den Filmtransport. Dralowid-Nachr. **11**, 73—75 (1937); **12**, 91—93 (1938)
479. — Getriebe und Schaltmechanismus des „Dralowid-Projektors II/8". Dralowid-Nachr. **13**, 16—18 (1939)
480. — Filmformat und Beleuchtungstechnik. Dralowid-Nachr. **13**, 36—37 (1939)
481. — Bild- und Bildwinkel bei Aufnahme und Wiedergabe. Dralowid-Nachr. **13**, 55—56 (1939)
482. — Schmalfilm-Projektion mit Batteriebetrieb. Dralowid-Nachr. **13**, 83—84 (1939)
483. — Die Konstruktionselemente der Kino-Aufnahme-Kameras. Dralowid-Nachr. **14**, 17—19, 57—59 (1940); **15**, 17—19 (1941)
484. — Neue technische Argumente für den 8-mm-Film. Photo-Technik u. Wirtschaft **4**, H. 8, 302 (1953)
Ryder (s. 41)
Rzymowski: (178, 179, 180, 181, 182)
485. Sasse: Die Normalfilmaufnahmekamera. Bild u. Ton **4**, H. 2, 52—56 (1951)
486. Sauer: Photographische Entfernungsmesser, in Fortschritte der Photographie II. 74—122. Leipzig: Akademische Verl.-Ges. 1940
487. Sbrzesny: Die Bewertung der verschiedenen Typen der 8-mm-Kameras im Hinblick auf die filmischen Ausdrucksmöglichkeiten. Bild u. Ton **4**, H. 7, 220—222 (1951)
488. — Eine einfache Methode der Bildstrichjustierung bei 8-mm-Kameras. Bild u. Ton **4**, H. 11, 343 (1951)
489. — Vorschlag zur Neukonstruktion einer 8-mm-Aufnahmekamera für fortgeschrittene Amateure. Bild u. Ton **5**, H. 4, 116—117 (1952)
490. — Technische Beschreibung der 8-mm-Schmalfilmkamera „*Admira*" der Firma Meopta (CSR). Bild u. Ton **5**, H. 3, 67—69 (1952)
490a. — Mehrfachaufnahmen bei einfachen 8-mm-Kameras. Bild u. Ton **5**, H. 7, 203—207 (1952)
491. Schade: Die Genauigkeit beim Zentrieren optischer Linsen. Feinwerktechnik **56** H. 10, 309—312 (1952)
492. — Rückblick auf die Leipziger Messe 1953. Feingerätetechnik **2**, H. 11, 483—484 (1953)
Schäfter: (260)
493. Schardin: The Development of High-Speed Photography in Europe. Journ. SMPTE **61**, H. 3. 273—285 (1953)

494. SCHARDIN: Die Mehrfach Funkenkamera und ihre Anwendung in der technischen Physik. Zeitschr. f. angewandte Physik **5**, H. 1, 19—24 (1953)

494a. — Das TOEPLER'sche Schlierenverfahren. VDI-Forschungsheft 367

495. SCHEERING: in Handbuch der Lichttechnik II, 510, 512 (1938)

496. — Stehbildwerfer, in Fortschritte der Photographie III. 303—345. Leipzig: Akad. Verlags-Ges. 1944

497. — Betrachtungen über Bildhelligkeitsmessungen in Kinotheatern. Kinotechn. **13**, H. 4, 59—63 (1931)

498. — Bildwandausleuchtung bei Farbfilm-Vorführung, in Film und Farbe, 47—50. Hesse. 1943

— (s. 206)

499. SCHENCKE: Die rotierende Blende in der Kinoaufnahmekamera. Bild u. Ton 4 H. 3, 91—92 (1951)

500. SCHIECK, BRÜCKNER: Kurzes Handbuch der Ophthalmologie. Berlin: Springer. 1932

501. SCHLEMMERMEIER: Geräte und Verfahren der Optik. VDI-Zeitschr. **95**, H. 19, 668—674 (1953)

502. SCHNARBACH: Bedeutung und Anwendung des Übertragungswinkels auf Kurvengetriebe. VDI-Zeitschr. **91**, H. 22, 603—606 (1949)

503. — Kurvengetriebe und Koppelgetriebe als Steuerorgan an Verarbeitungsmaschinen. VDI-Zeitschr. **93**, H. 9, 223—228 (1951)

504. SCHNEIDER: Der Einfluß der Beleuchtung auf die Leistungsfähigkeit des Menschen. Licht und Lampe **16**, 842—846 (1927)

505. SCHMIDT, GÖTTSCH, KOCHS: Ein neuer Beleuchtungsmesser für Filmaufnahmen. Kinotechn. **22**, H. 5, 69—72 (1940)

506. — KOCHS: Farbfilmtechnik. Berlin: Hesse. 1943

507. SCHMIDT: Belichtungsverhältnisse und Belichtungsmessung. Photographie 1949, H. 5, 115

508. — Ein neuer Wiedergabeverstärker für Tonfilm. Kinotechnik und Filmtechnik **25**, H. 10, 97—98 (1943)

509. SCHOBER: Das Sehen. Markewitz. 1950.

SCHÖRNER: (s. 36)

509a. SCHRÖTER: Fernsehen. Berlin: Springer. 1937

510. SCHROTT: Praktische Optik. Springer. 1930

510a. — Die Untersuchung von Momentverschlüssen. Photograph. Korrespondenz **56**, H. 709, 292—300 (1919)

511. — Die größte bei absatzweiser Schaltung erreichbare Filmgeschwindigkeit, Kinotechn. 2, H. 10, 11, 367—374, 414—419 (1920)

512. — Filmgeräte in Österreich. Kinotechn. **19**, H. 7, 148—153 (1937)

512a. SCHRÖDER: Die Bildung reflexvermindernder Oberflächenschichten auf Glas. Naturfreunde 4a, 512—521 (1949)

513. SCHUBERT: Die FERNSEH AG. auf der Berliner Rundfunkausstellung 1939. TFT.-Sonderheft, Nov. 1938

514. — DILLENBURGER u. ZSCHAU: Das Zwischenfilm-Verfahren. Hausmitt. FERN-SEH-Ges. 1939, H. 3, 5, 65—72, 162—171

515. SCHUELLER: Neue Magnetophongerätetypen und ihre Verwendung im Kinobetrieb. Photo-Kinotechnik 3, H. 11, 280—281 (1949)

516. SCHULZ: Licht durch Glas. Reinhardt 1940.

517. — Die technischen Möglichkeiten des Kulturfilmes. Kinotechn. H. 2, 26—27 (1952)

517a. SCHULZ: Nomogramm für Federberechnungen. Feinwerktechnik **58**, H. 3, 75—80 (1954)

518. SCHULZE: Kinopraxis. Berlin: Scherl. 1943

— (s. 298a)

519. SCHUMANN: Ein neues Testobjekt zur Messung des Auflösungsvermögens photographischer Emulsionen. Photo-Technik und Wirtschaft 2, H. 7, 282, 283, 292 (1951)

520. SCHUNACK: Ein Verfahren zur Abtastung von 16-mm-Filmen. Kinotechn. 7, H. 11, 320—321 (1935)

521. SCHUSTER: Federsysteme. Feinwerktechnik **57**, H. 6, 182—187 (1953)

521a. — Fliehkraft-Bremsregler für mechanische Laufwerke. Feinwerktechnik **58**, H. 9, 279—284 (1954)

522. SCHWARTZ: Neuere Fortschritte in der Fernsehtechnik. ETZ (B) **5**, H. 8, 251 bis 254 (1953)

523. Schwieger: Um die 16-mm-Aufnahmekamera. Bild u. Ton 3, H. 9, 266—267 (1950)
524. Schwöbel (Referat): Beschreibung einer einfachen Zeitraffereinrichtung für Mikrozeitrafferfilme. Feingerätetechnik 2, H. 9, 424—425 (1953)
525. Seeber: Der kinematographische Aufnahmeapparat. Kinotechn. 2, H. 3, 4, 6, 7, 10, 12, 81—84, 142—146, 217—219, 258—260, 375—377, 456—461 (1920); 3, H. 2, 6, 9, 17, 55—61, 213—214, 324—330, 647—649 (1921)
526. — Wickelstörungen. Filmtechn. 11, H. 20, 217—219 (1935)
527. — Die Spiegelreflexeinrichtung bei Kinokameras. Kinotechnik 19, H. 6, 129—130 (1937)
528. — Sperrgreifer. Photograph. Industrie 37, H. 8, 9, 241—242, 321—322 (1939)
529. — Spezialkamera löst ein altes Problem. Photograph. Industrie 38, H. 12, 197—198 (1940)
530. Selle: Der Stand des Raumfilmes in Rußland. Kinotechn. 23, H. 9, 153—156 (1941)
531. — Der Stereofilm nach Iwanow. Photo-Kinotechnik 1, H. 3—5, 9—11, 7—9, 12—14 (1947)
532. — Um die Tiefendimension in Photo, Film, Fernsehen. Umschau 53, H. 9, 271—274 (1953)
532a. — Stereofilm und Fernsehen in Frankreich. Photokinotechnik 4, H. 1, 16—18 (1950)
532b. — Bildausgleich bei der Vorführung von Zweiband-Stereofilmen, Kinotechnik 8, H. 6, 182—183 (1954)
— (s. 271)
533. Sewig: Objektive Photometrie. Berlin: Springer. 1935
533a. — Photometrische Messungen an Photoelementen. Archiv Techn. Messen V 422—3. Mai 1937.
534. — Handbuch der Lichttechnik. Berlin: Springer. 1938
534a. Shingo: Über die Qualität der Hochfrequenz-Kameras. Vortrag Intern. Tagung f. Kurzzeitphotographie u. Hochfrequenz-Kinematographie. Paris. 1954
535. Siedentopf: Über Sichtbarkeitsgrenzen (Sehschärfe und Kontrastschwelle). Forsch. u. Fortschr. 17, H. 13/14 (1941)
536. Sieker: Hemmwerke. AWF-Getriebeblatt 675, IV. 1940
537. — Einfache Getriebe. Leipzig: Akademische Verl.-Ges. 1950
538. — Getriebe mit Energiespeichern. Leipzig: Akademische Verl.-Ges. 1952
539. — Das Gelenkviereck als Funktionsgetriebe. Feinwerktechnik 56, H. 6, 182—187 (1952)
540. Smakula: Grundlagen der Reflexionsverminderung, in Film und Farbe, 69—74. Berlin: Hesse, 1943
541. Smethurst: Belichtung und Belichtungsausgleich im Umkehrverfahren. Kinotechn. 17, H. 13, 224—225 (1935)
542. — Francis: Bestimmung der Belichtung von Umkehrfilmen durch Messung der Spitzlichter. Kinotechn. 18, H. 16, 262—265 (1936)
543. — Ein neues Verfahren für die Ermittlung der Belichtungszeit von Umkehrfilmen. Kinotechnik 17, H. 17, 290—291 (1935)
544. Spaggiari: Die 8-mm-Kamera. Bild u. Ton 3, H. 9, 268—269 (1950)
544a. Spiegel: Kommerzielles und industrielles Fernsehen, VDI-Zeitschr. 96, H. 27, 924—926 (1954)
545. Stabe: Grobtolerant fertigen, feintolerant montieren. Feinwerktechnik 56, H. 10, 294—302 (1952)
Steiner: (456)
546. Steppi: Das Zentrieren optischer Linsen. Photo-Kinotechnik 4, H. 6, 183—184 (1950)
547. — Die Kontrolle der Linsenradien im optischen Betrieb. Phototechnik und Wirtschaft 3, H. 8, 319—321 (1952)
548. Ströble: Verfahren zur serienmäßigen Prüfung und Einstellung von Aufnahme-Objektiven. Zeitschr. f. techn. Physik 19, 332 (1938)
549. — Ausblick in die Zukunft der Photo-Optik. Phototechnik und Wirtschaft 3, H 5, 180 (1952)
550. v. Studnitz: Sehvorgang und Photographie, in Film und Farbe, 81—84. Berlin: 95—97. Hesse. 1943
551. — Die physiologischen Grundlagen des Farbensehens, in Film und Farbe, Berlin: Hesse, 1943
552. Stüper: Neue Wege der Kameraoptik, Photographie, H. 3, 57 (1949)
553. — Neue Kleinstkamera-Optik, Photo-Kinotechnik, H. 1, 14—15 (1950)

554. Stull (Referat): Warner Brothers geräuschlose Kamera, Kinotechn. 13, H. 4, 67—68 (1931)
554a. — (Referat): Multiscope, a new type meter, Kinotechn. 22, H. 1, 11—12 (1940)
555. Suchoki: Federantriebe, Feingerätetechnik 3, H 3, 127—131 (1954)
555a. Thomescheit: Schnittweitenbeeinflussung photographischer Objektive, Phototechnik u. Wirtschaft 5, H 8, 392—394 (1954)
556. Thorner: Der optische Ausgleich durch Vielkant-Innenspiegel. Kinotechn. 12, H. 1, 3—6 (1930)
557. Thun: Der Film in der Technik. Berlin: VDI-Verlag. 1925
558. — Ein Beitrag zur Entwicklung der D-Greifer, Kinotechn. 8, H. 24, 620—624 (1926)
559. — Abmessung und Stellung der Verschlußscheibe bei Aufnahmeapparaten, Kinotechn. 10, H. 4, 96—98 (1928)
560. — Optischer Ausgleich, Kinotechn. 11, H. 10, 255—259 (1929)
561. — Beitrag zur Theorie des optischen Ausgleiches durch bewegte zusätzliche Linse. Kinotechn. 12, H. 13, 351—355 (1930)
562. — Fernsehen und Bildfunk. Stuttgart: Franksche Verlagsbuchhandlung. 1934
563. — Bildwechselzahl und Bildwirkung. Kinotechn. 17, H. 7, 116—118 (1935)
564. — Die Eigenschaften des Bildes als Grundlage der Kinematographie. Kinotechn. 17, H. 21, 22, 358—362, 375—376 (1935)
564a. — Der Thun'sche Zeitdehner. Kinotechnik 11, H. 6, 145—147 (1929)
564b. — Fortschritte der Hochfrequenz-Kinematographie, VDI-Zeitschr. 82, H. 23, 697—700 (1938)
564c. — Der neue Schmalfilmzeitdehner mit Linsenscheibe des Instituts f. Kleinzeitforschung. Kinotechnik 22, H. 2, 22—23 (1940)
565. Tolle: Kräfteübertragung in Kurbelbetrieben. AWF-Getriebeblätter 658—660. Berlin: Beuth.
566. — Geschwindigkeiten und Beschleunigungen in Kurbelschleifengetrieben. AWF-Getriebeblätter 648—650. Berlin: Beuth. 1932
566a. — Geschwindigkeiten vielgliedriger Kurbelgetriebe. Feinwerktechnik 58, H. 7, 81—83 (1954)
Treblegar: (s. 165)
567. Trommer: Die „Zeitlupe ZL 1", ein Hilfsmittel für Forschung und Technik. Feingerätetechn. 2, H. 9, 421—424 (1953)
567a. — Fortschritte der Hochfrequenz-Kinematographie. Feingerätetechnik 4, H. 1, 19—21 (1955)
568. Tronnier: Bemerkungen zur Entwicklung moderner Photooptik. Photo-Kinotechn. 3, H. 12, 299—302 (1949)
569. Tschanter: Filmschaltwerke. Bild und Ton 5, H. 4, 118—119 (1952)
570. Tuttle (Referat): Schwärzungsmessungen an Verleihkopien. Kinotechn. 18, H. 16, 265—266 (1936)
570a. Tuttle: A non intermittant High Speed 16-mm-Kamera. Journ. SMPE 22, 187 (1933)
— (s. 49)
— (s. 50)
571. Ulner: Die Zukunft der Tonfilmaufnahmetechnik in Deutschland. Photo-Kinotechn. 4, H. 2, 5, 116—117, 151—154 (1950)
572. — Erfahrung mit dem Magnetfilmverfahren. Kinotechn., H. 4, 8, 88, 193 (1952)
573. Vierling: Der Raumfilm „System Zeiss Ikon". Bild u. Ton, H. 27, 3—8 (1952)
574. — Plastischer Film oder Raumfilm. Bild und Ton, H. 30, 5—9 (1953)
575. — Das Stereofilmverfahren „System Zeiss Ikon", Kinotechn. 7, H. 5, 136—138 (1953)
— (s. 223)
576. Vilbig: Lehrbuch der Hochfrequenztechnik. Leipzig: Akad. Verlagsges. 1937
577. Vilbrandt (Referat): Lebensdauer von 16-mm-Filmen. Photo-Kinotechn. 3, H. 2, 43 (1949)
578. Vinzelberg: Der Magnetton. Bild und Ton 4, H. 2, 3, 46—47, 77—79 (1951)
579. Voigt: Kritik der bekannten Vorrichtungen zur Aufrechterhaltung eines gleichbleibenden Zuges eines Filmbandes beim Aufwickeln unter Berücksichtigung der in der Kinematographie auftretenden Bedürfnisse. Dissertation. Techn. Hochschule Berlin. 1939
579a. — Ist die Kamera lichtdicht? Bild und Ton 2, H. 9, 280—281 (1949)
580. Voigt: Spannungsoptische Untersuchungen an der Perforation. Photo-Kinotechn. 4, H. 6, 243—244 (1950)

581. Voigt: Der optische Ausgleich der Bildwanderung und die neuere deutsche
	Patentliteratur. Kinotechnik **8**, H. 1, 28 (1954)
	v. Voss (s. 441)
581a. Waddell: Full Frame 35-mm-„*Fastax*-Camera", Journ. SMPTE **61**, H. 5,
	624—627 (1953)
581b. Waegelein: Der Gerlach'sche Tonfilm-Oszillograph. Feinmechanik u. Prä-
	zision **49**, H. 17/18, 215—218 (1941)
581c. Wagner: Das Koinzidenz-Prinzip zum Scharfstellen einäugiger Spiegelreflex-
	Kameras. Feingerätetechnik **2**, H. 10, 452—454 (1953)
	Watson (s. 43)
	Weber (s. 49)
	Weigel: Grundsätzliches über die Blendung und ihre Definition sowie über ihre
	Messung und Bewertung. Licht und Lampe **18**, 595—1000, 1051—1057
	(1929)
582. — Grundzüge der Lichttechnik. Essen: Girardet. 1952
583. Weinberg, Watson, Ramsey: X-ray Motion Picture Techniques Employed
	in Medical Diagnosis and Research. Journ. SMPTE **59**, H. 4, 300—308
	(1952)
584. Weinberger: Die Anforderungen an Schmalfilmaufnahme- und Wiedergabe-
	Geräte und ihre konstruktiven Lösungen. Feinmech. u. Präz. **44**, H. 10, 11,
	151—154, 169—172 (1936)
584a. — Aus der Entwicklungsgeschichte des Schmalfilms. Kino-Amateur **13** H. 1, 2,
	14—15, 28—30 (1940)
585. — Siemens-Kinogeräte für 8-mm-Film. Siemens Zeitschr. **16**, H. 11, 446—450
	(1936)
586. — Interessante Konstruktionsmerkmale bei Kinokameras für 8-mm-Film.
	Feinmech. u. Präz. **45**, H. 14, 201—204 (1937)
587. — Eine neue 8-mm-Kinokamera. Kinotechn. **21**, H. 7, 178—180 (1939)
588. — Der Siemens „*Großraum II*"-Projektor. Siemens Zeitschr. **20**, H. 3,
	98—104 (1940)
	Weis (s. 428)
589. Weise: Messung des photometrischen Strahlungsaequivalentes mit Hilfe von
	monochromatischen Lichtquellen. Studienarbeit Technische Hochschule
	Berlin. 1934, nicht veröffentlicht
590. — Die Sucherparallaxe bei Schmalfilm-Aufnahmeapparaten, Kino-Amateur **13**,
	H. 12, 181—185 (1940)
591. — Das Arbeiten mit elektrischen Belichtungsmessern für Photozwecke. Fein-
	mech. u. Präz. **48**, H. 23, 261—264 (1940)
592. — Die Sucherparallaxe bei Schmalfilm- und Kleinbildaufnahme-Apparaten.
	Feinmech. u, Präz. **48**, H. 6, 61—64 (1940)
593. — Stellungsnahme zur Formatfrage. Kino-Amateur **14**. H. 3, 34—36 (1941)
594. — Die mechanischen Daten der 8-mm-Filmaufnahme-Geräte. Feinmech. und
	Präz. **49**, H. 9, 10, 101—106, 117—120 (1941)
595. — Die optischen Daten der 8-mm-Filmaufnahme-Geräte. Feinmech. u. Präz. **49**,
	H. 17—19, 205—208, 231—235 (1941)
596. — Die Sucher und Sonderheiten der 8-mm-Filmaufnahme-Geräte. Feinmech.
	und Präz. **49**, H. 22, 267—274 (1941)
597. — Die Kassettenfrage. Film für Alle **15**, H. 10, 214—215 (1941)
598. — Normung an 8-mm-Aufnahmeobjektiven. Film für Alle **15**, H. 8, 171 (1941)
599. — Die Sucherparallaxe bei Normalfilmapparaten, Kinotechnik **23**, H. 4, 57—65
	(1941)
600. — Filmsalat. Film für Alle **15**, H. 2, 38 (1941)
601. — Die mechanischen Daten der 8-mm-Filmwiedergabe-Geräte. Feinmech. und
	Präz. **50**, H. 13/14, 213—217 (1942)
602. — Die elektrischen Daten der 8-mm-Filmwiedergabe-Geräte. Feinmech. und
	Präz. **50**, H. 19/20, 299—302 (1942)
603. — Konstruktionsmerkmale des „*Compur*"-Verschlusses. Feinmech. u. Präz. **50**,
	H. 17/18, 275—278 (1942)
604. — Das Arbeiten mit elektrischen Belichtungsmessern für Photozwecke. in
	Photofreund-Jahrbuch 1942, 26—33
605. — Die optischen Daten der 8-mm-Filmwiedergabe-Geräte. Feinmech. u. Präz. **51**,
	H. 1/2, 15—17 (1943)
606. — Gestaltungsmerkmale der 16-mm-Filmkameras. Feinmech. u. Präz. **51**,
	H. 5—10, 59—64, 93—96, 121—126 (1943)

607. WEISE: Die neuere Entwicklung der 8-mm-Filmkameras. Kinotechn. **25**, H. 10/11, 92—97 (1943)
608. — Analyse von Filmschaltwerken, Kinematik und Konstruktionen für Normal-filmgeräte. 1947, nicht veröffentlicht (Auszug 629)
609. — Filmschaltwerke, insbesondere für Schmalfilmgeräte, Anforderungen, Ge-staltung, Wirkungsweise, eine kritische Zusammenschau. Dissertation Technische Hochschule Braunschweig. 1948
610. — Die physiologischen und technischen Grundlagen der Filmschaltwerke. Technik 3, H. 10, 425—431 (1948)
611. — Die neuere Entwicklung der Schmalfilmgeräte. Photo-Kinotechn. 2, H. 3, 66—72 (1948)
612. — Ziel und Möglichkeiten der Schmalfilmtechnik. Bild und Ton 1, H. 3, 65—67 (1948)
613. — Gerätetechnik des Schmalfilms. Bild und Ton 1, H. 3, 85—91 (1948)
614. — Konstruktionselemente der Kinokassetten. Photo-Kinotechn. 2, H. 11, 281—286 (1948)
615. — Bildaufnahme- und Wiedergabegeräte. Vortrag Technische Universität Berlin 6. 12. 1948
616. — Der MASSOLLE-Greifer. Bild und Ton 2, H. 7, 202—203 (1949)
617. — Kinematik der Filmschaltwerke. Feinwerktechn. **53**, H. 4, 5, 97—104, 137—144 (1949)
618. — Kinogerätetechnik. 1, Wintersche Verlagshandlung, Füssen und Aka-demische Verlagsges., Leipzig, 1950, Band 2 in Vorbereitung
619. — Feinmeß- und optische Geräte auf der Leipziger Messe 1951, Feinwerktechn. **55**, H. 7, 176—181 (1951)
620. — Filmschaltwerke, VDI-Zeitschr. **93**, H. 30, 947—950 (1951)
621. — Die physiologischen Grundlagen der Kinoprojektion. Filmtechnikum 2, H. 2, 23—25 (1951)
622. — Die kinematischen Grundlagen der Kinoprojektion. Filmtechnikum 2, H. 3, 44—45 (1951)
623. — Was kann man mit mechanischen Filmschaltwerken erreichen? Film-technikum 3, H. 9, 201—205 (1952)
624. — Kinematische Fragen an Filmschaltgetrieben. Vortrag VDI Berlin und Braunschweig, Auszug Kinotechnik, H. 11, 262—264 (1952)
625. — Licht, Farbe, Leistungssteigerung. Vorträge Hannover, Frankfurt/M., Braun-schweig, Köln, Düsseldorf und Technische Rundschau, H. 33, 34, 39 (1952)
626. — Schmalfilmgeräte, Vortrag DKG München, Auszug Kinotechn. H. 12, 276—278 (1952) und H. 1, 16—18 (1953)
627. — Stand und Entwicklung photographischer und kinematographischer Geräte, VDI-Zeitschr. **94**, H. 3, 74—78 (1952)
628. — Schmalfilmkameras. Technik 8, H. 11, 759—767 (1953)
629. — Bauformen von Normalfilmschaltwerken, Feinwerktechn. **57**, H. 2, 46—52 (1953)
630. — Photographische u. optische Geräte. Feinwerktechn. **57**, H. 7, 209—214 (1953)
631. — Die Bewegungsverhältnisse an Filmschaltgetrieben. Vortrag Getriebetagung, Stuttgart 1953 und VDI-Getriebeheft 2, Düsseldorf 1955
632. — Der Sucher und sein Einfluß auf die Bauform der photographischen Kamera, Photographische Korrespondenz **89**, H. 3, 5—7, 35—40, 69—72, 95—100, 111—117 (1953)
633. — Scharfstellmethoden an photographischen Kameras, Photographische Korre-spondenz
634. — Justiersysteme in Vorbereitung
635. — Photographic Flash Equipment. Überseepost **29**, H. 7 engl., 115—121 (1953)
636. — Photographische Blitzgeräte. Feinwerktechnik **58**, H. 11, 358—366 (1954)
636a. — Konstruktionsmerkmale der Spiegelreflexkameras. Gebrauchsphotographie, H. 4/5, 62—65 (1943)
636b. — Kunstlicht und seine Anwendung in der Farbenphotographie. Photo-technik und Wirtschaft **5**, H. 12, 582—584 (1954)
636c. — Automatisierung, ein kameratechnischer Fortschritt. Kinotechnik **9**, H. 4, 144—147 (1955)
636d. — Farbtemperaturen von Lichtquellen in der Farbenphotographie. Deutsche Drogisten-Zeitung **10**, H. 6, 184—186 (1955)
636e. — Getriebe als Bauelemente der Schmalfilmkameras. Kinotechnik **9**, H. 4, 112—115 (1955)

636f. WEISE: Getriebe als Bauelemente der Schmalfilmkameras. Phototechnik u. Wirtschaft **6**, H. 1, 17—19 (1955)
— (s. 230a)
— (s. 340a, 230b)
— (s. 340a)

637. WEIZSÄCKER: Das Auflösungsvermögen photographischer Schichten, Gebrauchsphotographie **48**, H. 7, 121—124 (1941)

638. — Der Belichtungsmesser und seine Eigentümlichkeiten. Film und Bild **8**, H. 6, 79—81 (1942)
WERNER: (s. 23, 258a)

639. WESSLING: SIEMENS-Schmalfilm-Projektoren. SIEMENS Zeitschr. **16**, H. 11, 450—457 (1936)

640. WIEDEMANN: Der Einfluß der Bildpunktzahl auf die Güte von Fernsehbildern. Fernsehen **1**, H. 11, 12, (1930)

641. WILCOX, CONROW: Report of the Projection Screens Committel. Journ. SMPE **17**, H. 3, 437 (1931)

642. — — Some Technical Aspects of Theater Operation. Journ. SMPE **23**, H. 6, 340 (1934)

643. WINCKEL: Lichtton, Nadelton, Magnetton. Kinotechn., H. 8, 186—189 (1952)

643a. WIRTGEN: Richtige Beratung über elektrische Belichtungsmesser. Photographische Ind. **35**. 1336 (1937)

644. WÖGERBAUER: Die Konstruktion in der Schmalfilmtechnik. Kinotechn. **21**, H. 7, 175—178 (1939)

645. — Die Technik des Konstruierens. München. 1943

646. WOLF: Die Umlaufgetriebe und ihre Berechnung VDI-Zeitschr. **91**, H. 22, 597—603 (1949)

647. WOLFF: An Analysis of Theater and Screen Illumination Data. Journ. SMPE **26**, H. 5, 532—542 (1936)

648. WOLFF: Die Ermittlung der richtigen Belichtung unter extremen Aufnahmebedingungen. Photographische Ind. **38**, H. 39, 40, 571—573, 582—583 (1940)

649. — Betrachtungen über die Aufgaben, Ausführung und Eigenschaften elektrischer und optischer Belichtungsmesser. Photographische Ind. **39**, H. 16, 17, 262—263, 276—278 (1941)

650. WOLTER: Die BELL u. HOWELL-Kinokamera. Kinotechn. **2**, H. 11, 419—422 (1920)

651. ZEISS: In Handbuch der Lichttechnik. Berlin: Springer. 1938

651a. ZGLINICKI, ANDRES: 60 Jahre Film. Photo-Magazin, H. 3, 36—40, (1955)

652. ZIERGOLD: Bestimmungen über Film und Bild in Wissenschaft und Unterricht. Stuttgart: KOHLHAMMER

653. ZIMMERMANN: Lichttechnische Untersuchungen über Lichtbildprojektion. Würzburg. 1936. Auszug: Licht **6**, H. 4—7, 78—80, 98—99, 115—118. 138—140 (1936)

654. — Die tiefenscharfe Wiedergabe des Objektivraumes beim Lichtbild. Leica-Photographie H. 5, 222—226 (1951)

655. ZÖLLNER: „*Biotar*" oder „*Sonnar*"?, Photo-Kinotechn. **3**, H. 3, 57—58 (1949)

656. — Leistungsprüfung von Photoobjektiven. Photographie **5**, H. 7, 215—217 (1951)

657. — Ein Objektiv geht mit der Zeit. Phototechnik und Wirtschaft **2**, H. 1, 76—78 (1951)
— (s. 341)

658. ZSCHAU: Konstruktion eines Leuchtdichtemessers als Belichtungsmesser. Kinotechnik **18**, H. 13, 218 (1936)
— (514)

659. Richtlinien der RWU. für Schmalfilmbildwerfer vom 1. 1, 1942. Film und Bild **8**, H. 1, 13—15 (1942)

660. Journ. SMPE **18**, 242 (1932)

661. Journ. SMPE **18**, 252 (1932)

662. (Referat), Der Bericht des Ausschusses für Schirmhelligkeit der SMPE. Kinotechn. **18**, H. 17, 284—286 (1936)

663. Eine neue 16-mm-MITCHELL-Berufskamera. Filmtechn. H. 2, 35 (1947)

664. Die neue Atelier- und Reportage-Kamera „*Super-Steimi*" für 35-mm-Normalfilm. Filmtechn., H. 2, 31—32 (1948)

665. (Referat), Filmkamera zur Aufnahme von Fernsehsendungen. Photo-Kinotechn. **3**, H. 3, 66—67 (1949)

666. Massenkräfte in ebenen Getrieben. AWF-Getriebeblätter, 637—638. Berlin: Beuth. 1932
667. Grundgrößen, Bezeichnungen, Einheiten in der Lichttechnik. DIN 5031. Berlin: Beuth. 1938
668. Photometrische Bewertung und Messung von Lampen und Beleuchtung. DIN 5032. Berlin: Beuth. 1935
669. Bewertung und Messung von Farben. DIN 5033. Berlin: Beuth. 1935
670. Regeln über objektive Photometrie. DIN 5038. Berlin: Beuth. 1938
671. Licht, Lampen, Leuchten, Begriffe, Grundeinteilung. DIN 5039. Berlin: Beuth.
672. (Referat), Neues vom 8-mm-Film. Kinotechn. 17, H. 17, 294—295 (1935)
673. (Referat), Neue ausländische Schmalfilmkameras. Kinotechn. 18, H. 2, 26—27 (1936)
674. (Referat), Der 8-mm-Schmalfilm. Kinotechn. 14, H. 17, 318—319 (1932)
675. (Referat), Der „Ciné-Kodak-Spezial". Kinotechn. 15, H. 12, 206 (1933)
676. (Referat), Der neue „Semi-Professional-Filmo 16-mm". Kinotechn. 15, H. 15, 253—254 (1933)
677. Eine neue 16-mm-Berufskamera der „Filmo-70-Specialist". Bild und Ton 1, H. 1, 21—22 (1948)
678. Neues vom Schmalfilm aus USA. Photo-Kinotechn. 3, H. 6, 146—149 (1949)
679. (Referat), „Resitex", ein neuer Werkstoff für Filmkufen. Kinotechn. 18, H. 1, 12 (1936)
680. (Referat), Kurzbrennweitige Objektive für Durchprojektion. Kinotechn. 15, H. 14, 11—12 (1933)
681. (Referat), Neue Photozellen-Belichtungsmesser. Kinotechn. 17, H. 12, 210—213 (1935)
682. Schmalfilmwesen. Photokinotechn. 4, H. 7, 205—207 (1950)
683. Neue Sowjetische Filmapparaturen. Bild und Ton 5, H. 6, 167 (1952)
684. Filmkamera zur Aufnahme von Fernsehsendungen. Photo-Kinotechn. 3, H. 3, 66—67 (1949)
685. Lebensdauer von 16-mm-Filmen. Photokinotechn. 3, H. 2, 43 (1949)
686. Entwicklungstendenzen im Bau photographischer Optiken. Photo-Kinotechn. 3, H. 4, 88 (1949)
687. Der „Polyfocus-Sucher". Photo-Kinotechn. 3, H. 4, 96—97 (1949)
688. Direkt anzeigendes Farbtemperaturmeßgerät, Photo-Kinotechn. 3, H. 5, 107—108 (1949)
689. Lytax-Projektor „H 1001" für 16-mm-Tonfilm. Photo-Kinotechn. 4, H. 9, 284 (1950)
690. Was die Messe zeigt. Bild und Ton 5, H. 9, 259—270 (1952)
691. Ein superlichtstarkes Objektiv. Photo-Kinotechn. 4, H. 6, 223 (1950)
692. Erfahrungen mit dem Weitwinkelobjektiv „Cinegon". Kinotechn., H. 5, 116 (1952)
693. Reflexionsreste vergüteter Objektive. Kinotechn., H. 8, 140 (1941)
694. Ein neuer Universalsucher für Kleinkameras. Bild und Ton 2, H. 4, 113—114 (1949)
695. Die Schmalfilmkamera „Bauer 8". Phototechnik und Wirtschaft 2, H. 1, 18—19 (1951)
696. Testen der photographischen Ausrüstung. Phototechnik und Wirtschaft 2, H. 1, 2, 24, 25, 34 73—75 (1951)
697. Filmtechnische Fortschritte aus den USA. Kinotechn. H. 9, 178—180 (1951)
698. Magnetton auf Film. Photo-Kinotechn. 2, H. 9, 224—226 (1948)
699. Neue Sicherheitsfilmunterlage aus synthetischem Kunststoff. Kinotechn. 6, H. 5, 104 (1952)
700. Neuer „Kontursucher". Phototechnik und Wirtschaft 3, H. 4, 138 (1952)
701. Die neuen Normblattentwürfe für Filmtransportrollen 35 mm. Bild und Ton 3, H. 9, 321—322 (1950)
702. Perforationsschritt und Lebensdauer des Kinefilms. Bild und Ton 3, H. 12, 375—376 (1950)
703. Neues vom Schmalfilm aus USA. Photo-Kinotechn. 3, H. 6, 146—149 (1949)
704. Oberflächenbeschichtung im Hochvakuum. Feinwerktechn. 54, H. 9, 243—245 (1950)
705. Bewegungsstudien mit der „Fastax"-Filmkamera. Kinotechn. H. 2, 30—31 (1952)
706. Neue Kinoaufnahmeobjektive. Bild und Ton 3, H. 8, 253—254 (1950)
707. Eine leistungsfähige 16-mm-Bild-Tonkamera. Kinotechn. 6, H. 4, 84—85 (1952)
708. Magnetfilm gibt dem 9,5-mm-Format neue Möglichkeiten. Kinotechn. 6, H. 4, 89 (1952)

709. BELL u. HOWELL „*70 DL*". Kinotechn. H. 2, 44 (1952)
710. Die neue Atelier- und Reportagekamera „*Super Steimi*" für 35-mm-Normalfilm. Filmtechn. H. 2, 31—32 (1948)
711. Stereoprojektion mit polarisiertem Licht. Kinotechn. 18, H. 15, 247—248 (1936)
712. Stereo-Zeitlupenkino und Zeitmeßapparatur. Kinotechn. 18, H. 15, 218—219 (1936)
713. Ein superlichtstarkes Objektiv. Photo-Kinotechn. 4, H. 7, 223 (1950)
714. Über das Prinzip der Fernseh-Bildaufnahmeröhren. Kinotechn. 7, H. 1, 12—14 (1953)
715. Ein neuer Test zur Messung der Objektivschärfe. Kinotechn. 7, H. 3, 72—73 (1953)
716. „*Caméflex*" Fernsehkamera Modell „*T*" 16 mm. Kinotechn. 7, H. 7, 198 (1953)
717. „*Movex 8 L*". Schmalfilm 2, H. 14, 60—61 (1950)
718. Die „*Bolex H*" Kameras. Schmalfilm 3, H. 1, 90—91 (1951)
719. Optische Geräte. Messe-Sonderheft Technik. 143—147 (1953)
720. Soll man mit der eigenen Kamera kopieren? Kinotechn. 7, H. 1, 22, 23 (1953)
721. Die Zeitraffertechnik und das Ultraschnellbild. Kinotechn. 7, H. 2, 40—41 (1953)
722. Die VINTEN-„*Everest*"-Kamera. Kinotechn. 6, H. 12, 288—289 (1952)
723. Bewegungsstudien mit der „*Fastax*"-Kamera. Kinotechn. 6, H. 2, 30—31 (1952)
724. Eine neue Röntgen-Zwillingskamera. Kinotechn. 6, H. 3, 55—56 (1953)
725. Tonschriften im Gegentaktverfahren. Kinotechn. 6, H. 10, 232—234 (1952)
726. Leistungsschau der Kinotechnik. Kinotechn. 5, H. 1, 5—7 (1951)
727. Probleme der Verfilmung von Radar-Leuchtschirmen. Kinotechn. 8, H. 3, 61—62 (1954)
728. Technische und physiologische Bedingungen beim 3 D-Film. Kinotechn. 8, H. 6, 185—187 (1954)
729. Vorläufer und Wege zu den modernen Schmalfilmformaten. Kinotechn. 8, H. 9, 263—265 (1954)
730. Magnetische Tonaufzeichnungsverfahren für Schmalfilm, Kinotechn. 8, H. 9, 281—282 (1954)
731. Das „*Fernauge*". Funkschau H. 10, 197 (1954)
732. Extrem empfindliche Fernsehkamera. Funktechnik H. 9, 241 (1951)
733. Filmabtaster für Fernsehzwecke mit optischem Ausgleich (nach Electronics 24, 114—116 [1951]). ETZ (A) 73, H. 15, 501 (1952)
734. Follow-focus Attachment for MITCHELL-Cameras, American Cinematographer 35, H. 5, 237, 252, 253 (1954)
735. DEBRIE-Tonkamera. Kinotechn. 44 (1953)
736. Neue Schallschluckhaube „*Blimp*" für die „*Arriflex 35*"-Kamera. Kinotechn. 8, H. 3, 80—81 (1954)

Sachverzeichnis

Dieses Sachverzeichnis enthält keine *Typennamen* der einzelnen Fabrikate. Diese sind in dem Verzeichnis der dargestellten Kameras (S. XIII) unter den alphabetisch geordneten Firmennamen angeführt. Die Typennamen der Aufnahmeobjektive finden sich in dem Abschnitt V, insbesondere in den Tabellen 10 bis 15.